Hi-Pass
산업기계설비기술사
Professional Engineer Industrial Machinery Facility

| 기술사 · 공학박사 **김순채** 지음 |

" 여러분의 합격! 성안당이 함께합니다. "

BM (주)도서출판 **성안당**

■ 도서 A/S 안내

성안당에서 발행하는 모든 도서는 저자와 출판사, 그리고 독자가 함께 만들어 나갑니다.

좋은 책을 펴내기 위해 많은 노력을 기울이고 있습니다. 혹시라도 내용상의 오류나 오탈자 등이 발견되면 "좋은 책은 나라의 보배"로서 우리 모두가 함께 만들어 간다는 마음으로 연락주시기 바랍니다. 수정 보완하여 더 나은 책이 되도록 최선을 다하겠습니다.

성안당은 늘 독자 여러분들의 소중한 의견을 기다리고 있습니다. 좋은 의견을 보내주시는 분께는 성안당 쇼핑몰의 포인트(3,000포인트)를 적립해 드립니다.

잘못 만들어진 책이나 부록 등이 파손된 경우에는 교환해 드립니다.

저자 문의 e-mail : edn@engineerdata.net(김순채)

본서 기획자 e-mail : coh@cyber.co.kr(최옥현)

홈페이지 : http://www.cyber.co.kr   전화 : 031) 950-6300

21세기의 산업구조는 세계화와 IT산업의 발전으로 자동화시스템을 구현하고, 비용, 품질, 생산성을 향상시키는 방향으로 발전하고 있으며, 그로 인해 기업은 더욱더 체계적이며 효율성을 위한 설비의 구성과 탁월한 엔지니어를 요구하고 있다. 산업의 분야는 기계와 전기, 전자를 접목하는 에너지설비, 화학설비, 해양플랜트 설비, 환경설비 등이 지속적으로 증가하고 있으며 설계와 제작을 위한 능력 있는 엔지니어가 필요하다. 산업기계설비기술사는 이런 분야에서 자신의 능력을 발휘하며 국가와 회사에 기여하는 자부심을 가지게 될 것이다.

기계분야에 종사하는 엔지니어는 많은 지식을 가지고 있어야 한다. 모든 시스템이 기계와 전자를 접목하는 자동화시스템으로 구성되어 있기 때문이다. 따라서 산업기계설비기술사에 도전하는 여러분은 이론과 실무를 겸비해야 자신의 능력을 발휘하며 기술사에 도전하고, 목표를 성취할 수가 있다.

이 수험서는 출제된 문제를 철저히 분석하고 검토하여 답안작성 형식으로 구성하였으며 효율적으로 준비할 수 있도록 모든 내용을 전면 검토하여 최적의 분량으로 재개편하였다. 최근에는 새로운 문제가 많이 출제되어 처음 출제된 문제에 대한 답안작성을 위한 대응능력을 제시하고, 동영상강의를 통하여 역학적인 문제는 쉽게 이해하도록 유도하는 한편, 논술형 답안작성을 위한 강의로 진행을 한다.

본 수험서가 산업기계설비기술사를 준비하는 엔지니어를 위한 길잡이로 현대를 살아가는 바쁜 여러분에게 희망과 용기를 주기 위한 수험서로 활용되기를 바라며 여러분의 목표가 성취되도록 다음과 같은 특징으로 구성하였다.

첫째, 18년간 출제된 문제에 대한 각 분야별 풀이 중심
둘째, 풍부한 그림과 도표를 통해 쉽게 이해하며 답안 작성에 적용하도록 유도
셋째, 주관식 답안 작성 훈련을 위해 모든 문제를 개요, 본론순인 논술형식으로 구성
넷째, 효율적이고 체계적인 답안지 작성을 돕기 위한 동영상강의 진행
다섯째, 처음 출제되는 문제에 대한 대응능력과 최적의 답안작성 능력부여
여섯째, 엔지니어데이터넷과 연계해 매회 필요한 자료를 추가로 업데이트

아무쪼록 이 책이 현장에 종사하는 엔지니어와 시험을 준비하는 여러분에게 좋은 안내서가 되기를 기대하며, 여러분의 목표가 성취되기를 바란다. 또한 공부를 하면서 내용이 불충분한 부분에 대한 지적은 따끔한 충고로 받아들여 다음에는 더욱 알찬 도서를 출판하도록 노력하겠다.

마지막으로 이 책이 나오기까지 순간순간마다 지혜를 주시며 많은 영감으로 인도하신 주님께 감사드리며, 아낌없는 배려를 해 주신 도서출판 성안당 이종춘 회장님, 최옥현 전무님을 비롯한 임직원 여러분께 감사드린다. 아울러 동영상 촬영을 위해 항상 수고하시는 김민수 이사님께도 고마움을 전하며, 언제나 기도로 응원하는 사랑하는 나의 가족에게도 감사한 마음을 전한다.

공학박사/기술사 김순채

기술사를 응시하는 여러분은 다음 사항을 검토해 보고 자신의 부족한 부분을 채워 나간다면 여러분의 목표를 성취할 것이라 확신한다.

1. 체계적인 계획을 설정하라.

대부분 기술사를 준비하는 연령층은 30대 초반부터 60대 후반까지 분포되어 있다. 또한 대부분 직장을 다니면서 준비를 해야 하며 회사일로 인한 업무도 최근에는 많이 증가하는 추세에 있기 때문에 기술사를 준비하기 위해서는 효율적인 계획에 의해서 준비를 하는 것이 좋을 것으로 판단된다.

2. 최대한 기간을 짧게 설정하라.

시험을 준비하는 대부분의 엔지니어는 여러 가지 상황으로 보아 너무 바쁘게 살아가고 있다. 그로 인하여 학창시절의 암기력, 이해력보다는 효율적인 면에서 차이가 많을 것으로 판단이 된다. 따라서 기간을 길게 설정하는 것보다는 짧게 설정하여 도전하는 것이 유리하다고 판단된다.

3. 출제 빈도가 높은 분야부터 공부하라.

기술사에 출제된 문제를 모두 자기 것으로 암기하고 이해하는 것은 대단히 어렵다. 그러므로 출제 빈도가 높은 분야부터 공부하고 그 다음에는 빈도수의 순서에 따라 행하는 것이 좋을 것으로 판단된다. 분야에서 업무에 중요성이 있는 이론, 최근 개정된 관련 법규 또는 최근 이슈화된 사건이나 관련 이론 등이 주로 출제된다. 단, 매년 개정된 관련 법규는 해가 지나면 다시 출제되는 경우는 거의 없다.

4. 답안지 연습 전에 제3자로부터 검증을 받아라.

기술사에 도전하는 대부분 엔지니어들은 자신의 분야에 자부심과 능력을 가지고 있기 때문에 교만한 마음을 가질 수도 있다. 그러므로 본격적으로 답안지 작성에 대한 연습을 진행하기 전에 제3자(기술사 또는 학위자)에게 문장의 구성 체계 등을 충분히 검증받고, 잘못된 습관을 개선한 다음에 진행을 해야 한다. 왜냐하면 채점은 본인이 하는 것이 아니고 제3자가 하기 때문이다. 하지만 검증자가 없으면 관련 논문을 참고하는 것도 답안지 문장의 체계를 이해하는 데 도움이 된다.

5. 실전처럼 연습하고, 종료 10분 전에는 꼭 답안지를 확인하라.

시험 준비를 할 때는 그냥 눈으로 보고 공부를 하는 것보다는 문제에서 제시한 내용을 간단한 논문 형식, 즉 서론, 본론, 결론의 문장 형식으로 연습하는 것이 실제 시험에 응시할 때 많은 도움이 된다. 단, 답안지 작성 연습은 모든 내용을 어느 정도 파악한 다음 진행을 하며 막상 시험을 치르게 되면 머릿속에서 정리하면서 연속적으로 작성해야 합격의 가능성이 있으며 각 교시가 끝나기 10분 전에는 반드시 답안이 작성된 모든 문장을 검토하여 문장의 흐름을 매끄럽게 다듬는 것이 좋다(수정은 두 줄 긋고, 상단에 추가함).

6. 채점자를 감동시키는 답안을 작성한다.

공부를 하면서 책에 있는 내용을 완벽하게 답안지에 표현한다는 것은 매우 어렵다. 때문에 전체적인 내용의 흐름과 그 내용의 핵심 단어를 항상 주의 깊게 살펴서 그런 문제에 접하게 되면 문장에서 적절하게 활용하여 전개하면 된다. 또한 모든 문제의 답안을 작성할 때는 문장을 쉽고 명료하게 작성하는 것이 좋다. 그리고 문장으로 표현이 부족할 때는 그림이나 그래프를 이용하여 설명하면 채점자가 쉽게 이해할 수 있다. 또한, 기술사란 책에 있는 내용을 완벽하게 복사해 내는 능력으로 판단하기 보다는 현장에서 엔지니어로서의 역할을 충분히 할 수 있는가를 보기 때문에 출제된 문제에 관해 포괄적인 방법으로 답안을 작성해도 좋은 결과를 얻을 수 있다.

7. 자신감과 인내심이 필요하다.

나이가 들어 공부를 한다는 것은 대단히 어려운 일이다. 어려운 일을 이겨내기 위해서는 늘 간직하고 있는 자신감과 인내력이 중요하다. 물론 세상을 살면서 많은 것을 경험해 보았겠지만 "난 뭐든지 할 수 있다"라는 자신감과 답안 작성을 할 때 예상하지 못한 문제로 인해 답안 작성이 미비하더라도 다른 문제에서 그 점수를 회복할 수 있다는 마음으로 꾸준히 답안을 작성할 줄 아는 인내심이 필요하다.

8. 2005년부터 답안지가 12페이지에서 14페이지로 추가되었다.

기술사의 답안 작성은 책에 있는 내용을 간단하고 정확하게 작성하는 것이 중요한 것은 아니다. 주어진 문제에 대해서 체계적인 전개와 적절한 이론을 첨부하여 전개를 하는 것이 효과적인 답안 작성이 될 것이다. 따라서 매 교시마다 배부되는 답안 작성 분량은 최소한 8페이지 이상은 작성해야 될 것으로 판단되며, 준비하면서 자신이 공부한 내용을 머릿속에서 생각하며 작성하는 기교를 연습장에 수없이 많이 연습하는 것이 최선의 방법이다. 대학에서 강의하는 교수들이 쉽게 합격하는 것은 연구 논문 작성에 대한 기술이 있어 상당히 유리하기 때문이다. 또한 2015년 107회부터 답안지 묶음형식이 상단에서 왼쪽에서 묶음하는 형식으로 변경되었으니 참고하길 바란다.

9. 1, 2교시에서 지금까지 준비한 능력이 발휘된다.

1교시 문제를 받아보면서 자신감과 희망을 가질 수가 있고, 지금까지 준비한 노력과 정열을 발휘할 수 있다. 1교시를 잘 치르면 자신감이 배가 되고 더욱 의욕이 생기게 되며 정신적으로 피곤함을 이겨 낼 수 있는 능력이 배가된다. 따라서 1, 2교시 시험에서 획득할 수 있는 점수를 가장 많이 확보하는 것이 유리하다.

10. 3교시, 4교시는 자신이 경험한 엔지니어의 능력이 효과를 발휘한다.

오전에 실시하는 1, 2교시는 자신이 준비한 내용에 대해서 많은 효과를 발휘할 수가 있다. 그렇지만 오후에 실시하는 3, 4교시는 오전에 치른 200분의 시간이 자신의 머릿속에서 많은 혼돈을 유발할 가능성이 있다. 그러므로 오후에 실시하는 시험에 대해서는 침착하면서 논리적인 문장 전개로 답안지 작성의 효과를 주어야 한다. 신문이나 매스컴, 자신이 경험한 내용을 토대로 긴장하지 말고 채점자가 이해하기 쉽도록 작성하는 것이 좋을 것으로 판단된다. 문장으로의 표현에 자신이 있으면 문장으로 완성을 하지만 자신이 없으면 많은 그림과 도표를 삽입하여 전개를 하는 것이 훨씬 유리하다.

11. 암기 위주의 공부보다는 연습장에 수많이 반복하여 준비하라.

단답형 문제를 대비하는 수험생은 유리할지도 모르지만 기술사는 산업 분야에서 기술적인 논리 전개로 문제를 해결하는 능력이 중요하다. 따라서 정확한 답을 간단하게 작성하기보다는 문제에서 언급한 내용을 논리적인 방법으로 제시하는 것이 더 중요하다. 그러므로 연습장에 답안 작성을 여러 번 반복하는 연습을 해야 한다. 요즈음은 컴퓨터로 인해 손으로 글씨를 쓰는 경우가 그리 많지 않기 때문에 답안 작성에 있어 정확한 글자와 문장을 완성하는 속도가 매우 중요하다.

12. 면접 준비 및 대처방법

어렵게 필기를 합격하고 면접에서 좋은 결과를 얻지 못하면 여러 가지로 심적인 부담이 되는 것은 사실이다. 하지만 본인의 마음을 차분하게 다스리고 면접에 대비를 한다면 좋은 결과를 얻을 수 있다. 각 분야의 면접관은 대부분 대학 교수와 실무에 종사하고 있는 분들이 하게 되므로 면접 시 질문은 이론적인 내용과 현장의 실무적인 내용, 최근의 동향, 분야에서 이슈화되었던 부분에 대해서 질문을 할 것으로 판단된다. 이런 경우 이론적인 부분에 대해서는 정확하게 답변하면 되지만, 분야에서 이슈화되었던 문제에 대해서는 본인의 주장을 내세우면서도 여러 의견이 있을 수 있는 부분은 유연한 자세를 취하는 것이 좋을 것으로 판단된다. 질문에 대해서 너무 자기 주장을 관철하려고 하는 것은 면접관에 따라 본인의 점수가 낮게 평가될 수도 있으니 유념하길 바란다.

□ **필기시험**

직무 분야	기계	중직무 분야	기계장비설비 · 설치	자격 종목	산업기계설비 기술사	적용 기간	2023. 1. 1.~2026. 12. 31.

○ 직무내용 : 발전설비, 제철 · 제강설비, 환경설비, 기타 플랜트기계설비 등 산업기계설비 관한 전문적 지식을 활용하여 관련 분야의 계획 · 연구 · 설계 · 감리 · 평가 · 진단 · 사업관리 등과 이에 관한 기술 자문과 기술지도 등을 수행하는 직무이다.

검정방법	단답형/주관식 논문형	시험시간	400분(1교시당 100분)

필기과목명	주요 항목	세부항목
금속제조, 산업기계, 섬유제조, 제지기계, 광산기계, 농작업 및 농산기계, 운반하역기계, 전기기계, 화공기계, 인쇄기계, 유체기계, 그 밖에 산업용도 기계에 관한 사항	1. 기계공학 기초일반	1. 기계요소 및 기계시스템 설계 2. 유체역학 3. 재료역학 4. 열역학
	2. 기계 및 구조해석 설계	1. 기계설비 2. 기계배관 3. 에너지기기 설계 4. 구조해석 설계
	3. 일반유체기계 및 발전설비	1. 수력기계 2. 공압기계 3. 유압기계 4. 관로시설 5. 보일러계통설비 6. 터빈 · 발전기계통설비 7. 급수 · 복수계통설비 8. 순환수계통설비
	4. 제철 · 제강 및 환경설비 설계	1. 열간압연 2. 냉간압연 3. 주조 4. 단조 · 압출 · 인발 5. 환경오염방지 설계 6. 공종별 설계
	5. 플랜트기계설비 시공 및 사업 관리	1. 산업 · 환경기계설비 공정관리 2. 산업 · 환경기계설비 품질관리 3. 산업 · 환경기계설비 설치작업 4. 산업 · 환경기계설비 기계배선배관 5. 플랜트프로젝트 설계관리
	6. 기타, 산업기계 실무	1. 에너지플랜트시스템 2. 기타 산업용도 기계에 관한 사항 3. 표준규격, 안전설계 관련 기술기준 4. 최신 산업기계, 기술에 관한 사항

□ 면접시험

직무 분야	기계	중직무 분야	기계장비설비 · 설치	자격 종목	산업기계설비 기술사	적용 기간	2023. 1. 1.~2026. 12. 31.

○ 직무내용 : 발전설비, 제철 · 제강설비, 환경설비, 기타 플랜트기계설비 등 산업기계설비 관한 전문적 지식을 활용하여 관련 분야의 계획 · 연구 · 설계 · 감리 · 평가 · 진단 · 사업관리 등과 이에 관한 기술 자문과 기술지도 등을 수행하는 직무이다.

검정방법	구술형 면접시험	시험시간	15~30분 내외

면접항목	주요항목	세부항목
금속제조, 산업기계, 섬유제조, 제지기계, 광산기계, 농작업 및 농산기계, 운반하역기계, 전기기계, 화공기계, 인쇄기계, 유체기계, 그 밖에 산업용도 기계에 관한 사항	1. 기계공학 기초일반	1. 기계요소 및 기계시스템 설계 2. 유체역학 3. 재료역학 4. 열역학
	2. 기계 및 구조해석 설계	1. 기계설비 2. 기계배관 3. 에너지기기 설계 4. 구조해석 설계
	3. 일반유체기계 및 발전설비	1. 수력기계 2. 공압기계 3. 유압기계 4. 관로시설 5. 보일러계통설비 6. 터빈 · 발전기계통설비 7. 급수 · 복수계통설비 8. 순환수계통설비
	4. 제철 · 제강 및 환경설비 설계	1. 열간압연 2. 냉간압연 3. 주조 4. 단조 · 압출 · 인발 5. 환경오염방지 설계 6. 공종별 설계
	5. 플랜트기계설비 시공 및 사업 관리	1. 산업 · 환경기계설비 공정관리 2. 산업 · 환경기계설비 품질관리 3. 산업 · 환경기계설비 설치작업 4. 산업 · 환경기계설비 기계배선배관 5. 플랜트프로젝트 설계관리
	6. 기타, 산업기계실무	1. 에너지 플랜트 시스템 2. 기타 산업용도 기계에 관한 사항 3. 표준규격, 안전설계 관련 기술기준 4. 최신 산업기계, 기술에 관한 사항
품위 및 자질	7. 기술사로서 품위 및 자질	1. 기술사가 갖추어야 할 주된 자질, 사 명감, 인성 2. 기술사 자기개발과제

※ 10권 이상은 분철(최대 10권 이내)

제 회

국가기술자격검정 기술사 필기시험 답안지(제1교시)

제1교시	종목명	

수험자 확인사항 ☑ 체크바랍니다.	1. 문제지 인쇄 상태 및 수험자 응시 종목 일치 여부를 확인하였습니다. 확인 ☐ 2. 답안지 인적 사항 기재란 외에 수험번호 및 성명 등 특정인임을 암시하는 표시가 없음을 확인하였습니다. 확인 ☐ 3. 지워지는 펜, 연필류, 유색 필기구 등을 사용하지 않았습니다. 확인 ☐ 4. 답안지 작성 시 유의사항을 읽고 확인하였습니다. 확인 ☐

답안지 작성 시 유의사항

1. 답안지는 표지 및 연습지를 제외하고 총 7매(14면)이며, 교부받는 즉시 매수, 페이지 순서 등 정상 여부를 반드시 확인하고 1매라도 분리되거나 훼손하여서는 안 됩니다.
2. 시험문제지가 본인의 응시종목과 일치하는지 확인하고, 시행 회, 종목명, 수험번호, 성명을 정확하게 기재하여야 합니다.
3. 수험자 인적사항 및 답안작성(계산식 포함)은 **지워지지 않는 검은색 필기구만을 계속 사용**하여야 합니다.
4. 답안 정정 시에는 **두 줄(=)을 긋고 다시 기재 가능**하며 **수정테이프 사용 또한 가능**합니다.
5. 답안작성 시 자(직선자, 곡선자, 템플릿 등)를 사용할 수 있습니다.
6. 문제의 순서에 관계없이 답안을 작성하여도 되나 주어진 **문제번호와 문제를 기재**한 후 답안을 작성하고 전문용어는 원어로 기재하여도 무방합니다.
7. 요구한 문제 수보다 많은 문제를 답하는 경우 기재순으로 요구한 문제 수까지 채점하고 나머지 문제는 채점대상에서 제외됩니다.
8. 답안작성 시 답안지 양면의 페이지순으로 작성하시기 바랍니다.
9. 기 작성한 문항 전체를 삭제하고자 할 경우 반드시 해당 문항의 답안 전체에 대하여 명확하게 X표시(X표시한 답안은 채점대상에서 제외)하시기 바랍니다.
10. 수험자는 시험시간이 종료되면 즉시 답안작성을 멈춰야 하며, 종료시간 이후 계속 답안을 작성하거나 감독위원의 **답안지 제출지시에 불응할 때에는 당회 시험을 무효** 처리합니다.
11. 각 문제의 답안작성이 끝나면 바로 옆에 "**끝**"이라고 쓰고, 최종 답안작성이 끝나면 줄을 바꾸어 중앙에 "**이하 여백**"이라고 써야 합니다.
12. 다음 각호에 1개라도 해당되는 경우 답안지 전체 혹은 해당 문항이 0점 처리됩니다.

> 〈답안지 전체〉
> 1) 인적사항 기재란 이외의 곳에 성명 또는 수험번호를 기재한 경우
> 2) 답안지(연습지 포함)에 답안과 관련 없는 특수한 표시를 하거나 특정인임을 암시하는 경우
> 〈해당 문항〉
> 1) 지워지는 펜, 연필류, 유색 필기류, 2가지 이상 색 혼합사용 등으로 작성한 경우
>
> ※ 부정행위처리규정은 뒷면 참조

HRDK 한국산업인력공단
Human Resources Development Service of Korea

부정행위 처리규정

국가기술자격법 제10조 제6항, 같은 법 시행규칙 제15조에 따라 국가기술자격검정에서 부정행위를 한 응시자에 대하여는 당해 검정을 정지 또는 무효로 하고 3년간 이법에 따른 검정에 응시할 수 있는 자격이 정지됩니다.

1. 시험 중 다른 수험자와 시험과 관련된 대화를 하는 행위
2. 답안지를 교환하는 행위
3. 시험 중에 다른 수험자의 답안지 또는 문제지를 엿보고 자신의 답안지를 작성하는 행위
4. 다른 수험자를 위하여 답안을 알려주거나 엿보게 하는 행위
5. 시험 중 시험문제 내용과 관련된 물건을 휴대하여 사용하거나 이를 주고 받는 행위
6. 시험장 내외의 자로부터 도움을 받고 답안지를 작성하는 행위
7. 미리 시험문제를 알고 시험을 치른 행위
8. 다른 수험자와 성명 또는 수험번호를 바꾸어 제출하는 행위
9. 대리시험을 치르거나 치르게 하는 행위
10. 수험자가 시험시간에 통신기기 및 전자기기[휴대용 전화기, 휴대용 개인정보 단말기(PDA), 휴대용 멀티미디어 재생장치(PMP), 휴대용 컴퓨터, 휴대용 카세트, 디지털 카메라, 음성파일 변환기(MP3), 휴대용 게임기, 전자사전, 카메라 부착 펜, 시각표시 외의 기능이 부착된 시계]를 사용하여 답안지를 작성하거나 다른 수험자를 위하여 답안을 송신하는 행위
11. 그 밖에 부정 또는 불공정한 방법으로 시험을 치르는 행위

[연 습 지]

※ 연습지에 성명 및 수험번호를 기재하지 마십시오.
※ 연습지에 기재한 사항은 채점하지 않으나 분리 훼손하면 안 됩니다.

[연 습 지]

※ 연습지에 성명 및 수험번호를 기재하지 마십시오.
※ 연습지에 기재한 사항은 채점하지 않으나 분리 훼손하면 안 됩니다.

번호		

2쪽

번호		

4쪽

차 례

CHAPTER **1** 기계설계학

CHAPTER **2** 유체기계

CHAPTER 3 재료역학

CHAPTER 4 기계재료

CHAPTER 5 산업기계

CHAPTER 6   유체역학

CHAPTER 7   제어공학

CHAPTER 8 유압공학

CHAPTER 9 기계제작법

CHAPTER 10　진동학

CHAPTER 11 국제규격

CHAPTER 12 기타 분야

CHAPTER 부록 과년도 출제문제

기계설계학

산업기계설비기술사

IT 기본공차와 끼워맞춤의 기준

1. 개요

KS에서는 치수구분에 대응하여 각각 IT 01~18까지 20등급으로 나누어 표시하며, 0mm 초과 500mm 이하의 치수에서는 IT 01, IT 0, IT 1, …, IT 18까지 20등급, 500mm 초과 3,150mm 이하인 치수에서는 IT 1, IT 2, …, IT 18까지 18등급으로 나누고 있다.

축을 기준시 IT 1~IT 4는 주로 게이지류에, IT 5~IT 9는 끼워맞추는데, IT 10~IT 18까지는 끼워맞출 수 없는 부분의 치수공차로 적용된다.

2. 끼워맞춤의 기준

1) 구멍 기준식

여러 가지의 축을 한 구멍에 기준을 두고 H5~H10의 6가지를 규정하여 사용하고 있다.

2) 축 기준식

여러 가지의 구멍을 한 축에 기준을 두고 h4~h9의 6가지를 규정하여 사용하고 있다. 축 기준식의 경우 스냅보다 고가인 플러그게이지와 리머를 수없이 많이 구비해야 하므로 일반적으로 구멍 기준식이 유리하다.

[표 1-1] 끼워맞춤의 종류와 계산 예

종류	정의	도해	실례
헐거운 끼워맞춤	구멍의 최소 치수 > 축의 최대 치수	기준선 / 구멍의 공차역 구멍의 공차역 / 축의 공차역 축의 공차역	최대 치수 구멍 $A = 50.025$mm 축 $a = 49.975$mm 최소 치수 구멍 $B = 50.000$mm 축 $b = 49.950$mm 최대 틈새 $= A - b = 0.075$mm 최소 틈새 $= B - a = 0.025$mm
억지 끼워맞춤	구멍의 최대 치수 ≤ 축의 최소 치수	축의 공차역 축의 공차역 / 기준선 / 구멍의 공차역 구멍의 공차역	최대 치수 구멍 $A = 50.025$mm 축 $a = 50.050$mm 최소 치수 구멍 $B = 50.000$mm 축 $b = 50.034$mm 최대 죔새 $= a - B = 0.050$mm 최소 죔새 $= b - A = 0.009$mm

종류	정의	도해	실례
중간 끼워맞춤	구멍의 최소 치수 ≤축의 최대 치수, 구멍의 최대 치수 >축의 최소 치수	구멍의 공차역 축의 공차역 기준선 축의 공차역 축의 공차역	최대 치수 구멍 $A = 50.025$mm 축 $a = 50.011$mm 최소 치수 구멍 $B = 50.000$mm 축 $b = 49.995$mm 최대 죔새 $= a - B = 0.011$mm 최소 틈새 $= A - b = 0.030$mm

Section 2 자동하중(自動荷重) 브레이크

1. 개요

자동하중 브레이크는 중력에 의한 무게, 역학적인 원리, 에너지원의 형태에 따라 분류를 하며 가해지는 하중의 상태에 의해서 제동력이 발생하는 브레이크로, 종류는 웜 브레이크, 나사 브레이크, 원심 브레이크, 체인 브레이크, 코일 브레이크가 있다. 원심 브레이크와 나사 브레이크는 다음과 같다.

2. 자동하중 브레이크

1) 원심 브레이크

보통 자중하강을 방지하기 위해 사용하는 브레이크로는 원심 브레이크가 있다. 축에 원심 디스크와 드럼을 설치해 자중에 의해 하강할 때 원심력에 의해 디스크와 드럼이 밀착해 제동을 걸어주는 원리이다. 단점은 하강속도가 원심력이 작용해야 할 속도보다 느리면 제동이 완벽하게 이루어지지 않고 밀리는 문제가 있다.

2) 나사 브레이크

나사 브레이크는 체인 도르래에서 주로 사용된다. 체인을 잡아당겨 무거운 물체를 들고 내리는 장치이다. 체인을 잡아당기면 쉽게 내려오지만 자중에 의해 하강하지는 않는다. 상단 도르래 부분에 나사 브레이크장치가 되어 있으며, 원리는 왼나사와 래칫과 폴, 멈춤디스크로 이루어져 있다.

V-Belt가 널리 이용되는 이유

1. 개요

표준 V벨트는 가정용 기구와 농업용 장비, 그리고 기계 등에 사용되는데, 단면의 상부 폭과 높이의 비가 1.6 : 1로서 V벨트 중 가장 넓은 형태이다. V벨트는 큰 항장력 (抗張力, tensile strength)과 높은 횡적 견고성(transverse stiffness) 때문에 부하가 급격하게 변화하는 거친 작동조건에 적합하며, 벨트속도는 30 m/s, 굽힘빈도(bending frequencies)는 초당 40회까지 허용된다.

2. V-Belt가 널리 이용되는 이유

1) 이유

V벨트가 널리 이용되는 이유는 다음과 같다.
① 미끄럼이 적고 속도비가 크다.
② 고속운전을 시킬 수 있다.
③ 장력이 작으므로 베어링에 걸리는 부하가 적다.
④ 운전이 정숙하다.
⑤ 벨트가 벗겨지는 일이 없다.
⑥ 이음이 없으므로 전체가 균일한 강도를 갖는다.

2) V-Belt의 종류

(1) 래프트 V벨트(wrapped V-belt)

좁은 V벨트(narrow V-belt)는 1960~70년대의 건설기계와 자동차에 장착되었다. 단면의 상부 폭과 높이의 비가 1.2 : 1로서 표준 V벨트를 개선시켰다. 동력을 전달하는 데 기여도가 낮은 단면의 중심 부분을 없애 V벨트에 비해 단면은 더 좁아졌고 같은 폭을 갖는 표준 벨트보다 큰 능력을 갖는다. 이 벨트는 42 m/s의 속도와 초당 100회까지의 굽힘빈도를 허용한다. 이 벨트 중 이(tooth)가 있는 디자인은 작은 풀리에 감길 때 이동(creep)을 줄일 수 있으며 벨트 표면 전체를 포(布)로 감싼 벨트로, 일반 산업용 기계에 가장 광범위하게 적용한다.

(2) 로 에지 V벨트(raw edge V-belt)

자동차에 사용되는 로 에지 내로 V벨트(raw-edge narrow V-belt)는 벨트섬유가 운동방향에 직각으로 표면 바로 아래에 있어 횡적으로 매우 강하고 마모저항도 크며 상당한 신축성을 가진다. 또 특별한 장력 구성요소에 양호하며, 특히 작은 직경을 갖는 풀리에 적용될 때 벨트능력을 향상시키고 내로 V벨트에 비해 사용수명이 더 길며 벨트의 양 옆부분이 잘려 고무코드가 외부로 노출되어 보여지는 벨트로, 라프트 V벨트에 비해 전동효율, 굴곡성이 우수하며 자동차 및 산업용 기계에 적용한다.

[그림 1-1] 래프트 V벨트　　　　　[그림 1-2] 로 에지 V벨트

(3) V 리브드 벨트(V ribbed belt)

벨트의 두께가 얇은 대신 벨트 하면(下面)에 여러 개의 산을 형성하여 벨트의 유연성과 전동성을 높인 벨트로, 신율이 작고 벨트의 진동이 없다. 고마력의 작은 풀리에 사용 가능하며 자동차 등에 적용한다.

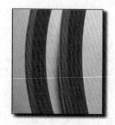

[그림 1-3] V 리브드 벨트

Section 4 | 벨트컨베이어의 벨트긴장장치(take—up unit)의 3가지를 개략적으로 도시하여 설명

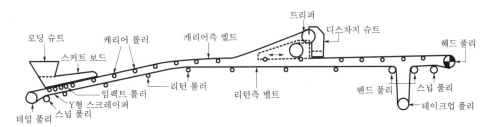

[그림 1-4] 벨트컨베이어의 벨트긴장장치

1. 개요

벨트는 고무재질을 포함하고 있기 때문에 벨트 위에 적재하는 무게에 따라 벨트의 장력을 상황에 따라 조절해야 한다. 또한 적재하는 양이 적으면 적당한 수축을 해야 하는데, 이와 같이 벨트의 구동과 함께 적재능력의 변화에 따라 장력을 조절하는 방법에는 여러 가지 방법이 있다.

2. 벨트의 긴장장치(Take-up)

벨트의 긴장장치는 다음과 같다.

① 자중에 의한 Take-up Unit : 적재량이 테이크업 풀리무게의 균형에 의해서 조절할 수가 있다. 단, 벨트의 적재하중과 풀리무게를 비교하여 검토해야 한다.

② 나사에 의한 Take-up Unit : 테이크업 풀리 양단의 축에 나사장치를 하여 벨트가 이완되었을 때 적절하게 조절하여 구동할 수 있다.

③ 유공압에 의한 Take-up Unit : 벨트의 장력을 센서로 감지하여 시퀀스제어에 의해서 일정한 장력을 지속적으로 유지할 수 있으며, 다른 장치에 비하여 구동모터와 연계하므로 효율적인 제어가 가능하다.

Section 5 | 미끄럼 베어링 설계 시 고려해야 할 설계변수

1. 개요

장수명, 높은 신뢰도, 그리고 경제성은 베어링을 선정하는 데 있어 추구되는 주된 목표이다. 이 목표를 달성하기 위하여 설계자는 베어링에 영향을 미치는 인자와 베어링이 만족시켜야 하는 요건을 충분히 검토해야 한다. 베어링 선정 시 적합한 베어링의 종류뿐 아니라 내부 설계 및 배열 등이 선정되어야 하고 주변 부품, 즉 축과 하우징, 체결부품, 밀봉, 윤활 등이 베어링의 영향인자로서 고려되어야 한다.

베어링을 선정하기 위해서는 일반적으로 다음과 같은 절차를 따른다. 먼저, 모든 영향인자들에 대해 가능한 한 정확하게 조사해야 한다. 그 후에 베어링의 종류, 배열, 크기가 여러 측면으로 검토되어서 몇 가지 선택대상 중에서 결정된다. 마지막으로 베어링의 데이터(주요 치수, 공차, 베어링틈새, 케이지, 규격)와 관련 부위(끼워맞춤, 고정방식, 실링), 그리고 윤활에 대한 사항을 도면에 표시한다. 또한 설치와 유지 보수에 대해서도 미리 고려해야 한다. 가장 경제적인 베어링을 선정하기 위해서는 베어링 규격에 영향인자들을 고려하는 선택의 정도를 전체적인 비용상승과 비교해야 한다.

2. 설계변수

설계변수는 다음과 같다.
① 기계, 장치와 베어링 위치(개략도)
② 운전조건(하중, 속도, 설치공간, 온도, 주변조건, 축배치, 접촉부의 강성)
③ 요구조건(수명, 정밀도, 소음, 마찰과 운전온도, 윤활과 유지 보수, 설치와 해체)
④ 경제적 데이터(가격, 수량, 납기)

Section 6
평기어(spur gear)에서 Hertz의 면압강도 설계

1. 개요

기어는 치면 사이에 수직으로 작용하는 접촉압력이 너무 커지면 치면의 회전에 의한 반복하중에 의하여 마멸이 생기고, 또 피로현상인 피팅(pitting)이 생겨서 치면이 손상되며 진동이나 소음을 일으키는 원인이 된다. 따라서 치면의 접촉응력이 재료에 따라 정해진 어느 한도 이내의 값이 되도록 설계하여야 한다. 이 면압강도에 의한 설계계산은 Hertz의 식이 가장 널리 사용되고 있다.

2. 평기어에서 Hertz의 면압강도 설계

2개의 이가 접촉하고 있을 때 그 접촉선의 부분은 각각의 곡률반지름을 반지름으로 하는 2개의 평행한 원주가 접촉하고 있다고 생각할 수 있다. [그림 1-5]와 같이 서로 접촉하고 있는 2개의 원주면의 곡률반지름 및 세로탄성계수를 각각 ρ_1, ρ_2 및 E_1, E_2, 접촉길이를 b, 접촉면에 수직으로 작용하는 하중을 P_n이라 하면 최대 접촉응력 σ_c는 Hertz의 식에 의하면

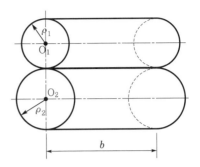

[그림 1-5] 헤르츠의 접촉이론

$$\sigma_c{}^2 = \frac{0.35 P_n \left(\dfrac{1}{\rho_1} + \dfrac{1}{\rho_2} \right)}{b \left(\dfrac{1}{E_1} + \dfrac{1}{E_2} \right)} \tag{1.1}$$

로 표시된다. 이것을 기어에 적용할 때 [그림 1-6]에 나타내는 바와 같이 치면의 곡률반지름은 피치점에서의 치면의 곡률반지름을 잡는다. 이것은 피치점 부근에서 온 하중을 치면이 받게 되어 여기서 피팅이 일어나기 쉽기 때문이다. 따라서 가장 약한 부분으로서 피치점에서 접촉하는 경우의 곡률반지름을 잡으면

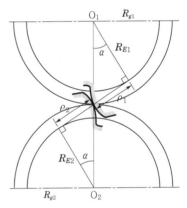

[그림 1-6] 치면의 곡률반지름

$$\rho_1 = \frac{D_1}{2} \sin\alpha, \quad \rho_2 = \frac{D_2}{2} \sin\alpha \tag{1.2}$$

로 되고 $P_n = \dfrac{P}{\cos\alpha}$, 접촉길이는 치폭 b가 되므로 이들을 식 (1.1)에 대입하면

$$\sigma_c{}^2 = \frac{0.35 P \left(\dfrac{2}{D_1 \sin\alpha} \right) \dfrac{D_1 + D_2}{D_2}}{b \cos\alpha \left(\dfrac{1}{E_1} + \dfrac{1}{E_2} \right)} \tag{1.3}$$

또한 각 기어의 잇수를 Z_1, Z_2라고 하면 $\dfrac{Z_1}{Z_2} = \dfrac{D_1}{D_2}$이므로 위 식으로부터

$$P = k D_1 b \left(\frac{2 Z_2}{Z_1 + Z_2} \right) \tag{1.4}$$

단, $k = \dfrac{\sigma_c{}^2 \sin 2\alpha}{2.8} \left(\dfrac{1}{E_1} + \dfrac{1}{E_2} \right)$이다. 식 (1.4)는 굽힘강도의 경우와 마찬가지로 속도계수 f_v를 고려하고 $D_1 = m Z_1$을 대입하면

$$P = f_v k m b \left(\frac{2Z_1 Z_2}{Z_1 + Z_2} \right) \tag{1.5}$$

여기서 k를 접촉면응력계수(kgf/mm^2), 면압강도계수 또는 비응력계수라고 부른다. 이 k는 압력각과 재질에 의하여 결정되는 값이며, 재료의 경도와 접촉응력은 서로 밀접한 관계가 있으므로 경도에 따라 그 값이 다르다. 설계에 있어서는 일반적으로 굽힘강도와 면압강도의 양쪽을 검토한 다음 안전한 쪽을 잡는다. 경부하이고 마멸이 적을 때에는 굽힘강도를 고려하면 되나, 장시간에 걸쳐서 중부하로 운전할 경우에는 면압강도로 계산하여야 한다.

Section 7 제품 설계에서 재료 선택 시 고려해야 할 사항을 열거하고 각각을 설명

1. 개요

기계재료는 물리적 성질에 밀도, 열전도성, 전기도전율 등을 고려하고, 사용환경 측면에서는 내식성, 고온, 저온, 크리프 등을 검토하고, 기계적 성질에는 내충격성, 내피로성, 내마모성 등이 수명에 영향을 주며 가공성과 경제성, 상품성 등을 검토하여 결정해야 한다.

2. 재료 선택 시 고려사항

① 재료의 선택은 사용하는 용도에 따라서 재질, 가격, 후처리, 납기 등 여러 관점에서 검토한다.

② 재질은 운동을 하는 부분인지, 아니면 고정하는 부분인지에 따라서 마찰이 문제가 되면 열처리과정을 거쳐서 경도와 인성을 부여해야 하며, 그렇지 않은 제품은 후처리를 통해 환경적인 영향에 의해서 산화나 부식이 되지 않도록 해야 한다. 또한, 물리적 성질, 기계적 성질(내충격성 · 내피로성 · 내마모성), 가공성(절삭 · 용접), 경제성, 상품성을 고려한다.

③ 가격은 시스템을 완성한 후에 제품을 판매하는 측면에서 검토를 하면 소비자가 쉽게 접근할 수 있도록 효율적인 제작비의 산출로 기계가격을 결정해야 한다.

④ 납기는 충분한 재료를 확보하여 제품을 제작하는데 공정에 손실을 야기하면 안된다.

Section 8 치공구 설계계획 시 고려해야 할 사항을 부품도 분석에서 공정도 작성에 이르기까지의 과정을 단계적으로 설명

1. 개요

치공구는 다량생산에 기초를 두고 제품을 능률적이고 경제적이며 균일성(호환성)이 요구되는 기계작업에 사용되는 특수 공구로서 흔히 지그와 고정구로 나눈다. 지그(jig)는 공작물의 위치결정기구와 공작물을 고정하기 위한 클램핑기구를 갖고 있으며 절삭공구를 안내하는 부싱이 함께 사용되나, 이 안내부의 정도가 그대로 공작물에 직접 영향을 끼친다. 고정구(fixture)의 공작물을 정확한 위치에 놓기 위한 위치결정기구와 이것을 고정하기 위한 클램핑기구는 지그와 같으나 절삭공구를 공작물의 가공부에 맞도록 설치하기 위한 세트블록이 함께 사용되는 경우가 많다. 즉 치공구는 부품의 가공을 정확히 행할 뿐만 아니라 기타 조립, 검사, 용접 등 작업을 능률적이고 정확하게 할 수 있는 보조구이다.

2. 치공구 설계계획 시 고려사항

1) 사전 설계의 분석

부품도와 공정도를 분석하여 요구되는 공구의 설계 제작에 관련된 모든 정보를 구체화시킨다.

① 부품의 전 치수와 형상은 공구의 부피, 무게와의 관련성을 검토한다.

② 부품재료의 종류와 상태는 공구 제작, 위치 결정과 고정에 영향을 준다.

③ 기계 가공작업의 종류

　㉠ 단일 목적용 치공구 : 대량 생산에 적합

　㉡ 다목적용 치공구 : 다용도용 소량 생산에 적합

　㉢ 일반적으로 절삭력이 증가하면 치공구의 강도와 강성이 증가하며, 가공방법에 따라 절삭력의 크기와 방향, 클램핑방향이 결정된다.

　㉣ 다목적 공구(드릴지그와 밀링고정구)

④ 치공구의 공차는 부품공차의 20~50%(KS 설계기준 : 부품공차의 5~20%)이다.

⑤ 대량 생산은 신뢰성, 내마모성, 부품교환성이 요구되며(고급화), 소량 생산은 단순성, 공구 제작비의 절감이 요구된다.

⑥ 위치 결정면은 부품의 공차 범위 내에서 반복위치 결정이 요구되고(반복성), 고정면은 강성이 요구되며, 고정면에 따른 변형방지를 위해 지지구를 마련하고 가공

된 면을 고정할 경우에는 면 손상을 방지하는 대책을 강구해야 한다(보호캡, 패드 등). 위치결정면과 고정면 선정 시의 우선순위는 다음과 같다.

 ㉠ 구멍

 ㉡ 두 면이 직각으로 가공된 면

 ㉢ 한 면은 기계가공되고, 다른 한 면은 가공되지 않은 면

 ㉣ 두 면 모두 기계가공되지 않은 표면

⑦ 공작방법이 선정되면 공구를 설계하기 전에 사용 공작기계의 크기와 작업 범위를 알아야 하며, 작업 시 공구와의 간섭이 발생하지 않도록 클램프, 위치결정구, 기타 부품들의 위치를 결정해야 한다.

⑧ 표준화된 공구(커터)를 사용하여 치공구와의 간섭을 피하고 충분한 여유를 보장토록 한다.

⑨ 작업순서는 1개의 부품이라도 부품 제작을 위해서는 여러 개의 치공구가 필요할 수 있다. 치공구의 설계는 공정순서에 따라 그 공정에 적합한 공구를 설계해야 한다.

2) 설계에 수반되는 인간요소

① 인간능력의 한계성(작업성, 수족의 사용 여부, 운동량의 적정성, 작업의 한계성 등)과 안전성을 고려한다.

② 공구 설계와 관련된 안전사항

 ㉠ 장착, 장탈 시 치공구와의 안전거리 유지

 ㉡ 작업자와 공구, 치공구 간의 안전거리 확보

 ㉢ 보호판(칩) 사용

 ㉣ 치공구 구성요소의 부품 모서리 부분에 대한 모따기

 ㉤ 작업자의 위치에서 모든 작업에 대한 확인

 ㉥ 절삭력에 대한 공구 본체의 강성 유지

 ㉦ 가공 중 충분한 체결력 유지

3) 전 가공 상태

공구 설계계획 이전의 가공 상태를 파악하여 클램핑 및 위치결정에 적합한 가공 표면을 선정한다.

4) 공구의 선정방법

생산속도, 경제성, 정밀도를 고려하여 선정한다.

① 기존 공구 수정 또는 특수 공구(새로운 치공구 제작) 사용 여부 결정

② 가공성을 감안하여 단축 · 다축 공작기계 사용 여부 결정

③ 범용 · 전용 여부 결정

④ 검사체크방법 사용게이지 결정

⑤ 원가절감방법 결정

⑥ 작업의 용이성, 신뢰성 분석

⑦ 작업자의 안전성

Section 9 | 산업기계분야에서 최적 설계(Optimization Design) 및 민감도 해석(Sensitivity Analysis)

1. 개요

일반적으로 구조 시스템의 최적 설계란 모든 설계상수(design parameter)와 하중조건들이 주어졌을 때 목적함수가 최소로 됨과 동시에 제반 설계제약조건을 만족시키는 설계변수를 결정하는 수학적 방법에 의한 설계기술이라고 정의할 수 있다. 여기서 설계상수란 기본계획단계에서 결정된 구조 형태, 배치, 구조재료 등과 같이 설계를 위하여 미리 정해진 상수를 일컫는다.

설계하중으로는 설계 시 고려해야 하는 모든 형태의 하중, 즉 고정하중 및 활하중, 풍하중, 지진하중, 동하중, 온도하중, 그리고 제작오차 등 경험을 필요로 하는 시공상의 조건을 포함한다.

목적함수란 구조 시스템의 안전성과 경제성을 추구하기 위하여 보다 바람직하고 경제적이며 효율적인 설계를 위한 선택기준을 수식화한 것으로서 통상적으로 구조물의 건설경비, 중량, 성능, 정밀도 등을 목적함수의 최적 기준으로 선정하게 된다. 설계제약조건으로는 시방서 및 설계기준의 제반 규정내용과 설계하중으로 인하여 발생 가능한 모든 파괴모드, 그리고 사용된 구조재료나 시공성을 포함한 제작상의 한계 등을 두루 고려하게 된다. 설계변수로는 구조요소들의 부재규격이나 미지치수가 일반적으로 대상이 되고 있지만 그 밖에 구조물의 형상, Topology, 재료 등이 모두 설계변수로써 취급이 가능하다.

2. 최적 설계와 일반적 설계의 비교

최적 설계의 개념과 특성을 일반적 설계와 대비시켜 비교하면 최적 설계에서는 구조물 건설경비의 최소화, 구조성능의 효율화, 정밀도의 최대화 등과 같은 어떤 최적화 기준에 의하여 효율적인 설계가 자동적으로 일정한 방향으로 진행되는 방법이지만, 반면에 일반적으로 다루는 재래적 설계방법은 설계자의 직관, 경험에 의존하여 주로 반복 시행적으로 설계를 수행하는 과정으로 이루어진다. 구조물은 작용하는 모든 하중에 의해 나타나는 파괴모드에 대응하는 제반 거동제약조건을 모두 만족시키고 재료, 공법 및 제작상의 한계를 나타내는 설계제약조건을 모두 고려하는 경제적인 시스템으로 설계되어야 한다. 최적 설계에서는 이러한 설계제약조건들을 모두 만족시키며 동시에 최소공비로 구조물을 설계하는 시스템 설계문제로서 과학적이며 자동적인 방법으로 수행하는 방법이지만, 일반적인 설계방법은 주로 전 응력 설계를 목표로 주요 파괴모드의 응력제약조건만을 고려하여 부재치수를 결정하고 다른 제약조건은 안전 여부를 검토하는 정도에 그치므로 이와 같은 재래적 설계방법은 경제적인 시스템의 설계를 보장하지 않고 있음은 자명한 사실이다.

최적 설계에서는 구조 시스템의 설계변수를 직접 미지수로 하여 설계모델의 최적화과정을 통하여 자동적으로 수학적 해석기법에 의하여 결정하지만, 일반적 설계에서는 설계자가 구조물의 주요 부재치수를 가정하여 설계자의 견해에 따라 재해석 및 검사라는 반복시행과정으로 시행착오방법에 의해 간접적인 방법으로 설계변수를 결정하고 있다.

3. 설계 민감도 해석

설계 민감도 정보는 현재의 설계변수값에서 설계변수의 변화에 대한 구조물의 응답의 변화율로서 정의된다. 이러한 민감도 정보를 이용하면 설계변수 설정의 타당성을 확인할 수 있다. 민감도의 크기는 구조물의 응답이 설계변수에 대하여 어느 정도 민감한지 그 정도를 나타내며, 부호는 증감방향을 지시해준다. 따라서 민감도 정보를 이용하면 구조물의 응답에 가장 큰 영향을 미치는 설계변수의 선정이 가능하게 된다. 또한 최적 설계 알고리즘 중 순차 이차 계획법은 설계변수의 이동방향을 결정하기 위해서 목적함수 및 제한조건식의 설계 민감도를 필요로 한다.

설계 민감도 정보를 구하는 방법에는 유한차분법(finite difference method), 직접미분법(direct differentiation method), 보조변수법(adjoint variable method) 등이 있다.

유한차분법에는 전방차분법(forward different method), 후방차분법(backward di- fferent method), 중앙차분법(central different method) 등이 있다.

설계변수의 수에 따라 전방차분법과 후방차분법을 사용하여 민감도를 구하기 위해서는 함수값을 계산해야 하며, 중앙차분법을 사용할 경우에는 여러 번 함수값을 계산해야 한다. 즉 유한요소해석을 통해 구조물의 응답을 구하는 문제에서 유한차분법을 이용하여 민감도를 구하기 위해서는 설계변수의 수에 비례하는 만큼 유한요소해석을 해야 하며, 이는 순차 이차 계획법을 이용한 최적화 과정에서 대부분의 시간을 차지하게 되고, 이에 따라 최적화하는 시간과 비용이 증가하게 된다.

이에 비해 직접미분법과 보조변수법은 유한요소해석을 하지 않고, 유한요소 평형방정식을 설계변수에 대하여 미분하여 제한조건식의 민감도를 구하는 데 필요한 항을 구함으로써 시간과 비용을 절약할 수 있다. 보조변수법과 직접미분법은 설계변수의 수와 제한조건식의 수에 따라서 속도가 좌우된다. 즉 설계변수의 수가 제한조건식의 수보다 많을 경우에는 보조변수법을 이용하는 것이 효율적이며, 반대의 경우에는 직접미분법을 이용하는 것이 효율적이다. 이는 계산과정에서 발생하는 선형 연립방정식의 수가 보조변수법의 경우는 제한조건식의 수와 같으며, 직접미분법의 경우에는 설계변수의 수와 같다는 사실에 기인한다.

Section 10 타이밍벨트의 중요한 특징과 자동화기계장치를 예로 들어 사용상의 고려사항 설명

1. 타이밍벨트의 중요한 특징

[그림 1-7]

[그림 1-8]

벨트의 이(tooth, 齒)와 풀리의 홈이 맞물려 동력을 전달하는 타이밍벨트는 벨트의 미끄러짐이 없어 벨트의 장력조절과 윤활유 급유장치가 필요 없다. 속도 범위와 동력전달 범위가 넓고 벨트의 미끄러짐이 없는 등 우수한 성능을 가지고 있으며, 무게가 가볍고 고효율 콤팩트한 설계가 가능하여 소형화할 수 있어 경제적이다.
① 체인과 기어의 결점을 극복한 동기(同期)전동벨트
② 고효율 고속전동이 가능
③ 유지 보수에 유리
④ 경량으로 얇고 굴곡성 이에도 뛰어나 콤팩트한 설계 가능
⑤ 표준 벨트는 $-30 \sim +90℃$의 범위 내에서 사용 가능

2. 자동화 기계장치를 예를 들어 사용상의 고려사항

1) 동력전달

스테핑모터나 서보모터의 구동축의 회전수를 종동축에 정확하게 전달을 요할 경우

2) 부품이송

자동화 시스템을 구현 시 조립용 부품을 타이밍벨트 사이로 정확하게 이송을 필요로 할 때

Section 11 유니버설 커플링(Hook's joint)과 양축과 중간축의 배치 방법 설명

1. 개요

유니버설 커플링은 훅의 조인트(Hooke's joint)라고도 하며, 2축이 같은 평면 안에 있으면서 그 중심선이 서로 어느 각도($\alpha \leq 30°$)로 마주치고 있을 때 사용되는 축이음으로서 기구학에서 배운 바 있는 구면 이중 크랭크기구의 응용이다.

회전전동 중에 2축을 맺는 각이 변화하더라도 좋으므로 공작기계, 자동차의 전달기구, 압연롤러의 전동축 등에 널리 사용되고 있다. [그림 1-9]는 자동차에 사용된 예이고, [그림 1-10]은 자동차의 프로펠러축에 사용된 훅의 조인트이다.

2. 유니버설 커플링(Hook's joint)과 양축과 중간축의 배치 방법

구조는 [그림 1-11]과 같이 원동축의 A축과 종동축의 B축의 양 끝은 두 갈래로 나누어져 있고, 여기에 십자형의 저널(journal)을 결합하여 회전할 수 있도록 연결한 구조이고, 원동축과 종동축의 각속비 ω_B/ω_A는 양축이 교차하는 각 α뿐 아니라 원동축의 회전각의 위치에 따라서 변화한다는 특징이 있다. 즉 [그림 1-12]에서 각속비 ϕ를 구한다.

구면 3각법에 의하여

$$\tan\theta_A = \tan\theta_B \cos\alpha \tag{1.6}$$

$$\phi = \frac{\omega_B}{\omega_A} = \frac{d\theta_B}{d\theta_A} = \frac{\cos\alpha}{1 - \sin^2\alpha\sin^2\theta_A} \tag{1.7}$$

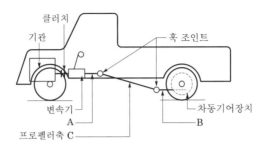

[그림 1-9] 자동차 동력전달기구

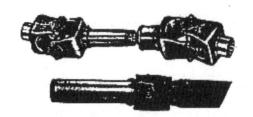

[그림 1-10] 자동차 프로펠러축의 훅 조인트

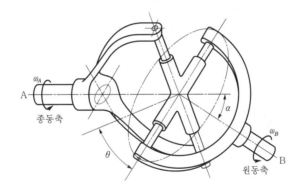

[그림 1-11] 유니버설 조인트의 각속비

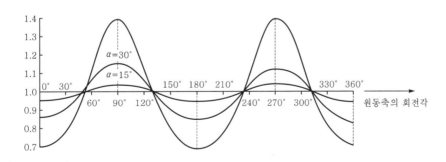

[그림 1-12] 각속비의 변화

그림에서처럼 각속비 $\dfrac{\omega_B}{\omega_A}$ 는 축이 $\dfrac{1}{4}$ 회전할 때마다 최소 $\cos\alpha$ 에서 최대 $\dfrac{1}{\cos\alpha}$ 사이에서 변화한다. 즉 $\dfrac{1}{2}$ 회전을 주기로 종동축 B의 각속도 ω_B의 변화가 반복된다.

ϕ의 최대값, 최소값은

$$\phi_{\max} = \frac{1}{\cos\alpha}, \ \phi_{\min} = \cos\alpha \tag{1.8}$$

ϕ의 변동폭을 조사하면,

[표 1-2]

α	0°	5°	10°	20°	30°
$\varepsilon = \dfrac{\phi_{\max}}{\phi_{\min}}$	1	1.008	1.031	1.132	1.333

$\alpha=30°$ 이하에서 사용하고, 특히 5° 이하가 바람직하다. 45° 이상에서는 사용이 불가능하다.

한편 [그림 1-13]의 (a)에서처럼 A와 B의 사이에 중개역할을 하는 제3의 축 C를 넣어 조인트를 2조 사용하여 제1의 조인트에서 생긴 각속도의 변화가 제2의 조인트로 옮겨지도록 사용한다.

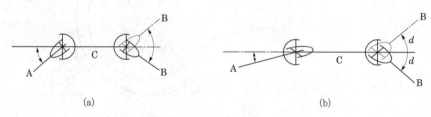

(a)   (b)

[그림 1-13] 2조의 유니버설 조인트의 조합법

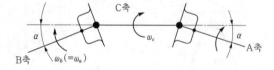

[그림 1-14] 중간축

즉 A와 C, C와 B가 만나는 각을 같게 하고, C축의 양 끝에 설치하는 포크(fork)의 방향이 같은 평면 안에 있도록 하면 된다. A, C 사이의 각속비가 C, B 사이의 각속비의 역수로 되어 항상 A, B 사이의 각속비가 1이 되도록 변화하기 때문이다. 그런데 이것을 [그림 1-13]의 (b)와 같이 배치하는 과오를 범하면 각속비의 변화가 더욱 크게 되므로

주의해야 한다. 다시 말해 [그림 1-14]에서처럼 양축 사이에 중간축을 집어넣어 양축의 교각 α를 같게 하면 각속비는 항상 같게 된다.

즉 중간축의 각속도를 ω_c라 하면 다음 식을 얻을 수 있다.

$$\frac{\omega_c}{\omega_a} \cdot \frac{\omega_b}{\omega_c} = 1 \tag{1.9}$$

Section 12　전위기어(정의, 사용목적, 용도 등)

1. 개요

전위기어는 절삭공구, 즉 랙의 기준피치선을 표준 기어의 기준피치원에 반지름방향으로 xM만큼 위치를 옮겨 가공한 기어이다. 기준치 피치선에서부터 바깥쪽으로 옮기는 경우를 (+)전위, 안쪽으로 옮기는 경우를 (−)전위라 한다.

2. 전위기어(정의, 사용목적, 용도 등)

기어를 가공할 때 압력각이 14.5°일 때 기어의 잇수가 26개보다 작으면 언더컷이 발생하고, 압력각이 20°이면 잇수가 14개 이하에 언더컷이 발생한다. 언더컷이 발생하면 유효물림이 감소하고 기어의 강도가 약해진다. 이것을 방지하기 위하여 피치선을 xM만큼 이동하여 가공한 기어를 전위기어(shifted gear)라 하고, xM을 전위량, x를 전위계수라 한다. 표준 절삭공구를 사용하면 표준 기어에서 잇수가 작은 기어에 언더컷이 발생한다. 중심거리를 임의의 값으로 취할 수 있고 이의 강도를 증가시키고 물림률 및 미끄럼률이 변화되어 적용 범위가 매우 넓어지며, 전위기어는 다음과 같은 경우에 사용된다.

① 언더컷을 방지하기 위해서 사용된다.
② 기어의 중심거리를 자유로 변화시킬 때 사용된다.
③ 이의 강도를 개선시킬 때 사용한다.
④ 표준 스퍼기어와 동일한 공구로 동일한 가공기계에서 가공한다.
⑤ 같은 공구로 가공한 기어는 전위의 유무에 관계없이 정확한 물림이 이루어진다.
⑥ 설계상의 일반요소는 스퍼기어와 동일하다.
⑦ 전위계수 x의 값을 어느 것으로 선택하든지 같은 기초원의 인벌류트곡선이 적용된다.

⑧ 일반 기어의 성능이 향상됨과 적용 범위는 표준 스퍼기어와 동일하다.

⑨ 성능상 가장 적당한 인벌류트곡선이 선택된다.

⑩ 정전위는 접근물림길이를 퇴거물림길이에 따라 길게 할 수 있다.

Section 13 축의 처짐과 전동축 설계 시 고려사항

1. 개요

축을 설계하려면 강도, 강성도, 위험속도 등을 고려해야 한다. 이들 조건들은 서로 독립적이므로 각각에 대해서 축지름을 설계하고, 이것들을 총합하여 가장 안전한 치수와 형상을 결정한다. 보통 변형의 제한조건을 만족하면 강도조건도 충족하므로 먼저 강성도를 설계하고 강도를 검토하는 것이 바람직하다.

2. 축의 처짐과 전동축 설계 시 고려사항

1) 강도(strength)

정하중, 충격하중, 반복하중 등의 하중 상태에 충분한 강도를 갖게 하고, 특히 키홈, 원주홈, 단달림축 등에 의한 집중응력을 고려해야 한다.

2) 변형(deflection)

① 휨 변형(bending deflection) : 적당한 베어링의 틈새, 기어물림 상태의 정확성, 베어링의 압력균형 등이 유지되도록 변형을 어느 한도로 제한해야 한다.

② 비틀림각 변형 : 내연기관의 캠 샤프트처럼 정확한 시간에 정확하게 작동할 수 있도록 축의 비틀림각의 변형이 제한되어야 한다.

3) 진동(vibration)

격렬한 진동은 불균형인 기어, 풀리, 디스크(disks), 또 다른 회전체에 의한 축의 원심력에 의하여 발생하거나 굽힘진동이나 비틀림진동에 의하여 공진이 생겨 파괴되므로 고속회전축에 대하여서는 진동의 요인에 대하여 주의해야 한다.

4) 열응력(thermal stress)

제트엔진, 증기터빈의 회전축과 같이 고온상태에서 사용되는 축은 열응력, 열팽창 등에 주의하여 설계한다.

5) 부식(corrosion)

선반의 프로펠러축(marinee propeller shaft), 수차축(water turbine shaft), 펌프축(pump shaft) 등과 같이 항상 액체 중에서 접촉하고 있는 축은 전기적, 화학적 또는 그 합병작용에 의하여 부식되므로 주의해야 한다.

치형곡선의 종류와 치형곡선의 비교

1. 개요

기계적인 동력은 거의 대부분 회전하는 매개체를 통하여 전달되며, 기어(gear)는 가장 대표적인 동력전달요소이다. 치형이란 기어의 원주를 따라 형성되어 있는 기어 치(gear tooth)의 곡면 형상을 지칭한다. 기어는 인접한 기어와 짝이 되어 맞물려 돌아가야 하기 때문에 치형은 특수한 운동학적 조건을 만족하도록 설계되어 있다.

2. 치형곡선의 종류와 치형곡선의 비교

만약 치형이 임의 형상으로 되어 있다든가, 아니면 짝을 이루는 두 기어의 치형이 맞지 않으면 서로 맞물려 돌아갈 수가 없게 된다. 서로 맞물러 회전하는 기어의 이러한 운동학적 조건을 만족하는 기어 치의 곡선을 치형곡선이라고 부르고, 대표적인 치형곡선으로 인벌류트곡선(involute curve)과 사이클로이드곡선(cycloid curve)이 있다.

전자는 고정되어 있는 동전의 원주상에 실의 한 끝점을 고정시키고 다른 한 끝점을 팽팽하게 당겨서 동전원주를 따라 감을 때 이 끝점이 그리는 궤적으로 정의된다.

그림에서는 $cL_2 = d_2L_2$이면 이 관계는 [그림 1-15]와 같이 기초원에 감은 실을 d_1점으로부터 잡아당기면서 풀 때 $L_1d_1 = L_1c$, $L'_1c_1 = L'_1c' = \cdots$ 의 관계로 실의 끝이 그리는 곡선이 d_1cc'로 나타나는 곡선임을 알 수 있다. 이 곡선을 인벌류트라 하면, 이것을 치형으로 하는 기어를 인벌류트기어라 한다. [그림 1-15]에 있어서 c점의 2개의 속도 v_1, v_2의 작용선에 직각방향의 분속도의 차는 $v_2\sin\theta_2$, $v_1\sin\theta_1$이며, 이것을 c점의 2개의 속도, v_1, v_2의 작용선에 직각방향의 분속도의 차는 $v_2\sin\theta_2$, $v_1\sin\theta_1$이며, 이것을 c점에 있어서 미끄럼속도라고 한다. 미끄럼속도는 c의 위치에 의해서 변화한다.

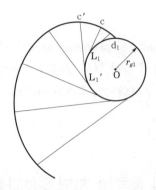

[그림 1-15] 인벌류트 치형

반면 후자는 임의 물체 표면을 굴러가는 동전원주상의 한 점이 그리는 궤적으로 정의된다. 두 곡선은 각기 상반되는 특성을 지니고 있기 때문에 치형곡선의 선택 역시 기어의 용도에 따라 달라진다. 동력전달용 기어는 거의 대부분 인벌류트치형을 사용하고 있으며, 정밀한 계측기용 기어에서는 사이클로이드곡선이 주로 사용된다.

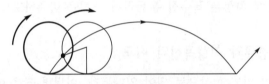

[그림 1-16] 사이클로이드곡선

Section 15 베어링의 종류와 특징, 용도

1. 개요

베어링은 마찰을 줄이기 위해 쓰이는 장치로 금속 간의 접촉은 많은 양의 마찰을 발생하며, 마찰은 금속의 마모 및 파괴를 늘리며 금속장치의 성능을 서서히 저하시킨다. 베어링은 두 개의 표면을 활용하여 구름으로써(roll over) 장치의 마찰을 줄인다. 베어링은 부드러운 금속의 볼 혹은 롤러를 포함하고 있는데, 이들 요소는 매끄러운 내부 및 외부의 금속 표면과 인접해 구르며(roll), 베어링의 롤러 혹은 볼은 장치를 회전하도록 한다.

2. 베어링의 종류와 특징, 용도

1) 축과 베어링 접촉의 종류에 따라(마찰운동의 종류에 따라)

① 미끄럼 베어링(sliding bearing) : 베어링과 저널이 서로 미끄럼접촉
② 구름 베어링(rolling bearing) : 베어링과 저널이 서로 구름접촉

2) 하중의 방향에 따라

① 레이디얼 베어링(radial bearing) : 하중이 축에 수직방향으로 작용
② 스러스트 베어링(thrust bearing) : 하중이 축방향으로 작용

3) 미끄럼 베어링의 종류

① 레이디얼 미끄럼 베어링(radial sliding bearing)
　㉠ 통쇠 베어링(solid bearing)
　㉡ 분할 베어링(split bearing)
② 스러스트 미끄럼 베어링(thrust sliding bearing)
　㉠ 피벗 베어링(pivot bearing)
　㉡ 칼라 베어링(collar bearing)

4) 구름 베어링(rolling bearing)

(1) 미끄럼 베어링과 구름 베어링의 비교

구름 베어링은 외륜(outer race)과 내륜(inner race), 볼 또는 롤러, 리테이너(retainer)로 구성되며, KS에 규격화되어 있다.

(2) 구름 베어링의 종류

① 레이디얼 베어링(radial bearing)
　㉠ 단열 깊은 홈형 : 가장 널리 사용. 내륜과 외륜이 분리되지 않는 형식
　㉡ 마그네틱형 : 내륜과 외륜을 분리할 수 있는 형식으로 조립이 편리
　㉢ 자동조심형 : 외륜의 내면이 구면상으로 되어 있어 다소 축이 경사될 수 있는 형식
　㉣ 앵귤러형 : 볼과 궤도륜의 접촉각이 존재하기 때문에 레이디얼하중과 스러스트하중을 받는 형식
② 스러스트 베어링(thrust bearing) : 스러스트하중만을 받을 수 있고, 고속회전에는 부적합하다. 한쪽 방향의 스러스트하중만이 작용하면 단식을, 양쪽 방향의 스러스트하중이 작용하면 복식을 사용한다. 볼 베어링보다 롤러 베어링은 선접촉을 하므로 큰 하중에 견딘다. 원추 롤러 베어링은 래이디얼하중과 스러스트하중을 동시에 견딜 수 있다.

ⓐ 스러스트 볼 베어링(thrust ball bearing)
- 단식 스러스트 볼 베어링(single-direction thrust ball bearing)
- 복식 스러스트 볼 베어링(double-direction thrust ball bearing)

ⓑ 스러스트 롤러 베어링(thrust roller bearing)
- 스러스트 원통 롤러 베어링(thrust cylindrical roller bearing)
- 스러스트 니들 롤러 베어링(thrust needle roller bearing)
- 스러스트 테이퍼 롤러 베어링(thrust raper roller bearing)
- 스러스트 자동조심 롤러 베어링(thrust cylindrical roller bearing)

Section 16 운동용 나사의 힘과 토크(torque) 해석

1. 개요

힘을 전달하거나 물체를 움직이게 할 목적에 이용되는 나사로 사각나사, 사다리꼴나사, 톱니나사, 볼나사, 둥근 나사 등이 있다.

2. 운동용 나사의 힘과 토크(torque) 해석

1) 볼트의 설계

① 축방향에만 정하중을 받는 경우

여기서, d : 볼트의 바깥지름(mm)

d_1 : 볼트의 골지름(mm)

W : 축방향의 인장하중(kgf)

σ_t : 볼트의 허용 인장응력(kgf/mm^2)

$$W = \frac{\pi}{4} d_1 \sigma_t, \ d_1 = \sqrt{\frac{4W}{\pi \sigma_t}} = \sqrt{\frac{1.27W}{\sigma_t}} \tag{1.10}$$

일반적으로, 지름 3 mm 이상의 볼트에서는 보통 $d_1 > 0.8d$이므로 $d_1 ≒ 0.8d$로 하면 안전하다.

$$W = \frac{\pi}{4} d_1^2 \sigma_t = \frac{\pi}{4}(0.8d)^2 \sigma_t = 0.5 d^2 \sigma_t = \frac{1}{2} d^2 \sigma_t \tag{1.11}$$

$$d = \sqrt{\frac{2W}{\sigma_t}} \tag{1.12}$$

② 축방향의 정하중과 비틀림하중에 의한 합성하중을 받는 경우

비틀림에 의한 응력은 인장응력이나 압축응력의 $\frac{1}{3}$을 넘는 일이 없으므로 수직하중의 $\frac{4}{3}$배 작용한 것으로 본다.

$$\frac{4}{3}W = \frac{1}{2}d^2\sigma_t, \quad d = \sqrt{\frac{8W}{3\sigma_t}}$$ (1.13)

③ 전단하중을 받는 경우

볼트는 일반적으로 축방향에 하중을 받으나 축의 직각방향에 하중이 작용하는 경우도 있다.

$$W_s = \frac{\pi}{4}d^2 \cdot \tau_a$$ (1.14)

여기서, d : 볼트의 바깥지름(mm)

τ_a : 전단응력

2) 너트의 높이 설계

$$W = \frac{\pi}{4}(d^2 - d_1^2) \cdot z \cdot q$$ (1.15)

$d_1 = 0.8d, \ d_e = \frac{d + d_1}{2}, \ h = \frac{d - d_1}{2}$ 라면 다음 식을 얻을 수 있다.

$$H = z \cdot p = \frac{W \cdot p}{\frac{\pi}{4}(d^2 - d_1^2)q} = \frac{W \cdot p}{\pi d_e hq} = 3.6\frac{W \cdot p}{d^2 \cdot q}$$ (1.16)

여기서, H : 너트의 높이(mm)

p : 나사의 피치(mm)

q : 나사의 접촉면압력(kgf/mm²)

W : 축방향에 작용하는 하중(kgf)

d : 바깥지름(mm)

d_1 : 골지름(mm)

z : 나사산 수

3) 나사로 어느 물체를 충분히 죄어서 고정할 경우

① 너트의 자리면 사이에 마찰을 이기기 위한 토크

$$T_1 = \mu \cdot Q \cdot \frac{d_e}{2}$$ (1.17)

② 나사를 체결하는 데 필요한 토크

$$T_2 = Q \cdot \frac{d_e}{2} tan(\alpha + \rho')$$ (1.18)

③ 너트를 돌리는 데 필요한 토크

$$T = T_1 + T_2 = \mu Q \frac{d_e}{2} + Q \frac{d_e}{2} tan(\alpha + \rho')$$ (1.19)

④ 스패너에 가한 모멘트

$$T = T_1 + T_2 = F \cdot l$$ (1.20)

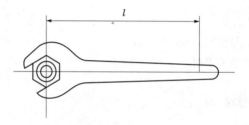

[그림 1-17] 스패너로 체결할 경우

4) 충격에 대한 응력

$$U = \frac{P\delta}{2} = \frac{Pl}{2AE} = \frac{P^2}{2k}$$ (1.21)

$$\left(\because \delta = \frac{Pl}{AE}, \quad k = \frac{AE}{l} \right)$$

$$P = \sqrt{2kU} = A \cdot \sigma_t = \frac{\pi}{4} d_1^2 \sigma_t$$ (1.22)

여기서, U : 볼트에 흡수되는 충격에너지(kgf · mm)

A : 볼트의 단면적(mm^2)

δ : 충격에 의하여 생기는 변형(mm)

E : 세로 탄성계수(kgf/mm^2)

l : 볼트의 길이(mm)

P : 충격에 의하여 생기는 힘(kgf)

베어링의 기본정정격하중과 기본동정격하중 및 베어링 수명 계산식

1. 베어링의 기본정정격하중과 기본동정격하중

1) 기본정적부하용량(basic static carrying capacity)

베어링이 정지된 상태에서 지지할 수 있는 부하용량을 말하며, KS규격에서는 다음과 같이 규정하고 있다. 즉 "최대 부하를 받고 있는 전동체와 궤도륜의 접촉부에 생기는 전동체의 영구변형량과 궤도륜의 영구변형량의 합이 전동체의 지름의 0.0001배가 되는 정적용량"으로 정하고, 이것을 기본정적부하용량 또는 기본정적정격하중(basic static load rating)이라 하며 C_0[kg]로 표시한다. 이 정적부하용량은 Hertz의 탄성이론으로부터 출발하여 Stribeck이 유도하였으며, 규격에 의한 C_0의 식은 다음과 같다.

① 레이디얼 볼 베어링 : $C_0 = f_0 i Z d^2 \cos \alpha$

② 레이디얼 롤러 베어링 : $C_0 = f_0 i Z l d \cos \alpha$

③ 스러스트 볼 베어링 : $C_0 = f_0 Z d^2 \sin \alpha$

④ 스러스트 롤러 베어링 : $C_0 = f_0 Z l d \sin \alpha$

　　여기서, i : 볼 또는 롤러의 열수
　　　　　　α : 접촉각
　　　　　　l : 롤러의 유효(접촉) 길이(mm)
　　　　　　Z : 1열 중의 볼 또는 롤러의 수
　　　　　　d : 볼 또는 롤러의 지름(테이퍼 롤러의 경우에는 평균지름)(mm)
　　　　　　f_0 : 베어링 각부의 모양, 가공정밀도 및 재료에 따라 정해지는 계수로서 KS규격에 규정되어 있다.

2) 기본동적부하용량(basic dynamic carrying capacity)

베어링이 회전 중에 지지할 수 있는 부하용량을 말하며, KS규격에는 다음과 같이 규정하고 있다. 즉 "내륜을 회전시키고 외륜을 정지시킨 조건하에서 동일한 크기와 재질의 베어링을 매개로 운전하였을 때 정격수명이 100만 회전이 되는 방향과 크기가 변동하지 않는 하중"으로 정의하였는데, 모든 사물의 통계적인 현상을 고려하여 동일한 크기와 재질의 베어링이 90% 이상 피로에 의한 손상을 일으키지 않고 100만회전에 달할 수 있는 하중을 말하며, 기본동적정격하중(basic dynamic road rating)이라고도 한다. 기본정격부하용량과 혼동을 일으키지 않을 때에는 단지 기본부하용량 또는 기본동적하중이라고 한다. 보통 C[kg]로 표시한다.

여기서 주어진 역할에 요구되는 회전수 또는 시간을 정격수명(rating life)이라 하는데, 수명을 시간으로 나타낼 경우에는 보통 500시간을 기준으로 한다. 따라서 100만회전의 수명은 $33.3 \times 60 \times 500 = 10^6$이므로 33.3rpm으로 500시간의 수명에 견디는 하중이 기본부하용량이 된다.

기본부하용량 $C[kg]$는 다음과 같은 식으로 KS규격에 제시되어 있다.

① 레이디얼 볼 베어링

  ㉠ $C = f_c (i \cos \alpha)^{0.7} Z^{2/3} d^{1.8}$: $d \leq 25.4mm$

  ㉡ $C = f_c (i \cos \alpha)^{0.7} Z^{2/3} 3.647 d^{1.4}$: $d > 25.4mm$

② 레이디얼 롤러 베어링 : $C = f_c (il \cos \alpha)^{7/9} Z^{3/4} d^{29/27}$

③ 스러스트 볼 베어링

  ㉠ $C = f_c Z^{2/3} d^{1.8}$: $\alpha = 90°$, $d \leq 25.4mm$

  ㉡ $C = f_c (\cos \alpha)^{0.7} \tan \alpha Z^{2/3} d^{1.8}$: $\alpha \neq 90°$, $d \leq 25.4mm$

  ㉢ $C = f_c Z^{2/3} \times 3.647 d^{1.4}$: $\alpha = 90°$, $d > 25.4mm$

  ㉣ $C = f_c (\cos \alpha)^{0.7} \tan \alpha Z^{2/3} \times 3.647 d^{1.4}$: $\alpha \neq 90°$, $d > 25.4mm$

④ 스러스트 롤러 베어링

  ㉠ $C = f_c l^{7/9} Z^{3/4} d^{29/27}$: $\alpha = 90°$

  ㉡ $C = f_c (l \cos \alpha)^{7/9} \tan \alpha Z^{2/3} \times 3.647 d^{29/27}$: $\alpha \neq 90°$

여기서, d : 전동체의 지름(mm)

Z : 1열마다의 전동체의 수

i : 전동체의 열수

l : 롤러의 유효(접촉)길이(mm)

f_c : 베어링 각부의 모양, 가공정밀도 및 재료에 따라 정해지는 계수로서 KS규격에 규정되어 있다.

2. 베어링의 수명 계산식

계산수명을 $L_n [rpm]$, 베어링 하중은 $P[kg]$, 기본 부하용량을 $C[kg]$라면

$$L_n = \left(\frac{C}{P} \right)^r \times (10^6 \text{회전단위}) \tag{1.23}$$

여기서, r : 지수

$r = 3$: 볼 베어링

$r = \dfrac{10}{3}$: 롤러 베어링

L_h를 수명시간이라면 $L_n = L_h \times 60 \times N$이 되므로

$$L_h = \frac{L_n \times 10^6}{60 \times N} = \left(\frac{C}{P}\right)^r \times \frac{10^6}{60 \times N}$$

그런데 $10^6 = 33.3\text{rpm} \times 500 \times 60$이 되므로

$$L_h = \left(\frac{C}{P}\right)^r \times \frac{33.3 \times 60 \times 500}{60 \times N} \tag{1.24}$$

$$\frac{L_h}{500} = \left(\frac{C}{P}\right)^r \times \frac{33.3}{N} \tag{1.25}$$

여기서, 볼 베어링의 경우

- 속도계수 : $f_n = \sqrt[3]{\dfrac{33.3}{N}}$

- 수명계수 : $f_h = \sqrt[3]{\dfrac{L_h}{500}}$

$$\therefore \ f_h = \frac{C}{P} \cdot f_n$$

또는

$$C = P \cdot \frac{f_h}{f_n} \tag{1.26}$$

안전한 설계를 위해서 베어링 수명은 계산결과 그 값을 내려 잡고, 기본 부하용량은 올려준다.

Section 18

컨베이어의 분류와 특징

1. 개요

컨베이어는 재료, 반제품, 화물 등의 물건을 연속적으로 실어 나르는 자동화된 기계장치로 비교적 가까운 곳으로 옮기는 데 쓰이며, 이것을 이용하여 높은 능률의 생산을 하는 조직을 컨베이어시스템이라고 한다. 생산공장에서 부품을 운반하거나 광산이나 항만 등에서 석탄, 광석, 화물의 운반, 건설공사에 필요한 모래, 자갈 등의 운반에 널리 사용되고 있다. 컨베이어장치를 처음 작업에 사용한 곳은 미국의 포드자동차공장으로

자동차를 대량생산하게 되었으며, 종류는 벨트컨베이어, 스크루컨베이어, 버킷컨베이어 등이 있다.

2. 컨베이어의 분류와 특징

1) 벨트컨베이어(belt conveyor)

(1) 특징

① 작업속도의 일정성과 ② 단위시간당의 작업량 변화가 극히 적으므로 시공관리상의 안정성이 보장되므로 최근에는 건설공사에서 많이 사용한다. 특히 batch plant 등에서의 골재운반용으로 꼭 필요한 설비이다.

(2) 구조 및 기능

① 벨트(belt) : 재료를 적재, 운반하는 부분품으로서, 그 종류에는 고무형, 강형, 직물제 등이 있고 그중에서 가장 많이 사용되는 것이 고무벨트이다.

② 롤러(roller)

　㉠ 캐리어롤러(carrier roller) : 벨트를 지지하는 부분품으로서 재료 적재, 운반할 때 지지

　㉡ 리턴롤러(return roller) : 되돌아 올 때 지지

　㉢ 안내롤러(guide roller) : 벨트가 벗겨지는 것 방지

　㉣ 완충롤러(unimpact roller) : 적하 시 충격 완화 등

③ 벨트차 : 벨트차는 두부에 구동차와 미부에 인장차가 있으며, 외경이 작을수록 경제적으로 유리하나 벨트의 수명과 구동상의 한도가 있다.

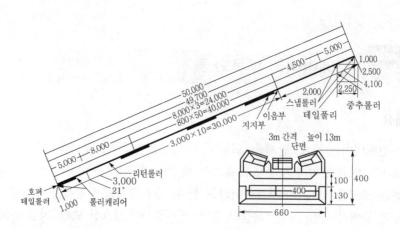

[그림 1-18] 벨트컨베이어

④ 벨트청소장치 : 흙 혹은 오물이 벨트의 표면에 부착되어 리턴롤러와 인장롤러에 영향을 미치는 것을 방지하기 위한 장치이다.

⑤ 역전방지장치 및 브레이크 : 경사컨베이어가 운반작업 중 정지할 때 적재물의 중량으로 인하여 역전하게 되는 것을 방지하기 위한 장치이다.

⑥ 적재장치 : 운반능력을 크게 하고 운반물을 항상 정량으로 연속적으로 공급하기 위하여 피더 슈트(feeder chute)를 사용하여 운반을 돕는 장치이다.

⑦ 구동장치 : 벨트차에 동력을 전달하여 컨베이어를 작동하는 장치이다.

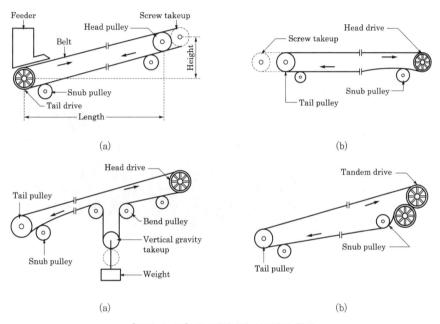

[그림 1-19] 벨트컨베이어 시스템의 형태

(3) 성능

벨트폭, 벨트속도, 전체길이, 최대 경사각도 등에 의하여 결정된다.

(4) 설비 설정 시 요구사항

① 운반재료의 성질 및 형태의 조사 : 운반재료의 최대 크기, 비중, 온도, 점착도, 입도분포 상태 등

② 소요운반량의 결정 : 콘크리트 및 아스팔트 혼합장치와 골재생산플랜트에 있어서 1일의 소요운반량과 작업시간이 결정되면 이것에 의하여 벨트컨베이어의 운반능력을 결정한다.

③ 위치와 전장의 결정 : 컨베이어의 위치와 전장은 조합하는 각 기계와의 상호관계를 고려하여 결정해야 한다.

④ 운반능력의 계산 : 벨트컨베이어의 운반능력은 벨트폭, 벨트속도, 운반재료의 종류에 의하여 결정되며, 벨트의 최대 폭은 운반재료의 크기에 제한을 받는다. 운반재료의 크기가 크면 벨트폭이 넓어야 하고, 운반량이 많으면 적은 입도의 재료라도 폭이 넓어야 한다. 벨트속도는 벨트폭이 넓을수록 크게 할 수 있으며, 벨트컨베이어에서 벨트속도가 너무 빠르면 운반재료가 미끄러지기 쉬우므로 재료와 경사각도에 적합한 벨트속도를 선택한다.

⑤ 소요동력 및 벨트의 유효장력을 구하여 벨트설계의 기준으로 삼는다.

[그림 1-20] 이동용 벨트컨베이어(Portable belt conveyor)

2) 스크루컨베이어

반원형의 U자형 단면을 가진 속에 긴 강판제의 스크루(screw)를 조합하고, 그 스크루의 회전 방향으로 분상의 시멘트 등을 운송하는 conveyor로서 경사가 있을 때에는 능력이 저하되므로 수평운반과 경사 15° 이내에서 많이 쓰인다. 유니폼과 자급식이 있다.

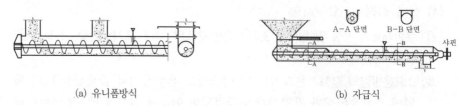

(a) 유니폼방식　　　　　　　　　　　　(b) 자급식

[그림 1-21] 나사형 컨베이어(Screw conveyor)

3) 버킷컨베이어

흐트러진 물건을 수직 혹은 경사 상태에서 운반하는 컨베이어로서, 짐을 배출하는 방법에 따라서 원심배출형, 완전배출형, 유도배출형으로 나눈다.

목재 혹은 강재의 통을 조립하고 정상부에 구동장치를, 저부에는 긴장장치를 하고, 중간에 벨트 혹은 체인에 버킷을 적당한 간격으로 달아 이의 회전에 따라 화물을 운반하게 하므로 통은 완전히 밀폐되고 방진, 방수장치가 있고, 배출구에는 슈트로 배출을 돕게 한다.

[그림 1-22] 버킷컨베이어(Bucket conveyor)

Section 19 **감속기(기어변속장치)의 소음진동 발생의 원인과 대책**

1. 개요

기어의 소음은 기어의 각종 설계요인, 제조요인, 조립요인 등에 의해 발생한다. 이러한 요인들에 의해 기어 사이에는 운동과 힘의 불완전한 전달이 이루어지며, 이러한 요인들을 통칭하여 전달오차라고 한다. 전달오차는 피동기어가 완전한 운동전달을 위하여 차지해야 하는 위치에 대하여 피동기어의 실제 위치 사이의 차이로 정의되며 회전각의 차이나 작용선을 따라 선형변위로 나타난다. 치합음(whine noise)은 각속도변화, 치형의 가공 정도, 열처리변형, 마모, 부하에 따라 변화하고, 치타음(rattle noise)은 기어의 반복되는 충돌과 저단구동 시에 발생한다.

2. 감속기(기어변속장치)의 소음진동 발생의 원인과 대책

1) Gear 소음의 원인

① 치물림률이 나쁠 때 : 물림 형상, 위치, 면적, 치물림 강약으로 판단

② Backlash : 회전 중 backlash의 크기가 변동하는 경우

③ 전달토크 : 기어축의 전달토크가 맥동하는 경우

④ Pitch : pitch error가 큰 경우(소음에 가장 큰 영향을 미침)

⑤ 치형 : 치형오차가 큰 경우(특히 +측 오차가 존재할 때), 실제 제일 중요

⑥ 치면조도 : 치면의 조도가 나쁠 때

⑦ 치홈 : 치홈의 runout이 있는 경우(소음의 주기적 변화 발생)

2) 소음진동대책

① 치물림률 : 회전 중 물려 있는 잇수를 일정하게 할 것

② 비틀림각 : 비틀림각을 크게 하면 소음이 작아짐

③ 중심거리 : 일반적으로 중심거리가 크면 소음에 유리

④ 치높이 : 고치-물림률 증가로 소음 감소(내구 불리)

⑤ 치폭 : 치폭이 넓으면 강성 증대 및 변형이 작아져 소음감소효과

⑥ 재질 : 열처리변형이 작은 재질이 유리

⑦ 치홈 : 치홈의 runout

Section 20 벨트컨베이어의 역전방지대책에 대해 기계적 방식 2가지를 예로 쓰고 작동방법 설명

1. 개요

벨트컨베이어의 역회전방지장치 기능은 경사컨베이어를 사용하는 때에는 정전·전압강하 등에 의해 운반물이 실린 채로 정지되었을 경우 오르막 경사컨베이어는 역회전이 발생하고, 내리막 경사컨베이어는 질주가 발생되므로 컨베이어의 역회전을 방지하는 역회전방지장치를 설치하여 상시 유효한 상태를 유지하도록 하여야 한다.

2. 역전방지를 위한 기계적 방식

1) 래칫에 의한 역전방지

래칫은 한쪽 방향으로만 회전이 되고, 반대방향 회전의 래칫 폴과 스프링에 의해서

회전을 하지 못하도록 한 메커니즘이다. 화물자동차의 적재화물의 안정장치 및 산업기계분야에서도 많이 활용하고 있다.

2) One way bearing에 의한 역전방지

One way bearing은 한쪽 방향으로만 회전할 때에는 베어링의 운동조건을 만족하지만, 반대방향으로 회전할 때에는 니들롤러가 서로 접촉을 하여 회전을 하지 못하는 구조를 가지고 있다. 그로 인하여 역전방지를 할 수 있다.

Section 21 롤러체인의 피치

1. 개요

롤러체인은 롤러링크와 핀링크를 교대로 연결한 것이며, 고속일수록 마멸이 없고, 잇수가 많을수록 마멸이 적다. 구조는 핀, 링크, 부시, 롤러 등을 조합한 것이며, 부시는 링크의 간격을 일정하게 유지하게 하며, 핀, 부시, 롤러가 3중으로 된다.

2. 롤러체인의 관계식

1) 체인의 링크 수

체인의 길이를 L, 링크의 수를 L_n, 피치를 p, 축간 거리를 C, 각 스프로킷의 잇수를 Z_1, Z_2라 하면 링크의 수는

$$L_n = \frac{L}{p} = \frac{2C}{p} + \frac{1}{2}(Z_1 + Z_2) + \frac{0.0253\,p\,(Z_2 - Z_1)^2}{C} \tag{1.27}$$

여기서, L_n은 계산 결과 소수점 이하는 반올림한다.

2) 체인의 길이

$$L = p \cdot L_n\,[\text{mm}] \tag{1.28}$$

3) 체인속도

$$v_m = \frac{\pi D N}{60 \times 1,000} = \frac{z p N}{60 \times 1,000}\,[\text{m/s}] \tag{1.29}$$

단, $\pi D = z p$

여기서, D : 피치원지름(mm)

N : 회전수(rpm)

4) 체인피치

$$p = \left(\frac{115,000}{N}\right)^{\frac{2}{3}}[\mathrm{mm}]$$

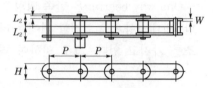

[그림 1-23]

Section 22 회전기계에 사용되는 굴림 베어링의 고장진단법

1. 개요

진동수 범위, 진동방향, crest factor 등을 조사하고 베어링의 이상을 고려하여 어느 정도 그것이 불평형이나 정렬불량, 기어나 베어링의 결함조건에 기인하고 있는가 등을 추정하는 것을 간이진단(primary diagnosis)이라고 한다.

간이진단은 다음과 같다.

① 설비에 이상이 없는가, 이상이 있다면 그것은 어느 정도인가를 명확히 한다(진동의 유무와 정도의 판정).

② 진동수 범위, 진동방향, 피크값과 O/A값, C/F값 등에 의해 대략의 원인을 명확히 한다(진동원인의 판별).

즉 ①의 진동 유무와 정도 판정에서는 절대판정법, 상대판정법 및 상호판정법의 3종류진단방법이 있고, ②의 진동원인 판별에는 진동수법, 진동방향법, 패턴법, crest factor법 등이 있다([그림 1-24] 참조).

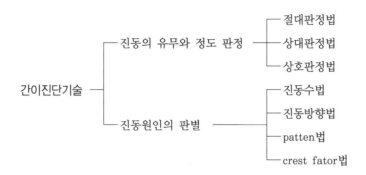

[그림 1-24] 간이진단기술의 구성

2. 회전기계에 사용되는 굴림 베어링의 고장진단법

1) 진동의 유무와 정도의 판정

(1) 절대판정법

　　진동치를 미리 결정된 기준(standard)과 비교하여 설비 상태를 판정하는 방법을 절대판정법이라고 한다. 이 진단방법에는 진동기준이 필요하며, 또한 중요하다.

① 설비의 수리, 폐기 여부
② 제품의 출하, 입고검사 합격 여부
③ 운전의 안전성
④ 제품의 품질
⑤ 동종 기기에 대한 구조적 안전성, 성능, 보전성

등의 비교·검토 등의 판단이나 자료로 이용한다.

(2) 상대판정법

　　정상 시에 이미 상당히 높은 진동을 보이고 있어서 절대판정법으로는 이상이라고 판정되지만 정상인 설비나 그 반대로 정상 시 1mm/s 미만의 미소한 진동밖에 발생하지 않는 설비, 또한 기준이 명확하지 않은 설비의 진동에서는 설비구입 시나 수리를 해서 정상으로 판단된 때의 진동에 대해 현재 상태에 몇 배가 되었는가를 조사하여 판정하는 방법이 선택된다. 이 진단법을 상대판정법이라고 한다.

　　상대판정법이 효과적인 대상으로서는 ISO 진동심각도를 기본으로 하면 다음과 같이 된다.

$$이상의\ 발생진동치 \geq 1.6 \times 초기치 \tag{1.30}$$

　　경험적으로 위 식이 타당한 것으로 생각된다.

(3) 상호판정법

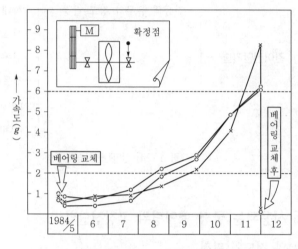

[그림 1-25] 가속도값의 변화

같은 종류, 같은 사양의 설비 중에서 다른 것보다도 진동이 높을 때를 이상으로 판정하는 진단방법을 상호판정법이라고 한다. 이 경우도 절대판정법이 적용될 수 없는 정상 시에 4mm/s를 넘어서는 설비나 정상 시에 1mm/s 미만인 설비 등에 적용하면 좋다.

2) 진동의 유무와 정도의 판정

(1) 진동수법

① 진동수 범위 : 진동법에 의한 설비진단의 포인트는 이상이 되면 진동레벨이 증가한다고 하는 것과 결함은 정해진 진동수를 발생한다고 하는 두 가지 사실이다. 전자는 이미 설명한 열화도판정에 이용되고, 후자는 진동원인판별에 이용된다.

진동의 변위영역, 속도영역, 가속도영역에서 진동수가 다르게 되므로 진단대상이 어느 영역에서 이상을 보이고 있는가에 따라 어느 정도 원인을 추정할 수 있다. 즉 구름 베어링의 레이스(race)에 박리가 생기거나 또는 기어의 이 끝이 마모되는 결함에 의한 진동은 국소적이므로 국소진동결함이라고도 한다. 이 부분에서는 높은 가속도를 발생시키지만 설비 전체를 진동시키지는 못한다([그림 1-26] 참조). 국소적이었던 결함은 곧 확대되어 설비 전체를 진동시키고(전체 진동결함이라고 한다), 그와 동시에 진동수는 높은 진동수로부터 낮은 진동수로 변화된다([그림 1-27] 참조).

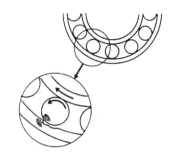

[그림 1-26] 레이스의 손상(국소 진동결함)

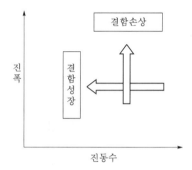

[그림 1-27] 결함성장에 의한 진동수와 진폭의 변화

[표 1-3]에 회전기계의 대표적인 결함과 발생진동수, 검출변위, 속도, 가속도의 영역을 나타낸다.

[표 1-3] 결함과 발생진동수

분류	결함	발생진동수	영역	
전체 진동 결함	oil whirl	약 100Hz까지	변위영역	속도영역
	불평형			
	정렬불량			
	축휨			
	헐거움			
	기초의 연약			
	모터의 전기적 이상			
국소 진동 결함	구름 베어링의 손상	약 5~30kHz		가속도영역
	구름 베어링의 접촉	6~7kHz		
	기어의 마모, 결손	수kHz~수십kHz		
	압축기 밸브판 손상	수kHz~수십kHz		

② 진동수특정법 : 제작 시에 기공이 있거나 회전부에 이물질이 부착 또는 탈락되면 원심력이 발생하고 그 불평형력으로 진동한다.

[그림 1-28]은 기공(blow hole)에 의해 발생한 원심력을 베어링으로 지지한 것을 나타낸다. 양쪽 베어링에서는 응력이 발생하므로 변위진폭이 가장 현저하게 나타난다. 게다가 그 진동수는 1회전에 1회, 즉 회전진동수 $f_0 = N/60$[Hz]으로 이동한다. 이것으로부터 진동원인이 불평형에 의한 것이라고 진단하는 데는 다음 두 가지를 검토한다.

㉠ 변위진폭이 크다.

㉡ f_0[Hz] 이외의 진동수성분은 없다. 즉, $2f_0$, $3f_0$와 같은 높은 진동수성분의 요인은 적다.

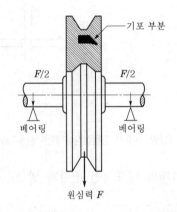

[그림 1-28] 기공에 의해서 생기는 불평형

(2) 진동방향법

① 불평형(unbalance) : 진동시험장치에서 2가지 베어링(pillow block)으로 지지된 원판 주위(φ 180 mm)에 7g과 12g의 추를 순서대로 부착하고, 반커플링 축 베어링에서의 진동을 측정하면 [그림 1-29]와 같이 된다.

V, H, A 3방향의 진동치는 분명히 V와 H, 특히 이 경우는 H방향이 크게 되고 있다. 일반적으로는 불평형은 반경방향(V 또는 H)으로 발생한다. 그것은 불평형에 의한 원심력이 축심에 대해서 직각으로 작용하므로 그때는 A방향으로도 진동이 발생하는 일이 있다. 예를 들면, 내다지(overhung)형 팬에서는 임펠러의 자중으로 축이 휘고, 불평형력은 A방향의 진동을 발생시키는 일이 있다.

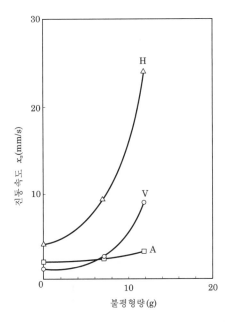

[그림 1-29] 불평형량에 대한 진동속도(측정점 ④)

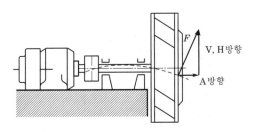

[그림 1-30] 내다지 회전체의 축 굽힘

② 정렬불량(misalignment) : 2개 이상의 회전기계를 접속할 때에 각각의 설비에서 회전축의 중심선이 정렬되지 않은 상태를 정렬불량이라고 한다. [그림 1-31]은 모터, 기어박스, 압축기에 정렬불량이 발생한 상태이고, 정렬불량을 발생시키는 원인으로는 ㉠ 제작불량, ㉡ 조립불량, ㉢ 축·하우징·base plate의 열팽창, ㉣ 설비다리부의 강성부족 등이다. 특히 커플링 제작불량과 커플링 중심불량에 의한 정렬불량이 많다.

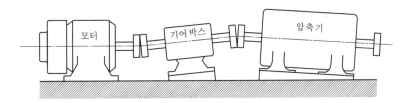

[그림 1-31] 정렬불량의 예

(3) 패턴법

전형적인 회전설비는 4개의 베어링(구동부 2개, 종동부 2개)으로 구성된다. 그러나, 이들 베어링이나 하우징, 기초 등의 강성은 항상 모두가 같지는 않다. 그래서, 설비에 이상이 발생하면 어떤 베어링에 특별히 발생하는 진동이나, 방향법에 의한 것도 고려해 두지 않으면 안 된다. 그래서, 베어링과 그곳에서의 방향을 포함해서 그린 그림을 작성하고, 이 그림으로부터 변화를 발견해서 진단하는 방법을 패턴법(pattern method)이라고 한다.

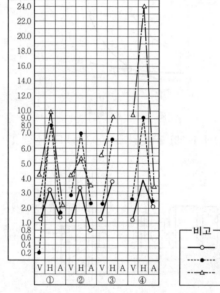

[그림 1-32] 불평형시험의 진동치데이터

(4) Crest factor법

구름 베어링에서의 진동은 전동체와 레이스의 접촉응력이 여진원이 되고, 그 진동수는 5~30kHz로 높다. 정상 상태에서의 파형은 [그림 1-33]의 (a)와 같다. 레이스에 손상이 발생하면 그 부분에서 전동체와의 접촉 시에 충돌 현상도 가해져 응력이 높아지고, 전동체 공전속도마다 발생한다. 이때의 파형은 [그림 1-33]의 (b)와 같이 된다. 또한 윤활유 공급이 끊어질 때는 메탈접촉으로 되어 [그림 1-33]의 (a)의 파형이 강조된 [그림 1-33]의 (c)와 같이 된다. 그래서 정상인 상태로부터 손상이 발생, 윤활유 공급이 중단되는 이상은 O/A값의 변화로 검출하지만, O/A값과 피크치 P와의 비인 C/F값에 의해서 대략적으로 [표 1-4]와 같이 두 종류의 이상을 판별할 수 있다. 이와 같이 crest factor를 사용하는 방법을 crest factor법이라고 한다.

Professional Engineer Industrial Machinery Facility

[표 1-4] 구름 베어링의 상태와 판별방법

구분	O/A치	피크치(P)	C/F
정상	↘	↘	1~2
손상	↗↗	↗↗↗	수 10~100
윤활 부족	↗↗	↗↗	수 10 내

Crest factor법은 구름 베어링 이외에 기어 이빨의 손상검출에도 좋다. 기어진동은 전달 시에 발생하는 접촉응력이라는 것이 알려져 있고, 접촉응력은 손상에 의해 변화한다. 예를 들면, 이의 절손 등이 있으면 충돌이 생기고, 진동레벨과 피크값이 높아지고 C/F값도 커진다. 시험장치에서는 C/F값이 20을 넘어서면 이의 절손으로 되는 것도 있지만, 기어에서는 구름 베어링만큼 명확히 되지 않는 부분도 있고, C/F값에 대해서도 상대적인 값을 이용하는 면이 좋은 것 같다.

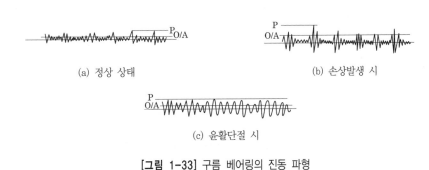

(a) 정상 상태   (b) 손상발생 시

(c) 윤활단절 시

[그림 1-33] 구름 베어링의 진동 파형

Section 23 | 스프링의 유효감김 수와 스프링 조합

1. 개요

탄성에너지를 축적하여 동력원으로 사용하는 시계 태엽(스파이럴스프링)이 있으며 하중과 변위의 비례관계를 이용한 힘 측정에는 용수철저울(인장코일스프링)이 있다. 일정한 힘을 연속적으로 주는 하중원으로 사용하며 진동/충격에너지를 흡수, 댐퍼와 병용하여 제진 및 완충장치로 사용하는 차량스프링(겹판스프링)이 있다.

2. 스프링의 유효감김 수와 스프링 조합

1) 코일스프링의 감김 수

① 총감김 수(온 감김 수)(n_t) : 코일의 끝에서 끝까지의 감김 수

② 자유감김 수(n_f) : 총감김 수에서 양 끝의 자리감김 수를 뺀 감김 수

③ 유효감김 수(n_a) : 스프링정수의 계산에 쓰이는 감김 수

④ 자리감김 코일스프링의 끝에 있어서 스프링으로서 작용하지 않는 부분

총감김 수와 유효감김 수와의 관계는 다음과 같다.

① 압축스프링에서 선단만이 다음 코일에 접하고 정수감김의 경우

$$n_a = n_t - 2$$

② 선단이 다음 코일에 접하지 않고 연마 부분의 길이가 양단 각각 x 감김의 경우

$$n_a = n_t - 2x$$

③ 인장코일스프링의 경우

$$n_a = n_t$$

2) 스프링상수(spring constant, K)

스프링에 단위의 변형을 주는 데 필요한 하중을 말한다.

$$K = \frac{하중[kg]}{휨[mm]} = \frac{W}{\delta}$$

스프링지수(C)는 코일의 평균 지름(D)과 재료의 지름(d) 또는 축과의 비를 말한다.

$$C = \frac{코일의\ 평균\ 지름}{재료의\ 지름} = \frac{D}{d}$$

3) 스프링상수 및 조합

① 스프링상수 : 스프링은 강도 외에 강성도 고려해야 하며, 이것을 스프링상수(spring constant)로 표시한다.

$$k = \frac{W}{\delta}$$

여기서, W : 스프링하중(kgf)

δ : W에 의한 변형률(cm)

② 스프링조합 : 스프링을 조합할 때는 직렬법과 병렬법이 있는데, 각 스프링의 스프링상수를 K_1, K_2, K_3, …로 하고 전체의 스프링정수를 K로 하면 다음 식과 같다.

[병렬법] $K = K_1 + K_2 + K_3 + \cdots\cdots$

[직렬법] $1/K = 1/K_1 + 1/K_2 + 1/K_3 + \cdots\cdots$

동심조합 코일스프링도 병렬식의 조합이다.

스프링은 강도 외에도 재료의 인장강도, 탄성한도, 탄성계수 또는 스프링의 가공법, 표면처리 등을 용도에 따라서 구분하여 설계·사용해야 한다.

Section 24 크랭크프레스를 설계할 때에 플라이휠의 설계과정

1. 회전 비균일도

회전 비균일도는 다음의 식 (1.31)로 정의된다.

$$C_f = \frac{\omega_{\max} - \omega_{\min}}{(\omega_{\max} + \omega_{\min})/2} \tag{1.31}$$

여기서, C_f : 회전비 균일도(-)

$\omega_{\max}$: 최대 각속도(rad/sec)

$\omega_{\min}$: 최소 각속도(rad/sec)

회전비 균일도의 제한은 크랭크프레스의 용도와 엔진으로부터 구동되는 형식에 따라 다르다. 예를 들면, 자동차용 엔진의 회전비 균일도는 플라이휠에서 1/150~1/300의 범위값을 갖는다. 그러나 참고치로서 직렬 4기통 4사이클 엔진의 1번 저널 베어링에서의 회전비 균일도는 약 1,400rpm에서 0.052이고, 3,800rpm에서는 0.009이며, 공진 시는 0.076이다.

[표 1-5]는 8차(3,460rpm)와 6차(4,620rpm)에서 댐퍼의 유무에 따른 1번 저널 베어링과 플라이휠에서의 계산된 회전비 균일도로서 참고치자료와 동일한 차수 안에 있음을 알 수 있다.

[표 1-5] 공진 rpm에서 댐퍼(감쇠 장치)가 있는 것과 없을 때의 속도변동의 비교

조건	위치	댐퍼가 없는 경우	댐퍼가 있는 경우
6th (4,620rpm)	1번째 저널 베어링	0.073	0.026
	플라이휠	0.013	0.012
8th (3,460rpm)	1번째 저널 베어링	0.052	0.026
	플라이휠	0.019	0.017

2. 크랭크프레스를 설계할 때에 플라이휠의 설계과정

크랭크축의 회전비 균일도는 저속에서 크며, 고속으로 갈수록 감소한다.

[표 1-5]에서 볼 수 있듯이 회전속도가 증가하면 플라이휠의 회전 불균일도가 감소하고, 1번 저널 베어링의 회전비 균일도는 증가한다. 이는 크랭크축의 고유 진동모드에서 보이듯이 저널 베어링에서 절점이 생기므로 플라이휠은 비틀림진동에 의한 회전속도의 증감이 크지 않으며, 회전속도의 증가로 플라이휠에 저장되는 에너지가 증가함에 따라 회전속도가 증가할수록 회전비 균일도는 감소한다. 크랭크프레스를 설계 시는 프레스의 용량과 금형의 설치높이에 따른 시뮬레이션으로 충분히 분석하여 고속과 저속 작업에서도 진동을 흡수하고 회전비 균일도를 최소화할 수 있는 데이터를 산출하므로 크랭크프레스와 진동과 정밀금형을 설치하여 초정밀부품을 가공할 수 있을 것이다.

Section 25 산업기계분야에서 CAE/CAD 시스템에 의해서 수행하는 설계업무의 적용사례

1. 개요

IT를 활용하기 위해서는 우선 제품모델(product model)을 EPD(Electronics Product Definition, 전자제품 정의)로 정의한다. 그 다음에 이 EPD정보를 PDM(Product Data Management system, 제품 데이터관리 시스템) 및 CALS(Commerce At Light Speed)에 연결하여 제조 관리·운영을 추진한다. 그리고 판매를 포함한 ERP(Enter-prise Re-source Planning, 기업자원계획)로 회사 전체 및 관련 회사 간에 디지털정보를 이용하여 전체적인 작업의 형태가 갖추어져야 한다.

가장 먼저 제품의 속성을 모두 디지털정보로 전환하는 것이 IT의 제1단계이다. 제품정보를 디지털화하면 여러 부문에서 그 정보를 이용(공유화)하는 것이 가능하며, 신속한 비즈니스가 전개될 수 있다. 그 결과 타사보다 앞선 제품제조가 가능해지며, 글로벌 전개에서의 기업생존이 가능해진다. 이와 같이 제품을 디지털정보화하여 정의하는 것을 EPD라 한다. 자사 내 조직뿐만 아니라 관련 회사에서도 공통 이용이 가능해져 제품제조의 리드타임이 단축되고 정확한 정보가 활용된다. EPD에 의해 정의된 제품은 제품모델(product model)로 생각해도 좋다. 여기서 특히 생산·제조부문의 제품정보는 요소 및 소재, 가공방법, 조립, 검사방법 등의 몇 개의 속성(屬性)정보로 구성된다.

CAE/CAD 시스템은 네트워크상의 제품모델을 EPD로 정의하고, 여기에 CAD로 형상(形狀)을 정의하고, CAE로 설계의 모든 조건을 해석하는 동시에, 시작·실험 후의 데이터를 가미한다. 그 다음에 CAM의 시뮬레이션으로 확인하고, PDM으로 CAM정보를 원활하게 CNC 공작기계류에 전송, 황삭, 정삭 가공을 실행하며, CAT인 금형 및 시작품 형상의 정밀도 및 품질을 검사·확인한 뒤 출하하는 수순이다.

2. CAE/CAD 시스템의 설계업무 적용사례

향후 21세기의 제조분야를 3차원 CAD/CAE/CAM-/CAT-/Network 시스템으로 전개할 때 각 부문 간의 공통의 의사소통을 촉구하는 모델이 필요하다. 즉 제품모델을 이용함으로써 자사뿐만 아니라 네트워크상에서 관련 회사 간의 디지털정보의 교환 및 공유화가 가능해진다.

구체적으로는 3차원 형상모델에 재질(치수, 물리계수 등), 정밀도(치수정밀도, 형상정밀도, 표면조도), 가공방법, 가공공정 등의 정보를 총망라한 것을 의미한다. CAD로 생성된 제품모델이 회사 전체에 전달되면 설계·제작·검사의 정보가 일원화, 즉 표준화된다.

CAD의 정보가 원활하게 CAE, CAM 그리고 CAT에 전송되면, 설계·제조·검사 각 부문의 관리 향상뿐만 아니라, 제품제조 결함의 축소, 결함 원인·대책의 발견, 제품원가의 절감, 제품품질의 향상 등이 기대되며, 효율이 크게 높아진다.

일례지만 프레스형 구조 설계·제작용의 솔리드의 제품모델의 CAD소프트웨어에서는 스케치솔리드기능, 파라메트릭기능, 부품속성 설정·변경기능, 어셈블리기능(표준부품조작기능), 프레스 금형 고유 형상작성기능, 가공속성지원기능, 도면작성지원기능 등에 의한 설계·제작을 수행할 수 있다.

① 스케치솔리드기능에서는 스케치도형에서 솔리드(입체)를 작성하고, 도면화·평가를 할 수 있다.

② 파라메트릭기능에서는 작성된 솔리드모델의 치수 및 형상 등의 관련 업무, 즉 형상변경 및 이력편집이 가능하다.

③ 부품속성 설정·변경기능은 표준 부품 및 실가공부품에 부품속성을 설정하고, 부품표, 수배정보를 작성하는 것이다.

④ 어셈블리기능(표준 부품조작기능)은 여러 가지 부품의 등록, 배치 설계 및 조립 시 부품끼리의 간섭 등을 체크하는 기능으로, 실제로 부착이 되는지의 여부를 검증할 수 있다.

⑤ 프레스금형의 고유 형상작성기능은 프레스형 구조부의 고유한 3차원 자유곡면을 포함한 다이페이스부의 프레스제품모델 형상을 작성하는 것이다.

⑥ 가공속성지원기능은 구멍가공, 바닥면가공, 경사면가공 등의 가공속성(사용하는 기계 및 공구 가공방향, CL, 절삭회전속도, 이송속도 등)의 설정, 편집, CAM으로의 데이터전송, 머시닝센터 등의 가공모델을 작성하는 것이다.

⑦ 도면작성지원기능은 오퍼레이터로의 도면데이터에 각종 정보를 자동적으로 부가한다.

⑧ 제품모델을 이용하면 CAM공정에서 새로운 능률의 향상과 가공노하우의 향상을 기대할 수 있다. 임의의 시간 및 위치에서의 공작물 형상 및 가공의 상태, 특히 공구와 공작물과의 관계가 정확히 확인이 가능하며, 가공의 부하상황을 리얼타임으로 검지하여 최악의 경우인 공구파손 등을 예상하는 것이 가능하다. 이 결과에 입각하면 공구에의 부하를 고려한 가공조건 등의 최적화를 꾀할 수 있다.

<h2>Section 26 강도에 의한 축의 설계</h2>

1. 기호 설명

강도에 의한 축의 설계에 적용되는 기호는 다음과 같이 정의한다.

여기서, d : 실축의 직경(cm)

d_1 : 중공축의 내경(cm)

d_2 : 중공축의 외경(cm)

H : 전달마력(PS)

H' : 전달마력(kW)

T : 축에 작용하는 비틀림모멘트(kgf·cm)

σ_a : 축의 허용굽힘응력(kgf/cm^2)

τ_a : 축의 허용전단응력(kgf/cm^2)

I : 축의 길이(cm)

Z : 단면계수(cm^3)

σ_b : 축의 굽힘응력(kgf/cm^2)

Z_P : 극단면계수(cm^3)

M : 축에 작용하는 굽힘모멘트(kgf·cm)

N : 축의 1분간의 회전수(rpm)

ω : 각속도($2\pi n/60$)

2. 강도에 의한 축의 설계

1) 굽힘모멘트(bending moment)만 받는 축

지름이 d인 축에 굽힘모멘트(M)가 작용하면 최대 굽힘응력(σ_b)은 다음과 같다.

$$\sigma_b = \frac{M}{Z}, \quad M = \sigma_b Z$$

① 실축

$$\sigma_b = \frac{M}{Z} = \frac{M}{\dfrac{\pi d^3}{32}} = \frac{32M}{\pi d^3} \tag{1.32}$$

$$d = \sqrt[3]{\frac{10.2M}{\sigma_b}} \fallingdotseq 2.17 \sqrt[3]{\frac{M}{\sigma_b}} \tag{1.33}$$

② 중공축(中共軸)

$$\sigma_b = \frac{32 d_2 M}{\pi (d_2^{\,4} - d_1^{\,4})} = \frac{10.2M}{d_2^{\,3}(1 - x^4)} \tag{1.34}$$

$$d_2 = \sqrt[3]{\frac{10.2M}{(1 - x^4)\sigma_b}} = 2.17 \sqrt[3]{\frac{M}{(1 - x^4)\sigma_b}} \tag{1.35}$$

여기서, $d_1/d_2 = x$

2) 비틀림모멘트(torsional moment)를 받는 축

$$\tau_a = \frac{T}{Z_P} = \frac{T}{\dfrac{\pi d^3}{16}} = \frac{16T}{\pi d^3} \tag{1.36}$$

$$d = \sqrt[3]{\frac{5.1T}{\tau_a}} = 1.72 \sqrt[3]{\frac{T}{\tau_a}} \tag{1.37}$$

$$H = \frac{T\omega}{75 \times 100} = \frac{T \times \dfrac{2\pi N}{60}}{75 \times 100} = \frac{2\pi NT}{75 \times 60 \times 100} \,[\text{PS}]$$

$$T = 71{,}620 \frac{H}{N} \,[\text{kgf} \cdot \text{cm}] \tag{1.38}$$

$$H' = H_{\text{kW}} = \frac{T\omega}{102 \times 100} = \frac{T \times \dfrac{2\pi N}{60}}{102 \times 100} = \frac{2\pi NT}{102 \times 60 \times 100} \,[\text{kW}]$$

$$\therefore T = \frac{97{,}400H'}{N} \,[\text{kgf} \cdot \text{cm}] \tag{1.39}$$

① 실축

H를 마력 PS로 표시하려면

$$\frac{\pi}{16}d^3\tau = 71{,}620\frac{H}{N}$$

$$d = \sqrt[3]{\frac{364{,}757.6H}{\tau_a N}} = 71.5\sqrt[3]{\frac{H}{\tau_a N}}\ [\text{cm}] \tag{1.40}$$

$\omega H'$을 kW로 표시하면 축의 지름은

$$d = 79.2\sqrt[3]{\frac{H'}{\tau_a N}}\ (\text{cm}) \tag{1.41}$$

② 중공축

$$d_1 = xd_2$$

$$\tau_a = \frac{T}{\dfrac{\pi}{16}\left(\dfrac{d_2^{\ 4} - d_1^{\ 4}}{d_2}\right)} = \frac{5.1\,T}{d_2^{\ 3}(1 - x^4)} \tag{1.42}$$

$$d_2 = \sqrt[3]{\frac{5.1\,T}{\tau_a(1 - x^4)}} = 1.72\sqrt[3]{\frac{T}{(1 - x^4)\tau_a}}\ [\text{cm}] \tag{1.43}$$

또는 축의 회전수 N과 마력 H, H'가 주어질 때

$$d_2 = 79.2\sqrt[3]{\frac{H'}{(1 - x^4)\tau_a N}}\ [\text{cm}] \tag{1.44}$$

$$d_2 = 71.5\sqrt[3]{\frac{H}{(1 - x^4)\tau_a N}}\ [\text{cm}] \tag{1.45}$$

중공축은 실체원축보다 외경이 약간 크나 무게는 가볍다. 강도와 변형강성도 크게 되므로 중공축의 편이 우수하다. 공사비가 비싸므로 육지 공장 등에서는 실체원축이 많이 사용되며, 하중이 가벼워야 되는 항공기, 선박 등에 쓰인다.

실체원축과 중공축의 강도가 같다고 하면 양축의 직경비는 다음과 같다.

$$\frac{d_2}{d} = \sqrt[3]{\frac{1}{1 - x^4}} \tag{1.46}$$

[그림 1-34]는 중공축의 내·외경비가 여러 가지로 변화하였을 경우의 전달토크와 축 중량이 같은 외경을 가진 실체원축과의 경우를 비교한 그림이다. $x = 0.5$인 중공축이 중량 감소가 24%인데 전달토크는 겨우 7% 정도만 감소하였을 뿐이다.

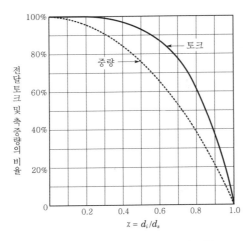

[그림 1-34] 전달토크 및 축중량의 비율

3) 굽힘모멘트와 비틀림모멘트를 동시에 받는 축(torsion combined shaft with bending)

대부분 회전하는 축의 비틀림모멘트 이외에도 축에 굽힘모멘트를 초래하는 기어, 풀리, 스프로킷, 시브 등을 부착하고 있다. 따라서 굽힘모멘트를 감소시키기 위하여 가능한 베어링(축받침) 가까이에 이러한 부속물을 부착하여야 한다. 연성재료로 만들어진 축의 설계는 최대 전단응력설에 의거하여야 한다. 그러므로 굽힘모멘트와 비틀림모멘트가 동시에 작용할 때 축에 발생하는 최대 전단응력을 결정해야 한다. 취성재료에서는 최대 주응력설에 의하여 설계해야 한다.

[그림 1-35]와 같이 굽힘과 비틀림을 동시에 받는 축의 임의의 단면 mm에 있어서 A점 및 B점의 미소 부분의 응력 상태를 표시하면 [그림 1-35]의 (b)와 같다.

$$\sigma_{\max} = \frac{1}{2}\sigma + \frac{1}{2}\sqrt{\sigma^2 + 4\tau^2} \tag{1.47}$$

$$\tau_{\max} = \frac{1}{2}\sqrt{\sigma^2 + 4\tau^2} \tag{1.48}$$

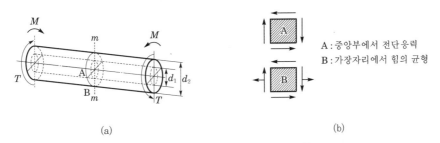

A : 중앙부에서 전단응력
B : 가장자리에서 힘의 균형

(a)　　　　　　　　　(b)

[그림 1-35] 굽힘과 비틀림을 받는 축

최대 주응력설에 의한 상당굽힘응력(equivalent bending stress) σ_e는 다음 식과 같다.

$$\sigma_e = \frac{\sigma}{2} + \frac{1}{2} \cdot \sqrt{\sigma^2 + 4\tau^2} \tag{1.49}$$

최대 전단응력설에 의한 상당비틀림응력(equivalent twisting stress) τ_e는 다음 식과 같다.

$$\tau_e = \frac{1}{2}\sqrt{\sigma^2 + 4\tau^2} \tag{1.50}$$

식 (1.32) 및 식 (1.33)을 위 식에 대입하면 다음과 같이 얻어진다.

$$\sigma_{\max} = \sigma_e = \frac{1}{2}\sigma + \frac{1}{2}\sqrt{\sigma^2 + 4\tau^2} = \frac{32}{\pi d^3} \times \frac{1}{2}(M + \sqrt{M^2 + T^2})$$
$$= \frac{1}{Z_P}(M + \sqrt{M^2 + T^2}) \tag{1.51}$$

$$\tau_{\max} = \frac{1}{2}\sqrt{\sigma^2 + 4\tau^2} = \frac{16}{\pi d^3}\sqrt{M^2 + T^2} = \frac{1}{Z_P}\sqrt{M^2 + T^2} \tag{1.52}$$

이 $\sigma_{\max}$와 같은 크기의 최대 굽힘응력을 발생시킬 수 있는 순수 변곡 모멘트를 상당굽힘모멘트(equivalent bending moment)라고 부르며, 그 크기는 다음과 같다.

$$\sigma_{\max} \cdot Z = \sigma_e \cdot Z = M_e = \frac{1}{2}(M + \sqrt{M^2 + T^2}) \tag{1.53}$$

또 $\tau_{\max}$와 같은 크기의 비틀림 최대 전단응력을 발생시킬 수 있는 비틀림모멘트를 상당비틀림모멘트(equivalent twisting moment)라고 부르며, 그 크기는 다음과 같다.

$$T_e = \tau_{\max} Z_p = \sqrt{M^2 + T^2} \tag{1.54}$$

축의 파손이 최대 변형에 기인한다면 상당응력 σ_e로서 파손하지 않기 위해서는 σ_e가 σ_a보다 작아야 한다고 상브낭이 주장하였다.

$$\varepsilon_{\max} = \varepsilon_1 = \frac{1}{E}\left[\sigma_1 - \frac{1}{m}(\sigma_2 + \sigma_3)\right] \tag{1.55}$$

$$\sigma_2 = \sigma_{\min}, \ \ \sigma_1 = \sigma_{\max}, \ \ \sigma_3 = 0$$

이 식에 식 (1.47)과 $\sigma_{\min} = \frac{1}{2}\sigma - \frac{1}{2}\sqrt{\sigma^2 + 4\tau^2}$ 을 대입하면 다음 식과 같다.

$$\varepsilon_1 = \frac{1}{E}\left(\frac{\sigma}{2} + \frac{1}{2}\sqrt{\sigma^2 + 4\tau^2}\right) - \frac{1}{m}\frac{1}{E}\left(\frac{\sigma}{2} - \frac{1}{2}\sqrt{\sigma^2 + 4\tau^2}\right)$$

$$= \frac{1}{E}\left(\frac{m-1}{2m}\sigma + \frac{m+1}{2m}\sqrt{\sigma^2 + 4\tau^2}\right) \tag{1.56}$$

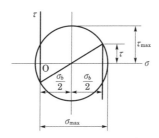

[그림 1-36] Mohr circle

즉 $\sigma_a \geq \sigma_e = \varepsilon_1 E = \frac{m-1}{2m}\sigma + \frac{m+1}{2m}\sqrt{\sigma^2 + 4\tau^2}$ (1.57)

여기서, ε_1 : 최대 변형률

E : 종탄성계수

m : 푸아송의 수

σ_e : 상당굽힘응력

M과 T의 성질이 다른 경우에 양자에 대한 허용응력을 바꾸어야 한다고 Bach는 주장하였다. 그래서 τ 대신에 $\alpha_0\tau$를 사용한다.

$$\sigma_a \geq \sigma_e = \varepsilon_1 \cdot E = \frac{m-1}{2m}\sigma + \frac{m+1}{2m}\sqrt{\sigma^2 + 4(\alpha_o\tau)^2} \tag{1.58}$$

$$\alpha_o = \frac{m}{m+1} \cdot \frac{\sigma_a}{\tau_a}$$

위의 식에 $M = Z \cdot \sigma$, $T = Z_p \cdot \tau$, $m = \frac{10}{3}$을 대입하면 다음 식과 같다.

$$M_e = 0.35M + 0.65\sqrt{M^2 + \alpha_o^2 T^2} \leq \frac{\pi d^3}{32}\sigma_b \tag{1.59}$$

$$\alpha_o = \frac{10}{13} \cdot \frac{\sigma_a}{\tau_a}$$

이상을 축의 파손이 최대 상당굽힘응력에 의한 것인지, 최대 전단응력에 의한 것인지, 최대 변형에 의한 것인지를 선택하여 결정해야 한다.

최대 주응력설에 의한 식은 다음과 같다.

$$M_e = \frac{1}{2}\left(M + \sqrt{M^2 + T^2}\right)$$ (1.60)

최대 전단응력설에 의한 식은 다음과 같다.

$$T_e = \sqrt{M^2 + T^2}$$

최대 변형률설에 의한 식은 다음과 같다.

$$M_e = 0.35M + 0.65\sqrt{M^2 + (\alpha_o T)^2}$$

단, $\alpha_o = \sigma_a / 1.3\tau_a$, $\alpha_o = 0.47 \sim 1.0$ (연강이면 0.47이다.)

   연성재료의 축(steel) : 최대 전단응력설(guest equation)

   취성재료의 축(cast iron) : 최대 주응력설(rankin equation)

등이 많이 사용된다.

① 실체원축의 설계는 다음 식에서 축의 지름 d를 정한다.

　㉠ 연성재료

$$\tau = \frac{16}{\pi d^3}\sqrt{M^2 + T^2}$$ (1.61)

$$d = \sqrt[3]{\frac{16}{\pi}\frac{1}{\tau}\sqrt{M + T^2}}$$ (1.62)

　㉡ 취성재료

$$\sigma = \frac{32}{\pi d^3} \times \frac{1}{2}\left(M + \sqrt{M^2 + T^2}\right) = \frac{16}{\pi d^3}\left(M + \sqrt{M^2 + T^2}\right)$$ (1.63)

$$d = \sqrt[3]{\frac{16}{\pi}\frac{1}{\sigma}\left(M + \sqrt{M^2 + T^2}\right)}$$ (1.64)

② 중공축의 설계는 다음 식에서 축의 지름 d를 정한다.

　㉠ 연성재료

$$\tau = \frac{16}{\pi(1 - x^4)d_2^{\,3}}\sqrt{M^2 + T^2}$$ (1.65)

$$d_2 = \sqrt[3]{\frac{16}{\pi}\frac{1}{(1 - x^4)}\frac{1}{\tau}\sqrt{M^2 + T^2}}$$ (1.66)

ⓛ 취성재료

$$\sigma = \frac{16}{\pi(1-x^4)d_2{}^3}\left(M+\sqrt{M^2+T^2}\right) \tag{1.67}$$

$$d_2 = \sqrt[3]{\frac{16}{\pi(1-x^4)\sigma}\left(M+\sqrt{M^2+T^2}\right)} \tag{1.68}$$

예제

지름이 60mm인 중실축과 비틀림강도가 같고 무게가 70%인 중공축의 바깥지름과 안지름을 구하여라.

풀이 비틀림강도가 같다는 조건으로부터

$$d^3 = d_2{}^3(1-n^4) \quad \cdots\cdots\cdots\cdots\cdots ①$$

다음에 중공축과 중실축의 중량비를 x라고 하면

$$x = \frac{d_2{}^2 - d_1{}^2}{d^2} = \frac{d_2{}^2(1-n^2)}{d^2} \quad \cdots\cdots\cdots\cdots ②$$

따라서 식 ①, ②를 연립시켜 풀면 d_2, d_1을 구할 수 있다.

식 ①로부터

$$\left(\frac{d}{d_2}\right)^3 = (1-n^4) = (1-n^2)(1+n^2) \quad \cdots\cdots ③$$

식 ②로부터

$$(1-n^2) = \left(\frac{d}{d_2}\right)^2 x \ \ 및 \ \ n^2 = 1 - \left(\frac{d}{d_2}\right)^2 x \quad \cdots\cdots ④$$

식 ④를 식 ③에 대입하면

$$x^2\left(\frac{d}{d_2}\right)^2 + \left(\frac{d}{d_2}\right) - 2x = 0$$

이것을 (d_1/d_2)에 관하여 풀면

$$\left(\frac{d}{d_2}\right) = \frac{-1 \pm \sqrt{1+8x^3}}{2x^2}$$

$(d/d_2) > 0$이어야 하므로 $(-)$의 부호를 버리고 $x=0.7$이므로

$$\left(\frac{d}{d_2}\right) = \frac{\sqrt{1+8\times0.7^3}-1}{2\times0.7^2} = 0.954$$

$d = 60\,\text{mm}$이므로

$$d_2 = d/0.954 = 60/0.954 = 63\,\text{mm}$$

식 ①로부터

$$n = \sqrt[4]{1-\left(\frac{d}{d_2}\right)^3} = \sqrt[4]{1-0.954^3} = 0.603$$

$$d_1 = nd_2 = 0.603\times63 = 38\,\text{mm}$$

Section 27

표준 규격

1. 개요

생산성을 높이기 위하여 각 기계마다 많이 사용하고 있는 기계요소(형상, 치수, 재료 등)를 규격화시켜 놓으면 고정밀도의 제품을 정확하고 신속하게 저렴한 가격으로 제작 가능할 뿐만 아니라 교환성이 있고 생산자나 수요자가 편리하며 경제적이다.

2. 각국의 산업규격

우리나라에서는 1962년에 규격화가 제정되기 시작하였다. 국제적 표준화로서는 1928 년 ISA(만국규격통일협회, International federation of the national Standardizing Association)가 설립되고 제2차 세계 대전으로 일단 정지되었다가 다시 1949년 ISO(국제 표준화기구, International Standardization of Organization)가 설립되어 국제규격이 제정되었다. 각국의 규격은 [표 1-6]에서 참고하고, KS에 의한 각 부 분류번호는 [표 1-7]을 참조한다. [표 1-8]은 기계 부분의 분류기호이다.

[표 1-6] 각 국의 산업규격

국명	제정연도	규격기호	국명	제정연도	규격기호
영국	1901	BS	이탈리아	1921	UNI
독일	1917	DIN	일본	1921	JIS
프랑스	1918	NF	오스트레일리아	1921	SAA
스위스	1918	VSM	스웨덴	1922	SIS
캐나다	1918	CFSA	덴마크	1923	DS
네덜란드	1918	N	노르웨이	1923	NS
미국	1918	ASA	핀란드	1924	SFS
벨기에	1919	ABS	그리스	1933	ENO
헝가리	1920	MOSZ	한국	1962	KS

[표 1-7] KS의 부문별 기호

분류기호	부품	분류기호	부품
KS A	기초	KS H	식료품
KS B	기계	KS K	섬유
KS C	전기	KS L	요업
KS D	금속	KS M	화학
KS E	광산	KS P	의료
KS F	토목 · 건축	KS V	조선
KS G	일용품	KS W	항공

[표 1-8] KS B(기계부문)의 규격번호와 제정사항

분류번호	제정사항
B 0001~B 0903	기계기본(제도, 나사, 각종 시험방법 등)
B 1001~B 2977	기계요소(볼트, 너트, 키, 플랜지, 베어링, 밸브 등)
B 3001~B 3402	기계공구(스패너, 바이스, 렌치, 드릴, 리머, 탭 등)
B 4001~B 4904	공작기계(각종 공작기계의 정밀도검사 등)
B 5201~B 5531	측정 계산용 기계기구, 물리기계(각종 게이지 및 시험기 등)
B 6001~B 6404	일반기계(소형 육형, 내연기관, LPG용기, 각종 펌프시험방법 등)
B 7001~B 7791	산업기계(가정용 미싱, 탈곡기, 정미기, 분무기 등)
B 8001~B 8036	자전거(시험방법 및 각종 부품)
B 9002~B 8762	철도용품, 선반용 부품 및 밸브 등
B 9111~B 9018	자동차(부품 및 시험 측정방법 등)
B 9201~B 9145	시험검사방법(자동차의 각종 시험방법 등)
B 9301~B 9217	공통부품(자동차용 부품 등)
B 9401~B 9313	기관(자동차 기관용)
B 9501~B 9439	차체(자동차용)
B 9501~B 9545	전기장치설비(자동차용)
B 9701~B 9703	수치조정시험기구(자동차용)

Section 28 재료 파괴의 4가지 학설과 비교

1. 재료파단에 대한 4가지 학설

재료의 파단에 대한 학설은

첫째, 최대 응력설(maximum stress theory)로서 가장 큰 응력 σ_x가 재료의 단순 인장강도 또는 그 항복응력(σ_y)과 같게 되었을 때 재료의 파단이 생긴다는 가장 오래된 학설이며, 이것은 연신율 5% 이하의 취성재료에 사용된다. 파손조건은 $\sigma_x = \sigma_y$이다.

둘째, 최대 변율설은 연성재료에 있어서 가장 큰 단위변율(unit strain)이 단순 인장에 있어서 항복점의 단위변율과 같게 되든지, 또는 가장 작은 단위변율이 단순 압축에 있어서 항복점의 단위변율과 같을 경우 그 재료가 파단한다는 학설이다.

[그림 1-37]에서 이때의 파단조건은 다음과 같다.

$$\frac{\sigma_x}{E} - \frac{1}{mE}(\sigma_y + \sigma_x) = \frac{\sigma_{ty}}{E} \tag{1.69}$$

또는

$$\frac{\sigma_z}{E} - \frac{1}{mE}(\sigma_x + \sigma_y) = \frac{\sigma_{cy}}{E} \tag{1.70}$$

이다.

여기서, σ_{ty} : 단순 인장인 경우의 항복점

σ_{cy} : 단순 압축인 경우의 항복점

m : Poisson's number

E : 종탄성계수

셋째, 최대 전단응력설(maximum shear theory)은 어느 재료의 최대 전단응력이 단순 인장의 경우의 최대 전단응력과 같게 되었을 경우에 파단이 생긴다는 것으로, $\sigma_{ty} = \sigma_{cy}$와 같은 특성을 가진 연성재료에 비교적 잘 맞다는 실험결과도 있고 일반적으로 널리 사용되고 있다.

[그림 1-37]에서 $\tau_{\max}$는 최대와 최소의 주응력의 $1/2$과 같으므로 연신율이 25% 이상의 연성재료에서는 최대 전단응력설을 적용하고, 5~25%의 중간 연성재료에서는 최대 주응력설과 최대 전단응력설 모두 고려된다.

$$\sigma_{\max} - \sigma_{\min} = \sigma_y$$

$$\tau_{\max} = \frac{1}{2}(\sigma_{\max} - \sigma_{\min}) = \frac{1}{2}\sigma_y$$

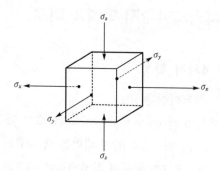

[그림 1-37] 단위 부분의 응력 상태

넷째, 최대 변형에너지설(maximum strain energy theory)은 어떤 응력 상태에서 단위체적당 변형에너지가 단순 인장의 경우의 항복점에 있어서 단위체적마다의 변형에너지와 같을 때 파단이 생긴다는 학설로 어느 재료의 항복점을 결정하는 기초가 되고 이론적으로 많이 쓰인다. 또한 취성재료에는 쓰이지 않고 연성재료에 광범위하게 쓰인다.

[그림 1-37]에서 단위체적당 변형에너지 U는 다음과 같다.

$$U = \frac{\sigma_x \varepsilon_x}{2} + \frac{\sigma_y \varepsilon_y}{2} + \frac{\sigma_z \varepsilon_z}{2} \tag{1.71}$$

훅의 법칙에서

$$\varepsilon_x = \frac{1}{E}\left\{\sigma_x - \frac{1}{m}(\sigma_y + \sigma_z)\right\}$$

$$\varepsilon_y = \frac{1}{E}\left\{\sigma_y - \frac{1}{m}(\sigma_z + \sigma_x)\right\} \qquad (1.72)$$

$$\varepsilon_z = \frac{1}{E}\left\{\sigma_z - \frac{1}{m}(\sigma_x + \sigma_y)\right\}$$

따라서 변형에너지는

$$u = \frac{1}{2E}\left\{\sigma_x{}^2 + \sigma_y{}^2 + \sigma_z{}^2 - \frac{2}{m}(\sigma_x \sigma_y + \sigma_y \sigma_z + \sigma_z \sigma_x)\right\}$$

이때 u가 $\dfrac{\sigma_r{}^2}{2E}$와 같다고 놓으면 항복조건은 다음과 같이 된다.

$$\sigma_r = \sqrt{\sigma_x{}^2 + \sigma_y{}^2 + \sigma_z{}^2 - \frac{2}{m}(\sigma_x \sigma_y + \sigma_y \sigma_z + \sigma_z \sigma_x)} \qquad (1.73)$$

2. 파단설의 비교

인장응력 σ_x와 압축응력 σ_c의 크기가 같고 x축과 45°인 면에 작용하는 최대 전단응력 $\tau_{\max}$는 다음과 같이 된다.

$$\tau_{\max} = \sigma_x = -\sigma_c$$

이 면에 수직응력이 작용하지 않으므로 이것은 단순 전단의 경우가 된다. 여러 가지 재료의 항복조건은 다음과 같이 쓸 수 있다.

① 최대 응력설 : $\tau_{\max} = \sigma_y$

② 최대 전단응력설 : $\tau_{\max} = \dfrac{1}{2}\sigma_y$

③ 최대 변형설 : $\tau_{\max} = \dfrac{m^2 \sigma_r{}^2}{m+1}$

④ 최대 변형에너지설 : $\tau_{\max} = \dfrac{m^2 \sigma_r}{\sqrt{2(m+1)}}$

강에 대하여는 위의 식에서 $\dfrac{1}{m} = 0.3$으로 잡으면 된다.

Section 29

안전율의 정의와 선정 시 고려사항

1. 안전율의 정의

기초강도(σ_t : 인장강도, 극한강도)와 허용응력(σ_a)과의 비를 안전율(safety factor)이라 하고 다음과 같이 쓴다.

$$S_f = \frac{\sigma_t}{\sigma_a} = \frac{극한강도}{허용응력} \tag{1.74}$$

안전율 S_f는 응력 계산의 부정확이나 부균성재질의 부신뢰도를 보충하고 각 요소가 필요로 하는 안전도를 갖게 하는 수이며 항상 1보다 크다.

사용 상태(working stress)에 있어서 안전율은 다음 식과 같다.

$$사용응력의 \ 안전율 \ S_w = \frac{\sigma_t}{\sigma_w} = \frac{극한강도}{사용응력} \tag{1.75}$$

항복점에 달하기까지의 안전율은 다음 식과 같다.

$$항복점에 \ 대한 \ 안전율 \ S_{yp} = \frac{\sigma_{yp}}{\sigma_a} = \frac{항복응력}{허용응력} \tag{1.76}$$

2. 안전율의 선정 시 고려사항

① 재질 및 그 균질성에 대한 신뢰도(전단, 비틀림, 압축에 대한 균질성)
② 하중견적의 정확도의 대소(관성력, 잔류응력 고려)
③ 응력 계산의 정확의 대소
④ 응력의 종류 및 성질의 상이
⑤ 불연속 부분의 존재(단 달린 곳에 응력집중, notch effect)
⑥ 공작 정도의 양부

3. 경험적 안전율

여러 가지 인자를 고려하여 결정되는 조건들이 있으나 경험에 의하여 결정되는 경우가 많다. 특히 Unwin은 극한강도를 기초강도로 하여 안전율을 제창하며, 그 외에도 경험적으로 안전율을 많이 발표하였다. 정하중에 대한 안전율로서 주철(3.5~8), 강, 연철(3~5), 목재(7~10), 석재, 벽돌(15~24) 등이다. [표 1-9]에서는 정하중, 동하중의 안전율을 나타낸다.

[표 1-9] Unwin의 안전율

재료명	정하중	반복하중		변동하중 및 충격하중
		편 진	양 진	
주철	4	6	10	12
강철	3	5	8	15
목재	7	10	15	20
석재, 벽돌	20	30	—	—

Section 30 피로파괴의 정의와 발생원인

1. 정의

방향이 변동하는 응력에 의해서 발생하는 파괴를 피로 혹은 피로파괴라고 한다. 피로파괴의 응력은 취성파괴와 같이 높지 않으며, 따라서 피로파괴는 그 재료가 가지는 인장강도 이하의 낮은 응력에서도 일어난다. 이때 그 재료가 피로파괴를 일으키지 않고 견딜 수 있는 최대의 응력을 피로한도(fatigue limit)라고 한다.

2. 피로현상의 원인

계속적으로 반복되는 하중에 의해서 미소한 크랙(crack)이 반드시 표면에 발생하고, 슬립(slip)선의 가운데라든지, 슬립선에 평행하게 발생한다. 이러한 슬립변형은 운동이 용이한 전위 또는 비금속개재물의 응력집중에 의해서 일어나는 것이 일반적이며, 일단 슬립이 발생하면 응력집중을 일으켜 그 근처에 큰 슬립을 유발시키고 잇달아 미시크랙이 발생한다.

미시크랙은 거시크랙으로 전파되고, 결국은 부재의 종피로파괴를 가져오게 된다. 피로현상은 다음과 같은 여러 가지 원인들에 의하여 파괴에 영향을 미친다.

① 노치(notch) : 응력집중에 영향을 미친다.
② 치수효과 : 치수가 크면 피로한도가 저하된다.
③ 표면거칠기 : 표면의 다듬질 정도가 영향을 미친다.
④ 부식 : 부식작용이 있으면 피로한도의 저하가 심하다.
⑤ 압입가공 : 억지 끼워맞춤, 때려박음 등에 의한 변율이 영향을 준다.
⑥ 기타 : 하중의 반복속도와 온도도 영향을 준다.

응력집중과 노치

1. 응력집중

α는 형상계수라고도 칭하며, 기하학적으로 상사이면 물체의 대소와 재질 등에 무관하며 하중 상태에 따라 다르다. 일반적으로 다음과 같은 관계가 있다.

인장 > 굽힘 > 비틀림

기계에서는 구조상 단면의 치수와 형상이 갑자기 변화하는 부분이 있다. 이것을 일반적으로 노치(notch)라 하고, 노치 근방에 발생하는 응력은 노치를 고려하지 않는 역학적 계산에 의한 응력-공칭응력(σ_{nor} 또는 τ_{nor})보다 매우 불규칙하고 상당히 큰 응력이 된다. 이와 같이 노치 근방에 집중응력이 발생하는 현상을 응력집중(stress concentration)이라 부른다.

2. 응력집중계수

최대 응력을 공칭응력으로 나눈 값은 응력집중의 정도를 표시한 값으로 응력집중계수(stress concentration factor)라 부른다.

$$응력집중계수(\alpha) = \frac{최대\ 응력}{공칭응력} = \frac{\sigma_{\max}}{\sigma_o}\left(= \frac{\tau_{\max}}{\tau_o}\right)$$

[그림 1-38] 응력 상태의 예

[그림 1-38]에서 나타난 것도 저자의 광탄성시험에 따른 응력집중 상태를 나타내는 것이다.

Section 32 크리프(creep)

1. 크리프와 크리프 스트레인

기계재료가 고온에서 하중을 받으면 [그림 1-39]에서와 같이 순간적으로 기초변율이 생기고 시간이 경과함에 따라 서서히 증가되는 변형이 생겨 파단하게 된다. 이와 같이 재료가 어떤 온도 밑에서 일정한 하중을 받으며, 얼마동안 방치해 두면 스트레인(strain)이 증대하는 현상을 크리프라고 한다. 크리프에 의하여 생긴 스트레인을 크리프 스트레인(creep strain)이라고 한다.

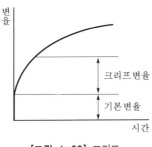

[그림 1-39] 크리프

2. 크리프를 고려한 허용응력

크리프를 고려한 허용응력은 장시간 고온으로 응력을 받는 부재의 파손은 크리프강도를 취하여 안전율로 나눈 허용응력을 결정하는 법과 사용 중에 일어날 수 있는 변형의 총량이 허용치 이내에 있는 응력으로서 허용응력을 취하는 방법도 있다.

① 허용응력$= \dfrac{\text{creep강도}}{\text{안전율}}$

② 허용응력=변형총량×허용치 내 응력

[그림 1-40]은 응력과 크리프관계를 온도가 일정할 때의 변화과정을 나타낸다.

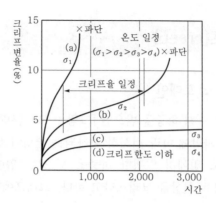

[그림 1-40] 응력과 크리프

Section 33 치수공차와 끼워맞춤의 종류

1. 개요

공차와 끼워맞춤은 기계를 구성하는 데 필수 불가결한 요소이며, 가공하는 부품의 허용치를 나타내는 기준으로 삼고 있다. KS에서 끼워맞춤은 세 가지로 규정하고 있다.

2. 치수공차와 끼워맞춤의 종류

1) 끼워맞춤방법

① 현장맞춤방식(touch work system)

② 게이지방식(gauge system)

   ㉠ 표준 게이지방식(standard gauge system)

   ㉡ 한계 게이지방식(limit gauge system)

     • 구멍 기준식 : 각종 축을 한 종류의 구멍에 맞춤

     • 축 기준식 : 각종 구멍을 한 종류의 축에 맞춤

2) 끼워맞춤의 종류(KS B 0401)

끼워맞춤의 종류는 헐거운 끼워맞춤(running fit), 중간 끼워맞춤(sliding fit), 억지 끼워맞춤(tight fit)이 있으며, 정의와 계산 예는 [표 1-10]과 같다.

[표 1-10] 끼워맞춤의 종류와 계산 예

종류	정의	도해	실례
헐거운 끼워 맞춤	구멍의 최소 치수>축의 최대 치수		최대 치수 구멍 $A=50.025$mm 축 $a=49.975$mm 최소 치수 구멍 $B=50.000$mm 축 $b=49.950$mm 최대 틈새$=A-b=0.075$mm 최소 틈새$=B-a=0.025$mm
억지 끼워 맞춤	구멍의 최대 치수≤축의 최소 치수		최대 치수 구멍 $A=50.025$mm 축 $a=50.050$mm 최소 치수 구멍 $B=50.000$mm 축 $b=50.034$mm 최대 죔새$=a-B=0.050$mm 최소 죔새$=b-A=0.009$mm
중간 끼워 맞춤	구멍의 최소 치수≤축의 최대 치수, 구멍의 최대 치수>축의 최소 치수		최대 치수 구멍 $A=50.025$ mm 축 $a=50.011$ mm 최소 치수 구멍 $B=50.000$ mm 축 $b=49.995$ mm 최대 죔새$=a-B=0.011$ mm 최소 틈새$=A-b=0.030$ mm

Section 34 헬리컬기어의 치직각과 축직각의 압력각

1. 치직각과 축직각의 압력각

축직각 압력각을 α_s, 치직각 압력각을 α라 하면 [그림 1-41]에서

$$\tan\alpha_s = \frac{\overline{qj}}{\overline{hq}}, \quad \tan\alpha = \frac{\overline{qk}}{\overline{hq}}, \quad \cos\beta = \frac{\overline{qk}}{\overline{qj}}$$

이므로

$$\frac{\tan\alpha}{\tan\alpha_s} = \frac{\overline{qk}}{\overline{qj}} = \cos\beta$$

$$\therefore \tan\alpha = \tan\alpha_s \cdot \cos\beta \tag{1.77}$$

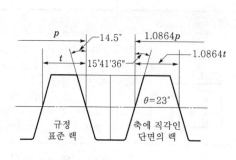

[그림 1-41] 헬리컬기어의 치형 및 압력각

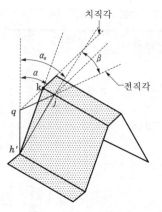

[그림 1-42] 압력각의 비교

2. 헬리컬기어의 계산공식

치직각 치형에 비하여 축직각 치형은 이높이 방향의 잇수는 같으나 가로의 너비방향, 즉 피치방향의 치수는 $\dfrac{1}{\cos \beta}$ 배로 된다. β가 클수록 치형의 너비는 넓게 된다. 치직각방식에 의하여 결정되는 각 부 치수는 다음과 같다.

1) 모듈

$$m_s = \frac{m}{\cos \beta} \tag{1.78}$$

2) 압력각

$$\tan \alpha_s = \frac{\tan \alpha}{\cos \beta} \tag{1.79}$$

3) 피치원의 지름

$$D_s = Zm_s = Z\frac{m}{\cos \beta} = \frac{Zm}{\cos \beta} = \frac{D}{\cos \beta}$$

4) 바깥지름(D_o)

이끝원의 지름을 D_k라 하면, $D_k = D_o$

$$D_k = D_o = D_s + 2m = Zm_s + 2m = Z\frac{m}{\cos \beta} + 2m = \left(\frac{Z}{\cos \beta} + 2\right)m$$

5) 중심거리

$$A = \frac{D_{s1} + D_{s2}}{2} = \frac{Z_1 m_s + Z_2 m_s}{2} = \frac{(Z_1 + Z_2) m_s}{2}$$

$$= \frac{Z_1 + Z_2}{2} \frac{m}{\cos \beta} = \frac{(Z_1 + Z_2) m}{2 \cos \beta} \tag{1.80}$$

Section 35 **헬리컬기어의 상당스퍼기어**

1. 개요

헬리컬기어에서는 성형치절법에 의하여 헬리컬기어를 깎을 때 공구번호의 선정 및 설계에서 실제의 잇수 Z에 의하지 않고, 다음과 같이 생각한 상당스퍼기어의 잇수 Z_e에 의한다.

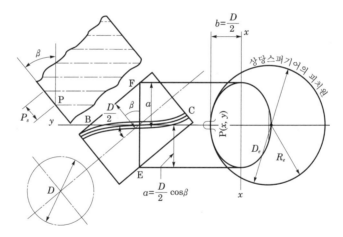

[그림 1-43] 상당스퍼기어의 전개

2. 헬리컬기어의 상당스퍼기어

[그림 1-44]는 헬리컬기어의 피치원통을 나타낸 것으로 P점에서 잇줄 BC에 직각인 평면 EF로 끊으면 그 단면은 타원으로 된다. P점에 잇는 곡률반경 Re에 같은 반지름의 피치원을 가진 스퍼기어의 직선치형과 같아야 된다.

$\dfrac{x^2}{a^2}+\dfrac{y^2}{b^2}=1$의 타원에서 곡선 위의 한 점 $(x,\ y)$의 곡률반경 ρ는 다음 식과 같다.

$$\rho = \frac{\left\{ a^2 - \left(1 - \dfrac{b^2}{a^2} \right) x \right\}^{\frac{3}{2}}}{ab} \tag{1.81}$$

EF 단면의 타원은 $b=\dfrac{D}{2}$(헬리컬기어의 피치원의 반지름), $a=\dfrac{D}{2\cos\beta}$ 이다. P점은 $x=0$, $y=b$인 점이므로, P점에서 곡률반경 R_e는 다음 식과 같다.

$$R_e = \frac{a^3}{ab} = \frac{a^2}{b} \left(\frac{D}{2\cos\beta} \right)^2 \cdot \frac{2}{D} = \frac{D}{2\cos^2\beta} \tag{1.82}$$

따라서 같은 반지름의 직선치 스퍼기어의 피치원지름 D_e는 다음 식과 같다.

$$D_e = 2R_e = \frac{D}{\cos^2\beta}$$

이와 같이 생각한 직선치 스퍼기어를 상당스퍼기어, D_e를 상당스퍼기어의 피치원이라 하며 [그림 1-44]와 같다.

그리고 모듈 m의 잇수 Z_e를 상당스퍼기어잇수라 하고 다음 식으로 주어진다.

$$Z_e = \frac{D_e}{m} = \frac{D}{m\cos^2\beta} = \frac{Z_m}{m\cos\beta} / m\cos^2\beta$$

$$\therefore Z_e = \frac{Z}{\cos^3\beta} \tag{1.83}$$

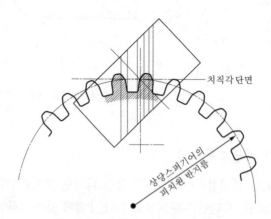

[그림 1-44] 상당스퍼기어의 피치원

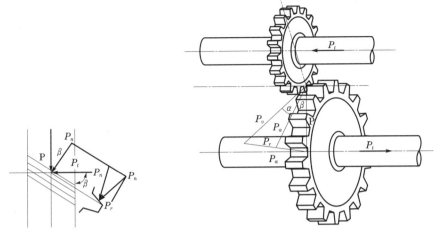

[그림 1-45] 헬리컬기어에 걸리는 하중 해석

복식기어열

1. 개요

기어열은 단식과 복식이 있으며, 모터나 엔진에서 생성되는 회전수를 종동축에 전달할 때 속도의 가감속이 필요하다. 이때 여러 개의 기어를 연결하여 잇수에 차이를 주어 설계자가 요구하는 회전수를 얻을 수가 있게 한다. 예를 들어, 자동차의 감속장치나 제조라인에 사용하는 변속장치가 있다.

2. 복식기어열

[그림 1-46]은 2단으로 속도를 변화시키는 2단 기어장치(감속장치)이다.

① I축에 작용하는 토크 : $T_1 = 716,000 \dfrac{H}{n_1}$

• 제1단의 접선력 : $P_1 = \dfrac{2 T_1}{D_1}$

② II축에 작용하는 토크 : $T_2 = P_1 \dfrac{D_2}{2} = T_1 \dfrac{D_2}{D_1} = T_1 \dfrac{1}{i_1}$

• 제2단의 접선력 : $P_2 = \dfrac{2 T_2}{D_3} = P_1 \dfrac{D_2}{D_3}$

③ Ⅲ축에 작용하는 토크 : $T_3 = P_2 \times \dfrac{D_4}{2} = T_2 \dfrac{D_4}{D_3} = T_2 \dfrac{1}{i_2}$

따라서 원동축과 종동축 사이의 전 회전비 i는 각 단의 회전비의 곱으로 구해진다.

$$i = \frac{n_4}{n_1} = i_1 \times i_2 \times \cdots\cdots$$

$$= \frac{D_1}{D_2} \times \frac{D_3}{D_4} \times \cdots\cdots$$

$$= \frac{z_1 z_3}{z_2 z_4} \tag{1.84}$$

실제의 기어전동장치에서 베어링 및 기어에서의 손실동력에 의한 각 단의 전동효율을 η_1, η_2라 하면

$$T_3 = T_1 \frac{\eta_1 \eta_2}{i_1 i_1} = T_1 \frac{\eta}{i} \tag{1.85}$$

단식 기어열에서는 $i = \dfrac{n_3}{n_2} = i_1$, $i_2 = \dfrac{D_1}{D_3} = \dfrac{z_1}{z_3}$으로 되어 중간기어의 잇수에 관계없다. 이러한 중간기어를 아이들기어(idle gear)라 하며, 중간기어의 개수에 의하여 종동축의 회전방향이 결정된다.

[그림 1-47]은 미끄럼식 변속기어장치로 $i_1 = \dfrac{a}{b} = \dfrac{z_1}{z_2}$, $i_2 = \dfrac{c}{d} = \dfrac{z_3}{z_4}$, $i_3 = \dfrac{e}{f} = \dfrac{z_5}{z_6}$ 이고, 중심거리가 같아야 하므로 다음 식과 같다.

$$A = \frac{z_1 + z_2}{2} m = \frac{z_3 + z_4}{2} m = \frac{z_5 + z_6}{2} m \tag{1.86}$$

따라서 각 단에 있는 잇수의 합은 같아야 한다.

$$z = z_1 + z_2 = z_3 + z_4 = z_5 + z_6 \tag{1.87}$$

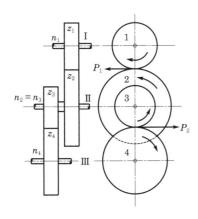

[그림 1-46] 복식 기어열

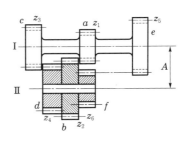

[그림 1-47] 기어변속도열

Section 37

유성기어장치

1. 개요

기어축을 고정하는 암(반자 : carrier)이 다른 기어축의 둘레를 회전할 수 있도록 한 기어장치를 유성기어장치라 한다. [그림 1-48]에서 고정 중심을 갖는 기어 A를 태양기어(sun gear), 이동 중심의 주위를 회전(자전 및 공전)하는 기어 B를 유성기어(planet gear)라 한다.

2. 유성기어의 역학

기어 A를 고정하고 암 C가 축심 O_1을 중심으로 하여 시계방향(+방향)으로 1회전하는 동안 기어 B의 회전은 다음과 같다.

① 전체를 일체로 하여 +방향으로 1회전하면 A, B, C는 각각 1회전한다.

② 암을 고정하고, 기어 A를 −방향으로 1회전시키면 기어 B는 $+\dfrac{z_1}{z_2} \times$1회전한다.

③ ①과 ②를 합하면 기어 A의 회전은 0이 되고, 암 C는 +1회전한 것이 되며, 기어 B의 정미회전 수는 $1 + \dfrac{z_1}{z_2} \times 1$이 된다.

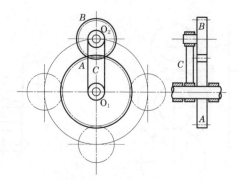

[그림 1-48] 유성기어장치

따라서 암 C는 $n_e[\mathrm{rpm}]$으로 회전할 때 기어 B의 회전수 n_2는 다음 식과 같다.

$$n_2 = \left(1 + \frac{z_1}{z_2}\right)n_e \tag{1.88}$$

[표 1-11]

구분	C	A	B
전체 고정(+1)회전	+1	+1	+1
암 고정 $A(-1)$회전	0	-1	$+\dfrac{z_1}{z_2} \times 1$
정미회전 수(합 회전 수)	+1	0	$1 + \left(\dfrac{z_1}{z_2} \times 1\right)$

<h2>Section 38   전위기어의 사용목적과 장단점</h2>

1. 개요

기어에 있어서 이를 절삭할 때 실용적인 잇수, 즉 공구압력각 20°의 경우에는 14개, 14.5°에서는 25개 이하로 되면 이뿌리가 공구 끝에 먹혀 들어가서, 이른바 언더컷(절하, under cut) 현상이 생겨 유효한 물림길이가 감소되고, 그 때문에 이의 강도가 아주 약해진다. 이를 방지하려면 기준랙의 기준피치선을 기어의 피치원으로부터 적당량만큼 이동하여 창성절삭한다. 이와 같이 기준랙의 기준피치선이 기어의 기준피치원에 접하지 않는 기어를 전위기어라 부른다. 일반적으로 20°, 14.5°의 압력각의 치형에서는 전위시킴으로써 간단하게 언더컷을 방지할 수 있다.

최근 전위기어는 표준 기어의 단점을 개선할 수 있을 뿐 아니라 표준 기어를 창성하는 경우와 같은 공구 및 치절 기계로써 공작되므로 널리 사용되고 있다.

2. 전위계수와 전위량

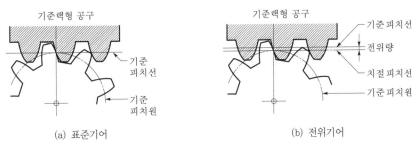

[그림 1-49] 표준 기어와 전위기어

[그림 1-49]의 (a)에서 보는 것처럼 기준랙의 기준피치선과 기어의 기준피치원이 접하여 미끄럼 없이 굴러가는 기어가 표준 기어이고, [그림 1-49]의 (b)와 같이 랙의 기준피치선과 피치원이 접하지 않고 약간 평행하게 어긋난 임의의 직선과 구름접촉하는 상태로 되는 기어를 전위기어라 부른다. 이때 기준피치원과 접하는 직선을 치절피치선이라 부르고, 랙의 기준피치선과 평행하게 떨어진 치절피치선과의 거리를 전위량이라 부른다. 그리고 전위량 X를 모듈로서 나눈 값 $x = X/m$를 전위계수(abbendum modification coefficient)라 부르고 KS B 0102의 910번으로 규정되어 있다.

전위량 X, 전위계수 x에는 양, 음$(+, -)$이 있고, 기준랙과 맞물릴 때 랙의 기준피치선이 기준피치원의 바깥쪽에 있는 경우를 양의 전위라 부르고, 안쪽에 있는 경우를 음의 전위라 부른다.

KS B 0102의 743번에는 "전위기어에 속하는 기준랙 치형공구를 물리는 경우 기준랙 공구의 기준피치선과 기어의 기준피치원과의 거리를 전위량"이라 규정하고 있다. 이 전위계수 x의 값을 적당하게 선택함으로써 같은 기초원의 인벌류트곡선의 적당한 곳을 사용할 수 있을 뿐 아니라, 성능에 가장 적당한 인벌류트곡선을 선택하고, 또 강도상 유리하도록 그 치형을 설계할 수가 있는 것이다.

3. 전위기어의 사용목적

이상과 같이 전위기어는 설계 계산에는 표준 기어보다 다소 복잡하기는 하나 다음과 같은 경우에 사용하면 아주 유효하다.

① 중심거리를 자유로이 변화시키려고 하는 경우
② 언더컷을 피하고 싶은 경우
③ 치의 강도를 개선하려고 하는 경우

그 밖의 여러 가지 경우에 유익한 점이 많으므로 자유로이 전위기어를 설계할 수 있어야 할 것이다. 즉 언더컷을 방지하며, 이의 강도를 크게 하는 방법은 전위기어로 깎는 것이다.

4. 전위기어의 장단점

1) 장점

① 모듈에 비하여 강한 이가 얻어진다.
② 최소 치수를 극히 작게 할 수 있다.
③ 물림률을 증대시킨다.
④ 주어진 중심거리의 기어의 설계가 쉽다.
⑤ 공구의 종류가 적어도 되고, 각종 기어에 운용된다.

2) 단점

① 교환성이 없게 된다.
② 베어링 압력을 증대시킨다.
③ 계산이 복잡하게 된다.

Section 39 공기스프링

1. 개요

공기스프링은 공기의 압축성을 이용한 스프링장치를 말한다. 고무막과 금속 부분으로 기공을 구성하고 그 속에 공기를 넣어 고무의 휘어지는 성질을 이용해서 공기를 압축하여 스프링으로 사용한다. 다이어프램형(diaphragm type)은 윗부분의 금속 부분과 피스톤에 하중을 작용시키며, 벨로즈형(bellows type)은 고무가 가로로 팽창하는 것을 방지하기 위하여 중간 링을 붙이고 상하의 금속판에 하중을 작용시킨다. 공기스프링을 사용할 때는 [그림 1-50]에서처럼 보조탱크를 사용하는 경우가 많다.

2. 공기스프링의 역학

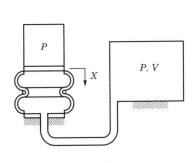

[그림 1-50] 보조탱크가 있는 공기스프링

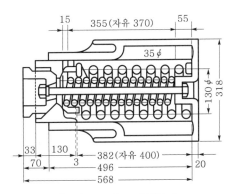

[그림 1-51] 스프링완충기

[그림 1-50]에서 P의 하중이 작용하고 있을 때 탱크 및 기밀공의 압력 및 용적을 p_0, V_0라 하고, 외부의 힘을 가하여 스프링이 X만큼 굽혀지게 할 때의 압력 및 용적을 p, V라 하면 단열변화를 생각하여

$$p V^\gamma = p_0 V_0{}^\gamma \tag{1.89}$$

으로 된다. 단, γ는 공기의 비열비로서 1.4이다.

따라서

$$\frac{dp}{dx} = \gamma p_o V_o{}^\gamma, \quad V^{-(\gamma+1)} \frac{dv}{dx} \tag{1.90}$$

또 A를 공기스프링의 유효수압력면적이라 하여

$$V = V_o - Ax, \quad \frac{dV}{dx} = -A$$

이므로, 이것으로부터 스프링상수 k는 다음 식과 같다.

$$k = A \frac{dp}{da} = \frac{\gamma p_o A^2}{V_o} \left(1 - \frac{Ax}{V_o} \right)^{-(\gamma-1)} \tag{1.91}$$

따라서 임의의 유효수압력면적을 가진 공기스프링에 대하여 p_0, V_0를 바꿈으로써 k의 값을 넓은 범위로 바꿀 수가 있다. 이것은 [그림 1-51]에서 나타낸 바와 같은 스프링질량계의 고유진동수를 적당하게 조정하여 진동을 방지하는 데 아주 편리하다.

Section 40

밴드 브레이크(기초이론, 제동력, 동력)

1. 밴드 브레이크의 기초이론

밴드의 양 끝의 장력 및 밴드와 브레이크 바퀴 사이의 압력분포의 상태는 벨트와 풀리의 마찰전동의 경우와 같다.

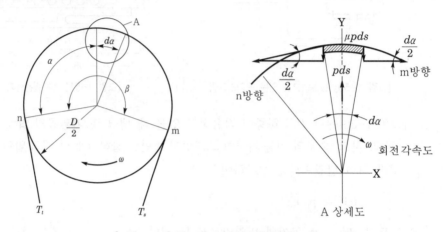

[그림 1-52] 밴드의 미소 부분에 작용하는 힘

[그림 1-52]에서

T_t : 긴장측의 장력(kgf)

T_s : 이완측의 장력(kgf)

θ : 밴드와 브레이크 바퀴 사이의 접촉각(rad)

μ : 밴드와 브레이크 바퀴 사이의 마찰계수

f : 브레이크 제동력(kgf)

T : 회전토크(kgf · mm)

F : 조작력(kgf)

이라 하면

$$f = \frac{2T}{D} \tag{1.92}$$

[그림 1-52]의 n점에서 밴드의 장력은 T_t, m점에서는 T_s라 하고, 밴드가 감겨져 있는 mn 사이의 장력은 T_s에서 T_t로 변화하고 있다. mn 사이에 임의의 미소길이 d_s를 취하여 생각하면 m에 가까운 곳에 f, n에 가까운 곳에 $(f+df)$의 장력이 작용한다. 밴드가 브레이크 바퀴를 밀어붙이는 힘을 Pds라 하면 그 사이에는 μPds의 마찰력, 즉 제동력이 생긴다.

장력의 반지름방향에서 힘의 균형 상태를 생각하면 다음 식이 성립된다.

$$Pds = f\sin\frac{d\alpha}{2} + (f+df)\sin\frac{d\alpha}{2}$$

$$= 2f\sin\frac{d\alpha}{2} + df\sin\frac{d\alpha}{2} \tag{1.93}$$

여기서, df, $d\alpha$ 는 아주 작으므로 제2항 $df\sin\dfrac{d\alpha}{2}$ 는 생략하고, $\sin\dfrac{d\alpha}{2} \fallingdotseq \dfrac{d\alpha}{2}$ 로 해도 큰 지장은 없으므로 밀어붙이는 힘 $Pds = 2f\sin\dfrac{d\alpha}{2} = 2f\dfrac{d\alpha}{2} = fd\alpha$ 가 Pds 에 의하여 원주방향과 회전방향에 반대인 마찰력 μPds 가 생기므로 원주방향에 대한 균형 상태는 다음과 같이 된다.

$$f + df = f + \mu Pds \tag{1.94}$$

$$\therefore df = \mu Pds \tag{1.95}$$

이 식에 $Pds = fd\alpha$ 를 대입하면

$$df = \mu fd\alpha$$

$$\therefore \frac{df}{f} = \mu d\alpha \tag{1.96}$$

이것을 m에서 n까지 적분하면

$$\int_{T_s}^{T_t} \frac{df}{f} = \mu \int_{\theta}^{\theta} d\alpha$$

$$\therefore \ln\frac{T_t}{T_s} = \mu\theta \tag{1.97}$$

단, $\log e$ 를 $\ln$ 이라 표시하면

$$\therefore \frac{T_t}{T_s} = e^{\mu\theta} \tag{1.98}$$

$T_t - T_s = f$ 이므로

$$T_t = f\frac{e^{\mu\theta}}{e^{\mu\theta}-1}, \quad T_s = f\frac{1}{e^{\mu\theta}-1} \tag{1.99}$$

2. 밴드 브레이크의 제동력

[그림 1-53]에서

$$P = fd\theta = qbrd\theta$$

$$\therefore q = \frac{f}{br}$$

(1.100)

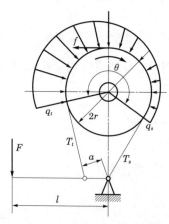

[그림 1-53] 밴드 브레이크 및 밴드의 압력

따라서 긴장측의 압력 $q_t = \dfrac{T_t}{br}$, 이완측의 압력 $q_s = \dfrac{T_s}{br}$ 로 표시되고, 그 사이의 압력은 대수곡선적으로 변환한다. 벨트의 경우 유효장력 P_e 를 밴드 브레이크의 경우처럼 제동력 f 라 생각해도 좋으므로 우회전의 경우에는 다음 식과 같다.

$$T_t = T_s e^{\mu\theta}, \quad T_t - T_s = f$$

$$\therefore T_t = f \frac{e^{\mu\theta}}{e^{\mu\theta} - 1}$$

(1.101)

$$T_s = f \frac{1}{e^{\mu\theta} - 1}$$

따라서 브레이크 막대에 가하는 힘 F 는 다음 식과 같다.

$$F = T_t \frac{a}{l} = f \frac{a}{l} \cdot \frac{e^{\mu\theta}}{e^{\mu\theta} - 1}$$

(1.102)

좌회전의 경우에는 다음 식과 같다.

$$F = T_s \frac{a}{l} = f \frac{a}{l} \cdot \frac{1}{e^{\mu\theta} - 1}$$

(1.103)

형식	단동식	차동식	합동식
우 회 전	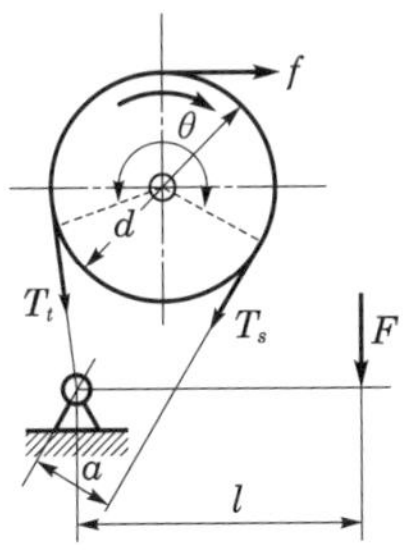 $Fl = T_s\,a$ $F = f\dfrac{a}{l} \cdot \dfrac{1}{e^{\mu\theta}-1}$	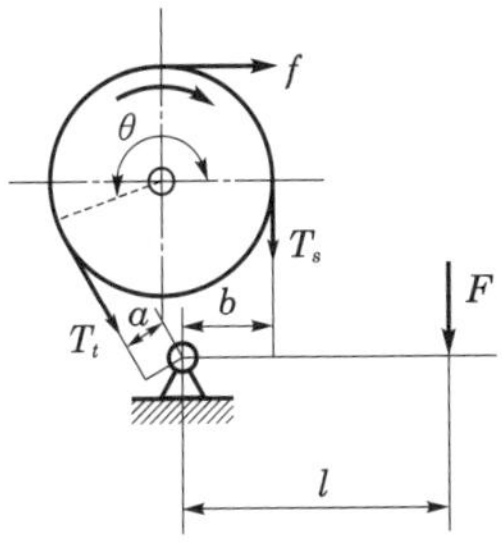 $Fl = T_s\,b - T_t\,a$ $F = \dfrac{f(b - ae^{\mu\theta})}{l(e^{\mu\theta}-2)}$	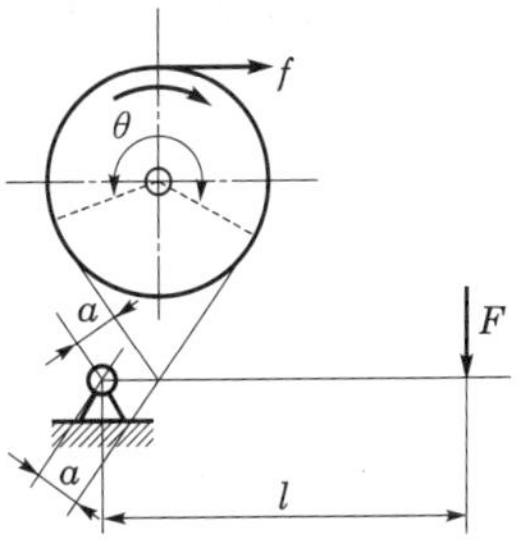 $Fl = T_t\,a + T_s\,b$ $F = \dfrac{fa(be^{\mu\theta}+1)}{l(e^{\mu\theta}-1)}$
좌 회 전	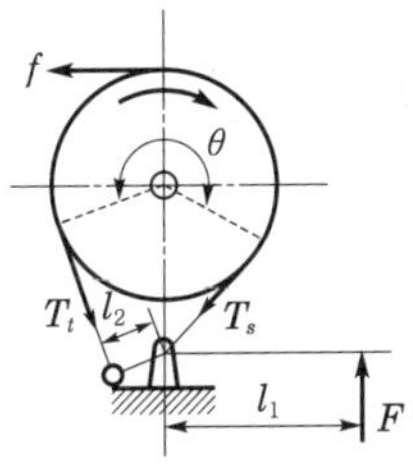 $Fl = T_t\,a$ $F = f\dfrac{a}{l} \cdot \dfrac{e^{\mu\theta}}{e^{\mu\theta}-1}$	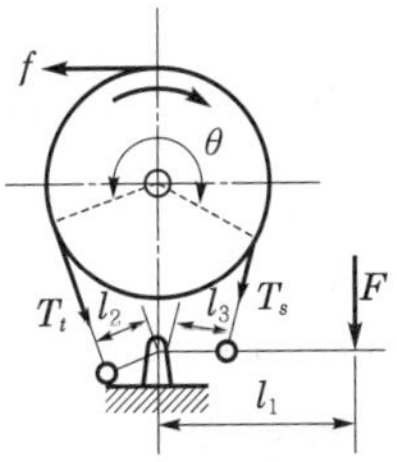 $Fl = T_t\,b - T_s\,a$ $F = \dfrac{f(be^{\mu\theta}-a)}{l(e^{\mu\theta}-1)}$	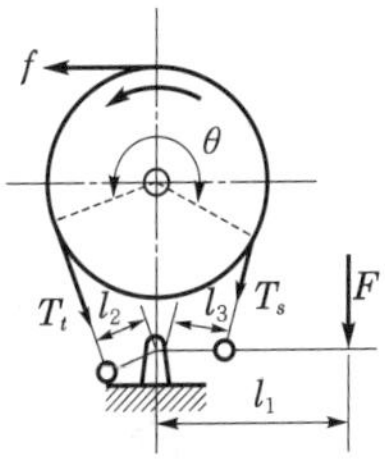 $Fl = T_t\,a + T_s\,a$ $F = \dfrac{fa(e^{\mu\theta}+1)}{l(e^{\mu\theta}+1)}$

[그림 1-54] 밴드 브레이크

밴드 브레이크에는 3가지 형식이 있고 그 관계식을 표시한다. 그리고 $e^{\mu\theta}$의 값을 [표 1-12]에 표시한다.

단, $f = T_t - T_s$ (제동력), 밴드의 허용 인장응력을 σ_a, 너비를 h, 두께를 t 라 하면 T_t 는 다음 식이 된다.

$$T_t = \sigma_a\,bh$$

$$\therefore\ b = \frac{T_t}{h\,\sigma_a} \tag{1.104}$$

σ_a 는 보통 스프링강 SUP 6에서는 $600 \sim 800 \text{ kgf/cm}^2$라 한다.

[표 1-12] $e^{\mu\theta}$의 값

접촉각 (θ)	0.5π (90°)	π (180°)	1.5π (270°)	2π (360°)	2.5π (450°)	3π (540°)	3.5π (630°)
$\mu=0.1$	1.17	1.37	1.6	1.78	2.2	2.57	3.0
$\mu=0.18$	1.3	1.76	2.34	3.1	4.27	5.45	7.5
$\mu=0.2$	1.37	1.89	2.57	3.5	4.8	6.6	9.0
$\mu=0.25$	1.48	2.2	3.25	4.8	7.1	10.6	15.6
$\mu=0.3$	1.6	2.6	4.1	6.6	10.5	16.9	27.0
$\mu=0.4$	1.9	3.5	6.6	12.3	23.1	43.4	81.3
$\mu=0.5$	2.2	4.8	10.5	23.1	50.8	111.3	244.1

3. 밴드 브레이크의 동력

$q[\text{kgf/cm}^2]$를 밴드와 브레이크 바퀴 사이의 압력, $A[\text{cm}^2]$를 접촉면적, $v[\text{m/s}]$를 브레이크의 원주속도라 하면 소요동력 H 또는 $H'[\text{PS 또는 kW}]$은 다음 식과 같다.

$$H = \frac{\mu q v A}{75} \quad \text{또는} \quad H' = \frac{\mu q v A}{102} \tag{1.105}$$

이 식 중에 μqv의 값을 브레이크 용량이라 부르고, 마찰면의 단위면적마다의 발열량의 크기를 표시하는 값이라는 것은 이미 언급하였다. 이 열을 발산시키려면 브레이크의 재료, 즉 μ와 qv를 적당히 선택할 필요가 있다.

일반적으로

① 발열 상태가 좋은 것 : $qv \leq 30\,\text{kgf} \cdot \text{m/cm}^2 \cdot \text{sec}$

② 단시간 사용하는 것 : $qv \leq 20\,\text{kgf} \cdot \text{m/cm}^2 \cdot \text{sec}$

③ 장시간 사용하는 것 : $qv \leq 10\,\text{kgf} \cdot \text{m/cm}^2 \cdot \text{sec}$

한편, 브레이크 바퀴의 지름을 D, 밴드의 너비를 b, 접촉각을 $\theta[\text{rad}]$이라 하면 접촉면적 A는 다음 식과 같다.

$$A = \frac{\theta}{2\pi}\pi Db = \frac{D}{2}\theta b \tag{1.106}$$

일반적으로 사용되는 밴드 브레이크 바퀴의 설계치수는 [표 1-13]과 같다.

[표 1-13] 밴드 브레이크의 기본 설계치수의 일례

브레이크 링의 지름 D (mm)	250	300	350	400	450	500
브레이크 링의 지름 B (mm)	50	60	70	80	100	120
밴드의 너비 b(mm)	40	60	60	70	80	100
밴드의 너비 h(mm)	2	3	3	4	4	4
라이닝의 너비 ω' (mm)	40	50	60	70	80	100
라이닝의 두께 t(주물)	4~5	4~6.5	5~8	6.5~8	6.5~8	6.5~10

블록 브레이크(단식, V블록, 복식)

1. 평블록(flat block)의 경우

평블록은 [그림 1-55]와 같이 가장 간단한 구조로서 브레이크 통축에 굽힘모멘트가 작용하므로 너무 큰 회전력에는 사용할 수 없다. 보통 브레이크 통의 지름이 50mm 이하인 것에 사용된다.

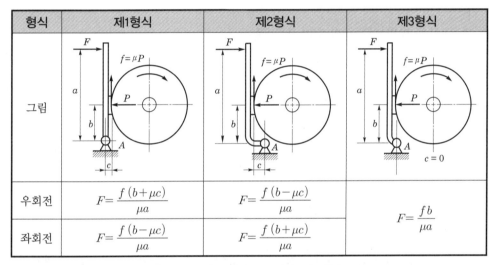

형식	제1형식	제2형식	제3형식
그림			
우회전	$F=\dfrac{f(b+\mu c)}{\mu a}$	$F=\dfrac{f(b-\mu c)}{\mu a}$	$F=\dfrac{fb}{\mu a}$
좌회전	$F=\dfrac{f(b-\mu c)}{\mu a}$	$F=\dfrac{f(b+\mu c)}{\mu a}$	

[그림 1-55] 단식 블록 브레이크의 3형식

브레이크 막대지점의 위치에 의하여 [그림 1-55]에서처럼 제1형식(내작용 선형, $c>0$), 제2형식(외작용 선형, $c<0$), 제3형식(중작용 선형, $c=0$)의 3형식이 있다.

여기서, P : 브레이크 조각과 브레이크 통 사이에 작용하는 힘(kgf)

μ : 브레이크 조각과 브레이크 통 접촉면 사이의 마찰계수

a, b, c : 각 브레이크 막대의 치수(mm)

f : 마찰력

이라 하면

$$T=fr=\mu Pr=\mu P\frac{D}{2} \tag{1.107}$$

제1형식이 우회전일 경우에 대하여 고찰하면 브레이크 레버의 지점 0에 관한 모멘트는 다음 3가지가 된다.

① F에 의한 Fa(우회전)

② 브레이크 조각에 대한 브레이크 통의 반력 P에 의한 Pb(좌회전)

③ 브레이크 통이 마찰력 $f = \mu P$에 저항하여 회전할 때의 힘 f에 의한 fc(좌회전)

일 때 우회전의 모멘트와 좌회전의 모멘트는 같아야 되므로

$$Fa = Pb + fc = \frac{f}{\mu}b + fc$$

$$\therefore \ F = \frac{f(b + \mu c)}{\mu a} = \frac{P(b + \mu c)}{a} \tag{1.108}$$

같은 방법으로 좌회전의 경우에는

$$Fa - Pb + \mu Pc = 0$$

$$\therefore \ F = \frac{f(b - \mu c)}{\mu a} = \frac{P(b - \mu c)}{a} \tag{1.109}$$

작용선이 브레이크 지점의 바깥쪽에 있는 제2형식의 경우에는

$$우회전 \ \ F = \frac{f(b - \mu c)}{\mu a} = \frac{P(b - \mu c)}{a} \tag{1.110}$$

$$좌회전 \ \ F = \frac{f(b + \mu c)}{\mu a} = \frac{P(b + \mu c)}{a}$$

제3형식일 때는 작용선이 지점 위에 있어 $c = 0$으로 되고 회전방향에 관계없고 좌회전과 우회전에서 모두 같다.

$$Fa - Pb = 0$$

$$\therefore \ F = \frac{Pb}{a} = \frac{fb}{\mu a} \tag{1.111}$$

이상에서 내작용 선형의 좌회전 때와 외작용 선형의 우회전 때 $b \leq \mu c$일 경우에 $F \leq 0$으로 되고, 브레이크 막대에 힘을 가하지 않더라도 자동적으로 브레이크가 걸리는 이때를 자동결합(self locking of brake)이라 부른다.

브레이크 레버의 치수는 수동의 경우 그 앞쪽 끝에 작용시키는 조작력 F는 $10 \sim 15$ kgf 라 하고 최대 20 kgf 정도가 되도록 a/b의 값을 결정한다.

따라서 큰 브레이크 힘 f가 요구되어 P를 크게 하려면 브레이크 레버를 길게 하여 b/a의 값을 작게 하면 되나, 이 값은 보통 $\frac{1}{3} \sim \frac{1}{6}$ 정도로 하고 최소 $\frac{1}{10}$ 정도에 그친다. 또, 브레이크 조각과 브레이크 통 사이의 최대틈새 $c_{\max}$는 $2 \sim 3 \ \mathrm{mm}$이다.

2. V블록의 경우

마찰면의 저항력을 작은 힘 P로 작용시켜서 더욱 큰 효과를 나타나게 하려면 [그림 1-56]과 같이 쐐기작용을 가진 V블록을 사용한다.

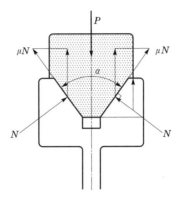

[그림 1-56] 쐐기형의 단식 블록 브레이크

V홈 각 α의 쐐기형 블록을 힘 P로서 브레이크 바퀴에 밀어붙일 때 경사면에 수직한 힘을 N, 마찰계수를 μ라 하면 다음의 식이 성립된다.

$$P = 2\left(N\sin\frac{\alpha}{2} + \mu N\cos\frac{\alpha}{2}\right) \tag{1.112}$$

$$N = \frac{P}{2\left(\sin\frac{\alpha}{2} + \mu\cos\frac{\alpha}{2}\right)} \tag{1.113}$$

브레이크의 제동력 f는 브레이크 바퀴와 블록의 미끄럼방향에 작용하는 마찰력이므로 그 크기는 2개의 기울기면을 생각하여 다음 식과 같다.

$$f = 2\times\mu N = 2\times\mu\times\frac{P}{2\left(\sin\frac{\alpha}{2} + \mu\cos\frac{\alpha}{2}\right)}$$

$$= \frac{\mu}{\sin\frac{\alpha}{2} + \mu\cos\frac{\alpha}{2}}\times P \tag{1.114}$$

위의 식에서 $\mu' = \dfrac{\mu}{\sin\dfrac{\alpha}{2} + \mu\cos\dfrac{\alpha}{2}}$ 로 놓으면

$$f = \mu'P \tag{1.115}$$

이 μ'은 실제의 마찰계수 μ가 평형의 쐐기형으로 되었기 때문에 마치

$$\frac{1}{\sin\frac{\alpha}{2} + \mu\cos\frac{\alpha}{2}}$$ 배로 증가한 것으로 생각된다. 따라서 μ'을 외관마찰계수 또는 등가

마찰계수라 부른다. 쐐기형 블록의 제동력은 보통 평형블록의 경우 μ 대신에 μ'을 사용하면 된다.

예를 들어, $\mu = 0.2{\sim}0.4$, $\alpha = 36°$라 하면 $\mu' = 0.40{\sim}0.58$로 되고, 마찰계수가 $1.5{\sim}2$배로 증가한 효과를 표시한다. α가 작을수록 큰 제동력이 얻어지나 너무 작게 하면 쐐기가 V홈에 꼭 끼어 박히므로 너무 작게 할 수 없고 보통 $\alpha \le 45°$로 한다.

일반적으로 단식 블록 브레이크는 축에 굽힘모멘트가 작용하고 베어링 하중이 크게 되므로 브레이크 토크가 큰 것에는 사용하지 못한다.

3. 복식 블록 브레이크

[그림 1-57]과 같이 축에 대칭으로 브레이크 블록을 놓고 브레이크 링을 양쪽으로부터 죈다. 브레이크 힘이 크면 단식 블록 브레이크에서는 큰 굽힘이 생기고 복식에서는 축에 대칭이므로 굽힘모멘트가 걸리지 않고, 베어링에도 그다지 하중이 걸리지 않는다. 이때 브레이크 토크는 단식의 2배로 된다. 전동윈치나 기중기 등에 주로 사용되고, 브레이크 제동력은 스프링에 의하여 조여주고 전자석에 의하여 브레이크를 풀어주는 형식이 많다.

[그림 1-57]에서 $c = 0$으로 되어 있으므로 단식 블록 브레이크의 중작용 선형(제2형식)의 계산에서 $F = \dfrac{fb}{\mu a}$이고, 브레이크 레버에 작용시키는 조작력 F'은 다음 식과 같다.

$$F' = f\frac{d}{e} = \frac{fbd}{\mu ac} \tag{1.116}$$

$c \ne 0$의 경우에는 제1, 제2형식의 조합이 되므로 균형을 잃어 채택되지 않는다.

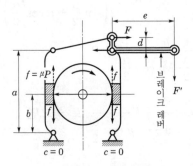

[그림 1-57] 복식 블록 브레이크

슬라이딩 베어링과 롤링 베어링의 특성 비교

1. 개요

　기계장치는 서로 접촉하여 직선운동이나 회전운동을 하면 마찰이 발생하고, 효율은 부하로 인하여 감소하게 된다. 이러한 이유로 베어링을 사용하며 접촉하는 방법에 따라 면접촉, 점접촉, 선접촉으로 분류한다. 슬라이딩 베어링은 면접촉으로 저속운전에 적용하고, 롤링 베어링은 선접촉으로 중속운전에 적용한다.

2. 슬라이딩 베어링과 롤링 베어링의 특성 비교

　슬라이딩 베어링과 롤링 베어링의 특성을 비교하면 [표 1-14]와 같다.

[표 1-14] 슬라이딩 베어링과 롤링 베어링의 특성 비교표

특성항목 / 종류		슬라이딩 베어링(윤활유, 동압형)	롤링 베어링
1. 마찰기구		유체마찰	구름마찰
2. 형상치수		바깥지름은 작고, 너비는 넓다.	바깥지름은 크고, 너비는 좁다 (니들 베어링을 제외).
3. 마찰계수	기동	大($10^{-2} \sim 10^{-1}$)	小($0.002 \sim 0.006$)
	운동	小(10^{-3})	小($0.001 \sim 0.007$)
	특징	운동마찰을 더욱 작게 할 수도 있다.	기동마찰이 작다.
4. 내충격성		비교적 강하다.	약하다.
5. 진동·소음		발생하기 어렵다.	발생하기 쉽다.
6. 고속운전, 저속운전	고속운전	적당(마찰열의 제거 필요)	부적당(전동체, 유지장치 때문에)
	저속운전	부적당(유체마찰은 어렵고 혼합마찰로 된다.)	
7. 윤활		주의를 요한다(윤활장치가 필요하다).	쉽다(그리스밀봉만으로도 되는 경우가 있다).
8. 수명		완전히 유체마찰이면 반영구수명이다.	박리에 의하여 한정된다.
9. 규격, 호환성, 양산화	규격	규격화되어 있지 않다.	거의 완전하게 규격화되어 있다.
	호환성	없다.	있다.
	양산화	발전되어 있지 않다.	발전되어 있다.
10. 적응용도		고급 베어링(고속, 고하중, 고정밀, 고가), 저급 베어링(구조가 간단하고 가격이 싸다.)	중급 베어링으로서 아주 광범위하게 사용되고 있다.

Section 43
슬라이딩 베어링의 마찰특성곡선

1. 개요

[그림 1-58]은 마찰계수 μ와 베어링 특성값 $\eta N/P$와의 관계를 나타낸 것이다. [그림 1-58]에서 곡선 ABCD를 마찰특성곡선이라 한다. [그림 1-58]에서 마찰계수 A에서 B까지는 감소하고, B에서 C를 향하여 불규칙하고 또 급격히 증가한다.

2. 슬라이딩 베어링의 마찰특성곡선

AB 사이를 유체윤활영역(완전윤활영역), BC 사이를 혼합윤활영역, CD 사이를 경계윤활영역이라 하고, BD 사이를 총합하여 불완전윤활영역이라 한다.

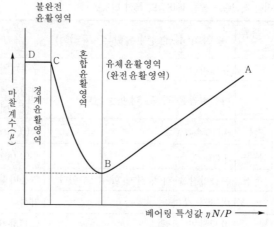

[그림 1-58] 마찰특성곡선

BC 사이는 혼합윤활영역으로 마찰면의 요철 등의 영향으로 일부는 경계막에 의하여 박막윤활 상태로 되고, 다른 쪽에서도 유체윤활 상태가 지속되고 있는 것 같은 불규칙한 상태이며, B점은 유체윤활에서 혼합윤활로 옮기게 하는 전이점으로 마찰계수가 최소로 되는 점인데, 이 점을 한계점이라 한다.

유체윤활영역 안에서 p가 비교적 작고 거의 일정한 경우는 N 및 η의 증가에 의하여 각각 η 및 N이 감소하고 $\eta \fallingdotseq N$ 일정하게 안정된 윤활 상태를 유지하나, N 및 η가 과소 또는 p가 과대인 경우에는 수압면적이 감소하고 박막 상태가 되어 마찰이 증가한다.

마찰열에 의하여 유막의 유지가 곤란하게 되어 불안정한 윤활 상태로 되고, 눌어붙음이 일어나게 된다.

기어열의 속도비

1. 개요

한 쌍의 기어를 여러 개 조합하여 축과 축 사이의 운동을 전달하는 것을 기어열(gear train)이라 한다. 이것은 선반(lathe)이나 자동차의 변속장치 등 속도를 변화하는 기구로 매우 주요한 역할을 한다.

또한 동력 설계에도 원동축에서 발생한 동력이 종동축으로, 그리고 그 다음 축으로 계속 연결되면서 변해가므로 기어열에 대하여 개념을 잘 정립(定立)해야 한다. 속도비는 마찰차와 동일하게 전개된다.

2. 기어열의 속도비

[그림 1-59]의 (a)와 같이 단일 구동장치에서 속도비는 다음 식과 같다.

$$i = \frac{n_2}{n_1} = \frac{Z_1}{Z_2} \tag{1.117}$$

둘째로 원동축에서 종동축 사이에 다른 기어 1개를 같이 물리게 하면 중간 기어의 잇수에 관계없이 속도비는 일정하다. 이때 중간 기어를 아이들기어(ideal gear)라 하고, 회전방향은 아이들기어가 홀수 개이면 방향이 동일하고, 짝수이면 방향이 반대가 된다. 아이들기어에는 비틀림작용 없이 동력만 전달한다.

셋째로 2단 기어장치에서 [그림 1-59]의 (c) 2, 3이 중간축이고, B축이 중간축이 된다. 속도비는 다음 식과 같다.

$$i = \frac{n_4}{n_1} = \frac{n_2}{n_1} \times \frac{n_4}{n_3} = \frac{Z_1}{Z_2} \times \frac{Z_3}{Z_4}$$

3단 이상에도 동일한 형태로 나타난다. 속도비(i)는 다음 식과 같다.

$$i = \frac{\text{종동차의 회전수}}{\text{원동차의 회전수}} = \frac{\text{각 원동차의 잇수 곱}}{\text{각 종동차의 잇수 곱}}$$

$$i = \frac{n_n}{n_l} = \frac{n_2 \times n_4 \times n_6 \times \cdots \cdots \times n_n}{n_1 \times n_3 \times n_5 \times \cdots \cdots \times n_{n-1}}$$

$$= \frac{Z_1 \times Z_3 \times Z_5 \times \cdots \cdots \times Z_{n-1}}{Z_2 \times Z_4 \times Z_6 \times \cdots \cdots \times Z_n}$$

일반 전동용으로는 1/5~1/7 정도로 하고, 그 이상이 되면 2단, 3단 속도변화를 준다. 속도변화 못지않게 각 기어에 작용하는 전달력도 중요하다.

[그림 1-59]의 (c)에서 전달토크를 구하면 다음과 같다.

A축의 토크는 $T_A = P_1 \times R_1$, $P_1 = T_A / R_1$

B축의 토크는 $T_B = P_1 \times R_2 = \dfrac{T_A}{R_1} \times R_2 = T_A \dfrac{Z_2}{Z_1} = T_A \times \dfrac{1}{i_1}$

C축의 토크는 $T_C = P_2 \times R_4 = T_B \dfrac{R_4}{R_3} = T_B \dfrac{Z_4}{Z_3} = T_A \times \dfrac{1}{i_1} \times \dfrac{1}{i_2} = T_A \dfrac{Z_2}{Z_1} \times \dfrac{Z_4}{Z_3}$

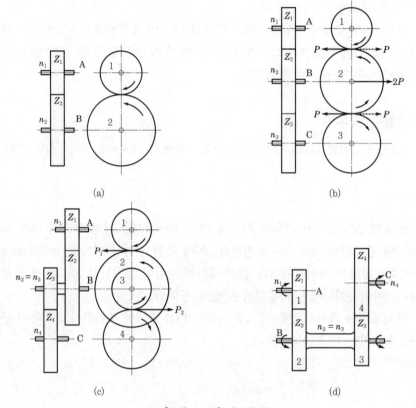

[그림 1-59] 기어의 열

각 단의 효율을 η_1, η_2, η_3, …… 라 하고, 다음과 같이 임의의 축에서의 토크를 계산할 수 있다.

$$T_B = T_A \frac{\eta_1}{i_1}, \quad T_C = T_A \frac{\eta_1}{i_1} \times \frac{\eta_2}{i_2}, \quad T_D = T_1 \times \frac{\eta_1}{i_1} \times \frac{\eta_2}{i_2} \times \frac{\eta_3}{i_3}$$

$$T_X = T_A \times \frac{\eta_1}{i_1} \times \frac{\eta_2}{i_2} \times \frac{\eta_3}{i_3} \times \cdots \cdots \times \frac{\eta_x}{i_x} \tag{1.118}$$

일반적으로 기어의 효율은 100으로 보나 엄밀히 따지면 조건에 따라 다르다.

이의 간섭

1. 개요

완전한 인벌류트곡선 치형인 한 쌍의 기어가 맞물려서 회전하고 있는 경우 한쪽의 이끝 부분이 다른 쪽의 이뿌리 부분에서 접촉되어 회전할 수 없는 경우가 있다. 이것을 이의 간섭(under cut)이라 한다. R_{g1}, R_{g2}인 기초원 내부에서 인벌류트곡선이 존재하지 않으므로 공통외접선 N_1, N_2 직선상과 양쪽 기어의 어댄덤서클과 만난 점이 M_1, M_2이다. M_1은 물림의 시작점이 되고, M_2는 물림의 끝나는 점이 된다.

이때 $\overline{M_1M_2} < \overline{N_1N_2}$이면 물림이 원활하여 회전이 가능하나, 만약 한쪽 기어의 어댄덤 서클이 상대쪽의 기어(피니언)의 내부에까지 먹어 들어가면($\overline{M_1M_2} > \overline{N_1N_2}$) 물림이 불가능해진다. 그러므로 [그림 1-60]에서 a, b점이 간섭의 한계점이 된다. a를 간섭점이라 하고, 절삭공구의 끝이 점 b보다 내부로 먹어 들어가면 이뿌리 부분의 유효치형면이 깎여 나간다. 이와 같은 현상을 이의 언더컷이라 한다.

2. 이의 간섭

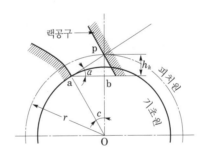

[그림 1-60]

언더컷이 생기면 이뿌리 부분이 가늘어지고 물림길이가 감소하여 이의 강도가 약해지며, 미끄럼률이 증가하고 맞물림잇수도 감소한다. 이 현상은 잇수가 특히 적을 때나 양쪽 기어의 잇수비가 클 때 일어나기 쉽다. 이러한 현상을 막기 위해 언더컷이 발생하는 최소의 잇수를 구해본다. [그림 1-60]에서 표준 기어절삭 시 기준랙의 어댄덤(h_k, a)이 점 b보다 내려가지 않아야 한다.

$$\overline{ap} = r \sin \alpha \tag{1.119}$$

$$\overline{pb} = \overline{ap} \sin \alpha = r \sin^2 \alpha = h_k \tag{1.120}$$

$$r = \frac{Z_m}{2}$$

여기서, h_k : 이끝높이$(m = a)$

언더컷의 한계잇수가 Z_g이면 $2r = Z_g m$이다. $r = \frac{Z_g m}{2}$에서

$$\overline{\mathrm{pb}} = \frac{Z_g m}{2} \cdot \sin^2 \alpha = h_k \tag{1.121}$$

표준 기어에서 $h_k = m$이므로 한계잇수는 다음과 같다.

$$Z_g \geq \frac{2}{\sin^2 \alpha}$$

[표 1-15]

구분	Z_1	이론잇수	실용잇수
압력각	$\alpha = 14.5°$일 때	$Z_g \geq 32.26$	KS
	$\alpha = 20°$일 때	$Z_g \geq 17.14$	KS, AGMA, BS
	$\alpha = 25°$일 때	$Z_g \geq 12$	AGMA

h_k를 작게 하거나 α를 크게 하면 언더컷이 생기지 않는다. h_k를 작게 하는 방법으로는 저치치형(stub gear), 전위치형(profile shift gear)을 사용한다. 저치치형은 이의 높이를 표준보다 낮게 하여 이끝의 간섭을 방지하는 방식이나, 언더컷은 방지되지만 이의 설계 접촉길이가 짧아져서 물림률의 감소현상이 생기고 회전력의 전달에 효율이 떨어진다.

Section 46 이의 크기

1. 개요

기어의 크기는 설계 시 기어장치의 서로 연관관계를 검토할 때나 기어를 절삭가공 시 필요하며 원주피치, 모듈, 지름피치를 사용하여 효율적인 동력전달체계를 적용한다.

2. 이의 크기

기어의 이의 크기를 나타내는 데는 원주피치, 모듈(module), 지름피치(diametral pitch)를 사용한다. 피치원의 지름을 d, 이의 수를 z로 하면

$$원주피치 \quad t = \frac{\pi d}{z} \tag{1.122}$$

$$모듈 \quad m = \frac{d}{z} \ (d는 \ mm단위) \tag{1.123}$$

$$지름피치 \quad P = \frac{z}{d} \ (d는 \ inch단위) \tag{1.124}$$

P와 m은 역수의 관계$\left(m \propto \dfrac{1}{P}\right)$가 있으므로

$$m = \frac{25.4}{P} \tag{1.125}$$

$$t = \pi m \tag{1.126}$$

기준랙에서 이끝 높이(addendum)는 $h_k = m$
$$이뿌리 높이(dedendum)는 \quad h_f = 1.25m \, (\alpha \leq 20°)$$
$$h_f = 1.157m \, (\alpha = 14.5°)$$

전체 이높이 h와 클리어런스 c_k는 각각

$$h = 2.25m, \ c_k = 0.25m \, (\alpha = 20°) \tag{1.127}$$
$$h = 2.157m, \ c_k = 0.157m \, (\alpha = 14.5°)$$

로 정해져 있으므로 기어의 바깥지름(이끝원의 지름) d_k는 다음 식과 같다.

$$d_k = d - 2h_k = zm + 2m = (z+2)m \tag{1.128}$$

맞물리는 한 쌍의 표준 기어의 중심거리 a는 다음 식과 같다.

$$a = \frac{1}{2}(d_1 + d_2) = \frac{1}{2}(z_1 m + z_2 m) = \frac{z_1 + z_2}{2}m \tag{1.129}$$

원주 이두께 t는

$$t = \frac{\pi m}{2} \tag{1.130}$$

현(弦) 이두께 t'은

$$t' = \frac{zm}{2} \times \sin \frac{90}{Z} 2 \tag{1.131}$$

법선피치 t_e는

$$t_e = t \cos \alpha = \pi m \cos \alpha \tag{1.132}$$

기초원의 지름 d_g는

$$d_g = d \cos \alpha \tag{1.133}$$

법선피치 P_n는 다음과 같다.

$$P_n = \frac{\pi d_g}{Z} = \frac{\pi d \cos \alpha}{Z} = p \cos \alpha \tag{1.134}$$

[표 1-16] 표준 기어의 치수(모듈기준 : mm)

피치원의 지름	$d_1 = z_1 m, \ d_2 = z_2 m$
중심거리	$\alpha = \dfrac{z_1 + z_2}{2} m$
이끝원지름	$d_{k1} = (z_1 + 2) m, \ d_{k2} = (z_2 + 2) m$
기초원지름	$d_{g1} = z_1 m \cos \alpha, \ d_{g2} = z_2 m \cos \alpha$
원주피치	$t = p = \pi m$
법선피치	$t_2 = p_n = \pi m \cos \alpha$
이의 총높이	$h = 2m + c_k$
이끝틈새	$c_k = km \, (k$는 이끝틈새계수$)$
이끝높이	$h_k = m$
이뿌리높이	$h_f = m + c_k \geq 1.25m$

Section 47 | 로프의 전동마력(섬유질, 무명)

1. 개요

로프에는 면로프(cotton rope), 대마로프(hemp rope), 마닐라로프(manila rope) 등의 섬유로프와 와이어로프(wire rope)가 있다. 전동용으로는 주로 면로프, 대마로프가 사용되며, 와이어로프는 전동용보다는 현재로는 크레인(crain), 윈치(winch) 등에서 중량물 운반용으로 사용되는 일이 많다. 로프의 단면은 대략 원형이지만 다소의 요철이 있으므로 그 굵기는 외접원의 지름으로 표시한다. 이들 로프는 KS규격에 여러 종류에 대하여 상세히 규정되어 있으므로 설계할 때에는 이것을 따르도록 하여야 한다.

2. 로프의 전동마력(섬유질, 무명)

1) 섬유질로프

유효장력 $P_e = T_1 - T_2$

로프의 속도를 v(m/s)라 하면

$$H_{\mathrm{PS}} = \frac{P_e v}{75}, \quad H_{\mathrm{kW}} = \frac{P_e v}{102} \tag{1.135}$$

v는 15~30 m/s범위 내에 있을 때가 적당하다.

2) 무명로프

$$H = \frac{P_e v}{75} = 0.75(T_1 - F)\frac{v}{75} \tag{1.136}$$

여기서, F : 원심력

3. 일반적인 경우의 전달마력

여기서, H : 전달마력(PS)

P_e : 로프에 작용하는 장력 $= \dfrac{75H}{v}$

v : 로프의 속도(m/s)

σ : 로프의 허용응력(kgf/cm^2)

Z : 로프의 가닥수

이때 Z는 다음 식과 같다.

$$Z = \frac{P_e}{\dfrac{\pi d^2}{4}\sigma} = \frac{75H}{\dfrac{\pi d^2}{4}\sigma v} \tag{1.137}$$

위의 계산식에서 계산된 수에 항상 한두 개의 가닥을 더해야 한다.

[표 1-17]은 로프의 허용인장응력을 나타낸다.

[표 1-17] 로프의 허용인장응력 σ(kgf/cm^2)

로프의 속도 v(m/sec)	5	10	15	20
무명로프	6~7	5.5~6.5	5~6	4~5
대마로프	7.5~10	7~9.5	6.5~9	5~8

Section 48 | 체인(chain) (길이, 속도, 전달마력, 속도변동률)

1. 체인의 길이

링크의 남은 수가 허용되지 않아 체인의 길이는 피치로 나누어지는 수가 되어야 하므로 양 풀리의 중심거리를 조정하도록 해 둔다.

링크의 수는

$$\frac{L}{p} = \frac{2C}{p} + \frac{Z_1 + Z_2}{2} - \frac{0.0257p(Z_1 - Z_2)^2}{C} \tag{1.138}$$

여기서, L : 체인의 길이
p : 체인의 피치
C : 중심거리
Z_1 : 작은 스프로킷의 잇수
Z_2 : 큰 스프로킷의 잇수

복합 스프로킷 구동에 대한 체인의 길이는 현장 맞춤에 의하여 정확한 치수로 만들어지고 측정에 의하여 길이가 결정된다. 롤러체인의 윤활은 수명을 길게 하기 위하여 꼭 필요한 요소이다. 적하 윤활 또는 침윤법 등이 안전하다. 중급 또는 하급 광물질 기름을 첨가물 없이 사용하고 있으며, 보통 때를 제외하고는 중유와 그리스는 사용되지 않는다. 이는 체인의 작은 간격에 들어가면 너무 끈적끈적하기 때문이다.

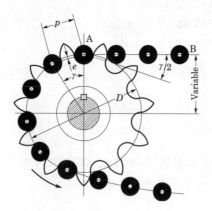

[그림 1-61] 체인과 스프로킷의 결합

하중의 특성은 롤러체인을 선택하는 데 가장 중요한 고려사항이다. 일반적으로 엑스트라체인(extra chain capacity)용량은 다음 조건이 요구된다.

① 소형 스프로킷 저속에는 9개 이하, 고속에는 16개 이하의 이빨이어야 한다.

② 스프로킷은 좀 커야 한다.

③ 충격이 일어날 때에는 반복하중을 받기도 한다.

④ 드라이브(drive)에는 3개 또는 그 이상의 스프로킷이 있다.

⑤ 윤활이 약하다.

⑥ 체인은 더럽고 불순한 데에서도 작용되어야 한다.

2. 체인의 속도

속도 v는 5 m 이하로서 2~5 m/s가 적당하다.

$$v = \frac{\pi Dn}{100 \times 60} = 0.000524 Dn = \frac{pzn}{6,000} \, [\text{m/s}] \tag{1.139}$$

여기서, D : 스프로킷휠의 지름(cm)

n : 스프로킷휠의 회전수(rpm)

p : 체인피치

z : 스프로킷휠의 잇수

잇수가 많으면 많을수록 체인에 충격을 적게 주고, 피치가 작을수록 원활한 운전을 한다.

3. 전달마력

긴장측의 장력을 P라 하면

$$H_{\text{PS}} = \frac{Pv}{75} \, [\text{PS}], \quad H_{\text{kW}} = \frac{Pv}{102} \, [\text{kW}] \tag{1.140}$$

안전율은 3 이상, 보통 운전 상태에서는 7~10을 쓴다. 실제로는 수정계수를 보정할 필요가 있다. 단열체인의 전달마력의 값에 2열, 3열인 경우는 그 수열만큼을 곱하면 된다. 이상적 수명은 15,000시간이다.

4. 속도변동률

1회전에 링크송출은 $v = npz$ 이고, 이 식은 평균속도를 의미한다. 속도의 변동률로 인하여 소음과 진동의 원인이 된다.

$$속도변동률 = \frac{v_{\max} - v_{\min}}{v_{\max}}$$

속도변동률은 최대 속도와 최소 속도의 차를 평균 속도로 나눈 것을 의미한다.

Section 49 **V벨트의 전동마력**

1. 개요

V벨트(단면이 사다리꼴인 고무벨트)를 벨트풀리의 V형홈에 끼워 이때의 쐐기작용에 의한 큰 마찰력으로 회전을 전달하는 장치이다. V벨트가 벨트풀리의 둘레를 따라 굽혀질 때 V벨트의 안쪽의 폭이 팽창하여 홈의 사면에 더욱 밀착하므로 큰 마찰력을 얻을 수 있다. 따라서 접촉각이 작더라도 미끄럼이 생기기 어려워 축간거리가 짧고 회전수비가 큰 경우에 좋다. 평벨트 전동에 대비한 V벨트 전동의 특징은 다음과 같다.

① 벨트의 쐐기작용에 의하여 비교적 작은 장력으로 큰 동력을 전달할 수 있다.
② 축간거리를 짧게 할 수 있으므로 설치장소가 절약된다.
③ 미끄럼이 적고 보다 확실한 동력을 전달할 수 있다.
④ 이음매가 없으므로 운전이 정숙하고 충격을 완화한다.
⑤ 초기 장력이 적어도 되므로 베어링에 작용하는 하중이 적다.

2. V벨트의 전동마력

1) 마찰계수

V벨트의 홈에 밀어붙이는 힘을 F, 수직반력을 R이라 하면 R의 수직방향 성분의 F와의 평형 상태에서 다음과 같다.

$$R = \frac{F}{2\left(\sin\frac{\alpha}{2} + \mu\cos\frac{\alpha}{2}\right)} \tag{1.141}$$

여기서, μ는 V벨트와 V풀리의 홈면의 마찰계수이다. 반력 R에 의하여 생기는 홈의 양 측면에 생기는 마찰력은 다음과 같다.

$$2\mu R = \frac{\mu F}{\sin\frac{\alpha}{2} + \mu\cos\frac{\alpha}{2}} \tag{1.142}$$

홈이 없는 경우의 마찰력은 μF이므로 홈에 박히는 V벨트에서는

$$\mu' = \frac{\mu}{\sin\frac{\alpha}{2} + \mu\cos\frac{\alpha}{2}} \tag{1.143}$$

를 마찰계수로 해야 한다. μ'을 유효마찰계수라 한다.

2) V벨트의 장력과 전동마력

평벨트의 장력 때와 같이 계산하되 μ 대신에 μ'을 사용한다. 원심력을 고려하면 다음과 같다.

$$\frac{T_1 - \dfrac{wv^2}{g}}{T_2 - \dfrac{wv^2}{g}} = e^{\mu'\theta} \tag{1.144}$$

$$P_e = T_1 - T_2 = T_1\left(1 - \frac{wv^2}{T_1 g}\right)\left(\frac{e^{\mu'\theta} - 1}{e^{\mu'\theta}}\right)$$

$$T_1 = \frac{e^{\mu'\theta}}{e^{\mu'\theta} - 1}P_e + \frac{wv^2}{g}$$

$$T_2 = \frac{1}{e^{\mu'\theta} - 1}P_e + \frac{wv^2}{g} \tag{1.145}$$

$$H = \frac{T_1 v}{75}\left(1 - \frac{wv^2}{T_1 g}\right)\left(\frac{e^{\mu'\theta} - 1}{e^{\mu'\theta}}\right) \tag{1.146}$$

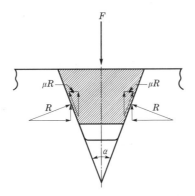

[그림 1-62] V벨트와 V풀리의 홈면에 작용하는 힘

Section 50 벨트의 접촉각과 길이(평행 걸기, 엇 걸기)

1. 접촉각

벨트에 의하여 전달되는 최대 동력은 벨트의 늘어남과 풀림에서의 미끄럼으로 인하여 제한된다. 벨트의 늘어나는 것은 적당한 벨트인장응력의 사용으로 수명을 조정할 수 있고, 벨트의 미끄럼은 접촉각이 작아서 발생하기도 한다.

접촉각은 벨트의 설계에서 사용되는 요소이기도 하다. [그림 1-63]의 (a)는 오픈벨트, (b)는 크로스벨트를 나타낸다. 기하학적으로 접촉각 θ는 다음과 같다.

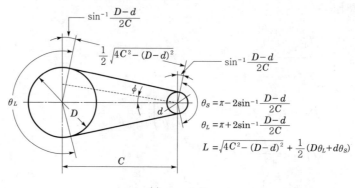

(a) open belt

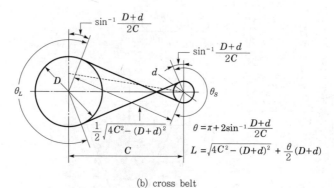

(b) cross belt

[그림 1-63] 벨트의 길이 및 접촉각

1) 평행 걸기(open belting)

$\phi = \sin^{-1}\dfrac{D-d}{2C}$ 이면 θ_S는 작은 쪽, θ_L는 큰 쪽 접촉각이다.

$$\theta_S = \pi - 2\phi = \phi - 2\sin^{-1}\left(\frac{D-d}{2C}\right) \tag{1.147}$$

$$\theta_L = \pi + 2\phi = \pi + 2\sin^{-1}\left(\frac{D-d}{2C}\right) \tag{1.148}$$

2) 엇걸기(cross belting)

$$\phi = \sin^{-1}\frac{D+d}{2C}$$

$$\theta_S = \theta_L = \pi + 2\phi = \pi + 2\sin^{-1}\left(\frac{D+d}{2C}\right) \tag{1.149}$$

2. 벨트의 길이

벨트의 길이(length of belt)는 다음과 같다.

1) 평행 걸기(open belting)

ϕ의 단위는 rad이다.

$$L = \frac{\pi}{2}(D+d) + \phi(D-d) + 2C\cos\phi$$

$$= \frac{\pi}{2}(D+d) + 2\sqrt{C^2\left(\frac{D-d}{2}\right)^2} + (D-d)\sin^{-1}\left(\frac{D-d}{2C}\right) \tag{1.150}$$

제2항을 이항정리로 전개하여 정리하면(단, $\sin\phi \fallingdotseq \phi = \frac{D-d}{2C}$ 이다.)

$$L = \frac{\pi}{2}(D+d) + 2C + \frac{(D-d)^2}{4C} \tag{1.151(a)}$$

$$= \pi(R+r) + 2C + \frac{(R-r)^2}{C} \tag{1.151(b)}$$

2) 엇걸기(cross belting)

$$L = \frac{\pi}{2}(D+d) + 2C + \frac{(D+d)^2}{4C} \tag{1.152(a)}$$

$$= \pi(R+r) + 2C + \frac{(R+r)^2}{C} \tag{1.152(b)}$$

Section 51 벨트의 장력과 전달마력

1. 유효장력

원동풀리의 회전력에 의한 저항력이 종동풀리에 생길 때 종동풀리의 저항력이 마찰에 의한 유효장력보다 작으면 벨트는 원동풀리와 함께 돌게 된다. 이렇게 회전할 때 벨트가 팽팽하게 당겨지는 쪽을 긴장측이라 하고, 느슨하게 되는 쪽을 이완측(slack side)이라 한다.

긴장측의 장력을 T_1, 이완측의 장력을 T_2라고 하면 유효장력 P_e는 $T_1 - T_2$이고, 이 P_e가 회전력으로서 동력을 전달하는 힘이다.

2. 벨트의 장력

벨트의 문제를 해결하기 위하여 벨트단면의 1mm^{2}당의 무게를 kg으로 표시하면 방정식 (1.175)는 다음과 같이 된다. T_c는 원심력을 고려한 경우이다.

$$\frac{T_1 - T_c}{T_2 - T_c} = e^{\mu\theta} \ \ \text{또는} \ \ \frac{T_1}{T_2} = e^{\mu\theta} \ (\text{원심력 무시}) \tag{1.153}$$

$$T_c = \frac{\omega v^2}{g} \ (\text{원심력을 고려한 장력(kg)})$$

$P_e = T_1 - T_2$에 대해 방정식 (1.153)을 풀면 다음과 같다.

$$T_1 = \frac{e^{\mu\theta}}{e^{\mu\theta} - 1} P_e + \frac{w' v^2}{g}$$

$$T_2 = \frac{1}{e^{\mu\theta} - 1} P_e + \frac{w' v^2}{g} \tag{1.154}$$

$v = 10\,\text{m/s}$ 정도에서는 원심력의 영향을 무시해도 무관하다. 원심력을 무시하면

$$T_1 = \frac{e^{\mu\theta}}{e^{\mu\theta} - 1} P_e, \ \ T_2 = \frac{1}{e^{\mu\theta} - 1} P_e$$

$$P_e = T_1 \left(\frac{e^{\mu\theta} - 1}{e^{\mu\theta}} \right) \tag{1.155}$$

$\dfrac{T_1}{T_2} = e^{\mu\theta} = k$를 아이텔바인(Eytelwein)식이라고 부르고, 또 k를 장력비라고도 부른다.

3. 벨트의 전달마력

$$H_{\text{PS}} = \frac{P_e v}{75} = \frac{(T_1 - T_2)v}{75} \tag{1.156}$$

1분간 회전수를 n, 풀리의 지름을 D라 하면 $v = (\pi D n / 60)$이므로 식 (1.156)은

$$H_{\text{PS}} = \frac{\pi D n P_e}{75 \times 60} = \frac{\pi D n (T_1 - T_2)}{75 \times 60} \tag{1.157(a)}$$

$$H_{\text{kW}} = \frac{\pi D n (T_1 - T_2)}{102 \times 60} \tag{1.157(b)}$$

식 (1.157)의 (a)에서

$$H_{\text{PS}} = \frac{P_e v}{75} = \frac{(T_1 - T_2)v}{75} = \frac{T_1 v}{75} \frac{e^{\mu\theta} - 1}{e^{\mu\theta}} \tag{1.158)(a}$$

$$H_{\text{kW}} = \frac{P_e v}{102} = \frac{(T_1 - T_2)v}{102} = \frac{T_1 v}{102} \frac{e^{\mu\theta} - 1}{e^{\mu\theta}} \tag{1.158)(b}$$

Section 52 | 구름 베어링의 수명 계산식

1. 개요

회전하는 축을 지지하는 기계요소인 베어링(bearing)은 축과 축에 부착된 회전체의 하중을 지지하면서 마찰에 의한 손실동력을 최소화하기 위한 목적으로 사용되고 있다. 그 형식에 따라 구름 베어링(rolling bearing), 미끄럼 베어링(sliding bearing)의 2가지로 대별되며, 지지하는 하중의 형태에 따라 레이디얼 베어링(radial bearing)과 스러스트 베어링(thrust bearing)으로 구분하고 있다.

2. 구름 베어링의 수명 계산식

구름 베어링에서는 계산수명 L_n(단위 10^6회전), 베어링 하중 P[kgf], 기본 동정격하중 C[kgf] 사이의 관계는 다음과 같다.

$$L_n = \left(\frac{C}{P}\right)^r \times 10^6 \,[\text{rev}] \quad \text{또는} \quad P = \frac{C\sqrt[r]{10^6}}{\sqrt[r]{L_n}} \,[\text{kgf}] \tag{1.159}$$

r은 베어링의 내외륜과 전동체의 접촉 상태에서 결정되는 정수이다.
축회전수는 rpm으로 주어지나 수명은 실제로는 시간이므로

$$\frac{L_n}{10^6} = \left(\frac{C}{P}\right)^r$$

볼 베어링 : $r = 3$, 롤러 베어링 : $r = \dfrac{10}{3}$ $\hspace{2cm}$ (1.160)

단, C를 100만 회전이라 규정하였으므로 L_n의 단위는 10^6이다. L_h를 수명시간이라 하면 L_n과의 관계는 다음과 같다.

$$L_h = \frac{L_n}{60 \times n} \tag{1.161}$$

그런데 $10^6 = 33.3\,\mathrm{rpm} \times 500\,\mathrm{hr} \times 60\,\mathrm{min}$ 이므로

$$L_h = \frac{1}{60 \times n}\left(\frac{C}{P}\right)^r \times 10^6 = \frac{1}{60 \times n}\left(\frac{C}{P}\right)^r \times 500 \times 33.3 \times 60$$

$$\therefore \ L_h = 500 \times \left(\frac{C}{P}\right)^r \times \frac{33.3}{n} \tag{1.162}$$

한편, $L_h = 500 f_h{}^r$ 이라 하며 f_h를 수명계수라 한다.

식 (1.185)와 f_h에서 다음과 같다.

$$f_h = \frac{C}{P}{}^r \sqrt{\frac{33.3}{n}} \tag{1.163}$$

한편, $f_n = {}^r\sqrt{\dfrac{33.3}{n}}$ 을 속도계수라 칭하고, 이것을 식 (1.186)에 대입하면 다음과 같다.

$$f_h = f_n \frac{C}{P} \tag{1.164}$$

수명시간은 속도계수 f_n과 수명계수 f_h의 관계에서 구해진다.

볼 베어링에서는

$$L_h = 500\left(\frac{33.3}{n}\right)\left(\frac{C}{P}\right)^3 = 500 f_n\left(\frac{C}{P}\right)^3 = 500 f_h{}^3 \tag{1.165}$$

이며, 구름 베어링에서는 다음 식과 같다.

$$L_h = 500\left(\frac{33.3}{n}\right)\left(\frac{C}{P}\right)^{\frac{10}{3}} = 500 f_n^{\frac{10}{3}} = 500 f_n\left(\frac{C}{P}\right)^{\frac{10}{3}} \tag{1.166}$$

Section 53 플랜지 커플링(flange coupling)

1. 개요

큰 축과 고속도 정밀회전축에 적당하고 공장전동축 또는 일반 기계의 커플링으로 사용되며, 주철 또는 주강, 단조강 등으로 만들고 축에 플랜지를 때려 박고 키로써 고정하고 리머볼트로써 두 플랜지를 죈다. 때로는 열박음(shrink fit)을 하기도 한다.

일반적으로 큰 하중에 사용되며 보통급과 상급이 있다.

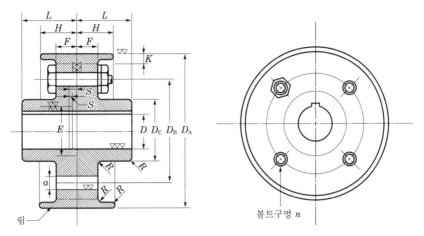

[그림 1-64] 조립식 플랜지 커플링

2. 강도 계산

볼트를 죄면 마찰저항에 의한 비틀림모멘트가 발생한다.

$$T_1 = z\mu Q \frac{D_f}{2} \tag{1.167}$$

플랜지 커플링에 체결된 z개의 볼트의 단면이 전단을 받으므로

$$T_2 = z \frac{\pi}{4} \delta^2 \tau_B \frac{D_B}{8} \tag{1.168}$$

$$T = T_1 + T_2$$

$$\therefore \frac{\pi}{16} d^3 \tau = z\mu Q \frac{D_f}{2} + z \frac{\pi}{4} \delta^2 \tau_B \frac{D_B}{2} \tag{1.169}$$

여기서, T : 보통급에서 최대 저항 비틀림모멘트(kgf · cm)

T_1 : 마찰저항에 의해 생기는 비틀림모멘트(kgf · cm)

T_2 : 전단 비틀림모멘트(kgf · cm)

D_f : 마찰면의 평균 직경(cm)

D_B : 볼트 중심 간 거리(cm)

δ : 볼트의 지름(cm)

μ : 마찰계수

Z : 볼트의 수

τ_B : 볼트의 전단응력(kgf/cm^2)

상급 플랜지는 주로 볼트의 전단강도에 의하여 비틀림모멘트를 전달한다.

$$\frac{\pi}{16}d^2\tau = \frac{z\pi\delta^2\tau_B D_B}{8} \tag{1.170}$$

마찰력에 의한 비틀림모멘트 $T = zQ\mu R_f$

축의 전달 비틀림모멘트 $T = \frac{\pi}{16}d^3\tau_s$, 볼트의 체결력 $Q = 0.85P_s$라고 하고, 다만

P_s는 탄성한계하중, σ_s는 단순 항복인장응력, 허용체결응력, $\sigma_a = \frac{\sigma_s}{1.3}$라 하면

$$Q = 0.85P_s = 0.85 \times 0.75 \times \frac{\pi}{4}\delta^2\sigma_s$$

$$\fallingdotseq 0.64 \times \frac{\pi}{4}\delta^2\sigma_s = 0.64 \times \frac{\pi}{4}\delta^2(1.3\sigma_a) = 0.83 \times \frac{\pi}{4}\delta^2\sigma_a$$

비틀림모멘트

$$T = \mu z Q R_f = \frac{\pi}{16}d^3\tau_s \cdot a = \frac{\pi}{16}d^3 \cdot \frac{\sigma_a}{2} = \mu z \cdot R_f \times 0.83 \times \frac{\pi}{4}\delta^2\sigma_a$$

$$\delta^2 = 0.15 \times \frac{d^3}{\mu Z R_f}$$

$$D_f = 2R_f$$

볼트의 지름은 $\delta = 0.55\sqrt{\dfrac{d^3}{uZD_f}}$ \tag{1.171}

리머볼트의 전단저항에 의한 비틀림모멘트는

$$T = \frac{\pi}{4}\delta^2\tau_{aB} \cdot ZR_B = \frac{\pi}{16}d^3\tau_s$$

$$\delta = 0.5\sqrt{\frac{d^3}{ZR_B}} \quad (\tau_{aB} = \tau_s) \tag{1.172}$$

볼트의 지름이 작은 경우에는 다음과 같이 쓸 수 있다.

$$\delta = 0.5\sqrt{\frac{d^3}{ZR_b}} + 1\,\text{cm}$$

플랜지의 뿌리두께 설계

$$\frac{\pi d^3}{16}\tau = 2\pi R_1 t\tau_f \cdot R_1 = 2\pi R_1{}^2 r\tau_f \tag{1.173}$$

여기서, t : 플랜지의 두께(cm)

　　　τ_f : 플랜지재료의 허용 전단응력(kgf/cm^2)

　　　R_1 : 플랜지뿌리까지의 반경(cm)

[그림 1-65] 커플링의 단면

Section 54 축의 진동(vibration of shafts)

1. 개요

축은 급격한 변위를 받으면 이를 회복시키려고 탄성변형에너지가 발생한다. 이 에너지는 운동에너지로 되어 축의 중심을 번갈아 반복하여 변형한다. 이 반복주기가 축 자체의 휨 또는 비틀림의 고유진동수와 일치하든지, 그 차이가 극히 적을 때는 공진이 생기고 진폭이 증가하여 축은 탄성한도를 넘어 파괴된다. 이와 같은 축의 회전수를 위험속도(critical speed)라 한다.

회전축의 진동요소는 신축, 휨, 비틀림 등 세 가지이나 신축에 의한 진동은 위험성이 적어 고려하지 않아도 무방하다. 회전축의 상용회전수는 고유진동수의 25% 이내에 가까이 오지 않도록 한다.

2. 휨진동

1) 단면이 고르지 않은 경우의 위험속도

[그림 1-66]에 도시한 바와 같이 중량 W_1, W_2, W_3, … 등 회전체가 축에 고정되어 있다. 이 회전체의 정적휨을 δ_1, δ_2, δ_3, …라 하며, 굽혀지고 있을 때 축에 저장된 탄성변형에너지 E_p는 다음과 같다.

$$E_p = \frac{W_1 \delta_1}{2} + \frac{W_2 \delta_2}{2} + \frac{W_3 \delta_3}{2} + \cdots\cdots \tag{1.174}$$

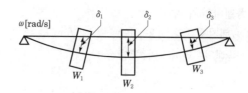

[그림 1-66] 회전축의 위험속도

휨의 진동이 단현운동(單弦運動)을 한다면 회전체의 임의시간 t에 있어서의 세로변위는 다음과 같이 주어진다.

$$X_1 = \delta_1 \cos \omega t$$
$$X_2 = \delta_2 \cos \omega t$$
$$X_3 = \delta_3 \cos \omega t$$

횡진동의 최대 속도는 축이 중앙에 위치할 때이고, 이 위치에서 축의 변형은 없고 탄성변형에너지도 0이다. 축이 갖고 있는 에너지는 모두 운동에너지로 되어 있다.

$$E_k = \frac{\omega^2}{2g} (W_1 \delta_1 + W_2 \delta_2 + W_3 \delta_3 + \cdots \cdots) \tag{1.175}$$

에너지의 손실이 없다면 $E_p = E_k$이므로 등식으로 놓고 이항하여 ω를 구하면 다음과 같다.

$$\omega = \sqrt{\frac{g(W_1 \delta_1 + W_2 \delta_2 + W_3 \delta_3 + \cdots \cdots)}{W_1 {\delta_1}^2 + W_2 {\delta_2}^2 + W_3 {\delta_3}^2 + \cdots \cdots}} \tag{1.176}$$

축의 휨의 위험속도 N_{cr} [rpm]은 다음과 같이 주어진다.

$$N_{cr} = \frac{30}{\pi} \sqrt{\frac{g(W_1 \delta_1 + W_2 \delta_2 + \cdots \cdots)}{W_1 {\delta_1}^2 + W_2 {\delta_2}^2 + \cdots \cdots}} \fallingdotseq 300 \sqrt{\frac{\Sigma W \delta}{\Sigma W \delta^2}} \tag{1.177}$$

각 하중점의 정적휨(statical deflection)이 구해지면 앞의 식에서 위험속도를 계산할 수 있다. 이것을 Rayleigh법이라 한다. 던커래이는 실험식으로 자중을 고려하여 다음 식을 발표하였다. 이 식을 던커래이실험공식이라 한다.

$$\frac{1}{{N_{cr}}^2} = \frac{1}{{N_o}^2} + \frac{1}{{N_1}^2} + \frac{1}{{N_2}^2} + \cdots \cdots \tag{1.178}$$

여기서, N_{cr} : 축의 위험속도(rpm)

N_0 : 축만의 위험속도(rpm)

N_1, N_2 : 각 회전체가 각각 단독으로 축에 설치하였을 경우의 회전속도(rpm)

3. 한 개의 회전체를 갖고 있는 축의 위험속도

축의 자중을 무시하면 위험회전수는 다음과 같다.

$$N_{cr} = \frac{60}{2\pi} W_c = \frac{60}{2\pi} \sqrt{\frac{k}{m}} = \frac{30}{\pi} \sqrt{\frac{g}{\delta}} \fallingdotseq 300 \sqrt{\frac{1}{\delta}} \tag{1.179}$$

여기서, W : 1개의 회전체의 무게(kgf)

m : 1개의 회전체의 질량 $= W/g\,[\mathrm{kgf \cdot s^2/cm}]$

δ : 축의 정적인 휨(cm)

k : 축의 스프링상수 $= W/g\,[\mathrm{kgf/cm}]$

N_{cr} : 회전축의 위험속도(rpm)

(a) 레이디얼하중   (b) 추력하중

[그림 1-67] 축의 위험속도

나사의 풀림 방지

1. 개요

체결용 나사의 리드각은 나사면의 마찰각보다 작게 취하여 자립잠김조건이 만족되도록 설계되어 있으므로 축방향 하중이 걸려도 쉽게 나사가 회전하는 일은 없다. 그러나 실제의 경우 운전 중 진동이나 충격이 기계에 가해지면 볼트가 풀려져 기계의 위험을 일으키는 경우가 많다. 따라서 [그림 1-68]과 같은 여러 가지 나사풀림을 방지하는 방법을 강구한다.

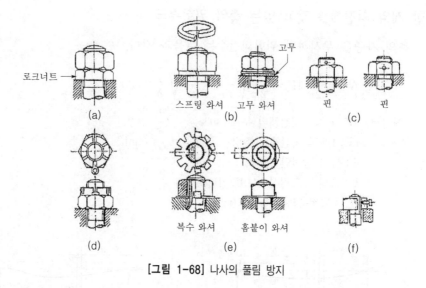

로크너트

스프링 와셔   고무 와셔   고무   핀   핀

(a)   (b)   (c)

복수 와셔   홈붙이 와셔

(d)   (e)   (f)

[그림 1-68] 나사의 풀림 방지

2. 풀림 방지방법

나사의 풀림 방지방법은 다음과 같다.

① 로크너트(locknut)를 사용하여 볼트와 너트 사이에 생기는 나사의 마찰력을 크게 하도록 한다.

② 스프링와셔나 고무와셔를 중간에 끼워 축방향의 힘을 유지시키도록 한다.

③ 볼트에 구멍을 뚫던가 볼트와 너트에 같은 구멍을 뚫어 핀을 꽂음으로써 너트가 빠져 나오지 못하도록 한다.

④ 홈붙이너트에 분할핀을 끼워 너트가 돌지 못하도록 한다.

⑤ 특수 와셔를 사용하여 너트가 돌지 못하도록 한다.

⑥ 멈춤나사를 사용하여 볼트의 나사부를 고정하도록 한다.

Section 56 키의 종류

1. 개요

축이음, 벨트풀리, 기어 등 축과 함께 회전하는 기계부품을 축에 체결하여 토크 (torque)를 전달시키기 위한 기계요소는 키이다. 축과 보스에 직사각형 또는 반달 모양의 단면을 가진 홈을 가공하여 이 홈에 키를 넣어 회전막이로서 보스에 토크를 전달하는 것으로 축이나 보스에 만든 홈을 키홈(key way)이라 한다. 사용목적에 따라 축과 보스를 고정하는 키와 축과 키를 체결하고 그 측면을 따라 보스가 미끄러지는 키가 있으며 일반적으로 축재료보다 약간 굳은 양질의 재료로 만들어지는 것이 보통이다.

2. 키의 종류

키의 종류는 다음과 같다.

1) 안장키(saddle key)

축에는 홈을 파지 않고 보스(boss)에만 1/100 정도 기울기의 홈을 파서 이 홈 속에 키를 박는 것으로, 키의 한 면은 축의 원호에 잘 맞도록 가공하고 이 축이 안장키 면에 접촉압력을 생기게 하여 이 마찰저항에 의하여 원주에 작용하는 힘을 전달시키는 키이다.

2) 묻힘키(sunk key)

축의 길이방향으로 절삭된 키 홈에 키를 미리 묻어 놓고 그 위에 보스를 축방향으로 부터 활동시켜서 축과 보스를 체결하는 방법의 키이다.

3) 드라이빙키(driving key)

먼저 한쪽 경사 1/100의 키 홈을 절삭한 보스를 키 홈을 판 축에 끼워 맞추고 축방향으로부터 키를 때려 박아서 축과 폴리 등을 고정시키는 키이다.

4) 접선키(tangential key)

축의 바깥둘레 접선방향에 전달하는 힘이 작용하고 있으므로 이 방향에 힘이 생기도록 해 놓으면 유리할 것이다. 접선키는 이 요구에 합당한 키로서 아주 큰 회전력 또는 힘의 방향이 변화하는 곳에 사용되고 있다.

5) 페더키(feather key)

보스가 축과 더불어 회전하는 동시에 축방향으로 미끄러져 움직일 수 있도록 되어 있는 키이다. 키에는 기울기가 없고 평행으로 한다.

6) 스플라인(spline)

큰 토크를 축에서 보스에 전달시키려면 1개의 키만으로 전달시키는 것은 불가능하므로 수십 개의 키를 같은 간격으로 축과 일체로 깎아낸 것이 spline이다. 보스에도 spline 축과 끼워 맞춰지는 홈을 판다.

① 각형 spline : 이에 비틀림 및 테이퍼가 없고 홈수(잇수)는 6, 8, 10의 3종류가 있으며 대경과 소경과의 차, 즉 치면의 접촉면적을 바꿔서 경하중용과 중하중용의 2종

류로 분류하고 끼워맞춤 정도에 따라서 축방향으로 미끄러지게 하는 활동용과 축 방향으로 고정하는 고정용으로 구별된다.

② 인벌류트 spline : 이치형이나 피치의 정도를 높이기가 쉬우므로 회전력을 원활하게 전달할 수 있고, 회전력이 작동하면 자동적으로 동심이 된다. 축의 이뿌리강도가 크고 동력전달능력이 크다.

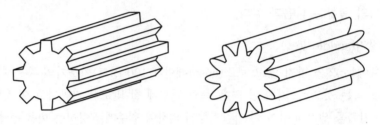

[그림 1-69] spline

7) 평키(flat key)

안장키보다 큰 토크를 전달한다.

8) 반달키(woodruff key)

키 홈이 깊어 축을 약화, 강도를 고려하지 않는 축에 사용한다.

9) 둥근 키

분해가 필요하지 않은 경하중용에 사용한다.

10) 세레이션

축과 구멍을 결합하기 위해서 사용되며 치에 비틀림이 없고 피치를 잘게 하고 치수를 많게 해서 결합의 위상을 정밀하게 조절할 수 있다. 종류로는 삼각치 세레이션, 인벌류트 세레이션, 맞대기 세레이션이 있다.

 Section 57

기어의 종류

1. 개요

마찰에 의하여 동력을 전달하는 마찰전동장치는 미끄럼이 생기기 때문에 정확한 회전수비를 유지할 수 없다. 기어(齒車, toothed wheel or gear)는 마찰차의 둘레에 이(tooth)를 깎아 서로 물리게 함으로써 미끄럼이 없이 회전동력을 전달시키는 것으로서 축간거리가 비교적 짧은 두 축 사이에 정확한 회전수비와 강력한 전동이 필요할 때 쓰이는 중요한 기계요소이다.

2. 기어의 종류

기어의 종류는 다음과 같다.

1) 평행축 기어

① 평기어(spur gear) : 가장 단순하고 일반적인 형태의 기어이다. [그림 1-70]의 (a) 와 같이 평기어는 평행인 축 간의 운동을 전달하는 데 사용되며, 축 중심과 평행한 이(齒)를 가지고 있다.

② 헬리컬기어(helical gear) : 피치면은 평기어와 같은 원통이나 두께에 걸쳐 이가 기어축과 각을 이루고 경사(helix)져 있는 기어이다. 직선 헬릭스가 보편적이나 고하중, 고속의 경우 스파이럴헬리컬기어가 사용된다.

③ 헤링본기어(herringbone gear) : 헬리컬기어에서는 기어축에 평행한 힘의 성분인 추력(thrust)이 작용하며, 전달되는 힘이 크면 이 축방향 성분의 힘이 매우 커지므로 베어링 쪽에 추력을 지지할 대책이 필요하여 반대방향의 헬릭스 각을 잇는 2개의 기어를 사용하므로 이러한 효과를 제거할 수 있다. 기어폭에 걸쳐 폭의 반대편에

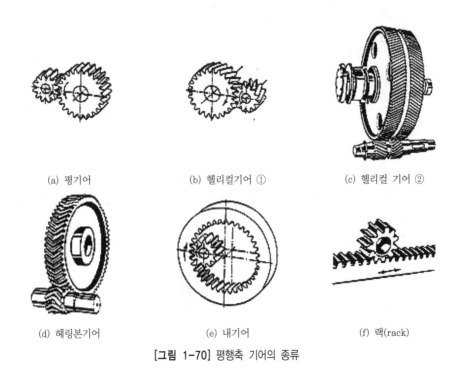

(a) 평기어　　　　　(b) 헬리컬기어 ①　　　　　(c) 헬리컬 기어 ②

(d) 헤링본기어　　　　　(e) 내기어　　　　　(f) 랙(rack)

[그림 1-70] 평행축 기어의 종류

한 방향의 헬릭스 각으로 절삭하고, 나머지를 반대방향으로 절삭한 헬리컬기어를 헤링본기어라 한다.

④ 내기어(internal gear) : 원통 또는 원추의 내면에 이를 절삭한 기어로 작은 기어인 피니언과 회전방향이 동일하다. 내기어는 기어장치의 소형화나 복잡한 속도비를 얻기 위한 장치에 적합하다. 반면에 외기어와 비교하여 간섭에 따른 제약이 많으므로 주로 유성기구(遊星機構)에 이용되고 있다.

⑤ 랙(rack) : 내기어를 절단해 펴면 피치원 반지름이 무한대가 된다. 랙과 물리는 작은 기어를 피니언이라 하며 회전운동을 직선왕복운동으로 전환하는 데 사용된다. 랙과 피니언의 맞물림은 치형과 기어절삭의 기본으로서 중요하다.

2) 교차축기어

[그림 1-71]에 표시한 베벨기어는 두 축 교차점을 정점으로 굴림접촉원추면이 피치면인 직선베벨기어(a)가 가장 널리 쓰인다. 두 축의 교차각(원추각)은 보통 직각이지만 임의의 각도인 경우도 있다. 고부하, 고속일 경우에는 스파이럴베벨기어(b)가 쓰인다. 제롤기어(zerol gear)(c)는 비틀림 각이 영(0)인 베벨기어를 말한다.

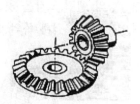 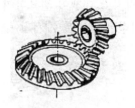 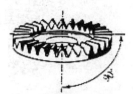

(a) 직선베벨기어   (b) 스파이럴베벨기어   (c) 제롤베벨기어

[그림 1-71] 교차축기어의 종류

3) 엇갈림축기어

① 나사기어 : 나사기어는 헬리컬기어의 축을 어긋나게 해서 맞물린 것이며, 물림이 점접촉이므로 동력전달용보다는 회전운동을 전하는 데 사용된다.

② 하이포이드기어(hypoid gear) : 베벨기어와 유사한 형으로 되어 있으나 교차축 간에 동력을 전달하는 데 사용된다. 이의 접촉점이 양 기어축의 법선상에 있지 않고 오프셋(offset)되어 있는 점은 자동차의 최종감속기어로 사용하여 차의 지상으로부터의 높이를 낮게 할 수 있다.

③ 웜기어 : 웜기어는 보통 직각축 간에 높은 감속비로 회전을 전달하는 데 사용되며, 원통나사를 웜(작은 기어)으로 하는 웜기어(d)가 보통이지만 고부하의 경우는 맞물림률이 큰 스파이럴웜기어(c)가 쓰인다.

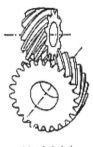 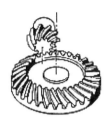 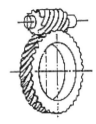 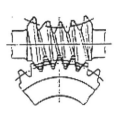

(a) 나사기어　　　　(b) 하이포이드기어　　　(c) 스파이럴웜기어　　　(d) 웜기어

[그림 1-72] 엇갈림축기어의 종류

Section 58 체인의 속도변동률

1. 개요

축간거리가 떨어진 부분에 동력을 전달하며 2개의 스프로킷휠(sprocket wheel)에 체인(chain)을 감아 걸어서 동력을 전달하는 방법을 체인 전동이라 한다. 전동용 체인으로 롤러체인(roller chain) 및 사일런트체인(silent chain)이 주로 사용되며, 이밖에 부시체인(bushed chain), 핀체인(pin chain) 등도 있으며 모두 저속, 경하중용이다. 사일런트체인은 고가이므로 롤러체인으로는 원활한 운전을 기대할 수 없는 고속운전이나 특히 정숙한 운전을 필요로 하는 경우에만 사용된다. 체인 전동에서는 벨트나 로프에 의한 전동보다 전동효율이 높으며 롤러체인의 경우 95% 이상, 사일런트체인의 경우 98% 이상도 가능하다.

2. 속도변동률

sprocket wheel이 일정한 각속도로 회전하면 정다각형 wheel에 벨트를 감은 것과 같아 체인은 빨라지기도 하고 늦어지기도 한다.

$$D_P = \text{pitch diameter}$$

$$R_{\max} = \frac{D_p}{2}$$

$$\therefore R_{\max} = \frac{D_p}{2} \cos \frac{\pi}{Z}$$

각속도 ω는

$$v_{\max} = R_{\max} \cdot \omega = \frac{D_p}{2} \cdot \omega$$

$$v_{\min} = R_{\min} \cdot \omega = \left(\frac{D_p}{2} \cdot \cos \frac{\pi}{Z} \right) \omega \qquad (1.180)$$

ω가 일정한 가운데 chain속도는 $v_{\max}$와 $v_{\min}$과의 사이에서 끊임없이 주기적으로 변화한다.

$$속도변동률 \ \ \lambda = \frac{v_{\max} - v_{\min}}{v_{\max}} \qquad (1.181)$$

$$\lambda = \frac{D_p - D_p \cos\left(\frac{\pi}{Z}\right)}{D_p} = \left\{ 1 - \cos\left(\frac{\pi}{Z}\right) \right\}$$

$$= 2\sin^2 \frac{\pi}{2Z} \fallingdotseq 2\left(\frac{\pi^2}{2Z^2} \right) \fallingdotseq \frac{\pi^2}{2Z^2}$$

$$\frac{p}{D} = \sin\frac{\pi}{Z} \fallingdotseq \frac{\pi}{Z} \left(\frac{\pi}{Z} = \frac{p}{Z} \right)$$

$$\lambda = \frac{p^2}{2D^2} \ (p = chain \ pithch)$$

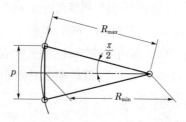

[그림 1-73] 속도변동률

Section 59 구름 베어링의 마찰특성과 장단점

1. 개요

구름 베어링에서 기동(起動)마찰은 동(動)마찰과 비교하여 거의 2배에 이르나 출발 시 금속과 금속의 접촉을 유발하는 미끄럼 베어링의 기동마찰과 비교하면 무시할 만하

다. 볼과 롤러 베어링은 적절한 속도에서 아주 잘 맞으나 고속에서는 윤활된 미끄럼
베어링이 마찰이 적다.

2. 구름 베어링의 마찰특성

볼 베어링, 롤러 베어링, 미끄럼 베어링의 속도-마찰관계는 [그림 1-74]에 나타낸
것과 같다.

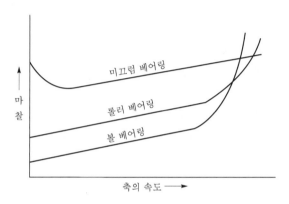

[그림 1-74] 베어링의 마찰비교

[그림 1-74]에서 알 수 있듯이 볼 베어링과 롤러 베어링의 마찰계수는 하중과 속도에
따라 아주 큰 값을 제외하고는 변동이 적다. 이러한 특성으로부터 알 수 있는 것은 볼
베어링과 롤러 베어링은 부하가 걸린 상태에서 출발과 정지가 빈번한 기계에 아주 적합하
다는 것이다.

기계 설계자의 관점에서 구름 베어링의 연구는 베어링 카탈로그로부터 선택의 문제
이기 때문에 기타 다른 주제의 연구와 비교해 볼 때 몇 가지 점에서 다르다. 구름 베어링
의 설계는 지정된 공간상의 치수에 맞도록 설계되어야 하고 일정한 특성을 가지고 있는
하중을 허용해야 하며, 지정된 조건에서 작동될 때 수명을 만족하도록 설계되어야 한
다. 그러므로 베어링 전문가들은 피로하중, 마찰, 열, 부식 저항, 운동학적 문제, 재료
특성, 윤활, 공차, 조립, 사용과 비용을 고려해야만 한다.

베어링 전문가들은 이들 모든 인자를 고려하므로 자신의 판단으로 주어진 문제에
대한 최적해를 얻을 수 있다.

3. 구름베어링의 장단점

구름-접촉 베어링, 반마찰(anti-friction) 베어링 또는 구름 베어링이라는 용어는 모
두 하중을 기계부품요소에 전달하는 데 미끄럼접촉보다는 구름접촉요소를 통하여 이루

어진다는 의미에서 같은 뜻으로 사용되어 왔다. 구름 베어링의 장점과 단점을 열거하면 다음과 같다.

1) 장점

① 고속을 제외하고 마찰이 적다.

② 윤활을 작게 하고 보수의 필요성이 낮다.

③ 비교적 정밀한 축의 중심정렬(alignment)을 유지할 수 있다.

④ 미끄럼 베어링보다 축방향 공간은 작게 차지하나 원주방향은 보다 큰 공간을 차지하게 된다.

⑤ 큰 하중을 전달할 수 있다.

⑥ 베어링 형식에 따라 축방향과 원주방향 하중을 모두 지지할 수 있다.

⑦ 교체가 쉽다.

⑧ 국제적으로 규격이 표준화되어 있으므로 기계 설계자는 설계할 필요가 없고 적절한 선택을 하면 된다. 베어링 카탈로그로부터 베어링의 선택은 비교적 쉬운 편이다.

2) 단점

① 미끄럼 베어링보다 소음이 크다.

② 베어링을 설치하는 데 보다 큰 비용이 들고 적절한 규정이 필요하다.

③ 피로파괴를 일으키므로 제한된 수명을 가지고 있다.

④ 베어링의 파괴는 경고 없이 일어나므로 기계에 손상을 입힐 수 있다.

Section 60 마찰클러치(friction clutch)의 전달마력

1. 개요

마찰클러치는 원동축과 종동축에 붙어 있는 마찰면을 서로 밀어내어 마찰면에 발생하는 마찰력에 의하여 동력을 전달하는 것으로서 축방향의 힘을 가감하여 마찰면에 미끄럼이 발생하면서 원활히 종동축의 회전속도를 원동축의 회전속도와 같게 한다. 과부하가 작용하는 경우에는 미끄러져서 종동축에 어느 정도 이상의 비틀림모멘트가 전달되지 않으므로 안전장치도 될 수 있고 운전 중에 착탈이 가능한 특징이 있다.

마찰면은 원판과 원뿔면 등 2가지가 있다. 원판클러치는 단판 마찰클러치와 다판 마찰클러치가 있다. 마찰클러치를 설계할 때는 마찰계수, 마찰클러치의 크기, 열발산, 내마모성, 단속의 용이도, 균형 상태, 접촉면에 밀어붙이는 힘, 단속할 때의 외력 등을 고려해야 한다. 그리고 마찰재료로서는 경질목재, 소가죽, 석면직물, 코르크 등을 사용한다.

2. 클러치의 설계

1) 원판클러치(disk clutch)

원동축과 종동축이 각각 1개 및 2개 이상의 원판을 가지고 이것을 서로 밀착시켜 그 마찰력에 의하여 비틀림모멘트를 전달시킨다. 조작방식은 [그림 1-75]를 참고한다.

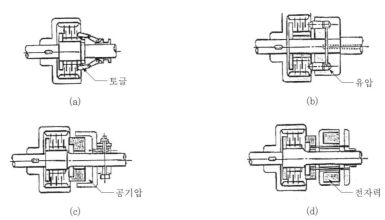

(a)　　　　토글

(b)　　　　유압

(c)　　　　공기압

(d)　　　　전자력

[그림 1-75] 원판기구의 조작방식

① 마모량이 일정한 경우($pR = C$)

T : 회전비틀림모멘트(kgf · cm)　　　　P : 축방향의 힘(kgf)

D_1 : 원판의 내경(cm)($= 2R_1$)　　　　μ : 마찰계수

D_2 : 원판의 외경(cm)($= 2R_2$)　　　　D : 마찰면의 평균 지름(cm)($= 2R$)

Z : 접촉면의 수　　　　H : 전달마력(PS)

b : 접촉면의 폭(cm)　　　　p : 접촉면압(kgf/cm^2)

n : 회전수(rpm)

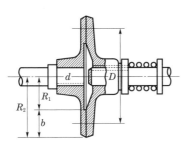

[그림 1-76] 단판 클러치

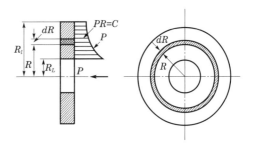

[그림 1-77] 원판 클러치의 설계

원판을 밀어붙이는 힘 P는

$$P = \int_{R_1}^{R_2} 2\pi p R dR = \int_{R_1}^{R_2} 2\pi c\, dR = 2\pi c (R_2 - R_1)$$

$$\therefore\ c = \frac{P}{2\pi (R_2 - R_1)} \tag{1.182}$$

원판의 전달토크 T는 마찰계수를 μ라 하면

$$T = \int_{R_1}^{R_2} \mu(2\pi p R dR) R = \int_{R_1}^{R_2} 2\pi \mu c p\, R dR = \pi \mu c ({R_2}^2 - {R_1}^2) \tag{1.183}$$

식 (1.182)에 식(1.183)을 대입하고, $R = \dfrac{R_1 + R_2}{2}$이면 토크는

$$T = \mu P \frac{R_1 + R_2}{2} = \mu P R = \mu P \frac{D}{2} = \mu p \frac{D_1 + D_2}{4} \tag{1.184}$$

식 (1.208)에 $p = \dfrac{P}{\dfrac{\pi}{4}({D_2}^2 - {D_1}^2)}$을 대입하면 다음 식과 같다.

$$T = \mu \frac{\dfrac{\pi}{4} p ({D_2}^2 - {D_1}^2)}{P} \frac{D_1 + D_2}{4}$$

② 압력 P가 일정하게 분포되는 경우

마찰면의 강성이 매우 크면 초기 마모에 있어서 압력이 접촉면에 고르게 분포되어 P는 일정하게 된다.

$$P = \pi \frac{{D_2}^2 - {D_1}^2}{4} p$$

$$T = 2\pi\mu \int_{\frac{D_1}{2}}^{\frac{D_2}{2}} p R^2 dR = \frac{2}{3}\pi\mu \left[\left(\frac{D_2}{2}\right)^3 - \left(\frac{D_1}{2}\right)^3 \right] p \tag{1.185}$$

$$T = \mu \frac{4}{3}\left(\frac{{D_2}^3 - {D_1}^3}{{D_2}^2 - {D_1}^2}\right) p = \frac{4}{3}\left(\frac{{D_2}^3 - {D_1}^3}{{D_2}^2 - {D_1}^2}\right) \mu p \tag{1.186}$$

실제로 $R_1 = (0.6 \sim 0.7) R_2$이므로

$$\frac{4}{3}\left(\frac{{D_2}^3 - {D_1}^3}{{D_2}^2 - {D_1}^2}\right) \fallingdotseq \frac{D_1 + D_2}{4} = \frac{D}{2} \tag{1.187}$$

$$T = \mu p \frac{D}{2} \tag{1.188}$$

클러치가 $n[\mathrm{rpm}]$의 $H[\mathrm{PS}]$ 마력을 전달한다면

$$\frac{\mu PD}{2} = 71,620\frac{H}{n}, \quad H = \frac{\mu PDn}{143,240} \tag{1.189}$$

마찰계수가 Z개라면

$$T = \mu ZP\frac{D}{2}, \quad H = \frac{\mu ZPDn}{143,240} \tag{1.190}$$

이상과 같이 기본 설계공식은

$$P = \frac{2T}{\mu DZ}, \quad P = \mu Dbp_a, \quad H = \frac{\mu Zbp_a nD^2}{143,240} \tag{1.191}$$

2) 원추클러치

외원추(outer-cone)는 구동축이며 축에 고정되어 있고, 내원추(inner-cone)는 종동축이며 축상에 미끄럼키에 의하여 좌우로 미끄러질 수 있도록 조립되어 있다. 내원추에 밀어대면 원뿔표면에는 압력이 발생하고, 이 압력에 의하여 마찰동력이 전달된다.

여기서, Q : 원뿔면 상의 전압력(kgf)

α : 원뿔각의 반각(°)

P : 축방향으로 클러치를 넣기 위하여 가해지는 힘(kgf)

μ_a : 마찰계수의 허용치

μ_c : 밀어박는 방향에 있어서의 마찰계수

T : 클러치가 전달하여야 될 회전 모멘트(kgf · cm)

D : 원추마찰면의 평균 직경(cm)

P' : 클러치를 떼기 위하여 필요로 하는 힘(kgf)

$$P = P_1 + P_2 = Q\sin\alpha + \mu_c Q\cos\alpha$$
$$= Q(\sin\alpha + \mu_c\cos\alpha) \tag{1.192}$$
$$= \frac{2T}{D}\frac{\sin\alpha + \mu_c Q\cos\alpha}{\mu_a} \tag{1.193}$$

$$P' = Q(\sin\alpha - \mu_c\cos\alpha) = \frac{2T}{D}\frac{\sin\alpha - \mu_c Q\cos\alpha}{\mu_a} \text{[kgf]} \tag{1.194}$$

$$T = \frac{\mu_a\,QD}{2} = 71,620\,\frac{H}{n}$$

$$= \frac{P\,\mu_a\,D}{2\,(\sin\alpha + \mu_c\cos\alpha)}\,[\mathrm{kgf/cm}^2] \tag{1.195}$$

$$Q = \frac{143,240H}{n\,\mu_a\,D}\,[\mathrm{kgf}] \tag{1.196}$$

마찰면이 원추가 되고 클러치를 작동시킬 때 마찰면은 반경방향, 즉 축심을 향하여 움직이게 된다. 전동능력이 비교적 크고 저속 중하중용으로 많이 쓰인다. block clutch, split ring clutch, band clutch 등이 그 대표적이다.

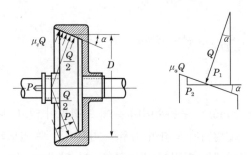

[그림 1-78] 원추클러치

3) 전자클러치(electronic magnetic clutch)

일종의 마찰클러치로서, 마찰면에 주는 압력을 기계력에 의하지 않고 전자력을 이용한다. 전자코일을 여자 또는 소자시킴으로써 용이하게 단속이 가능한 클러치로 레버조작이 필요가 없고 스위치 한 개로 작동이 가능하다.

클러치조합이나 필요한 조건을 고려하여 사용하면 중부하기동, 급속기동정지, 유중 사용도 가능하며, 기계적 클러치에서는 얻을 수 없는 많은 이점이 있다.

그 장점은 다음과 같다.

① 클러치 단속이 전기적으로 용이하다.

② 전류의 가감으로 접촉을 서서히 원활히 하는 것이 가능하다.

③ 원격 제어(remote control)가 용이하고 조작이 간단하다.

④ 자동화를 할 수 있다.

⑤ 고속화가 가능하다.

⑥ 조형화가 가능하다.

⑦ 전단토크에 비해 소비전력이 적다.

⑧ 부속설비(토글, 유압, 공기압의 배관, 밸브)가 필요치 않다.

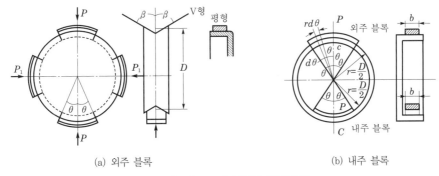

(a) 외주 블록   (b) 내주 블록

[그림 1-79] 블록클러치의 구조

Bearing 선정 시 저속 중하중, 고속 저하중의 특징

1. 개요

bearing하중에 의해 전동면에 영구변형이 생기고, 이 변형 때문에 bearing의 원활한 회전이 저해되어 사용이 불가능할 때가 있다.

특히 느린 회전속도에서 사용되는 bearing에서는 정격수명 L_h[hr]이 큰 것이라 해도 bearing의 크기에 대한 bearing하중은 커지고, 정격수명보다 오히려 하중 때문에 생기는 영구변형의 크기가 문제이다.

2. 구름 bearing 선정

1) 저속 중하중

최대점 등가하중 P_o에 계수 f_e를 곱해서 이것보다 C_o가 큰 bearing을 선택한다.

$$C_o > P_o \times f_e (f_e : 1 \sim 1.75)$$

2) 고속 저하중

최대점 등가하중 P_o에 계수 f_e를 곱해서 이것보다 C가 큰 bearing을 선택한다.

$$C > P_o \times f_e (f_e : 0.5)$$

3. 구름 bearing 평균 하중

변동 하중(저하중 ↔ 고하중)을 정격수명을 부여할 수 있는 일정한 크기의 하중으로 환산해서 정격수명을 산출한다.

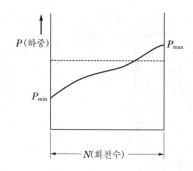

[그림 1-80] 평균 하중과 변동 하중의 관계

$$P_m = \left[\frac{(P_1{}' N_1 + P_2{}' N_2 + P_3{}' N_3 + \cdots)}{(N_1 + N_2 + N_3 + \cdots)} \right]^{\frac{1}{r}} = \left[\frac{\varSigma P_n{}' N_n}{N_n} \right]^{\frac{1}{r}}$$

여기서, $r = 3$(ball bearing), $r = 10/3$(roller bearing)

$$P_m(평균 \ 하중) \approx \frac{P_{\min}}{3} + \frac{2P_{\max}}{3}$$

여기서, $P_{\min}$: 최소 하중, $P_{\max}$: 최대 하중

$$P_m = \left(\int_0^N P' dN / N \right)^{\frac{1}{r}}$$

평균 하중으로 선정한다.

$$dN = 150,000(\text{roller bearing})$$

여기서, d : 축 안지름(cm), N : 회전수(rpm)

4. 미끄럼 bearing

Pettroff's law $\mu = \dfrac{\pi^2}{30} \eta \dfrac{N}{p} \dfrac{r}{\delta}$ 에서

① 회전속도가 빠를수록 유막은 두껍게 된다.
② 저속 중하중은 유막의 파괴가 쉽다.
③ 고속 저하중은 완전유막윤활이 가능하다.
④ 고속 저하중 때에는 요동 가능한 여러 개의 패드로 축을 지지한 필매틱(filmatic) 베어링을 사용한다.

Section 62 하중을 고려한 베어링 적용방법 및 선정방법

1. 구름 bearing의 정격하중

1) 동정격하중

① 기본 동(動)정격하중 : 내륜을 회전시켜 외륜을 정지시킨 조건으로 동일 호칭번호의 베어링을 각각 운전했을 때 정격수명이 100만 회전이 되는 방향과 크기가 변동하지 않는 하중

② 동(動)등가하중 : 방향과 크기가 변동하지 않는 하중이며 실제의 하중 및 회전조건인 때와 같은 수명을 부여하는 하중

2) 정정격하중

① 정지하중 : 회전하지 않는 베어링에 가해지는 일정 방향의 하중

② 기본 정정격하중 : 최대 응력을 받고 있는 접촉부에서 전동체의 영구변형량과 궤도륜의 영구변형량과의 합계가 전동체 직경의 0.0001배가 되는 정지하중

③ 정등가하중 : 실제의 하중조건 하에서 생기는 최대의 영구변형량과 같은 영구변형량을 최대 응력을 받는 전동체와 궤도륜과의 접촉부에 생기게 하는 정지하중

3) 등가하중 계산식

① 동등가하중 : 레이디얼하중(F_r) 및 스러스트하중(F_a)을 동시에 받는 베어링의 동등가하중(P)

$$레이디얼\ 베어링\ \ P = XVF_r + YF_a$$

여기서, X : 레이디얼계수, V : 회전계수, Y : 스러스트계수

② 정등가하중 : 레이디얼하중(F_r) 및 스러스트하중(F_a)을 동시에 받는 베어링의 레이디얼 정등가하중(P_o)

$$P_o = X_o F_r + Y_o F_a$$

2. brearing에 가해지는 하중과 선정방법

설계상의 기초가 되는 베어링에 가해지는 하중의 종류와 크기를 정확하게 구하고 윤활방법 선택을 잘 하는 것이 중요하다. 보통 계산으로 구한 하중에 대해 경험적인 기계계수로서 진동의 대소에 따른 계수 1~3, 벨트장력을 고려한 계수 2~5, 기어 정도의 양부에 따라 생기는 진동에 대한 계수 1.05~1.3을 각각 곱하여 베어링에 가해지는 하중으로 한다.

1) 평균 하중(P_m)

하중이 시간적으로 주기적 변화가 있을 때에는 동등가하중의 평균 하중으로 환산해서 쓴다. 변화하는 동등가하중의 최대값을 $P_{\max}$, 최소값을 $P_{\min}$으로 하면 평균 하중은 다음과 같다.

$$P_m = \frac{2P_{\max} + P_{\min}}{3}$$

2) 베어링 선정

베어링을 선정할 때는 베어링 특성(하중, 속도, 소음, 진동특성)을 살리고 베어링에 가해지는 하중을 되도록 바르게 구해서 설계상 필요하고 충분한 베어링 수명을 얻게끔 베어링 주요 치수를 고려해서 동정격하중이 적정한 베어링을 선정하며, 베어링이 회전하지 않을 때 또는 10rpm 이하로 회전할 때에는 정정격하중으로 계산하여 적당한 베어링을 선정한다.

Section 63 오일리스 베어링(oilless bearing)

1. 개요

외부로부터 윤활유의 공급 없이 사용되고 있는 오일리스 베어링은 최근에는 사용범위가 넓어지고 있으며, 단순히 급유를 하지 않은 의미로부터 특수한 조건에서도 사용가능한 베어링이라는 내용으로 변화하였다. 이것은 최근까지 오일리스 베어링이라는 말이 함유 베어링을 가리켰고, 금속계의 소결함유 베어링이 양적인 면에서 주류를 차지하였으나 함유주철의 발명, 자기 윤활성 플라스틱의 응용, 고체 윤활계를 이용한 베어링의 발전 등이 지금까지 이미지를 완전히 변모시켰기 때문이다.

2. 종류

1) 다공질 오일리스 베어링

① 분말소결함유 베어링 : 분말소결함유 베어링은 오일리스 베어링으로 사용된 역사가 길고 각종 재질의 것이 시판되고 있다. 소형의 전동기 및 관련 동력전달기기에 다량으로 사용되어 급유할 수 없는 특징을 가지고 있는 가전기기류에 알맞은 베어링이다.

② 함유주철 베어링 : 함유주철 베어링은 주철을 열처리하여 다공질화한 것으로 함유량은 분말소결 베어링보다 약간 적으나 대형 제품을 제작 가능한 이점이 있다. 베어링의 성능은 저속 높은 하중영역에 적합하다.

③ 함유플라스틱 베어링 : 분함유 페놀수지 베어링은 열경화성 플라스틱재료로서 1935년 대부터 본격적으로 베어링에 사용되기 시작한 페놀수지를 성형할 때 다공질화하여 윤활유를 침투시킨 것이다.

대형 성형제품을 제작 가능하며 비교적 열악한 환경에서 사용할 수 있는 것이 특징이다. 플라스틱계의 함유 베어링은 이 밖에 폴리아세탈, 폴리아미드계의 베어링이 있다.

2) 다층형 오일리스 베어링

기본적으로는 자기 윤활성 플라스틱 베어링을 개량한 것으로, 플라스틱의 단점인 백메탈을 보강하여 고부하조건에서 사용할 수 있도록 성능을 향상시킨 것이다. 플라스틱계 베어링의 공통된 문제점인 내열온도가 금속계와 비교하여 낮고 열전도성이 나쁘고, 또한 기계적 강도가 낮아 다층형 구조로 하여 결점을 개량한 것이다.

3) 플라스틱 베어링

자기 윤활성을 가지고 있는 플라스틱을 그대로 성형하여 베어링 재료로 사용한다.

Section 64 베어링의 윤활방법

1. 개요

회전하는 축을 지지하는 기계요소인 베어링(bearing)은 축과 축에 부착된 회전체의 하중을 지지하면서 마찰에 의한 손실동력을 최소화하기 위한 목적으로 사용되고 있다. 베어링은 고속회전이나 미끄럼운동으로 마찰열이 발생하므로 지속적으로 윤활을 해야 한다. 급유방법은 손급유, 적하급유, 패드급유, 침지급유, 튀김급유, 순환급유, 그리스급유가 있다.

2. 급유방법

1) 손급유

기름 깔때기로 적당한 시기에 수시로 급유하는 것으로서, 경하중, 저속도의 간단한 베어링에만 사용된다. 가정에서 쓰이는 재봉틀의 급유도 이 방식에 속한다.

2) 적하급유

오일컵으로부터 구멍, 바늘 등을 통하여 시간적으로 대략 일정량을 자동적으로 적하시켜서 급유하는 방법이며, 주로 4~5m/s까지의 경하중용으로 사용된다.

3) 패드급유

기름통 속에 모세관작용을 하는 패드를 넣어 스프링에 의하여 축에 밀어붙여서 급유 도포하는 방법이며, 철도 차륜의 베어링에 이용된다.

4) 침지급유

베어링을 기름 속에 담그는 방법이며, 베어링 주위를 밀폐시켜야 하므로 수평형 베어링에는 부적당하며, 수직형 스러스트 베어링이나 기어박스 속의 베어링 등에 사용된다.

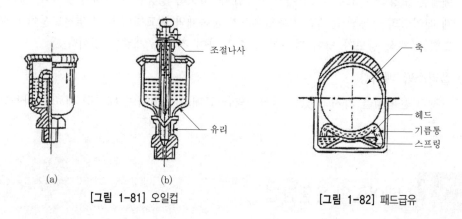

[그림 1-81] 오일컵   [그림 1-82] 패드급유

5) 오일링급유

수평형 베어링에 사용되는 방법으로서 베어링 저부에 기름을 넣고, 저널에 오일링을 걸어두면 축의 회전과 더불어 오일링도 회전하여 기름을 저널의 윗부분으로 공급하는 것이다.

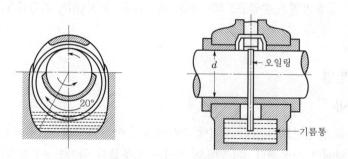

[그림 1-83] 오일링급유

오일링의 재료로는 주철, 황동, 아연 등이 사용된다.

오일링의 비례치수는 대략 다음과 같다.

① 링의 안지름 : $D = 1.2d + 30\text{mm}$

② 링의 두께 : $t = 3 \sim 6\text{mm}$

③ 링의 폭 : $B = 0.1d + 6\text{mm}$(여기서, d는 저널의 지름(mm)이다.)

6) 튀김급유

내연기관에 있어서 크랭크축이 회전할 때 기름을 튀겨 실린더나 피스톤핀 등에 급유하는 방법이다.

7) 순환급유

이 급유법에는 중력을 이용하는 방법(중력급유)과 강제압력에 의한 방법(강제급유)이 있다. 전자는 어느 높이에 있는 유조로부터 분배관을 통하여 기름을 아래로 흐르게 하여 각 베어링에 급유하는 것이며, 베어링에서 배출된 기름은 아랫부분에 모여 펌프에 의하여 처음의 유조로 되돌려진다.

또한 강제급유는 기어펌프, 플런저펌프 등에 의하여 유조의 기름을 압송공급하는 것이며, 베어링에서 배출된 기름은 다시 처음의 펌프로 되돌아와서 순환급유된다. 강제급유는 고속내연기관, 증기터빈 등의 고속고압의 베어링에 급유하는 방법으로서, 유온이 상당히 높아지므로 보통 기름냉각장치를 설치한다.

8) 그리스급유

베어링의 기름구멍에 그리스컵을 끼우고, 이 컵 속에 그리스를 채워 넣고 덮개를 나사박음으로써 그리스에 압력을 주어 베어링부의 온도상승에 의해 녹아서 베어링면에 흘러들어 가도록 한 것이다. 주로 저속의 베어링에 사용된다.

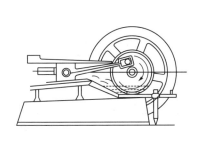

[그림 1-84] 튀김급유

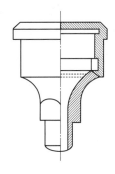

[그림 1-85] 그리스급유

Section 65   구조물의 내진 설계 시 해석방법 종류와 허용기준 및 적용 사유

1. 등가 정적 해석법(Equivalent Static Analysis Method)

1) 적용성과 장점

등가 정적 해석법은 지진 하중을 일반적으로 저층의 정형 구조물에 대해서 등가 정적 수평 하중으로 환산하여 적용하는 방법인데, 이와 같은 하중들은 주로 1차 진동 모드의 영향을 기본으로 하여 근사적으로 지진하중을 산정하고 해석방법의 단순화에 따른 부정확성을 보완하기 위하여 지진하중을 약간 크게 산정하는 것이 일반적이다. 그렇기 때문에 등가 정적 해석법에 의해 계산된 지진하중은 건물이 1차 진동 모드에 의해 주로 지배되는 저층의 구조물이거나 정형일 때는 신뢰성이 높고 고도의 내진 설계기술이 없더라도 간단해 내진 설계를 수행할 수 있는 방법이다.

2) 한계와 단점

건물이 고층이거나 비정형 구조일 때는 건물의 동적 특성이 1차 진동 모드들도 기여하는 바가 크게 될 수 있다. 즉 진동 주기가 짧은 저층의 건물인 경우에는 1차 진동 모드의 영향이 지배적이고 다른 진동 모드의 영향은 미미한 것이 보통이지만 기본 진동 주기가 긴 고층 건물인 경우에는 1차 진동 모드의 영향이 상대적으로 줄어들게 되는 반면 나머지 진동 모드의 영향이 점점 커지므로 이들 모드의 영향을 고려해야만 더 정확한 건물의 거동을 알 수 있게 된다.

2. 동적 해석법(Dynamic Analysis Method)

1) 시간 이력 해석법(Time History Analysis Method)

시간 이력 해석은 구조물에 지진하중이 작용할 경우에 동적 평형방정식의 해를 구하는 것으로 구조물의 동적 특성과 가해지는 하중을 사용하여 임의의 시각에 대한 구조물의 거동(변위, 부재력 등)을 계산하게 된다.

일반적으로 대규모의 지진이 발생하면 대부분의 구조물은 비탄성 거동을 보이며, 이 경우에 대해서는 단순한 응답 스펙트럼 해석만으로는 구조물의 응답특성을 정확히 규명하기가 어렵다. 이러한 경우에 시간 이력 해석을 통하여 구조물의 최대 부재력 및 최대 변위를 검토할 필요가 있다. 시간 이력 해석은 다음과 같다.

① Normal Mode Method : 다자 유도 구조물에 대하여 각 진동 모드의 직교성을 이용하여 각 모드별로 분리시킨 다음 각 모드별로 단자 유도계 시스템으로 간주하여

시간 이력 해석을 하고 전체 모드에 대하여 중첩시키는 방법이다. 이 방법은 강성의 변화가 없는 선형 이론에서 많이 적용되는 해석법이다.

② Direct Integration Method(Numerical Method) : 비선형의 경우, 특히 강성의 변화가 발생하는 구조물에서 적용되는 방법으로 수치 해석적인 방법이다. 매 시간마다 강성의 변화를 고려하여 적분을 취함으로써 해석을 하는 방법이다. 가장 중요한 점이 바로 이 시간 스텝(time step)을 어떻게 취하느냐에 따른 방법으로 몇 가지 해석법으로 분류할 수 있다.

③ Linear Acceleration Method : Duhamel Integral Method가 여기에 속하며 시간 구간을 여러 개의 미소 시간 구간으로 분할한 후, 각 구간에서의 하중이 선형으로 변화한다고 가정하여 해를 구하는 방법이다. 해석이 간단하고 비교적 정확한 값을 알 수 있지만 시간 간격이 너무 크면 해가 수렴하지 않고 발산하는 경우가 있다는 것이 단점이다.

④ Average Acceleration Method : 시간 스텝 사이의 평균값을 취함으로써 미소 면적을 결정하고, 적분함으로써 해석하는 방법이다. 계산 과정에 있어서는 상당히 안정적이나, 정확성에 있어서는 조금 떨어진다고 할 수 있다.

⑤ Wilson $-\theta$ Method : 이 방법은 구조 응답의 가속도가 관심을 가지는 미소 구간에서 선형적으로 변화한다는 선형 가속도법(linear acceleration method)에 기초한 방법이며, 많이 사용되고 있는 전산 프로그램인 SAP에서 사용하고 있다.

Wilson$-\theta$법에서는 시점 t에서의 응답이 주어졌을 때, 이를 바탕으로 시점 $t+\Delta t$의 응답을 구하기 위하여 시간 구간$(t, t+\theta\Delta t)$에서 가속도 응답이 선형적으로 변화한다는 가정에서 출발한다. 시간 구간에서 시간 스텝에 곱해지는 θ값을 조정함으로써 해석을 하는데, $\theta \geq 1.37$이어야 수치적으로 안정한(unconditionally stable) 결과를 얻을 수 있다.

⑥ Newmark$-\beta$ Method : Newmark$-\beta$는 Wilson$-\theta$방법과 유사한 방법이며, 몇 가지 가정을 통하여 시작이 되는데, β와 γ라는 계수가 사용이 된다. 이 두 변수는 해의 정확도와 수치적 안정성을 보장하는 범위 내에서 사용자가 정하는 계수들이라고 생각하면 된다.

$\beta = 1/6$, $\gamma = 1/2$이면 $\theta = 1$을 사용한 Wilson$-\theta$방법, 즉 linear acceleration method과 동일하며, Newmark가 수치적 안정성을 보장하는 것으로 제안한 $\beta = 1/4$, $\gamma = 1/2$은 Average acceleration method와 같은 방법이다.

이 외 많은 수치 해석방법들이 있다. Central Difference Method, Runge-Kutta Method, Houbolt Method, Hilber-Hughes-Taylor α Method, Zienkiwicz Method 등이 있다. 이러한 직접 적분법의 계산 소요 시간은 시간 단계의 수에 비례하기 때문에 계산 시간이 적게 소요되도록 적분 시간 간격이 충분히 커야 하고, 정확한 결과를 얻기 위해서는 적분 시간 간격이 충분히 작아야 한다. 이러한 상반되는 두 조건을 만족하기 위해서 적절한 적분 시간 간격을 선택해야 하며, 적분 시간 간격 선택에 지침이 되는 것이 안정성과 정확성 분석이라고 할 수 있다.

2) 모드 해석법(Mode Analysis Method)

구조물의 진동 모드를 이용하여 응답을 산정하는 방법이다. 기계공학분야에서도 이 방법이 굉장히 많이 적용되고 있다. 기계공학분야에서 사용하는 모드 해석은 주로 진동수 영역에서 구조물의 가장 중요한 동적 특성을 찾아가는 과정이며, mode shape를 추적하는 방법과 모드 형상을 가지고 동적 특성을 규명하는 작업들이 주요한 일이며, 이 모드 해석법에는 크게 두 가지가 있다.

3) 응답 스펙트럼 해석법(Response Spectrum Analysis Method)

응답 스펙트럼 해석법은 다자 유도계 시스템을 단자 유도계 시스템의 복합체로서 가정을 하여 미리 수치 적분 과정을 통해 준비된 임의 주기(또는 진동수) 영역 범위 내의 최대 응답치에 대한 스펙트럼(변위, 속도, 가속도)을 이용하여 조합·해석하는 방법으로 설계용 응답 스펙트럼을 이용하여 주로 내진 설계에서 이용된다.

응답 스펙트럼 해석법에서는 임의 모드에서의 최대 응답치를 각 모드별로 구한 다음 적정한 조합방법을 이용하여 조합함으로써 최대 응답치를 예상할 수 있다.

Section 66 사각나사의 자립조건과 효율

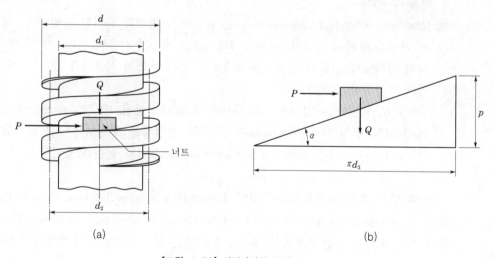

(a)   (b)

[그림 1-86] 사각나사와 경사면

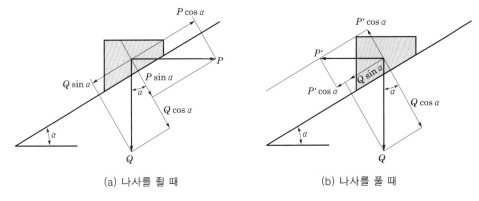

(a) 나사를 죌 때   (b) 나사를 풀 때

[그림 1-87] 나사의 역학

- 나사면에 수직한 힘 : $P\sin\alpha + Q\cos\alpha$
- 나사면에 평행한 힘 : $P\cos\alpha - Q\sin\alpha$

1. 운동이 시작되는 순간

$$P\cos\alpha - Q\sin\alpha = \mu(P\sin\alpha + Q\cos\alpha)$$

여기서, μ : 마찰계수

마찰각을 ρ라 하면 $\tan\rho = \mu$이고, 정리하면 다음과 같다.

$$P = Q\frac{\mu + \tan\alpha}{1 - \mu\tan\alpha} = Q\tan(\rho + \alpha)$$

여기서, α : 리드각(나선각)

즉 $\tan\alpha = \dfrac{p}{\pi d_2}$를 이용하면 P는 다음과 같이 정리된다.

$$P = Q\frac{\mu\pi d_2 + p}{\pi d_2 - \mu p}$$

1) 회전 토크(T)

나사를 조일 때 회전 토크는 다음 식과 같다.

$$T = \frac{d_2}{2}P = \frac{d_2}{2}Q\tan(\rho + \alpha)$$

또는

$$T = \frac{d_2}{2}Q\frac{\mu\pi d_2 + p}{\pi d_2 - \mu p}$$

2. 나사를 풀 때

1) 회전력(P')

P'의 방향은 조일 때의 접선력 P와 반대 방향이므로 P'은 다음과 같이 정리된다.

$$P' = Q \tan(\rho + \alpha)$$

또는

$$P' = Q \frac{\mu \pi d_2 - p}{\mu d_2 + \mu p}$$

여기서, $\tan \alpha = \dfrac{P}{\pi d_2}$

$\tan \rho = \mu$

2) 회전 토크(T')

나사를 풀 때 회전 토크는 다음과 같다.

$$T' = \frac{d_2}{2} P' = \frac{d_2}{2} Q \tan(\rho + \alpha)$$

또는

$$T' = \frac{d_2}{2} Q \frac{\mu \pi d_2 - p}{\pi d_2 + \mu p}$$

3. 나사의 자립조건(self locking condition)

| 나사를 풀 때 P' | ⇐ | 자립조건의 판단기준 |

① $P' > 0$이면 나사를 풀 때 힘이 소요된다($\rho > \alpha$).
② $P' < 0$이면 저절로 풀린다($\rho < \alpha$).
③ $P' = 0$이면 저절로 풀리다 임의 지점에서 정지된다($\rho = \alpha$).

| 나사의 자립조건 | ⇨ | 스스로 풀리지 않을 조건 |

$$P' \geq 0$$

각도 관계로 표시하면

$$\rho \geq \alpha$$

이고, 마찰각과 리드각을 대입하면 다음과 같다.

$$\mu \geq \frac{p}{\pi d_2}$$

Section 67 구조물의 피로 해석 사례와 해석 절차

1. 개요

설계 초기 단계에서 구조물에 작용하는 피로강도 및 수명은 구조물에 작용하는 하중 이력, 재질 물성 및 생산 공정 등의 특징을 고려하여 취약 부위(critical location) 및 피로 수명(fatigue life) 수단 역시 매우 중요하다. 피로 실험은 시간과 경비 면에서 큰 부담이 되므로, 신속하고 정확하게 피로강도를 예측할 수 있는 소프트웨어는 설계자에게 매우 긴요한 도구가 된다.

이러한 도구를 잘 활용하여 궁극적으로는 제품의 경량화, 시작품의 제작 비용 절감, 개발 기간의 단축 등에 기여할 수 있는 것으로 판단한다.

2. 구조물의 피로 해석 사례와 해석 절차

1) 시험 방법

① 시험편 : crank shaft는 connecting rod에 의하여 전단응력 및 굽힘응력을 받는다. 이때 형상적으로 응력집중이 발생하는 pin 및 journal의 fillet부가 응력집중이 가장 취약한 부분으로, 특히 Pin의 단면적이 journal보다 작아 pin fillet에서 가장 높은 응력이 발생한다.

가장 취약한 pin의 fillet부가 시험되도록 [그림 1-88], [그림 1-89]과 같이 시험 편과 jig를 구성하였다. 상하 jig에는 journal부를 고정시키고 journal부 중심으로부터 250 mm 떨어진 지점에서 하중을 인가함으로써 pin과 journal의 fillet부에 굽힘응력이 작용하도록 하였다.

② 시험기 : 10톤급 유압식 만능 재료 시험기를 사용하였다. 이 시험기의 상부 실린더는 고정되어 있는 반면 하부 실린더가 상하 왕복운동을 하여 시험편에 굽힘응력을 인가하는 구조로 되어 있다.

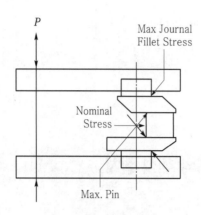

[그림 1-88] 시험방법 개요도

[그림 1-89] 시험장치

③ 시험조건 : 시험은 staircase method를 따르며, 세부조건은 [표 1-18]과 같다.

[표 1-18] 시험조건

목표 cycle	2백만 cycle
주파수	5.5Hz
응력비	$R = -1$

④ 부위별 응력 계산 및 피로 수명 결과 : 시험 하중과 각 부위에서의 응력과의 관계는 strain gauge를 이용하여 측정하였으며, 다음과 같은 방법으로 응력을 계산하였다.
fillet부의 응력집중의 결과로, nominal stress를 기준(15.2kgf/mm²)으로 한 stress concentration factor(fillet stress/nominal stress)는 pin fillet에서 약 4.56~4.68, journal fillet에서 약 4.08~4.19 정도로, pin fillet부가 journl fillet부에 비하여 12% 정도 높은 것으로 나타났다.

㉠ strain concentration factor(K_ε)

$$K_\varepsilon = \frac{\varepsilon}{\varepsilon_{\text{Nominal}}}$$

㉡ stress concentration factor(K_t)

$$K_t = \frac{K_s}{1 - \nu^2}$$

㉢ stress(σ)

$$\sigma = K_t \cdot E \cdot \varepsilon$$

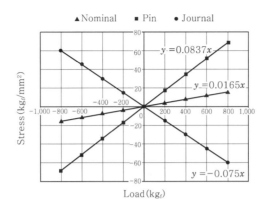

[그림 1-90] 하중-응력관계

내구 시험조건은 가장 높은 응력이 작용하는 pin fillet의 stress를 기준으로 하였으며, 정하중 시험에서 구한 [그림 1-90]의 하중-응력 기울기로부터 변동 하중의 진폭을 결정하였다.

하중이 ±919kgf인 조건하에서 내구 시험 결과는 76.9kgf/mm^2(pin fillet stress 기준)에서 pin fillet부가 파단되었으며, 파단 cycle은 35만으로 피로함을 나타내었다.

[그림 1-91] PT 검사로 확인된 피로 균열

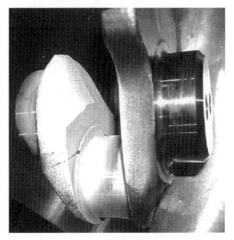

[그림 1-92] 내구 시험 중 파손된 모습

3. 수치 해석

1) 유한 요소 모델

본 해석에서 사용된 3차원 유한 요소 모델은 [그림 1-93]에서 보여지는 것과 같이 시험 조건하에 실험용 jig와 crank shaft로 구성하였다. 또한 유한 요소 모델에서 mesh

는 SDRC/ I-DEAS을 이용하여 작성한 전체적인 모델 중에서 관심부인 crank shaft 부분만을 [그림 1-94]에 나타내었다.

부위별로 보면 journal과 pin 부위는 wedge element를 사용하고, fillet 부분을 포함한 web은 mesh density control, element shape, mesh adaptation, etc. 기능이 매우 뛰어난 section mesh 기법을 이용하여 총 172,485개의 element로 완성하였다. 수치해석에 사용된 상용 코드로는 MSC/NASTRAN V 70.5를 사용하였다.

crank shaft에 사용된 재료는 SCr 440 재질의 단조 소재를 담금질-뜨임 처리한 후 표면 전체를 질화 처리한 것으로 소재의 항복강도는 $55.0 kgf/mm^2$이며 기타 재료 물성치는 일반 강(steel)에 쓰이는 값으로 사용하였다.

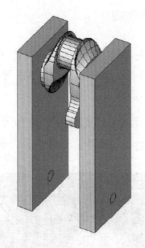

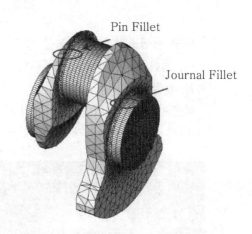

Pin Fillet

Journal Fillet

[그림 1-93] 지그(jig)가 포함된 전체 해석 모델   [그림 1-94] 크랭크 샤프트 유한 요소 모델

2) 경계 및 하중조건

journal부 중심으로부터 250mm 떨어진 지점, 시험장치와 연결되는 한쪽은 jig 볼트 자리면에서 MPC(Multi Point Constraint)로 연결하여 clamping 조건을 주었으며, 다른 한쪽은 시험조건과 같은 919kgf를 상하 방향으로 인가하여 pin과 journal의 fillet부에 굽힘응력이 가해지도록 하였다.

3) 구조 해석 및 내구 해석 결과

FEM 모델 검증을 위해서 정적 시험에서 얻은 하중-응력 nominal stress 측정값(측정부위 : [그림 1-95] 참조)을 FEM 해석 결과와 비교하였다. 측정값($15.2 kgf/mm^2$)과 FEM 해석 결과($14.5 \sim 15.8$)와의 차이는 약 5% 정도이다. FEM 해석 결과를 이용하여 fillet부의 응력집중 결과로, nominal stress를 기준으로 한 stress concentration factor(fillet stress/ nominal stress)는 pin fillet에서 약 1.77, journal fillet에서 약 1.45 정도로, pin fillet부가 journal fillet부에 비하여 22% 정도 높은 것으로 나타났다.

여기서 응력집중계수가 실험치와 FEM 해석 결과 차이가 큰 것은 nominal stress 판단기준과 실험장치에 의한 오차로 판단된다.

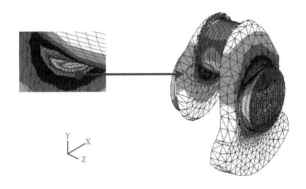

[그림 1-95] pin fillet 부위 상세 응력 분포

일정 진폭하중은 시험조건과 동일하게 하여 MSC/FATIGUE를 이용하여 피로 해석을 수행하였다. 해석은 예측 정확도가 좋은 Stress-life(S-N) theory를 사용하였으며, 해석 시 MSC/FATIGUE에서 지원하고 있는 예측 방법인 Abs. Max. Principal(AMP)로 하였다. 피로 해석 결과로, 파단 cycle은 18만으로 피로한을 나타내었다. 이는 임의의 구조물의 피로특성이 데이터의 스캐터가 존재하며, 그 범위는 대략 평균값의 3배수 혹은 0.33배수의 범위 내에 존재한다는 의미에서 해석 결과에 신뢰성이 있다고 판단된다.

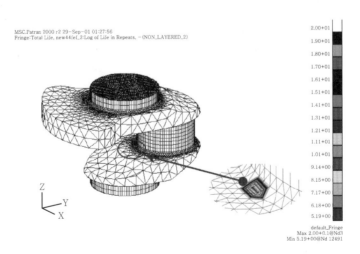

[그림 1-96] 일정 진폭하중에 대한 피로 해석

4. 결론

① FEM 해석 결과와 변형률 게이지에 의한 측정 결과 : max. principal stress로 비교하였을 때 비교점에서 5% 이내로 잘 일치하였다.

② 대상 내구 실험과 FEM 해석 결과 : Pin Fillet 부위 구조 취약 부분은 일치하였으나 응력집중계수값은 nominal stress 판단기준과 실험장치에 의한 오차로 큰 차이가 있다는 것을 알 수 있었다.

③ 상하 방향 일정 진폭하중에 의한 피로 수명 해석 결과 : 구조물의 피로특성이 데이터의 스캐터가 존재하는 것을 고려하면 해석 결과가 신뢰성이 있는 것으로 판단된다.

Section 68
산업기계설비에 사용되고 있는 나사인 체결용 나사(fastening screw)와 운동용 나사(power screw)의 비교

1. 나사를 죌 때와 풀 때의 역학관계

사각나사를 죌 때 작용하는 힘에 대해 다음에서 설명하고자 한다.

1) 나사를 죌 때의 회전력 $P[\text{N}]$

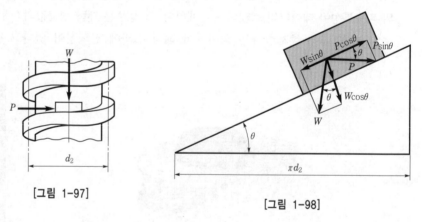

[그림 1-97]

[그림 1-98]

$$P\cos\theta = f + W\sin\theta$$
$$= \mu(P\sin\theta + W\cos\theta) + W\sin\theta$$
$$\therefore P = \frac{\mu(P\sin\theta + W\cos\theta) + W\sin\theta}{\cos\theta}$$

$\mu = \tan\rho$이므로 다음과 같이 정리한다.

$$P = \frac{\tan\rho \times P\sin\theta}{\cos\theta} + \tan\rho \times W + W\frac{\sin\theta}{\cos\theta}$$

$$= P \times \tan\rho \times \tan\theta + \tan\rho \times W + W\tan\theta$$

$$P = \frac{W(\tan\rho + \tan\theta)}{(1 - \tan\rho \times \tan\theta)}$$

$$\therefore P = W \times \tan(\rho + \theta)$$

여기서, θ : 리드각 W : 축방향 하중

       P : 나사를 돌려 죄는 힘 f : 마찰력

       μ : 마찰계수 ρ : 마찰각

2) 나사를 풀 때의 회전력 P' [N]

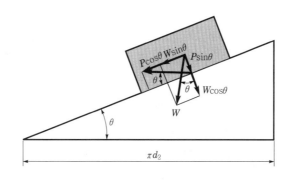

[그림 1-99]

나사를 푸는 힘 = 마찰력 - 내려가는 힘

$$P'\cos\theta = \mu(W\cos\theta - P'\sin\theta) - W\sin\theta$$

$$\therefore P' = W \times \tan(\rho - \theta)$$

① $\rho < \theta \Rightarrow P' < 0$

힘을 가하지 않아도 저절로 풀려 나사의 기능(체결용)을 상실한다.

② $\rho = \theta \Rightarrow P' = 0$

Self locking(자동 결합) 축하중 W에 의해 임의의 위치에 정지한다.

③ $\rho > \theta \Rightarrow P' > 0$

나사를 푸는 데 힘이 필요하다.

④ $\rho \geq \theta \Rightarrow P' \geq 0$

나사를 푸는 데 힘이 들며 나사의 자립조건이다.

2. 체결용 나사와 운동용 나사의 비교

나사는 사용목적에 따라 체결용 나사, 운동용 나사, 계측용 나사가 있으며, 사용하는 호칭에 따라 미터계 나사, 인치계 나사가 있다. 또한 피치와 나사 지름의 비율에 따라 보통 나사, 가는 나사가 있고 나사산의 모양에 따라 삼각나사, 사각나사, 사다리꼴나사, 톱니나사 등이 있다. 체결용 나사와 운동용 나사의 종류는 다음과 같다.

1) 체결용 나사

물체의 결합이나 위치 조정에 사용하며 삼각나사(미터나사, 유니파이나사, 관용나사)이다.

① 미터나사 : 기호는 M이고 단위는 mm, 나사산의 각도는 60°이며 표기는 M12×1.5와 같이 한다.

② 유니파이나사(ABC 나사) : 기호는 유니파이 가는 나사는 UNF, 유니파이 보통 나사는 UNC로 하고 단위는 inch, 나사산의 각도는 60°이며 표기는 3/8-16 UNF같이 한다.

③ 관용나사 : 파이프와 같이 두께가 얇은 곳의 결합에 적용하고 누수 방지 및 기밀 유지가 필요할 때 사용하며 기호는 관용 평행 나사는 PF, 관용 테이퍼 나사는 PT로 한다. 단위는 inch, 나사산의 각도는 55°이다.

2) 운동용 나사

힘을 전달하거나 물체를 움직이게 할 때 사용하며 사각나사, 사다리꼴나사, 톱니나사, 볼나사, 둥근나사 등이 있다.

① 사각나사 : 축 방향의 큰 하중을 받는 운동에 적합하고 단면이 사각형이므로 가공이 어려우며 높은 정밀도를 요하는 부품에는 부적절하여 나사 잭, 나사 프레스 등에 사용한다.

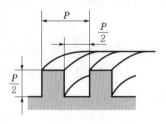

[그림 1-100] 사각나사

② 사다리꼴나사 : 단면이 사다리꼴로 사각나사에 비해 제작이 용이하고 강도가 크며 맞물림 상태가 좋아 공작기계의 이송 나사로 주로 사용한다.

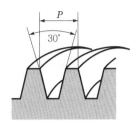

[그림 1-101] 사다리꼴나사

③ 톱니나사 : 힘을 한 방향으로 받는 부품에 사용하고 힘을 받는 쪽은 사각나사, 반대
쪽은 삼각나사이며, 바이스, 압착기 등에 사용한다.

[그림 1-102] 톱니나사

④ 둥근나사 : 너클(knuckle) 나사, 원형 나사라고도 하며 나사산의 각도는 30°로, 충
격이 심하거나 먼지·모래 등이 많은 곳에 사용하고 전구 및 소켓용 나사로 사용
한다.

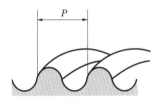

[그림 1-103] 둥근나사

⑤ 볼나사 : 나사 축과 너트 사이에 많은 강구를 넣어 힘을 전달하는 나사로, 마찰과
백래시가 적어 정밀 공작기계의 이송 나사로 많이 사용한다.

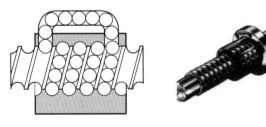

[그림 1-104] 볼나사

Section 69

ISO기준에 따라 볼트 머리 위에 표시된 A 2-70 및 A 4-80이 각각 의미하는 바를 설명하고(반드시 해당 재질 명기) 자흡식 펌프의 레이디얼 볼베어링 No. 6311의 베어링 내경은 몇 mm인가?

1. A 2-70 및 A 4-80

A 2-70 및 A 4-80은 스테인리스 강을 의미하며 KS에서는 A 2-70은 STS 304, A 4-80은 STS 316이며 JIS 규격에서는 A 2-70은 SUS 304, A 4-80은 STS 316을 의미한다. 스테인리스 강은 산업분야에 환경오염으로 인하여 산화작용이 발생하므로 부식에 강하다. STS 304, STS 316 스테인리스 강의 분류 및 특성을 참조하기 바란다.

2. 레이디얼 볼베어링 No. 6311의 베어링 내경

베어링 호칭은 숫자로 나타내며 첫 번째 자리는 베어링의 종류를 의미한다. 즉 6204에서 6은 볼베어링이라는 의미이며 베어링의 종류가 바뀌면 가장 앞의 숫자가 바뀐다. 두 번째 자리는 볼베어링에서는 보통 생략하며 베어링의 높이(폭) 계열을 의미하며, 세 번째 자리는 베어링의 바깥 지름, 외경(직경) 계열을 의미한다.

네 번째, 다섯 번째 자리는 베어링의 가장 주요한 치수인 안쪽 지름인 내경을 나타낸다. 0이면 10mm, 1이면 12mm, 2는 15mm, 3은 17mm를 의미하고, 이 네 가지 숫자를 제외하면 대개 숫자에 5를 곱하면 베어링의 내경을 알 수 있다. 예를 들어, 6204의 내경은 20mm, 30208의 내경은 40mm가 된다. 따라서 문제에서 No. 6311의 베어링 내경은 $11 \times 5 = 55$mm가 된다.

Section 70

산업 현장에서 형상 정도(形狀精度)의 측정(測定) 항목을 열거하고 각각에 대하여 도해하여 설명

1. 개요

모양 공차와 위치 공차는 기계 시스템의 설계에 있어서 대단히 중요하다. 기계 시스템은 구속조건에 따라 운동하는 부분과 부품 간의 어울림에 의해서 시스템이 완성된다. 따라서 모양 공차와 위치 공차는 효율성과 정밀도에 관련되므로 반드시 고려해야 한다. 부품은 서로 결합하여 유닛을 만들고 여러 유닛이 결합되어 하나의 시스템을 탄생시킨다. 그러므로 설계자는 기계 가공의 기술을 충분히 습득하고 조립의 노하우가 있어야 고객의 요구에 만족하는 기계 시스템을 완성할 수가 있다.

2. 기하 공차의 종류와 그 기호

기하 공차의 종류와 기호는 [표 1-19]에 따른다. 또한 기하 공차와 함께 사용하는 부가 기호는 [표 1-20]에 따른다.

[표 1-19] 기하 공차의 종류와 그 기호

적용하는 형체		공차의 종류	기호
단독 형체	모양 공차	진직도(straightness)	—
		평면도(flatness)	▱
		진원도(roundness)	○
		원통도(cylindricity)	⌀
단독 형체 또는 관련 형체		선의 윤곽도(line profile)	⌒
		면의 윤곽도(suface profile)	⌓
관련 형체	자세 공차	평행도(parallelism)	//
		직각도(squarness)	⊥
		경사도(angularity)	∠
	위치 공차	위치도(position)	⊕
		동축도 또는 동심도(concentricity)	◎
		대칭도(symmetry)	≡
	흔들림 공차	원주 흔들림	↗
		온 흔들림	↗↗

[표 1-20] 부가 기호

표시하는 내용		기호[1]
공차붙이 형체	직접 표시하는 경우	
	문자 기호에 의하여 표시하는 경우	
데이텀	직접 표시하는 경우	
	문자 기호에 의하여 표시하는 경우	

표시하는 내용	기호[1]
데이텀 타깃 기입틀	(∅2 / A1)
이론적으로 정확한 치수	50
돌출 공차역	Ⓟ
최대 실체 공차 방식	Ⓜ

[주] [1] 기호란 중의 문자 기호 및 수치는 P, M을 제외하고 한 보기를 나타낸다.

3. 공차의 도시 방법

1) 도시 방법 일반

도시 방법에 관한 일반적인 사항은 다음에 따른다.

① 단독 형체에 기하 공차를 지시하기 위해서는 공차의 종류와 공차값을 기입한 직사각형의 틀(이하 공차 기입틀이라 한다)과 그 형체를 지시선으로 연결해서 도시한다.

② 관련 형체에 기하 공차를 지시하기 위하여는 데이텀에 데이텀 3각 기호(직각 이등변 삼각형으로 한다)를 붙이고, 공차 기입틀과 관련시켜서 ①에 준하여 도시한다.

2) 공차 기입틀에의 표시 사항

① 공차에 대한 표시 사항은 공차 기입틀을 두 구획 또는 그 이상으로 구분하여 그 안에 기입하며 이들 구획에는 각각 다음의 내용을 ㉠~㉢의 순서로 왼쪽에서 오른쪽으로 기입한다.

㉠ 공차의 종류를 나타내는 기호

㉡ 공차값

㉢ 데이텀을 지시하는 문자 기호

데이텀이 복수인 경우의 데이텀을 지시하는 문자 기호의 기입 순서에 대하여는 [그림 1-105], [그림 1-106]을 참조하도록 한다.

[그림 1-105]   [그림 1-106]

② '6구멍', '4면'과 같은 공차붙이 형체에 연관시켜서 지시하는 주기는 공차 기입틀의 윗쪽에 쓴다.

③ 한 개의 형체에 두 개 종류 이상의 공차를 지시할 필요가 있을 때에는 이들의 공차 기입틀을 상하로 겹쳐서 [그림 1-107]과 같이 기입한다.

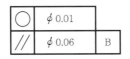

[그림 1-107]

3) 공차에 의하여 규제되는 형체의 표시 방법

공차에 의하여 규제되는 형체는 공차 기입틀로부터 끌어내어 끝에 화살표를 붙인 지시선에 의하여 다음의 규정에 따라 대상으로 하는 형체에 연결해서 나타낸다. 지시선에는 가는 실선을 사용한다.

① 선 또는 면 자체에 공차를 지정하는 경우에는 [그림 1-108], [그림 1-109]와 같이 형체의 외형선 위 또는 외형선의 연장선 위에 치수선의 위치를 피하여 지시선의 화살표를 수직으로 하여 나타낸다.

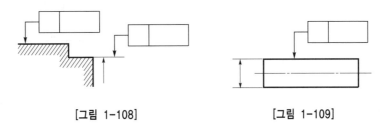

[그림 1-108]   [그림 1-109]

② 치수가 지정되어 있는 형체 또는 중심면에 공차를 지정하는 경우에는 [그림 1-110], [그림 1-111], [그림 1-112]와 같이 치수선의 연장선이 공차 기입틀로부터의 지시선이 되도록 한다.

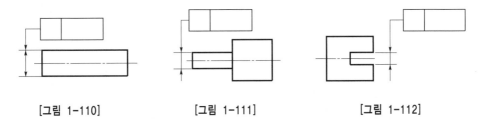

[그림 1-110]   [그림 1-111]   [그림 1-112]

③ 축선 또는 중심면이 공통인 모든 형체의 축선 또는 중심면에 공차를 지정하는 경우에는 [그림 1-113], [그림 1-114], [그림 1-115]와 같이 축선 또는 중심면을 나타내는 중심선에 수직으로 공차 지시선의 화살표를 댄다.

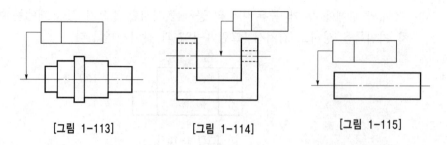

[그림 1-113]   [그림 1-114]   [그림 1-115]

④ 여러 개 떨어져 있는 형체에 같은 공차를 지정하는 경우에는 [그림 1-116]과 같이 개개의 형체에 각각 공차 기입틀로 지정하는 대신에 공통의 공차 기입틀로부터 끌어 낸 지시선을 각각의 형체에 분기[(2)]해서 대거나, [그림 1-117]과 같이 각각의 형체를 문자 기호로 나타낼 수 있다.

※ [주] [(2)] 지시선의 분기점에는 둥근 흑점을 붙인다.

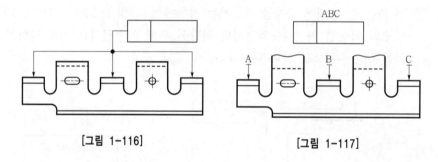

[그림 1-116]   [그림 1-117]

4. 도시방법과 공차역의 관계

① 공차역은 [그림 1-118]과 같이 공차값 앞에 기호 ϕ가 없는 경우에는 공차 기입틀 과 공차붙이 형체를 연결하는 지시선의 화살 방향에 존재하는 것으로서 취급한다.

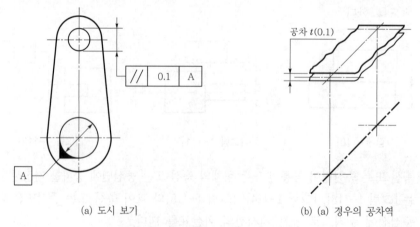

(a) 도시 보기   (b) (a) 경우의 공차역

[그림 1-118] 공차값 앞에 ϕ기호가 없는 경우

또한 [그림 1-119]와 같이 기호 ϕ가 부가되어 있는 경우에는 공차역은 원 또는 원통의 내부에 존재하는 것으로서 취급한다.

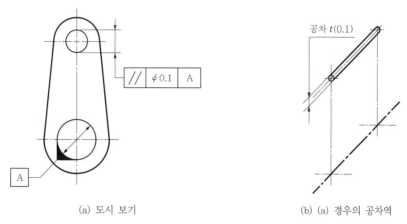

[그림 1-119] 공차값 앞에 ϕ기호가 있는 경우

② 공차역의 너비는 원칙적으로 규제되는 면에 대하여 [그림 1-120]과 같이 법선 방향에 존재하는 것으로서 취급한다.

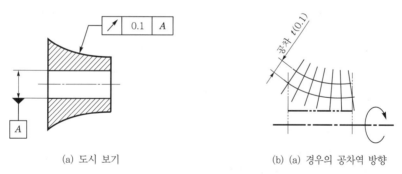

[그림 1-120] 공차역의 너비

③ 공차역을 면의 법선 방향이 아니고 특정한 방향에 지정하고 싶을 때에는 그 방향을 [그림 1-121]과 같이 지정한다.

(a) 도시 보기

(b) (a) 경우의 공차역 방향

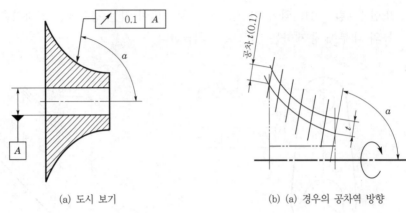

[그림 1-121] 공차역의 특정 방향 지정

④ 여러 개의 떨어져 있는 형체에 같은 공차를 공통인 공차 기입틀을 사용하여 지정하는 경우에는 [그림 1-122], [그림 1-123]과 같이 특별히 지정하지 않는 한 각각의 형체마다 지정하는 공차역을 적용한다.

(a) 도시 보기

(b) (a) 경우의 공차역

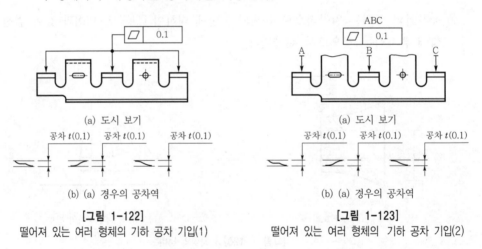

[그림 1-122]
떨어져 있는 여러 형체의 기하 공차 기입(1)

(a) 도시 보기

(b) (a) 경우의 공차역

[그림 1-123]
떨어져 있는 여러 형체의 기하 공차 기입(2)

⑤ 여러 개의 떨어져 있는 형체에 공통의 영역을 갖는 공차값을 지정하는 경우에는 [그림 1-124], [그림 1-125]와 같이 공통의 공차 기입틀의 윗쪽에 '공통 공차역'이라고 기입한다.

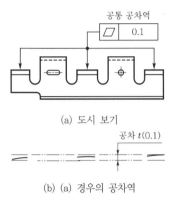

(a) 도시 보기

공차 *t*(0.1)

(b) (a) 경우의 공차역

[그림 1-124] 공통의 영향을 갖는 공차값 지정(1)

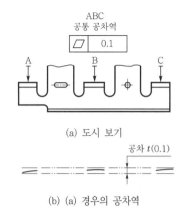

(a) 도시 보기

공차 *t*(0.1)

(b) (a) 경우의 공차역

[그림 1-125] 공통의 영향을 갖는 공차값 지정(2)

Section 71 기기 및 구조물의 내진설계에 ZPA(Zero Period Acceleration)의 의미와 활용방안

1. 영주기 가속도(Zero Period Acceleration)

응답스펙트럼의 비 증폭 부분(damping이 적용되지 않는 부분)으로 고주파수의 가속도 레벨이다. 이 가속도는 스펙트럼을 유도하는 데 사용된 시간 이력(time history) 상의 최대 peak 가속도에 해당된다.

2. 활용방안

응답스펙트럼에서 X축은 구조물의 진동주기를 말하며 영주기는 구조물의 진동주기가 제로라는 의미이다. 즉 다른 말로 표현하면 무한 강성을 가진 단단한 구조물을 의미한다. 물리적 의미는 지반과 일체하여 거동을 하는 것으로 지반이 움직이면 지반의 움직인 정도와 똑같이 구조물도 움직인다는 것이다. 이 상태에서는 구조물의 동적 특성은 전혀 고려되지 않는다.

진동주기가 짧은 구조물일수록 지반과 지진파의 동적 특성에 좌우된다고 말할 수 있으며 응답스펙트럼에서 영주기라고 하는 부분은 바로 순수한 지진가속도의 크기를 이야기한다. 정확한 용어는 지진파의 최대 유효가속도(EPA ; Effective Peak Ground Acceleration)라고 할 수 있다.

기계설계 시 응력기준설계와 변위기준설계의 차이점

1. 개요

근래 공학설계일반에서 제시된 성능기초설계법(performance based design/engineering)은 기존의 응력기초설계법(force based design)의 개선과 새로운 사고 전환을 요구한다. 이에 따라 새로운 내진설계의 방향은 기존의 응력기초 또는 강도설계방법에서 이용한 구조역학의 주요한 변수 중에 하나인 변위 및 에너지의 관점에서 접근하는 방법을 요구한다.

[표 1-21] 응력장과 변위장의 비교

구분	응력장	변위장
요구조건	평형조건	변위적합조건
부정정구조해석	응력법(flexibility matrix)	변위법(displacement matrix)
설계요구사항	강도	처짐
극한해석	하한계	상한계
콘크리트설계 모형	스트럿타이모델	파괴메커니즘
슬래브설계	대판법	항복선이론
내진설계	응력기초설계	변위기초설계
주요 변수	응력/강도	변위

이 설계개념은 우선 다단계 지진하중(multi level earthquake load)에 대하여 다단계 요구 성능조건을 만족해야 하는 성능기초설계의 기본적인 개념을 구현한다는 점에서 합리적이다. 여기서 응력이나 강도를 직접적으로 설계 주요 변수로 다루기보다는 변위와 변형률을 설계변수로 설정하여 요구조건을 만족하는 효율적인 내진설계방법의 개발이 필요하다.

최근의 내진설계방향은 지진 발생으로 구조물이 붕괴하지 않더라도 작은 손상도 적절히 통제하여 예상되는 경제적인 손실을 효과적으로 저감하고자 한다. 이때 손상 정도의 정량화는 시스템의 변위와 부재의 변형이 집중한 부위의 변형율의 크기를 이용하는 것이 편리하다.

변위기초설계법(displacement based design)은 기존의 설계방법에서 기준으로 다루는 인명 안전에 대한 단일의 설계요구조건에서 다단계 하중에 대하여 요구되는 여러 개의 요구 성능을 합리적으로 등급화하여 이행해야 한다. 여기서 성능 기초설계법의 구현방법 중 하나로 제시되고 있는 변위기초 설계법의 기본 개념을 소개하고 적용 예를 통해 변위기초설계법의 합리성과 실용적인 적용 가능성을 보여 주고 있다.

2. 응력법(Force Method)과 변위법(Displacement Method)

기본적인 구조역학의 접근방법을 살펴보면 주요 변수인 응력과 변위를 균형 있게 다루지 않고 편리한 대로 하나의 변수를 이용하여 바라본 것을 깨달을 수 있다.

우선 응력과 변위 두 개를 어떻게 다루냐에 따라 평형조건, 기하학적인 요구조건의 필수 조건을 적용하는 순서가 다르듯이 내진 설계의 개념도 유사한 점이 많다. 다른 예로서 극한강도를 구하기 위해 사용하는 하한계와 상한계 방법도 어느 변수를 주요 변수로 선택하느냐에 접근방법이 다르다고 해석할 수 있다.

응력법(force method)은 직관적으로 매우 편리한 접근이다. 부정정구조물에서 미지 잉여력을 기본으로 변위 적합조건을 구성한다. 반면에 변위법(displacement method)은 부재단위에서 변위를 중심으로 강성과 변위관계 그리고 평형조건식을 구성한다. 기존의 내진설계가 응력기초설계법이라고 불리는 이유는 다음과 같다.

① 구조 시스템의 변위 연성도를 선정한다.
② 초기 강성을 고려한 탄성 상태의 고유주기를 계산한다. 부재의 강성과 균열 정도를 가정한다.
③ 고유주기와 설계 스펙트럼을 이용하여 설계지진가속도를 찾아 밑면전단력을 계산한다. 이때 시스템의 연성능력을 고려하여 지진력을 저감한다. 또한 가정한 고유주기를 다시 검토할 수 있다. 이러한 일련의 과정은 시스템에 작용하는 지진력과 부재력을 바탕으로 단면에 대한 내진설계를 수행한다.

Section 73 서로 외접하는 한 쌍의 표준 평기어(spur gear)의 모듈 (module) 계산

1. 개요

마찰에 의하여 동력을 전달하는 마찰전동장치는 미끄럼이 생기기 때문에 정확한 회전 수 비를 유지할 수 없다. 기어(齒車, toothed wheel or gear)는 마찰차의 둘레에 이 (tooth)를 깎아 서로 물리게 함으로써 미끄럼이 없이 회전동력을 전달시키는 것으로서 축간거리가 비교적 짧은 두 축 사이에 정확한 회전수비와 강력한 전동이 필요할 때 쓰이는 중요한 기계요소이다.

2. 중심거리(center distance : C)

맞물리는 두 기어 사이의 중심 간 거리로서 두 기어의 반지름을 더한 값이다.

$$C = \frac{D_1 + D_2}{2} = \frac{m(Z_1 + Z_2)}{2}$$

여기서, D_1 : 기어 1의 피치원 지름 D_2 : 기어 2의 피치원 지름
Z_1 : 기어 1의 잇수 Z_2 : 기어 2의 잇수
m : 모듈율

Section 74 | 6개의 볼트로 고정된 플랜지 커플링(Flange Coupling)과 연결되어 있을 때 볼트의 지름 계산

1. 개요

이 축이음은 [그림 1-126]과 같이 양 축단에 각각의 플랜지를 억지끼워맞춤으로 끼우고 키로 고정하여 이 플랜지를 리머(reamer) 볼트로 연결한 것으로, 확실하게 토크를 전달할 수 있어 대표적인 커플링으로 가장 널리 사용되고 있다. 지름 200mm 정도까지의 축의 결합에 사용된다. 볼트로 플랜지를 죄면 플랜지의 면과 면 사이에 마찰력이 발생하여 볼트의 전단파괴 저항에 의한 동력전달 외에도 플랜지면 사이의 마찰력에 의해서도 동력을 전달할 수가 있다.

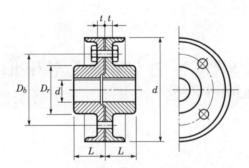

[그림 1-126] 플랜지 커플링

2. 총전달토크 및 볼트지름의 설계

총전달토크는

$$T = T_1 + T_2 \tag{1.197}$$

이 된다. 한편 축의 허용전단응력을 τ_{sa}라 하면, 축 자체의 비틀림 저항에 의한 전달 토크 T는

$$T = \frac{\pi}{16} d^3 \tau_{sa} \tag{1.198}$$

이므로 이 전달토크와 플랜지의 전달토크를 같이 놓으면 된다. 그러나 대개 상급 플랜지 커플링의 경우 $T_1 \gg T_2$ 이므로 T_2는 무시할 수 있다. 따라서

$$T = \frac{\pi}{16} d^3 \tau_{sa} = T_1 = \frac{\pi}{4} \delta^2 \tau_{ba} z R_b \tag{1.199}$$

이며, 따라서

$$\delta = 0.5 \sqrt{\frac{d^3}{z R_b} \cdot \frac{\tau_{sa}}{\tau_{ba}}} \tag{1.200}$$

와 같이 볼트의 지름을 구할 수 있다. 축과 볼트가 동일 재료이면 $\tau_{sa} = \tau_{ba}$이므로

$$\therefore \ \delta = 0.5 \sqrt{\frac{d^3}{z R_b}} \tag{1.201}$$

가 된다.

예제

허용인장응력이 $5 \,\mathrm{kgf/mm^2}$인 볼트 8개를 이용한 클램프 커플링으로 지름 $50\,\mathrm{mm}$의 축을 이음하려고 한다. 축의 허용전단응력은 $2\,\mathrm{kgf/mm^2}$, 축과 커플링 사이의 마찰계수는 0.20이다. 전동토크 및 볼트의 안지름을 결정하라.

풀이 $T = \tau_{sa} z_p = \tau_{sa} \cdot \dfrac{\pi d^3}{16} = 2 \dfrac{\pi 50^3}{16} = 49087.39 \,\mathrm{kgf/mm}$

$T = \dfrac{\mu \pi P d}{2} = \dfrac{\mu \pi d z Q}{2} = \dfrac{\mu \pi d z}{2} \dfrac{\pi \delta^2}{4} \sigma_{ba}$

$\therefore \ \delta = \sqrt{\dfrac{8T}{\mu \pi d z \sigma_{ba}}} = \sqrt{\dfrac{8 \times 49087.39}{0.2\pi \times 50 \times 8 \times 5}} = 17.68\,\mathrm{mm}$

Section 75 산업기계설비의 체결용으로는 삼각나사(triangular thread), 운동용으로는 사각나사(square thread)를 사용하는 이유

1. 개요

둥근 막대의 표면의 한 점이 둥근 막대의 축선에 평행한 운동과 원기둥 둘레에 따라 회전운동을 동시에 행할 때 그 점이 그리는 궤적(locus)을 나선곡선(helix)이라 한다. 이 나선곡선의 원리를 이용하여 용도에 따른 나사의 형태를 제작하여 산업기계에 적용하고 있다.

2. 체결용으로는 삼각나사(triangular thread), 운동용으로는 사각나사(square thread)를 사용하는 이유

삼각나사는 사각나사보다 마찰계수가 커서 주로 체결용으로 사용하고, 사각나사는 마찰계수가 작기 때문에 운동용으로 사용하여 큰 힘을 전달할 수가 있다. 체결용인 삼각나사에서 나사산의 각이 커질수록 마찰계수는 증가한다.

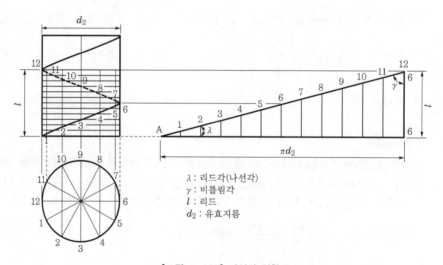

λ : 리드각(나선각)
γ : 비틀림각
l : 리드
d_2 : 유효지름

[그림 1-127] 나선의 역학

고온고압 압력용기를 해석에 의한 설계를 할 때 부재 내부에서 발생하는 2차 응력

1. 개요

압력설비의 구조설계에 종사하는 엔지니어가 명심해야 할 것은 고압이라는 것 자체가 매우 위험한 것이라는 점과 취급하는 프로세스 유체의 대다수가 가연성, 휘발성이 높다는 점, 그리고 독성이 높은 위험한 것이라는 사실이다. 이러한 설비에 종사하고 있는 엔지니어는 매우 강한 사회적 책임을 지고 있다고 할 수 있다. 일단 대형사고가 발생하게 되면 막대한 경제적 손실에 그치지 않고 사회적 책임을 추궁 당하게 되며 사회적 신뢰를 잃게 된다. 이러한 사태를 미연에 방지하는 것이 압력설비의 구조설계에 종사하는 엔지니어에게 부과된 책임이다. 이 책임을 다하기 위해서는 기계적으로 설계기준에 따라 설계 및 제작하는 것만으로는 불충분하며 압력설비의 파손에 관련된 기술적 사항을 잘 이해하는 것이 중요하다.

압력설비의 설계기준으로는 설계식을 이용한 기본 수치의 결정과 각종 규정을 토대로 한 설계를 기본으로 하는 'Design by Rules'와 응력해석을 광범위하게 도입한 'Design by Analysis'가 있다. 전자는 예전부터 폭넓게 적용되어 오고 있는 것으로 국내 법규도 기본적으로 여기에 속한다. 후자는 완전히 새로운 것이라고는 할 수 없으나 원자력 이외의 분야에서는 Alternative Rule이라는 위치에 있으므로 적용될 기회가 적었다.

2. 설계기준의 응력 분류

응력해석을 바탕으로 한 설계(DBA ; Design By Analysis)에서는 응력을 그 특성을 고려하여 분류하고 파손 형태별로 평가하는 방법을 사용하고 있다. DBA의 대표적인 설계기준인 「ASME CODE Section VIII Division 2」에서는 응력을 다음과 같이 크게 나누고 있다.

① 1차 응력(primary stress) : 하중제어형 응력으로 항복점을 초과하면 파괴로 이어지는 응력으로 내압에 의한 원통동체의 압력 등이 이에 해당된다.

② 2차 응력(secondary stress) : 변위제어형 응력으로 항복점을 초과하더라도 즉시 파손으로 연결되지 않는 응력으로 온도차에 의한 열응력 등이 이에 해당된다.

③ 최대 응력(peak stress) : 표면형상에 의한 응력집중 등으로 피로파괴의 원인이 되는 응력으로 노즐이나 용접부 등의 응력집중이다.

3. 2차 응력의 적용사례

1) 변위제어형 응력(Displacement controlled stress)

열팽창(thermal expansion)의 구속 등에 따라 발생하는 열응력(thermal stress)이며, 기본적인 성질은 자기제한적(self−limiting)이다. 탄성적으로 계산한 응력이 항복점을 초과해도 자유열팽창(free thermal expansion)에 상당하는 값 이상으로는 변형되지 않으며 즉시 파괴로 이어지는 경우는 적다. 그 때문에 일반적인 설계에서는 특수한 구조나 특수한 운전조건을 제외하고는 그다지 고려하지 않는다.

2) 압력설비의 열응력 사례

압력설비에 발생하는 열응력의 사례는 다음과 같다.
① 자오선 방향 온도구배에 의한 열응력 : 원통동체, 경판, 스커트, 티 등
② 판 두께 방향 온도구배에 의한 열응력 : 후육 원통동체, 경판, 노즐 등
③ 온도가 다른 부재의 접합부 열응력 : 스커트, 새들(saddle), 러그 부착부 등
④ 이재계수부의 열응력 : 페라이트계와 오스테나이트계의 용접, 클래딩 등

3) Design loads

$$P_m \leq KS_m$$
$$P_L + P_D \leq 1.5KS_m$$

여기서, S_m : 설계온도에서의 설계응력강도(Design Stress Intensity)
　　　　K : 지진을 포함하지 않음(=1.0), 지진을 포함함(=1.2)

4) Operating loads

$$P_L + P_b + Q \leq 3.0S_m \ \ P와 \ 2.0S_y \ 중 \ 큰 \ 쪽$$
$$P_L + P_b + Q + F \leq S_a$$

여기서, S_m : 최고 온도와 최저 온도의 설계응력강도 평균치
　　　　S_y : 최고 온도와 최저 온도의 항복점 평균치
　　　　S_a : 설계피로곡선(Design fatigue curve)으로 정한 응력강도

Section 77 플랜트 압력기기의 해석에 사용되는 극한해석방법

1. 개요

극한해석(Limit Analysis)이란 재료가 완전 소성체(비변형경화)라는 가정하에서 수행하는 소성해석의 특수한 경우를 말한다. 극한해석에서는 붕괴하중을 계산할 때 극한 상태에서의 평형 및 유동특성을 사용한다.

2. 플랜트 압력기기의 해석에 사용되는 극한해석방법

극한해석 시 사용하는 구속방법에는 두 가지가 있는데, 하나는 정적 허용응력장과 관계가 깊은 하한법이고 다른 하나는 동적 허용속도장과 관계가 깊은 상한법이다. 보 및 골조의 경우, 동적허용속도장 대신에 메커니즘이란 용어를 주로 사용한다.

Section 78 볼트체결에서 와셔를 쓰는 이유

1. 와셔의 사용 이유

① 조여지는 물체의 면이 거칠고 마찰저항이 커서 적정한 조임을 할 수 없는 경우
② 볼트구멍이 커서 볼트 · 너트의 좌면에 의한 누르기가 충분히 되지 않을 경우
③ 큰 조임력에 대하여 좌면압을 낮추고자 하는 경우
④ 풀림 방지효과를 높이고자 하는 경우

2. 사용방법

① 조임력을 관리하기 위한 목적의 와셔는 토크를 가하는 쪽에 넣는다.
② 평와셔를 볼트 머리 쪽에 넣을 경우에는 안지름의 각과 목 밑의 둥근 부분이 간섭할 우려가 있으므로 안지름 부위에 모따기를 하거나 라운딩을 한 와셔를 사용한다.
③ 스프링와셔는 조임 좌면과의 접촉 면적이 작아 좌면의 마찰저항에 의한 풀림 방지 작용은 평와셔보다 낮다. 그러나 축방향으로 작용하는 반발력에 의해 풀림 방지 작용을 하므로 조임면에 흠집이 날 우려가 있으며, 좌면이 열처리 등으로 경화되어 있으면 물림이 나빠지므로 주의하여 사용한다.

Section 79 압력용기의 볼트체결과 구조물의 볼트체결

1. 압력용기의 볼트체결

1) 뚜껑판 체결 일반 사항

① 압력용기 취급 시 뚜껑판을 닫는 작업은 안전 및 보전상 극히 중요한 작업 중의 하나이다.

② 뚜껑판의 부착이 부적절한 경우 사용 개시 후 누설이 생기거나 체결 볼트 및 뚜껑판이 손모될 우려가 있다.

③ 뚜껑판을 자주 개폐하는 압력용기는 볼트 및 너트의 마모, 클러치부의 마모로 뚜껑판의 체결이 불충분해지기 쉽고, 뚜껑판이 이탈할 우려가 있기 때문에 볼트체결에는 세심한 주의가 필요하다.

2) 뚜껑판 체결 시 주의사항

① 개스킷은 도면상에 지정되어 있는 재질, 치수의 것을 선정하고 변형이 없는 것으로 한다.

② 개스킷의 접촉면은 먼지, 금속조각 등의 이물질이 붙어있지 않은가 확인하고 흠, 부식이 없는가를 확인한다.

③ 개스킷 뚜껑판이 어긋나 있지 않은가 확인한다.

④ 대형 압력용기인 경우 압력용기 내에 사람이 남아 있지 않은가 소리쳐서 확인한다.

3) 볼트체결식 뚜껑판 체결방법

① 볼트 체결 시 볼트의 크기에 맞는 전용 스패너를 이용하고, 볼트 전체가 균등하게 체결되도록 몇 단계로 나누어 체결한다.

② 뚜껑판을 닫고, 전체에 균등한 힘이 가해지도록 체결한다. 과도하게 체결하면 뚜껑판과 플랜지가 변형되어 개스킷 전면이 균등한 압축력을 받지 못하게 되어 오히려 누설되기 쉽다.

③ 다수의 볼트가 있는 경우에는 서로 이웃한 볼트를 순차적으로 조이지 말고 대칭으로 서서히 조이게 한다. 볼트의 개수가 3의 배수, 즉 6개 또는 12개인 경우에는 [그림 1-128]의 (a)와 같이 3각 체결을 하고, 볼트의 숫자가 4개 또는 8개인 경우에는 [그림 1-128]의 (b)와 같이 대각체결을 한다.

④ 주철제 뚜껑판은 토르크렌치를 사용하는 것이 바람직하다.

⑤ 압력 및 온도가 높은 용기는 볼트가 늘어나는 것을 측정하여 체결력을 조절하는 방법도 있다.

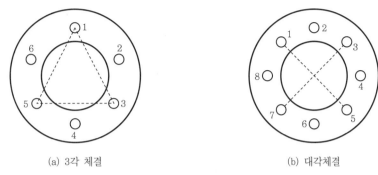

(a) 3각 체결   (b) 대각체결

[그림 1-128] 압력용기의 볼트체결방법

2. 구조물의 볼트체결

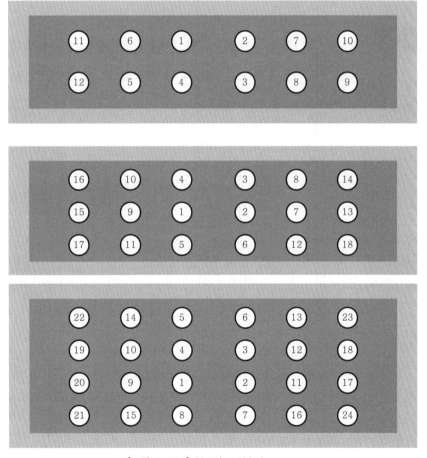

[그림 1-129] 볼트의 조임순서

볼트의 조임으로 인해 적정한 체결력을 얻기 위해서는 적정한 조임을 해야만 한다. 볼트는 하나의 스프링과 같다. 따라서 볼트의 조임으로 인해 길이가 길어지면 스프링이 길어지면서 장력이 발생되는 것과 같은 원리로 나사의 체결력이 발생한다. 하지만 이렇게 발생되는 체결력의 크기는 정확히 알기가 대단히 어려우므로 어느 정도 조이면 어느 정도의 체결력이 발생될 수 있는지 미리 조사하여 이를 기준으로 적정한 조임을 하고 있다. 대표적인 조임법으로는 토크조임법과 각도조임법이 있으며, 고장력 볼트의 체결에는 볼트머리 밑과 너트 밑에 와셔를 1개씩 사용하는 것을 기준으로 접합부의 내력이 설계되어 있으므로 공사현장에서 임의로 와셔를 증감하지 않아야 하고 볼트의 조임은 고장력 볼트를 1차, 2차 체결의 2단계로 실시하는 것은 접합부의 각 볼트에 균등한 볼트 축력을 얻기 위한 조치이다. 같은 취지로 접합부의 조임 순서는 접합부의 중심에서부터 바깥쪽으로 순차적으로 체결해 나간다.

Section 80 코일스프링의 소선의 지름 d, 코일의 평균반지름 R, 스프링하중을 P라 할 때 스프링 내에 발생하는 최대 전단응력

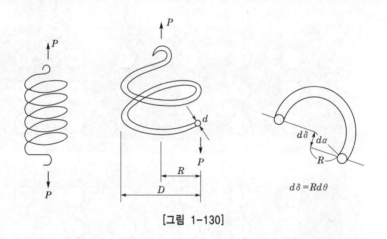

[그림 1-130]

축하중 P에 의해 소선에 인장하중 N과 전단하중 F로 나누어 발생한다.

$$N = P\sin\alpha, \quad F = P\cos\alpha \tag{1.202}$$

N과 F에 의해 굽힘 모멘트 M과 비틀림 모멘트 T가 발생한다. 즉

$$M = PR\sin\alpha, \quad T = PR\cos\alpha \tag{1.203}$$

(스프링 지수 $m = \dfrac{D}{d}$가 4이상이면 $\alpha \simeq 0$이다.)

이다. 만약 $\alpha \simeq 0$이라면 (1.203)식에서 T만이 작용함을 알 수 있다.

$$T = PR \cos \alpha \simeq PR \tag{1.204}$$

여기서, P : 축하중

d : 소선의 직경

α : 피치각

D : 코일의 평균 직경

R : 코일의 평균 반경

p : 피치

1) 코일이 접근하여 있는 원관 코일 스프링

이 경우 $\alpha \simeq 0$, $\rightarrow T = PR = Z_P \cdot \tau$

$$\therefore \ \tau_1 = \frac{PR}{\dfrac{\pi}{16}d^3} = \frac{8PD}{\pi d^3} \left(\text{단}, \ R = \frac{D}{2}\right) \ (\text{스프링 소선의 비틀림응력})$$

$$\tag{1.205}$$

전단력 F에 의한 전단응력은 $\rightarrow \tau_2 = \dfrac{F}{\dfrac{\pi}{4}d^2}$ $\tag{1.206}$

그런데 이 경우 $F = P\cos \alpha = P$를 (1.206)식에 대입하면,

$$\therefore \ \tau_2 = \frac{P}{\dfrac{\pi}{4}d^2} \tag{1.207}$$

이므로 소선에 발생하는 전 전단응력 $\tau_{\max}$는

$$\tau_{\max} = \tau_1 + \tau_2 = \frac{16PR}{\pi d^3} + \frac{4P}{\pi d^2} = \frac{16PR}{\pi d^3}\left(1 + \frac{d}{4R}\right) \tag{1.208}$$

이다. 이때 $\tau_{\max}$는 스프링의 곡률반지름과 기타의 영향으로 와알의 수정계수 K를 보정해 준다.

$$K = \frac{4m-1}{4m-4} + \frac{0.615}{m} \left(\text{단}, \ m = \frac{D}{d} \ : \ \text{스프링 지수}\right)$$

$$\therefore \ (1.208)\text{식은} \ \tau_{\max} = \frac{16PR}{\pi d^3}\left(\frac{4m-1}{4m-4} + \frac{0.615}{m}\right) \tag{1.209}$$

보통 $12 > m > 5$의 범위

2) 스프링의 처짐(deflection)과 처짐각

① 처짐각(α)

$$T = PR\cos\alpha = PR \ (단, \ \alpha \simeq 0) \tag{1.210}$$

$$\alpha = \frac{Tl}{GI_P} = \frac{32\,Tl}{\pi d^4 \cdot G}$$

단, $l = 2\pi Rn$, n : 코일의 감김수

$$\therefore \ \alpha = \frac{64PR^2 n}{Gd^4} \tag{1.211}$$

② 처짐(δ)

$$U_1 = \frac{1}{2}T\alpha = \frac{1}{2}PR\frac{64PR^2 n}{Gd^4} = \frac{32P^2 R^3 n}{Gd^4} \tag{1.212}$$

P에 의해 δ만큼 처짐이 발생하였다면 스프링이 한 일 U_2는

$$U_2 = \frac{1}{2}P\delta \tag{1.213}$$

이고, (1.212)식 = (1.213)식하면,

$$\frac{32P^2 R^3 n}{Gd^4} = \frac{1}{2}P\delta$$

$$\therefore \ \delta = \frac{64R^3 Pn}{Gd^4} = \frac{8PD^3 n}{Gd^4} \tag{1.214}$$

③ 스프링상수(k)

$$P = k\delta \rightarrow k = \frac{P}{\delta} = \frac{P}{8PD^3 n / Gd^4}$$

$$\therefore \ k = \frac{Gd^4}{64R^3 n} \tag{1.215}$$

내진등급 고온고압배관의 배치설계에서 안전을 위한 설계 시 고려해야 할 사항

1. 내진성능기준

고압가스배관과 도시가스배관은 다음의 내진성능기준을 만족하도록 설계한다.

① 배관 전체가 연성거동을 보장할 수 있도록 설계하는 것을 원칙으로 한다.

② 연결부는 배관 본체가 상당한 연성거동을 하더라도 그 강도와 강성 및 일체성을 상실하지 아니하도록 설계한다.

③ 배관이 매설되는 기초지반은 설계지진동하의 어떠한 경우에도 그 지지기능을 유지할 수 있도록 설계하고 지반의 영구변형을 제한할 수 있도록 한다.

2. 매설가스배관의 내진설계 검토항목

매설가스배관의 내진설계 검토항목은 다음과 같다.

① 지진파에 따라 발생하는 지반진동

② 지반의 영구변형

③ 배관에 발생한 응력과 변형

④ 가스누출방지기능

⑤ 연결부의 취성파괴 가능성

⑥ 배관과 지반 사이의 미끄러짐을 고려한 상호작용

표준화와 산업표준화의 3S

1. 개요

표준화는 표준을 정하고 이에 따르는 것 또는 이를 보급하여 활용하게 하는 조직적인 행위로, 관계자들의 편의 또는 이익이 공정히 얻어지도록 통일화, 단순화하는 목적으로 물질과 행위에 관련된 기초적인 사항에 대해서 설정된 기준이다.

① 물질(형상, 구조, 치수, 성능, 성분 등)에 관한 표준(규격)

② 행위(사용방법, 검사, 시험방법, 업무순서 등)에 관한 표준(규정)

③ 기초적인사항(용어, 기호, code, 단위 등)

따라서 넓은 의미의 표준에는 규격과 규정을 포함한다.

2. 표준화와 산업표준화의 3S

산업표준을 국가규격으로 제정하고, 이것을 적극적으로 보급하고 활용하게 하는 의식적, 조직적 활동으로 전국적으로 통일화, 단순화시킬 목적으로 광·공업품의 품질, 방법에 관한 기초적인 사항에 대해서 규정된 기본 표준으로써 산업표준화의 3S(3요소)는 다음과 같다.

① 단순화(Simplification) : 현재, 장래의 복잡성에 대하여 종류(형식의 수)를 줄이는 것
② 전문화(Specialization) : 종류를 한정하고 경제적인 생산이나 공급의 체제를 갖추는 것
③ 표준화(통일화, Standardization) : 산업표준을 정하고 이에 따르는 것

Section 83 끼워맞춤 방법 중 억지끼워맞춤 방법

1. 개요

끼워맞춤은 기계부품이 회전이나 직선운동 시 틈새나 죔새가 존재하므로 운동을 하거나 고정될 수가 있다. 따라서 적절한 끼워맞춤을 적용해야 제작비와 효율을 향상시킬 수 있다. 끼워맞춤의 종류 중 헐거운 끼워맞춤은 조립하였을 때 항상 틈새가 생기는 끼워맞춤이다. 중간 끼워맞춤은 조립하였을 때 구멍과 축의 실치수에 따라 틈새와 죔새를 갖는 끼워맞춤이며, 억지끼워맞춤은 조립하였을 때 항상 죔새가 생기는 끼워맞춤이다.

2. 억지끼워맞춤 방법

1) 끼워맞춤 방식에 따른 종류

가공할 부분의 부품소재, 가공 난이도 등에 따라 구멍기준식 또는 축기준식으로 한다.

① 구멍기준식 끼워맞춤 : 아래치수허용차가 "0"인 H 기호를 기준구멍으로 하고, 이에 적당한 축을 선정하여 필요로 하는 죔새나 틈새를 얻는 끼워맞춤으로 H6~H10의 5가지 구멍을 기준구멍으로 사용한다.
② 축기준식 끼워맞춤 : 위치수허용차가 "0"인 h 기호를 기준축으로 하고 이에 적당한 구멍을 선정하여 필요한 죔새나 틈새를 얻는 끼워맞춤으로 h5~h9의 5가지 축을 기준축으로 사용한다. 구멍이 축보다 가공과 검사가 어렵기 때문에 축기준식 보다는 구멍기준식 끼워맞춤을 하는 것이 편리하다.

2) 억지끼워맞춤 방법

억지끼워맞춤은 구멍의 최대 치수가 축의 최소 치수보다 작은 경우로서 항상 죔새가 생기는 끼워맞춤으로 동력전달용 기계부품, 영구조립부품 등에 사용된다. 최대 죔새와 최소 죔새가 있으며 베어링의 외륜과 베어링하우징의 조립 시 억지끼워맞춤을 하며 운동을 하지 않는 기계요소부품에 적용한다. 단, 유지보수 시 분해를 위한 방법을 검토하여 설계 시에 반영해야 한다.

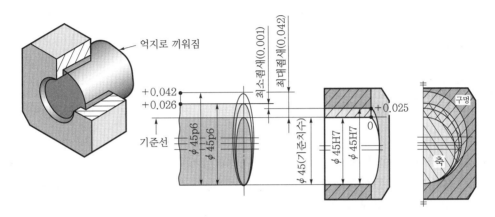

[그림 1-131] 억지끼워맞춤(ϕ45 H7/p6, 죔새 존재)

Section 84

공정관리와 관련하여 공정관리의 목적, 공정관리의 기능, 생산형태

1. 개요

공정관리란 협의의 생산관리인 생산통제(Production Control)로 쓰이며, 이를 미국 기계학회인 ASME(American Society of Mechanical Engineers)에서는 "공장에 있어서 원재료로부터 최종 제품에 이르기까지의 자재, 부품의 조립 및 종합조립의 흐름을 순서 정연하게 능률적인 방법으로 계획하고, 공정을 결정하고(Routing), 일정을 세워(Scheduling), 작업을 할당하고(Dispatching), 신속하게 처리하는(Expediting) 절차"라고 정의하고 있다.

2. 공정관리의 목적, 공정관리의 기능, 생산형태

1) 대내적인 목적

생산과정에 있어서 작업자의 대기나 설비의 유휴에 의한 손실시간을 감소시켜서 가동률을 향상시키고, 자재의 투입에서부터 제품이 출하되기까지의 시간을 단축함으로써 공정과정에서 손실의 감소와 생산속도의 향상을 목적으로 한다. 또한 대외적인 목적은 주문생산의 경우는 물론이고, 시장예측생산의 경우도 수요자의 필요에 따라 생산을 해야 하므로 주문자 또는 수요자의 요건을 충족시켜주어야 한다. 그러므로 납기 또는 일정 기간 중에 필요로 하는 생산량의 요구조건을 준수하기 위해 생산과정을 합리화하는 것이다.

2) 공정관리의 기능

공정관리의 기능은 계획기능, 통제기능 및 검사기능으로 대별한다.

(1) 계획기능

생산계획을 통칭하는 것으로서 공정계획을 행하여 작업의 순서와 방법을 결정하고, 일정계획을 통해 공정별 부품을 고려한 각각의 작업 착수시기와 완성일자를 결정하며 납기를 유지하게 한다.

(2) 통제기능

계획기능에 따른 실제 과정의 지도, 조정 및 결과와 계획을 비교하고 측정, 통제하는 것을 뜻한다.

(3) 감사기능

계획과 실행의 결과를 비교 검토하여 차이를 찾아내고, 그 원인을 추적하여 적절한 조치를 취하며 개선해 나감으로써 생산성을 향상시키는 기능이다.

3) 생산형태

(1) 연속 프로세스

① 비축(재고) 생산 : 고객의 요구나 미래에 발생할 것이라 예측되는 요구사항을 미리 파악하여 대량생산으로 재고를 비축, 판매하며 적정 재고의 유지가 중요하다.

② 연속 흐름 생산 : 고객의 요구에 따른 제품의 수정이나 변경 없이 중단되지 않는 제조과정으로 배합표관리, 설비운영관리, 유지보수관리, 품질관리 등이 중요하다.

(2) 반복생산

표준화된 제품을 대량으로 생산·판매하므로 과잉재고나 재고 부족 등에 대한 적정 재고의 유지가 중요하다.

(3) 라인생산

표준제품을 미리 생산하여 재고로 쌓아두고 고객이 주문할 때 바로 인도할 준비된 상태를 유지한다.

(4) 배치(로트)생산

만들 수 있는 제품을 만들 수 있을 때 만들 수 있는 만큼 생산하는 방식으로, 수주 또는 계획된 생산물량을 하나의 LOT(大 LOT)로 편성하여 일괄적으로 생산하는 방식이다.

(5) 개별작업(Job Shop)생산

대부분의 중소기업들은 모기업의 주문에 따라 다품종 소량 생산(少로트 단위로 생산)을 하기 때문에 단속성이 심하여 대량 생산에 의한 '규모의 경제' 효과를 기대할 수는 없으나, 수요변화에 대한 유연성이 높아 고객화 정도가 높으며 대량 생산이 어려운 고가의 주문품 생산에 유리하다.

(6) 프로젝트형 생산

특수 고객의 요구에 따라 생산이 진행되는 주문생산방식으로 단속성과 고객화는 상대적으로 높으나, 개별제품의 생산량은 적은 편으로 반복성이 낮아 작업자 운용 및 레이아웃이 유연해야 하다.

Section 85

미끄럼베어링의 윤활종류, 스트리벡곡선, 정압윤활, 유체윤활의 개념, 페트로프의 베어링식, 레이몬디와 보이드 차트의 종류 및 베어링특성수

1. 개요

구름베어링은 외륜과 내륜으로 구성되며, 사이에 볼이나 롤러를 넣어서 회전접촉을 시켜 마찰을 줄인 형태의 베어링이다. 미끄럼베어링과 비교 시 마찰이 작기 때문에 마찰손실이 작다. 또 기동저항과 발열이 낮기 때문에 일부는 고속회전이 가능하다. 하지만 전동체와 궤도륜이 점접촉이나 선접촉하기 때문에 정밀도가 맞지 않을 경우 소음이 생기기 쉬우며 충격에 약한 것이 단점이다.

구름베어링은 볼베어링과 롤러베어링으로 구분되며, 볼베어링은 궤도륜의 형상에 따라 깊은 홈베어링, 앵귤러 볼베어링으로 구분하고, 롤러베어링은 롤러의 형상에 따라 원통 롤러베어링, 니들 롤러베어링, 테이퍼 롤러베어링으로 분류된다. 또 하중을 받는 방향에 따라 레이디얼베어링과 액시얼(스러스트)베어링으로 구분한다.

2. 미끄럼베어링의 윤활종류, 스트리벡곡선(Stribeck Curve), 정압윤활, 유체윤활의 개념, 페트로프의 베어링식, 레이몬디와 보이드(Raimondi & Boyd) 차트의 종류 및 베어링특성수

1) 미끄럼베어링의 윤활종류

윤활특성을 구분(윤활마찰의 종류)하면 다음과 같다.

(1) 유체윤활

접촉면이 윤활제에 의해 완전히 분리된 형태로 윤활방법 중 가장 마찰계수가 적으며 이상적인 윤활상태이다. 축회전 시 접촉표면에 걸리는 하중은 모두 접촉면의 상기 운동에 의해 발생되는 유압에 의해 지지되어 접촉표면의 마모 및 마찰손실도 상당히 작아진다. 최소 유막두께는 0.008~0.02mm 정도이고, 마찰계수는 0.002~0.01범위이다.

(2) 혼합윤활(반유체윤활)

접촉표면의 돌기들에 의해 간헐적인 접촉과 부분적인 유체윤활이 혼합되어 있는 윤활형태로 접촉표면에 약간의 마모를 수반하며, 마찰계수는 0.004~0.1 정도이다.

(3) 경계윤활(불완전윤활)

지속적으로 심한 표면접촉이 발생하지만, 윤활유는 접촉표면에 계속하여 공급되어 접촉표면에 마찰과 마모를 감소시킬 수 있는 표면막을 형성하며, 마찰계수는 0.05~0.02 정도이다.

2) 스트리벡곡선(Stribeck Curve)

스트리벡곡선은 윤활상태와 마찰계수와의 관계를 저널베어링에 대하여 나타낸 선도이다. [그림 1-132]는 마찰계수와 (마찰속도×점도/수직하중)과의 매개변수를 가지고 윤활유특성의 분포곡선을 보여준다. 일반적으로 마찰속도는 중지 → 저속 → 고속으로 증가할 경우 경계윤활 → 혼합윤활 → 유체윤활의 변형을 가져오고, 점도는 낮은 점도 → 중간 점도 → 높은 점도로 변화할 경우 경계윤활 → 혼합윤활 → 유체윤활의 변형의 가져온다. 점도는 마찰열에 의하여 영향을 받게 되고 유체윤활에서 회전속도가 더 증가하며, 더 높은 점도로 증가할 경우 마찰계수는 점도의 저항에 의하여 증가하는 경향이 있다.

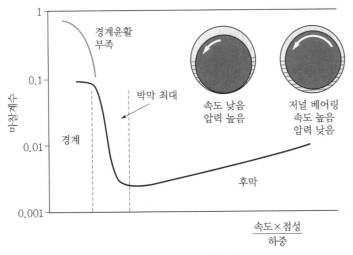

[그림 1-132] 스트리벡곡선

3) 페트로프의 베어링식

(1) 페트로프(Petroff) 베어링방정식의 가정

베어링에 사용되는 유체는 뉴턴유체(Newtonian fluid)이고 회전 시 축 중심과 베어링 중심이 일치하는 동심베어링이다. 또한 반경방향으로 유체의 속도분포가 선형적으로 변화를 하며 축과 베어링 사이의 틈새가 베어링반지름에 비해 충분히 작아, 축과 베어링 사이에 발생하는 상대운동은 두 평판에서 일어나는 유체의 운동으로 해석한다. 유체의 전단응력에 의한 토크손실과 마찰력에 의한 토크손실이 동일하며 유체의 누설은 없다.

(2) 유도식

뉴턴의 점성법칙에 의해 유막의 전단응력 $\tau = \eta \dfrac{du}{dy} = \dfrac{\eta}{1,000} \times \dfrac{1}{\delta} \times r \times \dfrac{2\pi N}{60}$ [Pa] 이다. 1cp＝0.01p이고, 1p＝0.1Pa · s이므로 1cp＝0.001Pa · s이다.

① 유막의 전단응력에 의한 토크손실 : $T_1 = \tau Ar = \dfrac{\eta}{1,000} \times \dfrac{r}{\delta} \times \dfrac{2\pi N}{60} \times 10^{-6} \times 2\pi rl \times r$

　[N · mm]

② 마찰력에 의한 토크 : $T_2 = \mu Pr = \mu \times p \times 2rl \times r$ [N · mm]

$T_1 = T_2$에서 마찰계수 μ에 관하여 정리하면 $\mu = \dfrac{\pi^2}{3 \times 10^{10}} \times \eta \dfrac{N}{p} \times \dfrac{r}{\delta}$ 이다. 이 식이

페트로프(Petroff)식이다

4) 레이몬디와 보이드(Raimondi & Boyd) 차트의 종류 및 베어링 특성식

① 레이몬디와 보이드 차트는 국소의 베어링(단, 60°, 120°, 180°로 회전하는 저널)과 스러스트베어링에 적용한다.

② 레이몬디와 보이드 차트는 무차원의 베어링특성수 혹은 조머펠트수로 베어링의
변수를 무차원으로 주어진다.

$$베어링특성수 \quad S = \left(\frac{R}{c}\right)^2 \frac{\mu n}{P}$$

[그림 1-133]에서 S스케일은 0과 0.01 사이의 선형 부분의 대수관계를 적용하였다.

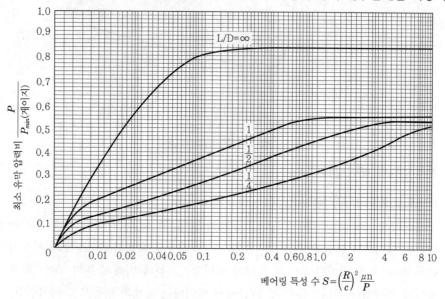

[그림 1-133] 최대 유막의 압력을 결정하기 위한 차트

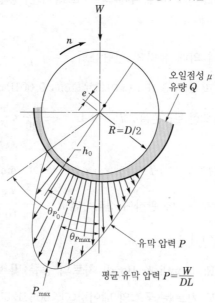

[그림 1-134] 유막과 압력의 역학관계

CHAPTER 02

유체기계

산업기계설비기술사

원심펌프에서 공동현상과 수격현상, 맥동현상, 펌프과열의 발생원인 및 방지대책

1. 공동현상(Cavitation)

1) 정의

펌프의 흡입양정이 높거나 유속의 급격한 변화 또는 와류의 발생 등에 의해 유체의 압력이 국부적으로 포화증기압 이하로 낮아져서 유체가 증발하여 기포가 생성되는 현상으로 생성된 기포가 이동하여 고압부에서 급격하게 파괴되는데, 이때 펌프의 성능은 저하되고 진동소음이 발생하며 심하면 양수불능이 된다.

2) 공동현상의 발생원인

① 펌프의 흡입수두가 큰 경우
② 펌프의 마찰손실이 큰 경우
③ 펌프의 흡입관경이 너무 작은 경우
④ 이송하는 유체가 고온일 경우
⑤ 펌프의 흡입압력이 유체의 증기압보다 낮은 경우
⑥ 임펠러의 회전속도가 지나치게 빠른 경우

3) 공동현상의 방지대책

① 펌프의 설치높이를 가능한 한 낮게 한다.
② 흡입관의 유체저항을 작게 한다(길이는 짧게, 관경은 크게, 굽은 곳은 적게).
③ 임펠러의 회전속도를 느리게 한다.
④ 단흡입보다는 양흡입펌프를 선택한다.
⑤ Av NPSH ≥ 1.3 Re NPSH가 되도록 한다.
⑥ 지나치게 고양정의 펌프사용을 지양한다.

2. 수격작용(Water hammer)

1) 정의

관로 내의 유체속도의 급격한 변화에 따라 유체의 운동에너지가 압력에너지로 변환되어 유체의 압력이 급상승 또는 급강하되는 현상을 말한다.

2) 수격작용의 발생원인

① 펌프의 기동, 정지 및 속도 제어 시

② 밸브의 급격한 개폐 시

③ 정전 등에 의한 펌프의 급격한 정지 시

3) 수격작용의 현상

① 역지밸브가 없는 경우

   ㉠ 제1단계 : 펌프영역

     • 운전구동력을 점차 잃게 된다.

     • 수주분리현상이 생기기도 한다.

   ㉡ 제2단계 : 펌프제동영역

     • 일단 정지한 물은 역류가 시작된다.

     • 물의 역류하는 힘으로 펌프가 정지한다.

   ㉢ 제3단계 : 수차영역

     • 정지한 다음 순간부터 역류가 시작된다.

② 역지밸브가 있는 경우

   ㉠ 역류가 시작하면 역지밸브가 작동하여 역류는 발생되지 않는다.

   ㉡ 역지밸브를 급폐쇄하면 압력상승은 더욱 커지게 된다.

   ㉢ 역지밸브 폐쇄 후에는 일단 상승된 압력이 일정한 주기로 상승·강하를 반복하면서 점차로 감쇠된다.

4) 수격작용에 의한 피해

① 급격한 압력상승에 의해 펌프, 밸브, 배관, 기기 등이 파손된다.

② 급격한 압력강하에 의해 관로가 압괴하거나 수주분리가 생겨 재결합 시에 발생하는 격심한 충격에 의해 관로가 파손된다.

③ 진동소음이 발생한다.

④ 압력변동 때문에 제어기기가 난조를 일으킨다.

5) 수격작용의 방지대책

① 부압에 대한 경우

   ㉠ fly wheel을 설치한다.

   ㉡ 펌프토출측에 air chamber를 설치한다.

   ㉢ 관경을 크게 한다.

   ㉣ surge tank를 설치한다.

   ㉤ 공기밸브를 설치한다.

② 상승압에 대한 경우

   ㉠ dash port를 사용한다.

ⓛ bypass valve를 사용한다.

ⓒ 스모렌스키 체크밸브를 사용한다.

ⓔ 급폐쇄식 체크밸브를 사용한다.

ⓜ 안전밸브를 사용한다.

3. 맥동현상(Surging)

1) 정의

펌프운전 중에 압력계기의 눈금이 주기적으로 큰 진폭으로 흔들림과 동시에 토출량도 어떤 범위로 주기적인 변동이 발생되고 흡입과 토출 배관의 주기적인 진동과 소음을 수반하는 현상을 말한다.

2) 맥동현상의 발생원인

① 펌프의 양정곡선이 산형 특성, 즉 $\dfrac{dH}{dQ} > 0$ 일 때

② 토출배관이 길고 배관 도중에 수조나 기체 상태가 있을 때

3) 맥동현상의 방지대책

① 펌프의 운전점을 p점보다 우측에 둔다.

② 펌프의 $H-Q$곡선이 산형 특성이 아닌 것을 사용한다.

③ 유량조절밸브는 토출측 직후에 설치한다.

④ 필요한 경우에는 by-pass관을 설치하여 운전점을 $H-Q$곡선의 우측에 오도록 한다.

⑤ 배관 도중에 수조나 기체 상태가 존재하지 않도록 한다.

4. 펌프의 과열

1) 펌프가 과열이 되는 이유

① 펌프구동동력은 유체에 가해지는 유효동력과 기계적인 손실 등에 소비되는 것 이외에 유체를 가열시키는 데도 소비된다.

② 펌프의 운전 시 토출량이 감소하여 0(체절 상태) 또는 극소유량이 되면 온도상승 Δt는 급격히 상승한다. 고온·고압일수록 심해진다.

2) 펌프의 과열방지대책

① 상시 by-pass장치 : 일반적으로 토출압력 50kgf/cm^2의 펌프에서 사용효율이 저하되고, by-pass유량을 가산해야 한다.

② relief valve 사용 : 일반적으로 토출압력 140kgf/cm^2까지 사용압력이 상승하면 relief valve가 열려서 물을 순환시킨다.

③ 유량검출전동밸브 사용 : 유량계의 신호에 의하여 전동밸브를 개폐하여 유량을 제어한다.

조력발전방식, 조력발전출력 산정방법, 조력발전의 수차 종류 및 특성

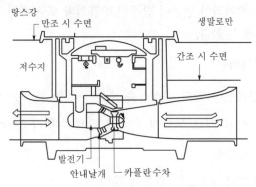

[그림 2-1] 조력발전 및 구조원리(랑스발전소)

1. 개요

조력 발전에 대한 우리의 기술과 지식은 1960년대에 이미 실용화할 단계에 와 있었으며 경제성의 유무가 발전소 건설과 가동의 여부를 좌우하여 왔다. 화석 연료가 고갈돼 가고 있으며 지구 온난화 현상으로 대체에너지 경제관념이 점차로 청정 대체에너지원으로 관심이 점점 증가하고 있다.

1) 조력에너지

조력에너지는 주로 달의 인력이 야기하는 조석현상으로 인하여 해면의 상하운동에 동반되는 위치에너지로서, 조석의 주기성과 예측 가능성이 조력에너지를 에너지원으로 간주하게 한다.

2) 조력발전

조력발전이란 조석(潮汐)을 동력원으로, 해수면의 상승하강현상을 이용해서 전기를 생산하는 발전형식을 말한다. 조력에너지는 대규모 개발이 가능한 무공해 비고갈성 에너지이다.

2. 조력발전방식, 조력발전출력 산정방법, 조력발전의 수차 종류 및 특성

1) 조력발전방식

조력발전방식은 일정 중량의 부체가 받는 부력을 이용하는 부체식, 밀실의 공기를 조위의 상승하강에 따라 압축하는 압축공기식, 방조제를 축조하여 조지(潮池)를 형성하고 발전하는 조지식이 있다. 현재 실용화된 발전방식은 조지식이다. 조지식 조력발전은 조석간만의 차를 이용하여 인공저수지인 조지(潮池)에 해수를 유출입시켜 외해−조지 간의 수위차에 따른 위치에너지를 운동에너지로 바꿔 발전한다.

조지식 조력발전방식의 종류는 조지의 개수에 따라 조지가 하나인 단조지발전과 조지가 둘인 복조지발전, 조석의 이용횟수에 따라 단류식, 복류식으로 분류할 수 있다. 단류식은 창조 시 수문을 개방하여 만조수위까지 해수를 유입하고 낙조 시에 발전하는 낙조식과, 낙조 시 수문을 개방하여 간조수위까지 수위를 낮춘 후 창조 시 발전하는 창조식이 있다.

단조지 복류식은 한 개의 조지에서 낙조식과 창조식을 겸한 발전방식이다. 복조지발전은 출력의 단속성을 완화시키는 데 목적이 있는데, 복조지 연결식과 복조지 분리식이 있으며 특징은 다음과 같다.

① 낙조식 발전 : 수차가 1대일 때 조위수위는 거의 불변이다. 조위차는 평균 수두 이상 유지한다. 단위기당 발전량은 증대하고 발전시간은 길다. 수차가 많을 때 단기간 내 발전량은 증가하나 수위의 급격한 감소로 발전시간이 단축된다. 출력을 전력 계통에 인입시키기 어렵다. 단위기당 발전량은 감소하고 발전단가는 상승한다. 급한 수두경사로 유효낙차가 감소하고 발전효율에 역효과를 주며, 환경에 나쁜 영향을 준다. 수차는 만조 직후 발전을 시작하여 낙차 1~1.5m까지 계속한다. 가장 간단하고 융통성 있는 수차조정이 가능하다.

② 창조식 발전 : Severn Barrage발전에서 택한 방식이다. 낙조발전과의 차이는 저조위와 평균 해면 사이의 조지수위에서 기존 조간대의 노출이 상당하여 담수 생태계화한다. 항해수심의 유지가 곤란하다. 발전용 조지체적은 낙조식보다 적으므로 발전량도 적다.

③ 낙조양수발전 : 만조 직후 수문을 닫고 수차를 역회전하여 해수를 조지에 양수한다. 양수의 경제성 요소는 양수목적으로 수차를 조정할 때 낙조발전 시 수차효율이 저하되지 않아야 한다. 수차 정격낙차와 최적 회전수가 결정된 후 가변속도수차로 양수속도를 조정하지 않으면 양수효율은 감소한다. 수차는 variable distributor(double regulated) 혹은 하류 flow control gate가 필요하다. 선박수로에 도움을 준다. 만조 직후 양수수위에 미치는 동역학적 영향으로 조지 내 양수수위가 높고 조지 밖은 해면수위가 감소한다.

④ 단조지 복류식 : 한 개의 조지에서 낙조 시와 창조 시 모두 발전한다. 발전시간이 연장되나 발전은 발전낙차의 수위를 기다려야 하므로 단속적이다. 수차발전기가

두 방향 발전이 가능해야 하므로 복잡한 구조로 높은 제작비용이 든다. 큰 조차 지역에서 가능하다. 프랑스의 Rance발전소가 채택한 방식이다. 한국의 가로림만의 경우 단류식이 경제적이다.

⑤ 복조지 연결식 : 지형상 두 개의 조지를 연결할 수 있을 때 한 개의 고조지, 한 개의 저조지를 형성해서 두 조지 간의 수위차를 이용해서 발전한다. 외해의 조석에 따라 고조지와 저조지의 수문을 조작해서 수위를 조정·유지하여 연속발전이 가능하다. 발전효율은 저하된다.

⑥ 복조지 분리식 : 두 개의 독립적인 단조지발전을 계통적으로 연결한 발전이다.

2) 조력발전의 출력산정방법

조력에너지를 이용하는 지식과 기술은 다음과 같은 내용을 모두 포괄한다. 조력에너지 부존량 산출, 조력발전입지 선정, 예비타당성조사와 타당성조사, 조력발전방식, 발전소 시공, 수차발전기, 최적 발전규모 산정 등에 필요한 모든 기술과 지식이 포함된다. 이러한 지식과 기술은 연구와 경험을 통해 조력발전 선진국에 의하여 원리적으로는 거의 해결되었다고 할 수 있다.

① 조력에너지부존량 : 어느 지점의 조력에너지부존량은 조지면적 A와 조위 R의 제곱에 비례한다. 이론상 한 조석당 평균 출력 E는 다음 식으로 표현된다.

$$E[\mathrm{kW}] = 225 \times A[\mathrm{km}^2] \times R^2[\mathrm{m}]$$

어느 지역의 포장조력을 산출할 때는 조석의 특성상수를 사용하는데, 이때의 특성상수값은 다음과 같다.

㉠ 백중 대사리 : 1.20
㉡ 춘추 대사리 : 1.00
㉢ 평균 대조차 : 0.95
㉣ 평균 조차 : 0.70
㉤ 평균 소조차 : 0.45
㉥ 최대 소조차 : 0.20

② 조력발전 입지선정 : 조력발전 입지선정은 조차와 지형도, 수심도, 지질도 등을 사용하여 개발가능성을 검토하고 개발타당성 예비평가를 한다. 예비평가의 입지선정 단계는 [그림 2-2]와 같이 도식할 수 있다. 여기서 시설용량은 다음 식으로 구한다.

$$시설용량(\mathrm{MW}) = \frac{\mathrm{kWh}}{용량인자 \times 8,760 \times 10^3}$$

용량인자는 대개 1/3이고, 예비평가단계에서는 parametric analysis 방법을 쓴다. 이 방법에서 건설비는 구조물의 총연장 L, 높이 H일 때 $L \times H^2$로 주어진다.

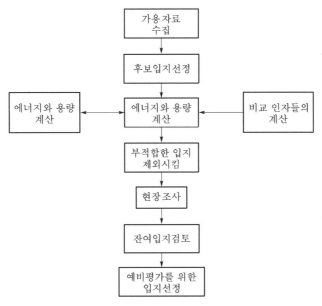

[그림 2-2] 예비평가의 입지선정단계

3) 조력발전의 수차 종류 및 특성

조력발전에서 수차의 운전 범위는 그 지점의 대조차 이내, 최대 낙차는 통상 간조 시에 발생, 최대 수두폭은 5~10m이다. 조력발전의 수차운전조건은 하천수력에 비해서 염분, 낙차의 변동, 파랑의 영향, 6시간 정도 지속되는 발전에서 thermal cycling 동안 필요한 내구력, 부유퇴적물이 금속을 마모하여 축 실링을 손상시키는 것 등으로 불리하다. 수차 발전기를 설치할 때 첫째 고려사항은 수직축인가, 수평축인가 하는 점이다. 수직축과 수평축 수차 발전기의 특징은 [표 2-1]과 같다.

[표 2-1] 수직축과 수평축 수차발전기의 특징

구분	수직축	수평축
장점	• 유지관리 • 냉각이 용이 • 유량과 수위변동에도 효율이 양호	• 베어링이 물 위에 노출 • 유지관리에 편리
단점	• 하부 베어링이 물 밑에 잠김 • 조정기어로 물의 흐름을 조정하므로 구조가 복잡	• 가동 중 수위변동을 수용하려면 큰 직경이 요구됨
사용처	• 1927년 Severn Barrage사업에 카플란 수직축 수차를 추천함	• 캐나다 Annapolis조력발전소의 rim수차 • 프랑스 Rance발전소의 벌브수차

수차발전기는 수차와 발전기로 구성되어 있다. 수차의 종류와 그 특성은 다음 [표 2-2]와 같다.

[표 2-2] 수차의 종류와 특성

종류	특성	사용처
Kaplan수차	역학적 에너지 사용	저낙차발전소
Francis수차	수압 사용	대부분의 발전소
Pelton수차	큰 낙차의 충격 사용	큰 낙차발전소
Bulb수차	Kaplan형 runner	저낙차수력발전, 조력발전
Straflo수차		
Helical수차	무낙차흐름	조류발전
MC수차		
Davis수차		

Section 3   풍차에서 얻을 수 있는 최대 효율(이론 효율)을 에너지 방정식과 뉴턴의 제2운동법칙 등을 적용하여 구하기

1. 프로펠러

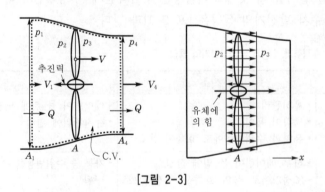

[그림 2-3]

반류(伴流, slipstream)와 함께 이상화된 나사프로펠러가 [그림 2-3]에 표시되어 있다. 제한되지 않은 유체 중에서 운전되는 이와 같은 프로펠러에 대하여 프로펠러의 앞과 뒤의 어느 거리에 있는 압력 p_1과 p_4, 그리고 반류 경계면 전체에서의 압력은 같다.

그러나 반류의 형상으로부터(연속과 Bernoulli의 원리를 사용하여) 프로펠러 바로 상류에서의 평균 압력 p_2는 p_1보다 작고, 프로펠러의 바로 하류의 압력 p_3는 p_4보다 크다.

단면 1과 4 사이의 반류 속에서의 유체를 분리하면 작용하는 유일한 힘은 프로펠러에 의하여 유체에 작용하는 힘임을 관찰한다. 이것은 압력차$(p_3 - p_2)$ 또는 단면 1과 4 사이에서 운동량 유속의 양의 변화(gain)로부터 계산할 수 있다. 그러므로 다음 식과 같다.

$$\Sigma Fx = (p_3 - p_2)A = F = (V_4 - V_1)\rho Q = (V_4 - V_1)A\rho\frac{V}{Q}$$

여기서, V는 프로펠러를 지나는 평속도이고, A를 소거하면 다음 식과 같다.

$$p_3 - p_2 = (V_4 - V_1)\rho V \tag{2.1}$$

그런데 단면 1과 2 사이에 Bernoulli원리를 적용하면

$$p_1 + \frac{1}{2}\rho V_1{}^2 = p_2 + \frac{1}{2}\rho V_2{}^2$$

이고, 단면 3과 4 사이에서는

$$p_3 + \frac{1}{2}\rho V_3{}^2 = p_4 + \frac{1}{2}\rho V_4{}^2$$

$p_1 = p_4$를 사용하면 $(p_3 - p_2)$에 대하여 다른 하나의 식을 유도할 수 있으며, 이것은 다음과 같다.

$$p_3 - p_2 = \frac{1}{2}\rho(V_4{}^2 - V_1{}^2) \tag{2.2}$$

식 (2.1)과 식 (2.2)를 같게 놓으면 다음과 같다.

$$V = \frac{V_1 + V_4}{2}$$

프로펠러로부터 도출된 유용한 동력의 출력 p_0는 추력 F에 프로펠러가 전진할 때의 속도 V_1을 곱한 것과 같다.

$$p_0 = FV_1 = (V_4 - V_1)\rho QV_1$$

동력입력 p_i는 V_1으로부터 V_4로 반류속도의 계속적인 증가를 유지하기 위하여 요구되는 동력이다.

$$p_i = \frac{\rho Q}{2}(V_4{}^2 - V_1{}^2) = \rho Q(V_4 - V_1)\left(\frac{V_4 + V_1}{2}\right) = \rho Q(V_4 - V_1)V$$

다음에 프로펠러의 이상효율 η는 다음과 같다.

$$\eta = \frac{p_0}{p_i} = \frac{V_1}{V}$$

V는 항상 V_1보다 크므로 프로펠러의 효율은 이상유체일지라도 결코 100%가 될 수 없다.

예제

직경이 3m이고, 1,120kW의 동력을 가진 이상적인 프로펠러로 320km/h(88.9m/s)로 속도를 발생하는 비행기 엔진이 있다. 슬립스트립속도, 프로펠러의 앞과 뒤쪽의 슬립스트립의 프로펠러 디스크와 직경을 통과하는 속도를 계산하고, 추력과 효율을 계산하시오.

풀이 관련 방정식과 주어진 자료는

$$(p_3 - p_2)A = F = (V_4 - V_1)\rho Q = (V_4 - V_1)A\rho V$$

$$V = \frac{V_1 + V_4}{2}$$

$$p_i = \frac{\rho Q}{2}(V_4{}^2 - V_1{}^2) = \rho Q(V_4 - V_1)\left(\frac{V_4 + V_1}{2}\right) = \rho Q(V_4 - V_1)V$$

$$\eta = \frac{p_0}{p_i} = \frac{V_1}{V}$$

$$p_i = 1,120 \times 10^3 = \frac{\frac{\pi}{4}(3)^2 \left(\frac{V_4 + 88.9}{2}\right)}{Q}\rho\left(\frac{V_4{}^2 - 88.9^2}{2}\right)$$

$$V_4 = 103\text{m/s}$$

$$V = \frac{(103 + 88.9)}{2} = 95.95\text{m/s}$$

$$Q = 678\text{m}^3/\text{s}$$

$$A_1 = \frac{678}{88.9} = 7.63\text{m}^2$$

$$d_1 = 3.12\text{m}$$

$$A_4 = \frac{678}{103} = 6.85\text{m}^2$$

$$d_4 = 2.9\text{m}$$

$$\therefore F = (103 - 88.9)678\left(\frac{12.0}{9.81}\right) = 11.7\text{kN}$$

$$\eta = \frac{11.7 \times 88.9}{1,120} = 92.8\% \ \text{ or } \ \eta = \frac{88.9}{95.95} = 92.8\%$$

프로펠러와 풍차(windmill) 사이에는 많은 상사성이 있다. 그러나 그들의 목적은 전혀 다르다. 프로펠러는 주로 추진력 또는 추력(thrust)을 창조하도록 설계되며, 펌프로서 작용한다.

2. 풍차의 최대효율

풍차는 바람에서 에너지를 추출하는 목적으로 설계되며, 따라서 터빈이다. 풍차와 프로펠러의 상이한 목적 때문에 그들의 효율은 다르게 계산된다.

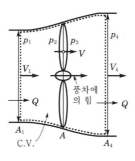

[그림 2-4]

그러나 [그림 2-4]를 비교하면 유동에 관한 한 풍차는 프로펠러의 역임을 표시한다. 풍차에서 '반류'는 그것이 기계를 지남에 따라 넓혀지고, 압력 p_2는 압력 p_3보다 크다. 그러나 전과 같이 bernoulli와 역적–운동량원리들의 적용에 의하여 풍차 원판을 지나는 속도는 프로펠러를 지날 때와 같이 V_1과 V_4의 산술평균임을 표시할 수 있다.

마찰이 없는 기계에서는 풍차에 공급된 동력은 정확히 공기로부터 추출된 동력과 같아야 하고, 이것은 다시 단면 1과 4 사이의 반류의 운동에너지 감소에 의하여 표시된다. 이것은 이 기계의 출력(output)이고 다음 식으로 주어진다.

$$p_0 = \frac{\rho Q}{2}(V_1^2 - V_4^2)$$

풍차효율을 단면적 A와 풍속 V_1인 흡입측에서 이용할 수 있는 전동력에 대한 동력 출력의 비로서 정의하는 것이 관례이다. 그러므로 이상풍차의 효율은

$$\eta = \frac{p_0}{p_a} = \frac{(V_1^2 - V_4^2)\,A\,V/2}{A\,V_1\,\rho\,V_1^2/2} = \frac{V_1^2 - V_4^2}{V_1^3} \tag{2.3}$$

이고, $(V_1 + V_4)/2$가 V 대신 대입되었다. 최고 효율은 η를 V_4/V_1에 관하여 미분하고, 그 결과를 '0'과 같다고 놓음으로써 알 수 있다. 이것은 값 $V_4/V_1 = \frac{1}{3}$을 주고, 이것을 식 (2.3)에 대입할 때에 최고 효율 $\frac{16}{27}$ 또는 59.3%가 된다.

마찰과 다른 손실들 때문에 물론 이 효율은 실제에 있어서 현실화되지 않는다. 풍차에 대한 가능한 최고 효율은 50% 전후로 나타내고, 큰 범상 깃(sail-like blade)을 가지

는 전통적인 '네덜란드풍차(dutch windmill)'는 약 15%의 효율로 운전되며, 세계 연료
위기 때문에 바람에너지(wind energy)에 관심을 가지게 되었다.

Section 4 기어펌프에서 발생되는 폐입현상(trapping)과 불평형
하중현상에 대한 원인과 방지대책

1. 정의

2개의 기어(구동기어, 피동기어)가 맞물려 회전하게 되면 즉 [그림 2-5]와 같이 a,
b 2점에서 양쪽의 기어가 접해 있으면 기어 사이의 오일은 폐입된 상태로 이것을 폐입
현상이라 한다.

2. 폐입현상과 불평형하중현상의 원인과 방지대책

① 이 폐입용적은 [그림 2-5]와 같이 회전에 의해서 폐입하기 시작해서부터 폐입
중앙까지는 차츰 감소하여 오일은 압축을 받으므로 압력이 비정상적으로 높아지
며 진동과 소음의 원인이 된다.
② 폐입 중앙에서부터 폐입 종료까지의 사이는 용적이 증가하며 부압이 되어 캐비테
이션현상을 일으키고, 이로 인해 소음진동이 발생된다.
③ 이 폐입현상은 펌프가 고압, 저속화됨에 따라 증가하며, 그 방지책으로 가장 많이
사용되는 것은 방지책에 의한 방법으로 [그림 2-5]와 같이 기어의 맞물리는 부분
에 방지책을 만들어서 폐입현상에 의한 캐비테이션현상을 방지한다.

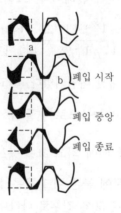

[그림 2-5]

펌프의 효율과 효율을 높이는 방안

1. 개요

펌프의 모든 수두는 회전차에 의하여 발생되며 유체가 이송하는 배관과 밸브의 마찰로 인하여 수두의 손실이 발생한다. 최적의 조건을 찾아서 현장에 설치하므로 효율을 극대화할 수가 있다. 수력효율, 체적효율, 기계효율, 전효율이 있다.

2. 펌프의 효율

펌프의 효율은 다음과 같다.

① 수력효율(hydraulic efficiency) : η_h

흡입압력과 유출압력이 측정되는 점들 사이에서 일어나는 수두의 모든 손실이다.

$$\eta_h = \frac{H}{H_{th}} = \frac{H_{th} - h_l}{H_{th}}$$

여기서, h_l : 펌프 내에서 생기는 수력손실

H : 펌프의 실제 양정

H_{th} : 이론양정(깃수 유한)

② 체적효율(volumetric efficiency) : η_v

펌프 출구에서 유효한 유량은 회전차를 통과한 유량보다 누설된 양만큼 적다.

$$\eta_v = \frac{Q}{Q+q}$$

여기서, Q : 펌프의 송출유량

$Q+q$: 회전차 속을 지나는 유량

q : 누설유량

③ 기계효율(mechanical efficiency) : η_m

베어링, 축봉장치와 원판마찰에 의한 동력손실이 생긴다.

$$\eta_m = \frac{L - L_m}{L}$$

여기서, L : 축동력

L_m : 기계손실동력

④ 전효율(total efficiency) : η

$$\eta = \frac{L_w}{L} = \frac{r\,QH}{75L} = \frac{r\,(Q+q)\,H_{th}}{75L} \times \frac{H}{H_{th}} \times \frac{Q}{Q+q}$$

$$= \eta_m \cdot \eta_h \cdot \eta_v$$

펌프의 전효율은 기계효율과 수력효율 및 체적효율의 곱과 같다.

4) 원동기의 동력 : L

펌프를 구동하는 원동기의 동력

$$L_d = kL$$

3. 펌프의 효율을 높이는 방안(실례)

펌프실의 바닥면이 물탱크실과 같은 높이에 있는 펌프실에 수평원심식 소화펌프를 설치한 후 성능시험을 실시하였더니 제조업체의 성능곡선보다 일정 간격 아래로 성능 곡선이 형성되어 펌프회전수를 측정하였더니 1,659rpm이었다. 다음 물음에 답하시오.
① 소화펌프의 성능을 회복시키기 위한 조치방법은?
② 펌프명판의 마력이 220HP라면 현재의 마력은?

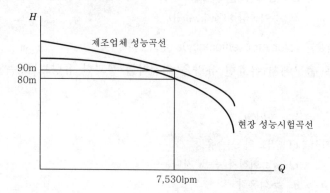

[풀이]

1개의 펌프를 다른 속도로 운전하는 경우

- $Q_2 = Q_1 \left(\dfrac{n_2}{n_1} \right)^1$: 회전수를 2배로 증가시키면 토출량은 2배로 증가한다.

- $H_2 = H_1 \left(\dfrac{n_2}{n_1} \right)^2$: 회전수를 2배로 증가시키면 양정은 4배로 증가한다.

- $L_2 = L_1 \left(\dfrac{n_2}{n_1} \right)^3$: 회전수를 2배로 증가시키려면 8배의 동력이 필요하다.

① $H_2 = H_1 \left(\dfrac{n_2}{n_1} \right)^2$, $90\mathrm{m} = 80\mathrm{m} \times \left(\dfrac{n_2}{1,659} \right)^2$, $n_2 = 1,760\mathrm{rpm}$

회전수를 1,659 rpm에서 1,760 rpm으로 변경하면 양정곡선이 제조업체의 성능 곡선으로 이동하여 정격운전점에서 운전하게 된다.

② $L_2 = L_1 \left(\dfrac{n_2}{n_1} \right)^3$, $220\mathrm{HP} = L_1 \left(\dfrac{1,760}{1,659} \right)^3$, $L_1 = 184\mathrm{HP}$

현재 184 HP, 1,659 rpm으로 운전하고 있다.

Section 6 원심펌프의 직렬운전과 병렬운전

1. 직렬운전

직렬운전은 원리상으로 다단펌프를 운전하는 경우와 같으므로 유량은 같으나 양정이 증가하게 된다. 원칙적으로 동일 구경이어야 하지만 성능이 다른 펌프의 경우에도 운전이 가능하다.

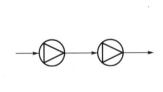

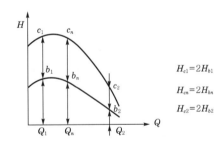

$H_{c1} = 2H_{b1}$

$H_{cn} = 2H_{bn}$

$H_{c2} = 2H_{b2}$

[그림 2-6] 직렬운전펌프의 배치도   [그림 2-7] 동일 성능펌프의 직렬운전

2. 병렬운전

양정은 같으나 유량이 증가한다. 동일 구경이 아니어도 가능하면 성능이 다른 펌프도 가능하다.

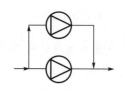

[그림 2-8] 병렬운전펌프의 배치도

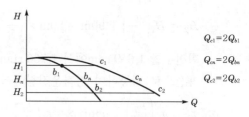

[그림 2-9] 동일 성능펌프의 병렬운전

3. 성능이 다른 펌프의 병렬운전

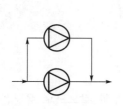

[그림 2-10] 병렬운전펌프의 배치도

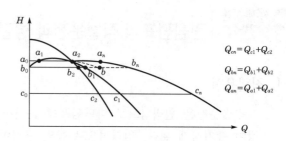

[그림 2-11] 성능이 다른 펌프의 병렬운전

1) 문제점

① 두 개의 양정곡선을 합성할 때 체결점에서 두 개의 양정곡선이 만나기 전까지는 저양정의 펌프는 송출할 수가 없고, 체크밸브나 풋밸브가 없으면 역류하게 된다.

② 저양정펌프는 점 a_1에서 처음으로 송출하게 되며, 이에 상응하는 고양정펌프는 a_2 점이므로 합성유량은 a_n에 상당한다. 유량이 더 증가하여 b_2점에 도달하면 합성 유량은 b_n점에 상당한다. 여기서, 합성유량 a_n, b_n은 저양정펌프가 a_1, b_1선상을 운전할 때이지만 고양정펌프는 동일 송출수두를 만족하는 a_1, b_0로 운전할 수도 있 다. 따라서 합성운전은 점선과 같이 a_1, b_0점에 상응하는 점을 따라 b_n, b_1, a_1, a_n, b_n을 따라 운전하게 된다.

2) 해결책

① 양정의 차에 의해서 고양정의 펌프유량이 저양정의 펌프로 역류되므로 펌프 후단 에 체크밸브나 풋밸브를 설치하여 역류를 막는다.

② 펌프의 성능곡선이 우상향곡선을 가질 때 일어나므로 모두 우향 하강곡선으로 바 꾸면 해결할 수 있다.

모형시험의 동역학적 상사를 시키면서 원형펌프의 효율 계산

1. 개요

초대형 펌프, 공장시험이 곤란한 특수 형상의 펌프 또는 시험 제작의 경우 등에는 실물과 상사인 모형펌프를 만들어 성능시험을 행한 후 실물성능으로 환산하는 방법을 채택하고 있으며(일반적으로 청수, 해수 등을 취급하는 경우에 한하여 사용되고 있다), KS B 6325에 규정되어 있지만 중요한 조건을 나타내면 다음과 같다.

① Reynold수의 비 Re/Rem은 1~15의 범위에 있어야 한다.

② 양정은 성능시험 시 $H_m/H \geq 0.5$, 캐비테이션시험 시 $H_m/H \geq 0.8$로 하면 좋다.

③ 모형펌프의 회전차 외경은 300 mm 이상으로 한다.

④ 모형펌프 및 실물펌프의 주요 치수는 정해진 치수 허용차 내에 있어야 한다.

2. 모형시험의 동역학적 상사를 시키면서 원형펌프의 효율 계산

모형펌프에서 실물펌프로의 성능환산은 다음 식에 의한다.

$$\text{토출량} \quad Q_p = Q_m \times \left(\frac{n_p}{n_m}\right) \times \left(\frac{D_{2p}}{D_{2m}}\right)^3 \times \left(\frac{\eta_p}{\eta_m}\right)^{1/2} \tag{2.4}$$

$$\text{양 정} \quad H_p = H_m \times \left(\frac{n_p}{n_m}\right)^2 \times \left(\frac{D_{2p}}{D_{2m}}\right)^2 \times \left(\frac{\eta_p}{\eta_m}\right)^{1/2} \tag{2.5}$$

$$\text{동 력} \quad L_p = L_m \times \left(\frac{n_p}{n_m}\right)^3 \times \left(\frac{D_{2p}}{D_{2m}}\right)^5 \times \left(\frac{\gamma_p}{\gamma_m}\right) \tag{2.6}$$

$$\text{효 율} \quad \eta_p = 1 - (1 - \eta_m) \times \left(\frac{D_{2m}}{D_{2p}}\right)^{1/5} \tag{2.7}$$

여기서, Q_p : 실물펌프의 토출량(m³/min)

Q_m : 모형펌프의 토출량(m³/min)

H_p : 실물펌프의 양정(m)

H_m : 모형펌프의 양정(m)

L_p : 실물펌프의 축동력(kW)

L_m : 모형펌프의 축동력(kW)

n_p : 실물펌프의 회전수(rpm)

n_m : 모형펌프의 회전수(rpm)

D_{2p} : 실물펌프의 회전차 외경(m)

D_{2m} : 모형펌프의 회전차 외경(m)

η_p : 실물펌프의 효율(%)

η_m : 모형펌프의 효율(%)

γ_p : 실물펌프 취급액의 단위체적당 중량(kgf/cm^3)

γ_m : 모형펌프 취급액의 단위체적당 중량(kgf/cm^3)

Section 8 축류압축기의 반동도와 관계식 유도

1. 축류압축기의 이론전압수두

$$H_{th} = \frac{1}{g}(u_2 v_2 - u_1 v_1) = \frac{1}{g}(u_2 v_2 \cos \alpha_2 - u_1 v_1 \cos \alpha_1) \tag{2.8}$$

여기서, u : 원주속도

v : 절대속도

w : 상대속도

2. 축류압축기의 반동도와 관계식 유도

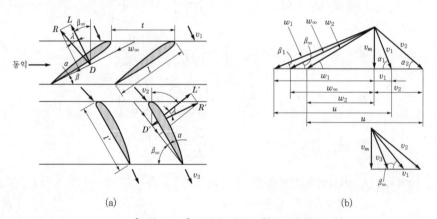

(a)   (b)

[그림 2-12] 익렬에 걸리는 힘과 속도선도

속도삼각형에서

$$w_1^{\;2} = (u_1 \sin \alpha_1)^2 + (u_1 - v_1 \cos \alpha_1)^2$$

$$= (v_1 \sin \alpha_1)^2 + [u_1^2 + (v_1 \cos \alpha_1)^2 - 2u_1 v_1 \cos \alpha_1]$$

$$= u_1^{\;2} - 2u_1 v_1 \cos \alpha_1$$

$$u_1 v_1 \cos \alpha_1 = \frac{u_1^2 + v_1^2 - w_1^2}{2} \tag{2.9}$$

마찬가지로

$$u_2 v_2 \cos \alpha_2 = \frac{u_2^2 + v_2^2 - w_2^2}{2} \tag{2.10}$$

식 (2.9), (2.10)을 식 (2.8)에 대입하면,

$$H_{th} = \frac{1}{g} \left(\frac{u_2^2 + v_1^2 - w_2^2}{2} - \frac{(u_1^2 + v_1^2 - w_1^2)}{2} \right)$$

$$= \frac{1}{2g} [(u_2^2 - u_1^2) + (v_2^2 - v_1^2) + (w_1^2 - w_2^2)]$$

$u_2 = v_1$ 이면

$$\therefore \quad \frac{1}{2g}(w_1^2 - w_2^2)$$

첫째 항은 가동익의 운동에너지 증가, 둘째 항은 가동익의 상대속도 감소에 의한 정압 상승을 각각 의미한다.

〈가동익의 반동도〉 $k_r = \dfrac{(w_1^2 - w_2^2)/2g}{H_{th}} = \dfrac{정압\ 상승}{이론전압\ 상승}$

〈고정익의 반동도〉 $= 1 - k_r \rightarrow k_r = 1 - \dfrac{u_{2u} + u_{1u}}{2u}$ 또는 $\dfrac{w_{\infty_u}}{u}$

↓ 참고자료

〈증명〉

$$k_r = \frac{(w_1^2 - w_2^2)/2g}{H_{th}} = \frac{[u_m^2 + (u - u_{1u})^2] - [u_m^2 + (u - u_{2u})^2]/2g}{\dfrac{u}{g}(u_{2u} - u_{1u})}$$

$$= \frac{u_m^2 + u^2 + u_{u1}^2 - 2uu_{1u} - (u_m^2 + u_{21}^2 + u_{1u}^2 - 2u_2 u_{2u})}{2uu_{2u} - 2uu_{1u}}$$

$$= \frac{-2u(u_{1u} - u_{2u}) + (u_{1u}^2 - u_{2u}^2)}{2u(u_{2u} - u_{1u})} = 1 - \frac{u_{1u} + u_{2u}}{2u}$$

그리고

$$= \frac{2u - u_{1u} - u_{2u}}{2u} = \frac{(u - u_{1u}) + (u - u_{2u})}{2u} = \frac{w_{1u} + w_{2u}}{2u} = \frac{w_\infty}{u}$$

Section 9 카플란(Kaplan), 프란시스(Francis), 펠턴(Pelton) 수차의 적용 수두 범위와 효율곡선

1. 개요

수차의 특성유선의 표시법은 다음과 같다.

① 회전수를 가로축으로 잡고, 세로축에 출력, 효율, 토크, 유량을 안내깃, 니들밸브의 개도를 파라미터로 하여 표시하는 방법

② 출력을 가로축으로 잡고, 세로축에 효율과 유량을 잡는 방법

③ 안내깃 또는 니들밸브의 개도를 가로축으로 잡고, 출력, 유량, 효율을 세로축으로 잡는 방법

2. 카플란(Kaplan), 프란시스(Francis), 펠턴(Pelton) 수차의 적용 수두 범위와 효율곡선

[그림 2-13]은 출력을 가로축으로 잡고, 세로축에서 각종 수차의 효율을 나타낸 것으로서, 일정한 낙차하에서 정격회전수로 운전한 경우이다. [그림 2-13]에서 볼 때 카플란수차는 출력이 변하여도 효율은 거의 일정하고 높은 값을 나타내는 데 반하여, 프로펠러수차에서는 부분 출력에 대한 효율이 현저히 나쁘다. 펠톤수차는 부분 출력에서도 효율은 저하하지 않으나 최고 효율은 프란시스수차에 비하여 낮다.

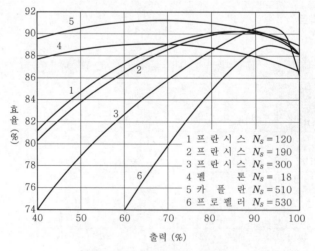

[그림 2-13] 각종 수차의 특성곡선

[그림 2-14]는 카플란수차의 모형시험에 의한 특성유선의 한 예이다. 출력의 변화에 따라 깃 각도를 조정하여 부분 출력에 있어서의 효율의 급격한 저하가 생기지 않도록 할 수 있다.

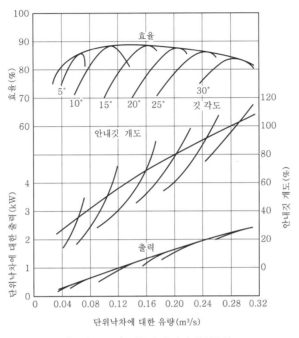

[그림 2-14] 카플란 수차의 특성곡선

미끄럼계수(slip factor)의 정의와 계수를 크게 할 수 있는 방법

1. 슬립계수(미끄럼계수, slip coefficient, μ)의 정의

회전차의 유한의 깃수에 따른 전 양정의 감소를 의미하며, 발생원인은 다음과 같다.
① 회전차 유로 내에서의 비균일한 속도분포
② 경계층의 발달
③ 유동박리 등 정확한 슬립계수의 산정이 어려움

2. 계수를 크게 할 수 있는 방법

깃수가 무한인 이론전압헤드 $H_{th\infty}[\text{kgf} \cdot \text{m/kg}]$와 깃수가 유한인 이론전압헤드 H_{th} $(\text{kg} \cdot \text{m/kg})$의 관계식은 다음과 같다.

$$\mu = H_{th}/H_{th\infty} \tag{2.11}$$

여기서 미끄럼계수를 크게 할 수 있는 방법은 깃수가 무한인 이론전압헤드를 작게 하거나 깃 수가 유한인 이론전압수두를 크게 함으로써 미끄럼계수를 크게 할 수 있다.

Section 11 오일러 방정식과 의미

1. 개요

유체 동역학에서 오일러 방정식은 유체의 비점성흐름을 다루는 미분방정식이다. 레온하르트 오일러의 이름을 따라 명명되었다. 나비에–스토크스방정식에서 점성과 열전도가 없는 특수한 경우에 해당되며, 오일러 방정식은 유체의 질량, 운동량 및 에너지의 보존을 나타낸다.

2. 오일러 방정식과 베르누이 방정식

1) 오일러(Euler) 운동방정식

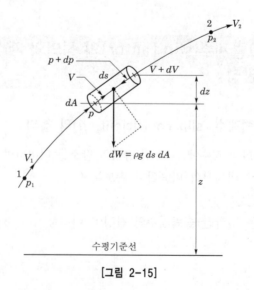

[그림 2-15]

유체입자에 뉴턴의 제 2법칙 $dF = (dM)a$ 를 적용한 식

$$PdA - \left(P + \frac{\partial P}{\partial S}dS\right)dA - \rho g dAds \cos\theta = \rho dAds \frac{dV}{dt}$$

양변을 $\rho dAds$ 로 나누어 정리하면

① 유체입자는 유선을 따라 움직인다.

$$\frac{1}{\rho}\frac{\partial P}{\partial S} + g\cos\theta + \frac{dV}{dt} = 0 \tag{2.12}$$

속도 V 는 S 와 t 의 함수이다. 즉, $V = V(S, t)$

② 유체는 마찰이 없다.

$$\frac{dV}{dt} = \frac{\partial V}{\partial S}\frac{dS}{dt} + \frac{\partial V}{\partial t} = V\frac{\partial V}{\partial S} + \frac{\partial V}{\partial t} \tag{2.13}$$

③ 정상유동이다.

$$\cos\theta = \frac{dZ}{dS} \tag{2.14}$$

식 (2.13), 식 (2.14)를 식 (2.12)에 대입하면

∵ 정상류

$$\frac{1}{\rho}\frac{\partial P}{\partial S} + g\frac{dZ}{dS} + V\frac{\partial V}{\partial S} + \frac{\partial V}{\partial t} = 0$$

$$\therefore \frac{dP}{\rho} + gdZ + VdV = 0\,(\text{Euler equation})$$

2) 오일러의 운동방정식(Euler)의 의미

(1) 오일러의 법칙 적용

① 펌프, 압축기 수차에 대해서 공통으로 적용
② 축류, 원심, 사류식에 공통 적용
③ 압축성 유무에 관계 없음
④ 손실, 외부열과 관계 없이 성립

(2) 오일러법칙의 가정

① 정상 상태 유동
② 축 대칭성

③ 원주방향 전단응력 τ_θ에 의한 토크가 작음

④ 메디안방향의 τ_m에 의한 일의 교환 적음

3) 베르누이 방정식(Bernoulli equation)

Euler equation을 적분하면

$$\int \frac{dP}{P} + gZ + \frac{V^2}{2} = \text{const}, \quad \rho : \text{const}$$

$$\frac{P}{\rho} + \frac{V^2}{2} + gZ = H = \text{const}$$

$$\frac{P_1}{\gamma} + \frac{V_1{}^2}{2g} + Z_1 = \frac{P_2}{\gamma} + \frac{V_2{}^2}{2g} + Z_2 = H \text{(Bernoulli equation)}$$

y 마찰 고려 $\dfrac{P_1}{\gamma} + \dfrac{V_1{}^2}{2g} + Z_1 = \dfrac{P_2}{\gamma} + \dfrac{V_2{}^2}{2g} + Z_2 + h_L$

예제

다음 그림과 같은 펌프계에서 펌프의 송출량이 30L/sec일 때 펌프의 축동력을 구하여라(단, 펌프의 효율은 80%이고, 이 계 전체의 손실수두는 $10\,V^2/2g$ 이다. 그리고 $h = 16$m이다).

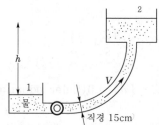

풀이 ① 연속방정식

$$V = \frac{Q}{A} = \frac{0.03}{\frac{\pi}{4}(0.15)^2} = 1.698\,\text{m/s}$$

펌프에서 물을 준 수두를 H_P라 하자.

② 베르누이방정식

$$\frac{P_1}{\gamma} + \frac{V_1{}^2}{2g} + Z_1 + H_P = \frac{P_2}{\gamma} + \frac{V_2{}^2}{2g} + Z_2 + \frac{10\,V^2}{2g}$$

$$H_P = 16 + \frac{10 \times 1.698^2}{2 \times 9.8 h_L}$$

$$\therefore H_P = 17.47\,\text{m}$$

③ 유체동력(P_f)

$$P_f = \frac{\gamma Q H_p}{75} = \frac{1,000 \times 0.03 \times 17.47}{75} = 6.988 \text{PS}$$

④ 펌프동력(P_P)

$$P_P = \frac{6.988}{0.8\eta} = 8.735 \text{ PS}$$

예제

다음 그림에서 펌프의 입구 및 출구측에 연결된 압력계 1, 2가 각각 −25mmHg와 2.6bar를 가리켰다. 이 펌프의 배출유량이 0.15m³/sec가 되려면 펌프의 동력은 몇 PS인가?

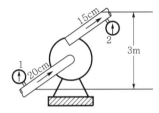

풀이 ① 연속방정식

$$V_1 = \frac{Q_1}{A_1} = \frac{0.15}{\frac{\pi}{4}(0.2)^2} = 4.77 \,\text{m/s}$$

$$V_2 = \frac{Q}{A_2} = \frac{0.15}{\frac{\pi}{4}(0.15)^2} = 8.49 \,\text{m/s}$$

펌프의 양정을 H_P라 하면

② 베르누이방정식

$$\frac{P_1}{\gamma} + \frac{V_1^2}{2g} + Z_1 + H_P = \frac{P_2}{\gamma} + \frac{V_2^2}{2g} + Z_2$$

$$P_1 = -25\text{mmHg} = -9,800 \times 13.6 \times 0.025 = -3,332\,\text{N/m}^2$$

$$P_2 = 2.6 = 2.6 \times 10^5\,\text{N/m}^2$$

$$Z_2 - Z_1 = 3\text{m}$$

$$-\frac{3,332}{9,800} + \frac{4.77^2}{2 \times 9.8} + H_P = \frac{2.6 \times 10^5}{9,800} + \frac{8.49^2}{2 \times 9.8} + 3$$

$$\therefore \ H_P = 32.38\text{m}$$

③ 펌프의 동력

$$P = \frac{\gamma Q H_p}{75} = \frac{1,000 \times 0.15 \times 32.38}{75} = 64.76 \text{PS}$$

예제

그림과 같은 원형 관로 내를 물이 충만하여 흐르고 있다. A부의 내경은 20cm, B부의 내경은 40cm, A부의 속도는 4m/s라 하면 B부와 A부의 정압차는 얼마인가? (단, 손실은 없다고 가정한다.)

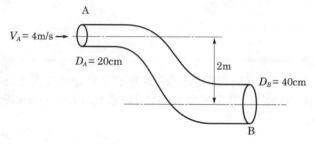

풀이 ① 연속방정식

$$V_A \frac{\pi D_A{}^2}{4} = V_B \frac{\pi D_B{}^2}{4}$$

$$V_B = V_A \frac{D_A{}^2}{D_B{}^2} = 4 \times \left(\frac{1}{2}\right)^2 = 1\text{m/s}$$

② 베르누이방정식

$$\frac{P_1}{\gamma} + \frac{V_1{}^2}{2g} + Z_1 = \frac{P_2}{\gamma} + \frac{V_2{}^2}{2g} + Z_2$$

$$\frac{P_2 - P_1}{\gamma} = \frac{V_1{}^2 - V_2{}^2}{2g} + (h_1 - h_2)$$

$$P_2 - P_1 = \left(\frac{(4^2 - 1^2)\,\text{m/s}}{2 \times 9.8\text{m/s}^2}\right) \times 1,000\text{kgf/m}^2 + 2 = 2,765\text{kgf/m}^2$$

Section 12

유동박리현상과 발생조건

1. 유동박리현상

경계층 유동 주위에 역압력구배가 존재하는 경우 경계층 내에서 외부유동의 방향과 반대방향의 흐름이 존재할 수 있는데, 이를 유동박리(flow separation)라 한다. 역압력 구배는 유체가 흐르는 방향으로 압력이 증가하는 경우이고, 순압력구배는 유체가 흐르는 방향으로 압력이 감소하는 경우이다.

2. 발생조건

1) 유체에 작용하는 압력

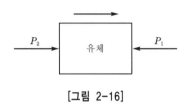

[그림 2-16]

① $P_1 > P_2$: 역압력구배 ⇒ 흐름을 방해한다.
② $P_1 < P_2$: 순압력구배 ⇒ 흐름을 도와준다.

2) 경계층 내의 유동박리

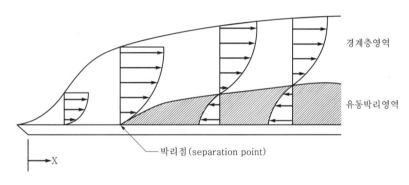

[그림 2-17]

역압력구배는 $\dfrac{dP}{dx} > 0$ 로 표시되고, 유동박리가 되는 필요조건이다. 유동박리가 생기면 형상계수가 난류보다 적어진다.

경계층 내의 2차 유동은 경계층 유동의 방향이 바뀔 경우(경계층 유로가 굽는 경우)에 발생한다. 원심력 등에 의해서 유동직각방향으로 국부적인 유동이 발생할 수 있다. 2차 유동이 발생하면 속도벡터의 방향이 주유동방향과 비교하여 약간 휘게(skew) 되는데, 이를 skew경계층이라 한다.

Section 13 비압축성 유체기계와 압축성 유체기계에서 에너지전달 특성에 영향을 미치는 무차원변수

1. 개요

유체의 압축성은 외부에서 유체에 힘을 가했을 때 압축되려는 성질을 나타낸다. 물질의 압축성을 비교하기 위해서 다음과 같은 경우를 고려해 보자.

피스톤과 실린더가 있고 각각 steel(고체), 물(액체), 공기(기체)가 들어 있다. 여기서 피스톤에 힘을 가하면 모든 물질은 체적이 줄어들면서 압축될 것이다. 이렇게 외부에서 힘이 가해지면 체적이 줄어드는(압축되는) 성질을 압축성이라 한다.

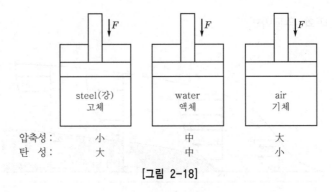

[그림 2-18]

압축성은 탄성에 반비례하는 성질을 나타낸다$\left(\text{압축성} \propto \dfrac{1}{\text{탄성}}\right)$. 압축성 유동을 해석하려면 밀도와 온도가 일정하지 않은 변수로 취급되기 때문에 열역학적 지식이 필요하다. 압축성이 작은 경우 압축성을 무시하고 비압축성 유체로 취급한다. 모든 액체와 속도가 마하수 0.3 정도 이하인 기체는 비압축성 유동으로 취급이 가능하다.

2. 기체의 상태방정식(이상기체의 경우)

$$PV = m R_m T \text{(국제단위계)}$$
$$PV = GR_G T \text{(공학단위계)}$$
$$PV = MR_M T \text{(아보가드로법칙)}$$

여기서, m : 질량
G : 중량
M : 1 kmol이 가지는 질량
R_m : 국제단위계의 기체상수 $R_m = \text{J/kg} \cdot \text{K}$

$$R_G : \text{공학단위계의 기체상수} \; R_G = \frac{\text{m}}{\text{K}}$$

$$R_M : \text{일반기체상수(기체의 종류에 관계없다)} \; R_M = \frac{\text{J}}{\text{kmole} \cdot \text{K}}$$

3. 공기의 경우

$$R_M = 287\,\text{J/kg} \cdot \text{K}, \; R_G = 29.27\frac{\text{m}}{\text{K}}, \; R_M = 8.3\frac{\text{J}}{\text{kmole} \cdot \text{K}}$$

$$PV = mRT, \; P = \frac{m}{V}R_m T = \rho R_m T$$

$$PV = GR_G T, \; P = \frac{mg}{V}R_G T = \rho g R_G T$$

압축성을 고려하면 기존의 물리량에 압축성을 표시하는 물리량 1개가 더 추가되고 (즉 n이 1만큼 증가), 무차원 변수의 개수도 1개가 더 나온다.

기존의 $n\,p\,Q\,L_s\,p\,D$에 압축성을 나타내는 물리량 $a = \sqrt{kgRT}$ (=음속)이 추가된다.

음속은 속도의 차원, 즉 $a = [v] = [L^1 T^{-1}]$의 차원을 가지고, 결국 $n=7$, $m=3$ 이므로 $7-3=4$개가 된다. 동일한 유체의 경우 압축성을 고려한 차원해석을 해보자.

동일한 유체를 사용하는 경우에 비열비와 기체상수가 일정하므로 독립된 양이 아니다. 따라서 이 경우 압축성 효과를 물리량은 1개만 추가하면 된다.

$$\pi_1 = \frac{Q}{nD^3}, \; \pi_2 = \frac{P}{\rho D^2 n^2}, \; \pi_3 = \frac{L_s}{\rho D^5 n^3} : \text{기존의 성능변수}$$

$$\pi_4 = \frac{\mu}{\rho Dn^2} = \frac{\nu}{nD^2} = 1/Re : \text{점성으로 고려하는 성능변수}$$

$$\pi_5 = \frac{a}{\rho^{a_5} D^{b_5} n^{c_5}} : \text{압축성을 고려하는 성능변수}$$

$$[\pi_5] = [a][\rho]^{-a_5}[D]^{-b_5}[n]^{-c_5}$$

$$= [LT^{-2}][ML^{-3}]^{-a_5}[L]^{-b_5}[T^{-1}]^{-c_5}$$

$$= [L^{2+3a_5-b_5}T^{-1+c_5}M^{-a_5}]$$

$$2+3a_5 - b_5 = 0, \; -a_5 = 0, \; -1+c_5 = 0$$

$$a_5 = 0, \; b_5 = 1, \; c_5 = 1$$

결국 다음과 같은 무차원 변수를 얻을 수 있다.

$$\pi_5 = \frac{a}{Dn} = \frac{a}{V} = \frac{1}{M_u}, \; [nD] = [V], \; M_u = \frac{V}{a} : \text{주속마하수}$$

유량계수와 주속마하수를 이용한 다른 형태의 무차원 변수를 구하면

$$\pi_1 = \frac{Q}{nD^3} = \frac{Q}{nDD^2}$$

$A\left(=\frac{\pi}{4}D^2\right)$를 사용하면 $[A] = [D^2]$, 또한 nD 대신에 V를 사용하면

$$[nD] = [V], \quad V = \frac{\pi Dn}{60}, \quad \pi_1 = \frac{Q}{nD^3} = \frac{Q}{V \cdot A}$$

$\frac{Q}{A} = v(=$ 입구에서의 속도)이므로 $\pi_1 = \frac{v}{V}$, $\pi_5 = \frac{a}{V}$ 가 된다.

π_1, π_2를 이용해서 다른 형태의 무차원 변수를 구하면 흐름마하수를 얻을 수 있다.

$$\pi_1{}' = \frac{\pi_1}{\pi_5} = \frac{v}{V} \times \frac{V}{a} = \frac{v}{a}, \quad \pi_1{}' = \frac{v}{a} = M_u : \text{흐름마하수}$$

주속마하수를 온도를 이용해서 다른 형태로 표현하자.

$$M_a = \frac{V}{a} = \frac{nD}{R_a}, \quad a = \sqrt{kgRT}, \quad M_a = \frac{nD}{\sqrt{kgRT}}$$

또한 여기서 동일한 기체이므로 k, R은 일정, g도 일정하므로 $M_u \propto \frac{nD}{\sqrt{T}}$, 또한

같은 크기의 유체기계를 사용한다면 D도 일정하므로 $M_u \propto \frac{n}{\sqrt{T}}$ 이 된다.

여기서 온도를 기준온도로 무차원시키면 $T^* = \frac{T}{T_0} \rightarrow T = T^* T_0$, $M_u \propto \frac{n}{\sqrt{T^* T_0}} \propto$

$\frac{n}{\sqrt{T^*}}$ 이 된다.

결국 동일한 유체를 사용하고 동일한 크기의 유체가 $A \cdot B$에 대하여 $(M_u)_A =$ $(M_u)_B$가 되려면 $\left(\frac{n}{\sqrt{T^*}}\right)_A = \left(\frac{n}{\sqrt{T^*}}\right)_B$ 가 성립하면 된다. $\frac{n}{\sqrt{T^*}}$ 을 수정회전수(비교회전수)라 한다.

흐름마하수 M_v를 다르게 표현해 보자.

$$M_u = \frac{v}{a} = \frac{Q}{A \cdot a} = \frac{Q}{D^2 \cdot a} = \frac{\rho g Q}{\rho g D^2 a} = \frac{G}{\rho g D^2 a}$$

$$PV = mRT = a\sqrt{KgRT}, \quad p = \rho g RT \rightarrow \rho = \frac{p}{gRT} = \sqrt{\frac{R}{kg}} \cdot \frac{G\sqrt{T}}{P \cdot D^2}$$

동일한 유체는 k, g, R이 일정하므로 $M_v \propto G \cdot \sqrt{T}/P \cdot D^2$, 또 같은 크기의 유체기계를 사용하면 D도 일정하기 때문에 $M_v \propto G \cdot \sqrt{T}/P$이다. 온도와 압력을 무차원화시키면 $P^* = \dfrac{P}{P_0}$, $T^* = \dfrac{T}{T_0}$, $M_v \propto G\sqrt{T^*T}/P^*P_0 \propto \dfrac{G\sqrt{T^*}}{P^*}$ 가 된다. 같은 유체, 같은 크기의 $A \cdot B$에 대하여 $(M_u)_A = (M_u)_B$, $\left(\dfrac{G\sqrt{T^*}}{P^*}\right)_A = \left(\dfrac{G\sqrt{T^*}}{P^*}\right)_B$ 가 성립해야 한다. $\dfrac{G\sqrt{T^*}}{P^*}$를 수정중량유량이라 한다.

압력계수를 다르게 표현해 보자. p를 전압 상승이라 하면 $\pi_2 = \dfrac{P}{\rho D^2 n^2}$ 가 압력계수가 된다. 유체기계, 입출구에서 베르누이식을 쓰면

$$\frac{v_1^2}{2g} + \frac{p_1}{\rho g} + z_1 + H = \frac{v_2^2}{2g} + \frac{p_2}{\rho g} + z_2$$

$$H = \left(\frac{v_2^2}{2g} + \frac{p_2}{\rho g} + z_2\right) - \left(\frac{v_1^2}{2g} + \frac{p_1}{\rho g} + z_1\right)$$

$$P = \rho g H = \frac{\left(\dfrac{\rho v_2^2}{2} + p_2 + \rho g z_2\right)}{p_{t_2}} - \frac{\left(\dfrac{\rho v_1^2}{2} + p_1 + \rho g z_1\right)}{p_{t_1}}$$

$$= p_{t_2} - p_{t_1}\,(\text{출구전압} - \text{입구전압})$$

$$\pi_2 = \frac{p_{t_2} - p_{t_1}}{\rho D^2 n^2}, \quad [p_{t_1}] = [\rho D^2 n^2] = [p_{t_2}], \quad \pi_2 = \frac{p_{t_2} - p_{t_1}}{p_{t_1}} = \frac{p_{t_2}}{p_{t_1}} - 1$$

따라서 $\dfrac{p_{t_2}}{p_{t_1}}$가 압력계수를 대신하는 무차원 변수가 될 수 있다.

Section 14 수차의 종류별 공동현상(cavitation)이 발생하기 쉬운 부분

1. 개요

수차와 방수면 사이는 적당한 수직 거리를 갖게 하여 흡수가 일어났을 때에도 기계가 물에 잠기지 않도록 한다. 펠톤 이외의 수차에서는 그 사이를 흡출관(draft tube)으로 연결하고, 그 수직 거리 z_s를 흡출고(draft head)라 한다.

깃차에서 나온 물의 속도는 제법 크다. 이 운동에너지를 압력에너지로 회수하기 위하여 흡출관을 필요로 한다.

그러나 흡출관을 설치하면 관 속의 깃차 출구 부근에서는 음압이 되고, z_s가 너무 커지면 여기에 공동, 즉 캐비테이션이 일어난다. 이것이 심해지면 흡출관 속의 수주가 위아래로 진동하여 때로는 흡출관을 파괴해 버리는 경우도 있다. 따라서 캐비테이션 방지의 견지에서는 z_s의 크기를 어느 값 이하가 되도록 하지 않으면 안 된다.

2. 수차의 종류별 공동현상(cavitation)이 발생하기 쉬운 부분

흡출관 상부 외에 캐비테이션이 발생하기 쉬운 곳은 다음과 같다.

① 펠톤 수차에서는 버킷의 이면쪽, 버킷의 리지(ridge)의 선단, 노즐의 팁(tip) 부분, 니들의 선단부

② 프로펠러 및 카플란 수차에서는 러너 바깥 둘레의 표면쪽 부분, 날개 부근의 보스면

③ 프란시스수차 중에서 n_s가 100 이하의 저속도 수차에서는 깃 입구쪽의 표면, n_s가 100~200인 중속도 수차에서는 입구쪽 및 출구쪽 깃의 표면 등

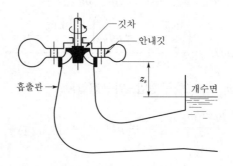

[그림 2-19] 수차의 흡출관

캐비테이션이 일어나기 시작하는 한계를 나타내는 것으로서는 펌프인 경우와 같이 Thoma의 캐비테이션계수가 있는데, 이것을 σ로 표시하면 다음과 같다.

$$\sigma = \frac{\dfrac{p_0}{\gamma} - z_s - \dfrac{p_v}{\gamma}}{H} \tag{2.15}$$

여기서, p_0 : 대기압

z_s : 흡출고

p_v : 포화증기압

γ : 물의 비중량

위 식의 분자는 최고 효율점에 있어서 캐비테이션을 일으키기 시작하는 최저 한계치를 잡고, 분모의 H는 최고 효율점에 대한 유효낙차를 잡는다. σ는 이 값들을 실험으로 구하여 얻게 된다. 실험에 의하면 펌프인 경우와 같이 이 σ와 수차의 비속도 n_s ($= NL^{1/2}/H^{5/4}$)의 사이에는 [그림 2-20]과 같은 관계가 있다.

수차의 흡출고 z_s는 이상의 관계에서 구한 z_s의 값보다 작게 잡으면 캐비테이션이 일어나지 않는 것이 된다.

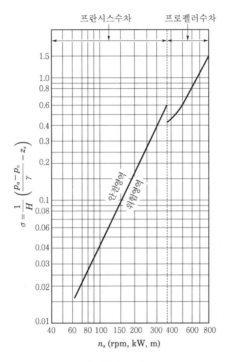

[그림 2-20]

예제

유효낙차 70m일 때 $2m^3/s$의 수량을 이용하여 1,260kW를 발생하는 수차를 설계하려고 한다. 수차의 회전수가 960rpm일 때 캐비테이션을 일으키기 시작하는 한계의 흡출고를 구하여라(단, 이때의 수온은 20℃이다).

풀이 $n_s = N \dfrac{L^{1/2}}{H^{5/4}} = 960 \times \dfrac{1,260^{1/2}}{70^{5/4}} = 960 \times \dfrac{35.5}{202.6} \fallingdotseq 168$

$n_s = 168$일 때 [그림 2-20]에서 $\sigma = 0.12$

유체역학의 자료에서 수온 20℃일 때의 증기압은 $p_v = 238 \, kg/m^2$, $\gamma = 998.2 \ kg/m^3$이므로 공식에 의해 z_s는

$$\therefore \ z_s = \frac{p_0 - p_v}{\gamma} - \sigma H = \frac{1.033 \times 10^4 - 238}{998.2} - 0.12 \times 70 = 1.7 \, m$$

Section 15 상사법칙

1. 개요

구조물이나 실물, 원형(prototype)의 성능을 예측하기 위하여 원형과 모형(model) 사이에 반드시 성립해야 하는 어떤 법칙을 상사법칙 또는 상사율이라 한다.

2. 상사법칙의 분류

1) 기하학적 상사(geometrical similarity)

원형흐름과 모형흐름이 기하학적으로 상사한 경계면을 가질 때 상사흐름이라 한다. 기하학적인 상사가 성립되기 위해서는 모형과 실물 사이의 두 흐름 사이에 서로 대응하는 모든 길이의 비가 일정해야 한다(길이, 면적, 체적).

2) 운동학적 상사(kinematic similarity)

기하학적으로 상사인 두 유동계에서 운동학적 물리량들(변위, 속도, 가속도 등)의 비가 같을 때 운동학적 상사흐름이라 한다(속도, 가속도, 체적유량).

3) 역학적 상사(dynamic similarity)

두 유동장에서 기하학적 상사와 운동학적 상사가 이루어지고 있는 경우 모든 대응점에 작용하는 결과력은 각각의 힘, 즉 점성력, 중력, 압력 등의 방향이 같고, 또 크기의 비가 같을 때 두 흐름을 역학적 상사유동이라 한다(관성력, 점성력, 중력, 압축력, 탄성력, 표면장력, 원심력, 진동력). 상사력을 나타내기 위한 유체력으로 무차원수는 다음과 같다.

Reynolds 수, Froude 수, Euler 수, Cauchy 수, Weber 수, Mach 수

그리고 Euler 수와 같은 성격의 무차원 변수는 압력계수, 항력계수, 양력계수가 있다. 위와 같이 유체력들이 작용하는 두 유동계에서 역학적 상사가 이루어지면 원형과 모형 사이에서 무차원 변수가 같아야 한다. 그러나 실제 환경에서는 어떤 힘은 작용하지도, 무시할 수도, 다른 힘과 상쇄되기도 한다.

따라서 무차원 변수 1~2개가 같으면 역학적으로 상사조건이 충족된다.

Section 16 | **비속도를 정의하고 용적형(positive displacement type), 원심형, 축류형, 사류형 유체기계에 대해 비속도와 효율 사이의 그래프 작도**

1. 비속도의 정의

$$n_s = N \frac{Q^{\frac{1}{2}}}{H^{\frac{3}{4}}}$$

(2.16)

n_s는 한 회전차를 형상과 운전 상태를 상사하게 유지하면서 그 크기를 바꾸어 단위송출량에서 단위양정을 내게 할 때 그 회전차에 주어져야 할 회전수를 처음(기준이 되는) 회전차의 비속도(specific speed) 또는 비교회전도 n_s라 하고, 식 (2.16)과 같이 표시한다. 즉, 비속도가 같은 회전차는 모두 상사형태를 나타내거나 최적합한 회전수를 결정하는 데 이용된다. n_s의 값은 펌프의 구조가 상사이고 유동 상태가 상사일 때에는 일정하며, 펌프의 크기나 회전수에 따라 변하지 않는다.

2. 용적형(positive displacement type), 원심형, 축류형, 사류형 유체기계에 대해 비속도와 효율 사이의 그래프 작도

비속도의 관계는 단단의 경우 [그림 2-21]과 같고, 다단의 경우는 [그림 2-22]와 같으며, 효율은 [그림 2-23]에서 나타낸다.

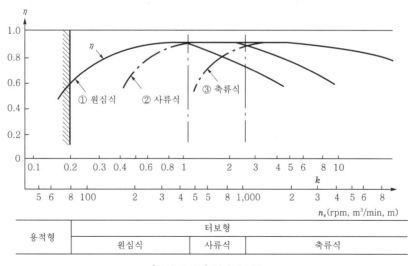

[그림 2-21] 단단의 경우

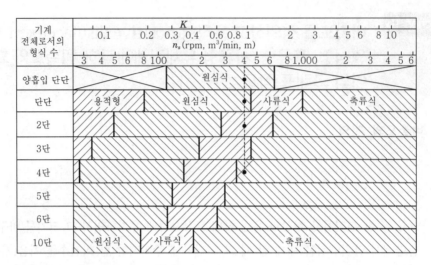

[그림 2-22] 다단의 경우

다단 유체기계의 경우 전체의 형식 수는

$$K \equiv \frac{\omega \sqrt{Q}}{(E)^{3/4}}$$

각 단의 형식 수는

$$K = \frac{\omega \sqrt{Q}}{(\Delta E)^{3/4}} = \frac{\omega \sqrt{Q}}{(E/Z)^{3/4}} = KZ^{3/4}$$

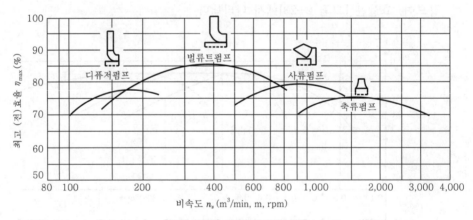

[그림 2-23] 비속도와 최고 효율

회전수 1,800rpm, 유량 10m³/min, 전양정 60m인 펌프를 설계하고자 한다. 어떤 종류의 펌프가 적당한가? 또한 펌프의 예상 최고 효율은 얼마인가?

풀이 ① 펌프의 비속도

$$n_s = \frac{n\sqrt{Q}}{(\Delta H_{st})^{3/4}} = \frac{1,800\sqrt{10}}{(60)^{3/4}} = 264$$

② 펌프의 종류 : 벌류트펌프(펌프선정곡선으로부터)

③ 펌프의 최고 효율 : $\eta \approx 83\%$

Section 17 터보기계의 작동영역에서 높은 효율을 유지시킬 수 있는 방법

1. 개요

터보기계는 에너지의 전달방향에 따라서 크게 압축기와 터빈으로 구분된다. 압축기는 축에서의 기계적 에너지(mechanical energy)를 유체에너지(fluid energy)로 전달해서 높은 압력이나 많은 유량을 얻는 것이고, 터빈은 유체에너지를 축으로 전달시켜 기계에너지를 얻는다. 압축기와 터빈은 움직이는 동익을 감싸는 케이스의 유무에 따라서 다시 개방형으로 따로 분류되며, 케이스가 있는 경우는 움직이는 동익의 형태 및 유체의 진행방향에 따라서 축류형, 원심형, 사류형으로 분리된다.

축류형은 유체의 입·출구에서의 유동방향이 축과 동일한 방향이고, 원심형은 입구(출구)는 축과 동일하지만 출구(입구)에서는 축과 직각을 이루는 방향으로 유체가 이동하며, 사류형은 축류형과 원심형의 중간 형태이다.

2. 높은 효율을 유지시킬 수 있는 방법

덮개 꼬리로터는 덮개(shroud)가 로터를 감싸고 있는 형상으로 덮개와 블레이드 끝단 사이에 간극이 존재한다. 끝단 간극에서는 블레이드 위아래의 압력 차이에 의해 발생되는 누설유동(leakage flow), 벽면의 점성경계층에 의해 생성되는 secondary flow, 움직이는 블레이드와 벽면 사이의 상호작용에 의해 나타나는 유동 등 복잡한 3차원적 유동이 생성되는 것으로 알려져 있다. 끝단 간극유동은 압축기 및 터빈의 효율 및 성능에 많은 영향을 미치게 된다. 터보기계분야에서는 높은 효율을 가지는 끝단 간극과 끝단 간극의 형상에 적절하게 배치하거나 형상을 가지므로 높은 효율을 유지시킬 수가 있다.

Section 18 펌프에서 발생하는 주요 손실들을 구분하여 설명하고,
각 손실을 줄여 효율을 높일 수 있는 방안에 대해 기술

1. 수력손실(h_l)

수력손실에는 펌프의 흡입노즐에서 송출노즐에 이르는 유로면의 마찰손실, 회전차, 안내깃, 스파이럴케이싱, 송출노즐을 흐르는 부차손실(와류손실) 및 회전차 입구와 출구에서의 충돌손실이 있다.

① 마찰손실은 고정유로와 회전차 깃 사이의 유로에서 일어나는 손실이며, 다음과 같이 표시된다.

     ㉠ 고정유로에서의 마찰손실

$$h_f = f\,\frac{l}{m}\,\frac{v^2}{2g}$$

     ㉡ 회전차 깃 사이 유로의 마찰손실

$$h_f{}' = f'\,\frac{l'}{m'}\,\frac{w^2}{2g}$$

     여기서, l과 l' : 유로의 길이, m과 m' : 유로단면의 수력반경

② 부차손실은 $h_d = \zeta_1 \dfrac{v^2}{2g}$

     여기서, ζ_1 : 깃, 안내깃, 송출노즐에 있어서 와류로 인한 손실계수

$$h_l = h_f + h_f{}' + h_d = K_1 Q^2$$

③ 충돌손실은 입구와 출구에서 유량이 일정하지 못하면 유량변화에 따라 속도의 크기와 방향이 변하게 되므로 속도변화량에 대한 충돌손실이 발생한다.

     ㉠ 입구충돌손실

$$h_{s1} = \zeta_2 \frac{\Delta u_{u1}{}^2}{2g}$$

     ㉡ 출구충돌손실

$$h_{s2} = \zeta_3 \frac{\Delta u_{u2}{}^2}{2g}$$

여기서, Q_s는 설계점에서의 유량이고, Q는 충돌에 의해서 감소된 유량이다. 그리고 이에 따른 양정손실을 이론손실에서 **빼면** 실제 양정곡선이 구해진다. 또한 수력효율은 $\eta_h = \dfrac{H}{H_{th}}$이며, 수력효율곡선은 충돌손실이 없을 때보다 조금 있을 때 펌프의 효율은 최고가 된다. 따라서 수력손실수두에 의한 펌프효율은 수력효율로 나타난다.

2. 누설손실(q)

1) 원심펌프

회전 부분과 고정 부분이 반드시 존재하므로 유체는 간극을 통하여 압력이 높은 쪽에서 낮은 쪽으로 흐르게 되므로 누설유량(q)이 발생하고 체적효율이 저하한다.

2) 주요 누설 부분

① Bearing ring
② Bush와 축 사이의 간격
③ Balance disc의 간극
④ 개방형 회전차에서의 깃 횡단간격
⑤ 축봉장치

3) 간극에 의한 수두손실

$$\Delta H = f\frac{l}{D}\frac{v^2}{2g} + 0.5\frac{v^2}{2g} + \frac{v^2}{2g} = \left(f\frac{l}{D} + 0.5 + 1\right)\frac{v^2}{2g}$$

여기서, 1항은 마찰손실, 2항은 입구손실, 3항은 출구손실을 나타낸다.

4) 수력반경

$$m = \frac{d}{4} = \frac{간접면적}{집수길이} = \frac{\pi D a}{2\pi D \times 2} = \frac{a}{4}(지름간격)$$

5) 누설유량

$$q = Ka\sqrt{2g\Delta H}$$
$$K = \frac{1}{\sqrt{\dfrac{f\cdot l}{2b} + 1.5 + Z}}$$

여기서, b : 간극폭, l : 간극길이, Z : 홈의 수

경험식에 의하면

$$\Delta H = \frac{3}{4}\left(\frac{u_2{}^2 - u_1{}^2}{2g}\right)$$

이며,

$$q = Ka\sqrt{2g \times \frac{3}{4}\left(\frac{u_2{}^2 - u_1{}^2}{2g}\right)} = Ka\sqrt{\frac{3}{4}(u_2{}^2 - u_1{}^2)}$$

이 된다.

누수량에 의한 펌프효율은 체적효율로 표시되며 대개 90~95%에 해당된다.

$$\eta_v = \frac{Q}{Q+q} = 0.9 \sim 0.95$$

3. 원판마찰손실

1) 발생원인

Pump casing과 회전차는 고정된 casing 내에서 회전차가 회전운동을 하므로 유체입자는 회전운동을 받게 된다. 따라서 casing 표면과 impeller 표면조도에 의하여 마찰손실이 발생한다. 펌프회전차의 원판마찰손실은 pfleider의 여러 가지 펌프를 실험한 결과 원판마찰에 흡수된 동력은 $L_f = 1.2 \times 10^{-6} \times \gamma u_2^3 D_2^2$ 으로 표시되며, 비교회전도가 낮은 펌프일수록 마찰손실이 크다.

2) 원판마찰에 흡수된 동력

$$F = ma = \int \frac{dmv}{dt} = \int \frac{(2\pi r dr dt v^2 \rho)v}{dt} = 2\pi\rho\int v^3 r dr$$

$$L_f = Fv = 2\pi\rho\int v^3 r dr$$

$v = \dfrac{\pi D_2 N}{60}$ 를 위의 식에 대입하여 정리하면

$$L_f = 2\pi\rho\int \left(\frac{\pi D_2 N}{60}\right)^3 r dr$$

여기서, 상수항을 모두 K로 놓으면 $L_f = KN^3D^3$이 된다. 이에 대하여 pfleider은 실험을 통하여 다음과 같이 실험식을 정하였다.

$$L_f = 1.2 \times 10^{-6} \times r\,u_2^{\,3}D_2^{\,2}$$

여기서, u_2 : 원주속도, D_2 : 원판지름

3) 회전차와 케이싱면에 의하여 유체가 회전할 때 발생되는 마찰손실

① 거친 주철케이싱에 도료를 바르면 원판마찰동력은 4~12% 감소

② 원판을 연마하면 13~30% 감소

③ 녹슨 주철원판은 새로 가공된 원판보다 30%의 동력이 더 소모

④ 물의 온도가 65°F에서 150°F로 증가하면 7~19% 감소

4. 기계손실

① 원판마찰손실 : 비교회전도가 작을수록 손실이 크다.

② 베어링에서의 손실 : 비교회전도와는 무관하다.

③ 축봉장치에서의 손실 : 비교회전도와는 무관하다.

축봉장치의 마찰력은 누설량이 어느 정도 있으면 거의 변하지 않으나 누설량을 줄이기 위하여 축봉을 조이게 되며 누설은 줄일 수 있으나 마찰손실동력이 증대하게 되므로 축봉장치의 누설은 어느 정도 허용하여 마찰손실동력을 줄이는 것이 효과적이다.

Section 19 축류압축기의 동익(rotor)의 허브(hub)에서 팁(tip)방향 형상의 특징과 압축기에서 회전실속의 발생기구(mechanism)와 영향

1. 축류압축기의 동익(rotor) 형상

회전날개와 안내날개를 교대로 배치하는데 회전날개(동익)는 회전차(rotor)에, 안내날개는 원통형의 몸체(casing)에 설치한다. 압력 상승에 따른 공기의 밀도는 증대하기 때문에 그것에 대응해 날개의 길이를 줄여 유동단면적이 감소해가는 구조로 되어 있다. 유동단면적의 조절은 회전차의 외경은 일정하게 두고 고압단으로 갈수록 몸체의 직경을 작게 하는 형태와, 몸체의 직경은 그대로 두고 고압단으로 갈수록 회전차의

외경을 크게 하는 방법이 있다. 압축단의 비교회전도는 800~1,500m³/min(m/rpm)의 범위에 있고, 축류속도는 110~120m/s 정도이다.

[그림 2-24]는 다단 축류압축기의 한 예로서 회전차의 내경은 일정하고 고압단으로 갈수록 날개길이를 짧게 하여 기체의 유동통로 면적을 작게 하고 있으며, 축류식 압축기는 주로 가스터빈(gas turbine)의 연소용 공기압축기로 사용된다.

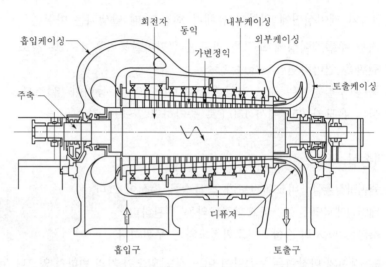

[그림 2-24] 다단 축류압축기의 한 예

2. 압축기에서 회전실속의 발생기구(mechanism)와 영향

압축기를 통과하는 공기가 역압력을 밀고 나갈만한 충분한 에너지를 갖지 못하기 때문에 발생하는 현상으로 압축기 깃을 통과하던 공기입자가 역류되거나 압축기 출구에서 누적되는 모습을 보여 연소실로의 공기유입이 원활하지 못하게 되어 엔진의 심각한 장애를 초래하는 현상이다. 즉, 축류식 압축기에 로터깃의 받음각이 커짐으로 압축비가 떨어져 기관 출력이 감소하여 작동이 불가능하게 되는 현상이다.

1) 실속의 원인

(1) 실속의 1차적 원인

① 설계점 이상의 높은 RPM과 낮은 RPM
② 급가속과 급감속
③ 압축기 깃의 오염과 터빈 손상
④ 높은 압축기 입구온도(낮은 압축기 입구압력)
⑤ 높은 압축기 출구압력(높은 역압력의 형성)

2) 압축기 실속의 종류

① 일시적 실속 : 공기가 진동하거나 부드럽게 떠는 것처럼 느껴지며, 보통 기관에 해를 끼치지 않고 대부분 스스로 억제되는 가벼운 실속이다.

② 심한 실속(hung 실속) : 우리가 우려하는 압축기 실속은 바로 hung 실속이다. 이것은 커다란 진동, 역류, 과열, 폭발, 파손, 출력 급감, 엔진 정지 등의 현상을 보일 때의 심각한 실속을 의미한다.

3) 압축기 실속의 결과

① 압력비의 급격한 저하로 출력이 급감한다.

② 터빈 회전자 깃 또는 고정자 깃이 과열된다.

③ 압축기 회전자 깃이 부러지기도 한다.

④ 엔진 과열−배기가스 온도(EGT ; Exhaust Gas Temperature)가 급격히 상승한다.

⑤ 엔진의 진동과 소음

⑥ 엔진 정지

4) 압축기 실속의 방지방법

① 다축식 구조 : 축류형 압축기의 경우 압력비를 높이면 기관의 출력은 향상된다. 그러나 어느 규정된 압력비 이상으로까지 높이다 보면 압축기는 전방, 중간, 후방에 관계없이 실속을 맞게 된다. 압축기를 다축화시키면 '설계압력비'를 1축식의 경우보다 높게 가져가도 실속발생위험이 적고 고출력을 실현할 수 있다.

② 가변고정자 깃 : 압축기의 흡입안내깃 또는 고정자 깃의 붙임각을 가변구조로 하여 기관이 시동할 때와 저출력(idle)으로 작동될 때 일어나는 초크(choke)현상을 방지하기 위한 것으로, 공기흡입속도의 변화와 기관의 회전수에 따라 움직여 회전자 깃에 대한 받음각을 일정하게 해준다. '통상 축류형 압축기는 앞쪽에 있는 몇 단의 고정자 깃을 가변으로 하고 있다.'

③ 블리드밸브 : 다축식 구조나 가변고정자 깃을 사용해 주어도 압축기가 아주 저속으로 회전할 때 압력비가 높다면 압축기 후방부의 공기누적에 의해 압축기 앞쪽 부분에서

실속이 발생할 수 있다. 엔진의 시동 또는 저출력 작동할 때에는 초크가 발생할 것에 대비하여 자동적 밸브가 열려 누적되려는 압축공기를 강제로 대기 중에 방출시키는 장치이다. 밸브는 낮은 회전수의 경우 자동적으로 열렸다가 회전수가 규정된 값보다 높아지면 자동으로 닫힌다. 블리드밸브가 열리면 공기흡입속도가 작아져 회전자 깃에 대한 받음각이 정상화를 유지하여 실속이 방지되는 셈이다.

Section 20 원심펌프의 양수량 감소원인과 해결책

1. 개요

회전차가 밀폐된 케이싱 내에서 회전할 때 발생하는 원심력을 이용하며 펌프의 양수량은 단위시간에 펌프에서 송출되는 액체의 양으로서 구경과 유속에 비례한다. 양수량의 감소원인은 실양정 과대, 병렬운전, 토출량운전, 흡입관, 공동현상에 영향을 받는다.

2. 원심펌프의 양수량 감소원인과 해결책

원심펌프의 양수량 감소원인과 해결책은 다음과 같다.

1) 실양정 과대

펌프의 적용 잘못으로 차단양정 이상의 과대 실양정인 곳에 사용하면 체크밸브에 의해 역류를 막았다고 해도 차단운전상태로 되고 송수불능이 되며 대책은 다음과 같다.

① 임펠러를 외경이 큰 것으로 바꾼다. 이것은 모든 경우에 가능한 것이 아니고 케이싱의 크기와 관계, 원동기의 과부하 유무, 축계의 강도 등 관련하는 문제가 여러 가지이므로 제조자와 상담해야 한다.

② 다른 펌프를 추가해서 직렬운전한다. 토출량이 소요량에 대략 같고 전 양정이 부족분의 양정과 같은 펌프를 사용해서 직렬운전함으로써 해결이 가능하다. 그러나 2단째의 펌프에는 1단째의 펌프토출압력이 걸리므로 케이싱의 내압을 검토해야 한다.

③ 시방에 적합한 다른 펌프로 바꾼다.

2) 특성이 다른 펌프의 병렬운전

한 대의 펌프가 무송수 상태로 되는 것은 대용량 펌프의 토출량 이하로 수요량을 줄인 경우이므로, 이와 같은 경우에는 소용량의 펌프는 정지해도 좋으며 조작방법에 따라 해결되는 것이다. 그러나 소용량의 펌프가 수요량의 관계로 상시 차단에 가까운 점으로 운전하지 않으면 안 될 경우는 고열의 염려가 있으므로 병렬운전을 하는 펌프의 차단양정을 최대한 가깝게 하는 것이 바람직하다.

3) 체절점 가까운 소토출량으로의 운전

펌프를 체절점 가까운 소토출량으로 운전하면 과열문제 외에 케이싱 내에 공기가 차차 고이게 되어 나중에는 무수운전으로 되어서 양수를 못하게 될 때가 있다. 이와 같은 경우에는 일부의 물을 방류해서 펌프 내에 흐르는 물량을 어느 정도 늘려줄 필요가 있다.

4) 역회전

전원의 결선불량 등에 의해 회전방향을 반대로 하면 규정의 양정을 발휘하지 못하므로 양수를 못하게 될 때가 있다. 특히 수중모터펌프와 같이 회전 부분이 바깥에서 보이지 않는 것에서는 주의해야 하며, 시운전 시에 체절압력을 시험성적의 것과 비교 확인해야 한다. 압력이 낮을 경우에는 결선을 바꾸어 운전해서 확인하지 않으면 안 된다.

5) 흡입관의 부적

흡입측에서 공기가 침입해서 흡입관 내의 수주가 끊기거나 흡입관 내의 공기고임으로 수주가 끊기는 등은 흡입 상태로 사용하는 펌프에서는 특히 주의해야 한다.

6) 캐비테이션

유효흡입수두 부족에 의해 캐비테이션이 생겨서 양수를 못하게 될 때도 있다. 또한 흡입관에 설치한 스트레이너에 불순물이 막혀서 이 저항에 의해 유효흡입수두 부족이 될 때도 있으므로 검토가 필요하다.

7) 웨어링, 임펠러의 마모

임펠러의 기능 저하에 따라 토출량이 감소되는 것으로 대책은 개개의 교환이 필요하게 되나 짧은 시간에 이와 같은 상태로 되는 경우에는 수질에 따른 재질의 부적당한 선정도 검토한다.

8) 흡입·토출관의 저항 증가

관의 사용년도에 따른 마모저항의 증가, 관 내에서의 불순물의 퇴적에 따른 저항 증가로 토출량이 감소한다. 불순물의 퇴적에 대해서는 불순물을 제거하면 되나, 사용수명에 대해서 사전에 여유를 두어 양정을 계획하는 것이 바람직하다.

Section 21

동일한 원심펌프 2개를 이용하여 시스템의 유량 증가와 수두 증가방법 및 특성곡선

1. 개요

원심펌프는 회전차가 밀폐된 케이싱 내에서 회전할 때 발생하는 원심력을 이용하며 유량에 대한 수두, 소비동력, 효율관계를 그래프로 표현한 것을 펌프의 특성곡선이라 한다.

2. 원심펌프의 특성곡선

전체 동력 소비 및 효율과 유량의 관계를 그린 것을 펌프의 특성곡선이라 한다. 이러한 곡선의 예를 [그림 2-25]에 도식적으로 나타내었다.

[그림 2-25]의 (a)에서 이론적 두 유량관계는 직선이다. 임의 펌프에서 실제 개발되는 펌프보다 상당히 적으며, 유량이 특정값 이상이 되면 갑자기 '0'으로 떨어진다. 이를 무두유량(zero-head flow rate)이라 하는데, 어떤 상태에서든 펌프가 수송할 수 있는 최대유량을 나타낸다. 물론 정격유량 또는 최적 조작유량은 이보다 적어진다.

[그림 2-25]의 (b)는 유체동력 및 전체동력의 유량의 관계를 나타내는 전형적 곡선을 보인다. 이상적 조작성능과 실제 조작성능의 차는 펌프에서의 동력손실을 나타낸다.

[그림 2-25]의 (c)는 (b)에서 유도한 것인데, 유량이 적을 때는 유량증가에 따라 효율이 빨리 증가하여 정격용량영역에서 최대가 되었다가 유량이 모두 유량에 적분하면 다시 떨어짐을 보여 준다.

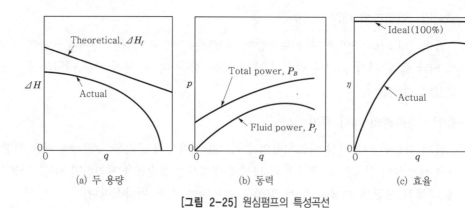

(a) 두 용량   (b) 동력   (c) 효율

[그림 2-25] 원심펌프의 특성곡선

3. 2대를 이용한 직렬과 병렬운전 시 특성곡선

1개의 펌프가 운행점 Q_1까지 최대 속력을 내서 운전할 수 있다. 하지만 다른 한편으로는 그 운전점에 대해서 2개의 펌프가 감속함으로써 그 점에서 운전할 수 있다는 것을 [그림 2-26]에서 보여주고 있다. 이 그림은 또한 효율적인 측면에서 두 가지 경우를 비교한다. 1개의 펌프가 최대 속도로 운행되는 경우에 펌프성능곡선 우측에 운전점이 형성되므로 시스템을 전체적으로 보면 시스템이 낮은 효율을 가지게 된다. 비록 펌프의 최대 효율은 속도가 감소하면 줄어들게 되지만, 전체적인 측면에서는 2개 펌프의 속도를 줄인 경우가 더 효율적이다. 이 경우 2대의 펌프가 전체적으로 높은 효율을 가진다.

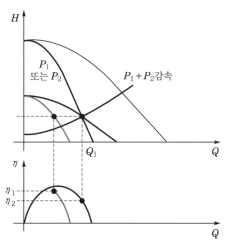

[그림 2-26] 최대 속도 1대의 펌프와 감속된 2대의 펌프 비교

(a) 병렬운전   (b) 직렬운전

[그림 2-27]

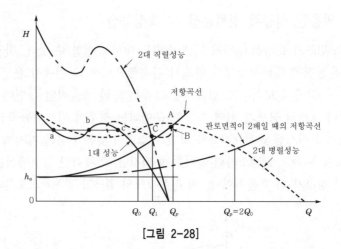

[그림 2-28]

예제

회전수 1,000rpm, 전양정 10m, 유량 1m³/min, 축동력 10kW인 원심펌프가 있다.
이 원심펌프를 1,500rpm으로 회전할 때 유량, 양정은 각각 얼마가 되는가?

풀이 ① 유량

$$\phi = \text{flow coefficient} = \frac{Q}{Au}$$

$$\therefore \frac{Q_1}{A_1 u_1} = \frac{Q_2}{A_2 u_2},$$

$$Q_2 = Q_1 \frac{A_2 u_2}{A_1 u_1} = Q_1 \frac{u_2}{u_1} = Q_1 \frac{d_2 N_2}{d_1 N_1} = Q_1 \frac{N_2}{N_1}$$

$$\therefore Q_2 = Q_1 \frac{N_2}{N_1} = 1 \frac{1,500}{1,000} = 1.5 \,\text{m}^3/\text{min}$$

② 양정

$$\Psi_H = \text{head coefficient} = \frac{H}{u^2/2g}$$

$$\therefore \frac{H_1}{u_2^{\,1}/2g} = \frac{H_2}{u_2^{\,2}/2g},$$

$$H_2 = H_1 \frac{u_2^{\,2}}{u_1^{\,2}} = H_1 \left(\frac{d_2 N_2}{d_1 N_1}\right)^2 = H_1 \left(\frac{N_2}{N_1}\right)^2$$

$$\therefore H_2 = H_1 \left(\frac{N_2}{N_1}\right)^2 = 10 \left(\frac{1,500}{1,000}\right)^2 = 22.5 \,\text{m}$$

진공펌프와 압축기의 차이점

1. 정변위 압축기(positive displacement compressor)

회전 정변위 압축기를 사용하여 배출압력을 6atm 정도로 할 수 있다. 배출압력 3atm 이상으로 조작하는 압축기는 대부분 왕복 정변위기계이다.

간단한 1단 압축기의 예를 [그림 2-29]에 나타내었다. 이러한 기계는 왕복펌프에서 처럼 기계적으로 조작되는데, 중요한 차이는 누설방지가 한층 어렵고 온도 상승이 중요하다는 점이다.

실린더 벽과 머리에는 물이나 냉매를 사용하는 냉각재킷을 설치한다. 왕복압축기는 대개 모터로 구동시키며 거의 언제나 복동식이다.

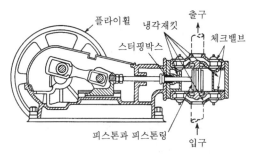

[그림 2-29] 왕복압축기

2. 진공펌프(vacuum pump)

대기압 이하에서 흡입하여 대기압에 대하여 배출하는 압축기를 진공펌프라 한다. 왕복식, 회전식, 원심식 등 모든 종류의 송풍기나 압축기의 설계를 고쳐서 흡입부에서 밀도가 아주 적은 기체를 받아들이고 필요한 큰 압축비를 얻을 수 있게 한다면 진공용으로 사용할 수 있다. 흡입부에서의 절대압력이 감소하면 부피효율이 떨어지는데, 펌프에서 얻을 수 있는 최소 절대압력에서 '0'이 된다.

3. 차이점

대기압 이하 절대 진공까지 흡입하고 압축하여 기체를 대기에 방출하는 것으로서 피스톤의 왕복을 이용한 왕복식, 베인형, 회전식 등이 있으며, 일반적인 압축기와 차이점은 다음과 같다.
① 압력비가 대단히 크다.

② 취급기체가 희박하므로 출력에 비해서 실린더가 크다.

③ 다만, 압축기의 실린더지름은 고압이 될수록 작게 해야 하나, 진공펌프는 동일 지름이라도 된다.

④ 압력차가 작기 때문에 밸브나 통로의 저항이 작아지게 설계되어 있다.

Section 23 | Pelton 수차의 유량조절장치

1. 개요

펠턴수차는 낙차가 크고 유량이 적을 경우에 사용된다. 1870년 미국의 L.A. 펠턴에 의해 개발되었다. 러너의 외측에 다수의 버킷(bucket, 물받이판)이 붙어 있어서 노즐로부터 분출되는 물이 버킷에 접선방향으로 유입하여 버킷 속에서 그 방향이 반전되고, 그때 운동량의 변화로 충동력이 생겨 이 힘에 의하여 러너가 회전한다.

2. 유량조절장치

보통 수평축형이고 노즐의 수는 1~2개이다. 그러나 유량이 많을 때에는 수직형을 사용하고 노즐의 수는 4~6개로 많아진다. 부하의 변동에 따라 회전속도가 변화하나, 그 조절은 노즐 속의 니들밸브를 움직여서 유량을 조절함으로써 회전을 조절한다.

버킷은 러너의 둘레에 볼트로 고정되며, 그 수는 러너의 지름에 따라 다르지만 보통 18~30개이다. 버킷에서 나온 물은 송수면까지 자연낙하하므로 러너부터 송수면까지의 낙차는 유효하게 이용할 수 없다.

Section 24 | 수차의 종류별 무구속속도비와 비속도의 관계

1. 개요

수차의 무구속속도란 출력이 기계손실만으로 되었을 때의 회전속도를 말한다. 프란시스수차의 무구속속도는 비교회전도, 안내깃의 개도 및 정규낙차로부터의 편위 등에 의해서 좌우된다.

2. 수차의 종류별 무구속속도비와 비속도의 관계

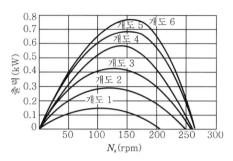

[그림 2-30] 회전수별 안내깃개도에 따른 출력

[그림 2-30]에서는 안내깃의 개도에 따른 출력과 회전수와의 관계를 도시하였으며, 안내깃의 개도가 적을수록 출력이 적게 소요됨을 나타내고 있다.

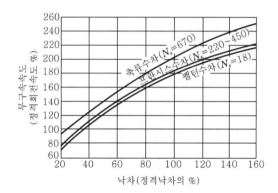

[그림 2-31] 낙차에 따른 무구속속도의 변화

[그림 2-31]에서는 낙차변화에 따른 수차별의 무구속속도변화를 도시하고 있다. 유효낙차가 정격낙차보다 클수록 정격회전속도에 대한 무구속속도의 비가 증가하며, 정격낙차에서 무구속속도비는 펠턴수차에서는 1.8배, 프란시스수차에서는 1.8배, 축류수차는 2배에 해당한다.

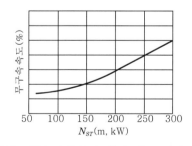

[그림 2-32] 프란시스수차의 비교회전도와 무구속속도비의 관계

[그림 2-32]에서 프란시스수차에 대하여 비교회전도에 대한 무구속속도비를 나타내고 있으며, 비교회전도가 클수록 무구속속도비가 증가하는 경향이다.

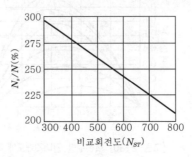

[그림 2-33] 축류수차의 비교회전도와 무구속속도비의 관계

[그림 2-33]에서 축류수차의 경우 비교회전도가 클수록 무구속속도비는 감소한다. 이것 때문에 카플란수차에 있어서는 날개각도와 열림각도를 연동시켜 각 부하에 대해 최고의 효율로 운전할 수 있는 캠기구를 사용하고 있다.

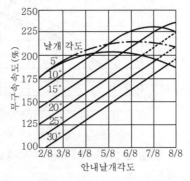

[그림 2-34] 날개각에 대한 안내깃의 열림도와 무구속속도비의 관계

[그림 2-34]에서 날개각에 대한 안내깃의 열림도와 무구속속도비의 관계를 도시하고 있다. 무구속속도는 날개각도와 열림각도의 연동에 의해서 실선으로 표시한 범위 내에서 유지된다.

Kármán의 와열

1. 정의

일정한 흐름 속에 원통을 놓으면 원통의 양쪽에서 교대로 규칙 바른 와류가 방출되고 원통의 뒤에 한 쌍의 와류가 생긴다. 이것을 카르만의 와열이라고 부르고 있다.

2. 응용성

균일하게 흐르는 부분에 물체를 놓으면 칼만 와류라 하는 와열이 발생하는데, 이 칼만 와류는 원통 주위를 점성 유체가 흐를 때 레이놀즈수가 100 정도에서 원통 뒤쪽 흐름 내에 발생하는 것으로 발생 주파수가 흐름속도와의 관계로부터 유량을 계측하는 것이다. 칼만 와류의 발생 주파수를 측정하면 흐름속도를 알 수 있고 흐름속도와 공기 통로의 유효 단면적의 곱으로부터 체적 유량을 구할 수 있다.

칼만의 와류방식인 공기 유량 센서는 칼만 와류의 발생 주파수를 검출하는 방법에 따라 초음파 검출 방식, 압력 검출 방식, 거울 검출 방식 등이 있으며, 대표적인 예로 초음파 검출 방식으로 와류에 의한 공기의 밀도 변화를 이용하여 관로 내에 연속적으로 발산되는 일정한 초음파를 수신할 때, 밀도 변화에 의해 수신 신호가 와류의 수만큼 흩어지는 와류의 발생 주파수를 검출한다. 칼만 와류방식 공기 유량 센서의 출력은 디지털 신호로 마이크로프로세서에서 처리하기가 쉬우며, 출력 신호는 흡입 공기량에 비례하는 주파수 신호로 나타낸다. 즉 공기량이 적은 경우는 주파수가 낮고, 공기량이 증가하면 주파수가 높아지는 특성이 있으나 측정하는 유량이 체적 유량이므로 질량유량으로 변환하기 위하여 흡입 공기 온도 및 대기 압력에 따른 보정이 필요하다.

NPSH(Net Positive Suction Head) 시험절차

1. 시험방법

① NPSH 시험은 대형 펌프(SLP, CWP 등)는 model test, 그 외 펌프는 실제품으로 실시한다.
② NPSH 시험장치는 성능시험 시와 동일하다.
③ 유량을 일정하게 유지시킨 상태에서 흡입측 throttle valve 또는 water tank의 배압을 조정하여 총양정이 3% 저하될 때의 흡입압을 측정한다.

④ 시험 양액의 온도를 측정하며 그 온도에서의 양액의 포화 증기압을 구한다.

⑤ 기압계로서 대기압을 측정한다.

⑥ 측정점은 적어도 5 points NPSH$_{re}$(정격 유량의 25%, 50%, 75%, 정격 유량, 125% 유량)이어야 한다.

⑦ 다음 식으로 NPSH$_{re}$값을 구한다.

$$\text{NPSH}_{re} = (10/\gamma) \times (P_a - P_v) + h_s + (V_s^2/2g) + y_s \, [\text{m}]$$

여기서, γ : 시험 양액의 비중량(kgf/cm^3)

P_a : 대기압(kgf/cm^2)

P_v : 포화 증기압(kgf/cm^2)

h_s : 흡입 수두(m)

$(V_s^2/2g)$: 흡입 속도 수두(m)

y_s : 흡입관의 중심과 회전차 중심과의 높이 차(m), 회전차가 아래에 있을 때는 $-$부호

2. 규정속도로의 환산

시험속도로 구한 NPSH$_{re}$값을 규정속도로 환산한다.

$$\text{NPSH}_{re} = \text{NPSH}_{re} \times (N'/N)^2 \, [\text{m}]$$

3. 판정기준

시험에서 얻어진 NPSH$_{re}$값이 전 운전 범위의 설계에서 제시한 NPSH$_{re}$값보다 같거나 작아야 한다.

Section 27 **펌프의 사고와 원인**

1. 기동 곤란 사고의 원인

① 저변에 먼지나 모래, 그 밖의 이물질로 막혀 있을 때

② 진공 펌프의 물 보급이 불충분할 때

③ 흡입관의 축이음을 통해 공기가 흡입될 때

④ 패킹으로부터 공기가 흡입될 때

2. 양수 불능 사고의 원인

① 흡입관 패킹으로부터 공기가 흡입될 때
② 흡입관에 공기가 있을 때
③ 펌프 여과기가 이물질로 막혀 있을 때
④ 흡입양정이 너무 높을 때
⑤ 송출양정이 너무 높을 때
⑥ cycle 저하에 의한 임펠러 회전속도가 부족할 때

3. 수량 감소 사고의 원인

① 흡입관을 통해 공기가 유입되는 경우
② 여과기, 펌프 등에 이물질이 들어있어 효율이 저하될 때
③ cycle 저하에 의한 임펠러 회전속도가 부족할 때
④ 흡입양정이 높아서 공동현상이 발생할 때
⑤ 관 마찰손실이 증가할 때
⑥ 회전차가 마모된 경우
⑦ 라이닝이 마모된 경우

4. 모터 과부하 사고의 원인

① cycle이 과다한 경우
② 전압이 저하하는 경우
③ 양정이 심하게 낮아져서 수량이 과다할 때
④ 축류펌프에서는 양정이 상승되거나 또는 송출밸브의 열림 정도가 부족한 경우
⑤ 펌프의 전동기 연결이 불량할 때

5. 진동에 따른 사고의 원인

① 펌프의 전동기 연결이 불량할 때
② 회전체의 평형 상태가 불량할 때
③ 배관이 불량할 때
④ 기초가 불량할 때
⑤ 공동현상이 발생하는 경우
⑥ 서징이 발생하는 경우

6. 발열에 따른 사고원인

① 축받침의 발열(60℃ 이상) : 설치 불량, 연결 상태 불량, 급유 불량, 윤활유의 불량, 벨트의 지나친 조임, 구리스가 압입에 공급된 경우

② 패킹에서의 발열(40℃ 이하 : 청수) : 축봉장치의 냉각수가 흐르지 않는 경우, 지나친 조임, 한쪽만의 조임(片) 상태인 경우

③ 기어 감속 장치의 온도 상승 : 윤활유의 불량, 윤활유가 필요 이상으로 많은 경우, 원동기의 진동이 있는 경우

④ 전동기의 온도 상승 : 전압 강하가 있거나 부하가 과대한 경우

Section 28 용적형 유압펌프 계통에 설치된 어큐뮬레이터(accumulator)의 설치목적

1. 개요

축압기는 고압 상태의 압유를 용기에 넣은 것으로, 펌프로부터 공급하는 압유량보다도 다량의 고압유가 순간적으로 구동장치 내에서 필요할 때 고압유를 보내줄 목적으로 고안되었다.

축압기를 사용하면 사용하지 않을 때보다도 펌프가 소형화되고, 전체의 장치가 소형으로 되어 설비비용이 적당하다는 이점이 있다.

2. 축압기의 설치목적과 종류

1) 설치목적

① 압력에너지의 축적 : 축적된 유압에너지를 필요에 따라 내보냄으로써 간(間) 운전에 있어서 펌프 마력의 절감, 정전이나 고장 등의 긴급 시에 대한 보상용 등으로 사용된다.

② 동, 충격의 제거 : 유압펌프가 발생하는 맥동을 흡수하고, 피크 압력을 억제시켜 진동이나 소음을 방지할 목적으로 사용한다. 또한 밸브를 개폐할 때 발생하는 오일해머(oil hammering)나 서지압(surge presure)의 제거, 충격 압력에 의한 밸브류, 배관, 파손이나 유(油)를 방지할 목적으로 사용한다. 이러한 이유로 음제동기(noise damper), 서지흡수기(surge absorber), 또는 충격 동기(shock arrester)라고도 불리운다.

③ 액체 수송 : 축압기의 기체를 뺏다 넣었다 하여, 기체를 피스톤과 같이 작용시키면 축압기는 펌프로서의 작용을 하므로 유독, 유해, 부식성의 액체를 수송시킬 수 있다.

2) 종류

축압기에 고압유를 비축하는 방법으로서 비활성 가스 또는 공기의 압축성을 이용하는 것, 스프링이나 추를 이용하는 것 등이 있다. 이들을 구도상 분류하면 다음과 같다.

① 중량식 : 중량식 축압기는 설정한 중량에 상당하는 일정 압력을 항상 유지하면서 작동하므로 일반적으로 축압기로서는 이상적인 특성을 가지나 고압 대용량이 되면 중량추가 커져 대형화가 되는 결점이 있다. 보통 저압 대용량용으로 이용되고 있다.

② 스프링식 : 스프링식 축압기는 실린더 내의 압유가 갖는 압력에 의하여 램에 가해지는 힘과 서로 평행을 이루게 하는 방식이다. 따라서 스프링의 설정값을 전후해서 스프링의 변위에 따라 압력 변화가 생긴다. 구조가 간단하고 경량이며, 보수도 쉽다. 그러나 스프링의 강도와 크기 사이에는 제한이 있으므로 고압 소용량의 것은 제작이 곤란하다. 스프링식은 압력 진동의 흡수용으로서는 좋은 특성을 가지므로, 소 · 중 저압용으로 제작하여 건설 차량 등에 많이 이용한다.

③ 공기압식 : 액체식 중 압유와 압축 가스가 직접 접촉하여 가압되는 축압기로서, 구조가 가장 간단하나 고압에서 가스가 압유 중에 확산 · 혼입되므로 압유장치의 여러 가지 기능에 해를 끼친다. 그러나 수압기용과 같이 물을 주체로 하는 경우나, 대형 축압기 등에는 이 형식의 축압기가 많이 이용되고 있다.

④ 실린더식 : 고압에서 가스가 압유 중에 확산 혼입되는 것을 막기 위하여 실린더 내에서 자유로이 움직이는 피스톤을 압유와 기체 사이에 삽입시켜, 기체와 압유를 격리시켜 놓은 축압기를 실린더 또는 피스톤 축압기라 말한다.

실린더 내면은 높은 정도를 필요로 하고, 또한 크롬 도금 등으로 활동면을 보호하면서 적당한 패킹으로 완전히 밀봉(seal)한다. 실제로는 가스압 보급 밸브를 장착하여 예압을 수시로 조정한다.

⑤ 블래더식(bladder type) : 가소성의 블래더 또는 다이어프램(diaphragm)에 의하여 압축된 기압과 압유가 격리되는 축압기를 블래더라 말한다.

실린더식과 같이 용기 내면을 고루 표면 가공할 필요가 없고, 고무와 같은 가소성의 블래더를 사용하므로 관성력이나 마찰력이 거의 없어 흡수나 급격한 압력 및 유량 변동에는 다른 형식에 비하여 가장 좋은 특성을 가져 가장 널리 사용되고 있다. 일반 합성 고무는 부틸 고무보다 기체가 누수를 통하여 유중에 용입하는 확산속도가 크므로 블래더 재질 선정에 충분한 배려를 요한다.

3. 축압기의 용량 선정

1) 압력에너지의 축용으로 사용할 경우

축압기 내에서 기체의 상태 변화가 비교적 완만하여 변화로 취급할 수가 있다. 기체의 입(入)압력을 $P_0 P_a$, 축압기의 용적을 V_0 [m³]라고 하면 기체의 상태 변화는 다음과 관계가 있다.

$$P_0 V_0 = PV \tag{2.17}$$

따라서 기체의 압축성을 이용한 축압기의 작동 압력과, 이용할 수 있는 압력과의 관계를 식 (2.17)로부터 얻을 수 있다. 기체의 봉입 압력은 보통 회로의 압력의 약 60~70%로 하는 것이 적정값이다. 또한 압력(릴리프밸브의 설정 압력)의 20~25% 이하로 해서는 안 된다.

2) 충격 완충용으로 사용할 경우

충격압은 밸브가 닫히는 시간 T[sec]가 밸브와 관로 끝(폐쇄된 끝) 사이의 길이 L [m]을 압력파 가속도 cm/sec(음속)로 왕복하는 데 요하는 시간보다 짧을 때, 즉 $T \le C$ /$2L$일 때 생긴다.

파의 속도 C는

$$C = \sqrt{\frac{k}{\rho}} \tag{2.18}$$

여기서, k : 압유의 체적 탄성계수(N/m²)

ρ : 압유의 밀도(kg/m³)

이 충격압을 흡수시키기 위한 축압기의 용량은 미국 Greer사의 실험식을 가지고 근사적으로 구한다.

$$V = \frac{0.004\, Q P_2 (0.0164L - T)}{P_2 - P_1} \tag{2.19}$$

여기서, V : 축압기의 용량

Q : 밸브 닫기 전 관내 유량(L/min)

P_2 : 허용 충격 압력(kgf/cm² · N/m²)

P_1 : 밸브 닫기 전 유체의 정압(kgf/cm² · N/m²)

L : 충격압이 발생하는 관 길이(m)

T : 밸브의 닫는 시간(sec)

식 (2.19)를 사용하여 용량을 계산하려면 밸브 폐쇄 후의 허용 충격 압력을 결정할 필요가 있다. 이 식은 실용적이고 잘 응용되는 식이나, 식에서 알 수 있는 바와 같이

0.0164$L = T$에서 $V = 0$이 되어 축압기의 용량은 Q, P_1, P_2에 무관하게 되는 문제점에 있어서는 V가 양의 값을 가질 때만이 축압기가 필요하다고 생각하면 좋다.

즉 $P_2 > P_1$이므로 $L > T/0.0164=61.1\,T$의 조건에서 축압기가 필요하다(충격 완충용으로). 따라서 T가 작아지면 L이 짧더라도 축압기가 필요하다는 것을 알 수 있다.

3) 유압펌프의 맥동 흡수용으로 사용할 경우

피스톤식 펌프의 송출측에 생기는 맥동을 흡수하기 위하여 사용하는 축압기 용량을 결정하려면 다음 식을 사용하면 좋다.

$$V = \frac{qi}{ek}$$

여기서, V : 축압기 용량
q : 펌프의 1회전당의 송출률(l /rev)
i : 송출 변동률=과잉 송출량/q
k : 맥동 변동률=맥동압 진폭(편측)/펌프 평균 송출 압력
e : 상수=0.6

4. 축압기 설치 시 주의사항

축압기는 고압 용기이므로 장착과 취급에 각별한 주의가 요망되며 특히 다음 사항에 주의해야 한다.
① 점검 보수에 편리하고 접근하기 쉬운 장소에 장치할 것
② 축압기와의 사이에 차단밸브를 설치하여 봉입 가스 압력보다 낮을 경우에는 밸브를 차단시켜 놓을 것(이 밸브를 사용하여 축압기로부터의 방출량을 조정할 수도 있다.)
③ 펌프와 축압기 사이에는 역지밸브를 설치하여 압유가 펌프 쪽으로 역류하지 않도록 할 것
④ 맥동, 충격 완충용은 가급적 충격 발생 개소에 가깝게 장착하고 유구를 아래쪽으로 향하게 하는 것을 원칙으로 할 것
⑤ 진동이 심한 곳에서는 충분한 지지구로 완전히 고정시킬 것
⑥ 관로에 장착한 축압기는 그 입구 면적과 유압력의 면적에 상당하는 불평력이 작용하므로 지지패로 견고하게 지지할 것
⑦ 축압기에 용접, 가공, 구멍뚫기 등은 절대 금물
⑧ 기체의 예압력은 밸브가 열려 유속이 최대로 되었을 때의 밸브에 걸리는 정압과 같게 되는 것이 적정 압력이다. 배관 중에 많은 밸브가 있어 그 개폐 빈도가 심할 경우 가스 예압력은 평균 배관 압력의 60% 정도로 할 것

⑨ 가스 봉입 시, 우선 축압기 안에 소량의 압유를 넣어 놓고 가스를 압입하여 압입한 가스압으로 블래더가 팽창하였을 때 흠이 나지 않도록 유의할 것
⑩ 봉입 가스압은 약 6개월마다 점검하여, 항상 소정의 예압력을 유지하도록 할 것
⑪ 운반, 장착, 제거 시에는 반드시 봉입한 가스를 빼고 작업할 것

Section 29 펌프 사양서에 기본적으로 기술되어야 할 사항 및 설치방법

1. 개요

펌프의 원심펌프는 회전차(impeller)가 밀폐된 케이싱(casing) 내에서 회전함으로써 발생하는 원심력을 이용하는 펌프이며, 유체는 회전차의 중심에서 유입되어 반지름방향으로 흐르는 사이에 압력 및 속도에너지를 얻고, 이 가운데 과잉의 속도에너지는 안내깃(guide vane, diffuser vane)을 지나 와류실(volute casing)을 통과하는 사이에 압력에너지로 전환되어 토출되는 방식의 펌프이다.

2. 펌프의 사양서에 기본적으로 기술되어야 할 사항

1) data sheet에 기재 항목 및 내용

플랜트 설비 중 원심펌프는 조건이 까다롭고 주변 환경에 따라, 자체 설계(임펠러 사이즈), 운전조건에 따라 성능 차이가 발생한다. 그러한 성능과 특성을 확인할 수 있는 펌프성능곡선이 있다. 이 성능곡선도는 펌프 구매 시 데이터 시트와 함께 제공된다. 성능과 특성을 보여주는 곡선이기 때문에 performance curve 또는 characteristic curve라고 한다.

원심 펌프의 구매 사양서의 data sheet에는 성능곡선도에서는 다양한 특성을 보여주며 유량과 양정, 필요흡입수두, 펌프효율, 축동력을 포함한다. 또한 [표 2-3]에서 제시한 data sheet에 기재 항목 및 내용을 보면 펌프의 재질, 펌프 상세(노즐, 임펠러, 유체 성질 등), 모터 상세, 중량 등의 자료는 데이터 시트를 기재되어 설치 시 참고할 수가 있다.

[표 2-3] data sheet에 기재 항목 및 내용

OPERATION CONDITION					PERFORMANCE			
Liquid	WATER				Speed	1775 RPM	Des. Effic.	58%
Capacity	2.333m^3/min (140m^3/hr)		T.Head	12m	NPSHreq'd	5.0m	B.H.P	7.9kW
P r e s s	Diff.	$1.20\text{kg/cm}^2\text{g}$	P.Temp	34(Des.62)℃	SHOP TEST			
	Dis.	$1.20\text{kg/cm}^2\text{g}$	Sp. Gr.	1	Performance	□ Non WT.	■ Witness	
	Suc.	$0\text{kg/cm}^2\text{g}$	Visco.	5cp	Hydro Test	■ Non WT.	□ Witness	$3\text{kg/cm}^2\text{g}$
	Vap.	$\text{kg/cm}^2\text{g}$	NPSHa	7.2m	NPSHreq'd	■ Non WT.	□ Witness	
PUMP CONSTRUCTION					MATERIAL			
Nozzle		Bore	Rating	Type	Position	Casing/Impeller	SSC 13/SSC 13	
	Suc.	125A	KS10K	R.F	END	Shaft	A276-304L(STS304L)	
	Dis.	100A	KS10K	R.F	TOP	Sleeve	A276-316L(STS316L)	
Casing	Mount	Foot		Split	Radial	Bed, Baseplate	SS 400	
Impeller	Type	Close		Stage	1(one)	ELECTRIC MOTOR		

2) 성능곡선도의 구성 세부사항

모든 곡선은 유량의 변화와 관련되어 있으며 각각의 곡선은 동일한 펌프의 곡선이다. 편의상 분류를 하였으나 한 페이지에 모두 표현하며 기본 사양은 데이터시트를 참고하고 전체 곡선의 표현은 데이터시트 다음에 제시한다.

(1) 유량과 양정(Q-H Curve)

펌프의 목적은 원하는 유량을 원하는 양정으로 이송시키는 것으로 가장 기본이 Q-H curve이다. 이를 기반으로 유량이 변화할 때 나머지 필요흡입수두, 효율, 동력이 어떻게 변화하는지 알 수 있다. 유량과 양정의 관계에서는 유량이 커질수록 양정은 작아지며 특정 유량 구간 내에서 더 높은 양정을 필요로 한다면 유량이 줄어든다. 또한 한 펌프에서 임펠러 사이즈로 성능을 변화시킬 수 있으며 최대, 최소 임펠러에서의 곡선도 같이 보여주며 현재 설계된 펌프 곡선과 비교할 수 있다.

유량이 0인 점의 양정을 shut off head(체절양정)라 하며 후단 밸브를 닫은 상태의 양정이다. 정상적인 상태는 아니지만 이때의 양정과 정상상태의 양정의 차이를 비교해야 하는 경우가 있어 이 값이 필요하기도 한다. 이때의 양정이 가장 높게 되는데 이 값을 시스템 설계에 사용하며 최소 유량점 이하 또는 정상 범위 밖으로 운전할 경우 진동이 발생할 수 있다.

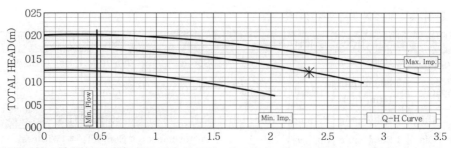

[그림 2-35] 2.33m³/min, 12mH의 펌프, 임펠러 사이즈에 따라 성능이 달라짐을 알 수 있다.

(2) 필요흡입수두(NPSHr Curve)

펌프가 필요로 하는 흡입 쪽 압력을 표현하며 토출 유량에 따라 변화하며 유량이 클수록 필요흡입수두도 증가한다. 이 값을 참고하여 NPSHa와 비교했을 때 문제가 있을지 없을지 판단할 수 있다.

일반적인 원심펌프의 경우 이 값이 작아 크게 문제가 되지 않지만 간혹 상당한 압력을 필요로 하는 경우도 있으니 꼭 확인을 해야 한다.

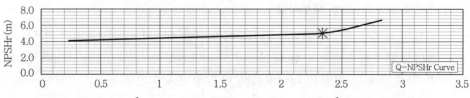

[그림 2-36] 2.33m³/min일 때 NPSHr은 5m이고 약 0.5kgf/cm²의 압력이 필요하다.

(3) 펌프 효율(Efficiency Curve)

유량과 효율의 관계를 나타내며 효율은 수동력과 축동력의 비율이고 효율이 50%의 펌프는 축동력으로 100의 에너지를 주면 50만큼만 물에 에너지가 전달되는 것이다. 이 효율값으로 펌프의 동력을 구하는 데 사용할 수 있으며 최대 효율을 내는 점을 Best Efficiency Point(BEP)라 한다.

API 610에는 "정격 유량은 BEP의 80%~110% 내에 들어와야 하고, 운전점은 BEP의 70%~120% 사이여야 한다."라고 한다.

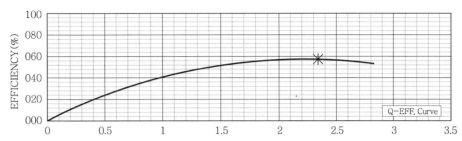

[그림 2-37] 2.33m³/min일 때 효율은 58%로 거의 최고 효율점임(항상 최고점으로 선정되는 것은 아니다.)

(4) 축동력(Power Curve)

유량과 축동력 사이의 관계되는 곡선으로 축동력은 필요 유량을 얻기 위해 축 shaft 가 필요로 하는 동력이다.

유량이 커질수록 동력은 자연스럽게 증가하지만 유량이 두 배가 되더라도 동력의 값이 그만큼 커지지 않는 이유는 유량이 커질수록 양정값은 작아지기 때문이다.

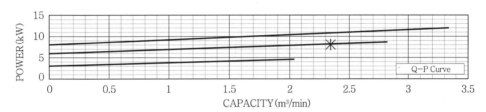

[그림 2-38] 2.33m³/min, $12mH$, 효율 58%일 때 축동력은 7.9kW이다.

3. 펌프 설치 및 운전 시 유의사항

① 흡수 수면에 가까이 설치할 것
　　㉠ 펌프에 따라 흡입양정이 차이가 있으나 보통 7~8 m 이상이면 흡입 불능이다.
　　㉡ 관경이 클수록 유속이 느리므로 손실이 적기 때문에 흡입고를 높일 수 있다.
② 흡입관은 펌프 측이 가장 높고 흡입 수면 쪽으로 경사져 낮도록 설치할 것
　　• 흡입 측 수면이 펌프보다 높을 때는 관계없지만 흡입 측 배관 중 관이 펌프보다 낮다 하더라도 올라갔다 다시 내려오는 곳이 있으면 작동이 불가능하다.
③ 카프링 중심을 맞출 때 카프링 볼트를 뺀 후 실시하고, 카프링 사이는 반드시 3~5mm 띄울 것
④ 카프링 볼트 · 너트는 운전 중 빠지는 경우가 있으므로 단단히 조일 것
⑤ 메탈, 베어링부 오일링이 있는 경우 오일링이 윤활유에 충분히 잠겨서 돌아가는지 확인할 것
⑥ 펌프의 회전 방향과 모터의 회전방향이 동일한지 확인할 것

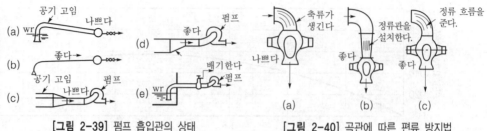

[그림 2-39] 펌프 흡입관의 상태   [그림 2-40] 곡관에 따른 편류 방지법

⑦ 가동 직전 펌프 내 충분히 만수시킨 후 운전해야 하며 물이 나오지 않으면 즉시 가동을 중지하고 재 만수시킬 것

⑧ 펌프를 역회전하면 펌프가 파손되므로 절대 금지할 것

⑨ 일반 펌프는 토출측 밸브를 기동 시 서서히 열지만 축류펌프는 완전히 개방할 것

⑩ 그랜드를 조정할 것

Section 30
원심 및 축류 송풍기의 소음원과 소음의 저감방안

1. 개요

축류 송풍기의 소음을 측정한 스펙트럼의 한 예로, [그림 2-41]은 축류형 송풍기의 소음을 측정한 대표적인 스펙트럼으로 피크치와 넓은 주파수 부분에서 높은 음압값을 나타내는 두 가지 특징을 보이고 있다. 그림에서 피크는 토온소음(tonal noise), 혹은 분절소음(discrete noise)이라고 하며, 오른쪽의 낮은 영역은 광역소음(broadband noise)이라고 하여 구분한다. 이 두 스펙트럼상의 특징은 소음 발생원인이 다른 것에서 기인한다.

2. 원심 및 축류 송풍기의 소음원과 소음의 저감방안

일반적으로 토온소음은 날개 통과 주파수(blade passing frequency)로 존재하며, 깃의 힘이 회전하면서 발생하는 소음으로 기본 주파수인 회전 주파수와 깃 수의 곱으로 이루어진다. 또한 이 주파수의 조화 주파수들이 계속 피크로 발생한다.

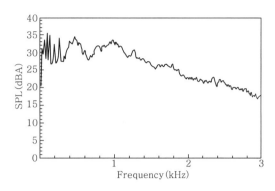

[그림 2-41] Typical noise spectrum of the axial blower

광역소음은 날개를 지나는 유동의 난류에 의한 소음으로 주로 날개의 경계층에 의한 교란, 박리 흐름에 의한 강한 난류 교란, 끝전(trailing edge)을 지나는 유동이 와류 구조를 발생시키면서 발생하는 끝전 소음 등 송풍기 입류의 균질 정도에 대해 소음이 좌우되고 있다. 이것을 표로 나타내면 [표 2-4]와 같다.

그러나 이러한 소음 스펙트럼은 성능곡선과 대응시키면서 측정을 해야 의미가 있다. 다음 [그림 2-42]는 일반적인 축류형 송풍기의 성능곡선을 나타낸 것으로 각 작동점에 따라 소음 특성과 소음원이 다르다.

소음 특성은 유량의 차이로 발생하는 것으로 유량이 작은 경우에는 날개의 유효 받음 각이 커지게 되어서 날개 윗면에서 박리가 발생한다. 또한 날개에 걸리는 하중이 크게 되므로 전체적으로 토온소음과 광역소음이 커지게 된다.

[표 2-4] Various noise generation mechanism

음원	발생 Mechanism	소음 특성
Monopole	Blade Thickness	Tonal
Dipole (Steady Rotating Force)	Uniform Stationary Flow	Tonal
Dipole (Unsteady Rotating Force)	Non-Uniform Stationary Flow	Tonal
	Non-Uniform Unsteady Flow	Broadband
	Separated Flows	Tonal Broadband
	Trailing Edge Vortex Shedding	Tonal Broadband
	Turbulent Boundary Layer	Broadband
Quadrupole	Turbulent Noise	Broadband

적정 유량의 경우에는 박리와 같은 현상이 사라지고 오직 하중에 의한 토온소음과 깃 끝전에서의 끝전소음 등이 발생한다. 유량이 많은 경우에는 박리가 다시 발생하며,

이러한 박리는 소음을 저주파수로 옮기는 역할을 한다. 또한 걸리는 하중이 작기 때문에 토온소음보다는 광역소음이 주로 발생한다.

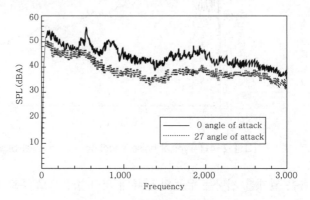

[그림 2-42] Typical performance curve

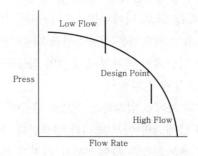

[그림 2-43] Measured acoustic signal at the anechoic wind tunnel

박리에 의한 소음 변화를 실험하기 위해서 날개 단면 받음각의 변화에 따른 소음 변화를 측정하였다. [그림 2-42]에서 받음각이 0°일 경우 600Hz 정도에 있는 피크에 의한 소음 특성이 27°로 변할 경우 저주파수의 광역소음이 우세해지는 특성으로 변하는 것을 확인할 수 있다. 일반적으로 성능과 필요 마력, 그리고 소음은 모두 임펠러 깃의 끝단(tip)속도에 비례한다. 성능과 마력, 그리고 소음의 경우 속도에 대한 비례는 다음 [표 2-5]와 같이 된다.

[표 2-5] Velocity dependence of performance and noise parameters

변 수	속도와의 비례
유량(mass flow rate)	U
압력(pressure)	U^2
마력(power)	U^3
소음(noise)	$U^5 \sim U^6$

표에서 보듯이 임펠러 끝단속도를 줄이는 것이 소음을 줄이는 가장 큰 요소가 된다. 설계 요구조건이 최대 성능이냐, 최소 마력이냐, 저소음이냐에 따라서 최적의 송풍기 설계변수가 결정된다.

Section 31 | 액체 전동장치인 유체 커플링과 토크 컨버터

1. 유체 커플링

기계적 동력을 유체동력으로 변화하고, 이를 다시 기계적 동력으로 바꾸어 동력전달을 실현하는 장치이다.

[그림 2-44]와 같이 입력축과 출력축을 동일축에 두고 입력축에 펌프 회전차를, 출력축에 터빈 회전차를 결합하여 대향시키고 그 내부에 유체를 넣은 것이다.

입력축의 회전에 의해 펌프 회전차 내의 유체는 원심력을 받아 바깥으로 압출되어 터빈 회전차 내를 화살표 방향으로 흐름으로써 출력축을 회전시키게 된다.

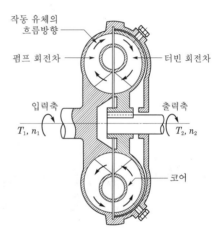

[그림 2-44] 유체 커플링의 구조

2. 유체 토크 컨버터

유체 토크 컨버터는 유체의 운동에너지를 이용하여 토크의 변환을 주는 것으로, 입력축에 결합된 펌프 회전차, 출력축에 결합된 터빈 회전차와 케이스에 고정된 안내날개 (Guide vane)로 구성되고 내부에 작동유체인 기름이 충만해 있다. 유체 커플링과의 차이는 터빈과 펌프 사이에 스테이터가 설치되어 한 방향 클러치에 연결되어 있는 것과 날개 형상이 3차원적으로 완곡되어 복잡하다는 것이다.

토크 컨버터의 작동원리에 있어 펌프 회전차는 엔진에 의해 구동되고 내부 유체는 코어링을 따라 바깥 방향으로 압출되어 [그림 2-45]의 화살표 방향으로 흘러 터빈에 유입된다. 이 유체의 운동에너지에 의해 터빈에 토크를 주어 회전시킨 다음 스테이터를 통해 다시 펌프에 유입된다.

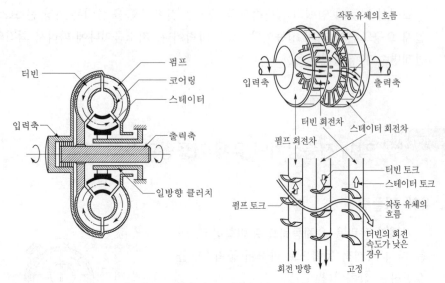

[그림 2-45] 유체 토크 컨버터 구조와 원리

송풍기에서 가동익과 고정익의 경사 및 깃 수가 성능에 미치는 영향을 특성곡선상으로 설명

1. 개요

송풍기의 성능은 송풍기 내의 각부 구조에 따라 결정된다. 깃의 경사는 익현길이와 회전차의 바깥둘레가 이루는 각으로 가동익과 고정익의 조건에 따라 영향을 받으며 깃 수를 증가해가면 효율, 풍압, 풍량은 각각 처음에는 급격히 증대하지만 어느 깃 수 이상에서는 거의 그 상승률이 그치게 된다.

2. 송풍기에서 가동익과 고정익의 경사 및 깃 수가 성능에 미치는 영향

1) 깃의 경사

익현 길이와 회전차의 바깥 둘레가 이루는 각, 즉 깃의 출구 설치각 β_2를 각각 50°, 73°, 90°, 111°, 134°가 되는 5종류의 회전차를 [그림 2-46]에 표시한다.

[그림 2-47]은 이들 5대의 송풍기의 특성 유선을 나타낸다. 이때 회전차의 깃 수는 모두 32매로 일정하게 잡았는데, 16매, 8매, 4매에 대해서도 각각의 특성 유선을 택하

고, 이들을 기본으로 하여 가로축에 설치각 β_2를, 세로축에 최고 전압효율, 이때의 송풍기 전압 및 풍량을 잡아서 정리하면 [그림 2-48]과 같이 된다.

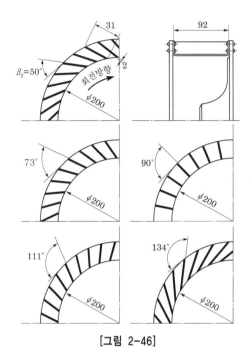

[그림 2-46]

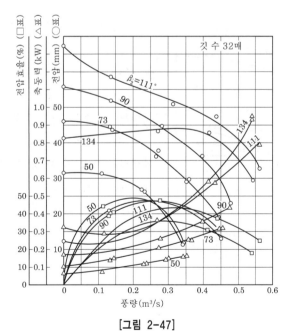

[그림 2-47]

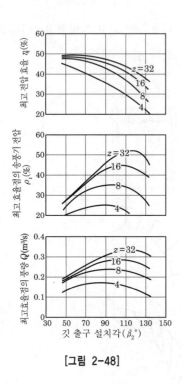

[그림 2-48]

효율은 설치각 β_2가 작을수록 높다. 원심 송풍기 중에서는 설치각 β_2가 작은 터보 팬이 효율이 좋은 것과 일치한다. β_2가 점점 커짐에 따라 효율이 떨어지게 되는 것은 $\beta_2 = 90°$의 레이디얼 팬이나 $\beta_2 > 90°$인 다익 팬의 효율이 떨어지는 것을 실증한다. β_2를 크게 하면 최고 효율점의 전압과 풍량이 각각 크게 된다. 즉 같은 크기의 구조, 동일 회전에서는 터보 팬보다는 레이디얼 팬, 이보다는 다익 팬이 풍압, 풍량이 함께 증가한 다는 것이 추정된다. 즉 효율은 희생시키더라도 소형으로 하기 위해서는 터보 팬보다 레이디얼 팬, 또 이보다는 다익 팬이 좋다는 것을 알 수 있다.

2) 깃 수

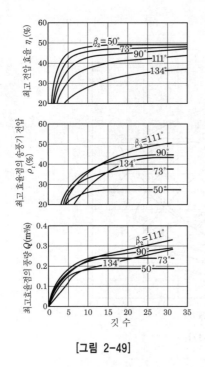

[그림 2-49]

송풍기의 회전차의 깃 수 z는 그 종류에 따라 다르다. 보통 볼 수 있는 다익 팬은 32~66매, 레이디얼 팬은 6~12매, 터보 팬은 14~24매이다. 또한 이들 중에도 회전차의 안지름과 바깥 지름과의 비 $D_1/D_2(<1)$에 따라 달라지고, 이 비가 1에 가까워질수록 깃 수는 많아지게 된다.

깃 수를 증가시킬수록 성능은 높아질 것 같지만, 실제로는 어느 수 이상에서는 더 이상의 성능은 높아지지 않고, 때로는 떨어지는 수도 있다. [그림 2-49]는 깃 수 z와 최고 전압효율, 최고 효율점의 풍압, 풍량의 관계를 나타낸다. 깃 수 z를 증가해 가면 효율, 풍압, 풍량은 각각 처음에는 급격히 증대하지만, 어느 깃 수 이상에서는 거의 그 상승률이 그친다. 이 경향은 깃의 출구 설치 각 β_2가 다른 각종 원심 송풍기에 대해서도 공통으로 적용된다고 할 수 있는 것이다.

한편 회전차의 중량이나 경제성을 고려하여 깃 수는 무작정 많이 잡지 않는 것이 좋다. 깃 수 z를 정하는 실험식으로서는 다음과 같다.

$$z = \frac{2\pi\sin\dfrac{\beta_1 + \beta_2}{2}}{(0.35 \sim 0.45)\log\dfrac{D_2}{D_1}} \quad \text{(Eckert의 식)} \tag{2.20}$$

$$z = \frac{4\pi\sin\beta_2}{1.5\{1 - (D_1/D_2)\}} = 8.5\frac{\sin\beta_2}{1 - (D_1/D_2)} \quad \text{(Eck의 식)} \tag{2.21}$$

그러나 실제로 깃 수를 정하는 경우, 이와 같은 식은 참고로 하고 앞에서의 실례나 실험에 의한 쪽이 안전하다.

Section 33 펌프 송수관계에서 수충격에 의해 생기는 부압 및 상승압의 방지방법과 효과

1. 개요

송수관에 있어서 어떤 원인에 의해 관내 유속이 급격하게 변화하면 관내 압력이 과도적으로 크게 변동하는데, 펌프 송수관계에서는 펌프의 기동과 정지 시, 회전수 제어 시, 밸브의 개폐 시 등의 경우에 생기지만 일반적으로 수충격이 문제가 되는 것은 정전 등에 의한 펌프 구동력 차단에 따라 펌프가 급정지하는 경우가 대부분이다.

2. 펌프 송수관계에서 수충격에 의해 생기는 부압 및 상승압의 방지방법과 효과

1) 부압(수주 분리) 방지법

(1) 펌프에 플라이휠(flywheel) 설치

펌프의 회전부의 관성효과(GD^2)를 크게 하여 펌프 회전수와 유량의 급격한 저하를 방지한다. 설비는 비교적 간단하며 효과도 크지만 송수관로가 상당히 긴 경우와 종단면에 요철이 큰 경우에는 flywheel이 매우 크게 되어 설치가 불가능한 경우가 있다. 설치 방법으로는 축 플랜지 겸용식, 별도 설치식이 있으며 다음 사항을 충분히 검토할 필요가 있다.

① 설치 공간의 문제 : [그림 2-50]과 같이 개략 ΔL만큼 길어진다.

  ㉠ 축 플랜지의 겸용식 : $\Delta L = 50 \sim 200\text{mm}$

ⓛ 별도 설치식 : $\Delta L = 800 \sim 2,000mm$

② 기동상의 문제 : flywheel 관성효과가 지나치게 크면 기동 시간이 길어지고, 최악의 경우에는 기동할 수 없기 때문에 구동기 제작업체로부터 구동축의 허용 관성효과를 입수하고, 기동 방식에 대해서 충분히 검토할 필요가 있다.

③ 베어링의 문제 : flywheel의 중량이 지나치게 크게 되면 베어링을 보강할 필요가 있고, 경우에 따라서는 베어링의 냉각과 강제 윤활이 필요하다.

④ 축 플랜지의 문제 : 축 플랜지로서 전자 커플링과 원심 마찰 클러치를 사용하면 펌프 급정지와 동시에 원동기측과 펌프측이 분리되어 부압 방지에 유효한 관성효과 값이 작아지기 때문에 주의할 필요가 있다.

⑤ flywheel 재질에 따른 주속의 제한 문제 : GC(회주철품) : 40m/sec, SC(탄소강 주강품) : 50m/sec, SF(탄소강 단강품) : 960m/sec 등의 문제에 대해서는 충분히 검토할 필요가 있다.

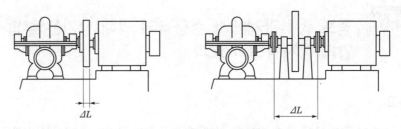

[그림 2-50] flywheel 설치 예

(2) 펌프 토출측에 공기조(air chamber) 설치

공기조는 물과 공기가 들어 있는 밀폐 용기로서 펌프 토출측 부근의 토출 라인에 설치하며, 펌프의 급정지에 의해 토출 라인 내의 물의 압력이 떨어지면 공기조 내에 축적되어 있는 압력에너지를 방출하고, 역으로 토출 라인 내의 물의 압력이 올라가면 물을 받아들여 압력에너지를 흡수함으로써 압력의 급상승 또는 급강하를 방지하는 가장 효과적인 수격 작용 방지장치이다.

① 공기조의 자동 컨트롤 : 펌프계의 안정성 및 신뢰성 향상을 위해 공기조는 일반적으로 공기조 내의 공기압 또는 수위 유지를 목적으로 공기 압축기와 연결되며, 레벨 센서 등에 의해 자동 컨트롤을 하는 경우가 대부분이다.

② 공기조의 수격 방지 예 : 펌프 급정지 후 토출 라인을 따라 부압이 발생되었던 것이 공기조를 설치하면 최대 및 최소 압력 구배선이 극적으로 변경되어 부압은 물론 이상 압력 상승 또한 방지할 수 있다.

(3) 통상의 서지탱크 설치

[그림 2-51]과 같이 관로 도중에 충분히 큰 서지탱크를 설치하여 관내 압력이 강하하는 즉시 물을 보급하여 압력 저하를 방지함과 동시에 압력 상승도 흡수하게 된다. 이 경우 탱크 아래쪽에는 수격 작용이 발생하지 않으므로 펌프와 탱크 사이만을 고려하면 된다. 단, 정상 상태의 관내압이 높으면 탱크 높이가 높아져야 하기 때문에 설치 장소가 제한되고, 건설비도 비싸진다.

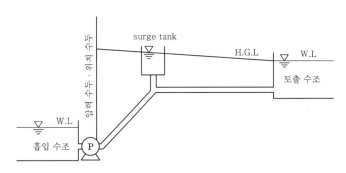

[그림 2-51] 서지탱크

(4) One way surge tank 설치

[그림 2-52]와 같이 통상의 서지탱크에 역지밸브를 붙인 것으로 부압 발생 장소에 설치하여 접속부의 관내 압력이 탱크의 수위차보다 낮아지면 역지밸브가 열려 물을 보급하여 압력강하를 방지한다. 통상의 서지탱크보다 높이를 낮게 할 수 있지만, 유효 관로 길이가 비교적 짧기 때문에 관로가 긴 경우와 관로의 상태에 따라서는 여러 개를 설치할 필요가 있는 경우도 있다.

■ 서지탱크(통상형 및 one way형)를 설치할 경우

① 설치 장소와 공간 확보
② 구조물의 크기 제한과 주위와의 조화
③ 사수(死水) 대책 및 동결 방지대책
④ 양액의 제한 : 개방 탱크이기 때문에 악취 등을 가지는 액이나 가연성액은 불가하고, one way의 경우 역지밸브의 작동 불량을 발생시킬 수 있는 액의 부적합 등의 문제점을 충분히 검토할 필요가 있다.

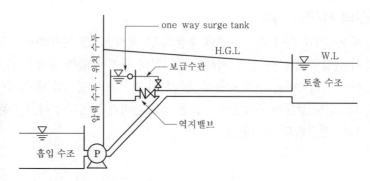

[그림 2-52] one way surge tank

[표 2-6] 부압(수주 분리) 및 상승압의 방지법

목적	순번	방법	효과	비고
부압·수주 분리의 방지	1	flywheel을 설치한다.	관성 효과(GD^2)를 증가시켜 회전수와 관내 유속의 변화를 느리게 한다.	소형기에 대해서는 유효하지만 대형기와 관 길이가 길 때에는 flywheel이 지나치게 커지므로 부적합하다.
	2	펌프 토출측에 공기조(air chamber)를 설치한다.	축척하고 있는 압력에너지를 방출하여 압력 강하를 방지함과 동시에 압력 상승도를 흡수한다.	부압 방지의 가장 효과적인 장치이며 계의 안정성 및 신뢰성을 높이기 위해 자동 컨트롤에 대한 검토가 필요하다.
	3	관경을 크게 한다.	관내 유속을 저하시켜, 관로 정수를 작게 함으로써 압력 강하를 방지한다.	관 전장의 대부분에 걸쳐서 이를 시행하지 않으면 효과가 없기 때문에 건설비가 비싸다.
	4	관의 경로를 변경한다.	관의 종단면 형상에 대해 가능한 관을 깊이 시공한다.	지형과 비용상의 제약 때문에 실시가 용이하지 못한 경우가 많다.
	5	공기밸브를 설치한다.	부압 발생 장소에 공기를 자동적으로 흡입시켜 이상 부압을 경감한다. 압력과 전파속도도 작아지게 된다.	공기 흡입 지점의 하류 측이 자연 유화되는 경우에는 좋지만, 그 이외의 경우에는 흡입된 공기에 의해 수격이 조장될 경우가 있기 때문에 신중한 검토가 필요하다.
	6	펌프를 지나 흡입 수조와 토출관 사이에 자동 개폐밸브를 설치한다.	흡입 수조의 물을 자동적으로 흡상하여 이상 압력 강하를 방지한다.	관로의 고저 상황에 따라서는 목적을 이루지 못하는 경우가 있다.

목적	순번	방법	효과	비고
상승압의 방지	7	통상의 서지탱크를 설치한다.	부압 발생 장소에 물을 공급하여 압력의 이상 강하를 경감함과 동시에 압력 상승도 흡수한다.	송소중의 관내 압력이 높을 때에는 서지탱크의 높이도 높게 되어 건설비도 비싸지만 효과는 이상적이다. 서지탱크는 아래쪽에서는 수충격이 발생하지 않으므로 펌프와 탱크 사이만을 고려하면 된다.
	8	one way surge tank를 설치한다.	부압 발생 장소에 물을 공급하여 압력의 이상 강하를 경감한다.	고양정 펌프계에서는 탱크의 높이가 낮아도 되므로(one way), 관로에 다수의 탱크를 설치할 수 있다.
	9	디젤기관 구동의 경우는 고장 발생과 동시에 자동적으로 속도를 제어하면서 정지한다.	역지밸브의 급폐쇄를 지연시킴으로써 압력 상승을 방지한다.	기관의 보호 및 자동 장치를 충분히 해 둘 필요가 있다.
	10	역지밸브 또는 bypass 밸브의 자동 완폐, 물 또는 기름을 이용한 dash pot와 액압 조작 by pass 밸브를 이용한다.	구동기의 급속 정지에 의한 부압 발생을 막기 위해 적극적으로 컨트롤한다.	소형 펌프에서는 역지밸브를 직접 완폐하며, 중형 이상은 역지밸브에 큰 by pass를 설치하고, 그 도중의 by pass 밸브를 자동 완폐한다.
	11	안전밸브를 사용한다.	설정압보다도 상승하면 안전밸브가 열려, 이상 압력 상승을 방지한다.	급격히 압력이 상승하는 경우와 관로가 짧은 경우는 안전밸브의 동작이 지체되어 효과를 그다지 기대할 수 없다.
	12	급폐쇄식 체크밸브를 사용한다.	폐쇄 지연에 의한 부가적인 압력 상승을 방지한다.	주로 스프링 부착식이 많으며, 밸브의 저항이 크기 때문에 소요 전양정의 산출에 주의를 요하고, 소형 펌프용으로 적합하다.
	13	주 토출밸브의 자동 폐쇄 및 역지밸브를 생략하고, sluice, butterfly 밸브 등을 유압, 수압 등으로 자동 완폐한다.	역지밸브를 생략하여, 압력 상승을 방지한다.	고양정 대용량 펌프에 적합하다.
	14	역지밸브, 후드밸브를 생략하여 토출 관로의 물을 전부 역류시킨다.	가장 간단한 방법으로 압력 상승을 방지한다.	관로의 길이에 비해 흡입 수조의 수용량에 여유가 없으면 넘치는 경우가 있다.
	15	자동 방류밸브를 사용한다.	펌프 동력 차단과 동시에 방류밸브를 급개하여, 토출측에서 외부로 방류, 역지밸브가 닫히므로 자동 완폐하여 압력 상승을 막는다.	고양정 펌프에 적합하지만 부압이 발생하지 않는 계통에 한정된다.

2) 수충격 현상 해석

(1) 목적

수충격 현상 해석은 펌프, 파이프 라인, 각종 밸브, 흡토출조 등으로 구성되어 있는 펌프계에 있어서 유체라도 현상 발생 시 펌프계의 각 위치에서 유량(또는 유속)과 압력 변동을 계산하는 것이 목적이다. 각종 방지 설비의 설계 파라미터값이나 컨트롤 데이터를 산정할 수 있으며, 또한 가장 효과적이며 경제적인 수충격 경감책을 세울 수 있다.

(2) 특성곡선법

수충격 작용의 해석을 위한 기본 방정식은 일반적인 유동 해석과 마찬가지로 운동량 정리와 연속방정식을 적용하여 해석한다. 이때 이 방정식은 적당한 경계조건과 초기 조건이 주어지면 해를 구할 수 있다. 최근에는 컴퓨터가 많이 보급되어 있기 때문에 수치 해석에 의한 해를 구하게 되며, 이때 특성곡선법을 많이 사용한다.

Section 34 유체기계 축봉장치의 사용 이유와 종류별 구조 및 특징

1. 축봉장치의 사용 이유

유체기계 내의 유체가 외부로 누설되거나 또는 내부가 부압인 경우 외기의 흡입을 방지하기 위해서 주축이 케이싱에 관통하는 부분에 축봉장치가 설치된다. 유체기계의 축봉장치로는 목적에 따라서 글랜드 패킹, 라비린스, 기계적 밀봉장치 등이 사용된다.

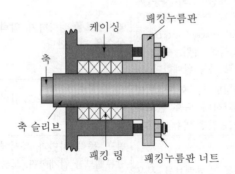

[그림 2-53] 패킹 링에 의한 축봉장치

2. 축봉장치의 종류별 구조 및 특징

1) 글랜드 패킹(gland packing)

펌프 등의 축봉장치로 글랜드 패킹이 이용된다. 글랜드 패킹은 밀봉 물질(그리스+석면+흑연)을 이용해서 패킹 누름으로 흐름을 방지한다. 글랜드 패킹으로는 완전한 밀봉이 어렵기 때문에 마모가 생기기 쉬운 단점이 있으나 간단하게 사용할 수 있다.

[그림 2-54] 글랜드 패킹

2) 라비린스(labyrinth)

기체를 취급하는 송풍기, 압축기 등에 많이 사용된다. 선단에 구멍을 뚫은 원판을 케이싱 또는 축에 설치하여 밀봉한다. 이 방식은 동력손실이 거의 없으나 밀봉 부분이 길어서 약간의 누설을 수반하는 단점이 있다.

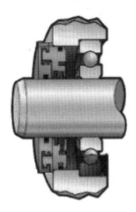

[그림 2-55] 라비린스

3) 기계적 밀봉장치(mechanical seal)

기계적 밀봉장치는 축에 수직한 2개의 평면 사이의 접촉 압력에 의해서 축봉을 한다. 언밸런스형과 밸런스형이 있고 고압의 유체에 많이 사용된다. 기계적 축봉은 가장 성능이 우수하고 완전한 밀봉이 가능하다. 또한 고속, 고압에 견디고 축의 마모가 생기지 않으나 다른 축봉장치에 비하여 고가이다.

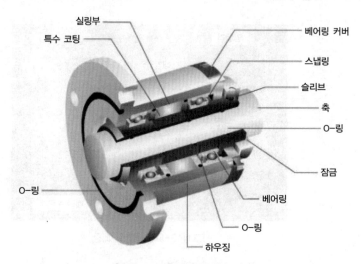

[그림 2-56] 기계적 밀봉 장치

Section 35 **송풍기와 압축기에서 풍량 제어방식**

1. 송풍기의 풍량 제어

공조 부하의 변동에 따라서 송풍 공기의 온도를 변화시키고 송풍량은 일정하게 하는 일정 풍량방식(CAV방식)과 송풍 온도를 일정하게 한 채로 송풍량을 변화시키는 가변 풍량방식(VAV방식)이 있으나, 에너지 절약이라는 측면에서 최근에는 VAV방식이 널리 채용되고 있다.

VAV방식의 경우 송풍기의 토출 풍량을 변화시키는 방법은 다음과 같다.

① 댐퍼 제어

② 흡입 베인(suction vane) 제어

③ 회전수 제어(inverter방식)

댐퍼 제어방식에는 덕트의 토출측 또는 흡입측에 댐퍼를 설치하는 방법과 케이싱 내에 스크롤(scroll) 모양의 판을 설치하고 그 형상을 조임으로써 풍량을 제어하는 스크롤 댐퍼방식이 있다.

흡입 베인방식은 송풍기 흡입구에 방사상의 회전 날개를 설치해서 송풍량의 감소와 더불어 송풍기 흡입구의 유입 공기를 가능한 한 에너지 손실 없이 흡입할 수 있도록 한 것이다.

회전수 제어방식은 (η)의 송풍기 법칙에서 나타낸 것처럼 회전수비의 세제곱에 비례하여 송풍기 동력이 변화하므로 가장 에너지 절약효과가 높은 풍량 제어방식이다. 회전수 제어방법으로는 기계적인 무단 변속기, 정류자 전동기, 전동기의 극수 변환, 인버터 등을 이용하는 방법이 있으나 최근에는 특히 인버터방식이 증가하고 있다.

인버터방식이란 보통의 상용 전원의 교류를 컨버터(converter)를 이용하여 직류로 바꾼 후 이것을 다시 인버터(inverter)에서 임의의 주파수를 가진 교류로 바꾸어 전동기를 구동함으로써 전동기의 회전수를 바꾸는 것이다.

VAV방식에서는 공조 부하에 대응하는 송풍량 변화의 신호를 인버터로 보내어 전동기의 회전수, 즉 송풍기의 회전수를 변화시킨다.

2. 압축기의 풍량 제어

1) 용량 조절

원심 압축기의 풍량, 풍압을 제어하는 방법으로 다음과 같은 것이 있다.
① 토출밸브 죔
② 흡입밸브 죔
③ 인레트 · 가이드밴 · 컨트롤
④ 속도 변경
⑤ 바이패스 또는 방풍
⑥ 상기의 조합

2) 토출밸브 개폐에 따른 용량 변화

① 토출밸브 조절 : 압축기를 일정한 회전수로 운전하면서 토출밸브를 죄면 압축기의 토출 압력은 상승된다. 가령 프로세스에 필요한 가스량을 일정 압력으로 유지하면서 감량하는 경우에는 압력을 검출하여 토출밸브를 죄면 된다. 보통 서징점까지의 풍량 범위가 적으므로 그다지 채용되지 않으나 가장 간단한 방법이다.
② 흡입밸브 조절 : 압축기의 흡입 라인에 부착된 밸브를 죔으로써 용량을 제어하는 방

법이며 토출밸브 제어보다 안정 작동 풍량 범위가 넓고 감량 시의 동력도 절감된다. 공기 압축기에 많이 채용되는 방법이다.

③ inlet guide vane 조절 : 임펠러의 입구에서 유체 흐름 각도를 왜곡시켜 유량을 유효하게 조절하는 방법이다. 흡입 밸브 죔보다 효율이 좋아 공기 압축기의 용량 제어 등에 많이 이용된다. 또한 암모니아 합성용 압축기의 최종단과 같이 합성 가스 압축기와 같은 케이싱 내에 리사이클 단을 부착시킬 경우 합성 가스 압축기의 용량 제어를 속도 변경으로 행하고 리사이클 단에 인레트·가이드벤·컨트롤을 설치해 두면 미세 조정에 편리하다. 다단 원심 압축기에서 초단에 인레트·가이드벤·컨트롤을 설치할 경우의 서징선은 만일 서징이 2단째 이후의 단에서 일어난다면 흡입 밸브 죔의 경우와 같이 원점에서의 방사선이 된다.

④ 회전수 조절 : 구동기의 속도를 조절함으로써 압축기의 용량을 제어하는 방법이며, 터빈 구동의 압축기에서는 대부분 이 방법을 쓰고 있다.

3) 저압력비 압축기의 속도 제어 특성

양정관계는 압축기의 압력비가 매우 작은 것에 대해 근사적으로 성립되지만 압력비가 큰 다단 압축기에서는 회전수의 2승보다도 훨씬 크게 변한다. 합성 가스 압축기나 암모니아 플랜트의 공기 압축기에서는 압력비가 크므로 속도 제어에 대한 성능곡선은 임펠러의 단단 성능에서 컴퓨터에 의해 전체 성능을 산출할 필요가 있으나 석유 정제용의 순환 압축기와 같이 압력비가 매우 작은 것은 2승 법칙으로 계산하여도 큰 오차가 없다. 속도 제어의 경우 서징선은 압력비가 매우 작은 것은 2승 법칙으로 어느 정도 예측할 수 있으나 압력비가 큰 것은 많이 달라진다.

4) 바이패스 제어 혹은 방풍 제어

압축기가 송출하는 가스량에 비해 플랜트가 요구하는 가스량이 작은 경우 그 성분의 가스를 냉각기를 통해 압축기의 흡입측에 되돌리는 방법을 바이패스 제어라고 한다. 공기 압축기의 경우에는 흡입측으로 되돌리는 대신에 대기로 방출하므로 방풍 제어라고 한다.

바이패스 제어 혹은 방풍 제어에서 압축기의 소요동력은 바이패스 또는 방풍되는 양을 포함한 전 가스량을 압축하는 것만큼 필요하므로 바이패스되는 양만큼 동력손실이 증가된다. 즉 감량 운전 시의 효율이 아주 나쁘다.

5) 용량 조절 수단 비교

① variable pitch 사용방법

impeller의 취부 각도를 조정하고 가변 pitch의 경우 그 구조가 복잡하여 설치하지 않으며, 주로 axial compressor나 blower에서 사용한다.

항상 최고 효율점에서 운전이 가능하고 기타 다른 풍량 조절 방법과 조합하여 경제적으로 컨트롤할 수 있다.

② speed control

유도전동기의 2차측 저항을 조절하여 속도를 변환하며 정류자 전동기에 의한 속도 조절한다. VVVF 제어와 변속 pully를 사용한다.

③ suction guide vane

suction casing에 붙어있는 가변 날개(guide vane)로 흡입량을 조절하고 풍량이 큰 범위에서 변화되는 경우 speed control보다 효과적이다. 온도, 습도에 따른 자동제어가 가능하고 유량 제어에 가장 많이 사용하며 discharge damper에 의한 조절과 suction damper에 의한 조절이 있다.

6) 서징 방지장치

압축기의 토출 압력을 유지하면서 유량을 감소시킬 때 어느 한도를 넘으면 큰 압력 변동을 일으켜 진동, 이상음이 생기고 방풍량, 압력 모두 크게 진동한다. 이 현상을 서징이라고 한다. 압축기를 서징 상태로 운전을 계속하면 진동이나 스러스트 힘의 대폭적인 변동에 의해 베어링 소손, 래버린스 접촉, 기타 중대한 사고를 유발할 염려가 있으므로 압축기는 절대로 서징에 들어가지 않도록 하고, 서징에 들어가더라고 곧 작동점을 서징 영역 외로 되돌릴 수 있게끔 적절한 조치가 요망된다.

Section 36 양수발전소의 역할과 운영방식에 따른 분류와 양수발전소에서 많이 사용되고 있는 수차의 종류와 특성

1. 양수발전소의 역할과 운영방식

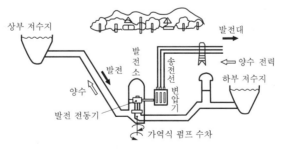

[그림 2-57] 양수 발전의 구조

1) 양수발전소의 역할

조정지식 또는 저수지식 발전소의 일종으로 전력 수요가 적은 심야 또는 주말 등 부하 시에 여유 전력을 이용하여 하부 저수지의 물을 높은 곳에 위치한 상부 저수지에 양수하여 물을 저장하였다가 전력 사용이 가장 많은 시간에 상부 저수지의 물을 다시 하부 저수지로 낙하시키면서 전기를 발생하는 방식이다. 이 방식에는 상부 저수지에 하천으로부터의 자연 유입량이 있고 부족되는 수량만을 하부 저수지로부터 양수하는 혼합식 양수발전소와 상부 저수지에는 전혀 자연 유입량이 없이 양수된 수량만으로서 발전하는 순양수식 발전소의 2가지가 있다.

2) 양수발전의 운영방식

국내 양수발전운영방식은 크게 경제양수와 수급양수로 분류되고 있다.

① 경제양수 : 전력생산원가가 낮은 발전기가 생산한 전력으로 양수를 실시하고, 전력 생산원가가 높은 발전기로 발전해야 하는 전력을 양수발전기로 대체하면 전력계 통 전체 에너지비용을 절감할 수 있다. 이러한 운영을 경제양수라고 한다. 양수발 전기 운영을 통해 에너지비용을 절감하기 위해서는 단기(일일 혹은 주간)부하의 변동폭이 일정 수준 이상으로 커야 한다. 이는 양수과정에서 에너지의 손실이 발 생하므로 양수한 에너지가 대체하게 되는 발전기의 발전비용에 양수발전종합효율 을 곱한 비용이 양수에 필요한 총에너지비용보다 커야 하기 때문이다. 즉 다음의 조건을 충족할 경우에 경제양수가 가능하다.

양수비용 < 대체발전비용×양수발전종합효율

② 수급양수 : 경제양수가 불가능한 상황에서도 안정적 전력공급을 위해 양수발전기 운영이 요구될 수 있다. 양수발전기의 투입 없이는 안정적인 전력공급을 위한 발 전능력 및 예비력을 확보하기 어려운 것으로 예측될 경우 계통운영자의 판단에 의해 양수발전기 운영이 이루어지는데, 이를 일반적으로 수급양수라고 한다.

2. 수차의 종류와 특성

1) 펠턴수차

물의 압력수두를 속력수두로 변환하며 고낙차에 사용되는 유일한 충동식 수차로 낙 차 범위는 70~1,000m이다.

2) 프란시스수차

국내에서 가장 많이 적용하며 중간 낙차에 사용되는 반동형 수차로 가역식 양수발전 소의 펌프-터빈에 대표적으로 사용하고 낙차 범위가 넓고, 효율이 양호하다.

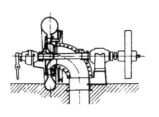

(a) 횡축 단륜 단사 원심 수차

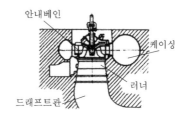

안내베인
케이싱
러너
드래프트관

(b) 종축 단륜 단사 원심 수차

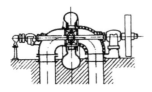

(c) 횡축 단륜 복사 원심 수차

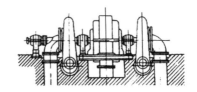

(d) 횡축 이륜 단사 원심 양걸이 수차

[그림 2-58] 프란시스수차의 구조

3) 프로펠러수차

낮은 낙차에 사용되는 반동형 수차로 국내 소수력발전소에 가장 많이 채용하며 유량 변동이 클수록 효율 저하가 심하다.

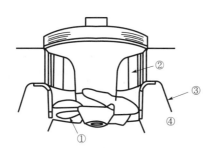

① 블레이드
② 안내 베인
③ 케이싱
④ 드래프트관

[그림 2-59] 프로펠러수차의 구조

4) 카플란수차

유량 변동에 따른 효율 저하를 개선하며 회전 날개차의 유량 통과 각도의 조정은 날개차의 날개각도를 안내 날개의 열림량에 비례하여 스스로 조정한다.

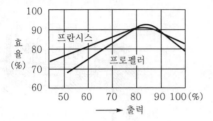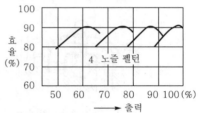

[그림 2-60] 각종 수차의 성능

5) 펌프수차

반동 수차는 수중에서 운전하며 수차와 반대 방향으로 회전 시 날개면에서의 물의 흐름이 터빈에서 작용할 때와 반대로 수차가 펌프로도 사용이 가능하다. 회전 날개차가 두 가지 성능으로 사용하며 최고 성능이 다소 낮지만 경제적이다.

[표 2-7] 수치별 특성 비교

항목	형식	펠턴수차	프란시스수차	사류수차	프로펠러수차
1	비속도(n_s) (rpm, kW, m)	$(10{\sim}25)\sqrt{N}$ (N : 노즐 계수)	50~350	100~400	250~1,200
2	유효 낙차 H(m)	200 이상	40~600	30~200	2~90
3	실적에 의한 한계 비속도 (적용 낙차 범위)	-	$\dfrac{20,000}{H+20}+30$ ($H=$ 50~500m)	$\dfrac{20,000}{H+20}+40$ ($H=$ 40~180m)	$\dfrac{20,000}{H+20}+50$ ($H=$ 10~80m)
4	전효율(%) (10만 kW급, 설계점)	90	93	93	93
5	무구속 비속도	1.6~1.9	1.4~2.0	1.8~2.4	2.0~2.5

> **예제**
>
> 유효 낙차 50m, 유량 100m³/sec의 수력 발전소에서 수차의 출력이 35,000kW일 때 수차의 효율은 얼마인가? (단, $\eta = \dfrac{\text{정미 출력}}{\text{이론 출력}}$ 이다.)
>
> **풀이** $P = \rho g Q H \eta$에서
> $$35,000 \times 102 = 1,000 \times 50 \times 100 \times \eta$$
> $$\therefore \ \eta = 71.4\%$$

Section 37   전원 주파수가 50Hz인 지역과 60Hz인 지역에서 전양정 · 유량 · 모터의 동력 비교

1. 50Hz와 60Hz의 회전수 비교

$N_s = 120 f / P$ 식에 의해서 비교하면

극수가 4개이며, 주파수가 50Hz인 회전수는

$N_s = 120 \times 50 / 4 = 1,500$이며,

극수가 4개이며, 주파수가 60Hz인 회전수는

$N_s = 120 \times 60 / 4 = 1,800$이다.

위의 결과에 의해서 주파수가 50Hz보다는 60Hz에서 회전수가 손실을 고려하지 않고 비교를 하면 300rpm 더 회전을 하므로 펌프의 전양정과 유량은 증가하게 된다.

2. 전동기 속도

$$N_s = 120 f / P$$

여기서, N_s : 동기속도(rpm)

$\quad\quad\quad f$: 주파수(Hz)

$\quad\quad\quad P$: 극수

전동기에서 극수 대비 회전수는 실제로는 전동기 자체의 슬립이 존재하기 때문에 조금은 떨어진다. 4극 3.7kW 유도전동기의 경우에는 1,730rpm 정도가 나온다. 그러므로 모터의 명판에 적혀 있는 값을 참조해서 사용해야 한다.

[표 2-8] 극수와 주파수에 따른 회전수

극수	주파수	회전수
2	60	3,600
4	60	1,800
6	60	1,200
12	60	600

외국 수출용으로 사용할 경우에는 50Hz를 쓰는 나라가 있으므로 반드시 그 나라의 표준 전압(상용 전원)과 Hz를 확인해야 한다. Hz가 맞지 않는 모터를 장착할 경우 모터에 열이 많이 나므로 빨리 소손(내부 코일의 절연 파괴)될 수 있다. 그러나 인버터를 사용하면 주파수와 전압을 인버터가 제어하므로 인버터에 모터 설정값만 제대로 설정하면 무리를 주지 않는 선에서 사용할 수 있다.

① 50Hz 국가 : 중국, 인도, 일본, 태국
② 60Hz 국가 : 브라질

⚓ 참고자료

외국에서는 단상 전원도 콘센트가 달라서 가져간 장비를 사용하지 못하는 경우가 있다. 3상 모터가 부착되는 장비의 경우에는 그 나라의 3상 전원이 몇 볼트 전원을 사용하는지 확인하고 그에 맞는 트랜스나 인버터, 전기의 품질은 어느 정도인지 등을 알아보고 준비하는 것을 잊지 말도록 하자. 콘센트는 전환 어댑터를 알아보면 구할 수 있다. 외국 출장가서 전기 쿠커에 라면 끓여 먹어 본 사람은 알 것이다.

Section 38 펌프에서 발생하는 여러 현상(공동현상, 수격현상, 서징, 공진현상, 초킹, 선회실속)

1. 캐비테이션(cavitation)현상

물이 관 속을 유동하고 있을 때 흐르는 물속의 어느 부분의 정압(static pressure)이 그때의 물의 온도에 해당하는 증기압(vapor pressure) 이하로 되면 부분적으로 증기가 발생한다. 이 현상을 cavitation이라 한다.

① 캐비테이션 발생의 조건 : 그림에서처럼 유체가 넓은 유로에서 좁은 곳으로 고속으로 유입할 때, 또는 벽면을 따라 흐를 때 벽면에 요철이 있거나 만곡부가 있으면

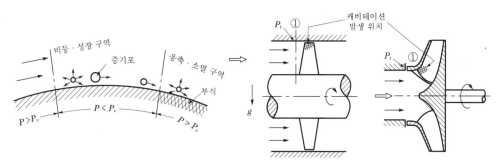

[그림 2-61] 관로에서의 캐비테이션 현상　　　　[그림 2-62] 캐비테이션 발생부

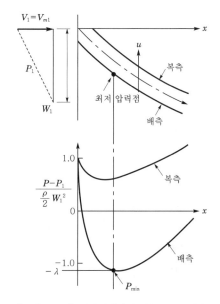

[그림 2-63] 캐비테이션에 따른 압력 저하

흐름은 직선적이 못되며 저압이 되어 캐비티(空洞)가 생긴다. 이 부분은 포화 증
기압보다 낮아져서 증기가 발생한다. 또한 수중에는 압력에 비례하여 공기가 용
입되어 있는데, 이 공기가 물과 분리되어 기포가 나타난다. 이런 현상을 캐비테이
션, 즉 공동현상이라고 한다.

② 캐비테이션 발생에 따르는 여러 가지 현상

　㉠ 소음과 진동 : 캐비테이션에 생긴 기포는 유동에 실려서 압력이 높은 곳으로
　　흘러가면 기포가 존재할 수 없게 되어 급격히 붕괴되어서 소음과 진동을 일으
　　킨다. 이 진동은 대체로 600~1,000 사이클 정도의 것이다. 그러나 이 현상은
　　분입관에 공기를 흡입시킴으로써 정지시킬 수 있다.

　㉡ 양정곡선과 효율곡선의 저하 : 캐비테이션 발생에 의해 양정곡선과 효율곡선이
　　급격히 변한다.

　　ⓒ 깃에 대한 침식 : 캐비테이션이 일어나면 그 부분의 재료가 침식(erosion)된다. 이것은 발생한 기포가 유동하는 액체의 압력이 높은 곳으로 운반되어서 소멸될 때 기포의 전 둘레에서 눌려 붕괴시키려고 작용하는 액체의 압력에 의한 것이다. 이때 기온 체적의 급격한 감소에 따르는 기포 면적의 급격한 감소에 의하여 압력은 매우 커진다. 어떠한 연구가가 측정한 바에 의하면 300기압에 도달한다고 한다. 침식은 벽 가까이에서 기포가 붕괴될 때 일어나는 액체의 압력에 의한 것이다. 이러한 침식으로 펌프의 수명은 짧아진다.

③ 캐비테이션의 방지책

　　㉠ 펌프의 설치 높이를 될 수 있는 대로 낮추어서 흡입 양정을 짧게 한다.

　　㉡ 펌프의 회전수를 낮추어 흡입 비속도를 적게 한다.

$$S = \frac{n\sqrt{Q}}{\Delta h^{\frac{4}{3}}}$$ 에서 n 을 작게 하면 흡입속도가 작게 되고, 따라서 캐비테이션이

일어나기 힘들다.

　　㉢ 단흡입에서 양흡입을 사용한다.

$$S = \frac{n\sqrt{Q}}{\Delta h^{\frac{4}{3}}}$$ 에서 유량이 작아지면 S 가 작아짐으로써 명백하다. 이것도 불충분

한 경우 펌프는 그대로 나눈다.

　　㉣ 종축펌프를 사용하고, 회전차를 수중에 완전히 잠기게 한다.

　　㉤ 2대 이상의 펌프를 사용한다.

　　㉥ 손실수두를 줄인다(흡입관 외경을 크게, 밸브, 플랜지 등 부속 수는 적게).

2. 수격현상(water hammer)

　　다음 그림과 같이 물이 유동하고 있는 관로 끝의 밸브를 갑자기 닫을 경우, 물이 감속되는 분량의 운동에너지가 압력에너지로 변하기 때문에 밸브의 직전인 A점에 고압이 발생하여, 이 고압의 영역은 수관중의 압력파의 전파속도(음속)로 상류에 있는 탱크 쪽의 관구 B로 역진하여 B 상류에 도달하게 되면 다시 A점으로 되돌아오게 된다. 다음에는 부압이 되어서 다시 A, B 사이를 왕복한다. 그 후 이것을 계속 반복한다.

　　이와 같은 수격현상은 유속이 빠를수록, 또한 밸브를 잠그는 시간이 짧으면 짧을수록 심하여 때에 따라서는 수관이나 밸브를 파괴시킬 수도 있다.

　　다른 경우 운전중의 펌프가 정전 등에 의하여 급격히 그것의 구동력을 소실하면 유량에 급격한 변화가 일어나고, 정상 운전 때의 액체의 압력을 초과하는 압력 변동이 생겨 수격 작용의 원인이 된다.

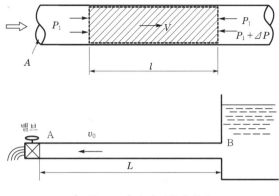

[그림 2-64] 수격 작용의 원리

1) 수격 작용 방지책

① 관 내의 유속을 낮게 한다(단, 관의 직경을 크게 할 것).

② 펌프에 플라이휠(flywheel)을 설치하여 펌프의 속도가 급격히 변화하는 것을 막는다.

③ 조압수조(調壓水槽, surge tank)를 관선에 설치한다.

④ 밸브(valve)는 펌프 송출구 가까이에 설치하고, 이 밸브를 적당히 제어한다(가장 일반적인 제어 방법).

3. 서징(surging)현상 : 동현상

펌프(pump), 송풍기(blower) 등이 운전 중에 한 숨을 쉬는 것과 같은 상태가 되어, 펌프인 경우 입구와 출구의 진공계와 압력계의 침이 흔들리고 동시에 송출유량이 변화하는 현상 즉 송출 압력과 송출유량 사이에 주기적인 변동이 일어나는 현상을 말한다.

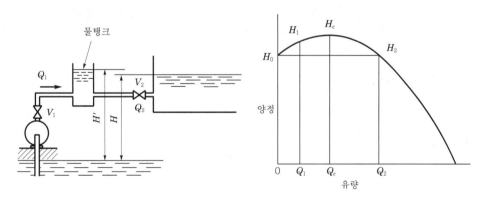

[그림 2-65] 서징에 따른 관로의 압력 변화

1) 발생원인

① 펌프의 양정곡선이 산고곡선(山高曲線)이고, 곡선이 산고 상승부에서 운전했을 때
② 송출관 내에 수조 혹은 공기조가 있을 때
③ 유량조절밸브가 탱크 뒤쪽에 있을 때

2) 서징현상의 방지책

① 회전차나 안내 깃의 형상 치수를 바꾸어 그 특성을 변화시킨다. 특히 깃의 출구 각도를 적게 하거나 안내 깃의 각도를 조절할 수 있도록 배려한다.
② 방출밸브를 써서 펌프 속의 양수량을 서징할 때의 양수량 이상으로 증가시키거나 무단 변속기를 써서 회전차의 회전수를 변화시킨다.
③ 관로에서의 불필요한 공기탱크나 잔류 공기를 제거하고 관로의 단면적 양액의 유속 저항 등을 바꾼다.

4. 공진현상(共振)

왕복식 압축기 흡입 관로 기주의 고유진동수와 압축기의 흡입 횟수가 일치하면, 관로는 공진 상태로 되어 진동을 발생함과 동시에 체적 효율이 저하하여 축동력이 증가하는 등의 불안한 운전 상태로 된다. 따라서 관로의 설계 시 이와 같은 공진을 피할 수 있는 치수를 선정해야 된다.

5. 초킹(choking)

축류 압축기에서 고정일(안내 깃)과 같은 익열에 있어서 압력 상승을 일정한 마하수에서 최대값에 이르러 그 이상 마하수가 증대하면 드디어 압력도 상승하지 않고, 유량도 증가하지 않는 상태에 도달한다. 이것은 유로의 어느 단면에 충격파(shock wave)가 발생하기 때문이다. 이 상태를 초킹이라 한다.

6. 선회 실속(rotating stall)

단익의 경우 각이 증대하면 실속하는데, 익열의 경우에도 양각이 커지면 실속을 일으켜 깃에서 깃으로 실속이 전달되는 현상이 일어나는 수가 있다. 그 이유는 B의 깃이 실속했다면 A와 B 사이의 유량이 감소하여 A 깃의 양각이 증가하는 반면 B와 C의 사이는 양각이 감소하여 C에서의 실속(stall)은 사라지고 A 깃에서 실속이 형성된다.

이와 같이 실속은 깃에서 깃으로 전달된다. 이와 같은 현상을 선회 실속(旋回失速, rotating stall)이라 한다.

> **예제**
>
> 편흡입 단단 벌류트 펌프를 설치하려고 한다. 전양정 20.6m, 양수량 1m³/min, 회전수 1,450rpm, 흡입 실양도 3m, 액온에 대한 증기압 0.752mAq, 흡입관 속의 총 손실수두 1.587m일 때 캐비테이션 발생 여부를 검토하고, 펌프의 설치 높이가 적당한가를 판정하여라(단, 액면에는 대기압이 작용하고 있고 흡상관조이며, 푸트밸브는 수면 및 2m에 있다.).
>
> **풀이** ① $Av\text{NSPH}$의 계산 : 공식에서
>
> $$Av\text{NSPH} = H_a - H_s - h_t - H_v = 10.33 - 3 - 1.587 - 0.752 = 4.99\,\text{m}$$
>
> ② $Re\,\text{NSPH}$의 계산
>
>   (a) σ를 구하기 위하여 n_s를 계산한다.
>
> $$n_s = \frac{1,450 \times \sqrt{1}}{20.6^{3/4}} = 140.6$$
>
> $n_s = 140.6$일 때 $\sigma = 0.06$을 얻는다.
>
> 공식에서
>
> $$Re\,\text{NSPH} = \sigma \cdot \text{H} = 0.06 \times 20.6 = 1.236\,\text{m}$$
>
>   (b) 흡입비 속도에서 편흡입이므로 S=1,200을 공식에 대입하면
>
> $$Re\,\text{NSPH} = \left(\frac{\text{N}\sqrt{\text{Q}}}{1,200}\right)^{4/3} = \left(\frac{1,450\sqrt{1}}{1200}\right)^{4/3} = 1.286\,\text{m}$$
>
> 따라서 $Re\,\text{NSPH} = 1.286\,\text{m}$로 정한다.
>
> ③ 캐비테이션 발생 여부의 검토
>
> 공식에 의하여
>
> $$\frac{Av\,\text{NPSH}}{Re\,\text{NSPH}} = \frac{4.99}{1.286} = 3.88 > 1.3$$
>
> 가 되어 여유가 충분하므로 캐비테이션은 일어나지 않는다. 따라서 설치 높이는 문제가 되지 않는다.

Section 39　Control valve의 Body size 설계 시 고려할 사항

1. 개요

프로세스 중에서 중요한 역할을 지닌 컨트롤밸브가 소기의 목적에 알맞은 기능을 발휘하기 위해서는 컨트롤밸브 전체 사양 결정뿐만 아니라 이에 관계되는 많은 조건을 충분히 감안하여 선정이 필요하다.

2. Control valve의 Body size 설계 시 고려할 사항

① 대상프로세스 : 컨트롤밸브를 포함한 프로세스의 전체적인 이해 및 파악을 하며 프로세스 자체의 스타트업, 셧다운 및 긴급 이상 시 상태를 검토한다.

② 사용목적 : 유체 자체의 프로세스변수를 제어하거나 유체의 흐름차단 또는 개방에 대한 선택을 검토한다.

③ 응답성 : 프로세스제어 및 안전상 응답성이 요구되는 경우 조작신호에 대한 응답속도 및 밸브 자체가 가지는 응답속도를 검토한다.

④ 프로세스특성 : 프로세스특성상 자기 평형성의 유무, 필요 유량변화범위, 응답속도 등 확인한다.

⑤ 유체조건 : 유체명, 성분조성, 유량 및 압력(밸브 입구와 출구), 온도, 점도, 밀도(비중, 분자량), 증기압, 과열도(수증기) 등을 검토한다.

⑥ 유체 성상(性狀) 및 특성

   ⊙ 위험성 : 인체에 대한 위험성, 특정 물질과의 반응성, 폭발성 등

   ⓛ 부식성, 마모성 : 부식조건, 내식재료, 사용금지재료 등

   ⓒ 폐색성 : 슬러리의 유무, 협잡물의 내용, 폐색 방지대책 등

   ⓔ 응고성 : 응고조건, 응고 방지대책 등

⑦ 레인지 어빌리티(range ability) : 컨트롤밸브의 실용상 만족해야 하는 최대와 최소의 밸브용량비율로, 밸브 1대로 필요로 하는 레인지 어빌리티를 얻을 수 없을 때는 다음 방안을 검토한다.

   ⊙ 컨트롤밸브를 2대로 한다.

   ⓛ 레인지 어빌리티가 큰 밸브로 변경한다.

⑧ 밸브 차압 설정 : 밸브 상·하류측의 차압을 계산하여 반영하며 프로세스 중에서 조절밸브에 의한 압손을 구하는 것으로 일반적으로 0.3~0.5로 한다.

⑨ 셧 오프(Shut-Off) 압력 : 밸브 차단 시 차압의 최대값은 구동부 선정, 조절밸브 각부의 강도설계 등에 필요한 데이터이다. 실제 사용조건을 고려하여 셧 오프 압력을 정하여 적절한 밸브의 사양이 정해지도록 해야 한다.

⑩ 밸브시트 누설량

   ⊙ 밸브 차단 시 밸브시트 누설량이 어느 정도까지 허용될 수 있는지 확인한다.

   ⓛ 표현방식 : ANSI B16 104 규정(컨트롤밸브의 정격 C_v 치×%로 표시)

⑪ 밸브 동작조건 : 밸브 동작은 안전확보를 위한 동작과 입력신호변화에 대한 동작의 2가지 목적이 있다.

   ⊙ 입력신호 또는 동력원 유실 시 플랜트의 안전확보측면으로 동작한다.

   ⓛ 입력신호 증가에 따라서 밸브가 닫히는 정동작(Air To Close), 반대의 경우인 역동작(Air To Open)형으로 구분한다.

⑫ 환경조건 : 밸브 설치공정의 온도, 습도, 염분, 부식가스, 먼지, 진동조건 등을 고려한다.

⑬ 소음 : 밸브에서 발생하는 소음한계치를 정하고 저감대책을 수립한다.
　㉠ ISA기준 : 밸브 출구측의 수평배관과 밸브 수직방향에 대해 밑으로 45도인 지점에서 0.9m(3ft) 떨어진 지점에 마이크로 측정
　㉡ 소음 판단기준 : 미국 직업안전건강법 규정, 90dB(A), SPL상태로 하루 8시간 이상 노출규제

⑭ 방폭성능 : 가연성 가스가 존재하는 곳에 설치되는 경우 밸브와 함께 사용하는 스위치류 등은 등급구분에 적합한 방폭성능을 구비한다.

⑮ 동력원 : 공기를 동력원으로 사용하는 경우 밸브기능이 손상되지 않도록 수분, 유분, 먼지 등을 제거하여 청정도를 확보하고, 또한 조작력을 충분히 확보하기 위한 조작압력 및 용량을 확보한다.

⑯ 배관사양 : 배관호칭경, 배관규격, 재질, 접속방식 등을 검토한다.

⑰ 기타 사항 : 바이패스밸브 설치 여부, 밸브의 보수성, 경제성 등을 고려한다.

3. 밸브사이즈

1) 정의

밸브를 통과하는 유체조건으로부터 컨트롤밸브 정격 C_v값을 산출하여 밸브를 선정하는 것을 말한다.

① 가장 실용적이고 취급이 쉬운 FCI(Fluid Control Institute)식을 사용하며 필요시 ISA(Instrument Society of America)방식에 의한 보정을 실시한다.

② 일반적으로 현장에서는 FCI식을 사용하여 C_v를 계산하며, 이때는 1~10%의 오차가 발생한다. 실제로 주어지는 유체에 대한 조건이 정확하게 주어지지 않는 경우나 간이계산식으로 계산 시에는 밸브 C_v보다 최대 80% 이내로 선정한다.

2) C_v의 정의

컨트롤밸브의 용량을 표시하는 수치로 밸브의 개도를 일정하게 하고, 그 전후 차압을 1psi로 유지하였을 때 60°F(15.6℃)의 물이 1분간 흐르는 양을 US갤런(1galon=3.785L)으로 표시한 값이다.

Section 40 에너지의 전달방향에 따른 유체기계의 분류

1. 개요

동력을 써서 물 또는 액체(비압축성 유체)의 압력을 변화시키는 수력 기계는 펌프이다. 펌프에는 회전하는 회전차(impeller)의 동역학적 작용에 의하여 압력을 높이는 원심형과 축유형 및 피스톤(piston)의 왕복운동을 이용하는 왕복형 회전체를 돌려서 액체를 밀어내는 회전형 또는 로터리(rotary)형, 그 외 특수한 것이 있다. 왕복형과 회전형은 용적형 또는 배제형이라고도 한다. 기체의 압력을 변화시키는 공기 기계는 송풍기 압축기이다.

전자는 작동유체를 비압축성 유체로 다룰 수 있으나, 후자는 압축성 유체로 다루지 않으면 안 된다. 송풍기, 압축기에 있어서도 펌프와 같이 원심형, 축류형, 왕복형, 회전형 등이 있다. 수차, 펌프 및 송풍기 등의 원심형, 축류형과 같이 회전차의 동역학적 작용하에서 작동하는 기계를 터보기계(turbo machinery)라고 한다.

2. 에너지의 전달방향에 따른 유체기계의 분류

유체기계의 분류는 다음과 같다.

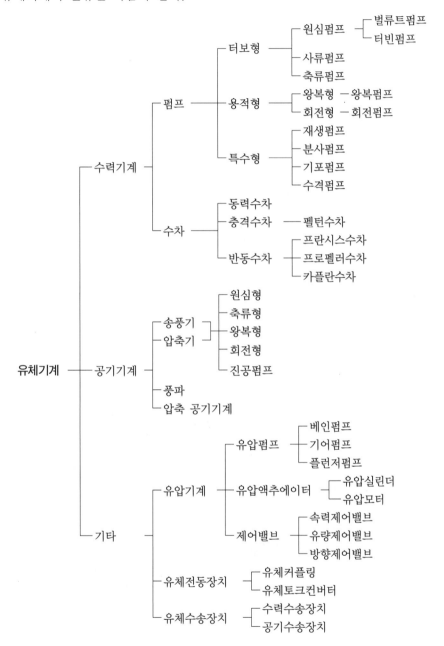

Section 41

원심펌프 임펠러의 전양정 H가 이론양정 H_{th}보다 작은 이유

1. 실양정

① 흡입 수면에서 송출 수면까지의 높이

$$H_a = h_a$$

② 수면이 압력을 받고 있을 경우

$$H_a = h_a + \frac{p_2 - p_1}{\rho g}$$

③ 흡입 실양정 : 흡입 수면에서 펌프까지의 높이
④ 송출 실양정 : 펌프에서 송출 수면까지의 높이

2. 전양정

물을 실양정만큼 양수하는 데 필요한 펌프 양정

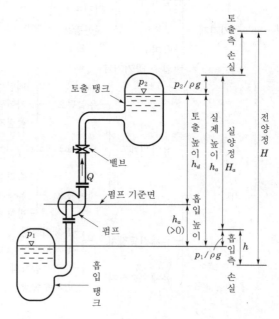

[그림 2-66]

$$H = H_a + \Sigma h_1 = h_a + \frac{p_2 - p_1}{\rho g} + h_{1s} + h_{1d}$$

여기서, h_{1s} : suction head loss, h_{1d} : discharge head loss

실양정과 전양정의 비는 유체의 유속, 배관의 조건 등에 따라 다르나 일반적인 계산으로는 전양정/실양정=1.2-1.5 정도가 많고, 배관의 조건이 복잡하지 않을 때에는 1.3 정도를 잡아서 $H = 1.3 \times H_a$로 계산해도 무방하다.

3. 전양정 H가 이론양정 H_{th}보다 작은 이유

전양정 H가 이론 양정 H_{th}보다 작은 이유는 전양정은 펌프의 여러 손실 즉, 수력손실, 누설손실, 원판 마찰손실, 기계손실을 고려하여 양정을 산출함으로서 펌프의 효율을 증가할 수 있지만 이론양정은 손실을 고려하지 않기 때문에 전양정보다는 크게 된다.

Section 42 원심 압축기(radial compressor)와 원심 송풍기(radial blower)의 높은 압력비를 얻기 위한 주요 특징

1. 개요

터보식 압축기라고도 불리는 원심압축기는 팬, 프로펠러, 터빈을 포함하는 터보기계류에 속한다. 원심압축기(radial compressor)는 고속회전하는 임펠러의 원심력에 의해 속도에너지를 압력에너지로 변환시켜 압축시켜 주는 기계이다. 원심압축기는 원심송풍기(radial blower)의 구조와 대체적으로 동일하지만 고압력을 내기 위해서는 고속회전으로 운동되어야 하기 때문에 이를 견딜 수 있는 구조로 만들어진다. 원심압축기는 회전하는 기계요소와 정상적인 유체유동 사이의 각 운동량을 연속적으로 변화시키며, 연속적인 유동 때문에 터보기계는 용적식 압축기보다 더욱 큰 체적용량과 크기를 가진다. 원심압축기의 회전차의 깃은 반지름방향 깃과 후경깃이 사용된다. 후경깃의 원주속도는 보통 $u_2 = 200 \sim 250\text{m/s}$ 정도로 하고, 그 이상의 운전속도를 가지는 것에는 반지름방향 깃이 채용된다. 반지름방향 깃은 후경깃에 비해서 효율이 수% 떨어지고, 운전풍량의 범위도 얼마간 좁아지지만 구조가 튼튼하기 때문에 고속회전에 견딘다. 또한 압축기에서 기체의 온도 상승을 방지하고 압축효율을 높이기 위하여 냉각을 고려해야 한다.

2. 원심압축기와 원심송풍기의 높은 압력비를 얻기 위한 주요 특징

소요동력 및 임펠러 소재가 동일하다고 가정할 때 높은 압력비를 달성하기 위해서는 기존보다 높은 효율이 만족되어야 하지만, 비속도값이 1.0을 가지는 형식에서는 효율 향상 설계가 쉽지 않다. 또한 높은 압력비에서 운전된다는 것은 운전가능범위(surge margin 또는 turn down ratio, 이하 TR. TR=(Qdesign−Qsurge)/Qdesign이며 동일한 압력을 가지는 체적유량으로 계산된다)가 좁은 영역에서 운전됨을 의미한다. 그러므로 효율의 저하 없이 TR을 향상시키는 설계가 매우 중요하다. 특히 다품종, 대량생산되는 압축기의 경우에 TR이 넓으면 엔진에 매칭되는 압축기의 다양한 종류를 줄이는 효과를 제공함으로써 제품단가 감소와 타사 대비 기술경쟁력의 우위를 점할 수 있는 장점이 있다.

압축기시스템에서 스톨현상은 저유량 운전조건에서 압력 및 유량의 맥동을 유발하여 압축기의 운전범위를 제한하는 불안정특성을 의미한다. 스톨 발생은 케이싱에서 발생할 수도 있으나, 일반적으로 임펠러 입구 유동의 불안정성에 기인하는 임펠러 후단에 위치한 디퓨저스톨에 의해 발생하므로 임펠러 상류, 즉 인듀서 부분에서 발생하는 스톨을 억제하기 위해 임펠러 입구 슈라우드케이싱 설계를 충분히 검토해야 한다.

Section 43

펌프의 비속도(specific speed)와 비속도에 따른 임펠러 크기의 변화

1. 펌프의 비속도(specific speed)의 정의

1) 유량에 관한 상사측

$$\frac{Q_1}{D_1{}^3 N_1} = \frac{Q_2}{D_2{}^3 N_2} \tag{2.22}$$

2) 전양정에 관한 상사측

$$\frac{H_1}{D_1{}^2 N_1{}^2} = \frac{H_2}{D_2{}^2 N_2{}^2} \tag{2.23}$$

식 (2.22)와 식 (2.23)에서 D_1/D_2는 다음 식과 같다.

$$N_1 \frac{Q_1^{\frac{1}{2}}}{H_1^{\frac{3}{4}}} = N_2 \frac{Q_2^{\frac{1}{2}}}{H_2^{\frac{3}{4}}} \tag{2.24}$$

즉 상사가 되는 A, B 두 회전차가 있어서 그 유동 상태가 상사가 되려면 식 (2.24)의 관계가 이루어지지 않으면 안 된다. 또한 역으로 A 회전차의 회전수, 유량, 양정이 N_1, Q, H_1, B 회전차가 N_2, Q_2, H_2인 운동 상태일 때 식 (2.24)의 관계가 성립하면 이 A, B 두 회전차는 상사이고, 또 유동 상태도 상사가 된다.

지금 $N_1 = N$, $Q = Q$, $H_1 = H$, B 회전차에서는 $N_2 = n_s[\text{rpm}]$, $Q_2 = 1\,\text{m}^3/\text{min}$, $H_2 = 1\text{m}$라 하여 이것을 식 (2.24)에 대입하면 다음 식과 같다.

$$n_s = N \frac{Q^{\frac{1}{2}}}{H^{\frac{3}{4}}} \tag{2.25}$$

여기서 n_s를 다음과 같이 정의할 수 있다.

한 회전차를 형상과 운전 상태를 서로 모양이 비슷하게 유지하면서 그 크기를 바꾸어 단위 송출량에서 단위 양정을 내게 할 때 그 회전차에 주어져야 할 회전수를 처음(기준이 되는) 회전차의 비속도(specific speed) 또는 비교 회전도 n_s라 하고 식 (2.25)와 같이 표시한다. 즉 비속도가 같은 회전차는 모두 상사형태를 나타내거나 최적합한 회전수를 결정하는 데 이용된다.

n_s의 값은 펌프의 구조가 상사이고 유동 상태가 상사일 때에는 일정하며, 펌프의 크기나 회전수에 따라 변하지 않는다.

2. 비속도에 따른 임펠러의 크기 변화

1) 개요

비속도는 펌프의 성능을 표시하거나 임펠러의 형상 또는 가장 적합한 회전수를 결정하는 주요한 인자로서 그 점에서 벗어난 상태의 전양정 또는 토출량을 대입하여 구해도 된다는 의미는 아니다. 단, 토출량에 대해서는 양흡입 펌프인 경우 토출량의 1/2이 되는 한쪽의 유량으로 계산하고, 전양정에 대하여는 다단 펌프인 경우 회전차 1단당의 양정을 대입하여 계산해야 한다.

예 $Q = 14\text{m}^3/\text{min}$, $H = 100\text{m}$, $n = 1,750\text{rpm}$의 펌프인 경우

① 편흡입 1단 펌프의 경우

$$n_s = \frac{1,750 \times 14^{1/2}}{100^{3/4}} = \frac{1,750 \times 3.74}{31.62} = 207$$

② 편흡입 2단 펌프의 경우

$$n_s = \frac{1,750 \times 14^{1/2}}{50^{3/4}} = \frac{1,750 \times 3.74}{18.80} = 348$$

③ 양흡입 1단 펌프의 경우

$$n_s = \frac{1,750 \times 7^{1/2}}{100^{3/4}} = \frac{1,750 \times 2.65}{31.62} = 147$$

2) 수치 계산

비속도 n_s는 무차원수가 아니므로 동일한 회전차에서도 전양정, 토출량, 회전수 등의 단위에 따라 n_s의 값이 다르다. 보통은 m, m³/min, rpm 단위로 계산되지만, 그 외의 각 단위의 n_s 환산값은 [표 2-9]와 같다.

[표 2-9] η_s의 환산표

Q	m/min	l/s	m/s	ft/min	US gal/min	lmp gal/min
H	m	m	m	ft	ft	ft
n	rpm					
n_s	1	4.083	0.129	2.438	6.68	6.10
	0.245	1	0.0316	0.957	1.635	1.492
	7.746	31.6	1	18.82	51.50	47.20
	0.410	1.673	0.053	1	2.730	2.500
	0.15	0.611	0.09135	0.365	1	0.915
	0.164	0.670	0.0212	0.400	1.092	1

3) 비속도의 산출선도

주어진 사양(m, m³/min, rpm)에서의 비속도 산출은 비속도의 산출선도에 의하여도 된다.

4) 펌프의 형식과 비속도

비속도는 앞에서 설명한 바와 같이 세 개의 요소(H, Q, n)에 의해 결정되고, n_s가 정해지면서 이것에 해당하는 펌프의 형상은 대략 정해진다고 보아도 된다. 일반적으로는 양정이 높고 토출량이 적은 펌프에서는 대체로 n_s가 낮아지고, 반면 양정이 낮고 토출량이 큰 펌프에서는 n_s가 높게 된다. 또한 토출량, 양정이 같아도 회전수가 다르면 n_s가 달라져 회전수가 높을수록 n_s가 높아진다.

최근에는 설계, 제작 및 해석 기술의 발달과 함께 고속 경량화의 추세에 따라 펌프 형식에 따른 비속도의 추천 범위도 다양하게 변하므로 펌프 형식에 대응하는 비속도를 일관성 있게 적용하기는 어렵지만 [그림 2-67]의 펌프 형식에 따른 비속도 범위와 [그림 2-68]의 비속도와 펌프효율관계를 참고하여 설계에 반영하고 있다.

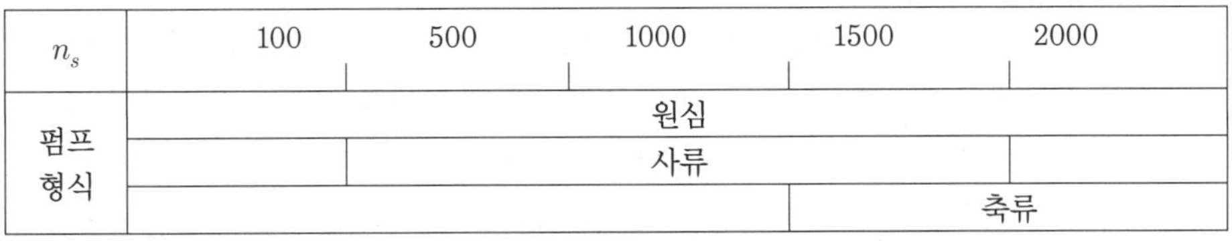

n_s	100	500	1000	1500	2000
펌프 형식			원심		
		사류			
				축류	

[그림 2-67] 펌프 형식에 따른 비속도 범위

구 분	$H-Q$ 구배	축동력	효 율	
n_s가 낮아지면 (600 이하)	완만하다.	토출량의 증가에 따라 증가	곡률 반경이 평탄함	n_s / 효율 50 / 소 100
n_s가 높아지면 (600 이상)	가파르다.	체절점에서 가장 크다.	최고점 근처의 곡률 반경이 작아짐	200 / 대 400 1,000 / 소 3,000

[그림 2-68] 비속도와 펌프효율관계

Section 44 펌프의 최소 유량(minimum flow rate)

1. 개요

펌프 내부에서 발생하는 손실의 대부분은 열이 되어 유체와 함께 배출되지만, 체절(유량이 '0'인 점) 부근의 소유량 운전 시에는 펌프 내에서 발생하는 손실은 급격히 증가하는 반면 유체와 함께 배출되는 열량은 반대로 감소하기 때문에 펌프의 온도는 급격히 증가하게 된다.

따라서 양정이 높은 펌프를 소유량에서 운전하게 되면 수온이 상승하여 캐비테이션을 발생시키거나 웨어링부 또는 balance disk, drum 등의 작은 틈새에서 고온수가 기화하는 등의 문제가 발생하게 된다.

특히 고온수를 취급하는 펌프에 영향을 크게 주므로 온도 상승이 허용치 이상으로 되지 않도록 과소 유량이 되었을 때 일부의 물을 흡입 탱크로 되돌리거나, 방류시키는 By-pass 장치의 설치가 필요하다.

또한 볼류트 구조의 펌프에서는 회전차 원주방향으로 압력이 불균형을 이루므로 반경방향 추력(radial thrust)이 발생하며, 이 값은 최고 효율점을 벗어날수록 커지며, 체절 부근에서 최대가 된다. 체절 부근의 소유량점에서 장시간 운전하면 축이 절단되는 사고로까지 연결되기도 하므로 주의가 필요하다.

따라서 소유량점에서의 운전은 피해야 하며, 불가피하게 소유량점에서 운전해야 할 경우에는 펌프 제작자와 충분한 협의가 있어야 한다.

2. 소유량점에서 운전 시 문제점

① 펌프의 과열현상
② 캐비테이션 발생
③ 반경방향의 추력의 증가 및 베어링 수명 단축
④ 진동 및 소음의 증가

원심펌프에서 Min.Flow값은 펌프 모델에 따라서 다르지만, 대체로 다음과 같다.
① 편흡입 : 최고 효율점의 15~20%
② 양흡입 : 최고 효율점의 25~40%

두 가지 경우 모두 Min.Flow는 효율 10%가 되는 점의 유량보다는 커야 한다.

Section 45
펌프의 토출량 제어방식

1. 개요

pump의 운전에서 항상 일정한 유량의 소모가 요구되는 system이라면 단순히 On-Off 방식으로 운전을 하면 되지만 system의 특성에 따라서 pump의 운전을 달리해야 하는 때가 있는데, 이때에 pump의 분할 또는 운전 방법을 고려하는 요소와 특성을 소방 system에서 고려하여 본다.

2. Pump의 토출량 제어방식

1) On-Off 방식

Pump에서의 공급과 부하에서 유량의 변화가 없거나 적은 범위의 변화를 갖는 system에서 사용되는 방식

2) 대수 제어방식

부하의 유량 특성을 압력으로 감지하여 소요 유량만큼을 공급하기 위하여 analog 압력 신호를 받아 On-Off 신호를 pump의 분할 수만큼 변환하여 제어하는 방식

3) VVVF(Variable Voltage Variable Frequency) 방식

부하의 유량 특성을 압력으로 감지하여 전동기에 인가되는 전압이 변화하면 전류와 torque가 변하며, 전동기의 회전속도는 주파수에 비례한다는 원리를 이용하여 전동기를 제어하고 소요 유량을 공급하는 제어방식

Section 46 유량계의 문제점과 국제규격화

1. 개요

국내 유량계 산업시장의 특성과 동향으로 첫째, 국내시장은 소형의 단순 기계식 제품을 생산하는 국내 제품과 다국적 기업에 의한 수입시장으로 구성되어 있으며, 대부분의 국내업체들은 영세성을 띠고 과다 경쟁을 하고 있는 실정이다. 이에 대부분의 국내 유량계 생산업체는 내수용 범용 유량계 생산에 집중, 해외 수출실적은 전체 생산의 1%에도 미치지 못하는 극히 미미한 수치를 보이고 있는 것이 사실이다. 둘째, 고정밀도의 산업용 유량계의 경우 수요의 70~75% 이상을 수입에 의존하고 있어 막대한 무역수지 적자를 기록하고 있다. 또한 마지막으로 시장 추세가 점차 노무비 절감 및 효율성 향상을 위한 시스템 매출 위주로 전환되고 있으며, 이러한 시장요구를 충족시켜줄 수 있는 경쟁사는 외국의 다국적 유량계 제조회사가 대부분인 실정으로 국내업체들의 시급한 개선노력과 발 빠른 대응이 절실하다고 할 수 있다.

2. 유량계의 문제점과 국제규격화

1) 기술적 특성

대용량의 유량을 교정하기 위해서는 실제로 소규모 교정시설과는 다른 측면의 기술

적 문제가 발생한다. 중량법, 체적법, 비교법 등 기존의 교정 방법 중에서도 대용량의 유체를 흘리는 수리 구조물의 특성과 규모에 따라 교정 시스템의 불확도가 예민하게 변할 수밖에 없다. 즉 흘릴 수 있는 시간을 최소화하면서도 최소의 전력 소모로 최고의 불확도를 얻는 것이 가장 경제적이다. 대용량 교정 시스템들은 정수두를 보장하는 방법, 배관 방식, 다이버터의 구동에 따른 불확도 및 수집 용기의 체적 혹은 중량에 의해 수집 유량을 측정하는 방법 등에 따라 측정 시스템의 효율, 불확도, 경제성 등에서 많은 차이를 나타낼 수 있다.

실제로 현장에서 사용되는 대형 수리기기들을 교정할 수 있는 시스템이 있다면 보다 높은 수준의 기기 개발과 효율적인 운전 시스템이 정착될 수 있을 것이다. 하지만 이것으로 모두 만족되지는 않을 것이다. 왜냐하면 유체기기가 설치하는 현장조건이 시험 조건과 동일하지도 않을 뿐만 아니라 직관부 조건을 만족하는 경우가 그리 쉬운 문제가 아니기 때문이다.

2) 산업적 특성

상수도의 유수율 향상에 따른 경제적 효과는 우리나라의 경우 댐 건설을 1~2개 정도를 건설하지 않아도 되는 정도로 엄청난 효과를 거둘 수 있다. 선진국 대비 약 85% 수준에 머물고 있는 수준을 90%까지 올리기 위해서 제일 중요한 것은 생산량의 기준이 되는 대형 관로에서의 유량측정의 불확도 평가이다. 하지만 현재 국내의 경우, 대형 관로에서의 유량측정 표준과 성능평가방법이 체계화되어 있지 않은 실정으로 수도법에 년 1회 이상 교정 또는 성능 확인을 하도록 되어 있지만 실질적인 성능평가는 이루어지지 못하고 휴대용 비교 측정 수준에 머무르고 있어 실제 불확도 수준은 약 ±5%대에 머무르고 있다.

수도 요금을 부과하는 수도 미터는 약 ±2% 정도의 불확도를 가지고 있고, 또한 수량이 많아서 그 불확도 수준은 낮을 것으로 예측하고 있지만 기준 유입 유량계의 경우 1대가 너무 큰 불확도를 가지므로 이러한 대용량 유량 교정 시스템 정착이 절실히 요구되고 있다. 상수뿐만 아니라 다양한 유체의 효율이 이제는 가장 중요한 경제적 판단 기준의 잣대가 되어야 한다.

3) 경제적 특성

대용량에서 정확한 계량으로 국가 경제의 효율성 제고가 가능하고, 국내 관리용이나 거래용 유량계(음용수 하수처리용, 수력 발전 조절용, 원자력 화력발전소 냉각수 유량 측정, 펌프 터빈 냉각탑과 같이 주기적 재성능 시험과 시험이 필요한 대형 수리용 계기, 수자원 관리)의 대외 신뢰성 확보로 경쟁력 향상을 가져올 수 있다. 정확한 유량측정 및 교정검사를 통해 신뢰성 향상 및 불공정 거래에 대한 분쟁을 해소할 수 있으며, 용수

공급 및 망운영의 효율성 제고, 측정 기술의 표준화로 관련 산업 제품 표준화 및 성능 향상(대형 터보기계, 유량계 산업) 및 국제규격화 가능성이 많은 분야에서 그 활용성이 높아질 것이다.

■ 관련 기술 및 표준 현황

① KS B 5325 액체용 유량계 측정 오차 시험방법(2003)

② ISO 5168 액체 유량측정에서의 불확도 계산(2003)

③ ISO 4185 중량법에 의한 폐쇄관 액체 유량측정(1980)

④ ISO 8316 체적관법에 의한 폐쇄관 액체 유량측정(1987)

⑤ ASME/ANSI MFC-9M 중량법에 의한 폐쇄관 액체 유량측정(1988)

⑥ JIS(일본) B 7552 액체용 유량계-오차 시험방법(1993)

⑦ JJF(중국) 164 액체 유량 기준장치(2000)

⑧ JJF(중국) 1048 교정 시스템 데이터 획득 시스템 사양(1995)

⑨ ISO/TR 7066-1 유량계 사용 및 교정 시 불확도 평가(1997)

Section 47 마이크로펌프 기술

1. 개요

마이크로펌프는 마이크로 유체기계 시스템을 구성하는 핵심적인 소자로서 경우에 따라서는 독립적 기능을 갖는 단위기기로서 기술의 성장 단계에 접어들고 있다. 펌프는 용도에 따라 여러 형태의 타입으로 나누어지지만 구성요소인 다이어프램, 액추에이터, 밸브 등의 형식의 변화에 따라 펌프의 형식을 달리 할 수 있다. 그러나 마이크로펌프의 경우, 유체의 미소 유량을 이송시키는 데 점성의 영향을 받는 등 일반 펌프와는 다른 기술 세계를 위해 엔지니어링 요건을 충족해야 하는 여러 연구 과제들이 존재한다.

각종 용도에 적합한 펌프 형식의 마이크로화 설계 해석, 밸브를 구성하는 요소 부품들의 초소형화 기술, 유체 점성과 관련된 유동 해석, 마이크로 가공기술, 환경 또는 인체에 무해한 재료의 선택 및 시스템 설계 등이 주요 과제이다.

2. 의료용 체내 삽입형 마이크로펌프

마이크로펌프의 특성은 구동장치인 액추에이터의 능력에 의존하기 때문에 압전형, 정전형, 열팽창형 등 여러 액추에이터를 사용하고 있다. 최근에는 압전 디스크(piezo disk) 액추에이터를 사용한 완성도가 높은 다이어프램형 마이크로펌프가 많이 개발되고 있다.

이 펌프는 액추에이터에 의해 구동되는 가변 압력실의 용적을 대폭 줄이고 가변 용량/압력실 용량의 비율을 크게 하여 자기 흡인을 가능하게 하고 있다. 현재 20mH₂O 이상의 토출 압력을 실현하는 마이크로 펌프가 개발되고 있다.

Section 48 유체기계 펌프의 종류와 특성

1. 개요

동력을 사용하여 물 또는 기타 유체에 에너지를 주는 기계를 펌프라 한다. 건설 공사에 있어 펌프는 배수, 급수, 준설, 세정, 그라우트 등의 용도에 쓰인다.

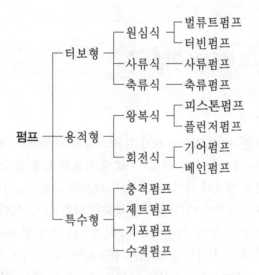

2. 유체기계 펌프의 종류와 특성

1) 원심펌프(centrifugal pump)

원심펌프는 변곡된 다수의 깃(blade or vane)이 달린 회전차가 밀폐된 케이싱 내에서 회전함으로써 발생하는 원심력의 작용에 유체(주조물)는 회전차의 중심에서 흡입되어 반지름 방향으로 흐르는 사이에 압력 및 속도에너지를 얻고, 이 가운데 과잉된 속도에너지는 안내 깃을 지나 과류실을 통과하는 사이에 압력에너지로 회수된다.

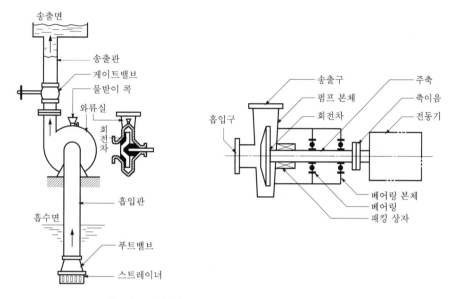

[그림 2-69] 펌프 계통도 원심펌프의 구성요소

(1) 구조

① 회전차 : 여러 개의 만곡된 깃이 달린 바퀴이며 깃의 수는 보통 4~8개로서 원판(disc plate) 사이에 끼어 있다. 재료는 청동을 사용하고(주조가 쉽고, 가공이 용이, 표면이 매끄럽고, 녹슬지 않음) 고속 회전인 경우는 내합금강, 스테인리스강과 같은 내열 합금강을 쓰며, 바닷물과 같이 전해질에는 주철, 내식성을 필요로 할 때는 플라스틱을 사용한다.

② 안내 깃 : 압력에너지로 변환하는 역할을 하며 유량의 대소에 따라 각도를 변화시킨다.

③ 와류실 : 과실의 물을 송출관 쪽으로 보내는 스파이럴형 동제

④ 흡입관 : 흡상(吸上)되는 액체를 수송하며 하단은 푸트 밸브가 끼이고 이 속에는 흡입관의 역류를 방지하는 체크밸브가 있다. 하부에는 불순물 침입을 방지하는 방려장치(strainer)를 설치한다.

⑤ 송출관 : 액체를 수송하며 게이트벨트가 유량을 조절한다.

⑥ 주축 : 회전 동력을 전달한다(기계 구조용 탄소강 : SM25C, SM30C, SC35C).

⑦ 패킹 상자 : 물의 누수 방지

(2) 특징

① 고속 회전이 가능하다.

② 경량이며, 소형이다.

③ 구조가 간단하고, 취급이 쉽다.

④ 효율이 높다.

⑤ 맥동이 적다.

(3) 분류

① 안내깃(guide vane)의 유무에 의한 분류

　㉠ 벌류트펌프(volute pump) : 회전차의 바깥 둘레에 안내 깃이 없는 펌프이며, 양정이 낮은 것에 사용한다.

　㉡ 디퓨저(diffuser) 혹은 터빈 펌프(turbine pump) : 회전차(impeller)의 바깥 둘레에 안내깃이 달린 펌프이며, 양정이 높은 것에 사용한다.

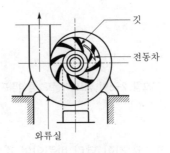

[그림 2-70] 벌류트펌프

② 흡입구에 의한 분류

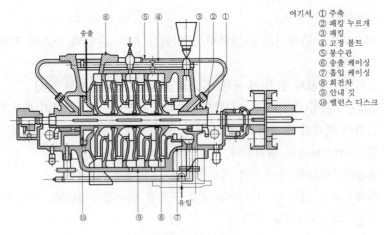

여기서, ① 주축
② 패킹 누르개
③ 패킹
④ 고정 볼트
⑤ 봉수관
⑥ 송출 케이싱
⑦ 흡입 케이싱
⑧ 회전차
⑨ 안내 깃
⑩ 밸런스 디스크

[그림 2-71] 다단터빈펌프

　㉠ 편흡입(single suction) : 회전차의 한쪽에서만 흡입되며 송출량이 적다.

　㉡ 양흡입(clouble suction) : 펌프 양쪽에서 액체가 흡입되며 송출량이 많다.

ⓒ 단수에 의한 분류
- 단단(single stage)펌프 : 펌프 1대에 회전차 1개를 단 것
- 다단(multi stage)펌프 : 고압을 얻을 때 사용

ⓔ 회전차의 모양에 따른 분류
- 반경 유형 회전차(radial flow impeller) : 액체가 회전차 속을 지날 때 유적(流跡)이 거의 축과 수직인 평면 내를 반지름 방향으로 외향으로 되는 것(고양정, 소유량)
- 깃 입구에서 출구에 이르는 동안에 반지름 방향과 축방향과의 조합된 흐름(저양정, 대유량)

ⓜ 축의 방향에 의한 분류
- 횡축(horizontal shaft)펌프 : 펌프의 축이 수평
- 종축(vertical shaft)펌프 : 연직 상태(설치 면적이 좁고, 공동현상이 일어날 우려가 있는 곳)

ⓗ 케이싱에 의한 분류
- 상하 분할형
- 케이싱에 흡수 커버(suction cover)가 달려 있는 형식
- 윤절형(sectional type)
- 원통형(cylindrical type)
- 배럴형(barrel type)

(4) 펌프의 흡입구경과 송출구경

① 흡입구경

$$V_S = K_S \sqrt{2gh}$$

여기서, V_S : 흡입구 유속, K_S : 유속계수

$$Q = \frac{\pi}{4} D_S^2 V_S \qquad \therefore D_S = \sqrt{\frac{4Q}{\pi V_S}}$$

② 송출구경

$$V_d = K_d \sqrt{2gh}$$

여기서, V_d : 송출구 유속, K_d : 유속계수

$$Q = \frac{\pi}{4} D_d^2 V_d \qquad \therefore D_d = \sqrt{\frac{4Q}{\pi V_d}}$$

(5) 펌프의 양정

$$H = H_1 + H_2 = \left(H_d + h_d + \frac{V_d^2}{2g}\right)(H_s + h_s) = H_a + (h_d + h_s) + \frac{V_d^2}{2g}$$

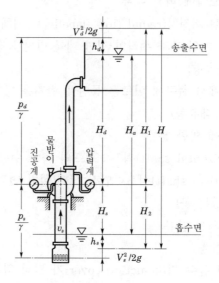

[그림 2-72] 펌프의 양정

(6) 펌프의 회전수

$$n = \frac{120f}{P}$$

여기서, n : 회전수, f : 주파수(Hz), P : 전동기 극수

(7) 펌프의 동력과 효율

① 수동력

$$L_w = \frac{\gamma HQ}{75 \times 60}\,[\text{PS}], \quad L_w = \frac{\gamma HQ}{102 \times 60}\,[\text{kW}]$$

② 축동력과 효율

$$\eta = \frac{\text{수동력}}{\text{축동력}} = \frac{L_W}{L} \quad (\eta : \text{total efficiency})$$

$$\eta = \eta_v \cdot \eta_m \cdot \eta_h$$

여기서, η_v : 체적효율, η_m : 기계효율, η_h : 수력효율

> **예제**
>
> 유량 1m³/min, 전양정 25m인 원심펌프를 설계하고자 한다. 펌프의 축동력과 구동 전동기의 동력을 구하여라(단, 펌프의 전효율 $\eta = 0.78$, 펌프와 전동기는 직결한다.).
>
> **풀이** $L = \dfrac{rHQ}{\eta} = \dfrac{1,000 \times 25 \times 1}{0.78 \times 102 \times 60} = 5.24\,\mathrm{kW}$
>
> k를 $k = 1.1 \sim 1.2$로 하면
>
> $\therefore \ L_d = K_L = (1.1 \sim 1.2) \times 5.24 = 5.76 \sim 6.29\,\mathrm{kW}$

2) 축류펌프

(1) 구조

임펠러는 마치 선풍기 팬 또는 선박의 스크루 프로펠러(screw propeller)와 같이 회전에 의한 양력(lift)에 의하여 유체에 압력에너지와 속도에너지를 공급하고, 유체는 회전차 속으로 축방향에서 유입하여 회전차를 지나 축방향으로 유출한다.

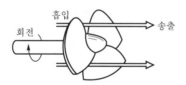

[그림 2-73] 축류펌프의 날개

(2) 특징

축류펌프는 유량이 대단히 크고 양정이 낮은 경우(보통 10m 이하)에 사용하는 것으로, 농업용의 양수펌프, 배수펌프, 증기터빈의 복수기(condenser)의 순환수펌프, 상수도·하수도용 펌프 등에 사용한다.

3) 왕복펌프

(1) 구조와 형식

피스톤 혹은 왕복펌프(reciprocating pump)는 흡입밸브와 송출밸브를 장치한 실린더 속을 피스톤(piston) 또는 플런저(plunger)를 왕복운동시켜 송수하는 펌프로 정역학적 에너지를 전달하며 플런저, 실린더, 흡입밸브, 송출밸브가 주체가 된다. 그 밖에도 관내의 파동을 감소시켜 유동을 균일하게 하기 위하여 공기실을 설치하는 경우가 많다.

피스톤의 왕복운동에 의하여 유체를 실린더에 흡입하고 송출시키기 위해서 흡입밸브와 송출밸브가 설치되어 있다. 이와 같은 구조 때문에 자연히 저속 운전이 되고 동일 유량을 내는 원심펌프에 비해 대형이 된다. 그러나 송출 압력은 회전수에 제한은 받지 않고 이론적으로 송출측의 압력은 얼마든지 올릴 수 있는 것으로 되어 있다. 따라서 유량(송출)은 적으나 고압이 요구될 때 적용된다. 더욱 송출 압력이 크게 되어 피스톤로드로는 견디기가 어려울 경우 피스톤 대신에 플런저를 사용한다.

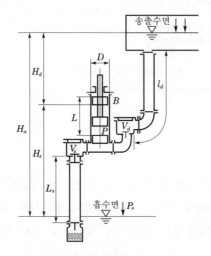

[그림 2-74] 왕복펌프(단동식)

왕복펌프의 대표적 구조는 [그림 2-74]에 도시되어 있다. 플런저가 우측으로 움직이는 행정에서는 실린더 내부는 진공으로 되어 흡입밸브는 자동적으로 열리고 행정에 상당하는 부피의 물이 흡입되며 좌측으로 움직이는 행정에서는 흡입밸브는 닫히고 물은 송출밸브를 통과하여 송출관으로 송출된다.

즉 플런저의 1왕복에 1회의 흡수와 송수가 이루어진다. 이와 같은 작동방식을 단동식(single acting type)이라고 한다.

(2) 왕복펌프의 송출량 및 피스톤속도

왕복펌프의 결점은 크랭크의 회전(각속도)이 일정하다 하더라도 송출량은 진동한다는 것이다.

피스톤속도 V는 다음과 같다.

$$\chi = -r\cos\theta + \sqrt{l^2 - r^2\sin^2\theta} = -r\cos\theta + l\left(1 - \frac{r^2}{l^2}\sin^2\theta\right)^{\frac{1}{2}}$$

$\left(1 - \dfrac{r^2}{l^2}sin^2\theta\right)^{\frac{1}{2}}$ 을 이항 정리하면

$$\left(1 - \frac{r^2}{l^2}sin^2\theta\right)^{\frac{1}{2}} = 1 - \frac{1}{2} \cdot \frac{r^2}{l^2}sin^2\theta + \frac{1}{8} \cdot \frac{r^4}{l^4}sin^4\theta + \cdots$$

$$\therefore \chi = l\left(1 - \frac{1}{2} \cdot \frac{r^2}{l^2}sin^2\theta\right) - r\cos\theta$$

피스톤의 속도 $V = \dfrac{dx}{dt} = \dfrac{dx}{d\theta} \cdot \dfrac{d\theta}{dt} = \dfrac{dx}{d\theta} \cdot \omega$

$$\therefore \ V = r\omega \left(\sin\theta - \frac{1}{2} \cdot \frac{r}{l} \sin^2\theta \right)$$

만일, $L \gg r$, $V = r\omega \sin\theta$

여기서, 행정 $L = 2r$

(3) 유량

$$Q = A \cdot V = A \cdot r\omega \left(\sin\theta - \frac{1}{2} \frac{r}{l} sin^2\theta \right) \ (순간이동 \ 배수량)$$

만일, $L \gg r$, $Q = A r \omega \sin\theta$

$$Q_{\max} = [Q]_{\max} = [A r \omega \sin\theta]_{\max} = A r \omega = A r \frac{2\pi N}{60}$$
$$= \pi A (2r) N / 60 = \pi A L N / 60 = \pi V_o N / 60 = \pi Q_o$$

여기서, $Q_o = \dfrac{ALN}{60}$: 이론 배수량의 평균값

단동식 실린더의 경우 송출 행정($\theta = 0 \sim \pi$)에서는 액체를 송출하지만, 다음의 흡입 행정($\theta = \pi \sim 2\pi$)에서는 송출을 정지한다.

이와 같은 송출관 내의 유동의 변화가 큰 것을 방지하기 위해서는 복동 실린더, 다시 복동 2 실린더와 같이 실린더 수를 많이 하면 그 변동을 적게 할 수 있다.

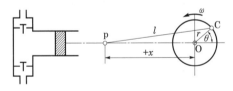

(a) 단동펌프의 크랭크각과 피스톤의 운동

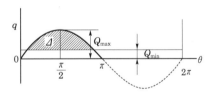

(b) 배수량곡선

[그림 2-75]

(4) 과잉 송출 체적비(δ)

$$\delta = \frac{\Delta}{V_o}$$

여기서, Δ : 과잉 송출 체적, V_o : 행정 용적

송출량의 변동의 정도를 나타내는 정도

(5) 왕복펌프의 효율

① 체적효율(η_v)

$$\eta_v = \frac{Q}{Q_{th}} = \frac{Q_{th} - Q_l}{Q_{th}} = 1 - \frac{Q_l}{Q_{th}}$$

② 수력효율(η_h)

$$\eta_h = \frac{rH}{(P_2 - P_1)_{min}} = \frac{P}{P_m}$$

③ 도시효율(η_i)

$$\eta_i = \frac{rQH}{Q_{th}(P_2 - P_1)_{min}} = \frac{PQ}{P_m Q_{th}}$$

④ 기계효율(η_m)

$$\eta_m = \frac{Q_{th}(P_2 - P_1)_{min}}{L} = \frac{P_m Q_{th}}{L}$$

⑤ 펌프의 효율(η)

$$\eta = \eta_m \cdot \eta_h \cdot \eta_v = \eta_m \cdot \eta_i$$

예제

단실린더의 왕복 펌프의 송출유량을 0.2m^3/min으로 하려고 할 때 피스톤의 지름 D, 행정 L은 얼마로 하면 되는가? (단, 크랭크의 회전수는 100rpm, $L/D = 2/1$, $\eta_v = 0.9$이다.)

풀이 $Q = \dfrac{0.2}{60}$ m^3/sec, $N = 100$ rpm, $L/D = 2/1$, $\eta_v = 0.9$이므로

체적효율(η_v)

$$\eta_v = \frac{Q}{Q_o}$$

$$\therefore Q_o = \frac{Q}{\eta_v} = \frac{0.2}{0.9 \times 60} = 3.7 \times 10^{-3} \text{ m}^3$$

$$Q_o = ALN/60 = \frac{\pi D^2}{4} L \frac{N}{60} = \frac{\pi D^2}{4}(2D)\frac{N}{60} = \frac{\pi D^3 N}{120}$$

$$\therefore D = \sqrt[3]{\frac{120 Q_o}{\pi N}} = \sqrt[3]{\frac{120 \times 37 \times 10^{-3}}{\pi \times 100}} = 0.112 \text{ m}$$

$$\therefore L = 2D = 2 \times 0.112 = 0.224 \text{ m}$$

> **예제**
>
> 피스톤의 단면적이 150cm², 행정이 20cm인 수동 단실린더펌프에서 피스톤의 1왕복 때의 배수량이 2,700cm³이었다. 이 펌프의 체적효율은 얼마인가?
>
> **풀이** $A = 0.015\,\mathrm{m}^3$, $L = 0.2\,\mathrm{m}$, $Q = 2.7 \times 10^{-3}\,\mathrm{m}^3$이므로
>
> 이론 배수량의 평균값율(Q_o)는
>
> $Q_o = AL = 0.05 \times 0.2 = 3 \times 10^{-3}\,\mathrm{m}^3$
>
> ∴ 체적효율(η_v)
>
> $\eta_v = \dfrac{Q}{Q_o} = \dfrac{2.7 \times 10^{-3}}{3 \times 10^{-3}} = 0.9$

4) 회전펌프(Rotary pump)

(1) 원리

회전펌프는 원심펌프와 왕복펌프의 중간의 특성을 가지고 있으므로 양쪽의 성능을 반반씩 가지고 있다고 생각된다. 원리적으로는 왕복펌프와 함께 용적식 기계(positive displacement MC)에 포함되는 것이나, 차이는 피스톤에 해당되는 것이 회전 운동을 하는 회전차(rotor)이고, 밸브가 필요하지 않다. 또한 양수 작용의 원리는 원심펌프와 전혀 다르다. 운동 특성에서 보면 회전펌프는 연속적으로 유체를 송출하기 때문에 왕복펌프와 송출량이 맥동하는 일이 거의 없으며 송출량의 변동이 거의 없는 이점이 있다.

(2) 특징

① 구조가 간단하고 취급이 용이하다.
② 밸브가 필요 없다.
③ 정압력에너지가 공급되기 때문에 높은 점도에서 사용된다.
④ 원동기로 역작용이 가능하다.

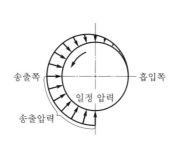

[그림 2-76] 기어펌프의 압력 분포

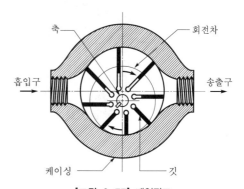

[그림 2-77] 베인펌프

(3) 용도

왕복펌프와 같이 소유량, 고압의 양정을 요구하는 경우에 적합하며 유압펌프로서 널리 사용되고 있다.

(4) 종류

① 기어펌프(gear pump) : 서로 물리면서 회전하는 이빨은 흡입측에서 분리될 때 이빨 홈에 흡입된 유체를 기어가 회전함과 동시에 그대로 송출측으로 운송하여 그곳에서 이빨이 서로 물릴 때 신출시키는 것이다. 기어펌프의 특이한 종류로서 나사 펌프(screw pump)가 이에 속한다.

② 베인펌프(vane pump) : 케이싱에 편심되어 있는 회전차(rotor)가 있다. 회전차의 회전에 따라서 그 주위에 부착되어 있는 깃(vane)이 항상 케이싱의 내면에 접하게 됨에 따라 유체를 그 사이에서 그대로 송출하게 된다.

5) 특수 펌프

(1) 재생펌프(regenerative pump), 웨스코펌프(wesco pump), 마찰펌프(firction pump)

원판 모양의 깃과 이 깃을 포함하는 동심의 짧은 원통 모양의 케이싱으로 되어 있다. 원판 모양의 회전차(깃 포함)는 그 주위에 많은 홈을 판 원판으로 이것을 회전시킴에 따라서 홈과 케이싱 사이에 포함된 작동유체는 흡입구에서 단지 1회전으로 고압을 얻어서 송출구에서 바깥으로 내보내게 된다.

송출구에서 흡입구까지의 케이싱의 단면은 일부 협소하게 되어 있어 작동유체의 역류를 방지할 수 있다. 요약하면 원심펌프와 회전펌프의 중간적인 구조를 하고 있다. 소형의 1단으로 원심펌프 수의 양정과 비슷한 양정을 낸다. 원심펌프와 비교하면 고양정을 얻을 수 있지만 최고 효율은 떨어진다.

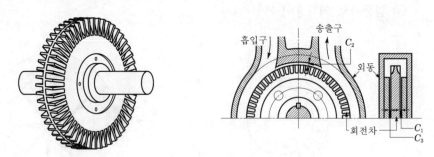

[그림 2-78] 재생펌프의 회전차와 구조

■ 용도

소용량, 고양정의 목적으로 석유나 그 밖의 화학약품의 수송용으로 사용되며, 가정용 전동펌프로서는 널리 사용된다.

(2) 분사펌프(jet pump)

고압의 구동유체(제1유체)를 노즐로 압송하여 그곳에서 목(throat)을 향해 고속으로 분출시키면 분류의 압력은 저압으로 된다(베르누이 정리). 이 결과 분류 주위의 동유체(제2유체)는 분류에 흡입되고 이를 제1, 제2유체는 혼합 충돌하며 흡입작용을 높이면서 목을 통과한다. 그곳에서 다시 확대관(diffuser)으로 들어가면 여분의 운동에너지는 압력에너지에 회수되어 송출구를 통하여 송출된다.

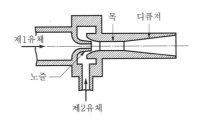

[그림 2-79] 분사펌프의 원리

- **특성**

일반적인 펌프에 비하면 효율(η)은 낮지만 구조는 움직이는 동적 부분이 없으므로 간단하여 제작비가 저렴하고 취급이 용이하다. 또한 전체를 내식성 재료의 구조로 하는 것이 간단하기 때문에 부식성 유체의 처리에 널리 이용된다.

$$\eta = \frac{\gamma_2 \, H_2 \, Q_2}{\gamma_1 \, H_1 \, Q_1}$$

(3) 기포펌프(air-lift pump)

압축 공기를 공기관을 통하여 양수관 속으로 혼입시키면 양수관 내는 물보다 가벼운 혼합체가 되기 때문에 부력의 원리에 따라 관 외의 물에 의하여 위로 밀려 올라가게 된다.

이 펌프는 구조가 간단하여 수리에 관한 걱정은 적다. 위와 아래에 다른 이물에 포함되어도 별로 차가 없는 것이 장점이며, 효율이 낮은 것이 단점이다.

(4) 수격펌프(hydraulic pump)

낙차 H_1의 물 1이 수관 2, 3을 통과하여 밸브 4에서 유출된다. 수관을 통과하는 물의 속도가 증가하면 밸브 4는 위로 밀어 올려져 자동적으로 닫히게 되며, 그 속의 수압은 갑자기 상승한다. 즉 수격 작용의 상승 압력에 따라서 물은 밸브 5를 밀어 올려 공기실 6, 양수관 7을 통과하여 낙차 H_2의 수면 8까지 양수한다.

단, 여기서 상승 압력수두가 H_2보다 클 때에는 이 현상이 계속되지만, H_2보다 작게 되면 밸브 5는 닫히게 되어 양수가 중단된다. 한편 밸브 4에 작용하는 압력도 간소하기 때문에 밸브 4가 열려서 다시 수관 2-3-4로 유통을 일으켜 앞의 동작을 반복한다.

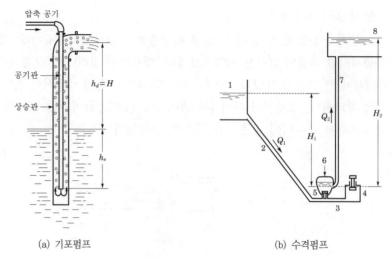

(a) 기포펌프   (b) 수격펌프

[그림 2-80] 기포펌프와 수격펌프

Section 49   원심형 송풍기의 성능에 영향을 미치는 요소

1. 개요

각종 송풍기는 고유의 특성이 있다. 이러한 특성을 하나의 선도로 나타낸 것을 송풍기의 특성곡선이라 한다. 즉 어떠한 송풍기의 특성을 나타내기 위하여 일정한 회전수에서 횡축을 풍량 $Q[\text{m}^3/\text{min}]$, 종축을 압력(정압 P_s, 전압 P_t)[mmAq], 효율[%], 소요동력 $L[\text{kW}]$로 놓고 풍량에 따라 이들의 변화 과정을 나타낸 것을 말하며, 다음 그림은 그 한 예이다.

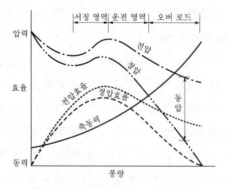

[그림 2-81] Sirocco Fan 특성곡선

[그림 2-81]에 의하면, 일정 속도로 회전하는 송풍기의 풍량 조절 댐퍼를 열어서 송 풍량을 증가시키면 축동력(실선)은 점차 급상승하고, 전압(1점 쇄선)과 정압(2점 쇄선) 은 산형을 이루면서 강하한다. 여기서 전압과 정압의 차가 동압이다.

한편 효율은 전압을 기준으로 하는 전압효율(점선)과 정압을 기준으로 하는 정압효율 (은선)이 있는데, 포물선 형식으로 어느 한계까지 증가 후 감소한다. 따라서 풍량이 어느 한계 이상이 되면 축동력이 급증하고, 압력과 효율은 낮아지는 오버로드현상이 있는 영역과 정압곡선에서 좌하향 곡선 부분은 송풍기 동작이 불안정한 서징(surging) 현상이 있는 곳으로서 이 두 영역에서의 운전은 좋지 않다.

2. 원심형 송풍기의 성능에 영향을 미치는 요소

송풍기의 성능에 영향을 주는 인자(송풍기 설계에 영향을 주는 인자)는 풍량, 압력, 온도, 비중량 등이 있으며 충분히 검토하여 결정해야 최적의 조건으로 운전할 수가 있 으며 다음과 같다.

1) 풍량

풍량의 단위가 $N[\text{m}^3/\text{min}(\text{m}^3/\text{hr})]$과 같이 기준 상태로 주어질 경우에 정확한 사용점 혹은 설계점(design point)에서의 온도를 명확히 제시해야 한다.

2) 압력

온도와 함수관계를 갖고 있기 때문에 온도가 있는 유인송풍기(induced draft fan)이 나, 가스 순환 송풍기(gas recirculation fan)외의 경우 주어진 사양의 압력이 몇 ℃ 조건의 압력인가를 명확히 제시해야 한다. 예를 들면 풍량 800m³/min. 정압 500mmAq. 온도 250℃로 사양을 통보할 때, 정압 500mmAq가 상온상태(20℃)에서의 정압 500mmAq인지 아니면 온도 250℃ 상태에서의 정압 500mmAq인지를 분명히 해야 한다.

이는 가스(공기)의 비중량이 온도에 따라 변화하여 압력의 크기가 변화되므로 팬 설 계에 크게 영향을 미친다. 또한, 과정상의 송풍기 흡·토출에 덕트가 연결될 경우 필히 흡입측 압력 및 토출측 압력을 분리하여 제시해야 한다.

3) 온도

팬의 설계 및 제작, 베어링의 선택 등 여러 가지 측면에서 중요하므로 다음과 같은 사항에 주의해야 한다.

① 압력에서 언급한 바와 같이 풍량 및 압력이 어떤 상태의 온도인가를 명확히 제시해야 한다.

② 팬이 실제 가동 시 적용되는 가스(혹은 공기)의 온도, 즉 성능설계온도(performance design temperature)와 주문자가 비상시 외의 경우 온도가 급상승할 때를 감안하여

온도 상승 시 모든 송풍기 외의 기계적 강도를 지탱할 수 있도록 고려된 온도, 즉 기계적 성능온도(mechanical design temperature)를 명확히 제시해야 한다.

③ 고온 가스(혹은 공기)의 경우 최저온도와 최고온도를 명확히 제시해야 하며 특히 최저온도는 송풍기의 특성에 있어서 온도가 저하될 경우 압력과 사용동력이 온도에 반비례하여 증가하게 됨으로써 과부하(over load)의 문제점을 야기시킬 수 있으므로 정확한 제시가 있어야 한다.

[표 2-10] 송풍기의 변수에 따른 성능곡선

변수	정수	공식	계산 예	비고
비중량 $r_1 \rightarrow r_2$ $1.293 \rightarrow 1.20$ kg/m^3	회전속도, 송풍기의 크기	$Q_2 = Q_1$	$Q_2 = 120cm \cdot m$ $Q_1 = 120cm \cdot m$	
		$P_2 = P_1 \dfrac{r_2}{r_1}$	$P_2 = 20 \times (1.20/1.293)$ $= 18.56mmAq$	
		$L_2 = L_1 \dfrac{r_2}{r_1}$	$L_2 = 1.5 \times (1.20/1.293)$ $= 1.39kW$	
회전속도 $N_1 \rightarrow N_2$ $470 \rightarrow 570rpm$	송풍기의 크기, 비중량	$Q_2 = Q_1 \dfrac{N_2}{N_1}$	$Q_2 = 120 \times (570/470)$ $= 145cm \cdot m$	
		$P_2 = P_1 \left(\dfrac{N_2}{N_1}\right)^2$	$P_2 = 20 \times (570/470)^2$ $= 29.4mmAq$	
		$L_2 = L_1 \left(\dfrac{N_2}{N_1}\right)^3$	$L_2 = 1.5 \times (570/470)^3$ $= 2.7kW$	
송풍기의 크기 $D_1 \rightarrow D_2$ $530 \rightarrow 500mm$	회전속도, 비중량	$Q_2 = \left(\dfrac{D_2}{D_1}\right)^3$	$Q_2 = 120 \times (500/530)^3$ $= 100cm \cdot m$	
		$P_2 = P_1 \left(\dfrac{D_2}{D_1}\right)^2$	$P_2 = 20 \times (500/530)^2$ $= 17.8cm \cdot m$	
		$L_2 = L_1 \left(\dfrac{D_2}{D_1}\right)^5$	$L_2 = 1.5 \times (500/530)^5$ $= 1.120kW$	

㊐ 회전수 변화의 범위는 ±20% 이내이며 이상으로 변경하면 내부의 기류 혼란, 손실 등의 영향에 의해 비례관계가 무너지게 된다.

3. 저항곡선과 운전점

1) 저항곡선

풍량을 보내기 위해서는 관로의 저항(길이, 표면 조도, 곡면 상태 등) 장치 자체의 저항과 내부를 흐르는 기체의 속도로 결정된다.

2) 운전점

송풍기는 관로계의 저항곡선(R), 송풍기의 특성곡선(P)의 교점(A)에 상당하는 풍량과 압력으로 운전된다. 이 교점(A)은 이 관로계의 운전점이라 한다. 이 운전점은 관로저항과 송풍기의 기체가 흘러가려고 하는 힘의 균형을 이루는 점으로 저항치 또는 송풍기의 운전 상태가 변하지 않는 한 이 점도 변하지 않는다.

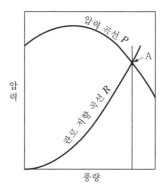

[그림 2-82] 관로저항과 운전점

Section 50 원심형 송풍기 수치 해석의 예

1. 케이싱이 없는 원심형 송풍기

축류형의 소음 예측 기법과 소음원에 관한 연구의 경우 항공기 엔진의 사용 때문에 많은 발전이 있었다. 그러나 원심형의 경우 케이싱이 존재하며, 그 케이싱이 전체 임펠러를 감싸서 소음원의 방사효과보다는 케이싱에 의한 산란, 공명 등의 효과가 외부 방사 소음에 많은 영향을 미친다. 그러므로 수치 해석 기법이 거의 발달하지 못하였다. 그러나 다음 그림과 같이 임펠러가 자유 공간에 있는 경우는 수치적으로 해석이 수행되었다. 이 방법은 후에 케이싱효과를 계산할 때 소음원값을 구하는 것으로 이용되며, 덕트나 케이싱의 영향보다는 원심형 송풍기의 소음원 변화에 주안점을 두었다.

소음 예측을 위해 위의 형상에 대한 유동 해석이 우선 수행되어야 한다. 유동 해석은 각 임펠러 깃에서의 힘의 변화를 계산하는 데 중점을 두며, 많은 시간 계산해야 한다. 계산된 성능의 변화가 [그림 2-84]에 있다.

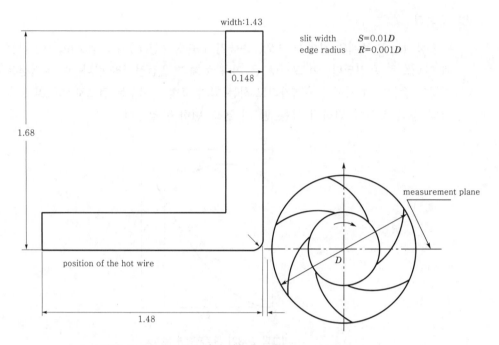

[그림 2-83] Configuration of centrifugal impeller with wedge

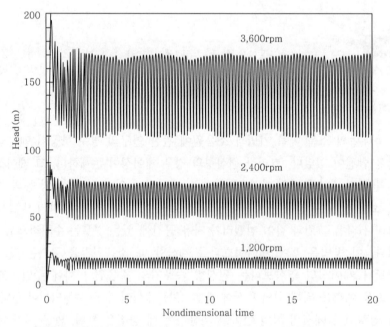

[그림 2-84] Head variation of centrifugal impeller at different rpm

위 유동 자료를 이용해서 실험에 의한 소음값과 Lowson's method에 의해 계산한 값을 스펙트럼으로 비교한 것이 [그림 2-85]이다.

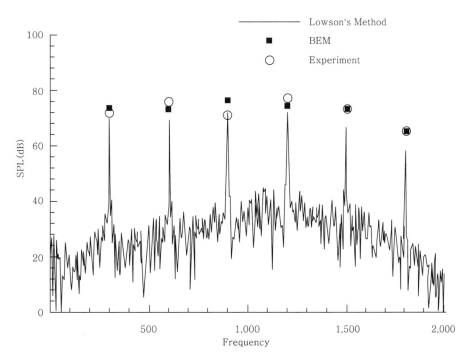

[그림 2-85] Comparison of the calculated signal to the measured one

실험은 Weidemann이 측정한 값을 이용하였고, 각 주파수에서 실험치와 2~3 dB 이내로 일치함을 볼 수 있다. 이러한 차이는 웨지에 의한 산란 효과이며 BEM을 사용한 경우 실험치와 접근하는 것을 알 수 있다.

2. 케이싱과 덕트가 있는 원심형 송풍기

원심 송풍기 소음 문제의 수치 해석에서 문제가 되는 것은 덕트나 케이싱에 팬이 있는 경우의 방사 소음이다. 이런 경우 지금까지 기술한 어느 방법으로도 송풍기의 공력 음향학적 소음원과 물체의 음향학적인 특성을 고려할 수 없다.

개선된 BEM 방법을 이용하면 송풍기 같은 소음원이 케이싱이나 덕트 내부에 있는 경우 소음원의 덕트를 통한 방사음장을 잘 예측할 수 있다.

이러한 방법은 다음과 같이 in-duct 방법을 이용하여 측정된 원심 팬에 적용되었다. 이 경우 in-duct 방법에 의한 측정이기 때문에 측정된 소음값은 110dB에 달하는 큰 값이다. 그러나 이 송풍기에 대한 자유 공간에서의 계산 시 70dB 정도만 소음을 발생시켜 110dB과는 차이가 발생한다. 이것은 케이싱 영향, 즉 G함수에 의한 차이로 케이싱이 있는 경우에는 중요한 역할을 한다.

송풍기의 공력 소음을 계산하기 위해 유동장을 계산하고, 소음원을 계산한 후, BEM 방법을 이용하여 덕트 내부에서의 소음값을 계산한다. 계산에 사용된 격자는 [그림 2-86]과 같고, 계산 결과는 [그림 2-87]과 같다.

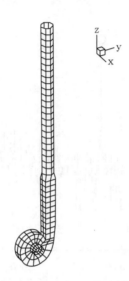

[그림 2-86] BEM mesh for centrifugal blower with duct

[그림 2-86]에서 자유 음장의 경우 in-duct 방법과 많은 차이가 발생하고 있지만 개발된 BEM 방법을 이용한 계산의 경우는 실험값과 차이가 거의 없이 잘 일치하는 것을 확인할 수 있다. 이것은 최근 개발된 방법이 소음원뿐만 아니라 음향장의 산란 및 회절 효과도 잘 예측할 수 있음을 나타내는 것이다.

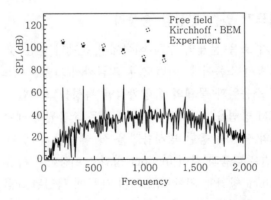

[그림 2-87] Comparison of the calculated data to the measured one

3. 결론

송풍기의 소음원은 이극이라고 하는 소음이 지배적이고 송풍기 끝단 속도의 5승 내지 6승에 비례한다. 또한 이런 소음에 영향을 주는 인자는 송풍기 자체의 형상도 있지만 시스템과의 상호 작용으로 인한 소음원이 중요한 요소이다. 이러한 소음원뿐만 아니라 관이나 케이싱을 통한 음향 산란 및 회절 등이 소음에 미치는 영향까지 예측할 때 실용성이 있다.

최근 국내외적으로 많은 연구가 수행되고 있어 단순한 소음원 파악은 어느 정도 되고 있으나, 광역 소음 그리고 간섭 소음은 실험과 이론을 동시에 사용해야 한다.

예제

지름 1.8m인 충격 수차가 60m/sec로 운동하고 있는 지름 50mm의 물분류에 의하여 구동되고 있다. 250rpm으로 회전할 때, 깃들에 작용하는 힘과 얻어지는 동력을 구하시오(단, 깃 각도들은 150°이다.).

풀이

$$u = \frac{\pi D N}{60} = \frac{3.14 \times 0.05 \times 250}{60} = 0.07 \text{ m/s}$$

$$Q = \frac{\pi}{4} d^2 v_1 = \frac{\pi}{4} 1.8^2 \times 60 = 38.2 \text{ m3/s}$$

$$\therefore L_b = \rho Q u (v_1 - u)(1 + \cos \beta)$$
$$= 1,000 \times 38.2 \times (60 - 0.07)(1 - \cos 30°) = 3,142 \text{ kW}$$

$v_1 = 60\text{m/s}$ 1.8m   150° $u = 0.07\text{m/sec}$

Section 51

와류실 설계와 결정인자

1. 개요

와류실은 펌프의 최종단에 배치되어 회전차에서 나온 흐름을 모아서 송출구로 유도하며, 이때 흐름이 가지는 운동에너지를 될 수 있는 대로 손실을 적게 하여 압력에너지로 회수하지 않으면 안 된다. 많은 실험에 의하면 유로의 각 단면에 대한 평균유속이 일정하게 되도록 설계하는 것이 특성곡선의 전유량에 걸쳐 효율이 균일하게 높아진다고 알려져 있다.

2. 와류실 설계와 결정인자

1) 출구 날개각

경험을 통해 얻은 데이터를 이용

예 Stepanoff 실험 데이터

$$\beta_2 = 17°30' \sim 27°30' : \text{Stepanoff's suggestion}$$

2) 임펠러의 내경 및 외경

$$D_2 = \frac{60 K_u \sqrt{2gH}}{\pi N}$$

$$D_1 = D_2 \frac{D_1}{D_2}$$

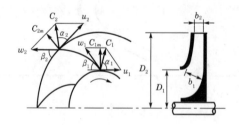

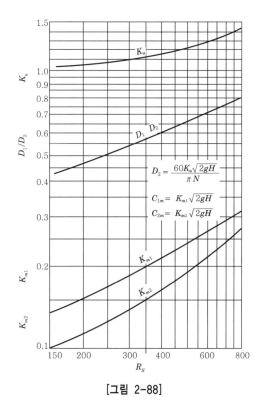

[그림 2-88]

3) 임펠러 입구 및 출구속도(자오선방향)

$$c_{1m} = K_{1m} \sqrt{2gH}$$
$$c_{2m} = K_{2m} \sqrt{2gH}$$

4) 임펠러의 입구 및 출구폭

$$Q_{\text{actual}} = \pi D_1 b_1 c_{1m} \frac{t_1 - \sigma_1}{t_1} \; : \; \eta_{\leq \text{akage}} = \frac{Q}{Q_{\text{actual}}} \, \text{and} \, \sigma_1, \; \sigma_2$$
$$= blade\ thickness$$

$$Q_{\text{actual}} = \pi D_2 b_2 c_{2m} \frac{t_2 - \sigma_2}{t_2} \; : \; t_1, \; t_2 = \text{impellor pitch}$$

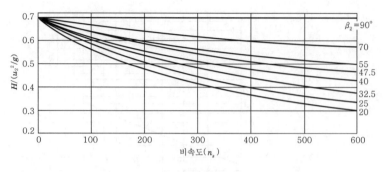

[그림 2-89]

5) 임펠러의 날개 형상

입구각과 출구각이 주어진 경우

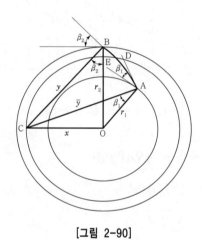

[그림 2-90]

6) 임펠러의 날개 수

경험에 의존할 경우

$$z = 6.5 \frac{D_2 + D_1}{D_2 - D_1} \sin \frac{\beta_1 + \beta_2}{2}$$

$$\text{or} \quad z = \frac{2\pi \sin \dfrac{\beta_1 + \beta_2}{2}}{(0.35 \sim 0.45) \ln \dfrac{r_2}{r_1}} : \text{corresponding to} \ \sigma \frac{1}{s} = 2.22 \sim 2.86$$

7) 기초원의 크기

$$D_5 = \left[1 + \frac{7.7\, n_s^{0.9}}{10{,}000} \right] D_2$$

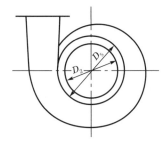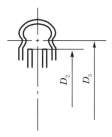

[그림 2-91]

8) 단면적 설계

와류실 내의 유속은 자유 와류(free vortex)와 유사하다고 가정한다.

$$r_x\, v_x = \text{constant} : R_x\, c_{ux} = \text{constant} \approx R_2\, c_{u2}$$

$$R_2 = \text{outer radius of the impeller}$$

since $Q = \displaystyle\int_{A_v} R_x\, c_{ux}\, dA$ at the final section of the volute

$$Q = \int_{A_v} R_x\, c_{ux}\, \frac{dA}{R_x} = \int_{A_v} R_2\, c_{u2}\, \frac{dA}{R_x}$$

$$= R_2\, c_{u2} \int_{A_v} \frac{dA}{R_x} = R_2\, c_{u2}\, \frac{A_V}{R_V}$$

$$\therefore\ \frac{A_V}{R_V} = \frac{2Q}{c_{u2}\, D_2}$$

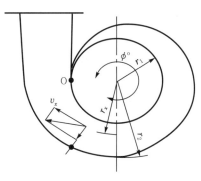

[그림 2-92]

9) 케이싱

$$r_x\, v_x = \text{constant} : R_x\, c_{ux} = \text{constant} \approx R_2\, c_{u2}$$

$$R_2 = \text{outer radius of the impeller}$$

since $Q = \displaystyle\int_{A_v} c_{ux}\, dA$ at the final section of the volute

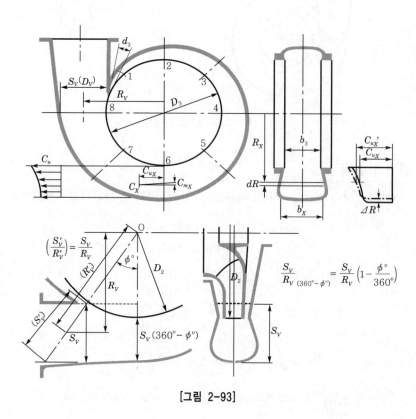

[그림 2-93]

$$Q_x = \frac{Q(360-\phi)}{360} = \int_{A_x} R_x\, c_{ux}\, \frac{dA}{R_x} = \int_{A_x} R_2\, c_{u2}\, \frac{dA}{R_x} = R_2\, c_{u2} \int_{A_x} \frac{dA}{R_x}$$

$$\therefore \frac{A_x}{R_x} = \frac{2Q_x}{c_{u2}\, D_2} = \frac{2}{c_{u2}\, D_2}\, \frac{Q(360-\phi)}{360}$$

if circular cross section section

$$\frac{\pi d_x^{\,2}}{4(R_2 + d_x/2)} = \frac{2}{c_{u2}\, D_2}\, \frac{Q(360-\phi)}{360}$$

10) Spiral 케이싱(stepanoff의 제안)

11) 기초원 크기(기초단 지름)

$$D_3 = D_2 \left[\frac{D_3 - D_2}{D_2} \times 100 \right]$$

12) 최소 단면적

$$A_v = \frac{Q}{60\,c_3}$$

① 단면에서의 평균 속도

$$c_3 = K_3 \sqrt{2gH}$$

② 와류실 시작각(α_v)

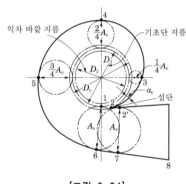

[그림 2-94]

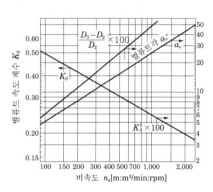

[그림 2-95]

13) 축직경

① 최대 축동력

$$L_{\max} = (1 \sim 2)\,L$$

② 비틀림모멘트

$$M = \frac{L_{\max}}{\omega} = \frac{L_{\max}}{(2\pi N)/60} = \frac{30}{\pi} \frac{L_{\max}}{N}$$

③ 축 지름

$$d = c\sqrt[3]{\frac{16}{\pi} \frac{M}{\sigma_t}}$$

여기서, c : 안전계수, σ_t : 허용 비틀림 응력

펌프의 흡입 비속도(suction specific speed)를 정의하고, 설계할 때의 적용방법 및 유의점

1. 펌프의 흡입 비속도(suction specific speed) 정의

Thoma의 캐비테이션 계수와 관계가 있으며, Δh를 아는 것이 캐비테이션의 발생을 막는 데 필요한 일이다. 이 Δh를 유효흡입수두(Net Positive Suction Head : NPSH)라고 한다. 다시 말하면 유효흡입수두는 펌프의 흡입구에 있어서의 전압이 그 때의 물의 온도에 상당하는 증기압보다 얼마만큼 높은가를 표시한 것이고, 펌프의 캐비테이션을 일으키지 않고 운전하기 위해서 그 운전 상태에 있어서 유효흡입수두가 어느 정도 이상일 것이 필요하다.

Δh 또는 NPSH를 알기 위해서

$$\sigma = \frac{\Delta h}{H} \tag{2.26}$$

여기서, σ : Thoma의 캐비테이션 계수
H : 펌프의 양정

흡입비 속도(suction specific speed) S가 있다.

$$S = \frac{n\sqrt{Q}}{\Delta h^{\frac{3}{4}}} \tag{2.27}$$

그러나 이것도 Thoma의 캐비테이션 계수 σ와 관계가 있고 별도의 의의를 가지는 것이 아니다.

비속도 n_s와 Thoma의 캐비테이션 계수를 사용하여 식 (2.27)을 변형하면

$$S = \frac{n\sqrt{Q}}{\Delta h^{\frac{3}{4}}} = \frac{n\sqrt{Q}}{H^{\frac{3}{4}}} \cdot \left(\frac{H}{\Delta h}\right)^{\frac{3}{4}} = n_s \left(\frac{1}{\sigma}\right)^{\frac{3}{4}} \tag{2.28}$$

이므로

$$S^{\frac{3}{4}} = \frac{n_s^{\frac{3}{4}}}{\sigma} \tag{2.29}$$

인 관계를 얻는다.

Thoma의 캐비테이션의 계수(σ)와 흡입 비속도(S)를 이용하여 단흡입과 양흡입의 펌프의 Δh를 계산하여 펌프의 흡입 높이 H_s를 구하는 것은 쉬운 일이다.

2. 설계할 때의 적용방법 및 유의점

유효흡입수두는 펌프의 흡입구에 있어서의 전압이 그 때의 물의 온도에 상당하는 증기압보다 얼마만큼 높은가를 표시한 것이고, 펌프의 캐비테이션을 일으키지 않고 운전하기 위해서 그 운전 상태에 있어서 유효흡입수두가 어느 정도 이상인 것이 필요하다. 따라서 펌프의 흡입 비속도가 높으면 캐비테이션을 일으키는 원인이 되므로 펌프의 회전수를 낮추어 흡입 비속도를 적게 해야 한다.

Section 53 | 펌프의 운전 중에 발생하는 진동의 발생원인과 현상 및 방지대책

1. 개요

펌프 및 소음레벨은 펌프의 형식, 회전수 및 동력에 따라서 다르지만, 설계점의 운전 상태에서는 기계로부터 1m에서 80~90dB(A) 정도이고, 일반적으로 디젤기관보다는 낮고 전동기와 비교하여도 동등 또는 그 이하이다. 단, 토출변을 일부 닫은 상태에서의 운전에서는 밸브에서 발생하는 소음으로는 기계적 원인에 의한 것과 수력적 원인에 의한 것이 있다.

2. 펌프의 운전 중에 발생하는 진동의 발생원인과 현상 및 방지대책

1) 수압 맥동에 따른 진동

펌프의 회전차 출구에서의 압력은 완전하게 같지는 않고 깃의 표리에 따라 다르다. 이 압력의 고저가 주기적으로 안내 깃 입구 혹은 케이싱의 단붙이부를 통과할 때마다 토출측에 이 압력 변동이 전달되어 펌프 몸체 혹은 송수관의 진동이 되어서 나타나게 된다. 이 진동수는 다음 식으로 간단하게 구할 수가 있다.

$$f_1 = \frac{ZN}{60} \tag{2.30}$$

여기서, f_1 : 수압 맥동에 따른 진동수(Hz)
Z : 임펠러의 깃수
N : 펌프의 회전수(rpm)

이 진동수가 송수관이나 펌프 케이싱의 고유진동수와 공통으로 진동하면 큰 진동이 발생하게 된다. 수압 맥동에 따른 진동은 대체로 고압의 대형 펌프에서 문제가 되기

쉽다. 펌프에서 나오는 수압 맥동의 진폭은 그 구성부를 개조함으로써 작게 할 수 있으나 송수관이 공진하고 있을 경우에는 그 지지 장소, 지지 방법, 관의 보강 등을 바꾸어서 공진을 피해야 한다.

2) 와류에 따른 진동, 소음

수류 속에 물체가 있을 때 그 뒤 흐름에 소용돌이가 생긴다. 이 소용돌이는 물체의 양측에서 교대로 주기적으로 발생한다. 이것을 칼만 와류라 하며, 흐름에 직각인 방향에 교대로 힘이 미친다. 칼만 와류에 따라 발생하는 진동의 진동수는 다음 식으로 나타낸다.

$$f = k \times \frac{V}{d} \tag{2.31}$$

여기서, f : 칼만 와류에 다른 진동수(Hz)

　　　　k : 형상에 따른 계수(원통의 경우 $k=0.202$, 임의 형상의 경우 $k=0.15 \sim 0.2$)

　　　　d : 흐름에 면한 폭(m) (원통의 경우에 직경)

　　　　V : 속도(m/sec)

유수 속에 펌프의 흡입관이 있을 때에 칼만 와류에 따른 진동수가 관의 고유진동수와 공진하면 큰 진동을 발생한다. 또한 유로가 급확대되어 있는 곳 또는 깃이나 안내 깃부에서 흐름이 벽면에서 이탈한 경우 이 부분에 소용돌이가 생겨 진동을 일으킬 때도 있다. 이 경우의 진도에 대해서는 공진을 피하도록 관의 지지법을 바꾸던가 관지름, 흐름 속도를 바꾸는 등 처치를 하고, 유로의 급확대를 피하는 것도 중요하다. 또한 흡수조에 소용돌이가 생기면 단속적인 소음이 발생할 때가 있다. 이것에 대해서는 흡수조 모양을 바꾸거나 적당한 위치에 와류 방지판을 만들어서 소용돌이의 발생을 막도록 한다.

3) 회전부의 불균형에 따른 진동

회전부의 불균형에 따른 진동수는 펌프의 회전수와 일치한다. 이 진동은 다음과 같은 경우에 발생한다.

① 오랜 사용에 의해 회전부에 마모나 부식이 생겨 불균형이 생겼을 경우이며 이 경우의 대책으로서는 불균형을 바로 잡아야 한다.

② 원동기와 직결 불량의 경우이며 이 경우의 이 대책으로서는 직결 정도를 수정해야 한다.

4) 펌프 구성요소의 공진

펌프축의 고유진동수와 회전수 혹은 식에 표시하는 진동수와의 공진에 따른 진동이 생길 때가 있다. 이와 같은 경우의 대책은 공진을 피하는 것이 중요하다. 축계에 대해서는 비교적 쉽게 고유진동수를 계산할 수 있으므로 사전에 이것을 피할 수가 있으나 그 밖의 부분에 대해서는 일반적으로 간단히 계산되기가 힘들며 문제가 생길 때가 있다. 이와 같은 경우에는 공진 부분의 강성을 늘려서 공진을 피하거나 방진고무 등을 써서 강성을 낮춤으로서 공진을 피할 수가 있다.

여하간에 이 문제는 복잡한 요소를 포함하고 있을 때가 많으므로 제조자와 상담하는 것이 바람직하다.

5) 고체 마찰에 다른 축의 흔들림

회전축이 어떠한 원인에 의해 휘어져, 이것이 틈이 큰 안내부와 기름이 적은 베어링부 등에서 안내부와 접촉한다고 하면([그림 2-96] 참조) 이 접점 A에서의 마찰력 F는 축의 회전을 멈추려는 방향에 작용하고, 이것으로 축은 베어링 중심 주위로 흔들리게 된다.

이 흔들림의 각속도의 위험속도는 대략 같다. 펌프의 내부에는 베어링이나 부시 등의 습동부가 있고, 여기서 고체 마찰이 생겨 진동이 생길 때가 있다.

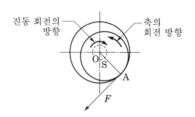

[그림 2-96] 고체 마찰에 따른 진동 회전

6) 유막에 따른 흔들림

기름으로 윤활되는 평 베어링에서 유막은 그 점성 때문에 축에 밀착한 층은 축과 일체로 회전하고, 베어링축에 밀착한 층은 고정하고 평균으로 축의 1/2의 회전수로 돌고 있다고 생각된다. 만일 이 유막의 회전수가 축의 위험속도 이상이 되고 유압방향이 베어링 중심에 대해 축의 회전방향을 향하고 있을 때에는 [그림 2-97]이 유압이 축에 대해서 여진적으로 작용하고 축의 진동을 유발할 때가 있다.

위의 설명에서 이 진동은 항상 축의 회전속도가 위험속도의 두 배 이상이 되었을 때 생긴다. 펌프에서의 이 진동을 없애는 데에는 베어링 하중을 크게 하는 등이 효과적이나 근본적으로는 축의 회전수를 위험속도의 두 배 이상으로 하지 않는 것이다.

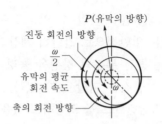

[그림 2-97] 유막에 따른 진동 회전

여러 기진력에 따른 펌프의 진동은 펌프의 구조적으로 약한 부분에 나타난다. 이 진폭은 보통 횡축펌프에서는 바깥 베어링, 종축펌프에서는 전동기의 꼭지부에서 가장 크다. 횡축펌프의 바깥 베어링에서 추정되는 개략 허용 진폭치를 [표 2-11]에 나타내었다.

[표 2-11] 횡축펌프의 대략 허용 진폭치

펌프 회전수(rpm)	허용 전진폭(μ)	펌프 회전수(rpm)	허용 전진폭(μ)
300까지	71 이하	1,500~2,000	40 이하
300~600	65 이하	2,000~3,000	29 이하
600~1,000	58 이하	3,000~4,000	25 이하
1,000~1,500	49 이하	4,000 이상	25 이하

Section 54 송풍기를 선정하는 순서와 선정 요령

1. 개요

송풍기에 관한 전반적인 설계는 송풍기의 흡입구에서 토출구까지의 모든 과정에 대한 공기 역학적인 설계와 이에 따른 기계적 구조 설계로 크게 구분할 수 있다. 또한 공기 역학적인 설계면에서 고려하더라도 송풍기의 흡입구를 통과하는 흐름, 임펠러 깃을 통과하는 흐름, 토출구에서의 흐름 등 공기 역학적으로 매우 복잡한 흐름 현상이 발생하기 때문에 미시적인 측면에서 송풍기에 대한 설계를 수행한다는 것은 매우 어려운 일이다.

그러나 엔지니어링 측면에서 보면 이러한 미시적인 흐름 현상에 의한 설계보다는 송풍기 전체, 즉 외형적으로 쉽게 이해할 수 있는 토출 압력 및 흡입량 등에 관한 거시적인 현상이 중요시되기 때문에 거시적인 측면에서 원심 송풍기의 외형 설계방법을 검토하고, 산업체에서 많이 사용되는 [그림 2-98]과 같은 뒤쪽 굽음 깃 송풍기 중 임펠러 출구각 β_2가 45°인 송풍기에 대한 설계를 예로 들었다.

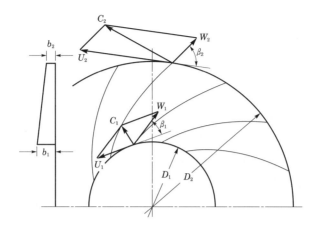

[그림 2-98] 뒤쪽 굽음 깃 송풍기의 형태 및 속도 삼각형

2. 송풍기를 선정하는 순서와 선정 요령

1) 설계 요구조건

사용목적에 적합한 송풍기의 성능 및 제원을 산출하기 위해서는 최소한 다음과 같은 사항이 요구된다.

여기서, Q : 흡입 공기량($30m^3/min$)

P_s : 정압(300mmAq)

t : 취급 공기의 온도(20℃)

γ_N : 취급 공기의 기준 상태에서의 비중량($1.293kgf/m^3$)

취급 공기의 흡입 상태에서의 공기의 비중량은 다음 식에서 구한다.

$$\gamma = \gamma_N \frac{273}{273+t} \frac{P_a+P_s}{P_a}$$

$$= 1,293 \times \frac{273}{273+20} \frac{10,332+300}{10,332} = 1.24kgf/m^3 \tag{2.32}$$

여기서 P_a는 대기압을 나타내며, 정압 P_s가 부압일 경우에는 실질적으로 대기압에서 이 값을 빼야 한다.

2) 설계순서

(1) 송풍기의 토출구에서의 속도를 가정하고 동압을 구한다.

송풍기의 종류에 따라 약간의 차이는 있지만 대략 토출구에서의 토출 속도는 20~30 m/sec로 가정하는 것이 좋으며, 어떤 경우든 30m/sec를 초과하지 않는 것이 바람직하다. 이 속도는 최종적으로 케이싱의 크기를 결정하거나 역산으로 송풍기 성능을 검토할 경우에 필요하다.

토출구에서의 속도 $V_d = 25\text{m/sec}$로 가정하면, 동압은 다음과 같다.

$$P_d = \frac{\gamma V_d^{\;2}}{2g} = 31\text{mmAq} \tag{2.33}$$

(2) 전압수두에서 비속도를 구한다.

전압은 정압과 동압의 합이므로 전압은 다음과 같다.

$$P_t = P_s + P_d = 300 + 31 = 331\text{mmAq}$$

전압수두는 다음과 같다.

$$H_t = \frac{P_t}{\gamma} = \frac{331}{1.24} = 267\,\text{m}$$

따라서 비속도는 다음과 같다.

$$N_t = \frac{Q^{1/2} N}{H_t^{\;3/4}} = \frac{(300/60)^{1/2} N}{(267)^{3/4}} = 0.0339N$$

비속도는 요구되는 공기량과 전압수두가 결정되어도 임펠러의 회전수 N에 따라 변하는 값으로 표시된다. 임펠러의 회전수는 사용자가 임의로 결정할 수도 있으나, 임펠러 구동 모터의 회전수를 고려함으로써 보다 쉽게 비속도를 결정할 수 있다. 임펠러의 회전수를 1,750rpm으로 가정하면 비속도는 다음 값으로 결정된다.

$$N_s = 59.3$$

(3) 임펠러의 직경 결정

임펠러의 직경을 결정하기 위해서는 주속도를 구하여야 한다. 주속도를 구하는 방법은 여러 가지가 있지만, 여기에서는 다음 식을 사용한다.

$$U_2 = K_u (2g\,H_t)^{1/2}[\text{m/sec}] \tag{2.34}$$

여기서, K_v : 주속계수

주속계수는 송풍기의 종류 및 형태, 비속도 등에 따라 다른 값을 가지며, 특히 임펠러의 출구각에 따라 상이한 값을 갖는다.

[그림 2-99]는 임펠러의 출구각이 45°인 뒤쪽 굽음 깃 송풍기의 경우 비속도에 따른 주속계수의 변화를 나타낸 그림이다. [그림 2-99]에 표시된 곡선은 실험 결과에 의한 것이며, 실험 결과는 분산되어 있어 이것의 상한과 하한을 나타낸 것이다. [그림 2-99]에서 해당 비속도일 때의 주속계수를 구하면, 주속계수는 1.0~1.05 사이에 있음을 알

수 있다. 주속계수의 값을 상한값 1.05로 취하면, 식 (2.33)으로부터 임펠러의 주속도는 다음과 같다.

$$U_2 = 1.05(2 \times 9.8 \times 267)^{1/2} = 76.0\mathrm{m/sec}$$

주속도를 이용하여 임펠러 직경을 구하면 다음과 같다.

$$D_2 = \frac{60\,U_2}{\pi\,N} = \frac{60 \times 76.0}{1,750\,\pi} = 0.83\mathrm{m}$$

주속계수는 사용자의 요구 압력에 여유가 있는 경우에는 하한값을 취하여도 좋으며, 전동기 출력에 충분한 여유가 있는 경우에는 상한값을 취하여도 좋다. 결국 주속 계수의 값을 크게 취하면 주속도가 커지며, 임펠러 직경도 커지게 되므로 압력은 요구하는 것보다 높게 되어 그만큼 축동력도 증가하게 된다. 이와 반대로 주속계수를 작게 취하면 그만큼 축동력은 감소되지만 경우에 따라서는 요구 압력을 만족하지 못하는 상태가 발생할 수 있다.

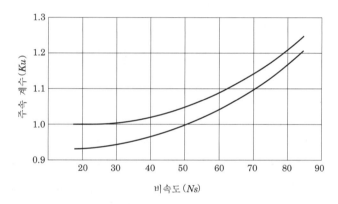

[그림 2-99] 뒤쪽 굽음 깃 송풍기의 주속계수($\beta_2 = 45°$)

(4) 축동력과 전동기 출력 결정

송풍기가 공기량과 전압을 얻기 위한 이론 공기 동력은 실제 송풍기에 요구되는 축동력은 송풍기의 효율이 포함되어야 하므로 다음 식과 같다.

$$B_{\mathrm{HP}} = \frac{L}{\eta_f} = \frac{Q \times P_t}{6,120 \times \eta_f}\mathrm{kW} \tag{2.35}$$

축동력의 여유율은 송풍기의 용량에 따라 약간의 차이가 있으며 송풍기에 적용하는 전형적인 값은 [표 2-12]와 같이 예시된다.

뒤쪽 굽음 깃 송풍기의 효율은 해당 비속도에 따른 효율을 예측하면, 효율이 80% 정도이므로 이를 이용하여 식 (2.35)에서 축동력을 구하면 다음과 같다.

$$B_{HP} = \frac{300 \times 331}{6,120 \times 0.8} = 20.3\text{kW}$$

[표 2-12] 여유율

전동기 용량	여유율
20kW 미만	0.25
20~60kW 미만	0.15
60kW 이상	0.1
소출력 엔진	0.15~0.25

전동기 출력을 구하기 위해 [표 2-12]에서 여유율을 0.15로 취하면 전동기 출력은 다음과 같다.

$$L_0 = 20.3(1 + 0.15) = 23.3\text{kW}$$

따라서 전동기 출력은 25kW를 선택하면 된다.

Section 55 원심압축기의 성능에 영향을 미치는 임펠러의 요소(인자)

1. 개요

원심압축기(centrifugal compressor)는 임펠러의 회전운동을 통하여 흡입한 작동유체에 원심력을 가해 전압(total pressure)을 상승시킨 뒤, 디퓨저와 스크롤을 통과시키면서 일부 손실이 발생하기는 하나, 전압 중의 동압(dynamic pressure)을 정압(static pressure)으로 전환시켜 작동유체의 압력을 증가시켜서 토출하는 터보기기이다. 원심압축기는 동일한 형상의 공력부, 즉 임펠러, 디퓨저 및 스크롤의 조합이라 하더라도 운전조건(입구유량, 임펠러 회전속도 등)에 따라 성능이 변하므로 탈설계점 해석(off-design analysis)을 통한 성능예측이 중요하다.

2. 원심압축기의 성능에 영향을 미치는 임펠러의 요소(인자)

1) 깃의 경사

주로 사용되는 깃은 반지름 방향 깃과 뒷보기 깃의 두 가지가 널리 사용되고 있다. Kluge에 의한 실험 결과로서 깃의 경사에 따른 효율의 변화는 출구각이 $\beta_2 = 30 \sim 50°$가 범위의 경우가 좋고, $\beta_2 = 40°$ 근처에서 최고가 된다. 반경방향 깃($\beta_2 = 90°$)의 경우는 앞에서 언급한 뒷보기 깃과 비교하여 효율은 4~9% 내려가지만 구조상 고속 회전이 가능하기 때문에 보다 고압력비가 채용된다.

2) 깃 폭

원심 압축기에 있어서 깃의 폭은 원심 송풍기와 같이 넓게 취하지 않고 단지 원심펌프의 경우와 같이 좁게 취한다. 원래 깃의 폭을 지나치게 과소하게 취하면 통풍로가 좁아져서 손실이 크게 되고, 깃의 폭을 과대하게 취하면 통풍로 확대로 인한 손실이 크게 된다. 이것들을 고려하면 원심펌프의 경우와 유사하다고 말할 수가 있다.

3) 측판의 유무

원심 압축기에서는 고속으로 회전을 하기 위해서는 회전차를 일체화하여 제작하는 것이 좋다. 이와 같은 측판이 없으면 제작은 편리하지만 ① 측판이 있는 경우, ② 한쪽 측판만이 있는 경우, ③ 양측판이 없는 경우를 비교하면 성능은 ①→②→③순으로 떨어지고 있으므로 효율을 향상하기 위해서는 측판을 고려한 원심 압축기의 제작을 권장한다.

4) 회전차 입구

실험에 의하면 회전차의 입구에서 마하수 M_1이 대략 0.4 이상부터는 효율이 낮아진다. 그렇지만 회전차 입구에 바람을 유도하는 인듀서(inducer)가 부착된 회전차를 나타낸 것이 이 인듀서의 적당한 설계에 따라 이 부분의 마하수가 0.9에 도달할 때에는 효율이 충분히 높은 것이 얻어질 수가 있다.

5) 깃 수

실험에 의하면 깃의 수는 6~8개일 때가 효율이 좋지만 그 이상이 되면 효율이 떨어지는 것을 알 수 있다. 따라서 깃의 수는 원심 압축기의 설치 조건에 따라 능동적인 깃의 수를 결정하는 것이 좋다.

Section 56 **밸브를 통과하는 유동의 압력손실 특성**

1. 개요

유량의 제어가 필요한 곳은 어디나 밸브가 사용되므로 밸브의 사용 범위는 매우 광범위하다. 석유 화학 플랜트나 발전소 등의 산업 시설에서 수 없이 많은 밸브가 유량의 제어나 유체 흐름을 차단하기 위해 사용되고 있다.

특히 발전소는 운전 특성상 고차압밸브의 설치가 필수적이며, 이러한 고차압밸브는 캐비테이션이나 침식에 의한 손상으로 수명이 짧아질 뿐만 아니라 누설 시에 해머링의 발생으로 진동과 소음이 심하게 된다. 특히 복수기 주변에 사용되는 조절밸브는 그 기능이 단순하지만 심한 소음이 발생하여 작업 환경을 해치는 경우가 빈번하다.

2. 밸브의 유동 압력손실 특성

기존의 밸브는 압력차가 있을 때 유체가 통과하는 면적을 변화시키면서 유량을 제어하게 된다. 이러한 밸브에서는 면적이 좁아지는 밸브 플러그 주위에서 유체의 속도는 크게 증가하는 반면 압력은 낮아진다. 그러므로 고차압 밸브에서는 부분적으로 압력이 증기압 이하로 낮아지는 경우가 발생한다. 압력이 증기압 이하로 떨어지면 기포가 발생하여 캐비테이션을 일으키고, 진동과 소음, 수명 단축 등의 문제가 발생하게 된다.

이러한 문제를 해결하기 위해서는 유로 면적 변화 이외의 방법으로 압력을 떨어뜨릴 수 있는 방법을 사용해야 한다. 그중 하나가 밸브 플러그 주위에 미로형의 유로를 형성하는 디스크 단으로 구성된 디스크 스택을 plug 주변에 설치하여 사용하는 것이다.

각 디스크는 평행한 유로를 형성하고 있으며, 각 유로는 직각으로 꺾인 꼬불꼬불한 통로로 만들어져 있어 유체속도가 증가하지 않으면서 압력을 떨어뜨린다. 이러한 미로형 밸브에서는 압력강하의 대부분이 디스크 스택에서 발생하게 되므로 유량을 제어하기 위해 플러그를 오르내리더라도 유체의 속도는 일정하게 유지되고 압력은 증기압 이상으로 유지된다. 또한 밸브에서의 압력강하와 더불어 캐비테이션, 플래싱 및 소음 등과 같은 부작용을 해소하기 위해서는 유체의 운동에너지(kinetic energy)를 제한해야 한다. 일반적인 유동조건에서는 밸브의 트림(trim) 출구의 운동에너지가 480kPa(물의 경우 30m/s) 이하이면 문제점이 거의 발생하지 않게 되나, 어떠한 경우에도 운동에너지가 1,030kPa 이상이 되어서는 안 된다. 특히 캐비테이션이 발생할 수 있거나 2상 유체의 조건에서는 이 운동에너지를 275kPa(물의 경우 23m/s) 이하로 제한해야 하고, 진동에 민감한 시스템에서는 75kPa(물의 경우 12m/s) 이하로 제한해야 한다.

이러한 유체의 압력과 운동에너지에 대한 제반 제한조건을 미로형 밸브의 구조를 통해 효과적으로 조절할 수 있다. 밸브에서 압력강하 특성은 다음과 같이 정의되는 압력 손실계수(K)를 통해 나타낼 수 있다.

$$K = \frac{\Delta p}{\frac{1}{2} \rho V^2} \tag{2.36}$$

여기서, Δp : 유체의 압력손실
ρ : 밀도
V : 입구의 유체속도

미로에서의 굴곡당 압력 손실계수(K_L) 또한 유사한 형태로 표시된다.

미로형 밸브에서의 전체 압력손실은 미로에서 발생하는 압력손실과 이를 제외한 나머지 압력손실의 합으로 볼 수 있는데, 그 결과는 다음과 같다.

$$\Delta p = (K_L \cdot N + K)\left(\frac{q^2 G_f}{890 d^4}\right) \tag{2.37}$$

여기서, N : 미로의 굴곡수

G_f : 유체의 비중

q : 유체의 유량

d : 밸브 입구의 직경

그리고 밸브의 성능 특성은 다음과 같이 정의되는 유량계수 C_v를 통해 나타낼 수 있다.

$$C_v = q \sqrt{\frac{G_f}{\Delta p}} \tag{2.38}$$

Section 57 펌프 시스템에서 NPSH$_{av}$와 NPSH$_{re}$의 정의와 차이점

1. 개요

캐비테이션은 액체의 압력이 포화 증기압 이하로 되면 생기는 것이므로 캐비테이션의 발생을 막는 데는 펌프 내에서 포화 증기압 이하의 부분이 생기지 않도록 하면 된다. 이를 위해서는 펌프의 흡입조건에 따라 정해지는 유효흡입수두(NPSH$_{av}$) 및 흡입 능력을 나타내는 필요흡입수두(NPSH$_{re}$)에 대하여 생각해 볼 필요가 있으며 NPSH는 Net Positive Suction Head의 약어이다.

2. 유효흡입수두(NPSHav)

펌프가 설치되어 사용될 때 펌프 그 자체와는 무관하게 흡입측의 배관 또는 시스템 (System)에 따라서 정해지는 값으로 펌프 흡입구 중심까지 유입되어 들어오는 액체에 외부로부터 주어지는 압력을 절대 압력으로 나타낸 값에서 그 온도에서의 액체의 포화 증기압을 뺀 것을 유효흡입수두(NPSH$_{av}$)라 한다.

NPSH$_{av}$의 계산식은 다음과 같다.

$$\text{NPSH}_{av} = h_{sv} = P_s/\gamma - P_v/\gamma \pm h_s - fV_s^{\,2}/2g \tag{2.39}$$

여기서, h_{sv} : 유효흡입헤드(m)

P_s : 흡수면에 작용하는 압력(kgf/m^2 · abs)

P_v : 사용 온도에서의 액체의 포화 증기압(kgf/m^2 · abs)

γ : 사용 온도에서의 단위체적당의 중량(kgf/m^3)

h_s : 흡수면에서 펌프 기준면까지 높이(m)(흡상되면 음(-), 가압되면 양(+))

$fV_s^{\,2}/2g$: 흡입측 배관에서의 총손실수두(m)

NPSH$_{av}$는 h_s가 일정하다고 가정하면 토출량이 증가하거나, 흡입측의 배관 길이가 길어지는 만큼 작아져서 캐비테이션에 대한 위험도가 높아진다.

3. 필요흡입양정(NPSHre)

회전차 입구 부근까지 유입되는 액체는 회전차에서 가압되기 전에 일시적인 압력강하가 발생하는데, 이에 해당하는 수두를 필요흡입양정(NPSH$_{re}$)이라 한다. 이때의 펌프 흡입측의 압력 분포를 알아보면 [그림 2-100]과 같으며, NPSH$_{re}$는 그림에서의 a-c'의 높이에 해당된다. 이 값은 시험에 의해서만 구할 수 있고, 다만 설비 계획 단계에서 Thoma의 캐비테이션계수 또는 흡입 비속도로 대략 추정해 볼 수 있다.

실험에 의한 방법은 [그림 2-101]에 나타낸 바와 같이 펌프 운전 시의 흡입 압력을 점차 내려가면서 각각의 토출량에 대한 펌프 전양정의 저하가 3%($\Delta H/H = 0.03$)가 되는 경우 흡입조건에서 계산한다.

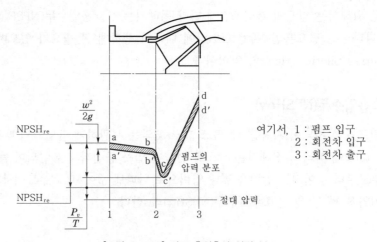

[그림 2-100] 펌프 흡입측의 압력 분포

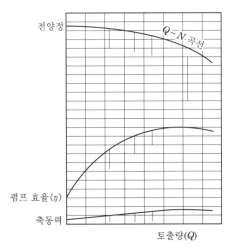

[그림 2-101] 캐비테이션에 의한 펌프 성능 변화

수차에서 NPSH와 Thoma의 캐비테이션 수의 정의

1. 개요

캐비테이션(cavitation)은 깃차 출구 부근에서 음압 발생 → 캐비테이션 발생 → 흡출
관 상하진동 → 흡출관 파괴로 이어진다.

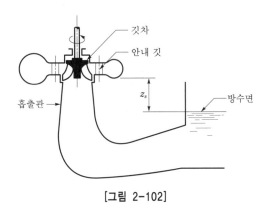

[그림 2-102]

2. 수차에서 NPSH와 Thoma의 캐비테이션 수의 정의

1) 수차에서 NPSH

일반적으로 Cavitation이 일어나는 직접적인 원인은 무리한 흡입을 하고자 하는 데서 발생되는 것이 대부분이다.

① $NPSH_{av} = NPSH_{re}$: Cavitation의 발생한계

② $NPSH_{av} < NPSH_{re}$: Cavitation 발생

③ $NPSH_{av} > NPSH_{re}$: Cavitation이 발생되지 않음

④ $NPSH_{av} \geq NPSH_{re} \times 1.3$: 일반적 펌프 설계

2) Thoma의 캐비테이션 수의 정의

캐비테이션을 방지하기 위해서는 $\Delta h(NPSH_{re})$를 알아야 하고, 이를 알기 위해 Thoma의 캐비테이션 수를 정의한다.

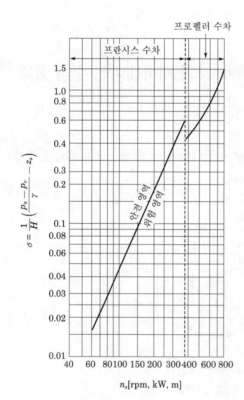

$$\sigma = \frac{\dfrac{p_o}{\gamma} - z_s \dfrac{p_v}{\gamma}}{H}$$

$$\therefore z_s = \frac{p_o}{\gamma} - \frac{p_v}{\gamma} - \sigma H$$

여기서, p_o : ambient pressure

p_v : saturated vapor pressure

z_s : draft head

[그림 2-103]

Section 59　해수용 원심펌프의 케이싱과 회전차의 재질

1. 해수용 원심펌프의 케이싱의 재질

해수용 원심펌프의 케이싱과 회전차의 재질은 바다에는 염소 성분이 많으므로 금속의 부식을 조장하여 녹슬게 하고 펌프의 성능을 저하시킨다. 원심펌프의 케이싱은 주철과 스테인리스강 재질인 STS 316이나 STS 304 계열을 사용하여 내부식성을 강화한다.

2. 해수용 원심펌프의 회전차의 재질

회전차는 여러 개의 만곡된 형상을 하며, 보통 4~8매로서 원판 사이에 끼어 있다. 재료는 주조하기 쉽고 기계 가공이 쉬우며, 주물의 표면이 매끄러울 뿐만 아니라 녹이 슬지 않는다는 점에서 일반적으로 청동을 사용한다.

고온의 액체를 수송하고 고속 회전을 필요로 하는 펌프의 회전차일 경우에는 크롬 합금강 또는 스테인리스강과 같은 내합금강을 쓰고, 바닷물과 같이 전해질인 액체일 경우에는 전해 작용이 일어나므로 주철을 쓰며, 내식성을 필요로 할 때에는 플라스틱 재료를 사용한다.

Section 60　슬러리 이송용 펌프의 회전차 형상

1. 개요

슬러리 이송용 펌프는 고형물 이송에 탁월한 기능을 발휘하는 특수한 구조의 펌프로서 그 우수성은 현재 사용중에 있는 하수처리장, 환경사업소 각 폐수처리장 내에서 입증되고 있다.

2. 슬러리 이송용 펌프의 회전차 형상

1) 구조별 특성

(1) 케이싱(casing)

슬러리 이송용 펌프의 케이싱은 고형물 및 무손상 이송에 적합하도록 설계 제작되었으며, 고흡입력(700 mm/HG 이상)을 지속적으로 유지할 수 있는 특수성과 케이싱 내의 정비를 용이하도록 케이싱 흡입 커버를 분리하는 구조를 들 수 있다.

(2) 임펠러(impeller)

장성유질, 고형물, 농축 슬러지, 무손상 이송에 적합하게 무폐쇄형(non-clog) 구조이며, 임펠러 내의 통로 폭이 매우 크고 흡입구경에 상당하는 크기의 고형물을 이송할 수 있으며, 운전 중 축방향의 스러스트 하중을 경감시키기 위한 후면 깃을 두어 밸런스를 유지하는 특성이 있어야 한다. 슬러지 이송에는 모방할 수 없는 독특한 구조이다.

(3) 토출 탱크(discharge tank)

케이싱에서 분출된 액의 일부를 케이싱 내에 재순환하여 벌루트 형상을 강화함으로써 흡입력을 증대하고 유체를 원활하게 토출구로 유도하는 특성이 있다.

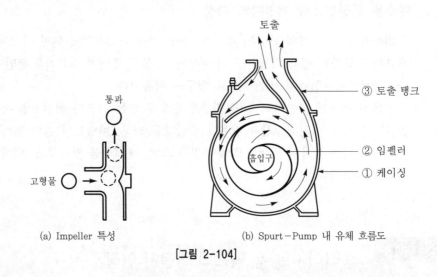

[그림 2-104]

2) 슬러지 수송 펌프 선정 시 고려사항

수처리 과정의 슬러지는 성상에 따라 다르며, 생 오니는 모래 등의 협잡물이 포함될 수 있으므로 이송 전에 미리 스크린 등에 의해 전처리하도록 하며, 잉여 오니는 플러그가 파괴되지 않도록 하여야 한다.

한편 일반적인 슬러지 펌프 선정 시 고려사항은 다음과 같다.

① 슬러지 내에 포함되어 있는 각종 협잡물의 수송이 용이해야 하므로, 특수한 임펠러를 가진 원심펌프를 사용하는 것이 좋다.

② 슬러지 내의 그리트에 의한 펌프 마모가 적어야 하므로, 경도가 높은 내마모성의 재질을 사용하도록 한다.

③ 토출구 등에는 청소구를 설치하여 분해 및 조립이 용이해야 한다.

임펠러 출구에서 속도 삼각형과 무차원 변수

1. 개요

터보압축기는 유동방향에 따라 크게 축류형과 원심형으로 분류하고, 그중 원심압축기는 원심효과를 이용하여 유체에 에너지를 부가한다. 유동방향이 심하게 굴절되기 때문에 비슷한 규모의 축류형보다 유량범위가 작고, 또한 비슷한 유량범위의 축류형보다 효율도 낮다. 하지만 운전유량범위가 넓어 저유량범위에서 축류형보다 안정된 운전이 가능하고 유동의 불균일이나 왜곡으로 인한 성능의 저하량이 작다.

2. 임펠러 출구에서 속도 삼각형

깃 입구의 직전과 직후의 절대, 상대, 원주, 메디안속도를 각각 v, v_1, w, w_1, u, u_1, v_m, v_{1m}이라 하고, v, v_1이 u, u_1과 이루는 각도(유입각)를 α, α_1, 입구각도를 β, β_1이라 한다. [그림 2-105]에서와 같이 깃 입구 직후의 속도가 깃의 두께의 영향을 받아 직전보다 속도가 **빠르다.**

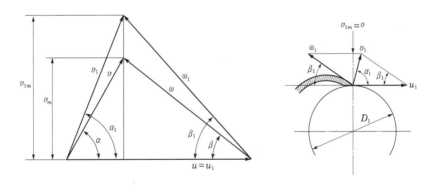

[그림 2-105] 깃 입구의 속도 삼각형

[그림 2-105]에서

$$v_m = v \sin \alpha = w \sin \beta \tag{2.40}$$

$$v_{1m} = v_1 \sin \alpha_1 = w_1 \sin \beta_1 \tag{2.41}$$

따라서 깃의 입구각도는 다음과 같다.

$$\tan \beta_1 = \frac{v_1 \sin \alpha_1}{u_1 - v_1 \cos \alpha_1} \tag{2.42}$$

α_1은 유체가 입구 직전에서 회전차의 회전에 의하여 밀리기 때문에 90°보다 작지만, $\alpha_1 = 90$°로 가정하여 β_1을 구하고, 설계값은 계산값보다 조금 크게 잡으면 된다. 식 (2.42)에 $\alpha_1 = 90$°를 대입하면 다음 식과 같이 간단하게 된다.

$$\tan \beta_1 = \frac{v_1}{u_1}$$

$$\therefore \beta_1 = \tan^{-1} \frac{v_1}{u_1} \tag{2.43}$$

또 $\alpha_1 = 90$°로 가정하였기 때문에 식 (2.41), (2.42)는 다음 식이 된다.

$$v_m \fallingdotseq v, \quad v_{1m} \fallingdotseq v_1 \tag{2.44}$$

$\alpha = \alpha_1$일 때에는 $v_{1m} = v_m = v$가 된다. 또는 v는 회전차 입구의 평균유속 $v_e = (1.1 \sim 1.2)v_s$와 거의 같다고 할 수 있으므로 다음 관계를 이룬다.

$$v_{1m} \fallingdotseq v_m \fallingdotseq v \fallingdotseq v_e \tag{2.45}$$

이것은 깃의 두께를 고려하지 않았을 때이고, 실제로는 깃의 두께가 있기 때문에 입구 면적이 감소한다. 따라서 τ_1으로 수정해야 한다.

$$v_{1m} \fallingdotseq \tau_1 v_m \fallingdotseq \tau_1 v \fallingdotseq \tau_1 v_e \tag{2.46}$$

u_1은 입구 직후의 원주속도지만, 회전차 입구경의 원주속도와 같기 때문에 다음 식과 같다.

$$u_1 = \frac{\pi D_1 N}{60} \tag{2.47}$$

이것과 식 (2.46)을 식 (2.43)에 대입하면 β_1은 다음 식에서 구해진다.

$$\beta_1 = \tan^{-1} \frac{60 \tau_1 v_e}{\pi D_1 N} \tag{2.48}$$

또는 식 (2.42)를 변형하여

$$\tan \beta_1 = \frac{v_{1m}}{k u_1} = \frac{60 v_{1m}}{k \cdot \pi D_1 N}$$

이므로

$$\beta_1 = \tan^{-1} \frac{60 v_{1m}}{k \cdot \pi D_1 N} \tag{2.49}$$

여기서, $k = 0.85 \sim 0.95$, $v_{1m} = (1.1 \sim 1.25)v_e$ 이다. v_{1m} 의 값은 [그림 2-106]에서 n_s 에 대한 K_{1m} 을 정하여 다음 식에서 계산해도 된다.

$$v_{1m} = K_{1m} \sqrt{2gH} \tag{2.50}$$

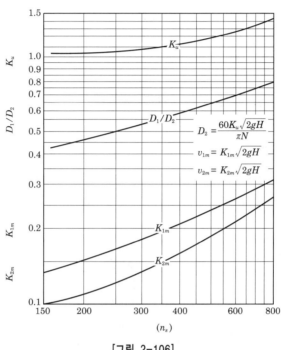

[그림 2-106]

3. 임펠러 출구에서 무차원 변수

임펠러날개 회전속도 마하수가 일정할 경우 유량이 증가할수록 임펠러 출구에서의 반경방향 속도는 증가하고, 회전방향 속도는 감소하기 때문에 일계수(work coefficient)는 이에 비례하여 감소한다. 또한 임펠러날개 회전속도 마하수가 작아짐에 따라 단위유량당 압축기 일이 비례하여 감소한다. 또한 일정한 회전속도에서 유량계수가 증가할수록 무차원 미끄럼속도(slip velocity)는 작아지는데, 이는 마찬가지로 임펠러 출구 반경방향 속도와 회전방향 속도의 변화로 임펠러 출구 와류비가 감소하기 때문이다. 일정한 유량계수에서 임펠러날개 회전속도 마하수가 증가할수록 반경방향 속도 증가 대비 회전방향 속도 증가율이 더 크기 때문에 무차원 미끄럼속도 또한 증가하게 된다.

Section 62 축류수차의 중요 구조와 안내깃과 조속기의 기능

1. 개요

축류수차인 프로펠러수차는 반동도가 70~80%로 반동 수차 중에서 가장 높으며, 3~90 m의 저낙차이나 유량이 큰 곳에 주로 사용한다. 정익과 동익을 모두 가지고 있는 것이 일반적이며, 가변 동익 날개를 가진 것을 카플란수차(Kaplan turbine)라고 한다.

2. 축류수차의 중요 구조와 안내깃과 조속기의 기능

[그림 2-107]에서 안내깃은 물이 케이싱을 통과하면 안내하여 물이 가지고 있는 에너지가 회전차에 의하여 회전하게 된다. 조속기는 수차에 걸리는 부하가 변화하면 조속기가 가동되어 배압 밸브에 의해서 액추에이터(서보모터)가 작동하여 노즐 내의 니들이 움직여서 개폐가 변하며 유량이 부하에 대응한 값으로 변화하게 한다.

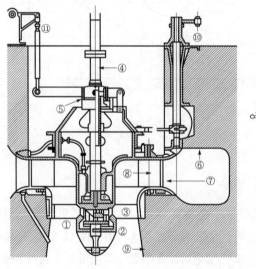

여기서, ① 러너
② 러너 보스
③ 러너 베인
④ 주축
⑤ 메인 베어링
⑥ 케이싱
⑦ 스피드 링
⑧ 안내깃
⑨ 흡출관
⑩ 수량 조정 장치
⑪ 깃 각도 조정 장치

[그림 2-107] 프로펠러수차의 주요 명칭

Section 63 터보 압축기, 스크루 압축기, 왕복동 압축기의 특성

1. 개요

압축기는 유체를 압축하여 유체에 기계적 에너지를 가한다는 점에서는 펌프와 원리는 기본적으로 같다. 펌프는 액체를 압축하는 것이고, 이에 반해 압축기는 기체를 가압하여 압력과 속도를 변환시킨다는 점에서 펌프와 구별된다. 압축기 중 공기를 압축하는 것이 공기압축기이다. 산업안전보건법상의 정의는 공기의 사용을 위해 피스톤, 임펠러, 스크루 등에 의하여 공기를 필요한 압력으로 압축시켜 탱크에 저장하는 공기기계를 말하며, 산업안전보건법의 적용을 받는 공기압축기는 중기관리법의 적용을 받는 것을 제외하고 게이지압력 2kgf/cm^2 이상인 것으로 공기탱크의 내경이 200mm 이상 또는 길이가 1,000mm 이상으로서 동력에 의하여 구동되는 공기압축기를 말한다. 작동압력에 따라 다음과 같이 구분된다.

① 팬(fan) : 토출압력이 0.1kgf/cm^2 미만
② 블로어(blower) : 토출압력이 1kgf/cm^2 미만
③ 압축기(compressor) : 토출압력이 1kgf/cm^2 이상

2. 압축기의 종류와 특징

1) 왕복동 압축기

왕복동 압축기는 산업 현장에서 오랫동안 사용되어온 압축기로서, 여러 방면에서 가장 넓게 사용되고 있다.

(1) 장점

왕복동 압축기의 특징은 다음과 같다.
① 쉽게 높은 압력을 얻을 수 있다.
② 압축효율이 좋다.
③ 압력-유량특성이 비교적 안정되어 있다.
④ 가격이 저렴한 편이다.

(2) 단점

왕복동 압축기는 피스톤의 왕복운동에 의해 압축하므로 단점도 가지고 있다.
① 왕복 부분의 관성 때문에 회전속도에 한계가 있다.
② 관성력 때문에 진동이 발생한다.
③ 압축 공기에 맥동이 있다.

④ 무급유식 이외는 실린더 내에 윤활유가 필요하게 되고, 압축 공기 중에 유분이 포함된다.

2) 스크루 압축기(rotary screw compressors)

로터리 용적식 압축기의 가장 일반적인 형태는 스크루 압축기이다. 스크루 압축기는 케이싱 내에 맞물려 회전하는 로터(rotor)라고 불리는 숫나사(male rotor)와 암나사(female rotor)를 갖고 있다. 암수 로터가 회전하면서 공기를 흡입하고 압축하여 토출구를 통하여 압축 공기가 배출된다.

스크루 압축기는 압축 공기 중에 유분을 포함하지 않는 무급유식과 윤활유를 주입하여 밀봉, 윤활, 압축열을 제거하는 급유식으로 나눠질 수 있다.

(1) 급유식 스크루 압축기

급유식 스크루 압축기는 적당량의 윤활유를 분사하여 압축 과정에서 발생하는 열을 제거하고, 압축 공간의 밀폐, 윤활 작용을 동시에 하는 것으로 다음과 같은 장점이 있다.

① 적당량의 윤활유를 직접 냉각함으로써 토출 온도가 낮게 되고 압축 과정이 등온 압축에 가까우므로 높은 효율을 얻을 수 있다.

② 윤활유에 의한 직접 냉각을 하므로, 단당 압력비를 높일 수 있다.

③ 주입되는 윤활유에 의해 로터와 로터 사이, 로터와 케이싱 사이의 밀폐가 유지되며, 냉각에 의해 내부의 열팽창이 적어 틈새를 적게 할 수 있으므로 저속으로 높은 효율을 얻을 수 있다.

④ 저속으로 높은 효율을 얻을 수 있으므로, 진동이 적고 저소음화가 가능하다.

⑤ 내부 윤활식이기 때문에 숫나사가 암나사를 직접 구동할 수 있다.

⑥ 적절한 용량 조절 방식을 채택하여 효율적으로 운전할 수 있다.

⑦ 토출 가스에 맥동이 없다.

(2) 무급유식 스크루 압축기

무급유식 스크루 압축기는 압축 공기 중에 유분이 포함되지 않는 압축기로, 다음과 같은 특징이 있다.

① 로터와 케이싱 사이, 로터와 로터가 접촉하지 않고 내부 윤활을 필요로 하지 않으므로 압축 가스 중에 유분이 포함되지 않는 깨끗한 가스와 공기를 얻을 수 있다.

② 토출 가스에 맥동이 없다.

③ 유지 보수가 간단하다.

④ 진동이 적다.

⑤ 단점으로, 최고 토출 압력에 제한이 있다.

3) 터보 압축기(turbo compressors)

터보 압축기는 회전축의 기계적 에너지를 공기의 운동에너지로 변환시킨다. 원심식 압축기의 특징으로는 회전식으로서 다음과 같은 장·단점이 있다.

(1) 장점

① 토출 가스가 맥동이 없고 안정적이다.

② 윤활유가 혼입되지 않아 깨끗한 가스를 얻을 수 있다.

③ 고속 회전형으로 같은 마력의 다른 압축기보다 소형 경량이다.

(2) 단점

① 압력 상승이 가스의 비중 및 회전 부분의 속도에 관련되므로 1단당 압력 상승은 용적형과 비교하면 훨씬 낮고, 유량이 적은 경우에는 효율이 저하된다.

② 압축 특성이 설계, 기계 가공의 정밀도, 사용조건에 민감하다.

③ 압력-풍량 특성에 불안정 영역이 있어서 운전 시의 풍량이 계획 시의 풍량의 70 ~80% 이하로 되면 서징(surging)이 발생한다.

4) 다이어프램 압축기(diaphragm compressors)

다이어프램 압축기는 용적식, 무급유식이다. 횡격막의 운동으로 기계적 구동이나 유압으로 작동되는 것으로 구분되며, 기계적 다이어프램 압축기는 유압식보다 소형으로 제작된다. 결과적으로 두 가지 형태의 중복은 제한된 범위에서만 발생한다. 기계식은 가격이 비교적 저렴하며, 구조가 간단하고 대기보다 낮은 압력을 압축하는 장치로 사용될 수 있다. 기계식이 보통 베어링 하중을 고려해야 하기 때문에 제한이 있는 반면, 유압식은 기계식보다 고압을 더 쉽게 형성할 수 있으며 다이어프램 압축기는 다음과 같은 장단점이 있다.

(1) 장점

① 기밀이 정적이므로 안정된 기체를 만들 수 있다.

② 기체가 분리되어서 운전되기 때문에 100% 오일이 없는 압축 공기를 공급한다.

(2) 단점

① 토출량이 적고 압축비가 제한되어 있다.

② 기계식에는 보통 합성고무로 된 다이어프램을 적용하며, 유압식은 금속막을 사용하고 고압을 형성할 수 있다.

③ 두 가지 형태를 혼합하여 다단 압축을 할 수도 있다.

④ 기계식 다이어프램 압축기에서 고압을 형성하기 위해 압축기와 드라이버를 압력 용기로 밀봉하기도 한다.

5) 베인 압축기(rotary sliding vane compressor)

베인 압축기는 원통형 실린더 내에 편심으로 로터를 설치하고, 로터에는 가동익 (vane)을 설치하므로 가동익과 실린더에 둘러싸인 공간이 로터의 회전에 의해서 변화하는 것을 이용해서 기체를 압축하는 것으로서 일반적으로는 다량의 윤활유를 실린더 내에 주입하여 밀폐, 윤활과 동시에 압축열을 제거하는 유냉식으로 되어 있다.

이 형식에서는 가동익이 실린더 또는 로터에 대하여 습동 운동을 하므로 가동익의 재질 선정이 중요하므로, 내열성이 높고 오일이나 수분의 흡수가 적은 것을 선택한다.

다음과 같은 단점이 있다.

① 구조상, 습동에 의한 마모를 초래하는 것을 피할 수 없다.

② 가동익 강도가 습동 속에 제한되기 때문에 습동속도가 크게 될 때에는 2단 압축식의 채용이 필요해지고 기계 크기가 커진다.

③ 구조상 고압 압축기에는 사용할 수 없다.

Section 64 압축기의 설계압력, 유량 및 구동 동력 계산

1. 개요

최근 공기압축기는 여러 가지 용도에 이용되고 있으며, 특히 산업체에서 널리 보급되고 있다. 산업체에서는 각종 제어개통의 작동유체로서 프로세스에 직접 사용하기도 한다. 이와 같이 널리 사용되고 있는 공기압축기의 효율적인 운전은 산업체의 원가절감의 한 방편으로서, 에너지의 생산에 따른 공해배출물의 감소방안으로서 피할 수 없는 선택수단이 되고 있다.

2. 압축기의 설계압력, 유량 및 구동 동력 계산

압축기가 공기(1kg 당)에 준 전 에너지를 H_i 라 하면 에너지방정식으로부터 다음 식이 성립한다.

$$\frac{k}{k-1}RT_1 + \frac{v_1^2}{2g} + H_i = \frac{k}{k-1}RT_2 + \frac{v_2^2}{2g}$$

$$\therefore \ H_i = \frac{k}{k-1}R(T_2 - T_1) + \frac{1}{2g}(v_2^2 - v_1^2) = \frac{k}{k-1}R(T_{02} - T_{01}) \quad (2.51)$$

위의 식에서 전 에너지 H_i 중에는 압축기의 유로 내에서 생기는 마찰, 방향 변화, 충돌에 의한 손실, 회전차의 바깥쪽에 생기는 원판 마찰손실, 누설에 의한 손실도 포함하는 것으로 한다. 즉 원동기의 일에서 베어링, 기어 등에 의한 기계손실을 뺀 것으로서 이와 같은 H_i를 내부 일(내부 동력 헤드)이라 한다.

따라서 식 (2.51)의 우편은 압축기가 공기에 대하여 준 이들의 손실도 포함되지만, 이들의 손실은 모두 열이 되어 공기의 온도를 높이는 결과가 되므로 식 (2.51)의 우변의 T_{02}, T_{01}은 각각 손실에 의한 온도 상승도 포함한 온도, 즉 압축기 송출 쪽의 실제상의 정온, 전온을 표시한다.

그러므로

$$H_i = \frac{k}{k-1}RT_{01}\left(\frac{T_{02}}{T_{01}}-1\right)$$

$$= \frac{k}{k-1}RT_{01}\left[\left(\frac{p_{02}}{p_{01}}\right)^{(n-1)/n}-1\right][\mathrm{kg \cdot m/kg}] \qquad (2.52)$$

압축기의 흡입 쪽의 유량을 $Q_{01}\,\mathrm{m}^3/\mathrm{min}$라 하면, 압축기에 의하여 주어진 공기의 내부 동력 L_i는 단열 공기 동력 때와 같이 하여 다음 식으로 표시된다.

$$L_i = \frac{k}{k-1}\frac{p_{01}\,Q_{01}}{60}\left[\left(\frac{p_{02}}{p_{01}}\right)^{(n-1)/n}-1\right][\mathrm{kg \cdot m/s}] \qquad (2.53)$$

L_i는 이론 동력 L_{th}(이론헤드 H_{th}에 대응하는 것)와 회전차의 원판 마찰손실동력 ΔL_d와 누설에 의한 손실동력 ΔL_i와의 합으로서 다음 식으로 표시한다.

$$L_i = L_{th} + \Delta L_d + \Delta L_i [\mathrm{kg \cdot m/s}] \qquad (2.54)$$

이에 대하여 축동력 L은 내부 동력 L_i와 기계 손실동력 ΔL_m와의 합으로서 다음 식으로 표시된다.

$$L = L_i + \Delta L_m = L_{th} + L_d + \Delta L_i + \Delta L_m [\mathrm{kg \cdot m/s}]$$

Section 65 펌프의 인버터 구동의 주목적과 검토사항

1. 개요

인버터를 이용한 소프트 기동 시 펌프의 소비전력량은 전전압가동 시의 18.5% 정도로 나타났다. 따라서 인버터를 이용하는 경우에는 전동기의 용량이 클수록, 시스템의 기동 정지가 빈번히 이루어질수록 전동기 기동 시의 소비전력량을 크게 감소시킬 수 있을 뿐만 아니라, 배선설비 및 전원설비용량을 적정화하여 초기 시설투자비를 절감할 수 있을 것이다. 또한 가감속운전으로 모터와 기계류에 주는 충격을 완화할 수 있고 모터와 기거계(機據系)의 수명, 축류(shaft)의 수명도 연장시킬 수 있는 효과가 기대된다.

2. 펌프의 인버터 구동의 주목적과 검토사항

1) 순환펌프(냉각수, 냉온수)

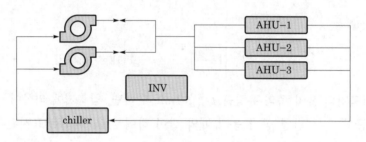

[그림 2-108]

공조용 냉·온수 순환펌프나 설비의 냉각수 순환펌프의 경우 온도에 따라 순환되는 펌핑 유량이 다르기 때문에 순환되는 환수의 온도값에 따라 공급 유량을 인버터로 적절하게 조절함으로써 펌프의 소비 전력을 절약할 수 있다.

2) 집진 Fan/Blower(Dust & Collector, 전기 집진, 탈황)

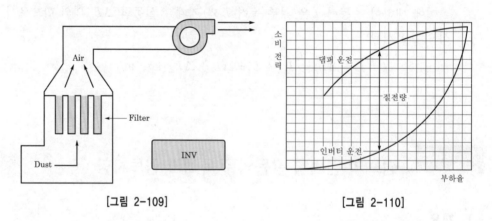

[그림 2-109]   [그림 2-110]

집진 설비 중 가장 많은 용도로 사용되고 있는 것이 dust collector이며, 현재 풍량 조절은 댐퍼조절방식이 가장 많이 사용되고 있다. 기존의 댐퍼방식에서 인버터를 적용하면 높은 절전효과를 기대할 수 있다.

3) 컴프레서(centri type, screw, type, reciprocating type)

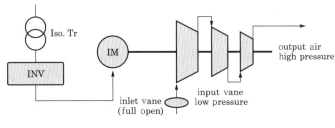

[그림 2-111]

원심식(centri type) 컴프레서는 대용량으로 석유 화학, 철강 산업에 적용되며, 원심식은 다단 압축방식으로 입구 베인의 개도율로 부하량을 조절한다. 인버터 적용 시 기동이 매우 쉬우며, 높은 절전효과를 기대할 수 있다.

Section 66 | 석유 화학용 펌프의 특성과 관련 규격

1. 개요

많은 종류의 펌프가 화학공정산업에서 사용되며, 펌프 선택은 점도, 부식성 및 마모성을 포함하여 취급할 액체의 특성에 따라 다르다. 액체-가스혼합물은 생산 중단이나 펌프 고장을 일으키지 않고 효율적으로 처리할 수 있는 펌프가 필요하다. 다량의 고체물질을 함유한 액체는 혹독한 조건을 견디고, 이러한 혼합물을 효과적으로 운송하도록 설계된 견고한 펌프가 필요하다. 혼합물의 pH를 조정하기 위해 황산은 부식성이 강하고, 염산은 프로세스 pH균형에 종종 사용되는 위험한 산이다. 나트륨, 칼슘 및 칼륨의 수산화물과 같은 농축알칼리도 매우 부식성이 있으므로 주의해서 취급해야 한다.

2. 관련 규격 : API 610[52K](American Petroleum Institute)

① API 610 규격을 만족하도록 설계되어 있는 설계압 $52kgf/cm^2$ G인 석유 화학용 펌프로 저온용, 고온용 및 고압용 등 다양한 용도로 사용된다.

② 중심 지지형(centerline mounting)으로 설계되어 고온용으로 사용 시에도 축심이 흐트러질 우려가 없다.

③ 백 풀 아웃(back pull out) 구조로 설계되어 유지 보수가 간단하며, 오일 윤활 및 기계적 시일(m/seal)이 장착되는 구조이고, 액체의 온도에 따라 스터핑 박스 및 베어링 하우징을 냉각할 수 있는 구조이다.

Section 67 외부 유동에서 물체 주위에 발생하는 역압력 구배와 유동박리

1. 개요

저 레이놀즈수 유동은 일반적으로 앞전 주위에서 층류이다. 앞전에서는 급격한 익형 곡률의 변화에 따라 큰 역압력 구배가 생기게 된다. 저 레이놀즈수 유동과 같이 운동량이 작은 유동이 이 영역을 지나게 되면 역압력 구배를 이기지 못하고 유동이 표면으로부터 떨어져 나가는 박리 현상이 일어나게 된다. 이를 난류가 박리하는 현상과 구분하여 층류박리현상이라 한다.

그리고 박리된 경계층에서는 유동 교란이 증폭되어 난류로의 천이를 유도한다. 난류는 외부의 유동 흐름을 경계층 내로 유입시키면서 표면 근처의 운동량을 증가시킨다. 유동의 운동량 증가에 따라 역압력 구배를 극복하고 표면에 재부착되어 층류박리 기포를 형성하게 된다.

2. 외부 유동에서 물체 주위에 발생하는 역압력 구배와 유동박리

박리 영역의 경계층은 다음과 같이 자유 전단층(free shear layer)과 재순환 기포(recirculation bubble) 영역으로 나뉠 수 있다.

1) 자유 전단층 영역

점성 영역의 경계층의 바깥쪽 면과 평균 분할 유선(mean divided streamline) 사이이다.

2) 재순환 기포 영역

평균 분할 유선과 익형 표면 사이를 포함한다. 이 영역에서는 기포를 형성하면서 상대적으로 느린 역순환 유동이 나타난다.

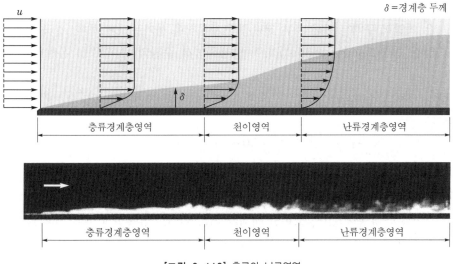

[그림 2-112] 층류와 난류영역

천이영역을 기준으로 앞전 방향의 유동은 층류이고, 뒷전 방향의 유동은 난류이다. 일반적으로 박리 기포의 층류 부분에서는 압력의 plateau가 형성된다. 이와 같이 층류 박리 기포는 압력과 밀접한 관계가 있으며, 결과적으로 날개 전체의 공기 역학적 특성에 상당한 영향을 미친다.

이러한 층류박리 기포의 생성과 발달에 영향을 미치는 중요한 매개 변수로는 레이놀즈수와 받음각을 들 수 있다. 기본적으로 레이놀즈수가 감소하면 층류박리 기포는 커지게 된다. 그러나 어느 한계를 넘어가게 되면 유동은 더 이상 재부착되지 못하고 파열(bursting)하게 되고 파열 후의 유동은 국부적인 압력 구배와 레이놀즈수에 따라 긴 박리 기포로 재부착되기도 하고 박리된 상태로 앞전 실속을 유발하여 급격한 양항비의 감소를 초래하기도 한다.

짧은 박리 기포는 초기 층류 경계층 영역 내에서 작용하지만, 긴 박리 기포는 날개 전체에 걸쳐 영향을 미친다. 짧은 층류박리 기포와 긴 층류 박리 기포는 전체의 속도와 압력 분포의 차이에 의해 구별된다. 짧은 층류박리 기포는 앞전의 압력 분포에 대해서만 작은 영향을 미치므로 압력 분포는 비점성 분포와 거의 차이가 없다. 그러나 긴 박리 기포의 압력 분포는 박리 기포와 외부 유동 간에 상호 작용을 통해 결정되고 최고 유속과 순환(circulation)의 감소를 가져온다.

고정된 레이놀즈수에서 받음각의 변화에 따른 층류박리 기포의 변화를 살펴보면, 받음각이 증가할 경우 최고 유속점은 앞전 방향으로 이동하고 이 부근에서 발생하는 층류박리 기포 역시 앞전으로 이동한다.

또한 익형 윗면의 유선의 곡률을 증가시켜 높은 역압력 구배를 형성한다. 이러한 높은 역압력 구배는 난류 자유 전단층의 재부착을 불가능하게 하며, 결국 기포의 파열로 앞전 실속(leading edge stall)이 발생하면서 순환의 큰 감소를 유발하게 된다.

Section 68 수력 도약(Hydraulic Jump)

1. 개요

개수로 유동에 있어, 고속인 액체가 저속 지대로 유동할 때에는 액체 표면에서 비교적 돌연한 상승(起立波, standing wave)이 일어나고, 이것은 격렬한 난동, 와동, 공기의 적재 운반과 표면 기복을 동반한다.

이와 같은 파동을 수력 도약(hydraulic jump)이라 한다.

2. 수력 도약(Hydraulic Jump)

수력 도약은 복잡성과 큰 수두손실에도 불구하고 역적-운동량 원리로서 실험에 의한 값과 가까운 값을 제공한다.

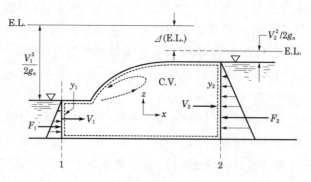

[그림 2-113]

$$\Sigma F_x = \frac{\gamma y_1^{\,2}}{2} - \frac{\gamma y_2^{\,2}}{2}$$

$$\oint_{c.s} V_x \, d\dot{m} = (V_2 - V_1)\frac{\gamma q}{g}$$

$V_2 = \dfrac{q}{y_2}$, $V_1 = \dfrac{q}{y_1}$를 대입 후 정리

$y_1{}^2 - y_2{}^2 = \dfrac{2q^2}{g}\left(\dfrac{1}{y_2} - \dfrac{1}{y_1}\right)$ 을 $(y_1 + y_2)(y_1 - y_2)$ 로 인수분해와 통분 후 정리하면

$y_2{}^2 + y_1 y_2 - \dfrac{2q^2}{g\,y_1} = 0$ 을 y_2 에 대하여 근의 공식을 적용하면

$$y_2 = \dfrac{y_1}{2}\left(-1 + \sqrt{1 + \dfrac{8q^2}{g\,y_1{}^3}}\,\right),\ q = V_1 y_1 \text{ 이므로}$$

$$y_2 = -\dfrac{y_1}{2} + \sqrt{\dfrac{2V_1{}^2 y_1}{g} + \dfrac{y_1{}^2}{4}}$$

$$\dfrac{y_2}{y_1} = \dfrac{1}{2}\left(-1 + \sqrt{1 + \dfrac{8q^2}{g\,y_1{}^3}}\,\right) = \dfrac{1}{2}\left(-1 + \sqrt{1 + \dfrac{8V_1{}^2}{g\,y_1}}\,\right)$$

이 식으로부터 다음을 알 수 있다.

① $V_1{}^2/g_n y_1 = 1$ 에 대하여 $y_2/y_1 = 1$

② $V_1{}^2/g_n y_1 > 1$ 에 대하여 $y_2/y_1 > 1$

③ $V_1{}^2/g_n y_1 < 1$ 에 대하여 $y_2/y_1 < 1$

조건 ③, 즉 유체 표면의 강하는 역적-운동량원리와 연속방정식을 만족하지만, 수력 도약을 지날 때 에너지선의 상승이 일어난다는 것을 볼 수 있다. 그러므로 이것은 물리적으로 불가능하다.

따라서 수력 도약이 일어나려면, 상류조건은 $V_1{}^2/g_n y_1 > 1$ 이어야 한다는 결론을 얻는다.

$V_1{}^2/g_n y_1$ 은 유동속도의 파동 속도에 대한 비, 그리고 압축성 유동의 Mach 수와 유사한 Froude 수의 제곱임이 표시될 것이다.

예제

물이 수심 0.6m로 수평 개수로에서 흐르고 있고, 유량은 3.7m³/s · m이다. 만약 수력 도약이 가능하다면 수력 도약으로부터 바로 하류에서의 수심과 그곳에서 산일된 동력은 얼마인가?

〈관련식과 주어진 데이터〉

$$q = y_1 V_1 = y_2 V_2$$

$$\dfrac{p_1}{\gamma} + \dfrac{V_1{}^2}{2g_n} + y_1 = \dfrac{p_2}{\gamma} + \dfrac{V_2{}^2}{2g_n} + y_2 + \triangle(\mathrm{E.L.})$$

$$\frac{y_2}{y_1} = \frac{1}{2}\left[-1 + \sqrt{1 + \frac{8\,q^2}{g_n\,y_1{}^3}}\,\right] = \frac{1}{2}\left[-1 + \sqrt{1 + \frac{8\,V_1{}^2}{g_n\,y_1}}\,\right]$$

$q = 3.7\,\mathrm{m^3/s \cdot m}$, $y_1 = 0.6$, 표면에서 $p_1 = p_2 = 0$

풀이 $V_1 = \dfrac{3.7}{0.6} = 6.17\,\mathrm{m/s}$이므로

$$\frac{V_1{}^2}{g_n\,y_1} = \frac{38.05}{9.81 \times 0.6} = 6.46 > 1$$

이것은 1보다 크므로, 수력 도약이 불가피하다.

$$y_2 = \frac{0.6}{2}\left[-1 + \sqrt{1 + 8 \times 6.46}\,\right] = 1.88\,\mathrm{m}$$

$$V_2 = \frac{3.7}{1.88} = 1.97\,\mathrm{m/s}$$

$$\triangle(\mathrm{E.L.}) = 0.6 + \frac{(6.17)^2}{2\,g_n} - 1.88 - \frac{(1.97)^2}{2\,g_n} = 0.46\,\mathrm{m}$$

(수로의 m당) 산일된 동력 : $P = 3.7 \times 9.8 \times 10^3 \times 0.46 = 16.7\,\mathrm{kW}$

이것은 수력 도약이 탁월한 에너지 소실기임을 표시하고, 흔히 공업 설계에 있어서 이 목적으로 사용된다.

Section 69 선회 실속

1. 개요

축류 압축기의 익열에서 [그림 2-114]와 같이 하나의 깃이 전연 가까이에서 작은 실속을 일으키면 점차로 발달하여 조금씩 뒤편으로 진행하여 실속 영역이 통로를 거의 막아버리게 된다. 이와 같이 되면 그림과 같이 실속이 일어나지 않은 유로보다 협소하게 된다. 이로 인하여 흐름은 그림과 같이 변화하고 실속을 하고 있지 않은 반회전측 인접 깃의 영각이 증대하여 실속을 일으킨다.

2. 선회 실속

한편 회전 쪽 인접 깃에 대해서는 영각이 감소하게 되므로 실속 영역은 발달하지 못하게 되고, 익열로서는 실속이 그림의 화살표 방향으로 이동하여 간다. 이와 같은 현상을 선회 실속(rotating stall)이라 한다.

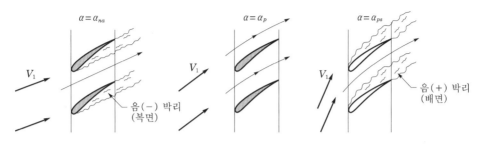

[그림 2-114] 실속의 발달 과정과 선회 실속의 원리

Section 70

원심펌프 운전 시 과부하현상이 발생될 경우의 원인과 대책

1. 개요

원동기가 과부하가 되는 원인으로는 수력 성능에 따르는 것과 기계적인 원인에 따르는 것은 펌프의 종류, N_s에 따라 다르며 N_s가 낮은 펌프에서는 양정 과소에 따른 과대 유량에 의하는 것이 있다. 이것에 반해서 N_s가 높은 축류펌프의 경우에 있어서는 반대로 양정 과대에 따른 과소 유량에 의한 것이 있다. 이 밖에 전원의 주파수 변동에 따른 과대 속도 등도 과부하가 생기는 원인이 될 수 있다. 전압이 이상 강하하면 펌프가 정상으로 동작해도 전류가 과대하게 되어 과부하 상태가 될 때도 있다. 기계적 원인에 따르는 것으로 웨어링부의 마찰에 의한 기계적 섭동에 따른 과부하 등이 있다. 소형 펌프에서는 직결 불량 등도 베어링, 패킹 상자 등에 무리한 힘을 주어 과부하의 원인이 될 때가 있다.

2. 원심펌프의 토출량 과대에 따른 과부하 대책

토출량의 과대에 따른 과부하 대책으로서는 다음과 같은 방법이 있다.

1) 토출밸브를 닫아 운전점을 사양점에 맞춘다.

이 방법은 가장 간단한 것이지만 저항을 늘린 상태에서 운전하기 때문에 동력이 불안전한 상태로 비경제라는 점에서는 피할 수가 없다.

2) 임펠러의 외경 가공

이것은 임펠러의 외경부를 잘라내서 축소함으로써 토출량, 축동력을 줄이는 것이다. [그림 2-115]와 같이 임펠러의 외경이 D인 펌프의 특성곡선이 $Q-H$, $Q-P$로 나타낼 경우 임펠러의 외주부를 잘라내서 D'으로 했다고 하면 특성곡선은 $Q'-H$, H', $Q'-P'$이 된다. 이때 특성곡선이 대응하는 점의 토출량 Q, Q'과 전양정 H, H'과의 사이에는 가공량이 그다지 크지 않는 범위에서 다음의 관계가 성립된다.

$$Q'/Q = H'/H = (D'/D)^2 = OA'/OA \tag{2.55}$$

가공량이 작은 범위에서는 대응점의 펌프 효율은 거의 변화가 없다고 보아도 된다.

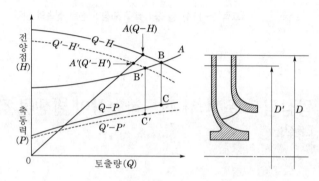

[그림 2-115] 임펠러의 외경 가공

이것에서 가공 후의 축동력곡선 $Q'-P'$을 구할 수가 있다. 관로 저항곡선 R이 그림과 같다고 하면 이것과 $Q-H$, $Q'-H'$ 곡선과의 교점 B, B'에 의해 가공 전후의 운전점이 정해지고 각각에 대응하는 축동력은 C, C'으로 되어 가공 후의 축동력이 감소하게 된다.

3. 기타의 원인에 따른 과부하 대책

전원의 주파수 증가에 따른 과부하는 거의 없다고 해도 된다. 전압 저하에 따른 것은 전원의 용량을 늘려야 한다. 회전부의 기계적 마찰은, 제작 불량에 의한 것은 제조자에 요구해서 수정해야 하며, 직결 불량에 따른 것은 그 수정을 하는 등 원인에 따른 대책을 강구해야 한다.

Section 71   펌프의 최대 설치 높이

1. 개요

펌프의 송출 양정은 펌프의 종류와 출력에 따라 얼마든지 높일 수 있지만 흡입 양정은 흡입 액면상의 기압과 펌프의 회전차 중심에 대한 압력 차에 의하여 정해지기

때문에, 그 때의 상태에 따라 일정한 한도가 있다. 이것을 펌프의 최대 설치 높이라
한다.

2. 펌프의 최대 설치 높이

펌프의 최대 설치 높이는 다음과 같다.

$$P_a = P + \gamma h, \quad \frac{P_a}{\gamma} = \frac{P}{\gamma} + h$$

여기서, $\frac{P_a}{\gamma} = H_a$, $\frac{P}{\gamma} = H_p$, H_p : prime

$$H_a = H_p + h$$

계속 펌핑하여 완전 진공($P = 0$)이 되면 $H_{\max}$ 가 되므로,

$$H_{\max} = \frac{P_a}{\gamma} = H_a$$

대기압 P_a 가 표고에 따르며, 보통 평지인 경우

$$P_a = 10.33 \, \mathrm{mAq}$$

$$H_{\max} = \frac{P_a}{\gamma} = \frac{10.33}{1} = 10.33 \, \mathrm{m} : \text{이론상의 최대 설치 높이}$$

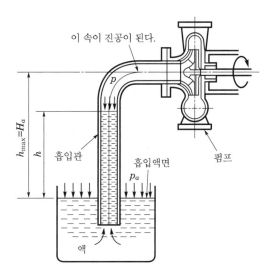

[그림 2-116] 펌프의 흡입양정

Section 72 왕복펌프에서 공기실을 설치하는 이유

1. 공기실 설치 이유

흡입이나 토출 유량의 맥동이 심해지면 관로 내에 cavitation이나 수격현상(water hammering)이 발생할 가능성이 높다. 이를 제거하는 방안의 하나로 공기 체임버를 사용한다.

공기실은 원통형으로서 공기실 내 공기의 압축과 팽창에 의하여 노즐로부터 분사되는 약액의 압력 변화를 최소로 하는 작용을 한다. 즉 단동식 왕복펌프에서는 흡입과 압출 작용이 반복되기 때문에 송출 압력이 불균일하므로 송출관 내의 압력이 증가하는 때에는 실내의 공기가 압축되고 압력이 낮아지는 흡입 행정 시에는 압축된 공기가 팽창하여 분무 압력을 일정하게 유지시켜 줌으로서 노즐의 분사 압력을 고르게 하는 역할을 한다.

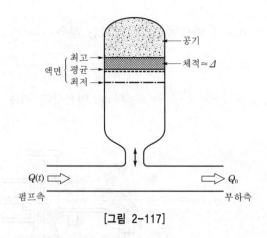

[그림 2-117]

한편 2~3연식 왕복펌프에서는 펌프의 행정 간격을 180° 혹은 120°로 하여 공기실 내의 역할과 함께 배출 압력의 균일성을 높이고 있다.

배출 압력을 균일하게 하는 것은 균등 살포율을 높일 뿐만 아니라 고무 호스의 신축에 의한 마모 방지와 기체 내부 응력에 악영향을 감소시켜 분무기의 내구년한을 증대시키고 있다. 공기실 용량은 플런저 1행정 용적의 6~15배 정도이고, 상용 압력의 5배 이상되는 압력에 견딜 수 있어야 하며, 부식되지 않는 재료로 제작되어야 한다.

2. 공기실 내의 압력 변화

공기 체임버 내의 압력 변동률

① 액면이 평균치일 경우 : p_0, V_0

② 액면이 최고치일 경우 : p_1, $V_1 = V_0 + D/2$

③ 액면이 최저치일 경우 : p_2, $V_2 = V_0 - D/2$

공기 체임버 내의 열역학적 과정을 등온 과정이라 가정하면

$$p_0 V_0 = p_1 V_1 = p_2 V_2$$

$$\therefore \ \beta = \frac{p_1 - p_2}{p_0} = \frac{V_1}{V_0} - \frac{V_2}{V_0} - \frac{\Delta}{2 V_0} + \frac{\Delta}{2 V_0} = \frac{\Delta}{V_0} = \frac{\delta A L}{V_0}$$

공기 체임버의 크기 : 압력 변동률

Section 73 — 반동 수차에서 수차 출구에 흡출관(draft tube)을 설치하는 이유와 주의할 점

1. 흡출관(draft tube)의 설치 이유

흡출관은 손실수두를 회수하기 위하여 반동 수차의 경우 수차와 방수면 사이에 6~7m 또는 4~6m 높이로 설치하는 관을 의미한다.

2. 흡출관의 압력과 속도 변화 및 주의할 점

[그림 2-118]에서 깃차의 출구와 흡출관의 출구의 절대 압력을 p_2, p_s라 하고 흡출관을 흐르는 사이에 잃은 수두를 h_s, 임의의 기준면에서 높이를 Z_2, Z_s라 하면 깃차 출구와 흡출관 사이에 Bernoulli의 정리를 써서

$$\frac{v_2^2}{2g} + \frac{p_2}{\gamma} + Z_2 = \frac{v_s^2}{2g} + \frac{p_s}{\gamma} + Z_s + h_s \tag{2.56}$$

여기서 p_s는 대기압 p_a와 같다고 볼 수 있고, 또 $Z_2 - Z_s = H_s$이므로 앞의 식은 다음과 같이 된다.

$$\frac{p_2}{\gamma} = \frac{p_a}{\gamma} - H_s - \left(\frac{v_2^2}{2g} - \frac{v_s^2}{2g} \right) + h_s \tag{2.57}$$

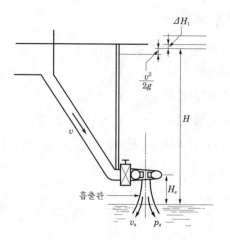

[그림 2-118] 흡출관의 압력과 속도 변화

h_s 의 값은 다른 항에 비하여 작으므로, 따라서 p_2/γ 의 값은 대기압 이하로 되어 H_s 와 속도 에너지의 횟수 $\left(\dfrac{v_2^2}{2g}-\dfrac{v_s^2}{2g}\right)+h_s$ 의 정도에 따라 그 값이 정해진다. 이것은 캐비테이션이 일어나지 않도록 정하면 되고, 보통 7m 이하이다.

흡출관의 효율 η_s 는 다음 식과 같다.

$$\eta_s = 1 - \frac{h_{sl}}{v_2^2/2g} \tag{2.58}$$

여기서, h_{sl} : 물이 깃차를 나온 후에 일어나는 총손실수두

이 값은 그 모양에 따라 정해지고, 또 흐름에 선회분 속도가 있을 때에는 현저하게 저하한다.

Section 74 유체기계에서 발생하는 손실의 종류

1. 수력손실(hydraulic loss)

원심펌프의 전효율 η 에 영향을 주는 조건 중에서 가장 중요한 것이 수력 효율 η_h 이다. 따라서 수력손실수두 h_1 을 아는 것이 필요하다. 그러나 수력손실을 지배하는 인자는 매우 많고, 또한 펌프 내의 유로도 복잡하므로 수력손실을 정확하게 평가하는 것은 곤란하다.

수력손실은 다음과 같다.

① 펌프 흡입구에서 송출구에 이르는 유로에서의 마찰손실

② 곡관, 부속품, 단면 변화 등에 의한 부차적 손실

③ 와류손실(회전차, 안내 깃, 와류실 등)

④ 깃 입구와 출구에서 발생하는 충돌손실 등 어느 손실보다도 펌프의 성능에 큰 영향을 미친다.

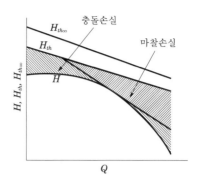

[그림 2-119] 유량에 따른 수력손실의 관계

2. 누설손실(leakage loss)

펌프에서는 회전 부분과 고정 부분이 있으므로 그 사이에 반드시 간격이 존재한다. 이 간극을 통해서 압력이 높은 쪽에서 낮은 쪽으로 유체가 누설되어 흘러서 순환한다. 따라서 누설이 발생하는 부분은 다음과 같다.

① 펌프 입구부에서의 웨어링 부분

② 축추력 평형 장치부

③ 패킹

④ 봉수봉에 사용하는 압력수

⑤ 환상 틈의 누설유량

⑥ 베어링 및 패킹 박스 냉각에 사용하는 냉각수

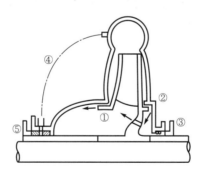

[그림 2-120] 펌프의 누설 개소

$$\Delta H = 마찰손실 + 입구손실 + 래버린스손실 + 출구손실$$
$$= \lambda \frac{l}{2b} \frac{v^2}{2g} + 0.5 \frac{v^2}{2g} + z \frac{v^2}{2g} + \frac{v^2}{2g}$$

여기서, b : 갭 폭

l : 갭의 길이

z : 래버린스의 수

D : 갭의 평균 직경

λ : 마찰계수

$$\therefore v = \frac{1}{\sqrt{\lambda\dfrac{l}{2b}+1.5+z}}\sqrt{2g\,\Delta H}$$

$$\therefore \Delta Q = \pi Dbv = \frac{\pi Db}{\sqrt{\lambda\dfrac{l}{2b}+1.5+z}}\sqrt{2g\,\Delta H}$$

■ 환상 틈의 누설 헤드 : Stepanoff의 실험식

$$\Delta H = H(1-K_{vc}{}^2)-\frac{1}{4}\frac{u_2{}^2-u_r{}^2}{2g}\,[\text{m}]$$

여기서, H : 전수두

u_2 : 임펠러의 원주속도

u_r : 링의 원주속도

$v_c = K_{vc}\sqrt{2gH}$: 스파이럴 케이싱의 평균속도

3. 기계손실(mechanical loss)

베어링과 패킹 장치에서의 손실은 회전수 제곱에 비례하며 누설량과는 반비례관계이고 Stepanoff의 경험식은 축동력의 1%이다.

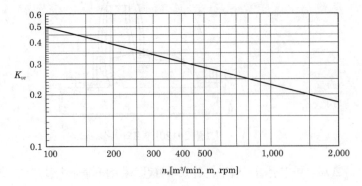

[그림 2-121]

4. 원판마찰손실(disk friction loss)

임펠러와 바깥 케이싱 사이의 유체에 의한 마찰손실로 간단한 모델에 대한 원판마찰손실은 다음과 같다.

$$\Delta L_d = k\gamma {u_2}^2 {D_2}^2 \left(+ 5\frac{e}{D_2} \right) [\text{PS}]$$

여기서, k : 마찰손실계수 $=1.1\times10^{-6}$
γ : 액체 비중량
D_2 : 임펠러의 외경
u_2 : 외경에 있어서 원주속도

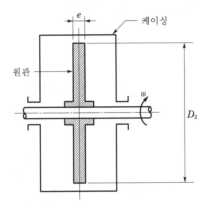

[그림 2-122] Pfleiderer의 실험

예제

원심펌프의 웨어링에서의 누설량을 구하여라(단, 웨어링의 지름 100mm, 틈 0.2mm, 틈새 길이 28mm, 마찰손실계수 0.015, 회전차 바깥지름 200mm, 회전수 1,450rpm, 양정 12m, 유량 0.54m³/min, $K_{vc}=0.42$로 가정할 것).

풀이 ① 손실수두

$$\Delta H = H(1-{K_{vc}}^2) - \frac{1}{4}\frac{{u_2}^2-{u_r}^2}{2g}$$

$$u_2 = \frac{2\pi 1,450\times0.1}{60} = 15.18\,\text{m/s}$$

$$u_r = \frac{2\pi 1,450\times0.05}{60} = 7.59\,\text{m/s}$$

$$= 12(1-0.42^2) - \frac{1}{4}\frac{15.81^2-7.59^2}{2\times9.8} = 7.68\,\text{m}$$

② 누설량

$$\Delta Q = \frac{\pi D b}{\sqrt{\lambda \dfrac{l}{2b} + 1.5 + z}} \sqrt{2g\,\Delta H}$$

$$= \frac{\pi\,0.1 \times 0.0002}{\sqrt{0.015\,\dfrac{0.028}{2 \times 0.0002} + 1.5 + 0}} \sqrt{2 \times 9.8 \times 7.68}$$

$$= 4.85 \times 10^{-4}\ \mathrm{m^3/s}$$

Section 75 펌프에 적용되는 상사법칙과 비속도의 유도

1. 상사법칙

형상이 상사이고 크기가 다른 2개의 회전자의 바깥지름, 유량, 회전수를 각각 D_2, Q, H, n, D_2', Q', H', n'이라고 한다.

유량에 대해서 살펴보면 다음 식과 같다.

$$Q = \pi D_2' b_2' v_{m2}' = \pi D_2' b_2' \frac{D_2'}{D_2} v_{m2} \frac{D_2' n'}{D_2 n} \frac{D_2'}{D_2}$$

$$= \pi D_2 b_2 v_{m2} \left(\frac{D_2'}{D_2}\right)^3 \left(\frac{n'}{n}\right) = Q \left(\frac{D_2'}{D_2}\right)^3 \left(\frac{n'}{n}\right) \tag{2.59}$$

마찬가지로 양정에 대하여는 다음 식과 같다.

$$H' = (정수) \times (u_2' v_2' \cos \alpha_2) = (정수) \times (u_2 v_2 \cos \alpha_2)$$

$$= H \left(\frac{D_2'}{D_2}\right)^2 \left(\frac{n'}{n}\right)^2 \tag{2.60}$$

축동력은 다음 식과 같다.

$$L' = (정수) \times Q' H' = (정수) \times Q \left(\frac{D_2'}{D_2}\right)^3 \left(\frac{n'}{n}\right) \times H \left(\frac{D_2'}{D_2}\right)^3 \left(\frac{n'}{n}\right)^2$$

$$= L \left(\frac{D_2'}{D_2}\right)^5 \left(\frac{n'}{n}\right)^3 \tag{2.61}$$

2. 비속도

상사가 되는 두 회전차에 있어서 유동 상태가 상사일 때는 상사법칙에서 언급한 식

(2.59), (2.60) 및 (2.61)의 관계가 성립한다. 지금 식 (2.59)와 식 (2.60)에서 $\dfrac{D_2{}'}{D_2}$를 소거하면 다음 식이 된다.

$$n\frac{Q^{\frac{1}{2}}}{H^{\frac{3}{4}}}=n'\frac{Q'^{\frac{1}{2}}}{H'^{\frac{3}{4}}} \tag{2.62}$$

즉 상사가 되는 A, B도 회전차가 있어서 그 유동 상태가 상사가 되려면 식 (2.62)의 관계가 이루어지지 않으면 안 된다. 또한 역으로 A 회전차의 n, Q, H, B 회전차의 n', Q', H'인 운동 상태일 때 식 (2.62)의 관계가 성립하면, 이 A, B도 회전차는 상사이고, 또 유동 상태도 상사가 된다.

A 회전차에서 $n=n'$, $Q=Q'$, $H=H'$, B 회전차에서는 $n'=n_s[\text{rpm}]$, $Q'=1\text{m}^3/\text{min}$, $H'=1\text{m}$라 하여 이것을 식 (2.62)에 대입하면 다음 식과 같다.

$$n_s=n\frac{Q^{\frac{1}{2}}}{H^{\frac{3}{4}}} \tag{2.63}$$

여기서 n_s를 다음과 같이 정의할 수 있다. 우리는 비속도 n_s를 회전차 형상 또는 형식을 표현하는 척도로서 사용한다.

n_s는 무차원수가 아니고 나라에 따라서 다르며, 또한 같은 나라일지라도 습관에 의해서 양정 H, 유량 Q의 단위를 취하는 방법이 다르므로 같은 펌프 회전차라도 단위를 취하는 방법에 의해서 n_s는 달라진다. 그러나 회전차의 회전수만은 예외 없이 1분간의 회전수를 취하고 있다.

또한 여기서 주의할 것은 양 흡입일 때에는 Q 대신에 $Q/2$를, i단일 때에는 H 대신에 H/i를 사용해야 한다는 점이다.

보통 각각의 단위는 양정 $H[\text{m}]$, $Q[\text{m}^3/\text{min}]$, 회전수 $n[\text{rpm}]$이다. 이러한 단위를 사용한 경우의 비속도를 $n_s[\text{m, m}^3/\text{min, rpm}]$라고 한다.

단위를 취하는 방법이 다른 여러 가지의 비속도 $n_s{}'$과 n_s 사이의 관계는 다음 식과 같다.

$$n_s{}'(\text{각 단위})=kn_s[\text{m, m}^3/\text{min, rpm}] \tag{2.64}$$

각 단위에 대한 k의 값은 [표 2-13]과 같다.

[표 2-13] 비속도 환산 k의 값

$n_s{}'$(각 단위)	k
m, m^3/sec, rpm	0.129
m, l/sec, rpm	4.08
ft, ft^3/min, rpm	2.44
ft, ft^3/sec, rpm	0.314
ft, US gallon/min, rpm	6.67
ft, imp. gallon/min, rpm	6.09
m, meter 마력, rpm	0.471

그러나 수차에 사용되는 형식의 비속도 N_s가 사용될 때도 있다. 이것은 다음 식과 같다.

$$N_s = \frac{n L_w{}^{1/2}}{H^{5/4}} \tag{2.65}$$

여기서 L_w는 펌프의 수동력을 미터마력으로 표시한 것이다. 지금 H[m], Q[m^3/sec], n[rpm], $r = 1,000$ kgf/m^{3}라고 하면 $L_w = 1,000\,QH/75$이므로 다음 식과 같다.

$$N_s = n\sqrt{\frac{1,000}{75}} \times \frac{Q^{1/2}}{H^{3/4}} \tag{2.66}$$

따라서 N_s와 $n_s{}'$[m, m^3/sec, rpm], n_s[m, m^3/min, rpm]와의 관계는 다음과 같다.

$$N_s = 3.65 n_s{}', \ \ N_s = 0.471 n_s \tag{2.67}$$

한편 유량, 양정 그리고 회전수 등을 알고 n_s를 찾을 수 있는 계산 도표가 [그림 2-123]에 도시되어 있다.

예제

펌프의 구조가 상사하고 그 속의 유동도 상사한 경우, 펌프의 비속도 n_s는 회전수에 따라 변하지 않음을 증명하여라.

풀이 이 경우

$$\frac{Q}{D^3 n} = c_1(\text{const.}), \ \frac{H}{D^2 n^2} = c_2 (= \text{const.})$$

$$\therefore \ n_s = n\frac{Q^{1/2}}{H^{3/4}} = n\frac{(c_1 D^3 n^2)^{1/2}}{(c_2 D^2 n^2)^{3/4}} = \frac{c_1{}^{1/2}}{c_2{}^{3/4}} = \text{const.}$$

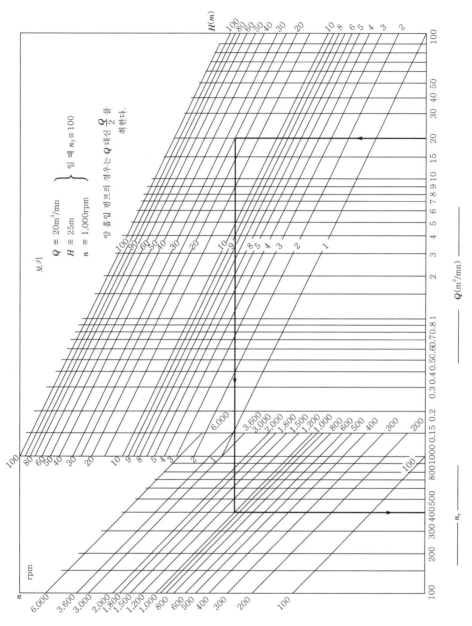

[그림 2-123] 원심펌프의 비속도 계산 도표

3. 비속도와 펌프의 형태

n_s의 값이 펌프의 크기나 회전수에는 무관하여 일정하기 때문에 펌프의 구조가 달라지면 그 때 처음으로 n_s의 값이 달라지게 된다. 이것으로부터 n_s의 값은 각종 펌프

의 구조를 대표하는 기준으로 이용되고 있다. 즉 같은 종류의 펌프라 할지라도 그 구조가 다르면 효율이 달라지게 된다. n_s를 이용하면 각종 펌프를 계통적으로 분류할 수 있다.

같은 유량을 송출하는 각종 펌프의 양정과 크기를 비교해 보면 디퓨저펌프, 벌루트펌프, 사류펌프, 축류펌프의 순으로 작아진다. 각종 펌프가 n_s의 값에 따라 계통적으로 분류되는 바와 같이 터보기계에 있어서는 비속도 n_s는 특히 중요한 역할을 한다.

비속도는 운동속도보다 회전차의 형상에 달려 있다. 고속 회전하는 회전차일지라도 낮은 비속도를 가질 수도 있고, 그와 반대인 경우도 있을 수 있다.

Section 76 원심형 유체기계에서 추력(thrust)의 발생과 방지책

1. 축추력의 발생과 방지책

[그림 2-124]의 편흡입 회전차에 있어서 전면측 벽(front shroud)과 추면측 벽(back shroud)에 작용하는 정압에 차가 있기 때문에, 그림의 화살표 방향과 같이 축방향으로 추력이 작용한다. 이 축추력(axial thrust)의 크기 T_b[kg]은 다음 식으로 표시된다.

$$T_h = \frac{\pi}{4}(d_a{}^2 - d_b{}^2)(p_1 - p_s) \tag{2.68}$$

여기서, d_a : 웨어링 링의 지름(m)

$\qquad d_b$: 회전차 축의 지름(m)

$\qquad p_1$: 회전차 후면에 작용하는 압력(kgf/m^2)

$\qquad p_s$: 흡입 압력(kgf/m^2)

p_1의 값은 회전차 후면의 정조, 후면과 케이싱 사이의 틈 및 그 형상, 회전차의 송출압력, 유량 등에 따라 다르다. Stepanoff는 완전한 반경류의 회전차에 대한 개략식으로서 다음 식과 같다.

$$p_1 - p_s = \frac{3}{4} \cdot \frac{\gamma(u_2{}^2 - u_1{}^2)}{2g} \tag{2.69}$$

여기서, u_1, u_2 : 회전차 깃의 입구와 출구에 있어서의 원주속도

유체가 회전차에 유입할 때의 운동량의 변화에 의한 힘도 회전차를 축방향으로 미는 힘이 된다. 이 추력은 전기한 축추력과 반대 방향으로 작용하는데, 그 값은 크지 않다.

회전차의 눈(eye)부분에 대한 축방향 유속을 v_t[m/s]이라 하면, 이 추력 $T_h{'}$은 다음 식과 같다.

$$T_h{'} = \frac{\gamma}{g} Q v_l \tag{2.70}$$

또는

$$v_t = \frac{4Q}{\pi(d_a^2 - d_b^2)} \tag{2.71}$$

여기서, Q : 유량(m^3/s)

앞에서 설명한 축추력은 회전차 한 개에 대한 경우이고, 다단 펌프인 경우 (n단일 때)의 추력은 $n \times T_h$가 된다.

다음과 같은 방법으로 축추력의 평형을 이룰 수 있다.

① 스러스트 베어링에 의한 방법

② 다단 펌프에 있어서는 전회전차의 반수씩을 반대의 방향으로 배열(이것을 셀프 밸런스(self balance)라 한다)하여 축추력을 평형시키는 방법([그림 2-125] 참조)

③ 회전차의 전후 측벽에 각각 웨어링 링을 붙이고, 또 후면 측벽과 케이싱과의 틈에 흡입 압력을 유도하여 양 측벽 간의 압력차를 경감시키는 방법

④ 회전차 후면 측벽의 보스부에 흡입구와 통하는 구멍을 내서 후면에 흡입 압력을 유도하는 방법으로 이 구멍을 밸런스 호울(balance hole)이라고 한다.([그림 2-126] 참조)

⑤ 후면 측벽에 방사상의 이면 깃을 달아 후면 측벽에 작용하는 압력을 저하시키는 방법([그림 2-127] 참조)

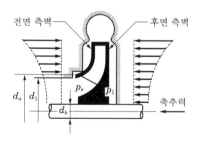

[그림 2-124] 회전차에 미치는 축추력

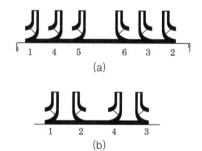

[그림 2-125] 다단펌프의 회전차 배채

[그림 2-126] 밸런스 호울 위치

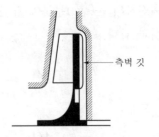

[그림 2-127] 방사상의 이면 깃 위치

⑥ 다단 펌프인 경우 회전차 모두를 동일 방향으로 배열하고, 최종단에 밸런스 디스크(balance disc) 또는 밸런스 피스톤(balance piston)을 붙여([그림 2-128] 참조) 원반 오른쪽의 압력은 세관을 통화여 흡입쪽의 압력 p_s와 같게 한다. 축방향으로 오른쪽으로 미는 힘이 크게 되면 원판과 케이싱의 틈이 크게 되어 원판 왼쪽의 압력이 내려가고, 회전차를 왼쪽으로 민다. 반대인 경우에도 같으며 자동적으로 복원된다

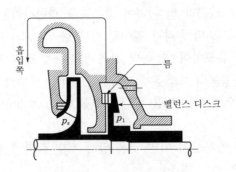

[그림 2-128] 밸런스 디스크 위치

2. 반지름방향의 추력의 발생과 방지책

벌루트 케이싱을 가지는 펌프에 있어서는 규정 유량 이외의 각 유량에 대한 와류실 내의 원주방향 압력 분포는 균일하지 않다. 그 결과 [그림 2-129]와 같은 반지름방향의 추력(radial thrust)을 발생한다. Stepanoff에 의하면 보통의 와류실을 가진 것에 대하여 반지름방향의 추력 T_r[kg]은 다음 식과 같다.

$$T_r = K\gamma HD_2 B_2 \qquad (2.72)$$

여기서, B_2 : 양측 벽도 포함한 회전차의 축방향 폭

K : 유량 Q에 따라 변하는 상수

따라서 K는 다음 실험식으로 표시된다.

$$K = 0.36\left\{1 - \left(\frac{Q}{Q_n}\right)^2\right\}$$ (2.73)

여기서, Q_n : 정규 유량

앞에서 설명한 반지름 방향의 추력은 축의 휨을 증가하는 등의 악영향을 미친다. 이 방지법으로는 2중 벌류트 케이싱(double voute casing) 등이 있으나, 완전히 추력을 방지할 수는 없다.

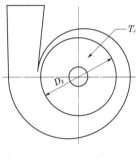

[그림 2-129]

Section 77 **송풍기의 블레이드 타입에 따른 분류와 그 특징**

1. 개요

송풍기는 배출압력에 따라 저압용 팬과 고압용의 블로어로 구분하며, 기계의 수송 및 압축작용을 하는 회전날개의 형식에 따라 구분한다.
① 팬(fan) : 토출압력이 0.1kgf/cm^2 미만
② 블로어(blower) : 토출압력이 1kgf/cm^2 미만

2. 송풍기의 블레이드 타입에 따른 분류와 그 특징

1) Backward curved vanes(후향 깃)

후향 깃은 깃 출구가 회전 방향과 반대측에 있는 것으로, 일반적으로 turbo vane이라고 부른다(효율 72~82%).

[그림 2-130] 역방향 만곡 베인

[그림 2-131] 판형 역방향 베인

2) Airfoil vane(익형 깃)

고효율 저소음의 특징이 있다(효율 76~86%).

3) Radial vane(반경 깃)

압력이 높은 경우에 주로 사용된다(효율 65~75%).

[그림 2-132] 익형 베인

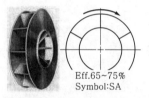

[그림 2-133] 방사형 베인

4) Paddle vane(패들 베인)

더스트(dust)가 부착되기 어렵기 때문에 마모 대책이 용이하다(효율 63~73%).

5) Multiblade type(다익 깃)

Sirocco fan이라고도 부르며, 풍량이 크고 압력이 낮은 경우에 사용된다(효율 60~70%).

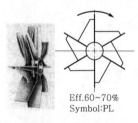

[그림 2-134] 패들 베인

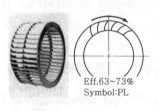

[그림 2-135] 다편 날개형

6) Axialblade type(축류 깃)

기체가 회전차를 축방향으로 통과하고 깃 단면은 익형으로 되어 있어 효율이 높고, Guide vane을 부착하면 효율을 더 높일 수 있다(효율 50~90%).

[그림 2-136] 축 날개형

Section 78 펌프수차와 제작상의 효율성

1. 개요

펌프수차는 펌프와 수차 양자 모두로서의 성능이 중요하다. 펌프에서는 압력이 상승, 캐비테이션의 우려-유체 흐름이 어렵다. 따라서 펌프 사용조건을 고려하여 설계하고 수차의 성능을 고려하여 다소 수정한다.

[표 2-14]는 펌프수차에 적용하는 낙차를 나타내고 있으며 양수발전소의 85% 정도는 프란시스형 펌프수차를 사용하고 펌프의 성능에 대한 특성은 [그림 2-137]과 [그림 2-138]에서 보여준다.

[표 2-14] 펌프수차의 적용 낙차

형식	유효 낙차
다단 프란시스형	400~500m
프란시스형	40~900m
데리아형	25~200m
카플란형	5~25m

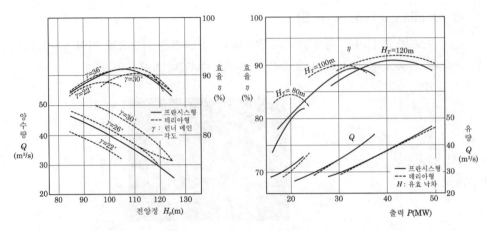

[그림 2-137] 전양정과 양수량의 관계 　　[그림 2-138] 출력과 효율의 관계

2. 펌프수차와 제작상의 효율성

1) 펌프수차의 내력

　　회전차의 회전을 정역으로 바꾸어 한 대로써 펌프의 작용도 하고, 또 수차의 역할도 하는 기계를 펌프수차(pump-turbine)라고 한다. 그리고 이것과 연결되는 전력 기계도 전동기와 발전기를 병용해야 하는데, 이것을 전동 발전기라고 한다. 이와 같은 펌프수차는 양수발전소에서 사용된다. 양수 발전소란 야간 또는 풍수 시에 값이 저렴한 전력을 사용하여 상부 저수지에 양수해 두었다가 야간의 피크(peak) 때 또는 갈수기에 그 물을 이용하여 수 배나 비싼 전력을 발생시키는 수력발전소이다.

2) 펌프수차의 구조와 형식

　　펌프수차는 펌프와 구조의 두 가지 작용을 하는 것이므로 그 구조는 양자의 중간이 되고, 일반적으로 회전차는 펌프로서 설계되어 이것에 수차용으로서의 효율을 높이기 위한 설계가 가해진다. 펌프수차의 펌프 또는 수차로서의 성능도 양자 병용의 구조이기 때문에, 단일한 펌프나 수차만으로의 성능보다 어느 정도 뒤떨어지는 것은 어쩔 수 없다.

　　펌프수차도 펌프나 수차와 같이 양정, 낙차에 따라 적용 기종이 달라진다. 즉 500m 이하의 양정, 낙차에는 프란시스형 펌프수차, 30~150m의 양정, 낙차에는 사류형 펌프수차, 20m 이하의 양정, 낙차에는 프로펠러형 펌프수차가 적용된다. 이들의 구조는 각각 프란시스수차(또는 펌프), 사류수차(또는 펌프), 프로펠러수차(또는 펌프)와 비슷하다. 한 예로서 프란시스형 펌프수차를 [그림 2-139]에 표시한다. 구조는 입축 프란시스 수차와 비슷하나, 회전차는 원심(혼류식) 펌프와 같은 형태로 설계된다.

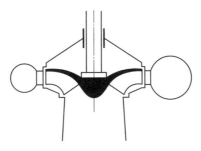

[그림 2-139]

프란시스형 펌프수차의 러너의 깃은 프란시스수차보다 작고 6~7매인데, 그 길이는 수차의 2~3배로 잡는다. 케이싱와 흡출관의 형상은 프란시스수차와 거의 같다. 안내 깃은 대개의 경우 수차 전용기와 같은 가동형으로 하나, 때로는 고정형으로 할 때도 있다.

프란시스형 펌프수차는 대용량기가 채용되어야 할 경우가 많고, 러너 입구경은 3m 이상이 되는 경우가 많다. 러너는 부품의 치수나 중량을 수송 제한 속에 들게 하기 위하여 분할 구조로 만들 때가 많다. 분할 구조인 경우 차축을 홈하는 면에 의하여 러너식을 포함하여 2~3개로 분할되고, 분할면의 플랜지에 의하여 현지에서 일체로 조립된다. 사류형 펌프수차의 러너는 사류수차와 같이 8~10매의 깃이 채용되고, 깃 축은 거의 깃의 중앙에 설치된다.

프로펠러형 펌프수차에서는 가동 러너 베인이 채용되고, 스파이럴 케이싱은 쓰이지 않고 원등 케이싱이 채용된다.

Section 79 액체 커플링의 구조와 특성

1. 구조

[그림 2-140]에 표시한 바와 같이 입력축 I 에 펌프를 설치하고, 출력축 II 에 터빈을 설치한다. 펌프와 터빈의 회전차는 서로 맞서는 만상 케이싱 내에서 다수의 깃을 반지름 방향으로 붙인 상태로 되어 있다.

이들 내부에 액체(주로 주물유)가 채워져 있다. 입력축을 회전하면 이 축에 붙어 있는 펌프의 회전차(impeller)가 회전하고, 액체는 임펠러에서 유출하여 출력축에 붙어 있는 수차의 깃차(runner)에 유입하여 출력축을 회전시킨다. 펌프와 수차로써 하나의 회로를 형성하고 있으므로, 일정량의 회류(순환류)가 일어나서 전동할 수 있게 된다.

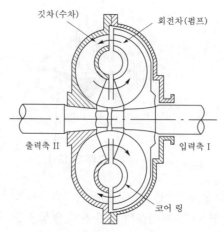

[그림 2-140] 유체 커플링의 구조

2. 이론

일반적인 전동장치에 대하여 생각한다. 지금 L_1을 입력축에 가해진 동력[kW], L_2를 출력축에 전달된 동력[kW], T_1, T_2를 입력축, 출력축의 토크[kg · m], ω_1, ω_2를 입력축, 출력축의 각속도[s^{-1}], n_1, n_2를 입력축, 출력축의 회전수[rpm], $e = n_2/n_1 = \omega_2/\omega_1$을 속도비, $t = T_2/T_1$을 토크비, η를 전동 효율이라고 하면 다음 식이 성립된다.

$$\eta = \frac{L_2}{L_1} = \frac{\omega_2 \, T_2}{\omega_1 \, T_1} = et \tag{2.74}$$

유체 커플링에서는 정상 상태로 회류할 때 액체가 받는 토크의 합은 0이다. 회전차가 주는 토크를 T_1, 깃차가 받는 토크를 T_2라 하면, $T_1 - T_2 = 0$이 된다. 따라서 $T_1 = T_2$가 된다.

앞에서 설명한 바와 같이 유체 커플링에서는 토크에 차가 생기지 않는다. 동력의 전달에 손실이 있다면 그것은 각속도(회전수)의 감소이므로, 출력축의 회전수는 입력축의 회전수보다 적다.

$$\frac{n_1 - n_2}{n_1} \times 100 = s \tag{2.75}$$

이 s를 미끄럼(slip)이라고 한다. 효율 η는 식 (2.74)에서 $T_1 = T_2 (t = 1)$이라 두면 다음 식과 같다.

$$\eta = \frac{\omega_2}{\omega_1} = \frac{n_2}{n_1} = 1 - \frac{s}{100} \tag{2.76}$$

s가 클수록 효율은 저하한다. 유체 커플링의 회로의 구성요소는 회전차, 깃차가 주이고, 보통의 펌프, 수차와 같은 손실이 일어나기 쉬운 안내 깃, 와류실이 없으므로 손실이 적고 보통 η는 97% 정도이다.

3. 액체 커플링의 특성

공기 대신 물이나 오일을 유체로 활용할 경우 물이나 오일은 공기보다 밀도가 훨씬 크기 때문에 작은 부피의 용량으로도 큰 동력을 전달할 수 있다. 유체 커플링을 사용하는 주된 이유는 다음과 같다.

① 구동기기의 Smooth한 기동을 위해
② Motor의 무부하기동
③ 진동의 감쇠
④ 직접적인 마찰 없이 동력전달 가능(Wear-free transmission)
⑤ 모터 및 피구동기기의 보호(over torque나 정전 등으로 인한)
⑥ 가변속 사용을 위해(전력절감효과를 위해)

예제

액체 커플링의 입력축의 회전수 1,450rpm, 출력축의 회전수 1,410rpm일 때 효율은 얼마인가?

풀이 미끄럼을 s라 하면

$$s = \frac{n_1 - n_2}{n_1} \times 100 = \frac{1,450 - 1,410}{1,450} \times 100 = 2.7\% \text{이므로}$$

$$\therefore \ \eta = 1 - \frac{s}{100} = 0.973 = 97.3\%$$

예제

액체 커플링의 임펠러의 바깥 지름 372mm, 입력축의 회전수 1,450rpm, 출력축의 회전수 1,405rpm, 입력축의 토크 10kg · m일 때 계수 K의 값을 구하여라.

풀이 $s = \dfrac{1,450 - 1,405}{1,450} \times 100 = 3.1\%$

입력축의 동력 L_1은

$$L_1 = T\omega = \frac{1,450 \times 10}{60 \times 75} = 3.23 \, \text{PS}$$

식 (2.84)에서

$$\therefore \ K = \frac{L_1}{s\left(\dfrac{n_1}{100}\right)^2 D^5} = \frac{3.23}{3.1 \times \left(\dfrac{1,450}{100}\right)^2 \times 0.372^5} = 0.7$$

Section 80

압축기에서 발생하는 손실의 종류

1. 여러 가지 손실

1) 유체손실

펌프에서의 수력손실처럼 압축기의 흡입구에서 송출구에 이르기까지의 유체 전체에 관한 마찰손실, 곡관이나 단면 변화에 의한 손실, 회전차 입구 및 출구에서의 충돌손실의 합을 유체손실이라 한다.

이 유체손실은 압축기의 성질에 가장 큰 영향을 미치는 것이지만, 직접 구하기는 이론적으로 매우 곤란하다.

2) 원판마찰손실

원심 및 축류 압축기에서의 원판마찰손실은 펌프의 경우와 같으며, 그 손실동력 ΔL_d는 다음 식으로 표시된다.

$$\Delta L_d = k \gamma u_2^{\,3} D_2^{\,2} \left(1 + 5 \frac{e}{D_2} \right) [\text{PS}] \tag{2.77}$$

여기서, k : 마찰손실계수 $= 1.67 \times 10^{-6}$ (원판이 매끈한 경우)
$= 2.08 \times 10^{-6}$ (원판이 거친 경우)

γ : 기체의 비중량(kgf/m^3)

D_2 : 원판의 바깥 지름(m)

u_2 : 원판의 원주속도(m/s)

e : 원판의 두께(m)

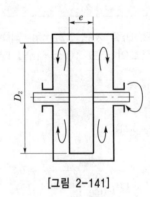

[그림 2-141]

이 마찰손실에 의한 공기의 온도 상승을 ΔL_d라 하면 다음 식과 같다.

$$75\Delta L_d = Jc_p\,G\Delta T_d$$

$$\therefore\ \Delta T_d = \frac{75\Delta L_d}{Jc_p\,G} \fallingdotseq 0.73\frac{\Delta L_d}{G}\ [\text{℃}] \tag{2.78}$$

여기서, G : 중량 유량(kgf/s)

c_p : 공기의 정압 비열(kcal/kgf · K)

J : 열의 일당량 = 437(kgf · m/kcal)

예제

회전차의 바깥 지름은 600mm, 너비는 10mm, 회전수는 6,000rpm인 원심 압축기의 원판 마찰손실 동력 ΔL_d 및 이곳에 의하여 생기는 상승 온도 ΔT_d를 구하여라(단, 회전차 입구와 출구에 있어서의 공기의 비중량은 각각 2.25kg/m³, 2.57kg/m³, 유량은 240kg/min이다.).

풀이 원주속도 u_2는

$$u_2 = \frac{\pi D_2\,N}{60} = \frac{\pi \times 0.60 \times 6,000}{60} = 188\,\text{m/s}$$

평균 비중량을 γ_m이라 하면

$$\gamma_m = \frac{\gamma_1 + \gamma_2}{2} = \frac{2.25 + 2.57}{2} = 2.41\,\text{kg/m}^3$$

식 (2.85)와 (2.86)에 의하여

① $\Delta L_d = 1.67 \times 10^{-6} \times 2.41 \times 0.60^2 \times 188^2 \left(1 + 5 \times \dfrac{0.01}{0.60}\right) = 10.4\,\text{PS}$

② $\Delta T_d = 0.73 \times \dfrac{10.4}{240/60} = 19.0\,\text{℃}$

---

3) 누설손실

원심 압축기에 있어서 누설손실이 생기는 곳은 다음과 같다.

제1은 회전차 입구와 케이싱의 사이, 제2는 축이 케이싱을 관통하는 부분과 평형 장치(밸런스 피스톤)의 틈, 제3은 다단의 경우로서 각종의 격판과 축과의 간격 등이다.

케이싱 내외의 압력차가 작은 팬에서는 누설손실은 보통 무시할 수 있지만, 블로어나 압축기와 같이 압력차가 큰 경우에는 누설손실이 문제가 된다.

블로어나 압축기에 있어서는 누설손실을 될 수 있는 한 적게 하기 위하여 고정 부분과 회전 부분 사이에 [그림 2-142]와 같은 래버린스 패킹(rabyrinth packing)이 사용된다. Stodola에 따르면 래버린스 패킹에 의한 누설유량은 다음 식과 같다.

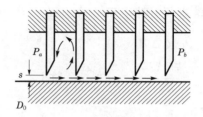

[그림 2-142]

$$\Delta G = \alpha A \sqrt{\frac{q(P_a^2 - P_b^2)}{zRT_a}} \ [\text{kg/s}] \tag{2.79}$$

여기서, A : 간격의 면적 $= \pi D_0 S (D_0$는 간격 부분의 지름, S는 간격$)(\text{m}^2)$

P_a, P_b : 래버린스 패킹의 입구, 출구의 압력(kgf/m^2)

z : 핀의 수

α : 유량 계수 $= 0.65 \sim 0.85$

T_a : 패킹 입구의 온도(K)

R : 기체 상수

누설손실동력은 다음 식과 같다.

$$\Delta L_l = \frac{h_l \Delta G}{75} \ [\text{PS}] \tag{2.80}$$

여기서, h_1 : 압력강하$(P_a - P_b)$에 대한 헤드

또 누설이 될 때 기류의 에너지 손실에 의한 상승·온도 ΔT_1은 다음 식과 같다.

$$\Delta T_l = \frac{h_l \Delta G}{c_p JG} \ [\text{℃}] \tag{2.81}$$

여기서, G : 송출유량(중량)

J : 427 kgf · m/kcal

위의 식은 이론상의 값이고, 실제로 ΔT_1은 매우 작다.

예제

유량 4kg/s인 원심 압축기에서 케이싱과 회전차 입구 사이에 래버린스 패킹이 부설되어 있다. 패킹의 지름은 400mm, 간격은 0.5mm, 핀 수는 5이다. ① 누설량 ΔG, ② 누설에 따른 손실동력 ΔL_l, ③ 누설에 따른 상승 온도 ΔT_l 를 구하여라(단, 패킹 안쪽의 압력은 1.16kgf/cm^2, 온도는 18℃, 바깥쪽의 압력은 0.963kgf/cm^2, 유량 계수는 0.8, 누설 기체의 비중량은 1.3kgf/m^3, c_p는 0.23이다.).

> **풀이** 틈의 면적$= A = \pi D_0 \, S = \pi \times 0.4 \times 0.0005 = 0.0006 \, \text{m}^2$
>
> ① $\Delta G = \alpha A \sqrt{\dfrac{g(P_a{}^2 - P_b{}^2)}{zRT_a}} = 0.8 \times 0.0006 \sqrt{\dfrac{9.8 \times (1.16^2 - 0.963^2) \times 10^4}{5 \times 29.27 \times (273 + 18)}}$
>
> $\qquad = 0.045 \, \text{kg/s}$
>
> ② $\Delta L_t = h_1 \cdot \dfrac{\Delta G}{75} = \dfrac{(P_a - P_b)}{\gamma} \cdot \dfrac{\Delta G}{75} = \dfrac{(1.16 - 0.963) \times 10^4}{1.3} \times \dfrac{0.045}{75}$
>
> $\qquad = 0.91 \, \text{PS}$
>
> ③ $\Delta T_l = h_l \cdot \dfrac{\Delta G}{c_p J G} = \dfrac{(1.16 - 0.963) \times 10^4}{1.3} \times \dfrac{0.045}{0.23 \times 427 \times 4} = 0.17 \, ℃$

4) 기계손실

기계손실은 베어링, 패킹 상자, 기밀 장치 등의 마찰손실이지만, 이들의 종류에 따라, 또 축의 지름이나 회전수에 따라 그 값이 다르다. Kluge에 의하면 베어링에서의 마찰손실동력을 압축기의 축동력에 따라서 대별하여 500~1,000PS이면 2%, 1,000~2,000PS이면 1.5%, 2,000~5,000PS이면 1%로 하고 있다.

2. 여러 가지 효율

펌프나 송풍기의 경우에는 조건이 단일하기 때문에 효율도 일반적으로 정해지고, 기계의 우열이 간단하게 정해진다. 압축기의 경우에는 압축 과정에 종류가 있으므로, 각 압축 과정에 따라 각각 그것에 알맞은 공기 동력을 구하여, 이것과 압축기를 운전하는 데 드는 동력과의 비를 효율로 한다든가 하여 약간 복잡하게 된다. 즉 다음에 열거하는 것과 같이 몇 가지의 효율을 생각할 수 있다.

1) 전 등온 효율($\eta_{(is)}$)

$$\eta_{(is)} = \frac{\text{등온 공기 동력}}{\text{축동력}} = \frac{\dfrac{P_{01} Q_{01}}{60} log \dfrac{P_{02}}{P_{01}}}{L} \tag{2.82}$$

기호는 앞에서 설명한 공기 동력인 때와 같다.

단, 다단 압축기의 경우는 $P_{01} = P_s = $[초단의 흡입쪽의 전압], $P_{02} = P_D = $[최종단의 송출쪽의 전압]으로 한다(이하의 효율에서도 마찬가지이다).

2) 전 단열 효율($\eta_{(ad)}$)

$$\eta_{(ad)} = \frac{\text{단열 공기 동력}}{\text{축동력}}$$

원심펌프의 유량 제어방법

1. 개요

산업에서 사용하는 원심펌프는 프로세스에 필요한 유량에 의하여 결정되는 유량 커브는 펌핑되어 유입되는 파이프 시스템 커브이고, head는 시스템 커브라 불리우며 static head와 그에 대하여 펌핑하는 dynamic head의 합이다.

static head는 단지 suction과 토출측의 표고 차이, 그리고 펌프가 동작하는 back pressure의 함수이므로 유량에 따라 변하지 않는다. dynamic head는 파이핑에 의한 유체의 마찰손실이다. dynamic head는 파이핑 시스템 내의 유량의 제곱에 비례한다.

계산이나 측정에 의하여 일단 시스템 커브가 결정되면, 필요 유량에 맞는 펌프가 선정된다. 필요한 운전점은 시스템 커브 위에 펌프 제조 업체의 커브를 포개어 보면 쉽게 알 수 있다.

펌프 커브와 시스템 커브의 교차점이 '운전점'이며, 이때가 시스템에서 필요로 하는 최대 유량과 head이다. 만일 운이 좋다면 위의 운전점만으로 공장의 프로세스에서 필요로 하는 유량을 제어할 수 있겠지만 대개의 경우 프로세스에서 유량비가 변화하므로 펌프 시스템에 추가적인 제어가 필요하다. 가장 일반적인 유량 제어 방법은 펌프의 토출측을 개도 제어하는 것이다. 또는 대개의 경우 펌프 운전에 필요한 모터를 가지게 마련인데, 이 모터의 속도를 변경시키는 방법이며 인버터를 이용하는 것이다. 이러한 방식이 recycle control이나 steam turbine의 원동기에 사용하는 방식이다.

토출측 개도 제어에 관하여 살펴보도록 한다.

2. 원심펌프의 유량 제어방법

1) 임펠러의 크기 조정

유량과 양정이 모두 줄어든다.

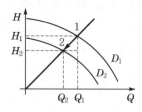

2) 토출부의 밸브 조정

밸브를 잠금으로 토출부의 저항 증가로 양정이 증가하고 유량이 감소하며, 흡입구에 설치하면 캐비테이션이 발생할 수도 있다.

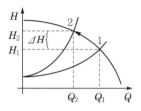

3) 펌프의 속도제어

펌프의 속도를 제어함으로 유량과 양정 모두 변화하며 회전수의 변화에 대해 유량은 2배, 압력은 4배, 동력은 8배의 변화를 일으킨다.

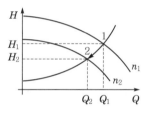

Section 82

공기 수송기의 주요 구성부품에 대한 특성 및 배열방식

1. 개요

공기 수송이란 관 내에 공기의 흐름을 만들어, 그 공기 중에 분립체를 현탁 또는 운동시켜 행하는 수송을 말한다. 공기 이외의 불활성 가스 등을 사용하는 것도 공기 수송이라 부르고 있으며, 캅셀 수송과 에어 슬라이드에서도 공기가 사용되지만, 보통 제외되는 경우가 많다.

2. 공기 수송의 분류

공기 수송은 흡인식과 압송식으로 분류하며, 압송식은 특히 저압식, 고압식, 플러그식으로 분류한다. 공기 수송의 공기원은 저압식에서는 블로어(로트식, 터보식 등)가 많고, 고압식에서는 컴프레서이다. 또한 고압식은 원칙으로 가압 탱크를 이용하고, 분체를 충만된 상태에서 예압한 후에 수송을 개시하는 것이 일반적이다. 플러그식 수송은 비교적 새로운 수송형태로, 다양한 연구에 의해 낮은 분체 수송속도와 고농도로 저압 수송의 상태를 만들 수 있게 된 것으로, 공기 수송이 가진 단점을 줄이고 있다.

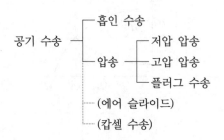

[그림 2-143] 공기 수송의 분류

3. 공기 수송의 특징

공기 수송은 기계식 수송과는 전혀 다른 차이를 가지고 있다. 특히 밀폐계에서 발진을 극소로 할 수 있으며, 수송 경로의 단위 면적당 수송 능력이 크고 경로를 거의 스스로 취하는 것으로, 원활하지 않은 분체 플랜트의 배치 계획을 쉽게 할 수가 있다.

한편 소요동력이 크고, 수송조건이 한정되기 쉽다는 단점이 있지만, 이들은 플러그 수송 등으로 해소되기 시작하면서 범용화되어 왔다. 또한 꼬인 관을 이용한 스파이럴 후로 컨베이어와 같이, 일반적으로는 실용적이지 않는 5m/sec 이하, 공기비 500 이상이라는 초저속의 고농도 수송을 행하는 것도 있다. 초저속 초고농도 수송은 여러 장점을 가지고 있어, 차후 원리가 다른 저속 수송기도 개발될 것이다.

1) 공기 수송 공통

① 장점
 ㉠ 수송 배관 경로를 비교적 자유롭게 취할 수 있어 분기와 합류가 가능하다.
 ㉡ 배송관이 파이프만으로, 수송 능력에 비해 장소에 한계를 받지 않는다.
 ㉢ 수송 거리가 길수록 거리당 설비비가 저렴하다.
 ㉣ 밀폐계로, 피수송물의 망가짐, 이물의 혼입이 적다.
 ㉤ 건조 · 가열 · 냉각을 겸비할 수 있는 경우도 있다.
 ㉥ 수송관 부분에서는 단면적당 수송 능력이 크다.
 ㉦ 가동 부분이 적고, 메인터넌스가 용이하다.
 ㉧ 소음 발생이 적다.

② 단점

ㄱ 동력 소비량이 크다.

ㄴ 피수송물의 유동 특성이 장치의 사양에 크게 영향을 주므로, 범용성이 낮고 수송할 수 없는 것도 많다.

ㄷ 수송속도에 따라서는 파쇄와 해쇄가 생기기 쉽다.

ㄹ 입도·밀도 등에 대한 편석·분리가 생기기 쉽다.

ㅁ 수송속도에 따라서는 수송관 등의 마모가 생긴다.

ㅂ 조작조건에 제한이 있어 저능력 운전이 어렵다.

ㅅ 수송을 즉시 정지하면 보통 재기동이 어렵다.

2) 흡인식

① 장점

ㄱ 공기원이 보내는 측에 있어 복수 개소로부터 용이하게 절환하여 수송할 수 있다.

ㄴ 흡인부를 호스 등으로 자유롭게 할 수 있고, 흡입 개소만을 가동시키는 경우에 적합하다.

ㄷ 공기가 흡인부 온도보다 올라가지 않고, 온도 상승에 약한 피수송물에 영향을 주지 않는다.

ㄹ 공기원 기계(블로어와 콤프레서)에 의해 공기에 혼입하는 유분 등의 오염이 없다.

ㅁ 분체 공급부와 포집부로부터의 분체 비산이 없다.

ㅂ 공급측이 대기압 개방이므로, 실을 위한 연구가 불필요하다.

② 단점

ㄱ 부하의 실용적인 한계로, 큰 압력 손실을 취할 수 없으므로 수송 거리가 제한된다.

ㄴ 부압에서는 공기량이 크게 되므로, 공기원 기계가 대형이 되어 소요동력이 매우 크다.

ㄷ 공기 수송 중에서는 배관 단면적당 능력이 가장 작다.

ㄹ 청정도가 높은 기기와 저로점의 공기를 사용한 경우에는 그 때문에 블로어와 콤프레서를 별도 필요로 하는 것에 의해 부적합하다(단, 저압력 손실의 필터를 부착한 정도의 청정화는 가능하다.).

ㅁ 포집기측의 부압이 크고, 분체 배출부의 실 대책이 필요하다.

3) 압송식

① 장점

ㄱ 압송 공통 : 보내는 측에 공기원을 지속하기 위해서 복수 개소로의 절환 수송에 편리하다.

ⓛ 저압 압송 : 포집기의 내압이 약한 정압이 되어, 분체의 배출이 비교적 용이하다.

ⓒ 고압 압송

- 배관, 포집기를 비교적 작게 할 수 있다.
- 저압식보다 수송 폭이 크고, 압력을 바꾸어 능력을 변화시키는 것도 어느 정도 가능하다.

② 단점

ⓐ 압송 공통

- 장치 명부가 정압이므로, 과수송물과 수송 가스가 외부로 나갈 수가 있다.
- 시스템이 모두 정압이고, 외부로부터의 기체에 오염되는 경우가 없다.

ⓛ 저압 압송

- 분립체 공급부에서의 피수송물의 역행이 생기기 쉬우므로, 실과 공기 치환을 위한 연구가 필요하다.
- 공기 온도가 상승하고, 피수송물에 영향을 주는 경우가 있다.

ⓒ 고압 압송

- 저압에 비해 공기비가 높고 공기량이 적다.
- 배압이 높은 곳으로 수송할 수 있다.

4. 수송조건과 flow의 패턴

수송조건에 따라 공기 수송관 중의 분체 분산 상태가 변화한다. 수평 수송관 내의 후로 패턴은 질적으로 다르고, 수송 특성이 크게 바뀐다. 폐쇄 한계속도는 이들의 패턴 이외에 분체의 특성에 따라 다르므로 일률적으로는 결정되지 않는다. 일반적인 flow를 [그림 2-144]에 나타내었다. 분체 혼입기(공급부)와 포집기는 케이스마다 다르다. 흡인에서는 포집기측, 압송에서는 혼입기측에서, 각각 외기와의 큰 압력차에 견딜 수 있도록 하는 것이 필요하다. 포집기에 의한 공기 분리는 일반적으로 미분을 많이 포함하여 고속이 될수록 어렵다. 플러그 수송 등에서는 간이 분리 포집기로 끝나는 경우가 많고, 조건에 따라서는 전혀 필요하지 않은 경우도 있다.

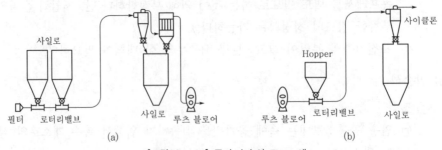

[그림 2-144] 공기 수송의 Flow 예

5. 이용되는 분체 혼입기

[그림 2-145]의 (a)는 분립체층에 직접 삽입하여 흡인 수송하기 위한 노즐이다. 흡인 장소를 고정한 수송 장치에서는 (b)가 이용된다. 압송용에 (c) 타입의 것을 이용하면, 공급부에서의 분체의 역행현상(공기의 리크에 의해 공급되어야 할 분체가 반대로 되돌아오는 현상)은 적게 되지만, 이젝터의 압력 손실이 크다.

그러므로 어느 정도 역행현상을 각오하여 (b)와 같은 노즐을 사용하는 경우도 많다. 이 경우 역행에 의한 공급량의 감소, 또는 공급 불량이라는 트러블을 방지하기 위해서 공급부에서의 공기 배출 등의 연구가 필요하다.

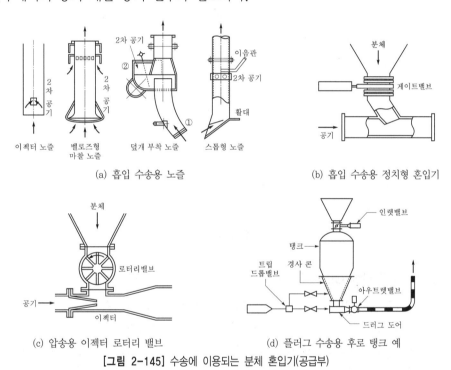

(a) 흡입 수송용 노즐   (b) 흡입 수송용 정치형 혼입기

(c) 압송용 이젝터 로터리 밸브   (d) 플러그 수송용 후로 탱크 예

[그림 2-145] 수송에 이용되는 분체 혼입기(공급부)

Section 83   펌프의 자동 제어방법

1. 개요

자동 제어는 제어 대상으로 유량, 압력 수위 등을 검출해서 펌프를 On-Off 제어 또는 운전 대수 제어를 행하는 것을 말하며, 다음과 같이 나눌 수 있다.
① 수위에 의한 운전 대수 제어

② 압력에 의한 On-Off 제어

③ 유량에 의한 운전 대수 제어

2. 자동 제어의 종류

1) 수위에 의한 운전 대수 제어

토출 수조에 물을 보내는 경우에 있어서 펌프 3대의 운전 대수 제어를 토출 수조의 수위에 따라 조절하는 예를 [그림 2-146]에 나타내었다.

토출 수조의 용량, 수요 수량의 변동 등으로부터 시동·정지 빈도를 검토해야 한다. 구동기가 농형 전동기의 경우는 허용 빈도가 많기 때문에 전동기 열용량의 측면에서 특히 상세하게 검토할 필요가 있다.

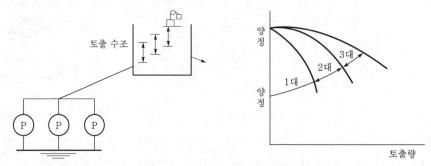

[그림 2-146] 수위에 의한 운전 대수 제어

2) 압력에 의한 On-Off 제어

그림에서 압력 탱크 내 수위의 상하(펌프 토출량과 수요 수량의 차로서 움직임)에 의해 공기가 팽창, 압축, 탱크 내의 압력이 변화한다. 그 압력을 탐지하여 펌프를 On-Off 제어하는 예이다. 농지용의 스프링클러의 급수에 많이 사용된다. 본 제어에 대해서도 시동, 정지 빈도를 충분히 검토하는 것이 필요하다.

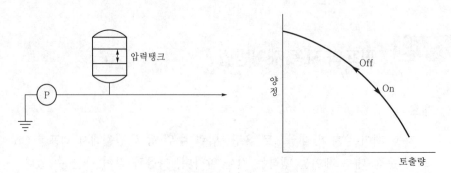

[그림 2-147] 압력에 의한 On-Off 제어

3) 유량에 의한 운전 대수 제어

유량에 의한 펌프의 운전 대수를 제어하는 방법이 있다. 그림 중 Q_2, Q_3는 2대, 3대의 펌프 시동 설정 유량에서 Q_2, Q_3는 각각의 펌프의 정지 설정 유량이 된다. 양자는 가능한 한 차이를 두어 불규칙한 운전을 방지하여야 한다. 또한 1대 운전 시에 캐비테이션이 발생되지 않도록 펌프의 사양을 검토하는 것이 필요하다.

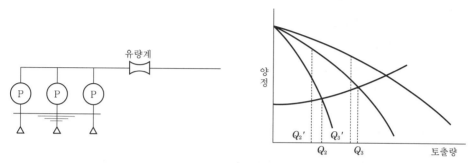

[그림 2-148] 유량에 의한 운전 대수 제어

Section 84

펌프의 피드백 제어

1. 개요

피드백 제어는 그 제어장치 자체가 목표치를 가지고 있으며, 외란에 의해 그 값이 벗어났을 때 자동적으로 목표치에 근사하게 하는 기능이다. 이와 같이 피드백 제어는 제어 결과를 검출하여, 목표치와 비교하여 차가 있으면 자동적으로 수정하여 정상의 목표치와 제어 대상의 결과를 일정의 관계로 유지하게 한다.

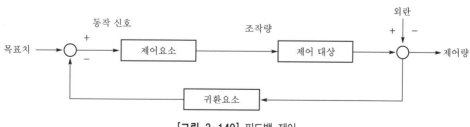

[그림 2-149] 피드백 제어

2. 피드백 기구의 구성

① 목표치 : 제어계에서 제어량이 그 값을 갖도록 목표로 주어진 값이다.

② 편차치 : 목표치와 계측치의 차로서 제어계의 조작량은 이것을 기본으로 정한다.

③ 제어요소 : 동작 신호를 조작량으로 변환하는 요소로서 조절부와 조작부로 되어 있다. 조절부는 동작 신호와 동시에 제어에 필요한 연산을 하여 조작부로 보낸다. 조작부는 이것을 조작량으로 변환하여 제어 대상에 작동시킨다.

④ 조작량 : 제어량을 지배하기 위해서 제어장치가 제어 대상에 추가된 양

⑤ 제어 대상 : 제어의 대상이 되는 것(수위, 압력, 유량, 동력, 회전수 등)

⑥ 외란 : 제어계의 상태를 변화시키는 외적 작용, 구체적으로 수요 수량의 변동, 수위의 변동 등

3. 목표치의 변동

자동 제어계의 목표가 되는 목표치는 반드시 일정하지 않으며, 시간에 따라 변화하는 것도 있다. 여기에서 몇 가지로 분류하였다.

① 일정값 제어 : 목표치가 시간에 따라 변화하지 않으며, 언제나 일정하게 있는 것

② 프로그램 제어 : 목표치를 일정의 타임 스케줄에 따라 인위적으로 변화하는 것

③ 값에 따라 변하는 제어 : 목표치가 시간에 따라 변화하지만, 프로그램 제어에 의해 인위적으로 되며, 그 변화 방법이 일정치 않는 것

구체적으로 [그림 2-150]에서 2대의 펌프 토출량이 변화하는 경우, 흡수조의 수위가 변동하므로 이 수위를 변동하지 않게 하기 위해 2단계 펌프장의 토출량에 맞추어 1단계 펌프장의 토출량을 제어한다. 이와 같이 목표치로서 제어하는 것을 값에 따라 변하는 제어라고 한다.

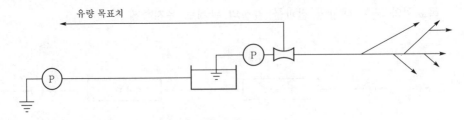

유량 목표치

[그림 2-150] 피드백 제어 계통도

4. 피드백 제어의 호칭

펌프 설비에서 피드백 제어의 내용을 표시하는 호칭에는 일반적으로 제어 대상과 목표치의 성질을 부여하는 것이 사용된다.

예 제어 대상 목표치의 설정

[수위]+[일정값]-수위 일정값 제어

5. 유량 제어

유량 제어는 일반적으로 토출 관로에 댐퍼로서 수조가 있고, 수위 제어를 하면서 정수가 커지며, 수위 계측치의 운송이 곤란하거나 많은 비용을 필요로 하는 경우에 적용된다.

1) 유량 일정치 제어

수요 수량의 변동을 충분히 흡수하는 수조를 가지는 수계에 적용한다. 유량의 목표치는 미리 인위적으로 설정하여 펌프의 토출측에 있는 유량계에서 계측한 값을 피드백하여 목표치와의 편차를 나타내어, 그 편차량을 조작량으로 바꾸어 제어 대상으로 하여, 토출량을 목표치에 근사하도록 하는 방식이다.

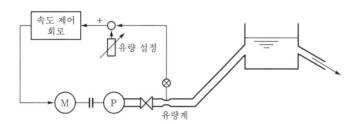

[그림 2-151] 유량 정량 제어계 계통도

2) 유량 프로그램 제어

수요 수량의 변동이 2시간 주기로 있는 경우, 설정한 프로그램값과 실제의 수요 수량과의 차이가 생기므로 충분히 흡수할 수 있는 수조를 가지는 수계에 적용한다. 유량의 목표치는 시간마다 인위적으로 설정한다.

제어계의 구성은 일정치의 경우와 크게 변화하지 않으며, 토출측의 유량계에서 계측된 값을 피드백하여 프로그램된 목표치와의 편차에 의해 제어하고, 계측값과 프로그램 결과값의 관계를 유사하게 하는 방식이다.

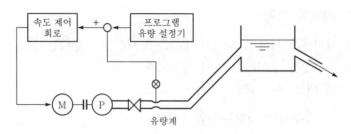

[그림 2-152] 유량 프로그램 제어 계통도

6. 수위 제어

토출 관로 끝에 수조를 가지고 있고, 펌프와 수조의 거리가 짧던가, 거리가 긴 경우에도 시간 지연을 충분히 흡수하는 수조를 가지는 수계를 적용하는 방식이다.

1) 수위 일정치 제어

[그림 2-153]에 시간 지연이 작은 수위 일정치 제어의 계통을 표시하였다. 수위의 목표치는 미리 인위적으로 설정한다. 토출 수조에 설치된 수위계에서 계측된 값을 피드백하여, 목표치와의 편차에 의해 제어하고, 토출 수위를 목표치에 근사하도록 하는 방식이다. 또한 수요 수량이 급변하는 경우의 수위에 대해서는 보조 루프로서 수조 출구에 유량계를 설치, 수요량의 급변을 계측하고, 제어계의 감도를 높이는 것이 좋다.

[그림 2-154]에 펌프 토출측으로부터 긴 개로수를 지나 끝 부분의 수조 수위를 제어하는 예를 나타내었다. 이 수위 제어도 수법적으로 그다지 변하지 않지만, 시간 지연이 많기 때문에 제어 결과가 수조 수위에 나타나는 데 시간이 걸린다. 피드백은 이 시간에 상당하는 부분을 OFF-TIME(피드백이 없는 시간)로 하는 샘플링 피드백을 행할 필요가 있다. 따라서 수조 용량은 이런 요소들을 고려하여 결정한다.

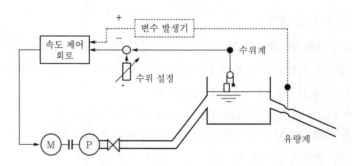

[그림 2-153] 수위 일정 위치 제어 계통도

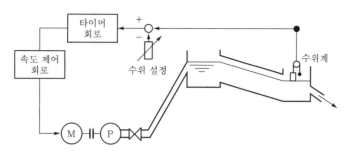

[그림 2-154] 수위 일정 위치 제어 계통도(개수로의 경우)

2) 수위 프로그램 제어

수요 수량의 변동을 미리 예측할 수 있으면 펌프 토출량은 크게 변화시키지 않게 운전하고, 수조를 비워 두기로 한다. 또한 오버 플로우 되지 않게 하고, 수조의 용량을 최대한 댐퍼로서 이용하는 제어도 있다.

수위의 목표치는 수요량이 많은 시간대는 낮게, 수요량이 적은 시간대는 높게 하도록 프로그램에서 하고, 계측 수위를 피드백하여 목표치와의 편차에 의해 제어하는 것이다. 결과로서 펌프 토출량의 변동은 적게 된다.

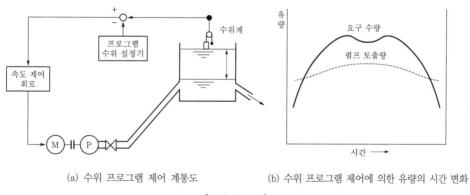

(a) 수위 프로그램 제어 계통도   (b) 수위 프로그램 제어에 의한 유량의 시간 변화

[그림 2-155]

7. 압력 제어

압력 제어는 일반적으로 토출측 관로에서, 수요자가 밸브를 이용하여 바라는 만큼의 물을 수계에 적용한다. 예외로서 토출 수조가 가까운 경우 펌프 토출 시 압력을 제어하는 수조의 수위를 간접적으로 제어하는 것도 있다.

1) 토출압 일정 제어

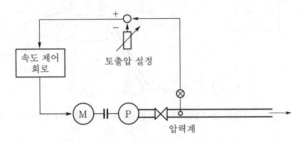

[그림 2-156] 토출압 일정 제어 계통도

펌프와 수요측의 거리가 비교적 짧고, 수요 수량이 변하여도 펌프 토출 압력을 일정하게 하려면, 수요측의 압력도 [그림 2-156]에 표시한 바와 같이, 펌프의 토출 압력을 계측하고, 피드백하여 압력의 목표치와 편차에 의해 제어하고 토출 압력은 목표치에 근사 하도록 하는 방식이다.

2) 끝단 정압치 제어(연산 방식)

펌프 토출 관로의 압력이 일정하게 유지되는 지점까지 분기가 전혀 없거나, 있어도 분기 수량이 미소한 경우에 성립되는 제어방식으로 [그림 2-157]에 그 계통도를 나타내었다.

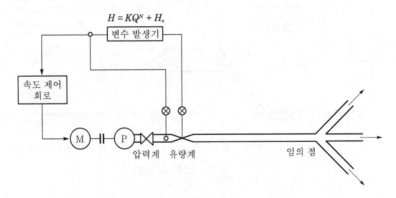

[그림 2-157] 끝단 정압치(연산 방식) 계통도

목표치는 다음의 방식에 의해 구한다. 펌프 토출 관로는 단순하게 있기 때문에 펌프 장과 임의 점(압력을 일정하게 유지하는 점) 간의 마찰손실수두는 쉽게 구할 수 있다. 따라서, 자동 제어 회로에는 다음의 공식을 사용한다.

$$H = f(Q) = KQ^N + H_o$$

여기서, H : 토출 압력의 목표치

H_o : 임의 점의 압력 설정치

K : 관로 정수

Q : 유량(변수)

N : 마찰손실수두 계산식에 의해 변화하는 승수

Darcy $N=2$, $N=1.8$

이 식에서 유량을 계측, 피드백하여 이것을 연산기에 입력한 면 출력으로서 토출 압력의 목표치를 얻을 수 있다.

Section 85 펌프의 가동방법(대용량 모터 기동 시 가동방법)

1. 개요

기동 전류는 전동기를 정지 상태에서 기동시키면 정격 회전수에 도달할 때까지 정격 전류보다 큰 전류가 흐르는데, 이와 같이 기동 시에 흐르는 전류를 기동 전류라 한다. 이 기동 전류는 전력 계통에 악영향을 미치게 되므로 가급적 기동 전류의 값을 제어시켜야 할 필요가 있다.

2. 펌프의 가동방법(대용량 모터 기동 시 가동방법)

3상 농형 유도전동기의 기동방식은 다음과 같은 것이 있다.

- 정전압 기동방식 : 직립 기동방식(Line Start 방식)
- 감전압 기동방식 : $Y-\Delta$ 기동(Star-Delta 기동), Reactor 기동, 기동보상기 기동 (권선변압기 기동), Kondorfer 기동, 특수 Kondorfer 기동, VVVF(Variable Voltage Variable Frequency) 기동방식 등이 있다.

1) 직립 기동방식 : Line Start방식 : 11kW 이하의 소용량 적용

① 기동 시 전동기의 단자에 직접 정격 전류를 가하여 기동하는 방식으로, 기동방법이 간단하여 널리 사용되고 있다.

② 그러나 직립 기동 시 정격 전류의 7~8배의 기동 전류가 흐르므로 전원 용량이 이에 견딜 수 있는 것이 필요하다.

③ 전원 용량이 충분히 크다면 수 1,000kW의 대용량 전동기도 직립 기동이 가능한데, 일반적으로 전원 용량의 1/10 이하의 용량은 직립 기동방식에 의할 수 있다.

2) Y-△ 기동(Star-Delta 기동) : 저압 100kW 이하 적용

이 기동방식은 개폐기(switch)를 사용하여 전동기의 외부에서 전동기의 고정자 권선의 결선을 바꾸어서 기동하는 방법이다. 즉 기동 시에는 Y 결선으로 하여 각 상에 인가되는 전압을 정격 전압의 $1/\sqrt{3}$ 값으로 감압하여 기동하고, 기동 완료 후에 △ 결선으로 전환하여 각 상에 정격 전압을 인가하는 방법이다. 따라서 전동기는 R, S, T 각 상의 양단의 단자를 외부로 끌어낼 수 있는 구조이어야 하므로 전동기의 제작에 큰 제약을 받게 될 뿐만 아니라, 개폐기도 직립 기동 시보다 많이 필요하게 되므로 개폐기의 가격이 저렴한 저압 범위(600V 이하)에서 많이 사용한다. 이 기동방식으로 기동하면 기동전류와 기동 Torque가 모두 직립 기동 시의 1/3값으로 감소된다.

3) Reactor 기동

전원과 전동기 사이에 직렬로 reactor를 접속하여 기동 시 감압된 전압을 전동기의 단자에 인가하여 기동하는 방식인데, 고압 전동기의 기동에 많이 사용한다.

이 방식의 기동 특성은 직립 기동 시의 기동 전류를 I_s, 기동 torque를 T_s라 하고 기동용 reactor에 흡수된 전압이 정격 전압의 $\alpha(\%)$라 하면, 다음 식과 같다.

기동 전류 $= [1-(\alpha/100)] \times I_s$

기동 Torque $= [1-(\alpha/100)]^2 \times T_s$

흡수 전압의 비율 $\alpha(\%)$를 reactor의 tap값이라 하는데, 이 값은 20%, 35%, 50%가 표준이다. 이 기동 방식은 기동 전류의 감소율보다 기동 torque의 감소율이 크므로, 필요한 기동 torque가 작은 부하(fan, compressor, pump 등)의 기동에 적합하다.

4) VVVF(Variable Voltage Variable Frequency) 기동

VVVF란 Variable Voltage Variable Frequency의 약자인데, 전동기에 공급하는 전압과 주파수를 반도체 회로로 변화시키는 방식이다.

전동기에 인가되는 전압이 변화하면 전류와 torque가 변하며, 전동기의 회전속도는 주파수에 비례한다는 원리를 이용하여 전동기를 제어한다.

전동기를 VVVF로 제어하면 energy의 절약이라는 긍정적인 면도 있으나, VVVF 장치에서 고주파가 발생하여 전동기 등에 악영향을 미치는 경우가 있으므로 주의해야 한다.

송풍기와 압축기에서의 풍량 제어방식

1. 단일기의 경우

1) 단속 운전

Unload율 100%(무부하 상태)를 운전하고 있는 경우에는 압축기 자체를 정지시킨다. 즉 부하에 대응한 단속 운전을 행한다. 무부하 시의 소비 동력은 스크루형인 경우 정격 동력의 약 50%이고, 왕복동식인 경우 약 20%로 상당히 크므로 단속 운전을 하여 불필요한 손실을 줄여야 한다.

2) 효율적 용량 조정

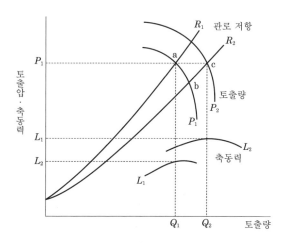

[그림 2-158] 공기 압축기의 성능곡선

① 용량 조정의 원리 : 공기 압축기의 성능곡선의 예를 표시한 것이다. 토출측 배관의 저항이 R_1이고, 토출압 P_1으로 운전하고 있다고 한다면 운전점은 a점이고, 토출량은 Q_1, 축동력은 L_1이 된다.

만약 사용 공기량이 증가할 경우 관내 압력의 저하로 관로 저항은 R_1에서 R_2로 감소하면 운전점은 a점에서 변화하여 b점으로 되므로 토출압이 강하한다. 압축기에서는 토출압을 일정 범위로 운전하는 것이 원칙이기 때문에 그 토출압 저하를 압력 조정 밸브 또는 압력 스위치로 검출하여 흡기 밸브에 신호를 보내 흡기 밸브의 개도를 늘린다. 그때 압력 곡선은 P_1에서 P_2로 변화하여 전환점 c점이 되고 압력은 종래의 P_1, 토출양은 Q_2, 축동력은 L_2로 된다. 즉 사용 공기량의 변화를 토출 압력으로 검출하고, 토출 압력을 일정하게 유지시키는 것에 유의하여 부하(사용 공기량)에 대처 조정한다.

② 용량 조정의 방법 : 용량 조정방법에는 연속식과 단계식 등이 있지만 압축기의 기종에 따라서 결정된다.

2. 복수기의 경우

병렬 운전을 하고 있는 경우에는 사용 공기량의 변동이 클 때 대수 제어를 하는 것이 효율적이다.

1) 일반적 대수 제어

대수 제어에는 운전 대수 제어와 용량(부하) 조정이 있다. 이 경우의 고찰 방법은 다음과 같다.

① 시동 순서 · 정지 순서 : [그림 2-159]에서 시동 순서는 1→2→3→4, 정지 순서는 4→3→2→1이다.

② 용량 조정 : 각 기기는 자체의 언로더에 의해 운전된다. 즉 각 기는 저마다의 압력 조정밸브를 갖고 그 설정압에 의해 각 기의 용량 조정을 행한다. 용량 조정은 통상 0%, 50%, 100% 등의 단계로 나눌 수 있다.

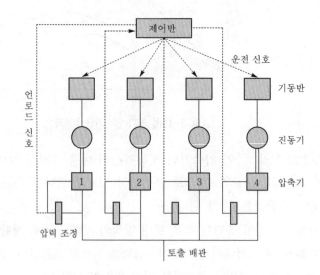

[그림 2-159] 일반적 대수 제어

③ 시동 신호 : [그림 2-159]에서 1호기, 2호기가 운전하고 있다고 할 때 그 부하가 100%(언로드율 0%)로 될 경우 3호기가 시동 운전 상태로 되고 1, 2, 3호기 모두가 부하 100%로 될 경우 4호기가 시동하게 된다.

④ 정지 신호 : 4대가 운전하고 있다고 할 때 전기(全機)의 부하가 50%일 경우 우선 4
호기가 정지하고 다음에 운전 중 3호기의 부하가 모두 50%에 이르면 3호기도 정
지한다. 이 방법으로는 전기가 거의 같은 부하율로 운전하는 것이 된다. 즉 정지
할 때는 전기가 50% 부하로 되지 않으면 안 되기 때문이다. 이와 같은 부분 부하
운전을 많이 실시하게 되면 에너지 절약 측면에서 운전 효율이 나빠진다.

2) 효율적 대수 제어

압축기는 100% 부하일 때가 최고 효율이 된다. 다수의 압축기가 부분 부하 운전하고
있는 것은 전력을 낭비하고 있는 것이 된다.

효율적 대수 제어로는 운전하고 있는 기는 전부 100% 부하로 운전하는 것을 원칙으
로 하고 1대만을 변동 부하에 대처하기 위해 용량 조정을 행한다. [그림 2-159], [그림
2-160]은 이 예를 표시한 것이다.

① 압력 스위치를 토출 배관에 부착, 사용 공기의 압력 변동을 직접 검지한다.

② 시동 · 정지 순서 : 제일 오래 정지하고 있는 것을 최초로 시동하고, 제일 길게 운전
하고 있는 것을 최초로 정지시켜 운전 시간과 정지 시간의 평균화를 유지한다.

③ 시동 신호 : 압력 스위치의 설정치(압력 저하)에 따라 시동하고, 압력 상승에 따라
정지한다.

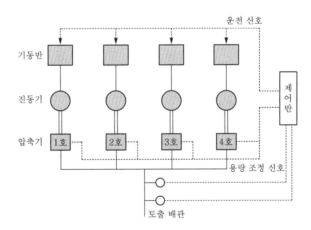

[그림 2-160] 효율적 대수 제어

④ 용량 조정 : 정지 예정기가 부분 부하를 분담하고 타 압축기는 전부하를 운전한다.

3) 토출 압력 정밀 제어

대수 제어로는 제어반의 기능 관계상 압축기의 운전 정지와 단계적 용량 조정(0%,
50%, 100%의 3단계 정도) 밖에 행할 수 없다. 따라서 단계적으로 교체하므로 토출 압력

이 변동한다. 토출 압력 정밀 제어는 앞에서 설명한 효율적 대수 제어에 추가적으로 공기 배관의 압력을 세밀히 검출하고, 각기의 용량 조정을 흡입밸브 조임 등에 따라 연속적으로 실시하고 압력 변동 폭을 작게 하는 것이다.

즉 [그림 2-161]에 있어서 부분 부하 운전을 행하고 있는 압축기의 부하를 단계적으로 하지 않고 연속적으로 조정한다. 공기 압축기의 병렬 제어에 있어서 방법별 비교는 [표 2-15]와 같다. [그림 2-162]에 나타낸 것과 같이 종래의 운전은 11대 컴프레서가 배치되어 A 그룹은 간접 부하 검출·순위 기동, B, C 그룹은 수동 운전하였다. 이것을 계통 통합하여 B, C 그룹은 수동 운전으로 베이스 로드를 담당시키고 A 그룹은 토출

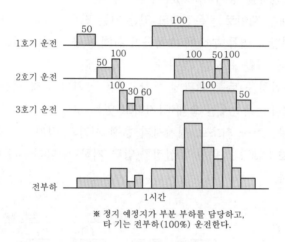

※ 정지 예정지가 부분 부하를 담당하고,
타 기는 전부하(100%) 운전한다.

[그림 2-161] 운전 패턴의 예

[표 2-15] 공기 압축기의 병렬 제어

방법	대수 제어		부하(풍량) 제어		압력 변동 폭	전력 절약 효과
	방법	신호원	방법	신호원		
수동 제어	수동에 따른 운전·정지	없음	각 기에 따른 언로드부터 각 기의 단독으로 행함	각 기에 있는 압력 조정밸브, 압력 스위치에 따른다.	대	소
간접 부하 검출 순위 기동	• 기동 : 부하가 증가하는 것에 지정한 순위로 기동 • 정지 : 부하가 감안하는 것에 기동의 순위와 역순위로 정지	각 기 언로드율에 따른다.	각 기에 따른 언로드부터 각기 단독으로 행함	각 기에 있는 압력 조정밸브, 압력 스위치에 따른다.	중	중

방법	대수 제어		부하(풍량) 제어		압력 변동 폭	전력 절약 효과
	방법	신호원	방법	신호원		
직접 부하 검출 로터리 순위 기동	• 기동 : 부하가 증가 하는 것으로 정지 시간이 긴 것부터 순서 기동 • 정지 : 부하가 감소 하는 것으로 정지 시간이 긴 것부터 순서 기동	토출측 공동 배 관압력 스위치 에 따른다.	정지 예정기(운전 시 간이 최고 긴 것)만 언 로드부터 부하 조정, 타 기는 부하100% 운전	정지 예정기는 자체의 압력 조 정밸브, 압력스 위치에 따른다.	중	소
토출 압력 정밀 제어	상 동	상 동	기본적으로 직접 부 하 검출 로터리 순위 기동과 같지만 대수 제어와 연동하고 있 기 때문 압력, 변동 폭이 작다.	토출측 공동 배 관 압력 스위치 에 따른다.	소	최대

압력 정밀 제어로 실시한 결과 개조에 의한 효과는 다음 표에 나타냈다. 대략적인 투자 횟수 기간은 1년 정도일 것이다.

[표 2-16] 개조에 의한 효과

토출 압력(평균치)(kg/cm^2·G)	압력 변동률(kg/cm^2·G)	전력 절감량(kWh/년)
종래 6.8	종래 0.6	1,304
개조 후 6.2	개조 후 0.2	

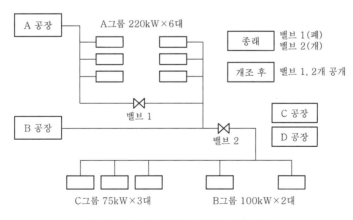

[그림 2-162] 공기압 시스템의 개조 예

Section 87 펌프의 설계순서를 나열하고, 각 단계별로 결정해야 할 사항

1. 펌프의 설계순서

펌프를 설계할 때 능률화를 기하기 위해서는 설계에 필요한 기본 사항을 합리적으로 배열하여 순서대로 하나씩 결정해 간다.

기본 사항을 열거하면 다음과 같다.

① 펌프의 설계 시방(示方) 결정
② 펌프의 형식 선정
③ 펌프의 기본 구조의 선정
④ 펌프의 사용 재료의 선정
⑤ 펌프의 기초 설계
⑥ 펌프 주요부의 치수 결정
⑦ 펌프 설계도의 작성
⑧ 펌프 제작도의 작성

2. 펌프의 설계 시방(示方)

다음 시방과 계획에 따라 원심펌프를 설계하여라.

① 수송하는 액체 : 물
② 액체의 성질 : 상온(0~40℃)
③ 펌프의 실양정(H_a) : 15m
④ 양수량(유량 Q) : 1m³/min
⑤ 펌프의 설치 높이(흡입 실양정, H_s) : 3m
⑥ 동력원 : 4극 3상 유도전동기로서 펌프와 직결로 하고 횡형, 전원 주파수는 60 Hz (국내 전역이 동일)이다.

⑦ 펌프의 계획 설치도

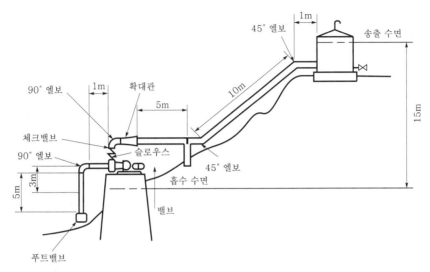

[그림 2-163] 설계 과제의 펌프 설치도

3. 펌프의 형식 선정

1) 펌프의 종류

펌프의 형식 도표에 의해 $H = 1.3 \times H_a = 19.5\text{m}$를 참조하고, [표 2-17]의 이유로 원심형의 벌류트펌프를 선정한다.

[표 2-17] 벌류트펌프와 터빈펌프의 비교

펌프 자원	벌류트펌프	터빈펌프
회전차의 단수	단단(單段)인 경우가 많다.	다단(多段)일 때가 많다.
안내깃	없다.	있다.
전체의 크기	구조가 간단, 소형	구조가 복잡, 동체가 크다.
양정	소양정에 적합	대양정에 적합
양수량	소~다량(多量)	중~다량
양수량의 조정	용역, 체절 운전 가능	체절 운전 가능, 양수량이 규정량보다 많으면 과부하가 되기 쉽다.
캐비테이션	일어나기 쉽다.	잘 일어나지 않는다.
효율의 변동	변화가 있다.(급상동, 급하강)	비교적 변동이 없다.

펌프 / 자원	벌류트펌프	터빈펌프
축동력	체절 상태에서는 소, 양수량이 커짐에 따라 대	체절 상태에서는 더욱 소, 양수량이 커짐에 따라 대
규정 양수량이 많은 경우	소리나 진동이 없다.	소리나 진동이 일어나기 쉽다.
값	저렴하다.	비싸다.

2) 흡입구의 수

펌프의 형식 도표와 [표 2-18]의 양정의 범위에서 보면, 흡입구는 1개로서 되므로 편흡입형(片吸入形)의 회전차로 한다.

[표 2-18] 회전차의 흡입구와 단수의 특징

구 분	흡입구		단수	
	편흡입	양흡입	단단	다단
양수량	소량	다량	소량	다량
양정	다단으로 하면 높음	다단으로 하지 않음	저양정	고양정
벌류트 펌프의 양정 범위	단단 3~35m 다단 20~100m	4~85m	편흡입 3~35m 양흡입 4~85m	20~1,000m
터빈 펌프의 양정 범위	단단 20~90m 다단 20~800m	20~120m	편흡입 20~90m 양흡입 20~800m	20~800m

3) 회전차의 단수

[표 2-18]에 의하여 단단으로 선정한다.

4) 주축의 방향

설치조건으로 보아 횡축으로 한다.

4. 펌프의 기본 구조 선정

1) 회전차의 구조

개방 깃과 폐쇄 깃이 있는데, 후자를 택한다.

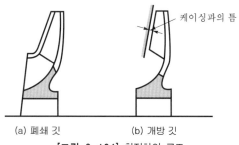

(a) 폐쇄 깃   (b) 개방 깃

[**그림 2-164**] 회전차의 구조

2) 케이싱의 구조

과류실의 단면 형상은 [그림 2-165]와 같은 것이 있는데, 이 중 (d)의 것을 택한다(보통 많이 쓰임). 일반적으로 실험 결과를 기본으로 하여 형상을 정한다.

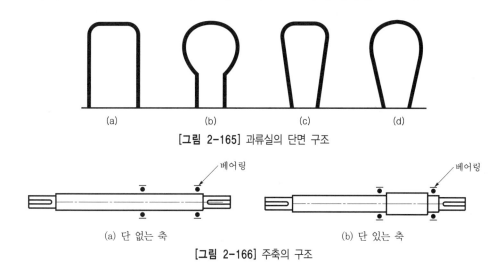

(a)   (b)   (c)   (d)

[**그림 2-165**] 과류실의 단면 구조

(a) 단 없는 축   (b) 단 있는 축

[**그림 2-166**] 주축의 구조

3) 주축의 구조

단이 붙은 것과 없는 것이 있는데, 값은 비싸지만 조립, 분해가 쉽도록 단붙임축으로 한다.

4) 축이음의 구조

플렉시블 커플링을 쓰기로 한다.

5) 베어링의 구조

로울링 베어링으로 선정한다.

6) 축봉장치의 구조

설계 과제의 용도로 보아 그랜드 패킹방식을 채택한다.

5. 펌프 주요부 재료의 선정

1) 회전차

액체가 물이므로, 청동 주물로 결정한다.

2) 케이싱과 흡입 커버

주철(용도상 충분)

3) 주축

같은 이유로 기계 구조용 탄소강으로 결정한다. 즉 회전차는 BC 2, 케이싱과 흡입 커버는 GC 20, 주축은 SM 25C이다.

6. 펌프 크기의 결정

1) 흡입구의 구경(D_s)

$v_s = 2\,\text{m/sec}$로 하면

$$D_s = \sqrt{\frac{4Q}{\pi v_s}} = \sqrt{\frac{4 \times 0.0167}{\pi \times 2}} = 0.103\,\text{m}$$

그러므로 $D_s = 105\,\text{mm}$(호칭 구경 4B=100)으로 결정한다.

2) 송출구의 구경(D_d)

$v_d = 2.5\,\text{m/sec}$로 증속하면

$$D_d = \sqrt{\frac{4Q}{\pi v_d}} = \sqrt{\frac{4 \times 0.0167}{\pi \times 2.5}} = 0.092\,\text{m}$$

그러므로 $D_d = 90\,\text{mm}$로 결정한다.

송출관의 안지름은 흡입관과 같은 4B로 한다. 송출구의 구경이 90mm이므로 송출관과 송출구 사이에는 테이퍼관으로 접속한다. 테이퍼관은 손실을 적게 하기 위하여 $\theta = 6°$로 한다. 따라서 펌프의 크기는 "100×90 편흡입 단단 원심펌프"가 된다.

7. 전양정(H)의 계산

전양정은 실양정에 전 손실수두를 합치면 된다([그림 2-163] 참조).

1) 실양정(H_a)은 시방에서 15m로 주어져 있으므로, 전 손실수두(h)만 계산하면 된다.

2) 각 부의 손실수두

① 입구손실수두(h_i) : 푸트밸브(4B)(스트레이너붙이)의 손실계수는 1.5~2.0의 범위이다.

$\zeta_i = 2.0$으로 잡으면 $v_s = v_d{}' = v$ 이므로($v_d{}'$은 송출관 속의 유속)

$$h_i = \zeta_i \frac{v^2}{2g} = 2.0 \frac{2^2}{2 \times 9.80} = 0.408 \text{ m}$$

② 직관의 마찰손실수두 : 레이놀즈수를 구하면 다음과 같다.

$$Re = \frac{\rho Dv}{\mu} = \frac{1,000 \times 0.1053 \times 2}{0.001} = 21,060 > 2,300$$

즉 흐름은 난류이다. 따라서 식품관의 관마찰계수는 다음과 같다.

$$\lambda = 0.02\left(1 + \frac{0,025}{D}\right) = 0.02\left(1 + \frac{0.025}{0.1053}\right) = 0.0255$$

직관의 전 길이 L은 [그림 2-161]에서 다음과 같다.

$$L = 5 + 1 + 5 + 10 + 1 = 22m$$

따라서 직관의 손실수두는 다음과 같다.

$$h_m = \lambda \cdot \frac{L}{D} \cdot \frac{v^2}{2g} = 0.0255 \times \frac{22}{0.1053} \times \frac{2^2}{2 \times 9.8} = 1.09m$$

관은 오래 쓰면 녹이 슬어 손실수두가 커진다. 따라서 펌프를 설계할 때에는 이 손실수두를 고려해야 한다. 여기에서는 9년 정도를 쓴다고 보고, 저항 증가율을 구하면 $A = 3.2$이다.

$$\therefore h_m = 1.09 \times 3.2 = 3.49m$$

③ 유관의 손실수두 : 90° 및 45° 엘보(elbow)의 손실계수는 각각 $\zeta_{k1} = 0.51$, $\zeta_{k2} = 0.14$ ($R/D = 1$일 때)이므로

$$\therefore h_k = (개수) \times \zeta_{k1}\frac{v^2}{2g} + (개수) \times \zeta_{k2}\frac{v^2}{2g}$$
$$= 2 \times 0.51 \times \frac{2^2}{2 \times 9.08} + 2 \times 0.14 \times \frac{2^2}{2 \times 9.80} = 0.265m$$

④ 원추관 손실수두 : $\theta = 6°$때 손실계수는 0.18이다.

$$\therefore h_e = \zeta_e \frac{(v_1 - v)^2}{2g} = 0.18 \times \frac{(2.5 - 2)^2}{2 \times 9.80} = 0.002m$$

⑤ 밸브의 손실수두 : 슬로우스밸브의 손실수두는 다음과 같다.

$$h_{r\,1} = \zeta_{r\,1} \cdot \frac{v^2}{2g} = 1.93 \times \frac{2^2}{2 \times 9.80} = 0.394\text{m}$$

체크밸브의 손실수두는 다음과 같다.

$$h_{r\,2} = \zeta_{r\,2} \cdot \frac{v^2}{2g} = 1.5 \times \frac{2^2}{2 \times 9.8} = 0.306\text{m}$$

⑥ 송출관 출구의 손실수두 : 손실계수는 1.0이므로 다음과 같다.

$$h_{l\,2} = \zeta_{l\,2} \cdot \frac{v^2}{2g} = 1.0 \times \frac{2^2}{2 \times 9.80} = 0.204\text{m}$$

3) 전 손실수두(h)

$$\begin{aligned} h &= h_i + h_m + h_k + h_e + h_{r\,1} + h_{r\,2} + h_{l\,2} \\ &= 0.408 + 3.49 + 0.265 + 0.002 + 0.394 + 0.306 + 0.204 \\ &= 5.1\text{m} \end{aligned}$$

4) 전 양정(H)

$$H = H_a + h = 15 + 5.1 = 20.1\text{m}$$

8. 펌프 회전수의 결정

미끄럼률을 $S = 3\%$로 보면, 식에 의하여

$$N = \frac{120f}{p}\left(1 - \frac{S}{100}\right) = \frac{120 \times 60}{4}\left(1 - \frac{3}{100}\right) = 1,746\text{rpm}$$

그러므로 $N = 1,750$rpm으로 결정한다. 전동기의 회전수는 1,800rpm(4극)이다.

9. 펌프 동력의 결정

1) 수동력

$H = 20.1$m, $Q = 1\text{m}^3/\text{min}$이므로

$$L_w = \frac{\gamma HQ}{6,120} = \frac{1,000 \times 20 \times 20.1 \times 1}{6,120} = 3.28\text{kW}$$

$$L_w = \frac{1,000 \times 20 \times 20.1 \times 1}{4,500} = 4.47\text{PS}$$

2) 펌프 효율의 추정

소형 원심펌프 효율에서 $Q=1$일 때 $\eta=63\%$, 또 일반용 펌프의 표준 효율에서는 $Q=1$일 때 $\eta=63\%$이다. 또한 편흡입 원심펌프의 효율과 각종 펌프의 효율에서 η를 구하기 위하여 비속도 n_s를 계산하면, 다음과 같다.

$$n_s = N \frac{Q^{1/2}}{H^{3/4}} = 1,750 \times \frac{1^{1/2}}{20.1^{3/4}} = 184$$

편흡입 원심펌프의 효율에서 $n_s=184.3$에 대한 η는 약 72%, 또 각종 펌프의 효율에서 약 77%이다. 이 값을 종합하여 $\eta=68\%$로 결정한다. 또한 $n_s=184$는 2번에 속하므로 회전차의 형상은 이것을 택한다.

3) 펌프의 축동력

$$L = \frac{L_w}{\eta} = \frac{3.28}{0.68} = 4.82 \text{kW}$$

또는

$$L = \frac{4.47}{0.68} = 6.57 \text{PS}$$

4) 전동기의 출력

과제의 시방에서 펌프와 전동기는 직결로 하도록 정하였으므로, $k=1.20$이다.

$$L_d = kL = 1.20 \times 4.82 = 5.78 \text{ kW}$$

전동기의 정격 출력이 5.78kW짜리는 없으므로 이것과 가깝고, 보다 큰 것으로는 7.5 kW가 있다. 따라서 $L_d=7.5$kW를 결정한다.

㈜ 정격 출력은 1.0, 1.2, 0.4, 0.75, 1.5, 2.2, 3.7, 5.5, 7.5, 11, 15, 19, 22, 37, 45, 55, 110kW 등이 있다.

10. 회전차의 설계

1) 설계 양수량

$Q' = (1.02 \sim 1.15) Q$의 범위에서 손실 수량을 5%로 보면(또는 $\eta_v=95\%$) 다음과 같다.

$$Q' = 1.05 Q = 1.05 \times \frac{1}{60} = 0.0175 \text{ m}^3/\text{s}$$

2) 회전차의 보스 지름

먼저 보스부의 축 지름을 구한다. 전달 토크 T는 다음과 같다.

$$T = 71,620 \times \frac{6.57}{1,750} = 268.9 \text{kg} \cdot \text{cm}$$

축지름은 축재료의 허용 비틀림 응력 $\tau = 190 \text{kg/cm}^2$로 하고, 키 홈의 영향을 고려하면 다음과 같다.

$$\tau = 0.75 \times 190 = 142.5 \text{kg/cm}^2$$

$$\therefore \ d_1 = 1.72 \sqrt[3]{\frac{T}{\tau}} = 1.72 \sqrt[3]{\frac{268.9}{142.5}} \fallingdotseq 2.13 \text{cm}$$

또 소형 원심펌프의 규격에 의한 최소 축지름은 다음과 같다.

$$d_{\min} = 13.5 \sqrt[3]{\frac{L}{N}} = 13.5 \sqrt[3]{\frac{6.57}{1750}} \fallingdotseq 2.10 \text{cm}$$

이 이상의 크기로 하면 안전한데, 허용응력에서 구한 축지름이 21.3mm이기 때문에 여기에서는 $d_1 = 25$ mm로 정한다. 따라서 회전차의 보스 지름은 다음과 같다.

$$d_b = 1.8 d_1 = 1.8 \times 0.025 = 0.045 \text{m}$$

즉 $d_b = 45$mm이다.

3) 회전차의 안지름

주축이 관통하는 것으로 하고, 회전차 입구의 평균유속을 10% 증가로 하면 다음과 같다.

$$v_e = 1.1 \times 2 = 2.2 \text{m/s}$$

$$D = \sqrt{\frac{4Q'}{\pi v_e} + d_b^{\,2}} = \sqrt{\frac{4 \times 0.0175}{\pi \times 2.2} + 0.045^2} = 0.11 \text{m}$$

그러므로 $D = 110$mm로 정한다.

4) 깃의 입구경

또한 $D_1/D = 1.1$로 잡으면

$$D_1 = 1.1 D = 1.1 \times 110 = 121 \text{mm}$$

따라서 $D_1 = 120$mm로 정한다. 깃 입구의 평균 지름은 다음과 같다.

$$D_{1m} = 0.9 D = 0.9 \times 110 = 99 \text{mm}$$

따라서 $D_{1m} = 100$mm로 결정한다.

5) 회전차의 바깥지름

이론식에서 u_2를 구하기 위하여 깃 수 무한인 이론 양정 $H_{tk\infty}$의 값을 구한다.

$\phi = H/H_{tk\infty}$에서 $\phi = 0.6$으로 잡으면

$$H_{tk\infty} = \frac{20.1}{0.6} = 33.5 \text{ m}$$

또한 $\alpha_2 = 10°$, $\beta_2 = 22.5°$로 잡으면

$$u_2 = \sqrt{gH_{tk\infty}\left(1 + \frac{\tan\alpha_2}{\tan\beta_2}\right)} = \sqrt{9.80 \times 33.5\left(1 + \frac{\tan 10°}{\tan 22.5°}\right)} = 21.67 \text{ m/s}$$

따라서 D_2는 다음과 같다.

$$D_2 = \frac{60u_2}{\pi N} = \frac{60 \times 21.67}{3.14 \times 1,750} = 0.237 \text{ m}$$

그러므로 $D_2 = 240$mm로 정한다.

6) 깃 수의 결정

$n_s = 184$에 해당되는 깃 수는 6 정도이므로 $z = 6$매로 정한다.

7) 깃의 두께

회전차의 바깥 지름 200 이상, 청동, 일반 사용값의 범위에 의하여 깃 입구의 두께는 $S_1 = 4$mm, 깃 출구의 두께는 $S_2 = 6$mm로 결정한다.

8) 깃의 입구 각도

깃 입구의 원주 피치는 다음과 같다.

$$t_1 = \frac{\pi D_1}{z} = \frac{3.14 \times 0.12}{6} = 0.0628 \text{ m}$$

입구 면적의 감소율을 $\tau_1 = 1.25$로 가정하면,

$$\tan\beta_1 = \frac{60\tau_1 v_e}{\pi D_1 N} = \frac{60 \times 1.25 \times 2.2}{3.14 \times 0.12 \times 1,750} = 0.25 \quad \therefore \ \beta_1 = 14°22'$$

여기서 $\tau_1 = 1.25$의 가정이 적당한가의 여부를 조사해 본다.

$$\sigma_1 = \frac{S_1}{\sin\beta_1} = \frac{0.004}{\sin 14°22'} = \frac{0.004}{0.2425} = 0.0165$$

$$\tau_1 = \frac{t_1}{t_1 - \sigma_1} = \frac{0.0628}{0.0628 - 0.0165} = 1.36$$

이 되어 가정이 틀렸다. 이번에는 $\tau_1 = 1.36$으로 가정해 보자.

$$\tan\beta_1 = \frac{60 \times 1.36 \times 2.2}{\pi \times 0.12 \times 1,750} = 0.2722 \qquad \therefore \ \beta_1 = 15° 14'$$

$$\sigma_1 = \frac{0.004}{\sin 15° 14'} = \frac{0.004}{0.263} = 0.0152$$

$$\tau_1 = \frac{0.0628}{0.0628 - 0.0152} = 1.32$$

다시 $\tau_1 = 1.32$로 가정하면

$$\tan\beta_1 = \frac{60 \times 1.32 \times 2.2}{\pi \times 0.12 \times 1,750} = 0.264 \qquad \therefore \ \beta_1 = 14° 47'$$

$$\sigma_1 = \frac{0.004}{\sin 14° 47'} = \frac{0.004}{0.255} = 0.0157$$

$$\tau_1 = \frac{0.0628}{0.0628 - 0.0157} = 1.33$$

또 다시 $\tau_1 = 1.33$으로 가정하면

$$\tan\beta_1 = \frac{60 \times 1.33 \times 2.2}{\pi \times 0.12 \times 1,750} = 0.266 \qquad \therefore \ \beta_1 = 14° 55'$$

$$\sigma_1 = \frac{0.004}{\sin 14° 47'} = \frac{0.004}{0.257} = 0.0156$$

$$\tau_1 = \frac{0.0628}{0.0628 - 0.0156} = 1.33$$

이 되어 $\tau_1 = 1.33$의 가정이 적당하다.

따라서 $\beta_1 = 14° 55'$을 깃 입구의 유입각도로 정한다.

9) 깃의 입구 폭

$$b_1 = \frac{\tau_1 Q'}{\pi D_1 v_e} = \frac{1.33 \times 0.0175}{3.14 \times 0.12 \times 2.2} = 0.0281 \, \text{m}$$

그러므로 $b_1 = 28 \text{mm}$로 정한다.

10) 깃의 출구 폭

출구의 원주 피치는 다음과 같다.

$$t_2 = \frac{\tau D_2}{z} = \frac{3.14 \times 0.240}{6} = 0.126 \, \text{mm}$$

깃 출구의 원주방향 두께는 다음과 같다.

$$\sigma_2 = \frac{S_2}{\sin\beta_2} = \frac{0.006}{\sin 22°30'} = 0.0157\,\text{m}$$

또 깃 출구 면적의 감소율은 다음과 같다.

$$\tau_2 = \frac{t_2}{t_2 - \sigma_2} = \frac{0.126}{0.126 - 0.0157} = 1.15$$

깃 출구의 반지름방향의 유속은 다음과 같다.

$$v_{2m} = \frac{u_2}{\dfrac{1}{\tan\alpha_2} + \dfrac{1}{\tan\beta_2}} = \frac{21.67}{\dfrac{1}{\tan 10°} + \dfrac{1}{\tan 22°30'}} = 2.68\,\text{m/s}$$

따라서 깃 출구 폭은 다음과 같다.

$$b_2 = \frac{\tau_2 Q'}{\pi D_2 v_{2m}} = \frac{1.15 \times 0.0175}{3.14 \times 0.24 \times 2.68} = 0.00996\,\text{m}$$

그러므로 $d_2 = 10\text{mm}$로 결정한다.

Section 88 펌프에 관한 최근의 국제규격화 움직임에 대하여 설명하고, 장래의 전망

1. 표준의 의미

우리가 표준을 이용하는 이유는 "인간 기본 욕구에 해당하는 편리함의 추구"에서 비롯한 것이며, 표준의 필요한 기능을 분석해 보면 『무엇이라고 정의할 수 없는 혼합된 상태의 개체들을 쉽게 이해할 수 있도록 특성화하는 데 필요한 이해 수단, 그리고 각각의 독립된 개체들을 상호 협력이 가능토록 하는 개체의 연결 수단, 마지막으로 이 두 기능을 합하여 만들어진 어떤 집합체의 특성을 목적에 따라 이용 가능하도록 도구화시키는 데 필요한 수단』 등으로 정리할 수 있다.

2. 펌프의 표준 제정의 특징과 제정상의 애로 사항

펌프는 형상이 변화하는 유체를 다루는 기기이기 때문에 그 종류 및 구조가 변화무쌍할 뿐만 아니라 화학적·물리적 위험한 제약 조건을 극복해야 하는 까다로움이 많아 여타 산업에 비해 표준화하기가 매우 힘든 분야라고 생각하며 일반적으로 유체기계란 단순히 액체 및 기체의 성질을 산업적으로 이용하는 기기를 말하는 것이나 때로는 액체를 기체, 고체 상태로 변화시켜 이 과정중의 물리적 변화량을 이용하는 열기기류도 유체기기에 속한다. 이러한 기기들은 온도와 압력의 변화 폭이 매우 크기 때문에 항상 사전에 위험요소를 고려해야 하는 어려움을 안고 있다고 볼 수 있다. 따라서 유체기기야 말로 표준에 기초한 기기의 설치와 안전 유지에 만전을 기해야 할 분야이다.

3. 국제 표준화 방안

유체기계학회, 표준기술연구회, 시험연구기관 등 각종 채널을 통해 조사된 유체기기 산업에 대한 경쟁력 강화 요구사항은, 첫째로 베어링, 노즐, 개스킷, 패킹 등 내구성 재료의 수명 연장을 위한 기술 개발 및 정보의 제공, 둘째로 펌프의 임펠러, 아토마이저, 분무기 등의 고속 회전차 효율 향상, 셋째로 동적액적 및 분체 입자의 속도 해석 및 고압 부분의 응력 해석, 넷째로 수입 부품의 대체를 위한 저가 공급 방안 및 부품 공용화 사업 추진 등 이밖에 많이 있지만 마지막으로 유체기기 소음, 진동 감소를 위한 방음 방진 제품 설계방법 개발이다.

Section 89 펌프의 설계인자

1. 펌프 이론

[그림 2-167]은 회전차의 입구와 출구의 속도선도이다.

회전차 입구와 출구에서의 원주속도를 u_1, u_2, 유체의 절대속도를 v_1, v_2, 상대속도를 w_1, w_2, 유체의 유입, 유출각도를 α_1, α_2, 날개각도를 β_1, β_2, 유체밀도 ρ, 토출유량을 Q라 하면, 회전차 입구와 출구에서 유체의 단위 시간당 각 운동량 차는 회전차가 유체에 주는 토크 T와 같다. 즉

$$T = \rho Q(r_2 v_2 \cos \alpha_2 - r_1 v_1 \cos \alpha_1) \tag{2.83}$$

이고, 원주속도 $u = r\omega$이므로 회전차의 이론 동력 L_{th}는

$$L_{th} = T\omega = \rho Q(u_2 v_2 \cos \alpha_2 - u_1 v_1 \cos \alpha_1) \tag{2.84}$$

이다. 이상적인 펌프의 이론 양정을 H_{th}라 하면 발생하는 동력 $L = \rho g Q H_{th}$이다.

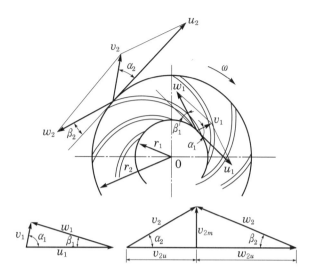

[그림 2-167] 회전차의 속도선도

그러므로

$$H_{th} = \frac{1}{g}(u_2 v_2 \cos \alpha_2 - u_1 v_1 \cos \alpha_1) = \frac{1}{g}(u_2 v_{u_2} - u_1 v_{u_1}) \tag{2.85}$$

이고, 식 (2.85)를 Euler 방정식이라 한다.

$\alpha_1 = 90°$일 때 이론 양정은 최대가 된다. 즉

$$H_{\max} = \frac{1}{g} u_2 v_2 \cos \alpha_2 \tag{2.86}$$

이고, [그림 2-167]의 속도 삼각형에서 $v_2 \cos \alpha_2 = v_{u_2}$라 하면

$$v_{m_2}^2 = v_2^2 - v_{u_2}^2, \quad v_{m_2}^2 = u_2^2 - (u_2 - v_{u_2})^2$$

$$\therefore \; u_2 v_{u_2} = \frac{1}{2}(v_2^2 + u_2^2 - w_2^2), \; u_1 v_{u_1} = \frac{1}{2}(v_1^2 + u_1^2 - w_1^2)$$

이들을 식 (2.85)에 대입하면 다음과 같은 식으로 정리된다.

$$H_{th} = \frac{(v_2^2 - v_1^2)}{2g} + \frac{(u_2^2 - u_1^2)}{2g} + \frac{(w_1^2 - w_2^2)}{2g} \tag{2.87}$$

식 (2.87)에서 제1항은 유체의 운동에너지, 제2항은 원심력에 의한 압력 변화, 제3항은 날개 단면 변화에 의한 압력 변화를 나타낸다.

제2항과 제3항에 대한 모든 항의 비를 반동도(reaction)라 한다. 즉 반동도 R은 정압 상승과 전압 상승의 비로 정의된다.

$$R = \frac{\dfrac{(u_2^2 - u_1^2)}{2g} + \dfrac{(w_1^2 - w_2^2)}{2g}}{H_{th}}$$

(2.88)

2. 전양정

펌프는 흡입 관로, 토출 관로, 관로 출구 등에서 에너지손실이 일어난다. [그림 2-168]에서 펌프의 양정을 설명하며, 전양 정 H는 다음과 같이 나타낼 수 있다.

$$H = H_a + h_{ls} + h_{ld} + \frac{V_d^2}{2g}$$

여기서, H : 펌프의 전양정(m)

H_a : 펌프의 실양정(m)

h_{ls} : 펌프 흡입측 관로 손실수두(m)

h_{ld} : 펌프 토출측 관로 손실수두(m)

V : 토출속도(m/s)

$\dfrac{V_d^2}{2g}$: 토출속도수두(m)

g : 중력 가속도(m/s^2)

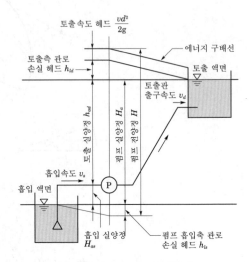

[그림 2-168] 펌프의 전양정

흡입 실양정 H_{as}는 펌프의 중심부터 흡입 액면까지의 높이, 토출 실양정 H_{ad}는 펌프 중심부터 토출 액면까지의 높이이다.

토출속도수두 $\dfrac{V_d^2}{2g}$ 은 토출 수조 속으로 흘러 들어갈 때의 수두로서 잔류속도수두라 고도 한다.

3. 동력과 효율

펌프가 유체에 공급하는 동력을 수동력(water power) L_W라 하고, 토출 유량 Q [m^3/s], 양정 H [m], 액체 밀도 ρ [kg/m^3]라 하면

$$L_W = \frac{\rho g\, QH}{1,000} \,[\text{kW}]$$

(2.89)

원동기가 펌프를 구동하는 데 필요한 동력을 축동력(shaft horse power) L_S라 한다. 펌프의 수동력에 대한 축동력의 비를 펌프의 효율 η라 한다.

$$\eta = \frac{L_W}{L_S} \tag{2.90}$$

$$\eta = \eta_v \cdot \eta_h \cdot \eta_m \tag{2.91}$$

여기서, η_v : 체적효율

$\quad\quad\quad \eta_h$: 수력효율

$\quad\quad\quad \eta_m$: 기계효율

$$\eta_v = \frac{Q}{Q+q} \tag{2.92}$$

여기서, q : 펌프의 누설유량

$$\eta_h = \frac{H}{H_{th}} = \frac{H_{th} - H_l}{H_{th}} \tag{2.93}$$

여기서, H_l : 수력손실로서 관로의 마찰손실과 흐름 상호 간의 충돌 손실

$$\eta_m = \frac{L_S - (L_m + L_f)}{L_S} = \frac{\rho(Q+q)gH_{th}}{L_S} \tag{2.94}$$

여기서, $\rho(Q+q)gH_{th}$: 유체가 회전차로부터 받는 이론 동력[kW]

$\quad\quad\quad L_S - (L_m + L_f)$: 회전차가 축으로 받는 동력[kW]

원동기 동력 L_d 는 기계손실 때문에 축동력보다 커야 한다.

$$L_d = (1+\alpha)\frac{L_S}{\eta_d} \tag{2.95}$$

여기서, η_d : 전달효율

$\quad\quad\quad \alpha$: 여유계수

4. 상사법칙

1) 1개의 회전차인 경우

펌프에서 회전속도를 N_1 에서 N_2 로 변화할 때 토출 유량 Q, 양정 H, 축동력 L_S는 다음과 같이 나타낼 수 있다.

$$Q_2 = Q_1 \frac{N_2}{N_1}, \quad H_2 = H_1\left(\frac{N_2}{N_1}\right)^2, \quad L_{S_2} = L_{S_1}\left(\frac{N_2}{N_1}\right)^3 \tag{2.96}$$

2) 형상이 상사인 2개의 회전차인 경우

회전차 외경이 D_1에서 D_2, 회전속도 N_1에서 N_2로 변화할 때 토출 유량 Q, 양정 H, 축동력 L_S는 다음과 같이 나타낼 수 있다.

$$\left.\begin{array}{l} Q_2 = Q_1\left(\dfrac{D_2}{D_1}\right)^3\left(\dfrac{N_2}{N_1}\right) \\[3mm] H_2 = H_1\left(\dfrac{D_2}{D_1}\right)^2\left(\dfrac{N_2}{N_1}\right)^2 \\[3mm] L_{S_2} = L_{S_1}\left(\dfrac{D_2}{D_1}\right)^5\left(\dfrac{N_2}{N_1}\right)^3 \end{array}\right\} \tag{2.97}$$

5. 비속도

양정 1m, 유량 1m³/min일 때의 회전차의 회전수를 비속도(specific speed) n_s라 하고 다음과 같이 나타낸다.

$$n_s = N\frac{Q^{1/2}}{H^{3/4}}\,[\text{m, m}^3/\text{min, rpm}] \tag{2.98}$$

비속도는 한 개의 회전차만을 고려하므로 i단인 다단 펌프에서는 H/i, 양 흡입 펌프에서는 $Q/2$로 한다.

고양정 · 저유량 펌프의 비속도는 작으며 원심 · 반경류 펌프의 특성이 되고, 저양정 · 고유량 펌프의 비속도는 크며 축류 · 프로펠러 펌프의 특성이 된다. [그림 2-169]에 회전차 단면 형상과 n_s와의 관계를 나타내었다.

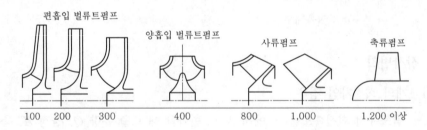

비속도 n_s의 개략도(rpm, m³/min, m)

[그림 2-169] 회전차의 단면 형상과 비속도의 관계

6. 특성곡선

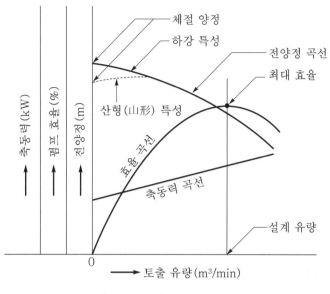

[그림 2-170] 펌프 특성곡선

    [그림 2-170]처럼 펌프의 토출 유량을 횡축으로 하여 양정, 축동력, 효율 등의 관계를 나타낸 선도를 펌프 특성곡선이라 한다.

① 양정(H) 곡선 : 토출 유량이 0일 때의 양정을 체절 양정이라 한다.

② 축동력(L_S) 곡선 : 토출 유량이 0일 때 축동력이 최소이다.

③ 효율(η) 곡선 : 정격 양정, 유량, 동력은 최대 효율점의 조건이다.

Section 90

펌프의 종류 및 특성

1. 개요

    동력을 사용하여 물 또는 기타 유체에 에너지를 주는 기계를 펌프라 한다. 건설 공사에 있어 펌프는 배수, 급수, 준설, 세정, 그라우트 등의 용도에 쓰인다.

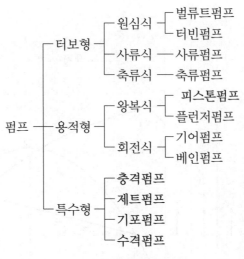

[그림 2-171] 펌프의 분류

2. 펌프의 종류 및 특성

1) 원심펌프(centrifugal pump)

원심펌프(centrifugal pump)는 변곡된 다수의 깃(blade 혹은 vane)이 달린 회전차가 밀폐된 케이싱 내에서 회전함으로써 발생하는 원심력의 작용에 유체(주조물)는 회전차의 중심에서 흡입되어 반지름 방향으로 흐르는 사이에 압력 및 속도에너지를 얻고, 이 가운데 과잉된 속도에너지는 안내깃을 지나 과류실을 통과하는 사이에 압력에너지로 회수된다.

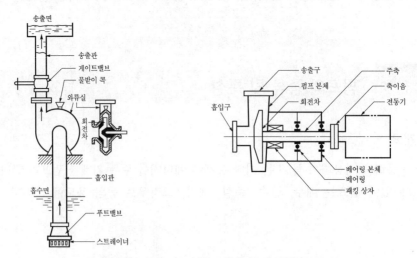

[그림 2-172] 펌프 계통도 원심펌프의 구성요소

① 특징

  ㉠ 고속 회전이 가능하다.

  ㉡ 경량 · 소형이고 구조가 간단하며 취급이 쉽다.

  ㉢ 효율이 높다.

  ㉣ 맥동이 적다.

② 분류

  ㉠ 안내깃(guide vane)의 유무에 의한 분류

  • 벌류트펌프(volute pump) : 회전차의 바깥 둘레에 안내깃이 없는 펌프이며, 양정이 낮은 것에 사용한다.

  • 디퓨저(diffuser) 혹은 터빈펌프(turbine pump) : 회전차(impeller)의 바깥 둘레에 안내깃이 달린 펌프이며, 양정이 높은 것에 사용한다.

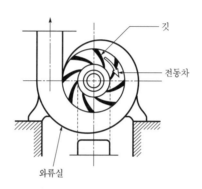

[그림 2-173] 벌류트펌프

  ㉡ 흡입구에 의한 분류

  • 편흡입(single suction) : 회전차의 한쪽에서만 흡입되며 송출량이 적다.

  • 양흡입(double suction) : 펌프 양쪽에서 액체가 흡입되며 송출량이 많다.

  ㉢ 단수에 의한 분류

  • 단단(single stage) 펌프 : 펌프 1대에 회전차 1개를 단 것

  • 다단(multi stage) 펌프 : 고압을 얻을 때 사용

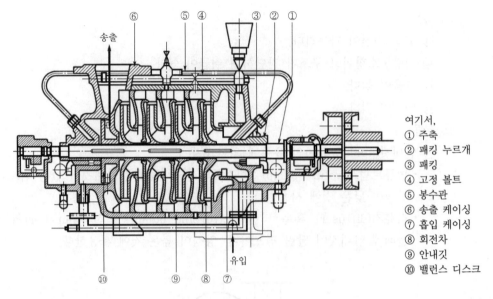

여기서,
① 주축
② 패킹 누르개
③ 패킹
④ 고정 볼트
⑤ 봉수관
⑥ 송출 케이싱
⑦ 흡입 케이싱
⑧ 회전차
⑨ 안내깃
⑩ 밸런스 디스크

[그림 2-174] 다단 터빈펌프

ㄹ 회전차의 모양에 따른 분류
- 반경 유형 회전차(radial flow impeller) : 액체가 회전차 속을 지날 때 유적(流跡)이 거의 축과 수직인 평면 내를 반지름 방향으로 외향으로 되는 것(고양정, 소유량)
- 깃 입구에서 출구에 이르는 동안에 반지름 방향과 축 방향과의 조합된 흐름(저양정, 대유량)

ㅁ 축 방향에 의한 분류
- 횡축(horizontal shaft)펌프 : 펌프의 축이 수평
- 종축(vertical shaft)펌프 : 연직 상태(설치 면적이 좁고, 공동현상이 일어날 우려가 있는 곳)

ㅂ 케이싱에 의한 분류
- 상하 분할형
- 케이싱에 흡수 커버(suction cover)가 달려 있는 형식
- 윤절형(sectional type)
- 원통형(cylindrical type)
- 배럴형(barrel type)

③ 펌프의 양정

$$H = H_1 + H_2$$
$$= \left(H_d + h_d + \frac{V_d{}^2}{2g} \right) + (H_s + h_s)$$
$$= H_a + (h_d + h_s) + \frac{V_d{}^2}{2g}$$

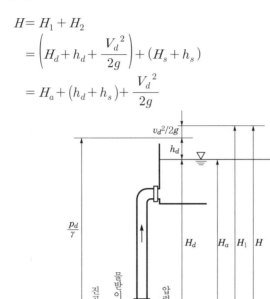

[그림 2-175] 펌프의 양정

④ 펌프의 회전수

$$n = \frac{120 f}{P}$$

여기서, n : 회전수

f : 주파수(Hz)

P : 전동기 극수

⑤ 펌프의 동력과 효율

㉠ 수동력

$$L_w = \frac{\gamma H Q}{75 \times 60} \ [\text{PS}]$$

$$L_w = \frac{\gamma H Q}{102 \times 60} \ [\text{kW}]$$

ⓛ 축동력과 효율

$$\eta = \frac{수동력}{축동력} = \frac{L_W}{L}$$

$$\eta = \eta_v \cdot \eta_m \cdot \eta_h$$

여기서, η_v : 체적효율

η_m : 기계효율

η_h : 수력효율

예제

유량 1m³/min, 전양정 25m인 원심펌프를 설계하고자 한다. 펌프의 축동력과 구동 전동기의 동력을 구하여라(단, 펌프의 전효율은 $\eta = 0.78$, 펌프와 전동기는 직결한다).

풀이 $L = \dfrac{rHQ}{\eta} = \dfrac{1,000 \times 25 \times 1}{0.78 \times 102 \times 60} = 5.24\,\text{kW}$

k를 $k = 1.1 \sim 1.2$로 하면

$L_d = K_L = (1.1 \sim 1.2) \times 5.24 = 5.76 \sim 6.29\,\text{kW}$

---

2) 축류펌프

① 구조 : 임펠러는 마치 선풍기 팬 또는 선박의 스크루 프로펠러(screw propeller)와 같이 회전에 의한 양력(lift)에 의하여 유체에 압력 에너지와 속도 에너지를 공급하고, 유체는 회전차 속으로 축방향에서 유입하여 회전차를 지나 축방향으로 유출한다.

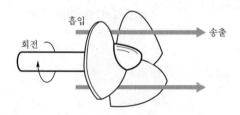

[그림 2-176] 축류펌프의 날개

② 특징 : 축류펌프는 유량이 대단히 크고 양정이 낮은 경우(보통 10m 이하)에 사용하는 것으로, 농업용의 양수펌프, 배수펌프, 증기터빈의 복수기(condensor)의 순환수 펌프, 상수도·하수도용 펌프 등에 사용한다.

3) 왕복펌프

① 구조와 형식

㉠ 피스톤 혹은 왕복펌프(reciprocating pump)는 흡입밸브와 송출밸브를 장치한

실린더 속을 피스톤(piston) 또는 플런저(plunger)를 왕복운동시켜 송수하는 펌프로, 정역학적 에너지를 전달하며 플런저, 실린더, 흡입밸브, 송출밸브가 주체가 된다. 그 밖에도 관 내의 파동을 감소시켜 유동을 균일하게 하기 위하여 공기실을 설치하는 경우가 많다.

ⓛ 피스톤의 왕복운동에 의하여 유체를 실린더에 흡입·송출시키기 위해서 흡입밸브와 송출밸브가 설치되어 있다. 이와 같은 구조 때문에 자연스럽게 저속 운전이 되고 동일 유량을 내는 원심펌프에 비해 대형이 된다. 그러나 송출 압력은 회전수에 제한은 받지 않고 이론적으로 송출 측의 압력은 얼마든지 올릴 수 있다. 따라서 유량(송출)은 적으나 고압이 요구될 때 적용된다. 더욱 송출 압력이 크게 되어 피스톤 로드(piston rod)로는 견디기가 어려울 경우 피스톤 대신에 플런저(plunger)를 사용한다.

ⓒ 왕복펌프의 대표적 구조는 [그림 2-177]에 도시되어 있다. 플런저가 우측으로 움직이는 행정에서는 실린더 내부는 진공으로 되어 흡입밸브는 자동적으로 열리고, 행정에 상당하는 부피의 물이 흡입되며 좌측으로 움직이는 행정에서는 흡입밸브는 닫히고 물은 송출밸브를 통과하여 송출관으로 송출된다. 즉 플런저 1왕복에 1회의 흡수와 송수가 이루어진다. 이와 같은 작동 방식을 단동식(single acting type)이라고 한다.

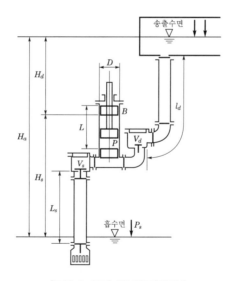

[그림 2-177] 왕복펌프(단동식)

② 왕복펌프의 송출량 및 피스톤속도

왕복펌프의 결점은 크랭크의 회전(각속도)이 일정하다 하더라도 송출량은 진동하게 된다.

㉠ 피스톤속도(V)

$$\chi = -r\cos\theta + \sqrt{l^2 - r^2\sin^2\theta} \ = -r\cos\theta + l\left(1 - \frac{r^2}{l^2}\sin^2\theta\right)^{\frac{1}{2}}$$

$\left(1 - \dfrac{r^2}{l^2}\sin^2\theta\right)$을 이항정리하면,

$$\left(1 - \frac{r^2}{l^2}\sin^2\theta\right)^{\frac{1}{2}} = 1 - \frac{1}{2}\cdot\frac{r^2}{l^2}\sin^2\theta + \frac{1}{8}\cdot\frac{r^4}{l^4}\sin^4\theta + \cdots\cdots$$

$$\therefore \chi = l\left(1 - \frac{1}{2}\cdot\frac{r^2}{l^2}\sin^2\theta\right) - r\cos\theta$$

이므로 피스톤의 속도는 다음과 같이 정리된다.

$$V = \frac{dx}{dt} = \frac{dx}{d\theta}\cdot\frac{d\theta}{dt} = \frac{dx}{d\theta}\cdot\omega$$

$$\therefore V = r\omega\left(\sin\theta - \frac{1}{2}\cdot\frac{r}{l}\sin^2\theta\right)$$

만일, $L \gg r$, $V = r\omega\sin\theta$

여기서, 행정 $L = 2r$

㉡ 유량

$$Q = A\cdot V = A\cdot r\omega\left(\sin\theta - \frac{1}{2}\frac{r}{l}sin^2\theta\right)(\text{순간 이동 배수량})$$

만일, $L \gg r$, $Q = Ar\omega\sin\theta$

$$Q_{\max} = [Q]_{\max} = [Ar\omega\sin\theta]_{\max} = Ar\omega = Ar\frac{2\pi N}{60}$$

$$= \frac{\pi A(2r)N}{60} = \frac{\pi ALN}{60} = \frac{\pi V_o N}{60} = \pi Q_o$$

여기서, $Q_o = \dfrac{ALN}{60}$: 이론 배수량의 평균값

단동식 실린더의 경우 송출 행정($\theta = 0 \sim \pi$)에서는 액체를 송출하지만, 다음의 흡입 행정($\theta = \pi \sim 2\pi$)에서는 송출을 정지한다.
이와 같은 송출관 내의 유동의 변화가 큰 것을 방지하기 위해서는 복동 실린더, 다시 복동 2 실린더와 같이 실린더 수를 많이 하면 그 변동을 작게 할 수 있다.

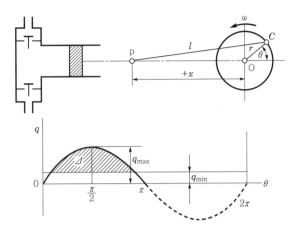

[그림 2-178] 단동펌프의 크랭크 각과 피스톤의 운동/배수량 곡선

　　ⓒ 과잉 송출체적비(δ) : 송출량의 변동 정도를 나타내는 정도

$$\delta = \frac{\Delta}{V_o}$$

　　　여기서, Δ : 과잉 송출체적

　　　　　　V_o : 행정 용적

③ 왕복펌프의 효율

　　㉠ 체적효율(η_v)

$$\eta_v = \frac{Q}{Q_{th}} = \frac{Q_{th} - Q_l}{Q_{th}} = 1 - \frac{Q_l}{Q_{th}}$$

　　㉡ 수력효율(η_h)

$$\eta_h = \frac{rH}{(P_2 - P_1)_{\min}} = \frac{P}{P_m}$$

　　㉢ 도시효율(η_i)

$$\eta_i = \frac{rQH}{Q_{th}(P_2 - P_1)_{\min}} = \frac{PQ}{P_m Q_{th}}$$

　　㉣ 기계효율(η_m)

$$\eta_m = \frac{Q_{th}(P_2 - P_1)_{\min}}{L} = \frac{P_m Q_{th}}{L}$$

㉲ 펌프의 효율(η)

$$\eta = \eta_m \cdot \eta_h \cdot \eta_v = \eta_m \cdot \eta_i$$

예제

단실린더의 왕복펌프의 송출 유량을 0.2m³/min으로 하려고 할 때 피스톤의 지름 D 행정 L은 얼마로 하면 되는가? (단, 크랭크의 회전수는 100rpm, $L/D = 2$, $\eta_v = 0.9$이다.)

풀이 $Q = \dfrac{0.2}{60}$ m³/sec, $N = 100$rpm, $L/D = 2$, $\eta_v = 0.9$

체적효율 $\eta_v = \dfrac{Q}{Q_o}$

$\therefore Q_o = \dfrac{Q}{\eta_v} = \dfrac{0.2}{0.9 \times 60} = 3.7 \times 10^{-3}$ m³

$Q_o = \dfrac{ALN}{60} = \dfrac{\pi D^2}{4} L \dfrac{N}{60} = \dfrac{\pi D^2}{4}(2D)\dfrac{N}{60} = \dfrac{\pi D^3 N}{120}$

$\therefore D = \sqrt[3]{\dfrac{120 Q_o}{\pi N}} = \sqrt[3]{\dfrac{120 \times 37 \times 10^{-3}}{\pi \times 100}} = 0.112$ m

$\therefore L = 2D = 2 \times 0.112 = 0.224$ m

예제

피스톤의 단면적이 150cm², 행정이 20cm인 수동 단실린더 펌프에서 피스톤의 1 왕복 때의 배수량이 2,700cm³이었다. 이 펌프의 체적효율은 얼마인가?

풀이 $A = 0.015$m³, $L = 0.2$m, $Q = 2.7 \times 10^{-3}$m³

① 이론 배수량의 평균값 $Q_o = AL = 0.05 \times 0.2 = 3 \times 10^{-3}$m³

② 체적효율 $\eta_v = \dfrac{Q}{Q_o} = \dfrac{2.7 \times 10^{-3}}{3 \times 10^{-3}} = 0.9$

---

4) 회전펌프(rotary pump)

① 원리 : 회전펌프는 원심펌프와 왕복펌프의 중간 특성을 가지고 있으므로 양쪽의 성능을 반반씩 가지고 있다. 원리적으로는 왕복펌프와 함께 용적식 기계(positive displacement MC)에 포함되는 것이나, 피스톤에 해당되는 것이 회전운동을 하는 회전차(rotor)이고, 밸브가 필요하지 않다는 차이점이 있다.

또한 양수 작용의 원리는 원심펌프와 전혀 다르다. 운동특성에서 보면 회전펌프는 연속적으로 유체를 송출하기 때문에 왕복펌프와 송출량이 맥동하는 일이 거의 없으며, 송출량의 변동이 거의 없는 이점이 있다.

② 특징

　　㉠ 구조가 간단하고 취급이 용이하다.

　　㉡ 밸브가 필요 없다.

　　㉢ 정압력 에너지가 공급되기 때문에 높은 점도에서 사용된다.

　　㉣ 원동기로 역작용이 가능하다.

③ 용도 : 왕복펌프와 같이 소유량·고압의 양정을 요구하는 경우에 적합하며, 유압펌
프로서 널리 사용되고 있다.

④ 종류

　　㉠ 기어펌프(gear pump) : 서로 물리면서 회전하는 이빨은 흡입 측에서 분리될
　　　때 이빨 홈에 흡입된 유체를 기어가 회전함과 동시에 그대로 송출 측으로 운송
　　　하여 그곳에서 이빨이 서로 물릴 때 신출시키는 것이다. 기어펌프의 특이한 종
　　　류로 나사펌프(screw pump)가 있다.

　　㉡ 베인펌프(vane pump) : 케이싱에 편심되어 있는 회전차(rotor)가 있다. 회전차
　　　의 회전에 따라서 그 주위에 부착되어 있는 깃(vane)이 항상 케이싱의 내면에
　　　접하게 됨에 따라 유체를 그 사이에서 그대로 송출하게 된다.

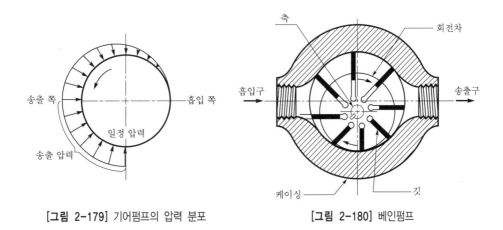

[그림 2-179] 기어펌프의 압력 분포　　　　　[그림 2-180] 베인펌프

5) 특수 펌프

① 재생펌프(regenerative pump), 웨스코펌프(wesco pump), 마찰펌프(firction pump)

　　㉠ 원판 모양의 깃과 이 깃을 포함하는 동심의 짧은 원통 모양의 케이싱으로 되어
　　　있다. 원판 모양의 회전차(깃 포함)는 그 주위에 많은 홈을 판 원판으로, 이것
　　　을 회전시킴에 따라서 홈과 케이싱 사이에 포함된 작동유체는 흡입구에서 단 1
　　　회전으로 고압을 얻어 송출구에서 바깥으로 내보내게 된다.

ⓛ 송출구에서 흡입구까지의 케이싱의 단면은 일부 협소하게 되어 있어 작동유체
의 역류를 방지할 수 있다. 요약하면 원심펌프와 회전펌프의 중간적인 구조를
하고 있다. 소형의 1단으로 원심펌프 수의 양정과 비슷한 양정을 낸다.
원심펌프와 비교하면 고양정을 얻을 수 있지만 최고 효율은 떨어진다.

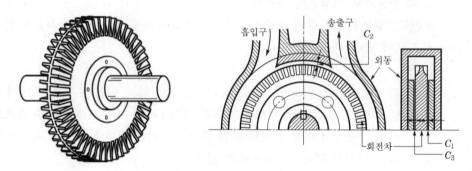

[그림 2-181] 재생펌프의 회전차와 구조

ⓒ 용도 : 소용량, 고양정의 목적으로 석유나 그 밖의 화학 약품의 수송용으로 사
용되고, 가정용 전동펌프로서 널리 사용된다.

② 분사펌프(jet pump)

㉠ 고압의 구동 유체(제1유체)를 노즐로 압송하여 그곳에서 목(throat)을 향해
고속으로 분출시키면 분류의 압력은 저압으로 된다(베르누이 정리). 이 결과
분류 주위의 동유체(제2유체)는 분류에 흡입되고, 제1, 제2유체는 혼합 충돌
하며 흡입 작용을 높이면서 목을 통과한다. 그곳에서 다시 확대관(diffuser)
으로 들어가면 여분의 운동에너지는 압력에너지에 회수되어 송출구를 통하여
송출된다.

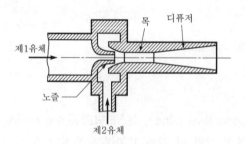

[그림 2-182] 분사펌프의 원리

ⓛ 특성 : 일반적인 펌프에 비하면 효율 η은 낮지만 움직이는 동적 부분이 없으므로
구조가 간단하여 제작비가 저렴하고 취급이 용이하다. 또한 전체를 내식성 재료의
구조로 하는 것이 간단하기 때문에 부식성 유체의 처리에 널리 이용된다.

$$\eta = \frac{\gamma_2 \, H_2 \, Q_2}{\gamma_1 \, H_1 \, Q_1}$$

③ 기포펌프(air lift pump) : 압축 공기를 공기관을 통하여 양수관 속으로 혼입시키면 양수관 내는 물보다 가벼운 혼합체가 되기 때문에 부력의 원리에 따라 관 외의 물에 의하여 위로 밀려 올라가게 된다.

이 펌프는 구조가 간단하여 수리에 관한 걱정이 적다. 위와 아래에 다른 이물에 포함되어도 별로 차가 없는 것이 장점이며, 효율이 낮은 것이 단점이다.

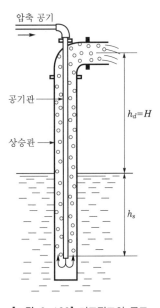

[그림 2-183] 기포펌프의 구조

④ 수격펌프(hydraulic pump) : 낙차 H_1의 물 1이 수관 2, 3을 통과하여 밸브 4에서 유출된다. 수관을 통과하는 물의 속도가 증가하면 밸브 4는 위로 밀어 올려져 자동적으로 닫히게 된다. 그 속의 수압은 갑자기 상승한다.

즉 수격 작용의 상승 압력에 따라서 물은 밸브 5를 밀어 올려 공기실 6, 양수관 7을 통과하여 낙차 H_2의 수면 8까지 양수한다.

단, 여기서 상승 압력수두가 H_2보다 클 때에는 이 현상이 계속되지만, H_2보다 작게 되면 밸브 5는 닫히게 되어 양수가 중단된다.

한편 밸브 4에 작용하는 압력도 간소하기 때문에 밸브 4가 열려서 다시 수관 2-3-4로 유통을 일으켜 앞의 동작을 반복한다.

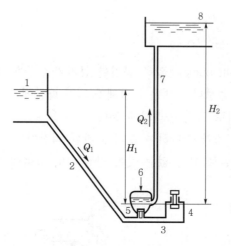

[그림 2-184] 수격펌프

수충격(water hammer)현상 예방을 위한 공기조(air chamber)와 부속설비의 구성을 표시하고 작동원리 설명

1. 공기조(air chamber)의 특징과 작동원리

공기조는 물과 공기가 들어 있는 밀폐 용기로서, 펌프 토출 측 부근의 토출 라인에 설치하며, 펌프 급정지에 의해 토출 라인 내의 물의 압력이 떨어지면 공기조 내에 축적되어 있는 압력에너지를 방출하고, 역으로 토출 라인 내의 물의 압력이 올라가면 물을 받아 들여 압력에너지를 흡수함으로써 압력의 급상승 또는 급강하를 방지하는 가장 효과적인 수충격 방지장치의 하나이다.

1) 공기조의 자동 컨트롤

펌프계의 안정성 및 신뢰성 향상을 위해 공기조는 일반적으로 공기조 내의 공기압 또는 수위 유지를 목적으로 공기 압축기와 연결되며, 레벨 센서 등에 의해 자동 컨트롤을 하는 경우가 대부분이다.

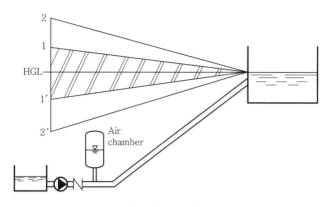

[그림 2-185]

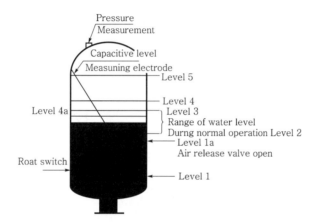

[그림 2-186] 공기조의 자동 컨트롤 예

컨트롤 시퀀스는 펌프계에 따라 다르지만 전형적인 예를 소개하면 다음과 같다.

① Level 1 : Lowest Level Indication

　　Level 1 이하로 수위가 내려가면 공기조 내의 공기가 파이프 라인으로 유입될 수 있으므로, 수위가 Level 1에 도달하면 Warning이 표시되도록 한다.

② Level 2 : Compressor Switch-off Level

　　Level 2는 정상 운전 범위의 하한선으로, 수위가 Level 2 이하가 되면 압축기 작동이 정지한다.

③ Level 3 : Compressor Switch-on Level

　　Level 3은 정상 운전 범위의 상한선으로, 수위가 Level 3 이상이 되면 주 압축기가 작동한다.

④ Level 4 : Compressor Back-up Level

　　정상 운전 상태에서 수위가 Level 4에 도달하면 보조 압축기가 작동하며, 이상상태를 나타내는 Warning이 표시되도록 한다. 수위가 Level 4a에 도달하면 보조 압축기의 작동이 정지되며, Level 2에 도달하면 주 압축기도 정지된다.

⑤ Level 5 : High Level Indication

수위가 Level 5에 있는 상태에서는 공기조가 수충격 작용을 효과적으로 방지할 수 없으므로 Level 5에서는 경보음이 울리도록 한다.

⑥ Level 1a : Air Release Value Open

수위가 Level 1a 이하로 내려가면 공기조 내의 공기는 배기 변을 통해 방출된다.

2. 공기조의 수충격 방지 예

수충격 방지장치를 설치하지 않은 경우, 펌프 급정지 후 토출 라인을 따라 부압이 발생되나 공기조를 설치하면 최대 및 최소 압력 구배선이 [그림 2-200]과 같이 대단히 극적으로 변경되어 부압은 물론 이상 압력 상승 또한 방지할 수 있음을 알 수 있다.

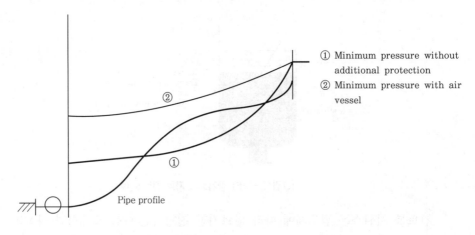

① Minimum pressure without additional protection
② Minimum pressure with air vessel

Pipe profile

[그림 2-187] 공기조를 설치한 후의 압력 변동

Section 92

펌프장 흡수정에서 발생되는 볼텍스(vortex)

1. Karman vortex의 발생원인

유체 속에서 기둥 모양의 물체가 움직일 때, 물체 속도가 어떤 크기에 이르면 그 배후에 서로 반대 방향의 소용돌이가 번갈아 나타나 규칙적으로 2열로 늘어선다. 이러한 소용돌이가 카르만 소용돌이인데, 소용돌이 간의 거리와 열(列)의 간격이 일정하며,

1초간 소용돌이 발생수가 물체의 크기와 속도에 따라 결정되는 등 그 발생에는 일정한 법칙성이 있다. 이 명칭은 1911년 그 법칙성을 해명한 헝가리의 응용역학자 T. 카르만의 이름에서 딴 것이다. 강풍을 만나면 전선이 '윙'하는 소리(아이올로스음)를 내는 것도 그 배후에 이런 종류의 소용돌이가 생겨 전선이 번갈아 소용돌이의 중심부로 끌려 진동하기 때문이다.

2. 대책

일반적으로 물체 배후에 카르만 소용돌이가 생기면 물체는 주기적으로 힘을 받는데, 특히 물체 고유 진동수가 1초간 소용돌이 발생수와 일치할 때에는 비정상적으로 큰 힘이 작용하거나 큰 공명음이 난다. 그러므로 그러한 소용돌이의 해가 미칠 우려가 있는 경우 예상되는 소용돌이 발생수와 물체의 고유 진동수가 일치하지 않도록 조치를 강구해야 한다.

Section 93 수력학적 매끄러움(hydrostatically smooth)

1. 개요

수력학에서는 유체를 운반하기 위해 모터나 엔진을 운전하면 정지된 상태나 유체의 방향 전환으로 부하가 발생하면 그로 인한 미끄럼이 발생한다. 미끄럼은 유체기계의 효율을 저하시키므로 최소화하는 것이 중요하다.

2. 펌프 회전수와 미끄럼률의 관계

유체기계에서 대부분 전 부하 시에는 2~5%의 미끄럼을 고려해야 한다. 미끄럼률을 S%라 하면 펌프의 회전수 N[rpm]은 다음 식에 의하여 특정한 값으로 한정된다.

$$N = n\left(1 - \frac{S}{100}\right) = \frac{120f}{p}\left(1 - \frac{S}{100}\right)$$

여기서, N : 펌프의 회전수(rpm)
n : 전동기의 회전수(rpm)
S : 미끄럼률(%)
f : 전원의 주파수(Hz or cps)
p : 모터의 극수

원심펌프의 인듀서(inducer)

1. 인듀서(inducer)

흡입 성능을 향상시키기 위하여 원심펌프 임펠러(다단 펌프의 경우에는 제1단의 임펠러)의 직전에 이와 동축에 설치되는 축류 임펠러이다. Inducer는 [그림 2-201]과 같이 Axial inducer와 Helical inducer가 있다.

[그림 2-202]에서 X축에 유량 Q 와 Y축에 NPSH 관계를 살펴보면 Inducer를 설치할 때와 설치하지 않을 때를 비교하면 Inducer를 설치할 때가 Q_1과 Q_2의 바깥 부분에서 NPSH값이 상승하는 것을 알 수 있다.

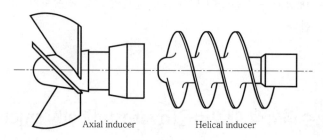

Axial inducer   Helical inducer

[그림 2-188] Inducer의 종류

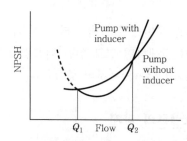

[그림 2-189] Inducer의 설치에 따른 유량(Q)과 NPSH의 관계

2. 설치조건

Inducer는 원심펌프의 조건을 충분히 검토하여 흡입 성능에 문제가 되는 유량과 NPSH를 검토하고 배관의 설치조건도 고려하여 설치하는 것이 좋다.

Section 95 플랜트(plant)시설 부지 내에서 송풍기동 신축 시 건축 설계자에게 현장 기계기술자로서 요청해야 할 사항

1. 적용 범위

송풍기를 실제의 설비에 사용할 경우 각각의 기능상 적당한 풍량 및 압력의 범위가 자연히 정해진다. 즉 풍량과 압력이 주어졌을 경우 어떠한 형식의 송풍기가 그 요구에 합당한가는 대략적으로 선정할 수 있으나 각 기종별 형식의 특성, 경제성 등의 득실을 비교 · 검토해야 하며, 특히 다음에 기술하는 조건을 생각하여 제일 적합한 것을 결정해야 한다.

① 장치 전체와의 관련에 있어서 작동 상황의 변화 여부, 그 작동 범위와 송풍기의 특성, 용량 조절 방법

② 취급 가스의 성질, 마모성, 더스트양, 미스트양, 제한 온도 및 압력 상황, 흡입 온도의 변화 범위, 흡입 압력의 변화

③ 지반 및 기초 상태, 발생 소음의 제한조건, 동력원과 구동 전동기의 선정 조건

④ 각 기종에 대한 특성 비교와 연속 운전 시간, 기기의 수명, 보수의 난이성, 연간 보수비, 구입 가격, 기초나 건축물의 설치비, 윤활유, 그 밖의 소모비, 인건비

⑤ 기종의 예상 특성, 외형 치수, 중량

2. 송풍기 선정을 위한 취급 기체의 밀도 영향

취급 기체의 밀도는 송풍기 선정기준의 다음 요소에 영향을 준다.

1) 기체 흐름에의 영향

기체 흐름에 대한 저항, 즉 송풍기의 압력 요구조건에 영향을 주게 된다.

2) 축동력에의 영향

기체를 유동시키는 데 필요한 동력인 축동력에 영향을 준다. 상기 영향을 다시 정리하면 다음과 같다.

① 풍량(Q) : 표준 공기 상태에서 실제 기체 상태의 풍량(Q)으로 변환한다.

② 정압(P) : 표준 공기 상태에서 실제 기체 상태의 정압(P)으로 변환한다.

③ 축동력(kW) : 실제 상태의 풍량(Q), 정압(P)으로서 축동력(kW)을 결정한다.

④ 회전수(rpm) : 회전수는 변화되지 않는다.

3) 각종 용도별 송풍기의 특징

송풍기의 용도는 각종 산업의 공공 사업용 등 여러 방면에 사용하고 있다. 따라서 각각의 용도에 따른 취급 기체의 종류, 풍량 및 압력이 다르므로 적용 형식도 다르다. 여기에 주요 용도에 따른 송풍기의 종류와 풍량, 압력 및 특징을 아래 표로 정리한다.

[표 2-19] 제철, 제강

명칭	송풍기 형식	취급 기체	풍량(CMM)	압력 (mmAq)	특징
소결로 블로어	원심	배기 가스	10,000 ~40,000	1,200 ~1,700	Dust가 많으므로 임펠러, 케이싱에 마모 대책이 필요한데, 요즘은 집진기 성능이 좋아 후향 깃, 익형 깃을 사용한다.
소결로 냉각 FAN	원심 축류	공기	6,500 ~16,000	60 ~140	압입식에는 효율을 우선한 축류형이 좋은데 소음이 크다. 배기식은 마모가 미세하므로 내 마모 구조의 원심식이 필요 없다.
고로 가스 승압 블로어	원심	고로 가스			축봉부로 가스가 누출되지 않도록 Water seal을 사용하고 임펠러에 Dust가 묻지 않도록 물 분사장치를 설치한다.
전기로 가스 블로어	원심	전기로 가스	3,000 ~7,000	1,300 ~2,000	임펠러는 내식성이 있는 SUS재를 사용하고, Dust가 부착되므로 물 분사장치를 설치한다.

[표 2-20] 발전

명칭	송풍기 형식	취급 기체	풍량(CMM)	압력 (mmAq)	특징
유인 FAN	원심	보일러 배기 가스	7,600~ 21,000	520~640	평형 통풍 방식에 사용한다. 중유 연소의 경우는 배기가스 중에 유황 성분에 의해 저온 부식, 석탄 연소의 경우는 탄분에 의한 마모에 주의가 필요하고, 풍량이 많은 대형화하기 위해서는 고효율형이 좋다.
압입 FAN	원심 축류	공기	1,600~ 27,300	380~ 1,500	원심식으로 익형 임펠러로 흡입 베인 제어방식을 채용하여 대형이 되면 동익 가변 피치방식의 축류식을 사용한다. 압입 통풍방식으로는 압력이 높으므로 소음이 커서 소음장치가 필요하다.

명칭	송풍기 형식	취급 기체	풍량(CMM)	압력 (mmAq)	특징
가스 순환 FAN	원심	보일러 배기 가스	4,600~16,000	170~400	고온의 보일러 배기가스를 흡입하므로, 열강도 구조가 요구된다. 정지 시의 열변형을 방지하기 위해 터닝 장치를 설치한다.
배탈 FAN	원심	보일러 배기 가스			탈유장치의 상류 측에 설치되는 것은 유인 FAN과 동등하게 하는데, 하류 측의 것은 부식성 가스를 흡입하는 것이 있으므로 내식재를 사용한다.
원자력용 FAN	원심 축류		850~1,400	240	원자로의 안전 운전을 고려, 특히 사고를 일으키지 않도록 품질 관리를 엄중히 해야 한다.

[표 2-21] 공조

명칭	송풍기 형식	취급 기체	풍량(CMM)	압력 (mmAq)	특징
냉각탑용 FAN	축류 원심	공기	100~10,000	10	압력은 낮고 풍량이 많다. 냉각탑의 상부와 측부에 취부되므로 경량의 축류 FAN이 적당하다. 흡입식에는 따뜻한 공기를 흡입하므로 내식에 유의해야 한다.
루프 FAN	축류	공기	~180		건물 옥상에 설치되므로 경량으로 빗물의 침입이 없는 구조로 한다.
일반 공조용 FAN	원심 축류	공기			환기와 냉·온방용에 각종 FAN이 단독 또는 기기에 조립된다. 일반적으로 저압이기 때문에 다익형과 횡류형의 콤팩트한 것이 많다.
에어 커튼	횡류	공기	20~90		

Section 96 왕복식 압축기의 공진현상의 원인과 방지대책

1. 개요

플랜트에서는 흐름에 기인한 여러 가지 진동·소음 문제가 발생하여 플랜트 운전에 영향을 미치는 경우가 있다. 이러한 흐름에 관련한 진동현상은 '유체 관련 진동' 또는 '유체 여기 진동(flow induced vibration)'으로 불린다.

흐름이 변동하는(비정상의) 경우에는 그 속에 둔 물체에 작용하는 유체력(가진력)이 변화하여 진동을 발생하는 것은 쉽게 이해된다. 왕복 유체기계 주위 배관과 같이 배관 내의 흐름이 변동(맥동)하고 있으면, 그것이 가진력이 되어 배관 진동이 생기는 것은 잘 알려져 있다. 그러나 흐름이 정상(안정)이어도 물체 뒤 흐름에 발생하는 소용돌이의 영향 등에 의해 진동 문제를 발생하는 일이 종종 일어난다. 이 흐름이 정상임에도 불구하고 발생하는 자려(自勵)적인 유체 관련 진동은 그 발생 메커니즘을 적확하게 파악하는 것이 어려운 경우도 많고, 설계나 트러블 슈터에서 가장 고려하는 진동현상의 하나이다.

2. 왕복 압축기의 언로드에 의한 맥동 특성 변화

플랜트에서 관 내 맥동에 기인하는 진동으로, 가장 대표적인 것은 왕복 압축기에 의한 배관 진동이다. 왕복 압축기 주위 배관의 맥동 제어 방법에 있어서는 거의 기술적으로 확립되어 있고, 설계 단계에서 충분한 검토가 실시되어 방진 설계가 이루어지고 있다.

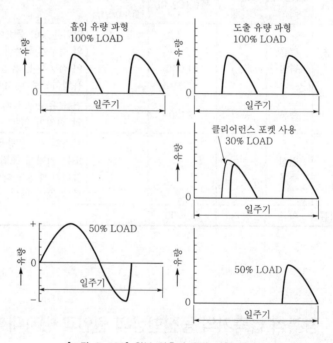

[그림 2-190] 왕복 압축기 유량 파형 개념도

그러나 검토 대상에서 벗어나 일시적인 저부하 운전 시에 큰 배관 진동을 경험하는 일이 있다. 예를 들어 왕복 압축기를 50% 부하로 운전하면 100% 부하 시에 비해 특히 흡입 배관이 크게 진동하는 것을 경험하는 경우가 있다. 이것은 '유량이 반이 되었기 때문에 압력 맥동도 반이 되고, 가진력도 반이 된다'라는 것에서는 어느 감각과는 반대의 현상이다. 50% 부하로 하기 위해서는 통상 컴프레서 흡입밸브를 언로드(unload, 항상 잠근다)로 한다. 이때의 유량 파형을 [그림 2-190]에 나타냈으나 흡입에 있어서는 언로드한 측의 실린더로서는 피스톤의 동작에 따라 가스가 출입하여 정현(正弦)적인 유량 변동을 발생하고, 이것이 다른 쪽에 작동하고 있는 실린더로 흡입되는 유량 파형이 중첩된 파형이 되어 토출의 싱글 액팅적인 유량 파형과 크게 다른 파형이 된다. 이 유량 파형(유량 변동)이 기주(氣柱) 여기력이 되어 압력 맥동을 발생한다.

유량 파형을 푸리에 급수 분해하면 100% 부하 시는 회전수 2배의 유량 변동 성분(2차 성분)이 무엇보다도 크고, 50% 부하 시는 회전수의 유량 변동 성분(1차 성분)이 가장 커진다. 흡입 파형에서는 100% 부하 시의 2차 성분보다 오히려 50% 부하 시의 1차 성분 쪽이 커진다. 즉 50% 부하 시 쪽이 기주 여진력이 커지기 때문에 압력 맥동과 배관 진동이 커진다. 압력 맥동은 배관계 기주 등의 음향특성에 좌우되지만, 일반적으로 낮은 측(저주파수)의 음향적 고유 모드 쪽이 여진되기 쉽기 때문에 50% 부하 시 쪽이 압력 맥동이 커지기 쉽다. 또한 50% 부하 시에는 맥동 저감대책용에 설치된 오리피스(orifice)의 감쇠효과가 기본적으로 평균 유량이 줄어든 분만큼 저하하기 때문에 100% 부하 시에 비해 압력 맥동이 커지는 요인이 된다. 50% 부하 등의 저부하 운전을 정상적으로 하는 경우에는 설계 단계에서 맥동 저감대책의 검토를 잊지 않고서 실시하는 것이 중요하다.

Section 97 배수펌프장을 설계 시 배수펌프의 형식과 이유, 펌프와 토출 측에 설치되는 전동변(MOV)의 작동조건

1. 개요

펌프형식 및 구경은 설계점의 배출량 및 전 양정에서 펌프적용선도에 의해 결정한다. 다만, 펌프의 설치조건, 운전관리의 용이성, 소음, 진동 등도 함께 검토해야 한다. 또한, 펌프의 설치높이와 회전수는 흡입높이와 운전범위를 감안하여 유해한 캐비테이션을 일으키지 않도록 결정하여야 한다. 펌프설비의 설치 높이는 홍수 시의 침수에 의해 펌프의 운전에 지장을 받지 않도록 기기의 배치 및 건물구조 등도 고려하여 결정하여야 한다.

선정된 펌프형식에 대하여 최고흡입수위 이상의 높이에 설치하는 경우 흡입성능상 지장이 없으면 여기에 따라 펌프의 설치높이를 결정하고, 흡입성능에 지장이 있을 경우에는 토목건축구조를 수밀구조로 하여 펌프설치높이를 낮게 하거나 입축펌프로 하여 원동기를 최고흡입수위 이상으로 설치하는 등 토목건축구조와 펌프형식을 양면으로 검토할 필요가 있다.

2. 배수펌프장을 설계 시 배수펌프의 형식과 이유, 펌프와 토출 측에 설치되는 전동변(MOV)의 작동조건

1) 배수펌프장을 설계 시 배수펌프의 형식과 그 이유

(1) 수중펌프

펌프와 모터를 일체형으로 하여 수중에 설치하며 별도의 펌프실이 불필요하다. 또한 침수 시에도 운전이 가능하며 최저 운전수위가 낮으므로 흡수정 최저 부위의 배수에 유리하지만 펌프의 점검이 불리하다.

비상운전은 양호하며 용도는 정화조 배수, 하수처리장의 공기혼합용, 빗물 및 용출수의 배수, 공사현장의 배수에 적합하다.

(2) 입형 배수펌프

수조 상부에 모터를 설치하고 펌프는 수중에 설치하며 모터의 점검이 유리하다. 또한 구조가 간단하며 내구성이 크며 수직형이므로 설치면적이 적다. 단점은 펌프와 컷터가 분리되어 장축이 되므로 효율이 저하된다. 비상운전 조건은 보통이며 용도는 정화조 배수, 오수오물 배수용, 빗물 및 용출수의 배수, 공사현장의 배수용으로 적합하다.

(3) 볼류트 펌프

펌프와 모터를 일체형으로 하여 수조 외부에 설치하며 펌프의 점검수리가 유리하고 펌프실의 설치 소요공간이 크다. 비상운전 조건은 불리하고 용도는 빌딩 급수용, 소화 설비용, 일반 산업용, 냉온수 순환용으로 적합하다. 지하실의 침수를 방지하기 위하여 펌프실의 침수 시에도 운전이 가능한 수중펌프를 설계토록하며, 펌프 운전용 MCC 패널 은 펌프의 위치보다 상부에 설치하여 침수 시 전력의 공급이 중단되는 일이 없도록 한다.

2) 펌프와 토출 측에 설치되는 전동변(MOV)의 작동조건

전기를 이용하는 Motorized Type은 전동밸브(MOV; Motor Operated Valve)라 칭하 기도 하며 전기모터로 워엄기어를 구동시키는 밸브로 최근에 증가 추세에 있으나 가격 이 비싸고 모터, 기어박스 등 구조가 복잡한 단점이 있다. 반면에 정수장과 같이 산발적 으로 설치되어 있는 경우에 많이 사용하고 있으며, 야외에 설치됨에 따라 낙뢰에 대한 피해가 종종 발생할 수 있어 보호시설을 필요로 한다. 전동변은 펌프의 토출량의 상태 가 적정한 압력상태로 유지될 때 작동된다.

자연의 에너지(energy)를 이용하는 동력원 중 바람의 에너지를 이용하는 풍차

1. 개요

풍력발전은 자연 상태의 무공해 에너지원으로, 현재 기술로 대체에너지원 중 가장 경제성이 높은 에너지원으로써 바람의 힘을 회전력으로 전환시켜 발생되는 전력을 전력 계통이나 수요자에 직접 공급하는 기술이다. 이러한 풍력발전을 이용한다면 산간이나 해안 오지 및 방조제 등 부지를 활용함으로써 국토 이용효율을 높일 수 있다.

풍력발전 시스템이란 다양한 형태의 풍차를 이용하여 [그림 2-191]과 같이 바람에너지를 기계적 에너지로 변환하고, 이 기계적 에너지로 발전기를 구동하여 전력을 얻어내는 시스템을 말한다. 이러한 풍력발전 시스템은 무한정의 청정에너지인 바람을 동력원으로 하므로 기존의 화석 연료나 우라늄 등을 이용한 발전방식과 달리 발열에 의한 열공해나 대기오염, 그리고 방사능 누출 등과 같은 문제가 없는 무공해발전방식이다.

2. 풍차의 종류에 따른 구조와 특징

1) 수직축 풍력발전기

VAWT(Vertical-Axis Wind Turbine)는 회전축이 바람의 방향에 대해 수직인 풍력 발전 시스템 적층식으로, 대형 풍력 단지 건설이 가능하다.

① 장점
  ㉠ 바람의 방향에 관계없이 운전이 가능하다(요잉 시스템 불필요).
  ㉡ 증속기 및 발전기 지상에 설치된다.
② 단점
  ㉠ 시스템 종합 효율이 낮다.
  ㉡ 자기동(self-starting)이 불가능하고, 시동 토크가 필요하다.
  ㉢ 주 베어링의 분해 시 시스템 전체 분해가 필요하다.
  ㉣ 넓은 전용 면적이 필요하다.

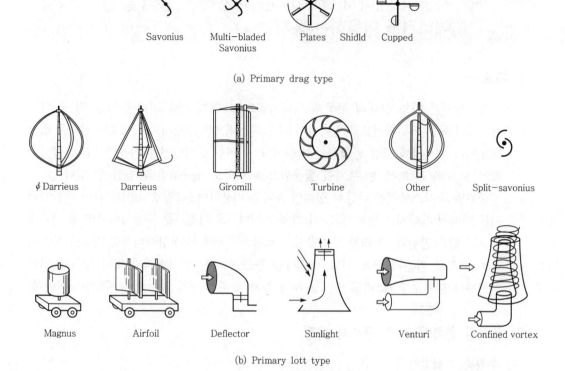

(a) Primary drag type

(b) Primary lott type

[그림 2-191] 수직축 풍력발전기

2) 수평축 풍력발전기

HAWT(Horizontal-Axis Wind Turbine)는 회전축이 바람이 불어오는 방향에 수평인 풍력발전 시스템으로, 현재 가장 안정적인 고효율 풍력발전 시스템으로 인정되는 시스템이다. 현재 가장 일반적인 형태로, 중형급 이상의 풍력 발전기에서는 대부분 Upwind type 3-blade HAWT을 사용하고 있다.

① 맞바람 형식(upwind type)의 특징
   ㉠ 장점
     • 타워에 의한 풍속의 손실이 없다.
     • 풍속 변동에 의한 피로하중과 소음이 적다.
   ㉡ 단점
     • 요잉 시스템이 필요하다(시스템 구성 복잡해짐).
     • 로터와 타워의 충돌을 고려한 설계를 해야 한다.

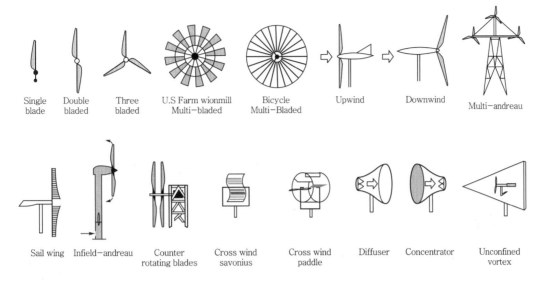

Single blade | Double bladed | Three bladed | U.S Farm wionmill Multi-bladed | Bicycle Multi-Bladed | Upwind | Downwind | Multi-andreau

Sail wing | Infield-andreau | Counter rotating blades | Cross wind savonius | Cross wind paddle | Diffuser | Concentrator | Unconfined vortex

[그림 2-192] 수평축 풍력 발전기

② 뒷바람 형식(downwind type)의 특징

㉠ 장점

- 요잉 시스템이 불필요하다.
- 타워와 로터의 충돌을 피할 수 있다.
- 타워의 하중이 감소한다.
- 저렴한 가격으로 인해 주로 소형 풍력 발전기에서 사용한다.

㉡ 단점

- 타워에 의한 풍속의 손실이 발생하고, 풍속의 변동이 크다.
- 터빈의 피로하중 및 소음이 증가한다.
- 전력선이 꼬일 수 있다.

3. 풍차시설 계획 시 고려해야 할 사항

풍차시설 계획 시 고려해야 할 사항은 다음과 같다.

① 풍력발전 관련 산업에서 주요 기관의 인증은 가장 기본적인 사항이 될 것이므로 인증 획득은 업체 평가의 가장 기본적인 항목이 될 것으로 보인다.

② 주요 풍력발전 시스템 업체의 협력 업체로 등록되어 있는지 여부도 중요한 요인으로 작용할 전망이다.

③ 로터블레이드 제조 업체의 유체역학적 기술력과 대형 업체와의 협력 구조, 시스템 업체의 부품 산업 진출 여부 등을 충분히 고려해야 할 것이다.

④ 경쟁력 있게 후판을 조달받을 수 있는지와 주요 납품처의 타워 시장 진출 여부도 꼼 꼼하게 검토해야 할 것이다.

⑤ 풍력 단지 조성이 활발하게 이루어지는 국가에 공장이 진출해 있는지 여부도 중요 할 것으로 판단된다.

Section 99 원심펌프의 축추력과 반경방향의 추력의 역학관계

1. 축추력의 역학

[그림 2-193]의 편흡입 회전차에 있어서 전면 측벽(front shroud)과 후면 측벽(back shroud)에 작용하는 정압에 차가 있기 때문에 그림의 화살표 방향과 같이 축방향으로 추력이 작용한다. 이 축추력(axial thrust)의 크기 T_h[kgf]는 다음 식으로 표시된다.

$$T_h = \frac{\pi}{4}(d_a^2 - d_b^2)(p_1 - p_s)$$

여기서, d_a : 웨어링 링의 지름(m)

d_b : 회전차 축의 지름(m)

p_1 : 회전차 후면에 작용하는 압력(kgf/cm^2)

p_s : 흡입 압력(kgf/cm^2)

p_1의 값은 회전차 후면의 정조, 후면과 케이싱 사이의 틈 및 그 형상, 회전차의 송출 압력, 유량 등에 따라 다르다. Stepanoff는 완전한 반경류의 회전차에 대한 개략식으 로서,

$$p_1 - p_s = \frac{3}{4} \times \frac{\gamma(u_2^2 - u_1^2)}{2g}$$

여기서, u_1, u_2 : 회전차 깃의 입구와 출구에 있어서의 원주속도

을 표시하고 있다.

유체가 회전차에 유입할 때 운동량의 변화에 의한 힘도 회전차를 축방향으로 미는 힘이 된다. 이 추력은 앞에 언급한 축추력과 반대 방향으로 작용하는데 그 값은 그리 크지 않다. 회전차의 눈 부분(eye)에 대한 축방향 유속을 v_1[m/s]이라 하면, 이 추력 $T_h{}'$은 다음 식으로 표시된다.

$$T_h{}' = \frac{\gamma}{g}Qv_1$$

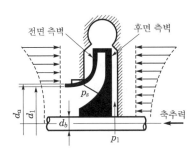

[그림 2-193] 회전차에 미치는 축추력

또 $v_1 = \dfrac{4Q}{\pi(d_a^2 - d_b^2)}$ 로 표시되고, 여기서 $Q[\text{m}^3/\text{s}]$는 유량이다.

전술한 축추력은 회전차 한 개에 대한 경우이고, 다단 펌프인 경우(n단일 때)의 추력은 $n \times T_h{}'$ 이 된다. 다음과 같은 방법으로 축추력의 평형을 이룰 수가 있다.

① 스러스트 베어링에 의한 방법

② [그림 2-194]와 같이 다단 펌프에 있어서는 전회전차의 반수씩을 반대의 방향으로 배열[이것을 셀프 밸런스(self balance)]하여 축추력을 평형시키는 방법

[그림 2-194] 다단 펌프의 회전차 배열

③ 회전차의 전후 측벽에 각각 웨어링 링을 붙이고, 또 후면 측벽과 케이싱과의 틈에 흡입 압력을 유도하여 양측 벽간의 압력차를 경감시키는 방법

④ [그림 2-195]와 같이 회전차 후면 측벽의 보스부에 흡입구와 통하는 구멍을 내서 후면에 흡입 압력을 유도하는 방법, 이 구멍을 밸런스 홀(balance hole)이라고 한다.

[그림 2-195] 밸런스 홀

[그림 2-196] 측벽 깃

⑤ 후면 측벽에 [그림 2-196]과 같이 방사상의 이면 깃을 달아 후면 측벽에 작용하는 압력을 저하시키는 방법

⑥ [그림 2-197]과 같이 다단 펌프인 경우 회전차 모두를 동일 방향으로 배열하고 최종 단에 밸런스 디스크(balance disc) 또는 밸런스 피스톤(balance piston)을 붙여 원판 오른쪽의 압력은 세관을 통하여 흡입 쪽의 압력 p_s와 같게 한다. 축방향에서 오른쪽으로 미는 힘이 커지면 원판과 케이싱의 틈이 커지고, 원판 왼쪽의 압력이 내려가서 회전차를 왼쪽으로 민다. 반대인 경우에도 같으며 자동적으로 복원한다.

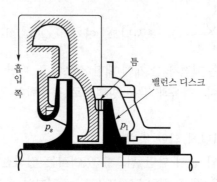

[그림 2-197] 밸런스 디스크(balance disc)

2. 반지름방향의 추력

벌류트 케이싱을 가지는 펌프에 있어서는 규정 유량 이외의 각 유량에 대한 과류실 내의 원주방향 압력 분포는 균일하지 않다. 그 결과 [그림 2-198]과 같은 반지름방향의 추력(radial thrust)을 발생한다. Stepanoff에 의하여 보통의 와류실을 가진 것에 대하여 반지름방향의 추력 T_r[kgf]은 다음 식과 같다.

$$T_r = K\gamma HD_2 B_2$$

여기서, B_2 : 양측벽도 포함한 회전차의 축방향 폭

K : 유량 Q에 따라 변하는 상수

K는 다음 실험식으로 표시한다.

$$K = 0.36\left[1 - \left(\frac{Q}{Q_n}\right)^2\right]$$

여기서, Q_n : 정규 유량

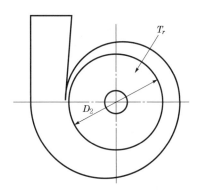

[그림 2-198] 반지름방향의 추력

전술한 반지름방향의 추력은 축의 휨을 증가시키는 등의 악영향을 미친다. 이 방지법으로는 2중 벌류트 케이싱(double volute casing) 등이 있으나 완전히 추력을 방지할 수는 없다.

3. 벌류트(volute) 내에서의 압력 분포를 체절 운전부터 정격 유량 초과 시까지

벌류트 구조의 펌프에서는 회전차 원주 방향으로 압력이 불균형을 이루므로 반경방향 추력(radial thrust)이 발생한다. 이 값은 최고 효율점을 벗어날수록 커지며, 체절 부근에서 최대가 된다. 또한 이 값은 상상외로 큰 값이며, 소유량점에서 장시간 운전하면 축이 절단되는 사고로 연결되기도 한다. 따라서 소유량점에서의 운전은 피해야 하며, 불가피하게 소유량점에서 운전해야 할 경우에는 펌프 제작자와 충분한 협의가 있어야 한다.

1) 소유량점에서 운전 시 문제점

① 펌프의 과열현상으로 캐비테이션이 발생하고 케이싱이 폭발한다.
② 반경방향의 추력의 증가 및 베어링 수명이 단축된다.
③ 진동 및 소음이 증가한다.

2) 원심펌프에서 Min. Flow값(펌프 모델에 따라서 다르지만, 대체로 아래와 같다.)

① 편흡입 : 최고 효율점의 15~20%
② 양흡입 : 최고 효율점의 25~40%

Section 100 **축류팬의 서징(surging)이 발생하는 원인과 방지대책**

1. 개요

원심식 · 축류식의 송풍기 및 압축기에서는 송출 쪽의 저항이 크게 되면 풍량이 감소하고, 어느 풍량에 대하여 일정 압력으로 운전되지만, 좌우 상승 특성의 풍량까지 감소하면 관로에 격심한 공기의 맥동과 진동이 발생하여 불안정 운전으로 되는데, 이 현상을 서징(surging)이라 한다. 이것은 펌프에서와 같은 것이지만 기체인 경우는 그 압축성 때문에 현저하게 나타난다.

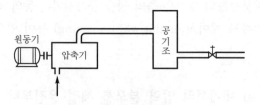

[그림 2-199] 송풍기 계통도

2. 서징의 발생 요인

송풍기에서 역류특성을 고려한 부성 저항과 관계되는 자려 진동에 대하여 살펴보면 다음과 같다.

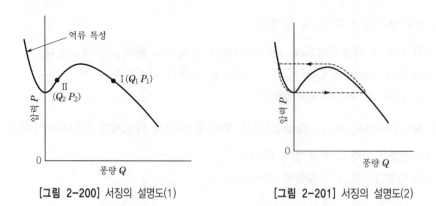

[그림 2-200] 서징의 설명도(1)   [그림 2-201] 서징의 설명도(2)

[그림 2-199]에 표시한 송풍관계를 예로 하여, [그림 2-200]의 I점을 작동점으로 한다. 공기 저장기의 압력은 P_1에서 균형되어 있다. I의 우향 하강 특성상에 있으면 풍량이 증가하면 송풍기의 압력이 저하하여 풍량이 증가한 방향과 역방향으로 힘이 작용한다.

한편 풍량이 감소하면 송풍기의 압력이 증가하여 풍량이 감소한 방향과 역방향으로 힘이 작용한다. 즉 송풍기 압력은 풍량의 변동과 역방향으로 작용하여 진동을 감쇠시킨다. 그런데 작동점이 우향 상승 특성상의 Ⅱ점에 있으면 송풍기의 풍량이 증가하면 압력도 증가하고 풍량이 감소하면 압력도 감소하여 관 내의 풍량 변동에의 방향으로 송풍기 힘이 작용한다. 즉 우향 상승 특성상에서는 송풍기가 공기 유동의 진동에 대하여 음의 저항으로서 작용해 진동에너지를 증가시킨다.

그런데 송풍기의 역류특성을 생각하면 [그림 2-200]과 같이 되고, 우향 상승 특성의 범위는 어느 풍량에 한정되며 진폭의 증가와 함께 양의 저항 부분으로 들어가므로 진동에너지가 무한히 증대하는 일은 없고, 서징의 사이클은 [그림 2-201]과 같이 된다.

3. 서징 방지대책

서징을 방지하는 대책으로는 다음과 같은 방법이 있다.

① 우향 상승이 없는 특성으로 하는 방법 : 이것은 실제로 대단히 곤란하지만, 적어도 소풍량 쪽의 우향 상승 특성의 경사를 될 수 있는 한 완만하게 하도록 한다.
② 방출밸브에 의한 방법 : 소풍량 시에 송풍기의 송출 공기의 일부를 방출하여 송풍기의 풍량을 적당량으로 유지하면 서징을 피할 수가 있다.
③ 동정익을 조절하는 방법 : 축류식에서는 동익 또는 정익의 각도 조절에 의해 특성을 소풍량 쪽으로 붙일 수가 있으므로 서징점을 소풍량 쪽으로 밀어붙일 수가 있다.
④ 베인컨트롤에 의한 방법 : 원심식에서는 흡입구에 설치된 베인(vane)을 교축함으로써 ③과 똑같은 효과를 거둘 수가 있다.
⑤ 교축밸브를 송풍기에 근접하여 설치하는 방법 : 이렇게 하면 밸브가 저항으로 작용하여 진동을 감쇠시키는 방법으로 작용하고 서징 범위와 그 진폭이 작아진다. 흡입 쪽에 설치하면 흡입 압력 저항에 따른 비체적 증가에 의하여 한층 더 이 효과를 거둘 수가 있다.

Section 101

배관에서 밸브를 닫을 때 압력파 전파속도와 Joukowsky 방정식에 의한 상승 압력수두

1. 배관 내 물 흐름의 급격한 차단

배관 내 흐르는 물을 밸브나 수도꼭지 등에 의해 순간적으로 차단하면 물은 운동에너지에서 압력에너지로 변하여 압력 상승이 생긴다. 상승한 압력은 압력파가 되어 닫힌 지점과 상류 측의 배관 내에서 [그림 2-202]와 같이 일정 시간 반복되다가 점차로 소멸된다.

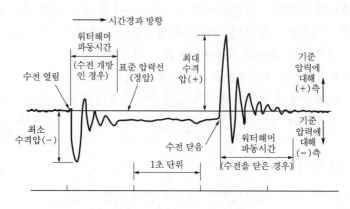

[그림 2-202] 워터해머의 설명도

이 현상을 워터해머(water hammer)라 하며 심한 경우 배관 계통을 진동시키거나 충격음을 발생시키며 누수의 원인이 된다. 정수압이 낮은 위치에서는 배관 내의 압력이 부압이 되는 경우도 있으므로 유의할 필요가 있다. 워터해머에 의해 상승한 압력(수격압)은 유속에 비례하여 커지기 때문에 급수관의 유속이 빠른 경우 큰 영향을 받는다. 따라서 급수관 내의 유속은 되도록 느리게 하는 것이 바람직하며, 2m/s를 넘지 않도록 제한하고 있다.

직선 배관에서의 워터해머에 관한 해석은 충분히 이루어졌으나 실제의 급수 배관에서는 복잡한 형상을 하고 있기 때문에 충분한 해석이 되어 있지 않은 실정이다. 일반적으로 워터해머에 의한 압력파의 전달속도는 다음의 식으로 나타낸다.

$$\alpha = \frac{\dfrac{K}{\rho}}{1 + \dfrac{K}{E} \times \dfrac{d}{t}}$$

여기서, α : 압력파의 전파속도(m/s)

K : 관 내 유체의 체적 탄성계수(상온에서 맑은 물의 경우 2.03×10^9[Pa])

ρ : 관 내 유체의 밀도(kg/m³)

E : 관 벽 재료의 종탄성 계수(강관 : 2.06×10^{11}[Pa], 일반 배관용 스테인레스강관 : 1.93×10^{11}[Pa], 동관 : 1.20×10^{11}[Pa], 경질 염화비닐관 : 2.94×10^9[Pa])

d : 관의 내경(m)

t : 관 벽의 두께(m)

워터해머에 의한 수격압은 밸브 등의 폐지 시간에 따라 다르다. 폐지 시간 T가 수격압이 전해지는 관 길이 L을 왕복하는 시간보다 짧을 경우, 즉 $T \le 2L$의 경우를 급폐지라고 하며, 급폐지인 경우 수격압의 크기는 다음 식으로 나타낸다.

$$P = \rho \times \alpha \times V$$

여기서, P : 급폐지 경우의 수격압(Pa)

ρ : 관 내 유체의 밀도(kg/m^3)

α : 압력파의 전파속도(m/s)

V : 흐르고 있던 유체의 유속(m/s)

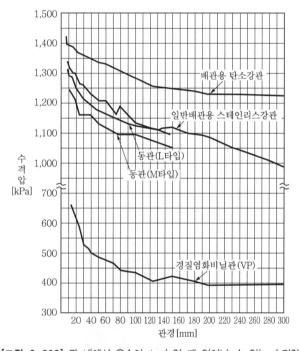

[그림 2-203] 관 내에서 유속이 1m/s일 때 일어날 수 있는 수격압

[그림 2-203]에 흐르고 있는 유체의 유속이 1m/s인 경우 각종 관에 일어날 수 있는 수격압을 나타낸다. $T \le 2L/\alpha$의 경우는 급폐지의 경우보다 수격압이 작으며 그 해석은 복잡하지만 유속에 거의 비례한다.

2. Joukowsky 방정식이 적용될 때 상승 압력수두 Δh

유동 중인 배관계를 급폐쇄할 때 발생하는 워터해머 현상에 대해서는 Joukowsky의 연구 논문 「Water hammer(1898년)」를 통하여 정립된 것이다.

워터해머로 인하여 순간적으로 상승되는 압력, 즉 워터해머 압력을 계산해 낼 수 있는 식이 바로 Joukowsky 방정식이다. 유체의 비중량을 $\gamma[\text{kgf/m}^3]$, 압력파의 전파속도를 $\alpha[\text{m/s}]$, 유속을 $v[\text{m/s}]$, 중력가속도를 $g[9.8\,\text{m/s}^2]$라고 하면 워터해머로 인한 상승되는 압력 $P_r[\text{kgf/cm}^2]$은 다음과 같이 표시된다.

$$P_r = \frac{\gamma \alpha v}{10,000g}$$

배관 내 유체가 물일 경우에는 비중량이 $1,000\text{kgf/m}^3$이고, 압력파의 전파속도는 $1,200\sim1,500\text{m/s}$이므로, 이 값을 식에 대입하면 $P_r = 14v$가 되어, 워터해머 압력은 대체로 유속의 14배 정도에 해당한다.

Section 102 하수도용 공기밸브

1. 개요

공기밸브는 관 내의 공기를 배제하거나 흡입하기 위하여 설치한다. 관로의 돌출부에 축척되어 있는 공기는 통수 단면을 감소시키므로 배제해야 한다. 공기밸브의 종류는 단구, 쌍구 및 급속 공기밸브가 있다.

[그림 2-204] 공기밸브

2. 공기밸브의 설치공사

① 공기밸브 및 핸들이 부착된 플랜지 슬루스 밸브를 설치할 때에는 소화전 설치공사에 따른다. 또 쌍구 공기밸브는 양쪽의 덮개를 떼어 내고 배기공의 대소를

확인함과 동시에 플로트 밸브의 보호재 등을 제거하고 내부를 청소한 다음 원래의 위치로 되돌려 놓는다.

② 쌍구 공기밸브를 설치할 때에는 플랜지 부착 T자 관의 플랜지에 직접 핸들 부착 플랜지 슬루스밸브를 설치해야 한다.

③ 설치 완료 후 핸들 부착 슬루스밸브는 열림으로 하고 공기밸브는 닫힘으로 한다. 단, 통수한 후에는 원칙적으로 공기밸브는 열림으로 해둔다.

Section 103 정수장이나 하수처리장에 사용되는 급속 교반기의 종류와 특징

1. 혼화공정 개요

혼화공정이란 원수에 함유되어 각종 오염 물질들을 침전 또는 여과 등의 물리적 방법으로 효과적으로 제거하기 위해 수중에서 음의 전하를 띠고 안정된 부유 상태를 유지하고 있는 콜로이드 등의 미세한 입자를 양의 전하를 띤 응집제와 접촉시켜 입자간의 결합을 가능하게 하는 과정으로서, 정수 처리 전체 효율에 가장 중요한 영향을 미치는 단위 공정이다.

수처리에서 사용되는 혼화라는 용어는 mixing이라는 단어로 해석되지만, 실용적으로 급속혼화(rapid mixing) 또는 Flash mixing으로 불리어지며, 이와 같이 수처리 과정에서 적용되는 응집 약품과 처리될 원수와의 mixing에 있어 급속혼화가 요구되는 사유는 다음과 같이 요약된다.

1) 급속혼화(rapid mixing)의 중요성

사용 약품이 Alum이고 주입률이 20 ppm일 경우 액체 Alum과 물의 비는 1 : 50,000 이다. 따라서 이러한 소량의 Alum을 처리될 원수에 순간적으로 확산시켜 균등하고 양호한 Floc 생성을 위해서는 급속혼화(rapid mixing)가 필수적이며, 또한 응집제 주입 후 단시간 내 수화반응 및 폴리머화가 진행되므로 혼화효과의 극대화를 위해서는 급속혼화가 필수적이다.

2) 수화반응

Alum계의 응집제가 원수에 주입되면 알루미늄염은 6개의 물 분자에 둘러쌓인 후 수소 이온이 해리되는 수화반응을 거치면서 Monomer, Medium polymer 상태의 착이온을 거쳐 최종적으로 $Al(OH)_3$와 같은 수산화물을 형성한다.

$$Al(H_2O)_{63}^+ \leftrightarrow Al(OH)(H_2O)_5 \leftrightarrow Al_{13}O_4(OH)_{24} \leftrightarrow Al(OH)_3(precipitate)$$

2. 혼화방식 종류 및 특징

1) 혼화방식

수처리에서 실용적으로 도입·적용되는 혼화 방식은 크게 기계식 혼화방식과 수리적 혼화방식으로 구분되며, 그 종류는 다음과 같다.

① 순간 혼화방식(instantaneous flash mixier)
② In line 정적 혼화(in line static mixer)
③ In line 기계식 혼화(in line blender mixer)
④ 수류식 혼화(hydraulic mixing)
⑤ 기계식 혼화(mechnical mixing) 등

2) 혼화방식별 종류와 특징

[표 2-22] 혼화 방식별 종류와 특징

혼화방식	특징		설계 고려사항
	장점	단점	
순간혼화방식	• No headloss • Very effective • 혼화강도 조절 용이 • 전력 소비가 기계식 방식보다 적음 • 경제적	• Nozzle의 막힘 • 설치 관경의 제한 <2,500mm	• 분사 수탁도<5NTU • 분사 압력>0.7kg/cm^2 • 희석 비율 − Alum<1% − 철염(FeCl$_3$)<5%
In-line static 방식	• No moving parts • Quite effective • 전력 소비 없음 • 경제적 • 막힘현상 거의 없음	• 혼화 정도 및 시간 : 처리 수량에 지배 • 특허 품목	• 혼화 시간 : 1~3sec • 손실수두 : 0.6m • 유입부 : Screen 설비 • 혼화 설비 수선 유지 고려
Hydraulic 방식	• 전력 소비가 없음 • 유지 관리 용이 • 경제적	• 혼화 정도 및 시간 : 처리 수량에 지배	• 종류 − Parshall flume − Venturi meter − Weir
Mechanical 방식	• 대부분의 정수장에서 도입	• 순간 혼화효과 낮음 • 단격류 • 혼화 시간이 길다. • Backmixing	

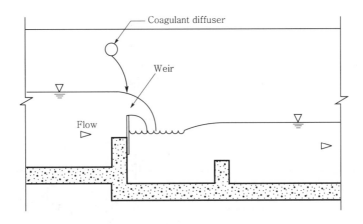

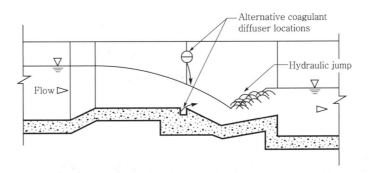

(a) Hydraulic mixing

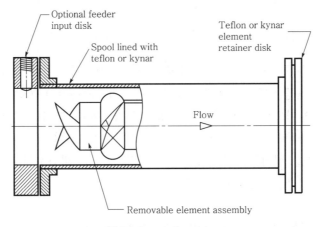

(b) In-line static mixing

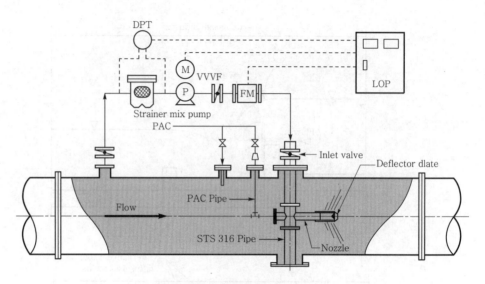

(c) 순간 혼화기(Instantaneous flash mixer)

[그림 2-205] 급속혼화방식(예)

송풍기의 장시간 사용으로 풍량이 부족하거나 설계 시 과다한 압력 여유로 풍량이 과다할 때 조치방법

1. 개요

풍량은 송풍기가 단위시간 동안에 흡입하는 기체의 유량을 말하며 통상 m^3/min으로 표시한다. 송풍기에서 사용되는 풍량은 송풍기 토출구로 나가는 유량이 아니고 송풍기 흡입구로 들어오는 유량, 즉 흡입풍량으로 정의된다. 그러나 압력비가 1.03 이하인 경우에는 토출풍량을 흡입풍량으로 보아도 큰 차이가 없다. 결국 송풍기 설계 시에는 주어진 풍량을 실제의 압력, 온도, 습도의 상태로 환산하여 사용하게 된다(단위 : m^3/min, m^3/h, $N \cdot m^3/min$, CFM).

2. 송풍기의 장시간 사용으로 풍량이 부족하거나 설계 시 과다한 압력여유로 풍량이 과다할 때 조치방법

1) 풍량이 부족할 때

Fan을 사용 중에 일정 시간이 경과하면 유로의 막힘, 설비의 추가 등으로 인하여 시스템저항(압력손실)이 증가하게 된다. 이런 경우 Fan의 특성곡선이 좌측으로 이동하고 풍량이 줄어들게 된다. 설비추가의 경우는 기존 Fan의 여유가 많지 않으면 Fan의 용량을 키워서 교체하는 것이 일반적이지만 장기사용으로 인하여 저항이 증가되었을 때는 다음의 방법으로 풍량을 키울 수 있다.

① 시스템 점검 : 저항을 줄일 수 있는 부분이 있는지 점검하여 조치한다. 시스템 중의 Damper를 열고 Bag Filter의 Bag 교체, Duct 내부청소를 하여 개구율을 높여주면 저항(압력손실)이 줄어들어 풍량이 증가한다.

② 회전수 증가 : Fan의 법칙에 따라 회전수를 증가시키면 풍량과 압력이 증가한다. Belt를 사용하는 경우는 가능하지만 Coupling을 사용하는 경우는 적용하기 어렵다. 특히 축동력은 회전수비의 3승에 비례해서 증가하므로 축동력이 초과하지 않도록 주의해야 한다.

③ Impeller Dia-up : Impeller의 직경을 키워주는 방법도 5% 이내에서는 회전수를 변경해주는 것과 동일한 효과를 얻을 수 있지만 Casing과의 접촉, 특성변화 등으로 인하여 직경의 5% 이상 키우기는 어렵다.

②, ③의 경우는 Fan의 수명(강도) 저하, 소음·진동(unbalance) 발생의 우려가 있으므로 충분한 검토가 이루어져야 한다.

2) 풍량이 과다할 때

시스템 설계 시에 Duct, 설비의 압력손실을 너무 크게 보거나 압력여유를 너무 많이 주게 되면 Fan 운전 중에 시스템 저항이 너무 작아 특성곡선의 우측으로 치우쳐서 풍량이 과잉된다. 이 경우에는 시스템저항을 키워주어야 하는데, 다음의 방법으로 풍량을 줄일 수 있다.

① Damper에 의한 저항 증가 : 시스템 중의 Damper를 닫으면 저항이 증가하여 풍량이 감소한다. 이 방법이 가장 간단하고 비용이 적게 들지만 운전효율이 나빠서 동력절감의 효과는 나쁘다.

② 회전수 감소 : Fan의 법칙에 따라 회전수를 낮추면 풍량과 압력이 감소한다. Belt를 사용하는 경우는 가능하지만 Coupling을 사용하는 경우는 적용하기 어렵다. 특히 축동력은 회전수비의 3승에 비례해서 감소하므로 동력절감효과가 크다.

③ Impeller Dia-cut : Impeller의 직경을 줄여주는 방법도 5% 이내에서는 회전수를 변경해주는 것과 동일한 효과를 얻을 수 있지만 조정 후에 Balance를 조정해 주어야 한다.

Section 105

진공펌프에서 압력 단위로 사용되는 토르(torr)

1. 진공도의 단위

한국공업규격(KS)에서는 진공도의 단위로 Torr와 Pa을 규정하고 있으나, 일반적으로 Torr가 널리 사용되고 있다. Torr는 mmHg와 동일한 단위이며, cmHg도 단지 mm를 cm로 표시한 것으로 같은 개념이다. 그러나 독일공업규격(DIN)에서는 mbar를 사용하고 있는데, 이는 대기압을 CGS단위 표시인 dyne으로 나타내는 것으로, 1mbar는 1cm에 대하여 1,000dyne의 힘이 작용하는 압력을 나타낸다. 이를 좀 더 쉽게 이해하기 위해 대기압을 우선 g로 나타내어 보면 1기압=76cmHg으로 76cm인 수은주의 부피=1cm(수은주의 단면적)+76cm=76cc, 76cc+13.6(수은의 비중)+1033.6g가 되고 1g=980dyne이므로 1033.6g+980dyne=1,012,928dyne=1013.3mbar, 즉 1기압=1013.3mbar가 되는 것이다.

그 밖에 종종 쓰이는 진공도의 단위로는 inHg와 %가 있다. inHg는 수은주의 길이를 단지 inch로 표시한 것에 불과하며, %는 완전진공 상태를 가정하여 100% 진공으로 보고, 대기 상태를 0% 진공으로 하여 진공도를 표시하는 것이다. 그 외에도 bar, Psi, lbf in, inHO, mmHO 등이 있다.

2. 절대 진공도와 게이지 상의 진공도

진공도 단위를 사용함에 있어서 자주 혼동을 일으키는 것이 절대 진공도와 게이지상의 진공도이다. 게이지상의 진공도는 절대 진공도와는 역으로 대기압을 0으로 놓고 완전진공을 760mmHg 또는 76cmHg로 표시하는 것으로, 일부 부르동 게이지의 눈금이 관념상 또는 계산상의 편의를 위해 이와 같이 표기한 데서 비롯되고 있다. 진공도 단위를 Torr Abs.(토르로 표시된 절대 진공도)로 통일하여 사용하기로 하고, 단순히 Torr라고만 표시된 경우에도 Torr Abs.를 나타내는 것으로 한다. 그 이외의 다른 진공도 단위에 대해서는 [표 2-23]을 사용하면 Torr Abs.로 쉽게 환산할 수 있다.

[표 2-23] 진공 단위 환산표

단위	torr(mmHg)	atm	dyne/cm²(μPa)	kg/cm²	1b/in²(psi)	N/m²(Pa)
torr(mmHg)	1	1.316×10^{-3}	1.36×10^{-3}	1.36×10^{-3}	1.36×10^{-3}	1.333×10^{2}
atm	760	1	1.0133×10^{6}	1.033	14.07	1.0133×10^{5}
dyne/cm²(μPa)	7.501×10^{-4}	9.869×10^{-7}	1	1.02×10^{-6}	1.450×10^{-5}	0.1

단위	torr(mmHg)	atm	dyne/cm²(μPa)	kg/cm²	1b/in²(psi)	N/m²(Pa)
kg/cm²	735.6	9.678×10^{-1}	9.807×10^{5}	1	14.22	9.807×10^{4}
b/in²(psi)	51.72	6.805×10^{-2}	6.805×10^{4}	7.031×10^{-2}	1	6.895×10^{3}
N/m²(Pa)	7.501×10^{-3}	9.869×10^{-6}	10	1.020×10^{-5}	1.450×10^{-4}	1

Section 106 가스터빈의 성능에 영향을 미치는 주요 인자

1. 대기온도

가스터빈은 공기를 흡입하는 엔진이므로 압축기 입구공기의 질량유량과 밀도의 영향 등 많은 요인에 의해서 성능이 변화한다. 즉 15℃ 1.013bar의 표준기후조건을 벗어날 경우 뚜렷한 성능의 변화를 보인다. 대기온도가 낮아지면 공기밀도가 상승하여 유입공기의 질량유량이 증가하고, 이로 인해 연소기에서는 일정한 터빈 입구온도로 가열되어야 하므로 연료소비가 증가하여 결국 터빈출력을 증가시킨다.

연료소비의 증가보다 출력 상승의 효과가 크기 때문에 열소비율은 대기온도가 저하함에 따라 감소한다. 각각 가스터빈은 온도-영향곡선을 가지고 있으며, 공기질량 유량뿐만 아니라 효율과 사이클 매개변수에 따르는 온도-영향곡선을 가지고 있다.

대기온도의 변화에 따른 가스터빈의 성능 변화는 [표 2-24]와 요약된다.

[표 2-24] 대기온도의 변화에 따른 가스터빈의 성능 변화

구분		대기온도 증가 시	대기온도 1℃ 증가 시(GE)
출력		감소	0.35 감소
효율		감소	-
열소비율		증가	0.1% 증가
연료소비량		감소	0.25% 감소
압축기	압축비	감소	0.2% 감소
	출구온도	증가	1.3℃ 증가
온도	연소기	증가	0.2℃ 증가
	배가스	증가	0.9℃ 증가

2. 습도

습한 공기는 건조한 공기보다 밀도가 더 작아서 흡입공기의 질량유량뿐 아니라 엔탈피 변화를 초래하여 출력과 열소비율에 영향을 준다. 일축형 가스터빈은 포화습도가 증가함으로써 출력과 효율이 저하되는데, 이것은 습도로 인하여 공기밀도의 손실이 커지기 때문이다.

습도의 변화에 따른 가스터빈의 성능 변화는 [표 2-25]와 같이 요약된다.

[표 2-25] 습도의 변화에 따른 가스터빈의 성능 변화

구분		습도 증가 시	습도 0.01 증가 시(GE)
출력		감소	0.1% 감소
효율		감소	–
열소비율		증가	0.36% 증가
연료소비량		감소	0.26% 감소
압축기	압축비	감소	0.4 % 감소
	출구온도	감소	3.9℃ 감소
온도	연소기	감소	4.3℃ 감소
	배가스	증가	1.8℃ 증가

3. 고도와 대기압

가스터빈 설치 위치가 높아지면 공기밀도가 감소하고 공기밀도 감소에 따라 연소기로 유입되는 공기의 질량유량이 감소하여 출력은 감소하게 된다.

출력과 공기의 질량유량이 비례적으로 감소할 때 열소비율과 가스터빈 사이클의 성능과 관련된 다른 요소는 영향이 없다.

대기압의 변화에 따른 가스터빈의 성능 변화는 [표 2-26]과 같이 요약된다.

[표 2-26] 대기압의 변화에 따른 가스터빈의 성능 변화

구분	대기압 증가 시	대기압 1% 증가 시(GE)
출력	증가	1.01% 증가
효율	불변	–
열소비율	불변	불변
연료소비량	증가	1.01% 증가

구분		대기압 증가 시	대기압 1% 증가 시(GE)
압축기	압축비	불변	불변
	출구온도	불변	불변
온도	연소기	불변	불변
	배가스	불변	불변

4. 입구 및 배기압손실

가스터빈 압축기 입구측에 공기필터, 소음기, 증발냉각기, 또는 냉동기 등이 설치됨으로서 입구압력이 저하되고 가스터빈 출구측의 HRSG 설비의 설치로 출구압력이 저하되면 출력과 효율이 저하되고 배기가스 온도는 상승하게 된다.

입구 및 배기압손실의 변화에 따른 가스터빈의 성능 변화는 [표 2-27]과 같이 요약된다.

[표 2-27] 입구 및 배기압손실의 변화에 따른 가스터빈의 성능 변화

구분		입구 및 배기압손실 증가 시	입구손실	배기압손실
			1inch H_2O인 경우(GE)	
출력		감소	0.45% 감소	0.2% 감소
효율		감소	–	–
열소비율		증가	0.14% 증가	0.14% 증가
연료소비량		감소	0.32% 감소	0.07% 감소
압축기	압축비	감소	0.02% 감소	0.02% 감소
	출구온도	감소	0.1℃ 감소	0.1℃ 감소
온도	연소기	감소	1℃ 감소	1℃ 감소
	배가스	증가	0.1℃ 증가	0.1℃ 증가

5. NO_x 희석제 주입량

물 · 증기의 주입으로 인하여 터빈입구에서의 유량이 증가하여 출력이 증가한다. 물 주입 시에는 물의 증발잠열 때문에 열소비율이 나빠지고, 증기 주입 시 열소비율이 양호하여 가스터빈의 성능이 향상된다. 그러나 증기는 열원이기 때문에 증기의 공급에 따른 발전소 전체의 효율을 고려하여 면밀하게 검토해야 한다.

NO_x 희석제 주입에 따른 가스터빈의 성능 변화는 [표 2-28]과 같이 요약된다.

[표 2-28] NO$_x$ 희석제 주입에 따른 가스터빈의 성능 변화

구분		희석제 주입		물/연료	증기/연료
		물	증기	1.0 주입 시 (GE)	
출력		증가	증가	7.43% 증가	6.79% 증가
효율		감소	증가	–	–
열소비율		증가	감소	3.9% 증가	2.78% 감소
연료소비량		증가	증가	11.63% 증가	3.82% 증가
압축기	압축비	증가	증가	3.11% 증가	2.78% 증가
	출구온도	증가	증가	10.2℃ 증가	9.1℃ 증가
온도	연소기	감소	감소	37.1℃ 감소	29.4℃ 감소
	배가스	감소	감소	13.2℃ 감소	11.8℃ 감소

6. 연료 유형

가스터빈은 연소가스 열에너지의 질량유량과 가스터빈을 통과하는 연소가스 온도차에 의해서 일을 수행하며, 질량유량은 압축기 공기량과 연료량의 합으로 정의한다. 또 열에너지는 연료와 연소생성물에 의해서 발생한다.

일반적으로 천연가스(LNG)가 경유(D.O)보다 출력이 약 2% 정도 높은데, 이는 LNG 연소생성물의 비열이 경유보다 더 높기 때문이다. 또한 천연가스의 주성분인 메탄의 H/C(수소/탄소)의 비율이 높아 연소 시 많은 수증기를 생성하여 연소생성물의 비열이 높아지기 때문이다.

연료 유형에 따른 가스터빈의 성능 변화는 [표 2-29]와 같이 요약된다.

[표 2-29] 연료 유형에 따른 가스터빈의 성능 변화

구분		연료유형	D.O 대비 LNG 연소 시(GE)
출력		LNG 〉 D.O	2.06% 증가
효율		LNG 〉 D.O	–
열소비율		LNG 〈 D.O	0.82% 감소
연료소비량		LNG 〉 D.O	1.22% 증가
압축기	압축비	LNG 〉 D.O	0.35% 증가
	출구온도	LNG 〉 D.O	1.1℃ 증가
온도	연소기	LNG 〈 D.O	1.4℃ 감소
	배가스	LNG 〈 D.O	1.5℃ 감소

7. 연료공급온도

가열된 연료 사용 시 연소온도에 도달하기 위한 총가스온도 상승에 필요로 하는 연료량이 감소되기 때문에 터빈효율이 높아지나 체적유량의 증가가 감소하기 때문에 결과적으로 터빈출력은 미세하게 낮아진다.

8. 발전기역률

발전기역률 변화에 따른 가스터빈의 성능 변화는 [표 2-30]과 같이 요약된다.

[표 2-30] 발전기역률 변화에 따른 가스터빈의 성능 변화

구분		발전기역률 증가 시	역률 0.1 증가 시(GE)
출력		증가	0.27% 증가
효율		증가	–
열소비율		감소	0.27% 감소
연료소비량		불변	불변
압축기	압축비	불변	불변
	출구온도	불변	불변
온도	연소기	불변	불변
	배가스	불변	1.5℃ 감소

9. 시간경과에 따른 성능 변화

① 가스터빈 운전 시간이 경과함에 따라서 공기, 물 또는 연료 중의 오염물질에 의한 터빈 블레이드의 부식 및 침식, 블레이드 부착물, 밀봉간극이 증가하여 성능이 저하한다.
② 운전시간 경과에 따른 성능 저하는 제작사에서 제공하는 곡선에 따른다.

10. 압축기 공기 추출

가스터빈 압축기로부터 공기를 추기하는 것은 서지(Surge)방지를 위해 바람직하며 압축기 출구 케이싱과 배관의 변경 없이 약 5% 이상 공기를 추기할 수 있으며, 대기압력과 대기온도는 가스터빈 설치 상태와 기계 형식에 따라 결정된다.

케이싱, 배관, 조정장치들의 수정과 연소기 배치에 따라서 6~20%까지도 공기추기가 가능하다. 이때 각각의 사례별로 검토하여 적용해야 하며 공기추기를 20% 이상 할 경우 가스터빈 케이싱과 설비배치를 전면적으로 수정해야 한다.

경험적으로 1% 추기 시 2%의 출력손실이 발생하는 것으로 나타났다.

11. 압축기 환경에 따른 성능 변화

① 블레이드의 오염 및 손상은 압축기 유량과 효율 모두를 감소시키며, 가스터빈 출력을 감소시키고 열소비율을 증가시킨다. 동시에 압축기 압력비는 터빈 노즐을 통과하는 질량유량의 감소 때문에 낮아진다.

② 20미크론 이하의 입자는 부식률이 커 성능 저하를 가져오는 반면 10미크론 이하의 입자는 과도한 침식은 일으키지 않는다.

③ 압축기 오염은 일반적으로 오일 베이퍼, 매연, 염분과 같은 고착성 물질의 섭취로 인해 생성되며, 일반적으로 성능손실의 70~85%는 압축기 블레이드 오염 때문이다.

Section 107

밸브의 설계조건

1. 설계조건

프로세스계통에 있어서 계통의 원활한 운전과 기능유지를 위해서는 제어요소인 각 밸브에서의 기능이 문제가 된다. 이들 밸브기능의 문제는 프로세스계통 설치 시 충분하게 고려되어야 한다. 이 밸브의 기능문제를 두고 기능을 설계목표 이상으로 건전하게 유지시키는 것이 바로 밸브설계의 조건이며 다음과 같다.

① 밸브는 구조적으로 충분한 강도를 가져야 한다. 즉 프로세스의 운전온도, 운전압력, 유체의 밀도, 유체의 수송속도 등이 계통 내의 하중이 되고, 프로세스에 가해지는 배관진동, 밸브구동장치에서의 추력 및 자체 하중, 지진 등의 고려, 배관 파단으로 생길 수 있는 배관 떨림(pipe whipping) 등이 계통 외의 하중이 될 것이다. 이러한 프로세스계통 내외에서의 과도한 하중으로 인하여 밸브의 일부가 손상되어 제어기능을 불안하게 할 경우라든가 운전에 지장을 초래한다면 전체 프로세스계통의 기능유지 등 그 영향은 점차 매우 어려운 상태에 이를 수도 많다.

② 구조적으로 각 밸브 구성부품의 형상이 기능 및 운전성 유지에 적합해야 한다.

③ 사용조건인 프로세스계통의 운전환경, 수송유체의 종류, 계통의 제어목적 및 공공의 안전에 관련된 설계요구사항 등에 밸브의 사용목적이 적합해야 한다.

밸브에 관한 이러한 관점은 각국의 밸브에 관한 표준규격이나 고압가스협회 등에서 밸브에 요구하는 법적인 규제 또는 설계요건사항들을 보면 알 수 있다.

2. 밸브의 역할

밸브를 프로세스계통의 구조해석상 관점에서 그 역할을 구분하면 다음의 세 가지로 설명할 수 있다.

① 계통에 대한 능동적 부품(active component)으로써의 밸브 프로세스 : 계통의 일부 또는 전체 계통을 사고로부터 완화시키거나 정지시킬 때 필요한 계통의 한 부품으로서의 역할이다. 이는 프로세스계통의 기능상 이 부품의 역할이 매우 중요함으로 밸브의 구조강도를 충분히 유지함은 물론 계통의 어떤 사고나 피로 등에 의한 파괴로부터 더 이상의 연속적인 계통 손상을 방지하기 위해 계통의 한 구성부품인 밸브가 능동적으로 계통의 기능을 보호하는 역할을 수행해야 한다. 통상 이러한 경우를 고려하여 실제의 밸브 운전조건이나 설계조건보다도 더욱 가혹한 비정상적인 프로세스를 고려하여 설계·제작되는 것이 일반적이다.

② 계통에 대한 밸브의 기능상의 능력(Functional Capability) : 프로세스의 가혹한 운전조건하에서는 계통 및 밸브자체의 치수 안전성을 유지하며 계통 운전이 원활히 되도록 정격유량을 수송 또는 제어하는 능력을 갖고 있어야 한다.

③ 밸브 자체의 운전성으로 설계 및 사용조건 밸브 : 자체의 운전성으로 설계 및 사용조건 하에서 규정된 안전 기능을 충족하면서 요구되는 밸브 그 자체는 30~40여 개의 부품으로 조립되는 비교적 간단한 기기이지만 높은 압력과 온도 그리고 급격한 에너지의 변화가 밸브의 트림(밸브의 유체 접촉부로써 교환될 수 있는 밸브 구성부품)의 조작부에서 이뤄지므로 각 구성부품들이 이러한 환경에 충분히 견딜 수 있는 구조로 되어 있어야 한다. 이와 같이 밸브는 프로세스계통에 대한 능동적인 역할과 밸브 자체의 기능 및 운전성의 유지로 계통의 기능 및 운전을 원활하게 수행할 수 있도록 하는 것이다.

Section 108 증기터빈을 구성하는 주요부의 기능

1. 개요

화력용 터빈설비는 증기조건의 향상과 단기용량의 증대로 인해 그 설비의 사이클 구성이나 계통이 커지게 됨으로써 복잡해지고 있다. 이는 증기조건이 향상되어 터빈 사이클에 재생·재열방식을 적용한다거나 보일러가 자연 순환방식에서 강제 유동방식으로 변화되었고, 급수처리가 보다 엄격해졌기 때문이다. 또한 단기용량의 증대로 인해 터빈의 차실이 2개에서 3~5개로 늘어난 것도 하나의 원인이다. 게다가 성능이나 열효율 향상을 위해 급수펌프(BFP)가 단순한 전동기 구동방식에서 증기터빈 구동방식으로 변하고 있다. 이러한 변혁에 대처하기 위해 항상 성능 및 신뢰성 향상을 중심으로 한 연구개발이 이루어지면서 현재의 터빈설비 구성에 이르게 되었다.

2. 증기터빈을 구성하는 주요부

① 터빈·발전기 : 증기터빈 및 발전기는 설비 중에서 가장 주요한 기기이다. 일반적으로 주기(主機)라고도 불리며 발전소 본관 내에 설치된다. 설비의 용량은 터빈·발전기의 정격으로 표시된다.

② 복수설비 : 증기터빈의 배기를 복수시키는 기능을 가진 설비로 일본에서는 냉각수로 해수가 폭넓게 사용되고 있다. 외국에서는 내륙화력이 많아서 냉각수로는 하천이나 호수가 많이 사용되고 있다. 물의 제한으로 인해 냉각원을 사용할 수 없는 경우에는 냉각탑을 사용하는 경우도 많다.

③ 냉각수 설비 : 냉각수 설비는 사용하는 냉각수에 따라 구성기기나 계통이 달라진다. 일본에서 널리 사용되고 있는 해수의 경우에는 취수구, 스크린, 취수로, 방수구, 방수로, 배관, 순환수 펌프 등이 주요 기기이다. 냉각탑을 사용하는 경우에는 습식 냉각탑인지 건식 냉각탑인지에 따라 설비가 매우 다르다.

④ 급수가열설비 : 터빈설비의 열효율을 향상시키기 위해 재생사이클이 사용되고 있다. 급수가열기는 급수를 터빈 추기(抽)로 가열하는 것이다. 급수가열장치 안에는 탈기기가 설치되어 있는데, 이는 급수 중의 용존(溶存)산소를 탈기하는 기능을 가지고 있다.

⑤ 급수펌프 : 보일러로 급수하기 위한 펌프로 일반적인 설비에서는 탈기기의 출구 쪽에 배치된다. 이 펌프는 설비의 보충기계 중에서 가장 중요한 것이므로 2대 이상 설치되는 경우가 많다.

⑥ 급수·복수처리설비 : 설비에 필요한 물은 외부에서 도입되는데 보일러에서 필요로 하는 물의 순도가 매우 엄격하므로 보급수는 계통에 넣기 전에 충분히 처리하여 고순도의 물로 만들어야 한다. 관류 보일러의 경우에는 더욱더 수질관리를 엄격하게 할 필요가 있으며, 복수기 출구의 복수 계통에도 탈염장치 등을 설치한다. 또한 철분 제거를 위해 탈염장치 상류에 전자필터를 설치하는 경우가 있다.

⑦ 기타 부속설비 : 설비마다 계통이나 설비가 다르기 때문에 각각 필요한 설비가 서로 다른데, 그 주요사항은 건옥(建屋), 각종 건축물, 배관, 변 등이다.

Section 109 펌프의 흡입관 설계 시 주의할 점

1. 개요

펌프의 흡입배관은 안정적인 운전을 위해 흡입조건에 대한 충분한 검토가 되어야 하며, 토출배관과는 달리 유체흐름이 부드럽게 형성되도록 최대한의 배려를 해야 한다. 흡입배관의 오류로 인하여 펌프의 불안정 운전이 이루어지면, 이를 보수하기 위해 많은 비용과 시간을 투자해야 하므로 흡입배관 계획 시에는 현장의 운전조건을 면밀하게 검토해야 한다. 특히 흡상운전의 경우는 심사숙고하여 배관을 계획 및 시공해야 한다.

2. 펌프의 흡입관 설계 시 주의할 점

흡입배관에 계획 및 시공 시 주의사항은 아래와 같다.

① [그림 2-206]과 같이 펌프의 흡입관에서 편류나 선회류가 생기지 않게 설계해야 한다.

② 관의 길이는 가능한 짧게 하고 곡관의 수는 될수록 줄이며 손실 헤드를 적게 해야 한다.

③ [그림 2-207]과 같이 배관은 공기가 모이지 않는 형태로 하고 펌프를 향하여 약 1/50 정도의 올림 구배가 되도록 하며 공기가 모이는 부분은 배기할 수 있도록 해야 한다.

④ 흡입배관 내의 압력은 보통 대기압 이하가 되므로 공기 누설이 없는 관이음을 선택해야 한다.

⑤ 흡입관 끝에 스트레이너 또는 푸트밸브를 장치할 경우에는 찌꺼기가 있을 때 청소할 수 있도록 고려해 두는 것이 바람직하다.

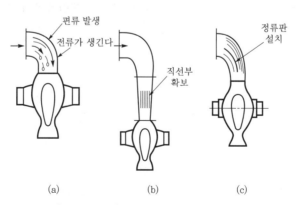

[그림 2-206] 곡관에 따른 편류의 방지법

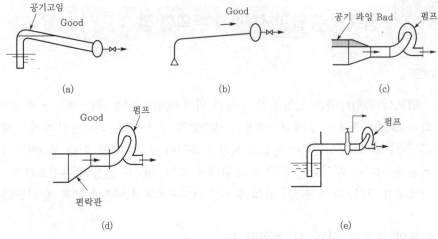

[그림 2-207] 펌프 흡입관의 설치 예

⑥ [그림 2-207]의 (e)의 경우 흡입관의 입구는 수조 바닥으로 부터 흡입관 구경의 0.7배에서 1배 이상 이격시킴으로써 유체의 흡입이 원활하도록 설계되어야 한다.

Section 110 수차(Hydraulic Turbine)에서 조속기(Governor)의 역할과 적용 및 기능

1. 역할

조속기는 발전, 양수 시 SSG(신호발생장치)에서 신호를 발생하여 전기적인 시스템에 의해서 증폭된 신호를 기계적으로 바꾸어 가이드 베인을 열고 닫힘에 의해 출력을 조절하는 장치이다.

2. 종류

① 기계식 조속장치(mechanical hydraulic control) : 터빈 축에 직결되어 회전하는 원심추의 원심력 변화를 이용하는 조속장치로 추의 원심력과 스프링의 장력 차이에 의해 제어된다.

② 전기식 조속장치(electro hydraulic control) : 검출된 주파수와 규정주파수와의 차이에 의하여 터빈의 속도를 가감하는 방식으로 주파수 변화에 따라 제어전류가 증감되어 조절밸브와 개도를 조정한다. 전기식 조속기(analogue governor)와 전자식 조속기(digital governor)로 구별한다.

③ 유압식 조속장치 : 터빈축에 별도의 조속기용 원심펌프를 설치하여 축의 회전속도 변화에 따라 유압이 변동되므로 이에 의하여 조절밸브의 개도를 조절한다.

3. 조속기 부속장치(수력용)

제압장치는 다음과 같다.

① Deflector : 펠톤수차에 적용되는 제압장치로서 부하의 급격한 감소로 인하여 니들 밸브가 닫힐 경우 수압관 내의 수압 상승을 방지하기 위해 분사수의 방향을 바꾸 어 배출하는 방식이다.

② 수압조정기 : 중낙차 이상의 프란시스수차에 적용되는 제압장치로 수압관 내의 수 압이 상승할 때 이를 분출하여 수압을 조정하는 장치이다.

③ 수위조정기 : 수조 수위의 변화에 응하여 수차수구의 개도를 가감하여 항상 취수량 에 적합한 발전력을 발생하도록 하는 장치이다.

4. 조속기의 특성

① 속도조정률(droop characteristic) : 2대 이상의 동기 발전기가 서로 병렬운전되는 경 우 부하의 변동에 대응하여 각 발전기가 속도조정률을 정해놓지 않으면 각 발전기 가 서로 부하변동률을 분담하기 위해 출력을 조정함으로써 난조를 일으킬 우려가 있다. 속도조정률은 발전기를 전부하에서 무부하 차단하였을 경우 속도 변화량을 정격속도의 백분율로 표시한 것이다.

② 속도변동률 : 부하변동 시 조속기가 수차의 속도를 조정하여 새로운 부하에 대응하 는 안정된 속도에 도달할 때까지 터빈 및 수차의 속도는 과도적으로 변하게 되는 데, 이때 순간적으로 도달한 최대 속도의 변화분을 정격속도의 백분율로 표시한 것 을 말한다.

Section 111
수력반경(Hydraulic radius)에 대하여 설명하고, 한 변 의 길이가 a인 정사각형관의 수력반경

1. 윤변(S : wetted perimeter)

유수단면과 수로 벽이 접하는 길이로 유체와 수로의 벽 사이에 마찰이 일어나는 부분 의 길이이며 동일한 유수단면적일 경우 윤변이 짧을수록 좋은 수로이다.

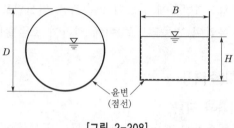

[그림 2-208]

2. 수력반경(수리반경, Hydraulic radius)

$$수력반경(R) = \frac{유수단면적}{윤변} = \frac{A}{S}$$

마찰이 작용하는 윤변 단위길이당 유수단면적의 크기로 경심이 클수록 수리학적으로 유리한 단면이다.

① 직경 D인 만수 원형관의 경우 : $S = \pi D$, $A = \frac{\pi D^2}{4}$, $R = \frac{A}{S} = \frac{\frac{\pi D^2}{4}}{\pi D} = \frac{D}{4}$

② 깊이 H, 폭 B인 직사각형 수로인 경우 : $S = B + 2H$, $A = BH$, $R = \frac{BH}{B+2H}$

Section 112 사이펀 손실수두 h_L(m) 계산

1. 사이펀(siphon)

[그림 2-209]에서 나타난 것과 같이 밀폐관에 의해 수조의 자유표면보다 높은 위치로 액체를 밀어 올렸다가 더 낮은 위치로 송출하는 밀폐관을 사이펀이라 한다. 이 사이펀은 정점 s 부근에서 발생하는 낮은 압력 때문에 성능에 어느 정도의 제한을 받는다.

유동에서 사이펀 내부가 액체로 완전히 차 있다고 가정하고, 1점에서 2점까지 에너지 방정식을 적용하면 다음의 식을 얻을 수 있다.

$$H = \frac{V^2}{2g} + K\frac{V^2}{2g} + f\frac{L}{D}\frac{V^2}{2g}$$

이때 K는 모든 부차손실계수의 합이다. 여기서 속도수두항을 빼내면 다음과 같다.

$$H = \frac{V^2}{2g}\left(1 + K + \frac{fL}{D}\right) \tag{2.99}$$

이것은 첫 번째 혹은 두 번째 유형의 단순한 파이프 문제로서 같은 방법으로 풀이될 수 있다. 송출량이 주어져 있을 때는 H에 대한 해가 바로 얻어지지만 H가 주어지고 속도에 대한 해를 구하려면 f를 가정하여 시행오차법으로 구해야만 한다.

정점 s에서의 압력은 식 (1)을 푼 뒤 1점과 s점 사이에 에너지방정식을 적용하여 구하면 그 결과는 다음과 같다.

$$0 = \frac{V^2}{2g} + \frac{p_s}{\gamma} + y_s + K' \frac{V^2}{2g} + f\frac{L'}{D}\frac{V^2}{2g}$$

이때 K'은 두 점 사이의 부차손실의 합이고, L'은 s로부터 상류쪽 수로의 길이이다. 압력에 대하여 풀면 다음과 같다.

$$\frac{p_s}{\gamma} = -y_s - \frac{V^2}{2g}(1 + K' + f\frac{L'}{D}) \tag{2.100}$$

이 식은 압력이 음의 값임을 보여 주고 있고, y_s와 $V^2/2g$에 따라 감소함을 보여 준다. 만일 이 식의 해 p_s/γ가 액체의 증기압과 같거나 낮을 경우, 유체의 액주 부분이 기화하게 되며, 이는 에너지방정식이 유도될 때 도입되었던 비압축성의 가정 때문이다.

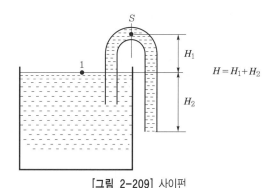

[그림 2-209] 사이펀

Section 113 **수차(Hydraulic Turbine)설비에 있어 흡출관(Draft Tube) 을 설치하는 이유와 수차의 공동현상(Cavitation)**

1. 흡출관(draft tube)

1) 개요

① 충동식인 펠톤수차에서는 노즐로부터 대기 중으로 물을 분사하여 압력수두를 대

부분 속도수두로 바꾼다. 이때 펠톤수차는 고낙차에 적용되기 때문에 버킷을 지 난 다음 방수면까지의 손실수두는 거의 무시할 수 있을 정도이다.

② 반동식 수차의 경우 충동력도 있지만 유수의 방향이 바뀌는 것에 의한 반동력을 이용하여 런너를 회전시킨다. 이때 프란시스수차 등의 반동식 수차는 적용 낙차 가 작으므로 수차의 런너 출구로부터 방수면까지를 관으로 연결하고, 여기에 물 을 충만시켜서 흘려줌으로써 런너 출구로부터 방수면까지의 낙차도 유효하게 이 용을 할 수가 있는데, 그 접속관을 흡출관이라 한다.

2) 기능

① 런너와 방수면 간의 정낙차를 유효하게 이용한다.

② 런너로부터 방출된 물이 가지고 있는 운동에너지를 위치에너지로 회수함으로써 흡출관 출구에서의 폐기손실을 줄인다.

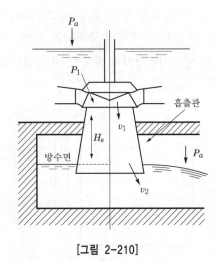

[그림 2-210]

3) 원리

① 베르누이의 정리를 적용하면 다음과 같다.

$$\frac{P_1}{\gamma_w} + H_s + \frac{v_1^2}{2g} = \frac{P_a}{\gamma_w} + \frac{v_2^2}{2g} + \xi \frac{v_1^2}{2g}$$

여기서, $P_1(\mathrm{kgf/m^2})$, $v_1(\mathrm{m/s})$: 런너 출구에서의 압력 및 유수의 속도

$P_a(\mathrm{kgf/m^2})$, $v_2(\mathrm{m/s})$: 흡출관 출구에서의 압력(대기압) 및 유수의 속도

H_s : 흡출고(m)

γ_w : 비중량($\mathrm{kgf/cm^3}$)

$\xi \dfrac{v_1^2}{2g}$: 런너 출구로부터 흡출관까지의 손실수두(m)

② 위 식을 다음 식과 같이 고쳐 쓴다.

$$H_s + \left(\frac{v_1^2}{2g} - \frac{v_2^2}{2g} - \xi \frac{v_1^2}{2g} \right) = \frac{P_a}{\gamma_w} - \frac{P_1}{\gamma_w}$$

런너 출구에서의 압력 P_1을 낮게 유지함으로써 압력수두가 커진다. 즉 회수 가능한 유효낙차 H_s가 커진다. 흡출관 출구에서의 폐기 속도수두 $\frac{v_2^2}{2g}$을 줄이기 위해 아래쪽으로 갈수록 단면을 크게 만들고 런너 출구로부터 흡출관까지의 손실수두 $\xi \frac{v_1^2}{2g}$을 줄일수록 역시 회수 가능한 유효낙차, 즉 흡출고 H_s가 커진다.

4) 흡출고

① 위 식에서 알 수 있듯이 흡출고 H_s는 대기압의 압력수두인 $\frac{P_a}{\gamma_w} = 10.33\text{m}$를 넘을 수 없다.

② 흡출고는 특유속도에 따라서 다르기는 하지만 캐비테이션의 발생 때문에 더욱 제약을 받게 되는데, 흡출고에 따른 캐비테이션의 발생을 나타내는 계수를 캐비테이션계수 또는 토마계수(Thoma Coefficient)라 하며 다음과 같다.

$$\sigma = \frac{H_a - H_v - H_s}{H} \fallingdotseq \frac{H_a - H_s}{H}$$

여기서, H : 유효낙차(m)

$\qquad H_a$: 대기압에 상당하는 수두(m)

$\qquad H_v$: 현재의 물의 증기압에 상당하는 수두(m)($\fallingdotseq 0$)

$\qquad H_s$: 흡출고(m)

③ 흡출고를 낮은 크기에서 높여가면 어떤 높이에서부터 캐비테이션이 발생하기 시작하는데, 이처럼 캐비테이션이 발생하여 효율이 저하하기 시작하는 순간의 토마계수를 임계토마계수 σ_c라 한다.

④ 즉 흡출고 H_s가 클수록 또는 토마계수가 작을수록 캐비테이션이 잘 발생하므로 흡출고를 지나치게 높게 잡지 않아야 하는데, 일반적으로 토마계수는 임계토마계수보다 약간 큰 값이 된다.

$$\sigma \fallingdotseq 1.2\sigma_c$$

⑤ 이상에서 흡출고는 캐비테이션을 고려하여 6~7m 이하로 하며, 비속도가 큰 저낙차의 대용량 수차에서는 2~3m 정도로 제한된다.

2. 캐비테이션(Cavitation, 空洞현상)

1) 캐비테이션의 개념

운전 중인 수차 또는 펌프수차 각 부분의 유속 및 압력은 각각 다르며, 수압관 내를 흐르고 있는 물의 일부에 압력이 그때 수온의 포화증기압 이하인 곳(압력이 낮은 곳이나 진공부)이 생기면 물속에 녹아 있는 공기가 유리되어 기포가 되거나 물이 증기로 증발하여 물과 함께 이동한다.

이러한 기포상이 압력이 높은 곳에 도달하면 갑자기 터지면서 주위의 물체에 기계적 충격을 주게 된다. 위와 같은 작용이 반복되면 수차의 효율 저하, 진동, 소음 및 런너나 버킷의 침식 등을 일으키는데, 이를 캐비테이션이라 한다.

2) 캐비테이션의 장해

① 침식(부식) 발생
  ㉠ 펠톤 수차 : 제트노즐 내부, 니들 팁, 버킷 부분
  ㉡ 프란시스 수차 : 안내 날개, 특히 런너 부분
  ㉢ 카플란 수차 : 날개 뒷면
② 진동 발생
  ㉠ 런너 부분의 진동 : 캐비테이션이 런너의 출구 부분에 생겼을 경우 경부하 또는 과부하 시 흡출관측의 저주파 진동과 중복해서 고주파 진동이 발생하기도 한다.
  ㉡ 흡출관의 진동 : 흡출관 내에 캐비테이션이 발생할 경우 진공 상태의 불균형에 의해 진동이 발생한다.
③ 전력의 동요 : 캐비테이션에 의한 진동 때문에 흡출관 내의 유효낙차의 맥동이 생기게 되면 수차의 축의 추력이 변동하여 발전기의 난조에 의한 전력 동요로 이어질 수도 있다.

3) 방지대책

① 캐비테이션은 비속도가 높을수록 과부하 또는 부분 부하 시 발생하기가 쉬우므로 비속도를 너무 크게 잡지 않을 것
② 흡출고에 따른 캐비테이션의 발생을 나타내는 계수를 캐비테이션계수 또는 토마계수(Thoma Coefficient)는 작을수록 캐비테이션이 잘 일어난다. 즉 흡출고(H_s)가 클수록 캐비테이션이 잘 발생하므로 흡출고를 낮게 하고 토마계수를 크게 한다.
③ 런너 등을 침식에 강한 재료로 제작하거나 부분적으로 보강할 것
④ 유수와 접하는 부분은 표면을 매끄럽게 가공할 것
⑤ 과도한 부분 부하 운전 또는 과부하 운전을 피할 것

⑥ 캐비테이션 발생이 잦은 저압부에 구멍을 통하여 공기를 주입하여 일시적인 진공
  상태를 방지할 것

⑦ 캐비테이션에 의한 침식은 가속적으로 진행이 되므로 피해 부분이 발생하면 신속
  히 교체를 하는 것이 바람직하다.

Section 114 소수력발전소에 설치되어 있는 카플란수차의 성능을 측정하기 위한 유량측정법 중 ASFM법과 지수법의 원리와 특징

1. 개요

수차효율을 측정하는 방법에는 절대 유량법과 상대 유량법이 있다. 절대 유량법에는 ASFM(Acoustic Scintillation Flow Meter), Current-Meter, Pitot-Tube법, 압력시간법, Trace Method 등이 있고, 상대 유량법에는 Index Method(지수법), Simple Form Acoustic Method(단순음향법) 등이 있다. 이들 방법 중에서 ASFM에 의한 측정이 근래 많이 적용되고 있다.

2. 유량측정법

[표 2-31]은 유량측정에 사용되는 대표적인 방법을 비교·검토한 것이다.

[표 2-31] 유량측정방법 비교

구분	Current-Meter	ASFM(Acoustic Scintillation Flow Meter)	지수법(Index Method)
장비 개요			
측정 장비	프로펠러 형태의 Cur-rent-Meter	ASFM 장비(음향 신틸레이션)	지수차압유량계를 활용

구분	Current-Meter	ASFM(Acoustic Scintillation Flow Meter)	지수법(Index Method)
측정 방법	절대 유량법	절대 유량법	상대 유량법
측정 원리	수많은 프로펠러 형태의 CM을 사용하여 사각단면의 속도-면적을 구하여 유량 산출	관로 속 유체에서 발생되는 난류가 가진 고유한 음향파장 신호를 분석하여 유속 및 유량 산출	지수차압계를 활용하여 국부적인 유량을 산출함으로써 전체 유량값 추정
시험 조건	• 규칙적인 속도 분포, 깨끗한 측정유체 • 도관 충만, 안정된 유체 흐름 • 유속 : 0.4~8m/s	• 속도의 수직 성분 측정을 위하여 적정한 난류 필요 • 유속 : 0.5~6m/s	• 절대 유량법으로 교정된 경우 적용 • 러너각과 G/V 개도 관계의 정확성
규격 등재	국제규격(ISO 3354, IEC 60041)	K-water규격(성능시험요령)	국제규격(IEC 60041)

Section 115 벌류트펌프(KS B 6318)의 열역학적 효율측정방법

1. 개요

에너지를 대량으로 소비하는 수자원공사의 취송수용 및 각 지자체의 취송수용, 산업용, 건물용 펌프의 경우, 설계된 유량, 양정이 최고 효율점에서 운전이 되도록 펌프와 현장 시스템을 최적화하는 것이 중요하다. 설치된 펌프의 수명은 약 10~20년 정도이기 때문에 운전 도중 현장상황 변화로 인한 유량, 양정의 변화와 노후화로 펌프 자체의 성능도 저하되어 최고 효율점을 벗어나서 운전되는 경우가 많다. 이러한 경우 현장에서 실제로 운전되고 있는 펌프 개개의 성능과 운전 현황을 정확하게 진단·분석하여 사용 중인 펌프가 현장조건에 적합한지와 펌프 최적화 및 효율 개선을 실현하여 전력에너지 낭비를 없애는 것이 성능진단의 목적이다.

펌프는 [그림 2-210]과 같이 시스템 양정곡선과 $Q-H$ 곡선이 만나는 지점이 운전점이 되는데, 운전점에 따라 펌프 효율이 달라진다. 따라서 현장에서 필요로 하는 유량, 양정과 펌프성능이 최적화되어야 효율 저하에 따른 에너지손실이 없게 된다.

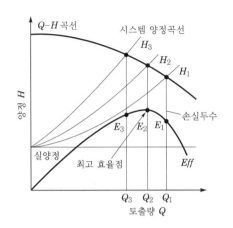

[그림 2-211] 펌프의 성능곡선

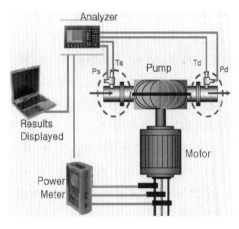

[그림 2-212] 성능측정 시스템 상세구성도

2. 벌류트펌프(KS B 6318)의 열역학적 효율측정방법

1) Secure meter 측정원리

ISO 5198 precision class, Testing Class A에 의해 열역학적 측정방법으로 펌프 내부 통과 액체의 엔탈피 변화량 측정에 의한 에너지 손실량을 직접 평가한다.

$$L_s = L_m + Losses, \ L_m = \rho g H Q, \ Losses = \rho Q C_P \Delta T$$

① 에너지 손실량과 측정된 양정으로부터 펌프효율 평가

$$\eta_P = \frac{L_m}{L_s} = \frac{1}{1 + \dfrac{C_P \Delta T}{gH}}$$

② 펌프효율, 양정 및 전동기입력/효율로부터 펌프토출량 산출

$$L_m = \rho g H Q = P_m \eta_m \eta_p, \ Q = \frac{P_m \eta_m \eta_p}{\rho g H}$$

여기서, L_m : 수동력 L_s : 축동력

ΔT : 흡·토출온도차 P_m : 전동기 동력

η_m : 전동기효율 η_p : 펌프효율

ρ : 밀도 g : 중력가속도

C_p : 정압비열

2) 성능측정의 장점(열역학적 측정방법)

성능측정의 장점은 다음과 같다.

① 효율, 양정, 소비전력 및 토출량 등을 실시간으로 현장 측정한다.

② 직접적인 손실량 평가에 따른 고정도 효율을 측정(±2.0% 이내)한다.

③ 연합 운전 중인 시스템에서 개별 펌프의 성능을 실시간 정밀 측정한다.

④ 초음파 유량계 설치 시 요구되는 배관의 일정거리 직관부가 불필요하다.

⑤ 설치 및 측정 시 기존 펌프 시스템의 운전조건 및 관로 변경이 불필요하다.

⑥ 기존 유량계의 검·교정기준 정도를 정밀 유량측정(±2.0% 이내)한다.

⑦ 현재 운전조건과 동일 상태에서 측정 및 분석 적용이 가능하다.

Section 116 플랜트에 많이 사용되는 유인송풍기(Induced Fan)의 풍량을 제어하는 방법

1. 개요

유인송풍기(IDF)는 보일러에 연소용 공기(2차 공기)를 불어넣기 위한 팬으로 보일러 제어장치의 연소량 지령과 보일러 출구 배기가스 O_2 제어의 보정 신호를 받아 연소용 공기유량을 제어한다. 보일러에 송풍계통 및 공기예열기 등 2계열이 설치되어 있는 경우, 동 계열의 IDF와 FDF를 연동시켜 한쪽 팬이 정지하면 다른 한쪽 팬도 정지되는 사례가 많다.

이는 IDF 또는 FDF 정지로 인해 공기예열기를 통과하는 공기량과 가스량의 불균형이 일어나고, 이 때문에 생기는 공기예열기 출구 가스온도의 과상승 및 출구 공기온도의 저하를 방지하는 것을 목적으로 하고 있다.

2. 제어방식

1) 풍량 제어방식

① 저항곡선을 변경하는 방식 : 출구 댐퍼의 개도를 변화시킨다.

② 압력곡선을 변경하는 방식 : 입구 댐퍼의 개도, 입구 베인의 개도, 송풍기의 회전수를 변화시킨다.

2) 가변피치 제어방식(variable pitch blade control)

① 축류형 팬에서 동익을 가동익으로 하여 가동익의 각도를 변화시킨다.

② 효율저하 없이 풍량을 조절하며 구조가 복잡하고 고가이다.

Section 117 밸브개폐가 지연되거나 불능에 이르는 밸브의 압력잠김
과 열적 고착현상이 발생하는 각각의 주요 원인

1. 개요

열적 고착 또는 압력잠김현상은 모든 게이트 밸브에 발생하는 것이 아니고 특별한
운전조건하에서만 발생하므로 통상적인 검사로는 식별할 수 없어 미국 원자력 규제
위원회에서 이들 현상에 대해 조치하도록 권고하였다.

2. 밸브의 압력잠김과 열적 고착현상

1) 압력잠김(pressure locking)

게이트밸브가 닫힌 상태에서 스푸르 내부에 유체가 가득 채워지게 되고 압력이 증가
한 상태에서 배관 내의 압력이 갑자기 감소하게 될 때 스푸르 내부와 배관과의 압력
차이로 인하여 디스크와 시트 사이의 면압이 증가하여 밸브를 개방하려 해도 개방되지
않은 현상이다.

2) 열적 고착

게이트밸브의 몸체와 디스크 사이의 열적 팽창량 및 수축량의 차이로 인하여 디스크
시트 사이에 압착되어 밸브를 여는 것이 어렵거나 불가능하게 되는 현상으로 유체가
뜨거운 상태에서 밸브를 닫았거나 유체가 냉각된 후 밸브를 열려고 하는 경우에 가장
많이 발생한다.

Section 118 수도용 밸브의 개도에 따른 유량특성

1. 개요

컨트롤밸브(control valve)는 수로관로, 플랜트 등에서 유체의 압력, 유량, 수위 등을
조절하는 데 사용하는 기기로 계통의 운전조건을 제어하는 기능을 수행할 뿐 아니라
계통의 운전조건이 비정상적으로 나타날 때 이를 완화시키는 주요 수단으로 이용되는
밸브이다. 기본적으로 외부의 동력 없이 동작하며, 저비용으로 자동화가 가능하다. 주로
압력, 유량, 수위 등을 조절하는 조절용과 차단, 통수를 제어하는 차단용으로 구분된다.

2. 수도용 밸브의 개도에 따른 유량특성

① 콤비네이션디스크(등비 유동특성) : 디스크의 하부 형상이 콘(cone)과 결합된 원통형으로 중간 개도 부근까지 유량이 서서히 증가하다가 이후 급격히 증가하는 유동특성을 갖다.

② 콘디스크(선형 유동특성) : 디스크의 하부 형상이 콘 모양으로 개도량과 유량이 선형적인 유동특성을 갖는다. 예를 들어 밸브가 50% 열렸을 때 전체 유량의 50%가 밸브를 통과하게 되는 것으로 유체 수위 제어 및 유량제어 목적으로 우수한 특성을 지니고 있다.

③ 플랫디스크(급개방 유동특성) : 디스크의 하부 형상이 평면이며 개방 후 적도에서 유량이 급격히 증가하는 유동특성을 갖다.

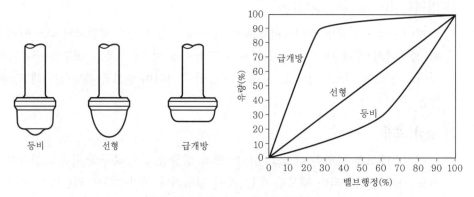

[그림 2-213] 수도용 밸브의 형상과 유량특성 그래프

Section 119

고가수조 급수방식을 대체한 부스터 시스템(booster system)의 구성부품과 특징 및 운전방식

1. 개요

최근 공동주택의 급수설비로서 기존의 옥탑물탱크(고가수조)방식 대신에 가압급수장치(부스터펌프)를 적용하고자 하는 경향이 크게 대두되고 있다. 부스터펌프장치는 그동안 호텔 등 고급 건축물에 주로 사용되어 왔으며, 사무소 건물, 공장 등에서 고가수조에 의한 중력식 급수방식으로는 수압이 부족한 계통에 부분적 가압장치로 사용되거나, 소규모 공동주택(고급빌라) 등의 급수가압장치로도 활용되어 왔다.

2. 부스터 시스템의 구성부품과 특징

최근 대규모 공동주택 또는 고층, 초고층 일반 건축물을 대상으로 그 응용 가능성에 대한 관심이 고조되고 있다. 부스터 펌프 시스템은 옥상물탱크를 설치하지 않고 지하저수조로부터 여러 대의 펌프를 급수 사용량에 따라 대수를 제어하여 항상 일정한 압력의 급수를 사용처에 직접 공급하는 펌프직송 자동급수장치이다.

1) 구성부품

고효율펌프, 다이아프램식 압력탱크, 압력제어밸브, 헤더, 밸브류, 조작반(인버터 포함), 기타 부속장치들을 일체화시켜 공장에서 제작·조립 후 품질 및 성능검사를 거쳐 공급되므로 현장에서는 배관·배선만 연결하면 즉시 전자동운전이 가능하다.

[그림 2-214] 부스터 시스템 외관

2) 부스터 시스템(booster system)의 특징

부스터 시스템의 특징은 다음과 같다.

① 부스터펌프는 가압식 급수로 건물의 최상층부까지 항상 충분한 급수압력을 유지한다.

② 옥상물탱크의 수질오염 방지 : 저수조로부터 각 가정의 수도꼭지까지 배관 회로가 밀폐되어 있어 위생적으로 안전한 물을 사용할 수 있다.

③ 건설원가 절감 및 공간활용 증대 : 옥상이나 중간층의 물탱크실이 없어지므로 건축하중이 경감되어 구조비용을 절감할 수 있으며, 건축공간의 활용면적도 증대되고 상향식 급수배관이므로 배관공사비가 줄어들어 경제적이다.

④ 건축설계의 자유로움 : 도시미관과의 조화를 위한 외관설계가 자유롭고 고도제한, 사선제한, 일조권 분쟁 등 건축규제에 적극 대응할 수 있으며, 입상배관이 간단하므로 평면계획도 용이하다.

⑤ 유지관리가 용이하고 동파 누수사고 방지 : 볼탑, 수위조절기의 오작동으로 인한 옥상 물탱크의 물 넘침 사고나 겨울철 동파, 누수사고의 우려가 전혀 없으며 매년 2회의 주기적인 물탱크 청소관리도 필요하지 않아 유지관리가 용이하며 급수설비의 GRADE-UP으로 건물의 고급화에 부응한다.

3) 운전방식

급수 사용량에 따라 유량이 적을 때는 1대의 펌프만 운전하고 급수량이 증가하면 PT(압력센서) 또는 LSR(전류부하감지)에 의해 필요한 대수만큼 펌프를 차례로 가동시킨다.

급수량이 감소하면 순차적으로 펌프를 자동정지시키고, 최종적으로 정지되는 펌프는 다이어프램식 압력탱크에 소정량의 물을 축압시켜 저장한 후 정지하므로, 미량의 급수를 사용할 때는 펌프 가동 없이 축압된 탱크 내의 물을 공급하여 불필요한 펌프의 기동·정지를 줄이고 장비수명보호와 급수동력절감을 도모한다. 일정한 압력의 급수성능을 위해서는 펌프 1대를 회전수 제어하거나 각각의 펌프토출측에 PRV를 설치한다. 또한 펌프의 기동·정지순서를 일정시간마다 차례로 교대(Alternate ON 제어)시켜 각 펌프의 운전시간을 균등하게 함으로써 장비 전체의 수명을 연장시킨다.

Section 120
최적의 밸브 선정 시 고려사항

1. 개요

프로세스 중에서 중요한 역할을 지닌 조절밸브가 소기의 목적에 알맞은 기능을 발휘하기 위해서는 조절밸브 단체의 시방서 결정뿐만 아니라 조절밸브에 관계되는 많은 조건을 충분히 감안하여 선정해야 한다.

2. 최적의 밸브 선정 시 고려사항

조절밸브를 선정하기 위해 확인해야 할 주된 조건은 다음과 같은 항목이 있다.
① 대상 프로세스 : 조절밸브를 포함한 제어계의 전체적 이해와 파악이 필요하다. 또한 프로세스 자체의 스타트업, 셧다운 및 긴급 시의 대책을 포함해서 충분히 이해해야 한다.
② 사용목적 : 조절밸브는 흐르는 유체 자체의 프로세스 변수를 제어하는 것뿐만 아니라 유체의 차단 또는 개방, 2가지 유체의 혼합, 2방향으로의 분류, 유체의 전환, 하나의 플랜트 내에 있어서 고압측으로부터 저압측으로의 압력강화를 목적으로 하는 것

등이 있다. 또한 한 대의 조절밸브 위에 작은 두 개 이상의 목적을 갖는 것도 있어 이러한 목적들을 전부 확인한 다음에 가장 적절한 밸브를 선정해야 한다.

③ 프로세스특성 : 조절밸브에는 조작 신호 변화에 대해서 밸브 시스템이 그랜트 패킹 등의 마찰을 이겨내고, 동작이 될 때까지의 데드타임과 규정된 거리만을 이동하기 위한 작동 시간이 있다. 제어계 전체의 제어성 및 안정성이라는 점에서 응답성을 고려하고, 프로세스특성 측면에서는 자기 평형성 유무, 필요 유량의 범위, 응답의 속도 등을 확인해둔다.

④ 유체조건 : 프로세스 데이터 시트 등에서 주어지는 유체의 여러 가지 조건으로서 조절밸브 선정의 기본 조건은 유체 명칭, 성분, 조성, 유량, 압력, 온도, 점도, 밀도, 증기압, 과열도가 있다.

⑤ 레인지어빌리티 : 조절밸브에 있어서 실용상으로 만족해야 하는 유량을 나타내는 범위의 최대와 최소의 밸브 용량의 비를 레인지어빌리티라고 하는데, 한 대의 조절밸브가 필요로 하는 레인지어빌리티를 수용 가능한지를 확인하고, 수용할 수 없을 때에는 조절밸브 두 대로 운전하는 등의 방법을 검토해야 한다.

⑥ 밸브 차압의 선정방법 : 제어계 전체 압력손실에 차지하는 밸브 차압비율이 작아짐에 따라 유효 유량특성은 고유 유량특성을 벗어나게 된다. 따라서 조절밸브 압력손실배분은 복잡한 문제이며, 일률적으로 결정할 수는 없지만 일반적으로 배관계통에서의 0.3~0.5이다.

⑦ 셔트오프 압력 : 조절밸브 차단 시 차압의 최대값은 구동부의 선정, 조절밸브 각 부의 강도설계 등에 필요한 데이터이다. 조절밸브 입구 압력을 최대 셔트오프 압력으로 하여 설계하는 경우가 많으나 그 결과 조절밸브 시방이 과대한 것으로 될 우려가 있으므로 실제의 사용조건을 고려해서 셔트오프 압력을 정한다.

⑧ 밸브시트 누설량 : 밸브 차단 시 밸브 시트 누설량이 어느 정도까지 허용될 수 있는가를 확인한다. 또한 밸브가 차단 상태로 되는 빈도도 알아야 한다. 누설량의 표현방식은 일반적으로 조절밸브 정격 CV값의 비율(%)로 표현한다. 누설량의 구분및 시험조건에 관해서는 ANSI B 104-1976이 널리 사용되고 있다.

⑨ 밸브 작동 : 조절밸브 작동에는 페일세이프로서 작동과 밸브 입력 신호에 대한 작동의 두 가지가 있다. 페일세이프는 입력 신호 또는 동력원 상실 시 밸브 동작방향을 플랜트 측면에서 안전한 방향으로 동작시키는 것으로서 공기압 상실 시 폐(close), 개(open), 유지(lock)로 유지된다.

밸브 입력 신호에 대한 작동으로는 반드시 페일세이프 동작과 일치되지 않으며 입력증가로 밸브가 닫히면 정동작, 입력증가로 밸브가 열리는 것이 역동작 밸브이다. 다이어프램 구동식 글러브 밸브에서는 구동부, 내부 밸브 각각에 정역이 있다.

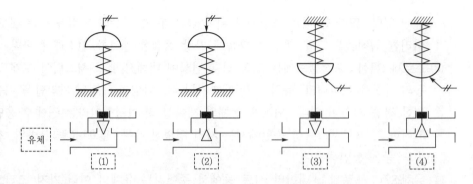

그림	구동부	내부 밸브	밸브 작동
(1)	정	정	정동작
(2)	정	역	역동작
(3)	역	정	역동작
(4)	역	역	정동작

[그림 2-215] 밸브 작동

⑩ 방폭성능 : 조절밸브를 설치할 때에는 설치할 장소에 따라서 조절밸브와 함께 사용할 전기기기는 필요한 등급 구분의 방폭성 등이 갖추어져야 한다.

⑪ 동력원 : 공기원의 경우는 구동부 및 포지셔너 등의 보조기기가 정상적인 기능을 발휘할 수 있도록 수분, 유분, 먼지 등 청정도를 고려하는 동시에 조작력을 충분히 확보하기 위한 조작 압력 및 용량을 확인한다.

⑫ 배관사양 및 기타 : 조절밸브가 설치되어 있는 배관의 사양에 관하여 확인한다. 확인할 내용은 배관의 호칭, 배관 규격, 재질, 접속방식 등이 있으며, 이 밖에도 확인할 사항으로 유체의 위험성, 부식성, 슬러리 유무 및 유체조건에서도 운전 초기 및 운전 종료 시 변화에 따른 데이터 변경의 경우도 고려한다.

Section 121 용존공기부상법(DAF ; Dissolved Air Flotation)

1. 개요

일반적으로 부상분리법의 원리는 응집을 거친 플럭들을 미세공기에 부착시켜 공기가 접하고 있는 수표면까지 부상시켜 부상된 슬러지를 제거시키는 방법을 말하며, 플럭에 미세한 기포를 부착시켜서 비중을 작게 하여 물의 표면에 정치시켜, 물로부터 분리하는 것이 이 공정의 핵심이다.

부상분리법에 있어 핵심요소는 오염물질의 물에 대한 친수성(hydrophilic)을 작게 하여 미세한 기포를 접착시키는 것이며, 이러한 방식으로 물보다 더 무거운 밀도를 가진 오염물질도 부상시킬 수 있다.

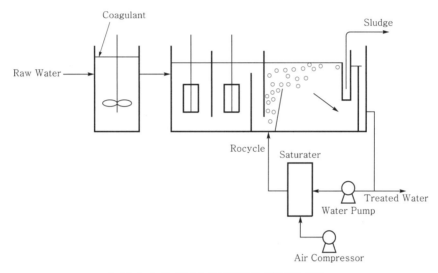

[그림 2-216] 용존공기부상공정의 일반적인 흐름도

일반적으로 부상분리법은 적용되는 대상에 따라 분류되기도 하며 거품의 존재 유무와 기포를 생성하는 기술에 따라 분류되기도 한다. 기포를 생성하는 기술에 따른 분류는 일반적으로 용존공기부상법, 분산공기부상법(dispersed air flotation), 진공부상법(vacuum flotation), 전해부상법(electro flotation), 미생물학적 부상법(microbiological autoflotation) 등으로 나누어진다.

2. 부상공정의 형태

부상은 중력분리공정으로 설명될 수 있으며, 공기방울이 고체입자의 표면에 부착되어 물보다 작은 밀도의 공기방울-고체입자가 표면으로 부상하게 된다. 공기방울을 발생시키는 여러 가지 방법들에 의해 부상공정이 나누어지며 전해부상, 공기분산부상과 용존공기부상법이 있다.

① 전해부상(Electrolytic flotation) : 전해부상의 기본은 수용액 내의 두 전극, 이에 직류를 흘려보내 산소와 수소방울을 발생시키는 것이다.

전해부상에 의해 발생된 방울의 크기는 매우 작아 표면부하율이 4m/h 이하로 제한된다. 전해부상법의 응용은 주로 슬러지를 농축시키거나, 10~20m³/h 정도의 용량이 작은 폐수처리장에 사용되는 정도로 사용이 제한되어 왔다. 이 공정은 매우 작은 정수처리장에 적절하다고 보고되었다.

② 공기분산부상(Dispersed-air flotation) : 두 가지 다른 형태의 공기분산부상법이 사용되고 있는데, 거품부상과 포말부상이 있다. 공기분산부상법은 공기방울을 생성하기 위해서는 방울의 크기가 너무 크고 난류가 많이 생성되며, 유해한 화학약품이 필요하기 때문에 정수처리공정에는 적절치 않다.

③ 용존공기부상(Dissolved-air flotation) : 용존공기부상은 공기로 포화된 수류에서 압력을 감소시킴으로써 방울이 생성된다. 주로 세 종류의 용존공기부상이 사용되고 있는데, 진공부상, 미세부상(Microflotation), 가압부상이 있다. 이 중 가압부상이 현재 많이 사용되고 있다. 가압부상은 공기에 압력을 가하게 되면 물에 녹아 들어가게 된다. 가압하는 원수의 취수법에 따라 세 가지가 사용되고 있는데, 전원수가 압법(Total flow pressurization), 부분원수가압법(Partial flow pressurization), 순환수가압법(Recycle flow pressurization)이 사용되고 있다.

대용량의 수처리공정에 적용하기 위해서는 에너지 비용이 가장 적은 순환수 가압법이 가장 적절한 공정이다. 이 공정에서 전체 원수는 초기에 응집지로 흘러가거나 응집이 불필요하면 직접 부상조로 가게 된다. 정수된 물의 일부가 순환되어 압력이 가해지면서 공기로 포화된다. 가압된 순환수는 부상조로 이동하여 압력이 떨어지면서 응집된 물과 섞이게 되어 기포가 발생된다.

감압장치에서 압력이 대기압으로 감소되면 공기가 아주 작은 방울 형태로 생성된다(직경 $20\sim100\mu m$). 공기방울은 플록과 결합하여 표면으로 부상한다. 부상된 물질은 표면에서 제거되고, 정수된 물은 부상조 하부에서 유출된다. 또한 [그림 2-230]과 같이 부상조 내에 유입된 물과 공기의 흐름에 따라 Co-current DAF와 Counter-current DAF로 구분되기도 한다.

용존공기부상법의 구성은 전처리공정으로서 혼화·응집공정이 있으며, 부상조(flotation tank), 공기를 용해시키는 가압조(saturator), 부상된 부유물을 제거하는 스키머(skimmer) 등으로 구성되어 있다.

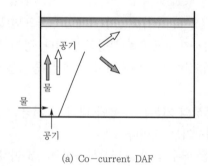 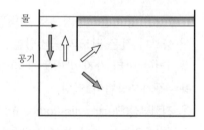

(a) Co-current DAF   (b) Counter-current DAF

[그림 2-217] 부상조의 흐름방향에 따른 분류

펌프의 효율측정방법인 수력학적 방법과 열역학적 방법

1. 개요

펌프는 산업 및 건설 현장에 급수, 냉난방 및 산업공정에서 다양하게 사용되고 있으며, 전체 국가 전력의 약 20%를 소비하고 있다. 하지만 에너지 낭비요소에 대한 관리는 거의 이루어지지 않고 있는 실정이다. 따라서 만일 효율이 저하된 상태로 펌프가 운전된다면 그의 에너지 낭비는 대단히 크게 된다. 펌프의 경우 초기 구입비용에 비해 사용하면서 발생하는 전력비용이 대단히 크기 때문에 이러한 낭비를 줄이기 위해서는 펌프의 효율을 정기적으로 측정하여 펌프의 운전 상태를 진단함으로써 펌프의 최적 운전 상태 및 교환주기 등을 제시할 수 있을 것이다.

2. 펌프의 효율측정방법인 수력학적 방법과 열역학적 방법

수력학적 방법으로 펌프의 효율을 측정할 경우에는 전통적으로 아래의 수식을 이용하여 계산한다.

$$\eta_P = \frac{Q \times (P_D - P_S)}{2298 \times \eta_M \times P_M} \tag{2.101}$$

식 (2.101)에 의한 효율의 계산의 경우 유량, 헤드, 압력 및 전동기의 전력이 필요하게 된다. 즉 유량(Q)을 계측할 수 있고, 전압과 전류를 측정할 수 있는 watt transducer가 설치되어 있거나 모터의 전력(P_M)을 알 수 있다. 또한 압력센서를 통하여 펌프입출구단의 압력차를 구할 수 있으며 위의 식을 이용하여 펌프의 효율을 측정할 수 있다.

[표 2-32] 관련 변수

심볼	설명
C_p	정압비열(specific heat capacity)
dP	차압(differential pressure)
dT	온도차(differential temperature)
P_D	출구압력(discharge pressure)
P_S	입구압력(suction pressure)
Q	유량(flow rate)
T_D	입구온도(inlet temperature)

심볼	설명
T_S	출구온도(outlet temperature)
η_M	기계효율(mechanical efficiency)
η_P	펌프효율(pump efficiency)
ρ	유체밀도(fluid density)

이들 측정값들 중 유량의 경우 정확하게 측정하기가 매우 어려운 설정이다. 많은 펌프의 경우 각 계통에 정확하고 개별적인 유량계가 설치되어 있지 않으며, 특히 직경이 큰 파이프의 경우 그 비용이 많이 들게 된다. 또한 경우에 따라서는 설치하기도 어렵고, 유지·보수하기에도 쉽지 않다. 유량계의 정밀도는 센서에 부착된 오염물이나 파이프 내 파편 등의 영향으로 많은 차이가 발생한다. 이러한 유량계에 의한 펌프효율의 오차를 줄일 수 있는 방법이 열역학적 방법이다. 이 방법은 펌프 내에 흐르는 유체와 펌프로터 사이의 에너지 변환을 응용한 방법 중의 하나이다. 열역학적 방법에 의한 펌프의 효율계산은 다음 식과 같다.

$$\eta_P = \frac{E_H}{E_M} \tag{2.102}$$

여기서 E_H는 유체의 단위질량당 수력학에너지를 나타내고, E_M은 유체의 단위질량당 기계적인 에너지를 나타낸다. 또한 E_H와 E_M은 다음의 식 (2.103)과 식 (2.104)로 각각 나타낼 수 있다.

$$E_H = \frac{dP}{\rho} = \frac{P_D - P_S}{\rho} \tag{2.103}$$

$$E_M = a \cdot dP + C_p \cdot dT = a(P_D - P_S) + C_p(T_D - T_S) \tag{2.104}$$

위 식들에서 사용된 변수를 [표 2-32]에 표시한다. 온도와 압력은 각각의 센서프로브로부터 계측이 되고, ρ, C_p와 a(등온계수)의 3가지 값은 fluid properties table(ISO 5198)에서 특정된 값이다.

열역학적 방법은 단지 2개의 변수인 온도와 압력만 결정되면 펌프효율을 측정할 수 있는 매우 간단한 방법이며, 더욱이 온도와 압력 트랜스미터는 저가로 설치되기 때문에 현재 이 방법이 다양하게 활용되고 있다. 반면에 열역학적 방법에 의한 펌프효율 측정에 있어서 온도가 매우 중요한 인자이며, 펌프 입출구의 온도차를 측정하기 위해서는 정밀도 높은 센서가 필요하다.

산업기계설비분야에서 구조해석과 유동해석에 대하여 각각의 실제 예를 들어 해석절차에 대하여 설명(원자력 분야)

1. 개요

유동-구조 연성해석을 수행하기 위해서는 기본적으로 신뢰할 수 있는 CFD(전산유체역학) 솔버와 구조해석 솔버가 있어야 한다. 그중 CFD해석 솔버는 비압축성/압축성 유동해석, 난류모델, 유체-고체 열전달해석(CHT), 요소망 변형, 자유수면, 다상유동해석, MRF, 입자해석, 전기장해석 기능을 제공하고 있다. 그리고 구조해석 솔버는 선형정적해석, 모드해석, 피로해석, 동해석, 비선형해석, 열-구조 연계해석, 최적설계를 지원하며 FSI(Fluid-Structure Interaction) 해석을 수행할 수 있다.

2. 구조해석과 유동해석의 해석절차

1) 구조해석

기계설계분야는 연구로의 핵심기기인 원자로 본체와 반응도제어장치 등의 기계구조장치의 설계 및 구조건전성 해석을 수행하고 있다. 이용자 요건에 따른 다양한 형태의 특수 기계장치개발 업무도 수행하고 있으며, 신개념 장치에 대한 설계 및 성능검증시험과 기존 장치에 대한 수명연장 기술개발업무도 병행하고 있다.

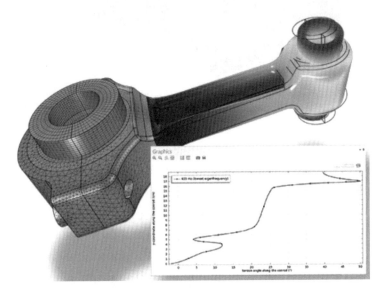

[그림 2-218] 유한요소법(FEM)에 의한 기계요소 구조해석

기계구조분야의 주요 업무는 다음과 같이 구분된다.

① 원자로 본체 및 제어봉장치 개발

② 원자로 구조물 구조해석

③ 연구용 원자로 하부구동 CRDM 개발

④ 핵연료집합체 개발

⑤ 핵심부품 설계 검증시험

⑥ 하나로의 핵심부품 수명연장 검증시험

⑦ 노심 핵심부품 시제품 제작 및 검증시험

⑧ 특수공구 및 설치정렬 기술개발

⑨ 중성자빔 이용시설 개발

[그림 2-219] 유한요소분석(FEA)에 의한 기어장치 구조해석

2) 유동해석

유체설계분야는 원자로의 핵연료에서 발생되는 핵분열에너지를 제거하기 위한 냉각계통과 그에 연결된 각종 냉각수순환계통을 설계, 분석하고 중요 설계문서와 도면을 생산하며 기자재 구매를 위한 설계시방서 작성을 주 임무로 하고 있다.

연구로의 유체계통은 1차 냉각계통, 2차 냉각계통, 수조고온층계통, 비상보충수공급계통, 수조수관리계통 등으로 구성되며, 이들 계통을 지원하기 위한 보조계통으로써 순수공급계통, 압축공기계통, 방사성폐기물처리계통 등이 있다.

유체설계분야의 주요 업무는 다음과 같이 구분된다.

① 각 냉각계통 유량, 압력손실 등의 유동 특성 분석

② 각종 펌프, 밸브, 배관의 설계시방 결정

③ 각 유체계통의 정상/비정상 운전기준 수립

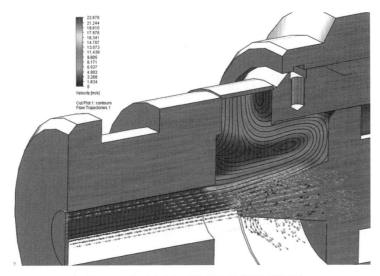

[그림 2-220] 컴퓨터에 의한 유동해석(전산유체역학)

Section 124 급속교반기의 종류와 설계방향

1. 급속교반기의 종류

터빈형과 프로펠러형이 주로 사용된다.

① 터빈형 교반기 : 급속교반으로 사용되는 터빈형교반기는 임펠라 주위에 강한 난류가 발생하고, 이러한 난류에 의한 소용돌이현상과 순환류를 방지하고 단회로현상을 막기 위해 저류판을 설치하는 것이 바람직하다.

통상 임펠라의 직경은 반응조의 직경의 30~50%이고, 임펠라는 보통교반조의 바닥 위로 임펠라 직경만큼 떨어진 곳에 설치한다.

② 프로펠러형 교반기 : 프로펠러형 교반기는 두 개 내지 세 개의 임펠라를 가지며, 날개는 액체의 축방향의 흐름을 주기 위해 옆으로 기울여 있으며, 매우 고속으로 운전되고 고농도의 폐수에 주로 사용된다.

모터의 회전속도는 소형일 경우 대개 1,750rpm 정도이고, 대형일 경우에는 400~ 800rpm의 범위이다. 이는 패들형이나 터빈형보다 작으며, 조의 크기에 상관없이 대개 0.46m 이하이다. 조가 깊을 경우에는 같은 샤프트에 2개 이상의 프로펠러를 부착한다.

2. 급속교반시설의 운영조건

① 속도경사값(G) : 난류 상태를 유지하기 위해 필요한 교반기의 소요동력을 유지해야 하며, 이 지표로서 속도경사값(G)을 사용하며 급속교반에서 속도경사값은 400~ 1,500m/s로 한다. 너무 낮아도 적정교반이 되지 않아 응집이 되지 않지만 너무 높은 값도 오히려 전단력이 발생하여 floc이 파괴될 수 있으므로 운영에 유의해야 한다.

$$G = \sqrt{\frac{P}{\mu \times V}} \qquad\qquad (2.105)$$

여기서, P : 소요동력(N · m/s)
　　　　V : 반응조의 용적(m^3)
　　　　μ : 물의 점성계수(N · s/m^2)

② 교반기의 회전속도 : 교반기의 회전속도는 소요동력에 따라 다르지만 동력의 변화 없이 프로펠러의 크기나 피치의 조정으로 회전속도가 변할 수 있는 것이 바람직하 며, 유입유량과 수질의 변화에 대처할 수 있도록 회전속도를 조절할 수 있고 회전 속도 범위로 최소 및 최대 속도를 파악하는 것이 필요하다.

③ 체류 시간 : 체류 시간이 너무 짧으면 응집제와 폐수의 충돌이 적기 때문에 응집효 율이 떨어지며, 너무 길어져도 효율이 감소하여 처리수에 악영향을 줄 수 있다.

Section 125

수처리에 사용되는 약품주입설비의 선정요건과 고체약 품투입기와 액체약품투입기의 종류를 설명

1. 액체약품투입설비

1) 종류

응집제를 투입하고 있는 액체약품투입설비에는 Diaphragm Metering Pump, Rotto Dipper Type, Control Valve and Pump, 가변오리피스에 의한 주입 등의 종류가 있으

며, 이들은 각각의 특징을 지니고 있다. 이 중에서 지방자치단체의 경우에는 Rotto Dipper, Diaphragm Metering Pump 등이 많이 사용되고 있다.

2) 선정조건

수공의 경우에는 Control Valve and Pump, Diaphragm Metering Pump가 많이 사용되고 있다. 이들 약품투입기는 각각의 특징을 지니고 있으며, Diaphragm Metering Pump와 Rotto Dipper Type은 이들을 가동시키는 모터가 정상적으로 가동되고 있더라도 다이어프램이나 기어, 체인의 불량으로 정량투입이 안 되고 있는 경우에도 정수장의 중앙제어실에서는 모터의 회전수를 지령하는 전기적인 신호값을 받으므로 '정상투입'으로 지시되어 수질사고의 위험을 항시 안고 있다. 특히 이와 같은 문제점 이외에도 다이어프램 정량펌프의 경우 응집제 자체의 석출이나 이물질 등으로 인하여 다이어프램의 흡입 및 토출측에 설치되어 있는 미세한 직경을 지닌 Check Ball 부분이 막힘에 따라 응집제의 투입량이 시간이 지남에 따라서 감소될 소지가 많으며, Rotto Dipper Type의 경우에는 재질이 PVC로 구조가 간단하고 내산성이 뛰어나나 기계부품인 기어 및 체인마모 또는 체인이탈로 인하여 응집제가 정량투입이 안 되는 경우가 발생될 우려가 있다. 따라서 실제로 투입된 양이 아닌 전기적인 신호값만을 지시받고 있는 정수장의 경우에는 응집제의 실투입량을 실시간으로 지시하는 Control Valve and Pump형의 사용을 권장한다. 이때 Control Valve는 유량계와 조합되어서 PID 제어를 실현함으로써 정량성 확보와 실투입 상태를 실시간으로 감시할 수 있어서 약품 미투입에 따른 사고를 방지할 수 있다. 서울시 등에서는 Diaphragm Metering Pump 토출측의 배관부에 전극봉센서와 센서위치조절기를 조합하여 응집제의 양을 검지하는 방법을 사용하는 경우도 있다.

2. 고체약품투입설비

소석회와 활성탄과 같은 고체약품 투입 시에 가장 큰 문제점은 20kg의 개대기를 인력에 의해서 운반한 후, 포대를 칼로 절개하여 투입시킨다는 점과 소석회 등은 친수성이 강하여 대기 중에 노출 시 수분을 흡수한 후 철판 등에 고착되는 현상이다. 이와 같은 현상에 의해서 소석회용 호퍼나 공급조작과정에서 발생되는 가교(Bridging)현상이나 Flushing 현상의 발생 여부에 크게 좌우되고, 소석회의 특성상 물에 의한 용해도가 낮은 특성으로 인하여 슬러리 상태로 주입됨에 따라서 용해조 및 주입배관 내에서 퇴적되어 유로를 막아서 운전에 장애를 주는 경우도 있다. 이와 같은 문제점으로 인하여 많은 양의 오차가 발생되는 경우가 많다.

① 습식투입설비 : 용해탱크 내의 교반기(agitator)의 회전에 의하여 탱크 내에 볼텍스(Vortex)운동에 의한 속도수두에 상당하는 축 부분과 탱크의 외주 부분과의 수위 차이가 발생된다. 이로 인하여 탱크 내의 교반에너지가 균일하게 작용하지 못하고

외주에서는 속도벡터값이 크고 축 부분에서는 속도벡터값이 작아서 상대적으로 에너지가 적게 나타나는 축 부분에서 소석회의 슬러리가 가라앉아 침적되는 현상이 발생되기도 한다(AWWA and ASCE, 1997). 또한 소석회와 물이 혼합된 희석수를 원심펌프를 이용하여 이송시킴으로써 분말상의 소석회에 의해서 펌프의 회전부와 고정부인 스파이럴케이싱(Spiral Casing) 간에 마찰을 유도시켜 시일링부에서 희석수가 분사되어 약품투입실이 하얀색으로 퍼지는 현상도 발생한다.

② 건식투입설비 : 친수성이 강한 소석회의 특성으로 인하여 Table Feeder나 Rotary Feeder, Screw Feeder 등의 소석회 이송을 위한 회전체부에 소석회가 고착되어 투입장애 등을 일으킴으로써 투입량의 오차 발생의 원인은 물론 투입기의 구동 시에 과부하 등의 원인이 되기도 한다.

Section 126 하수나 폐수처리장에서 발생되는 농축슬러지 감량을 위한 탈수기의 검토사항과 형식

1. 탈수기 종류 선정 시 고려사항

① 처리시설 용량, 관련법 규정, 재활용 방안 등을 고려해야 한다.
② 슬러지탈수율은 법적규제, 처분방법 등을 고려하여 적정한 수준으로 결정한다.
③ 소규모 하수처리장의 경우 설치비용이 조금 비싸더라도 운영 및 유지관리가 편리한 탈수기를 선정하도록 한다.
④ 중 · 대규모 하수처리장의 경우 탈수효율의 안정성, 후속시설(소각로 등), 유지관리비용을 필히 반영하여 결정한다.

2. 탈수기의 형식

1) 벨트프레스 탈수기

① 유효여과포 폭 : 탈수기 1대당 유효여과포 폭은 1m, 1.5m, 2m, 2.5m, 3.0m를 표준으로 하고, 필요 벨트 폭은 다음 식에 의한다.

$$W = \frac{Q \times 10^3}{V \times t} \tag{2.106}$$

여기서, W : 필요 벨트 폭(m)
Q : 탈수기 투입고형물량(ton/day)
V : 여과속도(kgf/m · hr)
t : 운전 시간(hr/day)

② 여과속도

$$V = \left(1 - \frac{W}{100}\right) \times \frac{Q}{A} \times 10^3 \tag{2.107}$$

여기서, V : 여과속도(kg/m · hr)

W : 슬러지의 함수율(%)

Q : 슬러지량(m^3/hr)

A : 유효여과포 폭(m)

③ 구동장치 및 전동기 출력

㉠ 여과포 구동장치는 유성치차방식 또는 유성콘방식의 변속기능을 갖는 감속기 부착 전동기에 구동용 롤러에 직접 연결, 스프라켓, 체인 등에 연결하여 회전 수를 무단변속이 가능한 것으로 검토한다.

㉡ 변속 범위는 여과포 주행속도 0.2m/min 이상으로 belt press의 성능이 충분히 만족될 수 있는 범위에서 적절히 변속할 수 있는 것으로 한다.

㉢ 전동기출력은 본체 및 응집장치 등을 범위로 하고, 여과포 긴장장치(공압, 유압)의 동력은 포함하지 않는 것으로 한다.

④ 여과포 세정

㉠ 여과포 세정수량은 여과포 폭 1m당 100~150L/min을 표준으로 한다.

㉡ 여과포의 세정압력은 일반형은 3~4kgf/cm^2, 고압형은 5~6kgf/cm^2를 표준으로 한다.

⑤ 슬러지 공급펌프

㉠ 탈수기 1대에 대해서 펌프를 1대 설치하고 탈수기 2대 또는 3대에 대해서 공통 예비를 1대 설치한다.

㉡ 슬러지 공급펌프 용량

$$Q = \frac{V \times W}{60} \times \frac{100}{C} \times K \tag{2.108}$$

여기서, Q : 슬러지 공급펌프 1대당 토출량(L/min)

V : 여과속도(kgf/m · hr)

W : 벨트 폭(m)

C : 투입슬러지농도(%)

K : 계수(가변 범위) 0.5~1.5

⑥ 약품주입률

㉠ 응집제는 원칙적으로 고분자응집제로 한다.

㉡ 약품은 응집테스트, 탈수테스트 등으로 확인하고 약품용해농도는 약품의 특성 과 슬러지성상에 따라서 결정한다.

ⓒ 용해농도를 낮게 설정하면 약품용해탱크의 용량이 커지고, 약품주입량이 커지므로 0.2% 정도 이하로 하는 것을 표준으로 한다.

ⓡ 약품용해수로 모래여과수 등을 사용하는 경우는 2차적으로 상수도를 사용하도록 배관설치를 검토한다.

⑦ 약품공급펌프

㉠ 펌프형식은 원칙적으로 일축나사식 정량펌프, 다이어프램 펌프, 용적형 트윈 펌프로 하고, belt press 1대마다 설치하는 것으로 한다.

㉡ 슬러지성상의 변화에 약품주입량의 변동을 고려하여 50~150%까지 가변 속으로 주입 가능하도록 고려한다.

$$Q = \frac{R \times C_S \times Q_S}{100 \times C} \times \frac{1}{60} \times K \tag{2.109}$$

여기서, Q : 약액공급펌프 1대당의 용량(m^3/min)

Q_S : 탈수기 1대당의 처리량(m^3/hr)

C_S : 슬러지농도(%)

C : 약품용액농도(%)

R : 약품주입률(%)

K : 계수(가변 범위) 0.5~1.5

⑧ 케이크 수송장치

㉠ 수송장치는 크게 belt conveyors, screw conveyors, pumps 등이 있으며, 슬러지 형태 및 양 등을 고려하여 적합한 수송장치를 사용하도록 한다.

㉡ 벨트는 수평벨트를 표준으로 하고 벨트 폭은 40~90cm 정도로 한다.

ⓒ 벨트 컨베이어의 기울기는 슬러지 케이크의 성상에 따라 다르나 벨트에서 미끄러지지 않도록 20° 이하로 하며, 케이크의 낙하방지를 위해 컨베이어 밑에 탈수케이크 낙하방지 트랩을 설치하도록 하고 세척장치를 하도록 한다.

⑨ belt press 자체와 탈수기실 전체에 대하여 악취방지대책을 수립하도록 한다.

2) 원심탈수기

① 횡형 연속식 원심탈수기를 표준으로 한다.

② 처리용량

$$Q = \frac{100 \times q}{C \times t} \tag{2.110}$$

여기서, Q : 처리슬러지량(m^3/hr)

q : 탈수기 투입고형물량(ton/day)

C : 투입슬러지농도(%)

t : 탈수기 운전시간(hr/day)

③ 슬러지 공급펌프

　㉠ 설치대수는 기계식 원심농축/탈수기 1대에 대해서 원칙적으로 펌프 1대를 설치하는 것으로 한다.

　㉡ 펌프토출량은 기계식 원심농축/탈수기 1대에 대한 처리량의 50~150%까지 가변 가능한 양을 정한다.

　㉢ 슬러지 공급펌프 용량

$$Q_s = K \times Q \times \frac{1}{60} \tag{2.111}$$

　여기서, Q_s : 슬러지 공급펌프 1대당의 용량(m^3/min)

　　　　　Q : 탈수기의 처리량(m^3/hr)

　　　　　K : 계수(가변 범위) 0.5~1.5

④ 약품주입률

　㉠ 응집제는 원칙적으로 고분자응집제로 한다.

　㉡ 약품은 응집테스트, 탈수테스트 등으로 확인하고 약품용해농도는 약품의 특성과 슬러지성상에 따라서 결정한다.

　㉢ 용해농도를 낮게 설정하면 약품용해탱크의 용량이 커지고, 약품주입량이 커지므로 0.2% 정도 이하로 하는 것을 표준으로 한다.

　㉣ 약품용해수로 모래여과수 등을 사용하는 경우는 2차적으로 상수도 사용가능한 배관설치를 검토한다.

⑤ 약품공급펌프

　㉠ 펌프형식은 원칙적으로 일축나사식 정량펌프, 다이어프램 펌프로 하고, belt press 1대마다 설치하는 것으로 한다.

　㉡ 슬러지성상의 변화에 약품주입량의 변동을 고려하여 50~150%까지 가변 속으로 주입 가능하도록 고려한다.

　㉢ 약품공급펌프 용량

$$Q = \frac{R \cdot C_S \times Q_s}{100 \times C} \times \frac{1}{60} \times K \tag{2.112}$$

　여기서, Q : 약액공급펌프 1대당의 용량(m^3/min)

　　　　　Q_s : 탈수기 1대당의 처리량(m^3/hr)

　　　　　C_s : 슬러지농도(%)

　　　　　C : 약품용액농도(%)

　　　　　R : 약품주입률(%)

　　　　　K : 계수(가변범위) 0.5~1.5

Section 127 축봉장치(shaft seal) 중 메커니컬 실(mechanical seal)과 그랜드 패킹(gland packing)을 비교하여 설명

1. 개요

유체기계에서는 그 회전축이나 왕복동축(往復動軸) 등이 케이싱을 관통하는 부분에 있어서 축의 주위에 스터핑 박스 혹은 실 박스라고 부르는 원통형의 부분을 설치하고, 그 원통형의 부분에 실의 요소를 넣어서 케이싱 내의 유체가 외부에 새거나 혹은 케이싱 내에 들어가는 것을 방지한다. 이러한 장치, 즉 기계의 케이싱과 상대운동을 하는 축의 주위에 있어서 유체의 유통량을 제한하는 장치를 축봉장치라 한다. 축봉에서는 새는 양을 적게하는 방법과 새지 않도록 하는 방법이 있다. 새는 양의 제한에는 그랜드패킹, 세그먼트실, 오일실, 기계적인 실, 부시, 부양링, 동결(凍結)실, 그리고 유체의 원심력이나 점성을 이용하는 것 등이 있다. 또한 전혀 새지 않는 방식으로는 액체 봉함, 가스 봉함 외에 자성유체를 쓰는 것 등이 있으며, 기타 여러 가지 실리스 방식이 있다. 특히 이런 축봉장치들은 단독으로 사용하는 외에 조립하여 사용하는 경우가 많다. 기계적인 실에서는 사용온도, 유체의 성질 그리고 압력에 의한 선정을 필요로 하며, 사용 범위 외에 특별한 사양 즉, 온도 −200℃, 압력차 300~500kgf까지 사용이 가능하다.

2. 기계적인 실(MECHANICAL SEAL)의 장점 및 단점

1) 장점

① 누출이 극히 적다.

패킹이나 완충링은 거의 마찰하지 않기 때문에 이들 부품의 밀봉성이 높다.

② 수명이 길다.

밀봉 단면의 마모량은 극히 적기 때문에 일반적으로 1~2년간의 연속 사용이 가능하며, 특별한 것은 5~10년 동안 사용하는 경우도 있다.

③ 조정이 필요 없다.

실링은 밀봉 유체 압력이나 스프링의 힘 등에 의한 고정 삽입쪽으로 늘려져 있어 밀봉단면은 항상 자동적으로 밀접을 유지한다. 따라서 일단 정착하면 조정할 필요가 없다.

④ 마찰동력이 적다.

밀봉단면 내의 유체는 압력을 보유하고 밀봉단면의 면적은 적으므로 접촉 압력도 비교적 적기 때문에 마찰동력이 적다.

⑤ 축이나 케이싱을 마모시키지 않는다.

축이나 케이싱은 거의 마찰하지 않기 때문에 이들의 마모는 생기지 않는다.

⑥ PV치가 높다.

밀봉단면의 윤활을 원활히 행하게끔 할 수가 있기 때문에 PV치가 높은 것으로도 할 수가 있다.

⑦ 내진성이 좋다.

완충 기구를 가지고 있기 때문에 비교적 내진성이 좋다.

⑧ 장착 길이가 짧다.

성능에 비하여 장착 기장이 짧고 또한, 조정용의 공간 여유를 필요로 하지 않기 때문에 기계를 간단하게 할 수 있다.

⑨ 무인 운전이나 자동 운전에 적당하다.

부가적인 장점이지만 누출이 적고, 수명이 길며 조정이 불필요하므로 무인운전, 자동운전 및 원격조작 등에 적당하다.

⑩ 위험물 및 고가 유체의 밀봉에 적당하다.

이것도 부가적인 장점이지만 밀봉성이 좋으므로 이러한 유체의 밀봉에 적당하다.

⑪ 동력 소모가 적다.

그랜드패킹과 비교하여 접촉면이 좁고 접촉 부위의 가공 정도가 정밀하기 때문에 전력비가 6~20배까지 절약할 수 있다.

2) 단점

① 구조가 복잡하다.

② 설치가 까다롭다(단, CARTRIDGE TYPE 제외).

③ 교체가 불편하다. 원칙적으로 2개로 나눌 수 없기 때문에 교환할 때에는 축단부터 실 요소를 빼내지 않으면 안 된다.

④ 조정이 나쁠 때 응급 처치하기가 어렵다.

⑤ 가격이 비싸다.

3. 기계적인 실(mechanical seal)과 그랜드패킹(gland packing)과의 비교

기계적인 실과 그랜드패킹의 특징을 비교하면 다음과 같다.

[표 2-33] 기계적인 실과 그랜드패킹과의 비교

항목	기계적인 실	그랜드패킹
누수량	매우 적다.	마찰을 방지하기 위하여 어느 정도의 누수를 시킨다.
수명	적절한 섭동재의 선택에 따라 오랜 수명을 유지할 수 있다.	패킹의 마모에 따라 더 조여야 하며 또한 보충해야 한다. 수명이 비교적 짧다.
축 및 슬리브의 마모	기계적인 실은 고정자와 회전자가 섭동하기 때문에 축 및 슬리브가 상하지 않는다.	축 및 슬리브에 패킹이 직접 마찰하기 때문에 마모된다.
보수, 조정	스프링 등의 가압기구를 가지고 있고 섭동면의 마모에 따라 자동조정되기 때문에 보수 유지가 유리하다.	패킹의 마모에 따라 더 조여야 하고 또한 보충해야 하며 축 및 슬리브의 마모에 따라 교환하여야 한다.
동력 손실	마찰면적과 마찰계수가 적기 때문에 동력손실이 적다.	마찰면적과 마찰계수가 커서 동력손실은 비교적 크다.
사용한계 (압력, 온도, 주속)	적절한 재료와 설계에 의하여 광범위한 조건에 사용할 수 있다.	누수를 적게 하기 위해서는 사용조건에 한계가 있다.
내진성	그랜드패킹에 비하여 크다.	기계적인 실에 비하여 작다.
구조	정밀하고 부품도 많고 복잡하다.	정도가 낮고 간단하다.
취급 (조립, 분해)	ENDLESS이기 때문에 분해, 조립할 때에 기기를 분해하여야 한다.	기기를 분해하지 않아도 되며 장착이 쉽다.
가격	초기 설비비는 비싸지만 운전관리비는 싸다.	초기 설비비는 싸지만 운전관리비는 비싸다

Section 128 축추력(shaft thrust) 평형장치

1. 축추력(shaft thrust) 평형장치

축추력은 회전차 전면과 후면 덮개(shroud)에 작용하는 전압력의 차로 인하여 축에 비평형 축방향의 힘이 발생한다.

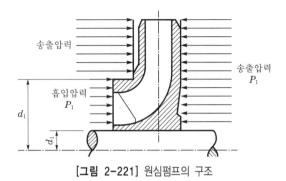

[그림 2-221] 원심펌프의 구조

축추력은 다음과 같이 표현한다.

$$T = \frac{\pi}{4}(d_r^2 - d_s^2)(p_1 - p_s)$$

여기서, d_r : Wearing ring의 지름

d_s : 축의 지름

p_1 : 지름 d_r인 곳에서 후면 Shroud에 작용하는 압력

p_s : 흡입압력

Stepanoff 반경류형 회전차 $p_1 - p_s = \frac{3}{4} \times \frac{\gamma(u_2^2 - u_1^2)}{2g}$

2. 축추력의 방지책

축추력을 방지하기 위한 대책은 다음과 같다.

① 스러스트 베어링(thrust bearing)을 사용한다.

② 양흡입형 회전차 사용한다[그림 2-222 (a)].

③ 후면 측벽에 방사상으로 rib을 설치한다[그림 2-222 (b)].

④ 후면 shroud의 hub 근처에 구멍(balancing hole)을 내서 작용하는 압력을 낮춘다[그림 2-222 (c)].

⑤ 다단 펌프에서 회전차를 반대방향으로 설치한다[그림 2-222 (d)].

⑥ 다단 펌프에서 회전차를 모두 같은 방향으로 배치하고 최종단에 평형원판(balance disk)설치한다[그림 2-222 (e)].

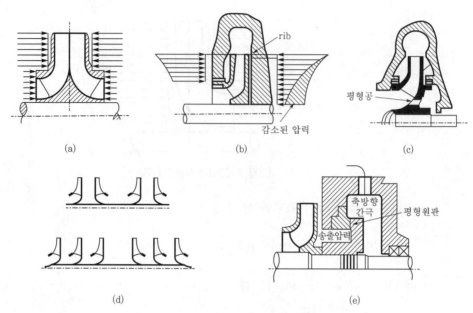

[그림 2-222] 축추력 방지대책

펌프장에서 발생하는 소음을 전파경로별로 분류하고 각각의 전파음을 감쇠하는 방안

1. 개요

소음레벨은 펌프의 형식, 회전수 및 동력에 따라서 다르지만, 설계점의 운전 상태에서는 기계로부터 1m에서 80~90dB(A) 정도이고, 일반적으로 디젤기관보다는 낮고, 전동기와 비교하여도 동등 또는 그 이하이다. 단, 토출변을 일부 닫은 상태에서의 운전에서는 밸브에서 발생하는 소음으로 기계적 원인에 의한 것과 수력적 원인에 의한 것이 있다.

2. 펌프장에서 발생하는 소음의 전파경로별 분류와 각각의 감쇠방안

1) 소음의 전파경로별 분류

(1) 수력적 원인

① 깃 통과음, 깃 외주부가 볼류트 케이싱의 볼류트 시작부 또는 디퓨저 깃을 통과할 때에 발생하는 압력맥동에 기인한다.

② 캐비테이션에 의한 소음

③ 회전차 입구의 유속분포가 불균일하여 생기는 소음

④ 흡입 및 토출수조의 소용돌이 발생에 의한 소음

⑤ 서징에 의한 소음

(2) 기계적 원인

① 기계구조 부분의 공진에 의한 소음

② 구름베어링의 회전에 의해 생기는 소음

③ 회전체의 불평형에 의한 진동에 기인하는 소음

2) 소음의 감쇠방안

소음의 감쇠방안의 수력학적 원인은 펌프설계의 계획 시 회피할 수가 있으며, 기계적 원인은 공진주파수의 회피와 미끄럼베어링의 채용, 불평형량의 감소로 감쇠할 수가 있다.

이들의 소음 중에서 문제가 되는 것은 회전차 통과음이다. 이 주파주는 회전차 깃수를 Z, 회전수를 N[rpm]으로 하면

$$\text{기본 주파수 } f = \frac{NZ}{60} \text{ 이다.}$$

f는 통상 50~300Hz로 낮기 때문에 음을 차단하기는 곤란하다. 이 압력 파동이 펌프 구조부 및 배관계와 공진하게 되면 큰 소음으로는 되지 않지만, 관로가 긴 경우에는 토출배관의 수주의 고유진동과 일치하여 공진을 일으킨다. 이 경우에는 배관에서 소음이 발생하는 이외에 배관이 벽을 관통하는 부분 등에서 건물에 진동이 전파되어 건물이 이차 소음원으로 된다. 펌프의 회전수가 일정한 경우에는 맥동의 기본 주파수도 일정하므로 이 주파수만으로 한정하여 소음을 저감하는 방법이 사용되지만, 펌프의 회전수 제어를 하는 경우에는 맥동의 진폭 그 자체를 감소할 필요가 있고, 그 방법은 다음과 같다.

① 케이싱 볼류트 시작부와 회전차 출구와의 간격을 적절하게 조절한다.

② 회전차의 뒷 가장자리 또는 케이싱 볼류트 시작부를 경사지게 한다.

③ 양흡입 볼류트펌프의 경우에는 [그림 2-223]과 같이 좌우의 회전차 위상을 바꾼다. 세 가지 방법 중 ②, ③의 방법이 탁월하다.

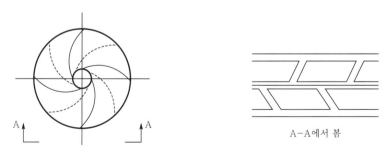

A-A에서 봄

[그림 2-223] 양흡입 볼류프펌프의 회전차

단단 볼류트펌프의 소음 스펙트럼의 일례를 [그림 2-224]에 나타낸다. 회전차 직경치수 및 운전점에 따라 소음 스펙트럼이 큰 폭으로 변화하고 있는 것을 알 수 있다.

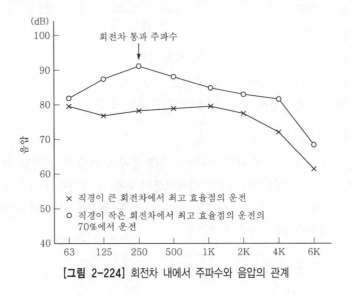

[그림 2-224] 회전차 내에서 주파수와 음압의 관계

Section 130 터빈단락군(stage group)에서 내부효율(internal efficiency)에 대해 설명

1. 개요

등압비의 단에서 압력비가 유량변화에 대하여 영향을 받지 않고 일정한 값을 유지함을 다음과 같이 간단한 터빈 model을 가지고 설명할 수 있다.

[그림 2-225]에서 Ⓥ는 수증기상태를 갖는 steam chest를 나타내고, ①은 1단을 나타낸다. steam chest와 1단 사이에는 유량을 조절하는 control valve장치가 있다. ©는 출력에 관계없이 항상 진공에 가까운 압력을 유지하는 복수기를 나타낸다. ②, ③, ④는 1단과 복수기 사이의 터빈단을 나타낸다.

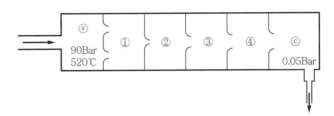

[그림 2-225] 유사터빈단의 Model

2. 터빈단락군에서 내부효율

터빈 어느 한 단 또는 단락군에서 출구압력을 입구압력으로 나눈 값을 말하거나 혹은 입구증기가 배기압까지 팽창함에 있어서 실제적인 일로 변환된 열량, 즉 실제 팽창선의 사용열낙차(used energy)와 손실이 없는 증기의 이론일량인 단열열낙차(available energy)와의 비를 말한다.

터빈 내부효율은 일반적으로 고압, 중압 및 저압터빈으로 구분하여 계산한다. 터빈은 노즐이나 블레이드 등에 스케일이 부착한다든지 외부로부터의 이물유입에 의한 손상 등에 의해서 성능에 크게 영향을 받는다. 그러므로 터빈 내부효율을 계산하여 터빈 본체의 성능을 판정하고 이상발견에 힘써야 한다.

Section 131 · 압력배관두께 선정에 사용되는 스케줄번호(schedule number)

1. 개요

배관의 두께를 나타내는 스케줄은 숫자를 이용해서 표기하는데 5, 5S, 10, 10S, 20, 20S, 30, 40, 40S, 60, 80, 80S, 100, 120, 140, 160 등이 있다. 배관의 크기마다 각 스케줄이 나타내는 두께가 다르다. 예를 들어, SCH 40이라고 하면 NPS 4에서는 6.02mm를 나타내지만 NPS 6에서는 7.11mm를 나타낸다. 스케줄은 해당 배관의 운전압력(P)을 배관재질의 최대 허용응력(S)으로 나눈 값에 1,000을 곱한 것으로써 압력과 최대 허용응력의 단위는 kgf/cm^{2}를 사용한 것이다. 즉, 스케줄번호는 $1,000\,P/S$이다.

2. 스케줄번호(SCH, schedule number)

관(pipe)의 두께를 나타내는 스케줄번호는 10~160으로 정하고 30, 40, 80이 사용되며, 번호가 클수록 두께는 두꺼워진다. 만약 최대 허용응력(S)의 단위가 kgf/cm^{2}이면 SCH$=1,000\times\dfrac{P}{S}$이다.

원심펌프의 안내깃의 유무과 흡입구, 단(stage)수, 임펠러의 형상, 설치위치에 의한 분류

1. 개요

원리는 회전차(변곡된 다수의 깃)의 회전으로 원심력을 발생하며, 유체는 회전차의 중심에서 흡입하고 반경방향으로 흐르는 사이 압력과 속도에너지를 획득한다. 과잉된 속도에너지는 안내깃을 지나 와류실 통과 시 압력에너지로 회수하며 펌프의 양수계통 또는 스트레이너 → foot valve → 흡입관 → 펌프 → gate valve → 송출관 순이다.

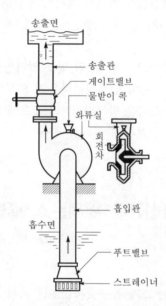

[그림 2-226] 펌프의 구성요소

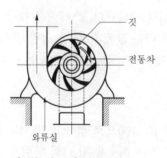

[그림 2-227] 벌류트펌프

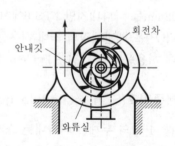

[그림 2-228] 터빈펌프

원심펌프의 구성요소에 회전차(impeller)는 기계적 에너지를 액체의 속도에너지로 변환하며 Impeller vane, shroud로 구성된다. 펌프 본체의 와실(안내깃)은 회전차 출구의 흐름을 감속시켜 속도에너지를 압력에너지로 변환하며, 케이싱에 고정, 회전하지는 않고 와류실이 있다. 또한 주축, 축이음, 베어링, 베어링 본체, 패킹박스 등으로 구성이 되어 있다.

2. 원심펌프의 안내깃의 유무과 흡입구, 단(stage)수, 임펠러의 형상, 설치위치에 의한 분류

1) 안내깃의 유무

① Volute pump : guide vane 없음, 저양정
② Turbine pump(diffuser pump) : guide vane 있음, 고양정
③ 와실을 가진 펌프 : guide vane 없음

2) 흡입구에 의한 분류

① 편흡입(single suction) : 송출량이 적을 때
② 양흡입(double suction) : 송출량이 많을 때

3) 단수에 의한 분류

① 단단펌프(single stage) : 회전차 1개, 양정범위 8~10m
② 다단펌프(multi-stage) : 2 or 3stage

4) 회전차의 모양에 따른 분류

① 반경류형 회전차(radial flow impeller) : 고양정, 소유량
② 조합형 회전차 : 저양정, 대유량

5) 축의 방향에 의한 분류

① 횡축펌프(horizontal shaft pump) : 펌프의 축이 수평
② 입축펌프(vertical shaft pump) : 펌프의 축이 수직

6) Casing에 의한 분류

① 상하 분할형(split type) : 케이싱이 수평면 또는 경사평면으로 2개로 분할, 대형 펌프, 분해 용이
② 흡입커버 부착형
　　㉠ 수절형(sectional type) : 다단식 펌프의 각 단이 같은 형의 링형
　　㉡ 원통형(cylindrical type) : 케이싱이 원통형으로 일체
　　㉢ 배럴형(barrel type) : 2중 동형(double casing type)

수도용 밸브의 수압시험압력에 대한 압력검사항목

1. 개요

도·송수관은 이음의 수밀성을 확인하기 위하여 관로의 수압시험을 실시하여야 하며, 수압시험방법에 대해서는 공사감독자의 지시에 따른다. 강 이형관의 경우 수압시험이 곤란하므로 KS B 0845에 의한 RT(Radiographic Testing)검사를 실시하고, 그 결과를 공사감독자에게 제출하여야 한다. 수압시험 적용 압력은 관로 중 가장 낮은 부분에 최대 정수두의 1.5배로 한다. 수압시험결과에 대해서는 다음과 같은 항목의 보고서를 작성하여 공사감독자에게 제출하여야 한다.

① 이음번호
② 시험 연월일, 시, 분
③ 시험수압
④ 시험수압 5분 후의 수압

2. 수도용 밸브의 수압시험압력에 대한 압력검사항목

수압시험방법을 살펴보면 다음과 같다.

① 관경 800mm 이상의 주철관이음은 원칙적으로 공사감독자 입회하에 각 이음마다 내면에서부터 테스트밴드(test band)로 수압시험을 한다.

② 테스트밴드 시험수압은 0.5MPa(=N/mm^2) 이상에서 5분간 유지하여 0.4MPa(=N/mm^2) 이하로 수압이 내려가지 않아야 한다. 만약 수압이 내려가는 경우에는 다시 접합하고 수압시험을 하여야 한다.

③ 일반적인 수압시험방법은 다음과 같다.

㉠ 시험구간 관로에 물을 채우고 24시간 이상 방치하였다가 서서히 압력을 가하여 규정수압까지 상승시킨다.

㉡ 규정수압으로 1시간 동안 유지할 때 압력강하가 0.02MPa(=N/mm^2)을 초과하여서는 안 된다.

㉢ 규정수압을 계속 유지하도록 물을 보충하였을 때 1시간 동안 구경 10mm당 1L 이상 누수가 있어서는 안 된다.

㉣ 수압시험을 위한 물의 주입에 앞서 어느 정도 관로를 임시로 되메우기 하여 관로가 수압시험 중 이동하는 것을 막아야 한다.

㉤ 수압시험은 200m 간격으로 시행하여야 하며 제수밸브와 제수밸브 사이에서 시험하는 것이 좋다.

수처리 살균소독공법 중 염소소독, 자외선소독 및 오존
처리설비의 소독원리와 장단점

1. 개요

미생물학(microbiology)의 발전은 우리가 마시는 물공급시스템에서 어떤 미생물이 살고 있으며, 어떻게 자연적으로 번성하는지, 그리고 건물 내 물탱크 및 배관과 각 가정의 수도꼭지에서 깨끗하고 안전한 물을 유지할 수 있는지를 연구하고 이해할 수 있는 새로운 방법을 제공하고 있다. 수돗물, 생수(먹는 샘물) 등 완벽하게 안전한 물이라도 물을 담는 컵 등 용기에는 수백만 개의 비병원성 미생물을 함유하고 있다. 또한 수원지, 저수조, 물탱크 및 수도관 등 전체 물공급시스템에는 여러 종류의 박테리아, 조류, 무척추동물, 바이러스 등이 서식하고 있지만 대부분 수질기준 내에서는 사람에게 안전하다. 그러나 장관 출혈이나 설사, 복통, 발열증상을 유발하는 대장균(escherichia coli), 지아디아(giardia), 크립토스포리디움(cryptosporidium)과 같은 병원성 미생물은 위험하다.

2. 수처리 살균소독공법 중 염소소독, 자외선소독 및 오존처리설비의 소독원리와 장단점

수처리 살균소독공법 중 염소소독, 자외선소독 및 오존처리설비의 소독원리와 장단점을 설명하면 다음과 같다.

1) 염소(Cl)소독

염소처리는 물에서 발견되는 미생물 오염물질의 소독 및 제어를 위해 염소 또는 염소형태를 물에 첨가하는 과정을 말한다. 염소소독은 강력한 산화력으로 살균하여 전염성 질환을 예방하는 데 효과가 있다. 정수장에서는 가스형태의 염소가스를 물에 첨가하여 안전하게 마실 수 있게 하고 있다. 주로 음료수 살균을 위해 염소를 사용하는데, 염소가스로서 물에 흡입되거나 또는 농후염소수로서 주입한다. 일반적으로 염소는 살균을 완전하게 하기 위하여 잔류염소를 0.1~0.3mg/L 정도 유지한다. 이를 위한 염소의 투입량은 0.3~1.0mg/L 정도이다. 공급은 염소공급장치로부터 물의 유량에 대응하여 정확하게 일정량의 염소가 공급되도록 되어 있다.

염소처리는 음료수 살균 외에 공업폐수처리에서는 시안화합물의 제거, 하수처리에서는 살균, 공업용수처리에서는 암모니아의 제거 등에도 사용된다. 하지만 수처리대상 수원이 유기물로 심하게 오염된 경우에는 염소처리는 문제점을 일으킬 수 있다. 잔류염소와 유기물이 결합하여 클로로포름(chloroform)과 같은 트리할로메탄(THMs)이 생성되게 되는데, 이는 발암성 물질이다.

염소처리의 다른 문제점은 염소의 휘발성에 기인한 잔류염소의 사라짐이다. 이는 염소처리 농도를 산정할 때 고려해야 될 사항이다. 또한 염소는 냄새가 강하고 물맛을 바꾸는 점에서 우려가 될 수 있으며, 따라서 다양한 대체 소독방법들이 강구되고 있다. 특히 염소는 독가스이므로 취급에 주의해야 한다.

2) 자외선(UV)살균

자외선(UV)을 이용한 소독은 간단하고 저렴하여 인기 있는 물소독방법이다. UV(ultraviolet)시스템은 물이나 물시스템에서 자연적으로 발견되는 미생물을 죽이기 위해 적절한 파장의 빛에 물을 노출시킨다. UV는 물에 존재할 수 있는 박테리아, 바이러스, 곰팡이, 원생동물 및 낭종을 죽이는 효율적인 방법이다. 약품, 가열 등에 의한 살균, 소독과 비교 시 오염이 적고 환경호르몬이 발생하지 않는다. 특히 자외선에 의한 살균은 염소와 같은 화학제를 쓰지 않아도 되고, 물속에 아무것도 넣지 않고 처리하기 때문에 차후에 또 다른 부산물을 제거할 필요가 없다.

더욱이 물의 물리적, 화학적 성질을 변화시키지 않으므로 pH나 색깔, 냄새, 온도, 맛 등이 원래대로 유지될 수 있어 시설하우스용 양액, 농업용 재순환용 용수, 횟집의 활어용 수조, 정수기의 식수 살균에 많이 이용되고 있다. 그러나 가스, 중금속, 미립자를 제거하는 데 사용할 수 없고 박테리아가 더 큰 파편 뒤에 숨을 수 있기 때문에 한계가 있다. 이것이 UV가 종종 다른 물소독방법과 함께 사용되는 이유이다.

3) 오존(O₃)처리

오존(O_3)은 산소가 고압전류에 노출될 때 생성된다. 오존이 산소로 변환될 때 분리된 산소원자가 다른 물질과 결합하여 산화시키는 성질을 이용하여 세균 따위의 미생물을 죽이므로 바이러스, 박테리아 및 미생물을 파괴하고 물에서 철, 유황 및 망간을 제거하는 데 사용할 수 있다.

오존소독의 장점은 염소보다 6배 이상의 강한 살균력으로 세균의 세포막에 존재하는 효소를 산화시켜 세포막을 파괴하고 DNA를 손상시키며, 중금속, 유해 유기물질, 잔류농약 등을 분해한다. 또한 염소에 비해 유해한 반응잔류물인 트리할로메탄(THMs)을 남기지 않아 2차 처리가 필요 없는 등 모든 박테리아와 바이러스에 살균효과가 좋으며, 염소살균 시에는 일부 물속 바이러스가 염소에 대해 내성을 가진다. 그러나 산소공급설비(산소저장탱크, 기화기), 오존발생설비, 오존접촉설비(디퓨저 또는 인젝터), 냉각설비, 배오존파괴설비 등 복잡한 설비가 필요하며, 오존이 대기 중으로 다량 방출 시 인체에 해를 끼칠 우려가 있다. 이와 함께 유지관리가 어려워 전문적인 유지관리인원이 필요하고 소독의 잔류효과(지속시간)가 없어지며 수온이 높아지면 오존소비량이 많아진다.

4) 이산화염소(ClO_2) 처리

이산화염소(ClO_2)는 강력한 산화력은 생활환경에 존재하는 세균, 바이러스뿐만 아니라 악취 원인물질까지 분해한다. 이산화염소는 세균, 바이러스 등의 세포막을 산화시키고 바이오매스(biomass) 침투력이 높아 살균효능이 강력해 표백제로 사용되어 왔으나, 안전성 및 기체상태로 제조하는 것이 용이하지 않아 널리 사용되지 못했다. 그러나 최근에 제조방법 및 사용상의 문제점을 해결하여 유독성 무기물 제거, 중금속 제거, 살균 및 소독, 의류표백, 악취 제거 등 다양한 용도로 사용되고 있다.

이산화염소는 강한 산화제로 물에 잘 녹고 휘발성이 강하며 열에 의해 폭발적으로 분해하여 강력한 산화와 표백작용을 가지고 있다. 이 때문에 고농도 농축이 어려워 약 8~10% 농도로 희석시켜 사용한다. 기체는 자외선에 의해 쉽게 분해되는 광학적 분해작용이 있으나, 물에서는 가수분해되지 않는다. 특히 악취의 원인물질인 암모니아, 유화수소, 메틸메르캅탄(CH_4S), 페놀 등을 산화시키거나 구조를 파괴하여 악취를 효과적으로 제거한다. 또한 염소계의 화합물로 살균하는 경우 유기물질과 반응하여 트리할로메탄과 같은 발암물질을 생성하나, 이산화염소는 이와 같은 발암물질을 전혀 생성하지 않는다.

따라서 제조방법과 사용성의 문제점을 해결하여 중금속 제거, 악취, 유독성 무기물 제거 등 다양한 용도로 쓰이고 있는데, 생물막 박멸, 멤브레인시스템 및 여과, 물분배시스템, 냉각탑, 병원, 호텔, 원예, 양조장, 유제품 및 유해화학물질의 제한이 있는 현장에 적합하다.

5) 차아염소산나트륨($NaClO$) 처리

차아염소산나트륨($NaClO$)은 차아염소산염의 하나로, 수산화나트륨용액에 염소가스를 흡수시켜 얻어진다. 시판되는 것은 유효염소 4~12%의 수용액으로 외관은 담황색, 투명한 강알칼리성 액체이고, 쉽게 분해되며 산소를 방출한다. 이 산화력에 의해 표백제, 소독제, 산화제 등으로 이용되고 있다. 특히 소독제로는 염소에 비해 고가이지만, 취급과 설비가 간단하고 누설이 없는 등 안전성이 있기 때문에 액체염소에 비해 많이 사용되고 있다.

차아염소산나트륨 소독설비는 소금물을 전기분해해 생산된 차염용액으로 수돗물을 살균·소독하는 방식으로, 「화학물질관리법」에 따라 엄격하게 규제관리하는 염소가스 대신에 상대적으로 취급이 용이해 깨끗한 수돗물을 보다 안전하게 생산·공급할 수 있는 시설이다. 또 기존 액화염소소독방식보다 냄새와 상수도관 부식 정도가 적어 깨끗한 수돗물을 안전하게 가정집까지 공급할 수 있어 전국 정수장에서 많이 사용하고 있는 추세이다. 그러나 저장 중 수용액이 분해되어 염소가스가 생기기 때문에 장기간 보관 시 살균제로서 효력이 떨어질 수 있으며, 부식성이 강하기 때문에 금속용기와는 접하지 않도록 해야 한다.

Section 135 상수도시설에서 오존(O₃)을 주입하는 목적과 주입방식

1. 개요

상수원수의 정수처리과정 중 오존은 대략 100년 동안 음용수처리에 사용되어 왔다. 현재 오존을 정수처리과정에 사용하고 있는 나라들은 대부분이 서부 유럽, 특히 프랑스, 스위스, 독일에 분포되어 있으며, 최근에는 북아메리카, 즉 미국이나 캐나다에서의 오존 사용이 점차 확대되었는데, 이는 상수원수의 점차적인 수질 악화와 양질의 수돗물 수질을 시민들이 요구하였기 때문이다.

2. 상수도시설에서 오존(O₃)을 주입하는 목적과 주입방식

오존은 음용수처리과정에서 수중에 존재하는 유독성 미량 유해물질 및 농약류의 제거, 박테리아와 바이러스의 살균효과, 응집제 소비량을 감소시키고 침강성 향상, 소독 부산물 저감효과, 맛과 냄새 유발 유기물질의 제거, 철, 망간과 같은 중금속을 산화·제거하는 등 분자량이 큰 유기물질을 보다 작은 분자량으로 산화시켜 여과지에서 생물분해능을 향상시키는 특징을 가지고 있다.

인간의 배설물로부터 배출되는 바이러스는 약 100여 가지 이상으로 보고되고 있고, 이 중에서 어떤 것들은 수인성 전염병의 원인이 된다고 알려져 있다. 그리고 오존 투입으로 인한 바이러스 제어에 관한 연구는 여러 보고서에서도 많이 알려져 있다. 또한 맛과 냄새를 유발하는 물질의 대부분은 자연적으로 발생하는 유기화합물이거나 합성에 의해서 낮은 분자량을 가진 휘발성 물질을 발생하게 되는데, 이를 오존이 산화시킨다.

Section 136 급수펌프에서 인버터제어시스템을 적용할 때 펌프의 유량과 압력, 그리고 동력의 변화관계

1. 개요

전자식 제어장치의 운전모드 선택스위치와 운전조건 설정스위치에 의해 펌프시스템의 제어조건을 설정한다. 운전모드 선택스위치에서는 인버터운전, 자동운전, 수동운전 중 한 가지를 선택하며, 급수펌프시스템의 설정된 운전패턴에 따라 펌프기동압력과 펌프정지압력, 주파수제어범위, 변속운전점 등을 운전조건 설정스위치에 의해 설정한다.

2. 급수펌프에서 인버터제어시스템을 적용할 때 펌프의 유량과 압력, 그리고 동력의 변화관계

인버터운전모드 선택 시에는 인버터를 적용하여 급수펌프시스템의 설정된 운전패턴에 따라 모터를 가변속운전한다. [그림 2-229]는 인버터운전모드 선택 시의 운전패턴을 나타낸 것이다.

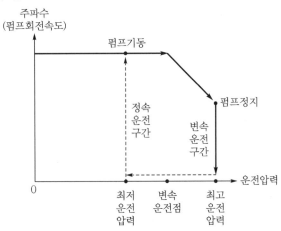

[그림 2-229] 인버터운전 시 운전패턴

[그림 2-229]에서 보는 바와 같이 최소 압력값과 변속운전점 사이에서는 정격속도로 모터를 회전하고, 변속운전점과 최대 압력값 사이에서는 주파수 설정스위치에 의해 설정된 주파수까지 선형으로 감속운전을 하고 최대 압력 도달 시에는 모터를 정지한다. 일단 최대 압력에서 모터가 정지하면 수용가 측에 급수가 되더라도 최소 압력에 도달할 때까지 펌프모터는 정지하게 되며, 최소 압력 이하가 되면 다시 펌프모터가 기동하게 되고 [그림 2-229]의 운전패턴을 반복한다.

MEMO

CHAPTER 03

재료역학

산업기계설비기술사

Section 1
하단 고정, 상단은 핀으로 지지된 기둥의 Euler 하중

1. 개요

단면의 크기에 비하여 길이가 긴 봉에 압축하중이 작용할 때 이를 기둥(column)이라 하고 길이가 길면 재질의 불균질, 기둥의 중심선과 하중 방향이 일치하지 않을 때, 기둥의 중심선이 곧은 직선이 아닐 때 등의 원인에 의하여 굽힘이 발생하게 된다.

이와 같이 축압축력에 의하여 굽힘되어 파괴되는 현상을 좌굴(buckling)이라 하고 이때 하중의 크기를 좌굴하중이라고 한다.

2. 세장비(slenderness ratio) : λ

기둥의 길이 l 과 최소 단면 2차 반경 k와의 비 l/k은 기둥의 변곡되는 정도를 비교하는 것 외에도 대단히 중요한 값이다.

$$\lambda = \frac{l}{k}$$

여기서, λ : 세장비
$\lambda < 30$: 단주(short column)
$30 < \lambda < 150$: 중간주(medium column)
$\lambda > 150$: 장주(long column)

$$k = \sqrt{\frac{I}{A}}$$

여기서, k : 최소 단면 2차 반경
l : 최소 단면 2차 모멘트(cm^4)
A : 단면적(cm^2)

3. 좌굴하중(오일러의 공식) : P_B

$$P_B = n\pi^2 \frac{EI}{l^2}$$

여기서, E : 종탄성계수($\mathrm{kgf/cm}^2$)
I : 최소 단면의 단면 2차 모멘트(cm^4)
l : 기둥의 길이(cm)
A : 장주의 절단면적(cm^2)
n : 고정계수(n이 클수록 강한 기둥)

4. 고정계수 : n

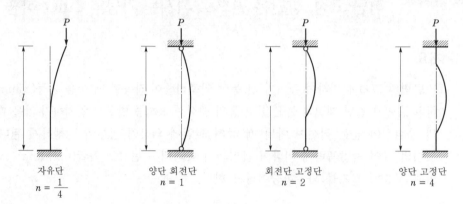

자유단
$n = \dfrac{1}{4}$

양단 회전단
$n = 1$

회전단 고정단
$n = 2$

양단 고정단
$n = 4$

[그림 3-1] 기둥의 고정계수

> **예제**
>
> 80mm×60mm인 직사각형 단면의 연강제 기둥에서 양단 고정단일 때의 좌굴하중을 구하여라(단, $E = 2.1 \times 10^4 \mathrm{kg/mm}^2$, 기둥 길이는 2m).
>
> **풀이** $l = 2\mathrm{m}$, $E = 2.1 \times 10^4 \mathrm{kg/mm}^2$, $A = 4,800 \mathrm{mm}^2$
>
> ① 고정계수 : n
>
> $\quad n = 4 \leftarrow$ 양단 고정보
>
> ② 세장비 : λ
>
> $$I_x = \frac{bh^3}{12} = \frac{80 \times 60^3}{12} = 1,440,000 \mathrm{mm}^4 < I_y = \frac{60 \times 80^3}{12} = 2,560,000 \mathrm{mm}^4$$
>
> $\quad \therefore \ I = I_x$
>
> $$k = \sqrt{\frac{I}{A}} = \sqrt{\frac{1,440,000}{4,800}} = 17.32 \mathrm{mm}$$
>
> $$\therefore \ \lambda = \frac{l}{k} = \frac{2,000}{17.32} = 115.5$$
>
> ③ 좌굴하중 : P_B
>
> $$P_B = n\pi^2 \frac{EI}{l^2} = 4 \times \pi^2 \times \frac{2.1 \times 10^4 \times 1,440,000}{2,000^2} = 298456.8 \mathrm{kgf}$$
>
> ④ 좌굴응력 : σ_B
>
> $$\sigma_B = \frac{P_B}{A} = \frac{298456.8}{4,800} = 62.18 \mathrm{kgf/mm}^2$$

예제

실린더(cylinder)의 최고압력이 7,000kg/cm²이다. 길이가 1.5m의 연강제의 연봉 (connecting rod)의 직경을 구하여라(단, 안전계수 $S=20$, $E=2.2\times10^6$kg/cm²이다.).

풀이 직경을 d라고 하면 연봉은 양단 회전의 장주이므로

$$P_s = \frac{P_B}{S} = \frac{n\pi^2 \frac{EI}{l^2}}{S} = \frac{n\pi^2 EI}{Sl^2}$$

여기서, $n=1$

$$\therefore\ I = \frac{P_s S l^2}{\pi^2 E}$$

$P_s = 7,000$, $I = \frac{\pi d^4}{64}$, $S=20$, $l=150$, $E=2.2\times10^6$kg/cm²

$$\frac{\pi d^4}{64} = \frac{7,000\times20\times150^2}{\pi^2\times2.2\times10^6} = \frac{3.15\times10^9}{21.7\times10^6} = 145.16$$

$$A = \frac{\pi}{4}d^2 = \frac{\pi}{4}\times7.37^2 = 42.66\text{cm}^2$$

$$I = \frac{\pi d^4}{64} = \frac{3.14\times7.37^4}{6} = 144.75\text{cm}^4$$

$$K = \sqrt{\frac{I}{A}} = \sqrt{\frac{144.75}{42.66}} = 1.84\text{cm}$$

$$\lambda = \frac{l}{K} = \frac{150}{1.84} = 81.52$$

※ λ 한계는 102이므로 오일러 공식을 적용하지 못한다.

$$\therefore\ d = 7.37\text{cm}$$

[표 3-1] 세장비의 값

재 료	주 철	연 철	연 강	경 강	목 재
$\lambda = \dfrac{l}{K}$	70	115	102	95	56

Section 2 보에 관한 전단응력의 공식

1. 개요

순수 굽힘모멘트상태가 아닌 경우 보는 각 단면에 굽힘모멘트 M과 전단력 V를 동시에 받는다. 따라서 횡단면의 전단력에 단면에 따른 전단응력이 발생된다.

2. 보에 관한 전단응력의 공식

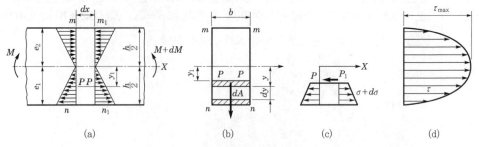

[그림 3-2] 단면의 전단응력

pp_1면 사이에 작용하는 전단력 $= \tau b dx$

$$\therefore \tau b dx + \int_{y_1}^{\frac{h}{2}} \frac{My}{I} dA = \int_{y_1}^{\frac{h}{2}} \frac{(M+dM)y}{I} dA$$

$$\tau = \frac{dM}{dx} \frac{1}{bI} \int_{y_1}^{\frac{h}{2}} y dA = \frac{V}{bI} \int_{y_1}^{\frac{h}{2}} y dA = \frac{VQ}{bI}$$

$$y_1 = 0 \text{에서 } \tau = \tau_{\max}, \ y_1 = \frac{h}{2}, \ \tau = 0$$

임의 단면의 중립축에서 임의거리 y_1만큼 떨어진 요소의 평면상의 전단응력을 구하는 일반식

$$Q = \int_{y_1}^{\frac{h}{2}} y dA \text{를 구하는 도식적 방법}$$

음영 부분의 면적에 그 단면의 중립축으로부터의 음영 부분의 도심까지의 거리를 곱한 것이다.

• 직사각형인 경우 $\tau_{\max} = \dfrac{3}{2} \dfrac{V}{A}$

• 원형인 경우 $\tau_{\max} = \dfrac{4}{3} \dfrac{V}{A}$

예제

단순보(simple beam)에 있어서 원형 단면에 분포되는 최대 전단응력은 평균 전단응력(V/A)의 몇 배가 되는가?

풀이 최대 전단응력 $\tau = \dfrac{4}{3} \dfrac{V}{A}$ (원형)

여기서, V : 외팔보에서는 전단력값(하중), 단순보에서는 반력값 중 큰 값이 된다.

예제

다음 그림과 같은 단순 지지보 AB의 중앙에 집중하중 30kN이 작용할 때 이 보가 받고 있는 최대 전단응력($\tau_{\max}$)은? (단, 이 보의 단면적은 폭(b)×높이(h)=30cm×50cm이다.)

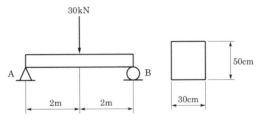

30kN

A   B

2m   2m

50cm

30cm

풀이 $\tau = \dfrac{3}{2}\dfrac{V}{A} = \dfrac{3}{2} \times \dfrac{15}{0.3 \times 0.5} = 150\text{kPa}$

단, 단순보에서 V는 반력값이 된다(R_A, R_B값 중 큰 값이 된다).

예제

길이 2m인 직사각형 단면의 외팔보에 w의 균일 분포하중이 작용할 때 최대 굽힘응력이 45MPa이면 이 보의 최대 전단응력은 몇 MPa인가? (단, 폭(b)×높이(h)=5cm×10cm이다.)

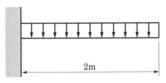

2m

10cm

5cm

풀이 $M_{\max} = \sigma Z = \sigma\dfrac{bh^2}{6} = \dfrac{wl^2}{2} = 45 \times 10^6 \times \dfrac{0.05 \times 0.1^2}{6} = \dfrac{w \times 2^2}{2}$

$\therefore w = 1,825\text{N/m}$

$V = R_A = wx = w \times 2 = 1,825 \times 2 = 3,750\text{N}$

$\tau = \dfrac{3}{2}\dfrac{V}{A} = \dfrac{3}{2} \times \dfrac{V}{0.05 \times 0.1} = \dfrac{3}{2} \times \dfrac{3,750}{0.05 \times 0.1}$

$= 1,125,000\text{N/m}^2$

$\therefore \dfrac{1,125,000}{10}-6 \fallingdotseq 1.125\text{MPa}$

Section 3 등가 스프링상수(k)

1. 개요

스프링(용수철)이 변형되어 상대변위가 생겼을 때 스프링 힘이 존재한다. 이 변형에 너지를 Potencial energy 또는 Strain energy라 한다. 이때 Hook의 법칙에 따라 변하는 스프링을 선형 스프링이라 하고, 변위(변형의 양)에 필요한 힘의 크기를 나타내는 비례상수를 강성계수(stiffness) 혹은 스프링상수 k로 나타낸다.

$$F = kx$$

여기서, F : 스프링의 힘, x : 변위(변형량)

2. 스프링의 조합

1) 병렬 W가 질량 m의 무게라면 평형조건에서

$$W = k_1 \delta_{st} + k_2 \delta_{st}$$

등가 스프링상수를 k_{eq}라 하면

$$k_{eq} = k_1 + k_2$$
$$\therefore\ k_{eq} = k_1 + k_2 + \cdots + k_n$$

2) 직렬스프링이 같은 힘을 받고 있으므로 평형조건에서

$$W = k_1 \delta_1,\quad W = k_2 \delta_2$$
$$\delta_1 + \delta_2 = \delta_{st}$$

등가스프링상수를 k_{eq}라 하면

$$W = k_{eq} \delta_{st}$$
$$\therefore\ \frac{1}{k_{eq}} = \frac{1}{k_1} + \frac{1}{k_2} + \cdots + \frac{1}{k_n}$$

Section 4

순수 굽힘을 받는 보의 탄성곡선의 곡률이 $\dfrac{1}{\rho} = \dfrac{M}{EI}$ 임을 유도

1. 개요

[그림 3-3]에서 변형이 일어난 후 인접 단면 GB와 G′D는 O점에서 만나게 된다. 그들이 이루는 각을 $d\theta$ 라고 하고, 보의 중립축의 곡률을 $\dfrac{1}{\rho}$ 이라고 하면 $d\theta = \dfrac{dx}{\rho}$ 의 관계가 성립한다. [그림 3-3]에서 중립면으로부터 거리 y 만큼 떨어진 곳에 임의의 섬유토막의 길이 $\mathrm{EF} = y\,d\theta$ 만큼 늘어나며 $\mathrm{EF} = dx$ 이므로 변형도는 다음과 같다.

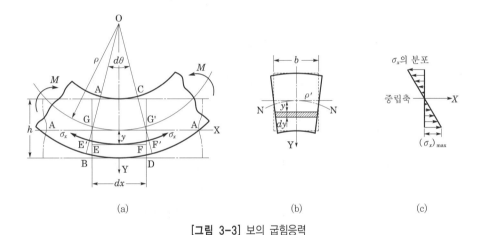

(a)   (b)   (c)

[그림 3-3] 보의 굽힘응력

2. 순수 굽힘을 받는 보의 탄성곡선의 곡률이 $\dfrac{1}{\rho} = \dfrac{M}{EI}$ 임을 유도

$$\varepsilon = \frac{y\,d\theta}{dx} = \frac{y}{\rho} \tag{3.1}$$

섬유 속의 응력은

$$\sigma_x = \sigma_x E = \frac{E}{\rho} y \tag{3.2}$$

또한 [그림 3-4]에서 y 만큼 떨어진 곳에 면적요소를 dA 라고 하면

$$\sigma_x \, dA = \frac{E}{\rho} y \, dA \tag{3.3}$$

$\sigma_x \, dA$를 그 단면의 면적 전체에 걸쳐 적분하면

$$\frac{E}{\rho} \int y \, dA = 0 \tag{3.4}$$

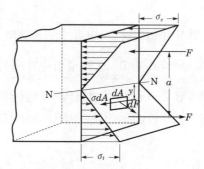

[그림 3-4] 보 속의 저항모멘트

$\sigma_x \, dA$의 그 단면의 중립축에 관한 모멘트는 $dM = y\sigma_x \, dA$와 같으므로

$$M = \int_A y \sigma_x \, dA = \frac{E}{\rho} \int_A y^2 dA \tag{3.5}$$

여기서 $\int_A y^2 dA = I$(2차 모멘트 : moment of inertia)이며 식 (3.5)는

$$\frac{1}{\rho} = \frac{M}{EI} (\text{굽힘강성계수 : flexural rigidity}) \tag{3.6}$$

[그림 3-5]에서 $ds = \rho d\theta$의 관계를 얻을 수 있고 다음 식으로 나타낼 수가 있다.

$$\frac{d\theta}{ds} = \frac{1}{\rho} \tag{3.7}$$

또한 근사적으로 $ds \approx dx$, $\theta \approx \dfrac{dy}{dx}$로 볼 수 있으므로

$$\left| \frac{d^2 y}{dx^2} \right| = \frac{1}{\rho} \tag{3.8}$$

식 (3.6)과 식 (3.8)을 결합하면

$$\frac{d^2 y}{dx^2} = \pm \frac{M}{EI} (\text{탄성곡선의 미분방정식}) \tag{3.9}$$

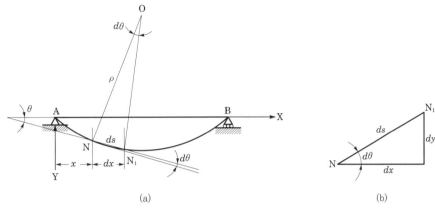

[그림 3-5] 보의 탄성곡선

> **예제**
>
> 길이 2m의 단순보(simple beam)에 0.5kN/m의 균등분포하중이 작용할 때 위험 단면에 발생하는 굽힘응력은? (단, 단면은 폭 5cm, 높이 10cm이다.)
>
> **풀이** $M_{\max} = \dfrac{wl^2}{8} = \dfrac{0.5 \times 2^2}{8} = 0.25\text{kN} \cdot \text{m}$
>
> $Z = \dfrac{bh^2}{6} = \dfrac{0.05 \times 0.1^2}{6} = 8.3 \times 10^{-5}\ \text{m}^3$
>
> $\therefore\ \sigma = \dfrac{M_{\max}}{Z} = \dfrac{0.25}{8.3 \times 10^{-5}} = \dfrac{3,012\text{kPa}}{1,000} = 3\text{MPa}$

Section 5 　사용응력

1. 개요

인장시험선도는 그 재료의 기계적 성질에 관한 유용한 자료를 제공하고 있다. 즉 이 선도로부터 그 재료의 비례한도, 항복점 및 최후 강도 등을 알아낼 수 있으며, 그 값들을 알면 하나하나의 공학문제에서 안전응력(safe stress)이라고 생각되는 한 응력의 값을 결정할 수 있다. 이 응력을 보통 사용응력(working stress)이라고 한다.

2. 사용응력과 안전계수

강철에 대한 사용응력의 크기를 선정할 때 유의해야 할 것은, 그 재료는 비례한도 이하의 응력에서는 안전탄성체로 볼 수 있으나, 그 한도를 넘으면 변형의 일부가 하중이 제거된 뒤에도 영구변형(permanent set)으로 남게 된다는 사실이다. 그러므로 구조물 내 탄성역 내에 머물게 하고 영구변형의 가능성을 배제하기 위하여 사용응력을 그 재료의 비례한도보다 충분히 낮게 잡는 것이 보통이다.

그런데 그 비례한도를 결정하는 실험에는 예민한 계측기구(신장계)가 필요하며, 거기서 그 비례한도의 값은 어느 정도까지는 계측치의 정밀도의 영향을 받는다. 그러므로 그와 같은 난점을 제거하기 위하여 사용응력의 크기를 결정하는 기준으로서 그 재료의 항복점 또는 최후 강도를 잡는 것이 보통이다. 즉 항복점응력 σ_{yp} 또는 최후 강도 σ_{ult}를 적당한 상수 n 또는 n_1으로 나눔으로써 사용응력 σ_w의 값을 다음과 같이 결정한다.

$$\sigma_w = \frac{\sigma_{yp}}{n} \quad \text{또는} \quad \sigma_w = \frac{\sigma_{ult}}{n_1} \tag{3.10}$$

이 식 속의 n과 n_1을 안전계수(factor of safety)라고 한다. 구조용 강철에 있어서는 항복점을 사용응력 결정의 기준으로 삼는 것이 합리적인데, 그 이유는 응력이 항복점에 달하면 공학적 구조물에서는 허용할 수 없는 영구변형이 일어날 수 있기 때문이다. 이 때 그 구조물의 정하중만을 받는다면 안전계수를 $n = 2$로 잡음으로써 신중한 사용응력의 값을 얻을 수 있다.

그러나 기계의 부분품들이 흔히 받는 것과 같은 급격히 작용하는 하중 또는 변화하는 하중들이 걸리는 경우에는 더 큰 안전계수가 필요할 것이다. 한편 강철, 콘크리트 및 각종 석재 등과 같은 취성재료와 같은 재료에 있어서는 최후 강도를 사용응력 결정의 기준으로 삼는 것이 보통이다. 타당한 안전계수의 값은 그 구조물에 걸릴 외력의 정밀도와 그 구조물의 각 부재 속에 일어날 응력의 정밀도, 그리고 사용될 재료의 균질도 등을 고려하여 선정되어야 한다.

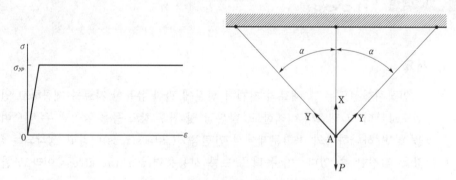

[그림 3-6] 변형률과 항복응력의 관계

보통 사용응력과 안전계수라는 말이 흔히 쓰이고 있지만, 그것들을 어떤 특성응력, 이를테면 강철의 항복점 또는 주철의 최후 강도 등을 기준으로 하여 정의되는 개념이므로, 그 기준을 염두에 두지 않고 그런 말을 쓴다는 것은 위험한 일이며 또 혼란을 일으키기 쉽다.

안전계수 n이 뜻하는 것은 그 구조물의 허용하중 P_1, P_2, $\cdots$, P_k가 각각 nP_1, nP_2, $\cdots$, nP_k로 증가하면 그 구조물의 파괴 직전의 상태에 놓이게 된다는 것인데, 그 파괴의 양상은 명백히 구별되어야 한다. 그 파괴는 강철 구조물의 경우에는 몇몇 부재의 파단으로 인한 파괴일 것이다.

정정계에 있어서는 각 부재 속에 일어나는 응력들은 그 재료의 비례한도를 넘은 뒤에도 외적 하중에 비례하여 증가한다. 그러므로 이런 계에 있어서는 식 (3.10)으로 정의되는 한 사용응력을 쓰면 위에서 논한 소기의 목적을 달성할 수가 있다.

Section 6 극한 설계

1. 개요

구조물의 파괴되는 극한상태를 기준으로 하여 안전율을 설정한 설계방법으로 극한 강(強)설계·플라스틱 디자인이라고도 한다. 반덴브로크가 처음으로 사용하였다. 초기에는 소성 설계법을 가리켰으나 극한상태를 구조물의 종국강도(終局強度)에 두느냐, 특정한 변형상태에 두느냐, 또는 각종 사용한도에 두느냐에 따라 취급이 달라지고 있다. 예를 들면, 작용하중(作用荷重)에 안전율을 곱한 것이 구조물의 종국강도가 되는 설계법은 종국강도 설계법이라고 할 때가 많다.

2. 적용성

부정정계를 해석하는 한 방법을 간단히 설명하면 부정정 구조물이 몇 개의 부재 또는 모든 부재의 동시 항복으로 인하여 붕괴될 하중상태를 예언할 수 있다. 그러나 이런 해석법의 적용 범위가 항복점이 뚜렷한 재료인 강철의 구조물에 한정되며 균일응력을 받는 단순 이장부재와 단순 압축부재들로 이루어진 구조물만을 다루게 된다. 그런 구조물의 붕괴하중을 결정하고 그 $1/n$배에 해당하는 값을 사용하중으로서 지정한다면, 그 구조물은 완전한 파괴에 대한 진정한 안전계수 n을 가지게 된다.

3. 극한 설계

극한 설계(limit design) 또는 소성 해석(plastic analysis)이라고 불리는 이 원리는 그것을 사용함으로써 일반적으로 더욱 효율적이고 경제적인 설계를 할 수 있기 때문에 구조기술자들 사이에서 호평를 받으면서 사용되고 있다.

이 해석법에 있어서는 보통 이상화하는 것이 일례로 되어 있다. 즉 강철에서는 응력과 변형도 사이의 비례관계가 항복점까지 유지되고, 그 점을 넘으면 재료의 항복이 끝없이 계속된다고 가정한다. 이와 같이 이상화된 재료는 그 응력이 항복점보다 낮은 범위에서는 완전탄성체이고, 그 응력이 항복점에 오면 완전소성체로 된다.

여기서는 재료의 항복점이 인장과 압축에 대하여 동일한 값을 갖는다고 가정한다. 보통의 구조용 강철에 대해서는 그 항복점을 2,800kgf/cm^{2}로 잡을 수 있다.

Section 7 응력─변형률선도

1. 개요

인장시험으로부터 얻을 수 있는 기본적인 선도는 부가한 하중과 발생한 변위와의 관계를 나타내는 하중-변위선도(load-elongation diagram)이다. 하중을 가하였을 때 단위 단면적에 작용하는 하중의 세기를 응력(stress)이라 하고, 작용하중에 대한 표점거리의 변화량을 표점거리로 나눈 값을 변형률(strain)이라 한다. 따라서 하중-변위선도에서 하중을 원래의 단면적으로, 변위를 표점거리로 나누어줌으로써 응력-변형률선도를 얻을 수 있다.

2. 응력-변형률선도

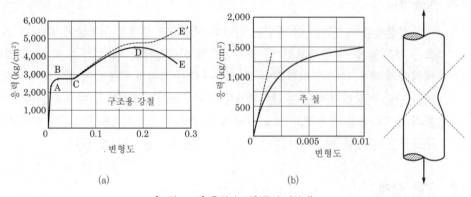

(a)   (b)

[그림 3-7] 응력과 변형률선도(연강)

① 점 O-A : 비례한도(proportional limit), σ_P

응력과 변형률이 비례관계를 가지는 최대 응력을 말한다. 응력(stress)이 변형률 (strain)에 비례한다.

② 점 B, C : 항복점(yield point), σ_{yp}

응력이 탄성한도를 지나면 곡선으로 되면서 σ가 커지다가 점 B에 도달하면 응력 을 증가시키지 않아도 변형(소성변형)이 갑자기 커진다. 이 점을 항복점이라 한 다. B를 상항복점, C를 하항복점이라 하고 보통은 하항복점을 항복점이라 한다.

③ 점 D : 최후 강도 또는 인장강도, σ_u

항복점을 지나면 재료는 경화(hardening)현상이 일어나면서 다시 곡선을 그리다 가 점 D에 이르러 응력의 최대값이 되며, 이후는 그냥 늘어나다가 점 E에서 파단 된다. 재료가 소성변형을 받아도 큰 응력에 견딜 수 있는 성질을 가공경화 (work-hardening)라 한다.

Section 8 허용응력(σ_a)과 안전율(n)

1. 개요

기계 혹은 구조물의 각 부재에 실제로 생기는 응력은 그 기계나 구조물의 안전을 위해서는 탄성한도 이하의 값이어야 한다. 이러한 제한 내에서 각 부재에 실제로 생겨도 무방한, 또는 의도적으로 고려해주는 응력을 허용응력(allowable stress) 또는 사용응력(working stress)이라고 한다. 이런 응력은 부재에 생겨도 안전할 수 있는 최대 응력인 것이다.

연성재료 $\sigma_w = \dfrac{\sigma_{yp}}{s}$ (σ_{yp} : yielding point stress)

$$s = 2,\ 3,\ 4$$

취성재료 $\sigma_w = \dfrac{\sigma_u}{s}$ (σ_u : ultimate stress)

2. 안전율(s)

허용응력을 정하는 기본사항은 재료의 인장강도, 항복점, 피로강도, 크리프강도 등 인데, 이런 재료의 강도들을 기준강도(응력)라 하고, 이 기준강도와 허용응력과의 비 를 안전율이라 한다.

$$\text{안전율} = \frac{\text{기준강도(응력)}}{\text{허용(사용)응력}} > 1$$

3. 안전율 선정 시 고려사항

안전율 선정 시 고려사항은 다음과 같다.
① 하중의 크기
② 하중의 종류(정하중, 반복하중, 교번하중)
③ 온도(열팽창)
④ 부식분위기(주위 환경)
⑤ 재료강도의 불균일
⑥ 치수효과(조립 시 압축과 팽창에 기인)
⑦ 노치효과(응력집중)
⑧ 열처리 및 표면다듬질(경도 불균일, 거칠기에 따른 미소한 응력집중)
⑨ 마모(편마모에 따른 강도 약화)

Section 9 **금속재료의 피로**

1. 개요

   기계의 부분들 중에는 변동하는 응력을 받는 것들도 많으므로 그런 응력상태에서의 재료의 강도를 알 필요가 있다. 잘 알려져 있는 사실로서 응력상태가 반복되는 경우, 또는 응력의 부호가 바뀌는 경우에는 정적하중하에서의 최후 강도보다 낮은 응력에서 그 재료의 파괴가 일어난다. 이런 경우의 파괴응력은 그 응력의 반복횟수의 증가에 따라 감소한다. 이와 같이 반복응력의 작용하에서 재료의 저항력이 감소하는 현상을 피로(fatigue)라고 하며, 그런 응력을 작용시키는 재료시험을 피로시험(endurance test)이라고 한다.

2. 금속재료의 피로

   반복응력상태에서 최대 응력($\sigma_{\max}$)과 최소 응력($\sigma_{\min}$)의 대수적 차를 응력의 변역(range of stress)이라고 한다. 이 변역과 최대 응력을 지정하면 한 주기 내에서의 응력상태는 완전히 결정된다. 한편 이 경우의 평균응력은 다음과 같다.

$$R = \sigma_{\max} - \sigma_{\min} \tag{3.11}$$

$$\sigma_m = \frac{1}{2}(\sigma_{\max} + \sigma_{\min}) \tag{3.12}$$

교번응력(reversed stress)이라고 불리는 특별한 응력상태에서는 $\sigma_{\min} = -\sigma_{\max}$ 이 므로 $R = 2\sigma_{\max}$, $\sigma_m = 0$으로 된다. 주기적으로 변동하는 모든 응력상태는 교번응력과 일정한 평균응력을 중첩하여 얻을 수 있다. 그러므로 변동하는 응력상태에서의 최대 응력과 최소 응력은 다음과 같이 표시된다.

$$\sigma_{\max} = \sigma_m + \frac{R}{2}, \quad \sigma_{\min} = \sigma_m - \frac{R}{2} \tag{3.13}$$

피로시험에서 하중을 작용시키는 방법은 여러 가지가 있으며, 그 시험편에 직접 인장, 직접 압축, 굽힘, 비틀림 또는 그들의 조합작용을 줄 수 있다. 이 중에서 가장 간단한 것은 교번굽힘작용을 주는 것이다. [그림 3-8]은 미국에서 흔히 사용되는 외팔보 모양의 피로시험편을 보이고 있다.

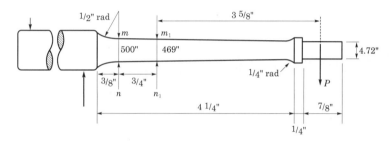

[그림 3-8] 피로시험편

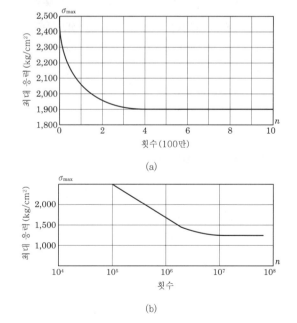

(a)

(b)

[그림 3-9] 반복횟수와 최대 응력의 관계

[그림 3-9] (a)에 보인 곡선은 여러 개의 연강시험편을 하중 P의 여러 가지 값에서 시험하여 얻은 결과이다. 이 선도에서는 최대 응력 σ_{max}를 그 시험편의 파단에 소요된 반복횟수 n의 함수로 표시하고 있다.

이 선도를 보면 처음에는 σ_{max}가 n의 증가에 따라 빨리 감소하지만, n이 400만을 넘으면 σ_{max}는 거의 변화하지 않고, 곡선은 점근적으로 수평선 $\sigma_{max} = 1,900 \mathrm{kgf/cm^2}$에 접근한다. 이와 같은 접근선에 대응하는 응력치를 그 재료의 피로한도(endurance limit)라고 한다.

근래에는 피로시험의 결과를 표시하는 선도에서 σ_{max}를 $\log n$에 대한 곡선으로 그리는 것이 관례로 되어 있다. 그와 같이 하면 피로한도는 그 곡선상에서 뚜렷한 부러진 점으로 나타난다. [그림 3-9] (b)는 그런 곡선의 한 예이다.

Section 10 | 피로강도(fatigue strength)

1. 개요

피로로 파괴될 때에는 연성재료라도 반복응력의 진폭이 비례한도보다 작아도 파괴된다. [그림 3-10]은 $S-N$곡선으로 어떤 재료에 일정한 응력진폭 σ_a로 반복횟수(피로수명) N번 반복시켰을 때 파괴되는 것을 나타내는 것으로 탄소강의 경우 약 10^7회에서 ⓐ와 같이 곡선의 수평 부분이 뚜렷이 나타난다. 이때의 응력을 피로한도(fatigue limit)라 한다. 이와 같이 $S-N$곡선의 경사부의 응력진폭을 시간강도라 하고, 시간강도에는 그 반복 횟수 N을 기록할 필요가 있다. 피로한도와 시간강도를 총칭해서 피로강도라 한다.

2. 재료의 피로강도에 영향을 미치는 요인

① 치수효과 : 재료의 치수가 클수록 피로한도는 낮다.
② 표면효과 : 재료 표면의 거칠기값이 클수록 피로한도가 커진다.
③ 노치효과 : 표면효과와 관계되며 표면의 거칠기값의 산과 골의 편차가 크면 피로한도가 커진다.
④ 압입효과 : 조립부의 허용공차를 최대한 이용한다.

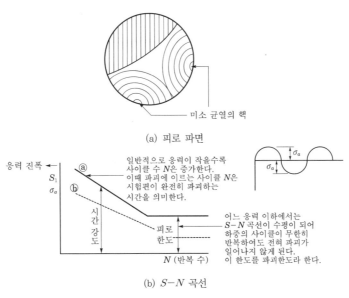

(a) 피로 파면

(b) $S-N$ 곡선

[그림 3-10] 피로파면과 $S-N$곡선

Section 11 응력집중(concentration of stress)

1. 개요

인장 혹은 압축을 받는 부재가 그 단면이 갑자기 변하는 부분이 있으면 그곳에 상당히 큰 응력이 발생한다. 이 현상을 응력집중이라 한다. 즉 기계 및 구조물에서는 구조상 부득이하게 홈, 구멍, 나사, 돌기자국 등 단면의 치수와 형상이 급격히 변화하는 부분이 있게 마련이다. 이것들을 모두 노치(notch)라고 한다.

2. 응력집중계수(σ_k)

일반적으로 노치 근방에 생기는 응력은 노치를 고려하지 않은 공칭응력보다 매우 큰 응력이 분포되며 [그림 3-11]에 이것과 공칭응력 $\dfrac{P}{A}$ 와의 비를 응력집중계수(factor of stress concentration) σ_k라고 한다.

$$\sigma_k = \frac{\sigma_{\max}}{\sigma_{av}}\left(= \frac{\tau_{\max}}{\tau_{av}} \right)$$

부재 내부에 구멍이 있어도 응력집중이 일어나며 노치의 모양, 크기에 따라 σ_k값이 달라진다. 이 응력집중은 정하중일 때 연성재료에서는 별 문제가 되지 않으나, 취성재료에서는 그 영향이 크다. 또한 반복하중을 받는 경우에는 노치에 의해 발생하며 의외로 많은 피로파괴의 사고가 발생한다.

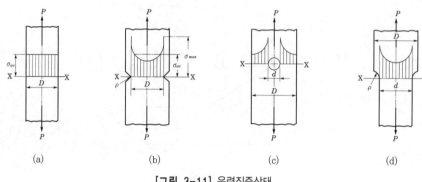

[그림 3-11] 응력집중상태

Section 12 크리프(Creep)현상

1. 개요

재료(예를 들면, 원동기장치, 화학공장, 유도탄, 증기원동기, 정유공장)가 어느 온도 이내에서 일정 하중을 받으면서 장시간에 걸쳐서 방치해 두면 재료의 응력은 일정함에도 불구하고 그 변형률은 시간의 경과에 따라 증대한다. 이러한 현상을 크리프(creep)라 하고, 이의 변형률을 크리프변형률(creep strain)이라 한다.

2. 크리프곡선

크리프현상은 온도의 영향에 민감하며, 강은 약 350℃ 이상에서 현저히 나타나고, 동이나 플라스틱은 상온에서도 많은 크리프를 발생한다.
① 응력이 클수록 크리프속도(변형률의 증가속도)는 크게 나타난다.
② 크리프곡선은 보통 파괴될 때까지 [그림 3-12]와 같이 3단계로 나누어진다.
  ㉠ 0A : 하중을 가한 순간 늘어난 초기 변형률(탄성신장)
  ㉡ AB(Ⅰ기) : 천이크리프(transient creep)라 하며 가공경화 때문에 변형률속도가 감소하면서 늘어나는 영역

ⓒ BC(Ⅱ기) : 정상(steady)크리프라 하며 곡선의 경사가 거의 일정한데, 이것은 가공경화와 그 온도에서의 풀림효과가 비슷해서 변형률속도가 일정한 단계

ⓓ CD(Ⅲ기) : 가속크리프의 영역이며 재료 내의 미소균열의 성장소성변형에 의한 단면적 감소에 따른 응력 증가 등의 원인으로 크리프속도는 시간과 함께 가속됨

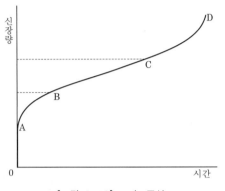

[그림 3-12] 크리프곡선

또한 [그림 3-13]은 온도영역 내에서 몇 가지 합금강의 사용응력, 즉 크리프강도를 나타내지만 이 값은 입자의 크기, 열처리, 변형경화에 따라 변화하므로 주의하면서 사용해야 한다.

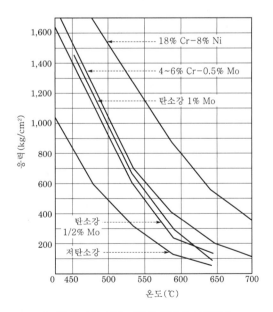

[그림 3-13] 각종 재료의 온도와 응력관계

Section 13

금속재료의 기계적 성질(루더스밴드, 가공경화, 바우싱거 효과, 잔류응력, 응력 이완, 탄성여효)

1. 루더스밴드(Luder's band)

연강의 $\sigma - \varepsilon$선도에서 응력이 상항복점에 도달하면 변형이 갑자기 커지기 시작하며 재료 내에 응력이 집중되고 있는 부분에 국부적인 소성변형이 생기기 시작한다. 이러한 소성변형은 각 결정이 가지고 있는 특유한 결정면에 따라 생기는 미끄럼(slip)현상에 기인하며, 시험편 표면을 잘 연마하면 표면에 45° 경사된 방향으로 가늘고 흐린 불규칙한 줄이 나타난다. 이 선을 루더스밴드 또는 미끄럼대(slip band)라 하여 하항복점에서 시험편 전체에 퍼진다. 또한 [그림 3-14]는 결정의 변형관계를 나타낸다.

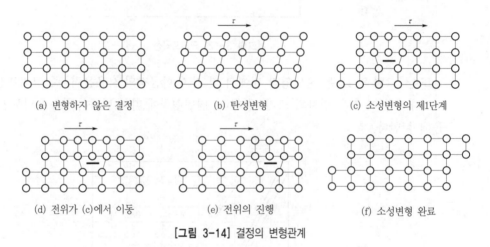

(a) 변형하지 않은 결정   (b) 탄성변형   (c) 소성변형의 제1단계

(d) 전위가 (c)에서 이동   (e) 전위의 진행   (f) 소성변형 완료

[그림 3-14] 결정의 변형관계

2. 가공경화

상온에서 소성변형을 받는 금속의 대부분은 변형이 증가함에 따라 변형저항도 증가한다. 변형저항은 재료를 영구히 변형시키는 데 필요한 단축인장 또는 압축항복응력이다. 이것을 유동응력(flow stress)이라 한다. 따라서 금속은 냉간에서 받은 소성일에 따라 변형저항이 증가한다. 이와 같은 성질을 가공경화성(work hardenability)이라고 한다.

가공경화의 소성가공에서의 중요한 의미는

① 가공 후의 제품이 견고해진다.
② 힘과 변형의 관계에서 증가율뿐 아니라 양상이 다르다.
③ 변형할 수 있는 한계가 가공경화성에 따라 다르다.

3. 바우싱거효과(Bauschinger effect)

J. Bauschinger가 1886년 철의 다결정에 대하여 발견했으므로 이 이름이 붙여졌다. 철, 비철을 불문하고 다결정금속에 방향이 다른 외력을 가하였을 때 항복점변화가 나타나는 것을 바우싱거효과(Bauschinger effect)라고 한다. 바우싱거효과는 재료에 사전에 인장하중을 주었는가, 압축하중을 주었는가에 따라 크게 영향을 받는다.

[그림 3-15]에서 시험편에 미리 연신을 주어 이것을 더욱 연신을 하려면 높은 응력이 필요하며, 한편 미리 압축을 시켜주면 연신할 때 항복점은 매우 낮아진다.

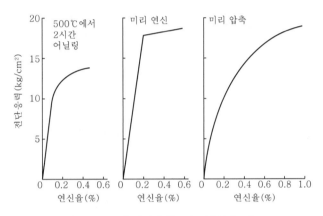

[그림 3-15] 다결정 황동의 바우싱거효과

4. 잔류응력(residual stress)

하중을 가하다가 제거하면 각 결정방위가 변형 전의 상태로 복귀되어 방해를 받기 때문에 결정마다 다른 초기의 잔류응력이 생겨 결정 내에 응력이 남게 되는 경우와, 열처리 시에 재료 표면과 내부와의 온도가 불균일해서 생기는 것(예 냉각속도에 차이가 있을 때 냉각이 빠른 표면은 먼저 수축되지만 내부는 수축이 방해되어 결국 인장응력이 생긴다), 또 변태로 인한 체적변화 때문에 생기는 것 등이 주된 잔류응력들이다. 이 잔류응력과 가공경화를 없애려면 풀림(annealing)처리를 해 준다.

5. 응력 이완(stress relaxation)

이는 크리프와 일정한 관계가 있는 현상으로 변형률을 일정하게 유지하도록 하중을 주었을 때 응력이 시간과 더불어 감소되는 현상을 말하는 것이다. 고온에 사용한다는 스프링, 고정용 볼트 등에서 생기는 현상이며, 패킹이 느슨해지는 원인은 고온에서 조임 볼트의 죄는 힘이 감소하기 때문이다.

6. 탄성여효(elastic after-effect)

항복응력에 가깝기는 하나 탄성범위에 있는 응력으로 부가한 후, 이것을 제거하면 변형은 곧 없어지지 않고, 일단 잔류변형이 나타나고 시간이 경과함에 따라 이 변형이 서서히 소멸하는 현상을 볼 수 있다. 이것을 탄성여효(elastic after-effect)라고 한다. 즉 결정의 일부에 소성변형이 생기는 것이 그 원인이다.

Section 14 파손에 관한 제설

1. 최대 응력설(maximum stress theory)

한 점에 생기는 주 응력($\sigma_1 > \sigma_2 > \sigma_3$라고 가정) 중 최대 응력이 그 재료의 단순 인장이 항복점(σ_{yp})에 이르거나, 즉 $\sigma_1 = \sigma_{yp}$가 되었을 때 파손된다는 설로, 이 설은 취성재료에 적용된다.

2. 최대 변형률설(maximum strain theory)

$$\varepsilon_1 = \frac{1}{E}\left[\sigma_1 - \nu\left(\sigma_2 + \sigma_3\right)\right]$$

$$\varepsilon_2 = \frac{1}{E}\left[\sigma_2 - \nu\left(\sigma_1 + \sigma_3\right)\right]$$

$$\varepsilon_3 = \frac{1}{E}\left[\sigma_3 - \nu\left(\sigma_1 + \sigma_2\right)\right]$$

일 때 ε_1이 단순 인장일 때의 항복점에 해당하는 변형률과 같을 때 파손된다는 설이다.

3. 최대 전단응력설(maximum shear stress theory)

어느 재료 내에 최대 전단응력이 단순 인장 시 항복점에 있으면 이때 최대 전단응력과 같게 될 때 파손이 일어난다는 설로서, 이 경우 최대 전단응력 $\tau_{\max}$는 최대 최소 주응력의 차의 $\frac{1}{2}$과 같으므로 파손조건은 다음과 같으며 연성재료에 적용된다.

$$\tau_{\max} = \frac{1}{2}(\sigma_1 - \sigma_3) = \frac{\sigma_{yp}}{2}$$

4. 스트레인에너지설(strain energy theory)

어느 재료 내의 단위체적당 스트레인에너지를 단순 인장인 경우의 항복점에 있어서 단위체적당 스트레인에너지와 같을 때 파손된다는 설이다.

Section 15   충격하중

1. 충격하중과 충격응력

재료에 하중이 충격적으로 작용할 때 생기는 응력을 충격응력이라 한다.

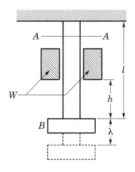

[그림 3-16] 충격하중에 의한 응력

[그림 3-16]에서 상단을 고정하고 하단에 플랜지(flange)를 가진 봉의 길이를 l, 단면적을 A라 하고, 중량이 W인 추를 높이 h에서 낙하시켜 플랜지(flange) B에 충돌하여 봉에 충격을 주었다면 최대 신장이 λ일 때 추는 $W(h+\lambda)$의 일을 한다. 이 일량이 봉 내에 변형에너지로 저축된다고 가정하면

$$W(h+\lambda) = \frac{1}{2}P\lambda \tag{3.14}$$

$$\text{또한 } W(h+\lambda) = \frac{1}{2}\sigma A\lambda \tag{3.15}$$

$\varepsilon = \dfrac{\sigma}{E} = \dfrac{\lambda}{l}$ 의 관계식을 대입하면

$$\frac{1}{2}\sigma A \frac{\sigma l}{E} = W\left(h + \frac{\sigma l}{E}\right) \tag{3.16}$$

σ의 값을 구하면($\sigma > 0$인 경우) 다음과 같다.

$$\sigma = \frac{W}{A}\left(1 + \sqrt{1 + \frac{2EAh}{Wl}}\right) \tag{3.17}$$

지금 봉에 정하중 W가 가해졌을 때 인장응력을 σ_o, 신장을 λ_o로 하면

$$\sigma_o = \frac{W}{A}, \quad \lambda_o = \frac{Wl}{AE} = \frac{\sigma_o l}{E}$$

이 σ_o, λ_o를 사용하여 충격응력 σ를 고쳐 쓰면

$$\sigma = \frac{W}{A}\left(1 + \sqrt{1 + \frac{2h}{\lambda_o}}\right) \tag{3.18}$$

여기서 $1 + \sqrt{1 + \dfrac{2h}{\lambda_o}}$ 를 충격계수(impact factor)라 한다.

예제

다음 그림과 같이 강선의 한 끝에 매달려 있는 중량 50kgf의 물체가 갑자기 튕겼다. 자유낙하 후에 강선이 받는 최대 충격응력을 구하여라(단, 강선의 탄성계수 $E = 2.1 \times 10^4 \mathrm{kgf/mm^2}$, 강선의 직경 $d = 2$mm이며, 강선의 길이 $l = 1,000$mm, 낙하높이 $h = 100$mm이다).

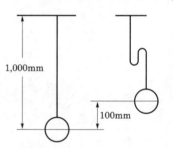

풀이 정하중의 응력$(\sigma_{st}) = \dfrac{W}{\dfrac{\pi d^2}{4}} = \dfrac{50}{\dfrac{\pi \times 2^2}{4}} = 15.92\,\mathrm{kgf/mm^2}$

정하중 시 늘어난 길이$(\lambda_o) = \dfrac{Pl}{AE} = \sigma_{st}\dfrac{l}{E} = 15.92 \times \dfrac{1,000}{2.1 \times 10^4} = 0.758\,\mathrm{mm}$

충격계수$= \left(1 + \sqrt{1 + \dfrac{2h}{\lambda_o}}\right) = \left(1 + \sqrt{1 + \dfrac{2 \times 100}{0.758}}\right) = 17.274$

충격 시의 응력$(\sigma) = \sigma_{st}\left(1 + \sqrt{1 + \dfrac{2h}{\lambda_o}}\right) = 15.92 \times 17.274 = 275\,\mathrm{kgf/mm^2}$

충격 시 늘어난 길이$(\delta) = \lambda_o\left(1 + \sqrt{1 + \dfrac{2h}{\lambda_o}}\right) = 0.758 \times 17.274 = 13.1\,\mathrm{kgf \cdot mm}$

Section 16 굽힘과 비틀림을 같이 받는 보

1. 상당 굽힘모멘트(M_e)와 상당 비틀림모멘트(T_e)

비틀림모멘트 T와 굽힘모멘트 M을 동시에 받을 때 최대 전단응력 τ_{max}와 최대 굽힘응력 σ_{max}는 고정단 단면의 위 표면에 생긴다.

$$\sigma_x = \frac{M}{I}y = \frac{32M}{\pi d^3} = \frac{M}{Z}, \quad Z = \frac{16T}{\pi d^3} = \frac{T}{2Z}$$

단면계수 ↙

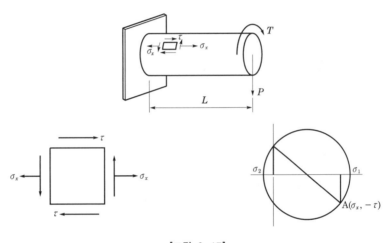

[그림 3-17]

σ_x나 τ보다도 더 클 수 있는 최대 주응력 σ_1와 주전단응력 τ_{max}를 설계의 기준으로 삼는다.

$$\sigma_1 = \frac{\sigma_x}{2} + \sqrt{\left(\frac{\sigma_x}{2}\right)^2 + \tau^2} = \frac{M + \sqrt{M^2 + T^2}}{2Z}$$

$$\tau_{max} = \sqrt{\left(\frac{\sigma_x}{2}\right)^2 + \tau^2} = \frac{\sqrt{M^2 + T^2}}{2Z}$$

$M_e = \dfrac{M + \sqrt{M^2 + T^2}}{2}$ 이라 놓으면, $\sigma_1 = \dfrac{M_e}{Z}$가 된다.

여기서 M_e를 상당 굽힘모멘트(equivalemt bending moment), $T_e = \sqrt{M^2 + T^2}$ 이라 놓으면 $\tau_{max} = \dfrac{T_e}{Z_P}$가 된다. 이때, T_e는 등가 비틀림모멘트(equivalent twisting moment)이다.

예제

다음 그림과 같은 풀리(pulley)의 직경이 800mm, 무게가 50kgf이고 벨트의 장력은 100kgf, 50kgf이다. 허용굽힘응력이 5kgf/mm², 허용벨트응력이 4kgf/mm²일 때 축의 직경을 구하여라.

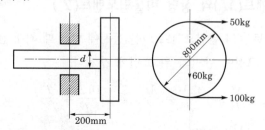

풀이 $P= \sqrt{150^2+60^2} = 10\sqrt{261} = 161.5\mathrm{kgf}$

$M= 161 \times 20 = 3,200\mathrm{kgf \cdot cm}$

$T= (100-50) \times \dfrac{80}{2} = 2,000\mathrm{kgf \cdot cm}$

$T_e= \sqrt{M^2+T^2} = \sqrt{3,200^2+2,000^2} = 3773.6\mathrm{kgf \cdot cm}$

$M_e= \dfrac{1}{2}(M+\sqrt{M^2+T^2}) = \dfrac{1}{2} \times (3,200+\sqrt{3,200^2+2,000^2}) = 3486.8\mathrm{kgf \cdot cm}$

$\sigma_x = \dfrac{M_e}{I}y = \dfrac{64M_e}{\pi d^4}\dfrac{d}{2} \rightarrow d^3 = \dfrac{32M_e}{\pi \sigma_a}$

$\therefore \ d= \sqrt[3]{\dfrac{32 \times 3,500}{\pi \times 500}} = 4.2\mathrm{cm}$

$\tau_a = \dfrac{T}{I_P}r = \dfrac{32Td}{2\pi d^4} \rightarrow d^3 = \dfrac{16T}{\pi \tau_a}$

$\therefore \ d= \sqrt[3]{\dfrac{16 \times 3,800}{\pi \times 400}} = 3.64\mathrm{cm}$

$\therefore \ d= 4.2\mathrm{cm}$

예제

5,000N·m의 비틀림모멘트와 1,500N·m의 굽힘모멘트를 동시에 받을 때 상당 모멘트의 합($T_e + M_e$)의 값은?

풀이 상당 굽힘모멘트$(M_e)= \dfrac{1}{2}(M+\sqrt{M^2+T^2}) = \dfrac{1}{2} \times (1,500+\sqrt{1,500^2+5,000^2}) = 3,360\mathrm{N \cdot m}$

상당 비틀림모멘트$(T_e)= \sqrt{M^2+T^2} = \sqrt{1,500^2+5,000^2} = 5,220\mathrm{N \cdot m}$

$\therefore \ M_e+T_e = 3,360+5,220 = 8,580\mathrm{N \cdot m}$

> **✎ 공식 암기**
>
> $$\theta = \frac{Tl}{GI_P}\frac{180°}{\pi}$$
>
> 여기서, G : 재료의 가로탄성계수, I_p : 극 2차 모멘트, T : 비틀림모멘트, I : 길이
> 지름이 크고 G값이 클수록 비틀기가 어렵다.

예제

다음 그림과 같이 삼각형 분포하중을 받는 외팔
보에 생기는 최대 굽힘모멘트는 얼마인가?

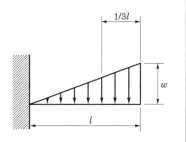

풀이 최대 굽힘모멘트는 고정단에서 발생

$$M = 삼각형의\ 면적 \times 도심거리 = \frac{wl}{2} \times \frac{2l}{3} = \frac{wl^2}{3}$$

예제

지름이 50mm이고 길이 1m당 0.25°의 비틀림각이 생기는 축의 매분 300회전할
때 동력은 몇 PS인가? (단, 전단탄성계수 $G = 90GPa$)

풀이 $\theta = \dfrac{Tl}{GI_P}\dfrac{180°}{\pi} = 0.25$

$$T = 716.2 \times \frac{PS}{300} \times 9.8 = 241\,\text{N} \cdot \text{m}$$

$$\therefore PS = 10PS$$

예제

500kgf · m의 비틀림모멘트를 받고 있는 축의 직경은 몇 mm가 적당한가? (단, 허
용전단응력은 $\tau = 6kgf/mm^2$)

풀이 $T = 716,200\dfrac{P_S}{N} = \tau Z_p = \tau\dfrac{\pi d^3}{16}\,[\text{kgf} \cdot \text{mm}]$

$$T = 974,000\frac{P_S}{N} = \tau Z_p = \tau\frac{\pi d^3}{16}\,[\text{kgf} \cdot \text{mm}]$$

$$500 \times 1,000 = 6 \times \frac{\pi d^3}{16}$$

$$\therefore d = 75\,\text{mm}$$

Section 17 탄성 변형에너지법

1. 개요

에너지법은 에너지보존법칙을 기초원리로 사용하고 있다. 문제를 푸는 데 에너지법을 적용하기 위해서는 외력이 하는 외부일과 내부일 또는 변형에너지의 개념을 이해를 해야 하며 에너지보존의 원리와 일-에너지원리는 외력이 한 외부일은 변형에너지와 같다.

2. 변형에너지

① 인장(압축)의 변형에너지 $U = \dfrac{P\delta}{2} = \dfrac{P}{2}\dfrac{Pl}{AE} = \dfrac{P^2 l}{2AE}$

② 순수 전단 $U = \dfrac{F\delta}{2} = \dfrac{F}{2}\dfrac{Fl}{GA} = \dfrac{F^2 l}{2GA}$

③ 비틀림(torsion) $U = \dfrac{T\phi}{2} = \dfrac{T}{2}\dfrac{Tl}{GI_P} = \dfrac{T^2 l}{2GI_P}$

④ 굽힘(bending) $U = \dfrac{M\theta}{2} = \dfrac{M}{2}\dfrac{Ml}{EI} = \dfrac{M^2 l}{2EI}$

예제

에너지 method를 이용하여 처짐 y_B와 θ_B를 구하여라.

풀이 가상일의 정리를 이용하여 위 문제에서 M_o가 가상으로 존재한다고 푼 뒤에 결과식에 M_o를 '0'으로 두면 된다.

$$y_B = \frac{M_o l^2}{2EI} + \frac{Pl^3}{3EI} = \frac{Pl^3}{3EI}$$

$$\theta_B = \frac{M_o l}{EI} + \frac{Pl^2}{2EI} = \frac{Pl^2}{2EI}$$

예제

단면적이 8cm²인 연강봉을 수직으로 매달고 20℃에서 −10℃로 냉각하였을 때 원래 길이를 지탱하려면 봉의 끝부분에 몇 kgf의 추를 달면 좋은가? (단, 선팽창계수 $\alpha = 11 \times 10^{-5}$, 종탄성계수 $E = 2 \times 10^6 \text{kgf/cm}^2$)

풀이 $\sigma = E\alpha\Delta t = E\alpha(t_2 - t_1)$

신장량 $\lambda = \alpha(t_2 - t_1)l$

변형률 $\varepsilon = \dfrac{\lambda}{l} = \dfrac{P}{A}$

$2 \times 10^6 \times 11 \times 10^{-5} \times (20 - (-10)) = \dfrac{P}{8}$

$\therefore P = 5,280 \text{kgf}$

공식 암기

① 훅의 법칙

$$\sigma = E\varepsilon = E\left(\frac{l_2 - l_1}{l}\right) = E\frac{\lambda}{l} = \frac{W}{A} = E\frac{y}{\rho} \quad (\rho : 곡률반경)$$

$$\lambda = \frac{Wl}{AE} = \frac{\sigma l}{E}$$

② 탄성에너지 $U = \frac{1}{2}W\lambda = \frac{1}{2}W\frac{Wl}{AE} = \frac{\sigma^2}{2E}Al$

③ 최대 탄성에너지(단위체적이 저장한 에너지) $u = \frac{U}{V} = \frac{\sigma^2}{2E}$

여기서, $\frac{\sigma^2}{2E}$: 탄성에너지계수

④ 보 속의 변형에너지 $U = \frac{1}{2}P\delta = \frac{1}{2}P\frac{Pl^3}{3EI}$

⑤ 비틀림 변형에너지 $U = \frac{1}{2}T\phi = \frac{1}{2}T\frac{Tl}{GI_P}$

⑥ 단위체적당 탄성에너지 $U = \frac{\tau^2}{4G}$

예제

온도가 100℃ 되었을 때 압축응력은? (단, $E = 210\text{GPa}$, $\alpha = 1.15 \times 10^{-5}$)

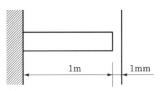

1m   1mm

풀이 자유상태에서 1mm 신장하는 데 필요한 온도는

$$\lambda = l' - l = \alpha(t_2' - t_1)l = 1.15 \times 10^{-5} \times (t_2' - 0) \times 1 = 0.001$$

$$t_2' = 87℃$$

$$\therefore \ \sigma = E\alpha(t_2 - t_2') = 210 \times 10^9 \times 1.15 \times 10^{-5} \times (100 - 87)$$

$$= 31.4 \times 10^6 \text{MPa}$$

예제

지름이 10cm이고 길이가 1m인 연강봉이 인장하중을 받고 0.5mm 늘었다. 이 봉에 축적된 탄성에너지는? (단, 탄성계수 $E = 2.1 \times 10^6 \text{kgf/cm}^2$ 이다.)

풀이 $\lambda = \dfrac{Pl}{AE} = \dfrac{P \times 100}{1/4 \times \pi \times 10^2 \times 2.1 \times 10^6} = 0.05$

$P = 82466.8 \text{kgf}$

$\therefore U = \dfrac{1}{2} P\lambda = \dfrac{1}{2} P \dfrac{Pl}{AE} = \dfrac{1}{2} \times 82466.8 \times 0.05 = 2,062 \text{kgf} \cdot \text{cm}$

예제

종탄성계수 $2.1 \times 10^6 \text{kgf/cm}^2$인 어떤 스프링의 탄성한도를 $1,000 \text{kgf/cm}^2$라고 하면 단위체적당 탄성에너지($\text{kgf} \cdot \text{cm/cm}^3$)는?

풀이 $U = \dfrac{\sigma^2}{2E} = \dfrac{10,000^2}{2 \times 2 \times 10^6} = 25 \text{kgf} \cdot \text{cm/cm}^3$

예제

지름이 3cm인 강봉에 40kN의 인장하중이 작용할 때 보의 지름의 변화량은? (단, 강봉의 탄성계수 $E = 200\text{GPa}$, 푸아송의 비 $\mu = 0.2$)

풀이 $\mu = \dfrac{1}{m} = \dfrac{\varepsilon'}{\varepsilon} = \dfrac{\dfrac{\Delta d}{d}}{\dfrac{\sigma}{E}} = 0.2$

$\therefore \Delta d = 1.7 \times 10^{-6}\text{m} = 0.0017\text{mm}$

Section 18 면적모멘트법

면적모멘트법은 보의 굽힘을 모멘트선도의 면적으로 구하는 방법을 의미한다.

$$\frac{1}{\rho} = \frac{d\theta}{ds} = \frac{M}{EI}$$

$$d\theta = \frac{M}{EI} ds$$

$dx \approx ds$ 이므로 위 식은

$$d\theta \approx \frac{1}{EI} M dx$$

$$\theta = \frac{1}{EI} \int_B^A M dx = \frac{A}{EI}$$

여기서, A : 모멘트선도의 면적

1. 제1면적 모멘트법

임의 두 점 A와 B에서 처짐곡선에 그은 접선이 이루는 각 θ는 그 길이에 대한 모멘트 선도의 면적은 EI로 나눈 값과 같다. [그림 3-18]에서 접선 사이의 수직거리는

$$x \, d\theta = \frac{1}{EI} M x \, dx$$

$$\overline{BB'} = \delta = \frac{1}{EI} \int_B^A M x \, dx = \frac{A \, \overline{x}}{EI}$$

여기서, $\overline{x}$: 도심거리

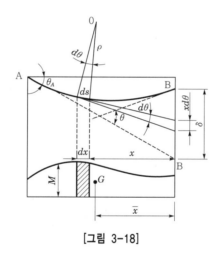

[그림 3-18]

2. 제2면적 모멘트법

두 접선 사이의 B점 밑의 수직거리는 모멘트선도에 대하여 면적모멘트를 취하여 EI로 나눈 값과 같다($\overline{x}$를 취하는 점 밑의 접선 사이의 거리).

1) 외팔보의 경우

[그림 3-19]와 같은 외팔보에서 $\theta_B = 0$이므로

$$\theta = \theta_A = \frac{A_T}{EI}$$

$$\delta_A = \frac{A_T \, \overline{x}}{EI}$$

임의점 C에서는

$$\theta_C = \frac{A_C}{EI}$$

$$\delta_C = \frac{A_C \, \overline{x}_C}{EI}$$

여기서 $\overline{x}_C$: 면적 A_C의 도심거리

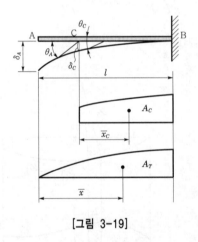

[그림 3-19]

예제

길이 L의 외팔보가 자유단에 집중하중 P를 받고 있을 때 최대 처짐($\delta_{\max}$)은? (단, E : 재료의 세로탄성계수, I : 단면 2차 모멘트)

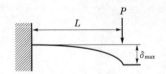

풀이 $\theta = \dfrac{A_m}{EI}$ (처짐각)

$$A_m = \frac{1}{2} P l l = \frac{1}{2} P l^2$$

$$\theta = \frac{1/2 P l^2}{EI} = \frac{P l^2}{2EI}$$

$$\delta = \frac{A_m x}{EI} = \frac{P l^2}{2EI} \frac{2}{3} l = \frac{P l^3}{3EI}$$

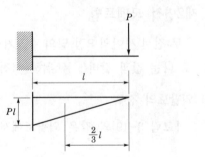

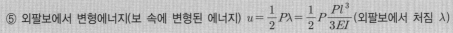

공식 암기

① 외팔보에서 우력을 받을 때

$$\theta = \frac{A_m}{EI} = \frac{Ml}{EI} \,(\text{처짐각})$$

$$A_m = Ml \quad \delta = \frac{A_m X}{EI} = \frac{Ml}{EI} \cdot \frac{l}{2} = \frac{Ml^2}{2EI}$$

② 외팔보에서 균일 분포하중을 받을 때

$$\theta = \frac{wl^3}{6EI} \,(\text{처짐각})$$

$$\delta = \frac{wl^4}{8EI} \,(\text{처짐량})$$

③ 단순보에서 최대 처짐량 $\delta = \dfrac{Pl^3}{48EI}$

④ 균일분포하중에서 최대 처짐량 $\delta = \dfrac{5wl^4}{384EI}$

⑤ 외팔보에서 변형에너지(보 속에 변형된 에너지) $u = \dfrac{1}{2}P\lambda = \dfrac{1}{2}P\dfrac{Pl^3}{3EI}$ (외팔보에서 처짐 λ)

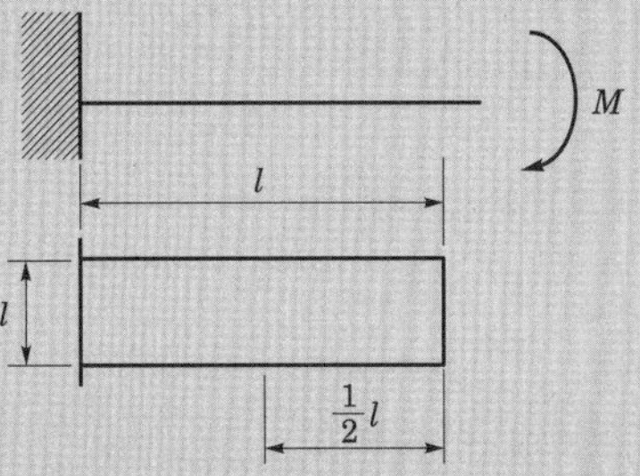

[그림 3-20]

Section 19 보의 처짐(deflection of beam)

1. 처짐각과 처짐

탄성선의 미분방정식을 적분하면 보의 처짐각 및 처짐을 구할 수 있다.

$$EIy = -\iint M dx = \delta \,(\text{처짐})$$

$$EI\frac{dy}{dx} = -\int M dx = \theta \,(\text{처짐각})$$

$$EI\frac{d^2 y}{dx^2} = -\iint W dx dx = -M \,(\text{굽힘 모멘트})$$

$$EI\frac{d^3 y}{dx^3} = -\frac{dM}{dx} = -F \,(\text{전단력})$$

$$EI\frac{d^4 y}{dx^4} = -\frac{d^2 M}{dx^2} = -\frac{dF}{dx} = -w \,(\text{하중 및 힘의 세기})$$

2. 외팔보의 처짐

1) 자유단에서의 집중하중

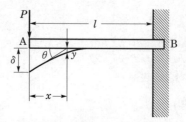

[그림 3-21] 자유단에 집중하중을 받는 외팔보의 처짐

$$EI\frac{d^2y}{dx^2} = Px \longrightarrow (적분)$$

$$EI\frac{dy}{dx} = \frac{Px^2}{2} + C_1 \longrightarrow (적분)$$

$$EIy = \frac{Px^3}{6} + C_1 x + C_2$$

$$(경계조건) \begin{cases} \dfrac{dy}{dx} = 0, \ \ C_1 = -\dfrac{Pl^2}{2} \ \ at \ \ x = l \\[3mm] y = 0, \ \ C_2 = \dfrac{Pl^3}{3} \end{cases}$$

$$\frac{dy}{dx} = \frac{P}{2EI}(x^2 - l^2) \tag{3.19}$$

$$y = \frac{P}{6EI}(x^3 - 3l^2x + 2l^3) \tag{3.20}$$

$$\left(\frac{dy}{dx}\right)_{\max} = \theta = -\frac{Pl^2}{2EI} \tag{3.21}$$

$$y_{\max} = \delta = \frac{Pl^3}{3EI} \tag{3.22}$$

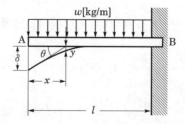

[그림 3-22] 균일분포하중을 받는 외팔보의 처짐

2) 균일분포하중

$$EI\frac{d^2y}{dx^2} = -M = -w_o\frac{x^2}{2} \longrightarrow (적분)$$

$$EI\frac{dy}{dx} = \frac{w_o x^3}{6} + C_1 \longrightarrow (적분)$$

$$EIy = \frac{w_o x^4}{24} + C_1 x + C_2$$

(경계조건) $\begin{cases} \dfrac{dy}{dx} = 0, \ C_1 = \dfrac{-wl^3}{6} \ \text{ at } \ x = l \\[3mm] y = 0, \ C_2 = \dfrac{wl^4}{8} \end{cases}$

$$\frac{dy}{dx} = \frac{w}{6EI}(x^3 - l^3) \tag{3.23}$$

$$y = \frac{w}{24EI}(x^4 - 4l^3 x + 3l^4) \tag{3.24}$$

$x = 0$에서 $\dfrac{dy}{dx}$, y의 값이 최대가 된다.

$$\left(\frac{dy}{dx}\right)_{\max} = \theta = -\frac{wl^3}{6EI} \tag{3.25}$$

$$y_{\max} = \delta = \frac{wl^4}{8EI} \tag{3.26}$$

3. 단순보에서의 처짐

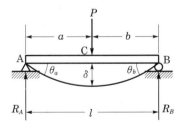

[그림 3-23] 임의의 곳에 집중하중을 받는 단순보의 처짐

① 집중하중을 받는 경우

$$0 < x < \frac{l}{2}, \ \frac{d^2y}{dx^2} = -\frac{M}{EI} = -\frac{P}{2EI}x \ (경계조건)$$

적분 $\begin{cases} y = 0 \ \text{at} \ x = 0 \\[2mm] \dfrac{dy}{dx} = -\dfrac{P}{4EI}x^3 + C_1 \\[2mm] \dfrac{dy}{dx} = 0 \ \text{at} \ x = \dfrac{l}{2} \end{cases}$

적분 $y = \dfrac{-P}{12EI}x^3 + C_1 x + C_2$

$$C_1 = \frac{P}{4EI}\frac{l^2}{4} = \frac{Pl^2}{16EI}, \quad C_2 = 0$$

$$\frac{dy}{dx} = -\frac{P}{4EI}x^2 + \frac{Pl^2}{16EI} \tag{3.27}$$

$$y = -\frac{P}{12EI}x^3 + \frac{Pl^2}{16EI}x \tag{3.28}$$

$$\left(\frac{dy}{dx}\right)_{\max, x=0} = \theta = \frac{Pl^2}{16EI} \tag{3.29}$$

$$y_{\max, x=0} = \delta = \frac{Pl^3}{48EI} \tag{3.30}$$

② 분포하중

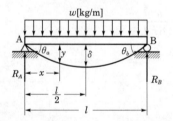

[그림 3-24] 균일분포하중을 받는 단순보의 처짐

$$V = -wx + \frac{w}{2}l, \quad M = \frac{xl}{2}x - \frac{wx^2}{2}$$

$$\frac{d^2y}{dx^2} = -\frac{M}{EI} = \frac{1}{EI}\left(-\frac{wl}{2}x + \frac{wx^2}{2}\right)$$

(경계조건) $\begin{cases} \dfrac{dy}{dx} = 0 \ \text{at} \ x = \dfrac{l}{2} \\[3mm] \dfrac{dy}{dx} = \dfrac{1}{EI}\left(-\dfrac{wl}{4}x^2 + \dfrac{wx^3}{6}\right) + C_1 \\[3mm] y = 0 \ \text{at} \ x = 0 \end{cases}$

$$y = \frac{1}{EI}\left(-\frac{wl}{12}x^3 + \frac{w}{24}x^4\right) + C_1 x + C_2$$

$$C_1 = \frac{wl^3}{24EI}, \quad C_2 = 0$$

$$\frac{dy}{dx} = \frac{w_0}{24EI}(4x^3 - 6lx^2 + l^3) \tag{3.31}$$

$$y = \frac{w_0\,x}{24EI}(x^3 - 2lx^2 + l^3) \tag{3.32}$$

$$\left(\frac{dy}{dx}\right)_{\max} = \theta = \frac{wl^3}{24EI} \tag{3.33}$$

$$y_{\max,\,x=l/2} = \delta = \frac{5wl^4}{384EI} \tag{3.34}$$

예제

단순 지지보 AB가 다음 그림과 같은 삼각형으로 분포하는 횡하중을 받고 있다. 이 분포하중의 세기는 B에서 최대치 w_0에 달한다. 최대 굽힘모멘트가 걸리는 단면의 위치 x와 그 크기를 구하여라.

$$w_o \rightarrow w(원상태)$$

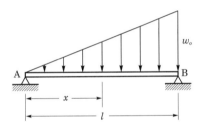

풀이 $R_A + R_B = wl\dfrac{1}{2}$

$$R_B l = w\frac{l}{2} \times \frac{2l}{3}$$

$$\therefore\ R_B = \frac{wl}{3}, \quad R_A = \frac{wl}{6}$$

$$V = R_A - w\frac{x}{l}x\frac{1}{2} = \frac{wx}{6} - \frac{w}{2l}x^2$$

$$M = R_A x - w\frac{x}{l}\frac{x}{2}\frac{x}{3} = \frac{wl}{6}x - \frac{w}{6l}x^3$$

※ 최대 굽힘모멘트가 걸리기 위해서는 전단력 V가 "0"이 되는 x값이다.

$$V = 0\ ;\ \frac{wx}{6} - \frac{w}{2l}x^2 = 0$$

$$\therefore\ x = \frac{2}{6}l = \frac{1}{3}l$$

$$M_{\max} = M_{x=l/3} = \frac{wl}{6} \times \frac{1}{3}l - \frac{w}{6l}\left(\frac{l}{3}\right)^3 = \frac{4}{81}wl^2$$

예제

외팔보에 균일분포하중이 작용할 때 자유단에서의 처짐량 $\delta = 6\,cm$, 자유단에서의 처짐곡선의 기울기가 $\theta = 1.14°$일 때 이 보의 길이를 구하여라(단, $E = 2.1 \times 10^4 kgf/cm^2$이다.).

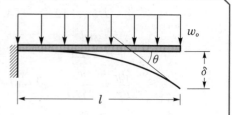

풀이 $\theta = \dfrac{w_o l^3}{6EI} = 1.14° \cdots\cdots\cdots\cdots$ ①

$y_{\max} = \delta = \dfrac{w_o l^4}{8EI} = 6\,cm \quad \cdots\cdots$ ②

식 ① $\dfrac{w_o l^3}{EI} = 6 \times 1.14 \times \dfrac{\pi}{180} = 0.119$

$\delta = \dfrac{1}{3}\left(\dfrac{w_o l^3}{EI}\right) l = 6$

$\therefore l = \dfrac{48}{\dfrac{w_o l^3}{EI}} = 403.36\,cm$

예제

다음 그림의 보의 처짐과 반력을 구하여라.

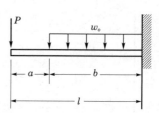

풀이 F.B.D

$R_a = wb + P, \quad M_A = Pl + w_o b \dfrac{b}{2}$

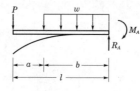 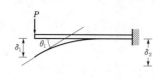 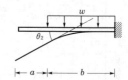

$\delta_1 = \dfrac{Pl^3}{3EI}$

$\delta_2 = \dfrac{w_o b^4}{8EI} + \dfrac{w_o b^3}{6EI} a$

$\therefore \delta = \delta_1 + \delta_2 = \dfrac{Pl^3}{3EI} + \dfrac{w_o b^4}{8EI} + \dfrac{w_o b^3}{6EI} a$

예제

다음 그림과 같이 균일분포하중 q를 받는 단순보의 중앙에 하중 P를 작용시켜 보 중앙점의 처짐이 0이 되도록 한다. 중앙점에 작용해야 할 하중 P는 얼마인가?

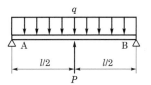

풀이 균일분포하중일 때 최대 처짐량 $\delta_{\max} = \dfrac{5ql^4}{384EI}$

단순보일 때 최대 처짐량 $\delta_{\max} = \dfrac{Pl^3}{48EI}$

$\dfrac{5ql^4}{384} = \dfrac{Pl^3}{48}$

$P = \dfrac{48 \times 5 \times q \times l^4}{384 \times l^3} = \dfrac{5ql}{8}$

만일 균일 분포하중에서 길이가 2l일 때 $\delta = \dfrac{5ql^4}{24EI}$

예제

삼각판스프링에서 강판의 폭 b, 두께 h, 강판의 수 n, 스팬의 길이 l, 하중 P, 세로탄성계수를 E라 할 때 처짐 δ를 구하는 식은?

풀이 (1) 삼각판스프링

① 굽힘응력 $\sigma = \dfrac{M}{Z} = \dfrac{Pl}{nbh^2/6}$

② 자유단의 최대 처짐량 $\delta = \dfrac{Ml^2}{2EI} = \dfrac{Pll^2}{2EI} = \dfrac{Pl}{2E\dfrac{nbh^3}{12}}$

(2) 겹판스프링

① 굽힘응력 $\sigma = \dfrac{M}{Z} = \dfrac{\dfrac{1}{4}Pl}{\dfrac{1}{6}nbh^2} = \dfrac{3Pl}{2nbh^2}$

② 최대 처짐 $\delta = \dfrac{Ml^2}{8EI}$, $I = \dfrac{nbh^3}{12}$

예제

다음 그림과 같은 단순보에서 최대 굽힘모멘트는?

풀이 $V = R_A - wx = 0$, $x = \dfrac{3}{8}l$, $R_A = \dfrac{3}{8}wl$

$\therefore M = R_A - wx = \dfrac{3}{8}wl\,l - w\dfrac{l}{2}\left(\dfrac{l}{2} + \dfrac{\dfrac{l}{2}}{2}\right) = \dfrac{9wl^2}{128}$

예제

단순 지지보에 균일분포하중이 $w = 200\text{kN/m}$가 작용하고 있을 때 A단에서 2m의 지점에서의 전단력은?

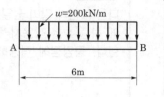

풀이 $V = R - wx = 600 - 200 \times 2 = 400\text{kN}$

예제

지름이 10cm, 길이 100cm인 외팔보의 자유단에 W[kN]의 하중이 작용할 때 그 처짐량을 0.485cm로 제한하려고 하면 작용하중은 몇 kN인가? (단, 탄성계수 $E = 210\text{GPa}$이다.)

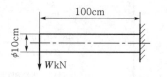

풀이 $I = \dfrac{\pi d^4}{64} = \dfrac{\pi \times 0.1^4}{64} = 4.9087 \times 10^{-6}\,\text{m}^4$

$\delta = \dfrac{Wl^3}{3EI}$

$\dfrac{0.485}{100} = \dfrac{W \times 1^3}{3 \times 210 \times 10^9 \times 4.9087 \times 10^{-9}}$

$\therefore\ W = 14998.6\text{N} = 14.9\text{kN}$

Section 20

비틀림강성(torsional stiffness)

1. 비틀림강성

비틀림모멘트를 받는 축의 경우 강도면에서는 충분하다고 하더라도 탄성적으로 발생하는 비틀림변형에 의해 축에 비틀림진동을 유발할 수가 있으므로 강성을 평가해야만 한다. [그림 3-25]와 같이 축이 비틀림모멘트 T를 받으면 mn선분이 mn' 선분으로 각 θ, 길이 S만큼 비틀림변형을 일으키게 된다. 이 구조에서 전단변형률 γ는

$$\gamma = \frac{S}{l} = \frac{r\theta}{l} \tag{3.35}$$

이고, 전단응력은 전단변형률에 비례하므로

$$\tau = G\gamma \tag{3.36}$$

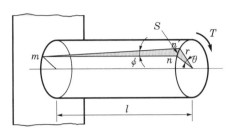

[그림 3-25] 축의 비틀림변형

여기서, G는 전단탄성계수이다. 따라서

$$\tau = G\,\frac{r\theta}{l}\,[\text{kgf/mm}^2] \tag{3.37}$$

또한 $\tau = \dfrac{Tr}{I_p}$ 이므로 위 식과의 관계로부터

$$\theta = \frac{Tl}{GI_p}\,[\text{rad}] \tag{3.38}$$

이를 도(degree, °)로 변환하면

$$\theta = \frac{180}{\pi}\,\frac{Tl}{GI_p}\,[°\ ] \tag{3.39}$$

여기에 $I_p = \dfrac{\pi d^4}{32}$ 을 대입하여 강성도의 식을 유도하면

$$\theta = \frac{180}{\pi}\,\frac{Tl}{GI_p} = \frac{180}{\pi}\,\frac{Tl}{G\dfrac{\pi d^4}{32}} \leqq \theta_a[°\ ] \tag{3.40}$$

$$\therefore\ d = \sqrt[4]{\frac{32 \times 180\,l\,T}{\pi^2 G\theta_a}} \tag{3.41}$$

여기서 θ_a는 허용비틀림각이다. 바하(Bach)는 실험적인 검증을 거쳐 축길이 1m당 $\theta = \dfrac{1}{4}\,[°\ ]$ 이내로 제한하도록 축지름을 설계하는 것이 바람직하다고 하였으며, 이로부터 연강의 전단탄성계수 G의 값의 평균치인 $G = 8{,}300\text{kgf/mm}^2$, $l = 1{,}000\text{mm}$, 비틀림모멘트 $T = 716{,}200\,\dfrac{H_{PS}}{N} = 974{,}000\,\dfrac{H_{kW}}{N}$, $\theta = \dfrac{1}{4}\,[°\ ]$을 위 식에 대입하여 다음과 같은 대표적인 공식을 제창하였다.

$$d \fallingdotseq 120\sqrt[4]{\frac{H_{PS}}{N}} \fallingdotseq 130\sqrt[4]{\frac{H_{kW}}{N}} \tag{3.42}$$

이 식을 바하의 축공식이라 한다.

> **예제**
>
> 지름 80mm의 중실축과 비틀림강도가 같고 내외경비가 $X=0.8$인 중동축의 바깥지름을 구하여라(단, 재질은 같다.).
>
> **풀이** $\dfrac{G}{l}\dfrac{\pi D^4}{32}=\dfrac{G}{l}\dfrac{\pi(D_o^4-D_i^4)}{32}$
>
> $D^4=D_o^4-D_i^4$ ...... ①
>
> $\dfrac{D_i}{D_o}=0.8$ .... ②
>
> 식 ①, ②에서 $D_o^4-(0.8D_o)^4=80^4$
>
> $0.5904D_o^4=80^4$
>
> $\therefore\ D_o=91.26\,\mathrm{mm},\ D_i=73.01\,\mathrm{mm}$

Section 21 2축응력

1. 평면응력(2축 응력)

1) θ만큼 경사진 단면에 대한 수직응력(법선응력)

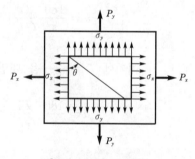

[그림 3-26] 평면응력

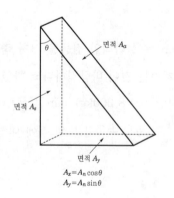
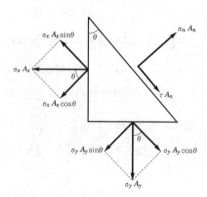

[그림 3-27] θ만큼 경사진 응력관계

$$\cos\theta = \frac{A_x}{A_n} \rightarrow A_x = A_n\cos\theta$$

$$\sin\theta = \frac{A_y}{A_n} \rightarrow A_y = A_n\sin\theta$$

$$\sigma_n A_n = \sigma_x A_x \cos\theta + \sigma_y A_y \sin\theta = \sigma_x A_x \cos^2\theta + \sigma_y A_n \sin^2\theta$$

$$\rightarrow \sigma_n = \sigma_x \cos^2\theta + \sigma_y \sin^2\theta = \sigma_x\left(\frac{1+\cos2\theta}{2}\right) + \sigma_y\left(\frac{1-\cos2\theta}{2}\right)$$

$$= \frac{\sigma_x + \sigma_y}{2} + \left(\frac{\sigma_x - \sigma_y}{2}\right)\cos2\theta$$

$$\therefore \sigma_n = \frac{\sigma_x + \sigma_y}{2} + \left(\frac{\sigma_x - \sigma_y}{2}\right)\cos2\theta \qquad (3.43)$$

(2) θ만큼 경사진 면에 대한 전단응력(접선응력)

$$\tau A_n = \sigma_x A_x \sin\theta - \sigma_y A_y \cos\theta = \sigma_x A_n \sin\theta\cos\theta - \sigma_y A_n \sin\theta\cos\theta$$

$$\rightarrow \tau = (\sigma_x - \sigma_y)\sin\theta\cos\theta = \left(\frac{\sigma_x - \sigma_y}{2}\right)\sin2\theta$$

$$\therefore \tau = \left(\frac{\sigma_x - \sigma_y}{2}\right)\sin2\theta \qquad (3.44)$$

① 공액법선응력(σ_n')과 공액전단응력(τ') : θ 대신에 $90+\theta$를 대입

$$\sigma_n' = \frac{1}{2}(\sigma_x + \sigma_y) + \frac{1}{2}(\sigma_x - \sigma_y)\cos2(90+\theta)$$

$$= \frac{1}{2}(\sigma_x + \sigma_y) + \frac{1}{2}(\sigma_x - \sigma_y)\cos(180+2\theta)$$

$$= \frac{1}{2}(\sigma_x + \sigma_y) - \frac{1}{2}(\sigma_x - \sigma_y)\cos2\theta \qquad (3.45)$$

$$\tau' = \frac{1}{2}(\sigma_x - \sigma_y)\sin2(90+\theta) = \frac{1}{2}(\sigma_x - \sigma_y)\sin(180+2\theta)$$

$$= -\frac{1}{2}(\sigma_x - \sigma_y)\sin2\theta \qquad (3.46)$$

$$\therefore \left.\begin{array}{l} \sigma_n + \sigma_n' = \sigma_x + \sigma_y \\ \tau = -\tau' \end{array}\right\} \qquad (3.47)$$

② 최대 법선응력($\sigma_{n\max}$)은 $\cos2\theta = 1$, 즉 $\theta = 0$일 때 발생

$$\sigma_{n\max} = \frac{\sigma_x + \sigma_y}{2} + \frac{\sigma_x - \sigma_y}{2} = \sigma_x\,(\sigma_x > \sigma_y\text{로 가정}) \qquad (3.48)$$

③ 최대 전단응력($\tau_{\max}$)은 $\sin 2\theta = 1$, 즉 $\theta = 45°$일 때 발생

$$\tau_{\max} = \frac{\sigma_x - \sigma_y}{2} \tag{3.49}$$

④ 최소 법선응력($\sigma_{n\min}$)은 $\cos 2\theta = -1$, 즉 $\theta = 90°$일 때 발생

$$\sigma_{n\min} = \frac{\sigma_x + \sigma_y}{2} - \frac{\sigma_x - \sigma_y}{2} = \sigma_y \tag{3.50}$$

⑤ 최소 전단응력($\tau_{\min}$)은 $\sin 2\theta = -1$, 즉 $\theta = 45° + 90°$인 면에서 발생

$$\tau_{\min} = -\frac{\sigma_x - \sigma_y}{2} \tag{3.51}$$

$$만약 \left. \begin{array}{l} \sigma_{n\max} + \sigma_{n\min} = \sigma_x + \sigma_y (공액법선응력) \\ \tau_{\max} = -\tau_{\min} (공액전단응력) \end{array} \right\} \tag{3.52}$$

※ 주면 : 전단응력이 발생치 않고($\tau = 0$) 최대 · 최소 법선응력만이 존재하는 면
※ 주응력 : 주면에서의 최대 · 최소의 법선응력

예제

어떤 재료가 2축 방향에 $\sigma_x = 300\text{kgf/cm}^2$, $\sigma_y = 200\text{kgf/cm}^2$의 인장응력과 $\tau_{xy} = 200\text{kgf/cm}^2$의 전단응력이 발생하고 있을 때 최대 법선응력(주응력)은?

풀이 $\sigma = \dfrac{1}{2}(\sigma_x + \sigma_y) + \dfrac{1}{2}\sqrt{(\sigma_x + \sigma_y)^2 + 4\tau_{xy}{}^2}$

$= \dfrac{1}{2} \times (300 + 200) + \dfrac{1}{2}\sqrt{(300 + 200)^2 + 4 \times 200^2} = 456.15\text{kgf/cm}^2$

Section 22

압력을 받는 원통

1. 압력을 받는 원통

보일러용 리벳이음은 기밀과 강도를 동시에 요구한다. 최근의 용접기술의 눈부신 발전에 힘입어 리벳이음으로부터 용접이음으로 많이 대체되고 있는 실정이다. 원통의 길이방향의 이음을 세로이음(longitudinal seam)이라 하며 축의 반경방향의 응력에 의해 손상이 일어나고, 원둘레방향의 이음을 원주이음(circumferential seam)이라 하며 축방향 응력에 의해 손상이 일어난다. [그림 3-28]로부터 축의 반경방향의 응력은

$$P = \int_0^\pi p\left(\frac{D}{2}d\theta l\right)\sin\theta = p\frac{D}{2}l[-\cos\theta]_0^\pi = pDl \qquad (3.53)$$

$$\therefore \sigma_{t1} = \frac{P}{A} = \frac{pDl}{2tl} = \frac{pD}{2t} \qquad (3.54)$$

축방향 응력은

$$P = p\frac{\pi D^2}{4} \qquad (3.55)$$

$$\sigma_{t2} = \frac{P}{A} = \frac{p\dfrac{\pi D^2}{4}}{\pi Dt} = \frac{pD}{4t} \qquad (3.56)$$

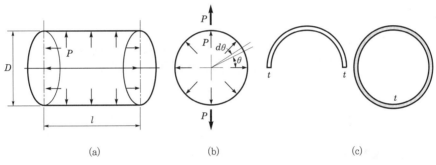

(a) (b) (c)

[그림 3-28] 보일러용 리벳이음

예제

두께 20mm인 재료로 안지름 100cm인 원통형의 압력용기를 만들었다. 이 용기에 가할 수 있는 압력은 몇 MPa까지 가능한가? (단, 이 재료의 극한 강도는 440MN/m²이고 안전계수는 8로 한다.)

풀이 원주방향으로 내압을 받을 때(후프응력 또는 인장응력)

$$\sigma_a = \frac{PD}{2t} = \frac{P \times 1}{2 \times 0.02} = 55$$

$$\therefore P = 2.2\,\mathrm{MPa}$$

※ 단, 허용응력 $\sigma_a = \dfrac{극한강도,\ 인장강도,\ 항복강도}{안전계수} = \dfrac{440}{8} = 55\,\mathrm{MPa}$

※ $P_a = \mathrm{N/m^2},\ \mathrm{kPa} = \times 10^3\,\mathrm{Pa},\ \mathrm{MPa} = \times 10^6\,\mathrm{Pa},\ \mathrm{GPa} = \times 10^9\,\mathrm{Pa}$

Section 23 단면계수와 극단면계수

1. 단면계수(Z)

$$단면계수 = \frac{도심축에\ 관한\ 단면\ 2차\ 모멘트}{도심에서\ 끝단까지의\ 거리}$$

$$Z_1 = \frac{I_G}{e_1}, \ Z_2 = \frac{I_G}{e_2} \tag{3.57}$$

※ 대칭인 단면은 단면계수가 하나만 존재, 대칭이 아닐 때는 두 개가 존재

2. 극단면계수(Z_P)

$$극단면계수 = \frac{도심측에\ 관한\ 단면\ 2차\ 극모멘트}{도심에서\ 끝단까지의\ 거리}$$

$$Z_P = \frac{I_P}{e} = \frac{I_P}{r} \tag{3.58}$$

예제

한 변의 길이가 10cm인 정사각형 단면의 대각선 $x-x$에 대한 단면계수는?

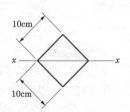

풀이 $Pl = 100,$

$$Z = \frac{I(관성모멘트)}{e(도심까지의\ 거리)} = \frac{\dfrac{a^4}{12}}{\dfrac{\sqrt{2} \times a}{2}} = \frac{2a^4}{12\sqrt{2}\,a}$$

$$= \frac{\sqrt{2}\,a^3}{12} = \frac{\sqrt{2} \times 10^3}{12} = 117.8\text{cm}^3$$

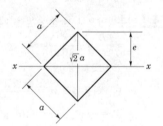

예제

다음 그림과 같은 원형과 정방형의 단면을 가진 두 개의 보가 있다. 양쪽의 단면적이 같을 때 단면계수의 비 Z_1/Z_2의 값은?

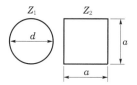

풀이 원형일 때 단면계수 $Z_1 = \dfrac{\pi d^3}{32}$, $A_1 = \dfrac{\pi d^2}{4}$

정사각형일 때 단면계수 $Z_2 = \dfrac{a^3}{6}$, $A_2 = a^2$

$$A_1 = \frac{\pi d^2}{4} = A_2 = a^2$$

$$a = \frac{\sqrt{\pi}}{2} d$$

$$\therefore \ \frac{Z_1}{Z_2} = \frac{\pi d^3/32}{a^2 \times a/6} = \frac{\pi d^3/32}{\pi d^2/4 \times a/6} = \frac{3}{2\sqrt{\pi}}$$

공식 암기

- 직사각형 : $I_X = \dfrac{bh^3}{12}$, $Z_X = \dfrac{bh^2}{6}$, $I_Y = \dfrac{hb^3}{12}$, $Z_Y = \dfrac{hb^2}{6}$

- 원 : $I = \dfrac{\pi d^4}{64}$, $I_P = 2I = \dfrac{\pi d^4}{32}$, $Z = \dfrac{\pi d^3}{32}$, $Z_P = 2Z = \dfrac{\pi d^{43}}{16}$

- 삼각형 : $I = \dfrac{bh^3}{36}$

- 평행축 정리 : $I = I_G + d^2 A$

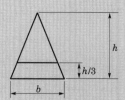

[그림 3-29]

예제

지름이 4cm인 원형 단면의 보와 한 변의 길이가 a인 정사각형의 단면의 보가 동일 최대 굽힘모멘트를 받고 동일한 최대 굽힘응력이 생겼다고 하면 a는 얼마인가?

풀이 원형일 때 $M_1 = \sigma Z = \sigma \dfrac{\pi d^3}{32}$

정사각형일 때 $M_2 = \sigma Z = \sigma \dfrac{a^3}{6}$

$$M_1 = M_2$$

$$\frac{\pi d^3}{32} = \frac{a^3}{6}$$

$$\frac{\pi \times 4^3}{32} = \frac{a^3}{6}$$

$$\therefore \ a = 3.35 \text{cm}$$

Section 24 지점의 반력

1. 개요

보는 봉과 같이 단면적에 비해 길이가 긴 구조용 부재가 몇 개의 지점으로 지지되어 있고 축선에 직각 또는 경사진 방향으로 하중을 받고 구부러져 평형을 이루고 있는 물체로 반력의 힘과 모멘트의 평형방정식을 이용하여 계산할 수가 있다.

2. 지점의 반력

보에 대한 힘과 모멘트의 평형으로부터 반력 결정

① $\sum F = 0$; $\uparrow \to (+)$, $\downarrow \to (-)$

$R_A - P_1 - P_2 - P_3 + P_B = 0$

$(\uparrow)R_A + R_B = (\downarrow)P_1 + P_2 + P_3$

② $\sum M = 0$; ↺, ↻

㉠ B점 기준 : $-R_A l + P_1 b_1 + P_2 b_2 + P_3 b_3 = 0$

$\to R_A l = P_1 b_1 + P_2 b_2 + P_3 b_3$

㉡ A점 기준 : $-P_1 a_1 - P_2 a_2 - P_3 a_3 + R_B l = 0$

$\to P_1 a_1 + P_2 a_2 + P_3 a_3 = R_B l$

③ ①과 ②에서 $R_A = \dfrac{P_1 b_1 + P_2 b_2 + P_3 b_3}{l}$, $R_B = \dfrac{P_1 a_1 + P_2 a_2 + P_3 a_3}{l}$

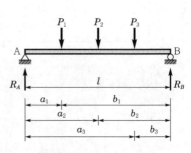

[그림 3-30] 지점의 반력

예제

다음 그림과 같은 단순보에서 반력 R_A, R_B는 얼마인가?

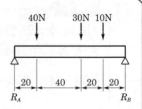

풀이 평행조건에서 대수합 $\sum Y_i = 0$, $\sum M_B = 0$

대수합 $R_A + R_B = P_1 + P_2 + P_3 = 40 + 30 + 10 = 80\text{kN}$

모멘트합 $R_A \times 1 - 40 \times 0.8 - 30 \times 0.4 - 10 \times 0.2 = 0$

$R_A = \dfrac{40 \times 0.8 + 30 \times 0.4 + 10 \times 0.2}{1} = 46\text{N}$

$R_B = 80 - 46 = 34\text{N}$

※ 반력 : $\uparrow$방향은 +, 하중 $\downarrow$방향은 −

※ 모멘트 : 시계방향은 +, 반시계방향은 −

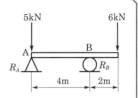

예제

그림과 같은 내다지보에 집중하중이 5kN과 6kN이 작용하고 있을 때 B점의 반력은?

풀이 평행조건에서 대수합 $\sum Y_i = 0$, $\sum M_B = 0$

대수합 $R_A + R_B = P_1 + P_2 + P_3 = 6 + 5 = 11$

모멘트합 $\sum M_B = 0$, $R_A \times 4 - 5 \times 4 + 6 \times 2 = 0$

$$R_A = \frac{5 \times 4 - 6 \times 2}{4} = 2\text{N}$$

$$R_B = 11 - 2 = 9\text{N}$$

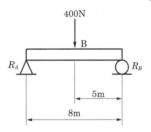

예제

다음 그림과 같은 하중을 받는 단순보의 반력 R_A, R_B는?

풀이 평행조건에서 대수합 $\sum Y_i = 0$, $\sum M_B = 0$

대수합 $R_A + R_B = P = 400\,\text{kN}$

모멘트합 $\sum M_B = 0$, $R_A \times 8 - 400 \times 5 = 0$

$$R_A = \frac{400 \times 5}{8} = 250\text{N}$$

$$R_B = 400 - 250 = 150\text{N}$$

Section 25 금속재료의 변형현상에서 공칭변형률(nominal strain, ε_n)과 진변형률(true strain, ε_t)을 간략히 설명하고 상관 관계식 작성

1. 개요

재료의 성질을 규정하는 주요 기관인 ASTM, AISI, SAE 등은 인장 시편의 표준규격으로 봉상 시료의 직경을 12.8mm(0.505 in)로 정하고 있다([그림 3-31] 참조).

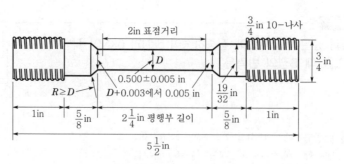

[그림 3-31] 인장 시편의 설계

　예를 들어 교량 또는 크랭크 사프트용 재료를 구하는 경우 재료를 제조한 측이나 또는 사용자 측이 기계적 성질을 측정해도 같은 재료라면 동일한 시험 방법이 적용될 때 같은 성질이 측정되어야 할 것이다.

　인장시험을 통하여 우리가 알고 싶은 것은 보통 탄성계수, 인장강도, 항복강도, 연신율, 그리고 단면적 감소율 등이다.

2. 공칭응력과 공칭변형률

　① Nominal stress(공칭응력)

$$\sigma = \frac{P}{A_0}$$

　여기서, A_0 : 원래의 단면적

　② Nominal strain(공칭변형률)

$$\epsilon_n = \frac{l - l_0}{l_0}$$

　여기서, l_o : 원래의 길이

　　　　　l : 현재의 길이

3. 진응력과 진변형률

　① True stress(진응력)

$$\sigma = \frac{P}{A}$$

　여기서, A : 시편의 현재 단면적

② True strain(진변형률)

$$\varepsilon_t = \ln \frac{l}{l_0} = \ln l - e$$

여기서, l_0 : 원래의 길이

l : 현재의 길이

인장 시 공학적 변형률과 진변형률과의 관계는 변형률이 커질수록 차이가 급격히 증가한다.

4. 진응력 – 진변형률곡선

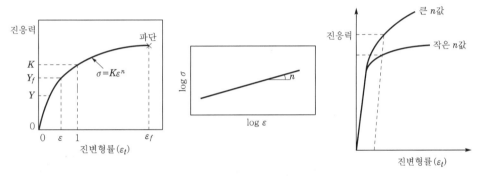

[그림 3-32] 조건에 따른 진응력과 변형률곡선

$$\sigma = K\epsilon^n$$

$$\log \sigma = \log K + n \log \epsilon$$

여기서, K : 강도계수(strength coefficient)

n : 가공경화지수(work-hardening exponent)

Section 26

빗금친 단면의 중심 O에 대한 극관성 모멘트(polar inertia moment) 계산(단, 단면에서 치수 $f \ll b$, h이고, f^2 이상은 무시한다.)

1. 개요

한 단면 내의 한 점 O를 통하여 그 단면에 수직한 축에 관한 관성 모멘트를 단면 극관성 모멘트(polar moment of inertia of area), 또는 단면 2차극 모멘트라 한다. 여기서 O점을 극(pole)이라 한다.

[그림 3-33]에서 O점을 지나고 x, y 평면에 축을 취하고 단면 내의 미소 면적 dA의 좌표를 x, y 그리고 O점에서의 거리를 r이라 하면 극관성 모멘트 I_P는

$$I_P = \int_A r^2 \, dA = \int_A (y^2 + x^2) \, dA = I_x + I_y$$

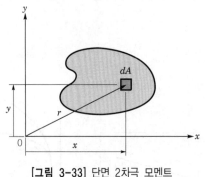

[그림 3-33] 단면 2차극 모멘트 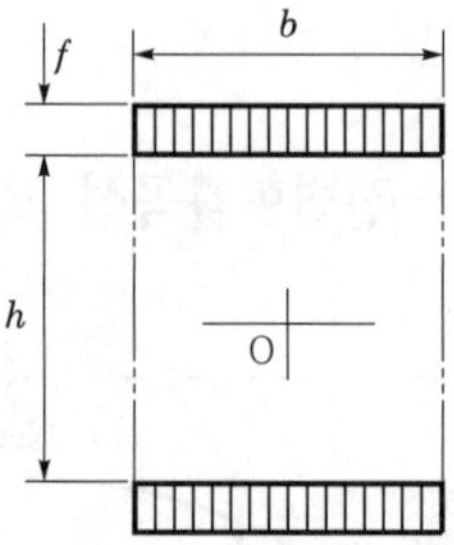   [그림 3-34]

2. 풀이

문제에서 제시한 형상을 직사각형으로 변환한 다음 전체 극관성 모멘트를 구한 다음 공간으로 되어 있는 부분의 극관성 모멘트를 제외하면 실제 극관성 모멘트를 구할 수 있으며 직사각형의 2차 관성 모멘트 I는

$I = \dfrac{bh^3}{12}$ 이므로 $I_P = \dfrac{\dfrac{bh^3}{12}}{\dfrac{1}{2}} = \dfrac{bh^3}{6}$ 이다.

$$I_P = \frac{1}{6} b \times (h + 2f)^3 - \frac{bh^3}{6}$$

$$= \frac{1}{6} b (h^2 + 4fh + 4f^2)(h + 2f) - bh^3$$

$$= \frac{1}{6}(bh^3 + 4bfh^2 + 4f^2 h + 2fh^2 + 8f^2 h + 8f^3 - bh^3)$$

단면에서 치수 $f \ll b$, h 이고, f^2 이상은 무시하면

$$= \frac{1}{6}(4bfh^2 + 2fh^2)$$

$$\therefore \ I_P = \frac{1}{6}(4bfh^2 + 2fh^2)$$

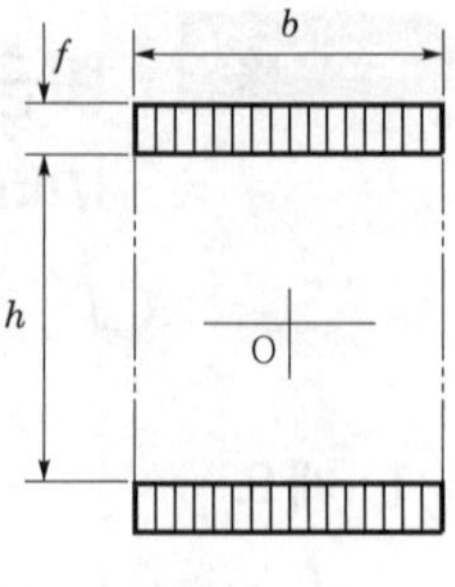

[그림 3-35]

Section 27

한 변의 길이가 b인 마름모꼴 단면의 단면계수(modulus of section) 최댓값

[그림 3-36]과 같이 한 변의 길이가 b인 마름모꼴 단면의 경우에 단면의 상하 끝을 nb만큼 잘라버림으로써 단면계수(modulus of section)를 최대로 할 수 있는데, 이때의 n값을 구하고, 그 이유를 설명하시오.

정 네모꼴의 ABCD의 상하 부분에서 잘라내는 변의 길이를 nb라 하면 주어진 정 네모꼴의 단면계수는

$$Z = \frac{\sqrt{2}}{12}b^3$$

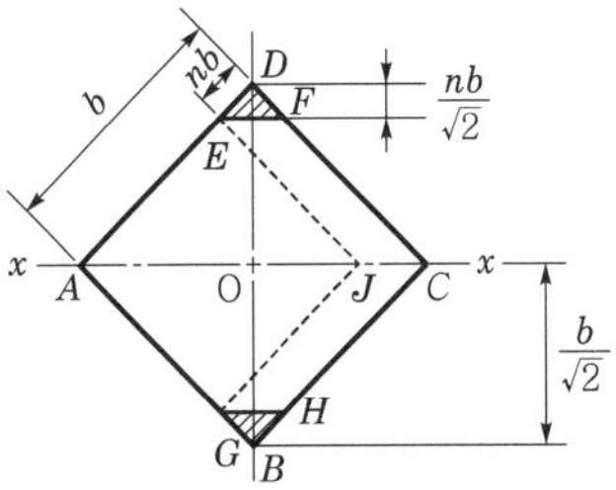

[그림 3-36]

잘라내고 남은 도형 AGHCFE를 정 네모꼴 AGJE와 2개의 평행사변형 EJCF 및 JGHC로 나누고 단면계수를 구한다.

도형 AGHCFE의 AC에 대한 단면계수를 Z'이라 하면

$$Z' = \frac{\sqrt{2}}{12}(b-nb)^3 + \frac{2}{3}\sqrt{2}\,nb\left(\frac{b}{\sqrt{2}} - \frac{nb}{\sqrt{2}}\right)^2$$

$$= \frac{\sqrt{2}}{12}b^3(1-n)^3 + \frac{2\sqrt{2}\,nb}{3} \times \frac{b^2(1-n)^2}{2}$$

$$= \frac{\sqrt{2}}{12}b^3(1-n)^2(1+3n)$$

이므로 $\dfrac{dZ'}{dn} = 0$으로 놓으면

$$\frac{dZ'}{dn} = \frac{\sqrt{2}}{12}b^3(9n^2 - 10n + 1) = 0$$

$$\therefore \ 9n^2 - 10n + 1 = (9n-1)(n-1) = 0$$

이고, $n \neq 1$ 이므로 $n = \dfrac{1}{9}$

따라서 정 네모꼴의 한 변에서 돌려내는 길이는 $\dfrac{b}{9}$로 된다.

또한 정 네모꼴의 상하 양각부를 도려냄으로써 원형의 단면계수는 어떻게 되는가?

$n = \dfrac{1}{9}$ 의 값을 Z'의 식에 대입하여 최대의 단면계수 $Z'_{\max}$를 구하면

$$Z'_{\max} = \frac{\sqrt{2}}{12}b^3\left(1-\frac{1}{9}\right)^2\left(1+\frac{3}{9}\right) = \frac{768}{729}\times\frac{\sqrt{2}}{12}b^3 = 1.05\frac{\sqrt{2}}{12}b^3$$

그러므로 굽힘응력은 5%만큼 작게 된다.

$$\frac{Z'}{Z} = \frac{1.05\dfrac{\sqrt{2}}{12}b^3}{\dfrac{\sqrt{2}}{12}b^3} = 1.05$$

즉 Z는 5%가 크게 된다.

Section 28 전단력선도(shear force diagram)와 굽힘 모멘트선도 (bending moment diagram)를 작도

[그림 3-37]과 같이 양단 지지보가 길이의 절반 부분에 균일하중을 받고 있다. $w = 20\,\mathrm{kgf/cm}$, $L = 2\mathrm{m}$일 때 전단력선도(shear force diagram)와 굽힘 모멘트선도 (bending moment diagram)를 작도하시오.

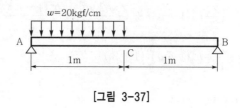

[그림 3-37]

1. 지점 반력 계산

지점 반력을 계산하면

$$\sum M_B = R_A \times 2 - 20 \times 100 \times 1.5 = 0$$

$$2R_A = 3{,}000$$

$$R_A = \frac{3{,}000}{2} = 1{,}500\,\mathrm{kgf}$$

$$\sum M_A = -R_B \times 2 + 20 \times 100 \times 0.5 = 0$$

$$2R_B = 1{,}000$$

$$R_B = \frac{1,000}{2} = 500\,\text{kgf}$$

2. 전단력 계산

$$F_A = R_A = 15,000\,\text{kgf}$$
$$F_C = R_A - 2,000 = -500\,\text{kgf}$$
$$F_B = -R_B = -500\,\text{kgf}$$

3. 굽힘 모멘트

$$M_A = 0$$
$$M_C = R_A \times 1 - 20 \times 100 \times 0.5 = 1,500 - 1,000 = 500\,\text{kgf} \cdot \text{m}$$
$$M_B = 0$$

4. 전단력과 굽힘 모멘트선도

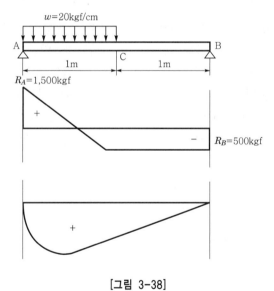

[그림 3-38]

재료에 반복하중이 작용할 때 발생하는 shake down 현상

1. 개요

일반적으로 금속재료에 어떤 하중을 가하면 그 순간부터 그 하중에 대응하는 탄성변형이 생기며 이것을 그대로 두면 변형량은 시간과 비례하여 증가하는 성질이 있다. 이 경우 두 가지 상태로 나누어서 금속재료에 미치는 하중의 영향을 생각할 수 있다. 한 경우는 자중과 같이 계에 응력을 일정하게 가하는 경우이다.

[그림 3-39]와 같이 시간이 지남에 따라 변형은 증가하며 변형의 증가는 하중을 가한 초기 상태에 크게 나타나고 그 후는 응력의 크기에 따라서 어떤 일정치에 접근하여 변하지 않는 경우와 극한상태가 되어 파단에 이르는 경우가 있다.

이와 같이 변형이 장시간에 걸쳐 조금씩 증가하는 현상을 Creep이라고 한다. 또 다른 경우는 변형을 일정하게 유지하는 상태로서 [그림 3-40]과 같이 응력이 시간에 따라서 감소하고 결국에는 어떤 일정한 값에 근접하여 머무르게 된다. 이와 같은 현상을 응력이완이라고 한다.

2. 재료에 반복하중이 작용할 때 발생하는 shake down 현상

[그림 3-40]의 응력이완 열팽창한 배관계는 변형이 일정한 상태로 있기 때문에 Shake down으로 인한 응력이완현상이 나타난다. 일반적인 구조역학상의 의미로서 Shake down은 주어진 하중 사이클에 대한 구조물의 변형 사이클이 매 사이클당 구조물에 축적되는 내부 에너지를 최소로 하려는 상태로 안정화하는 것을 의미한다. 즉 응력에 대응하는 하중 사이클에 대해서 구조물의 변형 사이클이 안정되어 소성변형을 동반하지 않는 탄성형 사이클로 정착되는 구조물의 거동을 의미한다.

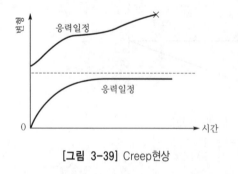

[그림 3-39] Creep현상

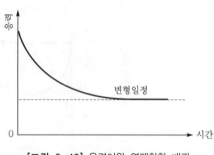

[그림 3-40] 응력이완 열팽창한 배관

어떤 부재가 항복점 이상으로 변형도만큼 인장을 받게 되면 응력-변형도곡선은 [그림 3-41]의 OAB와 같이 된다. 이때 탄성론적으로 계산된 응력은 $\sigma = \sigma_1 = E\varepsilon_1$이다. 변형도가 ε_1에서 0으로 될 때는 BC를 따라가므로 $\sigma_1 - \sigma_y$만큼의 압축잔류응력이 생기게 된다. 따라서 다음번의 하중이 작용할 때는 이 압축응력을 극복한 후에 인장 영역으로 들어가게 되므로 압축 부분에 탄성영역이 $\sigma_1 - \sigma_y$만큼 증가하게 되어 전 변형 사이클 범위에서 탄성운동을 하게 된다. 이와 같이 탄성영역이 최대로 증가할 수 있는 범위는 $\sigma_1 = 2\sigma_y$일 때로서 압축 부분에 σ_y만큼의 탄성영역이 증가하여 전 탄성영역이 $2\sigma_y$가 된다.

그러나 $\sigma_1 > 2\sigma_y$가 되면 [그림 3-42]에서와 같이 사이클마다 소성변형이 생기게 되며, $2\sigma_y$는 순수한 탄성영역으로 Shake-down할 수 있는 탄성적으로 계산된 최대 응력이 되는 것이다.

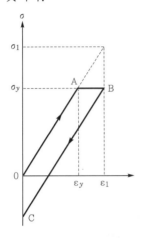

[그림 3-41] Shake-down

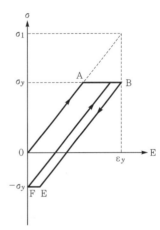

[그림 3-42] Shake-down

<table>
<tr><td>Section 30</td><td>보(beam)의 단면형상 중에서 I형(또는 H형) 단면 보가
여러 가지 단면의 보 중에서 가장 강한 이유</td></tr>
</table>

1. I형(또는 H형) 단면보가 강한 이유

재료에 휨변형력이 가해졌을 경우, 어떤 단면에서부터의 변형력은 중립점에서부터의 거리에 비례하며, 중립축으로부터 가장 먼 곳이 최대가 된다. 보를 계산할 때 최대처짐각(θ) 및 최대처짐량(δ)에서 같은 재질을 사용하였을 경우 세로탄성계수는 동일한 반면, 단면의 형상에 따른 단면 2차 모멘트(I)의 크기에 따라 처짐각과 처짐량이 결정되는 것을 알 수 있다.

따라서 단면높이(h 값)에 따라 크게 좌우되는 것을 알 수 있고, 재료량 대비 단면 2차 모멘트가 가장 우수한 것이 H빔과 I빔인 것을 알 수 있으며 H빔과 I빔은 구조물의 안전과 강성에 있어서 재료비 대비 가장 유리한 형상을 가지고 있다.

2. H형 보의 특징

강재(Steel)는 철을 주성분으로 하고 탄소(C), 규소(Si), 망간(Mn), 인(P), 황(S) 등의 원소들을 함유하고 있으며 함유된 성분에 따라 강의 성질이 변화한다. C, Si, Mn은 기계적 성질, 충격특성, 용접성 등을 조정하는 데 중요한 역할을 하며, P와 S는 통상 불순물이라 한다.

형강재는 전기로에서 철스크랩을 주원료로 화학성분을 조절하는 제강작업을 거쳐서 생산된 중간제품인 빔블랭크(Beam Blank), 블룸(Bloom), 빌릿(Billet)을 특정한 단면의 형태로(ㄱ, ㄷ, I, H, T형강) 열간압연한 구조용 강재로서 건축, 토목, 조선, 기계 등 모든 산업분야에서 널리 사용되고 있다.

[표 3-2] 형강의 종류 및 용도

종류	특징	용도
H형강	단면의 성능이 우수하고 단면의 조합, 접합이 용이하여 구조용 강재로 널리 쓰인다. H-100×100~800×300까지 규격이 다양하다. 세폭 및 중폭재는 보에, 광폭재는 기둥재에 적합하다. Flange와 Web이 일체로 되어 있다.	건축용 빌딩, 상가, 공장, 토목가시설, 교량
ㄱ형강	두 변이 직각으로 된 압연형강으로서 등변ㄱ형강, 부등변ㄱ형강, 부등변 부등후 ㄱ형강이 있다.	트러스, 철탑, 조선용
ㄷ형강	찬넬이라고도 하며, 단면형상이 비대칭이어서 뒤틀림의 영향이 있으나 조립이 편리하다.	트러스, 가새, 샛기둥
I형강	플랜지 폭이 좁고, 웨브가 두꺼운 형태로 H형강이 생산되기 전에는 사용되었으나, 현재는 단면효율이 적어 거의 사용되지 않고 있다.	토목 지보용, 기계, 교량용
T형강	보통 H형강 웨브의 중앙부를 공장에서 절단하여 제작된다.	트러스용

3. H빔의 장점

① 무게에 비해서 강도가 상당히 높아 장스팬의 구조물이 가능하다.
② 항복점 이후에서 파괴에 이르기까지의 큰 변형 능력을 갖고 있다.
③ 인성이 크므로 강인한 구조물을 만들 수 있다.
④ 설계의 요구에 따라 일반구조용강, 용접구조용강, 무도장 내후성강 등 다양한 강재를 선택할 수 있다.

⑤ 경량이고 건식이며, 기계화 시공, 다양한 공법이 가능하다.

⑥ 공장에서 제작, 현장에서 설치되므로 공기가 단축되고 품질에 대한 신뢰성이 크다.

⑦ 재활용되어 사용되므로 환경친화적이다.

Section 31 기계구조물에 발생하는 피크응력

1. 개요

ASME NB-3200(1)에서 규정하고 있는 응력선형화는 임의 단면에 발생하는 총합응력(total stress)을 세 가지의 응력성분으로 분해하는 과정이다. 막응력(membrane stress)은 평균값의 의미와 유사하며, 굽힘응력(bending stress)은 중심에 대한 선형 응력분포를 나타내며, 피크응력(peak stress)은 총합응력으로부터 구해지는 비선형응력성분이다.

2. 기계구조물에 발생하는 피크응력

기계재료의 전단탄성변형에너지(u_s)와 비틀림탄성변형에너지(u_t)의 상관관계식 [그림 3-43]과 같은 원형단면의 축에 비틀림 모멘트 T가 작용할 경우

$$\tau : \rho = \tau_{\max} : r \rightarrow \tau = \frac{\rho}{r}\tau_{\max} \tag{3.59}$$

반경 ρ에서 탄성에너지 $u\left(\text{단, 전 탄성에너지는 } U = \frac{1}{2}P_s\delta_s\right)$는

$$u = \frac{U}{Al} = \frac{\frac{1}{2}P_s\delta_s}{Al} = \frac{\frac{1}{2}P_s\frac{\tau l}{G}}{Al} = \frac{\tau^2}{2G} \tag{3.60}$$

식 (3.60)에 식 (3.59)를 대입하면

$$u = \frac{\left(\frac{\rho}{r}\tau_{\max}\right)^2}{2G} = \frac{\rho^2\tau_{\max}^2}{2Gr^2} \tag{3.61}$$

따라서 미소원관요소에 저장된 탄성에너지 dU는

$$dU = u \cdot dV = \frac{\rho^2\tau_{\max}^2}{2Gr^2}2\pi \cdot \rho d\rho \cdot l = \frac{\tau_{\max}^2\rho^3\pi ld\rho}{Gr^2}$$

$$(\text{단, } dV = 2\pi\rho l \cdot d\rho) \tag{3.62}$$

따라서 축 전체의 탄성변형에너지 U는 (3.62)식을 적분하면 얻을 수 있다. 즉

$$U = \int dU = \int_0^r \frac{\tau_{\max}^2 \cdot \pi l}{Gr^2} \rho^3 d\rho = \frac{\tau_{\max}^2 \cdot \pi l}{Gr^2} \left[\frac{\rho^4}{4} \right]_0^r = \frac{\tau_{\max}^2}{4G} \pi r^2 l \qquad (3.63)$$

또 최대 전단응력 $\tau_{\max}$ 은

$$T = Z_P \cdot \tau \rightarrow \tau_{\max} = \frac{T}{Z_P} = \frac{T}{\pi r^3/2} \qquad (3.64)$$

식 (3.64)를 식 (3.63)에 대입하면 T의 크기로 U를 구할 수 있다.

$$\therefore \ U = \frac{\left(\dfrac{2T}{\pi r^3}\right)^2 \pi l r^2}{4G} = \frac{T^2 l}{2G\dfrac{\pi r^4}{2}} = \frac{T^2 l}{2G\dfrac{\pi d^4}{32}} = \frac{T^2 l}{2GI_P}$$

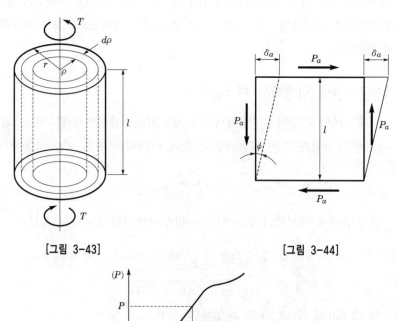

[그림 3-43]   [그림 3-44]

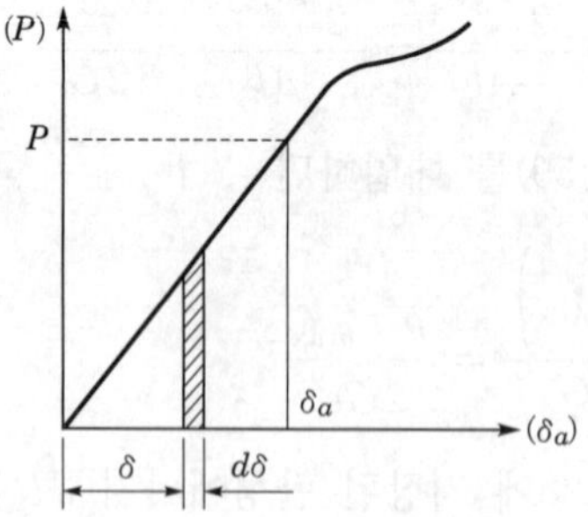

[그림 3-45]

재료의 피로현상에서 LCF, HCF

1. 개요

기계나 구조물의 파괴가 대부분 피로파괴라 할 정도로 이에 대한 안정성 확보가 설계 시 매우 중요한 사항 중 하나가 된다. 특히 운동 상태에 있는 기계는 사용기간이 경과하면 재료의 강도가 저하되는데 그 저하 속도는 매우 느린 경우가 많고, 또 파괴 시점을 예측하기가 어려운 때가 대부분이다. 그리고 외형상으로는 큰 변화를 일으키지 않고 진행되는 피로파괴가 대부분이며 어느 순간 돌발적으로 파괴가 일어나 종종 큰 사고가 일어나기도 한다.

피로(fatigue)는 금속 등의 재료가 항복강도보다 작은 응력을 반복적으로 받는 것이다. 재료가 피로로 인해 파괴되는 것을 피로파괴(fatigue failure)라 한다. 응력 변동 폭이 클수록 적은 반복 횟수에서 파괴가 일어난다. 하중 반복횟수와 관계없이 구조물이 견딜 수 있는 응력 범위가 일정한 값을 갖는 응력 범위를 피로한도(fatigue limit)라고 한다.

2. 재료의 피로현상에서 LCF, HCF

피로는 크게 저주기 피로(LCF ; Low Cycle Fatigue)와 고주기 피로(HCF ; High Cycle Fatigue)로 나눌 수 있다.

① 저주기 피로는 항복점 이상의 반복하중을 가하는 것으로 매주기마다 소성변형이 일어나게 되므로 짧은 수명을 가지게 된다. 고주기 피로는 항복점 이하의 작은 반복하중을 가하는 것으로 상대적으로 저주지 피로보다는 긴 수명을 갖는다.

② 고주기 피로는 탄성한도 내의 하중을 가하기 때문에 일반적으로 피로진행 중 소성변형이 일어나지 않는 것으로 알려져 왔다. 그러나 금속재료는 일반적으로 방향성을 갖는 다수의 미세한 결정으로 된 집합체로서 각 결정은 임의의 방향으로 배열되어 있고, 이를 거시적(macro scopic)으로 보면 등방, 등질로 볼 수도 있지만 미시적(micro scopic)으로 보면 그렇지 않다.

③ SF(Sub−Fatigue)

<table>
<tr><td>Section 33</td><td>단순보 일부에 균일하중이 작용 시 전단력선도와 굽힘 모멘트선도 작도</td></tr>
</table>

1. 문제

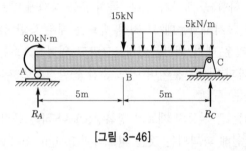

[그림 3-46]

2. 풀이

$\Sigma F = 0, \Sigma M = 0$에서 지점 반력을 구하면

$$R_A = 5.75\text{kN}, \ R_B = 34.25\text{kN}$$

전단력 및 모멘트 함수는

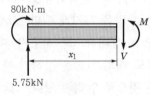

[그림 3-47]

$\Sigma F_y = 0, \ V = 5.75[\text{kN}]$

$\Sigma M = 0, \ M = 5.75x_1 + 80[\text{kN} \cdot \text{m}]$

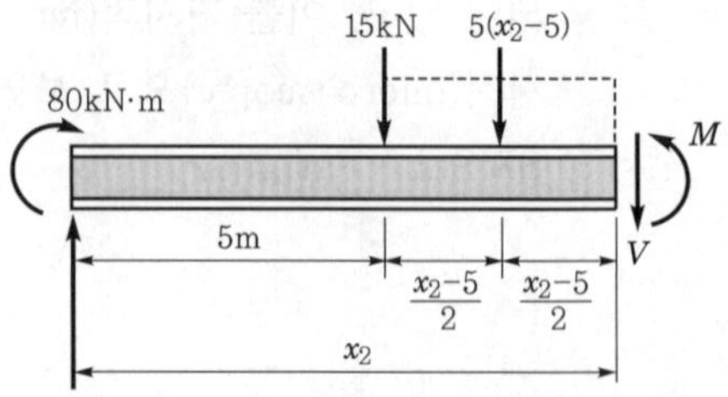

[그림 3-48]

$\Sigma F_y = 0, \ V = 5.75 - 15 - 5(x_2 - 5)[\text{kN}]$

$\Sigma M = 0, \ M = 80 + 5.75x_2 - 15(x_2 - 5) - 5(x_2 - 5)^2/2[\text{kN} \cdot \text{m}]$

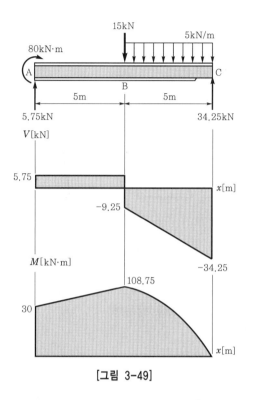

[그림 3-49]

Section 34 재료의 성질에 따른 강도특성

1. 개요

　　보는 하중의 형태에 따라 인장과 압축의 상태가 상이하며 보통 수직하중이 작용하면 상단에는 압축응력이 하단에서는 인장응력이 작용을 한다. 하지만 보의 단면 형태에 따라 하중에 견디는 상태가 달라진다. 따라서 재료의 성질에 따른 강도의 특성을 충분히 검토하여 구조물에 적용해야 안전사고를 방지하며 구조물의 수명을 연장할 수가 있다.

2. 재료의 성질에 따른 강도특성

　　재료의 성질이 압축과 인장의 강도가 모두 같은 금속재료(철강, 알루미늄, 동합금의 인발재)일 경우에는 단면의 모양이 좌우대칭일 뿐 아니라 상하대칭도 된다. 다만 단면의 관성 모멘트(moment of inertia of the section)를 극대화하기 위하여 여러 단면이 있는데 대표적인 것이 I빔이다. 그러나 목재(wood)와 같이 나무결이 있어 전단응력에 약한 경우에는 직사각형 단면을 쓴다. 한편 주철이나 콘크리트와 같이 압축에 강하고 인장이 약한 경우에는 도심을 낮추어 되도록 압축응력이 커지게 한다. [그림 3-50]은 몇 가지 단면 모양의 예이다.

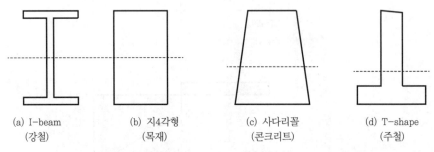

(a) I-beam	(b) 지4각형	(c) 사다리꼴	(d) T-shape
(강철)	(목재)	(콘크리트)	(주철)

[그림 3-50] 굽힘응력을 효과적으로 이용하기 위한 단면 모양

관성 모멘트나 도심의 이동만으로 재료의 특성을 효과적으로 이용할 수 없을 때 특성이 다른 재료를 합성하여 보를 만든다.

Section 35 플랜트배관의 응력 해석 시 고려되어야 할 하중의 종류

1. 개요

산업안전보건기준에 관한 규칙(이하 "안전보건규칙") [별표 7]의 규정에 의한 화학설비배관에 있어서 배관계의 내압, 열응력, 자중, 바람, 지진 등에 의한 재해를 방지하기 위하여 배관응력 해석에 필요한 지침을 정하는 데 그 목적이 있다.

2. 플랜트배관의 응력 해석 시 고려되어야 할 하중의 종류

배관응력 해석 시 고려되어야 할 하중은 다음과 같다.
① 배관자중 : 배관 자체의 무게, 밸브류 등 부속설비 및 보온재 무게를 포함한 하중
② 유체 내부압력 : 배관 내부에 흐르는 유체의 압력
③ 열팽창에 의한 하중 : 배관 내부에 흐르는 유체의 온도로 발생되는 배관의 팽창 또는 수축에 의한 하중
④ 바람 : 배관계의 휨을 유발시키는 풍하중
⑤ 지진 : 지진에 의한 배관계의 흔들림하중
⑥ 진동 : 펌프, 압축기 등의 회전기기 등에 의한 배관계의 진동하중
⑦ 기타 : 수격현상 및 공동현상 등 유체의 일시적인 압력 상승

CHAPTER 04

기계재료

━━ 산업기계설비기술사 ━━

강(鋼)의 방식법(防蝕法)

1. 삼투법(滲透法)

강의 내식성, 방수성(防銹性) 및 내마모성을 증가시키는 데 목적을 둔다.

① Al 삼투법(calorizing) : 중량비 Al 50%, Al_2O_3 45%, NH_4Cl 5%로 된 혼합분말과 철제품

② Zn 삼투법(zincing) : 소형제품에 적합하고, 피막층이 균일

③ Cr 삼투법(chromizing) : 중량비 Cr 55%, Al_2O_3 45%의 혼합분말과 철제품

④ Si 삼투법(siliconizing) : Si분말과 강제품

2. 도금법

녹(rust)이 잘 생기지 않는 금속의 피막을 철강제품의 표면에 형성시켜 방수(防銹 ; rust prevention)하는 방법으로서 습식 도금법과 건식 도금법이 있다.

① 습식 도금법 ; 금속염의 용액을 전해액으로 하여 양극에는 피복제의 금속을, 음극에는 도금될 제품을 연결한다.

② 건식 도금법 : 피복제의 용융금속에 제품을 넣어서 피복하는 방법으로서 주로 Sn, Zn, Pb, Al 등이 피복제로 사용된다.

③ 도장법 : 철강 표면을 청정(淸淨)한 다음 액상의 방수도료를 고화시키는 방법으로서 유성도료인 boil유, bitumen도료인 asphalt 및 coaltar, 합성수지도료인 phenol수지 등이 있다.

주철에서 탄소량의 변화에 따른 성질

1. 개요

대부분의 탄소강에 있어서 함유된 탄소량에 따라서 강의 성질과 적절한 열처리방법이 결정되기 때문에 가장 중요한 원소는 탄소이다. 이와 같이 탄소량의 실제적인 중요성 때문에 탄소강을 분류하는 한 가지 방법이 바로 이 탄소량에 따른 분류이다.

일반적으로 0.3wt% 이하의 탄소를 함유하는 탄소강을 저탄소강(低炭素鋼 ; low carbon steel) 또는 연강(軟鋼 ; mild steel)이라고 부르고, 0.3~0.6wt%의 탄소량을 함유하는 탄소강을 중탄소강(中炭素鋼 ; medium-carbon steel), 0.6wt% 이상의 탄소량

을 가진 탄소강을 고탄소강(高炭素鋼 ; high-carbon steel)이라고 한다. 고탄소강 중 0.77% C 이상의 탄소강을 특히 공구강(工具鋼 ; tool steel)이라고 부른다. 한편 1.3wt% 이상의 탄소를 함유하는 강은 몇 가지 공구강을 제외하고는 거의 사용되지 않고 있다.

2. 주철에서 탄소량의 변화에 따른 성질

1) 탄소강 중에 함유된 성분과 그 영향

① 0.2~0.8% Mn : 강도 · 경도 · 인성 · 점성 증가, 연성 감소, 담금질성 향상, 황(S)의 양과 비례한다. 황의 해를 제거하며, 고온가공을 용해한다.

② 0.1~0.4% Si : 강도 · 경도 · 주조성 증가(유동성 향상), 연성 · 충격치 감소, 단접성 및 냉간가공성을 저하시킨다.

③ 0.06% 이하 S : 강도 · 경도 · 인성, 절삭성 증가(MnS로), 변형률 · 충격치 및 용접성을 저하시키며, 적열메짐이 있으므로 고온가공성을 저하시킨다(FeS가 원인).

④ 0.06% 이하 P : 강도 · 경도 증가, 연신율 감소, 편석 발생(담금균열의 원인), 결정립을 거칠게 하며, 냉간가공을 저하시킨다(Fe_3P가 원인).

⑤ H : 헤어크랙(백점)이 발생한다.

⑥ Cu : 부식저항이 증가하고 압연 시 균열이 발생한다.

2) 탄소강의 종류와 용도

① 저탄소강(0.3% C 이하) : 가공성 위주, 단접 양호, 열처리 불량

② 고탄소강(0.3% C 이상) : 경도 위주, 단접 불량, 열처리 양호

③ 기계구조용 탄소강재(SM) : 저탄소강(0.08~0.23% C), 구조물, 일반 기계부품으로 사용

④ 탄소공구강(탄소 : STC, 합금 : STS, 스프링강 : SPS) : 고탄소강(0.6~1.5% C), 킬드강으로 제조

⑤ 주강(SC) : 수축률은 주철의 2배, 융점(1,600℃)이 높고 강도가 크나 유동성이 작음. 응력, 기포가 많고 조직이 억세므로 주조 후 풀림 열처리가 필요(주강 주입 온도 : 1,450~1,530℃).

⑥ 쾌삭강 : 강에 S, Zr, Pb, Ce를 첨가하여 절삭성 향상(S의 양 : 0.25% 함유)

⑦ 침탄강(표면경화강) : 표면에 C를 침투시켜 강인성과 내마멸성을 증가시킨 강

강(steel)과 주철(cast iron)의 열처리에 대한 차이점

1. 강의 열처리

강(鋼 ; steel)이란 기본적으로 철(Fe)과 2.0% 이하의 탄소(C)와의 합금을 말하는 것으로, 현재 공업 및 토목, 건축용 재료로서 가장 널리 사용되고 있는 금속재료이다. 모든 금속재료의 생산량 중에서 강이 차지하고 있는 비율은 대략 80% 정도이다.

강은 여러 가지 성질을 다양하게 변화시킬 수 있고 우수한 강도(强度, strength)와 함께 소성가공이 용이하므로 원하는 형상의 제품으로 제조하기가 쉽다. 즉 자동차의 차체에 사용되는 강판은 연성이 우수해야만 하는 반면, 절삭공구에 사용되는 강은 충분히 경화되어 내마모성이 커야만 한다. 또한 자동차의 축이나 대형선박의 프로펠러, 축 등은 강도와 인성(靭性, toughness)을 겸비해야 한다. 그리고 면도날도 극히 경도가 우수해야만 한다.

일반적으로 강에 열처리를 실시하는 이유는 다음 사항 중 어느 한 가지 목적을 달성하기 위함이다.

① 냉간가공에 의하여 발생된 응력을 제거하거나 또는 불균일 냉각에 의한 응력을 제거한다.
② 열간가공된 강의 결정립조직을 미세화시킨다.
③ 바람직한 결정립조직을 유지한다.
④ 경도를 감소시키고 연성을 향상시킨다.
⑤ 경도를 증가시켜서 내마모성을 향상시킨다.
⑥ 사용 중 충격에 견딜 수 있도록 인성을 향상시킨다.
⑦ 피삭성을 향상시킨다.
⑧ 공구강의 절삭능력을 향상시킨다.
⑨ 전기적 성질을 향상시킨다.
⑩ 강의 자기적 성질을 개선한다.

2. 주철의 열처리

① 주조응력 : 주물제품의 두께가 다르기 때문에 냉각속도가 불균일하여 부분적으로 수축이 억제되어 주물 내부에 남게 되는 잔류응력으로, 주조응력이 가지고 있으면 균열이나 변형이 발생한다. 주조 후 500~600℃에서 수시간 가열 후 풀림처리를 하여 제거한다.
② 750~800℃에서 2~3시간 가열(시멘타이트의 흑연화)하여 절삭성을 향상시킨다.

③ 자연시효는 주조 후 장시간 방치하면 주조응력이 없어지는 현상이다.

④ 보통 주철에서는 담금질이나 뜨임을 하지 않는다.

⑤ 고급주철에서는 강도와 내마멸성의 향상을 위해 담금질한다.

Section 4 순철의 변태

1. 개요

순철을 상온부터 가열해가면 시간경과에 따른 온도의 상승은 [그림 4-1]과 같이, 일정한 비율로 계속 오르지 않고 어떤 온도에 이르면 반드시 일시 정체하는 곳이 있다. 이 온도와 시간과의 관계도를 가열곡선이라 하며, 용융상태로부터 점차 냉각하는 경우의 선도를 냉각곡선이라 한다.

2. 순철의 변태

가열곡선에서는 768℃, 906℃, 1,401℃, 1,528℃의 곳에서 정지하고 있다. 768℃는 A_2변태점(A_2, transformation point)으로 철이 강자성을 잃는 최고온도이며 자기변태점이라고도 한다. 906℃는 A_3변태점, 1,401℃는 A_4변태점이라 한다. 다 같이 물리적 및 화학적 성질이 급변하는 온도이며 동소변태점이라 한다. 동소변태점에서는 결정형이 변화한다. 1,525℃는 용융점(melting point)이며 철이 용액으로 녹는 온도이다. A_3변태점 이하의 원자배열은 체심입방정계이고, A_2변태점 이하에서는 α철이라 한다. A_2변태점과 A_3변태점 간의 원자배열은 체심입방정계이며, 이를 β철이라 한다. A_3변태점부터 A_4변태점까지의 원자배열은 면심입방정계이며, 이를 γ철이라 한다([그림 4-2] 참조). A_4변태점 이상의 철(체심입방정계)을 δ철이라 한다.

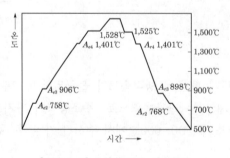

[그림 4-1] 순철의 가열, 냉각곡선

(a) 체심입방격자   (b) 면심입방격자

[그림 4-2] 금속원소의 결정구조

철－탄소(Fe-c)평형상태도와 강의 현미경조직

1. 개요

금속의 열처리 시 가열, 냉각에 따른 조직의 변화를 나타내는 것이 평형상태도(phase diagram, equilibrium diagram)이다.

평형상태도는 필요로 하는 열처리에서 도달해야 할 온도와 금속이 가열 및 냉각되는 동안에 거쳐나갈 상들을 표시한다. 여기서 상(phase)이란 한 물질에서 물리적으로 구별되며 기계적으로 분리 가능한 균질한 부분을 가리키는 말이다(예컨대, 물에는 수증기, 물 및 얼음의 3개의 상이 있다).

평형상태도는 합금의 여러 가지 조성에 대한 여러 온도에서 존재하는 그 합금의 다른 상을 나타내며, 구체적으로는 각 상의 경계선으로 표시한다. 평형상태도는 열처리에 이용될 뿐 아니라 일부 금속이나 합금 간에 존재하는 기본적 차이를 설명하는 데 사용하며, 강과 주철 간의 차이는 철-탄소평형상태도와 현미경 사진으로 확인할 수 있다.

2. 철－탄소평형상태도

순철은 단체로서는 존재하기 어렵고 탄소와의 친화력이 크므로 철-탄소합금으로서 존재한다. 순철의 변태는 철-탄소평형선도상에서 0% 탄소량의 합금으로 표시되어 있다. 즉 종축에 온도, 횡축에 철의 탄소함유량을 0%부터 시작하여 우방으로 취하여 철의 변태상태를 나타낸 것이 철-탄소평형상태도이다([그림 4-3] 참조).

[그림 4-3]에는 표시되어 있지 않으나 탄소량 6.67%의 것은 탄화철(Fe_3C, 일종의 화합물)이며 시멘타이트(cementite)라 불린다. 일반적으로 C 0.03~1.7%(또는 2.0%)를 함유하는 Fe-C합금을 강이라 하고, C 1.7%(또는 2%) 이상을 가지는 것을 주철이라 한다. 탄소는 강 속에서는 단체로서가 아니라 시멘타이트로 함유된다.

탄소강에는 변태를 일으키는 점이 4개로 각각 A_1, A_2, A_3, A_4변태점이라 부른다. A_1변태점은 순철에서는 없었던 것으로, 탄소량에 관계없이 일정 온도(723℃)에서 나타나며 탄소 0.83%일 때는 A_3변태점과 일치한다. A_1변태점은 강을 냉각할 때 후술하는 γ고용체인 오스테나이트가 α철과 시멘타이트와의 기계적 혼합물로 분열하는 변태점이다. A_3변태점은 탄소함유량이 감소할수록 상승하고, 이 점보다 온도가 높은 범위에서 탄소강은 아래에 설명하는 오스테나이트조직이 된다.

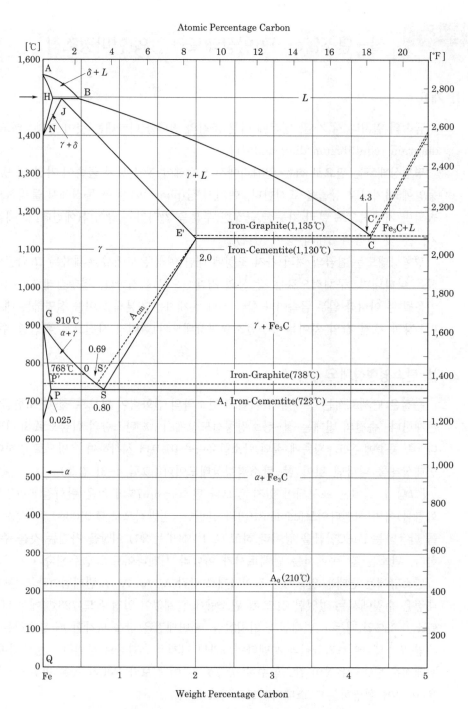

[그림 4-3] 철-탄소 평형 상태도(철-시멘타이트계)

순철에 C가 첨가되면 α철, γ철 및 δ철은 모두 C를 용해하여 각각 α, γ, δ고용체를 만든다. 그 용해도는 온도에 따라 다르나 α고용체의 탄소용해도는 727℃에서 약 0.05%, 상온에서는 0.08%의 매우 근소한 값이며, 공업적으로는 거의 순철 경우의 α철과 같은 것으로 보아도 상관없다. 이를 조직학적으로 페라이트(ferrite)라고 부르며 연하고 연성이 크다(원래는 α-페라이트라 함. δ-페라이트는 중요성이 없음).

γ고용체는 1,130℃에서 최대로 1.7℃(또는 2%)의 C를 용해한다. γ고용체를 오스테나이트(austenite)라고 부르며 끈기 있는 성질을 가진다. S점은 특별히 중요한 점이며 γ고용체로부터 α고용체로의 상변화가 이루어지는 최저온도를 가리킨다.

S점(탄소량 0.83%)에서 강은 A_1점 이하에서는 조직 전부가 오스테나이트로부터 전술한 바와 같이 페라이트와 시멘타이트가 동시에 석출하여 생긴 펄라이트(pearlite)라 부르는 층상의 미세한 조직으로 된다. 그러나 탄소량이 이보다 적은 강에서는 펄라이트와 페라이트와의 혼합조직이 되고, 탄소량이 감소함에 따라 페라이트량이 증가하고 C가 0.03%로 줄면 전조직이 페라이트가 된다. C 0.83% 이상에서는 펄라이트에 유리 시멘타이트가 섞이고, C의 양이 증가할수록 유리 시멘타이트의 양이 증가한다.

C 0.83%를 가지는 강을 공석강(eutectoid steel)이라 하고, 0.83% 이하의 강을 아공석강(hypo-eutectoid steel), 0.83% 이상의 강을 과공석강(hyper-eutectiod steel)이라 한다.

S점은 공석점(eutectoid point)이라 하고 S점에서 가열 시 페라이트와 시멘타이트가 반응하여 오스테나이트가 되고, 냉각 시 오스테나이트는 페라이트와 시멘타이트를 동시에 석출한다. 이를 공석반응(eutectoid reaction)이라 한다.

마찬가지로 상태도의 C점은 주철의 경우 1,135℃에서 용액으로부터 오스테나이트와 시멘타이트 가동 시 정출되어 나오는 점이며, 이를 공정반응(eutectic reaction), C점은 공정점(eutectic point), 이때의 공정조직을 레데뷰라이트(ledeburite)라 한다.

또한 [그림 4-3]에서 ES선을 A_{cm}선이라 하며 가열 시 시멘타이트는 오스테나이트에 용해되고, 냉각 시 오스테나이트로부터 시멘타이트가 석출되는 변태선이다. 또한 HJB선에서 가열 시 오스테나이트 J가 δ고용체 H와 용액 B로 갈리게 되나 냉각 시 용액 B와 δ고용체 H가 반응하여 오스테나이트 J가 되는 선이다. HJB선을 포정선, J점은 포정점이라 한다.

지금 상태도에서 강을 용해상태로부터 서냉하면 액상선부터 응고하기 시작하여 고상선에 달하면 응고가 끝나고 오스테나이트조직이 된다. 더욱 온도가 내려가면 아공석강에서는 A_3선에 연하여 α고용체, 즉 페라이트가 석출되기 시작하고, 남은 오스테나이트는 온도강하와 더불어 점차 탄소농도가 증가하여 A_1점에서 0.83%가 되어 공석정으로 분열한다. 즉 펄라이트로 변화한다. 그리고 상온에서는 초석 페라이트(C 0.03%)를 둘러싼 펄라이트조직이 된다.

과공석강에서는 A_{cm}선에서 유리 시멘타이트를 석출하기 시작하고 남은 오스테나이트는 A_{cm}선에 연하여 탄소농도가 감소되며, A_1점에서 C 0.83%가 되어 공석정으로 분열하고 상온에서는 초석 시멘타이트와 펄라이트의 조직이 된다.

공석강에서는 A_1점까지는 γ고용체인 채로 강하하여 여기서 전부가 공석정으로 분열하여 상온에서는 펄라이트만의 조직이 된다. 가열의 경우는 상술한 변화가 역으로 발생한다.

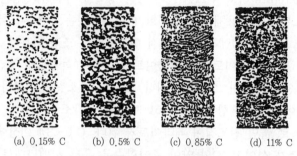

(a) 0.15% C   (b) 0.5% C   (c) 0.85% C   (d) 11% C

[그림 4-4] 탄소함유량에 따른 강의 조직

[그림 4-4]는 탄소량에 따른 강의 조직을 나타내는 예이다. 지금까지 상태도에 대하여 설명한 상변화는 금속이 서서히 냉각 또는 가열될 때에 발생되는 것이다. 그러나 급냉될 때는 정상적인 상반응이 생길 충분한 시간의 경과가 허용되지 않으므로 전혀 다른 결과를 얻게 될 것이다. 이 사실이 바로 금속 열처리의 기초가 되는 것이다.

3. 강의 현미경조직

금속재료의 현미경검사를 하려면 시료의 면을 거울같이 연마하고 부식제(예 ① 피크린산 4g, 알코올 100cc, ② 농초산 1~5cc, 알코올 100cc)로 가볍게 부식시킨 후, 현미경 아래에 놓고 조명기로부터의 광선을 위로부터 보내어 시료면을 비추고, 연마면부터의 반사광선을 포착하여 이를 검경한다. 또한 이를 사진으로 촬영하면 [그림 4-5]와 같이 보인다.

1) 오스테나이트(austenite)

A_3 또는 A_{cm}점 이상의 온도로부터 급냉하면 그대로 상온까지 그 조직이 보류되는 일종의 담금질조직을 오스테나이트(잔류 오스테나이트)라 하며 γ고용체의 부분이다. 상온에서는 불안정하며 대부분이 마르텐사이트로 변화하기 쉽다. 상자성체이며 인성이 큰 균일한 고용체이다.

(a) 페라이트(×100)

(b) 오스테나이트(×400)

(c) 트루스타이트(×600)
0.85% C 물담금질
350℃(탬퍼링)

(d) 소로바이트(×600)
0.85% 850℃ 물담금질
580℃ 탬퍼링

(e) 마르텐사이트(×600)
0.85℃ 물담금질

(f) 펄라이트(×100)
0.85~0.9% C

[그림 4-5] 강의 현미경사진

2) 마르텐사이트(martensite)

극히 경하고 연성이 적은 강자성체이며 침상결정을 이룬다. 물로 담금질하면 α마르텐사이트가 되어 상온에서는 불안정하며, 100~150℃로 가열하면 β마르텐사이트로 변화하여 α마르텐사이트보다 안정하다.

3) 트루스타이트(troostite)

강을 담금질할 때 일반적으로는 마르텐사이트가 되나, 마르텐사이트를 약 400℃로 템퍼링하여 생기는 매우 부식되기 쉬운 페라이트와 탄화물의 혼합조직을 말한다. 마르텐사이트보다 경도는 적으나 연성이 우수하다. 또한 연속냉각 시 소르바이트보다 더욱 미세한 페라이트와 시멘타이트와의 층상니합조직도 트루스타이트라 한다.

4) 소로바이트(sorbite)

마르텐사이트를 다소 고온(약 600℃)에서 템퍼링하여 입상 탄화물을 성장시킨 페라이트와 탄화물과의 혼합조직을 말한다. 이때 탄화물은 배율 약 400배 이상의 현미경화에서 볼 수 있다. 또한 연속냉각 시 미세펄라이트조직에도 이 명칭을 사용한다. 트루스타이트보다 경도는 적으나 연성은 크고 강인하다.

5) 펄라이트

강 또는 주철을 A_{c1} 이상의 온도로부터 냉각시킬 때 A_{r1} 변태로 생기는 페라이트와 시멘타이트와의 공석정인 충상조직을 말한다. 냉각속도의 대소에 따라 충상조직에 소밀이 생긴다. 질이 연하고 전연성이 있고 절삭가공이 용이하다.

6) 페라이트(ferrite)

체심입방정을 가진 α 철 또는 α 고용체에 붙인 조직상의 명칭이며 유연한 조직이다.

Section 6 강의 열처리방법(탄소강)

1. 담금질(quenching hardening)

강의 담금질(quenching hardening)은 강의 경도를 높이기 위하여 행하는 것이며, 아공석강의 경우는 A_{c3} 점 이상으로, 또 과공석강의 경우는 A_{c1} 점보다 약간 고온으로 각각 가열하여 급냉하면 경하고 여린 마르텐사이트가 생긴다. 이와 같이 급냉하여 경화시키는 열처리조직을 담금질이라 한다. 담금질이 되려면 최소한 A_{r1} 점 이상의 온도부터 냉각하지 않으면 경화되지 않는다. A_{r1} 변태의 내용은 다음의 2변화로 분해하여 생각할 수 있다.

① 철원자의 격자가 γ 철의 배열(면심 입방격자)로부터 α 철의 배열(체심입방격자)로 변화한다.

② 탄소가 시멘타이트로서 철원자가 격자로부터 유리된다.

이미 말한 대로 γ 철은 탄소를 고용할 수 있으나, α 철은 원래 상온에서는 탄소를 거의 고용할 수 없으므로 위 ①의 변화로 탄소를 고용한 α 철이 과도적으로 생겨도 ②의 변화가 계속해서 일어나야 한다. 따라서 A_{r1} 변태를 표시하면 다음과 같이 된다.

①의 변화		②의 변화
탄소를 고용한 γ 철(I) $\rightarrow$	탄소를 고용한 α 철(II) $\rightarrow$	α 철과 시멘타이트의 혼합물
(오스테나이트)	(마르텐사이트)	(펄라이트)

즉 강을 A_{c1} 점 이상으로 가열하여 급격히 냉각하면 변태에 요하는 시간이 주어지지 않고, 제1단 변화의 진행 중에 강의 온도는 현저히 저하되어 그 변화를 마칠 무렵에는 온도저하로 인하여 제2단 변화는 일어나지 못하고, 제1단 변화에서 생긴 마르텐사이트

조직을 얻는다. 이것이 담금질의 원리이다. 냉각속도가 이보다 크면 제1단 변화도 완료되지 못하고 상온에서는 오스테나이트+마르텐사이트의 조직이 얻어지며, 만약 냉각속도가 다소 완만하면 제2단 변화가 다소 진행된 트루스타이트조직이 생긴다. 냉각속도가 매우 클 때뿐 아니라 마르텐사이트변화가 끝나는 온도(M_f점이라 함)가 실온 이하인, 탄소량이 높은 강의 경우도 일부의 오스테나이트는 그대로 남게 된다. 이러한 오스테나이트를 잔류 오스테나이트라 한다. 가열의 경우를 A_c', 냉각의 경우를 A_r'이라 하여 A_1변태를 표시하면 [그림 4-6]과 같이 된다. 즉 서냉에서는 700℃ 내외이나 냉각속도가 커짐에 따라 A_r'변태는 차차 저온측으로 옮겨간다.

유냉이 되면 그 변태량도 작아지고 저온측에서는 A_r''의 마르텐사이트변태를 발생하고, 수냉이 되면 A_r''의 마르텐사이트변태만 행해진다. A_r''변태가 행해지기 시작하는 냉각속도를 하부 임계냉각속도(lower critical cooling rate), A_r'변태가 전혀 행해지지 않게 되는 냉각속도를 상부 임계냉각속도(upper critical cooling rate)라 한다.

강의 담금질온도는 탄소의 함유량에 따라 다르며 [그림 4-3]에서와 같이 [그림 4-6] 냉각속도에 A_3 또는 A_1변태점 이상 약 50℃ 높은 온도로부터 행한다.

[표 4-1] 각종 냉각제

냉각제의 종류	냉각능력	
	720~550℃	220℃
10% NaOH용액	206	136
10% NaCl용액	196	98
물(0℃)	106	102
물(18℃)	100	100
수은	78	162
물(25℃)	72	111
채실유	30	5.5
글리세린	20	89
기계유	18	20
물(50℃)	17	95
비눗물	7.7	116
물(75℃)	4.7	131
물(100℃)	4.4	71
정지 공기	2.8	7.7
진공	1.1	0.4

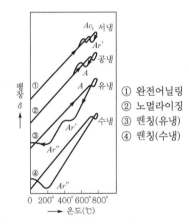

[그림 4-6] 냉각속도에 따른 변태점변화

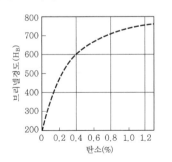

[그림 4-7] 완전담금질강의 경도

또한 따른 변태점변화 강의 담금질경도도 탄소함유량에 따라 다르며, [그림 4-7]과 같이 탄소량이 적은 것은 마르텐사이트의 생성이 적으므로 경도도 낮다. 그러나 탄소량이 0.6% 이상이 되면 그 이상 탄소량이 증가해도 경도는 그다지 변화하지 않는다.

[표 4-1]은 물(18℃)의 냉각능력을 100으로 하였을 때 각종 냉각제의 냉각능력을 표시하였으며 수치가 큰 것일수록 냉각속도가 크다. 담금질하는 소재의 온도에 따라 동일 냉각제라도 냉각능력이 다르므로 주의를 요한다.

1) 질량효과

강의 담금질을 할 때 큰 소재에서는 표면은 냉각속도가 크지만, 소재 내부는 속도가 작다. 즉 표면은 담금질이 잘 되어 경도가 증가하나, 내부는 담금질이 적게 되어 경도도 낮다. 또한 동질의 재료를 동일 조건에서 담금질하면 직경이 큰 것과 작은 것을 비교했을 때 작은 것이 담금질이 더 잘 되고 경화된다. 이와 같이 재료의 질량이 다르면 경화층의 깊이가 다르다. 이 현상을 담금질에서의 질량효과(mass effect)라 하고, 경화층의 깊이가 작은 것, 즉 내부까지 담금질이 충분히 되지 않는 것을 질량효과가 크다고 한다. 보통강은 질량효과가 크지만 고합금강과 같은 특수강은 적다.

2) 담금질 균열

담금질한 재료의 형상에 따라서는 담금질한 뒤에 균열이 생길 때가 있다. 이 균열이 담금질 직후에 생길 때도 있으나, 일반적으로 재료의 온도가 상온 가까이까지 저하했을 때 생기는 수가 많다. 담금질 직후에 생기는 것은 강재를 급냉하였을 때 내외의 수축률의 차가 생겨 열변형이 발생하는 것이 원인이다. 재료의 온도가 내려간 뒤에 생기는 균열은 내부와 외부의 냉각속도의 차로 인하여 오스테나이트로부터 마르텐사이트로 변태할 때에 이 변태가 균일하게 행해지지 않아서 외부와 내부 사이에 반대의 지체가 생기면 마르텐사이트가 오스테나이트보다 훨씬 체적이 크므로 체적팽창이 일어난다. 재료가 이 팽창력에 견디지 못할 때 생기는 균열이 담금질 균열(quenching crack)이다.

담금질 균열은 이 밖에 강 속에 슬래그 등의 불순물이 존재하거나, 결정립이 조대하거나, 담금질이 불균일하거나, 설계가 부적당할 때도 발생한다. 일반적으로 이를 방지하려면 담금질 조건이 좋은 강재를 선택하는 것이 필요하다. 또한 담금질한 후 상온까지 냉각시키지 않고 200℃ 정도의 온도에 적당한 시간을 유지하거나, 유중에서 서냉시키면 이를 방지할 수 있다.

2. 템퍼링(tempering)

담금질하면 마르텐사이트조직 때문에 강은 경하게 되나, 동시에 여리게 되므로 사용 목적에 따라서는 쓸모가 없다. 이런 경우 A_c' 이하의 적당한 온도로 재가열하여 물, 기름, 공기 등으로 적당한 속도로 냉각함으로써 재료에 인성(끈기 있는 성질)을 주며, 또는 경도를 낮추는 조직을 템퍼링(tempering)이라고 한다.

담금질상태는 급냉으로 A_{r1}변태의 전부 또는 일부가 저지된 것이며, 상온에서는 안정된 상태가 아니며 기회만 있으면 보다 안정된 상태로 돌아가려는 경향을 가지고 있다. 다만 상온에서의 강의 점성이 크므로 이 변화가 억제되어 있는 데 지나지 않는다. 따라서 여기에 열을 가하여 억제된 작용을 완화시켜 주면 이 변화는 용이하게 진행하여 완화된 정도에 따라 오스테나이트 → 마르텐사이트 → 트루스타이트 → 소르바이트로 변화한다. 진행의 정도는 가열온도와 가열시간에 따라 정해진다.

템퍼링온도에 따라 강의 조직은 다음과 같이 변화한다.

α마르텐사이트 → β마르텐사이트 → 트루스타이트 → 소르바이트 → 펄라이트
(100~150℃)   (250~350℃)   (450~500℃) (650~700℃)

이와 같은 조직의 변화와 더불어 그 여러 성질도 변하므로 용도에 적합한 성질을 얻으려면 각각 적당한 온도에 템퍼링하여 사용해야 한다. 이로 인해 담금질과 템퍼링의 비교적 간단한 두 과정에 의하여 강의 성질은 넓은 범위를 얻을 수가 있다.

3. 어닐링(annealing)

주강, 강괴 또는 고온가공을 받은 강재는 결정이 조대해지고 인장강도나 연신율이 작으므로 인성을 회복시키기 위하여 결정을 조정할 필요가 있다. 이러한 목적으로 아공석강에서는 A_{c3}점 이상 30~50℃, 과공석강에서는 A_{c1} 이상 30~50℃의 범위에서 적당한 시간 동안(최대 단면의 매 간격 in당 약 45분) 가열하여 오스테나이트의 미세한 결정립으로 회복시킨 후 서서히 노내에서 냉각시킨다. 이 조작을 어닐링(annealing)이라한다. 이러한 어닐링은 완전어닐링(full annealing)이라 하여 연화어닐링(process annealing)과 구별된다.

완전어닐링으로 강은 그전에 가졌던 조직의 흔적이 지워지고 새 결정조직으로 변하며, 연하고 연성을 가지게 되고 그 조직은 비교적 조대한 페라이트나 시멘타이트와 펄라이트로 된다. 또한 존재하였던 내부 응력이나 주조 결과 갇혔던 가스도 방출된다. 연화어닐링은 주로 냉간가공 중 가공경화한 재료를 연화시키거나 또는 가공에 의하여

생긴 잔류응력을 제거하기 위하여 행하는 것이며, 변태점 이하의 온도(600~650℃)에서 약 1시간 가열한 후 서냉하는 조작을 말한다.

결과적으로 얻는 연성이나 연화 정도는 완전어닐링한 것에 미치지 못한다. 이밖에 스페로다이징(구상화 풀림 ; spheroidizing)이라는 열처리법이 있다. 이것은 구상탄화물을 만드는 것이 목적이며 임계온도 바로 밑의 온도에 오래 두었다가 서냉하거나 임계온도의 상하로 교대로 장시간 가열하여 목적에 달한다.

4. 노멀라이징(normalizing)

완전어닐링으로 생기는 큰 입도와 과도한 연화를 피하기 위하여 흔히 노멀라이징을 한다. 강을 오스테나이트의 범위(A$_{c3}$ 또는 A$_{cm}$보다 50~100℃ 높은 온도)까지 가열하고, 완전한 오스테나이트로 한 후 조용한 공기 중에서 방냉하는 조작을 노멀라이징(normalizing)이라 한다. 노멀라이징을 행함으로써 강의 스트레인이나 내부 응력을 제거할 수 있으며 미세한 표준조직[1]으로 할 수가 있다. 주로 저·중탄소강과 합금강에서 행해진다. 대개의 상용 강재는 압연이나 주조 후 노멀라이징처리를 한다.

Section 7 경화능과 조미니(Jominy)시험

1. 경화능

경화능(硬化能 ; hardenability)은 강이 정상적인 담금질처리를 받을 때 최대 경도를 나타내는 능력이라고 정의된다. 강은 비교적 서냉에서 충분히 경화될 수 있을 때 좋은 경화능을 갖고 있다고 말한다. 보통강에 대한 임계냉각속도는 대단히 급속한 것이므로 좋은 경화능은 열처리될 강에 있어서 대단히 중요하다. 경화능이 경도와 동일하지 않다는 것을 분명하게 알아둘 필요가 있다. C 0.8%인 탄소강은 충분히 빠른 속도로 냉각하면 대단히 경도가 크게 된다. 그러나 그와 같은 강의 경화능은 크롬, 니켈합금강보다 훨씬 떨어진다. 그런데도 크롬, 니켈강에서 얻을 수 있는 경도는 충분히 경화된 탄소강보다 별로 크지 않다. 강에 합금성분을 가하면 일반적으로 경화능이 증가한다([그림 4-8 참조]).

---

1) 강을 노멀라이징하여 얻은 조직을 강의 표준조직이라 한다.

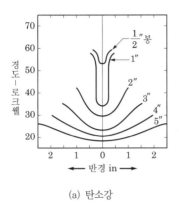 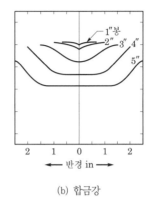

(a) 탄소강   (b) 합금강

[그림 4-8] 탄소강과 합금강의 경화능 비교

2. 조미니시험

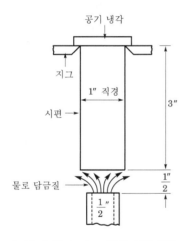

[그림 4-9] Jominy 경화능시험 약도

경화능은 제작에 사용되는 강의 매우 중요한 성질이기 때문에 경화능을 결정할 수 있는 단순한 시험법은 실용상 매우 유용하다.

이를 위한 조미니(Jominy)시험이 발달되어 경화능을 측정하는 거의 표준적 방법이 되었다. [그림 4-9]에 그린 것과 같이 표준시험편을 가열하여 고정구에 넣어 표준화된 물분무로 담금질한다. 시험편은 일단에서 빠르게 냉각되고 타단으로 갈수록 덜 심하게 냉각된다. 이러한 상태하에서 담금질된 표준시험편을 가열하여 고정구에 넣어 표준화된 물분무로 담금질한다.

시험편은 일단에서 빠르게 냉각되고 타단으로 갈수록 덜 심하게 냉각된다. 이러한 상태하에서 담금질된 표준시험편상의 임의점에서의 냉각속도는 정확하게 결정된다. 시험편이 냉각된 후에 길이에 따라서 경도를 추정한다. 이 경도치를 냉각속도와 관련시켜 지금 생각하고 있는 강의 주어진 경도를 발생시키는 데 필요한 냉각속도를 결정할 수 있다.

이와 같이 하여 경화할 부분에서 얻을 수 있는 최대 실제 냉각속도를 계산할 수 있고, 그 다음에 조미니시험 자료에 의하여 필요한 경도를 얻기 위하여 어떤 강이 소요되는가를 결정할 수 있다.

Section 8

특수 열처리

1. S곡선

[그림 4-10]은 공석강(C 0.83%)을 균일한 오스테나이트로부터 350℃의 연욕로(또는 염욕로)에 넣어 급냉하였을 때의 변태를 표시한 것이다. [그림 4-10] (a)에서 알 수 있듯이 변태는 순간적으로 발생하는 것이 아니라 그림 (a)의 A점에서 시작하여 C점에서 끝난다. 즉 변태의 개시시간과 종료시간의 사이에는 차가 있어, 이는 다시 노의 온도의 차이에 따라 변한다.

[그림 4-10] (b)는 노의 온도를 여러 가지로 변화시켜 각각의 경우의 변태 개시, 종료의 시간을 취하여 이들을 종합했을 때의 곡선을 나타낸 것으로 곡선형이 S자 모양이며, 또한 온도(temperature)와 시간(time), 변태(transformation)와의 관계를 표시한 것이므로 일반적으로 이 곡선을 S곡선(S-curve) 또는 TTT선도(TTT-curve, isothermal transformation diagram)라고 부른다. 이 S곡선은 강의 열처리의 경우 각종의 조건결정에 크게 요긴한 성질을 가진다.

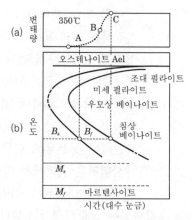

[그림 4-10] 상온변태곡선을 구하는 법

[그림 4-11]은 S곡선의 예이며, 그림에서 곡선 ab는 펄라이트가 생성하는 선, bc는 베이나이트[2](bainite)가 생성하는 선, M_s는 마르텐사이트의 생성개시점, M_f는 그 종료점이다.

지금 M점부터 점선 ⑩와 같은 속도로 냉각하면 냉각속도가 작으므로 펄라이트 또는 소르바이트를 생성한다. 이보다 조금 냉각속도가 빠른 점선 ⑯와 같은 냉각을 하면 이미

---

[2] 베이나이트는 펄라이트의 일종의 변형이라 볼 수 있으며 그보다 저온에서 생성된다.

설명한 A_r'변태와 A_r''변태가 발생하여 상온에서는 트루스타이트와 마르텐사이트가 혼합된 조직이 된다. 또한 Ⓕ와 같이 냉각하면 A_r''변태만이 발생하여 마르텐사이트가 된다.

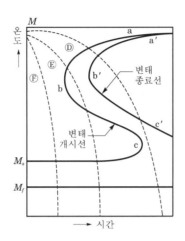

[그림 4-11] S곡선과 냉각곡선

이상과 같이 S곡선을 이용하여 열처리를 하면 담금질한 상태에서 재료에 바로 적당한 경도와 인성을 줄 수 있다. 이 처리를 항온변태처리(isothermal transformation)라 하고, 일반적으로 이와 같이 담금질 균열을 일으키지 않고 재료에 적당한 경도와 인성을 주는 담금질법을 특수 담금질법이라 한다. 이에 오스템퍼링(austempering), 마르템퍼링(martempering), 마르켄칭(marquenching), 시간담금질, 파텐팅(partenting) 등의 종류가 있다.

2. 오스템퍼링

[그림 4-12]는 보통의 담금질, 템퍼링의 경우를 TTT곡선으로 표시한 것이며, [그림 4-13]은 오스템퍼링처리의 경우를 나타낸 것이다. 보통의 담금질에서는 우선 마르텐사이트를 100%로 하는 것이 첫째 목적이 되므로 재료의 탄소량, 합금원소량에 따라서 물 또는 기름으로 급냉하고, 다시 재료의 사용목적에 따라 경도, 인성을 주기 위하여 각각 적당한 온도에서 템퍼링을 한다. 보통 공구강의 경우는 트루스타이트 또는 소르바이트 조직으로 하는 것이 보통이다.

이에 대하여 오스템퍼링은 베이나이트라 불리는 조직으로 하기 위한 담금질법이며, 일명 베이나이트 담금질이라고도 한다. 베이나이트는 펄라이트 생성온도와 M_s점과의 중간의 온도에서 생성되는 것이므로 베이나이트를 석출시키기 위하여는 [그림 4-13]과 같이 A_r'과 A_r'' 사이의 열욕에 담금질하여 그 온도의 욕 중에 일정 시간 유지한다.

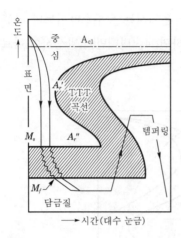

[그림 4-12] 보통의 담금질, 템퍼링

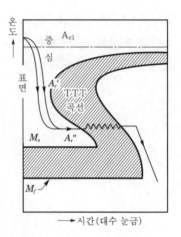

[그림 4-13] 오스템퍼링

이와 같이 하여 베이나이트를 충분히 석출시킨 후 공냉하는 방법이 오스템퍼링이다. 오스템퍼링을 한 것은 보통의 담금질, 템퍼링을 한 것보다 인성이 크고 담금질 균열이나 담금질 스트레인이 발생하지 않으므로 로크웰경도도 35~50 정도이고, 인성이 요구될 때는 오스템퍼처리를 한다. 일반적으로 공구강과 같은 고탄소강의 경우는 유효하나, 구조용 합금강의 경우는 오히려 인성이 저하한다.

3. 마르템퍼링

오스템퍼의 경우보다 더 낮은 열욕, 즉 M_f점과 M_s점 사이 100~200℃ 정도에서 담금질을 하여 항온변태를 행하는 방법을 마르템퍼링(martempering)이라 한다([그림 4-14] 참조).

재료의 내외가 욕온에 일치하기까지 일정 온도에 유지하고, 그 후 공냉 또는 그에 준하는 서냉으로 마르텐사이트를 석출시켜, 이 마르텐사이트와 하부 베이나이트와의 혼합조직으로 만드는 방법이다. 재료는 경도도 상당히 크고 충격치가 매우 커진다. 또한 담금질 균열,

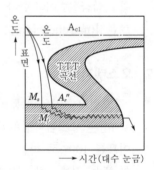

[그림 4-14] 마르템퍼

담금질 스트레인을 제외할 수 있으므로 복잡한 형상의 소형 부품에는 이 마르템퍼처리가 많이 사용되고 있다.

표면경화법의 종류와 특징, 열처리로

1. 개요

기계부품은 사용목적에 따라서 기어, 캠, 클러치 등과 같이 충격에 대한 강도(끈기)와 표면의 높은 경도를 동시에 필요로 하는 것이 있다. 이와 같은 경우에 재료의 표면만을 강하게 하여 내마멸성을 증대시키고, 내부는 적당한 끈기 있는 상태로 하여 충격에 대한 저항을 크게 하는 열처리법이 사용된다. 이것을 표면경화법(surface hardening)이라 한다.

표면경화법을 대별하면 강의 침탄·케이스하드닝법, 강의 질화법, 강의 청화법, 화염담금질법, 고주파 담금질법의 5종류가 된다.

[그림 4-15]는 이들 5종의 표면경화법의 원리를 표시한 것이다.

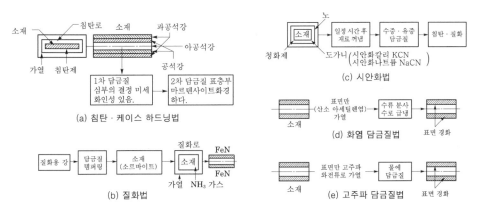

[**그림 4-15**] 표면경화법의 종류

2. 침탄 – 케이스하드닝법

1) 침탄법

재료의 표면에 탄소를 침투시켜 표면부터 차례로 과공석강, 공석강, 아공석강의 층을 만드는 방법을 침탄법(carburization)이라 한다. 침탄법에는 가스침탄법과 고체침탄법이 있다. 가스침탄법(gas carburization)은 탄소량이 적은 강에서 소요의 형상으로 만들고 침탄할 부분만을 남기며, 나머지 부분은 동도금하거나 점토, 규산나트륨, 식염, 산화철분말, 석면 등의 침탄 방지제를 도포하여, 이를 침탄로 속에 넣고 침탄제(메탄, 에탄, 프로판 등의 가스)를 보내어 그 속에서 가열한다.

　이와 같이 하면 침탄성 가스는 고온의 강재에 접촉하여 분해하고, 활성탄소를 석출하여 필요한 부분만이 침탄되고, 동도금한 부분 또는 침탄 방지제를 바른 부분은 침탄되지 않은 채로 남는다.

　고체침탄법(pack carburization)은 침탄하려는 재료와 침탄제를 밀폐한 철제용기 속에 넣고 이것을 다시 그대로 노내에 넣어 가열하는 방법이다. 침탄제로서는 목탄에 탄산바륨을 가한 것을 주로 사용하고 철제용기에 넣은 뒤 틈새를 점토로 메꾸어 막는다. 가열온도는 900~950℃, 가열시간은 5~6시간이다. 침탄제의 공격에 존재하는 공기가 목탄과 반응하여 CO와 CO_2를 발생하고, CO가 강재 표면에 분해하여 탄소를 석출하면 이 탄소는 활성이 커서 강재 속으로 용해 침입한다. 고체침탄법에 의한 침탄층의 깊이는 침탄시간, 침탄제의 종류, 그 밖의 요소에 따라 변화한다. 보통 침탄층깊이는 2~3 mm, 표피의 탄소함유량은 0.9% 정도이다. [그림 4-16]은 침탄온도 및 시간과 침탄층 두께와의 관계를 표시한다.

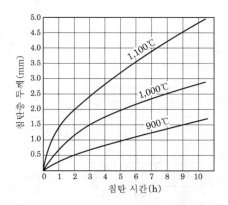

[그림 4-16] 침탄층과 침탄시간의 관계

2) 침탄-케이스하드닝법

　침탄을 행한 재료는 그대로 제품으로 사용하는 일은 적고, 일반적으로 침탄 후 다시 2회 담금질을 하여 비로소 제품으로 사용한다. 이 경우의 열처리를 케이스하드닝(case hardening)이라고 한다. 침탄을 한 재료의 중심부는 장시간 가열했기 때문에 결정립이 조대해진다. 따라서 이 재료에 끈기를 주기 위하여 조대화한 결정립을 미세하게 할 목적으로 재료를 920~930℃로 가열한 후 물로 담금질한다. 이것이 1차 담금질이다. 1차 담금질을 한 재료는 다시 표면의 침탄층의 경도를 높이기 위하여 760~780℃로 가열하여 물로 담금질을 한다. 이것이 2차 담금질이다. 최후로 스트레인을 제거하기 위하여 유중에서 100~110℃에서 약 30분간 끓이고 공중에 방랭하면 완전한 제품이 된다.

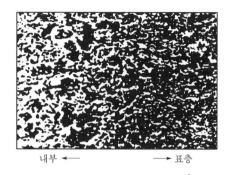

내부 ←   → 표층

[그림 4-17] 침탄조직

[그림 4-17]은 케이스하드닝 후의 강의 조직을 나타내며 치밀한 층이 표층이고 중심부가 될수록 조직이 조대하다. 이 경우 고온으로 가열하여도 결정립이 조대해지지 않는 재료, 즉 니켈을 함유하는 표면경화용 강은 내부 결정립을 미세화시킬 필요가 없으므로 2차 담금질만을 한다. 표면경화용 강이라 불리는 강은 침탄-케이스하드닝에 적합한 강이란 뜻이며 침탄강이라고도 부른다.

3. 질화법

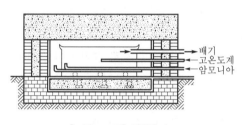

[그림 4-18] 질화용 노

강을 암모니아(NH₃), 기류 중에서 가열하여 질소를 침투시키는 표면경화법을 질화라 한다. 알루미늄, 몰리브덴, 바나듐, 크롬 등 가운데 2종 이상의 원소를 함유하는 강을 질화용 강이라 한다. 질화용 강은 질화(nitriding)로 표면에 질화철(FeN)의 층, 즉 질화층을 만든다. 질화층은 고온이 되어도 연화하지 않고 매우 경하며 내식성도 크다. 또한 침탄의 경우와 달리 담금질할 필요가 없고 질화에 있어서의 열처리온도가 낮으므로 변형을 일으키는 일이 없다. 따라서 질화 후는 그대로 제품으로 사용된다.

질화는 비교적 간단하여 다음과 같은 조작으로 행한다. 먼저 질화용 강을 소르바이트 조직으로 하기 위하여 담금질, 템퍼링을 한다. 다음에 재료의 질화할 필요가 없는 부분에 방식도금을 하고 이것을 기밀한 질화상자에 넣어 [그림 4-18]과 같은 자동온도조절장치를 갖춘 전기로 내의 가열실 내에 이 질화상자를 넣고, 이 질화상자에 암모니아가스를 통하게 하여 약 520℃ 정도의 온도를 유지하며 50~100시간 질화한다. 그 후 노내에서 서냉하여 150℃ 정도까지 냉각되면 암모니아가스의 공급을 실온까지 낮추면서 작업은 끝난다.

질화시간을 길게 하거나 질화온도를 높게 하면 질화층이 두꺼워진다. 질화층두께는 보통 0.7mm 이내이다. 그러나 [그림 4-19]에서 보듯이 질화시간의 길이는 최고경도와는 관계가 없으며, 질화온도를 높게 하면 최고경도는 저하된다.

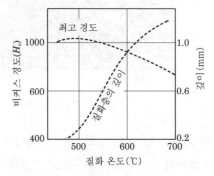

[그림 4-19] 질화에 의한 최고경도와 경화층의 깊이(질화시간 50시간)

4. 청화법

시안화칼리(KCN) 또는 시안화나트륨(NaCN)을 철제 도가니에 넣고, 가스로 등에서 일정 온도로 가열하여 용해한 것 속에 강재를 소정의 시간만큼 담근 후, 수중 또는 유중에서 급냉하면 강재의 표면층은 담금질이 되어 경도가 증가한다. 이러한 표면 강화법을 청화법(青化法, cyaniding, 시안화법)이라 한다. 이때 강재의 표면이 경화되는 것은 시안화칼륨 또는 시안화나트륨이 가열로 탄소로 분해하여 이 때문에 강재의 표면에 침탄과 질화가 동시에 행해지기 때문이다. 따라서 이 방법을 침탄질화법이라고도 한다.

[그림 4-20]은 시안화나트륨 50%, 탄산나트륨 50%의 혼합염을 사용하여 연강에 이 경화법을 실시하였을 때의 처리시간과 경화층의 깊이와의 관계를 표시한 것이다.

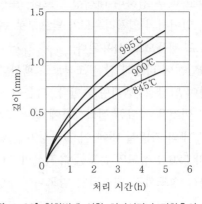

[그림 4-20] 청화법에 의한 처리시간과 경화층의 깊이

5. 화염경화법

강재의 표면을 급속히 오스테나이트조직으로까지 가열, 냉각하여 경도를 높이는 표면경화법에 화염경화법(flame hardening)이 있다. 이것은 강재의 표면을 산소-아세틸렌염으로 가열하여, 여기에 수류 또는 분사수를 급격히 부어 담금질하는 방법으로 재료의 조성에 전혀 변화가 생기지 않는 것이 특징이다.

화염경화법에 가장 적합한 강재는 C 0.4~0.7%의 것이며, 그 이상의 탄소량의 경우는 균열이 생기기 쉽고 담금질에 상당한 숙련을 요한다. 또한 고합금강은 일반적으로 화염 담금질에 적합하지 않다. [그림 4-21]은 기어의 화염담금질을, [그림 4-22]는 스프로킷(쇄차)의 화염담금질을 표시한다. 기어의 경우는 치형을 따라 경도가 균일하게 되도록 치면을 따른 토치의 이동속도를 끝으로 갈수록 빠르게 한다.

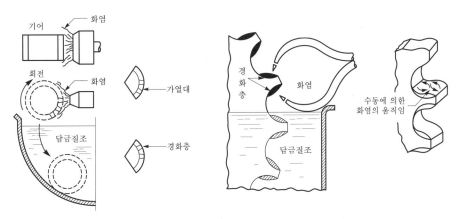

[그림 4-21] 기어의 화염경화법   [그림 4-22] 스프로킷의 화염경화법

6. 고주파 담금질

고주파 전류로 와전류를 일으켜서 이때의 열로 화염담금질법과 같은 원리의 담금질을 할 수가 있다. 이를 고주파 담금질(induction hardening)이라 한다.

소재의 표면을 가열하는 경우는 그 물건의 형태에 적합한 유도자(가열코일)를 담금질하는 곳 근처에 놓고, 여기에 고주파 전류를 흘려서 과전류를 발생시킨다. 이때 흐르는 전류의 주파수가 높으면 높을수록 와전류는 발생하기 쉽다. 담금질을 능률 높게 행하기 위해서는 재료의 형상에 적합한 유도자를 사용하면 된다. 긴 부품의 표면 전체를 경화시킬 때는 유도자를 이동하여 가열하고 물을 부어 담금질한다.

이 경화법은 주파수를 조절하여 용이하게 가열깊이를 조절할 수 있고, 유도자의 적절한 설계로 경화시킬 부분의 형상에 매우 근접되게 담금질을 할 수 있으며([그림 4-23 참조]), 가열이 매우 급속하여 경화층 내부의 금속은 거의 가열되지 않으므로 내부 조직에 영향을 끼치지 않으며, 따라서 열변형도 없고 조작이 거의 자동적이므로 숙련이 필요치 않는 등의 장점을 가진다. 장치가 고가이나 상기한 장점들이 이를 보상하고도 남는다.

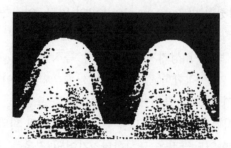

[그림 4-23] 고주파 담금질을 한 기어의 치형 단면

7. 열처리로

열처리로는 온도의 조절이 용이하고 가열물의 출입에 따른 노온의 변화가 적으며 노 내 각부의 온도가 균일할 것, 또 연소염을 차단한 간접가열로 산화·탈탄을 방지할 수 있을 것 등이 요구된다.

공업적으로 널리 사용되는 열처리용 가열로로는 어닐링으로서는 반사로(反射爐), 마플로(muffle furnace), 가동상로 등이 있고, 담금질, 템퍼링 및 노멀라이징로로서는 마플로, 전기저항로, 연적가열로, 욕로 등이 사용된다.

연료로는 석탄, 코크스, 가스, 중유 등을 사용한다. [그림 4-24] (a)는 중유를 사용하는 마플로, 그림 (b)는 반마플로이다. 담금질로로서는 (b)와 같은 예열실을 가지는 것이 바람직하다. [그림 4-25]는 어닐링용 가동상로이며 대형 단조물 같은 부피가 큰 것을 운반대차에 실은 채 노 내로 끌어들여 가열한다.

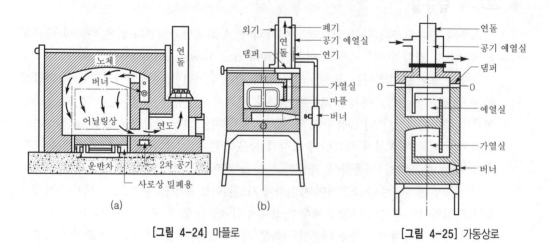

[그림 4-24] 마플로   [그림 4-25] 가동상로

[그림 4-26]은 연속가열로이며 강선, 강대 등을 담금질하고 다시 템퍼링할 때 가열재를 연속적으로 노 내를 통과시켜 처리한다.

욕로(bath furnace)는 가열재를 용해한 염, 금속 또는 유중에서 가열하는 것이며, 이들 욕제(浴劑)의 열용량이 크므로 욕온을 일정하게 유지하기가 쉽고 저온의 가열물을 침적하여도 욕의 온도강하가 근소하므로, 가열물은 단시간 내에 소요온도로 내외가 균일하게 가열되는 등의 특징을 가진다. 균일가열에 요하는 시간은 마플로의 1/20~1/30이라고 한다. 욕제에는 염류(鹽類), 연(鉛) 및 기름이 사용된다. 염욕제는 가열온도에 따라 3종으로 분류된다.

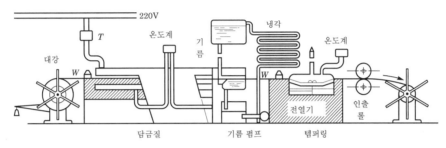

[그림 4-26] 연속가열로

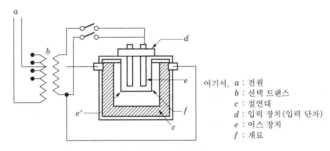

[그림 4-27] 염욕로

[표 4-2]는 그들의 대표적 조성과 적용 온도범위를 표시한다.

[표 4-2] 염욕제의 종류

조성	용융점(℃)	적용 온도(℃)	용도
22% $NaNO_3$+78% KNO_3	254	<550	템퍼링용
60% $BaCl_2$+40% KCl	660	550~950	탄소강 담금질용
70% $BaCl_2$+30% $Na_2B_4O_7$	940	1,100~1,300	고속도강 담금질용

용해금속에는 보통 연을 사용하여 350~900℃ 범위에서 강의 템퍼링, 착색에 사용된다. 기름은 250℃ 이하의 템퍼링에 적합하며 광유, 경유, 종유가 사용된다.

Section 10 Sub-zero처리

1. 개요

퀜칭(quenching) 시 탄소량이 많고 냉각속도가 늦으면 잔류 오스테나이트의 양이 많아지며 퀜칭 경도의 저하, 치수 불안정, 연마 균열 등의 문제점이 생기므로 담금질한 강의 경도를 증대시키고 시효변형을 방지하기 위하여 0℃ 이하의 온도로 냉각하여 잔류 오스테나이트를 마텐사이트로 만드는 처리를 심냉처리(sub zero treatment)라 한다.

2. 처리목적

① 강을 강인하게 만든다.
② 공구강의 경도 증대, 성능 향상을 꾀한다.
③ 게이지류 등의 정밀 기계부품의 조직을 안정화시킨다.
④ 시효에 의한 형상 및 치수변형 방지, 침탄층의 경화목적을 달성한다.
⑤ 스테인리스강의 기계적 성질을 향상시킨다.

3. 처리방법

① 일반적으로 퀜칭 후 곧바로 심냉처리를 하여 균열 방지를 위해 급냉을 피한다.
② 제품크기가 크거나 두께가 두껍고 불균일한 것은 심냉 전에 100℃의 물속에서 1시간 정도 템퍼링하여 균열을 방지한다.
③ 표면의 탈탄층이 남았을 때 탈탄층을 제거해야 하며 심냉온도에서 충분히 유지 후 상온으로 되돌려야 균열이 방지된다.
④ 심냉처리 시 유지시간은 보통 25mm당 30분 정도이다.
⑤ 심냉처리온도로부터 상온으로 되돌리는 데는 공기 중에 방치하는 자연해동방법도 있지만 작업성이나 잔류응력 해소를 위해 수중에 투입하여 급속해동시키는 것이 좋다.

Section 11 고속도강의 열처리

1. 개요

고속도강은 탄소강에 크롬, 텅스텐, 코발트, 바나듐 등이 첨가된 합금강으로서, 500~600℃의 고온에서도 경도가 저하되지 않고 내마멸성이 커서 고속절삭작업이 가능하다. 고속도강은 담금질한 후에 뜨임을 적절히 함으로써 경도를 높일 수 있으며, 특히 550~580℃에서 뜨임하면 경도가 더 커지는 2차 경화가 나타난다.

고속도강은 주조 또는 단조상태의 조직과 내부 응력을 개선하기 위해 풀림을 한다.

2. 담금질(quenching)

1) 처리방법

① 고속도강은 합금원소의 영향 때문에 2단 예열을 충분히 행한다.

② 퀜칭온도는 1,250~1,350℃에서 행하며, 조직은 마텐사이트가 형성된다.

③ 고속도강의 가열은 염욕가열이 사용되며 자경성이 좋아 공냉에서도 충분히 경화되지만 산화피막을 억제하기 위해 300℃까지 유냉 후 꺼내어 공냉하는 것이 좋다.

2) 담금질 시 주의사항

① 통상적인 열처리보다 고온에서 행하므로 오스테나이트화 온도조절과 탈탄에 유의해야 한다.

② 탈탄층이 있을 경우 제거하지 않으면 균열이나 변형의 원인이 된다.

③ 고속도강은 열전도율이 낮으므로 2단 예열하며, 담금질온도에서도 일정 시간 유지하여 균열 발생을 방지한다.

3. 뜨임(tempering)

1) 처리방법

① 고속도강의 절삭 내구력을 향상시키기 위해 2~3회의 템퍼링이 필요하다.

② 열처리 시 잔류 오스테나이트는 540~580℃의 템퍼링온도에서 1~2시간 유지한 후 냉각할 때 마텐사이트로 변태하며 2차로 생성된 마텐사이트에 인성을 주는 재템퍼링이 필요하다.

③ 1차 템퍼링의 경도가 필요한 경도에 도달했으면 2차 템퍼링은 1차 템퍼링보다 110~130℃ 정도 낮은 온도에서 실시한다.

2) 뜨임 시 주의사항

① 뜨임 후 급냉하면 균열이 발생하므로 노 내에서 서냉시킨다.
② 뜨임온도가 600℃ 이상이면 경도가 급감되므로 온도조절에 유의한다.

4. 풀림

1) 처리방법

820~860℃의 풀림온도에서 5~8시간 유지한 후 20℃/h의 냉각속도로 600℃까지 노냉하여 변태가 끝난 후 꺼내어 공냉시키며, 조직은 소르바이트 바탕에 탄화물이 산재된 조직이다.

2) 풀림 시 주의사항

자경성이 크므로 풀린 후 서냉한다.

Section 12 저탄소강과 고탄소강을 구별하는 시험법

1. 개요

저탄소강과 고탄소강을 구별하는 시험법은 재료의 불꽃시험법을 통해서 구별할 수 있으며 불꽃에 의해서 철강재료의 재질을 판정하는 방법을 의미한다. [그림 4-28]은 탄소강의 불꽃 모양의 명칭을 나타내며, [그림 4-29]는 탄소함유량에 따른 불꽃의 특징을 보여주고 있다.

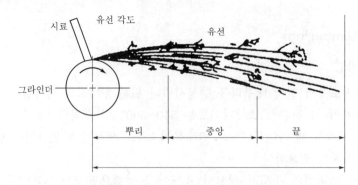

[그림 4-28] 탄소강의 불꽃 모양의 명칭

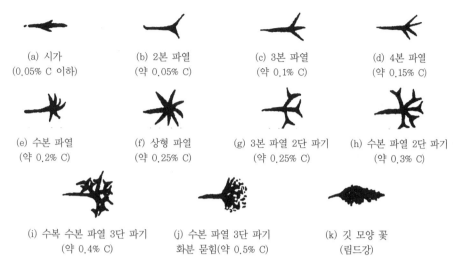

(a) 시가
(0.05% C 이하)

(b) 2본 파열
(약 0.05% C)

(c) 3본 파열
(약 0.1% C)

(d) 4본 파열
(약 0.15% C)

(e) 수본 파열
(약 0.2% C)

(f) 상형 파열
(약 0.25% C)

(g) 3본 파열 2단 파기
(약 0.25% C)

(h) 수본 파열 2단 파기
(약 0.3% C)

(i) 수복 수본 파열 3단 파기
(약 0.4% C)

(j) 수본 파열 3단 파기
화분 묻힘(약 0.5% C)

(k) 깃 모양 꽃
(림드강)

[그림 4-29] 탄소강의 불꽃 특징

2. 저탄소강과 고탄소강의 구별법

저탄소강은 탄소함유량이 0.3% C 이하이고 가공성이 좋으며 단접이 양호하지만 열처리는 불량하다. [그림 4-30]에서 살펴보면 불꽃의 끝단이 나누어져 형성되는 것을 볼 수 있다.

고탄소강은 탄소함유량이 0.3% C 이상으로 경도가 양호하며 용접은 불량하지만 열처리는 양호하다.

[그림 4-30]에서 살펴보면 불꽃의 끝단에서 가지가 형성되며 가지 주변에 미세한 불꽃 모양이 형성됨을 알 수 있다.

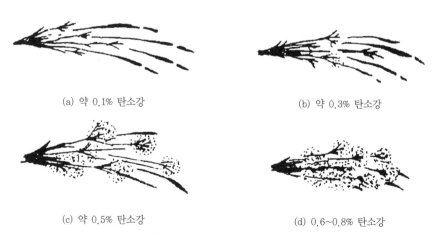

(a) 약 0.1% 탄소강

(b) 약 0.3% 탄소강

(c) 약 0.5% 탄소강

(d) 0.6~0.8% 탄소강

[그림 4-30] 탄소강의 불꽃시험

Section 13 스테인리스강의 분류와 특성

1. 개요

스테인리스강의 구분은 크게 그 합금 조성 및 금속 조직 형태에 따라 다음과 같이 구분된다.
① Ferrite계 스테인리스강
② Martensite계 스테인리스강
③ Austenite계 스테인리스강
④ 석출 경화형 스테인리스강

그러나 AISI(American Iron and Steel Institute)에서는 3자리 숫자로 스테인리스강을 분류하고 있고, 이 AISI 분류법에 의한 스테인리스강의 분류는 미국의 모든 공업계에서 널리 사용되고 있으며, 그 예는 [표 4-3]과 같다.

[표 4-3] 스테인리스강의 분류

종류	개략 성분			내식성	가공성	용접성	자성
	Cr	Ni	C				
오스테나이트계	16 이상	7 이상	0.25 이하	우수	우수	우수	없다.
마르텐사이트계	11~15		1.20 이하	가능	가능	불가능	있다.
페라이트계	16~27		0.35 이하	양호	약간 양호	약간 가능	있다.
석출 경화형	14~18	4~8	0.12 이하	양호	양호	양호	없다.

2. 스테인리스강의 분류와 특성

1) 오스테나이트계 스테인리스강

Cr-Fe 스테인리스강에 적당한 양의 Ni 성분을 첨가한 것이 AISI 규격 300번 계통의 오스테나이트계 스테인리스강이다.

18/8 스테인리스강이 용접열에 달아오르면 탄소가 Cr을 감싸안고 탄화 Cr을 형성하는데, 이것을 Carbide precipitation이라 한다. 이 부분은 내식성을 잃어버리기 때문에 부식에 견디지 못한다.

Cr-Carbide가 형성되는 것은 스테인리스강이 426~870℃의 온도에서 오래 머물 때, 즉 용접의 경우에 잘 형성된다. 자성을 띠지 않기 때문에 자석에 붙지 않으므로 쉽게 알아볼 수 있다.

2) 페라이트계 스테인리스강

Cr이 14~27% 포함되어 있으나 Ni은 없다(AISI 400 Series). Cr과 Carbon의 균형이 잘 잡혀 있는 것이 특색이며, 따라서 고온에서도 Austenite 조직의 발생을 억제하며 열처리 경화성이 없다. 언제나 자성을 가진다.

3) 마르텐사이트계 스테인리스강

AISI 400 계열에 속하는 Iron-chromium alloys이지만 열처리가 가능하며, 여러 가지 강도와 경도를 만들어 낼 수 있다.

고온에서의 Austenite 상태가 냉각에 따라 단단한 Martensitic 상태로 변태를 일으키도록 Cr과 철의 균형이 잡혀진 금속 조직을 갖고 있다. 항상 자성을 띠고 있다. 냉간 성형이 좋고 용접도 잘 된다. 그러나 내식성의 특성을 유지하려면 경화 열처리 후 Annealing이 필요하다. 부분적으로 열을 가할 때 Cr이 한 곳으로 몰려서 Cr이 희박해진 곳에 부식되기 쉬운 조직이 생긴다. 고온에서 열처리하면 Cr-Carbide가 분해되며 급냉으로 담금질하면 다시 탄화됨을 방지한다.

4) 석출 경화형 스테인리스강

고온으로 상승하여도 재료의 강도를 잃지 않는 석출 경화형(PH형) 스테인리스강이 사용되고 있다. 석출 경화형 스테인리스강은 800~1,000°F 온도 범위에서 일정 시간 가열 후 Solution quenching하여 경화시키고 강화시킨 것으로 인장강도를 약 200,000psi까지 얻을 수 있다. 주로 이용되는 곳은 비교적 부식 분위기가 심하지 않은 항공기, 미사일 산업이다.

[표 4-4] 대표적인 스테인리스강의 물리적 성질 요약표

종류	ANSI No.	JIS	자성*(실온)	Young률(kg/mm²)	밀도(g/cm³)	전기 비정항(μΩ·cm)		비열(cal/g/℃)(0-100℃)	열전달률(100℃)(cal/cm²/sec/℃/cm)	평균 열팽창 계수(×10⁻⁶·℃)		융점 범위(℃)	대기 중 내산화 내용 온도(℃)
						실온	650℃			0-100℃	0-650℃		
Martensite계	403	SUS 403	강		7.75	57	108.7	0.11	0.0595	9.9	11.7	1,482-1,532	
	410	SUS 410	강		7.75	57	108.7	0.11	0.0595	9.9	11.7	1,482-1,532	680
	420	SUS 420J2	강		7.75	55	–	0.11	0.0595	10.3	12.2	1,454-1,510	
	431	SUS 431	강		7.75	65	–	0.11	0.0483	11.7	–	–	
	440A	SUS 440 A	강		7.75	60	–	0.11	0.0578	10.1	–	1,371-1,510	
	440B	SUS 440 B	강		7.75	60	–	0.11	0.0578	10.1	–	1,371-1,510	
	440C	SUS 440 C	강		7.75	60	–	0.11	0.0578	10.1	–	1,371-1,482	
Ferrite계	405	SUS 405	강		7.75	61	–	0.11	0.0644	10.8	13.5	1,482-1,532	
	430	SUS 430	강		7.75	60	114.5	0.11	0.0624	10.4	11.9	1,427-1,510	840
	446		강		7.47	67	115.7	0.12	0.0500	10.4	11.5	1,427-1,510	
Austenite계	301	SUS 301	●	19,700	8.03	72	–	0.12	0.0388	16.9	18.7	1,399-1,421	–
	302	SUS 302	●	19,700	8.03	72	–	0.12	0.0388	17.3	18.7	1,399-1,421	850
	302B	–	●	19,700	8.03	72	–	0.12	0.0388	16.2	20.2	1,371-1,399	–
	303 및 303 Se	SUS 303 SUS 303Se	●	19,700	8.03	72	–	0.12	0.0388	17.3	18.7	1,399-1,421	–
	304	SUS 304	●	19,700	8.03	72	–	0.12	0.0388	17.3	18.7	1,399-1,454	850
	305	SUS 305	○	19,700	8.03	72	–	0.12	0.0388	17.3	18.7	1,399-1,454	–
	308	SUS 308	●	19,700	8.03	72	–	0.12		17.3	18.7	0.0363	850
	309	SUS 309	○	19,700	8.03	78	–	0.12	0.0330	14.9	18.0	1,399-1,454	
	310	SUS 310	○	19,700	8.03	78	–	0.12	0.0330	14.4	17.5	1,399-1,454	1,100
	314		○	19,700	8.03	77	–	0.12	0.0417	–	–	–	
	316	SUS 316	●	19,700	8.03	74	–	0.12	0.0388	16.0	18.5	1,371-1,399	900
	317	SUS 317	●	19,700	8.03	74	–	0.12	0.0388	16.0	18.5	1,371-1,399	
	321	SUS 321	●	19,700	8.03	72	–	0.12	0.0384	16.7	19.3	1,399-1,427	900
	347	SUS 347	●	19,700	8.03	73	–	0.12	0.0384	16.7	19.1	1,399-1,427	900
연 강			강	21,000	7.86	17	–	0.12	0.144	11.7	14.8	1,492-1,520	550

● : 소둔 상태에서 비자성으로, 냉간가공에서 자성을 가짐
○ : 냉간가공에서도 비자성

[표 4-5] AISI 오스테나이트계 스테인리스강

202
니켈이 낮은 일반 용도의 302와 비슷하다. 니켈은 일부가 망간으로 대치된다.

302
이 그룹의 기본 종류이다. 주방 기구, 식품 제조 공업 기구 건축, 항공기 안테나 등 제작용

302 B
Si가 함유되어 302보다 산화 저항력이 높다. 노(爐), 가열장치, 라이너에 이용한다.

347
안정제로서 Cb 또는 Ta가 첨가된 외에는 321과 같고 용접에 많이 이용한다.

304
302를 저탄소로 만든 것으로, 용접 중에 탄소 석출이 없다. 화학 용기, 식품 용기, 레코딩 와이어

304 L
304를 더욱 저탄소로 만든 것으로, 용접 중에 카바이드 석출에 대한 저항이 강하다.

305
니켈 성분이 높아 기계가공 경화성이 낮다. 스핀 성형 가공 및 신선, 인발 등에 유리하다.

308
Ni과 Cr의 합금 성분이 높아 내식·내열성이 좋다. 용접봉 심선재로 사용한다.

348
347보다 Ta의 함유량이 많을 뿐이다. 원자력 분야에 사용된다.

321
Ti을 함유하여 탄소 석출이 방지된다. 고온에 사용하는 재료, 비행기 배기 매니포올드, 보일러 셸 고온 화학장치

385
Ni-Cr의 비율은 384와 같다. 그러나 기타 합금 성분이 낮아 내식성이 좀 덜하지만 384와 같은 용도에 사용된다.

384
Ni-Cr 비율이 높아 305보다 가공 경화성이 덜하다. 냉간성형, 경판 제작 등에 사용한다.

309
Ni-Cr이 308보다 높다. 내식성형과 스케일 저항이 높아 항공기 하이터 열처리로에 사용한다.

309 S
309와 같다. 다만, 탄소 성분을 낮추어 용접성을 향상시킨다.

303
303보다 S를 높여 기계 가공성이 좋다. 기계 부품, 나사, 혹밸브 제작에 사용한다.

314
Si 성분이 높은 것 외에는 310과 같다. 고온에서의 스케일링 저항이 높다.

310
Ni-Cr의 함량이 높은 것 외에는 309와 같다. 열교환기, 부품, 연소실, 용접봉 제조용

310 S
310보다 탄소를 낮게 만들었으며 용접성이 향상된 것이다.

303 Se
302에 Se을 함유시켜 기계 절삭성을 높인다. 냉간·열간가공 성형에 적합하다.

301
Cr, Ni의 성분이 낮으므로 가공 경화성이 높다. 철도 차량, 트레일러 차체, 항공기의 구조체 등 높은 기계적 성능을 요하는 곳에 사용한다.

201
301보다 Ni 당량이 낮다. Ni 일부는 Mn과 대치된다. 충격 경화성이 있다.

317
316보다 Mo의 함량이 높아 내식성과 크리프 저항이 높다.

316
Mo이 함유되어서 302나 304보다 내식성이 좋다. 크리프 저항도 높다. 화학 처리 기구, 펄프 처리 기구, 사진 현상 기구, 식품 위생 기구

316 L
316보다 탄소를 낮게 만들었으며 용접성이 향상된 것이다.

[표 4-6] AISI 페라이트계 스테인리스강

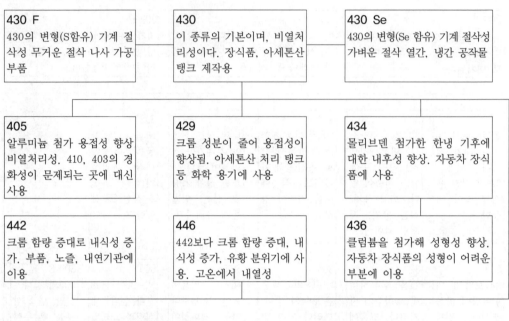

430 F
430의 변형(S함유) 기계 절삭성 무거운 절삭 나사 가공 부품

430
이 종류의 기본이며, 비열처리성이다. 장식품, 아세톤산 탱크 제작용

430 Se
430의 변형(Se 함유) 기계 절삭성 가벼운 절삭 열간, 냉간 공작물

405
알루미늄 첨가 용접성 향상 비열처리성. 410, 403의 경화성이 문제되는 곳에 대신 사용

429
크롬 성분이 줄어 용접성이 향상됨. 아세톤산 처리 탱크 등 화학 용기에 사용

434
몰리브덴 첨가한 한냉 기후에 대한 내후성 향상. 자동차 장식품에 사용

442
크롬 함량 증대로 내식성 증가. 부품, 노즐, 내연기관에 이용

446
442보다 크롬 함량 증대, 내식성 증가, 유황 분위기에 사용. 고온에서 내열성

436
클럼븀을 첨가해 성형성 향상. 자동차 장식품의 성형이 어려운 부분에 이용

[표 4-7] AISI 마르텐사이트계 스테인리스강

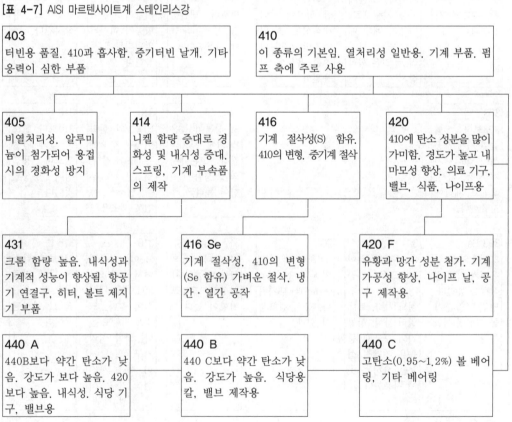

403
터빈용 품질. 410과 흡사함. 증기터빈 날개. 기타 응력이 심한 부품

410
이 종류의 기본임. 열처리성 일반용. 기계 부품. 펌프 축에 주로 사용

405
비열처리성. 알루미늄이 첨가되어 용접 시의 경화성 방지

414
니켈 함량 증대로 경화성 및 내식성 증대. 스프링, 기계 부속품의 제작

416
기계 절삭성(S) 함유. 410의 변형. 중기계 절삭

420
410에 탄소 성분을 많이 가미함. 경도가 높고 내마모성 향상. 의료 기구, 밸브, 식품, 나이프용

431
크롬 함량 높음. 내식성과 기계적 성능이 향상됨. 항공기 연결구, 히터, 볼트 제지기 부품

416 Se
기계 절삭성. 410의 변형(Se 함유) 가벼운 절삭. 냉간·열간 공작

420 F
유황과 망간 성분 첨가. 기계 가공성 향상, 나이프 날, 공구 제작용

440 A
440B보다 약간 탄소가 낮음. 강도가 보다 높음. 420보다 높음. 내식성. 식당 기구, 밸브용

440 B
440 C보다 약간 탄소가 낮음. 강도가 높음. 식당용 칼, 밸브 제작용

440 C
고탄소(0.95~1.2%) 볼 베어링, 기타 베어링

엔진 피스톤에 사용되는 Y합금

1. 개요

피스톤(piston)은 엔진의 실린더 안에서 팽창하는 기체의 힘을 받아 크랭크샤프트로 전달하는 역할을 하므로 내연기관 피스톤 헤드는 고온($2,000℃$ 이상)의 연소 가스와 $40\sim60kgf/cm^2$의 압력에 견디어야 하며, 피스톤의 상부 둘레에는 3~4개의 피스톤 링을 끼워 기밀을 유지하고, 오일이 연소실로 들어가는 것을 방지한다.

피스톤은 실린더 내에서 고속 직선 왕복 운동을 반복하여야 하므로, 경량으로 강도가 높고 열에 의한 팽창이 작아야 하기 때문에 알루미늄 합금인 구리계 y합금 피스톤과 규소계 로엑스 피스톤을 사용하는 추세이다.

2. 엔진 피스톤에 사용되는 Y합금

내열용 Al합금에는 Y합금, 로엑스(Lo-Ex)합금, 코비탈륨(cobitalium), 다이캐스팅용 Al합금 등이 있다.

① Y합금 : 조성은 Al 4%, Cu 2%, Ni 1.5%, Mg이다. 고온에서 강한 것이 특징이고, 모래형 또는 금형 주물 및 단조용으로 사용한다. 금형에서 주조된 것은 인장강도 $186\sim245MPa(19\sim25kgf/mm^2)$, 연신율 2%, H_B 85~105이고, 열전도율이 크며 고온에서 기계적 성질이 우수하므로 내연기관용 피스톤, 공랭 실린더 헤드 등에 널리 쓰인다.

② 로엑스(Lo-Ex)합금 : 팽창률이 낮은 합금(low-expansion alloy)으로, 0.8%~0.9% Cu, 1.0% Mg, 1.0~2.5% Ni, 11~14% Si, 1.0% Fe 등을 함유하고 있다. 내열성이 우수하며, 열팽창 계수가 작고, 내마멸성이 좋아 피스톤용으로 금형에서 주조한다. 이 합금은 특수 실루민으로 Na 처리를 하고, 열처리에는 520에서 수랭하며 170에서 16시간 뜨임 처리한다.

③ 코비탈륨(cobitalium) : Y합금의 일종으로 Ti과 Cu를 0.2% 정도씩을 첨가한 것으로 피스톤에 사용한다.

④ 다이캐스팅용 Al합금 : 다이캐스팅용 합금으로 특히 요구되는 성질은 유동성이 좋고 열간 메짐성이 적을 것, 응고 수축에 대한 용탕 보충이 잘 되고 금형에서 잘 떨어질 수 있어야 한다.

다이캐스팅은 금형(die)에 용융 상태의 합금을 가압 주조함으로써 정밀하고 동일한 주물을 대량 생산하는 방법이다. 이 합금은 자동차의 부품, 통신 기기 부품, 철도 차량 부품, 가정용 기구 등에 사용된다.

Section 15

재질 AISI 4130, 17 - PH에서 알파벳 문자와 숫자의 의미

1. AISI 4130

합금강은 4자리 숫자로 표시하도록 AISI에 규정되어 있다. 탄소강보다 열처리와 기계적 성질은 향상되며, 탄소강에 B, C, Mn, Mo, Ni, Si, Cr 그리고 Va 원소를 첨가하여 기계적 성질을 향상시킨다.

AISI 4130 합금강은 인장강도를 높이기 위해 Mo과 Cr이 포함되어 있으며, 저탄소강으로 용접성이 좋다.

2. 17 - PH

630으로 알려진 17-4석출 강화강은 높은 강도를 요구하거나 부식저항에 강한 크롬-구리 석출 강화 스테인리스강으로 섭씨 316℃(600°F)에서도 높은 강도를 유지할 수 있다. 17-4 PH의 일반적인 특성은 Cu와 Nb, Cb를 첨가하므로 석출강화 마르텐사이트 스테인리스강으로 고강도, 경도(300℃, 572°F), 부식저항이 향상되었다. 기계적 특성은 열처리로 향상시킬 수가 있으며, 매우 높은 항복강도로 최대 1,100~1,300MPa(160~190ksi) 얻을 수가 있다. 온도는 300℃(572°F) 이상이나 혹은 매우 저온에서 사용하는 것은 기계적 성질이 저하되며, 부식저항은 304, 430과 동등하다. 산에는 약하고 대기에서의 부식저항은 강하다.

Section 16

복합재료(composite materials)의 정의, 조건, 구분, 종류, 적용분야에 대하여 설명

1. 정의

복합재료란 성분이나 형태가 다른 두 종류 이상의 소재가 거시적으로 조합되어 유효한 기능을 갖는 재료를 일컫는다. 그러나 두 종류 이상의 재료가 미시적으로 조합되어 거시적으로 균질성을 갖는 합금들은 복합재료라 하지 않으며, 복합재료는 구성소재들 사이에 거시적으로 경계면을 가지고 있다는 점이 합금과 다르다. 복합재료의 구성요소로는 섬유(fiber), 입자(particle), 층(lamina), 모재(matrix) 등이 있으며, 이러한 요소들로 구성된 복합재료는 일반적으로 층상복합재료, 입자강화복합재료, 섬유강화복합재료 등으로 구분할 수 있다.

하지만 전통적으로 복합재료라 함은 고분자복합재료를 말하며 섬유강화플라스틱, 섬유강화복합재료 등과 동등한 의미로 사용되고 있다. 하지만 한편으로는 복합재료(composite materials)는 섬유강화플라스틱(FRP)보다는 다소 발전된 의미를 지닌 것으로 인식되고 있다. 특히 탄소섬유, 케블러섬유 등 고성능 보강섬유를 활용한 복합재료를 고성능 복합재료(advanced composite materials)로 구분하여 사용하기도 한다.

2. 복합재료의 조건, 구분, 종류, 적용 분야

복합재료는 강화재의 구조에 따라 섬유강화복합재료(fibrous composite), 입자강화복합재료(particulate composite)로 구분되고, 강화하는 재료(matrix, 기지재료)에 따라 고분자복합재료(polymer matrix composite), 금속복합재료(metal matrix composite), 세라믹복합재료(ceramic matrix composite)로 나누어진다.

고분자기지재료의 강도를 1이라 하면 유리섬유와 탄소섬유는 각각 25~40이며, 강성(stiffness)은 고분자재료에 비해 유리섬유가 20배 이상이고, 탄소섬유는 70배를 상회한다. 이와 같은 물성은 강철보다 우수하거나 필적하는 것이나 무게가 금속에 비해 가벼우므로 더욱 가벼운 고분자기지재료와 조합되는 FRP는 '강철보다 강하고 알루미늄보다 가벼운' 이상적인 경량구조재가 된다. 유리섬유강화고분자복합재료(GFRP)와 탄소섬유강화고분자복합재료(CFRP)로 대표되는 이 재료들은 테니스라켓, 골프채 등과 같은 스포츠용품과 선박, 고속전철, 항공기 등의 필수 구조재료로 이용되고 있다.

금속이나 세라믹을 기지재료로 하는 복합재료에서는 재료의 경량화와 고강도화를 목적으로 탄소섬유, 실리콘카바이드섬유, 알루미나섬유 등이 강화섬유로 이용되고 있으며, 이들은 고분자복합재료가 적용될 수 없는 고온용 특수 용도에 사용된다.

3. 섬유강화플라스틱의 특징

1) 장점

① 비강도가 크므로 가볍고 강하다.
② 성형성이 양호하여 의장설계상의 자유도가 크다.
③ 내약품성이나 내열성이 우수하다.
④ 전기 절연성이 있고 전파를 투과한다.
⑤ 재료, 성형법 등의 선택에 의해 투광성을 가지게 할 수 있다.

2) 단점

① 탄성계수가 작다.
② 내열성이나 난연성이 떨어진다.

③ 성형속도가 늦다
④ 표면에 손상이 생기기 쉽다.

[표 4-8] FRP의 특성

재료	비열(cal/g · ℃)	열전도율(kcal/m · h · ℃)	선팽창계수(10^{-5}℃)
폴리에스테르 주형품	0.40	0.15	6~13
FRP	0.30	0.24	0.7~6
철	0.11	65	1.2
알루미늄	0.22	191	2.4
목재	0.33	0.08~0.16	0.5~3.4

Section 17 응력부식균열, 부식피로균열, 수소 손상

1. 응력부식균열(SCC ; Stress Corrosion Cracking)

1) 정의

특정한 재료(금속 혹은 비금속)가 어느 특정한 부식환경(무기 혹은 유기수용액, Gas 또는 Salt 분위기 등) 속에서 재료에 작용하는 인장응력이 가해졌을 때 균열이 발생하여 전파하는 상을 응력부식균열(SCC)이라 하며, 부식환경, 예민한 합금, 인장응력이 동시에 만족되어야 한다.

2) 응력부식균열의 일반법칙

응력부식균열은 주로 합금에서 발생하며 순금속에서는 발생하지 않으며, 어떤 합금의 응력부식균열을 일으키는 환경은 그 합금에 특유한 것으로 모든 합금에 대하여 응력부식균열을 일으킬 수 있는 환경은 없다. 응력부식균열은 양극분극에 의해서는 오히려 촉진되며 음극분극에 의해서 효과적으로 방지된다.

3) 응력부식균열 방지법

인장응력, 유해환경, 감수성 금속 중의 하나를 제거해야 한다.
① 인장응력 제거 : 재설계를 실시하여 어떤 부분으로부터 인장응력을 제거하고 쇼트피닝(Shot peening)을 실시하여 압축응력을 생성하며 잔류인장응력은 응력제거 어닐링에 의해 제거한다.
② 유해환경 제거 : 산화제(용해산소)의 함량을 감소하고 유해물질을 제거하며 부식억제제를 사용한다.

③ 감수성 금속 : 합금의 성분을 변화시킴으로써 강도를 감소하고 금속조직을 변화시켜 저항성을 높이며 특수한 환경에서 SCC에 대한 저항성이 큰 합금을 선택한다.

④ 기타 : 음극방식 채용으로 양극반응에 의해 SCC가 일어날 경우에 수소취성에 주의하며 피복을 입히는 방법도 있으나, 피복은 SCC와 관련된 유해 화학적 · 물리적인 환경에 잘 견디지 못하기 때문에 효과적인 방법이 되지 못한다.

2. 부식피로균열(CFC ; Corrosion Fatigue Crack)

① 정의 : 부식 분위기에서 순환응력에 의해 야기되는 합금의 취성 파괴를 부식피로균열이라 한다. 피로란 재료에 반복하중을 가했을 경우, 탄성한계의 낮은 하중에서 파괴가 일어나는 현상을 말한다.

② 영향을 받는 금속 : 일반적으로 모든 금속에서 발생하나 사용환경에서 부식저항성이 떨어지는 탄소강, 저합금강 재질에서 발생하기 쉬우며 회전기기, 밸브, 진동하는 배관 등에서 발생이 가능하다. 특히 펌프 샤프트와 스프링이 가장 빈발하는 부품이다.

③ 손상의 방지 : 금속의 피로저항성과 부식저항성이 증가하고 교번응력을 줄이거나 제거하기 위한 설계와 열처리 또는 금속의 강도와 인성을 증가시키는 합금원소의 첨가를 하고 설계변경에 의한 진동을 감소시키며 환경의 부식성 물질 제거 및 부식억제제 첨가에 의한 부식환경을 완화시킨다. 또한 음극보호(HIC의 위험이 없을 경우), 산화제의 감소, pH의 증가, shot peening을 통한 인장응력을 감소시킨다.

3. 수소 손상(hydrogen damage)

① 정의 : 결정격자 내에 용해된 수소로 인해서 야기되는 금속 조직적인 그리고 기계적인 성질에 미치는 많은 유해한 영향을 통틀어 수소손상이라 한다. 수소원자는 물 또는 수소이온이 음극환원을 포함한 여러 근원으로부터 만들어져 금속표면에 공급되며, 이러한 음극반응은 부식, 음극방식, 산세 및 그 외 다른 세척공정 중에 존재할 수 있다.

$$H_2O + e- \Rightarrow H + OH^- (중성용액)$$
$$H^+ + e- \Rightarrow H(산성용액)$$
$$H_2S + e- \Rightarrow FeS + 2H(대표적 유해반응)$$

② 손상의 방지 : 수소원의 제거를 위해 부식억제제를 사용하거나 pH값을 증가시키면 탄소강 또는 저합금강의 경우 부식속도가 감소하게 된다. 따라서 금속 표면에서의 수소 발생이 감소하며 갈바나이징 피복의 제거 또는 대체 등과 같이 음극보호를 정지하거나 감소하는 경우에도 수소 발생이 감소한다. 어닐링 또는 베이킹을 하여

잔류인장응력이 제거됨과 동시에 용해수소의 기동성이 증가되어 금속 조직 외부로 배출설비의 재설계 또는 shot peening을 통한 인장응력 감소와 내식성이 더 우수한 합금을 선택한다.

Section 18 가공경화(변형경화)에 의하여 재료가 강해지는 이유

1. 개요

결정체에 소성변형을 부여하면 그 탄성한도가 높아지며 그때까지 준 변형의 범위에서는 대개 탄성적으로 변형을 하게 되고 소성변형에 대한 저항력이 증가한다. 이 현상을 가공경화라고 한다.

온도가 높아지면 이 경화는 점차 소실되지만 경화가 소실되는 온도가 가공도가 크면 클수록 낮고 결정체의 융점이 낮으면 낮을수록 낮다. 아연, 알루미늄 등은 실온에서도 어느 정도는 연화하기 시작한다.

2. 가공경화(변형경화)에 의하여 재료가 강해지는 이유

가공경화는 변형력증가로 면심입방금속, 합금 및 비교적 순수한 체심입방금속의 단결정에서 발생한다. 가공경화곡선은 3단계로 나누어지는데 제1단계를 잘 미끄러지는 영역, 제2단계를 직선경화 영역, 제3단계를 가공경화영역이라고 한다. 경화율(곡선의 경사)의 최대는 제2단계에서 나타나며 강성률을 μ라고 하면 $\mu/200$ 정도이다. 다결정 재료에서는 제1단계가 없다. 미끄러지는 변형은 결정 속에 발생한 전위의 운동과 증식에 의한다. 각 영역에 공통적인 저항인자를 제외하면 잘 미끄러지는 영역에서는 전위 사이의 탄성적 상호 작용만이 변형 저항을 지배하고 있다고 생각되지만 전위 작용에 의하여 얽히거나 또는 부동전위를 형성하든가 하여 D결정 내부에 남아 있는 것의 수를 변형과 동시에 증가시킨다. 다결정체에서는 쌓이는 전위의 수를 증대하고 입내에 잔류하는 전위와 함께 전위의 운동을 저해하게 된다. 한편 입자 안의 전위는 점차적으로 집합, 정렬하여 셀 구조를 만들게 되는 것이다.

3. 가공경화의 특성

금속재료가 상온에서 압연, 추출 등의 냉간가공에 의하여 경화하는 것을 말한다. 이를테면 부하에 의한 변형력과 단면수축율의 관계에 있어서 재료의 탄성한계를 초월하

여 소성변형을 촉진시키는 데 필요한 변형력은 일그러짐과 함께 증가하고 있다. 또한 냉간가공에 수반하여 물리적 성질도 변화하나, 전기저항은 증가한다.

Section 19 중합체(polymer)의 점탄성(viscoelasticity) 거동

1. 개요

비정질 폴리머는 유리 천이 온도보다 낮은 온도에서는 유리와 같이 거동하고, 유리 천이 온도 이상에서는 고무질 고체, 온도를 더욱 상승시키면 점성이 있는 액체로 거동하게 된다. 변형이 상대적으로 적고, 낮은 온도에서는, 기계적 거동은 탄성적이어서 Hooke의 법칙을 만족시킨다. 매우 높은 온도에서는 점성 또는 액체와 같은 거동이 발생한다. 고무질 고체의 거동을 하는 중간 온도에서는 이들 두 극단의 기계적 특성이 복합되어 발생하는데, 이 조건을 점탄성(viscoelasticity)이라고 한다.

2. 중합체(polymer)의 점탄성(viscoelasticity) 거동

탄성변형은 순식간에 발생하는데, 이것은 전체 변형(변형률)이 응력을 가하거나 제거하는 순간에 발생하는 것이다(즉 변형률이 시간과는 무관하다). 또한 외부 응력을 제거하는 순간 변형이 완전하게 회복된다(시편의 형상이 원래의 치수로 된다). 이와는 다르게, 완전한 점성 거동의 경우에는 변형 또한 변형률이 순간적이 아니고, 응력이 가해짐에 따라서 변형이 지연되거나 시간에 의존한다. 또한 이러한 변형은 가역적이 아니고 응력을 제거해도 완전히 회복되지 않는다.

이러한 거동의 중간인 점탄성 거동은 응력을 가하면 순간적으로 탄성변형이 발생한 다음 시간에 따라 변화하는 변형, 즉 의탄성(anelasticity)변형이 발생한다.

이러한 점탄성은 실리콘 폴리머에서 관찰되는데, 이것을 공(ball) 형태로 만들어서 바닥에 떨어뜨리면 탄성적으로 튀어오르며, 이때의 변형속도는 매우 크다. 한편 응력을 천천히 증가시켜서 인장력을 가하면, 이 재료는 점성이 큰 액체와 같이 연산된다. 이와 같은 점탄성재료의 경우에, 변형속도의 변화에 의하여 변형이 탄성적인지, 점성적인지를 결정한다.

Section 20 | 산업용 가스터빈에 적용되는 초내열합금(superalloy)

1. 개요

일반적으로 금속구조재료(metallic structural materials)로 가장 먼저 고려되는 합금은 철강재료이다. Fe 베이스 합금인 철강재료는 경제성이 뛰어나며 비교적 용이하게 구할 수 있는 재료이기 때문에 인프라 구조물, 산업용, 일반용으로 우리에게 가장 밀접한 금속재료라고 볼 수 있다. 그러나 철강재료가 견디기 어려운 가혹한 환경, 이를테면 고온 내식성 환경에서는 차선책을 고려해야만 하는데, 특히, 고온 환경에서 적합한 재료가 초내열합금(superalloy)이다. 즉 인간계에 슈퍼맨이 있다면 합금계에서는 superalloy 가 있다. 초내열합금은 Ni 베이스, Fe 베이스, Co 베이스 합금군으로 분류될 수 있는데, 산업적으로 가장 중요하면서도 널리 사용되고 있는 것은 Ni 베이스 초내열합금이다.

Ni 베이스 초내열합금은 기지(matrix)로 Ni를 사용하며, Cr, Co, Al, W, Ta, Mo, C, Re 등 10가지의 합금원소를 첨가하여 고온 기계적 특성과 내환경특성을 최적화한 합금군을 말한다. Ni 베이스 초내열합금은 고온 내식성과 내열성이 요구되는 많은 산업 분야에 적용되고 있지만 가장 중요한 응용분야는 항공기용 엔진과 발전용 가스터빈이다. 오늘날 운항되는 모든 항공기 엔진에 초내열합금이 적용되고, 국내에서 생산되는 전기의 약 30%를 가스터빈이 담당한다고 보았을 때 초내열합금 역시 우리와 매우 가까운 재료라고 말할 수 있다.

2. 초내열합금(superalloy)의 특징

다결정 초내열합금과 구분되는 단결정 초내열합금 조성의 특징은 먼저 입계강화원소인 C, B, Zr 등의 첨가를 억제했다는 점이다. 또한 단결정합금의 기계적 특성을 최적화하기 위해 W, Ta, Mo같은 내화 합금원소를 다량으로 첨가하였다.

하지만 단결정합금 개발에 있어서 가장 중요한 첨가원소는 무엇보다도 Re이다. 합금의 온도수용성을 획기적으로 향상시키기 위해서 초고가인 Re 첨가하였는데, 이는 합금의 원소재 가격, 밀도, 상안정성 등의 희생 하에서 이루어진 것이므로 그 의미가 더욱 크다고 볼 수 있다.

일반적으로 단결정합금은 Re가 첨가되지 않은 제1대 단결정합금, Re가 약 3wt% 첨가된 제2대 단결정합금, Re가 약 6wt% 첨가된 제3대 단결정합금 등으로 분류된다. 가장 최근의 합금 개발에서는 백금족 원소(platinum group metals : Ru, Rh, Pd, Os, Ir, Pt 등) Ruthenium Iridium를 첨가하고 있는데, 이러한 경우를 제4대 단결정합금이라고 한다.

제1대 Ni 초내열합금의 주요 합금 원소는 Cr, Co, Mo, W, Al, Ti, Ta 등이다. 이들 원소 중에서 Cr, Co, Mo 등은 FCC γ 기지에 분배되어 주로 고용강화의 역할을 하며, 특히 Cr_2O_3 산화막의 형성을 촉진시켜 고온 내식성에 결정적인 역할을 한다.

Section 21 재료시험성적서(CMTR ; Certificate of Material Test Report)에 포함되어야 할 사항

1. 개요

원자력발전소의 핵심기기인 원자로, 증기발생기, 가압기, 주 배관 등은 모두 운전 중에 약 $150kgf/cm^2$ 이상의 고압을 받는 압력용기들이다.

그중에서도 특히 원자로는 두께가 무려 20cm 정도나 되는 강철용기이다. 원전 핵심기기들 외에도 수많은 압력용기들로 배관계통이 구성된다. 이렇게 원전에는 수많은 압력용기가 설치되며 압력용기의 품질은 사용재료의 품질에서부터 출발하므로 압력용기의 재료를 KEPIC-MNA(원자력기계 일반요건)에서도 특별히 취급하여 재료업체가 준수해야 할 품질보증 요건을 kEPIC-MNA 4300 품질시스템계획 요건으로 규정하고 전기협회 또는 전기협회로부터 인증을 받은 업체만이 재료업체의 자격을 인증·인정할 수 있도록 명시함은 물론 이렇게 자격을 인증/인정받은 재료업체가 발행하는 재료에 대한 성적서를 CMTR(Certified Material Test Report)이라 한다.

2. 재료시험성적서(CMTR; Certificate of Material Test Report)에 포함되어야 할 사항

재료시험성적서(CMTR; Certificate of Material Test Report)에 포함되어야 할 사항은 다음과 같다.

1) Certificate of Conformance

공인된 자가 서명하거나 또는 확인한 것으로 품목, 서비스가 규정된 요건을 만족하는 정도를 인정하는 서류이다(NQA-1, Supplement S-1에 의거).

2) Certificate of Compliance

재료확인서로서 인정서상에 나타난 기본이 되는 재료사양서의 요건에 따라 재료가 생산 및 시험되었음을 재료의 제조자나 또는 공급자가 인정하는 서류이다(ASME Section Ⅷ Div. 1에 의거).

3) Certified Material Test Report

재료시험성적서로서 모든 화학적 분석, 시험 및 테스트의 실제 결과를 포함한 규정요건에 재료가 따르는 것을 증명하는 서류이다(ASME Section Ⅲ NCA-9000에 의거).

4) Material Test Report

기본이 되는 재료사양서에서 요구하는 테스트, 시험, 수정 또는 처리결과를 기록하게 되는 서류로 기본이 되는 재료사양서의 요건에 추가적인 또는 특정 요건이 MTR에 포함될 수도 있다(ASME Section Ⅷ Div. 1에 의거).

Section 22 비철금속 중 Ti의 특성

1. 개요

티타늄(titanium)은 화학원소로, 기호는 Ti(라틴어 titanium, 타이타늄)이고, 원자번호는 22이다. 가볍고 단단하며 거의 부식되지 않는다. 전이금속원소로 은백색의 금속광택이 있다. 순수한 티타늄은 낮은 물성치로 인해 강한 내식성이 요구되는 곳을 제외하고 대부분 합금으로 많이 쓰인다. 또한 이산화티타늄은 흰색 안료의 재료로 페인트 등에 쓰인다.

2. Ti의 특성

티타늄은 여러 광물에 널리 분포하는데 주로 티탄철석과 금홍석에서 얻는다. 두 가지 동소체와 다섯 가지 자연동위원소로 발견되며 가장 흔한 것은 ^{48}Ti이다. 티타늄의 가장 중요한 성질은 뛰어난 내식성과 비중이 낮아 강철 대비 무게는 60%밖에 되지 않는다는 것이다. 티타늄의 물리적, 화학적 성질은 지르코늄과 비슷하다.

Section 23 비파괴검사(NDT)기술 중 AET(Acoustic Emission Test)에 대해 설명

1. 개요

음향방출(acoustic emission)이란 미소파괴를 포함하는 고체 내부의 동적인 변형, 변태, 파단, 전위 등에 의해 탄성파가 발생하는 현상 또는 그로 인해 발생하는 과도적인 탄성파동이다. 수학적 해석으로 에셸비(eshelby) 정의를 적용하면 고체 내부의 변위에 의해 어긋남이 발생되면 탄성파(Elastic Wave)가 발생하는데, 이 탄성파를 음향신호로 받아 변형을 판단하며 AE의 발생원은 마텐자이트(martensite)나 틴 크라이(tin cry)와 같은 금속변태현상으로 금속과 마찬가지로 지반의 붕괴도 본질적으로는 암반 내부의 크랙 형성에 기인한다.

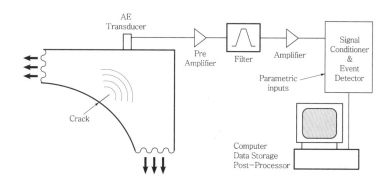

[그림 4-31] 음향방출의 원리

2. AET기술의 특성

① 음향방출시험(acoustic emission testing)은 발생된 탄성파를 각 구역에 설치된 음향검출센서로 읽어 취득된 음향신호에 탄성파를 추출하기 위한 신호증폭, 잡음제거 등의 복합처리과정을 거쳐 데이터를 구축한다.

② 추출된 복합신호형태의 음향조합데이터에 재료별 탄성파 특성, 검출파장과 주파수 해석, 종파와 횡파요소, 파형의 반사, 굴절, 감쇠, 그림자효과 등을 종합 고려한 해석을 통해 파단 혹은 성장하는 결함을 진단한다.

③ AET는 다양한 경험 및 축적된 데이터가 충분히 구축되지 않으면 검출된 결함에 대해 정확하게 판단할 수 없다.

3. AET기술의 장점

모든 물체는 외부에서 응력을 받으면 최종적으로 80% 이상이 파괴된다. 응력이 가해지는 상태에서 작은 결함은 성장하여 파단에 이르게 된다. 음향방출시험은 고체물질이 변형을 일으킬 때 탄성파를 발생하는 것에 착안하여 개발된 비파괴시험의 일종으로 기존 비파괴시험과 달리 시스템 결함이나 파단의 발생을 미리 예측할 수 있는 최첨단 진단기술이다.

음향방출시험은 예지진단기능이 있어 산업체의 갑작스런 시스템 shutdown(돌발정지)을 방지하므로 생산성이 향상된다. 성수대교와 삼풍백화점의 붕괴 같은 사고는 음향방출시험기술이 적용되었으면 붕괴 이전에 구조적 취약점이 미리 발견되었을 것이고 사고를 미리 예방할 수 있었을 것이다. 이와 같이 사회기반시설의 사고로 인한 대형인명사고를 예방할 수 있는 안전검증장치로서 그 효과가 크다.

Section 24 | 양극산화법(anodizing)

1. 개요

양극산화법(anodizing)은 금속의 피막을 만드는 데 쓰이는 기술로 주로 알루미늄을 양극산화해서 피막을 만드나, 마그네슘, 아연, 티타늄도 가능하다. 일상에서 쓰이는 알루미늄 제품의 장점은 피막이 있어서 녹이 슬지 않는다는 점이다. 하지만 자연적으로 생기는 피막은 그냥 사용하기엔 너무 얇기 때문에 수용액과 전기를 사용해 피막을 더 두껍게 입히는 것이다.

2. 양극산화법(anodizing)

1) 양극산화법의 원리

금속을 양극에 걸고 희석한 산용액에서 전해하면 양극에서 발생하는 산소에 의해 산화피막을 형성한다. 알루미늄의 경우 Al_2O_3이다.

이 피막은 단단하고 내부식성이 크며 착색이 쉬워서 널리 이용된다. 다만 작업환경에 따라 발색이 달라질 수 있고 염기에 약하다는 단점이 있으며, 일일이 전극에 넣어줘야 되기 때문에 대량으로 찍어내기는 힘들다.

아노다이징은 양극(anode)에 산화(oxidizing)을 합성한 단어이다. 일본에선 알루마이트라고 하는데 직교류를 이용한 수산법으로 행해져서 그렇게 부른다. 국내에선 양극산화, 아노다이징, 직류유산법 등으로 쓰인다. 실생활에서 아노다이징 알루미늄을 가장 쉽게 보는 것은 스마트폰 같은 휴대용 전자기기일 것이다. 경질과 연질의 아노다이징이 있는데, 쉽게 말하자면 경질은 조금 두껍게, 연질은 조금 얇게 한다고 생각하면 된다.

알루미늄(Al)은 화학적으로 활성인 금속으로 산소(O_2)와 반응하여 Barrier형의 치밀한 산화피막인 알루미나(Al_2O_3)를 형성하여 그 이상의 내부산화를 방지한다.

Al 또는 Al합금을 황산(H_2SO_4), 수산($C_2H_2O_4-2H_2O$), 크롬산(H_2CrO_4) 등의 용액에 담가서 양극으로 하고 전해하면 양극산화하여 이들 표면에 양극산화피막인 Al_2O_3-x H_2O가 형성되어 Al의 내식성을 향상시키고 표면경도를 향상시키는데, 이 공정을 Alumite라고 한다.

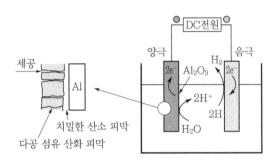

[그림 4-32] 양극산화법

2) 양극산화법의 종류 및 특징

(1) 전해액의 종류에 따른 분류

① 황산법 : 전해액은 황산(H_2SO_4)으로, 특징은 가장 널리 쓰이며 경제적이고 투명한 피막, 내식·내마모성 우수, 유지 용이, 좋은 착색력을 가진다.

② 수산법 : 전해액은 수산($C_2H_2O_4-2H_2O$, 옥살산)으로, 특징은 두껍고 강한 피막, 내식성 우수, 용액의 가격이 고가이며, 순수 Al의 경우 내식성 등 최우수 피막으로 순도가 낮은 피막에서도 피막의 광택이 좋다.

③ 크롬산법 : 전해액은 크롬산(H_2CrO_4)으로, 특징은 반투명이나 에나멜과 같은 외관. 광학기계, 가전제품 및 전기통신기기 등에 사용한다.

(2) 피막두께에 의한 분류

① 연질 양극산화법 : 보호성과 장식성의 피막 처리방법으로 경질 양극산화피막은 피막층의 두께가 두껍고 경도가 높은 반면, 연질 양극산화피막은 두께가 얇고 경도가 낮으며 경질피막에 비해 연성을 갖고 있다. 연질 양극산화피막의 특성은 피막

처리 후 각종 염료에 의한 색상처리가 가능하므로 장식성이 매우 뛰어나 알루미늄 금속을 소재로 사용하여 가공된 제품의 품질고급화에 가장 널리 사용되는 표면처리 방법이다.

② 경질 양극산화법 : 알루미늄(Aluminum) 금속이 표면상에 전기화학적 전해(Electro-lytie)방법을 이용하여 산화 알루미나의 산화물층을 형성시켜 알루미늄 표면의 경도, 내식성, 내마모성, 전기적 절연성 등의 기능적인 특성을 극대화하여 주는 방법을 말한다.

Section 25 파텐팅(patenting)

1. 개요

파텐팅은 오스템퍼 열처리온도의 상한에서 미세한 Sorbite조직을 얻기 위하여 행하며, 오스테나이트 가열온도로부터 500~550℃의 용융납(Pb)의 욕중에서 항온 유지시킨 후 공냉시키는 방법으로 강선 제조, 와이어로프, 피아노 선재, 저울의 스프링 등의 열처리에 적용하고 있다.

2. 파텐팅(patenting)

중탄소강 또는 고탄소강의 강선제조공정 중에 인발가공을 용이하게 하는 동시에 가공에 의해 좋은 성질을 얻기 위해 사전에 A_{r1}점 이하의 적당한 온도(주로 약 500℃)로 유지한 용융연 또는 용융염 속에서 급랭시키고, 다시 상온까지 공냉하는 조작이다. 오스테나이트화 후 공냉하는 경우에는 공기 파텐팅이라 하며 연(鉛) 속에서 실행하는 경우를 연 파텐팅이라 한다.

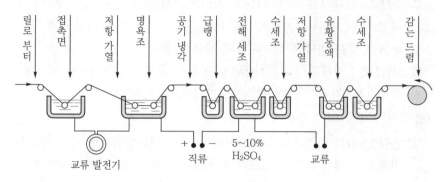

[그림 4-33] 파텐팅 과정

Section 26 | 듀플렉스 스테인리스강(Duplex Stainless Steel)의 특징 및 적용분야와 사용 시 문제점

1. 개요

Duplex Stainless Steel(통칭 duplex 또는 듀플렉스강)은 이상계(two phases)에 속하는 강종이다. 페라이트(ferrite)계 스테인리스강과 오스테나이트(austenite)계 스테인리스강이 대략 동일한 비율로 구성되어 있어 두 상의 중간 성질을 가진 스테인리스강으로, 두 상의 장점을 모은 강종이라고 할 수 있다. 특히 염소(Cl^-)부식에 약한 스테인리스강의 약점을 보강하기 위해서 만들어진 질소강화 2중 스테인리스강으로 동일 조건에서 타 스테인리스강 대비 높은 강도와 내식성을 가진다.

2. 듀플렉스 스테인리스강(Duplex Stainless Steel)의 특징 및 적용분야와 사용 시 문제점

1) 듀플렉스강의 특징

① 응력부식균열이 페라이트계 강보다 떨어지지만 오스테나이트강보다 우수하다(페라이트의 양이 많을수록 응력부식에 대한 내식성이 좋아짐).

② 인성은 오스테나이트계 강보다 떨어지지만 페라이트계 강보다 좋다.

③ 인장강도는 오스테나이트계 강과 비슷하며, 항복강도는 오스테나이트계 강에 비해 2~3배 정도 높다.

④ 연성은 페라이트계 강보다 우수하며 오스테나이트계 강보다 낮다.

⑤ 내부각성(pitting)이 304 및 316 합금보다 우수하다.

2) 적용분야와 사용 시 문제점

적용분야와 사용 시 문제점을 장단점과 연계하여 살펴보면 다음과 같다.

(1) 장점

① 응력부식균열에 대한 우수한 저항성과 높은 기계적 강도

② 틈새부식 및 공식(空食)에 대한 우수한 저항성

③ 침식에 의한 부식 및 피로부식에 대한 높은 저항성

④ 다양한 환경하에서 일반적으로 발생하는 부식에 대한 높은 저항성

⑤ 낮은 열팽창계수

⑥ 우수한 용접성(대부분의 스테인리스강 용접법 적용 가능)

⑦ 낮은 주기적 교체비용

(2) 단점(문제점)

① 듀플렉스강은 시그마상이 석출되기 쉽다(가장 큰 결점).

② 시그마상은 800~850℃에서 가장 석출되기 쉬우므로 열처리 후 이 온도구간은 급
랭을 통해 빠르게 통과해야 하며, 용접 후에도 시그마상 석출온도범위에서의 응력
제거 풀림은 피해야 한다.

③ 시그마상 석출은 연성 저하와 내식성의 감소를 초래한다.

④ 열처리를 통해 만들어진 강재임에 따라 600℉(315℃) 이상의 온도에 장기간 노출
시 취성이 발생하므로 온도측면에서는 범용 재질에 비해 적용성이 부족하다.

(3) 듀플렉스강의 등급

듀플렉스강은 Pitting Resistance Equivalence Number(PREN)라는 내식성을 기준
으로 크게 3가지 등급(Lean, Standard, Super)으로 나눈다.

[표 4-9] 듀플레스강의 등급

구분	포스코	오코콤프	NSSC	조성				PREN
				Cr	Ni	Mo	N	
Super	S32750	2507	2507	25	7	4	0.27	43
	–	4501	–	25	7	3.8	0.25	42
Standard	S31803	–	S31803	22	5	3	0.13	34
	S32205	2205	2205	22	6	3.5	0.15	36
	–	–	329J4I	25	6	3	0.18	38
Lean	S82121	2101	2101	21	1.5	0.3	0.22	26
	S32304	2304	2304	23	4.8	0.3	0.1	26
	S81921	–		20	2.5	1.5	0.16	28

※ PREN=% Cr+3.3% Mo+16% N

※ Lean(PREN 22~27), Standard(PREN 28~38), Super(PREN 38~45)

① Super Duplex(S32750, 2507, 4501) : 매우 극심한 부식환경에서 사용되는 높은 수
준의 합금강으로, 바닷물(해수)과 같이 주로 염화물이나 염화화합물을 포함한
환경에서 사용할 수 있으며 다량의 크롬과 몰리브덴, 질소 등이 포함되어 있다.

② Standard Duplex(S32205, S31803, 2205) : 가장 널리 사용되는 등급이며 수년 동안
의 연구, 개발을 통해 몰리브덴과 질소의 함유량을 더욱 증가시켜 부식저항성 및
용접성을 개선시킨 재질이다.

③ Lean Duplex(S32304, S82121, S81921, 2304, 2101) : 낮은 등급의 듀플렉스 스테인리스강으로서 낮은 수치의 니켈과 몰리브덴이 거의 없는 것이 특징이다. 저렴한 가격으로 표준 오스테나이트계열인 304L/316L을 대체할 수 있는 고강도 재질로 개발되었다.

(4) 듀플렉스강의 물리적 특성

[표 4-10] 듀플렉스강의 등급(Super, Standard, Lean) 간 물성 비교

등급	최소 내구강도 (MPa)	인장강도 (MPa)	연신율 (%)	비커스 경도
UNS S32750 (Super)	550	800~1,000	25	290
UNS S31803 (Standard)	450	680~880	25	260
UNS S32304 (Lean)	400	600~820	25	230

[표 4-11] 430 Ferrite, 304 Austenite STS, Duplex 2205 간 물성 비교

물리적 성질	SA-192C/S (430 Ferrite)	STS304 (Austenite)	Duplex 2205
최소 인장강도 (Minimum Tensile Strength)(MPa)	325	485	650
최소 항복강도 (Minimum Yield Strength)(MPa)	180	170	480
최대 한계온도($^\circ$C)	538	649	316

MEMO

CHAPTER 05

산업기계

산업기계설비기술사

슬립이 10%인 노면에서 동반경이 500mm인 타이어가 10회전하였을 때 주행한 거리

1. 개요

제동 시에 차량속도와 타이어의 속도와의 관계를 나타내는 것으로 타이어와 노면 사이의 마찰력은 슬립률(slip ratio)에 따라 변화한다. 타이어가 고정되어 타이어의 원주속도가 0인 상태를 슬립률 100%라 하고, 브레이크페달을 밟지 않고 주행하고 있는 상태를 슬립률 0%라고 한다.

2. 계산식

$$\text{Slip Ratio}(\lambda) = \frac{V - rW(\text{타이어의 원주속도})}{V(\text{차량속도})} \times 100[\%]$$

여기서, V : 차량속도, r : 타이어반경, W : 타이어 회전속도

타이어 1회전 간 거리는 $3.14 \times 1\text{m}$이고 10회전 시는 3.14×10이므로, 주행거리는 31.4×0.9이다.

견인계수가 0.6인 비포장 노면에서 6kN의 견인부하로 견인하기 위한 트랙터의 최소 중량

1. 개요

트랙터의 추진력은 궤도(타이어)가 흙에 작용하는 전단력의 반력으로서 얻어진다. 이 때문에 구동륜에 충분한 토크가 전달될 때(저속기어를 사용할 때)의 최대 견인력은 궤도나 타이어의 형상 및 주행로면의 토질·함수율에 의하여 좌우된다.

2. 견인계수가 0.6인 비포장 노면에서 6kN의 견인부하로 견인하기 위한 트랙터의 최소 중량

궤도(타이어)가 헛돌 때의 최대 견인력을 점착견인력(F_r)이라 하고, 트랙터의 전중량(w)과 점착계수(μ)에 의해 다음 식과 같이 나타낸다.

$$F_r = \mu w$$

트랙터의 전중량 w는 다음 식과 같다.

$$w = \frac{F_r}{\mu}$$

$$w = \frac{6\text{kN}}{0.6} = 10\text{kN}$$

FAO에서 실험적으로 구한 점착계수는 다음과 같다.

[표 5-1] 트랙터 점착계수

토면	궤도형	고무 타이어형	토면	궤도형	고무 타이어형
콘크리트(건)	0.45	0.88	사질석토(윤)	0.27	0.17
점토(건)	0.58	0.55	모래(건)	0.29	0.20
점토(윤)	0.46	0.45	모래(습윤)	0.32	0.35
사질점토(건)	0.56	0.35	자갈	–	0.36
사질점토(윤)	0.42	0.20	얼음	0.12	0.12
부식토(건)	0.56	0.35	다져진 눈	–	0.20
부식토(윤)	0.29	0.15	미끄러운 바위(건)	0.20	0.50
사질석토(건)	0.53	0.35	미끄러운 바위(윤)	0.15	0.20

※ **자료** : FAO, 여기서 차체굴절식 차륜형 트랙터는 궤도형에 가까운 점착계수값을 나타낸다.

Section 3

국내 보전분야의 문제점과 대책 및 계획보전

1. 개요

원가절감(Cost reduction)을 향한 기업의 부단한 노력은 끊임없이 이어지고 있으며, 이제 그 마지막 수단으로서 지금까지 관심 밖이었던 보전(maintenance)에 집중되고 있는 느낌이다. 왜냐하면 조립가공산업에서 사람에 의해 좌우되던 생산과 품질이 설비에 의해 좌우되면서 설비에 대한 관리방안이 초점으로 떠오르고 있기 때문이다. 조립가공의 개념에서 비용절감은 곧 생산인원에 맞추어졌지만, 설비 중심의 개념에서는 설비(machine)와 이를 다루는 사람(man), 그 사람의 보전방법(method), 그리고 보전자재(material)의 원활한 조달 등으로 귀결되기 때문이다.

2. 국내 보전분야의 문제점과 대책

1) 보전체제 및 보전방식

사후보전의 사고방식을 갖고 있는 회사는 대부분 예방보전에 대한 인식이 약하며, 특히 제조부서장이 보전에 직·간접영향을 미치고 있는 회사들일 경우가 많다. 즉 total cost보다 예방보전을 위해 설비를 정지시키는 데 드는 시간적 loss로 인한 생산loss를 먼저 생각하게 되기 때문이다. 사후보전체제에서 탈피하여 예방보전을 적용하기 위해서는 사후보전과 예방보전에 소요되는 total cost를 계산해보고 적정 보전방식을 선택해야 할 것이다. 또한 문제점으로 될 수 있는 것은 예방보전을 도입하여 예방보전계획을 세워도 납기나 주문량 때문에 예방보전계획이 무의미하다는 것이다. 따라서 힘들게 준비해 둔 모든 계획이 엉망이 되고 보전원조차 계획보전에 대한 의욕을 잃어버린다는 것이다.

2) 고장관리 및 기록

보전활동의 기본process는 Standard → Plan → Do → Check → Action의 순서로 진행된다.

모든 과정이 중요하지만 가장 기본이 되는 것이 보전활동에 대한 기록(check)이라 할 것이다. 보전기록은 보전활동의 관리와 기술활동이 지침이 되는 원시정보로 매우 중요한 의미를 갖는다. 고장(failure)관리와 대책에서도 중요한 것은 고장에 대한 기록이다. 이 고장기록을 분석하고 원인을 추구하며 대책을 세워나가는 것이 보전활동의 기본 중에 기본이라 할 수 있다. 그래서 설비관리전산화를 추진하면서도 고장에 대한 부위, 유형, 원인Code를 분류하고, 이를 통계적으로 처리할 수 있는 기능을 중점적으로 다루고 있는 것이다. 그러나 대부분의 보전원들은 수리행위 자체에 중점을 두고 기록에 대한 중요성을 인식하지 못하고 있는 실정이다. 기록에 대한 습관화가 되어 있지 않다는 것이다.

3) 보전표준

계획보전의 중점적인 활동으로 점검, 검사 또는 정비작업에 대한 표준화를 추구한다. ISO나 PSM 등과 같이 법적규제에 의해 어쩔 수 없이 만들어야 하는 표준이 아니라 실제 실시하고 적용될 수 있는 표준을 만드는 것이 계획보전활동의 큰 장점이다. 이 Standard(표준)에 의해 Plan(보전계획)을 세우고 Do(작업실시)하게 된다. 계획보전활동에서는 일상점검, 정기점검, 정기정비(교체, 윤활, O/H 등)기준을 만들고 계획을 세워 철저히 진행하는 것을 최우선으로 관리하고 있다.

자주보전의 4STEP까지 완료하고 성공적인 TPM을 추진하고 있다고 자부한다면 최소한 급유나 일상점검 같은 기준에 나와 있는 사항들은 지킬 수 있도록 해야 할 것이며, 그것이 진정 TPM이 목적하는 자주보전과 계획보전의 방향이 아닐까 생각한다. 지킬 수 없는 기준은 아무런 의미가 없으며, 그것은 업무의 효율화가 아닌 업무loss로밖에 볼 수 없다.

4) 보전정보화

최근에 많은 회사가 보전정보시스템을 도입, 활용하고 있으나 주로 업무의 매뉴얼화가 수행되기보다는 정책적으로 시스템이 도입되어 활용도가 떨어지는 것이 하나의 단점이라 할 수 있다. 보전의 업무가 완전히 정립되고 표준화가 이루어져 일상업무로 수행되고 있는 것을 정보화한다면 좋겠지만 시스템을 도입하고 난 후 시스템에 필요한 자료를 급히 입력하다 보니 활용가치가 떨어지고, 일부는 그 시스템을 따라가지 못하는 경우도 생기고 있다.

국내에 도입 적용되고 있는 보전정보시스템 가운데는 보전 중심의 package보다 ERP(전사적 자원관리) 중의 PM이라는 하나의 모듈로서 타 시스템과의 연계를 위주로 한 시스템도 있다. 그러나 문제는 우리의 보전시스템이 선진 보전시스템과 큰 차이가 생기고, 이를 극복하지 못하면 보전정보시스템의 순기능보다 오히려 역기능을 초래할 우려도 생긴다.

따라서 우리가 도입하는 시스템을 충분히 활용하려면 무엇보다 계획보전활동이 필요하며, 이 활동을 통해 자료를 표준화하고 계획보전system을 구축해야 할 것이다.

5) 예지보전

예지보전은 grade에 따라 다음과 같이 3가지 grade로 나눌 수 있다.

[표 5-2]

보전방식	Grade	정의
상태기준 보전 (CBM)	CBM Ⅲ	사람의 관능점검(오감)을 기본으로 대상설비를 간헐적으로 체크하는 수준
	CBM Ⅱ	간이설비진단기기를 사용하여 간헐적으로 정량점검을 하는 수준(정밀진단을 추가한 통상의 설비진단활동도 포함)
	CBM Ⅰ	설비진단용 모니터기기를 첨부하여 상시설비의 열화를 감시하는 컴퓨터에 의한 온라인진단을 부가한 최고급의 CBM시스템

현재 우리나라는 초보적인 오감 위주의 예지보전활동이 위주고 진단장비 및 진단기술이 낙후된 상태이다. 그러나 근래 장치산업 위주로 CMS(Condition Monitering System)를 도입하는 회사가 늘어가고 있는 추세이다. 특히 발전설비, 석유화학, 제철 등 장치산업에서는 주요 회전기계 위주로 진동모니터링system을 채택하여 그 효과가 실증되고 있으며 유압유, 윤활유 등의 유분석시스템도 서서히 도입, 증가추세에 있다.

6) MP설계

보전 부문의 개선활동이 설계 부분에 feed back되는 system적 장치가 상당히 부족한 편이다. 따라서 새로운 공장을 지을 때마다 똑같은 실수가 되풀이되고, 공장을 가동할 때마다 설비개선에 소요되는 보전비용은 상승하게 된다.

MP설계가 정착되지 못하는 이유로는 다음과 같이 정리할 수 있을 것이다.

① MP설계부서의 의지가 약하고 MP정보를 제공하는 보전부서와 단절되어 있다.

② 설비설계시스템(또는 project팀) 속에 MP정보검토회를 정기적으로 진행한다.

③ 보전부문이 설계, 제작시점에서 주의, 고려해야 할 신뢰성이나 보전성에 관한 기술데이터를 설계부문에 도움이 되도록 정리, 제공하는 노력을 게을리하거나 내 놓아도 보지 않고 채용도 하지 않을 것이라는 피해의식 때문에 MP정보 제공을 하지 않는다.

④ 설비설계부문이 기술데이터의 표준화, 보전정보의 편집이나 활용에 관한 노력을 게을리하고 있기 때문이다.

3. 계획보전 도입Process

1) 1Step : 계획보전체제의 필요성에 대한 인식

누가 도입을 결정하든간에 먼저 자사의 계획보전체제의 필요성에 대해 서로가 공감한다는 것은 추진의 강도, 방향성을 결정하기 때문에 매우 중요하다.

2) 2Step : 계획보전의 목적, 목표 설정

계획보전을 추진하려는 목적은 설비에 의한 손실의 토털cost를 낮추고 생산성과 수익성을 최대화할 수 있는 효율적인 보전체제를 구축하려고 하는 것이며, 이에 따라 각 사마다 추구하는 구체적 목적이 있을 것이다. 어떤 회사는 고장을 줄여 생산성을 높이려고 할 것이고, 어떤 회사는 품질문제를 해결하여 업계 최고의 경쟁력을 도모하려고 할 것이다. 목표도 이에 따라 정하면 된다.

보전부문에서 주로 선택할 수 있는 지표로는 다음과 같다.

[표 5-3]

구분	관리지표
신뢰성, 보전성 지표	고장건수, 고장정지시간, 고장강도율, 고장도수율, 긴급보전율, 순간정지건수, MTBF, MTTR
보전작업효율지표	PM수행률, PM률, CM건수 추이, 보전인원절감률, SDM일수 단축
보전비지표	종합보전비율, 보전비 감소율, 보전비 원단위, 예비품 재고 감소비율, 지불수선비

3) 3Step : 조직구성 및 업무 부여

계획보전 추진을 위한 조직이라면 사무국조직과 실행조직을 생각해볼 수 있다. 실행조직은 보전부서의 부서장 및 소집단조직으로 이루어진 직제활동조직이고, 사무국조직은 이를 지도하고 지원하는 보전부서 내 또는 TPM사무국 내의 조직으로 분류할 수 있다. 보전부서의 조직은 계획보전 추진에 별 영향이 없을 것 같지만 대단히 중요하다. 실제로 현장에서는 이러한 조직문제로 인해 고민하고 활동의 승패도 좌우되는 경우가 많이 발생되고 있는 것이 사실이다. 보전조직은 크게 집중보전, 지역보전, 부문보전으로 나누고, 이를 절충한 절충보전이 있다(보전조직 참조).

4) 4Step : 체제 구축을 위한 실행항목의 명확화

회사 고유의 특성에 따라 계획보전을 추진하면서 실행해야 할 항목을 선정하는 과정으로, 주요 실행항목으로는 다음과 같다.

① 자주보전 지원
② 고장제로활동
③ 계획보전체제 구축(보전시스템, 보전표준화, 보전계획 및 정보화)
④ 윤활관리
⑤ 보전자재관리
⑥ 보전비관리
⑦ 예지보전연구
⑧ 보전기술, 기능 향상

상기 활동항목을 동시에 추진할 수 있다면 좋겠지만 현실적으로 그렇지 못하며, 각 사의 사정에 따라 단계적으로 추진할 수밖에 없다. 이 활동항목 중 중요도 또는 활동의 순서에 따라 Step으로 구성하여 진행할 수 있고 별도 추진팀을 구성하여 추진할 수 있다.

5) 5Step : 각 실행항목에 대한 세부 실행항목의 연구

중점적으로 실행해야 할 항목이 결정되면 각 실행항목별로 구체적인 세부 실천항목을 정한다. 현재의 상황을 파악하여 도달해야 할 구체적 목표를 명확하게 한다. 특히 윤활관리, 보전자재관리, 보전비관리 등 보전의 효율화활동과 보전맨의 교육훈련체제 등은 별도의 sub-step을 정하여 계획보전의 step과는 별도로 추진하면 활동기간을 단축할 수도 있을 것이다.

6) 6Step : 실행계획 작성

실행항목이 결정되고 실행항목별 세부 실행항목이 정해지면 이것을 전체적으로 구성한 실행계획을 작성해야 한다. 즉 master plan을 작성한다. master plan이란 목표를 달성하기 위한 3~4년간에 걸친 실행계획으로 전사적 master plan과 부문의 master plan으로 구분된다. 전문보전에서는 계획보전 master plan을 작성하되 주 실행항목을 위주로 작성한다.

4. 계획보전시스템 구축Step

보전부서에서 계획보전시스템 구축을 위하여 실행해야 할 항목을 한꺼번에 추진하기는 어렵다. 그래서 순서대로 실행항목을 정해둔 것이 step이라 할 수 있다. 계획보전의 step 전개는 시스템 구축이라는 정성적 목표와 고장제로라는 정량적 목표로 단계별로 진행하게 되는데, 업무의 특성에 따라 여러 가지의 스텝을 적용할 수 있다.

1) JIPM 6step

고장대책 4phase의 단계별 추진에 의한 6step 전개방식은 JIPM에서 제안한 방식으로 장치산업에 적용하기가 유리하다. 이 스텝은 계획보전시스템 구축에 유리하게 구성되어 있으며, 보전시스템이 취약한 국내 현실을 비추어 볼 때 장치산업뿐 아니라 가공, 조립산업에서도 그 특성에 맞게 스텝을 일부 변형하여 추진할 수 있다.

[표 5-4]

step	활동항목	활동 내용
1step	설비평가와 현상 파악	• 설비대장 작성 또는 정비 • 설비평가 실시(평가기준 작성, 등급 부여 등) • 고장등급 정의 • 현상 파악(고장, 순간정지건수, 도수율 등) • 보전목표 설정(지표, 효과측정법)
2step	열화 복원과 약점 개선	• 열화복원, 기본조건 정비, 강제열화환경 배제(자주보전활동 지원) • 약점 개선, 수명연장, 개별개선 • 고장재발, 유사고장 방지대책
3step	정보관리체제 구축	• 고장데이터관리시스템 구축 • 설비보전관리시스템 구축 • 설비예산관리시스템 구축 • 자재 및 예비품관리, 도면관리, 자료관리 등 타 시스템과 인터페이스
4step	정기보전체제 구축	• 정기보전준비활동(예비기, 예비품, 측정구, 윤활, 도면, 기술자료관리) • 정기보전업무체계 수립 • 대상설비, 부위 선정과 보전계획 수립 • 기준류 작성, 정비 • 정기보전의 효율화의 외주공사관리 강화

step	활동항목	활동 내용
5step	예지보전체제 구축	• 설비진단기술 도입 • 예지보전업무체계 수립 • 예지보전대상설비 및 부위 선정 확대 • 진단기기, 진단기술개발
6step	계획보전의 평가	• 계획보전체제의 평가 • 신뢰성 향상의 평가 • 보전성 향상의 평가 • 코스트다운의 평가

2) 설비, 부품모델의 7step

JIPM에서는 가공, 조립산업에 적용할 수 있는 step전개방식을 설비 또는 부품을 모델로 전개하는 방식을 제안하고 있다.

[표 5-5]

Step	부품모델	설비모델	보전방식
1	중점부품의 선정	기본조건과 현상의 차이분석	예방보전시스템 정비
2	현재 보전방법의 개선	기본조건과 현상의 차이대책	
3	보전기준의 작성	기본조건기준의 작성	
4	수명연장약점대책	수명연장	개량보전의 추진
5	점검진단의 효율화	점검정비의 효율화	예지보전의 추진
6	설비종합진단	설비종합진단	품질보전체제
7	설비의 극한 사용	설비의 극한 사용	계획보전시스템 확립

Section 4 | 산업기계의 전자화, 정보화 기술동향과 장래의 발전 가능성

1. 개요

최근 기계자동화기술은 기계 및 시스템자동화를 위해 필요한 자동화 원천 핵심기술 개발과 인터넷 및 IT산업에 관련된 분야에 많은 연구를 하고 있으며, 자동화에 관련된 핵심기기의 고기능화, 고지능화, 고정밀화, 고신뢰성 향상에 노력하고 있다.

국내업체들은 IMS 진입을 위한 시스템의 통합에 필요한 기술로 개방형 통합시스템, 핵심 기반기술과 표준화 및 시스템평가에 관련된 기술을 연구하여 차세대 가공시스템, 첨단 전자제품 조립, 검사 및 제조시스템개발사업을 진행하고 있다.

미국, 일본 등 선진국에서는 21세기에 대응하는 생산자동화체제로서 CIM, IMS의 중요성을 인식하고 각 국이 처한 산업구조와 문화, 기술적 특성 등을 반영하여 여러 가지 형태로 자동화가 전개되고 있다.

2. 산업기계의 전자화, 정보화 기술동향과 장래의 발전 가능성

1) 공작기계분야

공작기계분야는 주축 및 이송계의 고속화 설계기술, 제어기술, 성능평가 및 지능화 기술 등의 요소기술을 바탕으로 공작기계의 고속 고정도화, 고정밀연삭기, 초고속머시 닝센터, 초정밀가공기 및 CNC공작기계 등에 대해 연구개발을 중점적으로 수행하고 있다.

고속지능형 가공시스템의 주요 연구내용은 고속머시닝센터, 라인센터 등을 중심으 로 핵심요소기술들은 고속가공기의 자율대응 고속주축시스템 개발, 지능형 고속리니 어모터 이송시스템 개발, 지능형 가공시스템의 열변형, 운동 정도 오차예측 및 보정기 술, 고속가공기술 및 환경 친화공정연구, 고속가공용 CAD/CAM기술, 고속가공기의 지 능제어 및 원격통신시스템 기술, 고속가공기의 고강성구조 해석 및 최적 설계기술, 고 속가공기구조물의 신소재 응용기술, 고속용 절삭공구기술, 고속가공기요소의 표준화 및 신뢰성 평가기술연구를 진행하였다.

2) 초정밀 가공기술분야

차세대 가공시스템연구로는 자율가공분야로 지능형 CAM, 개방형 CNC, 열적 오차 보정기술, 초정밀 가공기술분야는 레이저빔 응용가공기술, 고에너지빔 마이크로머시 닝, 초정밀 절·연삭가공기술, 반도체 생산기술인 CMP가공기술, 레이저클리닝기술, 쾌속 금속조형기술 및 청정 생산가공기술 등에 대해 중점적으로 연구하고 있다.

LIGA process 및 미세방전가공, 광조형법, 화학에칭법, 정밀미세기계가공 등이 대 표적으로 적용되고 있다. 일반적인 기계가공기술로는 실현할 수 없는 극소형 및 초정밀 도의 기계구조 또는 요소부품, 센서 및 액추에이터 등의 미소구조물에 대해 반도체 집 적회로가공기술 또는 고에너지빔 가공기술 등을 적절히 이용하여 실현할 수 있다.

3) 제어계측 및 자동화분야

기계시스템의 발전은 각종 센서퓨전 및 응용기술, 액추에이터 응용기술 등의 발전과 더불어 종전의 자동화시스템 개념에서 작업 및 주변 환경변화에 자율적으로 대처할 수 있는 지능화시스템의 개념으로 발전하고 있다. 즉 자동화 및 지능화기술은 기본적으로 제어계측기술을 바탕으로 하여 기계시스템이 자율적으로 운영되게 하는 기술이다. 단순히 인간의 반복작업을 대체하던 과거의 단순 자동화에서 벗어나 인간의 지능을 닮은 지능화시스템을 개발하기 위해 많은 연구를 진행 중이다.

4) 생산시스템 및 평가기술분야

차세대 생산시스템(IMS, GMS) 기술개발을 위해 기존 핵심요소기술에서 스스로 인식하고 판단하는 이른바 지능화, 자율화를 부가시킨 고기능 자율가공시스템, 일체형 tire manufacturing cell 등을 개발하고 있다. 또한 개방화, 기능집적화 기술로 태핑머신의 고속정밀화설계기술, OAC를 적용한 VMD기술개발 등이 이루어지고 있다. 개발한 시스템에 대한 설비진단 및 평가기술을 개발하여 개발시스템의 종합적 신뢰성을 향상시키기 위해 연구개발을 하고 있다.

기계류 부품 신뢰성 평가기술개발에 있어서 주요 연구내용은 다음과 같다. 신뢰성 평가체계 구축을 위한 기반 조성을 위해 개발대상부품기술 수준 및 신뢰성에 대해 benchmarking을 하고, 신뢰성 평가를 위한 계획, 절차 및 기준 수립을 하며, 대상부품 구조 분석, 평가항목 선정 및 평가방법에 대해 체계화하는 것 등이 있다.

5) 반도체 및 PDP장비분야

PDP는 차세대 벽걸이형 대형 디스플레이로서 국내외에서 주목을 받고 있고, 제조업계를 중심으로 이에 대한 대량생산기술과 제조비용 절감에 많은 노력을 하고 있다. PDP의 경쟁력은 봉착, 배기공정이 중요하며, 그 특성상 낮은 conductance로 인하여 장시간의 배기시간이 요구된다.

특히 이 공정은 장치의 의존성이 매우 크므로 획기적인 장치 개발이 모든 PDP제조업체의 초미의 관심사항이며 개량된 장치 제조기술을 확보하기 위해 힘쓰고 있다. 이를 위하여 진공상태에서 PDP패널을 제조하는 진공형 봉착장치의 개발이며, 이는 결국 vacuum in-line형태의 장치개발에 의해서 실현될 수 있다. vacuum in-line형 장치의 핵심기술은 진공시스템 설계 및 제작기술, 최적 방전가스주입 공정기술 등이며, 이 기술의 개발은 차세대 PDP용 봉착, 배기장치를 위해 꼭 필요하다.

6) 환경기술분야

자동차, 공작기계, 가전제품 등 공산품제조업의 성장에 따라 이들 부품생산의 에너지 효율 제고, 공해 발생 극소화의 필요성이 대두되어 주요 연구내용으로는 폐자동차 회수 물류체계, 재활용성 평가 및 분해공정계획, 분해 공정 및 설비·공구, 분쇄 및 재료회수 공정 및 설비 등이 있다. 현재 1단계에서는 재활용성 평가 및 분해공정계획, 분해공정 및 설비·공구, 재료회수공정을 위한 기반기술을 개발하고 있다.

7) 항만물류 자동화분야

컨테이너터미널의 자동화는 그 시대에서의 컨테이너 수송, 하역을 둘러싸는 경제, 사회환경과 동시에 자동화를 실현하기 위해서 필요한 여러 가지 요소기술의 기술수준, 장비의 성능, 비용과 상관관계를 가지면서 발전하고 있다. 그리고 자동화의 목적도 그 때마다의 경제적·사회적 요청에 의해 변천하고 있지만, 오늘날은 경제성 추구, 숙련자 부족, 인력 부족, 고령화대책, 작업환경조건의 개선 및 향상, 인간의 대체, 하역서비스의 향상에 그 목적을 두고 있다. 경제성의 추구를 위해서는 성력화, 하역작업의 효율 향상, 실시간 처리 및 관리 등을 달성해야 하고, 숙련작업자 부족, 인력 부족, 고령화대책으로 자동화가 필요하다.

8) 로봇분야

로봇기술로는 기구의 요소기기 및 컨트롤러의 소형화와 고성능화가 더욱 진전되고 있다. 또한 시각인식기술, 정보처리기술은 제어장치의 처리능력 향상과 로봇과 네트워크의 연결이 진행되었으며, 작업지원을 위해 적합한 로봇기술 같은 다양한 관련 기술의 조합으로 로봇엔지니어링의 다양화가 진전되고 있다.

기구의 요소기기는 모터의 고성능화, 위치검출기의 소형화 및 고분해능화, 감속기의 소형화 및 고강성화 등 지금까지 크게 진보하였고, 제어에서도 CPU의 처리능력과 서보의 제어특성이 크게 진보하였다. CPU처리능력의 고속화, 메모리의 대용량화, 제어장치의 소형화와 센서·인식기술, 특히 시각인식분야에서 앞으로 큰 진보가 기대된다. 시각센서를 받치는 디바이스인 CCD의 고해상도화가 더욱 진화하면서 응용으로서 인식소프트웨어도 큰 진전을 기대할 수 있다.

정보처리기술은 CPU의 성능 향상과 함께 다양한 기능이 소프트웨어에서 이루어지고 동작제어성능이 대폭 개선되었으며, 복수로봇의 협조제어, 로봇조작성의 향상, 주변기기의 멀티테스크 리얼타임제어 등을 가능하게 했다.

Section 5 엔지니어링기술 대책과 경쟁력 방안

1. 개요

엔지니어링기술이란 산업공장 혹은 시설물을 설치할 때 이에 대한 계획수립과정에서부터 주어진 산업공장, 시설물이 정상적으로 작동할 수 있도록 이에 필요한 모든 기술적인 서비스를 의미한다.

구체적으로는 기획, 타당성 조사, 설계, 분석, 구매 및 조달, 시험, 감리, 시운전, 평가, 자문, 지도, 검사, 유지·보수, 그리고 이에 대한 사업관리 등의 활동을 가리킨다. 엔지니어링산업이란 이러한 엔지니어링기술을 제공함으로써 부가가치를 창출하여 영업을 하는 산업을 가리킨다. 엔지니어링기술을 제공하고 받는 대가는 총공사비의 3~5%에 불과하나, 최종 사업목적물의 성능이 결정되는 단계인만큼 사업 초기단계에서 엔지니어링의 역할은 매우 중요하다.

2. 엔지니어링기술 대책

엔지니어링산업은 산업설비의 제작을 담당하는 제조업, 시공을 담당하는 건설업과 밀접한 관계를 맺고 있을 뿐만 아니라 학계 및 연구기관에서 개발한 기술을 실용화함은 물론 발주자와의 긴밀한 접촉으로 기술수요의 행태변화도 감지하는 등 다양한 연계효과도 가지고 있다. 그러나 우리의 엔지니어링기술능력을 살펴보면 타당성 조사, 기본설계 등 핵심기술을 아직도 선진국에 의존하고 있는 실정이며, 국내 엔지니어링업체가 수주한 엔지니어링사업도 상세설계, 시험 및 조사, 시공 등과 관련된 사업이 주된 업무를 이루고 있다.

구체적으로 주요 시설물에 대한 설계기술수준을 조사한 결과에 의하면 2001년 설계기술은 종합적으로 선진국의 67% 수준인 것으로 조사되었다. 특히 주요 시설물 가운데 공항에 대한 설계기술이 55%로 가장 열등한 것으로 나타났다.

이와 같이 타당성 조사 및 기본설계에 대한 기술수준이 몇 년이 지난 후에도 크게 향상되지 못한 것은 근본적으로 이 부문에 대한 연구개발노력이 미흡했기 때문이라고 풀이된다.

따라서 엔지니어링 수주금액 축소는 SOC시장 축소로 환경, 방재, 리모델링 등 틈새시장을 발굴해야 한다는 것, 즉 기존의 포화된 시장보다 신사업을 꾸준히 개발한다는 것이다. 또한 국내실적 대비 4%에 불과한 해외실적을 견인해야 한다는 입장이다. 이를 위해 해외시장개척비를 적극적으로 지원해 ADB 등 저조한 국제금융기구 입찰참여를 확대해야 한다.

3. 경쟁력 방안

엔지니어링산업은 전문기술과 노하우가 중시되는 기술집약적이고 두뇌집약적인 산업으로 건설·석유 화학·전력 등에 대한 파급효과가 큰 전략산업이다. 그럼에도 국내 엔지니어링산업은 중소업체 위주의 영세한 수준에 머물고 있고 국내시장규모는 작은 반면, 업체수는 지속적으로 증가해 경쟁이 심화되고 있는 실정이다. 정부는 일단 국내엔지니어링산업의 기술력을 오는 2010년까지 선진국의 90% 수준까지 끌어올리고 세계시장점유율을 현재 0.6%에서 5%로 확대하는 등 고부가가치 지식기반산업으로 육성한다는 계획이다. 이를 위해 입찰제도와 평가기준, 시공설계제도 등을 개선하고 전문엔지니어를 집중 육성하기 위한 교육프로그램을 개발·운영하기로 하였다.

1) 기술경쟁 유도를 위한 입찰제도 개선

엔지니어링분야에서도 협상에 의한 계약체결방식이 활성화되도록 국토교통부 훈령을 개정해 세부적인 기술력 평가방안을 마련, 기술력 향상을 유도한다는 계획이다. 또한 국가계약법을 개정해 기술력이 가장 우수한 기업이 낙찰될 수 있도록 현행 용역적격심사제를 단계적으로 축소할 방침이다.

2) 사업수행능력평가기준 개선

입찰 전 사업수행능력평가 시 실적 위주로 평가됨에 따라 엔지니어링산업의 기술력 제고에 기여하지 못하고 공정한 경쟁을 저해해 왔다. 이를 개선하기 위해 건설기술진흥법 시행규칙을 개정, 평가기준에서 책임기술자, 전차용역, 기술개발·투자실적의 배점기준을 기술력을 중시하는 방향으로 개선할 계획이다.

3) 시공설계제도 개선

국내 건설공사의 경우 실시설계 시 현장 실정이 반영돼야 하는 시공설계까지 포함하도록 관행화되어 현장 특수성이 제대로 파악되지 않아 안정성에 우려가 많았다. 정부는 시공설계를 현장여건에 맞출 수 있도록 실시설계에서 시공설계 부분을 분리해 시공단계까지 시공설계를 할 수 있도록 대가규정 및 표준양식을 마련한다는 계획이다.

4) 지자체·공기업 설계용역에 대한 공정경쟁 유도

지방자치단체의 설계용역이 해당 지역업체에게 지나치게 유리하게 규정하는 경우가 종종 있어 공정경쟁을 저해하는 원인이 되고 있다. 정부는 이를 시정하기 위해 지자체의 용역발주 시 입찰공고문에 지역의무공동도급사항을 명시하지 못하도록 지도·단속을 강화하고, 공기업계열회사 간의 용역발주 시 불공정한 평가기준이 있는지를 점검할 계획이다.

5) 기술인력 전문성 제고를 위한 시스템 구축

기술등급과 분야별 맞춤교육을 위한 경력개발프로그램을 구축해 기술등급별, 기술부문별로 맞춤형 교육을 실시하고 멀티미디어를 통한 온라인상의 사이버교육시스템을 구축하기로 하였다. 또한 플랜트엔지니어링산업기술인력양성사업을 추진하는 한편, 관련 퇴직자의 인력DB를 구축·활용할 계획이다.

Section 6 산업기계의 설계에서 CAD/CAE 기술의 응용 현황과 장래의 응용 가능성

1. 개요

CAD/CAM/CAE분야의 소프트웨어를 각 산업분야에서 생산에 활용하는 기술은 상당히 높은 수준(기술 선진국 대비 평균 80% 정도)에 도달해 있으나, 이를 설계에 활용하는 기술은 대단히 낮은 수준(기술 선진국 대비 평균 30% 정도)이다. 이는 국내의 독자적인 공학설계기술이 부족하기 때문으로 추측된다.

따라서 외국기술에 너무 의존적인 CAD/CAM/CAE분야의 소프트웨어를 국내에서 개발하기 위한 환경조성이 필수적이며, 구조 및 유체 해석, 전자회로 및 고분자설계 등에 필수적인 CAE분야의 소프트웨어를 활용하여 관련 분야의 공학설계기술을 제고하는 것이 무엇보다도 시급한 일이다. 또한 CAD, CAM, CAE의 각 분야가 독립적으로 사용되는 경우가 많아 생산성 향상을 위해서는 통합시스템 구축이 필수적이다.

2. 산업기계의 설계에서 CAD/CAE 기술의 응용 현황과 장래의 응용 가능성

설계기술이 부족한 것은 CAD/CAM/CAE기술을 부품차원보다는 시스템차원에서 활용할 수 있는 CAD/CAM/CAE기술의 통합화가 부족한 데 있으므로 이 분야에 대한 많은 투자가 필요할 것이다. 건축 및 토목분야도 일반적인 구조물의 설계나 시공 등은 우수한 편이나 초고층 건물이나 장대교량 등 고도의 기술을 요하는 분야의 설계기술은 취약한 편이며, 대단위 항만시설이나 공항과 같은 국토개발사업에서도 총괄적인 설계를 독자적으로 수행한 경험이 적기 때문에 앞으로 기획, 설계, 공정관리, 시공, 운영 및 감리에 이르는 모든 공정을 통합적으로 운영할 수 있는 통합건설공정시스템에 관한 투자가 필요하다.

전기 및 전자분야도 주로 생산기술에 초점을 맞추어 발전되어 왔기 때문에 설계기술이 부족할 뿐 아니라 기계산업의 부진으로 고가의 생산기계를 수입하고 있는 실정이다. 그러나 최근 반도체분야의 호황으로 기술개발과 CAD/CAM/CAE기술 도입에 많은 투자가 이루어지고 있어 수년 내에 기술발전이 가장 빠르게 이루어질 분야로 예상된다.

제약 및 생명공학분야는 최근 컴퓨터의 활용으로 크게 발전하고 있는 분야로 고분자설계나 약품설계 등에 실제 실험 대신 컴퓨터시뮬레이션인 전산화학(computational chemistry)기술을 이용하고 있어 관련 산업에서 CAD/CAM/CAE의 활용이 크게 확산될 것으로 예상된다.

Section 7 | 컨베이어에 사용하는 모터의 용량 결정방법 및 선정상의 유의점, Belt conveyor설계 시 운반물의 특성에 따른 고려사항

1. 컨베이어에 사용하는 모터의 용량 결정방법

컨베이어에 사용하는 모터의 용량을 결정하기 위해서는 다음을 검토하여 선정해야 한다.

1) 운반재료의 성질 및 형태의 조사

운반재료의 최대 크기, 비중, 온도, 점착도, 입도분포상태 등을 조사한다.

2) 소요운반량의 결정

운반량은 1일의 소요운반량과 작업시간이 결정되면 이것에 의하여 컨베이어의 운반능력을 결정한다.

3) 위치와 전장의 결정

컨베이어의 위치와 전장은 조합하는 각 기계와의 상호관계를 고려하여 결정해야 한다.

4) 운반능력의 계산

컨베이어의 운반능력은 폭, 속도, 운반재료의 종류에 의하여 결정되며, 최대 폭은 운반 재료의 크기에 제한을 받는다. 운반재료의 크기가 크면 폭이 넓어야 하고 운반량이 많으면 적은 입도의 재료라도 폭이 넓어야 한다. 속도는 폭이 넓을수록 크게 할 수 있으며, 컨베이어에서 속도가 너무 빠르면 운반재료가 미끄러지기 쉬우므로 재료와 경사각도에 적합한 속도를 선택한다.

5) 소요동력 및 컨베이어의 유효장력을 구하여 설계의 기준으로 삼는다.

긴장축과 이완축의 장력을 검토하여 유효장력을 결정한다.

2. 선정상의 유의점과 운반물의 특성에 따른 고려사항

산업용 컨베이어는 원료를 운반하는 벨트컨베이어의 벨트 단면을 U자형으로 개선하고 분진 발생이 많은 벨트컨베이어에는 국소형 집진기 등을 설치하여 분진 발생을 줄여야 한다.

운반 중에 낙하물을 효과적으로 방지하기 위하여 벨트컨베이어라인 중간에 새로 연결된 부분의 슈트 스커트를 고정식에서 높이를 자동으로 조정할 수 있는 가변식으로

함으로써 낙하물을 줄일 수가 있다. 즉 앞쪽 슈트를 이용할 때는 뒤쪽 스커트를 높여서 운송에 방해되지 않도록 하고, 뒤쪽 슈트를 이용할 때는 다시 스커트를 내려 낙하물을 방지할 수 있게 했다.

슈트란 위쪽 벨트컨베이어에서 아래쪽 벨트컨베이어로 수송물을 운송할 때 통로역할을 하는 장치이며, 스커트는 운송물이 바닥으로 떨어지는 것을 막아주는 방지막이다.

운반공정에서도 높이를 조정할 수 있는 스커트박스를 사용함으로써 낙하물로 인한 비용을 줄일 수 있으며, 또한 낙하물 발생으로 인한 환경문제와 벨트의 설비효율도 검토해야 한다.

Section 8 산업기계의 지능화방안

1. 개요

인간이 시키는 일을 스스로 알아서 판단하여 해낼 수 있는 지능기계를 만드는 것은 역사 이래 인류의 커다란 꿈이었다. 경제부흥에 의해 생활수준이 향상되면서 수요의 다양화가 시작됨에 따라 제품의 라이프사이클의 단축 및 생산량의 축소경향으로 종래의 대량생산형 자동화로서는 이에 대응할 수 없게 되었다.

즉 생산제품의 변경은 생산라인의 변화가 필요해 원가 상승 및 투자효과의 저하가 문제가 되었다. 따라서 높은 생산성을 갖춘 상태의 대량생산체제에서 다품종 소량생산 체제의 자동화로 옮겨가는 것이 기업이 살아남을 수 있는 전략이 되었다.

이와 같은 문제는 특히 자동차산업, 가전제품 등에서는 해결하지 않으면 안 되는 중요한 테마가 되어 유연성(flexibility)이라는 개념이 명확하게 되었다. 즉 작업의 변경에 대해 그 내용을 나타내는 프로그램의 변경을 유연성 있게, 그리고 신속하게 대응하는 것이다.

2. 지능화방안

지금까지의 중앙집중 대형시스템의 유연성 부족·보수의 어려움·견제성·다품종 소량생산의 요구 등의 문제점 해결에 있어서 고성능의 산업용 로봇을 도입해 고능률화를 꾀하였다. 또한 이들 기계들의 집합을 유기적으로 결합하는 분산 및 계층화의 경향이 진보되어 FMS(Flexible Manufacturing System)가 본격화되었다. 이와 같은 진전에는 1970년대에 마이크로프로세서 및 LSI 기억소자 및 고신뢰성, 고밀도화, 고성능화에 크게 영향을 받았다. 이것에 의해 1980년대에는 산업용 로봇을 시작으로 FA 관련 기술에 지능화가 시작되었다.

즉 지금까지 산업용 로봇이 NC기술의 연장이었으나 실용단계에서 각종 로봇센서를 제어의 중심에 넣고 로봇 고유의 기계구조를 갖추게 하므로 산업용 로봇의 응용분야가 자동차산업을 시작으로 하는 기계산업 중심으로부터 조립을 중심으로 하는 반도체, 가전제품산업으로 옮겨가고 있다.

조립작업에 있어서는 보다 유연한 로봇의 동작이 요구될 뿐만 아니라, 보다 고부가가치의 다품종 소량생산으로 변화되지 않을 수 없게 되어 유연생산셀(flexible manufacturing cell)이 도입되었다. 여기에는 FA용 지능형 무인반송차(automated guided vehicle)의 실용화가 커다란 역할을 하였다. 따라서 유연생산셀에서는 지능을 갖춘 고속, 고정도의 산업용 로봇의 필요성이 증대되었다.

제2차 세계대전 후 자동화는 각 산업분야에 걸쳐 급속히 발전하였다. 이것은 사람이 능숙하지 못하거나 불가능한 작업의 자동화를 해결했기 때문이다. 예를 들어, 플랜트제어의 경우 제어량을 장시간 동안 고속·고정도로 조정해야 하는 경우에는 사람에게는 거의 불가능한 작업이다. 반면 사람의 능숙하고 유연한 수작업의 자동화는 여전히 곤란한 기술로 남아 있다.

제철산업의 프로세스 진단기술현황

1. 개요

품질과 실수율, 설비와의 관계를 중시하여 품질 향상 활동을 활발하게 전개하는 중심적인 기술수단으로서 설비진단기술을 이용하여 품질결함 방지 등의 조업면에서의 응용이 적극적으로 추진되고 있다. 이것은 '프로세스 진단(process diagnosis)'기술을 의미하며 품질결함 등을 조기에 검출하여 대량의 불량품 발생의 방지와 품질감시수단의 정량화를 추진하는 개별 품질결함검출시스템과 설비이상을 조기에 검출하여 설비이상에 기인하는 품질이상 등을 예지하는 설비상태감시시스템으로 구성되어 있다. 기존의 설비진단이 설비의 노후화, 이상상태를 감지, 진단하는 반면, 프로세스 진단에서는 조업상 제조품의 높은 품질 유지, 생산효율의 향상을 주목적으로 한 조업지원 표시 및 이상 발생 시 원인규명을 위한 데이터의 수집, 보존, 해석을 자동적으로 실행한다.

이러한 프로세스 진단기술은 1980년대 중반부터 공정 간 연속화(연속주조-열간압연-냉간압연) 조업기술의 발전과 제품의 고품질화의 요구에 따라 주로 연속주조, 열간압연, 냉간압연공정에서 발전되어 왔다. 이전의 설비진단기술이 주로 설비진단전문제작사에서 개발된 것에 비해, 프로세스 진단기술은 철강제품을 직접 생산하는 제철소의 주도로 개발되는 특징이 있다.

2. 제철공정별의 프로세스 특성

프로세스 진단은 주로 연속주조공정과 열간압연 및 냉간압연공정을 대상으로 하며, 이는 철강제조설비의 제조프로세스가 연속화, 동기화됨에 따라 이들 설비 간의 신뢰성이 중요한 안정조업이 요구되기 때문이다.

최근에는 연속주조, 열간압연공정 직결화(hot direct rolling)의 적용으로 연속주조공정과 열간압연공정이 연속화됨에 따라 이들 설비 일부의 이상과 고장이 민감하게 품질결함에 결부되거나 프로세스 전체에 영향을 주어 대량의 품질결함을 일으킬 위험성을 가지고 있다. 따라서 연속주조 및 열간압연설비에 대한 개별진단뿐만 아니라 이들 공정을 연계한 프로세스 진단기술의 개발이 시급한 실정이다.

1) 연속주조공정

연속주조설비는 철강업의 자원 및 에너지를 절약하는 대표적인 프로세스로 최근 비약적으로 발전하였다. 연속주조에 의한 고속주조 및 높은 가동률의 달성에는 계측기술과 자동화기술의 확립이 큰 역할을 하고 있다. 즉 조업의 안정화와 고품질화를 이룰 수 있었던 배경은 설비의 미세한 상태감시기술이 매우 중요한 포인트가 되고 있다고 생각한다.

상공정에 위치한 연속주조설비는 용강을 주형 내에서 표면응고시키고 세그먼트(segment)에서 분사냉각에 의해 슬래브(slab)의 내부를 응고시킴으로써 연속적으로 슬래브를 인출하여 제품으로 만드는 설비이다. 제품의 품질과 실수율은 조업기술과 설비 정도에 의해 결정되지만 특별히 최근의 자동화에 의해 설비 정도의 영향이 증대되고 있다. 연주기의 설비진단의 목적은 다음의 두 가지 점에 있다.

① 설비요인에 의해 슬래브에 생기는 각종 품질결함의 발생을 방지한다.

② 설비손상의 정도를 감지하여 미리 정해진 방법으로 설비의 돌발적인 정지를 피한다.

결함이 없는 슬래브를 제조하기 위해서는 두 가지 주요 설비에 대한 진단이 필요하다.

　㉠ 주형진동에 관한 것으로 주형 내에서 용강이 주입되면서 스트랜드(strand)로 빠져나갈 때 주형진동은 슬래브품질에 미치는 영향이 매우 크며, 주형진동패턴은 슬래브의 코너크랙(corner crack), 주형마크(oscillation mark), 구속성 브레이크 아웃(stickertype break out)의 발생에 민감하여 고속주조를 위해서는 최적의 주형진동패턴을 개발해야 한다.

ⓒ 롤 설비의 경우 슬래브가 이상굽힘이나 교정력을 받지 않도록 적정한 롤의 간
격과 롤 배열을 유지해야 하며 슬래브의 이상응력이 발생되지 않도록 관리해
야 한다.

2) 열간압연공정

열간압연공장은 철강프로세스 중에서도 최대의 생산능력과 설비규모를 가진 공장이
다. 철강제품의 대부분은 열연공장을 통과하기 때문에 구성된 설비도 대형 압연기로
대표하는 고부하·고정도의 회전기계와 고압유압서보 등이 다수 집적되어 있다. 또한
공장자동화도 대규모적인 컴퓨터제어시스템에 의해 극한까지 추구되고 있다.

이와 같은 공장에 있어서는 설비고장이 막대한 손실을 주기 때문에 조업기술과 같이
설비의 신뢰성과 안정가동이 매우 중요한 비중을 점하고 있다. 또한 설비점검보수작업
자체도 보다 효율적으로, 보다 정량적으로 관리하는 것이 필요하다.

이러한 문제점을 해결하기 위해서는 이들 주설비에 대한 온라인감시기능을 명확하게
하고 설비성능 및 기능보증이 과학적·공학적으로 이루어져야 하며 고장물리에 입각한
이론적 추구와 품질과 설비의 인과메커니즘이 명확해야 하며 설비관리에 있어서 정보
수집, 해석 판단, 평가에 관한 기능이 시스템화되어야 한다. 열간압연프로세스에 대한
진단기술로서는 고부하 고속압연조건하에서 발생하는 마무리 압연기의 채터링 발생저
감대책, 압연기의 강성이상진단, 권취기 제어 및 스트립선단 회피제어진단기술 및 열연
제품의 품질이상판정시스템 등의 개발 예가 있다.

3) 냉간압연공정

자동차용 강판 등의 냉연강판을 제조하는 냉연프로세스의 고품질 제조기술의 진보
와 함께 고속·고응답제어기술의 개발은 품질향상에 기여하고 한편으로는 전자동 연
속통판기술과 연속자동검사기술의 개발은 운전자 수를 대폭적으로 줄이는 것이 가능
하였다.

이와 같은 제조기술의 고도화와 자동화가 진행되면서 설비의 최적 운용으로 품질을
높이는 것이 필연적으로 요구되어 왔다. 설비의 이상은 품질저하를 초래하며 따라서
불량제품이 다량으로 발생될 위험이 있다. 이것을 피하기 위해서는 품질저하의 사전
징후와 설비열화상태를 조기에 찾아 품질과 설비의 인과관계에 기인한 설비진단기술의
확립과 이 기술을 상시 발휘할 수 있는 온라인시스템의 개발이 필수조건이다.

3. 프로세스 진단기술의 개발 예

1) 연주 스트랜드상태모니터링시스템

스트랜드상태모니터링시스템의 측정장치는 연주 슬래브의 초기 인발에 이용되는 더

미 바(dummy bar)와 같은 형태를 가지며 측정 시에는 기존의 더미 바 대신에 본 장치를 하단의 체인에 장착하고 더미 바 인출 시와 동일한 방법으로 연주기 스트랜드를 통과시킨다. 이때 체인은 더미 바 카(dummy bar car)와 인발 롤에 의해 이송되며, 인발 시에 걸리는 과대한 압축력에 의해 측정장치에 가해질 수 있는 기계적인 부하를 피하기 위하여 측정장치가 통과하는 직전에 인발롤의 갭이 벌어지도록 해야 한다. 시스템에서 사용되는 센서의 종류는 롤 갭 및 벤딩센서, 롤 정렬측정센서, 스프레이 막힘측정센서, 롤 회전불량감지센서 등 4가지 종류이며, 측정원리 및 특징은 다음과 같다.

① 롤 갭 및 벤딩측정센서 : 롤 갭은 스트랜드의 인사이드(inside)와 아웃사이드(outside) 롤 간의 간격을 의미한다. 측정센서는 접촉식인 LVDT(차동변압기)를 이용하고 접촉 시 센서의 보호, 방수처리 등을 고려한다.

② 롤 정렬측정센서 : 인크리노미터(inclinometer)가 설치된 바(bar)가 연속된 두 개의 롤의 접선과 수평면에 직각을 이루는 방향의 각을 측정하여 롤 간의 상대각도를 알 수 있으며 계산결과에 의해 비정렬(misalignment)을 평가하고 동일 세그먼트 내의 롤과 각 세그먼트 간의 비정렬을 찾아내어 조정할 수 있는 데이터를 제공한다.

③ 스프레이 막힘측정센서 : 센서는 장치의 최상부에 설치되어 있으며 폭 방향으로 등간격으로 배열하였다. 측정원리로는 스프레이분사압을 감지판에 부착된 스트레인게이지의 변위량으로 변환하는 다이어프램(diaphragm)을 이용하며 스프레이분사 압력의 차이가 측정됨에 따라 스프레이의 폭방향 수량분포, 스프레이노즐의 막힘 정도를 알 수 있다.

④ 롤 회전불량측정센서 : 세그먼트가이드롤의 회전불량을 감지하기 위해서 이송 중 가이드롤에 접촉하여 돌아가도록 디스크형의 롤 회전불량측정센서이다. 디스크축에서맷 1회 전형 퍼텐쇼미터를 커플링으로 연결하였으며, 롤 회전이 불량한 경우 디스크가 롤과의 접촉에 의해 마찰력이 작용하고 디스크가 회전하기 때문에 톱니 모양의 출력전압이 발생한다.

스트랜드 전체의 롤 갭량의 예를 살펴보면 측정값들이 목표 롤 갭의 허용범위를 벗어나는지를 확인하고 과도한 경우에는 해당 롤의 갭을 재조정해야 한다. 하지만 이러한 조치를 실 스트랜드에서 행하는 데는 시간이 많이 소요되는 일로서 측정 롤 갭량이 허용범위를 벗어난 경우에는 먼저 이 롤에 해당되는 LVDT신호를 확인해 봄으로써 신호의 이상 유무를 확인해 볼 수 있다.

2) 열연코일 권취형상불량진단기술

권취형상불량진단시스템은 열연코일의 권취형상을 자동적으로 측정하는 권취형상측정시스템과 권취기 등의 설비 및 조업신호를 인출하여 권취불량에 원인이 되는 요인진단을 위한 권취기 프로세스 진단시스템으로 구성된다.

권취형상은 열연코일의 품질을 결정하는 중요한 요소로 권취형상이 좋지 않을 경우 주문외율 증가와 클레임을 유발한다. 텔레스코프(telescope)는 권취된 열연코일의 측면이 곧바르지 않고, 망원경처럼 권취된 형태를 일컫는 것으로, 후물재에서 많이 발생하는 결함이다. 열연코일의 권취불량원인을 조사하기 위해서는 권취된 코일의 측면 프로파일에 대한 정확한 측정이 필요하다.

권취형상불량은 마무리 압연에서의 조업요인, 권취기에서의 조업요인, 그리고 설비의 기계적 전기·제어적인 요인으로 발생되며, 권취불량의 유형은 top형, tail형, 접시(cup)형, zig-zag형 등으로 구분된다.

3) 판 두께 변동요인진단기술

연속 냉간압연기에 있어서 유압압하장치의 성능은 강판의 판 두께 정도와의 상관관계가 매우 크다. 따라서 성능저하 시에는 강판의 두께가 크게 변동하여 허용치를 넘어버리는 경우가 있다. 하지만 성능이상에 이르기 직전까지 성능열화를 발견하는 것은 각종의 외란요인이 더해지기 때문에 곤란하다.

판 두께 변동요인진단은 각 스탠드의 롤 편심 검출, 판 두께 변동과의 상관도 계산에 의한 이상스탠드측정, 압연기 채터진동의 검출, 압연 롤의 슬립 발생의 감시, 판 두께 편차의 추정에 의한 판 두께 편차이상 스탠드의 특징 등의 기능을 가지고 있다.

Section 10 설비진단기술(machine condition dnagnosis technique)과 예방보전방법

1. 설비진단기술

설비진단기술이란 현재의 설비량을 파악하여 이상 또는 고장에 대한 유효한 조치를 강구하기 위하여 원인 및 장래의 영향을 예지, 예측하는 hard와 soft의 종합기술이다. 즉 설비진단기술이란 설비 상태로 설비에 걸리는 stress, 고장이나 열, 강도 및 성능 등을 정량적으로 파악하여 신뢰성이나 성능을 진단예측하여 이상이 있을 시 그 원인, 위치, 위험도 등을 식별 및 평가하고 그 수정방법을 결정하는 기술이라 설명하고 있다.

따라서 설비진단기술은 단순한 점검의 계기화나 고장검출기술이 아닌 것에 반드시 주의할 필요가 있다. 설비진단은 설비의 종합적 진단을 지향하는 것이므로 검출기술 향상뿐만 아니라 측정기술의 정도 향상, 고장해석기술의 확립 등 휴먼웨어(humanware)를 포함한 관련 기술로 진단이 가능하게 된다.

2. 보전의 분류

1) 예방보전

"설비의 건강상태를 유지하고 고장이 일어나지 않도록 열화를 방지하기 위한 일상보전, 열화를 측정하기 위한 정기검사 또는 설비진단, 열화를 조기에 복원시키기 위한 정비 등을 하는 것이 예방보전이다."라고 TPM용어집에 정의되어 있다. 즉 인간의 몸에 비유하면 정기적으로 실시하는 건강진단에 해당하는 것이 예방보전이다.

예방보전에는 일정한 기간이 경과하면 설비의 당시 상태가 어떠한가에 개의치 않고 설비를 정지시켜 수리하는 TBM(Time Based Maintenance)과 설비의 상태에 따라 보전을 행하는 CBM(Condition Based Maintenance)이 있다.

2) 사후보전

사후보전은 경제성을 고려하여 고장 정지 또는 유해한 성능저하를 가져온 후에 수리하는 보전방식을 말한다. 구체적으로는 정지손실이 적고 복구가 간단하며 예비라인이 있어 즉시 교체하고 운전할 수 있는 설비가 대상이 된다. 그러나 예방보전시대 이전의 사후보전과 같이 완전히 방치하는 것이 아니라 경험 또는 통계적인 방법을 이용해 이상을 발생시키는 기기를 예측해 사전에 예비품을 조달하거나 복구방법을 검토해 두는 것이 현대의 사후보전이다.

[표 5-6] 보전의 분류 및 특징

보전 방식	PM		BM
	TBM (Time Based Maintenance)	CBM (Condition Based Maintenance)	BM
정 의	정해진 적정 주기에 따라 정기적으로 수리정비, 검사진단을 하고 다음의 정기수리까지 기능을 보장한다.	운전 중에 설비의 열화상태를 검사기기를 사용하여 정기적으로 진단을 하고 중대한 고장에 이르기 전에 계획적으로 수리정비를 한다.	고장이 발생한 이후에 수리를 한다. 또한 Co-Mo 등에서 조기 발견 시 수리를 하는 것을 원칙으로 한다.

보전 방식	PM		BM
	TBM (Time Based Maintenance)	CBM (Condition Based Maintenance)	
설 정 표 준	• 고장(정지, 기능 저하)이 생산, 품질, 안전환경 등에 크게 영향을 미치기 때문에 일정 기간 운전을 정지하는 것이 불가능한 기기 • 법적으로 수리, 정비, 검사 기간이 정해져 있는 기기 • 고장주기(MTBF)가 확실히 정해져 주기의 오차가 많지 않은 기기 • 예지기술의 판정이 곤란하거나 코스트가 많이 소요되기 때문에 정기적으로 실시하는 것이 경제적인 기기	• 고장이 발생해도 예비기로 교체하고 일시 정지하여 수리정비가 가능한 기기 • 예지기술이 있어서 사전 이상파악이 가능한 기기	• 고장이 발생해도 생산, 품질, 안전환경 등에 영향이 없고 수리정비도 용이한 기기 • BM으로 실시하는 것이 경제적인 기기
조건	• 예비기가 없는 중요 기기	• 예비기가 있는 중요기기 • 예비기는 없지만 일시정지가 가능한 기기	• 수리정비를 위해서 언제든지 정지가 가능한 기기

3) 개량보전

개량보전은 CM(Corrective Maintenance)이라고 불리며, 기기부품의 수명연장(MTBF의 연장)이나 고장난 경우의 수리시간 단축(MTTR 단축) 등 설비에 개량대책을 세우는 방법이다. 이것은 정기보전의 주기가 짧은 것, 예지보전의 열화주기가 짧거나 변동이 큰 것, 사후보전의 고장횟수가 많은 것, 혹은 고장의 수리비용이 큰 것 등에 대해 설비의 개량·개선을 실시하는 것이다. 이러한 것도 보전계획 속에 포함시켜 계획화하는 것이 중요하다.

설비가 고장난 후의 대처방법으로 완전히 원래 상태로 복원하는 것은 그다지 의미가 없다. 그러므로 같은 고장이 다시 일어나지 않도록 개선하는 것이 개량보전인 것이다. 즉 설비의 신뢰성, 보전성, 조작성, 안정성 등의 향상을 목적으로 설비의 재질이나 형상을 개량하는 보전방법을 가리킨다.

4) 보전예방

설비를 새로 계획, 설계하는 단계에서 보전정보나 새로운 기술을 도입하여 신뢰성, 보전성, 경제성, 조작성, 안전성 등을 고려함으로서 보전비나 열화손실을 줄이는 활동으로 궁극적으로는 보전불요의 설비를 목표로 하는 것이다. 따라서 차세대 설비에 대해서 고장이 잘 나지 않거나 고장이 나더라도 수리하기가 쉽고 동시에 사용하기 편리한 설비로 만들기 위한 보전기술(노하우)을 설계부문에 피드백하는 것이 필요하고, 그것을 보전예방이라 한다. 그리고 이것을 설계에 반영하는 것을 MP(Maintenance Prevention)설계라고 한다.

Section 11 산업기계의 방음과 방진대책

1. 개요

산업기계의 작동에 있어서의 방진과 방음의 트러블이 작동 중에 발생하는 부품의 파괴 또는 제품의 불량으로 연결된다. 예를 들면, 복합가공을 하는 프레스 금형에서 트러블은 프레스기계 등의 주변기기가 아니고 금형에 그 기능을 부여하는 것이 효과적이라고 생각된다. 따라서 검출의 방법으로는 압력센서, 클리어런스센서, 하중센서, 거리센서 등으로 복합형의 기본적인 유사 트러블로의 해석을 통하여 복합가공으로의 방진과 방음의 트러블에 적용하고 효과적인 복합가공에 있어서의 방진과 방음의 최소화로 고정밀도 검출수법이 구축되어야 한다. 따라서 산업기계의 방음과 방진대책은 사용목적과 용도에 따라 결정하는 것이 바람직하다.

2. 산업기계의 방음과 방진대책

1) 방음대책

(1) 차음설계 시 유의사항

효과적인 차음을 하기 위해서는 다음의 사항에 유의하여 차음재료를 선정하여야 한다.
① 차음이란 흡음과는 달리 음에너지의 반사음이 큰 벽체의 면밀도가 큰 재료를 선택한다.
② 차음에서 가장 취약한 곳은 틈새이므로 틈새나 파손된 곳이 없도록 해야 한다.
③ 서로 다른 재료가 혼용된 벽의 차음효과를 높이기 위해 균일한 재료를 선택한다.
④ 차음재의 음원측에 흡음재를 붙인다.
⑤ 벽체에 진동이 생길 경우 차음벽의 탄성지지, 방진 및 제진(制振)처리가 필요하다.

⑥ 차음효과를 위해 중공을 갖는 이중벽을 사용하며 일치주파수와 공명주파수에 유의하여야 한다.

⑦ 콘크리트블록에 모르타르마감은 약 5dB 정도의 투과손실 증가를 얻을 수 있다.

(2) 흡음설계 시 유의사항

흡음재료의 성능을 보다 효율적으로 발휘시키기 위해서는 그 흡음재료와 특성을 바르게 이해하고 목적에 따라 정확한 설계를 함과 동시에 그 설계에 대해서 충실한 시공이 요구된다.

① 적절한 재료의 선택과 반사음의 확산에 유효하게 작은 면적으로 나누는 방법이다.

② 흡음마감의 부위를 음압이 큰 실의 모서리와 천장 주변 등에 배치하는 것이 바람직하다.

③ 흡음재는 차음재료와 조합시켜야만 방음의 효과를 거둘 수 있다.

(3) 흡음시공 시 유의사항

흡음재료의 시공에 있어서는 시공면과 재료의 조합, 시공 정도(배후 공기층, 표면마감 등), 경제성, 의장성, 내구성 및 보수 등과 같은 5가지 면에서 주의가 요구된다.

2) 방진대책

(1) 방진설계 시 유의사항

① 기계에서 요구되는 기능을 충분히 숙지해두어야 된다.

② 안전율 측면만을 너무 강조하여 과다 설계되지 않도록 주의한다.

③ 탄성지지설계에 있어서는 가진력으로서 기계요소 운동만을 생각하는데, 지진 시에 전도붕괴나 경사가 생기지 않도록 멈춤장치, 체결구의 배려가 대형기계에서는 특히 필요하다.

④ 설치하는 스프링은 교체나 보수를 위해 작업성을 고려하여 설계할 필요가 있다.

(2) 방진시공 시 유의사항

① 바닥슬래브와 기계 사이에 금속기구나 배관 등에 의해 연결되지 않도록 한다.

② 바닥슬래브와 방진재를 연결하는 앵커는 진동에 의해 느슨해지지 않도록 시공한다.

③ 방진지지에 의해 기기 본체는 상하·수평방향으로 변위가 발생하기 쉬우므로 내진스토퍼를 시공한다.

④ 중간검사에서는 방진재의 하중배분이 적정하게 되었는가를 검사하고 이상변형, 휨 등은 방진재의 조기열화를 초래하므로 주의한다.

(3) 방진형식의 선정 시 유의사항

방진재 등을 배치설계하기 전에 기계의 종류에 의해서 형식을 결정해야 한다.

① 기계가 강성이 있고 충분한 중량이 있으며 중심의 위치가 낮은 경우에는 스프링을 직접 앵커볼트의 위치에서 기초와의 사이에 삽입하는 형식의 방진을 한다. 소형의 공작기계, 사출성형기 등은 이 방식으로 되는 경우가 많다.

② 기계 자체에 강성이 없어 보강이 필요한 기계에서는 충분히 강성이 있는 빔(beam 또는 bed) 위에 견고하게 연결하고 베드와 기초 사이에 스프링을 설치한다. 구식 선반 대형전단기, 직기, 활판인쇄기 등은 이 범주에 들어가는 수가 많다.

③ 기계베드가 분할되어 있고 상대변위를 싫어하는 기계에서는 공통의 베이스(base) 위에, 두 기계를 고정하고 상대변위가 생기지 않도록 주의한 뒤에 베이스와 기초와의 사이에 스프링을 설치한다. 고무롤, 컴프레서 등에 이 형식을 사용하는 경우가 많다.

④ 중심위치가 높고 스프링의 부착간격을 넓게 취할 수 없는 기계는 면적이 크고 무거운 베이스를 붙여서 중심위치를 내리고 간격을 벌린 지지점에서 스프링을 설치한다.

⑤ 탄성지지계의 기계진폭을 작게 할 필요가 있다. 기계 자신의 중량이 가진력에 대해서 충분하지 못할 경우에는 중량 증가용의 부가베이스를 붙여서 방진한다. 단조기, 공기압축기 등에서 사용된다.

Section 12 **기계설비투자의 경제성 평가방법(자동화설비)**

1. 경제성 검토의 순서

경제성 검토의 설비투자 방향은 다음과 같다.

1) 투자 윤곽의 설정

모든 의사결정은 최고의사결정자의 주관에 의존하게 되는 경우가 많으나 의사결정자의 주관에 되도록 객관성을 부여하기 위해서는 스탭이 과거의 실적을 분석하여 참고자료로 제출해야 할 필요가 있다. 이러한 자료작성에 있어서는 과거의 실적에 대한 분석을 통하여 설비가 매출액에 대하여 어떠한 비율로 보유되고 있는가를 체크하는 것이 일반적이다.

설비비율(=보유 총설비÷매출액)은 같은 업종이면 각 기업의 비율이 거의 비슷한 수치가 되므로 참고자료가 될 수 있으며, 또한 장비율(=설비보유액÷종업원 수)을 기준으로 투자 윤곽을 결정하는 방법도 있다.

2) 자금조달계획의 입안

투자 윤곽에 상당하는 자금을 잘 조달할 것인가는 최고의사결정자의 역량에 달려 있는 문제이기는 하지만 기업의 업적과 이익률을 고려하여 사전에 자금조달계획을 검토함이 필요하다.

3) 투자계획의 채산계산

개별의 설비투자계획의 채산성은 경제계산을 사용하여 검토를 하나, 이 경우에 설비계획에 포함시켜야 할 모든 항목을 빠뜨리지 말고 찾아내서 정확한 in-put금액(코스트)과 out-put금액(수익, 매출)을 견적하는 일이 중요하다. 경제계산에 있어서는 채산성을 검토하는 데 근본이 되는 견적자료에 신뢰성이 없으면 계산 자체가 무의미하게 되어버린다.

경제계산과 관련해서 이익은 시간의 경과함수라 할 수 있으며, 시간의 경과를 타임머신으로 제거하여 모든 금액을 같은 시점에 두고 out-put금액이 in-put금액과 같거나 크면 그 설비계획은 채산성이 있다고 하겠다.

4) 평가 · 등급의 결정

각 부문으로부터 제출된 개별적인 설비투자계획의 등급을 결정하는 것은 본질적으로 어려운 문제라 할 수 있으며, 일반적으로는 이익성(수익성), 중요성, 긴급성 등의 평가항목을 정해서 종합평가를 하게 된다.

2. 경제성 계산

공장자동화의 경제성 검토를 기업의 투자측면에서 살펴보면 다음과 같다.

1) 경제성 검토단계(현재 방식과 자동화방식의 비교 검토)

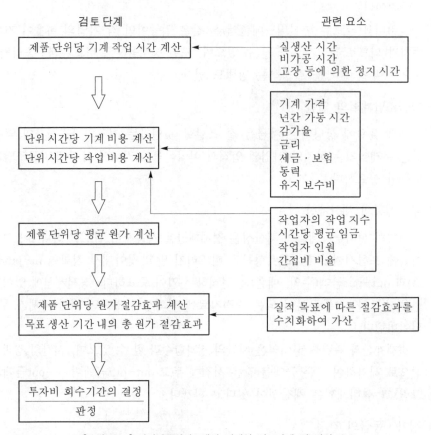

[그림 5-1] 간이자동화시스템의 경제성 검토단계 및 관련 요소

단계별 검토요소의 계산방법은 다음과 같다.

① 단위(1개)당 기계작업시간 $T_o = \dfrac{T}{T_1} = \dfrac{T_p + T_f}{T_1} + T_c$[분]

여기서, T : 1개월당의 총작업시간(분/월), T_1 : 1개월당의 총생산량(개/월)

T_p : 비가공시간합계(분/월), T_f : 고장 등에 의한 정지시간합계(분/월)

T_c : 개당 실생산시간(분/개)

② 단위시간당 기계비용 $K_m = \dfrac{A(\alpha + \beta + \gamma + \delta)}{B \times 60 \times 100}$ [W/분]

여기서, A : 기계가격(₩), B : 연간 가동시간(시간)$\left(= \dfrac{12T}{60} = \dfrac{T}{5}\right)$

α : 감가율(%) $\left[\begin{array}{l} 범용기(5년) : 20\% \\ 전용기(3년) : 33\% \end{array}\right.$

β : 기계가격에 따른 금리(%),　γ : 세금, 보험(%)

δ : 유지 · 보수비용비율(%)　$\begin{bmatrix} \text{범용기 : 3\%} \\ \text{전용기 : 5\%} \end{bmatrix}$

③ 단위시간당 작업비용　$K_r = \dfrac{Z\left(P + \dfrac{Pg}{100}\right)}{60} N [\text{₩/분}]$

여기서,　Z : 작업자의 작업지수　$\begin{bmatrix} \text{범용기 : 1} \\ \text{전용기 : 0.8} \end{bmatrix}$

P : 작업자 시간당 평균임금(₩/시간),　N : 작업자의 수(명)

g : 간접비율(%)　$\begin{bmatrix} \text{평균치 : 200\%} \\ \text{대기업 : 300\%} \\ \text{중소하청기업 : 150\%} \end{bmatrix}$

④ 단위당 평균원가　$W_p = (K_m + K_r) T_o [\text{₩/개}]$

⑤ 단위당 원가절감액

$\Delta W_p = W_p$(자동화, 전용기)$- W_p{}'$(범용기, 현재 방식)$[\text{₩/개}]$

⑥ 총원가절감액　$\sum W = \Delta W_p \times$ 목표기간 내 총생산수량$[\text{₩}]$

⑦ 투자비 회수기간 $= \dfrac{A}{T_1 \Delta W_p} [\text{월}]$

2) 실제 계산의 예

축부품생산에서 선반 2대를 자동화라인으로 하는 경우와 2대를 단독운전하는 경우를 예로 들어 경제성을 비교해보면 다음과 같다.

① 조건 비교

[표 5-7]

항목	2대 범용 단독운전	2대 조합 자동화라인
설비비용	800만원	1,600만원
작업인원	2명	0.5명
월생산량	6,000개	8,000개
월간 작업시간	12,000분/월	12,000분/월
투자비 회수목표		3년
기타 질적목표	고려하지 않음	

② 관련 요소

[표 5-8]

항목	2대 범용 단독운전	2대 조합 자동화라인
작업자의 작업지수	1	0.8
간접비용	150%	150%
감가율	20%	33%
금리	10%	10%
세금·보험	2%	2%
유지·보수비용	3%	5%
작업자 시간당 평균임금	1,500₩/시간	1,500₩/시간

③ 경제성 계산 비교

[표 5-9]

항목	2대 범용 단독운전	2대 조합 자동화라인
단위당 기계작업시간 (T_o)	$\dfrac{12,000}{6,000}=2분/개$	$\dfrac{12,000}{8,000}=1.5분/개$
단위시간당 기계비용 (K_m)	$\dfrac{8\times10^6\times(20+10+2+3)}{2,400\times60\times100}$ $=19.4₩/분$	$\dfrac{16\times10^6\times(33+10+2+5)}{2,400\times60\times100}$ $=55.5₩/분$
단위시간당 작업비용 (K_r)	$\dfrac{1\times\left(1,500+\dfrac{1,500\times150}{100}\right)}{60}\times2$ $=125₩/분$	$\dfrac{0.8\times\left(1,500+\dfrac{1,500\times150}{100}\right)}{60}\times5$ $=25₩/분$
단위당 평균원가 (W_p)	$(19.4+125)\times2분/개$ $=288.8₩/개$	$(55.5+25)\times1.5분/개$ $=120.75₩/개$
단위당 원가절감액 (ΔW_p)	\multicolumn{2}{c}{$288.8-120.75=168.05₩/개$ $\dfrac{168.05}{288.8}\times100=58.2\%$ 절감효과}
투자비 회수기간	\multicolumn{2}{c}{$\dfrac{16,000,000₩}{168.05₩/개\times8,000개/월}=11.9개월$}
판정	\multicolumn{2}{l}{• 경제성 있음 • 조건에서 고려하지 않은 질적목표 달성에 따른 부수이익이 있음 　－ 불량률 감소 　－ 인력 감소에 따른 타 부서전환 가능 　－ 공정능력의 적기배분에 따른 납기준수 가능 　－ 품질균일}

Section 13

산업기계분야 중 구체적인 분야를 선정하여 문제점을 분석하고 국제경쟁력 강화방안 서술

1. 개요

제조업 기반 구축장비의 핵심인 기계산업 전체는 물론, 산업의 수요요인에 따라 중간재와 최종재로 구분하여 제반 현황 및 발전추이를 경쟁력 관점에서 산업경쟁력 강화의 선결과제로서 기계산업의 수출경쟁력 혹은 비교우위구조의 변화추이를 통해서 국제경쟁력을 종합적으로 검토하여 문제점과 경쟁력방안을 제시한다. 2002년부터 2011년까지 변화추이를 보면 다음과 같다.

① 특정 시장에서 국가 간의 경쟁력을 분석하는 데 주로 사용되는 무역특화지수(TSI) 및 RCA지수에서 기계산업 전체는 두 지수가 증가되고 있다.

② 우리나라 기계산업의 대외경쟁력이 가격우위구조에서 품질, 즉 제품경쟁력 확대구조로 전환되고 있는지를 분석하기 위해서 수출경합도지수(ESI) 분석결과도 향상되었다.

③ 수출고도화지수(sophistication index of exports)는 선진국인 독일, 미국, 이탈리아보다 외환위기 이후 2010년 기준 기계산업의 고도화지수가 이전 시계열보다 높은 국가는 한국이 유일한 것으로 분석되었다.

④ 기계산업의 가격경쟁력과 기술경쟁력의 변화추이를 동시에 평가할 수 있는 유형화 분석은 2000년대 초 전체의 불과 5.9%에서 2011년에는 15.6%로 긍정적 방향으로 패턴변화가 이루어지고 있는 것으로 나타났다.

2. 산업기계분야 중 구체적인 분야를 선정하여 문제점을 분석하고 국제경쟁력강화방안

1) 문제점

위 내용을 종합해 볼 때 우리나라 기계산업의 국제경쟁력은 꾸준하게 향상되고 있는 것으로 평가된다. 다만, 기계산업을 중간재와 최종재로 구분하여 살펴본 결과 중간재부문의 무역특화지수(TSI)가 여전히 마이너스를 탈피하지 못하고 있고, 국제경쟁력 개선이 이루어진 경우에도 우리나라에 비해서 후발경쟁국인 중국의 개선폭이 더 큰 것 등은 우리의 국제경쟁력 제고를 위한 노력이 더욱 강화되어야 함을 의미한다. 실제로 현시비교우위지수, 즉 RCA지수의 개선폭을 보면 우리나라는 2001년 대비 2011년 기계산업부문의 개선폭이 0.265인 반면에, 경쟁국인 중국은 0.372로서 우리를 훨씬 능가한 점이 대표적인 예라고 하겠다. 또한 글로벌기업의 비즈니스모델 혁신 및 글로벌전략변화

사례에서 가장 주목할만한 점은 가치사슬영역에서 외부역량활용이 빈번해졌다는 것이다. 글로벌시장에서 우위를 확장하기 위해서 경쟁국과 경쟁기업 간 손을 잡는 일이 빈번해진 것이다. 국내기업의 경우 이러한 협업추세에 대한 대응이 미진한 것으로 나타나 이에 대한 대책 마련이 요구된다. 특히 우리와 경쟁관계에 있는 일본과 중국, 대만기업의 사례에 주목할 필요가 있다. 기계산업의 국제경쟁력 제고 및 수출확대가 동 산업만의 과제가 아닌 제조업기반 강화 및 국민경제기여차원에서 과거에 비해 훨씬 더 중요하다는 점을 의미한다.

2) 국제경쟁력 강화방안

경쟁력 제고를 위해 필요한 방안들을 다음과 같다.

① 기술력 강화를 통한 생산제품의 High-end화와 교역구조 개선 : 우리나라 기계류의 순상품교역조건을 독일, 일본, 미국 등 선진국과 비교해보면 여전히 국산기계류제품의 고급화전략이 중요한 의미를 갖는다.

② 고용 친화적 경쟁유망분야 도출 및 중견기업 성장유도 : 일부 대기업들은 NC선반이나 머시닝센터와 같이 주문단위당 물량이 큰 품목을 중심으로 생산체제를 유지하되, 중견기업들의 성장을 유도하면서 고기능 특수목적용 장비생산을 병행하는 전략도 요구된다.

③ 현지 수입수요에 맞는 제품수출 강화 및 다변화 : 점차 심화되고 있는 주변 경쟁국들과의 경쟁을 완화하고 판매에 따른 수익구조를 개선하기 위해서는 수출제품의 다변화 노력이 매우 중요하다.

④ 중국, 대만 등과의 경쟁전략 강화 및 분업구조 확대 : 중국은 지금까지 기계산업 관점에서 보면 앞에서 살펴본 바와 같이 우리에게 위협요인보다는 기회요인이 컸던 것으로 평가된다. 그러나 주력수출시장인 미국에서 중국제품이 양적으로 성장하는 추세를 보면 향후에는 위협적 요인이 보다 확대될 것으로 전망된다.

⑤ 해외기업과의 제휴를 통한 역량 보완과 상호 win-win 모색 : 국내기업의 취약점으로 여겨지는 서비스역량의 확충과 수출시장 다변화를 극복하기 위해서는 개별기업의 내부역량활용만으로는 어려운 측면이 크다. 따라서 타기업에 대한 M&A, 전략적 제휴 등 외부역량의 내재화 또는 활용으로 이를 타개할 필요가 있다.

⑥ 비관세장벽 강화추세에 따른 대응방안 모색 : 중간재에 해당하는 부품류의 수출경쟁력 향상을 위해서는 다양한 비관세장벽에 대한 정밀한 파악 및 대응시스템 모색이 필요하다.

⑦ 주요 기계류의 국산화율 제고를 통한 수익구조 개선 : 국산화율은 전체 생산 중에서 국내에서 생산, 공급된 것의 비중을 통합적으로 지칭하며, 경제적 측면에서 부가가치 창출, 수입 대체(무역수지 개선효과), 고용 창출을 측정하는 지표로 활용된다.

Section 14 산업기계설계의 인간공학과 안전관리

1. 개요

우리가 사용하는 기계·기구 및 설비나 장치를 만드는 과정에서 가급적이면 사용하기 편하고 안전하게 하도록 하기 위해 인간요소(人間要素)를 고려하는 것이 인간공학(人間工學)이라고 말할 수 있다.

인간공학은 영어로는 Ergonomics, Human Factors, Human Factory Engineering 등이 서로 혼용되고 있으나 미국에서는 주로 심리학적 측면이 강조된 Human Factors 를, 유럽에서는 작업생리학적인 측면에서 Ergonomics라는 용어를 사용하고 있다. 최근에 Ergonomics라는 용어가 총괄적인 인간공학을 나타내는 말로 주로 쓰인다.

미국의 E. J. McCormick은 "인간공학이란 인간이 기계나 물건을 사용하는 데에 기술의 체계를 지적한 것으로 인간의 작업과 작업환경을 인간의 정신적, 신체적 성능에 적용시키는 것을 목적으로 하는 과학이다."라고 하였다. 또한 L. C. Mead는 "인간공학은 기계와 인간에 의한 생산성 향상, 환경안전, 능력적인 것과 같이 기계와 인간을 적합시키려고 하는 것이다."라고 하였다.

2. 인간공학과 안전관리

1) 인간공학의 접근방법

인간이 사용하고자 하는 물건이나 기계기구 및 장치, 환경을 설계하는 데 인간의 특성이나 행동에 관한 적절한 정보를 체계적으로 적용하는 것으로, 이를 어떠한 제품의 설계에 응용하는 것과 구별하여 산업현장의 작업환경을 개선하고자 하는 것을 인간공학의 분야로서 산업인간공학(Industrial Ergonomics)이라고 한다.

2) 산업인간공학의 목적

① 작업자의 안전·보건
② 원가 절감 및 생산성 향상
③ 작업의 쾌적

3) 산업인간공학과 안전관리연구

① 작업공정 및 작업방법의 개선
② 작업환경의 분석
③ 기계의 배치

④ 조종장치, 표시장치의 설계
⑤ 작업공간

　　따라서 안전관리 부분에서의 인간공학의 도입목적은 작업자가 수행하는 작업내용, 작업환경 및 시설물에 작업자의 신체적인 특성이나 행동양식을 반영하여 설계하도록 하는 데 있다.

3. 인간-기계체계의 개요

　　인간공학은 기계와 그 조작 및 환경조건을 인간의 능력과 한계에 적합하도록 설계하기 위한 기법을 연구하는 것으로 인간과 기계가 서로 조화되게 만드는 것이다. 각각의 임무는 사람 또는 기계에 적절히 할당되어 수행되며, 각 임무를 행하는 데는 [그림 5-2]에 있는 것 같이 전형적으로 감지(sensing), 정보보관, 정보처리 및 의사결정, 행동기능과 같은 네 가지 기본기능(basic function)이 필요하다.

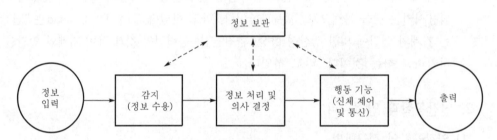

[그림 5-2] 인간-기계통합체계의 인간 또는 기계에 의해서 수행되는 기본기능의 유형

1) 감지

　　인간은 시각, 청각, 촉각 등에 의해 정보를 감지한다. 기계감지장치에는 전자, 사진, 기계적인 여러 종류가 있으며, 경우에 따라서는 인간이 할 수 있는 감지기능을 단순히 대신 수행하기도 하지만 어군탐지에 쓰이는 음파탐지기와 같이 인간이 감지할 수 없는 것을 감지하기도 한다.

2) 정보보관

　　인간에 있어서 정보보관이란 기억된 학습내용이다. 정보는 펀치카드, 자기테이프, 형판(template), 기록, 자료표 등과 같은 물리적 기구에 여러 가지 방법으로 보관될 수 있다. 나중에 사용하기 위해서 보관되는 정보는 암호화(code)되거나 부호화(symbol)된 형태로 보관된다.

3) 정보처리 및 의사결정

정보처리란 받은 정보를 가지고 수행하는 여러 종류의 조작을 말한다. 인간이 정보처리를 하는 경우에는 처리과정이 단순하거나 복잡하거나 간에 행동한다는 결심이 전형적으로 뒤따른다. 기계화 또는 자동화된 기계장치를 쓸 경우에는 가능한 모든 입력정보에 대해서 정해진 방식으로 반응하기 위해서는 정보처리과정이 어떤 형태로든지 미리 프로그램되어야 한다.

4) 행동기능

행동기능이란 내려진 의사결정의 결과로 발생하는 조작행위로 첫 번째는 조종장치를 작동, 물체나 물건을 취급, 이동, 변경, 개조하는 따위의 물리적인 조종행위나 과정이다. 두 번째는 본질적으로 통신행위이며 음성, 신호, 기록 등의 방법이 사용된다.

4. 인간-기계 체계의 유형

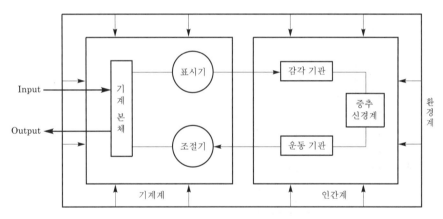

[그림 5-3] 인간과 기계체계도

인간-기계체계란 주어진 입력으로부터 원하는 출력을 생성하기 위하여 상호작용을 하는 한 사람 이상의 인간과 하나 이상의 물리적 부품의 조합이다. 여기서 기계란 상당히 제한적으로 사용되는 보편적인 개념보다는 원하는 목적을 달성하는데 필요한 행동이나 어떤 기능을 수행하는데 사람들이 사용하는 거의 모든 종류의 물체, 장치, 장비, 설비, 물건 등을 포함하는 개념이다. 비교적 간단한 형태로서 공구(tool)를 들고 있는 사람도 인간-기계체계이다. 좀 더 복잡한 체계로는 승무원을 포함한 항공기나 전화계통을 들 수 있다. 인간-기계체계의 기계계는 기계 본체와 표시기 및 조절기로 구성되고, 인간계는 감각기관, 중추신경계 및 운동기관으로 구성된다. 다시 환경계가 인간계와 기계계를 둘러싸고 있으면서 각 계에 항상 일정한 조건의 제약을 가한다. 이 시스템에 있어 환경 또는 기계로부터의 정보는 감각기관을 거쳐 대뇌의 중추에 전달되며 모든 판단이 이루어지고, 그 결과는 다시 중추의 명령으로 운동기관에 전달됨으로써 필요한 조작을 하게 되고 그것이 다시 인간의 감각기관에 피드백된다. 기계로부터의 정보는 각종의 표시기에 표시되고, 기계의 조작은 조절기에 의해 이루어진다.

인간-기계체계를 설계할 때 신뢰도가 낮은 인간에게 신뢰도가 높은 기계를 적합하도록 하여야 할 필요가 있을 것이며, 인간공학의 연구목적인 것이다. 즉 인간공학은 인간의 심리적, 생리적 특성에 적합한 기계를 제공하는 데 있다. 그러므로 기계선택 시에는 어떤 기계가 인간의 특성에 적합한 것인가를 생각해보아야 한다.

[표 5-10] 인간과 기계의 장단점 비교

구분	인간	기계
장점	• 시각, 청각, 미각 등 오감에 약간의 자극에도 감지 • 변화하는 자극패턴을 인지 • 예상치 않은 자극을 인지 • 기억에서 적절한 정보를 제공 • 결정 시의 여러 가지의 경험을 인출 • 귀납적으로 추론 • 원리를 이용하여 문제해결 • 주관적인 평가를 실시 • 새로운 해결책을 생각	• X선, 전파 등의 인간이 할 수 없는 것에도 반응 • 신속하게 대량의 정보처리 가능 • 정보의 신속한 인출 • 특정 프로에 따라 수량적 정보를 처리 • 입력신호에 신속히 일관된 반응 • 연역적으로 처리 • 반복동작을 확실히 함 • 명령받은 대로 작동 • 장시간 동안 작업 가능
단점	• 한정된 범위 내의 자극에 대해서만 반응 • 계산에 한계가 있음 • 반복작업을 정확히 할 수 없음 • 자극에 정확히 일관된 반응을 할 수 없음 • 장시간 작업 불가	• 미리 정해진 활동만 가능 • 학습활동은 불능 • 주관적인 평가 불가 • 응용 불가능 • 기계에 맞는 신호에만 반응

5. 인간-기계체계의 형태

1) 수동체계

수공구나 기타 보조물로 이루어지며 인간의 신체적인 힘을 동력원으로 하여 작업을 통제하는 인간과 기계의 결합이다.

2) 기계화체계(반자동체계)

동력은 기계가 제공하며 인간이 조종장치를 사용하여 기계를 통제하는 결합이다. 인간은 표시장치를 통하여 체계의 상태에 대한 정보를 받고 정보처리 및 의사결정기능을 수행하여 결정한 것을 조정장치를 사용하여 실행한다.

3) 자동체계

체계가 완전히 자동화된 경우에는 기계 자체가 감지·정보처리 및 결정, 행동을 포함한 모든 임무를 수행한다. 이런 체계가 모든 가능한 우발상황에 대해 적절한 행동을 취하게 하기 위해서는 완전하게 프로그램되어야 한다. 대부분의 자동체계는 폐쇄회로를 갖는 체계이다. 만일 이런 체계의 신뢰성이 완전하다면 모든 기능을 인간으로부터 인수하여 인간의 개입이 필요 없게 되는 가능성도 생각할 수 있으나, 신뢰성이 완전한 자동체계는 불가능한 것이므로 인간은 주로 감시, 프로그램, 정비 유지 등의 기능을 수행한다.

6. 인간-기계체계의 설계

1) 인간-기계체계의 설계원칙

① 인간-기계체계 중의 사실들을 파악, 필요한 조건 등을 명확히 표현
② 인간이 수행해야 할 조작에 대한 각각의 특성을 조사
③ 동작경제의 원칙이 만족되도록 고려
④ 시스템의 환경조건이 인간의 한계치를 만족하는가의 여부를 조사
⑤ 단독의 기계에 대하여 배치가 인간의 심리 및 기능과 부합
⑥ 인간과 기계가 각각 복수인 경우 전체를 포함하는 배치로부터 발생하는 종합적인 효과가 가장 중요
⑦ 기계조작방법의 습득에 어떤 훈련방법이 필요한지 시스템 활용에 필요한 시간을 명확히 제시
⑧ 설계의 완료를 위해 조작 능률성, 보존 용이성, 제작경제성측면 재검토
⑨ 완성된 시스템에 대해 최종적으로 불량 여부의 결정을 수행

2) 인간-기계체계의 설계단계

① 제1단계(목표 및 성능 설정) : 체계가 설계되기 전에 우선 목적이나 존재이유 및 목적은 통상 개괄적으로 표현한다.
② 제2단계(체계의 정의) : 목표, 성능이 결정된 후 목적을 달성하기 위해 어떤 기본적인 기능이 필요한지 결정한다.
③ 제3단계(기본설계) : 기능의 할당, 인간성능요건 명세, 직무분석, 작업설계 등을 수행한다.
④ 제4단계(계면설계) : 체계의 기본설계가 정의되고 인간에게 할당된 기능과 직무가 윤곽이 잡히면 인간-기계계면과 인간-소프트웨어 계면의 특성에 신경을 쓸 수가 있다. 작업공간, 표시장치, 조종장치, 제어(console), 컴퓨터 대화(dialog) 등이 포함된다.

⑤ 촉진물설계 : 체계설계과정 중 이 단계에서의 주초점은 만족스러운 인간성능을 증진시킬 보조물에 대해서 계획하는 것이다. 지시수첩(instruction manual), 성능 보조자료 및 훈련도구와 계획(program)이 있다.

7. 인간 과오의 개요

인간-기계체계에는 인간이 수행해야 할 임무가 있다. 자동화체계라 할지라도 감시하고 보전하는 데 인간의 개입이 필요하다. 그러나 인간은 실수할 수 있는 존재이다. 인간 과오는 인간의 신뢰성 문제로서 취급되고 있으나, 인간의 신뢰성은 인간-기계체계 전체의 신뢰성에 관계가 있기 때문에 이를 어떠한 방법으로 대처할 것인가에 중요한 의의를 가지고 있다.

[표 5-11] 사고원인별 분류

사고원인		건수	비율(%)
인적 요인	오조작	228	20.9
	불안전행위	72	6.6
	점검불량	44	4.0
	관리감독불량	77	7.1
	소 계	(421)	(38.6)
물적 요인	설계시공불량	27	2.5
	보수불량	294	27.2
	외란	14	1.3
	기타	277	25.4
	소 계	(615)	(56.4)
천재		6	0.5
원인불명		39	3.6
기타		10	0.9
합 계		1,091	100

[주] 건수는 1건의 사고에서 사고원인을 2 이상 들고 있는 것이 있기 때문에 사고건수를 상회하고 있다.

인간 과오란 시스템으로 정의되는 일련의 허용영역 안에서 받아들일 수 없는 행동으로 정의된다. 또한 시스템의 성능, 안전 또는 효율을 저하시키거나 감소시킬 잠재력을 갖고 있는 부적절하거나 원치 않는 인간의 결정이나 행동 등 어떤 허용범위를 벗어난 일련의 인간동작 중의 하나로 정의되고 있다.

다시 말해 인간 과오는 인간이 명시되어 있는 정확도, 순서 혹은 시간한계 내에서 지정된 행위를 하지 못하는(혹은 금지된 행위를 하는) 것이며, 그 결과 장비나 재산의 파손 또는 예정된 작업의 중단을 초래할 수 있다.

8. 인간 신뢰도(human reliability)

인간 과오확률(Human Error Probability : HEP)로서 주어진 작업이 수행되는 동안 발생하는 확률이다. HEP는 과오(error)의 수를 과오가 발생하는 전체 기회 수(total number of opport unities)로 나눈 값으로 다음과 같이 나타낸다(Kantowitz and Sorkin, 1985).

$$HEP = \frac{과오의 ~ 수}{과오 ~ 발생의 ~ 전체 ~ 기회 ~ 수}$$

또한 인간 신뢰도는 의식수준에 따라 다르며 [표 5-12]에서 단계별로 나타나고 있다.

[표 5-12] 의식 Level의 단계 분류

단계	의식mode	주의작용	생리적 상태	신뢰성
0	무의식, 실신	zero	수면, 뇌 발작	zero
I	subnormal, 의식 몽롱함	inactive	피로, 단조, 졸음, 술 취함	0.9 이하
II	normal, relaxed	passive, 마음이 안쪽으로 향함	안전주거, 휴식 시, 정례작업 시	0.9~0.999999
III	normal, clear	active, 앞으로 향하는 주위시야도 넓음	적극 활동 시	0.999999 이상
IV	hypernormal, excited	한 점으로 응집, 판단 정지	긴급방위반응, 당황해서 panic	0.9 이하

9. 인간 과오의 분류

1) 형태별 분류

① Omission error : 해야 할 것을 하지 않는다.
② Commission error : 해야 할 것을 불충분하게 한다.
③ Sequential error : 해야 할 것과 다른 것을 한다.
④ Extraneous act : 필요 없는 것을 한다.
⑤ Time error : 시기에 맞지 않게 한다.

2) 작업별 분류

① 조작과오 : 문자 그대로 기계를 조작하는 데 발생하는 과오
② 설치과오 : 설비 · 장치를 설치할 때 잘못된 설치와 조정을 한 과오
③ 보전과오 : 점검 · 보수를 주로 하는 보전작업상의 과오
④ 검사과오 : 양품인가, 불량품인가를 구별 중 또는 결함을 검출하는 도중에 발생하는 과오
⑤ 제조과오

10. 인간 과오의 원인

1) 개인특성

작업자의 개인적 특성으로는 불충분한 지식과 능력, 불충분한 경험과 훈련 · 성격 · 기호 · 습관의 문제, 적합하지 못한 신체적 조건, 동기결여, 낮은 사기(morale) 등을 들 수 있다.

2) 교육 · 훈련 · 교시의 문제

작업의 대상인 기계 · 설비의 특성에서 오는 하드웨어(hardware)적인 과오요인에 대해서 교육 · 지도상의 요인은 소프트웨어(software)적인 과오요인이 된다.

3) 직장 성격상의 문제

무턱대고 바쁜 작업이라든가, 하기 쉬운 작업이라든가, 다른 일에 신경을 쓰게 되는 직장에서는 과오의 가능성이 높게 되고, 타의에 의해 하는 일이라면 작업자의 사기에도 영향을 미쳐 결국 필요한 절차를 생략하게 된다.

4) 작업특성 · 환경조건

작업자에게 육체적 부하가 계속되는 작업, 판단과 행동에 복잡한 조건이 관련되는 작업, 낮은 자율성, 긴장과 주의력의 지속을 요구하는 작업, 불쾌 · 부적당한 작업환경, 다루기 어려운 작업대상, 자주 교체되는 인간-기계체계 등은 과오를 유발시키기 쉬운 작업특성 · 환경조건이다.

11. 인간 과오 방지대책

인간 과오를 감소시키기 위해서는
• 작업자 특성조사, 부적격자 배제
• 많은 정보를 획득, 의사결정 시 충분히 여러 요인 고려

- 보고 듣기 좋은 조건의 인간화
- 오인하기 쉬운 여건 삭제
- 오판하기 쉬운 방향성 고려
- 오독률을 적는 표시장치 대체
- 시간의 요소 등을 고려

1) 설비, 작업환경적인 요인에 대한 대책

① 위험요인의 제거 : 회전하고 있는 기기(모터, 컨베이어벨트 등)나 절삭에 사용하는 기기 등에는 작업자가 부주의하게 손을 뻗어서 상처를 입을 수 있는 환경이라면 손이 닿지 않는 어떤 장치를 하거나 미끄러지지 않는 장치 등의 대책을 세워야 한다.

② 풀 푸르프(fool proof), 페일 세이프(fail safe) : 인간이 작업 중에 잘못을 한 경우 대책이 필요하다. 손을 뻗으면 전자식 감응장치의 기능이 작동하거나 커버를 벗기면 모터가 정지한다. 또한 누름버튼과 같이 양손으로 조작하지 않으면 작동하지 않아 손을 내밀 수 없다든가, 혹은 절삭기의 버튼이 기계의 뒷면에 있어 완전히 신체와 떨어지게 하는 것 등을 들 수 있다.

  산업용 로봇의 경우 인간과 기계 사이를 격리시키는 것이 원칙이며, 주위를 둘러싸고 있는 방호울, 안전플러그, 안전매트, 기계적 정지기 등에 의하여 주로 설비측의 대책을 중시하는 것이다.

③ 정보의 피드백 : 시스템상황이 손에 잡힐 수 있는 것과 같이 명확하게 알 수 있도록 정보의 피드백이 필요하다. 특히 대형시스템에서는 시정수(時定數)가 커지기 쉬우므로 조작자의 조작에서 무엇이 어떻게 되어 있는지를 알 수 있도록 하는 것이 바람직하다.

④ 경보시스템의 정비 : 필요한 행동에 대한 예고경보나 과오에 대한 조치의 정보를 제공하는 것이 바람직하다. 단, 과다 정보는 바람직하지 못하며 오히려 혼란을 초래할 수도 있다.

⑤ 대중의 선호도 활용 : 설계를 할 경우에는 일반적으로 관습이나 많은 사람이 공통적으로 좋아하는 것에 적합하게 한다. 다이얼은 시계 주위에, 스위치는 점등이 위쪽을, 소등이 아래쪽을 누르게 한다. 포인터와 다이얼의 움직임의 일치 등 많은 것의 배려가 필요하다.

⑥ 시인성 : 밸브를 많이 나열하거나 계기나 컨트롤러를 나열하여 배치하면 이것은 인간에게 있어서는 특정한 것을 찾아내기 힘든 조건이 된다. 인간은 한 번에 8개 정도만 판단할 수 있다는 것을 고려하여 위치나 크기를 변경시키거나 착색을 하는 등 변화를 시켜 시안성을 좋게 하는 연구가 필요하다.

⑦ 인체측정치의 적합화 : 인간이 접촉하거나 관여하는 것은 인체의 크기에 적합한 것이어야 한다. 기기나 컨트롤러의 크기, 높이, 시선의 각도, 힘 등을 고려함이 바람직하다. 손가락이 들어가지 않도록 하는 것 등으로 인체의 크기를 고려하는 것도 중요하다.

2) 인적 요인에 대한 대책

① 작업에 관한 교육훈련과 작업 전 회의 : 작업내용을 숙지시켜 조작의 기본을 교육해야 한다. 또한 시스템 내부에 대해서도 충분한 지식을 가지고 있어야 한다. 작업 직전에는 순서, 예상되는 위험요인 등에 대한 소집단회의 등을 통하여 정확하고 안전한 작업을 수행할 수 있도록 작업의 매뉴얼을 작성한다.

② 작업의 모의훈련 : 사고에 가까운 체험을 하면서 안전지식을 몸에 배도록 하는 수단으로써 모의훈련이 있다. 실제로 사고를 체험하는 대신에 컴퓨터 등으로 모의적 장면을 제시하고 조치의 훈련을 실시하는 방법이다.

③ 소집단활동 : 작은 집단을 만들어 다 같이 대화를 하면서 순서나 안전의식을 향상시키는 활동을 말하며, 특히 안전에서는 위험예지활동이 있다.

3) 관리적 요인에 대한 대책

① 분위기 조성 : 안전에 대한 중요성을 인식시키는 분위기를 조성해야 한다. 또한 사기를 함양하여 인간관계를 좋게 하고 의사소통이나 상사와의 연결을 원활히 해야 한다.

② 설비·환경의 안전 개선 : 인간의 특성으로부터 설비, 작업환경, 시스템의 결함 등 문제점을 조직적으로 분석하고, 나아가서 개선에 대한 노력을 해야 한다. 인간 과오는 인간측면에만 책임을 전가하지 않고 설비·환경측면에서의 개선이 병행되어야 한다.

Section 15 산업기계 가동에 따른 대기공해, 수질공해, 소음공해, 주민 마찰 등에 대하여 귀하의 경험을 토대로 한 해결방안 기술

1. 개요

먼저 인체에 유해한 환경에 대해서 살펴보면 직접 폭로에 의한 경우로 납을 포함한 페인트나 담배 연기에 제3자가 직접 폭로되는 경우이며, 유해물질이 공기, 물, 토양으로 배출되어서 유해환경이 초래될 수 있는데 자동차 배기가스 배출, 산업폐수 또는 하수 배출, 저장된 방사능물질의 누출, 산업폐기물이나 쓰레기 투기 또는 매립 등이 여기에 해당된다. 화산, 홍수, 태풍 같은 자연적 재해와 체르노빌 원전사고나 인도 보팔의 가스 누출 등과 같은 사고에 의해서도 인체에 유해한 환경이 만들어질 수 있다.

2. 산업기계 가동에 따른 대기공해, 수질공해, 소음공해, 주민 마찰 등에 대해 경험을 토대로 한 해결방안기술

산업기계 가동에 따른 대기공해, 수질공해, 소음공해, 주민 마찰 등에 대하여 자신의 경험을 토대로 한 해결방안을 기술하면 다음과 같다.

① 규정된 관련법을 대한 허용배출기준을 준수하도록 한다. 관련법에 의해서 규정하는 허용기준을 준수하여 민원으로 인한 문제점을 야기할 때 자료를 제시하여 설득을 한다.

② 공해를 방지하는 시설을 최적의 조건으로 가동하고 운영한다. 발생되는 공해를 최대한 감소를 시키며 기계가동에 의한 정상적인 배출이 되면 관련 공해를 감소시키는 설비를 최적화하여 민원을 줄인다.

③ 회사측과 주민이 서로 상생하는 마음으로 서로 양보하여 합의점을 찾도록 노력한다.

④ 회사측은 주민을 위한 편의시설과 주민을 위한 봉사하는 범위를 확대시켜 서로에게 유익한 삶이 되도록 유도한다.

Section 16 산업기계분야에서 발생하는 산업폐기물이 주변 환경과 인체에 미치는 영향과 그 대책

1. 개요

인체에 해를 미치는 대표적인 유해환경인자들은 중금속, 농약, 유기용제, 염소화탄화수소, 다방향족 탄화수소 같은 화학적 인자와 전리 및 비전리방사선, 소음, 진동, 온도 등 물리적 인자, 그리고 박테리아, 바이러스, 곰팡이, 알러지원인물질 같은 생물학적 인자로 구분할 수 있다. 이 각각은 가정과 지역사회, 직장에서 건강이라는 측면에서 그 중요성이 상대적으로 다르다. 이러한 유해환경인자들은 크게 호흡기계를 통한 흡입과 소화기계를 통한 섭취, 그리고 피부 접촉의 폭로경로를 통하여 인체에 들어오게 된다.

인체 내에 흡수된 유해환경인자들이 인체에 미치는 영향은 그 종류에 따라 크게 다르지만 대략 발암성(벤젠), 유전성 돌연변이(전리방사선), 성장장애(1, 3-부타디엔), 생식장애(내분비교란물질), 급성 독성(포스겐, 겨자가스), 만성 독성(사염화탄소), 신경독성(수은)으로 구분할 수 있으며, 이러한 영향이 복합적으로 나타날 수도 있다.

2. 유해환경인자가 인체에 미치는 영향

1) 대기오염

대기오염이란 대기 중의 오염물질이 사람의 보건위생상 위해를 주거나 인간의 생활에 밀접한 관계가 있는 재산과 동식물 및 그 생육환경에 해를 미칠 정도로 단위용적당 함량이 과도하게 존재하는 상태를 말한다. 대기오염물질 중 대기오염의 평가지표로 이용되고 있는 오존(O_3)과 아황산가스(SO_2), 이산화질소(NO_2)는 폐자극제로서 폐기능 저하와 만성 폐질환, 천식 악화, 호흡기 감염 증가와 급성 폐질환을 유발할 수 있다.

일산화탄소는 산소운반을 방해하여 관상동맥질환을 악화시키며, 직경 $10\mu m$ 이하의 먼지에 의해서는 만성 폐질환과 소아 폐기능 저하가 초래될 수 있다. 대기 중 납(Pb)의 농도가 높아질 경우 소아는 IQ의 저하 등 신경행동학적 발육에 지장을 초래할 수 있으며, 벤조피렌 등 방향족 물질들은 폐암과 피부암을 유발하는 것으로 알려져 있다.

한편 대기오염에는 특별히 민감한 집단들이 있는데, 천식환자는 증상이 악화되고 흡연자는 쉽게 폐손상이 초래될 수 있으며, 소아나 고령자의 경우 호흡기 감염이 쉽게 될 수 있다. 관상동맥이상자나 만성 호흡기질환자도 대기오염에 취약한 집단이다.

실외공기오염 못지않게 건강과 밀접한 관련이 있는 실내공기오염이란 직장이나 가정에서 외부공기, 흡연, 난로, 가스레인지, 건축재료나 장식물로부터 발생되는 일산화탄소, 이산화탄소, 오존, 이산화질소, 먼지, 유기용제, 포름알데히드, 라돈, 석면, 유리섬유, 납, 먼지 진드기, 비듬, 털, 곰팡이, 레지오넬라균 등의 실내농도가 높아진 상태이며 겨울철, 특히 에너지절약시기에 악화될 수 있다. 실내대기오염물질의 농도가 실외보다 2~100배까지 높으며, 보통 사람들은 하루 중 90% 이상의 시간을 실내에서 보내게 되고 거의 날마다 같은 환경에 노출되므로 관심을 가져야 한다.

실내공기오염에 의해서도 천식, 폐렴, 호흡기 감염, 폐암까지 다양한 결과가 초래될 수 있으며, 실내공기오염의 혼합폭로효과로 인하여 두통과 피로 및 눈, 피부, 상기도의 비특이적 자극증상이 유발되기도 하는데, 이를 빌딩증후군이라 부른다.

2) 수질오염과 식품오염

수질오염이란 가정, 도시, 공장의 폐수와 농약 또는 폐기물 등이 하천수 또는 지하수에 흘러 들어가서 물의 자정작용이 없어지는 상태를 말한다. 병원성 미생물에 의한 오염 시 발생될 수 있는 콜레라, 장티푸스, 파라티푸스, 세균성 이질, 대장균 감염, 예르시

니아증, 레지오넬라병, A 또는 E형 간염, 아메바증 등은 수인성 질환으로 이미 잘 알려져 있다.

비소, 카드뮴, 수은, 납, 망간 같은 중금속, 질산염 및 아질산염, 트리할로메탄(THM) 같은 염소소독부산물, DDT나 BHC 같은 유기염소계 화합물, 다이아지논이나 파라티온 같은 유기인제 농약, 벤젠이나 톨루엔, 사염화탄소, 삼염화에틸렌 등 휘발성 유기화학물, 라듐이나 라돈, 우라늄 같은 방사선 핵종 등이 수질오염 시 볼 수 있는 대표적인 유해화학물질들이며, 각각 특이적인 급·만성중독증과 함께 기형과 암을 유발하게 된다. 이러한 물질들 중 상당 부분이 내분비교란물질(일명 환경호르몬)로서 관심의 대상이 되고 있다.

식품오염에 의해서도 장티푸스를 비롯한 거의 모든 수인성 전염병이 발생할 수 있으며 살모넬라, 비브리오, 장내구균, 보툴리누스, 리스테리아, 대장균 등 병원성 미생물들에 의한 식중독도 흔히 볼 수 있다.

납이나 카드뮴 등 중금속과 염화비닐(PVC)이나 폴리스티렌 같은 유기화합물은 불량 식기류나 포장용기로부터 용해되어 식품을 오염시킬 수 있으며 여러 가지 잔류농약과 발색제, 감미료, 방부제로 사용되는 식품첨가물들도 오염물질로서 인체에 유해한 결과를 초래하게 된다.

3. 유해환경에 의한 피해대책

대기오염에 의한 피해를 줄이기 위하여 관련 기관들은 오염물질의 폭로기준을 설정하여 이를 준수해야 하고 대기오염의 수준별 경고체계가 운영되어야 하며 취약자에 대해 특별한 관심이 필요하다. 각 개인은 대기오염 시 과도한 실외운동을 줄이는 것이 바람직하다. 특히 실내공기오염에 의한 피해를 줄이기 위해서는 금연과 함께 오염물질의 배출을 억제하고 주기적인 환기를 실시하되 필요시 공기정화기의 사용도 고려할 수 있다.

치료방법은 일반 질환과 크게 다르지 않다. 수질오염에 의한 피해를 줄이려면 수질관리를 위한 국가 간, 지역 간의 협조와 책임이 필요하며, 수질관리를 위한 법적 규제력 있는 기준을 설정하고 개선해 나가야 한다. 지하수(생수)의 음용이나 정수기 사용은 근본적인 예방책이 되지 못한다. 지하수 개발을 위해 뚫어 놓은 폐시추공은 심각한 지하수오염경로가 될 수 있다.

식품오염에 의한 피해를 줄이려면 육류를 생산하는 농장에서는 깨끗한 사료를 사용하고 도축과정에서 병원균의 유입을 차단해야 하며, 가정에서는 충분히 조리하고 교차감염을 방지해야 한다. 유해화학물질에 의한 피해를 줄이기 위해 첨가물 표시, 식품수거기준 마련 등 식품관리체계가 운영되어야 한다. 또한 환자 발생 시 원인을 밝히기 위한 다양한 역학조사가 실시되어야 하고 허용기준치 설정을 위한 연구가 지속적으로 이루어져야 한다.

병원성 미생물에 의한 질환들과는 달리 유해화학물질에 의한 질환들의 진단과 치료 방법은 일반의료기관에서는 아직 보편화되어 있지 않은 실정이므로 조기발견을 위해서는 산업의학과 등 전문과가 설치되어 있는 의료기관을 찾아야 한다. 오염된 환경은 불특정 다수에게 그 크기와 종류를 추정할 수 없을 정도의 엄청난 피해를 초래할 수 있다.

Section 17 부품소재산업의 발전둔화에 따른 원인과 대책

1. 개요

모든 산업의 근간이 되는 부품소재산업에 있어 국내시장의 문제점을 꼽으라고 하면 원천기술의 부재와 이로 인한 전반적인 산업의 저부가가치화를 들 수 있다. 우리나라의 부품소재산업이 무역수지면에서는 흑자를 기록하고 있지만 부가가치면이나 외화가득률은 점차 감소하고 있는 추세이다.

2. 원인

2000년 기준으로 우리나라 부품소재산업의 부가가치유발효과는 일본에 비해 3분의 2 수준이며, 가득률도 1995년 69.8%에서 2000년 63.3%로 감소하고 있다. 이는 미국의 89.3%, 일본의 88.9%에 비해 매우 낮은 수준이다. 비록 중국이라는 거대시장의 덕택으로 수출에 호조를 보이고 있지만 수출품목이 일부 품목에 집중되어 있고, 대부분의 핵심부품은 일본이나 독일 등 선진국에서 수입을 해오고 있는 실정이다. 그러므로 주요 완제품을 수출하면 할수록 오히려 부가가치나 순이익이 감소하는 기현상이 발생하는 것이다.

이런 부가가치나 외화가득률의 저하는 곧바로 우리나라 경제에 악영향을 끼쳐 수출 호조가 경기활성화에 의한 고용창출로 이어지지 못하는 안타까운 현상이 발생하고 있다. 또한 부품업체들의 어려움을 산업구조적인 측면에서 살펴보면 업체들의 영세성이 눈에 띈다. 실제로 우리나라 부품소재기업의 90% 정도가 50인 이하의 영세기업들로 이루어져 있다. 영세기업이 스스로 연구개발능력을 키우고 자생력을 배양하기 위해서는 기업의 규모를 일정 이상으로 키울 필요가 있고, 이런 방법 중의 하나가 동종기업 간 또는 이종기업 간 M&A를 활성화하는 것이라 할 수 있다. M&A가 활성화되면 부품산업 전반에 대한 긍정적인 구조조정도 자연스럽게 이루어질 것으로 생각된다.

세트업체와 부품업체 간 상생협력을 통해 얻을 수 있는 시너지효과도 무시할 수 없는데, 이는 부품소재산업 육성이라는 희망을 이룰 수 있는 가장 중요한 해결방안 중 하나이다. 하지만 실질적이고 지속적인 상생협력관계를 유지하는 것이 쉽지 않다. 엄밀히 말해 세트업체도 글로벌경쟁시대에서 살아남아야 하는 하나의 객체일 수밖에 없기 때문이다. 그러므로 경제논리에서 벗어난 무조건적인 세트업체와 부품업체 간의 상생협력을 강요할 수도 없는 일이다.

3. 대책

상생협력을 이루기 위해서는 무엇보다도 부품업체에 대한 세트업체의 신뢰성을 회복하는 것이 중요하다. 부품업체에서 생산한 제품에 대해 세트업체와 공동으로 신뢰성을 유지하고 부품업체의 기술력을 향상시키기 위해서 세트업체와 부품업체 간 공동협력이 활성화되어야 할 것이다. 또한 정부도 이런 공동협력을 통한 부품기업의 신뢰성 향상 노력을 지원할 수 있는 지원정책을 좀 더 확대해나가야 할 것이다.

최근 세트업체에서도 '부품업체 발전 없는 세트업체의 발전은 없다.'는 것을 깊이 인식하고 신제품개발단계에서부터 부품업체가 공동참여해 세트기업이 글로벌경쟁에서 기술 및 시장정보를 공유하고 자사자금으로 협력기금을 만들어 부품업체의 새로운 모델개발과 사업화를 돕고 있다. 하지만 이것은 아직 초기단계로 일부 기업에 국한되고 있어 전반적인 상생협력을 위해서는 세트기업의 더 많은 참여가 요청된다고 할 것이다. 이에 따라 정부에서도 수급기업협력펀드를 조성하여 중진공 등 관련 지원기관과 관련 기업이 공동으로 참여하여 기술력 향상을 위한 자금을 조성하고 더욱 확대하여 연구개발에 투자하여 기업과 국가의 경쟁력을 향상시킨다.

진정한 승리를 위해서는 부품기업의 동반협력이 없이는 불가능하다 할 것이다. 부품업체도 동반성장을 위해 무엇을 더 잘할 수 있는지 깊이 고민해야 할 것이다.

Section 18 지속가능산업발전(sustainable industrial development)의 발전전략과 향후 대책

1. 개요

산업혁명 이후 대량생산과 대량소비를 기반으로 한 산업화의 진전에 따른 부(wealth)의 증대는 인류의 생활수준 향상이라는 긍정적인 측면뿐만 아니라 환경오염에 따른 삶의 질 악화라는 부정적 결과도 함께 초래하였다. 특히 산업화와 도시화가 급속도로 진전된 20세기 중반부터 환경오염이 심각해짐에 따라 경제발전과 환경이 조화를 이루는 방향으로 정책이 추진되어야 한다는 데에 공감대가 형성되기 시작하였다. 또한 1970년대 두 차례의 석유파동을 겪으면서 환경오염문제뿐만 아니라 천연자원의 고갈이 산업의 확대, 재생산을 통한 경제적 삶의 윤택함을 앗아갈지도 모른다는 우려가 확산되었다.

이에 따라 환경도 보호하고 자원을 효율적으로 사용하면서 경제성장도 유지하는 발전, 즉 '지속가능한 발전(sustainable development)'에 대한 개념이 등장하였다. 그러나 지속가능성에 대한 정의는 시대적 상황이나 배경, 사용주체에 따라 다양하게 표현되었다. 지속가능한 발전의 개념은 여러 기관에서 다양하게 제시되고 있으며 환경과 관련된 논쟁에서 모든 이해당사자들은 자기들의 주장을 합리화하기 위해 지속가능한 발전의 개념을 이용하고 있어 개념의 해석에 관한 명확한 합의는 이루어지지 않은 상태이다.

2. 지속가능산업발전(sustainable industrial development)의 발전전략과 향후 대책

지속가능한 산업발전은 '현재 및 미래세대의 삶의 질을 유지 또는 향상시킬 수 있도록 산업활동의 전과정에서 천연자원의 사용이나 환경오염을 최소화시키는 동시에 산업생산성을 최대화시킴으로써 지속적인 산업활동이 가능하도록 하는 것'으로 정의하고자 한다.

이 정의에서 사용된 '현재 및 미래세대의 삶의 질 유지 또는 향상'은 지속가능한 산업발전의 궁극적인 목적이며 천연자원 사용 및 환경부하의 감소와 생산성 향상을 동시에 달성하는 것, 즉 생태경제적 효율성을 극대화하는 것이 지속가능한 산업발전의 핵심내용이라는 점을 명확히 할 필요가 있다.

여기서 핵심내용 세 가지를 좀 더 자세히 살펴보자. 먼저 '천연자원 사용의 최소화'는 지속가능한 산업발전을 위한 전제조건이 된다. 왜냐하면 대량생산체제하에서 천연자원의 고갈은 지속가능한 산업발전에 가장 치명적인 요인이 되기 때문이다. 따라서 천연자원의 사용을 최소화함으로써 지속가능성을 연장시키는 것이 가능하다. 천연자원이 무한하지 않는 한 영원한 지속가능성은 불가능하다는 의미에서 지속가능성의 연장을 의미하며, 이는 고갈성 자원을 사용하여 생산을 영원히 할 수 있는 산업은 불가능하다는 의미를 내포하고 있다.

'환경오염의 최소화'는 한편으로는 천연자원 사용의 최소화에 따른 부수적인 요인이라고 볼 수 있지만, 다른 한편으로는 동일한 천연자원을 사용하고도 오염부하를 줄일 수 있다는 의미에서 지속가능한 산업발전을 위한 중요한 요소가 된다. 천연자원의 사용과 환경부하의 감소를 동시에 달성할 수 있는 방안으로 등장한 것이 청정생산기술이다.

기업의 궁극적인 목적은 적정 이윤을 확보하여 기업활동을 지속시키는 것으로서 기업을 '계속체(going concern)'라 부르기도 한다. 산업활동도 마찬가지다. 영업활동을 통해 부가가치를 증가시킬 뿐만 아니라, 적정 이윤율을 확보함으로써 자본을 확대, 재생산하고 생산성 향상을 통해 경쟁력을 확보하려고 노력한다. 과거 경쟁력은 기계화 등 자본에 의한 노동의 대체가 주를 이루었으나, 이제는 자원효율성 향상이나 환경부하 저감을 통한 추가적인 원가감축을 통한 경쟁력 확보가 보다 중요한 요인이 되고 있다.

위에서 언급한 개념을 바탕으로 지속가능한 산업발전은 두 가지 방향으로 접근할수 있다. 하나는 산업 내 접근(intra-industry approach)으로 기존 산업의 혁신과 관련되어 있으며, 다른 하나는 산업 간 접근(inter-industry approach)으로 신산업육성과 관련이 있다. 전자는 기존 산업의 생태경제적 효율성(eco-efficiency)을 제고하는 방법으로 자원사용을 절반으로 줄이는 동시에 생산은 두 배로 늘리는 'factor four'의 개념으로 접근하는 방법이고, 후자는 산업구조를 변화시킴으로써 지속가능성을 확보하는 방법으로 경제성장과 고용창출효과가 크면서 자원사용이 적은 산업으로 산업구조 자체를 변화시키는 접근법이다.

Section 19 산업기계분야에서 가치공학(value engineering)

1. 개요

가치공학(VE : Value Engineering)은 원가절감과 제품가치를 동시에 추구하기 위해 제품개발에서부터 설계, 생산, 유통, 서비스 등 모든 경영활동의 변화를 추구하는 경영기법이다.

2. 산업기계분야에서 가치공학(value engineering)

1) 가치공학(value engineering)

① 획기적 원가절감의 달성
② 목적 지향적 사고방식과 제품개발력 향상
③ 부수적 효과
　　㉠ 원가절감의 중요성을 인식하는 계기를 만들어준다.
　　㉡ 다양한 정보수집의 계기를 만들어준다.
　　㉢ 평소에 품고 있던 idea를 실천하는 계기를 만들어준다.
　　㉣ 개인의 know-how를 회사 전체의 것으로 공유할 수 있는 계기가 된다.

2) VE활동의 기본절차

① 개선해야 할 대상의 기능을 정의한다(기능정의).

② 그 기능과 현재의 코스트를 비교하여 개선의 우선순위를 결정한다(기능평가).

③ 현재의 상태보다 훨씬 가치가 향상된 구체적인 대체안을 작성한다(대체안의 작성).

Section 20

산업현장에 쓰고 있는 크레인(crane)의 종류와 그 특징, 용도

1. 개요

건설공사에 있어서 토사, 석재, 시멘트, 철재, 건설기계 등의 이동, 운반이 많아졌고 고층 건축물 혹은 대형의 토목구조물의 건설이 활발해짐에 따라 이러한 건설요구에 대지하여 공사의 능률화 및 합리화라는 목적으로 크레인 및 호이스트 등의 성능이 급속도로 향상, 발전되고 있다.

1) 분류

① 자주식 크레인 : 무한궤도식 크레인(crawler crane), 유압트럭크레인(hydraulic truck crane), 휠크레인(wheel crane), 크레인트럭(crane truck)

② 고정식 크레인 : 케이블크레인(cable crane), 데릭크레인(derrick crane), 타워크레인(tower crane), Jib크레인(Jib crane), 문형크레인

2) 선택요령

① 작업장소 : 지형, 고저, 이용가능 면적, 지반강도, 기상, 도로 등

② 취급하중 : 형상, 중량, 용적, 작업반경과의 관련성 등

③ 취급물의 이동량 : 고저차, 거리, 속도, 작업횟수 등

④ 경제성 : 설비비, 운전비, 사용 후의 전용성 등

⑤ 기계의 선정 : 기종, 형식, 능력, 외형치수, 운동량, 속도, 동력 등. 공기 등에 의한 기종, 용량, 대수를 정함

2. 크레인의 종류 및 특성

1) 무한궤도식 크레인(crawler crane)

① 구조와 기능 : 셔블계 굴삭기의 본체에 붐(boom)과 훅(hook)을 장착한 것으로 본체

와 붐(boom), 붐 감아올림 로프(boom hoist rope), 하중 감아올림 로프, 훅(hook) 등으로 구성되어 있다.

② 특징 : 접지압이 작으므로 연약지반에서의 작업에 유리하며, 기계의 중심이 낮으므로 안정성이 좋다. 또한, 훅(hook) 대신 파워셔블, 클램셸, 백호 등의 부수장치를 이용할 수 있다.

[그림 5-4] 무한궤도식 크레인

2) 트럭크레인(truck crane)

① 구조와 기능 : 트럭 차 위에 상부 선회체를 탑재한 것으로 주행용과 작업용의 엔진을 각각 별도로 가지고 있으며, 기체의 안정성을 유지하고 타이어 및 스프링을 보호하기 위하여 4개의 아우트리거(outrigger)를 장치하고 있다.

② 특징 : 장점은 무한궤도식보다 작업상의 안정성이 크고, 도로상의 이동이 신속하다. 단점은 접지압이 크므로 연약지반에 적합하지 않다.

[그림 5-5] 트럭크레인

3) 휠크레인(wheel crane)

① 구조 및 기능 : 무한궤도식 크레인의 무한궤도를 고무타이어의 차량으로 바꾼 주행장치를 가지고 있다.

② 특징 : 일반적으로 주행속도는 낮으나 크레인작업과 주행을 동시에 할 수 있으며 기계식보다 유압식이 더 많이 사용한다.

③ 용도 : 항만 및 공장의 하역작업에 많이 사용된다.

4) 크레인트럭(crane truck)

① 구조와 기능 : 보통의 트럭에 크레인을 탑재한 것으로 크레인작업에 필요한 동력은 트럭의 원동기로부터 전달된다. 기계식보다 유압식이 최근 많이 사용되고 있다.

② 특성 : 사용이 간편하고 기동력이 좋으므로 건설현장 혹은 자재창고 등에서 기자재의 하역에 효과적이다.

5) 케이블크레인(cable crane)

① 구조와 기능 : 탑과 탑 사이를 밧줄로 연결하고 endless와이어를 운행하는 트롤리(trolley) 혹은 캐리지(carriage)에 매달아 그 트롤리에 연결되어 있는 버킷 혹은 재료 등을 목적지까지 운반하는 기계이다.

② 용도 : 콘크리트하역용은 댐공사현장에서 콘크리트하역작업을 하고, 물자수송용은 하천, 기타의 장애물을 넘어서 물자를 수송한다. 또한, 교량가설 혹은 조립용, 하역용 등으로 사용한다.

6) 데릭크레인(derrick crane)

데릭크레인은 철골재의 마스트 밑에서부터 '붐'이 돌출되어 부록에서 와이어로프로 중량물을 윈치로서 권상하는 기계이다. 상하 수평 등으로 작업이 가능하여 구축할 재료를 부상하여 조립하는 등 중량물의 하역용에 쓰이고 있다. 붐의 길이는 10~60m 상당까지, 권상능력은 5~30ton에 이르고, 권상높이도 20~68m 상당이 된다. guy derrick의 선회각은 360°인데 비하여, 정각 데릭은 270° 상당이다.

[그림 5-6] 데릭크레인

철골의 조립, 교량가설, 항만하역 등 사용범위가 넓고 구성부재가 적은 데 비하여 권상능력과 작업 반경이 크므로 경제성이 좋으며, 구조 간단, 취급, 조립 및 해체가 용이하다.

7) Jib크레인

한 대의 축을 기간으로 붐을 돌출시켜 그 끝에 골차를 달아 본체 위에 권상할 드럼을 통하여 부상하게 하는 크레인으로서 건설공사에 많이 쓰여지고 있다. 고층 건물의 옥상에 설치하여 건축재료를 운반하고 공사가 완성되면 제거하게 된다. 동상 권상능력은 6~9ton, bucket은 2~3m^3, 회전반경은 18~37m 상당이다.

[그림 5-7] Jip크레인

8) 문형크레인

① 문형크레인은 고정식과 주행식으로 분류하며, 주행형의 구조는 주행장치, 감아올림, 감아내림, 횡행장치로 구성되고 하중을 상하, 좌우, 전후로 용이하게 이동시키거나 하역작업을 한다.

② 고정형은 공장, 창고 등에서 적재작업에 필요하나 작업범위가 한정되어 건설공사에는 사용하지 않는다.

③ 주행형은 이동성이 좋으므로 자재의 집적, 지하철공사, 대구경관의 매립 등에 효과적으로 사용하며 건설공사에 많이 사용된다.

9) 타워크레인(tower crane)

① 특징 : 타워크레인은 주로 항만하역용으로 암벽에서 본선의 하역용 또는 조선소, 중·고층 건축용 크레인으로 발달되었다. 또한 데릭크레인(derrick crane)에 비하여 공장소, 지소 등이 불필요하고 지주, 지지케이블(cable)이 필요치 않고 자유로이 360° 선회가 가능하며 기체의 조립도 자체가 가진 윈치로서 시공되는 특징이 있다. 또한 작업능력도 2배에 달해 최근 많이 활용되고 있다. 그 구조는 Jib형, 해머헤드형 등으로 나뉜다.

[그림 5-8] 타워크레인

② 분류(정부 형상에 의한 분류) : 지브형(jib type)은 타워(tower)의 꼭대기에 회전프레임을 설치하고, 여기에 붐(boom)을 장치하여 붐의 상승으로 하중을 조작하는 형식이다. 해머헤드형(hammer head type)은 타워(tower)의 꼭대기에 선회프레임을 설치하고, 여기에 좌우 평형되게 붐을 장치한 것으로 하중의 이동을 수평으로 한다.

③ 선정법 : 타워크레인은 고층 빌딩의 건축과 더불어 그 성능은 보다 향상되고 발달을 보여 고성능화, 대형화되고 있을 뿐 아니라 최근의 생력화경향을 반영하여 소

형 크레인도 많이 보급되고 있으며, 다음 사항을 충분히 검토 후 기종물의 선정을 요한다.

㉠ 취급재료의 형상과 단위중량을 고려한다.

㉡ 취급하중에 적합한 이동속도를 선정한다.

㉢ 필요한 작업반경과 높이에 상응하는 기종을 선정한다.

㉣ 작업장소의 주변 여건에 의하여 고정식 혹은 이동식을 선정한다.

㉤ 공사규모, 공사기간 등에 의하여 기종, 용량, 대수를 검사한다.

Section 21

ROPS(Roll Over Protective Structures)의 기능과 ROPS가 사용되고 있는 기계의 예

1. ROPS(Roll Over Protective Structures)의 기능과 ROPS가 사용되고 있는 기계의 예

모든 트랙터는 뒤집어져 구름을 막는 구조물(Roll Over Protective Structrues : ROPS)이 장착되어 있어야 된다. ROPS가 없는 트랙터가 확 뒤집어지거나 굴러떨어지는 사고는 거의 모두 사망사고가 된다. 대부분의 신종 트랙터는 공장에서 ROPS가 장착되어 나온다. 모든 트랙터의 운전대가 ROPS가 아니라는 것을 명심해야 된다. 어떤 것은 운전자가 단순히 날씨에 따른 영향만을 피할 수 있도록 설계된다.

운전대가 ROPS인지를 트랙터제조자에게 확인해야 된다. 만약에 ROPS가 아니라면 그것을 장착하도록 한다. 그러나 ROPS가 기계 몸체와 함께 붙어있는 것은 아니다. ROPS는 완전한 효과성을 위해 알맞게 설계되고, 제조되고 장착되어야 한다.

2. 안전대책

ROPS가 있는 기계를 운전할 때는 항상 안전벨트를 착용해야 된다. 안전벨트를 착용해야 뒤집어지거나 굴렀을 때 운전자를 ROPS의 안전지대 안에 있게 한다. 운전석이 닫혀진 기계를 운전할 때조차도 문이나 창문을 통해 밖으로 튕겨나가거나 운전석의 구조물에 끼이는 것을 예방하기 위해서 안전벨트를 착용해야 된다.

떨어지는 물체를 막아주는 구조물(Falling Object Protective Structures : FOPS)이 운전자가 떨어지는 물체에 맞을 수 있는 곳에서는 기계에 설치되어야 된다. 이런 구조물이 필요한 장비는 앞쪽 끝 로더에 있어야 된다. 설치에 대한 구체적인 사항들은 ROPS에서 제시된 순서에 따른다.

Section 22 **방적기계의 면방식공정**

1. 개요

면섬유는 종자 모섬유이며, 단섬유인 스테이플섬유이다. 측면은 천연꼬임이 있고, 단면은 납작한 형태로 가운데에 중공이 있다. 이 천연꼬임의 수가 많을수록 방적성과 탄력성이 좋아진다. 원면의 품질은 섬유의 길이·강도·천연꼬임의 수, 균일도·성숙도·광택, 협잡물의 양 등으로 결정된다.

일반적으로 면섬유는 길수록 가늘며 고급사로 이용된다. 보통 내의용으로 사용되는 면 방적사는 40번이다(번수의 수치가 클수록 실은 가늘다).

2. 방적기계의 면방식공정

면 방적의 각 공정은 다음과 같다.

1) 혼타면 공정

사용할 원면의 종류와 혼면의 비율을 정하고, 원면의 딱딱하게 압축된 솜을 풀어헤쳐 특히 더러워진 부분과 잡물을 제거해서 적당한 정도의 수분을 함유시킨다. 1~2일 방치 후 정해진 양의 각종 원면을 혼타면기계에 거는데, 각종 원면을 적당히 혼합해서 공급하는 것에서 정해진 장소에 각종 원면을 놓는 것만으로 혼면·개섬이 실시하는 각종 방법이 있다. 공급된 원면은 스파이크로 뜯고(stripping) 앞 끝에 걸어서 들어 올리거나 공기류로 수송하면서 털고 두드리는 등의 조작으로 개섬하며 협잡물을 제거한다. 섬유는 무게에 대한 공기저항의 비율이 커서 솜뭉치 안에 섞여있는 잡물과 섬유는 각기 다른 원심력을 받게 된다. 그러므로 이러한 중력·원심력을 이용해서 잡물을 제거하여 공기류로 섬유를 수송한다. 또한 혼면효과를 높이는 장치도 포함해서 여러 종류의 장치에 연속적으로 거는데, 각 공급부에서는 정량의 섬유가 잘 공급되도록 고안되어 있다.

2) 소면공정

혼타면공정에서 공기에 실려 이동되어 온 섬유에는 잡물이 아직 약간 남아 있고 개섬도 불충분하기 때문에 소면기(플랫카드)로 카딩을 실시한다. 실린더 표면에서 빗질한 섬유층을 연속적으로 벗겨내어 빈틈없게 쥐어짜서 슬라이버를 만든 뒤 원통 모양의 용기(케이스)에 담는다. 또한 슬라이버의 굵기가 균일해지도록 공급량을 제어한다.

3) 정소면공정

가는 실 또는 고급사를 만들 때 이 공정을 거친다. 슬라이버를 여러 가닥 늘어놓고 시트 모양의 랩(lap)으로 만든 뒤 정소면기(코머)에 걸어 코밍을 수행, 마지막으로 한 가닥의 슬라이버를 만든다. 이 공정을 거쳐 만들어진 실을 코머사라 한다

4) 연조공정

8가닥 정도의 슬라이버를 연조기(練條機)에 공급하여 더블링 및 드래프트에 의해 균일한 슬라이버를 만들어서 케이스에 담는다.

5) 조방공정

연조공정을 거친 한 가닥의 슬라이버가 직접 실을 뽑기에는 굵으므로 드래프트하여 가늘게 하고 플라이어로 가볍게 꼬면서 보빈에 감는다. 여기서 만들어진 굵은 실을 조사(로빙)라 한다. 드래프트는 5~13 정도이다.

6) 정방공정

조사 또는 슬라이버를 드래프트하여 가늘게 하고, 그것을 꼬아서 실을 만들어 감는다. 보통 링정방기가 이용된다. 이 기기로 만든 실은 품질이 우수하지만 실을 감는 보빈의 회전을 이용해서 꼬기 때문에 가연회전수에 한도가 있어 생산속도에 한계가 있다. 보빈회전수(스핀들회전수)는 보통 1만 5,000rpm 정도이며 최고 2만rpm인 것도 있다. 정해진 양의 실을 감은 보빈은 자동정지 후 일제히 오토도퍼에서 새로운 보빈으로 교환되어 되감는 기계로 자동반송시킨다.

오픈 엔드 정방기에서는 가연부의 회전수가 5만~6만rpm이며 10만rpm도 가능하다. 이 장치에서는 드래프트도 100을 넘기 때문에 조방공정을 생략하고 슬라이버를 공급한다. 권취부는 가연과 관계없기 때문에 치즈에 감는다. 그러나 세번수(細番手)에는 사용되지 않아 기대되는 만큼 보급되어 있지 않다. 또한 링정방기에서는 품질을 중시하므로 드래프트가 약 50 이하로 되어 있다.

7) 마무리 공정

보빈에 감겨 있는 실을 정해진 길이만큼 되감은 뒤 상자에 채운다.

8) 기타

예전에는 연속자동화방적공정이 시도되었으나, 최근에는 카드·연조에서 라지패키지화, 조방 → 정방 → 되감기 각 공정 사이의 반송의 자동화가 진행되고 있다. 또한 방적공정에서 생긴 면 부스러기, 단섬유를 원료로 하는 낙면방적도 있다.

기중기 상부의 선회하는 부분을 정지시키는 주요 장치의 구조와 작동방법

1. 개요

건설공사의 작업공정에서 크레인 의존도가 아주 높다. 철의 비중은 $7.82kgf/cm^3$로 작은 부재도 사람의 힘으로 들 수 없는 무게이기에 크레인 사용빈도가 높다. 또한 크레인이 운반하는 중량물의 하중이 정격하중의 60% 이상을 차지하는 중부하작업이 많아 작업강도가 다른 업종에 비해 높은 편이다. 이러한 이유로 부품교체 등 유지·보수작업이 많고 크레인 교체주기가 상대적으로 짧다.

두 번째로 다양한 종류와 사양의 크레인을 사용한다. 조선업 현장에서는 거의 모든 종류의 크레인을 볼 수 있을 정도로 다양하며 같은 크레인이라도 정격하중, 양정, 스팬(또는 작업반경) 등 사양이 다양하다. 공장 내에는 천장크레인을 주로 사용하고 옥외현장에서는 갠트리크레인(골리앗크레인), 지브크레인, 타워크레인이 공정을 지원하고, 레일이 없는 곳에서는 이동식 크레인이 투입된다. 또한 작업특성에 따라 특별한 형식의 크레인이 사용되기도 한다. 철판운반에 적합한 마그넷크레인(Magnet Crane), 대형블록의 운반과 탑재작업에 적합한 골리앗크레인(Goliat Crane), 인양물의 수평인입이 가능한 레벨러핑지브크레인(Level Luffing Jib Crane), 블록의 뒤집기 작업에 적합한 턴오버크레인(Turn over Crane) 등이 대표적이다.

세 번째로 크레인 혼재작업 또는 연동작업이 많이 이루어진다. 혼재업이라 함은 같은 작업장소에서 2대 또는 그 이상의 크레인들이 작업하는 것을 말하고, 연동작업은 중량물의 운반이나 턴오버작업에 2대 이상의 크레인이 함께 사용되는 작업을 말한다.

2. 기중기 상부의 선회하는 부분을 정지시키는 주요 장치의 구조와 작동방법

크레인에 설치되는 안전장치의 기본개념은 크레인에 무리를 가하거나 손상을 일으킬 수 있는 위험구간에 도달하기 전에 동작을 차단함으로써 근로자의 피해를 막는 데 있다. 다시 말하면 안전장치를 통해 크레인의 안전성을 유지하면 근로자의 보호가 이루어진다는 것을 의미한다. 이는 안전장치는 크레인에서 발생되는 모든 사고를 예방하는 데 한계가 있음을 의미한다.

① 비상정지장치 : 크레인의 모든 동작을 즉시 중지시키는 안전장치이다. 또한 크레인 안전장치 중 유일하게 자동으로 감지하여 작동되지 않고 운전자나 작업자가 위험을 감지하는 경우 직접 조작하는 장치이기도 하다. 적색버튼의 돌출형으로 수동복귀되는 구조이다.

② 권과방지장치 : 와이어로프가 드럼에 지나치게 감기는 것을 방지하기 위한 안전장치이다. 지나치게 감기는 경우 혹 블록(hook block)이 드럼과 부딪혀 끼이면서 와이어로프가 파단되어 혹 블록과 인양물이 함께 떨어지는 위험이 발생할 수 있다.

③ 과부하방지장치 : 크레인을 안전하게 사용할 수 있도록 최대로 인양할 수 있는 하중을 정하고 있는데, 이를 정격하중(rated load)이라 한다. 천장크레인이나 갠트리크레인 등은 정격하중이 하나로 변하지 않지만, 타워크레인이나 이동식 크레인은 작업반경에 따라 정격하중이 다르며 권상속도에 따라 정격하중이 다른 경우도 있다.

④ 횡행 및 주행 전기적 정지장치(리밋스위치) : 횡행 및 주행 전기적 정지장치는 크레인이 횡행 또는 주행동작을 하다 끝단부에 이를 경우 제어신호를 차단시켜 정지하도록 하는 안전장치로 일반적으로 터치바(touch bar)와 접촉되는 방식의 리밋스위치를 주로 사용한다.

⑤ 횡행 및 주행스토퍼 : 스토퍼(stopper)는 의미 그대로 멈추게 하는 장치를 말한다. 레일을 따라 횡행이나 주행하다가 끝단에 이르면 크레인이 이탈할 수 있다. 스토퍼에 앞서 리밋장치를 통해 작동을 정지시키도록 하나 리밋의 고장 등으로 불가능할 경우 스토퍼에 부딪힘으로써 이탈을 방지하도록 한다.

⑥ 충돌방지장치 : 크레인 간의 충돌을 방지하는 장치이다. 안전인증기준에는 동일 주행레일에 여러 대의 크레인이 있는 경우에 운전실조작방식의 크레인에는 충돌방지장치를 설치하여 주행 중 부딪히는 사고를 예방하도록 규정하고 있다.

⑦ 훅해지장치 : 중량물을 크레인으로 운반하기 위해서는 와이어로프나 체인, 슬링벨트 등으로 줄걸이 하여 훅에 걸게 되는데, 줄걸이가 임의로 훅에서 빠지지 않도록 하는 것이 훅해지장치이다. 훅해지장치는 개방된 훅 입구 부분을 닫히게 하는데 스프링을 사용한 스프링식과 해지장치의 무게로 중력에 의한 중추식이 있다.

Section 24 **산업기계의 유량, 생산량, 소요동력 등을 설계할 경우에 사례를 들어 정격용량과 최대 용량의 결정방법(발전용 보일러)**

1. 개요

보일러 급수 펌프의 정격용량은 토출(discharge) 용량으로 정의되며, 토출용량은 펌프 최종단 출구용량을 포함하여 펌프 중간단에서 추기되는 용량도 포함된다. 펌프의 흡입 유량은 펌프 평형 드럼 누수 유량 등 펌프 자체에서 필요한 유량들을 고려하여 펌프 제작자가 선정한다. 이러한 보일러 급수 펌프의 정격(토출)용량은 보일러의 최대 연속 정격 유량(Boiler Maximum Continuous Rating ; BMCR)을 기준으로 선정한다.

보일러의 BMCR은 발전소의 경우에는 발전기를 구동하는 증기터빈의 유량을 기준으로 선정하며, 열전용 설비의 경우에는 공정 증기의 사용량을 기준으로 선정한다. 열전용 보일러의 경우에는 보일러 용량이 작고 저압인 관계로 값이 비싸지 않아 여유 있게 보일러 용량을 선정해도 큰 무리는 없으나, 발전용 보일러의 경우에는 용량이 크고 고압인 관계로 값이 비싸고 전력 소모량이 많아 용량 선정에 신중을 기해야 한다.

2. 산업기계의 유량, 생산량, 소요동력 등을 설계할 경우에 사례를 들어 정격용량과 최대 용량의 결정방법(발전용 보일러)

1) 정격용량 선정 방법

발전용 증기터빈의 용량을 정의하는 방법에는 여러 가지가 있으며, 그중 가장 많이 사용되는 용량 및 그 정의는 다음과 같다.

[표 5-13]

영문 약어	영문 및 한글	정의
VWO	Valve Wide Open (Rating) 밸브 완전 개방(정격)	증기터빈의 설계나 제작 여유를 고려한 증기터빈의 증기 유로(steam path) 설계 유량 정격으로, VWO 정격에서의 터빈 입구 증기 유량은 PGR에서의 유량보다 5% 크게 선정한다. VWO 정격이란 증기터빈의 조속밸브(governing valves)가 완전히 개방된 상태에서 운전되는 정격을 의미한다.
TMCR	Turbine Maximum Continuous Rating 터빈 최대 연속 정격	TMCR은 PGR과 동일한 정격이 될 수도 있으나, 증기터빈 증기 유로 설계에 있어서 약간의 유량 여유를 갖기 위하여 PGR과 동일한 출력을 생산하되 일부 주요 설계변수의 최악 조건을 고려한 출력일 수도 있다. 예를 들면, PGR은 복수기 냉각수의 평균 온도에 대해 설계되어 있는 반면, TMCR은 냉각수 최고 온도에서의 출력일 수도 있다. 이 경우에 TMCR의 증기터빈 입구 증기 유량은 PGR에서의 증기 유량보다 약간 크게 선정되나, VWO 유량보다는 작다.
PGR	Performance Guarantee Rating 성능 보증 정격	터빈 제작자가 성능을 보증하는 정격이다.

발전용 보일러의 BMCR을 증기 터빈의 어느 정격을 기준으로 선정하느냐는 발전소 건설에 관여하는 사람들의 관점이나 건설되는 발전소의 목적에 따라 달라질 수 있다. 미국 엔지니어링 회사의 영향을 많이 받은 한국전력공사의 발전소는 대부분 보일러 BMCR을 증기 터빈의 VWO 정격 유량으로 선정한다.

반면, 유럽의 발전소나 국내의 민간 업자가 건설하는 발전소의 경우에는 TMCR이나 PGR의 증기터빈 입구 유량을 보일러의 BMCR 유량으로 선정한다.

2) 미국의 사례(GE사)

미국 엔지니어링 회사들이 증기터빈의 VWO 유량을 보일러 BMCR 유량으로 선정하는 것은 다음과 같은 이유이므로, 그 적용 여부에 신중을 기해야 한다.

미국의 대표적인 증기터빈 제작 업체인 General Electric(GE)사의 VWO 열정산도에는 다음과 같은 주석이 붙어 있다.

CALCULATED DATA – NOT GUARANTEED
Rating flow is ##### M at inlet steam conditions of @@@ P and $$$ T.
To assure that the turbine will pass this flow, considering variations in flow coefficients from expected values, shop tolerances on drawing areas, etc., which may affect the flow, the turbine is being designed for a design flow (rating flow plus 5.0 percent) of &&&&&M.

위 설명에 기술되어 있듯이, VWO 유량은 성능 보증 조건에서의 증기 터빈 입구 유량인 Rating flow(=#####M)에 설계나 제작을 위한 여유 5% 더한 유량(=&&&&&M)이다. 즉 VWO 유량은 발전소의 성능 보증을 위한 정격 유량이 아니며, 단지 증기 터빈이 보증 성능을 내도록 선정한 증기터빈 자체의 설계 유량인 것이다.

예를 들어, 펌프를 발주하는 경우에 펌프 제작 업체에서는 발주한 펌프의 보증 용량을 맞추기 위하여 펌프 회전익(impeller)의 설계 유량을 발주 유량보다 크게 선정한다. 이는 GE가 VWO 열정산도에 주석을 달아 놓았듯이 설계나 제작 시의 오차를 고려하여 여유를 갖고 설계 유량을 선정하는 것이다. 하지만 펌프 제작자의 설계 유량을 기준으로 엔지니어링 회사에서 펌프흡입배관을 선정하지는 않다.

발주한 펌프의 정격 유량을 기준으로 엔지니어링 회사 자체의 기준 여유를 고려하여 펌프흡입배관을 선정한다. 그러므로 보일러 BMCR을 증기터빈의 VWO 유량으로 선정하는 것은 너무 많은 여유를 고려하는 결과를 초래한다. 왜냐하면 보일러의 BMCR은 보일러 제작자의 입장에서 보면 성능 보증 용량이므로, 보일러 제작자도 BMCR을 보증하기 위해서 보일러의 설계 유량을 그보다 크게 선정하기 때문이다.

하지만 이는 전적으로 발주자와 관련 엔지니어링 회사의 판단에 따른 문제로, 발주자나 엔지니어링 회사가 더 많은 여유를 선호한다면, VWO 유량을 기준으로 보일러 BMCR을 선정한다고 해서 결코 잘못된 것은 아니다. 다만 보일러 BMCR 용량이 크게 선정되는 경우에는 보일러 초기 투자비가 증가하여 발전소 경제성이 나빠진다는 점만 다를 뿐이다.

한편 GE의 경우에는 일반적으로 발전기의 용량도 증기터빈 VWO 조건에서의 출력을 기준으로 선정한다. 이는 설계나 제작이 잘 되어서 증기터빈이 VWO 유량을 모두 통과시

키고, 그에 따라 증기터빈 출력이 VWO 열정산도에 나타난 출력을 모두 내는 경우에는 그만큼의 발전을 더 하겠다는 의도가 숨어 있는 것이다. 이러한 경우에 보일러 BMCR 용량을 VWO 유량 기준으로 선정했다면 발전소는 정격용량 이상의 발전용량을 낼 수 있는 행운을 갖게 된다. 이는 보증조건이 아니기 때문에 일종의 행운이라고 할 수 있다.

한편 5% 초과 압력(over-pressure) 운전에 대해 설계되는 발전소의 경우에는 실제로 5% 초과 압력 운전이 발생하므로, 보일러 BMCR 유량을 5% 초과 압력에서의 증기터빈 유량을 기준으로 선정해야 한다.

증기터빈의 통과 유량은 입구 압력에 정비례하므로, 5% 초과 압력에 대한 증기터빈 열정산도가 없는 경우에는 정격 유량에 5%를 더하여 선정하면 된다.

보일러 BMCR이 어떻게 선정되든지 간에 보일러 급수펌프는 보일러에서 필요한 급수를 원활히 공급하는 것이 목적이므로, 보일러 급수펌프의 정격용량은 보일러 BMCR을 기준으로 하여 다음 [표 5-14]와 같은 방법으로 선정한다.

[표 5-14]

보일러 급수펌프 토출 정격용량	Rated discharge capacity of BFP
= 보일러 BMCR 유량	= Boiler BMCR flow
+ 보일러 브로우 다운 유량	+ Boiler blow-down flow
+ 기타 유량	+ Other flows
+ 5% 서지 여유	+ 5% surge margin
+ 5% 마모 여유	+ 5% wear margin

[주] 1. 기타 유량(other flows)은 증기 터빈 입구와 급수 펌프 토출구 사이에서 공급되어야 하는 모든 정상 운전 유량을 포함한다. 보일러의 검댕 제거기(soot blowers) 유량은 간헐적으로 공급되는 유량이므로 일반적으로 기타 유량에 포함되지 않으나, 발주처나 엔지니어링 회사의 자체 설계 표준에 의해 추가하는 경우도 있다.

2. 드럼과 같은 저수조가 있는 보일러에 급수를 공급할 때, 해당 저수조의 수위 조절 계통의 정상적인 조정 편차에 의해 공급 유량이 반복적으로 늘고 줄고 할 수 있다. 이러한 현상을 서지(surge)라고 일컫는데, 급수펌프 용량 선정 시 이러한 서지를 고려하여 4%에서 6% 범위의 여유를 주어야 한다.

대용량 발전소에서는 낮은 쪽의 4% 값을 일반적으로 사용하며, 중소형 발전소에서는 일반적으로 5% 혹은 6%를 사용하는데, 이들 값은 일반적으로 해당 프로젝트에 관여하는 발주처나 엔지니어링 회사의 자체 설계 표준에 의해 결정된다.

이러한 서지 여류는 드럼 형식 보일러용 보일러 급수펌프에만 적용하며, 드럼이 없는 관류형 보일러(once-through boiler)에는 적용하지 않는다.

펌프에 있어서 서지(surge)란 토출 측에 저수조가 있고 펌프 유량-수두곡선에 변곡점이 있는 경우에 펌프특성에 의해 유량이 반복적으로 늘고 줄어드는 현상을 일컫는데, 보일러 급수펌프 경우에는 일반적으로 변곡점이 없으므로, 보일러 급수펌프에서 서지란, 이러한 펌프의 전형적인 서지가 아니고 앞에서 설명한 수위 조절 계통의 조정 편차에 의한 서지라고 볼 수 있다.

3. 서지 여유 외에 급수펌프 운전에 따른 마모를 고려해 마모(wear) 여유를 고려한다.
   대용량 발전소에서는 낮은 쪽의 4% 값을 일반적으로 사용하며, 중소형 발전소에서는 일반적으로 5% 혹은 6%를 사용하는데, 이들 값은 일반적으로 해당 프로젝트에 관여하는 발주처나 엔지니어링 회사의 자체 설계 표준에 의해 결정된다.
   여유값을 서지와 마모로 분리하여 선정하는 이유는 다음에 설명되는 급수펌프 수두 계산시 마모 여유에 의한 유량은 계산에서 제외되기 때문이다.
4. 전동기(motor) 구동 급수펌프나 발전용 증기터빈에 의해 구동되는 급수펌프의 경우 전력계통의 주파수 변동에 의해 구동기의 회전수가 낮아져 펌프의 상사법칙에 의해 펌프용량이 비례로 줄어드는 것을 고려해 여유를 추가로 고려해야 한다는 견해도 있다.
   이러한 여유도 일종의 서지 여유로 볼 수 있는데, 수위 조절 계통의 서지와 이러한 구동기의 회전수에 의한 서지가 동시에 발생한다고 가정하는 것은 너무 과잉 여유를 초래하므로 추가로 주파수 변동을 대비한 서지 여유를 고려하는 것은 바람직하지 않다.

Section 25 산업용 기계설비를 발주할 때 기계설비의 성능과 품질을 관리하는 방법을 실제 경험에 근거하여 설명(쓰레기 소각시설 공사)

1. 시스템 설명

① 소각시설은 반입공급설비, 소각설비, 연소가스냉각설비, 배출가스처리 설비, 급·배수설비, 남는 열(여열) 이용 설비, 통풍설비, 소각재와 비산재 분리배출 및 보관 설비(필요 시 소각재의 고형화, 용융화 등 안정화 설비 포함), 폐수처리설비, 유틸리티설비, 수·배전설비, 계장제어설비 등으로 구성된다.
② 각 공정별 시스템 설명에 따른다.
③ 총칙의 공무 행정 및 제출물에 규정한 시공 계획서에 의해 제출되고 확인된 시공 계획서에 따른다.

2. 품질보증서

① 시설 공사에 적용되는 모든 자재 및 장치류는 관련 규격 및 표준 등에 의거 인증된 제품이어야 하며, 수급인은 이를 확인하고 품질보증서를 보관해야 한다.
② 공급자는 다음과 같은 보증서를 기기 공급 시 함께 제출해야 한다.
   ㉠ 전기 및 전동기 관련 산업안전보건법의 형식 승인 서류
   ㉡ 제품이 한국산업규격을 획득한 경우 표준 인증 및 등록 서류
   ㉢ 무상 사후 관리 기간 및 보증서

　　ⓡ 보증 기간 이내에 무상 사후 관리에 해당하지 않는 내용
　　ⓜ 사용자 피해 보상 안내
　　ⓗ 공급되는 제품의 보수를 위하여 요구되는 부품별 보유 연수
　　ⓢ 공급자와 소비자 간의 제품 보증 약관

3. 시험, 검사, 지침서

① 수급인은 한국산업규격(KS) 상에 본 공사에 소요되는 기기 및 시설과 관련하여 요구된 제작 관련 시험, 검사, 지침서를 작성하여 제출해야 하며, 다음과 같은 내용이 포함되어야 한다.
　㉠ 해당 표준규격
　㉡ 검사 항목
　㉢ 허용 오차
② 제작품의 시험 및 검사 항목에 포함되어야 할 기본적인 항목과 판정기준은 다음 [표 5-15]와 같다.

[표 5-15]

검사 항목	판정기준
재료 검사	관련 제작 도면
외관 검사	관련 제작 도면
치수 검사	관련 제작 도면
전동기 검사	특성 시험 KS C 4002/KS C 4201
온도 상승 시험	
내전압 시험	
성능 검사	관련 제작 도면
운전 상태 검사	소음 검사 KS A 0701
진동 검사	KS B 0142
도장 검사	KS D 9502

4. 품질보증

1) 공급자는 공급기기가 실제적으로 실시 완료되어 시운전을 실시한 날로부터 3년간 품질을 보증해야 한다.

2) 공급자는 품질보증기간 동안에 공급기기에 다음과 같은 사항이 발생할 경우 즉각적으로 모든 유지 보수를 시행해야 한다.

① 기계의 강도 또는 기능상 발생된 파손 및 운전 이상
② 일부 부품에 국부적이거나 전체적인 부식이 급속도로 발생
③ 마모로 인한 결함
④ 밀봉유(sealing oil)의 누출
⑤ 결합 및 조립부의 파손
⑥ 전기적인 결함
⑦ 운전방식에서 발생된 오류
⑧ 기계적인 성능 저하
⑨ 기타 현장에서 예기치 못한 기계적·구조적·성능적 또는 기능적인 결함

3) 품질보증조건

수급인은 해당 작업에 착수하기 이전에 발주자가 구매 제품에 대한 품질에 대하여 확실한 신임과 의지를 가질 수 있도록 다음과 같은 조건들을 만족시켜야 한다.
① 설계, 제작 및 시공을 위한 조직도를 작성하여 제출한다.
② 조직도상에 용접, 기계 가공, 안전 및 품질 관리 등과 같은 특별한 기술 및 자격을 요하는 인원들에 대해서는 다음과 같은 부가적인 서류들을 제출한다.
　㉠ 용접 및 기계 가공
　　• 한국검정관리공단에서 발행한 자격증 사본
　　• 개인별 주요 경력사항
　　• 용접공인 경우 용접 품질 시험 검사 보고서 사본
　㉡ 안전 및 품질 관리
　　• 한국검정관리공단에서 발행한 자격증 사본
　　• 개인별 주요 경력사항
　　• 품질 관리자일 경우 해당 관청 또는 협회에서 발생한 품질 관리 종목 인증서와 비파괴검사 자격 등급서 사본

4) 공사 전 협의

시공에 착수하기에 앞서 공사 감독자, 수급인, 현장 대리인 등이 참석하여 다음과 같은 사항들에 대한 사전 협의를 가져야 한다.
① 작업 계획 및 순서
② 투입 인원 및 계획
③ 작업방법

④ 작업의 위험성 및 그에 대한 대책
⑤ 타 공정과 관련된 중장비 이동 및 동원 계획

Section 26

도장 표면 전처리 규격 SSPC(The Society for Protective Coatings : 미철강구조물도장협회) 규격 중 SP10 및 SP5 에 대해 설명

1. 개요

모든 철재류의 표면에는 기름류, 먼지, 녹, 쇠비듬 등과 발청 촉진 물질이 부착되어 있다. 이러한 오염 물질은 도막의 부착을 방해하고 부식을 야기시킨다. 그러므로 이들 부착물을 제거하는 것은 금속 자체를 보호하고 도장되는 도료의 특성을 향상시키는 것이다. 따라서 이러한 부착물은 꼭 제거되어야 하며, 이를 제거하는 방법으로 기계적 이나 화학적으로 표면을 세척한 후 표면에 조도를 향상시키는 방법이 있다.

2. 표면 처리 규격

표면 처리 규격에는 SSPC, BS, SIS 규격 등이 쓰이고 있다. 그중 SSPC 규격은 철강 구조물도장협회(Steel Structures Painting Council)에서 발행한 페인트 도장에 관한 규격 중 표면 처리 사양(SSPC-SP)이 널리 쓰인다.

[표 5-16] 표면 처리 사양(SSPC-SP)

표면 처리 규격	세정방법	개요
SSPC-SP1	Solvent cleaning (용제 세정)	용제, 알칼리, 증기 등에 의하여 소지면의 유지, 기름기, 먼지 기타 오염물을 제거한다.
SSPC-SP2	Hand tool cleaning (수공구 세정)	와이어브러시, 스크랩퍼, 해머, 끌, 나이프, 에머리크로스, 샌드 페이퍼 등을 사용하여 인력으로 흑피 또는 적청 등을 제거한다.
SSPC-SP3	Power tool cleaning (동력 공구 세정)	치핑, 해머, 회전식 와이어브러시, 회전식 충격공구, 그라인더 등 동력 공구 등을 사용하여 흑피, 적청 등을 제거한다.
SSPC-SP4	Flame cleaning (불꽃 세정)	치핑, 해머, 회전식 와이어브러시, 회전식 충격공구, 그라인더 등 동력 공구 등을 사용하여 흑피, 적청 등을 제거한다.

표면 처리 규격	세정방법	개요
SSPC-SP5	White metal blast cleaning (완전 나금속 브라스트 세정)	철강 표면을 도장하기 위하여 연마제를 노즐로 분사하거나 원심 휠을 사용하여 표면에서 밀스케일, 녹, 녹스케일, 도료 또는 다른 이물질을 완전히 제거하는 것이다.
SSPC-SP6	Commerical blast cleaning (일반 브라스트 세정)	연마제를 노즐로 분사하거나 원심 휠을 이용하여 소재 표면의 눈에 띄는 모든 오염물을 2/3 이상 완전히 제거한다(심한 폭로가 요구되는 피도체에 사용).
SSPC-SP7	Brush off blast cleaning (브러시 브라스트 세정)	연마제를 노즐로 분사하거나 원심 휠을 사용하여 소재 표면에 견고하게 부착된 오염물을 제외한 모든 오염물을 완전히 제거한다.
SSPC-SP8	Picking (산처리)	도장하기 위해 표면에 있는 밀스케일, 녹, 녹스케일을 화학적 반응, 전기분해방법 또는 이양자를 사용하여 제거한다.
SSPC-SP9	Weathering following by blast cleaning (자연 방치 후 브라스트 세정)	논, 흑피 등을 제거하기 위하여 자연 방치시킨 후 Blast한다.
SSPC-SP10	Near white blast cleaning (준 나금속 브라스트 세정)	높은 습도, 화학적인 환경 등 부식 환경에 놓여지는 피도물의 95% 이상의 오염물을 제거하기 위해 연마제를 노즐로 분사하거나 원심 휠을 이용하여 백색 Blast에 가깝게 세정한다.

Section 27 사이클론 분리기의 개략도를 도시하고 작동방법과 사이클론의 장단점 설명

1. 개요

원심력을 이용한 집진기 또는 사이클론 집진기들은 공기나 배출가스로부터 분진을 회수 및 분리하는 데 폭넓게 사용된다. 사이클론의 일반적 구조는 매우 간단하며, 다른 집진기에 비해 비용이 적게 든다.

사이클론이 광범위하게 사용되는 주된 이유는 가격면에서 경제적이고 구조가 간단하며, 운전 조건이 나쁘더라도 구조적으로 튼튼하기 때문이다.

2. 사이클론 분리기의 개략도를 도시하고 작동방법과 사이클론의 장단점 설명

1) 사이클론 분리기의 개략도와 작동방법

전형적 사이클론의 모형은 [그림 5-9]와 같으며, 분진을 함유한 가스는 사이클론의 상단부에서 접선으로 유입된다. 단지 가스의 접선 유입 형태와 사이클론의 구조 자체 때문에 가스는 아래쪽으로 나선형의 힘을 받는다. 반면 축상 유입식과 같은 사이클론은 나선형 흐름을 위해 날개가 설치되어 축상으로 유입된다. 분진은 원심력과 관성력에 의해 아래로 이동되고, 사이클론 내벽에 충돌하여 하단의 분진 퇴적함으로 미끄러져 떨어진다. 사이클론 하단부에서는 하향하던 가스의 나선형 흐름의 방향이 바뀌어 안쪽에 역류로 상승하는 나선 흐름을 만든다. 정화된 가스는 '성회류 출구'를 통해 위로 배출되고, 분진 입자는 용수철이 달린 Flapper valve 또는 Rotary valve로 밀봉된 파이프를 통해 사이클론의 밑쪽으로 빠져나온다.

2) 사이클론의 장단점

(1) 장점

① 적은 비용

② 고온에서 운전 가능

③ 간단한 구조 때문에 적은 유지 보수 비용

(2) 단점

① 낮은 효율(특히 미세 입자)

② 비싼 운전 비용(압력손실 때문에)

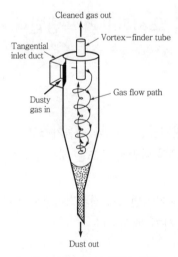

[그림 5-9] 표준 사이클론 모형도

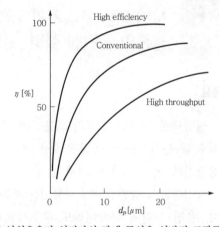

[주] 업위효율과 입경과의 관계 곡선은 일반적 포괄곡선이다.

[그림 5-10] 사이클론에서 입경과 집진 효율과의 일반적 관계

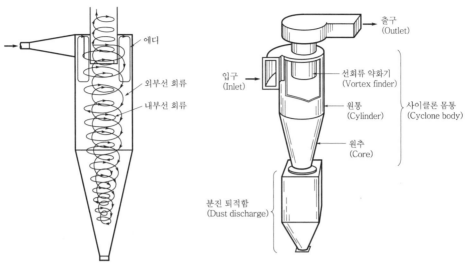

[그림 5-11] 선회류 및 에디

[그림 5-12] 원심력 집진기 구조

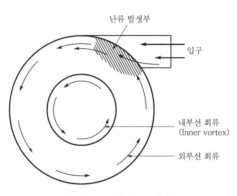

[그림 5-13] 입구 장해

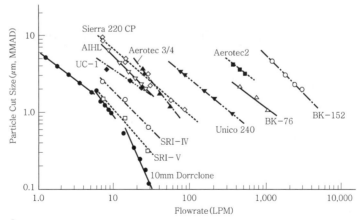

[그림 5-14] Aerodynamic diameter cutpoint as a function of flow rate for various cyclones (from reference 102).

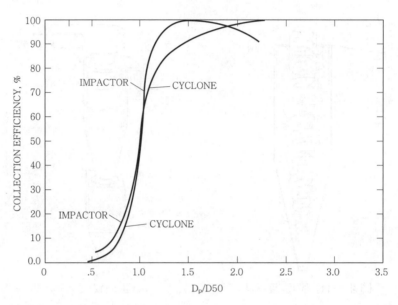

[그림 5-15] Comparison of cascade impactor stage with cyclone collection efficiency curve

[주] Cyclone : S.R.I. · 1 Cyclone
28.3L/min, 22℃, 752mmHg
From Smith, et. al.[7]
Impactor : Modified Brink BMS-11 Cascade Impactor
Greased Collection Plate, Stage 4
Corrected for wall losses
0.85L/min, 22℃, 749mmHg
From Cushing, et. al.[8]

Section 28

감속기의 정밀도를 나타내는 arcmin의 의미

1. arcmin의 의미

1arcmin이면 1분 동안 60분의 1도의 변화량을 의미하며 감속기의 정밀도를 나타내는 값으로 백래시를 말한다. 감속기의 입력 축을 고정시킨 상태에서 출력 축을 정해진 토크로 회전시켰을 때 나오는 값으로 명시하기도 하며, 제조사마다 기준이 다르다.

2. 적용 예

예를 들어, 백래시가 3arcmin이라면 3/60 정도 유격이 있다고 볼 수 있는 것이며, 감속기의 Technical data 중 Torsional rigidity라고 해서 단위가 [Nm/arcmin]인 데이터가 있는데, 35 Nm/arcmin이라면 이 감속기는 35Nm의 토크를 받으면 출력축이 1arcmin만큼 더 돌아갈 수 있다는 표시가 된다.

이 또한 감속기의 정밀도를 정하는 데 고려되는 지표가 되기도 하며, 주로 정밀한 백래시의 감속기가 사용되는 곳으로 아주 정밀하고 세밀한 가공을 해야 하는 가공기계나 로봇의 관절, 로봇을 주행시키는 주행 장치 등에 감속기가 적용될 수 있다.

원하는 위치에 가서 정지해야 함에도 불구하고 가령 3arcmin의 백래시라면, 감속기가 3/60 정도 더 회전해 버린다면, 그 만큼의 오차가 생길 수밖에 없다. 하지만 사실상 zero 백래시라고 하면 회전이 안 될 수밖에 없으므로, 완벽한 zero 백래시는 이론상으로만 존재할 뿐이며 운동의 조건은 약간의 틈새가 유지되어야 부하가 감소하여 효율이 증가한다.

Section 29

개발에 참여하여 실제 경험한 산업기계 시스템(제지 기계, 로봇, 가공 기계, 물류 기계, 유체기계, 작업 기계 등) 중 하나를 선정하고, 문제 내용을 포함하여 기계 시스템 개발자 관점에서 설명(portable lift system)

1. 기계 시스템 구성(하드웨어 및 소프트웨어)

Portable lift system은 조립 라인이나 제조 라인에서 무거운 부품을 운반할 때에 작업자의 무리한 작업으로 인하여 안전사고와 신체적 장애를 야기할 수가 있다. 따라서 Portable lift system을 제작하여 원하는 위치까지 운반하거나 각종 시스템을 조립할 때 조립 대상 유닛을 적당한 위치까지 올려서 작업의 효율성을 향상하는 데 제작의 의미를 부여한다.

하드웨어는 감속기와 제어용 모터를 사용하며 Down position과 Up position에 센서를 부착하여 작업 높이의 한계를 설정하였다.

1) 하드웨어의 주요 기기 및 구성품

하드웨어의 주요 기기 및 구성품은 다음과 같다.

① DC motor(DC 24V, 500W)

② Reduction gear unit(1/10)

③ Motor controller

④ Clutch & Brake unit

⑤ Control panel

⑥ Parts(mechanism)

⑦ Sensor(proximity sensor)

⑧ Bearing

⑨ Carrier wheel

2) 소프트웨어의 운영 체계 및 제어방식

소프트웨어의 운영 체계 및 제어방식은 다음과 같다.

소프트웨어는 시스템의 제어가 복잡하지 않고 현장에서 간단하게 제어를 할 수 있도록 Sequence control에 의해서 진행한다. 모든 제어용 부품은 DC 24V의 전압이 입력되며 출력도 동일하게 한다. Control panel은 Start button SW, Emergency button SW를 부착하며, Start button SW를 ON하면 자기 유지 회로에 의해서 전류가 흐르고 운반하는 부품의 높이에 따라 Up button SW와 Down button SW를 사용하여 원하는 높이까지 맞춘다. 어느 Button SW를 작동하든지 손으로 누르지 않으면 모터의 전원이 차단되면서 Clutch & Brake unit에 의해서 정지한다. 부품을 적재한 후에는 손잡이를 잡고 원하는 위치까지 이동하여 부품을 조립하거나 Unloading한다. 운전 중에나 작업 중에 문제가 생기면 바로 Emergency button SW를 눌러서 모든 전원을 차단한다.

2. 기계 시스템 개발 단계별로 수행한 주요 업무(개발 프로세스, 각 개발 과정에서 실제 추진한 업무 내용)

1) 자료 수집 및 조사

설계자는 설계를 위한 시스템에 요구되는 여러 변수들을 찾아서 사전에 검토를 하고 에러가 발생할 수 있는 부분을 미리 개선하여 나감으로써 효율적인 설계를 할 수가 있다.

자료 수집은 시스템의 구상과 연관되어 진행이 될 것이다. 자료의 수집을 다양하게 진행하고 설계자가 추구하는 시스템의 이론과 실무적인 차원에서 검토해 나가며 검토 과정 중에 문제점이 도출이 되면 다시 수정하여 추후에 시스템을 설계 제작하여 완성이 되었을 때 여러 가지로 발생할 수 있는 에러를 최소화해야 한다. 또한 기계 시스템은 모든 시스템이 동적인 운동을 지속적으로 수행하며 인간이 요구하는 역할을 하고 있기 때문에 치명적인 에러가 발생하면 시스템의 전체적인 흐름에 영향을 준다.

설계자는 기획, 연구 개발에서 필요한 시스템, 전체 성능이 고려해야 한다.

보통 시스템은 기계, 측정, 정보 처리 등으로 구성이 되지만 일부분의 기계의 경우에는 기능·기구를 고려하고 그것을 구성하는 구체적인 부품의 형상·치수·재질 등을 고려한다. 특히 실제로 실현하기 위해서는 가공 방법을 고려하고, 그것의 조립·분해 등에 대해서도 고려해야 한다. 또한 기계의 운전, 설치, 보수, 점검을 고려해야 한다.

2) 설계 단계별 검토사항

① 사양서 및 사양 협의 : 사양서 내용에 있어서 협의는 담당자와 관련 업무를 수행하는 모든 엔지니어들과 협의를 해야 하며, 시스템의 설계·제작이 완성이 되었을 때 고객이 추구하는 부분에 만족할 수 있도록 사양 협의를 해야 한다. 또한 시스템을 추진함에 있어서 전체적인 계획에 의거하여 체계적인 진행이 되도록 일정을 효율적으로 관리해야 하며 고객이 요구하는 납기를 준수할 수 있도록 포괄적인 상태에서 검토하고 결정을 내려야 한다.

② 사양서 검토 : 사양서는 충분히 검토를 하여 시스템을 추진해야 하며, 각 사양서에 결정이 되면 설계용 사양서에 기록을 하고 설계 시에 고려하여 추진을 해야 한다. 또한 설계용 사양서에는 설계 방침을 포함해야 한다. 예를 들면, 공압, 유압, 전기 병용으로 구동 유닛을 설정할 것인지를 포괄적으로 검토해야 하며, 전기 구동에도 교류인지 직류인지, 제어 방법이 개회로 방식인지 폐회로 방식인지 등 여러 변수들을 하나하나 검토하면서 변수를 줄여나가야 한다.

③ 사양서 정리, 설계를 위한 자료 준비 : 설계 단계를 충분히 행한 후 작업을 행한다. 자료 수집은 구상을 머리 속에 상상하여 필요한 자료, catalogue 내 기술 자료를 수집하고 충분하게 준비한다. 사양서가 정리되고 설계를 위한 자료 수집이 완료되면 설계를 위한 구상에 들어가야 한다. 구상은 시스템의 전체적인 배치 상태, 기본적인 각 유닛의 연계방법을 검토하여 시스템의 효율성을 주도록 진행해야 한다.

[표 5-17]은 사양서 작성기준을 보여 주고 있다.

[표 5-17] 사양서 작성기준

No.	내용	No.	내용
1	사용자의 사양서를 기초로 한다.	2	작업에 관한 사양서를 정리한다. ① 작업이 어떤 종류의 경우에도 최소 치수, 최대 치수, 기타, 종류에 따라 변화하는 치수 ② 가공 정도 또는 강도 등 ③ 사상 상태(표면의 손상이나 Burr 등) ④ 위치 결정은 작업의 어느 부분에서 행하는가 ⑤ Chuck 또는 Clamp하는 부분
3	작업점의 조정 범위	4	운동 부분의 수
5	운동 부분의 최대 스트로크	6	운동 부분의 조정 범위
7	운동 부분을 움직이는 힘	8	운동 부분을 움직이는 방법

No.	내용	No.	내용
9	운동 부분의 속도	10	운동 부분의 작동 시간
11	운동의 정지 시간	12	작업 높이
13	작동 부분을 포함한 작업 면적	14	동력전달 방식
15	속도의 범위, 표준속도	16	감속비, 감속의 방법(감속기의 종류)
17	동력원 종류와 출력	18	커플링 종류, 토르크리미터의 유무
19	클러치, 브레이크의 종류, 크기	20	공정 분할의 수
21	트랜스퍼 방식인가, 인덱스 테이블 방식인가	22	간결운동의 경우 그 기구의 선택
23	기계 등급의 결정	24	상기 등급에 따른 공차 등급의 범위, 나사, 치차의 등급을 결정한다.
25	특히 주의하지 않으면 안 되는 재료가 있는 경우는 반드시 명기를 한다.	26	프레임 구조의 개요
27	기타의 사양		

④ 구상도 : 전체도 및 중요 개소의 부분도 등 2~3개를 정리하며 도면은 깨끗하지 않아도 되지만 축척하여 그린다. 구상도는 사양서가 결정이 되고 사양에서 요구되는 시스템의 특성을 충분히 반영하여 구상을 진행해야 하며, 시스템의 효율성과 유지 관리 측면에서도 검토하여 추후에 발생할 수 있는 에러를 감소시켜 나가야 한다. 먼저 전체적인 배치도(lay-out design)를 설계를 한 다음에 각 유닛별로 세부적인 검토를 수행하며 추후에 전체적인 계획설계(schematic design)를 완성해야 한다.

⑤ 사내 검토 회의 : 영업·제조 등 관계 부서와 검토 회의를 개최하고 각각의 입장에서 의견을 충분히 검토하여 반드시 설계자가 기록하고 의견의 불합리는 설계자가 후에 행한다. 검토 회의는 앞에서 언급한 시스템의 요구조건과 고객이 요구하는 조건을 전부 고려하여 사양서를 결정하였다.

사양서에 의해서 시스템 설계자는 구상도를 완성하여 시스템 설계자가 관련 담당자들에게 진행사항을 발표하고 발표한 시스템의 진행에 문제가 발견되거나 개선해야 할 부분이 발생하면 시스템 설계자는 수용을 하고 설계자 입장에서 다시 검토를 진행해야 한다.

⑥ 구상도 추가 및 수정 : 시스템 설계자는 자기 중심적인 생각과 판단에 의해서 설계의 구상을 할 수도 있다. 따라서 사내 검토 회의는 구상도에 지적 사항을 설계자는 충분히 검토를 한 후에 추가 사항이 발생한 부분을 시스템에 추가해야 하며, 시스템의 수정 부분도 마찬가지로 진행하면 된다.

여기서 검토는 고객과 설계의 효율성 등에 관련된 부분을 고려하여 타당성이 있다고 판단하면 구상도를 수정해야 한다. 구상도에 추가하거나 수정을 할 때는 시스템 설계자는 반드시 구상도를 진행할 때의 여러 가지 검토사항을 다시 한번 확인하면서 추가나 수정을 진행해야 한다. 혹시 자신도 모르게 중요한 사항을 제외하고 할 수도 있기 때문에 시스템 설계자는 설계의 각 과정에 대한 자신이 수행하는 업무에 대해서 점검표(check list)를 만들어 진행하는 것이 트러블 요인을 방지할 수가 있다.

⑦ Simulation : Simulation은 공학에서 의미가 다양하지만 시스템 설계에서 Simulation은 설계자가 시스템을 수행하면서 여러 조건과 환경을 검토하여 진행을 하지만 이론과 실무에 불확실성을 포함하는 장치나 운동 부분이 발생할 수가 있다. 그런 부분을 똑같은 조건이나 축소를 해서 제작하거나 컴퓨터를 통한 여러 시뮬레이션 프로그램을 활용하여 검토하므로 시스템 설계자가 수행하는 설계 부분의 문제점을 해결하거나 불확실한 부분을 확실성을 가지고 진행할 수 있도록 하는 데 의미를 부여한다.

⑧ 계획도(schematic design) : 전체와 부분으로 나누어 작성하고, 축척은 통일한다. 관계 치수, 구성부품 치수도 중요한 것은 상세하게 기입한다. 계획도는 시스템의 설계를 위한 모든 지식과 관련된 내용을 하나의 종이 위에 표현하였기 때문에 모든 기록이나 과정을 일관성 있게 유지하는 것이 설계업무의 흐름을 원활하게 할 수가 있다.

3. 기계 시스템의 성능과 이에 영향을 주는 인자(factor)들과의 상관관계로서 개발자가 중점적으로 고려해야 할 내용

기계 시스템의 성능과 이에 영향을 주는 인자(factor)들과의 상관관계로서 개발자가 중점적으로 고려해야 할 내용을 살펴보면 다음과 같다.

1) 모터용량의 적정성

Portable lift system에 가장 중요한 한 것은 Main motor이다. Motor의 선정은 최대 적재하중을 충분히 검토하여 안전계수를 충분히 고려하여 선정한다. 안전계수는 감속기의 비율과 연관되어 검토해야 한다. 감속기를 부착함으로써 Motor의 토크가 증가할 수가 있다. 물론 감속기 비율이 1/10이라고 해서 효율이 100%가 출력되지 않기 때문에 토크를 측정하는 장비를 가지고 실제적으로 검토하는 것이 중요하다.

2) 가공품의 정밀도

가공품의 정밀도는 시스템의 정밀도를 유지하는 데 대단히 중요하다. 즉 도면에 표기된 공차 범위를 유지해야 하는데, 가공 과정 중에 오차가 발생하면 정밀도를 유지할 수가 없다. 따라서 설계자는 도면의 공차 기입과 후처리 관계를 충분히 검토하여 도면에 표기를 해야 하고 가공자는 도면을 충분히 검토하여 설계자의 의도를 파악하고 부품을 가공해야 한다.

3) Bearing 끼워맞춤

시스템은 설계자가 설계를 잘 해야 하지만 가공자, 조립자가 자신의 역할에 충실해야 한다. 베어링부의 조립 시에는 가공 위치를 자세히 살펴보고 측정을 한 다음에 치수상에 문제가 없을 때 조립을 해야 하며, 베어링 조립부의 끝단에는 Recess를 부여하여 모서리로 인한 트러블이 발생하지 않도록 해야 한다.

4) 인간공학적인 설계

Portable lift system은 작업자가 직접 운전하며 작업을 수행하므로 시스템을 운전하는 데 불필요한 부분은 가능한 배제를 해야 한다. 예를 들면, 손잡이는 작업자가 밀고 잡아당겨 적재 위치를 결정하므로 손이 접촉하는 데 부드러움을 줄 수 있는 형상으로 하는 것이 좋다. 또한 시스템 외관의 모서리를 유지하는 것보다는 R이나 유연성을 주어 안전사고나 불편함이 없도록 해야 한다.

5) 체결장치

모든 체결장치는 운동 중에 풀림을 방지하기 위해 스프링 와셔와 함께 볼트나 너트를 체결해야 한다. 기계는 운전 중이나 이동 중에 진동이 발생한다. 따라서 풀림을 방지하는 체결을 해야 한다.

4. 기계 시스템 개발 과정에서 경험한 애로사항 및 해결대책으로 수행한 사례

기계 시스템 개발 과정에서 경험한 애로사항 및 해결대책으로 수행한 사례는 다음과 같다.

1) 체결 부품의 통일성

체결 부품은 다양하게 현장에서 관리되고 있다. 시스템을 제작할 때는 체결 부품을 통일하여 관리하는 것이 중요하다. 예를 들어 M4의 렌치볼트 피치가 0.7, 0.8이 있다. 피치가 다른 두 개의 부품을 한 곳에 보관하면 조립 시에 혼란을 줄 수가 있다. 따라서 회사마다 다르겠지만 체결 부품을 통일하여 관리하는 것이 중요하다.

2) 정해진 위치에 공구 관리

시스템을 제작하다 보면 정해진 위치에서 공구를 사용하고 관리하면 공구를 사용하는 시간을 절약할 수가 있다. 그런데 습관이 잘못되면 공구를 사용하는 시간보다 찾는 시간이 더 소모되는 경우가 있다.

3) 충분한 시뮬레이션이 필요

기계 시스템은 설계자의 생각과 구상대로 모든 일이 순조롭지는 않다. 따라서 설계과정 중에 시스템에 의문이 있거나 에러가 예상되는 부분이 있으면 시간에 구애받는 일이 없이 모형화할 수 있는 준비와 장소가 필요하다.

대부분 설계자의 에러는 자신이 걱정하는 부분에서 발생한다. 따라서 충분한 시뮬레이션을 통하여 최종 설계를 수행하는 것이 바람직하다.

4) 부품 조립과 배선 처리

기계 조립과 배선 처리에서는 대부분 사소한 부분에서 에러가 발생한다. 예를 들면, 부품 조립 시 정성을 다해 진행을 하면 문제점을 조기에 발견할 수 있지만 집중하지 않고 조립을 하다 에러가 발생하면 처음부터 모든 것을 추적하여 찾아야 하므로 시간이 많이 소모된다. 배선 처리도 단자에 나사를 정확하게 조이거나 압착기로 단자를 고정할 때도 배선의 오픈 상태를 충분히 검토하여 진행해야 하며 단자의 넘버링 부여도 충실하게 진행해야 에러를 쉽게 찾을 수가 있다.

5) 정밀한 유닛은 Lock pin 사용

부품 조립을 하다보면 렌치볼트의 공차 범위에서 약간의 공간이 있다. 따라서 조립하는 상태는 자신이 원하는 위치가 아닌 상태로 조립이 될 수 있기 때문에 Lock pin을 사용하면 정해진 위치에 정확하게 조립이 되고 기계의 정밀도를 유지할 수 있다.

Section 30 건설 현장 등 관공사에서 사용되는 설계도서의 종류

1. 기본 설계

○○○ 프로젝트에서 제시하는 기본 요소의 재원과 과업 지시서의 내용 및 각종 자료를 토대로 하여 제반 요소 기능에 알맞은 평면 배치, 수용 면적, 시설 내용, 구조 및 설비의 도서를 작성하고, ○○○ 지자체와 협의 후 기본 설계를 작성한다.

기본 설계의 작성 내용(토목 부대시설, 건축, 기계설비)은 다음과 같다.

① 토목분야
   ㉠ 설계 설명서(현황)
   ㉡ 위치도
   ㉢ 평면도, 종·횡단면도, 구조물도, 부대 시설도 및 기타

　　② 건축분야
　　　　㉠ 설계 설명서
　　　　㉡ 구조 계획서
　　　　㉢ 투시도
　　　　㉣ 전체 건물 배치도
　　　　㉤ 건물 내외 마감표
　　　　㉥ 각층 평면도, 입면도, 주 단면도(종·횡 2개소 이상)
　　　　㉦ 구조 계획도 및 기타
　　③ 기계설비분야
　　　　㉠ 설계 설명서
　　　　㉡ 설계 계산서
　　　　㉢ 전체 건물 배치도
　　　　㉣ 기계 장비 일람표
　　　　㉤ 설비 배치도, 계통도, 평면도, 기타
　　④ 전기설비분야
　　　　㉠ 설계 설명서
　　　　㉡ 설계 건물 배치도
　　　　㉢ 전기 배치도, 실외 간선도, 전력 간선도, 기타

2. 실시 설계

　　기본 설계가 확정되면 아래에 따라 시공에 필요한 다음의 설계도서를 제출하도록 한다. 실시 설계의 작성 내용(토목, 건축, 전기, 기계 설비)은 다음과 같다.

1) 토목

　　① 위치도 : 도시 계획도와 관련된 학교 현황도에 표시
　　② 현황 평면도 : 현황도와 공사 범위 표시
　　③ 완성 평면도 : 완성하였을 때의 현황도 작성
　　④ 평면도 : 공사 계획 평면(구조물 등의 위치, 규격, 수량 등을 표시)을 구조물도, 토공도, 조경 계획도 등으로 구체적으로 작성
　　⑤ 종·횡단면도
　　⑥ 구조물도 : 구조물도, 표준도, 토량 이동도 등 시공에 필요한 세부 도면
　　⑦ 부대 시설물도 : 부대 시설물도를 시공에 필요한 세부 도면
　　　　☞ 조경 상세도 : 조경시설물, 식재 계획 등 상세도

2) 건축분야

① 전체 건물 배치도 : 축척, 방위, 범례, 부지 경계선, 도로 표시 등
② 설계 건물 배치도 : 세부적으로 당해 설계 건물 배치 현황을 전체 건물 배치도에 준하는 표시
③ 건축물 내외 마감표
④ 각층 평면도
⑤ 단위 평면도
    ㉠ 각층 천정 평면도
    ㉡ 지붕 평면도
    ㉢ 입면도
    ㉣ 주 단면도 및 주 단면 상세도
    ㉤ 개별실 단면 상세도
    ㉥ 지붕 단면 상세도
    ㉦ 계단 평면, 단면 상세도
    ㉧ 셔터, 핏트, 발코니 등 부분 상세도
    ㉨ 창호 일람표 및 상세도
    ㉩ 기초 구조 평면도 및 배근도
    ㉪ 기초 구조 단면 상세도
    ㉫ 각층 기둥, 보 일람표
    ㉬ 각층 보, 바닥판 단면 상세도
    ㉭ 지붕 구조 단면 상세도
    ㉮ 옹벽 구조 배근도 및 단면 상세도
    ㉯ 구조 부재 조립도(PC 철골 및 트러스인 경우)
    ㉰ 설계 내역서
      • 공종별 세부 내역서
      • 수량 산출서
      • 기타 필요한 산출 근거

3) 기계설비분야

① 전체 건물 배치도 : 축척, 방위, 범례, 부지 경계선, 도로 표시 등
② 설계 건물 배치도 : 세부적으로 당해 설계 건물 배치 현황을 전체 건물 배치도에 준하여 표시
③ 기계 장비 일람표 : 수량, 용량, 기타 사항 표시
④ 설비 배치도 : 기본 설계 시 표기된 사항을 구체화한 내용

⑤ 계통도 : 난방, 공기 조화, 급·배수(급탕 포함), 소화, 자동 제어 및 기타 설비의 세부 계통도

⑥ 평면도

　㉠ 각종 설비 평면도

　㉡ 기계실 확대 평면도

⑦ 기계 입체 배관도 : 기계실 입체 배관도

　㉠ 단면도 : 각종 설비의 기준층 및 특수층에 대한 주요 단면도 및 기계실 단면도

　㉡ 실외 공동구 : 실외 공동구 관리 및 각층 설비 평면도, 단면도

　㉢ 상세도 : 각종 설비별 상세도

　㉣ 설계 설명서

　　• 공종별 세부 내역서

　　• 일위대가

　　• 수량 산출서

4) 전기설비분야

① 전체 건물 배치도 : 축척, 범례, 방위, 부지 경계선, 도로 표시 등

② 설계 건물 배치도 : 세부적으로 당해 건물 배치 현황을 전하여 표시

③ 전기 배치도 : 실외에 설치되는 전기 관계 시설물의 위치, 평면도 및 전기 기기 정격 상세도, 외등 등

④ 실외 간선도

⑤ 전력 결선도

⑥ 설비 계통도 : 전등, 전열, 동력, 통신, 방재, 방송, TV 공청 설비 및 기타 필요한 설비의 배치도와 계통도 또는 입상도와 각종 기기 및 배선의 종별 정격 표시 등

⑦ 설치 배선도

　㉠ 동력 설비 및 사용된 특수 설비의 결선도와 각종 기기 및 배선의 정격 등 총부하 표시

　㉡ 사용할 각종 설비의 조작도 및 조작 설명서

　㉢ 각 분전함의 결선도 및 정격과 총부하 계산

　㉣ 계장 설비의 결선도, 각종 기기 간의 배선도, 각 설비 전원의 정격 및 부하용량 계산

　㉤ 설계 내역서

　　• 공종별 세부 내역서

　　• 수량 산출서

Section 31 에너지 절약을 위한 ESCO(Energy Service Company)사업

1. 개요

제3자의 에너지사용시설에 선(先)투자한 후 이 투자시설에서 발생하는 에너지 절감액으로 투자비와 이윤을 회수하는 기업을 말한다. 1970년대 말 미국에서 태동한 새로운 에너지절약 투자방식으로 현재 약 20개국에서 시행 중이다. 에너지사용자는 투자위험 없이 에너지절약 시설투자가 가능하고 ESCO는 투자수익성을 보고 투자위험을 부담하는 벤처형 사업이다.

에너지 저소비형 경제 사회구조로의 전환을 위한 정책의 일환으로 도입된 ESCO는 1991년 에너지절약전문 기업제도의 근거(제22조 등)를 마련하고 일정한 자격요건을 갖춘 자가 에너지관리공단 이사장에게 등록함으로써 설립이 가능하다.

현재 국내에서는 1992년 삼성에버랜드를 1호로 LG산전, 한국하니웰을 비롯한 대기업 및 중소기업 등 66개의 업체가 ESCO로 활동하고 있다.

2. ESCO사업의 특징

ESCO사업은 제3자의 재원을 이용한 투자로서, 시설투자에 의한 절감액은 고객(사용자)과 전문기업이 약정에 의하여 배분하고 절약전문기업의 투자비 회수가 끝나면 이미 투자된 에너지 절약 시설은 고객이 소유하게 된다. ESCO를 통한 절약 시설 투자 시에는 에너지 절약 시설에 대한 투자비 부담 없이 에너지 비용을 절감할 수 있고, 절약 시설 투자에 따른 경제적 기술적 위험부담이 해소되며, 절약 시설에 대한 전문적 서비스를 제공받을 수 있다.

ESCO업계의 문제점은 우선 국내 ESCO업계가 시장을 보다 빨리 촉진하고 잠재시장을 개별사의 매출증대로 연결시킬 수 있는지의 여부이다. 이를 위해서 ESCO는 새로운 파이낸싱기법과 그 자금원을 확보해야 한다. 이를 위해서는 현재 정부측의 정보제공에 대해 보다 체계적이고 강력하게 요구해야 하며, 선진 ESCO와의 협력을 통해 선진기술을 조기에 획득해야 한다.

ESCO 전망은 기후변화협약이 본격적으로 대두되어 국가적인 차원에서 뿐만 아니라 개별 경제주체별로 영향을 받게 될 경우 온난화가스의 배출을 억제하기 위해 선진적인 고효율 기술의 시장이 급격히 확대될 것이다. 이러한 배출저감형 기술의 이전에 의해 ESCO의 역할이 급격히 증대됨을 알 수 있다.

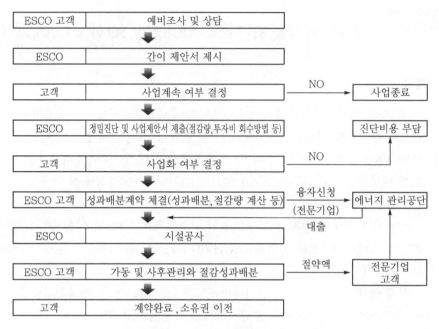

[그림 5-16] ESCO사업의 흐름도

Section 32 엘리베이터의 권상기에 사용되는 무단감속기의 원리

1. 개요

최근 CVT(Continuously Variable Transmission)로 총칭되는, 이른바 무단변속기란 일정한 입력 회전에 대해서 출력축회전수를 연속적으로 변화시킬 수 있는 전동기로, 전기식, 기계식, 유압식의 3종류로 대별된다. 기계식은 한층 더 friction 전동과 traction 전동으로 분류되지만, 각각의 전동 능력은 friction 전동은 벨트·풀리와 같은 요소의 성능에 의해, traction 전동은 사용하는 오일의 성능에 의해 지배된다. 또한 traction 전동은, 일반적으로 friction 전동과 비교해 대용량의 동력전달이 가능하다.

2. 엘리베이터의 권상기에 사용되는 무단감속기의 원리

권상기는 엘리베이터에 있어서 와이어로프를 사용하여 사람이 탑승하고 있는 카를 끌어올리거나 내려주는 전동기를 이용한 동력장치로서 감속기가 부착된 기어(geared) 식[그림 5-17]과 전동기의 회전축에 권상 도르래(main sheave)를 직접 부착시킨 무기어식(gearless)[그림 5-18]으로 구분되며 전동기, 감속기, 브레이크, 기계대로 구성되어 있다.

기어식 권상기에서 감속기는 크게 웜기어와 헬리컬기어가 주로 사용되는데 웜기어는 중저속, 헬리컬기어는 고속기종에 통상적으로 많이 사용된다. 전동기의 회전은 커플링(제동기 드럼)을 통해 기어 샤프트에 전달되며, 휠에 의해 감속되어 주 도르래를 엘리베이터의 필요속도로 회전시키게 된다. 이때 감속기 운행 시 샤프트와 휠의 맞물림으로 발생되는 진동이 기어 휠과 연결된 주 도르래에 전달되고 전달된 진동은 주 로프를 타고 카에 전달하게 된다. 이러한 진동을 감쇄시키기 위해 권상기가 설치되는 기계대에는 [그림 5-17]에서 보는 것과 같이 방진패드가 설치되게 된다.

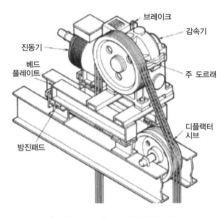

[그림 5-17] 기어식 감속기

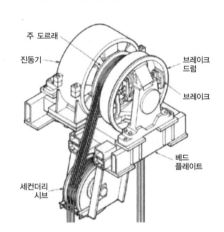

[그림 5-18] 무기어식 감속기

Section 33 배열회수 보일러(Heat Recovery Steam Generator)의 수 순환방식 보일러의 종류와 특징

1. 개요

HRSG는 가스터빈(GT), 스팀터빈(ST)과 함께 복합화력 발전소의 주요 3대 설비라고 할 수 있다. HRSG는 가스터빈에서 배출되는 뜨거운 열에너지를 이용해 증기를 만들어 내고 스팀터빈으로 공급하는 발전, 즉 복합화력발전에서 핵심 발전설비다. HRSG 기술은 복합화력발전소의 효율을 높이는데 핵심적인 역할을 담당하며, 발전소의 출력을 최대 33%까지 더 높일 수 있다.

2. 배열회수 보일러(Heat Recovery Steam Generator)의 수 순환방식 보일러의 종류와 특징

순환 형식에 의한 보일러로서는 드럼형의 순환보일러, 즉 자연순환형과 강제순환형으로 나누어지고, 관류형 보일러는 벤슨보일러와 슐처보일러로 구분되는데, 보일러효율은 압력과 온도가 높을수록 향상되나 사용온도는 보일러 튜브 등에 제한을 받으므로 현재로는 발전용 보일러는 초임계압으로 나아가는 추세이다.

1) 자연순환과 강제순환보일러의 비교

보일러수의 순환은 수냉벽 속의 기수(포화증기와 포화수)혼합물의 밀도와 강수관으로 흐르는 물의 밀도차에 의해서 이루어지는데, 보일러의 사용 압력이 증가하면 물의 물리적 성질에 의하여 포화수의 밀도는 감소하고 포화증기의 밀도는 증가한다. 이로서 사용 압력이 높은 보일러수의 순환력을 보강하기 위해 보일러수 순환펌프(BWCP)를 설치한 것을 강제순환 보일러라 한다.

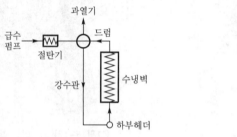

[그림 5-19] 자연순환보일러

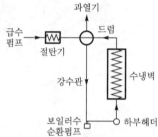

[그림 5-20] 강제순환보일러

2) 자연순환보일러

급수는 절탄기를 거쳐 드럼으로 유입된다. 절탄기에서 유입된 급수와 드럼에서 기수 분리된 포화수는 강수관, 하부헤더를 거쳐 수냉벽에서 로 내부의 복사열을 흡수한다.

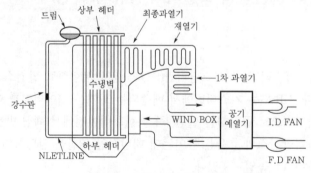

[그림 5-21] 자연순환보일러

보일러수의 순환은 수냉벽 속의 기수(포화증기와 포화수)혼합물의 밀도와 강수관으로 흐르는 물의 밀도차에 의해서 이루어진다. 순환력에 영향을 미치는 요인으로는 열흡수량, 보일러의 높이, 사용 압력 증가를 들 수 있다.

3) 강제순환보일러

강제순환보일러는 보일러수를 순환시키기 위해 보일러수 순환펌프를 사용한다. 강수관에 설치된 순환펌프는 드럼에 저장된 물을 흡입하여 하부 헤더 및 수냉벽을 거쳐 드럼으로 강제순환시킨다. 강제순환보일러는 자연순환보일러보다 순환력이 좋으므로 보일러의 크기가 같은 경우 더 많은 증기를 생산할 수 있다.

순환력은 자연순환력과 순환펌프의 순환력을 합한 것으로 사용압력이 증가해도 충분한 순환력을 얻을 수 있으며, 보일러수의 순환이 원활하여 증발관이 과열될 염려가 적다.

튜브직경이 작아 내압강도가 크므로 튜브 두께가 얇아져 열전달율이 좋아지고, 보일러 보유수량이 적어 기동·정지시간이 단축되고 정지 시 열손실이 감소한다.

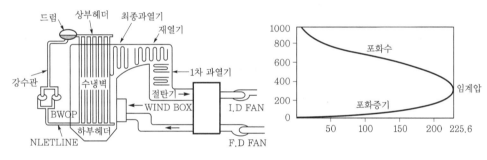

[그림 5-22] 강제순환보일러 　　　　　 [그림 5-23] 포화수와 포화증기의 변화

4) 관류보일러

관류보일러는 급수펌프가 보일러수를 순환시키며 정상운전 시 물과 증기의 관리가 불필요하므로 초임계압 보일러는 반드시 관류보일러를 사용한다. 관류보일러의 특징은 직경이 작은 튜브가 사용되므로 중량이 가볍고 내압강도가 크나, 압력손실이 증대되어 급수펌프의 동력손실이 많다. 더불어 보일러 보유수량이 적어 기동시간이 빠르고 부하추종이 양호하나 고도의 제어기술과 각종 보호장치가 필요하다. 단점으로는 운전 중 보일러수에 포함된 고형물이나 염분 배출을 위한 블로우 다운(blow down)이 불가능하여 보충수량은 적으나 수질관리를 철저히 해야 한다.

로 하부 수냉벽은 나선형(spiral type)으로 설치되고 버너 부근의 고열을 흡수하는 수관은 ribbed tube를 사용한다.

① 벤슨보일러 : 과열기 출구에 기동용 flash tank가 설치되어 있다. 보일러 기동 시 과열기까지 순환한 물은 기동용 flash tank를 거쳐 배수저장조 혹은 급수저장조로 회수된다. 벤슨보일러의 특징은 증발관에서 유동 안정을 위해 최소 급수량은 정격 급수량의 약 30% 이상 유지되어야 하고, 단시간 정지 후 재기동 시 열손실과 시간손실이 많고 Bottle-up이 불필요하다.

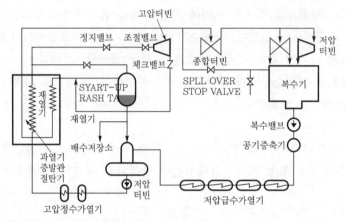

[그림 5-24] 벤슨보일러

② 슐처보일러(Sulzer Boiler) : 증발관 출구에 설치된 기수분리기가 기동 및 정지 그리고 저부하 시 기수혼합물을 분리시키며, 정상운전 시 보일러수가 증발관에서 모두 증기로 변하므로 기수분리의 필요성이 없다. 기수분리기 하부에 설치된 순환펌프는 포화수를 절탄기 입구로 재순환시킨다. 그리고 기동 시 과열기로 물이 순환되지 않으므로 기동이 빠르고, 보일러 기동시간이 단축되고 열손실이 감소된다.

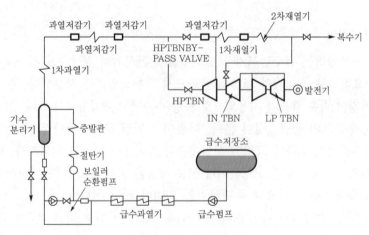

[그림 5-25] 슐처보일러

Section 34

히트펌프(Heat Pump)의 난방 시스템에서 작동순서에 따른 주요 구성품을 나열하고, 각 구성품들의 기능에 대하여 설명

1. 히트펌프(heat pump)의 난방 시스템에서 작동순서

히트펌프는 난방모드에 있어서 기능을 전환하는 전환밸브가 설치되어 있다. 난방모드에서는 [그림 5-26]에서와 같이 고온고압의 냉매가 압축기에서 압축되어 전환밸브의 조작에 의해 냉매와 공기의 열교환기로 이동한다. 이때 난방모드에서 냉매와 공기의 열교환기는 응축기 역할을 하고, 열은 기체의 냉매에서 낮은 온도의 공기로 이동한다. 공기는 가열되었고, 냉매는 액체로 응축이 된다.

액체의 냉매는 팽창밸브를 거쳐서 냉매와 물의 열교환기로 이동하고, 이때 열교환기는 난방모드에서 증발기 역할을 하여 냉매와 물의 열교환기에서는 냉매가 상대적으로 온도가 높은 물에서 열을 흡수하여 증발이 된다. 증발된 전환밸브를 거쳐서 압축기로 돌아가는 사이클이 반복된다. 전환밸브는 히트펌프에서 배관과 제어에서 냉방과 난방의 기능을 수행할 수 있도록 하는 역할을 한다.

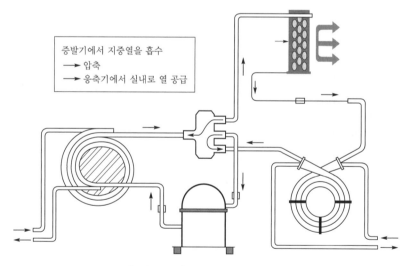

증발기에서 지중열을 흡수
→ 압축
→ 응축기에서 실내로 열 공급

[그림 5-26] 히트펌프 난방 사이클

[표 5-18] 히트펌프의 특징

구분	수열원 히트펌프 (Water Source Heat Pump)	공기열원 히트펌프 (Air Source Heat Pump)
에너지원	히트펌프의 에너지원을 물타입으로 흡수하는 방식	공기 중 또는 대기 중의 열원을 Air형태로 흡수하여 Air또는 Water 형태로 방출하는 방식
이용형식	• 물 대 물(Water to Water) • 물 대 공기(Water to Air)	• 공기 대 공기(Air to Air) • 공기 대 물(Air to Water)
종류	• 수열원 히트펌프(대표적인 열 시스템) • 지하수 이용 히트펌프 • 하천수, 저수지, 댐, 바닷물을 이용 • 폐열(목욕탕, 사우나 등)	• 에어컨 타입의 EHP(전기), GHP(가스)히트펌프 • 환기열 이용(Root Top Heat Pump) • 대기열 이용(Heat Pump)
특징	• 히트펌프로 물을 열원으로 순환시킨다. • 순환배관 펌프가 있다. • 지중열 교환기를 이용한다.	• 실외기, 실내기가 구분된다. • 실외기는 반드시 개방된 공간에 설치한다. • 공기를 흡입하고 방출한다.

2. 각 구성품들의 기능

각 구성품들의 기능은 [그림 5-27]과 같다.

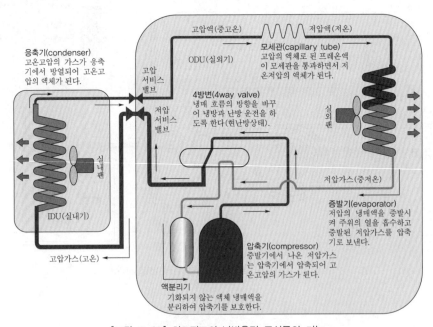

[그림 5-27] 히트펌프의 난방운전 구성품의 기능

사이클로이드 감속기(Cycloid Reducer) 및 VS 모터의
특징을 쓰고, 작동원리에 대하여 그림을 그려 설명

1. 사이클로이드 감속기

사이클로이드 감속기는 그 치형에서 이름을 차명한 것이며, 현재 상용되고 있는 감속기의 작동원리는 사이클로이드 치형에 핀과 롤러를 사용하여 편심판이 굴러가면서 원주 길이의 차이에 의한 운동량의 차이, 즉 차동으로 감속을 한다.

편심에 의한 차동은 유성기어에서도 이미 적용되어 왔다. 유성기어의 경우에는 사이클로이드 치형보다 잇수면에서 다양성이 많으므로 인볼류트 유성기어로 만든 편심차동 감속기가 설계와 제조비용면에서 사이클로이드 편심차동 감속기보다 유리하지만, 실용화 면에서 핀과 롤러를 적용한 사이클로이드 치형이 실제로 많아졌다.

차동 감속기의 특징으로 위치 정밀도가 높아야 하므로, 사이클로이드 치형이든 인볼류트 치형이든 차동 방식의 감속기는 제조 공정 정밀도의 차이가 운전 성능의 차이와 직결된다. 따라서 사이클로이드 차동 감속기는 제조비용이 올라가기 마련이다. 그러나 고비율의 감속기가 필요한 경우에는 차동 감속기를 사용할 경우 소형화 및 비용을 절감할 수 있다([그림 5-28] 참조).

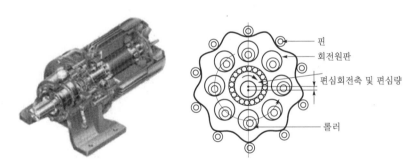

[그림 5-28] 사이클로드 감속기의 원리

2. VS 모터

VS 모터의 특징과 제어특성은 다음과 같다.

1) 특징

① 전자결합방식으로 마모 부분이 없어 수명이 길고 보수 점검이 용이하다.

② 원활한 속도제어로 속도비가 크며 지속에서나 고속에서의 속도가변특성이 양호하다.

③ 간편한 조작성으로 가감속 조작은 간단하며 제어 RPM이 지시된다.

④ 미소전류제어로 제어반 제어전류는 대단히 미소하다.

⑤ 용도의 다양성으로 제어반 선택에 따라 용도가 다양하다.

⑥ 취급 취부가 용이하여 구조가 간단하고 견고하여 취부가 용이하며 버티컬형도 제작하고 있다.

2) 제어특성

① 정토르크 특성은 VS모터는 구동모터의 토르크를 전달하는 전기적인 변속기이므로 속도의 고저에 관계없이 최대 토르크는 정 토르크 모터로 토르크 전달효율은 100%에 근사하며, 출력면에서 최고 속도일 때 구동모터 정격의 80% 이상인 능률적인 변속기이다. 속도변동률은 제어반의 감도조정으로 광범위하게 조절되며, 용도에 적합한 제어 특수성을 얻을 수 있다.

② 응답속도는 제어장치가 반도체를 비롯한 전자 회로이기 때문에 수 ns 이내로 여자전류가 조절되어 응답이 신속하고 일반형에서 속도를 증가시키거나 부하가 증가할 때의 응답은 신속하나 상당부하가 감소하면 감속될 때 커플링이 자기제동력 갖지 못하므로 응답속도가 간혹 문제 될 때가 있습니다. 이는 동기 모터 등에 속도제어에 비하여 변속모터로서 단점이 있겠으나 자기제동력을 갖는 특수형에서는 해결된다.

Section 36 | 폐기물을 소각하기 위한 소각로 중 스토커방식과 유동상(Fluidized Bed)방식을 각각 장단점을 비교하여 설명

1. 스토커(Stoker)방식

1) 개요

스토커방식은 화격자가 움직이는 구동식과 화격자가 고정되어 있는 고정식으로 분류할 수 있으며, 구동식이 고정식에 비해 고장률은 높으나 교반, 혼합, 이송 등이 용이해 비교적 소각효율이 높은 것으로 알려져 있다. 특히 수분이 많은 쓰레기나 발열량이 저질 및 고질인 쓰레기를 화격자의 이동속도, 쓰레기 두께, 연소공기, 온도, 소각량을 조절하여 소각을 용이하게 할 수 있으며 고정식에 비해 소각효율을 향상시킬 수 있는 이점이 있다.

2) 적용 대상

① 관광객 등 유동인구가 많아 쓰레기 발생량의 변화가 심한 곳

② 계절별로 쓰레기 성상의 변화 및 발열량의 차이가 심한 곳

③ 수분이 많은 쓰레기 발생량이 많으며 단기간 저장이 필요한 곳

3) 특징 및 장점

① 소각로에서 교반 및 이송을 용이하게 할 수 있어 비교적 소각 효율이 높다.

② 쓰레기 성상 변화에 능동적으로 대처하기 용이하다.

③ 비 연속식의 경우 소각시간 조정을 용이하게 할 수 있어 쓰레기 발생량에 따른 소각시간의 조절이 쉽다.

4) 단점

① 쓰레기 저장조, 침출수 처리시설, 반입공급시설 등이 필요하여 설치공간이 많이 소요되고 설비가 복잡하다.

② 설치비용이 비교적 많이 소요된다.

③ 소각로 설비가 복잡하여 운영이 까다롭고 고장 요소가 많다.

④ 쓰레기 저장조로 인한 위생문제 및 악취발생 우려가 크다.

⑤ 운영인력이 많이 소요된다.

2. 유동층 소각로

1) 개요

밑에서 가스를 주입하여 불활성층(모래)을 띄운 후 이를 가열시키고 상부에서 폐기물을 주입하여 태우는 방식의 소각로이다. 세로형의 원통 용기의 바닥 부분에 다공판이나 노즐판, 다공질판 등의 가스 분산판을 장치한 로 속에 모래 등의 내열성 분립체를 충전하고, 이것을 유동매체로 하여 분산판 밑쪽에서 넣어 주는 열풍으로 유동하게 한다. 이 유동층 내에 소각 물질을 공급하여 700~800℃로 건조 · 분쇄 · 소각하는 소각로이다. 주로 난연성 폐기물 소각에 적합하며, 난연성 폐기물은 슬러지, 폐유, 폐윤활유 계통이 있다. 특수(사업장)폐기물의 소각에 이용되고 있다.

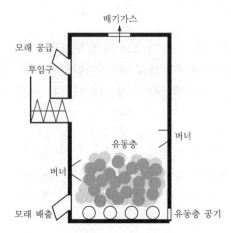

[그림 5-29] 유동층 소각로

2) 유동층의 의미

유동상이라고도 한다. 입자지름이 작은 분립체를 용기에 넣고, 그 밑 부분의 다공판과 같은 정류기를 거쳐서 가스 또는 액체를 흘려보내면, 유속이 작을 때에는 입자가 정지된, 이른바 고정층 그대로이지만, 유속이 어느 정도 이상이 되면, 입자에 가해지는 유동저항과 중력이 같아져서, 분립체는 마치 끓는 액체처럼 손쉽게 유동할 수 있는 상태가 된다. 이 현상이 유동화이며, 이 상태의 층이 유동층이다. 유동층에서는 용기 내의 입자가 거의 균일하게 혼합되어, 입자와 유체의 접촉이 좋고 온도조절이 손쉬워, 간단한 장치로 다량의 분립체를 연속적으로 처리하여 그 일부를 빼내거나 공급할 수가 있다. 그러나 입자가 유체를 따라 운반되거나 마모되는 결점이 있다. 이 유동층을 이용하여 RDF(Refuse Derived Fuel) 화력발전을 한다. 보일러는 외부 순환 유동층 연소식과 내부 순환유동층 연소로가 적용되고 있다.

3) 유동층 소각의 원리

내화물을 내장한 수직 원통형 노체에 모래를 유동매체로 하여 2,000~3,500mmH$_2$O의 압축공기로 유동층을 형성하고, 700~800℃로 가열된 모래에 의하여 투입된 폐기물을 순간적으로 건조, 소각시키는 것이다.

4) 유동화

반응기 하부에 있는 다공 분사판으로 연소공기를 주입하면 분산판 위의 불활성 매체(모래)가 유동을 시작하며 이때 반응기 내의 압력강하가 층 면적당 고체의 무게가 같아지면 이때 고체들이 상호 움직임을 갖기 시작한다. 이 상태를 최소 유동화 상태라고 하며, 이때의 기체속도를 최소 유동화 속도(minimum fluidization velocity)라고 한다. 이후 계속적으로 유속을 증가시키면 압력강하는 거의 일정하게 유지되지만 고체층이 팽창하면 고체들의 거동은 전적으로 액체와 같은 특성을 보이기 시작한다. 또한 층은 큰 공주의 형태로 통과하는 기체들이 출현하여 이를 기·액계에서와 유사하게 기포라고 부른다. 이 기포의 거동은 층을 매우 격렬하게 끓는 액체와 같은 형상으로 만들며, 이러한 성상은 기포유동층(bubbling fluidized bed)이라고 한다. 고정층 내에서 속도의 변화에 대한 압력강하를 살펴보면, 초기에는 고체입자층을 유동화시키기 위해 공기속도를 점차 증가시키면 공기 압력강하($\triangle p$)가 점점 증가하다가 어느 점에 이르러 입자가 비등조건이 만족되면서 유동층이 형성되기 시작한다. 이 구간까지는 입자층의 높이와 밀도는 일정하게 유지되며 고정층(fixed-bed)이 된다. 유동층이 형성된 후 공기의 속도를 크게 하여도 공기 압력강하는 공기 유속 증가에 비하여 거의 일정하게 유지되고 비등상태가 계속되며, 이 구간에서 나타내는 특징은 비등(bubbling)현상이며, 이 구간은 bubbling 유동층이라고 한다. 이 bubbling 유동층 연소 시 입자층의 상한성이 나타나며, 고체입자의 높이 증가에 따라 연소효율은 증가하나 어느 한계점 이상에서는 미연소입자의 overflow가 발생되어 이 입자를 재순환시켜야만 계속적으로 유동층을 유지할 수 있게 되며, 이러한 구간에서의 유동층 연소를 이용한 방식을 순환식 유동층이라고 한다.

5) 유동층 소각로의 장점

① 가스의 온도가 낮고, 과잉 공기량이 낮다(NO_x의 배출이 작음).
② 유동 매체의 열용량이 커서 액상물, 다습물 및 고형물의 전소 및 혼소가 가능하다.
③ 반응시간이 빨라 소각시간이 짧다(로 부하율이 높다).
④ 연소효율이 높아 미연소분 배출이 적고 2차 연소실이 불필요하다.
⑤ 과잉 공기가 적어 결국 다른 형태의 소각로에서 보다 보조연료 사용량이 적고 가스량도 적다.
⑥ 기계적 구동 부분이 적어 고장률이 낮다.
⑦ 로 내 온도의 자동 제어로 열회수가 용이하다.
⑧ 유동매체의 축 열량이 높은 관계로 단기간 정지 후 가동 시에 보조연료 사용 없이 정상 가동이 가능하다.

6) 유동층 소각로의 단점

① 상으로부터 찌꺼기의 분리가 어렵다.
② 투입이나 유동화를 위해 파쇄가 필요하다.
③ 유동매체를 보충해야 한다.
④ 연소가스 중의 분진농도가 높기 때문에 충분한 분진 제거대책이 필요하다.
⑤ 상 재료의 용융을 막기 위해 연소온도는 816℃를 초과할 수 없다.
⑥ 운전비, 특히 동력비가 높다.

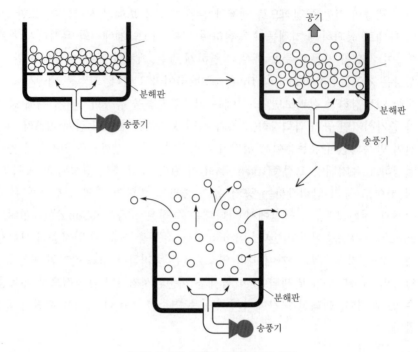

[그림 5-30] 유동층 흐름의 상태 변화

7) 불연물을 로 밖으로 배출하는 방법

① 유동매체와 함께 저부에서 스크루 피더로 밖으로 꺼내어 불연물과 규사를 체질하
여 나눈 후 매체는 로 내부로 환류하는 방법이 있다.

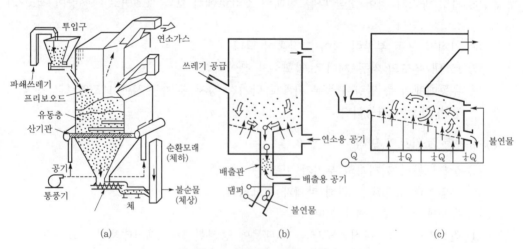

[그림 5-31] 유동층 소각로의 원리

② 유동층의 저부에서 불연물을 파이프를 통하여 로 밖으로 낙하시키는데, 이때 혼합된 매체는 파이프 내로 공기를 불어넣어 상승시키는 방법이 있다.

③ 경사유동에 의한 선회류로 매체를 선회시켜, 불연물을 경사방향으로 연속적으로 배출하는 방법이 있다.

Section 37

6T 융·복합기술(fusion technology)의 적용사례와 향후 발전방향

1. 융합기술의 정의의 적용사례

과학기술의 발달에 따라 기술의 융합 형태가 다양화되고 있고, 이에 따라 융합기술에 대한 신축적 정의가 필요하며 기존 정의는 이종기술 간 화학적 결합이라는 협의의 개념으로 정의되어 있다.

융합기술은 미래사회의 경제·사회적 다양한 수요를 충족시키기 위해 과학, 기술, 문화 등과의 창조적 융합이 강조되는 개념으로 변천하여 융합기술은 신기술 창출이라는 목적성을 가진 이종기술 또는 이종분야 간 결합으로 확장할 필요가 있다. CT, ET는 그 자체가 융합기술로, NBIC(NT, BT, IT, CS) 등과의 융합에 의해 생성·활용되는

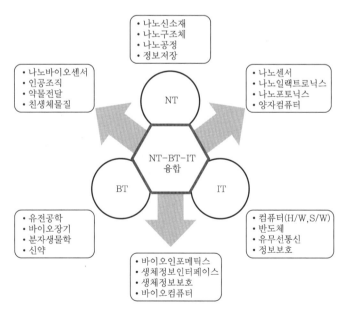

[그림 5-32] 기존의 융합기술 구성도

융합기술의 범주에 포함하고 기술융합이 이루어지는 형태는 크게 활용 목적별 관점과 기술중심적 관점으로 구분할 수 있다.

활용 목적 중심 관점에서 기술의 융합은 원천기술창조, 신산업창출, 산업고도화 등과 같이 목적 중심으로 구분하고 기술분야 중심에서 NT, BT, IT 등 신기술 간의 융합에 의해 기존의 단일기술한계를 극복하는 융합기술로 구분한다.

2. 향후 발전방향

융합기술 혁신을 촉진하기 위한 산학협력 관련 정책사례들을 분석한 결과를 갖고 정책의 방향을 도출하고, 향후 추진해야 할 정책과제를 제시하고자 한다.

① 정부·지방자치단체가 지출하는 연구개발비가 산학협력연구를 더 강력하게 유인할 수 있도록 제도적으로 보완할 필요가 있다.

② 대학이 민간기업체에 적극적으로 연구를 위탁하여 대학발 산학협력연구를 시도해야 한다.

③ 대학의 상근 연구개발인력을 확충하여 대학의 연구능력을 배양하고 기업의 기술문제나 애로사항을 실질적으로 해결할 수 있는 능력을 확보해야 한다.

④ 지역별로 혹은 몇 개 대학이 전략적으로 제휴하여 산학협력단을 운영하는 경우 특별한 인센티브를 부여하는 제도적 조치가 필요하다.

⑤ 정부출연 연구기관을 비롯하여 공공연구기관과 대학이 상호 협력하여 연구개발자원을 공유하는 시스템 구축이 필요하다.

⑥ 산학협력 강화를 위한 연구개발사업도 기초분야의 과학적 탐구에 초점을 맞출 필요가 있다.

⑦ 민간기업체가 연구개발 아웃소싱을 확대하게 하는 정책적 조치가 필요하다.

Section 38 | 스팀 트랩의 종류와 작동원리, 형식과 특징

1. 개요

방열기 또는 증기관 속에 생긴 응축수 및 공기를 증기로부터 분리하여 증기는 통과시키지 않고 응축수만 환수관으로 배출하는 장치이다. 보통 증기관의 관 끝이나 방열기, 환수구 또는 응축수가 모이는 곳에 설치한다. 증기 트랩의 종류에는 열동식 트랩, 버키트 트랩, 충격 트랩 등이 있고 자동압력 및 배출량 등에 따라 용도가 달라진다.

2. 스팀 트랩(steam trap)의 종류와 작동원리, 형식과 특징

1) 방열기 트랩(radiator trap)

열동식 트랩으로서 실로폰 트랩이라고도 한다. 본체 속에 인청동 또는 스테인리스의 얇은 판으로 만든 벨로우즈가 있고 벨로우즈 속에 휘발성의 액체(에텔)를 봉합한 것이며, 증기가 들어가 벨로우즈 주위를 가열하면 벨로우즈 속의 액체가 기화되어 팽창함으로써 벨로즈 끝의 니들밸브가 닫히고 응축수나 공기가 괴면, 온도가 저하되고 벨로우즈는 다시 수축하여 밸브가 열림으로서 응축수나 공기가 빠진다. 사용압력에 따라 고압용과 저압용이 있다. 형상으로는 앵글 타입과 스트레이트 타입이 있다.

2) 버키트 트랩(bucket trap)

버키트의 부력을 이용하여 간헐적으로 응축수를 배출하는 구조이다. 형상으로는 상향식과 하향식으로 나눌 수 있다. 트랩에 응축수가 들어오면 버키트 바깥쪽에 괴고 버키트는 부력으로 떠오르고 밸브는 닫힌다. 응축수가 서서히 충만하여 점차 버키트 속으로 흘러들어 버키트가 무거워지면 부력을 잃고 아래로 내려가 밸브가 열림으로써 응축수가 수면에 작용한 증기 압력에 의해서 배출된다. 이렇게 증기압력에 의해 응축수를 배출하게 되므로 증수관과 환수관의 압력차가 있어야 하며, 압력차가 충분하지 못한 저압 증기관에서 응축수의 배출이 완전히 이루어지지 않는다. 하향식 트랩은 공기가 다소 배출되지만, 상향식 트랩은 전혀 배출되지 않으므로 열동식 트랩을 병용해야 한다.

3) 플로트 트랩(float trap)

다량 트랩이라고도 하며, 트랩 속에 플로트가 있어 응축수가 차면 플로트가 떠오르고 밸브가 열려 하부 배출구로 응축수가 배출된다. 이 트랩은 구조상 공기를 함께 배출하지 못하므로 열동식 트랩을 깊이 설치하고 상기 공기배출관을 통해 온도가 낮은 공기를 배출할 수 있도록 하며, 공기 가열기, 열교환기 등 다량의 응축수를 처리하는 데 적합하다.

4) 임펄스 증기트랩(Impulse Steam Trap)

온도가 높아진 응축수는 압력이 낮아지면 다시 증발하게 된다. 이때 증발로 인하여 생기는 부피의 증기를 밸브의 개폐에 이용한 것이 임펄스 증기트랩이다. 구조는 원반 모양의 밸브 로드와 디스크 시트로 구성되어 있으며, 저압, 중압, 고압 어느 것에도 사용할 수 있고 다른 응축수의 양에 비해 소형이나 임펄스 증기 트랩은 구조상 증기가 다소 새는 결점은 있으나 공기도 함께 배출할 수 있는 장점도 있다.

5) 디스크 트랩

① 작동원리 : 서모다이나믹(디스크식) 스팀 트랩은 베루누이정리, 즉 "유체의 흐름에 있어서 모든 점에서의 총압력(동압+정압)은 일정하다. 따라서 유체의 속도가 빨

라지면(동압이 증가한다) 상대적으로 정압은 감소하게 된다."에 그 바탕을 두고 있다.

② 장점
  ㉠ 구조가 간단하고 소형이며, 가볍고 구경에 비해 응축수 용량이 크다.
  ㉡ 고압 및 과열증기에도 사용할 수 있으며, 워터햄머나 진동에 영향을 받지 않는다.
  ㉢ 밸브나 다른 조정이 없이도 사용압력 범위 내에서 항상 작동이 된다.
  ㉣ 작동 부분이 디스크 하나뿐으로 고장이 적고 정비보수가 용이하다.

③ 단점 : 입구압력이 낮거나 배압이 높을 경우에는 원활하게 작동되지 않는다. 디스크가 폐쇄력을 얻기 위해서는 디스크 하부를 통과하는 재증발 증기의 속도가 충분히 빨라야하므로 최소한의 차압이 형성되어야 한다.

Section 39 플랜트의 고온고압 압력기기(ASME Code, 전력기술기준, PED Code 등)에 적용하는 공인검사원의 의무

1. 공인검사기관의 자격

공인검사기관 "공인검사 기술기준(QAI)"에 따라 협회에서 자격을 인정한 조직으로 요구되는 경우 규제기관으로부터 지정 또는 인정을 받아야 한다(MNA/SNA 5121, MIA −2120, MGA 5200, MBB 1500).

신규인정은 규제기관의 사전승인 요구, 또 발전사업자, 제조자, 재료업체, 설치자, 시공자 등과 그 조직이 경영을 지배하는 조직은 제외된다(QAI 1.2).

공인검사기관 자격인정범위는 MN(원자력기계), MI(원전가동중검사), SN(원자력구조), MG(일반기계)로 구분되며(QAI 2.1.1), SN의 보조품목은 MN 공인검사자도 수행 가능하다(SNA 5124).

2. 공인검사원의 의무(MNA/SNA 5400, QAI 3, 4, 5, 6)

① 인증서, 보유 기술기준 및 품질보증계획서의 유효성 확인
② 인증업체 품질보증계획의 준수 상태 확인(MN/SN)
③ 인증부호 없이 공급되는 부품 또는 배관반조립품에 대한 원자력제조자의 추적절차 검토 및 승인(MN)
④ 하청업체를 포함한 인증업체 품질보증계획의 감시(MN/SN) : 품질보증계획 이행 확인 절차 및 방법에 대한 지식 요구

⑤ 설계 시방서와 설계 보고서가 유효하고 이용가능한지 확인(MN/SN)

⑥ 사용재료가 요건을 만족하는지 확인

⑦ 재료의 절단면 검사 및 추적성 유지체계가 요건을 만족하는지 확인

⑧ 절차인정(WPS, 비파괴시험 포함) 확인

⑨ 기량인정(Welder/Operator) 확인

⑩ 열처리 장비 및 기록서 확인

⑪ 비파괴검사를 포함한 검사자 자격인정 확인

⑫ 측정계기 및 사용장비의 적격 여부 확인

⑬ 용접공정 중 검사

⑭ 최종건전성확인시험(수압시험 등)입회

⑮ 부적합사항(인증업체 발행분도 포함) 관련 검사

⑯ 자료 보고서 검사(MI는 발전사업자 검사보고서) 및 인증 : 인증업체 책임자의 입증 및 서명 확인과 자료 보고서의 내용이 공인검사가 적용되고 있는 대상의 기술기준 요건을 충분히 만족한다고 믿어질 때 서명한다.

⑰ 명판의 대체 표시 방법의 검토 및 승인(MN/SN)

⑱ 명판을 제거한 품목의 식별 및 추적방법의 검토 및 승인(MN/SN)

⑲ 인증부호 표시순서 및 자료 보고서 완결방법에 대해 인증업체와 합의(MN/SN)

⑳ 공인검사활동일지의 유지

Section 40 산업기계설비의 설계 및 운영 시 고려해야 할 안전조건

1. 개요

기계설비란 건축물, 시설물 등(이하 "건축물 등"이라 한다)에 설치된 기계·기구·배관 및 그 밖에 건축물 등의 성능을 유지하기 위한 설비로서 대통령령으로 정하는 설비를 말한다. 기계설비법은 기계설비산업의 발전을 위한 기반을 조성하고 기계설비의 안전하고 효율적인 유지관리를 위하여 필요한 사항을 정함으로써 국가경제의 발전과 국민의 안전 및 공공복리 증진에 이바지함을 목적으로 한다.

2. 산업기계설비의 설계 및 운영 시 고려해야 할 안전조건

산업기계설비의 설계 및 운영 시 고려해야 할 안전조건은 다음과 같다.

① 외형의 안전화 : 기계의 위험부분을 없애거나 기계에 내장시키는 것으로 가드 및 방호장치 설치, 케이스로 내장, 특히 주의가 필요한 부분에는 붉은색의 안전색채를 사용한다.

② 작업의 안전화 : 가동장치들을 안전하게 배치하고 알맞은 밝기의 조명과 충분한 작업공간 등 작업환경을 개선해야 한다.

③ 기능의 안전화 : 작업 중 기계의 오동작으로 인하여 돌발적인 사고 발생 상황에서 사고를 방지하는 안전장치를 사용하는 것으로, 예를 들면 페일세이프는 체계의 일부에 고장이나 잘못된 조작이 있어도 안전장치가 반드시 작동하여 사고를 방지하도록 되어 있는 기구이다.

④ 구조의 안전화 : 기계를 설계할 때 재료의 선정, 충분한 강도를 유지하는 것이다.

Section 41 산업용으로 사용하고 있는 집진장치(dust collector)

1. 개요

대기 중이나 특정한 환경 하에 존재하는 미세입자들을 제어하는 기술들은 각종 과학, 기술분야에서 광범위하게 응용되고 있으며, 산업적으로도 중요한 위치를 차지해 가고 있다. 특히 대기 중에 존재하는 미세입자들은 관련 장치들의 올바른 작동을 방해하거나, 대기오염물질로서 시계를 떨어뜨리고 인체에 치명적인 영향을 줄 수 있기 때문에 이런 미세입자들을 제거하기 위한 노력이 전 세계적으로 진행되어 온 것이 현실이다. 국내에서도 1960~1970년대의 급속한 산업화로 인한 대기오염물질의 증가와 1980~1990년대부터 환경오염에 대한 대중의 관심이 증대되면서, 대기오염 방지기술에 대한 개발 노력이 지속되어 왔으며, 이와 더불어 미세입자 제어 및 제거기술이 빠른 속도로 발전해 왔다.

2. 대기 중에 존재하는 여러 가지 입자상 물질들

대기 중의 입자상 물질은 고체 혹은 액체와 같은 어떤 분산된 물질로 구성되어 있다. 개개의 덩어리는 지름이 $0.005\mu m$인 분자 클러스터들에서부터 $100\mu m$(사람의 머리카락 크기) 정도의 입자들에 이르기까지 다양한 크기를 가진다. 또한 화학적 조성, 생성 메커니즘, 입자형상들도 복잡하고 다양한 형태를 나타낸다. 크기나 상, 생성 메커니즘에 따른 일반적인 미세입자의 분류는 [표 5-19]에 제시되어 있다.

[표 5-19] 입자상 물질의 구분

입자상 물질	영문명	생성 메커니즘 및 특징
분진	Particulate matter	대기 또는 배기가스 중에 고체 또는 액체 상태로 존재하는 수분을 포함한 물질
에어로졸	Aerosol	기체 중에 떠 있는 고체 또는 액체상의 입자들
먼지	Dust	대기 중에 일시적으로 부유할 수 있는 콜로이드보다 큰 고체입자, 주로 모체로부터의 물리적 분해에 의해 생성
비산재	Fly ash	연료의 재성분으로 연소 후 연돌로 배출되는 미세한 재로서, 때로 연료 중 미연분이 포함되기도 함
미스트	Mist	응축이나 분무에 의하여 생성된 액체입자(submicron 〈 입경 〈 20 μm)
안개	Fog	가시적인 미스트
훈연	Fume	연소, 승화, 증류 등 물리화학반응에 의하여 생성된 고체입자(주로 1μm 이하, 예 담배입자)
매연	Smoke	불완전연소에 의해 생성된 가시적인 고체 또는 액체입자들 (입경 〈 1μm)
검댕	Soot	연소 과정에서 발생한 유리탄소가 응집된 것
스모그	Smog	smoke+fog, 광화학반응에 의하여 생성된 입자들, 일반적으로 수증기를 포함하고 있음

3. 입자상 물질 제거원리

지금까지 개발된 모든 미세입자 제거기술은 흘러가는 가스 내에 포함된 입자에 인위적으로 외력을 가해주거나, 가스의 흐름 가운데 장애물(obstacle)을 설치함으로써 결과적으로 가스 내에 포함되어 있는 미세입자를 분리해 내는 원리를 기본적으로 이용하고 있다. 이러한 미세입자 제거장치들은 다음의 4가지 메커니즘 중의 하나 또는 다수에 의해 입자들을 가스로부터 제거하게 된다.

① 중력침강(Sedimentation) : 입자를 포함하는 기체가 장치나 챔버에 유입되었을 때, 입자들은 중력에 의해 챔버의 바닥으로 침강하게 된다. 이 원리를 이용한 장치가 중력 침강기(Settling chamber)이다.

② 전기장 내에서의 대전된 입자의 이동 : 대전된 입자가 전기장이 걸려 있는 장치 내로 유입될 경우, 정전기력이 작용하여 입자가 기체 흐름으로부터 벗어나 집진판 쪽으로 이동하게 된다. 이 원리를 이용한 주요 장치가 전기집진기(ESP : Electro Static Precipitator)이다.

③ 관성 부착 : 기체 흐름 속에 장애물이 존재할 경우, 물체 주위에서 유동의 방향이 갑자기 바뀌게 되는데, 이때 기체 속에 포함된 입자는 자신의 관성력에 의해 유동의 흐름을 벗어나서 장애물에 부착되게 된다. 이 원리를 이용하는 장치로는 사이클론(Cyclone), 세정기(Scrubber), 여과집진기(Filter)가 있다.

④ 브라운운동 : 기체 속에 부유하고 있는 미세입자들은 브라운운동을 하게 되는데, 유동이 물체 주위를 흘러갈 때 브라운운동에 의해 유선을 벗어나 물체에 도달하게 되는 입자는 물체에 부착되게 된다.

브라운운동은 작은 크기의 입자일수록 더 활발하게 일어나므로, 이 원리는 작은 입자의 제거에서 가장 크게 작용하는 메커니즘이다.

4. 선택 시 고려사항

미세입자의 제거를 위해서는 우선 입자의 화학적인 성질과 물리적인 성질의 이해가 필요한데, 위의 메커니즘을 통해서 알 수 있듯이 특수한 입자를 제외하고는 대부분의 제거기술에서 사용되고 있는 것은 입자의 물리적 성질이다. 그중에서도 가장 큰 영향을 미치는 요소는 처리 입자의 입경인데, 실제로 처리되는 입자의 분포는 0.01μm부터 100 μm에 이르기까지 매우 폭넓게 분포하므로, 입자의 입경에 따른 관련 메커니즘의 변화 여부에 대한 이해가 필수적이다.

제거해야 할 입자의 입경 이외에 적절한 미세입자 제거 기술의 선택을 위해 고려해야 할 요소로는 가스의 처리 유량, 가스에 포함되어 있는 미세입자농도, 제거 후 배출되는 입자의 농도, 그리고 장치 설비와 운전을 위한 비용 등이 있다.

Section 42

풍력발전기(wind mill) 주요 요소 부품의 6가지 기능 설명

1. 개요

풍력발전(wind power)이란 바람에너지를 풍력터빈(wind turbine) 등의 장치를 이용하여 기계적 에너지로 변환시키고, 이 에너지를 이용하여 발전기를 돌려 전기를 생산하는 것을 말한다. 풍력발전기는 이론상으로는 바람에너지의 최대 59.3%까지 전기에너지로 변환시킬 수 있지만, 현실적으로 날개의 형상, 기계적 마찰, 발전기의 효율 등에 따른 손실요인이 존재하기 때문에 실용상의 효율은 20~40% 수준에 머물고 있다.

풍력은 재생에너지(renewable energy)의 일종으로 자원이 풍부하고, 끊임없이 재생되며, 광범위한 지역에 분포되어 있고, 깨끗하며, 또한 운전 중 온실가스의 배출이 없다는 점에서 화석에너지 고갈 시에 대비한 유망한 대체에너지원으로서 각광받는 에너지이다. 또한 풍력발전은 태양계의 자연에너지인 바람을 이용하여 발전하기 때문에 바람이 불 때에는 수요에 관계없이 반드시 전력을 생산한다는 점에서 계통운용 측면에서는 분산전원으로 분류된다.

2. 풍력발전기(wind mill)의 주요 요소 부품의 6가지 기능

풍력발전기(WTG ; Wind Turbine Generator) 시스템은 주요 부품들(components)로 구성된 기계시스템, 전기시스템, 그리고 풍력발전기를 제어하는 제어시스템으로 나눌 수 있다. 또한 한편으로는 날개를 포함한 허브시스템, 각종 기계, 전기, 제어장치를 탑재시킨 나셀(nacelle), 그리고 이들 상부 중량물을 지상으로부터 받쳐주는 타워시스템으로 구분할 수도 있다.

1) 기계 및 전기 시스템

바람에너지를 회전력으로 변환시켜 주는 회전날개(blade)와 이를 주축(主軸)과 연결시켜 주는 허브(hub)시스템, 날개의 회전력을 증속기 또는 발전기에 전달해 주는 회전축(shaft) 또는 주축(main shaft), 회전속도를 올려 주는 증속기(gear box), 증속기로부터 전달받은 기계적 에너지를 전기적 에너지로 변환시키는 발전기(generator), 제동장치인 brake, 날개의 각도를 조절하는 피치시스템, 날개를 바람방향에 맞추기 위하여 나셀을 회전시켜 주는 요잉시스템(yawing system), 그리고 풍력발전기를 지지하는 타워시스템 등으로 구성되어 있다.

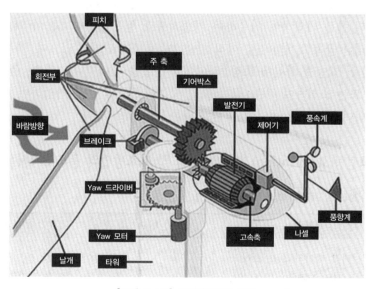

[그림 5-33] 풍력발전기의 구조

2) 제어장치

풍력의 제어시스템은 풍속에 따른 출력, 피치각, 로터와 발전기의 회전수를 조절하는 속도 및 출력 제어 시스템, 풍향과 제동장치, 회전방식에 대한 제어를 담당하는 운전 상황 및 운전 모드 제어시스템, 전력 계통과의 병렬운전을 제어하는 계통 연계 제어시스템, 풍력발전기의 운전 상태를 실시간으로 감시하고 모니터링하는 운전 및 모니터링 시스템으로 구성되어 있다.

Section 43 · 3D 프린팅(3D printing) 기술의 개념 및 제조방법의 종류 3가지를 나열하여 설명

1. 개요

3D 프린팅 기술은 적층 제조기술(AM ; Additive Manufacturing)이라고도 하며, 기존의 재료를 절삭이나 드릴을 통해 입체물을 제조 및 조립하는 방식에서 벗어나 다양한 방법의 적층(additive)방법을 통해 3차원의 입체물을 제조하는 방법이다. 기존의 제조 공정과는 다르게 조립비용을 크게 낮출 수 있으며, 현재의 절삭 위주인 기존의 제조 공정기반 대량 생산을 대체하기 위한 3D 프린팅기술에 대한 연구가 진행 중에 있다. 이 3D Printing에 사용되는 소재로는 엔지니어링 플라스틱, 유리, 탄소 복합제와 같은 복합재료 등 거의 모든 재료가 사용되고 있으며, 와이어, 분말, 필름을 레이저 열원이나 가열된 롤을 가압하여 적층하며 기술적으로 완성단계에 가까이 와 있는 편이다.

그러나 금속 소재의 경우 아직 기술개발의 초기 단계에 있으며, 이종재료 적층, 고정밀 적층, 적층률 향상에 초점, 와이어나 분말을 레이저나 전자빔, 플라즈마 열원으로 용융 또는 소결하여 적층, 금속 포일 상부에 초음파 롤을 가압하여 적층, 스프레이로 분사하여 적층하는 방법에 대한 연구가 진행되고 있다.

2. 3D 프린팅(3D printing) 기술의 개념 및 제조방법의 종류 3가지를 나열하여 설명

[표 5-20] 3D 프린팅 기술의 유형 및 장단점

3D 프린팅기술 유형	소재	기술의 장단점
선택적 레이저 소결 조형 (Selective Laser Sintering)	thermoplastic, metals powders, ceramic powders	레이저로 재료를 가열하고 응고시키는 방식으로, 높은 정밀성을 가짐

3D 프린팅기술 유형	소재	기술의 장단점
압출 적층 유형 (Fused deposition modeling)	thermoplastic, eutectic metals	고체수지 재료를 녹여 쌓아 만드는 방식, 제작 비용과 시간면에서 효율적
직접 금속 레이저 소결 조형 (Direct metal laser sintering)	almost any alloy metal	금속파우더를 레이저로 소결시켜 생산하며 강도 높은 제품 등에 사용
광경화수지 조형 (Stereo lithography)	photopolymer	레이저광을 선택적으로 방출하는 방식, 얇고 미세한 형상 제작
적층물 제조 (Laminated objectmanufacturing)	paper, foil, plastic film	종이와 같이 층으로 된 물질을 겹겹이 쌓아 만들며, 재료물질이 가장 저렴
전자빔 소결 (Electron beam melting)	titanium alloys	전자빔을 통해 금속파우더를 용해하여 티타늄 같은 고강도 부품을 제조

일반적으로 모델링-프린팅-피니싱의 과정을 거쳐 3D 프린팅이 이루어지며, 다양한 방법의 적층방법이 개발되어 적용되고 있다. 구체적으로 적층방식 및 사용되는 재료에 따라서 다양한 기술들이 존재하며, 현재에는 정밀성 및 효율성이 높은 선택적 레이저 소결 조형(Selective laser sintering), 압출 적층 조형(Fused deposition model) 방식의 3D 프린터가 전 세계 시장에서 제품들의 주류를 형성하고 있다.

Section 44 관이음에 사용하는 플랜지를 면의 형상에 따라 분류하고 설명

1. 개요

플랜지접합은 관에 플랜지를 용접 또는 나사로 접합하고 플랜지 사이에 기밀성 유지를 위한 개스킷을 두어 볼트와 너트로 압착하여 연결하는 방법으로 일반적으로는 신뢰도가 높은 용접식이 일반적이다. 플랜지접합은 고압관 또는 주기적으로 분해 설치가 필요한 밸브 및 유량계 등의 기기 및 계기접합에 일반적이며 고장 수리 등 유지관리가 매우 편리한 장점이 있다.

2. 면의 형상에 따른 플랜지의 분류

플랜지는 접합방법, 즉 이음방법에 따라 분류하면 맞대기 용접형(WN ; Welding Neck), 삽입용접형(SO ; Slip On), 소켓용접형(SW ; Socket Welding), 나사식 접합형(SF ; Screwed)이 있고, 개스킷이 닿는 면의 형상에 따라 분류하면 개스킷이 닿는 면이 평평한 모양의 FF(Flat Face)플랜지, 개스킷 닿는 면이 평평한 모양이 볼록하게 올라와 있는 RF(Raised Face)플랜지, 고압용으로서 마주 보는 플랜지가 각각 암수 홈이 파져 있는 TG(Tung & Groove)플랜지가 있다.

[표 5-21] 플랜지접합

구분	종류	특징
플랜지 연결방법에 따라	맞대기 용접형(WN)	• 파이프와 연결은 가장 이상적 • 공사비 저렴 • 고온고압의 가혹한 조건에 사용
	삽입용접형(SO)	• 비교적 가격 저렴 • 용접부 bevel가공 불필요하나 용접부 2곳 • 강도WN의 2/3, 수명은 1/3로 짧음
	소켓용접형(SW)	• D50 이하의 소구경에 이용 • 46~260도까지 사용 • 강도, 수명이 SO와 비슷
	나사식 이음식(SF)	• 저압 소구경 • 용접되지 않는 계통에 적용
개스킷 닿는 면의 형상에 따라	FF(Flat face)	• 주철제 및 동합금제에 적합 • 250lb 이하의 소방배관에 적용
	RF(Raised Face)	• 가장 많이 사용 • 연질의 개스킷 사용에 적합 • ANSI 600lb 이하에 사용
	TG(Tung &Groove)	• 위험성 유체나 기밀성이 필요한 경우 사용 • ammonia, 냉장, 냉동장치에 사용
	Ring Type	• 고온고압 line에 사용 • ANSI 900lb 이하에 사용
	Lap Joint	• 잦은 분해 및 청소가 요구되는 곳에 많이 쓰임 • 가격 저렴

Section 45

하수처리장 종합시운전에서 기계분야의 사전점검, 무부하시운전, 부하시운전, 성능시험에 대해 설명

1. 개요

공공하수처리시설은 시운전 전체를 완료하고 정상운전에 들어가야 하며, 시운전은 통상 사전점검, 무부하시운전, 단독부하시운전 및 종합시운전으로 구분한다. 종합시운전은 시설별 및 전체 처리시설을 부하상태에서 연속운전과 자동 및 연동운전을 통하여 정상운전이 되도록 하는 것을 말하며 처리시설의 성능을 확인하는 성능보증시험을 포함한다. 특별한 규정이 없는 한 시운전 1개월 전에 시운전계획서를 작성·제출하여 감독관의 승인을 득한 후 시운전을 실시한다.

2. 사전점검, 무부하시운전, 부하시운전, 성능시험

1) 기계 및 배관공사 점검

① 기기설치점검은 설치위치, 수평도, centering의 정확도, 회전방향을 확인한다.
② 배관공사점검은 수압시험, 용접상태 등을 실시한다.
③ 배관 support, paint 등 육안점검을 한다.

2) 무부하시운전 및 단독부하시운전

① 일반점검
  ㉠ 시운전에 필요한 전력, 용수, 유류 등의 공급계획에 따라 차질 없이 시운전이 실시될 수 있도록 준비되어야 한다.
  ㉡ 각종 시설물에 대하여 청소를 실시하여 시운전에 지장을 초래하지 않도록 한다.
  ㉢ 계약자는 시운전용 각종 운영일지를 작성하여야 하며 성능시험을 위한 자료로서 활용될 수 있도록 정확한 기록이 작성되어야 한다.
  ㉣ 기계, 전기 및 계측·제어설비에 대한 개별동작시험을 수행하며 무부하시운전의 check list에 의한 점검 및 필요한 조치를 실시하여야 한다.
② 기계장치 설비점검
  ㉠ 현장제작 설치기기의 동작시험을 실시한다. scraper와 구조물의 간격을 점검한다.
  ㉡ 기기에 대한 개별동작시험을 실시한다. 기기는 전압측정, 회전방향, 회전수 등 수동상태로 동작을 확인한다. 단, 펌프류 공회전은 금지한다.

3) 단독부하시운전

① 무부하시운전이 끝난 시설 또는 설비별로 단독부하시운전이 필요한 부분에 대하여 실시한다.
② 단독부하시운전은 무부하시운전절차 및 점검항목에 준하여 실시한다.

4) 부하시운전

① 각 배관에 대하여 flushing작업 후 하수를 이용하여 각 기기의 성능 및 가동상태를 확인하고 기기의 고장이 있을 경우 즉시 수리하여야 한다.

② 계약자는 각종 기기, 배관, 탱크 등의 수밀상태를 점검하고 기기 및 설비의 연속운전과 자동 및 연동운전상태를 확인하여야 한다.

③ 연속부하운전에 대한 설비의 보완사항 발생 시 신속하게 조치하여야 한다.

④ 연속운전에 따른 각종 안전사고에 대비하여 위험요소를 제거하고 교정하여야 한다.

⑤ 각 단위시설별로 계측·제어신호에 의한 동작, 정전 시 각 기기의 동작상태, 긴급전원에 의한 기기의 동작, 경보체크 등을 실시한다.

5) 성능보증시험

① 계약자는 공급된 장비, 자재 혹은 그 부품이 시방서와 같다는 것을 보증하여야 한다.

② 펌프, 계측기기, 연동운전관계 등을 시방서와 비교하여 실제 운전에 적합한지 비교·제출하여야 한다.

③ PID제어, 비율제어 등의 제어연산에 사용되는 변수들에 대한 최적치를 도출하여 제출하여야 한다.

④ 계측기기의 경우 실험운전data와 현장에서의 실측data를 최소 1주일 이상 연속운전하여 보정하여야 한다.

⑤ 유입수질, 방류수질 및 처리효율에 대한 성능시험 : 유입수질은 하수관거의 정비실태, 개발사업의 추진상황에 따라 계획수질에 비해 상당한 차이가 있을 수 있으므로 이에 대한 성능보장대책을 강구하여야 한다.

⑥ 여과시설의 경우 여과유량, 여과수질, 역세주기 및 역세수량을 만족하여야 하며 탈수시설의 경우 설계약품조건에서 함수율을 보증하여야 한다.

⑦ 악취방지시설의 성능보증은 악취방지법 시행규칙 제8조(배출허용기준)를 만족하여야 한다.

⑧ 설계서에 기술된 자동제어범위에 대하여 최소 24시간 이상 무인운전으로 자동제어됨을 증명하는 신뢰성시험을 실시하여야 한다.

Section 46 볼트 텐셔닝(bolt tensioning)

1. 개요

유압볼트 텐셔닝장비를 사용하면 큰 직경의 볼트를 높고 정확한 축력으로 쉽고 빠르고 안전하게 체결할 수 있으며 토크를 사용하지 않고 마찰력에 큰 영향을 받는 임팩트

렌치나 flogging 스패너, 유압토크렌치 등의 장비처럼 너트나 볼트를 힘주어 돌리지 않아도 된다.

2. 볼트 텐셔닝

유압볼트 텐셔너는 고리형 잭으로 체결할 볼트와 너트 위를 고정하며, 잭은 볼트 체결부를 밀면서 볼트 끝단을 잡아당긴다. 잭에서 발생한 힘이 볼트 끝단에 직접 가해지기 때문에 잭에서 발생한 하중과 동일한 장력이 볼트 체결부에서 발생한다. 잭에서 발생한 장력으로 힘을 전혀 들이지 않고 너트를 회전시켜 단단히 체결할 수 있으며 이후 잭에서 가해진 하중은 완화되지만 볼트의 길이와 직경에 따라 여전히 높은 비율의 축력이 볼트 체결부에서 유지된다. 유압볼트 텐셔너의 장점은 다음과 같다.

① 정확성 : 5% 이하의 매우 정확한 볼트 하중오차범위로 고려해야 할 마찰손실이 없으며 윤활제를 사용할 필요가 없다. 하중 전이 계산과 과하중 방지가 용이하다.

② 속도 : 신속한 장비 설치 및 작동이 가능하다.

③ 동시 인장 : 여러 볼트 텐셔너를 유압으로 동시 체결이 가능하다.

④ 균일성 : 여러 볼트의 동시 인장을 통해 각 볼트에 동일한 하중 적용이 가능하다.

⑤ 안전성 : 끼임현상이 없는 시스템의 안전성이 우수하다.

⑥ 다목적성 : 어댑터 키트를 사용해서 하나의 텐셔닝 키트로 다양한 볼트치수에 사용이 가능하다.

⑦ 효율적인 비용 : 탁월한 작업효율성으로 비용을 절감할 수 있다.

Section 47 하수처리장에 적용할 수 있는 에너지절감대책

1. 개요

공공하수도시설의 에너지사용실태를 파악하여 에너지절감대책을 수립함과 동시에 하수처리과정에서의 부생물질의 자원화와 미활용·재생에너지의 이용을 극대화하여 공공하수도시설의 에너지자립화를 위한 정책적·기술적 대책을 수립한다.

2. 하수처리장에 적용할 수 있는 에너지절감대책

공공하수도시설의 에너지절감을 위한 정책방향은 다음과 같다.

1) 공공하수도시설의 하수에너지원의 고효율 회수 및 저에너지 소비구조 실현

공공하수도시설의 하수에너지원의 고효율 회수 및 저에너지 소비구조 실현을 위하여 하수관거(재)정비, 하수처리공정의 최적 설계, 에너지 다소비기기에 대한 효율성 제고, 통합제어를 통한 운전기법의 개선, 통합관리시스템을 통한 에너지소비량의 관리, 에너지관리협의체의 운영을 통한 하수처리장관리기법의 개선, 에너지절약이 요구된다.

2) 부생가스자원화

부생가스자원화를 효율적으로 달성하기 위하여 선결하여야 할 과제 및 정책방향은 다음과 같다.

① 하수관거정비사업을 통한 유입하수유기물의 고부하화

② 소화조 운영 정상화를 위한 효율개선사업 선행으로 소화가스 발생량 증대

③ 가스엔진 및 마이크로터빈연료전지에 의한 열병합발전으로 하수처리장 공급용 전력과 소화조 가온용 열에너지 동시 생산

④ 소화가스 이용 발전은 운영인력 확보가 용이하고 소화가스 발생량이 많은 20만톤/일 규모 이상의 하수처리장부터 순차적으로 적용

⑤ 발생소화가스의 활용방안 다양화

⑥ 발전 이외에 냉난방연료, 가스정제 후 판매 등 방안 고려

⑦ 음식물 및 분뇨의 소화조 투입에 따른 문제점 및 소화가스의 불순물 제거를 위한 전처리기술 개발

⑧ CDM소화가스의 자원화방안을 사업과 연계 추진하여 경제적 이익 확보

3) 재생에너지의 점진적 도입

재생에너지의 점진적 도입을 위하여 소수력 발전의 도입, 공공하수도시설의 건물과 부지를 이용한 태양광발전으로 청정에너지 공급, 하수열에너지를 이용한 냉난방 및 급탕용수 공급, 하수열에너지의 지역냉난방 공급을 위한 시범사업 실시 등이 요구된다.

Section 48 **산업기계설비에 사용되는 개스킷을 선택하기 위하여 고려사항**

1. 개요

개스킷(gasket)이라 함은 플랜지와 플랜지를 체결할 때 접합부에서 유체가 누출되지 않도록 하기 위하여 사용되는 것을 말한다.

2. 개스킷 선택 시 고려사항

개스킷의 선정기준은 개스킷의 재질, 두께, 종류에 관하여 선정기준 등은 다음 각 호와 같다.

① 밀봉되어야 하는 유체와 화학적 저항성을 가지는 개스킷의 재질을 선정한다.

② 개스킷 재질의 요구조건은 다음과 같다.

  ㉠ 양호한 탄성을 가지고 복원성이 좋으며 기계적 강도를 가지고 압축변형률이 적을 것

  ㉡ 내부 유체에 대한 내식성을 가지고 온도변화에 충분히 견디며 저항성이 있을 것

  ㉢ 응력 완화, 크리프 등에 의한 체부면압의 변화가 적을 것

  ㉣ 내압의 변동, 그 외 플랜지 간의 진동 등에 의한 체부 볼트의 토크손실이 적을 것

  ㉤ 장기간 사용에 견디는 내구성을 가질 것

  ㉥ 열팽창, 열전도성, 화학변화 등 제반조건에 적합할 것

  ㉦ 플랜지와의 밀착성이 좋으며 기밀성을 가질 것

  ㉧ 가공성이 좋으며 두께 및 치수 정도가 좋을 것

  ㉨ 설계조건에 적절한 개스킷을 사용할 것

  ㉩ 인체 및 환경 등에 영향을 주지 않을 것(석면 등)

Section 49

제품의 대량생산에 적합한 생산설비 배치

1. 다품종 소량생산과 소품종 다량생산의 접근

① 다품종 소량생산 : 품종을 다양화할 경우 다양한 수요에 응할 수 있어 판매가 용이한 대신 경제적 생산이 어려울 뿐만 아니라 생산이 더딘 불리점이 있다.

② 소품종 다량생산 : 생산을 전문화할 경우 양산에 의한 경제적 생산과 품질 향상이 가능한 대신 다양한 수요에 적응하기 어렵고 수요변동에 대한 탄력성이 적다는 불리점이 있다.

따라서 두 시스템은 서로 불리점을 보완하기 위해서 상대방의 이점을 서로 추구하는 경향이 있다.

[표 5-22] 생산과 마케팅의 변화 추이

사회 구분	산업화사회		현대		미래
수요의 성격과 마케팅	수요의 동질성 (비차별적 마케팅, mass marketing)	→	수요의 이질성 (차별적 마케팅, target marketing)	→	수요의 개별성 (데이터베이스마케팅, one to one marketing)
생산형태	소품종 다량생산	→	다품종 소량생산	→	적품종 적량생산
생산방식	대량생산	→	모듈러생산	→	셀형 생산시스템(CMS)
생산수단	3S	→	그룹테크놀로지	→	유연생산시스템(FMS)
생산추이	전문화	→	공용화	→	유연화/다양화

③ 모듈생산(MP : Modular Production) : 다양하게 결합될 수 있는 부품을 설계하여 최소 종류의 부품으로 최대 종류의 생산을 가능하게 하고 부품의 호환성을 높이기 위해 부품을 표준화하고 카세트(cassette)화한다. 이를 통해 부품결합의 다양성을 높여 소품종 다량생산이 가능하게 되며 소비자의 욕구변화에 탄력적으로 대응할 수 있는 mass customization을 달성할 수 있다.

2. 제품의 대량생산에 적합한 생산설비 배치

설비 배치는 제한된 범위 내에서 활동지역들 간의 기계설비, 창고면적 등의 배치가 최적화되도록 생산설비를 배열하는 것이다. 이러한 설비 배치의 기본형태에는 제품별 배치, 공정별 배치 및 고정형 배치 등이 있다.

[표 5-23] 설비배치의 결정요인과 형태

배치유형 결정요인	제품별 배치	공정별 배치	고정형 배치
제조공정	연속공정	단속공정	생산물 고정
제품속성	표준화된 단일품	다품종 주문품	특정 제품
생산규모	대량생산	소량생산	프로젝트생산
통제변수	line balancing	기계배열	일정관리

① 제품별 배치(product layout, 라인배치) : 기계설비와 작업자를 제조공정의 순으로 배치하는 방식으로 라인배치(line layout)라고 하며 표준화된 소품종 다량생산에 적절한 방식으로 컨베이어벨트 등을 통한 이동조립과정으로 작업자에 의한 자재취급을 극소화하고자 한다. 전체 공정이 동시에 이루어지기 때문에 공통성을 최대한 활

용하여 작업장 간의 작업시간이 균형을 이루는 라인균형(line balancing)이 중요 관심사이다.

② 공정별 배치(process layout) : 공정별 배치란 다품종 소량생산체제인 병원, 공작기계공장에서 볼 수 있는 형태로 유사기능을 갖는 기계설비를 한 곳에 모아 동일 공정이나 유사 공정의 작업을 한 곳에 집중시키는 기능별 배치 또는 작업장별 배치를 말한다.

③ 고정형 배치(fixed position layout, 프로젝트배치) : 제품을 이동하는 대신 제품생산에 필요한 원자재, 기계설비, 작업자 등을 제품이 위치한 곳으로 이동시키는 방법으로 제품이 크고 무겁거나 그 구조가 복잡한 경우에 이용되며 토목건축공사, 미사일, 항공기, 조선소 등에서 주로 이용한다.

Section 50 해양에너지의 4가지 종류와 특성

1. 개요

해양에너지는 해양의 조수·파도·해류·온도차 등을 변환시켜 전기 또는 열을 생산하는 기술로써 전기를 생산하는 방식은 조력·파력·조류·온도차 발전 등이 있다.

2. 해양에너지의 4가지 종류와 특성

① 조력발전 : 조석 간만의 차를 동력원으로 해수면의 상승·하강운동을 이용하여 전기를 생산하는 기술이다.

② 파력발전 : 연안 또는 심해의 파랑에너지를 이용하여 전기를 생산하는 기술이다.

③ 조류발전 : 조석이 발생하는 하구나 만을 방조제로 막아 해수를 가두고 수차발전기를 설치하여 외해와 조지 내의 수위차를 이용하여 발전하는 방식으로서 해양에너지에 의한 발전방식 중에서 가장 먼저 개발되었다.

④ 온도차발전 : 해양 표면층의 온수(예 25~30℃)와 심해 500~1,000m 정도의 냉수(예 5~7℃)와의 온도차를 이용하여 열에너지를 기계적 에너지로 변환시켜 발전하는 기술이다.

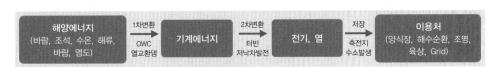

[그림 5-34] 시스템 구성도

Section 51 열전기발전(thermoelectric generation)의 원리

1. 개요

제베크(seebeck)원리는 1822년 발견되어 열전반도체 n, p type으로 연결된 회로 양단에 일정 온도차를 유지하면 열에너지를 포함한 전자의 이동으로 인하여 접점 간에 전위차가 생겨 전기를 발생한다.

2. 열전기발전의 원리

열전기발전은 재료의 양쪽에 온도차이가 있을 때 전자의 흐름이 생겨 기전력이 발생하는 현상으로 열전발전의 특징은 다음과 같다.

① 회수가치가 없다고 생각되는 100℃ 이하의 열에서도 발전이 가능하다.

② 산업 폐열을 이용하므로 유지비가 거의 필요 없어 저효율의 불리한 점을 극복할 수 있는 시스템이다.

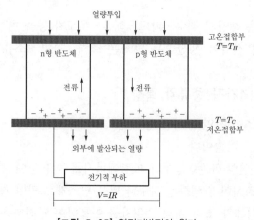

[그림 5-35] 열전기발전의 원리

Section 52 석탄가스화복합발전(IGCC)방식

1. 개요

석탄은 석유, 천연가스에 비해 이산화탄소, 황산화물 등 오염물질이 상대적으로 많아

에너지원으로 기피대상이 되어 왔다. 하지만 매장량이 풍부하고 전 세계적으로 생산량이 편중되지 않으며, 또 저렴한 가격과 우수한 공급 안정성 때문에 발전연료의 97%를 수입에 의존하는 우리나라 입장에서는 지속적으로 수요가 증가할 것으로 전망된다. 그러나 석탄을 사용하는 데 있어 당면과제는 단연 환경문제이다. 따라서 석탄 사용이 증가함에 따라 당연히 청정석탄이용기술에 대한 관심도 높아지고 있다. 이러한 분위기를 반영하듯 세계적으로 석유화학시대에서 석탄화학시대로 큰 변화가 일어나고 있다. 그러한 변화 가운데 가장 큰 주목을 받는 분야가 바로 석탄가스화복합발전(IGCC ; Integrated Gasification Combined Cycle) 방식이다.

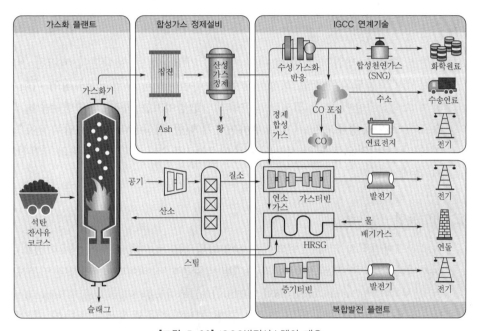

[그림 5-36] IGCC발전시스템의 개요

2. 석탄가스화복합발전(IGCC)방식

IGCC는 고온고압하에서 석탄을 산소, 수증기와 반응시켜 합성가스($CO + H_2$)를 생산하고, 이를 연료로 가스터빈과 증기터빈을 구동하는 복합발전시스템이다. IGCC는 기존의 석탄화력, 화학플랜트, 복합화력이 합쳐진 신개념발전방식으로 기존 석탄화력에 비해 효율은 높으면서도 공해 배출은 적어 친환경 청정발전기술로 각광받고 있다. 특히 싼 운영비와 큰 발전규모로 각광받던 원전의 인기가 2011년 일본 후쿠시마 원전사고의 영향으로 추락하면서 온실가스 감축을 위한 방안으로 IGCC기술이 재조명 받고 있다.

화석연료를 이용한 수소제조방법 4가지

1. 화석연료를 이용한 수소제조방법

화석연료 가운데 천연가스는 수소함유량이 높고 대량생산에 유리하여 수증기 개질, 직접 분해 등의 다양한 방법으로 수소를 제조한다. 먼저 천연가스의 직접 분해기술은 열분해법과 플라즈마이용법으로 크게 나누어지며, 이 중 열분해기술은 이산화탄소의 발생 없이 수소를 제조하고 부산물로 carbon black을 고순도로 얻을 수 있어서 공정의 경제성을 높일 수 있다. 열분해기술은 다시 고온열분해법, 촉매분해법, 용융금속열분해법 등으로 나누어진다.

한편 수증기 개질기술 중 촉매를 이용한 개질공정은 황성분이 제거된 천연가스를 개질시켜 고농도의 수소를 생성하게 된다. 부분산화와 자열개질공정에 비해 메탄 1몰 당 수소생산수율이 높아 경제적인 수소생산방법이기는 하지만, 평형반응에 의한 반응 속도가 느려 공정규모가 커지고 부하변동에 대한 정상상태로의 응답특성이 느린 단점이 있다. 일반적으로 널리 사용되는 촉매로는 ICI 25-4와 57-4 등의 니켈산화물계열의 촉매가 있다.

2. 개발동향

플라즈마방식의 기술은 해외에서 상업화될 정도로 기술축적이 이루어졌으나 과다한 전기에너지의 사용으로 인하여 최근 개발이 주춤한 상태이다. 반면 고온열분해방식에서는 러시아에서 Carnol process와 Pebble bed를 이용한 High temp. Regenerative gas heater를 반응기로 사용하는 연구가 진행되고 있으나 반응온도가 높아 고온용 밸브가 사용되어야 하며 반응기 제어가 복잡하다는 단점이 있다. 촉매에 의한 수증기 개질의 경우에는 미국에서 다양한 종류의 촉매 사용이 시도되고 있으나 carbon deposition에 의한 비활성화 문제가 있다. 천연가스의 열분해기술의 실용화를 위해서는 촉매분해의 가능 여부, 반응기 설계기술, 수소분리정제기술, carbon black의 품질 등이 공정효율을 결정하는 주요 변수로 알려져 있다.

Section 54　P2G(Power to Gas) 에너지저장기술

1. P2G(Power to Gas)

　　Power to Gas는 전력계통에서 수용할 수 없는 풍력·태양광 등의 출력을 이용, 물을 전기분해하여 수소를 생산·활용하거나, 생산된 수소를 이산화탄소와 반응시켜 메탄 등의 연료형태로 저장·이용하는 기술을 말한다. 전력계통에 여유가 있을 경우에는 풍력 및 태양광발전량을 계통으로 투입하지만, 전력계통이 포화될 경우 P2G기술을 적용하여 수소나 메탄을 얻어 연료전지나 가스터빈 또는 수송연료 등으로 활용한다.

2. ESS와의 장단점 비교

[표 5-24] ESS와의 장단점 비교

구분	P2G	ESS	특징
저장형태	전력 → 연료	전력 ↔ 전력	P2G는 CO_2 재사용 가능
기능/역할	신재생출력 안정화 (송전제약 해소)	신재생출력 안정화 (주파수, 예비력)	• P2G : 단방향 • ESS : 양방향(충방전)
설비용량(MW)	0.01~1,000	0.1~20	• P2G : 대용량 가능 • ESS : 소용량 한정
효율	60~70%	85~95%	P2G효율은 CH_4생산기준

Section 55　플랜트기계설비 시공공정관리를 위한 횡선식(Gantt chart), 사선식(S - curve), 네트워크 (PERT/CPM)공정표의 작업 표기방법과 특징

1. 횡선식 공정표(Bar chart, Gantt chart)

　　각 공종을 세로(종축)로, 날짜를 가로(횡축)로 잡고 공정을 막대그래프로 표시하고, 이것에 공사진척사항을 기입하고 예정과 실시를 비교하면서 관리하는 공정표로 가장 많이 이용된다.

1) 장점

① 각 공종별 공사와 전체의 공정시기 등이 일목요연하다.

② 각 공종별의 착수 및 종료일이 명시되어 있어 판단이 용이하다.

③ 단순하여 경험이 적은 사람도 쉽게 작성 및 이용할 수 있다.

2) 단점

① 각 공종별의 상호관계, 순서 등이 시간과의 관련성이 없다.

② 횡선의 길이에 따라 진척도를 객관적으로 판단해야 하며 공사기일에 맞추어 단순한 작도를 꾸미는 결함이 있다.

③ 여유시간, 작업 상호관계를 파악하기 어렵고 주공정선이 파악이 안 되어서 관리 및 통제가 힘들다.

2. 사선공정표(절선공정표) : S자 곡선, 꺾은선 그래프

작업의 관련성을 나타낼 수 없으나 공사의 기성고를 표시하는 데는 대단히 편리하고 공사지연에 대한 조속한 대처가 가능하다. 세로에 공사량, 총인부 등을 표시하고, 가로에 일수를 적고 일정한 절선을 가지고 공사의 진행상태를 수량적으로 나타낸 것으로써 각 부분의 공사의 상세를 나타내는 부분공정표에 알맞고 노부자와 재료의 수배계획을 세울 수 있다.

3. 네트워크(net work)공정표

작업의 상호관계를 동그라미(○)표와 화살표(→)로 표시한 망상도이며, 각 화살표나 동그라미(○)표에는 공정상의 계획 및 관리상 필요한 정보를 기입하여 공정상의 제문제를 도해나 수리적 모델로 해명하고 진척관리하는 것으로 CPM기법과 PERT기법이 대표적으로 사용된다.

1) 특징

① 공사계획의 전모와 공사 전체의 내용파악을 쉽게 할 수 있다.

② 각 공정이 분해되어 작업의 흐름과 상호관계가 명확하게 표시된다.

③ 계획단계에서부터 공정상의 문제점이 명확하게 파악되고 작업 전에 수정을 행할 수 있다.

④ 공사의 진척상황이 누구에게나 쉽게 알려지게 된다.

2) 장점

① 개개의 관련 작업이 도시되어 있어 내용을 파악하기 쉽다.

② 신뢰도가 높으며 전자계산기의 이용이 가능하다.

③ 공정이 원활하게 추진되며 여유시간의 관리가 편리하다.

④ 상호관계가 명확하여 주공정선의 일에는 현장 인원의 중점배치가 가능하다.

⑤ 건축주, 관련 업자의 공정회의에 대단히 편리(이해가 용이)하다.

3) 단점

① 다른 공정표에 비해 작성시간이 많이 걸린다.

② 작성 및 검사에 특별한 기능이 요구된다.

③ 작업의 세분화 정도에는 한계가 있다(공정 세분화의 어려움).

④ 공정표를 수정하기란 대단히 어렵다(전체가 영향을 받음).

Section 56

소각로 중 전기용융방식의 특징과 장단점, 아크용융로와 플라즈마용융소각로 두 가지 방식에 대한 소각방법

1. 소각로 중 전기용융방식의 특징과 장단점

용융소각은 열분해 또는 가스화 후 char나 회분 속에 남아있는 중금속을 용융시켜 고형화하여 용출되지 않도록 유리화시키고 유해물질을 완전분해하기 위하여 용융 소각한다. 회재는 용융슬래그형태로 배출되며, 이때 결정화를 하여 유용한 재료를 생산할 수 있다. 파쇄 슬래그는 건자재 등으로 이용될 수 있다.

① 용탕식 용융로 : 용융된 상태의 슬래그에 가연성 폐기물과 산소를 주입하여 용융 소각하는 용융로이다.

② 선회용융로 : 입자의 크기를 0.1mm 이하로 용융로의 접선방향으로 주입하면서 선회시켜 용융시키는 기술이다. 기술사에 따라 $50\mu m$ 이하가 적당한 기술도 있다. 체류시간은 0.1초 정도이며 처리물질에 따라 수직형과 경사형이 있다. 고온연소에 의해 다이옥신류는 완전 분해된다. 고온연소와 선회류에 의한 높은 슬래그화가 가능하다.

③ 회용융기술 : 이미 소각되어 가연성분이 없는 회재를 용융하는 기술로 중유 또는 석탄 등의 연료를 사용하여 용융하는 연료용융방식과 전기를 이용하는 전기용융방식이 있다.

2. 아크용융로와 플라즈마용융소각로 두 가지 방식에 대한 소각방법

① 아크방전식 용융소각로 : 노 상부에 전극을 설치하고 노 하부의 금속층 사이에서 아크

방전을 발생시켜 이 열을 이용하여 소각재를 용융한다. 이때 아크방전에 의한 온도는 약 3,000~5,000℃가 되므로 소각재의 용융이 용이하다. 그러나 아크에 의하여 전극의 수명이 짧고 노 내부가 고온이므로 노재의 가격이 비싸며 수명 역시 짧게 된다. 또한 수분에 대한 적응력이 낮다.

② 전기저항식 용융소각로 : 회분이 용융상태가 되면 전기저항을 지니는 도체가 되는 원리를 이용하며 슬래그층 내에 위치하는 전극을 통하여 전류를 공급함으로써 내부에 전기저항에 의한 열이 발생토록 하여 소각재를 용융한다. 이 방식은 운전이 용이하며 열효율이 비교적 높으나 아크방전식과 마찬가지로 고수분의 소각재 처리가 곤란하다.

③ 플라즈마방식 용융소각로 : 노 상부 또는 전면에 설치되는 플라즈마토치로부터 방출되는 고온의 플라즈마를 소각재에 분사하여 용융처리하며 플라즈마발생장치인 플라즈마토치는 화학반응을 원활히 하기 위하여 다양한 종류의 기체를 플라즈마기체로 사용할 수 있다. 이 방식은 열에너지밀도가 매우 높아서 노의 크기를 작게 할 수 있으며 운전 개시와 종료가 용이하다. 그러나 전기를 사용하므로 운전비가 높다는 단점이 있다.

Section 57 수소저장방법과 특징

1. 개요

수소의 저장은 고체, 기체 및 액체의 저장으로 나눌 수 있으며 운송 방법과 매우 밀접하게 연계되어 있다. 기체저장일 경우는 기체운송으로, 액체저장일 경우에는 액체운송으로 연계되는 것이 일반적이다. 수소저장기술 중 가장 보편적인 방법으로는 기체상태로 저장하는 것으로, 이 경우 관건은 고압하에서 안전하게 저장하는 것이다.

2. 수소저장방법과 특징

현재 적용되고 있는 저장용기의 종류는 Type 1부터 Type 4까지 4종류가 있으며, 그 특징을 [표 5-25]에 요약하여 나타냈다.

먼저, 금속재료용기인 Type 1은 강철, 알루미늄 등 금속만으로 제작된 용기로 금속재료의 강도와 용기의 직경에 따라 사용압력이 결정되며 무겁고 수소저장용기의 소재의 제약이 따른다. Type 2는 Type1용기의 몸통 부분만 복합재료로 보강하여 제작된 용기로 몸통 부분에 복합재료를 사용하여 금속용기의 벽두께를 감소시켜 무게를 절감한

것이다. 이 경우도 용기의 금속재료가 강도에 지배적인 역할을 하므로 금속재료용기범
주에 포함한다.

복합재료용기인 Type 3은 금속재료로 만든 라이너(내측용기) 전체를 복합재료로 보
강하여 제작한 용기로 외측에 보강된 복합재료에 따라 사용압력이 결정된다. 금속재료
용기에 비해 무게는 가볍지만 큰 직경용기의 경우 내구성이 높지 않은 단점도 있다.
Type 4는 비금속재료로 만든 라이너 전체를 복합재료로 보강하여 제작한 용기로 내측
의 라이너보다는 외측에 보강된 복합재료가 모든 압력을 부담한다. 무게가 가장 가볍고
내구성이 우수하며 대형 용기제작이 용이하다.

[표 5-25] 기체수소저장용기

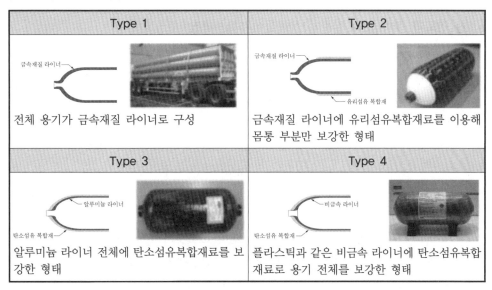

Type 1	Type 2
전체 용기가 금속재질 라이너로 구성	금속재질 라이너에 유리섬유복합재료를 이용해 몸통 부분만 보강한 형태
Type 3	Type 4
알루미늄 라이너 전체에 탄소섬유복합재료를 보강한 형태	플라스틱과 같은 비금속 라이너에 탄소섬유복합재료로 용기 전체를 보강한 형태

Section 58

화력발전소의 대기환경오염원인 NO_x의 유해성, 연료와 공기 중의 질소가 산화물이 되는 과정, NO_x 저감방법

1. 개요

몇 년 사이 대기오염의 심각화는 황산화물(SO_x) 및 질소산화물(NO_x)에 의한 산성비,
프레온가스(CFCs)에 의한 오존층 파괴, 이산화탄소(CO_2), 메탄(CH_4) 및 아산화질소
(N_2O) 등에 의한 지구온난화현상 등의 문제가 야기되고 있으며 지구환경에 커다란 위협
이 되고 있다.

2. NOx의 유해성, 연료와 공기 중의 질소가 산화물이 되는 과정, NOx 저감방법

1) NOx의 유해성

이 중 SO_x의 배출은 연료 중의 유황분 제거, 배연탈황시설 설치, 대체청정연료의 사용 등에 의해 매년 감소경향에 있지만, NO_x는 전체의 70% 이상이 화력발전소 및 산업시설 등의 고정배출원으로부터 배출되고 있고, 그 제거방법이 SO_x의 경우처럼 쉽지 않으며, 특히 도시지역에서는 차량의 증가 및 정체 등에 의해 대기환경 개선은 크게 진전되지 않고 있다. NO_x는 산성우의 원인물질일 뿐 아니라 대기광화학반응에 의해 인체에 유해한 광화학스모그물질을 생성하는 등 대기유해물질로서 그 제거가 환경문제의 중요과제가 되고 있다.

2) 연료와 공기 중의 질소가 산화물이 되는 과정

NOx는 모든 질소산화물을 통칭하지만 대기오염분야에서는 일반적으로 NO와 NO_2를 의미한다. 질소산화물로 널리 알려진 7가지는 NO, NO_2, NO_3, N_2O, N_2O_3, N_2O_4, N_2O_5인데, 이 중에서 NO(nitric oxide)와 NO_2(nitrogen dioxide)는 대량으로 배출되기 때문에 가장 중요한 대기오염물질로 분류되고 있다. 대기 중에 방출된 NOx는 O_3로 전환하여 눈과 코를 자극하는 스모그(smog)나 강한 호흡자극제로 변한다.

$$NOx + hydrocarbons + sunlight + O_2 \rightarrow O_3 + other\ irritating\ components$$

$$NO + \frac{1}{2}O_2 \leftrightarrow NO_2$$

NO는 대기에서 시간이 흐르면 NO_2로 산화반응하며, NO는 O_3를 생성하고 O_2 최대 후에 O_3 최대가 발생한다. 연소상태에서 NOx의 생성을 감축시키는 방법은 가능한 낮은 온도, 짧은 체류시간, 낮은 산소함량의 조건 등을 만드는 것이 중요한다.

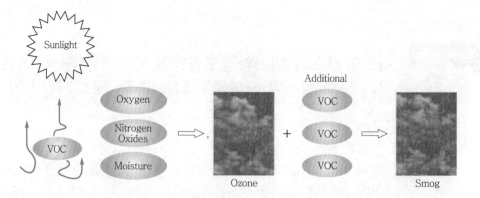

[그림 5-37] VOC/NOx에 의한 O_3 및 광화학스모그 생성과정

3) NO$_x$ 저감방법

NO$_x$ 저감기술은 다음과 같다.

① 연소시설의 NO$_x$ 저감기술

㉠ 운전조건 변경 : 공기온도 조절(연소공기 예열 조절)과 연소 부분 냉각을 한다.

㉡ 연소장치 개조 : 2단 연소법(2-stage combustion), 배기가스재순환법(EGR), 농담연소, 유동상연소법(FBC), 저NO$_x$버너를 사용한다.

② 선택적 촉매환원법(SCR) : 암모니아를 배기가스 속에 흡입하며, 그 가스를 촉매(catalyst)로 접촉시켜 NO$_x$를 N$_2$와 H$_2$O로 분해하는 방법이다. 배출되는 NO$_x$의 대부분은 NO의 형태로 존재하며 200~400℃범위에서 촉매를 통과하면서 반응제와 반응하게 된다. 이 온도범위에서는 반응제가 O$_2$ 등과는 거의 반응하지 않고 NO와 선택적으로 반응하기 때문에 선택적 촉매환원법(SCR : Selective Catalytic Reduction)이라 한다. 촉매를 재생하는 방식으로 열풍을 사용하는 법이 실용화되고 있고 SCR은 연소관리를 전제로 하며, 1몰비는 약 80~90%의 제거효율을 갖는다.

③ 선택적 비촉매환원법(SNCR) : 촉매를 사용하지 않고 고온의 배가스에 암모니아, 암모니아수, 요소수 등의 환원제를 직접 분사하여 NO$_x$를 N$_2$와 H$_2$O로 분해하는 방법이다. SCR방법과 비교할 때 별도의 반응기나 고가의 촉매를 사용하지 않기 때문에 공정이 비교적 단순하고 기존 설비에도 비교적 쉽게 적용이 가능하므로 투자비용이 적은 것이 특징이다. 그러나 반응온도가 약 900~1,000℃ 정도이고, NO$_x$의 제거효율도 40~60% 정도(NH$_3$: NO$_x$ 몰농도의 비율이 1 : 1에서 2 : 1인 경우)로 낮다는 단점이 있지만, 만약 40~60% 정도의 NO$_x$ 저감효율이 요구된다면 조작의 간단함과 낮은 가격 때문에 SNCR은 SCR보다 훨씬 더 유용하다.

Section 59 산업기계부품 설계 시 표준수를 적용하는 이유와 관련 수열

1. 적용 이유

표준수(preferred number)란 공업표준화나 설계 등에 있어서 수치를 결정하는 경우 선정기준으로서 이용되는 수를 의미한다.

2. 관련 수열

경험에 의하면 공업상 사용되고 있는 여러 가지 크기의 수열은 일반적으로 등비수열적으로 되어 있는 것이 많다. 공업표준화나 설계 등에 있어서 단계적으로 수치를 결정하는 경우에는 표준수를 사용하고, 단일 수치를 결정하는 경우에도 표준수에서 선택하도록 한다.

Section 60 하수종말처리장에서 발생하는 슬러지부상(sludge rising)의 원인과 해결방법

1. 슬러지부상

유입폐수 중의 질소성분이 포기에 의해 질산화되고 종말침전조에서 DO가 부족하면 탈질산화현상이 일어나면서, 이때 발생하는 질소가스 sludge를 부상시킨다. 또, 침전조가 혐기성이 되면 바닥에 쌓인 슬러지가 혐기성 분해를 일으켜, 그때 생기는 기포와 함께 덩어리로 부상되기도 한다.

2. 슬러지부상의 해결방법

① 포기조 체류시간 단축 또는 포기량을 줄여 질산화 정도를 줄인다.
② 탈질산화 방지를 위해 침전지의 체류시간을 단축시킨다.
③ 반송슬러지의 양수율을 증가시키고 슬러지 제거속도를 증가시켜 침전지로부터 슬러지를 빨리 제거시킨다.

Section 61 하수종말처리장의 하수열원을 이용한 에너지절감의 기술적 방법

1. 열공급시스템

냉·온수를 공급하는 열공급설비와 하수열을 열공급설비에 공급하는 열원수공급설비로 구성되어 있다. 열공급설비는 전전기방식을 채용하고 있으며 열원기, 축열조, 펌프류, 이들의 설비를 접속하는 배관류, 전기설비, 감시설비로 구성되어 있다. 열원기는 전동기구동의 열원기로서 10.5MW(3,000RT) 전동터보식 열펌프 2대와 다목적으로 이용이 가능한 3.87MW(1,100RT) 2중 콘덴서형 터보식 열회수 열펌프 1대로 구성되며,

냉매는 HCFC123을 사용하고 있다. 축열조는 냉수조/온수조 이용의 절환이 가능하며 계절변동에 따른 열수요에 유연하게 대응할 수 있도록 하였다.

열원수공급설비는 취수펌프, strainer, 열원수조, 공급펌프 및 열교환기로 구성되어 취수펌프로부터 취수된 미 처리수는 strainer에 의해 협잡물을 제거하고 열교환기에서 미처리수의 열을 열공급설비 측으로 이동시킨 후 하수도간선으로 되돌린다. 열교환기는 튜브 내를 미처리하수가 통과하기 때문에 내식성이 높은 티타늄튜브를 채용하였다. 열교환된 물은 냉각수의 열원수로서 열공급설비로 공급된다.

2. 설비의 특징 및 하수열 이용 효과

유입하수의 온도는 계절변화가 적고 대기온도에 비해 하절기는 평균 7℃ 낮고, 동절기는 10℃ 높아 하수의 온도차에너지를 이용하여 에너지절약을 도모하고 있다. 이로 인해 종래의 공기열원방식과 비교하여 약 20%의 에너지절약이 가능하며 아울러 NOx, SOx, CO_2의 감소에 기여하고 대기 중으로 배열을 방출하지 않으므로 열섬화현상의 억제에도 공헌하고 있다.

Section 62 | 스마트 플랜트를 구축하기 위한 기술

1. 개요

최근 플랜트산업은 정보통신기술(ICT)과 사물인터넷(IoT)을 기반으로 '조기위험 감지'와 '이상징후 발견'을 통해 생산효율성과 공정운전 안정성을 높이는 데 초점을 맞추고 있다. 이 중에서도 ICT-IoT기술 융합을 통해 실시간으로 발생하는 공정데이터와 이벤트를 관리하고, 중요한 실시간 데이터에 즉각적으로 접근하여 의사결정을 가능하도록 하는 스마트 플랜트는 기존의 플랜트산업이 지속성장 가능한 경쟁력을 갖출 수 있도록 산업생태계를 탈바꿈시키고 있다.

2. 스마트 플랜트를 구축하기 위한 기술

기존의 플랜트에 ICT를 접목해 유지보수업무 및 기자재 관리를 자동화하고, 실시간으로 발생하는 공정데이터를 체계적이고 효율적으로 관리할 수 있는 '스마트 플랜트' 관련 기술 도입이 확대되고 있다. 스마트 플랜트를 구현하기 위해서는 인공지능(AI)의 지능과 ICBM(IoT, Cloud Computing, Big Data, Mobile)을 기반으로 한 '정보'가 종합적으로 결합된 지능정보기술과 ICT, 그리고 IoT의 융합이 필수적이다.

지능정보기술과 ICT-IoT가 융합된 스마트 플랜트는 일정과 비용의 사전 확인은 물론 실시간 데이터를 이용한 빠른 의사결정 및 변경, 통합 설계 및 사전 시뮬레이션을 통한 재작업 비용 최소화 등으로 플랜트 구축기간을 단축하고 불필요한 비용도 절감할 수 있다.

이와 함께 IoT기술은 플랜트 안전모니터링 및 빅데이터 기반의 플랜트수명 예측, 유지보수기술 등 안전성 향상을 위환 공정운영환경을 만들어낸다.

[그림 5-38] 픽사베이의 스마트 플랜트 구축 모습

Section 63

수처리에서 원수에 약품을 단시간에 골고루 확산시키기 위한 최적의 교반방법

1. 개요

산업화와 도시화로 환경오염은 점차 더 심각해지고 있으며, 배출되는 하수, 폐수, 오수의 오염형태도 매우 다양해지고 있고, 이것의 처리를 위한 시설 역시 고도화되고 처리비용도 증가하고 있다. 또한 완전히 처리되지 않은 하폐수 중의 수질오염물질이 하천이나 호소를 비롯한 기타 상수원에 유입됨에 따라 효율적인 수질관리에 많은 문제점을 발생시키고 있다.

2. 수처리에서 원수에 약품을 단시간에 골고루 확산시키기 위한 최적의 교반방법

일반적으로 하천, 댐, 방수로 등의 수질정화공법은 크게 물리적 정화공법, 화학적 정화공법 및 생물학적 정화공법으로 구분되며, 이 중 화학적 정화공법은 무기응집제 또는 유기응집제 등의 약품을 사용하여 오염물질을 응집시켜 플록(floc)을 형성하게 하고, 약품과 오염물질이 혼화되어 플록을 더욱 잘 형성할 수 있도록 하기 위하여 교반장치를 설치한다.

종래 화학적 정화공법을 이용한 수처리공정은 하나 또는 하나 이상의 강제교반장치를 이용하여 유입된 원수와 약품을 혼화시키도록 하고, 급속교반장치와 완속교반장치를 이용하여 약품과 오염물질의 반응효율을 높이도록 하기도 한다. 그러나 종래 수처리공정은 유입수의 유량(Q_{in}), 농도(C_{in}) 등을 측정하여 약품의 투입량이 결정되고, 약품은 제어장치의 제어에 따라 약품투입기에 의하여 일시에 수처리장치에 공급된다.

따라서 약품이 한 번에 투입됨에 따라 약품량의 미세한 조절이 어렵고 오염물질처리 결과에 따른 약품량의 조절이 용이하지 않으며, 약품의 고형화 및 이물질에 의한 약품공급라인의 폐쇄가 발생하여 수처리장치의 사용 및 유지에 어려움이 있었다. 이런 문제를 해결하기 위한 최적의 교반방법은 원수에 약품을 주입하여 교반되도록 하는 1차 교반단계와 1차 교반단계를 거친 원수에 약품을 추가 투입하여 다시 교반되도록 하는 2차 교반단계를 포함하며, 1차 교반단계는 예상 약품주입량의 일정 비율을 고정적으로 투입하도록 하고, 2차 교반단계는 1차 교반단계에서 투입된 약품을 제외한 나머지 예상 약품주입량을 미세조절방식으로 투입하도록 하여 약품의 2단계 주입을 통해 2차 교반단계를 통한 약품의 반응효율을 증진하여 수질정화효율을 높이고 약품주입량의 미세조절이 가능하도록 함으로써 과다한 약품 사용의 방지를 통해 약품사용량을 절감할 수 있도록 하며, 플록 형성을 활성화하여 탈수효율을 높임으로써 케익(cake)의 함수율을 낮게 하고 케익(cake) 발생량을 줄여주는 수처리공정이다.

Section 64 생활폐기물을 인력과 차량을 이용하지 않고 매설관로를 통하여 이송시키는 폐기물관로이송시스템(쓰레기 자동집하시설)의 작동원리와 구성

1. 개요

폐기물관로이송시스템(자동집하시설)은 종래의 인력과 차량을 이용한 폐기물수거방식과는 다르게 폐기물을 흡입관로를 통해 이송시키는 시설로써, 이는 가정에서 사용하는 진공청소기의 원리와 유사하다. 즉, 폐기물을 폐기물 투입구에 버리면 중앙제어시스템의 통제에 의해 공기흡입기(송풍기)에서 발생한 고속(20~30m/s)의 공기가 관로를 통해 폐기물을 운반하는 시스템이다. 이 시스템은 폐기물투입시설, 관로시설, 집하시설로 구분되며, 집하시설에는 공기흡입을 위한 송풍기, 원심분리기, 폐기물압축기, 탈취기 등으로 구성되어 있다. 음식물과 일반폐기물은 동일 관로로 이송되며, 관로전환밸브에 의해 분리되고 있다.

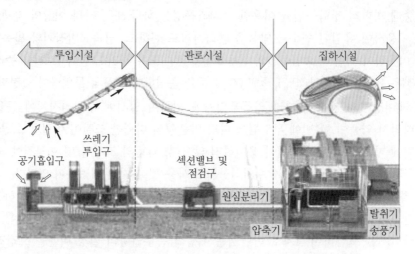

[그림 5-39] 폐기물관로이송시스템의 개념도

2. 매설관로를 통하여 이송시키는 폐기물관로이송시스템(쓰레기 자동집하시설)의 작동원리와 구성

1) 폐기물관로 이송순서

① 쓰레기(폐기물)봉투를 옥외 혹은 옥내에 설치된 쓰레기 투입구에 투입한다.

② 투입구 하단의 슈트에 임시 저장되고, 수거시간 또는 저장량에 따라 집하장의 중앙제어시스템에 의해 운전을 개시한다.

③ 집하장의 송풍기가 가동되면 공기흡입구의 밸브가 열리고 슈트 하단의 배출밸브가 열리면서 슈트 내에 저장된 폐기물이 빠른 속도로 관로를 통해 집하장으로 이송한다.

④ 원심분리기에서 공기와 폐기물이 분리되며, 공기는 탈취, 먼지 제거 후 대기로 배출된다.

⑤ 폐기물은 압축되어 컨테이너에 적재된 후 소각장, 음식물처리장 혹은 매립장 등 처리시설로 운반한다.

2) 투입시설

① 공기흡입구 : 분기관 끝에 설치되어 외부공기를 유입시키는 설비

② 투입구 : 실내 및 실외에 설치되어 발생폐기물의 투입을 위한 설비로, 대형(100L), 보통(20L) 및 음식물쓰레기용으로 구분

③ 슈트 : 투입된 폐기물을 이송하기 전까지 임시 저장하는 설비

④ 배출밸브 : 슈트 하부 폐기물의 이송과 일시 저장을 제어하는 설비

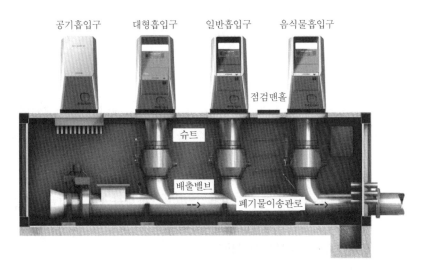

[그림 5-40] 폐기물관로이송시스템 투입시설의 개념도

3) 관로시설

이송관로는 배출밸브를 통과한 폐기물을 지하매설 또는 공동구를 통해 집하시설까지 이송하는 관로이다. 직관배관은 압력배관용 탄소강관, 곡관 부분은 합금 또는 니켈강을 사용하고, 관로의 연결은 용접 및 플랜지이음으로 한다. 일반적으로 관로는 매설 설치되며, 관로의 경사각은 상승 15°, 하강 15~20° 범위에서 설치된다.

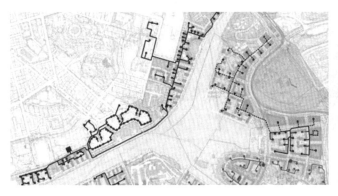 

[그림 5-41] 폐기물관로이송시스템 이송관로

4) 집하시설

(1) 원심분리기

이송관로로 운반된 폐기물과 공기를 분리하는 설비로, 하부는 폐기물압축기에 밀폐되어 연결되거나 직접 소각시설과 연결되고, 상부에서는 경량폐기물조각과 굵은 분진 등이 분리된다.

(2) 폐기물압축기 및 컨테이너

분리기 밑에 설치되어 분리된 폐기물을 압축시켜 컨테이너에 저장한다. 보통 2일 이상의 저장용량으로 계획하며, 하부에는 자동으로 트럭에 탑재할 수 있는 설비를 설치한다.

(3) 송풍기

폐기물을 이송관로로 이송시키기 위한 공기압을 발생시키는 설비로, 송풍기의 수와 용량은 폐기물량 및 이송관로의 연장에 따라 결정한다. 보통 한 시스템에 2~7대의 송풍기가 설치되며, 보통 한 대는 예비용으로 설치한다.

(4) 집진 및 탈취장치

시설 주변의 쾌적한 환경을 위해 이송용 공기에 포함된 분진 및 악취를 제거하는 설비가 설치된다.

(5) 중앙제어반(central control panel)

폐기물처리의 전체 공정을 자동제어하며, 관로망을 따라 위치한 밸브 및 각종 기기를 원격으로 감시하고 제어한다. 자동화기능을 위한 컴퓨터, 시스템 작동버튼과 스위치, 지시등, 수거공정이 전개되는 상태를 표시하는 감시제어반 등으로 구성된다.

[그림 5-42] 폐기물관로이송시스템 집하시설

Section 65 | 하수찌꺼기(슬러지)소화조에서 발생하는 소화가스와 부산물 제거방법

1. 개요

하수도에서의 찌꺼기(슬러지)라 함은 정수, 하수, 산업폐수, 분뇨 등의 처리과정에서 물리·화학적으로 분리시킨 최종 부산물로, 일반적으로 처리공정에 투입되어 증식된 불용성 고형분인 미생물덩어리로 수분 함량이 95% 미만이거나 고형물 함량이 5% 이상인 것으로 한정하고 있다. 하수처리과정에서 발생하는 하수찌꺼기(슬러지)는 유기물의 함량이 높아 부패성이 크고 각종 병원균이 존재하기 때문에 악취를 유발시키고 보건위생상 유해하며 높은 함수율로 인하여 용적이 크다. 따라서 찌꺼기 최종 처분 시 취급과 운반을 용이하게 하고 부피를 감소시켜 처분비용을 절감하며 유기물을 분해하여 2차 오염을 방지할 수 있도록 찌꺼기를 안정화시키고 병원균을 사멸시켜 위생상 안전화하는 데 찌꺼기(슬러지) 처리의 목적이 있다.

2. 하수찌꺼기(슬러지)소화조에서 발생하는 소화가스와 부산물 제거방법

하·폐수 슬러지 및 분뇨정화조(음식물류 폐기물 포함)의 슬러지나, 이것의 소화슬러지(원형의 슬러지 포함)에 대하여 감량화와 탈수효율을 높이기 위하여 산처리, 열처리, pH 조정 및 세정 등을 통하여 탈수가 용이한 상태로 처리하고 있다. 그러나 이런 방법으로는 슬러지의 암모니아성 질소성분은 제거가 어렵고 최종 폐기물의 총량이 증가하는 등 문제점이 있고, 열처리의 경우는 과중한 시설비와 열에너지의 소모가 심한 반면, 악취와 폐수처리가 별도로 행해야 하는 등 작업여건이 열악하여 국내의 적용이 거의 없다.

최근 슬러지의 농축, 탈수과정에서 발생하는 폐수는 영양염류와 고형분의 유출이 과도하여 이를 별도의 폐수처리시설에서 처리해야 하는 실정으로 처리효율이 저조해 수질 악화의 원인이 되고 있다. 질소와 인은 오수, 하수, 폐수의 처리배출 시 고려해야 할 주요 영양염류들이며, 이 성분은 호소나 하천에서 조류와 수생동식물의 성장을 촉진시켜 수자원의 이용을 저해하고 하수 재사용 여부를 결정하는 데 부정적 영향을 줄 수 있다. 하수처리시설에서 발생하는 에너지원 및 자원들의 특징은 [표 5-26]에 정리한 바와 같이 슬러지처리계통에서 발생하는 에너지원(슬러지의 연료화, 바이오가스 활용), 수처리계통에서 발생하는 에너지원(하수열 이용, 소수력발전), 공간을 활용한 에너지원(태양광발전, 풍력발전) 및 기타(처리수 재이용, 인회수, 고화처리, 부숙화 등)가 있다.

[표 5-26] 하수처리시설에서 발생하는 에너지원 및 자원

구분	활용법	개요	특징
슬러지처리 계통에서 발생하는 에너지원	슬러지의 연료화	슬러지의 건조 혹은 탄화처리를 통해 함수율을 낮추고 잔존하는 발열량을 화력발전소에서 연소시켜 에너지를 얻는 방법	• 최종 산물의 감량효과가 가장 큼 • 발열량 문제로 화력발전소에서 사용할 수 있도록 해야 함 • 법적기준에 영향을 크게 받고 있음
	바이오가스 활용	슬러지의 혐기성 소화를 통화 소화가스를 생산하고, 이 가스를 이용해 열이나 전기를 생산하거나 연료로 판매하는 방법	• 활용방안이 매우 다양함 • 타 유기성 폐기물의 연계처리 가능함 • 법적기준에 영향을 크게 받고 있음
수처리계통에서 발생하는 에너지원	하수열 이용	처리된 하수의 열을 이용하여 냉난방시설의 열교환에 활용하는 방법	• 처리수와 외기의 온도차가 클 때 효과가 큼
	소수력발전	처리된 하수의 위치에너지를 이용하여 전력을 이용하는 방법	• 방류수면과의 낙차가 존재할 때만 사용 가능함
공간을 활용한 에너지원	태양광발전	하수처리장시설 지붕 등의 공간에 집광판을 설치하여 전력을 생산하는 방법	• 일조량이 큰 경우 사용이익이 있음
	풍력발전	풍황이 좋은 하수처리장의 빈 부지 내에 풍력발전기를 설치하여 전력을 생산하는 방법	• 풍량과 풍향이 안정된 경우 사용이익이 있음
기타 자원화 (에너지원은 아님)	처리수 재이용	먹는 물 수질기준을 요구하지 않는 수요처에 처리수를 활용하는 방법	• 처리수질의 안전성이 우선적으로 보장되어야 함
	인회수	수처리과정 및 슬러지처리과정을 거치면서 농축된 인을 결정화 과정을 거쳐 회수하여 비료 등으로 활용하는 방법	• 슬러지처리계통 운전과 직접 관련 • 공정 중 중금속농도에 민감함 • 법적기준에 영향을 크게 받고 있음
	고화처리	슬러지를 고형화하여 매립지 복토재로 활용하는 방법	• 재활용 생산품의 소비처 확보가 주요 관건임
	부속화, 퇴비화	슬러지를 퇴비로 활용할 수 있도록 처리하는 방법	• 재활용 생산품의 소비처 확보가 주요 관건임

Section 66 벨트컨베이어 선정 시 고려사항

1. 개요

운반물을 환상 위에 올려놓고 벨트 자신이 이동하는 것으로, 벨트는 적당한 거리를 두고 떨어져 있는 2개의 풀리에 감겨져 있으며 여러 개의 캐리어에 의해 지지된다. 최근 현대산업의 급속한 발전에 따라 수송의 중요성이 점점 더 커지고 있고, 이에 대응한 여러 가지 수송설비가 개발되어 있다. 그 중에서도 벨트컨베이어는 여러 가지 우수한 특징 때문에 가장 광범위하게 사용되고 있다.

2. 벨트컨베이어 선정 시 고려사항

1) 벨트컨베이어 설계 및 제작

벨트컨베이어를 설계 및 제작하는 때에는 다음 사항을 준수하여야 한다.

① 벨트폭은 화물의 종류 및 운반량에 적합한 것으로서, 필요한 경우에는 화물을 벨트의 중앙에 적재하기 위한 장치를 설치하여야 한다.

② 운반 정지, 불규칙한 화물의 적재 등에 의해 화물이 낙하하거나 흘러내릴 우려가 있는 벨트컨베이어(화물이 점착성이 있는 경우는 경사컨베이어에 한함)에는 화물이 낙하하거나 흘러내림에 의한 위험을 방지하기 위한 장치를 설치하여야 한다.

③ 벨트컨베이어의 경사부에 있어서 화물의 전 적재량이 500kg 이하로서, 1개 화물의 중량이 30kg을 초과하지 않는 경우에는 과부하방지장치를 설치하지 않아도 된다.

④ 벨트 또는 풀리에 점착하기 쉬운 화물을 운반하는 벨트컨베이어에는 벨트클리너, 풀리스크레이퍼 등을 설치하여야 한다.

2) 벨트컨베이어 설치 시 준수사항

벨트컨베이어를 설치하는 때에는 다음 사항을 준수하여야 한다.

① 위험을 미칠 우려가 있는 호퍼 및 슈트의 개구부에는 덮개 또는 울을 설치하여야 한다.

② 대형의 호퍼 및 슈트에는 점검구를 설치하는 것이 바람직하다.

③ 이완측 벨트에 점착한 화물의 낙하에 의하여 근로자에게 위험을 미칠 우려가 있는 경우는 당해 점착물의 낙하에 의한 위험을 방지하기 위한 설비를 설치하여야 한다.

④ 위험을 미칠 우려가 있는 테이크업장치에는 덮개 또는 울을 설치하여야 하며, 특히 중력식 테이크업장치에는 추 밑으로 근로자가 출입하는 것을 방지하기 위한 덮개 또는 울을 설치하거나 추의 낙하를 방지하기 위한 장치를 설치하여야 한다.

3) 벨트컨베이어 사용 시 준수사항

벨트컨베이어를 사용하는 때에는 다음 사항을 준수하여야 한다.

① 벨트컨베이어에 화물의 공급은 적당한 피더, 슈트 등을 사용하는 것이 바람직하다.

② 벨트클리너, 풀리스크레이퍼 등에 대하여는 특히 조정 및 정비를 철저히 하고 벨트컨베이어의 운전상태를 최적으로 유지하여야 한다.

Section 67

배관의 규격과 호칭체계

1. 개요

배관(pipe)의 크기는 내경(ID, Inside Diameter)과 외경(OD, Outside Diameter)으로 표현할 수 있다. 파이프 크기를 나타내는 숫자로 재질에 관계없이 호칭경으로 크기를 표시하지만, 외경과 내경의 두께는 파이프의 종류별로 다르다. SCH(Schedule)는 파이프 내경과 외경의 두께, 즉 파이프벽의 두께를 나타낸 수치이다.

2. 배관의 규격과 호칭체계

1) 배관의 크기와 두께

배관의 크기는 내경(ID)과 외경(OD)으로 표현할 수 있다. 내경은 유체가 이동하는 단면적이다. 이것은 유량과 직결되는 요소로서, 유속이 일정한 경우 단면적이 증가할수록 유량도 증가한다. 외경은 배관의 두께를 포함한 전체 크기를 나타낸다. 내경은 일정하지만 두께에 따라 외경은 변화한다.

배관의 두께를 결정하는 요소로서 사용재질, 사용압력 및 온도의 영향을 크게 받는다. 같은 재질을 사용한 배관의 경우, 사용압력 및 온도가 증가할 경우 배관의 두께는 두꺼워진다.

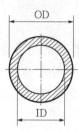

[그림 5-43] 배관의 내경과 외경

2) 파이프호칭경

파이프 크기를 나타내는 숫자로 재질에 관계없이 호칭경으로 크기를 표시하지만, 외경과 내경의 두께는 파이프의 종류별로 다르다. 일반적으로 강관, 주철관, 비철금속관은 내경을 기준으로, 흄관, 연관, 튜브 등은 외경을 기준으로 호칭경을 정하는데, PVC류의 플라스틱배관도 외경을 기준으로 호칭경을 사용하고 있다.

3) 파이프호칭경 표기법

파이프호칭경 표기법에는 ASME/ANSI 표기법과 JIS/KS 표기법이 있다. ASME/ANSI 표기법에는 NPS(Nominal Pipe Size) 규격 및 DN(Diameter Nominal) 규격이 있다. NPS 규격은 배관의 외경을 기준으로 사용하며 인치(inch) 단위를 사용한다. 예를 들면, "NPS 1"은 '외경(OD)의 크기가 1인치'를 말한다. DN 규격은 ISO에서 인치 단위로 표현된 NPS 규격을 유럽 또는 국제단위계에 맞게 변환한 것으로 미터(meter) 단위를 사용한다.

4) 스케줄번호(Schedule number)

미국의 파이프크기는 NPS와 SCH의 두 가지 값으로 결정되는데, NPS는 인치(inch) 단위를 기반으로 하는 파이프 외경을 나타낸 수치이고, SCH(Schedule)은 파이프 내경과 외경의 두께, 즉 파이프벽의 두께를 나타낸 수치이다. 스케줄번호(SCH No.)는 운전압력(P)을 배관재질의 최대 허용응력(S)으로 나눈 값에 1,000을 곱한 것으로서, 이때의 압력과 최대 허용응력의 단위는 psi(Pounds Per Square inch)를 사용한 것이다.

$$\text{SCH No} = \frac{P}{S} \times 1,000$$

만일 압력의 단위를 kgf/cm^2, 허용응력의 단위를 kgf/mm^{2}로 사용한다면 10을 곱해야 한다. 스케줄번호가 클수록 파이프두께가 더 두꺼워짐을 의미하며, 당연히 사용압력도 높아진다. 아울러 동일한 스케줄번호에서는 파이프의 사이즈마다 두께는 다를 수 있으나 견딜 수 있는 압력은 같다.

스케줄번호(Schedule number)는 SCH 5s, 10s/20, 30, 40/40s/STD, 80/80s/XS, 120, 160 및 XXS 등이 있다.

Section 68 **대기오염방지설비 중 전기집진기의 작동원리**

1. 개요

전기집진장치는 직류 고전압을 사용하여 적당한 불평등 전계를 형성하고, 전계에 있어서의 코로나방전(Corona generation)을 이용하여 가스 중의 먼지에 전하를 주어 대전입자를 쿨롱의 힘에 의하여 집진극에 분리·포집하는 장치이다.

2. 대기오염방지설비 중 전기집진기의 작동원리

1) 작동원리

코로나방전에는 정(+)코로나방전과 부(−)코로나방전이 있으며, 부코로나방전은 정코로나방전에 비해 코로나방전 개시전압이 낮고 불꽃방전 개시전압이 높으며, 안전성이 있으므로 보다 많은 코로나전류를 흘릴 수 있고 보다 큰 전계강도를 얻을 수 있다. 따라서 일반적인 공업용 전기집진기에서는 부코로나방전을 이용한다. 다음 [그림 5-44]에서 코로나의 발생과정을 간단히 표현하였다.

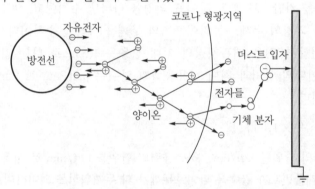

[그림 5-44] 코로나의 발생과정

2) 효율 관련 인자

전기집진장치에서 먼지 제거효율과 관련된 인자(factor)는 다음과 같다.
① 유전력과 쿨롱력(Coulomb force)에 의한 전기적 응집 및 집진작용을 강하게 하기 위한 고압의 전압발생장치와 제어장치 및 절연구조이다.
② 먼지입자의 하전에 필요한 코로나방전의 활성화를 위한 전극구조와 배치, 이온풍에 의한 응집과 집진의 촉진이다.
③ 활발한 코로나방전을 유지하기 위한 방전극의 먼지퇴적방지설비와 집진극에서의 적절한 탈진장치이다.

④ 원활한 집진을 유지하기 위한 먼지배출장치이다.

⑤ 집진장치 내에 가스를 균일하게 흐르게 하는 가스분포장치이다.

⑥ 이상방전을 방지하여 집진기능을 촉진하기 위해 필요한 가스조정조 또는 보조장치. 전기집진에 있어서 단순히 먼지를 전극면에 포집하는 일에 국한되지 않고, 장기간 안정되게 초기의 집진기능이 유지되도록 제반요인을 고려해야 한다. 이상에 의해서 집진기와 전기설비의 용량, 형식, 규모의 개요가 정해지게 되고, 제반조건에 따라서 형식과 구조가 달라진다.

⑦ 설치장소, 전기 · 증기 · 용수 등의 공급방법, 환경, 폐수처리, 포집물처리, 장래계획 등이다.

Section 69 액화천연가스(LNG)를 연료로 사용하는 열병합발전소의 특징과 열 · 전기 생산공정

1. 개요

열병합발전이란 천연가스를 연료로 전기를 생산하고, 이때 발생되는 열을 이용하여 난방 · 온수에 이용하는 발전방식이다. 동일한 연료량으로 전기뿐만 아니라 열까지 생산되는 점에서 에너지를 효율적으로 활용하는 발전방식으로 주목받고 있다. 우리나라의 경우 석탄, 천연가스, 석유와 같은 화석연료를 연소해 전기를 생산하는 화력발전의 비율이 가장 높다. 하지만 아쉽게도 이런 화석연료는 대부분 해외에서 수입하고 있으며, 최근 화석연료가격도 상승해 경제부담이 커지고 있다.

2. 액화천연가스(LNG)를 연료로 사용하는 열병합발전소의 특징과 열 · 전기 생산공정

1) 열병합발전소의 특징

화력발전과정에서는 반드시 폐열(에너지의 생산과정에서 사용되지 못하고 버려지는 열)이 발생하게 된다. 화석연료의 연소를 통해 터빈을 돌려 전기를 생산하기 때문에 터빈의 높아진 온도를 낮추기 위해 냉각수로 열을 식혀주고 있다. 열병합발전은 냉각되어 사라질 수 있는 이 열을 이용해 다시 물을 끓이고, 이를 난방 · 온수용으로 공급하는 시스템이다. 일반적인 화력발전소의 효율(36~40%)과 비교해 2배의 정도 효율(70~80%)이 높은 것이 바로 이 때문이다.

2) 열병합발전소의 열 · 전기 생산공정

열병합발전이 열과 전기를 생산하는 과정은 다음과 같다.

① 액화천연가스(LNG)를 활용해 전기를 생산하고 변전소를 거쳐 필요한 곳으로 송전한다.

② 화력발전과정에서 열이 발생한다(일반적인 화력발전소에서는 냉각수를 이용해 열을 식힌다).

③ 열병합발전은 이 열을 이용해 물을 끓여 따뜻한 기체와 온수를 생산한다.

④ 따뜻하게 데워진 기체 · 온수가 배관(파이프)을 통해 인근의 가정이나 공장에 공급된다.

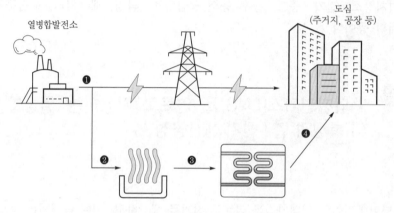

[그림 5-45] 열병합발전소의 생산공정

Section 70

보일러의 통풍계통에 사용되는 FDF(Forced Draft Fan)와 IDF(Induced Draft Fan)의 제어방식

1. 개요

석탄화력발전소의 통풍계통은 [그림 5-46]과 같다. 발전소통풍계통은 보일러(furnace), 공기예열기(GAH, Gas Air Heater), 압입송풍기(FDF, Forced Draft Fan), 전기집진기(EP, Electric Precipitator), 유인통풍기(IDF, Induced Draft Fan) 및 연돌(stack)로 구성되어 있다.

통풍계통에서 유체의 흐름은 압입송풍기에서 연소용 공기를 흡입하여 공기예열기를 통과시킨 뒤 보일러로 공급하게 된다. 보일러에 공급된 공기는 연료계통으로 공급된 연료와 보일러에서 연소된 후 다시 배기계통을 거치게 되며 공기예열기를 통과하게 된다. 공기예열기를 통과한 배기가스는 전기집진기에서 먼지를 여과시킨 뒤, 유인통풍기 및 연돌 배압으로 연돌을 통하여 다시 대기로 방출된다.

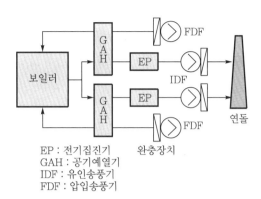

EP : 전기집진기
GAH : 공기예열기
IDF : 유인송풍기
FDF : 압입송풍기

[그림 5-46] 석탄화력발전소의 통풍계통

2. 보일러의 통풍계통에 사용되는 FDF(Forced Draft Fan)와 IDF(Induced Draft Fan)의 제어방식

하부제어대상으로 급수펌프(BFP)는 보조 · 추기증기를 사용하는 터빈으로 구동하며, 속도 조정으로 유량을 제어한다. 터빈밸브 구동에는 전통적으로 유압을 사용하며, 제어는 전기나 전자식, 디지털제어를 사용하는 EHC 또는 DEHC이다. 연소용 공기를 공급하는 FDF와 연소가스를 빼내는 IDF는 축류형 원심팬을 사용하는데, 블레이드의 유입각을 변동시키는 Pitch blade를 조정하는 작동기를 DCS에서 구동한다.

관류형 보일러 팬제어에 공기식은 거의 사용되지 않으며, 정속 교류모터를 정역회전하는 방식이 고장이 빈번하게 되자 PWM 방식으로 모터를 리니어하게 제어하는 방식으로 개선되고 있다. 또한 과거 드럼보일러 시절에서는 Air rich라 하여 연료량보다 공기유량이 상대적으로 적어지지 않게 제어하는 일방적인 보호를 연소용 공기측에 사용했던 것과 비교하여 관류형 보일러 시대에는 Cross limit이라 하여 공기와 연료 양쪽에 불완전연소를 방지하는 기능을 적용하였다. 즉, 연료제어루프에서는 공기량이 감소하면 연료유량 설정치를 감소시키고, 공기제어루프에서는 연료량이 증가하면 공기유량 설정치도 증가시키는 제어 협조를 양쪽에 모두 적용한 것이다.

Plant Project를 EPC로 발주할 때 기본설계와 상세설계의 업무내용

1. 개요

플랜트산업은 고도의 제작기술뿐만 아니라 Engineering, Consulting, Financing 등 지식서비스를 필요로 하는 기술집약적 산업으로서 국내산업의 고도화는 물론, 수출 시 높은 부가가치의 창출과 함께 기자재 및 인력수출이 가능한 21세기형 수출 주력산업이다. 기계장치의 제작 등 기계산업은 물론 설계, 시공 등이 복합된 종합적인 시스템산업으로 산업연관효과가 매우 크다. 또한 Country Risk, Exchange Risk 등 위험을 수반하는 동시에 수출자의 자금부담 규모가 크고 중장기의 수출신용을 요구하기도 한다.

2. Plant Project를 EPC로 발주할 때 기본설계와 상세설계의 업무내용

기본설계와 상세설계의 업무내용을 살펴보면 다음과 같다.

1) 기본설계(Basic Engineering)

① License Package를 기초로 하여 자재구매 및 건설의 기본기술사양과 규격 및 조건을 설계한다.

② 입찰서 ITB의 기술적 내용

③ 상세설계의 기본자료

   ㉠ Piping & Instrument Diagram(P & ID.)

   ㉡ Utility Flow Diagram

   ㉢ Equipment List

   ㉣ Equipment Data Sheet

   ㉤ Piping Material Specifications

   ㉥ Conceptual Layout & Plot Plan

   ㉦ Instrument Process Data(Control Valve, PSV, etc.)

   ㉧ Single Line, Hazardous Area Classification, etc.

2) 상세설계(Detail Engineering)

① 기본설계에서 설계된 BEDD(Basic Engineering Design Data)를 기본으로 하여 Civil, Architecture, Mechanical, Piping, Electrical, Instrument 등 전문분야별로 상세설계를 실시한다.

② 상세설계 시에는 각 전문분야별로 Communication이 매우 중요하다. 각 분야별 정보가 적시에 정확하게 전달되어야 한다.

③ 소요기기, 자재의 물량과 기술사양을 확정한다.

④ 건설공사를 위한 시공도면과 사양을 확정한다.

Section 72 악취저감시설 설계 시 고려사항

1. 개요

공공폐수처리시설에서 발생되는 악취문제는 인근 주민과 근로자들의 생활환경에 피해를 주기 때문에 공공폐수처리시설의 설계 시 주요한 관심사가 될 수 있다. 악취 발생의 문제는 공공폐수처리시설 건설에 대한 주민들의 반대의 상당 부분을 차지할 수 있기 때문에, 이로 인한 공업단지 및 농공단지의 공공폐수처리시설 건설에 많은 어려움을 유발할 수 있다. 또한 공공폐수처리시설에서 발생한 악취는 운전관리자들에게도 정신적인 스트레스를 많이 유발한다. 악취방지법에서 "악취란 황화수소·메르캅탄류·아민류, 그 밖에 자극성이 있는 물질이 사람의 후각을 자극하여 불쾌감과 혐오감을 주는 냄새를 말한다"라고 정의되어 있고, 이에 따른 규제를 하고 있으므로 공공폐수처리시설의 계획 및 설계단계에서 악취저감시설에 대한 적극적인 검토가 필요하다.

2. 악취저감시설 설계 시 고려사항

매설유입관과 위어, 부하의 조절, 악취의 포집계획 등의 세부적인 설계 시에도 주의를 기울이면 국부적인 악취 발생을 최소화할 수 있다. 일반적으로 악취저감시설을 설치하고자 할 때에는 다음의 사항을 고려하여 설계하는 것이 바람직하다.

(1) 공공폐수처리시설의 위치

공공폐수처리시설은 지형적 특성, 기후, 주풍향·풍속, 인구밀집지역과의 인접 여부 등을 고려하여, 가능한 한 악취가 최대한 분산되는 곳을 선정하고, 적당한 완충거리를 두어 도시로부터 원거리에 위치시키는 것이 좋다. 또한 악취 발생원, 기상조건, 확산 등의 조건을 정확히 파악할 필요가 있다.

(2) 방취계획

공공폐수처리장은 공업단지 및 농공단지 내에서 중요한 기능을 담당하고 있지만, 악취에 대한 나쁜 이미지 때문에 인근 주민 및 공단 근로자들에게 배척당하는 경우가 많다. 공공폐수처리시설에서의 악취는 통상 희석되지만, 자연환경 및 주변 환경과의 조화를 고려하여 시설을 계획하여야 한다. 악취가 발생하기 쉬운 곳에는 환기나 배출구를 부지경계선에서 가급적 멀리하고 주악취원을 복개하는 등의 바람직한 방취대책을 수립하여야 한다.

(3) 악취저감설비의 필요성

악취저감시설의 설계 시에는 주변 환경에 대하여 충분히 조사하여 악취저감설비의 유용성 등을 파악하고, 유지관리를 하는 관리자의 건강까지도 충분히 고려하여야 하며, 장래 악취저감시설을 확장하기에 충분한 공간을 확보하는 것이 좋다.

(4) 악취저감시설의 설치시기

악취저감시설은 유입수량 및 수질의 상황을 고려하여 단계적으로 설치하는 것이 바람직하다.

(5) 공정의 배치계획

처리시설 내에서 주악취원이 되는 펌프장, 슬러지 농축조, 소화조, 탈수실 등을 배치할 때는 처리시설 경계선으로부터 내부로 일정한 거리 이상 떨어지게 배치하여 발생된 악취가 경계선 이내에서 충분히 희석되어 주변 지역에 영향을 주지 않도록 한다. 악취저감시설의 설치장소는 악취저감대상시설의 악취를 가능한 한 곳으로 모으는 것이 바람직하며, 악취의 질이 현저하게 다를 경우나 모으는 것이 오히려 건설비나 관리비의 증대가 예상되는 경우에는 계열화를 하는 것이 바람직하다.

(6) 부패 방지 및 환기

배수관로, 예비포기조, 유량조정조 등에 고형물의 부패를 유발하는 혐기성 상태를 방지하기 위하여 가급적 산소를 공급해준다. 폐수의 특성상 포기 시 용존황화물이 탈기될 가능성이 있는 경우에는 피한다. 작업자가 작업하는 곳 등의 공간에서는 환기를 충분히 고려하여 설계하여야 한다. 특히 농축조, 탈수기, 소화조 등의 건물 내부에는 황화수소류 등이 존재할 수 있으며, 악취문제뿐만 아니라 중독사고의 위험을 방지하기 위해 6~12회/h의 속도로 환기하도록 하고, 상대습도도 60% 이하가 되게 조정하도록 권장되고 있다. 또한 건축법, 산업안전보건법, 고용노동부고시 '화학물질 및 물리적 인자의 노출기준' 등 법규의 관련 기준 이하가 되도록 유지되어야 하며, 지하화하는 경우 근무자가 지하공간에서 작업하게 됨을 고려하여야 한다.

(7) 수리학적 관계

공공폐수처리시설의 설계 시 자연유하방식이 권장되고 있다. 따라서 수리학적 구조계산 시 침전 및 부패 방지를 위하여 충분한 구배를 고려하여야 한다. 각종 관로에서는 최소 유량에 대해 0.6m/s 이상의 유속을 확보하여 고형물의 침전·부패를 방지하고,

직사각형의 침전지, 포기조 등에는 사각지역를 최소화하며, 슬러지처리시설에서 발생되는 각종 상징수와 탈리액 등을 처리시설 유입부로 반송할 때는 난류 발생을 억제하여 수중에서 유입되도록 설계한다.

(8) 구조 및 재질

처리시설의 재질로는 표면이 조밀하고 평탄하며 밝은 색의 건설재료를 사용하여 악취물질이 흡착되어 실내조건에 따라 장기적인 악취를 발생하지 않도록 한다. 또한 화학물질에 대해 안전하고 열전도율이 낮은 재료를 사용한다. 처리시설은 주기적인 청소와 배수가 용이한 구조로 설계하는 것이 바람직하다. 특히 수로, 스컴피트(scum feet), 저류조, 스크린, 그리트컨베이어와 같은 시설에 대하여 주기적인 청소가 가능하도록 압력수를 제공할 수 있는 수도시설과 30m 이상의 호스를 비치하며, 바닥은 배수가 쉬운 구조로 설계한다.

(9) 법규의 준수

공공폐수처리시설에서의 악취에 대한 법적 규제는 「악취방지법」이며, 공공하수처리시설의 설계 시에도 관련 법규를 충분히 고려하여 적절한 악취 방지대책을 강구해야 한다. 두 가지 이상의 악취물질이 함께 작용하여 사람의 후각을 자극하여 불쾌감과 혐오감을 주는 냄새를 의미하는 '복합악취'는 「환경분야 시험·검사 등에 관한 법률」 제6조 제1항 제4호에 따른 환경오염 공정시험기준의 공기희석관능법을 적용하여 측정한다. 암모니아, 황화수소 등의 지정악취물질은 기기분석법을 적용하여 측정한다.

Section 73 플렉시블 커플링(Flexible Coupling)이 장착된 펌프 설치 시 준비단계부터 완료단계까지의 과정

1. 개요

커플링은 축과 축을 이어주는 부품으로 회전하는 힘(=토크)을 전달하는 역할을 한다. 또한, 회전축의 설치 오차와 운전 중의 진동, 열팽창, 베어링 마모에 의해 발생하는 축들의 어긋남을 보정하며 구동축에서 발생하는 열 및 미세 전류를 차단하여 종동축의 변형을 방지한다.

2. 플렉시블 커플링(Flexible Coupling)이 장착된 펌프 설치 시 준비단계부터 완료단계까지의 과정

　　고정형 커플링(원통형, 클램프, 플랜지 등)과 비교되는 유연커플링(플렉시블 커플링)은 양축의 중심선이 정확하게 일치하지 않을 때 사용되는 커플링으로, 커플링 부분에 고무, 가죽, 목재, 스프링 등 탄성체를 개입시키거나 축이음의 간격을 넓힘으로써 구동축에 생기는 변동토크, 충격진동 등에 대한 완화작용을 한다. 처음에는 양축이 일직선상에 정확하게 설치되었다고 하더라도 베어링의 마멸이 서로 다르게 되어 축선이 휘어지고 베어링에 무리가 생긴다. 또 전달토크에 변동이 일어나거나 고속으로 회전하면 진동이 발생한다. 이와 같은 상태를 완화시킬 필요가 있고 축이음의 기능에 추가로 충격과 진동을 감소시키며 베어링에 생기는 무리를 소멸시키기 위해 플렉시블 커플링을 사용한다.

　　플렉시블 커플링은 탄성식과 비탄성식으로 구분할 수 있다. 탄성식은 플랜지의 둘레에 돌출부를 벨트를 통해 양축으로 연결하는 벨트식, 플랜지 속에 강철로 만든 코일스프링과 리벳모양의 스프링 밀기를 연결한 압축스프링식이 있고, 특히 압축스프링식은 충격과 진동의 완화작용이 높다. 또한 리본스프링의 커플링, 합성고무의 전단탄성을 이용한 고무 커플링 등이 있다. 비탄성식은 대표적으로 기어 커플링과 롤러체인식 커플링이 있다. 이 형식은 물론 탄성은 없으나 축선이 약간 경사지더라도 강도가 커서 고속회전을 시킬 수가 있는 특성이 있으며, 설치방법은 다음과 같다.

① 펌프와 모터를 설치하는 곳에 바닥이 견고하게 하고 정확한 위치와 평행상태를 확인한다.

② 모터축과 펌프축의 축경과 커플링의 끼워맞춤공차를 확인한다.

③ 공차에 문제가 없으면 모터축에 커플링을 조립한 후에 가조립으로 느슨하게 볼트를 체결한다.

④ 다음은 펌프축에 커플링을 조립하고 가조립으로 느슨하게 볼트를 체결한다.

⑤ 모터와 펌프축에 커플링이 조립되었으면 기준점을 설정하여 정렬을 시키고, 기준점(모터측)이 있는 부분은 손으로 가볍게 회전시켜 원활하면 고정볼트를 강하게 체결한다.

⑥ 기준점이 있는 부분이 볼트 체결이 되었기 때문에 펌프축도 고정볼트를 강하게 체결한다.

⑦ 전체적으로 직각도와 평행도, 볼트 체결상태, 회전상태, 커플링 고정상태를 확인한 다음 문제가 없으면 모터에 전원을 공급하여 운전상태를 확인한다.

⑧ 모터나 펌프가 회전하면서 진동이나 소음이 발생하면 문제점을 발견하여 조정을 반복한다.

⑨ 운전이 원활하면 목적하는 방법으로 운전한다. 또한 진동부에는 반드시 스프링와셔를 삽입하여 진동을 방지하도록 한다.

Section 74 풍력발전기 출력제어방식의 종류 및 장단점

1. 개요

공기의 운동에너지를 기계적 에너지로 변환시키고, 이로부터 전기를 얻는 기술로 풍력발전시스템은 형태, 동력전달장치 구조, 출력제어에 따라 분류되고 있다.

2. 풍력발전기 출력제어방식의 종류 및 장단점

출력제어방식에 따른 풍력발전기의 분류 및 장단점은 다음과 같다.

1) 날개각제어(pitch control) 방식

유선형 날개는 그 각도에 따라 양력을 받는 정도가 달라지기에 날개각도를 조정하면 다양한 범위의 회전속도를 얻는다. 이 원리를 이용해 날개각도를 조정함으로써 회전속도와 토크를 제어하는 풍력설비를 날개각제어형 풍력발전기라 한다. 이 방식은 받음각을 조절할 수 있기에 정격풍속 이상에서 출력을 효율적으로 제어해 최신 풍력터빈에 필수적으로 채용한다.

2) 실속제어(stall control) 방식

실속현상이란 유선형 날개의 상·하부로 흐르는 공기 중 빠른 속도로 흐르는 공기는 공기의 특성, 날개의 형상, 진입공기의 입사각 등에 따른 저항을 받는다. 유속이 증가해 일정 수준 이상이면 날개 후면에서 이 저항에 의한 와류(turbulence)가 발생해 양력을 급격하게 떨어뜨린다. 일정한 풍속 이상이면 실속현상을 일으켜 날개의 양력을 증가시키지 않거나 감소시킴으로써 터빈의 회전속도를 제어하는 방식이다. 특히 실속제어방식 중 날개각제어 대신 실속제어만 하는 방식을 수동형 실속제어(passive stall control)라고 한다. 이 경우 정격출력을 유지하기 어렵다. 이러한 단점을 없애고자 날개각을 제어하되 일정 풍속 이상에서 실속제어하도록 한 것을 능동형 실속제어(active stall control)라고 한다. 실속제어방식은 풍속변화에 대한 대응속도가 느려 순간적으로 높은 토크를 발생하므로 대형 풍력터빈인 경우 안전을 저해할 수 있다.

3) 출력제어방식 장단점

(1) 날개각제어(pitch control) 방식

① 장점

㉠ 날개 피치각을 제어하는 방식으로써 적정 출력을 능동적으로 제어 가능

　　　　ⓛ 피치각의 회전(feathering)에 의한 공기역학적 제동방식을 사용하여 기계적 충격 없이 부드럽게 정지 및 계통 투입

　　　　ⓒ 계통 투입 시에 전압강하나 유입(inrush) 전류 최소화

　　② 단점

　　　　㉠ 날개 피치각의 회전을 위한 유압장치 실린더와 회전자 간의 기계적 링크 부분의 장기적 운전 시 마모 부식 등에 의한 유지보수 필요

　　　　ⓛ 외부풍속이 빠르게 변할 경우 제어가 능동적으로 이루어지지 않아 순간적인 peak 등이 발생할 우려

(2) 실속제어(stall control) 방식

　① 장점

　　　㉠ 회전날개의 공기역학적 형상에 의한 제어방식으로 회전자를 이용하므로 pitch 방식보다 많은 발전량 생산(고효율 실현)

　　　ⓛ 유압장치와 회전자 간의 기계적 링크가 없어 장기운전 시에도 유지보수 불필요

　② 단점

　　　㉠ 날개 피치각에 의한 능동적 출력제어 결여로 과출력 발생 가능성

　　　ⓛ 회전날개 피치각이 고정되어 있어 비상제동 시 회전자 끝부분만이 회전되어 제동장치로서 작동하게 되므로 제동효율이 나쁠 뿐 아니라 동시에 유압제동장치가 작동해야 하므로 주축 및 기어박스에 충격이 가해짐

　　　ⓒ 계통 투입 시 전압강하나 유입(inrush) 전류로 인한 계통영향 우려가 있음

Section 75 **국소배기장치의 기본적인 구성요소와 역할**

1. 개요

국소배기장치(local exhaust ventilation)란 유해물질의 발생원에서 이탈하여 작업장 내 비오염지역으로 확산되거나 근로자에게 노출되기 전에 포집·제거·배출하는 장치로서 후드, 덕트, 공기정화장치, 배풍기, 배출구로 구성된 것을 말한다.

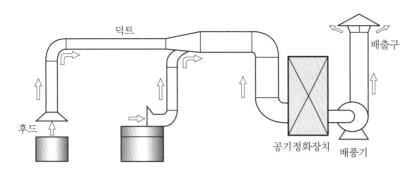

[그림 5-47] 국소배기장치의 구성요소

2. 국소배기장치의 기본적인 구성요소와 역할

국소배기장치의 기본적인 구성요소와 역할을 설명하면 다음과 같다.

1) 후드

국소배기시스템으로 오염물질을 유입시켜주는 역할을 하며, 국소배기시스템에서 가장 중요한 부분으로 크게 포위식 후드와 외부식 후드로 구분된다.

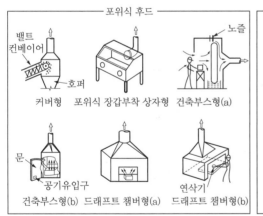
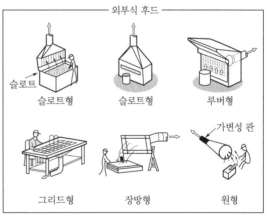

[그림 5-48] 후드

2) 덕트

덕트는 후드와 송풍기, 송풍기와 배출구를 연결시켜 주는 역할을 하고 주덕트, 보조덕트 또는 가지덕트, 접합부 등으로 나눌 수 있다. 덕트끼리 접합할 때에는 가능하면 비스듬하게 접합하는 것이 직각으로 접합하는 것보다 압력손실이 적다.

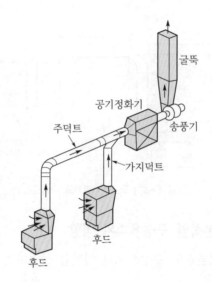

[그림 5-49] 덕트

3) 공기정화장치

후드로부터 포집된 오염공기를 외기로 배출하기 전에 청정화하는 장치로, 분진을 제거하는 장치와 가스나 증기를 제거할 수 있는 가스제거장치로 구분할 수 있으며 유해물질의 형상과 특성에 맞는 장치를 선택해야 한다.

[표 5-27] 공기정화장치

구분	제진장치	가스제거장치
종류	• 사이클론(cyclone) • 세정식 제진장치(scrubber) • 중력침강식 제진장치 • 여과제진장치(bag filter 제진) • 전기제진장치 • 관성제진장치	• 흡수방식 • 흡착방식 • 직접연소방식 • 접촉산화방식

4) 송풍기

송풍기는 유해물질을 후드에서 흡인하여 덕트를 통하여 외부로 배출할 수 있는 힘을 만드는 설비로 원심력식 송풍기와 축류식 송풍기로 나누어진다.

(1) 원심력식 송풍기

국소배기장치에 필요한 유량속도와 압력특성에 적합하며 설치비가 저렴하고 소음이 비교적 작기 때문에 많이 사용된다.

[표 5-28] 원심력 송풍기의 종류별 특성

종류	특성
다익형	• 비교적 저속회전으로 소음이 적다. • 회전날개에 유해물질의 퇴적이 용이하고 청소가 곤란하다. • 효율은 35~50%로 낮으며, 큰 마력의 용도에는 사용되지 않는다.
터보(turbo)형	• 장소의 제약을 받지 않고 사용할 수 있으나 소음이 크다. • 효율은 60~70%로 높으며, 압력손실의 변동이 있는 경우에 사용하기 적합하다.
레이디얼(radial)형	• 6~12개의 직선날개를 가지고 있고 마모나 오염된 경우에는 취급 및 교환이 용이하다. • 효율은 40~55%이다.

(2) 축류형 송풍기

견고하며 재료비가 저렴하고 고효율이라는 장점이 있으나, 비교적 소음도가 높고 정압용량이 작다.

[표 5-29] 축류형 송풍기의 종류별 특성

종류	특성
프로펠러 또는 디스크형	• 효율은 25~50%로 낮으나, 설치비용이 저렴하며 전체 환기에 적합한 형태이다.
튜브형 (tube-axial type)	• 효율은 30~60%이고, 모터를 덕트 외부에 부착시킬 수 있다. • 날개의 마모나 오염된 경우 청소와 교환이 용이하다.
베인형 (vane-axial type)	• 저풍압, 다풍량의 용도로 적합하다. • 효율은 25~50%로 낮으나, 설치비용이 저렴하다.

5) 국소배기장치 성능 확인방법

눈으로 쉽게 확인이 가능한 연기발생장치를 사용하여 후드 내부로 공기를 유입되는 정도를 점검하고 후드형식에 따른 제어풍속을 측정한다.

Section 76

배(폐)열회수보일러(HRSG)에서 핀치포인트온도, 접근 온도 및 가스접근온도

1. 개요

배열회수보일러(HRSG, Heat Recovery Steam Generator)란 가스터빈과 같은 열기관에서 열에너지를 보유한 채로 버려지는 배기가스의 열을 회수하여 계통에 필요한 증기를 발생시키는 설비를 말한다. 배열회수보일러는 보일러 본체, 배기가스 덕트, 배기가스 댐퍼 및 기타 부속설비로 이루어지며, 배열회수보일러의 본체는 과열기, 재열기, 증발기, 절탄기, 증기드럼 등으로 구성되어 있다.

2. 배(폐)열회수보일러(HRSG)에서 핀치포인트온도(pinch point temperature), 접근온도(approach temperature) 및 가스접근온도(gas approach temperature)

핀치점(pinch point)온도차 및 접근점(approach point)의 온도차의 경우 배열회수보일러 설계 시 매우 중요한 인자이다.

핀치점온도차란 배기가스와 물, 또는 증기와의 온도차가 적어지는 점에서의 온도차로서 통상 배열회수보일러에서는 증발기 출구의 포인트로 되며, 접근점온도차란 드럼내 압력상당포화온도와 절탄기 출구 급수온도차와의 차이다.

핀치점온도차 및 접근점온도차도 온도차를 작게 취하면 발생증기량이 증가하여 배열회수보일러 효율이 상승하나 보다 큰 전열면적이 필요하고, 가스터빈의 부하가 낮아지면 핀치점온도차 및 접근점온도차 모두 다 같이 작게 되나 절탄기에 있어서의 증기방지대책도 고려하여 경제적인 값으로 할 필요가 있다.

접근점이 낮으면 저부하 시나 기동 시 절탄기 내에 증기현상이 발생할 수 있으므로 최근 들어 위 두 가지 설계기준을 반영하며, 특히 저압급수조절변을 증기드럼 입구측에 설치하여 포화온도를 강제적으로 높여 증기현상을 줄이거나 수직형태에서 채택되는 절탄기 급수를 재순환시키는 방안도 채택한다.

PPT(Pinch Point Temperature, 핀치점온도)를 낮추면 전체 열회수량이 증가되나 더 많은 열교환 표면적을 필요로 하고, 설비비 증가와 가스측 통풍손실의 증가를 가져온다. PPT 변화는 가스유량과 가스온도에 비례하며, 일반적으로 고효율의 증기사이클은 PPT를 8~14℃ 범위로 설계하고, 다소 낮게 설계할 때는 15~20℃ 범위이다.

AT(Approach Temperature, 접근온도)를 낮추면 증발량은 증가하나 설비비와 통풍손실이 증가하고, AT를 높이면 증발기 부분의 전열면적을 증가시키는 결과를 초래하나 저부하 시나 기동 시 절탄기에서의 증발 가능성이 적어지기 때문에 안정된 운전을 할 수 있다.

① 적정 핀치점온도 : 6~10℃로 HRSG 성능 및 전열면적에 직결된다.

② 적정 접근점온도 : 8~12℃로 운전 가능 여부에 직결된다.

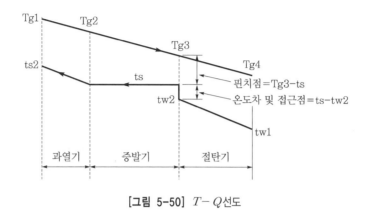

[그림 5-50] $T-Q$선도

Section 77 집진장치의 작동방법에 따른 종류와 그 원리 및 장단점

1. 개요

집진시설은 배출가스 중의 분진을 제거하기 위한 집진시설에는 여러 가지 종류가 있으나, 이들을 크게 6가지로 분류하여 그 특징을 요약하면 다음과 같다. 이들 6가지 집진방식 중에서 전기집진기와 멀티사이클론이 소각로에 가장 많이 이용되고 있다.

2. 집진장치의 작동방법에 따른 종류와 그 원리 및 장단점

집진장치의 작동방법에 따른 종류와 그 원리와 장점 및 단점을 살펴보면 다음과 같다.

1) 중력식 집진장치

배출가스를 용적이 큰 침강실에 끌어들여 그 내부의 가스유속을 0.5~1m/s 정도로 해주면 분진이 중력작용에 의해 침강한다는 원리를 이용하여 분진을 가스와 분리시키는 방식이다. 50~100μm 이상의 분진에 대해서 40~60% 정도의 집진효과를 기대할 수 있다.

2) 관성력식 집진장치

분진을 함유한 배출가스를 5~10m/s의 속도로 흐르게 하면서 장애물을 이용하여 흐름방향을 급격히 바꾸어 주면 분진이 갖고 있는 관성력으로 인해 분진이 직진하여 장애물에 부딪치는 원리를 이용하여 분진을 가스와 분리하는 방식이다. 10~100μm 이상의 분진을 50~70%까지 집진할 수 있다. 소각로에서는 특히 전처리 집진장치(pre-duster)로서 연도 중에 많이 사용한다.

3) 원심력식 집진장치

원심력을 이용하여 분진을 함유한 가스에 중력보다 훨씬 큰 가속도를 주게 되면 분진과 가스와의 분리속도가 무게에 의한 침강과 비교해서 커지게 되는 원리를 이용하는 집진장치이다. 이 장치는 사이클론으로 실용화되었으나 압력손실이 50~150mmAq 정도로 비교적 크다는 단점이 있다. 폐기물소각처리시설에 직경 300~400mm 정도의 소형 사이클론을 여러 개 묶은 멀티 사이클론을 이용할 경우 85~95%의 집진효율을 기대하여 분진량을 0.6~0.7g/Nm³ 정도로 집진할 수 있다.

4) 전기식 집진장치

전기집진기는 산업계에서 널리 이용되고 있는데 운전비도 적게 들고 압력손실도 20mmAq 이하로서 집진효율도 우수하다. 온도 또한 350℃ 정도까지 견딜 수 있어 적용범위가 넓다. 습식과 건식의 2종류가 있으며, 어떤 종류의 분진도 코로나 방전에 의해 하전시켜 집진극에서 쿨롱력을 이용하여 집진할 수 있다. 폐기물소각처리시설에는 일반적으로 건식 집진기가 많이 이용되고 있으며 분진의 특성, 소각시설의 성격 등을 고려하여 볼 때 어떠한 배출허용기준치에도 적용할 수 있는 가장 적합한 집진기라 할 수 있다.

5) 여과식 집진장치

여과식 집진장치는 백필터(bag filter)로 널리 알려져 있으며 전기집진기와 병렬로 설치하면 집진효율이 높아 일반적인 설비의 집진에는 가장 많이 이용되고 있다. 테프론이나 유리섬유를 사용한 여과포로 분진을 함유한 배출가스를 여과하면 미세한 입자까지 집진할 수 있고 건식 처리이므로 배출수처리시설이 필요 없게 된다. 압력손실은 100~200mmAq로 비교적 크기 때문에 운전비가 많이 들고 함수율이 높은 가스와 고온가스(200℃ 이상)에는 부적합하다는 단점이 있다. 따라서 폐기물소각처리시설의 배출가스 처리에는 사용하지 않는 것이 일반적이다.

6) 세정식 집진장치

세정식 집진장치는 종류가 많고, 그 성능 또한 다양하지만 종류와 형식에 관계없이 배출가스와 액체와의 접촉을 좋게 하는 것이 집진효율을 높이는 관건이 된다. 이 장치는 구조가 비교적 간단하고 조작이 용이하나 배출수처리시설을 함께 설치해야 하기 때문에 운전비용이 많이 드는 단점이 있다. 또한 부식문제가 건식과 비교해서 크고 친수성이 없는 분진 제거에는 적당하지 않다는 결점이 있어 소각처리시설에 사용하고자 할 경우 신중한 검토가 필요하다.

[표 5-30] 집진장치의 종류별 특징 비교

집진장치의 종류	처리입경	압력손실	집진효율	설비비	운전비
중력집진장치	50~1000um	10~15mmAq	40~60%	소	소
관성력집진장치	30~70um	30~70mmAq	50~70%	소	소
원심력집진장치	3~100um	50~150mmAq	85~90%	중	중
여과집진장치	0.1~20um	100~200mmAq	90~99%	중 이상	중 이상
전기집진장치	0.05~20um	10~20mmAq	90~99.9%	대	소~중
세정집진장치(벤투리)	0.1~50um	300~800mmAq	85~95%	중	대

Section 78 소각설비의 주요 구성기기와 원리 및 특징

1. 개요

소각설비란 화격자 위에 태우고자 하는 폐기물을 놓고 불을 붙여 태울 수 있는 장치를 말한다. 폐기물을 연소시키기 위해서 우선 화격자 위에 폐기물이 탈 수 있도록 쌓여 있어야 한다. 이렇게 화격자 위에 쌓인 폐기물을 연료상(fuel bed)라 하며, 일단 연료상에 불이 붙어 타들어가기 시작하여 연료상을 구성한 폐기물이 타고 있는 상태가 되면 이 연료상을 화상(fire bed)이라 부르게 된다. 보통 소각 시 연료상은 그 표면부터 타서 내부로 타들어가게 된다. 따라서 타고 있는 연료상의 표면을 소각표층(ignition front), 그 내부를 표층하(below the front)라 부른다.

일반적으로 고체상 폐기물의 소각기전은 우선 폐기물이 화격자상에 장입(charging)되고, 불이 붙으면 소각표층이 형성되어 표층하로 연소가 전파되어 내려간다. 이때 표하층에서는 소각표층에서 일어나고 있는 연소반응결과 발생하는 열에너지가 전달되어 표층하의 폐기물에 함유되어 있는 수분이 증발·건조됨으로써 연소는 표층하로 계속 진행되게 된다.

연소에는 반드시 연소공기가 필요하며 고상물질 연소에는 소각표층을 통해서 공급되는 상급 연소공기(over fire combustion air)와 화격자 아래서 표층하 연료상 내부로 공급되는 하급 연소공기(under fire combustion air)가 있다.

따라서 고상폐기물소각로는 이런 조건을 만족시킬 수 있도록 건조, 점화 및 연소시키며, 화격자는 폐기물을 받쳐주는 역할, 다양한 폐기물의 원활한 이송, 혼합분산, 건조 용이, 폐기물의 균질화, 고온의 균일 가열, 공기예열을 잘 되게 하는 등의 특징을 가지고 있다.

2. 소각설비의 주요 구성기기와 원리 및 특징

소각로는 폐기물의 연소 및 폐기를 용이하게 하기 위해 함께 작동하는 다양한 부품으로 구성되며, 다음은 소각로의 일반적인 부분이다.

① 기본챔버 : 이것은 폐기물이 처음 적재되고 소각되는 곳으로, 챔버는 폐기물을 기화시키고 낮은 공기 대 연료 비율은 건조 및 탄소연소에 도움이 된다.

② 보조챔버 : 챔버의 휘발성 물질은 챔버로 이송되고, 여기서 휘발성 가스의 완전한 연소를 보장하기 위해 추가 공기가 주입된다. 챔버의 더 높은 온도는 기체제품의 산화를 촉진한다.

③ 굴뚝 스택 : 굴뚝은 배기가스를 대기 중으로 방출하는 역할을 하며, 스택높이 요구사항은 현지 규정 및 환경 고려사항에 따라 다르다.

④ 제어판 및 열전쌍 : 이 구성요소는 소각로의 작동을 조절하고 모니터링하며 소각을 위해 폐기물을 적재하기 전에 챔버가 필요한 온도에 도달하는지 확인한다.

⑤ 버너 : 버너는 소각로를 가열하기 위해 사용되며 연소과정에서 종종 꺼진다. 현대식 소각로는 저NO_x 또는 가변가스흐름버너를 포함한다.

⑥ 연료탱크 : 연료탱크는 소각과정에서 버너에서 사용되는 고형 폐기물일 수 있는 연료를 저장한다.

⑦ 연소실 : 연소실은 폐기물이 적재되고 점화되는 곳으로 고온에서 작동하여 폐기물을 재와 가스로 만든다.

⑧ 오염통제장비 : 배기가스가 대기로 방출되기 전에 오염물질을 제거하는 필터, 스크러버 및 기타 장치가 포함된다. 이러한 제어조치는 환경규정 준수를 보장한다.

⑨ 재처리 : 재처리장비는 소각과정에서 생성된 재를 수집하고 처리하는 일을 담당한다.

⑩ 전기장비 : 발전기, 제어시스템 및 기타 전기부품은 소각로를 작동하고 제어하는 데 사용된다.

⑪ 냉각시스템 : 냉각시스템은 배기가스가 대기로 방출되기 전에 온도를 낮추는 데 도움이 되며, 이렇게 하면 가스를 안전하게 배출할 수 있다.

⑫ 스택 : 굴뚝 또는 연도스택이라고 하며 가스를 대기로 배출하는 구성요소로, 이들은 소각로에서 일반적으로 발견되는 필수 부품 중 일부이다. 특정 설계 및 구성요소는 소각로의 유형 및 모델과 작동위치의 규제요구사항에 따라 다를 수 있다.

Section 79 압력용기의 특징 및 압력용기재료 선정 시 고려사항과 제작된 압력용기를 플랜트 내에 지지하는 방식

1. 개요

넓은 의미의 압력용기(pressure vessel)란 압력을 가진 유체(액체 또는 기체)를 수용하는 모든 용기로써 보일러도 포함한다. 좁은 의미의 압력용기라 함은 석유화학공업에서 액체 또는 기체를 저장, 반응, 분리 등의 목적으로 만들어진 용기로서 압력에 견딜 수 있도록 설계, 제작된 용기를 말한다. 그리고 운전 중에 연소하고 있는 고체 혹은 화염 등을 취급하는 것은 fired pressure vessel, 화기를 취급하지 않는 것을 unfired pressure vessel이라고 한다.

2. 압력용기의 특징 및 압력용기재료 선정 시 고려사항과 제작된 압력용기를 플랜트 내에 지지하는 방식

1) 재료 선정 시 고려사항

(1) 기계적, 물리적 성질

재료는 화학적 성분에 따라 기계적 및 물리적 성질이 다르다. 기계적 성질 중 인장강도는 압력용기 강도 계산의 기준이 되므로 특히 중요하다. 인장강도는 온도에 따라 달라지는데, 고온에서의 크리프(creep) 현상, 저온에서의 취성파괴(brittle fracture) 등을 고려해야 한다. 탄소강은 300℃ 이상에서 크리프현상이 나타나고, −20℃ 이하에서 저온취성파괴를 일으킨다.

재료의 물리적 성질로서 비중, 비열, 열전도율 및 선팽창계수를 들 수 있다. 열전도율은 온도변동에 따라 국부적 온도 불균일 및 열응력 발생원인이 되고, 선팽창계수는 온도영향이 큰 압력용기에서 고려하여야 하며, 용기의 길이 및 용적에 따라 열팽창크기가 달라지며, 이종재료 조합에 의해 열응력 등이 발생하는 문제가 생긴다.

(2) 가공성 검토

재료의 가공성은 굽힘가공, 경판가공 등에 영향을 미치게 되고, 이것은 재료의 전연성에 영향을 받는다. 절삭성, 주조성, 열처리성능에 대해 검토해야 한다. 또한 용접성도 대단히 중요하며 탄소함유량, 탄소당량값(C_{eg}), 고장력 강의 경우에는 용접감수성지수(P_{cm})도 검토해야 한다.

(3) 내식성

압력용기 내부는 운전 중 내부액체에 접촉하고 있으므로 부식성을 고려하여야 한다. 부식의 종류에는 응력부식균열, 전기화학적 부식 등이 있다. 또 수분에 의한 부식, 부식성 산성·알칼리성 화합물에 의한 부식, 귀금속과 비금속 간의 전자이동에 의한 부식(corrosion), 수소취화(hydrogen embrittlement), 수소유기균열(hydrogen attack), 뜨임취화(temper embrittlement), 황화물 응력부식균열(sulfur stress corrosion cracking) 등 다양한 형태의 부식이 발생할 수 있다. 이러한 부식성을 고려하여 부식 여유를 두게 되며, 내식성 재료에 의해 라이닝(lining), 클래딩(cladding)을 실시한다.

(4) 경제성 검토

강도, 기공성, 내식성이 우수한 재료라도 가격이 비싸면 사용하기 힘들다. 내식성 재료는 값비싼 것이 많으므로 라이닝 또는 클래딩 강제 용기를 사용한다. 내식성 재료로서 6mm 이상 두께의 스테인리스강 용기에서 Clad Steel 용기가 경제적이다. 각 경우에 따라 다르겠지만 경제성을 감안한 재료 선택이 필요하다.

2) 제작된 압력용기를 플랜트 내에 지지하는 방식

제작된 압력용기를 플랜트 내에 지지하는 방식은 비 압력부의 계산을 검토하여 한다.

① 수직 용기의 가장자리(Base block), 다리, 담김장치 그리고 수평용기의 새들과 같은 지지구조부를 계산한다.

② 지지장치/마감장치, 가장자리 균형을 위한 직립장치 계산을 한다.

③ 내부와 외부 빔, 플랫폼, 파이프 지지 집게, 용기 철주 등을 고려하여 계산한다.

Section 80 가스터빈 열병합발전시스템의 특징 및 이용형식

1. 개요

열병합발전시스템(cogeneration system)은 하나의 에너지원으로부터 전력과 열을 동시에 발생시키는 종합에너지시스템으로 발전에 수반하여 발생되는 배열 또는 폐열을 회수 이용하여 1차 에너지에서 연속적으로 두 종류 이상의 2차 에너지를 발생시키는 시스템이다. 소형 가스 열병합발전이란 에너지원을 가스로 이용하는 열병합발전시스템을 말하며, 규모에 대한 정확한 분류기준은 존재하지 않으나, 일반적으로 소형이라 함은 가스엔진 또는 가스터빈을 이용한 설비로서 통상 10MW 이하의 발전용량을 갖춘 설비를 의미한다.

2. 가스터빈 열병합발전시스템의 특징 및 이용형식

1) 개요

가스 열병합발전시스템은 청정연료인 천연가스를 이용하므로 환경친화적이고, 폐열 회수 이용이 용이하여 산업체뿐만 아니라 주거용 건축물 등의 전력 및 열에너지원으로 주목받고 있으며, 자체 발전시설을 이용하여 1차적으로 전력을 생산한 후 배출되는 폐열을 이용하므로 기존의 에너지공급방식보다 30~40%의 에너지 절약효과를 거둘 수 있는 고효율 에너지 이용기술이다. 화력발전소의 발전효율은 약 40% 정도이고, 송전손실을 감안하면 전력이용효율은 약 35% 정도이나, 가스 열병합발전시스템 효율은 발전기 형식, 용량 등에 따라 차이는 있으나 발전효율이 25~40%, 발생되는 폐열(냉각 및 배기가스열)이용효율이 40~60% 범위로 종합적인 에너지이용효율은 75~90%에 이르고 있다.

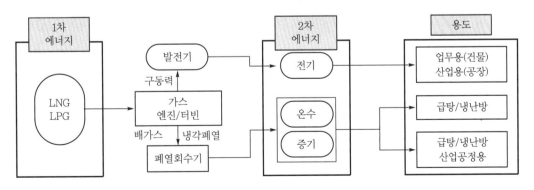

[그림 5-51] 가스 열병합발전시스템의 에너지흐름도

2) 소형 가스 열병합발전이용시스템의 구성

소형 가스 열병합발전은 원동기의 종류에 따라 가스터빈방식과 가스엔진방식으로 분류하며 산업체 및 건물용 모두 이용 가능하나, 가스엔진의 경우 주로 건물용으로 사용된다.

일반적으로 건물용으로 사용되는 가스 열병합발전이용시스템의 구성은 [그림 5-52]와 같다. [그림 5-52]에서 보는 바와 같이 소형 가스 열병합발전시스템의 경우 한전의 최소 수전량을 유지하며 한전전력계통과 병렬운전을 하고, 냉난방은 발전 폐열을 이용하여 냉난방을 실시하며, 부족열량에 대하여는 보조보일러 및 직화식 냉동기를 이용하는 시스템으로 구성한다.

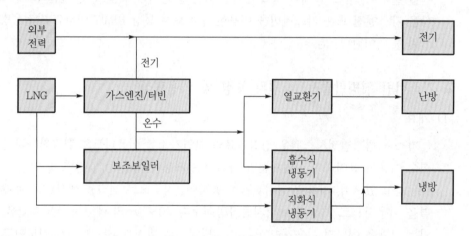

[그림 5-52] 가스 열병합발전이용시스템

3) 소형 가스 열병합발전시스템의 특성 및 장단점

소형 가스 열병합발전시스템은 [그림 5-52]에서 보는 바와 같이 1차 에너지(가스)를 연속적으로 두 종류 이상의 2차 에너지를 발생시키는 종합에너지시스템으로, 다양한 에너지 수요에 부응할 수 있는 것이 특징이다. 가스엔진 및 터빈 등의 원동기를 이용하여 동력과 폐열을 유효하게 이용하는 시스템으로 장단점을 살펴보면 다음과 같다.

(1) 장점

① 전력과 열에너지를 동시에 생산하며 냉각 및 배열 모두 효과적으로 이용함으로써 종합에너지이용효율이 75~90%로 높다.

② 자체적으로 전력을 생산하므로 분산형 전원산업 구축으로 하절기 전력 peak-cut 용으로 이용이 가능하여 안정된 전력수급에 기여하고, 원격지 전력송전에 의한 설비비 및 송전손실비용을 줄일 수 있다.

③ 수용가의 계약전력 감소에 의한 전력요금 저감 및 전력회사에 역판매 시 전력판매 수입이 가능하다.

④ 전력수급대책의 하나로 민간의 열병합발전 참여에 의한 전력회사 자체의 신규 발전설비 소요를 감소시킬 수 있다.

⑤ 청정연료인 도시가스를 이용하므로 질소산화물 및 이산화탄소 배출 억제로 환경 공해를 줄일 수 있다.

(2) 단점

① 초기 투자비가 비교적 과대하게 소요되어 규모의 비경제성에 따른 사업 참여의 위험성이 있다

② 열 및 전력수요의 비율이 적절치 않거나, 수요변동의 불확실성이 클 경우 에너지 이용효율에 의한 이득이 투자비의 자본회수 소요를 초과할 수 있다.

Section 81 홍수예방을 위한 빗물 배수펌프장을 설계할 때 주요 검토사항과 펌프장 설계절차

1. 개요

빗물 배수펌프장은 우천 시 지반이 낮은 지역은 자연유하에 의해 우수를 배제할 수 없으므로 펌프를 이용하여 배제하고 배수구역 내의 우수를 방류지역으로 배제할 수 있도록 설치하는 펌프시설을 말한다.

2. 홍수예방을 위한 빗물 배수펌프장을 설계할 때 주요 검토사항과 펌프장 설계절차

홍수예방을 위한 빗물 배수펌프장을 설계할 때 주요 검토사항 7가지와 펌프장 설계 절차를 설명하면 다음과 같다.

1) 설계 시 고려사항

(1) 빗물 배수펌프장의 계획우수량

① 합리식과 하천설계기준의 다양한 강우유출모형(SWMM, ILLUDAS, RRL 등)을 사용하여 산출한다.

② 주변 환경과 배수조건 등을 고려하여 배수능력에 방해가 되지 않는 적정량을 결정한다.

(2) 빗물 배수펌프장의 설치위치

① 되도록 방류수역에 가까이 위치시킨다.

② 펌프로부터 직접 방류할 수 있거나 방류관거를 사용하더라도 단거리인 것이 유리하다.

③ 중계펌프장은 가능한 설치수가 적도록 위치를 선정한다.

④ 유입 및 방류펌프장은 유입관거, 처리시설의 배치, 방류관거 등을 검토하여 합리적인 배치계획에 기초하여 위치를 선정한다.

⑤ 계획우수량을 초과하여 펌프장 주변이 침수되어도 펌프장기능을 발휘하도록 설계한다.

2) 설계절차

펌프장 설계절차를 살펴보면 다음과 같다.

(1) 침수 대응방안

① 구내 지반은 주변 지반보다 높게 위치한다.

② 중요설비의 외구 개구부, 환기구멍 등은 구내 지반보다 높게 하거나 수밀화 등으로 보호한다.

③ 배수기능 확보에 필요한 전동기, 제어반, 펌프 등의 설비는 침수되지 않도록 한다.

④ 방류관거에 연결하는 토출수조 등의 상부 개구부 위치는 방류수역의 계획고수위 및 하천제방높이 이상으로 한다.

(2) 흡입수위

① 펌프의 흡입수위는 유입관거수위에서 펌프 흡수정에 이르기까지의 손실수두를 빼서 결정한다.

② 펌프의 흡입관위치는 유입관거 최저수위를 유지하는 위치로 한다.

③ 펌프의 흡입수위를 결정하는 경우 손실수두는 침사지, 유입수문, 스크린의 손실수두 등이다.

④ 빗물 펌프장의 유입수위는 강우상황에 따라 수시로 변하므로 펌프 흡수정의 수위를 일정 이상 상승하지 않도록 펌프 흡입관을 깊게 하거나 흡수정 바닥으로 내린다.

(3) 배출수위

① 배수구역의 중요도에 따라 배출수위를 결정한다.

② 일반적으로 빈도가 높은 우수의 고수위를 대상으로 해서 기준배출수위를 결정한다.

③ 계획홍수위를 기준배출수위로 하면 이때의 펌프실 양정은 계획외수 홍수위와 계획내수의 차에서 70~80%를 일반적으로 채택한다.

Section 82 증기터빈에서 발생하는 손실의 종류와 성능저감원인

1. 개요

오늘날 증기터빈은 화력, 원자력, 지열 등의 발전용을 비롯하여 기계 구동용, 선박 등 여러 분야에서 활용되고 있으며, 특히 발전용으로는 일본의 발전전력량의 0.08% 정도를 담당하고 있다. 또 효율, 신뢰성, 기능의 면에서도 현대의 발전용 증기터빈은 완성도가 높고 성숙한 대형 정밀기계라고 부르게 되었다. 최근에는 CO_2의 배출규제와 함께 고도성장사회에서 지속가능한 사회로 전환이 요구되고 있으며, 증기터빈의 기술개발도 보다 환경성능이 우수한 증기터빈, 즉 열효율과 가동률이 높고, 저비용의 증기터빈을 목표로 하고 있다.

2. 증기터빈에서 발생하는 손실의 종류와 성능저감원인

1) 증기터빈에서 발생하는 손실의 종류

화력발전소의 열효율을 높이는 방법으로는 증기조건 등 사이클측의 개량에 의하는 방법 외에, 터빈의 내부손실을 감소시키는 것도 효과적이며, 터빈 제작사들은 이를 위한 기술개발에 많은 노력을 해왔다. 최근의 CO_2 배출규제의 움직임은 증기터빈의 내부손실로 인한 감축을 촉구하고 있다. 과거 30년간 터빈의 내부손실의 감축에 의해 열효율은 대략 4% 전후로 향상되었다.

내부손실의 분류법은 여러 가지가 있으며, 여기서는 Traupel의 방법에 따라 내부손실의 크기와 비율은 터빈의 구조나 증기조건에 따라 다른데, 여기서는 프로파일손실, 2차 손실, 누설손실, 배기손실이 대략 같은 비율로 분포되어 있으며, 전체의 약 0.08%을 차지하고 있다. 그러나 습분(濕分)손실, 기타 손실도 무시할 수 없을 만큼 크다.

2) 증기터빈에서 성능저감원인

증기터빈의 내부손실을 감축하기 위해서는 그 어느 하나의 중점을 두는 것이 아니고, 각각의 손실을 고루 감축시켜 나가야 한다.

(1) 프로파일손실의 감축기술

최근의 수치 유체해석기술의 진보에 의해 익열(翼列) 내의 흐름을 정밀도 높게 시뮬레이션을 할 수 있게 되어, 익열 내의 속도분포를 최적화하여 손실이 적은 프로파일을 실현할 수 있게 되었다. 그 결과 종래보다 고부하이면서 성능을 높인 고부하익과 저압익과 같은 마하(Mach)수가 높은 익(翼)의 성능을 높인 천이음속익형 등이 개발되어 큰 성능향상효과를 얻었다.

(2) 2차 손실의 감축기술

익열에 발생하는 프로파일손실 이외의 유동손실을 총칭하여 2차 손실이라고 부른다. 이 중에는 익의 내외경 부근에 발생하는 2차 유동에 의한 손실과 익열 간의 간섭에 의해 생기는 손실 등이 포함된다. 최근에는 특히 2차 유동손실의 감축에 대한 관심이 높아져 익의 내외벽측의 단면을 만곡시켜 익으로부터의 흐름이 받는 반력을 이용한 2차 유동을 감축시키는 기술이 실용화되었다. 또 정(靜)·동익 간의 비정상 간섭을 고려하여 시간평균으로 최고효율이 되도록 배려한 설계도 실용화되고 있다.

(3) 누설손실의 감축기술

누설손실은 증기터빈의 회전부와 정지부의 반경방향 극간에 기인하는 손실이며 터보기계에 공통적인 누설이다. 누설손실을 감소시키는 방법으로서는 실링핀(seal fin)의 수를 증가시키거나 형상을 변화시켜 유량계수를 작게 하는 방법과 운전 신뢰성을 손상시키지 않는 범위에서 반경방향 극간을 감소시키는 방법이 있다.

CHAPTER 06

유체역학

산업기계설비기술사

유체의 성질

1. 밀도(density)

$$\rho = \frac{m}{V}\,[\text{kg/m}^3]\,(\text{단위체적당 질량})$$

여기서, m : 질량, V : 체적, $\rho_w = 1{,}000\,\text{kg/m}^3$

2. 비중량(specific weight)

$$\gamma = \frac{W}{V}\,[\text{kgf/m}^3]\,(\text{단위체적당 중량})$$

여기서, W : 중량, $\gamma_w = 9{,}800\,\text{N/m}^3 = 1{,}000\,\text{kgf/m}^3$

3. 비체적(specific volume)

$$V_s = \frac{1}{\rho}\,[\text{m}^3/\text{kg}]\,(\text{단위 질량당 체적})$$

4. 비중(specific gravity)

$$S = \frac{\text{물체의 무게}}{\text{동 체적의 4℃에서 물의 무게}} = \frac{\rho}{\rho_w} = \frac{\gamma}{\gamma_w}\,(\text{물의 비중} = 1)$$

여기서, γ_w : 4℃에서 물의 비중량

5. 대기압(atmospheric pressure)

$$1\text{atm} = 760\,\text{mmHg} = 1{,}000 \times 13.6 \times 0.76 = 10{,}336\,\text{kgf/m}^2$$

Newton의 점성법칙

1. 개요

모든 유체는 점성이 있다. 유체가 유동할 때 경우에 따라서 유속이 다른 층을 이루며 층류유동(laminar flow)을 하게 된다. 그리하여 유체의 층과 층 사이에는 서로 다른 유속이 형성된다. 유동하고 있는 유체의 층 사이에는 분명히 마찰력이나 전단력(frictional or shearing force)이 존재한다.

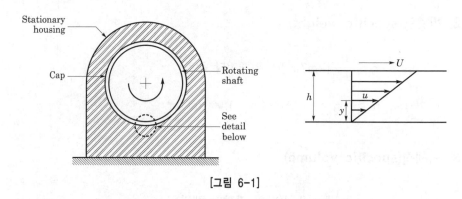

[그림 6-1]

2. Newton의 점성법칙

전단력에 의하여 단위면적에 발생하는 응력을 전단응력(shear stress)이라 표기하고, 뉴턴은 이 전단응력을 상대적 변형(relative strain), 즉 du/dy에 비례한다고 생각하여 다음과 같이 가정하였다.

$$\tau \propto \frac{du}{dy}$$

비례상수를 그 유체의 점성계수(coefficient of viscosity or viscosity or dynamic viscosity)로 정의하였다. 이는 벽면으로부터 어느 한계유동 내에서 전단응력은 점성계수에 비례하여 직선적으로 변화하게 된다.

이 식은 1968년에 뉴턴이 처음으로 정립한 점성유체의 층류유동에 대한 식이며, 이를 점성계수 또는 뉴턴의 점성법칙(Newton's law of viscosity)이라 한다. 이 식의 성립 여부는 후에 많은 학자들의 실험을 통하여 증명이 되었으며, 현재는 경계층(boundary layer)의 계산에 많이 이용되고 있는 매우 중요한 식이다.

$dx \times dy$평면에서 dy만큼 떨어진 위층과 아래층 사이에 속도차이가 du일 때 dt시간 동안 움직인 거리차이 $\dfrac{du}{dt}$에 대한 각변형을 τ라 하면 $\dfrac{du}{dt} = dy$로 쓸 수 있으므로

$$\tau = \mu \frac{du}{dy} = \mu \frac{d\theta}{dy}$$

의 관계가 성립하여 전단응력은 속도기울기와 각변형률에 비례함을 알 수 있다. 때때로 유체유동의 운동방정식이나 계산에서 점성계수 μ를 밀도 ρ로 나누어 사용하는 경우가 많다. 그리하여 그 몫을 ν로 표시하여

$$\nu = \frac{\mu}{\rho}$$

로 나타내고, ν를 동점성계수(coefficient of kinematic viscosity) 또는 점성도(viscosity)라고 한다.

Section 3 Hagen-Poiseuille식

1. 수평원관 속에서 층류운동(하겐-푸아죄유의 방정식)

- 가정

    ① 비압축성 유체 ② 정상류 ③ 층류유동

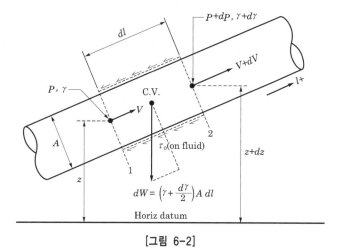

[그림 6-2]

$$P\pi r^2 - (P+dP)\pi r^2 - 2\pi r\,dl\tau = 0$$

자유물체도의 입구와 출구에서 유속은 $V_1 = V_2$이므로 운동량변화 $\rho Q(V_2 - V_1)$은 '0'이다.

1) 전단응력

$$\tau = -\frac{dP}{dl}\frac{r}{2}$$

- **뉴턴의 점성법칙**

$$\tau = \mu\frac{du}{dy} = -\mu\frac{du}{dr}$$

$$-\mu\frac{du}{dr} = -\frac{dp}{dl}\frac{r}{2} \rightarrow \mu = \frac{1}{2\mu}\frac{dP}{dl}\frac{r^2}{2} + C$$

2) 속도

$$u = -\frac{1}{\Delta\mu}\frac{dP}{dl}(r_o^2 - r^2)\text{이므로}$$

$$u_{\max} = u_{r=0} = -\frac{r_o^2}{4\mu}\frac{dP}{dl}$$

$$\frac{u}{u_{\max}} = 1 - \frac{r^2}{r_o^2}$$

3) 유량

$$Q = \int_0^{r_o} u\,dA = \int_0^{r_o} u\,(2\pi r dr)$$

$$= -\frac{\pi}{2\mu}\frac{dP}{dl}\int_o^{r_o}(r_o^2 - r^2)r dr = -\frac{\pi r_o^4}{8\mu}\frac{dP}{dl}$$

$$-\frac{dP}{dl} \rightarrow \frac{\Delta P}{L}\quad Q = \frac{\Delta P\pi r_o^4}{8\mu L} = \frac{\Delta P\pi d^4}{128\mu L}$$

4) 압력강하

$$\Delta P = \frac{128\mu LQ}{\pi d^4}\quad \Delta P = P_1 - P_2$$

5) 손실수두

$$h_L = \frac{\Delta P}{\gamma} = \frac{128\mu LQ}{\gamma\pi d^4}$$

6) 평균속도

$$V = \frac{Q}{A} = \frac{\Delta P \pi r_o^{\ 4}/8\mu L}{\pi r_o^{\ 2}} = \frac{\Delta P r_o^{\ 2}}{8\mu L}$$

7) 관 속의 손실수두

$$h_L = f\,\frac{L}{d}\,\frac{v^2}{2g}$$

8) 관마찰계수

$$f = \frac{64}{Re}$$

예제

어떤 액체가 직경 200mm인 수평원관 속을 흐르고 있다. 관 벽에서 전단응력 150Pa이다. 관의 길이가 30m일 때 압력강하 ΔP는 몇 [kPa]인가?

풀이 $\tau = -\dfrac{dP}{dl}\dfrac{r}{2}$, $1\text{Pa} = 1\text{N/m}^2$

$\tau = 150\text{Pa}$, $r = 0.1\text{m}$, $dl = 30\text{m}$

$-dP$ 대신 ΔP를 대입하면

$150 = \dfrac{\Delta P}{30} \times \dfrac{0.1}{2}$

$\therefore\ \Delta P = 90,000\text{N/m}^2 = 90\text{kPa}$

예제

$0.001\text{m}^3/\text{s}$의 유량으로 직경 5cm, 길이 400m인 수평원관 속을 비중 $S=0.86$인 기름이 흐르고 있다. 압력강하가 2kgf/cm^2이면 기름의 점성계수 μ는?

풀이 층류라 가정하고 하겐-푸아죄유의 방정식에서

$Q = \dfrac{\Delta P \pi d^4}{128\mu L} \rightarrow \mu = \dfrac{\Delta P \pi d^4}{128QL} = \dfrac{(2 \times 10^4) \times \pi \times 0.05^4}{128 \times 0.001 \times 400} = 7.67 \times 10^{-3}\,\text{kgf}\cdot\text{s/m}^2$

※ 레이놀즈수를 구해 층류인지 판단해야 한다.

$R_e = \dfrac{\rho Vd}{\mu} = \dfrac{\dfrac{860}{9.8} \times \dfrac{0.001}{\pi \times 0.05^2/4}}{7.67 \times 10^{-3}} = 291.5 < 2,100$

$\therefore\ \mu$는 정확한 값이다.

예제

$9m^3/mm$의 유량으로 직경이 10cm인 관 속을 기름이 흐르고 있다. 거리가 10km 떨어진 곳에 수송하려면 필요한 동력은? (단, 기름의 비중 $S=0.92$, 점성계수 $\mu=0.1$ kgf · s/m²)

풀이 평균속도 $V=\dfrac{9/60}{\dfrac{\pi}{4}\times 0.1^2}=19.1\mathrm{m/s}$

$\rho=\rho_w S=1,000\times 0.92=920\mathrm{kg/m^3}=920\mathrm{N\cdot s^2/m^2}=93.9\mathrm{kg\cdot s^2/m^2}$

레이놀즈수 $R_e=\dfrac{\rho Vd}{\mu}=\dfrac{93.9\times 19.1\times 0.1}{0.1}=1,793<2,100\;\leftarrow$ 층류

층류이므로 하겐-푸아죄유의 방정식에서

$Q=\dfrac{\Delta P\pi d^4}{128\mu L}\rightarrow \Delta P=\dfrac{128Q\mu L}{\pi d^4}=\dfrac{128\times\dfrac{9}{60}\times 0.1\times 10,000}{\pi\times 0.1^4}=6.12\times 10^7\,\mathrm{kgf/m^2}$

동력 $P=\dfrac{\gamma Qh_L}{75}=\dfrac{\Delta PQ}{75}=6.12\times 10^7\times\dfrac{9}{60}\times\dfrac{1}{75}=1.224\times 10^5\,\mathrm{PS}$

예제

안지름이 10cm인 수평원관으로 2,000m 떨어진 곳에 원유(비중 $S=0.86$), $\mu=0.02\mathrm{N\cdot s/m^2}$를 0.12m³/min의 유량으로 수송하려 할 때 손실수두와 필요한 동력을 구하여라.

풀이 평균유속 $V=\dfrac{Q}{A}=\dfrac{0.12/60}{\dfrac{\pi}{4}\times 0.1^2}=0.254\mathrm{m/s}$

$\rho=\rho w S=1,000\times 0.86=860\mathrm{kg/m^3}=860\mathrm{N\cdot s^2/m^4}$

레이놀즈수 $R_e=\dfrac{\rho Vd}{\mu}=\dfrac{860\times 0.254\times 0.1}{0.02}=1,092<2,100\,(층류유동)$

마찰계수 $f=\dfrac{64}{R_e}=0.0586$

손실수두 $h_L=f\dfrac{L}{d}\dfrac{V^2}{2g}=0.0586\times\dfrac{2,000}{0.1}\times\dfrac{0.254^2}{2\times 9.8}=3.86\mathrm{m}$

동력 $P=\dfrac{\gamma Qh_L}{75}=860\times\dfrac{0.12}{60}\times 3.86=0.088\mathrm{PS}$

차압식 유량계, 와류유량계, 터빈유량계, 초음파유량계 각각의 측정원리와, 타 유량계와 비교할 때 초음파유량계의 장점

1. 개요

유량계는 배관에서 유체가 흐르는 단위시간당 흐르는 양을 측정하는 것으로 용적유량계(Positive Displacement flow meter, PD meter), 터빈유량계(turbine flow meter), 차압유량계(Differential Pressure flow meter, DP flow meter), 와류유량계(vortex flow meter), 면적유량계, 웨어유량계, 플룸유량계, 전자유량계, 초음파유량계, 열전달유량계, 코리올리스질량유량계 등이 있다.

2. 차압식 유량계, 와류유량계, 터빈유량계, 초음파유량계 각각의 측정원리와 타 유량계와 비교할 때 초음파유량계의 장점

1) 유량계의 분류 및 선정

유량계는 측정대상인 유체의 종류는 다양하며 측정환경이 복잡하고, 또한 목적도 다양하다. 따라서 유량계의 분류는 다음과 같다.
- 측정유체와 에너지원에 의한 분류
- 검출부의 구조에 의한 분류
- 측정유체의 종류에 의한 분류
- 측정량에 의한 분류
- 측정유로에 의한 분류
- 측정원리에 의한 분류

(1) 측정유체와 에너지원에 의한 분류

유체가 흐르면 유체 자체가 유동에 의한 에너지를 가지고 있다. 예를 들면, 용적유량계, 차압식 유량계, 면적유량계 및 터빈유량계 등은 측정유체가 유량측정소자에 에너지를 공급함으로 인하여 압력손실이라는 형태로 에너지의 손실이 있지만 유량계 자체는 외부에서 별도 에너지를 공급받지 않고도 유량을 측정할 수 있는 특징이 있다.

위와는 달리 전자유량계, 초음파유량계, 열량질량유량계 등은 원리적으로 측정유체 자체에는 에너지손실이 없는 대신 유량계 자체는 유량을 측정하고 지시하기 위해서 외부에서 별도의 에너지를 필요로 한다. 따라서 유량계는 [표 6-1]에서 보여주는 바와 같이 분류할 수 있다.

[표 6-1] 측정유체와 에너지원에 의한 분류

구분	유체의 에너지를 이용하는 형	별도의 에너지원이 필요한 형
유량계의 종류	• 용적유량계 • 터빈유량계 • 차압식유량계 • 와류유량계 • 면적유량계 • Weir유량계 • Flume유량계	• 전자유량계 • 초음파유량계 • 열량질량유량계
특징	• 압력손실, 수두손실이 발생 • 전원 등의 별도 에너지원이 불필요 • 검출부가 유체에 접촉됨	• 압력손실이 적음 • 전원 등의 에너지원이 필요 • 검출부가 유체에 접촉이 안 됨

(2) 검출 부위 구조에 의한 분류

이 분류에서는 유량검출부가 유체에 접촉 또는 비접촉 여부, 가동부의 유무, 장애물의 유무 등으로 분류할 수 있다. 검출부가 유체에 직접 접촉하는 유량계는 검출부의 부식 등에 유의해야 하기 때문에 고내부식성 재료를 사용해야 하므로 가격이 상승한다.

언급한 문제를 해결하기 위하여 비접촉형 초음파유량계를 사용하면 될 법도 하지만 정확도 문제 및 설치상태에 따라 영향을 받는 문제가 있어 곤란한 경우가 있다. 다른 예로 회전자형 용적유량계나 터빈유량계는 정확도가 높지만 회전부가 유체에 접촉되기 때문에 slurry액을 측정하는 데 문제점이 있다.

결론적으로 용도 및 목적에 따라 적절한 유량계를 선정해야 할 필요가 있으며, 이러한 이유 때문에 유량계의 종류가 다양해졌다. 다음 [표 6-2]는 구조에 의한 유량계 분류와 각각의 특징을 나타내고 있다.

[표 6-2] 검출부의 구조에 의한 분류

구조 분류		유량계의 종류	특징
접촉형	가동부 있음	• 용적유량계 • 터빈유량계 • 면적유량계	• 고정확도(용적, 터빈) • 직관부 길이 불필요(용적, 면적) • 가격이 저렴함(면적) • 측정유체에 제한 있음 • 대유량일 때는 고가 • 보수 유지에 시간소요 • 압력손실이 있음 • slurry액에는 불가

구조 분류			유량계의 종류	특징
접촉형	가동부 없음	장애물 있음	• 차압유량계 • 와류유량계 • Weir유량계 • 열량질량유량계	• 측정대상이 넓음 • 비교적 가격이 저렴 • 압력손실이 있음 • slurry액의 측정 불가
		장애물 없음	• 차압식 유량계 • Flume유량계 • 전자유량계 • 코리올리스질량유량계 • 초음파유량계(접촉형)	• 압력손실이 적음 • slurry액도 측정 가능 • 비교적 고가
비접촉형			• 초음파유량계(clamp on)	• 압력손실이 없음 • 측정대상이 넓음 • 배관의 영향을 쉽게 받음 • 정확도가 떨어짐

(3) 측정유체에 의한 분류

유량계를 사용하는 유체는 기본적으로 액체와 기체이다. 따라서 측정유체의 종류로 유량계를 분류한다면 액체용, 기체용 및 액체/기체 양용의 3종류가 있다.

전자유량계는 유체가 어느 정도 이상의 도전율을 가지고 있어야 하므로 원리적으로는 액체 전용이다. 한편 열량질량유량계는 원리적으로는 양용이지만, 액체는 필요로 하는 열량이 너무 크므로 주로 열량이 적은 기체용으로 사용된다.

차압식 유량계나 와류유량계는 원리적으로 양용이다. 차압과 와류를 검출하거나 신호를 변환하는 출력신호가 낮은 기체의 경우도 전자회로의 발달에 따라 실용화되어 있으므로 검출부와 변환부는 동일한 것으로서 범위를 바꾸면 기체, 액체 모두에 사용할 수 있다. 동일한 유량계로서 여러 종류의 유체를 측정할 수 있는 점은 대규모의 제조공장에서는 유지 보수면에서 유용한 장점이며, 또한 이들 유량계의 사용량이 많은 이유 중의 하나이다.

초음파유량계나 터빈유량계는 원리적으로는 기체, 액체, 양용이지만 제품의 질적인 면에서는 액체용과 기체용이 다르다. 예를 들면, 기체용 초음파유량계에서는 액체용에 비해 측정유체의 밀도가 너무 낮아 진동자를 측정유체에 접촉시키는 구조로 되어 있어 주파수를 낮추지 않으면 신호검출감도를 얻지 못하므로 액체용과는 다른 구조로 만들 필요가 있기 때문이다.

이와 같이 기체, 액체 양용의 유량계로서는 동일한 유량계로 두 종류의 유체에 모두 사용 가능한 것을 대상으로 하고 있다. 이 방법으로 나누면 그 결과는 [표 6-3]과 같다.

[표 6-3] 측정유체의 종류에 의한 분류

측정	유량계 종류	
액체용	• 용적유량계 • 초음파유량계 • Flume유량계	• 전자유량계 • Weir유량계 • 터빈유량계
기체용	• 열량질량유량계 • 용적유량계	• 초음파유량계 • 터빈유량계
기체, 액체 양용	• 차압유량계 • 면적유량계	• 와류유량계

(4) 측정량에 의한 분류

유량계가 대상으로 하는 측정량의 내용을 분석하면 다음과 같이 5가지로 되어 있다.

① 유속

② 부피유량

③ 질량유량

④ 적산 부피유량

⑤ 적산 질량유량

제조공업에서는 여러 종류의 유체를 적절하게 반응시키기 위해 각각의 유량을 보정할 때가 많다. 이 경우에 필요한 측정량은 질량유량이다. 즉 적절한 반응비는 각 성분의 mol비로서 결정되며, mol비는 질량비이다. 따라서 질량유량을 측정할 필요가 있으나 유체가 액체인 경우에는 일반적으로 질량유량과 부피유량과의 사이에는 별 차이가 없거나, 또는 차이가 문제가 되지 않도록 조건을 조절할 수 있으므로 부피유량이 널리 쓰이고 있다.

기체의 경우에는 부피유량에 온도와 압력을 보정하여 사용하는 것이 필수적이다. 기체용 질량유량계는 열방법 이외에 실용화된 것이 거의 없으며 열 방법도 유체가 깨끗하고 적은 유량에만 사용할 수 있다.

적산 부피유량이 직접 필요한 것은 tank에 어떤 level까지 유체를 채울 때와 유체를 뽑아낼 때이다. 유체를 뽑아낼 때는 최종적으로 적산 질량유량을 측정해야 할 필요가 있을 때가 많다. 순간유량과 적산 유량은 신호처리에 의해 비교적 쉽게 변환되므로 쌍방의 출력을 얻는 것이 일반적이지만, 여기서는 근본적으로 또는 일반적으로 얻어지는 신호를 좀 더 분류하였으며 [표 6-4]가 그 분류의 결과이다.

[표 6-4] 측정량에 의한 분류

측정량	유량계의 종류	
유속	• 열선유속계 • 전자유량계 • 터빈유량계	• pitot tube • 와류유량계 • 초음파유량계
부피유량	• 차압유량계 • 초음파유량계 • Weir유량계	• 전자유량계 • Flume유량계 • 면적유량계
질량유량	• 열량질량유량계	• Coriolis질량유량계
적산 부피유량	• 거의 모든 유량계	
적산 질량유량		

(5) 측정유로에 의한 분류

유량계는 측정유로에 의해 개방수로용과 폐관로용으로 크게 나눈다. 개방수로용 유량계는 상·하수도, 농·공업용수 등을 측정하는 데 많이 사용된다. 폐관로용 유량계는 제조공업용으로 많이 사용된다. [표 6-5]에 측정유로에 의한 분류를 보여주고 있다.

[표 6-5] 측정유로에 의한 분류

개수로용		폐관로용	
• Weir유량계 • 전자유량계 • Pitot tube	• Flume유량계 • 초음파유량계 • 터빈유속계	• 차압식 유량계 • 초음파유량계 • 와류유량계 • 터빈유량계	• 전자유량계 • 면적유량계 • 용적유량계 • 질량유량계

(6) 측정원리에 의한 분류

유량계를 측정원리에 따라 분류하면 직접 유량을 측정하는 것과 간접적인 방법을 이용하여 유량을 측정하는 것으로 크게 나눌 수 있다. 간접적인 방법을 이용하여 유량을 측정하는 것은 다시 유속식 및 기타 방식의 2가지로 나눌 수 있다.

용적유량계는 됫박으로서 직접 부피를 측정하고 있으므로 직접 유량을 측정하는 방식이다. 전자유량계나 초음파유량계 등의 직접측정량은 평균유속으로서 측정관로의 구경이 정해지면 부피유량을 측정할 수 있으므로 유속식에 속한다.

차압식 유량계나 Weir유량계 등은 Bernoulli의 원리에 의한 압력차에서 유속, 즉 부피유량을 구하며, 열량질량유량계 등도 유량이 아닌 다른 양을 측정하기 때문에 간접적인 방법이라 부른다.

[표 6-6]에 측정원리에 의한 분류를 보여주고 있다.

[표 6-6] 측정원리에 의한 분류

측정방식		유량계의 종류	
직접식		• 용적유량계	
간접식	유속식	• 전자유량계 • 터빈유량계 • 열선유속계 • 평균 pitot tube	• 초음파유량계 • 와류유량계 • pitot tube
	기타 방식	• 차압식 유량계 • Weir유량계 • 열량질량유량계	• 면적유량계 • Flume유량계 • coriolis유량계

2) 유량계를 선택하는 방법

제조공업에서 사용하는 유량계는 매매용에서 감시용까지 매우 광범위하다. 유량측정은 어떤 경우에는 대단히 높은 정도로 유량을 측정해야 하지만 때로는 대충 측정을 하는 경우도 있다. 개개의 용도에 적합한 유량계를 선택하는 데에는 측정유체, 측정목적, 유량계 가격 등의 많은 요소에 의해 좌우된다. 유량계를 올바르게 선택하는 것은 대단히 어려우며 선전상의 요인을 정확히 이해하고 개개의 유량계의 성질, 특징 등을 잘 이해할 필요가 있다.

우선 이 항목에서는 선정상의 요인을 정확히 이해하기 위해서 전반적인 주의사항을 설명하고 다음에 개개의 유량계의 성질, 특징을 잘 이해하기 위하여 공업용 유량계 종류의 대비표를 만들었다. 종류의 내용은 전자유량계, 초음파유량계, 와류유량계, 면적유량계, 용적유량계, 터빈유량계 및 최근 사용되기 시작한 Coriolis유량계이다. 이 대비표는 유량계의 우열을 나타낸 것이 아니고 어디까지나 그 유량계의 성격을 명확히 하기 위한 것이다.

(1) 선정상의 주의사항

각종 유량계의 측정원리는 각각 다르며 그 결과로 유량측정상의 서로 다른 특징과 제약조건을 가지고 있다. 그 때문에 유량계를 선정할 때는 각각의 유량계의 측정원리를 잘 이해하고 다음에 표시한 항목에 대해 충분히 검토할 필요가 있다.

① 측정유체에 관한 것

　㉠ 측정유체의 종류 : 기체, 액체, slurry액, 기체 액체 2상류 등

　㉡ 측정유체의 성질 : 점도, 밀도, 부식성의 유무 등

　㉢ 측정유체의 상태 : 온도, 압력, 유량의 대소, 맥동류 등

② 측정목적에 관한 것

    ㉠ 매매용, 감시용, 지시용   ㉡ 기록, 제어의 필요성

    ㉢ 유량의 절대치 필요 여부   ㉣ 유량변화의 필요성

③ 외적인 조건에 관한 것

    ㉠ 설치장소 제한 : 고온지대, 한랭지대, 진동의 유무 등

    ㉡ 필요한 직관부의 길이 및 배관조건

    ㉢ 설치조건상의 제약

④ 유량계 고유의 특성

    ㉠ Range ability   ㉡ 측정오차

    ㉢ 유량Range의 변경용이도

⑤ 경제성에 관한 것

    ㉠ 간단한 구조   ㉡ 경제성

    ㉢ 취급 및 유지 보수

(2) 측정유체에 의한 선정방법

[표 6-7]은 각종 유량계의 측정유체에 대한 적합성을 표시한 대비표이다.

[표 6-7] 측정유체에 의한 유량계 선정방법

유량계 \ 유체	기체	증기	기름	물	특수 유체				
					*1	*2	*3	부식	slurry
전자유량계	×	×	×	○	△	×	○	○	○
초음파유량계	○	○	○	○	○	△	○	○	△
와류유량계	○		○	○	○	△	×	△	△
용적유량계	○	×	○	○	○	△	○	△	×
터빈유량계	○	×	○	○	○	△	×	○	×
차압식 유량계	○	○	○	○	○	○	△	○	△
면적유량계	○	○	○	○	○	△	○	△	△
coriolis유량계	△	△	○	○	○	△	○	○	○

※ ○ : 유량계와 유체와의 결합은 적당하며 쉽게 유량계의 성능을 발휘한다.

    △ : 유량계와 유체와의 결합을 추천할 수는 없으나 측정은 가능하다. 단, 만족할 만한 결과를 얻지 못할 때가 있으므로 주의할 필요가 있다.

    × : 적합하지 않다. 원리적으로 측정 불가능하다.

(3) 내역 및 성능에 의한 선정방법

[표 6-8]은 각종 유량계의 내역 및 성능의 비교표로 여기에 표시된 수치는 제작회사에서 제작된 표준품의 값을 참고하였다. 상세한 것은 제작회사의 자료를 참조하기 바란다.

[표 6-8] 내역 및 성능에 의한 선정방법

성능 \ 유량계	전자유량계	초음파유량계	와류유량계	용적유량계
원리	Faraday의 법칙 $Q=ke$ 여기서, k : 비례정수 e : 발생기전력	초음파 전파속도 변화측정 $Q=kdv$ $=kdf$ 여기서, dv : 전파속도차 df : 주파수차	Karman 와류의 발생수 계산 $Q=kf$ 여기서, k : 비례정수 f : 와류주파수	뒷박의 회전수 계산 $Q=kN$ 여기서, k : 비례정수 N : 뒷박회전수
측정 정확도 rangeability	$\pm0.5\%$ rdg. 30 : 1	$\pm1\%$ FS 20 : 1	$\pm1\%$ rdg. 20 : 1	$\pm0.5\%$ rdg. 20 : 1
압력손실	없음	없음	보통	크다
가동부 유무	없음	없음	없음	있음
직관부 상류측	$5D$	$10D$	$15D$	불필요
직관부 하류측	$2D$	$5D$	$5D$	불필요
strainer	불필요	불필요	불필요	필요
표준품의 구경	2.5~3,000mm	25~5,000mm	15~600mm	10~400mm

성능 \ 유량계	터빈유량계	차압유량계	면적유량계	질량유량계
원리	Impeller의 회전수 계산 $Q=kw$ 여기서, k : 비례정수 w : 회전수	Bernoulli법칙에 의한 차압측정 $Q=kdp^{\frac{1}{2}}$ 여기서, k : 비례상수 dp : 차압	통과면적을 변화시켜 차압을 일정하게 함 $Q=kA$ 여기서, k : 비례정수 A : 통과면적	Coriolis힘에 의한 관의 비틀림측정 $Q=k\theta$ 여기서, k : 비례정수 θ : 비틀림각도
측정 정확도 rangeability	$\pm0.5\%$ rdg. 15 : 1	$\pm1\%$/0.5% FS 5 : 1/15 : 1	$\pm1\%$ rdg. 20 : 1	$\pm0.2\%$ rdg. 10 : 1
압력손실	크다	크다	float에 의함	크다
직관부 상류측	$20D$	$20D$	불필요	불필요
직관부 하류측	$5D$	$5D$	$5D$	불필요
strainer	필요	필요	필요	불필요
표준품의 구경	15~600mm	25~3,000mm	10~200mm	10~200mm

(4) 경제성에 의한 선정방법

유량계를 선정할 때 중요한 항목은 경제성이다. 이 경제성을 생각해보면 다음의 4가지로 분류된다.

① 유량계 본체의 가격

② 유량계를 설치하는 비용

③ 압력손실에 의한 energy손실

④ Lining 비용

이 4가지 비용의 합계가 최소가 되는 유량계를 선정하는 것이 좋다. 유량계 본체의 가격은 내역에 따라 대폭으로 변화되지만 상대적으로 설치를 위한 계장공사비를 포함시킨 가격비교의 한 예를 [그림 6-3]에 보여주고 있으며 적절한 유량계의 선정에 참고가 되리라 믿는다.

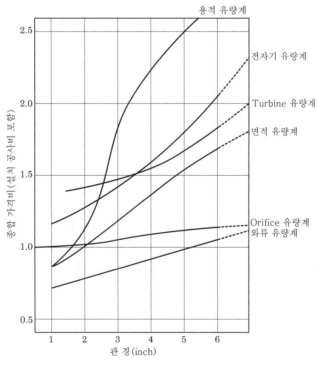

[그림 6-3] 1inch orifice유량계의 가격을 1로 볼 때 여러 가지 유량계의 가격 대비

Bernoulli방정식의 제한조건과 이 방정식을 유체기계를 통과하는 유동에는 적용할 수 없는 이유

1. 베르누이방정식(Bernoulli's equation)

오일러운동방정식을 적분하여 얻는다.

$\dfrac{dP}{\gamma} + \dfrac{VdV}{g} + dZ = 0$의 양변을 적분하면(비압축성 유체에서는 γ가 상수)

$\dfrac{1}{\gamma}\displaystyle\int dP + \dfrac{1}{g}\displaystyle\int VdV + \displaystyle\int dZ = c$

$\therefore \dfrac{P}{\gamma} + \dfrac{V^2}{2g} + Z = c$

$$\text{압력수두+속도수두+위치수두=전수두} \tag{6.1}$$

결국 식 (6.1)은 다음과 같이 쓸 수 있다. 즉

$$\dfrac{P_1}{\gamma} + \dfrac{V_1{}^2}{2g} + Z_1 = \dfrac{P_2}{\gamma} + \dfrac{V_2{}^2}{2g} + Z_2 = H(\text{전수두, 전양정}) \tag{6.2}$$

손실이 존재할 때

$$\dfrac{P_1}{\gamma} + \dfrac{V_1{}^2}{2g} + Z_1 = \dfrac{P_2}{\gamma} + \dfrac{V_2{}^2}{2g} + Z_2 + h_L \tag{6.3}$$

여기서, h_L : 손실수두

식 (6.1)을 그림으로 도시하면 [그림 6-4]와 같다.

① E.L(Energy Line, 에너지선) : 임의의 점에서 유체가 갖는 전수두이다.

② H.G.L(Hydraulic Grade Line, 수력구배선) : 속도가 일정하고 마찰이 없을 때 이 선 은 수평선이 된다.

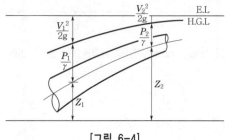

[그림 6-4]

2. 제한조건

① 정상 유동
② 비압축성 유동
③ 무마찰 유동
④ 유선을 따른 유동

Bernoulli방정식은 유선을 따른 압력변화를 속도 및 수두변화와 관련시키는 공식이기 때문이다. 그러나 상기 네 가지 조건에 모두가 타당한 유동환경에 적용하였을 때만 정확한 해를 얻을 수 있다. 따라서 유체기계를 통과하는 유동은 네 가지 제한조건을 배제한 상태에서 운동을 하기 때문에 적용할 수가 없다.

> **예제**
>
> 다음 그림과 같은 펌프계에서 펌프의 송출량이 $30l/s$일 때 펌프의 축동력을 구하여라(단, 펌프의 효율은 80%이고, 이 계 전체의 손실수두는 $10V^2/2g$이다. 그리고 $h = 16$m이다.).
>
>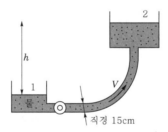
>
> **풀이** ① 연속방정식
>
> $$V = \frac{Q}{A} = \frac{0.03}{\frac{\pi}{4} \times 0.15^2} = 1.698\,\text{m/s}$$
>
> 펌프에서 물을 준 수두를 H_P라 하자.
>
> ② 베르누이방정식
>
> $$\frac{P_1}{\gamma} + \frac{V_1^2}{2g} + Z_1 + H_P = \frac{P_2}{\gamma} + \frac{V_2^2}{2g} + Z_2 + \frac{10V^2}{2g}$$
>
> $$\therefore \ H_P = 16 + \frac{10 \times 1.698^2}{2 \times 9.8} = 17.47\,\text{m}$$
>
> ③ 유체동력 $P_f = \dfrac{\gamma Q H_P}{75} = \dfrac{1,000 \times 0.03 \times 17.47}{75} = 6.988\,\text{PS}$
>
> ④ 펌프동력 $P_P = \dfrac{6.988}{0.8} = 8.735\,\text{PS}$

Section 6 SI단위계와 차원 해석

1. 차원과 단위

유체의 특성을 정성적인 측면뿐만 아니라 정량적인 측면으로도 표현할 수 있는 방법을 필요로 한다. 정성적인 측면에서의 표현은 그 특성(길이, 시간응력과 속도 등)의 본질을 밝히는 반면, 정량적인 측면에서의 표현은 그 특성의 수치적인 계량을 가능하게 한다. 정량적인 표현에서는 숫자뿐만 아니라 여러 가지 양들이 비교될 수 있는 기준이 함께 필요하다. 길이의 기준은 meter 또는 foot, 시간은 second, 질량은 slug 또는 kilogram이 될 수 있다.

유체성질을 정성적으로 표현하는 데는 길이 L, 시간 T, 질량 M, 온도 ℃와 같은 1차적인 양(primary quantity)들이 사용된다. 이들 1차적인 양들은 면적=L^2, 속도=LT^{-1} 등 2차적인 양(secondary quantity)들의 표현에 사용된다.

여기에서 '=' 기호는 2차적인 양들의 차원(dimension)을 1차적인 양들의 항으로 표시하기 위해 사용되었다. 따라서 속도 V를 정성적으로 표현할 때 $V=LT^{-1}$로 표기하고 '속도의 차원은 길이를 시간으로 나눈 것과 같다.'라고 말한다. 이러한 1차적인 양들을 기본차원들이라고도 부른다.

2. 적용 방법

유체역학에서 L과 T, M의 단지 세 가지의 기본차원들만이 필요한 문제들은 매우 다양하고 많다. 때로는 L과 T, F를 기본차원으로 취하는 경우도 있으며, 여기에서 F는 힘을 나타내는 기본차원이다.

Newton의 제2법칙에서 힘은 질량×가속도와 같으므로 $F=MLT^{-2}$ 또는 $M=FL^{-1}T^2$ 이 된다. 따라서 M의 항을 포함하는 2차적인 양들은 위의 관계식을 이용하여 F를 포함하는 형태로 표현될 수 있다. 예를 들어, 단위면적당의 힘인 응력 σ는 그 차원이 $\sigma=FL^{-2}$이지만 $\sigma=ML^{-1}$로도 표현될 수 있다. 다음 [표 6-9]는 여러 가지 대표적인 물리적 양들의 차원을 보여준다.

[표 6-9] 물리량에 따른 차원

물리량	기호	MLT	단위
길이	l	L	m
시간	t	T	s(sec)
질량	m	M	kg
힘	F	MLT^{-2}	N
속도	V	LT^{-1}	m/s
가속도	a	LT^{-2}	m/s^2
면적	A	L^2	m^2
체적	V	L^3	m^3
압력	p	$ML^{-1}T^{-2}$	Pa
밀도	ρ	ML^{-3}	kg/m^3
점성계수	μ	$ML^{-1}T^{-1}$	$kg/m \cdot s$
동점성계수	ν	$L^2 T^{-1}$	cm^2/s
표면장력	σ	MT^{-2}	J/m^2
일에너지	W	$ML^2 T^{-2}$	J

Section 7 정지액체 속의 압력

1. z방향 힘의 평형

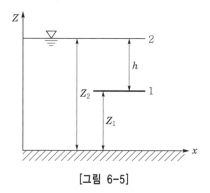

[그림 6-5]

$$p(x,\ z)\,dA_z - \left[p(x,\ z) + \frac{\partial p}{\partial z}\,dz\right]dA_z - \rho g\,dA_z\,dz = 0$$

$$\therefore \frac{\partial p}{\partial z} = -\rho g = -\gamma(z \text{ 증가에 따라 } z\text{축 방향 압력은 감소}) \tag{6.4}$$

따라서 z방향의 경우 p가 z만의 함수가 되어

$$dp = -\rho g\,dz \rightarrow \text{적분} \int_1^2 dp = -\int_1^2 \rho g\,dz$$

$$\therefore p_2 - p_1 = -\rho g(z_2 - z_1)$$

만약 p_2가 대기압의 높이까지라면 h만큼 깊은 곳의 압력 p_1은

$$p_1 = p_2 + \rho g(z_2 - z_1) = p_0 + \gamma h$$

만약 $p_0 \simeq 0$으로 놓으면(기준압력)

$$p_1 = \gamma h \tag{6.5}$$

예제

다음 그림과 같이 레버 AB의 끝단 A에 100kgf의 힘을 AB에 수직하게 작용했다. 하단 B는 지름이 10cm인 피스톤과 연결되어 있다. 실린더 안에 비압축성인 기름이 있다면 평형상태에서 실린더 안에서 발생하는 기름의 압력과 지름 50cm의 큰 피스톤에 얼마의 힘을 가해야 평행을 이루는가?

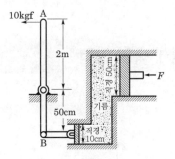

풀이 A점에 작용하는 힘의 모멘트 $M_A = 100 \times 2 = 200\,\text{kgf} \cdot \text{m}$

$M_A = M_B$ 이므로 $M_B = 0.5 F_B$

$\therefore F_B = 400\,\text{kgf}$

따라서 기름에 발생하는 압력은 같으므로

$$P = \frac{400}{\frac{\pi}{4} \times 10^2} = 5.1\,\text{kgf/cm}^2$$

$$\frac{F_B}{A_A} = \frac{F}{A} \qquad \therefore F = F_B \frac{A}{A_A} = 400 \times \left(\frac{50}{10}\right)^2 = 10,000\,\text{kgf}$$

연속방정식과 오일러의 운동방정식

1. 연속방정식(Continuity equation)

질량보존법칙을 흐르는 유체에 적용한 식 $m = \rho_1 A_1 V_1 = \rho_2 A_2 V_2$

질량유동률, 만약 $\rho_1 = \rho_2$, $A_1 V_1 = A_2 V_2 = Q$(유량)

2. 오일러(Euler)의 운동방정식

유체입자에 뉴턴의 제2법칙 $dF = (dM)a$ 를 적용한 식

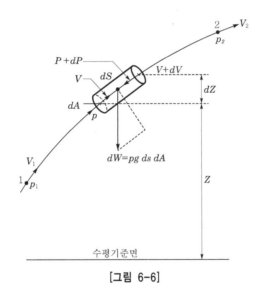

[그림 6-6]

$$PdA - \left(P + \frac{\partial P}{\partial S}dS\right)dA - \rho g dA \cos\theta = \rho dA \frac{dV}{dt}$$

양변을 $\rho dA dS$로 나누어 정리하면

① 유체입자는 유선을 따라 움직인다.

$$\frac{1}{\rho}\frac{\partial P}{\partial S} + g\cos\theta + \frac{dV}{dt} = 0 \tag{6.6}$$

속도 V는 S와 t의 함수이다. 즉 $V = V(S, t)$이다.

② 유체는 마찰이 없다.

$$\frac{dV}{dt} = \frac{\partial V}{\partial S}\frac{dS}{dt} + \frac{\partial V}{\partial t} = V\frac{\partial V}{\partial S} + \frac{\partial V}{\partial t} \tag{6.7}$$

③ 정상 유동이다.

$$\cos\theta = \frac{dZ}{dS} \tag{6.8}$$

식 (6.7), (6.8)을 (6.6)에 대입하면

정상류 $\dfrac{1}{\rho}\dfrac{\partial P}{\partial S} + g\dfrac{dZ}{dS} + V\dfrac{\partial V}{\partial S} + \dfrac{\partial V}{\partial t} = 0$

$\therefore \dfrac{dP}{\rho} + gdZ + VdV = 0\,(\text{Euler equation})$

예제

다음 그림에서 펌프의 입구 및 출구측에 연결된 압력계 1, 2가 각각 −25mmHg와 2.6bar를 가리켰다. 이 펌프의 배출유량이 0.15m³/s가 되려면 펌프의 동력은 몇 PS인가?

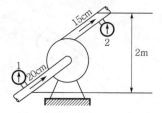

풀이 ① 연속방정식

$$V_1 = \frac{Q_1}{A_1} = \frac{0.15}{\frac{\pi}{4}\times 0.2^2} = 4.77\,\text{m/s}$$

$$V_2 = \frac{Q_2}{A_2} = \frac{0.15}{\frac{\pi}{4}\times 0.15^2} = 8.49\,\text{m/s}$$

펌프의 양정을 H_P라 하고

② 베르누이방정식

$$\frac{P_1}{\gamma} + \frac{V_1^2}{2g} + Z_1 + H_P = \frac{P_2}{\gamma} + \frac{V_2^2}{2g} + Z_2$$

$$P_1 = -25\,\text{mmHg} = -9,800\times 13.6\times 0.025 = -3,332\,\text{N/m}^2$$

$$P_2 = 2.6\,\text{bar} = 0.6\times 10^5\,\text{N/m}^2$$

$$Z_2 - Z_1 = 3\,\text{m}$$

$$-\frac{3,332}{9,800} + \frac{4.77^2}{2\times 9.8} + H_P = \frac{2.6\times 10^5}{9,800} + \frac{8.49^2}{2\times 9.8} + 3$$

$$\therefore\ H_P = 32.38\,\text{m}$$

③ 펌프의 동력 $P = \dfrac{\gamma Q H_P}{75} = \dfrac{1,000\times 0.15\times 32.38}{75} = 64.76\,\text{PS}$

> **예제**
>
> 다음 그림과 같은 원형 관로 내를 물이 충만하여 흐르고 있다. A부의 내경은 20cm, B부의 내경은 40cm, A부의 속도는 4m/s라 하면 B부와 A부의 정압차는 얼마인가? (단, 손실은 없다고 가정한다.)
>
>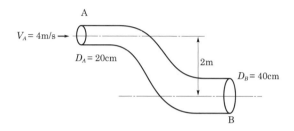
>
> **풀이** ① 연속방정식
>
> $$V_A \frac{\pi D_A^2}{4} = V_B \frac{\pi D_B^2}{4}$$
>
> $$\therefore \ V_B = V_A \frac{D_A^2}{D_B^2} = 4 \times \left(\frac{1}{2}\right)^2 = 1\text{m/s}$$
>
> ② 베르누이방정식
>
> $$\frac{P_1}{\gamma} + \frac{V_1^2}{2g} + Z_1 = \frac{P_2}{\gamma} + \frac{V_2^2}{2g} + Z_2$$
>
> $$\frac{P_2 - P_1}{\gamma} = \frac{V_1^2 - V_2^2}{2g} + (z_1 - z_2)$$
>
> $$\therefore \ P_2 - P_1 = \frac{(4^2 - 1^2)\,\text{m}^2/\text{s}^2}{2 \times 9.8\text{m/s}^2} \times 1{,}000\text{kgf/m}^3 + 2 = 2{,}765\text{kgf/m}^2$$

Section 9 유체계측

1. 비중량의 계측

1) 비중병

[그림 6-7]과 같이 무게가 W_1인 비중병에 온도 $t[\text{℃}]$, 체적 V인 액체를 채웠을 때의 무게를 W_2라 하면 온도 $t[\text{℃}]$에서 액체의 비중량 γ_t는

$$\gamma_t = \rho_t\, g = \frac{W_2 - W_1}{V}$$

여기서, ρ_t : 온도 $t[\text{℃}]$에서 밀도

2) 아르키메데스의 원리 이용

[그림 6-8]과 같이 체적을 알고 있는 추를 공기 중에서 잰 무게가 W_a, 비중량(또는 밀도)을 측정하고자 하는 액체 속에서의 추의 무게를 W_t 라고 하면 아르키메데스의 원리(부력)를 이용하여 다음과 같이 쓸 수 있다.

$$W_L = W_a - \gamma_t V$$

여기서, γ_t : 측정온도에서 비중량

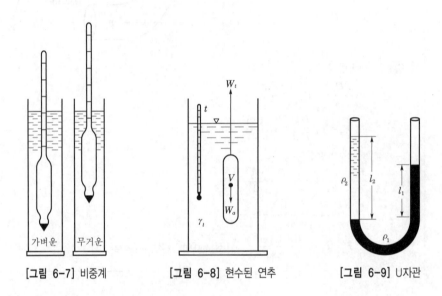

| [그림 6-7] 비중계 | [그림 6-8] 현수된 연추 | [그림 6-9] U자관 |

3) 비중계

비중계는 가늘고 긴 유리관의 아래 부분을 굵게 하여 수은 또는 납을 넣어서 비중을 측정하고자 하는 액체 중에서 바로 서게 한 것으로, 물에 띄웠을 때 수열과 일치하는 곳을 1로 하여 위와 아래로 눈금이 매겨져 있다. 그러므로 비중계를 측정하고자 하는 액체 속에 넣고 액체의 표면과 일치하는 점을 읽으면 된다.

4) U자관

[그림 6-9]에서 A에서의 압력과 B에서의 압력은 같다.

$$\gamma_2 \, l_2 = \gamma_1 \, l_1$$

2. 점성계수의 측정

점도계(viscosimeter 또는 viscometer)로 알려진 기구들에 의하여 행해지며, 구조나 조작에 따라서 회전식(rotational), 낙구식(falling-sphere) 또는 관식(tube) 기구들로 분류된다.

- 측정조건
    - ① 층류 유동 존재에 의존한다.
    - ② 항온조에 잠입되어야 한다.
    - ③ 온도계가 비치되어 있어야 한다.

1) 회전식

① 맥미첼형 점도계(Macmichael 점도계) : 바깥 원통이 일정한 속도로 회전하고 안쪽 원통 (rotational deflection. 스프링 반항해서 이루어지는)이 액체점성계수의 척도가 된다.

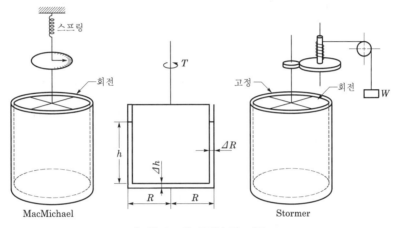

[그림 6-10] 회전식 점도계들

② 스토머점도계(Stormer점도계) : 안쪽 원통이 낙추기구에 의하여 회전하고 고정된 회전수에 대하여 요구되는 시간이 액체점성계수의 척도가 된다.

③ 원리 : ΔR, Δh 와 $\Delta R/R$ 이 작다고 가정하고 원주속도를 V 라고 하면 토크 T 는

$$T = \frac{\tau \pi R^2 h \mu V}{\Delta R} + \frac{\pi R^3 \mu V}{2 \Delta h}$$

R, h, ΔR 와 Δh 는 장치의 정수들이고, 회전수(N)는 V 에 비례하므로

$$T = K\mu N \quad \text{또는} \quad \mu = \frac{T}{KN}$$

Macmichael점도계에서 토크 torsional deflection $\theta\,(T = K_1\theta)$ 에 비례하므로

$$\mu = \frac{K_1 \theta}{KN}$$

Stormer점도계에서는 토크는 추 W 에 비례하므로 일정하며 회전수에 대해 요구되는 시간 t 는 N 에 역비례한다($t = k_2/N$).

$$\mu = \left(\frac{T}{KK_2}\right)t$$

점성계수를 측정하는 점도계는 스토크스의 법칙을 기초로 한 낙구식 점도계, 하겐-푸아죄유의 법칙을 기초로 한 오스트발트점도계와 세이볼트점도계, 뉴턴의 관성법칙을 이용한 맥미첼점도계와 스토머점도계가 있다.

2) 낙구식 점도계

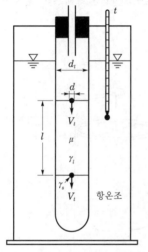

[그림 6-11] 낙구식 점도계

[그림 6-11]과 같이 아주 작은 강구를 일정한 속도 V 로 액체 속에서 거리 l 을 낙하하는데 요하는 시간 t 를 측정한다.

이때 강구의 직경을 d, 낙하속도를 V 라 할 때 층류상태$\left(\dfrac{V_t}{V} \leq 0.1\right)$에서 항력 D 는 스토크스법칙으로부터 다음과 같이 된다.

$$D = 3\pi\mu V_t$$

강구가 일정한 속도를 얻은 후 힘의 평형을 고려하면

$$D - W + F_B = 3\pi\mu V_t - \frac{\pi d^3}{6}\gamma_s + \frac{\pi d^3}{6}\gamma_l = 0$$

따라서 점성계수 μ 는 다음과 같다.

$$\mu = \frac{d^2(\gamma_s - \gamma_l)}{18\,V}$$

3) 오스트발트(Ostwald)점도계

[그림 6-12]의 (a)에서 점성계수를 측정하고자 하는 액체를 A까지 채우고 다음에 B까지 끌어올려서 B의 액면에서 C까지 내려오는데 걸리는 시간을 구하면 동점성계수를 측정할 수 있다.

4) 세이볼트(Saybolt) 점도계

[그림 6-12]의 (b)에서 용기의 출구를 막은 다음에 A까지 액체를 채우고 마개를 빼어서 그릇 B에 일정한 액체를 모으는데 걸리는 시간을 측정함으로써 동점성계수를 구할 수 있다.

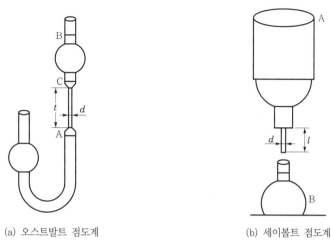

(a) 오스트발트 점도계　　　　(b) 세이볼트 점도계

[그림 6-12] 관식 점도계

3. 정압측정

유동하고 있는 유체의 정압(static pressure)은 교란되지 않은 유체압력이며 피에조미터와 정압관으로 측정할 수 있다.

1) 피에조미터(Piezometer)

표면에 수직하게 작은 구멍을 뚫어 액주계와 연결하여 액주계의 높이로 정압을 측정할 수 있다.

2) 정압관(Static tube)

내부 벽면이 거칠어 피에조미터에 구멍을 뚫을 수 없을 때에는 선단은 막혀 있고 측면에는 작은 구멍이 뚫어져 있어 정압을 측정한다.

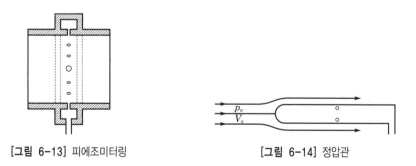

[그림 6-13] 피에조미터링　　　　[그림 6-14] 정압관

4. 유속측정

1) 피토 – 정압관(pitot – static tube)

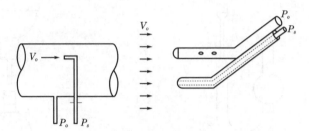

[그림 6-15] pitot–static tube(결합형)

베르누이방정식 $P_o + \dfrac{1}{2}\rho V^2 = P_s$

$$\therefore V = \sqrt{\frac{2(P_s - P_o)}{\rho}} \tag{6.9}$$

$$A(P_s - P_o) = \rho' ghA$$

$$\therefore P_s - P_o = \rho' gh \tag{6.10}$$

식 (6.10)을 식 (6.9)에 대입하면

$$V = \sqrt{\frac{2\rho' gh}{\rho}}$$

2) hot – wire anemometer(열선유속계)

피토에 의한 유속측정은 평균압력으로 난류 유동에서의 fluctuation성분을 측정하지 못한다. 또한 벽면 근처에서 정확한 측정이 어렵다. 이 장치는 전기로 가열하는 백금선과 이를 지지하는 두 개의 철사로 되어 있다.

[그림 6-16]에서 백금 혹은 텅스텐와이어(5mm)에 일정한 온도를 유지할 수 있도록 전기적인 장치와 연결되어 유속이 빨라지면 wire 표면의 온도가 떨어지기 때문에 전기적인 장치에서 더 많은 전류를 보내야 한다. 이때 이러한 공기의 속도와 보내야 하는 전류의 양은 비례하므로 변화량으로 공기의 유속을 측정할 수 있는 계측방법이다.

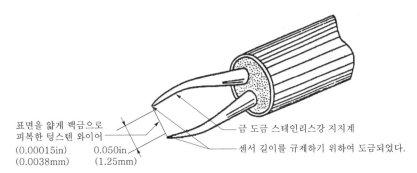

표면을 얇게 백금으로
피복한 텅스텐 와이어
(0.00015in)   0.050in
(0.0038mm)   (1.25mm)

금 도금 스테인리스강 지지계

센서 길이를 규제하기 위하여 도금되었다.

[그림 6-16] 열선센서와 지지침

3) LDV(Laser Doppler Velocimeter)

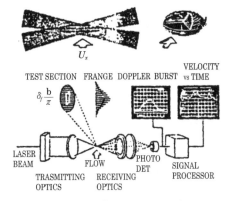

[그림 6-17] LDV의 기본구성

레이저를 이용한 계측법으로 유체 속에 probe를 삽입할 필요가 없으므로 흐름에 방해하지 않는 장점이 있다. [그림 6-17]처럼 laser에서 나온 두 빔이 서로 교차하면 그곳에서 probe volum이 형성되고 두 빔이 서로 간섭하여 등간격의 줄무늬를 형성한다. 이때 산란하는 입자를 유체와 함께 띄워 이 간섭 무늬를 통과하게 하여 유속을 측정하는 방법이다.

$$\delta_f = \frac{\lambda}{2\sin\frac{H}{2}}, \ f_D = \frac{U_x}{\delta_f} = U_x / \frac{\lambda}{2\sin\frac{H}{2}} = \frac{2U_x}{\lambda}\sin\frac{H}{2}$$

$$U_x = f_D \delta_f$$

5. 유량측정

1) 벤투리미터(venturi meter)

[그림 6-18]처럼 한 단면에 축소 부분이 있어서 두 단면의 압력차로 인해 유량을 측정하는 방법이다.

$$Q = \frac{A_2}{\sqrt{1 - \left(\frac{A_2}{A_1}\right)^2}} \sqrt{\frac{2g}{\gamma}(P_1 - P_2)}$$

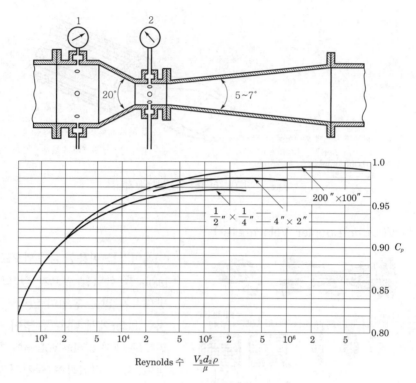

[그림 6-18] 벤투리미터계와 계수들

2) 유동노즐

노즐을 사용하면 오리피스보다 압력손실이 적다.

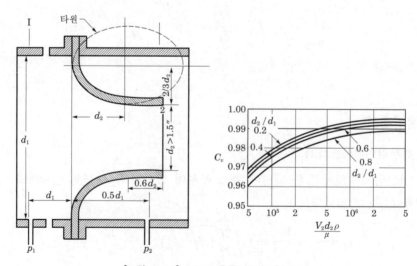

[그림 6-19] ASME 유동노즐과 계수들

3) 오리피스(orifice)

[그림 6-20]과 같이 단면적을 갑자기 축소시켜 유속을 증가시키고 압력강하를 일으킴으로써 유량을 측정하는 장치이다.

$$Q = \frac{C_u \, Cc \, A}{\sqrt{1 - Cc^2 (A/A_1)^2}} \sqrt{2g\left(\frac{P_1}{\gamma} + Z_1 + \frac{P_2}{\gamma} - Z_2\right)}$$

$$Q = CA \sqrt{2g\left(\frac{P_1}{\gamma} + Z_1 - \frac{P_2}{\gamma} - Z_2\right)}$$

여기서, C : 오리피스계수(orifice coefficient)

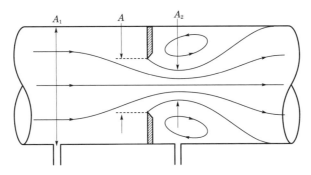

[그림 6-20] 오리피스계에 대한 규정 스케치

레이놀즈수

1. 개요

실제 유체의 흐름에 있어서 점성의 효과는 흐름의 형태를 두 가지의 서로 전혀 다른 유동형태로 만든다. 다시 말하면 실제 유체의 흐름은 층류와 난류로 구분된다.

여기서 층류에서는 유체의 입자가 서로 층의 상태로 미끄러지면서 흐르게 되며, 이 유체입자의 층과 층 사이에서는 다만 분자에 의한 운동량의 변화만이 있는 흐름이다. 한마디로 표현한다면 유체의 분자들이 모두 열을 지으면서 질서 정연하게 흐르고 있는 상태를 층류라고 한다. 반면에 난류는 유체의 입자들이 아주 심한 불규칙한 운동을 하면서 상호 간에 격렬하게 운동량을 교환하면서 흐르는 상태를 말한다. 다시 한 번 층류와 난류를 요약하면 층류가 아주 질서 정연한 유체의 흐름이라고 말할 수 있는 반면, 난류는 아주 무질서한 유체의 흐름으로 구분된다.

이와 같이 실제 유체의 흐름에 있어서 서로 유동특성을 나타내는 층류와 난류의 구분은 레이놀즈수에 의해서 결정된다. 이것은 레이놀즈의 실험적 관찰로부터 얻어진 결과이기 때문에 레이놀즈수라는 명칭을 사용하게 되었다.

2. 레이놀즈수

레이놀즈는 [그림 6-21]에서 보는 바와 같은 물탱크에 긴 투명유리관을 설치하고, 이 유리관의 입구는 유동마찰을 줄이기 위하여 매끈한 노즐로 만들었다. 그리고 유리관에서의 유체속도를 조절할 수 있게 하기 위하여 관의 끝부분에 밸브 A를 부착하였다. 그리고 아주 가는 관 B를 유리관의 중심에 위치시키고, 이 관의 용기 C로부터 물감물이 공급되도록 하였다.

레이놀즈는 이 실험을 통하여 비교적 느린 속도, 즉 유리관 속에서 느린 유체속도가 되도록 밸브 A를 조작하였을 때 B로부터 흘러나오는 물감물이 대단히 가는 선으로 이어지며 유리관에 대하여 평행한 하나의 흐트러지지 않는 직선을 만들고 있음을 발견하였다.

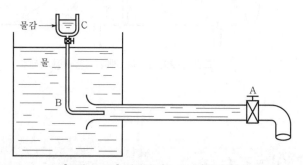

[그림 6-21] 레이놀즈(Reynold)의 실험

그러나 이제 밸브 A를 점차로 열어서 유체의 속도를 증가시키게 되면 B로부터의 물감물의 선은 점차로 안정을 잃게 되어 흔들리는 모습을 볼 수 있으며, 나중에는 유리관 전단면에 퍼져서 분산되는 현상을 관찰하였다.

레이놀즈는 위의 실험을 통하여 아주 작은 속도에서 유체입자는 서로 뒤섞임 없이 층과 층이 평행하게 미끄러지면서 흐르고 있는 상태를 발견하여 이것을 층류의 흐름이라고 하였다. 그리고 속도가 빨라지면 물감물이 전부 흩어지게 되어 유체의 입자가 서로 마구 뒤섞이고 있음을 볼 수 있는데, 이런 유체상태를 난류하고 하였다.

그런데 느린 속도에서 점점 유체의 속도를 증가시켜 어느 일정한 속도에 이르면 층류가 난류로 바뀌어짐을 볼 수 있다. 이와 같이 관에서 층류를 난류로 바꾸어주는 유체속도를 상임계속도(upper critical velocity)라고 한다. 그리고 난류상태의 흐름에서 점차 유체의 속도를 줄여 어느 임계속도에 이르면 난류가 층류로 다시 되돌아오게 되는데, 이 임계속도를 하임계속도(lower critical velocity)라고 한다.

레이놀즈는 무차원의 극수, 즉 레이놀즈수 Re를 다음과 같이 정의함으로써 그의 실험 결과를 종합하였다.

$$Re = \frac{Vd\rho}{\mu} \ \text{또는} \ \frac{Vd}{\nu}$$

여기서, V : 관 속에서의 유체의 평균속도, d : 관의 직경, ρ : 유체의 밀도

μ : 유체의 점성계수, ν : 유체의 동점성계수

관유에 대한 여러 실험치를 종합하여 보면 레이놀즈수 Re가 약 2,100보다 작은 값에서 유체는 층류로 흐르고, Re가 2,100과 4,000 사이의 범위에서는 불안정하여 과도적 현상을 이루며, 다만 레이놀즈수 Re의 값이 4,000을 넘게 되면 대략적으로 유체의 흐름은 난류가 된다.

따라서 일반적으로 어느 유체이거나, 또는 어떠한 치수의 관이거나를 막론하고 원통관의 흐름에 대하여 다음과 같이 결론지을 수 있다.

① $Re < 2,000$이면 유체의 흐름은 층류
② $Re > 4,000$이면 유체의 흐름은 난류

여기서, 2,100을 하임계 레이놀즈수, 4,000을 상임계 레이놀즈수라고 한다. 그러나 이런 임계 레이놀즈수의 값은 이와 같이 언제나 일정한 값을 갖는 것이 아니고, 유체장치의 여러 가지 기하학적인 조건과 기타 주위 환경의 조건에 따라 크게 변하게 된다.

다시 말하면 유체 상류감속에서의 안정도, 관 입구의 모양, 관의 표면마찰 등에 따라서 크게 변동될 수 있어서 임계 레이놀즈수의 값은 반드시 2,000과 4,000이 아니지만 공학적인 안전도를 고려해서 위의 값이 일반적으로 사용되고 있다.

Section 11

Pascal의 원리

1. 개요

파스칼의 원리(Pascal's principle) 또는 유체압력 전달원리(principle of trans-mission of fluid-pressure)는 유체역학에서 폐관 속의 비압축성 유체의 어느 한 부분에 가해진 압력의 변화가 유체의 다른 부분에 그대로 전달된다는 원리이다. 이 원리는 프랑스 수학자 블레즈 파스칼이 정립했다.

2. Pascal의 원리

밀폐된 용기의 유체에 가해진 압력은 같은 세기로 모든 방향으로 전달된다.

즉 $P_1 = P_2$, $\dfrac{W_1}{A_1} = \dfrac{W_2}{A_2}$

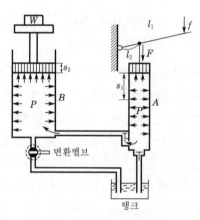

[그림 6-22] 파스칼의 원리

Section 12

단면이 급확대 유동되는 경우 충돌과 마찰에 의한 손실계수

1. 유입구

$$h_e = f_e \times \frac{V_2^2}{2g}$$

$$\Delta h_e = h_e + \left(\frac{V_2^2}{2g} - \frac{V_1^2}{2g} \right)$$

여기서, h_e : 유입에 의한 손실수두(m)

$\triangle h_e$: 유입에 의한 수위 변화량(m)

f_e : 유입 손실계수

V_1 : 유입 전 단면의 평균 유속(m/s)

V_2 : 유입 후 단면의 평균 유속(m/s)

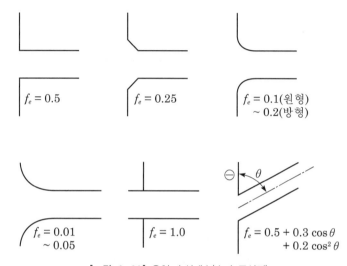

[그림 6-23] 유입 손실계수(수리 공식집)

2. 단면 급확대

$$h_{se} = f_{se} \times \frac{V_1^2}{2g}$$

$$\Delta h_{se} = h_{se} + \left(\frac{V_1^2}{2g} - \frac{V_2^2}{2g} \right)$$

여기서, h_{se} : 단면 급확대에 의한 손실수두(m)

$\triangle h_{se}$: 단면 급확대에 의한 수위 변화량(m)

f_{se} : 단면 급확대에 의한 손실계수$= 1 - (A_1/A_2)^2$

$A_1,\ V_1$: 단면 급확대 이전의 유수 단면적, 평균 유속(m/s)

$A_2,\ V_2$: 단면 급확대 이후의 유수 단면적, 평균 유속(m/s)

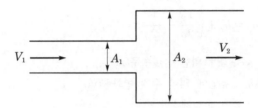

[그림 6-24] 단면 급확대

[표 6-10] 단면 급확대 손실계수

A_1/A_2	0	0.1	0.2	0.3	0.4	0.5	0.6	0.7	0.8	0.9	1.0
f_{se}	1.00	0.81	0.64	0.49	0.36	0.25	0.16	0.09	0.04	0.01	0

3. 단면 급축소

$$h_{sc} = f_{sc} \times \frac{V_2^2}{2g}$$

$$\Delta h_{sc} = h_{sc} + \left(\frac{V_2^2}{2g} - \frac{V_1^2}{2g} \right)$$

여기서, h_{sc} : 단면 급축소에 의한 손실수두(m)

Δh_{sc} : 단면 급축소에 의한 수위 변화량(m)

f_{sc} : 단면 급축소에 의한 손실계수

V_1, V_2 : 단면 급축소 이전, 이후의 평균 유속(m/s)

[표 6-11] 단면 급축소 손실계수

A_2/A_1	0	0.01	0.04	0.09	0.10	0.16	0.20	0.25	0.30	0.36
f_{se}	0.50	0.50	0.49	0.49	0.48	0.46	0.45	0.43	0.41	0.38
A_2/A_1	0.40	0.49	0.50	0.60	0.64	0.70	0.80	0.81	0.90	1.00
f_{se}	0.36	0.29	0.29	0.21	0.18	0.13	0.07	0.07	0.01	0

Section 13 마이크로 마노미터의 감도(S) 증가방법

1. 개요

마이크로 마노미터란 압력계의 하나로 액주계라고도 하며, 압력 차이에 의해 밀려 올라간 액체 기둥의 높이 차이를 측정하여 그에 상응하는 압력을 측정하는 장치이다. 일종의 차압계(두 압력의 차이를 측정하는 기기)이므로 이를 필요로 하는 pitot tube와 결합해서 이용하기도 한다.

2. 마이크로 마노미터의 감도(S) 증가방법

초미세 압력계는 간접식 미압계로서, 작은 차압을 측정하는 경우에 많이 이용되고 있다. 계기를 차압이 없는 $P_1 = P_2$ 상태에 있도록 조절한 후 이 지점을 기준점으로 표시한다. 측정하려는 압력이 용기 안에 가해지면 기준점은 변화하게 되고, [그림 6-25]와 같이 확대경 안에서 변화된 액체의 높이가 다시 기준점에 맞추어질 때까지 정밀 손잡이를 돌려주면 손잡이의 회전에 따른 측정값을 얻게 된다.

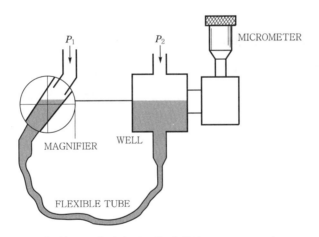

[그림 6-25] 마이크로 마노미터(Micro manometer)

Section 14
원형관 내 유체 유동 시 발생하는 손실의 발생원인을 설명하고, 원형관을 직관부, 곡관부, 확대관, 축소관으로 분류하여 각 부위별로 관계식

1. 관 내부에서의 수두손실

1) 곧은 원관 내에서의 손실

유체가 곧은 원관 내를 유동할 때의 마찰 수두손실은

$$h_L = f \frac{l}{d} \frac{v^2}{2g}$$

① 흐름이 층류인 경우

$$f = \frac{64}{Re}, \ Re = \frac{vd}{\nu}$$

② 흐름이 난류인 경우

$$f = 0.3614 \times (Re)^{-0.25}, \ Re < 8 \times 10^4$$

2) 비(非) 원형 단면을 갖는 유로에서의 수두손실

단면 형상이 원형이 아닌 유로에서의 수두손실도 위의 식을 확대 적용함으로써 계산할 수 있다. 수력반경(hydraulic radius, r_h) 및 수력직경(hydraulic diameter, d_h)이라는 개념을 사용하여

$$수력반경 = \frac{유로의\ 단면적}{접수(接水)\ 길이}$$

수력직경 = 4 × 수력반경

$$r_h = \frac{\pi d^2/4}{\pi d} = \frac{d}{4}$$

2. 관의 현상에 따른 손실수두

유체 관로에는 각종 이음이나 기기류(fitting)가 사용되고, 이들 기기에 의하여 관로의 단면적이 변하거나 흐름의 방향이 변하는 경우가 많다. 유체가 이러한 유로를 따라 흐를 때 ① 마찰에 의한 수두손실 이외에 ② 흐름의 형상 변화에 따라서 충돌이나 격렬한 vortex에 의한 수두손실이 발생한다.

$$h_f = \epsilon \frac{v^2}{2g}$$

여기서, ϵ : 손실계수, 단면의 형상에 따라 결정

일반적인 단면 형상의 ϵ은 [표 6-12]에 나타나 있다. 단, 단면적 변화에 따라 유속 v에 변화가 있는 경우에는 나타낸 값 중 큰 쪽의 값을 취하여 계산한다.

[표 6-12] 관로 내 단면 형상 변화에 따른 손실계수

입구의 손실계수	관로가 갑자기 넓어질 때의 손실계수	관로가 완만하게 넓어질 때의 손실계수
모서리가 날카로운 입구　모서리에 둥금 있는 입구		
$\varepsilon = 1.0$ $\varepsilon = 0.06 \sim 0.005$	$\varepsilon = \varepsilon_1 \left\{ 1 - \left(\dfrac{A_1}{A_2} \right) \right\}^2$ $\varepsilon \fallingdotseq 1$	$\varepsilon = \varepsilon_2 \left\{ 1 - \left(\dfrac{A_1}{A_2} \right) \right\}$ $\varepsilon_2 = 0.145$ (관로에서 $\theta \fallingdotseq 6°$일 때)
관로가 갑자기 좁아질 때의 손실계수	**방향의 변화에 따른 손실계수**	**밸브의 손실계수**
	갑자기 굽은 관로　완만하게 굽은 관로	원추밸브일 때
$\varepsilon = 0.42 \left\{ 1 - \left(\dfrac{A_1}{A_2} \right) \right\}^2$	$\varepsilon = 0.946 \sin^2 \dfrac{\theta}{2} + 2.05 \sin^4 \dfrac{\theta}{2}$ $\varepsilon = \left\{ 0.131 + 1.847 \left(\dfrac{d}{2R} \right)^{3.5} \dfrac{\theta°}{90°} \right\}$	$\varepsilon = 2.65 - 0.8 \dfrac{l}{d} + 0.24 \left(\dfrac{l}{d} \right)^2$ $(0.1 < l/d < 0.25,\ b/d = 0.1$일 때)

액체의 비중량 측정방법 4가지 설명

1. 개요

비중이란 물질의 중량과 이와 동등한 체적의 표준 물질과의 중량의 비를 말하며, 이 규정에서 검체와 증류수의 각각 t'', $t°$에서와 같은 체적의 중량비를 말한다. 단지 비중이라고 기재한 것은 따로 규정이 없는 한 검체와 증류수의 20°에서와 같은 체적을 표시하는 것이다. 비중은 따로 규정이 없는 한 다음의 방법 중 어느 하나로서 측정한다.

2. 측정방법

① 비중병(피크노미터)에 의한 측정법 : 비중병은 보통 용량 10~100ml의 병으로서 온도계를 붙이는 갈아 맞춘 마개와 표선 및 갈아 맞춘 뚜껑이 있는 측관이 있다. 미리 깨끗하게 씻고 건조한 비중병의 무게(W)를 마개와 뚜껑을 빼고 검체를 가득 넣은 다음 규정온도보다 1~3° 낮게 하고 거품이 남지 아니하도록 주의하여 마개를 닫는다. 이어 천천히 온도를 올려 온도계가 규정온도를 나타낼 때 표선보다 상부의 검체를 측관으로부터 제거하고 측관에 뚜껑을 한 다음 외부를 잘 닦고 무게(W_1)를 단다. 다시 같은 비중병으로 증류수를 사용하여 위와 같이 조작하고 그 무게(W_2)를 달아 다음 식에 따라 비중(d)을 구한다.

$$d = \frac{W_1 - W}{W_2 - W}$$

② 모올 웨스트팔 비중천평에 의한 측정법 : 이 비중천평을 수평으로 하고 온도계를 넣은 유리제의 추를 눈금대의 오른쪽 끝에 건다. 이를 실린더에 넣은 증류수 중에 담그고 규정온도에서 최대의 라이다를 10의 눈금에 걸어 나사에 의하여 평행토록 한다. 다음 검체에 대하여도 위와 같이 조작하고 라이다에 의하여 평행토록 하고 라이다의 위치에 따라 비중을 읽는다. 이때 액 중에 잠기는 금속침의 길이가 증류수의 경우와 같이 되도록 액면을 조절한다.

③ 비중계의 의한 측정법 : 규정온도용의 비중계로서 요구되는 정밀도를 가진 것을 쓴다. 비중계는 알코올 또는 에테르로서 깨끗하게 씻은 다음 쓴다. 검체를 잘 흔들어 섞은 다음, 거품이 없어진 때에 비중계를 띄운다. 규정온도에서 비중계가 정지할 때 메니스커스의 상단에서 비중을 읽는다. 다만 읽는 방법이 규정되어 있는 비중계일 때는 그 방법에 따른다.

④ 스프렝겔 오스트발트피크노미터에 의한 측정법 : 스프렝겔 오스트발트피크노미터[그림 6-26]는 용량 1~10ml로서 양단은 두껍고 긴 관으로 되어 있으며, 그 한쪽의 가는 관(A)에는 표선(C)이 있다. 이에 칭량할 때 화학천칭의 걸이에 거는 것과 같은 백금선 (D)(또는 알루미늄선 등도 가능하다)을 붙인다. 미리 깨끗이 씻고 건조한 피크노미터의 무게(W)를 단 다음 규정온도보다 3~5° 낮게 한 검체 중에 표선이 없는 쪽의 가는 관(B)을 넣고 다른 쪽의 가는 관(A)에 고무관 또는 갈아 맞춘 가는 관을 꽂은 후 거품이 들어가지 않도록 주의하면서 검체를 표선 C의 위까지 천천히 빨아올린다. 다음 규정온도로 유지한 수욕 중에 피크노미터를 15분간 담근 후 가는 관(B) 끝에 여과지편을 대고 검체의 끝을 표선과 일치시킨 다음 수욕에서 꺼내어 외부를 잘 닦은 후 무게(W_1)를 달고 다시 같은 피크노미터로서 증류수를 사용하여 위와 같이 조작하여 그 무게(W_2)를 달아 다음 식에 따라 비중(d)을 구한다.

$$d = \frac{W_1 - W}{W_2 - W}$$

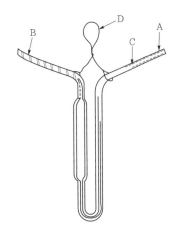

[그림 6-26] 스프렝겔 오스트발트피크노미터

Section 16 점성계수와 동점성계수의 차이점

1. 개요

정지해 있는 유체나 운동을 하더라도 유체의 인접한 층 사이에 상대운동이 없는 경우에는 점성의 유무에 관계없이 겉보기 전단응력은 생기지 않는다. 왜냐하면 유체의 모든 부분에서 du/dy이기 때문이다. 따라서 유체정역학(fluid statics)의 연구에서는 전단력이 발생하지 않으므로 이를 고려할 필요가 없다. 오직 작용하는 응력은 수직응력, 즉 압력뿐이다. 이 사실은 유체정력학을 아주 단순화시켜 준다. 왜냐하면 임의의 자유물체에 작용하는 힘은 중력과 표면에 수직하게 작용하는 표면력뿐이기 때문이다.

2. 점성계수와 동점성계수의 차이점

점성계수의 차원은 Newton의 점성법칙으로부터 결정된다. 점성계수 μ에 관하여 풀면

$$\mu = \frac{\tau}{du/dy} \tag{6.11}$$

힘, 길이, 시간의 차원 F, L, T를 대입하면

여기서 $\tau : FL^{-2}$, $u : LT^{-1}$, $y : L$

$F = ma$가 되어 μ의 차원은 $FL^{-2}T$가 된다. Newton의 운동 제2법칙을 사용하여 힘의 차원을 질량의 항으로 표시한 $F = MLT^{-2}$을 적용하면 점성계수의 차원은 $ML^{-1}T^{-1}$과 같이 표현할 수도 있다.

① 점성계수 : SI 단위로 N·s/m² 또는 kg/m·s이다. 이 단위는 별도의 이름을 갖지 않는다. USC 단위로는 1lb·s/ft² 또는 1slug/ft·s를 사용한다. 보통 사용되고 있는 점성계수의 단위는 poise(P)라 하는 cgs단위이다. 1dyn·s/cm² 또는 1g/cm·s를 1poise라 말한다. SI 단위는 poise단위보다 10배 더 크다. 즉 1N·s/m²은 10poise이다.

② 동점성계수 : 점성계수 μ와 밀도 ρ와의 비를 동점성계수(Kinematic Viscosity) ν라 한다.

$$\nu = \frac{\mu}{\rho} \tag{6.12}$$

동점성계수와의 혼동을 피하기 위하는 절대점성계수(absolute viscosity) 또는 역학적 점성계수(Dynamic Viscosity)라 말하기도 한다. 동점성계수는 많은 응용에 이용된다. 무차원수인 Reynolds수 Vl/ν가 그 한 예이다. 여기서 V는 속도 l은 물체의 크기를 나타내는 대표길이이다. ν의 차원은 L^2T^{-1}이다. 동점성계수의 SI단위는 1m²/s, USC단위는 1ft²/s이다. cgs단위로는 Stoke(St)를 사용한다. 1St = 1cm²/s이다.

SI단위에서 ν를 μ로 바꾸려면 질량밀도 $\rho(kg/m^3)$를 곱하면 된다. USC 단위에서는 ν에 $\rho(slug/ft^3)$를 곱해서 얻는다. Stoke를 poise로 바꾸려면 비중과 값이 동일한 g/cm^3로 주어지는 질량밀도를 곱해서 얻는다.

Section 17 뉴턴(Newton)의 제1운동법칙, 제2운동법칙, 제3운동법칙

1. 개요

1687년 발간된 〈자연철학의 수학적 원리〉(프린키피아, "Principia")는 고전역학과 만유인력의 기본 바탕을 제시하며, 과학사에서 영향력 있는 저서 중의 하나로 꼽힌다. 이 저서에서 뉴턴은 다음 3세기 동안 우주의 과학적 관점에서 절대적이었던 만유인력과 3가지의 뉴턴운동법칙을 저술했다. 뉴턴은 케플러의 행성운동법칙과 그의 중력이론 사이의 지속성을 증명하는 방법으로 지구와 천체 위의 물체들의 운동을 증명함으로써, 태양 중심설에 대한 마지막 의문점들을 제거하고 과학혁명을 발달시켰다.

2. 뉴턴(Newton)의 제1운동법칙, 제2운동법칙, 제3운동법칙

뉴턴의 제1운동법칙, 제2운동법칙, 제3운동법칙을 설명하면 다음과 같다.

1) 제1운동법칙(관성의 법칙)

제1운동법칙은 관성의 법칙이나 갈릴레이의 법칙으로도 불린다. 물체의 질량 중심은 외부 힘이 작용하지 않는 한 일정한 속도로 움직인다. 즉, 물체에 가해진 알짜힘이 0일 때 물체의 질량 중심의 가속도는 0이다. 제1운동법칙은 단순히 제2운동법칙에서 알짜힘이 0인 경우를 설명하는 것이 아니다. 근본적으로 제2운동법칙과 제3운동법칙이 암묵적으로 가정하는 기준틀의 개념을 정의한다.

2) 제2운동법칙(가속도의 법칙)

물체의 운동량의 시간에 따른 변화율은 그 물체에 작용하는 힘(크기와 방향에 있어서)과 같다. 다시 말해, 물체에 더 큰 알짜힘이 가해질수록 물체의 운동량의 변화는 더 커진다. 한 물체 A가 다른 물체 B에 힘을 가하면 이에 따라 B의 운동량을 바꿀 수 있다(제3운동법칙에 의하여 이런 경우는 A의 운동량이 감소하는 만큼 B의 운동량이 증가하므로, 두 물체가 힘을 통해 운동량을 서로 교환한다고 생각할 수 있다).

제2운동법칙을 수식으로 쓰면 다음과 같다.

$$F = \frac{d}{dt}P = \frac{d}{dt}(mv)$$

만약 물체의 질량 m이 변하지 않는다면 다음과 같이 쓸 수 있다.

$$F = m\frac{dv}{dt} = ma\,[\text{N}] \ \text{ or } \ [\text{kg} \cdot \text{m/s}^2]$$

여기서, F : 물체에 작용하는 힘, m : 물체의 질량, a : 물체의 가속도

v : 물체의 속도, P : 물체의 운동량으로 정의된 물리량($= mv$)

3) 제3운동법칙(작용과 반작용의 법칙)

물체 A가 다른 물체 B에 힘을 가하면 물체 B는 물체 A에 크기는 같고, 방향은 반대인 힘을 동시에 가한다. 전통적으로 제3운동법칙은 "모든 작용에 대해 크기는 같고, 방향은 반대인 반작용이 존재한다."라고 정의한다. 작용력과 반작용력은 크기가 같고 방향은 서로 반대지만, 그 방향이 어느 방향인지는 서술하지 않는다. 즉, 입자로 이루어진 계에서 F_{ab}가 입자 b에 의한 입자 a에 대한 힘이라고 쓰면 제3운동법칙의 약한 형태는 다음과 같다.

$$F_{ab} = -F_{ba}$$

모든 고전 역학적 힘은 이 조건을 만족한다. 이로써 질량 중심과 같은 개념을 정의할 수 있다.

Section 18

레이놀즈수(Reynolds number)와 프루드수(Froude number)의 식을 쓰고 설명

1. 레이놀즈수(Reynolds number)의 식

레이놀즈수는 점성력에 대한 관성력의 수치로 무차원수이며 유체 흐름상태의 혼합 가능성(층류 난류)을 나타낸다. 레이놀즈수의 정의는 다음 식과 같다.

$$Re = \frac{\rho v_s^2 / L}{\mu v_s / L} = \frac{\rho v_s L}{\mu} = \frac{v_s L}{\nu} = \frac{\text{Inertial force}}{\text{Viscous force}}$$

여기서, v_s : 유동의 평균속도, L : 특성길이(characteristic length)

μ : 유체의 점성계수(dynamic viscosity), ν : 유체의 동점성계수(kinematic viscosity)

ρ : 유체의 밀도

Re 수가 크다는 것은 점성력에 비해 관성력이 크다는 의미이므로 유체 혼합 가능성이 높으며, Re 수가 클수록 난류가 되므로 교반조 등에서의 혼합특성은 양호해지고, 관로에서는 마찰손실계수는 감소하나 유속의 증가로 관로의 손실수두는 증가한다. 개수로에서 층류는 $Re < 500$, 난류는 $Re > 2,000$이며, 관수로에서 층류는 $Re < 2,000$, 난류는 $Re > 4,000$이다.

2. 프루드수(Froude number)의 식

프루드수는 수조깊이에 대한 유속의 수치로 무차원수이며 유체 흐름상태의 안정성을 나타낸다. 프루드수의 정의는 다음과 같다.

$$Fr = \frac{V}{\sqrt{gD}}$$

여기서, V : 평균유속, g : 중력가속도, D : 수리평균심 $\left(= \dfrac{A}{B}\right)$, A : 통수 단면적, B : 수로폭

Fr수는 수류의 안정성을 결정하며 그 값이 클수록 안정성이 증가한다. $Fr \geq 10^{-5}$ 정도면 수류 안정성이 양호하나, 실제 침전지에서는 $Fr \geq 10^{-6}$ 정도로 운영한다. 위 식에서 V가 커질수록 안정성은 증가하나, 유속 증가로 침전효율은 감소한다. V가 커지면 Re수와 Fr수도 증가하며, 침전지에서는 Fr는 증가시키고 Re는 감소시킬 수 있도록 폭, 깊이, 길이를 적절히 설계해야 한다.

MEMO

CHAPTER 07

제어공학

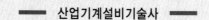 산업기계설비기술사

PID제어기의 기본형 도시와 제어계의 P, I, D 각 동작이 갖는 물리적 의미

1. 비례(P)제어기

1) 개요

기준신호와 되먹임신호 사이의 차인 오차신호에 적당한 비례상수이득을 곱해서 제어신호를 만들어내는 제어기법이다. 이 기법에 의한 제어기를 비례제어기(Proportional controller) 또는 영문약자를 써서 P제어기라 부른다.

- 비례제어되먹임시스템의 일반적인 형태 : K 비례제어기 이득

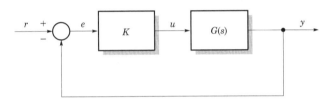

[그림 7-1] 비례제어기에 의한 되먹임시스템

2) 장단점

구성이 간단하여 구현하기가 쉽다. 그러나 이득 K의 조정만으로는 시스템의 성능을 여러 가지 면에서 함께 개선시키기는 어렵다.

예제

스프링과 댐퍼가 달려 있는 질량의 변위 y를 기준입력 r을 사용하여 조절하여 개회로 전달함수, 폐회로 특성방정식, 비례제어효과, 개회로 계단응답, 시스템의 성능분석, 폐회로 계단응답을 구하시오.

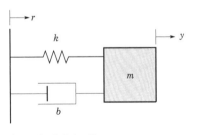

〈스프링-댐퍼시스템〉

풀이 ① 개회로전달함수 $G(s) = \dfrac{Y(s)}{R(s)} = \dfrac{k}{ms^2 + bs + k}$

여기서, b : 댐퍼 점성마찰계수, k : 스프링탄성계수

② 폐회로 특성방정식 : $1 + KG(s) = 0$

$ms^2 + bs + k + Kk = 0$

③ 비례제어의 효과 : 시스템의 탄성계수를 k에서 $(1+K)k$로 증가시키는 역할 $\Rightarrow$ 탄성
계수가 Kk인 스프링을 시스템에 병렬로 더 연결한 것과 같은 효과

④ 개회로 계단응답 : $m=1$, $b=1$, $k=0.1$인 경우

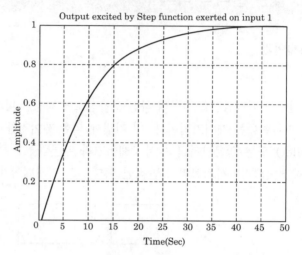

[그림 7-2] 스프링–댐퍼시스템의 개로계단응답

정상상태 오차=0, 상승시간=20초로서 반응이 상당히 느린 특성

⑤ 비례제어 되먹임시스템의 성능분석 : 근궤적조사

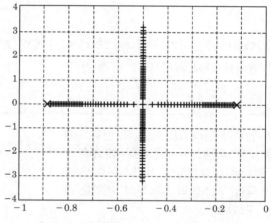

[그림 7-3] P제어기 되먹임시스템의 근궤적

근이 실수축을 벗어나는 경계점 $s=-0.5$에 해당하는 이득 K의 값
$0<K\leq1.5$일 때에는 폐로극점이 모두 실수축 위에 있으며 K의 값이 커짐에 따라 한
개의 근은 원점에서 멀어지고, 다른 한 개의 근은 원점 쪽으로 다가온다.

⑥ 폐회로 계단응답

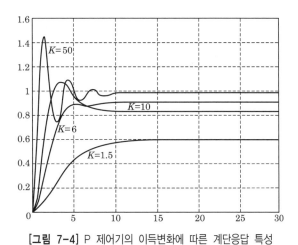

[그림 7-4] P 제어기의 이득변화에 따른 계단응답 특성

[주] 상승시간과 초과 사이의 상충문제를 절충하지 못함 : 비례제어기를 쓰면 시스템의 성능 가운데 한 가지를 개선할 수는 있으나 두 가지 이상을 함께 개선할 수는 없다. 비례제어기는 아주 단순한 시스템의 경우를 제외하고는 단독으로 쓰이는 경우가 거의 없다.

2. 비례적분(PI)제어기

1) 개요

오차신호를 적분하여 제어신호를 만들어내는 적분제어를 비례제어와 병렬로 연결하여 사용하는 제어기법을 가리킨다. 이 기법에 의한 제어기를 비례적분제어기(Proportional Intergral controller) 또는 PI제어기라 부른다.

2) 비례적분 되먹임제어시스템 구성

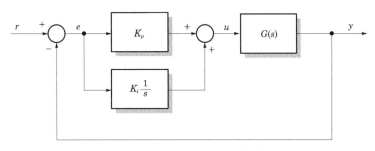

[그림 7-5] PI제어기에 의한 되먹임시스템

3) PI제어기 전달함수

$$C(s) = K_p + \frac{K_i}{s} \tag{7.1}$$

여기서, K_p : 비례계수, K_i : 적분계수

4) 제어신호시간영역 표시

$$u(t) = K_p\, e(t) + K_i \int_0^t e(\tau)d\tau$$

예제

2차 시스템의 특성을 분석하시오.

풀이 ① 제어대상 플랜트 : 2차 시스템

$$G(s) = \frac{\omega_n^2}{s(s+2\zeta\omega_n)}$$

여기서, ζ와 ω_n : 상수(단위되먹임의 경우, 즉 $K_p=1$, $K_i=0$일 때 폐로시스템의 감
쇠비와 고유진동수)

② PI제어기 개로전달함수

$$L(s) = G(s)\,C(s) = \frac{\omega_n^2(K_p s + K_i)}{s^2(s+2\zeta\omega_n)} \tag{7.2}$$

$\Rightarrow$ $s=-K_i/K_p$에 있는 영점과 원점 $s=0$에 있는 극점을 개로전달함수에 첨가함

③ PI제어의 효과 : 시스템의 형(type)이 1차 증가하여 정상상태 오차가 개선됨

④ PI제어기 설계문제 : 만족할 만한 과도응답을 얻을 수 있도록 K_p, K_i 의 적절한 조합
을 선택하는 일

예제

항공기 자세 제어에서 항공기 승강타와 피치각(pitch angle) 사이의 전달함수 특성
을 분석하시오.

$$G(s) = \frac{4{,}500K}{s(s+361.2)}$$

(여기서, $K=181.17$)

풀이 ① PI제어기 개로전달함수

$$L(s) = G(s)\,C(s) = \frac{815{,}265\,K_p(s+K_i/K_p)}{s^2(s+361.2)} \tag{7.3}$$

② 폐로특성방정식 : $1+G(s)\,C(s) = 0$

$$s^3 + 361.2\,s^2 + 815{,}265\,K_p\,s + 815{,}265\,K_i = 0 \tag{7.4}$$

③ 안정성 조건 : 루쓰-허위츠 안정성 판별법

$$0 < K_i < 361.2\,K_p$$

$s = -K_i/K_p$에 있는 $L(s)$의 영점이 s평면 좌반평면에서 왼쪽으로 너무 멀리 있으면 불안정하게 됨

$\Rightarrow$ $L(s)$의 주극점이 $s = -361.2$에 있으므로 K_i와 K_p의 값은 다음 조건을 만족하도록 선택함

$$\frac{K_i}{K_p} \ll 361.2 \tag{7.5}$$

④ $K_i/K_p = 10$으로 할 때의 근궤적

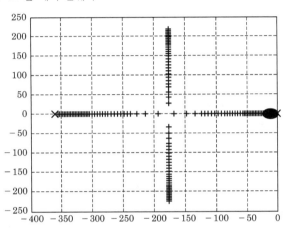

[그림 7-6] $K_i/K_p = 10$이고 K_p가 변할 때 식 (7.4)의 근궤적

⑤ 근사개로전달함수 : 분자의 K_i/K_p항은 식 (7.5)의 조건을 만족시키면 무시할 수 있음

$$L(s) \approx \frac{815{,}265\, K_p}{s\,(s+361.2)} \tag{7.6}$$

$\Rightarrow$ $\zeta = 0.707$로 잡을 때 $K_p = \dfrac{(361.2/2\zeta)^2}{815{,}265} = 0.08$

$-k_i = 0.4$이고 $K_p = 0.08$일 때 폐로전달함수

$$T(s) = \frac{L(s)}{1+L(s)} = \frac{65221.2\,(s+5)}{(s+5.145)(s+178.03+j178.03)(s+178.03-j178.03)}$$

⑥ PI제어기 성능 확인 : 단위되먹임과 비교

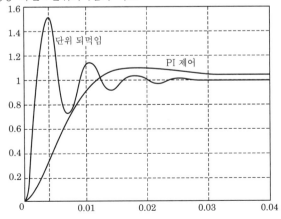

단위 되먹임

PI 제어

[그림 7-7] PI제어를 포함하는 시스템의 단위계단응답

⑦ PI제어기를 쓰면 적절히 감쇠가 걸리면서 초과가 10% 정도로 크게 줄어들지만, 상승 시간과 정착시간을 길게 하기 때문에 응답속도가 늦어짐

3. 비례적분미분(PID)제어기

1) PD제어기

시스템의 감쇠비를 증가시키고 상승시간을 빠르게 만들지만 정상상태 응답을 개선하는 데에는 효과가 없다.

2) PI제어기

감쇠비를 증가시키고 동시에 정상상태 오차도 개선시키지만 상승시간이 느려지는 등 과도 응답에는 불리하다.

3) PID제어기

비례(P), 적분(I), 미분(D)제어의 세 부분을 병렬로 조합하여 구성하는 제어기로 정상상태 응답과 과도상태 응답을 모두 개선할 수 있다.

4) 구성

$$C(s) = \frac{U(s)}{E(s)} = K_p + K_d\,s + \frac{K_i}{s} \tag{7.7}$$

$$u(t) = K_p\,e(t) + K_d\,\frac{d}{dt}e(t) + K_i\int_0^t e(\tau)d\tau$$

여기서, K_p : 비례계수, K_d : 미분계수, K_i : 적분계수

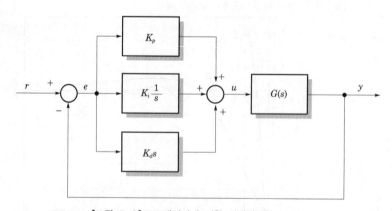

[그림 7-8] PID제어기에 의한 되먹임제어시스템

5) 설계법

① PID제어기 전달함수 분해 : PID제어기 = PI 부분과 PD 부분의 직렬접속

$$C(s) = K_p + K_d\,s + \frac{K_i}{s} = (1 + K_{d1}s)\left(K_{p2} + \frac{K_{i2}}{s}\right) \tag{7.8}$$

$$K_p = K_{p2} + K_{d1}K_{i2}, \quad K_d = K_{d1}K_{p2}, \quad K_i = K_{i2} \tag{7.9}$$

② K_{i2}와 K_{p2}로 이루어지는 PI 부분 설계 : 적분제어에 의해 정상상태오차는 개선되므로 상승시간에 대한 요구를 만족하도록 K_{i2}와 K_{p2}값을 택한다. 최대 초과가 크더라도 다음 단계에서 설계할 미분제어에 의해 조절할 수 있으므로 상관하지 않는다.

③ 최대 초과 감소를 위해 D 부분 설계 : 단계 ②에서 설계한 PI 부분을 포함하는 대상공정에 대해 설계목표를 만족시킬 수 있는 감쇠비 요구조건에 맞게끔 K_{d1}값을 택한다.

④ PID계수 결정 : 단계 ②와 ③에 의해 K_{i2}, K_{p2}, K_{d1}값이 정해지면 식 (7.9)의 관계를 써서 K_p, K_d, K_i를 구한다.

[주] PD 부분을 먼저 설계하고, 다음에 PI 부분을 설계하는 방식도 가능

예제

(직류 서보모터) 전달함수를 이용하여 시스템을 판정하시오(여기서, 서보모터 이득상수 $K = 100$이다).

$$G(s) = \frac{K}{s\,(1 + 0.1s)\,(1 + 0.2s)} \tag{7.10}$$

풀이 ① 단위되먹임시스템의 근궤적 : K가 변할 때

② $K = 100$일 때 특성방정식의 두 개의 근은 $3.0 \pm j14.4$: 단위되먹임시스템은 불안정

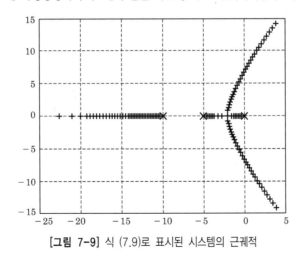

[그림 7-9] 식 (7.9)로 표시된 시스템의 근궤적

Section 2 인공지능(artificial intelligence)에서 Neural Networks 와 Fuzzy Logic(or fuzzy algorithm)

1. 개요

인공지능(AI : Artificial Intelligence)이란 '인간이 컴퓨터에게 부여한 지능'을 말한다. 다른 정의로는 '컴퓨터에 의하여 모방된 인간의 사고과정(modeling of human thinking by computer)'이 있다.

지능(intelligence)이란 '동일한 실수를 되풀이하지 않는 능력' 또는 '문제를 인식하는 능력' 등으로 정의된다. 같은 실수를 되풀이하지 않는 능력을 흔히 학습능력이라고도 부른다. 문제를 인식하는 능력은 문제를 푸는 능력과 함께 지능을 평가하는 중요한 지표가 된다.

컴퓨터에게 지능을 부여하기 위해서는 인간과 컴퓨터 사이에 대화가 통해야 한다. 인간과 컴퓨터 사이의 대화에 이용되는 언어는 사람이 인공적으로 만든 언어, 즉 컴퓨터 언어이다. 인공지능에서는 LISP와 PROLOG라는 컴퓨터 언어를 사용하여 명령을 작성한다.

컴퓨터에게 인간이 지능을 주기 위해서는 인간이 지능을 갖게 되는 단계, 즉 인간이 학습하는 요령, 인간이 문제를 푸는 요령 등을 컴퓨터가 이해할 수 있도록 컴퓨터에게 알려주어야 한다. 인공지능은 완전한 지식, 사고판단, 암기와 같은 보다 고차원적인 정신과정을 다루기 때문에 복잡한 통계적 계산프로그램은 인공지능으로 볼 수 없는 반면, 가설을 검증하기 위한 프로그램은 인공지능에 해당한다.

2. 신경망(Neural network)

정보기술에서의 신경망은 거의 사람 뇌의 동작에 가깝게 만든 프로그램이나 데이터 구조시스템을 말한다. 신경망은 보통 병렬로 작동하는 많은 수의 프로세서들이 관여하는데, 각 프로세서는 자신만의 작은 학문적 영역을 가지고 있고, 자신의 메모리 내에 있는 데이터를 액세스한다. 신경망은 으레 데이터들의 관계들에 관한 많은 양의 데이터나 규칙이 공급됨으로써 초기에 학습된다(이러한 데이터나 규칙에 관한 예를 들면 '할아버지는 어떤 사람의 아버지보다 나이가 많다.' 등이 있다). 프로그램은 신경망이 외부의 자극에 어떻게 반응해야 하는지를 가르치거나, 또는 그 자신이 행동을 시작할 수 있다. 신경망은 판단을 내리기 위하여 종종 퍼지이론을 사용한다. 신경망들은 가끔 지식층의 형태로 묘사되며, 더 복잡한 네트워크들은 일반적으로 더 깊은 계층을 가지고 있다. 피드포워드(feedforward)시스템에서 데이터들의 관계에 관해 학습된 내용들은 지식의 상위계층으로 피드포워드될 수 있다.

현재 신경망이 활용되는 분야들에는 오일탐사를 위한 데이터분석, 일기예보, 생태학 연구실에서의 핵산배열순서 해석, 사고 또는 의식모델의 탐구 등이 포함된다. 리차드 파워즈라는 사람은 '가라티 2.2'라는 자신의 최근 소설에서 '헬렌'이라는 이름의 신경망이 학습을 통해 영문학종합시험에 합격할 수 있다고 상상의 나래를 펼쳤다.

3. 퍼지논리(Fuzzy logic)

퍼지는 사실인 정도(degree of truth)를 다루는 '정도의 학문'이다. 즉 전통적인 컴퓨터가 다루는 '참'이냐, '거짓'이냐 하는 바이너리(0 또는 1)의 불린 논리의 한계를 극복하려는 학문이다. 퍼지에서 0과 1의 불린 논리는 오히려 특별한 경우로 취급된다.

퍼지논리는 참(또는 '사실', '그 일의 상태' 등)의 극단적인 경우로서 0과 1을 포함하지만, 그 중간에 있는 여러 가지 상태의 참도 역시 포함한다. 따라서 퍼지논리는 애매모호함의 학문이며, 결과에는 어느 정도의 에러를 포함하게 된다.

여기서 근사추론(approximate reasoning)이라는 말이 나오게 되었으며, 허용할 수 있는 정도의 에러의 한계를 규정하기 위해 알파-cut의 개념을 사용한다. 퍼지논리는 인간의 사고과정과 흡사하며, 철학적 요소가 많아서 불교에서의 불이론과 같이 극단을 배제하는 해탈의 논리일 수도 있다. 즉 동양적 사고방식에 더 가깝다는 것이다.

퍼지논리는 우리의 두뇌가 일하는 방법과 좀 더 가까운 것처럼 보인다. 우리는 데이터를 모으고 부분적인 참의 개수를 이루며, 더 나아가서 고차원의 진실들을 차례로 모아나가다가 어떤 경계를 넘었을 때 운동신경의 반응과 같은 결과를 일으킨다. 이와 비슷한 과정이 인공지능컴퓨터나 신경망 및 전문가시스템에서 사용된다.

산업기계분야에서 경험한 폐회로 제어시스템(closed-loop control system)에 대한 예를 한 가지 선정하고, 블록선도(block diagram)를 사용하여 설명

1. 개요

기구와 결합하여 구동력을 얻는 기계부품으로 예전에는 유공압기기들을 많이 사용하여 왔다. 그러나 더욱더 빠른 응답성과 정밀제어가 요구되면서 서보모터에 의한 구동방법이 개발되었고 전력전자 및 제어기술, 자성재료의 발달은 더욱 작고 특성이 우수한 서보제어시스템을 만들게 되었다. 또한 동특성이 우수한 DC모터로부터 DC모터 최대의 문제점인 브러시에 의한 여러 가지 문제점을 개선하고 DC모터와 같이 선형제어성이 우수한 브러시 없는 DC모터, 즉 AC서보모터로 발전되어 최근에는 디지털에 의하여 제어되는 고성능의 AC서보모터의 개발을 탄생하도록 하였다.

2. 자동제어 기본시스템

제어에서는 크게 개회로 제어시스템(Open-loop control system)과 폐회로 제어시스템(Close-loop control system)의 두 가지 제어형태로 구분된다.

현재 두 가지 제어시스템 중 실제 현장에서 보면 Open-loop control system이 훨씬 더 많이 적용되고 있다. 이는 제어구성이 간단하고 쉽게 적용할 수 있기 때문이다. 예를 들어, 단상 유도전동기를 이용하여 컨베이어를 구동하는 시스템 혹은 솔레노이드의 구동 등 그 적용방법 중 정확한 제어 없이 신호 혹은 전원의 입력만으로 구동하는 시스템이 있다. 또한 적용 방법 중 Open-loop control과 Close-loop control이 혼재되어 사용되는 경우도 많이 있는데, 컨베이어의 속도를 제어하는 유도전동기에 인버터를 이용하여 센서 없이 속도제어를 실시할 경우 인버터 내부에는 모터에 인가되는 전력을 제어하기 위하여 전류를 제어하는 구성은 일반적으로 Close-loop제어가 사용된다. 그러나 컨베이어 전체 속도를 제어하는 경우에는 보통 사람이 눈으로 혹은 직감으로 컨베이어의 속도를 감지하고 유지시킨다. 이 경우 인버터 내부에서는 Close-loop제어가 실시되고, 전체적으로 보면 컨베이어부하 등의 변화에 대하여 Open-loop제어가 실시되고 있는 것이다.

또한 스테핑모터의 제어는 모터의 제어구조상 펄스열의 입력에 따라 제어가 이루어지는 형태로 구성되어 있다. 따라서 전류제어형 스테핑모터드라이버 내부에서의 전류제어는 Close-loop제어가 이루어지고 있다.

그러나 스테핑모터와 구성된 전체 제어시스템의 경우에는 Open-loop제어가 이루어지고 있어 모터드라이버에 입력되는 펄스열은 계속해서 진행을 하더라도 스테핑모터가 탈조되거나 기타 부하에 의하여 모터의 회전이 멈추어진 경우에 이를 상위제어기에서 알 수 있는 방법이 없다.

[그림 7-10]은 Open-loop제어와 Close-loop제어의 구성을 블록도에 의하여 간략히 나타내었다. Close-loop제어는 [그림 7-10]에서 나타난 것과 같이 제어대상에서 나타나는 출력의 상태, 즉 부하의 상태를 검출하여 이를 되먹임(feedback)하여 제어를 실시함으로 부하의 변동에 대하여 반응함으로 제어의 오차를 줄일 수 있게 구성되어 있다.

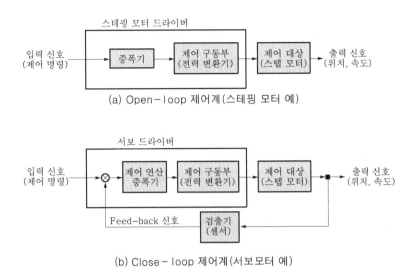

(a) Open-loop 제어계(스테핑 모터 예)

(b) Close-loop 제어계(서보모터 예)

[그림 7-10] Open loop제어 및 Close loop제어

제어구조는 입력신호에 대하여 검출센서로부터 feedback되는 신호값을 감산(-)연산하여 제어연산증폭기에 의한 제어신호를 생성하고, 이를 전력변환기로 변환하여 서보모터에 공급함으로써 그 제어가 이루어진다. 이때 제어대상은 서보모터에서 출력되는 속도 혹은 위치신호를 말하며, 이때의 검출기로는 광학식 엔코더 혹은 타코메터 등이 사용된다. 이렇게 되면 명령값과 되먹임값의 차이, 즉 오차의 크기에 따라 서보모터에 인가되는 전력이 변환되어 오차편차를 최소로 줄이도록 제어된다.

3. 서보모터제어시스템

서보모터제어시스템은 토크제어시스템, 속도제어시스템, 위치제어시스템으로 구분할 수 있고, 각각의 제어는 기본적으로 Close-loop제어구성을 가지고 있으며, 이들의 특성은 서보모터제어의 구성요소 중에서 무엇을 제어하는가에 해당하는 내용이라고 할 수 있다.

서보모터는 모터에 입력되는 전력, 즉 전압과 전류를 제어하여 모터로부터 원하는 특성을 갖도록 제어하는 것인데, 일반적으로 모터제어에 있어서 제어를 하여 얻고자 하는 요소는 서보모터에 일정한 회전력, 반발력을 가지도록 제어하는 토크제어가 있고, 서보모터를 일정한 회전력으로 일정 속도를 유지하도록 하는 것이 속도제어, 그리고 원하는 회전수와 위치에 정확한 정지를 하여 제어하는 위치제어 세 가지 형태로 분류할 수 있다.

1) 토크제어형 서보시스템

토크제어는 서보모터에서 발생하는 회전력, 즉 토크를 일정하게 유지함으로 제어가 이루어진다. 이것은 주로 일정한 장력을 유지한다든지 서보모터에 인가되는 부하의 크기에 따라 회전수를 바꾸어야 하는 경우에 주로 적용된다. 또한 상위제어기의 특징이 일정한 뒤에서 거론될 속도제어루틴을 가지고 있는 경우 이러한 제어방법이 사용된다.

[그림 7-11]은 일반적인 토크제어루프에 있어서 제어구성을 블록선도로 나타낸 것이다. 여기서 루프(loop)라는 말은 [그림 7-11]에서 보는 바와 같이 서보모터에 인가되는 전류를 검출하여, 이를 다시 토크지령과 비교연산하여 다시 인버터를 통하여 서보모터에 전류를 인가하는 형태로 구성이 되어 있듯이 하나의 루프(loop), 즉 원과 같은 제어구조를 가지고 있음을 나타내는 용어이다.

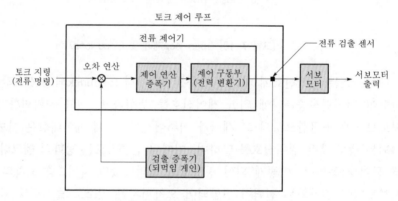

[그림 7-11] 서보모터의 토크제어루프

[그림 7-11]과 같이 토크지령은 서보모터에 인가되는 전류명령으로 볼 수 있으며, 모터의 토크는 전류에 비례하여 나타남으로 서보모터에 인가되는 전류를 제어함으로 서보모터의 토크를 제어할 수 있게 되는 것이다.

토크지령은 현재 서보모터에 인가되는 전류를 전류검출기를 통하여 되먹임되는 신호와 비교연산되어 오차의 출력이 주어지도록 된다. 이때의 수식은 다음과 같이 나타낼수 있다.

$$오차출력 = 토크지령(전류지령)값 - 되먹임신호(현재\ 전류)값$$

2) 속도제어형 서보시스템

토크제어가 서보모터에서 일정한 힘을 발생시키는 제어라고 하면, 속도제어는 토크를 제어하여 서보모터를 일정한 속도로 회전시키는 제어를 말한다. 즉 속도제어루프는 내부에 토크제어루프를 포함하고 있으며, 속도제어명령의 최종 출력이 토크제어명령의 입력으로 사용된다. 서보모터의 속도제어루프를 그림으로 나타내면 [그림 7-12]와 같다.

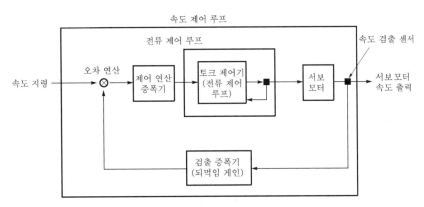

[그림 7-12] 서보모터의 속도제어루프

[그림 7-12]에서와 같이 서보모터의 속도제어는 서보모터를 포함한 Close-loop제어 시스템으로 구성되어 있다.

따라서 서보모터에서 출력되는 속도를 검출하기 위하여 속도검출센서는 서보드라이버 내부에 위치할 수 없고 서보 드라이버 외부에 위치하며 서보모터의 회전축과 연결되어 기계적인 결합으로 구성된다. 이때 사용되는 속도검출센서는 발전기의 원리를 이용한 타코 제너레이터(Tacho-Generator) 혹은 광학식 엔코더(Optical-Encoder)를 이용하게 된다. 검출증폭기는 타코 제너레이터 혹은 광학식 엔코더로부터 발생되는 신호를 속도제어루프 내부에서 연산을 위한 신호로 변경하고 신호의 크기를 적절한 값으로 증폭하여 주는 역할을 하게 된다.

3) 위치제어형 서보시스템

위치제어는 토크제어루프와 속도제어루프를 내부에 포함하고 있는 구조가 된다. 따라서 위치제어루프는 서보드라이버 내부에 있는 최외곽제어루프라고 생각할 수 있다. 위치제어라는 것은 원하는 위치, 즉 서보모터를 회전시켜 원하는 회전각을 얻어내는 것을 말하는데, 직선운동기구 같은 경우 회전운동을 직선운동으로 변경시키는 기계적인 구조를 가지고 있어야 한다.

최근에는 선형 서보모터라고 하여 직선운동을 하는 서보모터가 유통되고 있는데, 이것은 서보모터의 고정자와 회전자를 직선적인 구조를 가지도록 설계한 것이다. 위치제어는 서보모터를 일정한 속도로 회전시키고 정지시키는 것을 말하는데, 이것은 회전속도를 시간축으로 적분한 것이 위치의 변화가 되며 반대로 속도라는 것은 단위시간 동안 위치의 변화를 말한다. 따라서 서보모터의 제어구조에서도 위치의 변화를 검출하기 위하여 회전속도를 시간축으로 적분하는 방법, 혹은 속도를 구하기 위하여 단위시간 동안 위치의 변화를 구하는 방법을 사용한다.

[그림 7-13]은 위치와 속도의 관계를 그림으로 나타낸 것이다.

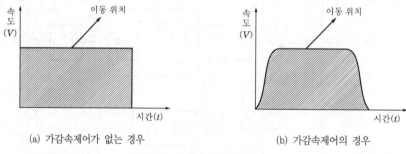

(a) 가감속제어가 없는 경우   (b) 가감속제어의 경우

[그림 7-13] 속도와 위치와의 관계

[그림 7-14]에서 서보모터의 위치제어루프는 내부에 속도제어루프와 위치제어루프를 포함하고 있다. 위치명령이 주어지면 검출센서와 검출증폭기로부터 나오는 현재 속도신호를 앞에서 설명한 바와 같이 위치연산을 하여 현재의 위치제어신호로 그 신호를 변경하여 위치오차연산을 실시하고 제어연산증폭기를 통하여 속도제어루프로 전달하게 된다.

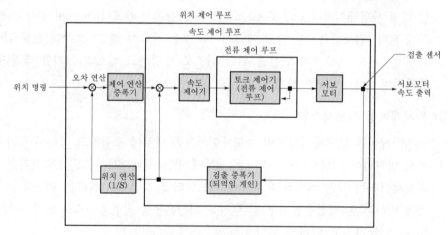

[그림 7-14] 서보모터 위치제어루프

Section 4

SISO(Single-Input Single-Output) control system과 MIMO(Multi-Input Multi-Output) control system의 차이점

1. 개요

입력과 출력을 하나만 가지는 시스템을 SISO(Single Input Single Output)시스템이라 부른다. 그러나 여러분이 만나는 시스템은 여러 개의 입력과 출력을 가지는 복잡한 시스템이 일반적이다. 이런 복잡한 시스템을 MIMO시스템이라 부른다.

2. 적용 예

보편적인 예가 하나의 증류탑 하위생성제품, 하나의 증류탑 상위생성제품, 하나의 급수관을 가진 증류탑이다.

여기서 제어목적은 특정한 값에서 Overhead, 증류탑 하위생성제품의 순도 두 개를 제어하는 것이다. 급수의 변화, 리플럭스나 리보일 유량 모두 순도에 영향을 준다. 이 것은 MIMO시스템의 예이다. 두 개의 CV(제품순도)와 세 개의 MV(리플럭스, 리보일 유량, Feed flow) 동특성의 변수를 결정하기 위하여 세 개의 MV에 대하여 각각 펄스 테스트가 실시되어야만 한다.

MIMO시스템에서의 전달함수의 변수결정은 SISO시스템에서 보이는 시각적과 같이 쉽지는 않을 것이다. 그런 변수결정은 PITOPS을 사용하는 것이 편리하다. PITOPS는 자료를 읽고 최적의 전달함수 매개변수를 결정할 것이다.

Section 5

피드백 제어(feedback control)와 시퀀스 제어(sequence control) 비교

1. 피드백 제어

피드백제어(되먹임제어)는 입력된 제어량과 출력해야 할 제어량을 비교하기 위해 피드백(되먹임)하여 항상 입력된 제어량이 출력되도록 제어하는 방법으로 CNC공작기계의 구동모터인 서보모터제어가 좋은 예가 된다. 증가된 출력을 더 증가시키는 양성피드백(positive feedback)과 증가된 출력을 감소시켜 다시 안정한 상태로 되돌리는 음성피드백(negative feedback)으로 나눌 수 있다. 피드백제어는 제어체계가 되먹임되어 제어량을 조절하므로 폐루프제어(Closed loop control)라도 하며, 장단점은 다음과 같다.

1) 장점

① 외부조건의 변화에 대처할 수 있다.

② 제어계의 특성을 향상시킬 수 있다.

③ 목표값에 정확히 도달할 수 있다.

2) 단점

① 복잡해지고 값이 비싸진다.

② 제어계 전체가 불안정해질 수 있다.

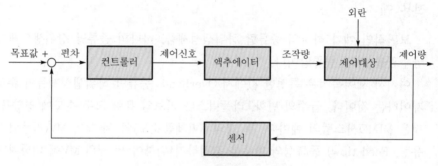

[그림 7-15] 피드백제어시스템의 구성

2. 시퀀스 제어

1) 개요

자동 제어를 분류하는 방식에는 되먹임 제어(feedback control)와 시퀀스 제어(sequence control)가 있다. 이 중 시퀀스 제어란 미리 정해진 순서에 따라 제어의 각 단계를 점차 진행해 나가는 제어라 정의하고 있으며, 불연속적인 작업을 행하는 공정 제어 등에 널리 이용된다. 이는 일종의 스위치나 버튼을 사용하여 전기 회로의 부하를 운전하기도 하고 부하의 운전 상태나 고장 상태를 알리기도 하는 일련의 제어를 말하는 것으로, 근래에 사용되는 전기 회로는 모두 이러한 시퀀스 회로로 만들어져 있다. 예로 빌딩이나 공장 등에서 엘리베이터를 움직이고 고장을 알리기도 하며, 세탁기·냉장고·자동판매기 등도 시퀀스로 움직이고 있다.

되먹임 제어(피드백 제어)는 피드백에 의해 제어량을 목표값과 비교하여 일치시키도록 정정 동작을 하는 제어이다. 무접점 소자를 이용한 제어 회로에는 PLC 등의 전자 회로를 사용한 것이 있고, 유접점 소자는 버튼 스위치나 각종 계전기(relay)를 사용한 것이다.

유접점 릴레이 시퀀스는 계전기 접점들의 개폐에 의하여 제어가 이루어지므로 과부하 내량과 개폐 부하의 용량이 크고 온도특성이 좋으며, 전기적 잡음이 적어 입·출력이 분리되고 접점의 수에 따라 많은 출력 회로를 얻을 수 있어서 많이 사용되어 왔다. 그러나 소비 전력이 비교적 크고 제어반의 외형과 설치 면적이 크며, 접점의 동작이 느릴 뿐더러 진동이나 충격 등에 약하여 수명이 짧은 것이 단점이다.

2) 시퀀스 제어계 표현 방법

① 전개 접속도 : 가장 많이 사용하는 방법으로, 시퀀스도라고도 하며 시퀀스 제어를 사용한 전기 장치 및 기기 기구의 동작을 기능 중심으로 전개하여 표시한 도면이다. 시퀀스 제어 기호를 사용하여 작성한다. 여기에는 주회로와 제어 회로, 표시 회로로 구성된다. 주회로는 전원을 부하에 공급하기 위한 회로이며, 제어 회로는 주회로의 개폐 및 표시 회로의 동작 등의 모든 제어 동작이 이루어지는 제어의 핵심 회로이다. 표시 회로는 제어의 동작을 알아 볼 수 있도록 표현하는 부분이다. 실제의 현장에서는 주회로와 표시 회로가 작업장에 있고, 제어 회로와 표시 회로는 제어실에 있는 경우가 많다.

② 타이밍 도표 : 제어계의 각 접점 및 제어장치의 시간적인 동작 상태를 그림으로 표현한 것으로, 제어 요소 간의 동작 상황을 비교할 수 있다.

③ 논리 회로도 : 논리 기호를 사용하여 신호 처리 회로를 그림으로 나타낸 것이다.

④ 표면 접속도 : 제어반의 제작 및 점검 등에 사용하기 위하여 기구나 부품의 실제 배치를 그려놓은 도면이다.

⑤ 블록 선도 : 제어계의 신호 전달 방식 등을 블록과 화살표로 그려놓은 도면으로, 플로차트(흐름도)도 일종의 블록 선도라 할 수 있고 시퀀스도는 이 플로차트를 기초로 하여 이루어진다.

3) 시퀀스 회로

① 자기 유지 회로(memory circuit) : 자기 유지 회로는 푸시버튼 등의 순간 동작으로 만들어진 입력 신호가 계전기에 가해지면 입력 신호가 제거되어도 계전기의 동작을 계속적으로 지켜주는 회로이다. 이 회로는 제어계의 가장 기본이며 유지형 스위치를 사용하지 않고 자기 유지 회로를 이용하는 이유는 공급 전원이 무단으로 차단된 후 재공급될 경우의 회로를 보호하기 위해서이다.

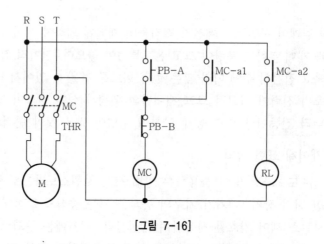

[그림 7-16]

② 지연 회로(delay circuit) : 타이머에 의해 설정된 시간만큼 늦게 동작하는 회로이다. 동작이 늦고 복귀는 타이머 코일과 함께 되는 지연 동작 회로와 동시에 동작하고 늦게 복귀되는 지연 복귀 회로가 있다.

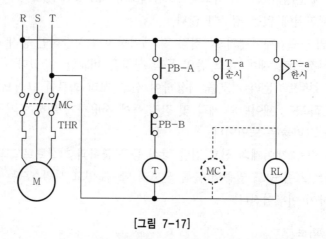

[그림 7-17]

③ 인터록 회로(interlock circuit) : 2개 이상의 회로에서 한 개 회로만 동작시키고 나머지 회로는 동작이 될 수 없도록 해주는 회로이다. 이 회로의 사용목적은 기기 및 작업자의 보호를 위하여 관련 기기의 동작을 금지하기 위한 것으로, 상대 동작 금지 회로 또는 선행 동작 우선 회로라고도 한다.

3상 유도 전동기의 구동 원리는 120도의 위상차를 갖는 3상 전원에 의해 회전 자장이 발생하여 회전자가 움직인다. 3상 전동기에 입력되는 3상 중에서 두 개의 상을 바꾸어주면 회전력이 반대 방향으로 되므로 역회전의 운전을 할 수 있다. 이 경우에 정회전과 역회전 동작이 동시에 일어나게 되면 주회로가 단락되어 위험한 상태가 되므로 정·역 회전 동작이 동시에 발생하지 않도록 인터록 회로를 반드시 넣어주어야 한다.

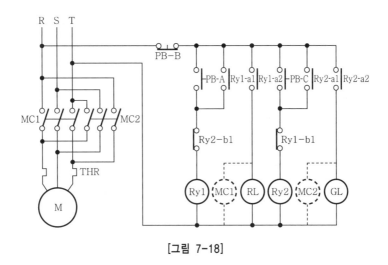

[그림 7-18]

Section 6

제어계(control system)에서 계단입력 신호에 대한 과도응답(transcient response)을 도시하고, 이때 발생할 수 있는 제반 특성치

1. 개요

계단입력이란 한 정상 상태로부터 거의 순간적으로 다른 정상 상태의 입력으로 바뀌는 것을 말하며, 이때 응답은 부족 감쇠계(under damped system)에서는 진동현상이 일어날 것이다. 만일 계가 안정된다면, 진동폭은 점차 감소할 것이고 불안정한 계에서는 진폭이 점차 증가할 것이다.

시간응답(time response)은 상태나 출력의 변화를 독립변수인 시간의 경과에 나타내는 것이다.

2. 과도응답(transient response)을 도시하고, 이때 발생할 수 있는 제반 특성치

일반적으로 시스템의 출력을 구하는 과정에서는 라플라스변환이 사용되나, 최종 판단은 결국 시간영역에서의 응답특성에 근거를 두게 된다. 시간응답은 항상 과도응답(transient response)과 정상상태응답(steady-state response) 부분으로 되어 있다.

$$y(t) = y_t(t) + y_{ss}(t)$$

여기서 $y_t(t)$는 과도응답 부분으로 시간이 지남에 따라 소멸하는 항으로써, 주로 초기치 또는 입력함수의 급격한 변동에 기인하며, 시스템의 응답속도 등에 주로 관계된다.

$y_{ss}(t)$는 정상 상태 응답 부분으로 과도응답이 소멸된 후에 남는 부분, 즉 시스템의 고유특성이나 입력함수에 의해 나타나는 부분이다. 시스템의 정밀성 등은 주로 이 특성에 의해 결정된다.

입력함수로는 보통 단위 계단함수, 램프함수, 포물선함수가 사용되는데, 차수가 높은 함수일수록 $t = 0$에서의 변화는 적은 반면, 시간이 진행될 때의 변화속도가 빨라지기 때문에 정상 상태 오차 평가에 많이 쓰이며, 단위계단함수는 $t = 0$에서 극단적으로 급격히 변화 하지만, 그 뒤에는 변화가 전혀 없는 특성 때문에 과도 특성평가에서 매우 중요하다.

Step$-$Function Input

$$r(t) = Ru(t)$$

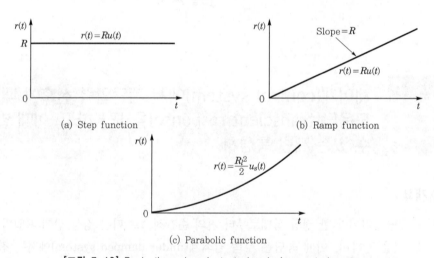

(a) Step function   (b) Ramp function

(c) Parabolic function

[그림 7-19] Basic time-domain test signals for control systems

Section 7 인버터의 정의, 원리 및 종류

1. 개요

인버터의 원리는 전력용 반도체(Diode, Thyristor, Transistor, IGBT, GTO 등)를 사용하여 상용 교류전원을 직류전원으로 변환시킨 후, 다시 임의의 주파수와 전압의 교류로 변환시켜 유도전동기의 회전속도를 제어하는 것이다(유도전동기의 자속밀도를 일정하게 유지시켜 효율변화를 막기 위해 주파수와 함께 전압도 동시 변화시켜야 함).

사전적 의미로는 DC 전원을 AC 전원으로 변환하는 전원변환장치를 일컫는 것이지만, 일반적으로는 AC 전원의 전압 및 주파수를 제어하기 위한 전력변환장치를 통칭한다. 실제 구성은 상용 AC 전원을 DC 전원으로 변환하는 컨버터 부분과 DC 전원을 재단하여 전압 및 주파수가 변화된 AC 전원으로 변환하는 인버터 부분으로 복잡하게 형성되어 있으나 간단히 인버터라 호칭하고 있다.

2. 인버터의 종류

① 회로 구성에 따른 분류

[표 6-13]

구분		동작특성	비고
전류형 (Current Source)		정류부(Rectifier)에서 전류를 가변하여 평활용 Reactor로 일정 전류를 만들어 인버터로 주파수를 가변함	대용량에 채용
전압형 (Voltage Source)	PAM	정류부(Rectifier)에서 DC 전압을 가변하여 콘덴서로 평활전압을 만들어 인버터부로 주파수를 가변함	초기에 사용된 기술로 현재는 단종됨
	PWM	정류부(Rectifier)에서 일정 DC 전압을 만들고 인버터로 전압과 주파수를 동시에 가변함	최근 대부분의 인버터에 채용

[주] PAM : 펄스폭변조, Pulse Amplitude Modulation
PWM : 펄스진폭변조, Pulse Width Modulation

② 인버터 Switching 소자에 따른 분류

[표 6-14]

Switching소자	MOSFET	GTO	IGBT	고속SCR
적용용량	소용량 (5kW 이하)	초대용량 (1MW 이상)	중대용량 (1MW 미만)	대용량
Switching속도	15kHz 초과	1kHz 이하	15kHz 이하	수백Hz 이하
특징	일반 Transistor의 Base전류구동방식을 전압구동방식으로 하여 고속스위칭이 가능	대전류, 고전압에 유리	대전류, 고전압에의 대응이 가능하면서도 스위칭속도가 빠른 특성 보유, 최근에 가장 많이 사용되고 있음	전류형 인버터에 사용

[주] MOSFET : Metal Oxide Semiconductor Field Effect Transistor
GTO : Gate Turn Off Thyristor
IGBT : Insulated Gate Bipolar Transistor

③ 제어방식에 따른 분류

[표 6-15]

구분	Scalar Control Inverter		Vector Control Inverter
	V/F 제어	SLIP 주파수 제어	
제어 대상	전압과 주파수의 크기만을 제어		• 전압의 크기와 방향을 제어함으로써 계자분 및 토크분 전류를 제어함 • 주파수의 크기를 제어
가속특성	• 급가/감속운전에 한계가 있음 • 4상한 운전 시 0속도 부근에서 Dead Time이 있음 • 과전류 억제능력이 작음	• 급가/감속운전에 한계가 있음(V/F보다는 향상됨) • 연속 4상한 운전가능 • 과전류 억제능력 중간	• 급가/감속운전에 한계가 없음 • 연속 4상한 운전가능 • 과전류 억제능력이 큼
속도제어 정도	• 제어 범위 1 : 10 • 부하조건에 따라 SLIP 주파수가 변동	• 제어 범위 1 : 20 • 속도검출 정도에 의존	• 제어 범위 1 : 100 이상 • 정밀도(오차) : 0.5%
속도검출	속도검출 안함	속도검출 실시	속도 및 위치검출
Torque 제어	원칙적으로 불가	일부(차량용 가변속) 적용	적용 가능
범용성	전동기 특성 차이에 따른 조정 불필요함	전동기 특성과 Slip주파수를 조합하여 설정이 필요함	전동기 특성별로 계자분 전류, 토크분 전류, Slip주파수 등 제반 제어량의 설정이 필요함

Section 8 산업용 로봇에 필요한 센서기술 및 응용분야

1. 개요

산업용 로봇의 최신 기술동향을 현장에서의 로봇화 관점에서 보면, 소형 고속화, 신뢰성 향상, 범용성 향상을 지향하고 있다. 로봇의 소형화를 통해 로봇 설치 면적을 절감하고, 고속화를 통해 생산성을 향상시키며, 로봇 부품의 신뢰성 향상과 로봇 고장의 예지 및 진단 기능을 향상시켜서 로봇의 신뢰성 향상을 시킨다. 그리고 다부품대응 고속 3D비전 및 서보 핸드 시스템 구축 등을 통해 산업용 현장에서의 범용성을 향상시키고 있다.

산업용 로봇의 활용 관점에서 보면 고속화, 설치 면적 절감, 고신뢰성을 통한 고생산성 대응과, 복잡화와 다양화 작업 현장의 로봇화를 통한 다품종 변량 생산 대응을 지향하고 있다.

2. 산업용 로봇에 필요한 센서기술 및 응용분야

고생산성 대응과 관련하여, 로봇의 최적 설계, 경량화, 동작 성능 향상을 통한 고속화와 함께, 로봇의 고밀도 배치를 통해 로봇 설치 면적이 절감된다. 그리고 요소 부품의 최적 설계와 보전을 고려한 설계를 통해 로봇 자체의 고신뢰성 향상과, 감속기 수명 예지, 그리스 교환 진단 등의 안정 가동을 위한 예방보전 기능 향상이 구현되고 있다.

다품종 변량 생산 대응과 관련해서는 각종 센서기술이 발전되고 있다. 즉 고속 CPU 처리 시각 센서 사용, 2D/3D 화상 처리, CAD 매칭과 관련한 눈 기술과, 6축 힘 센서 제어를 통한 고속 정확한 작업, 정밀 조립 작업 자동화, 충돌 검지(안전성 확보)와 관련한 힘 기술과, 다기능 핸드, 가변 스트로크, 파지력 제어기능과 관련한 손 기술과 안전 기술에 대해 많은 기술 발전이 이루어지고 있다.

산업용 로봇은 적용 대상에 적합하게 기술이 발전하고 있다. 적용 대상으로는 기존의 자동차와 전자 산업 등과 같은 일반적인 로봇 적용 현장과 대량 소비를 필요로 하는 음식품을 포함한 일상 생활용품과 의약 제조 현장이 있으며, 최근에는 무인 반송과 무인 조립 등을 포함한 공장자동화를 위해 자율형 양팔 로봇 및 모바일 로봇의 적용이 증가하고 있다.

우선 기존의 로봇 적용 현장의 경우에 스팟 용접용 로봇의 예를 들어보고자 한다. 일본의 경우에는, 설비비용 최소화, 로봇 설치 수 삭감, 라인 길이 단축 등의 고객의 요구에 대응하여, 로봇의 고밀도 배치와 동작 범위 확대를 통한 소형화와 아울러, 최적 제어, 고속 성능, 진동 저감을 통한 고속화 기술로 사이클 타임을 40% 단축시켰고 유지 보수성을 향상시켰다. 그리고 작업 현장에서 고밀도 배치를 통해 로봇 설치 면적을 줄여나가는 노력도 기울이고 있는데, 이러한 것은 소형화에 따른 추세라고 보인다. 예를 들면 기존에 로봇을 3대 설치하여 작업을 하고 있었다면 소형화를 통해 4대를 설치하는 것이며, 동작 범위를 확대시키는 것과 같은 경우가 이에 속한다. 그리고 최적 제어, 고속성능, 진동 저감과 같은 노력을 통해 고속화를 추구하여 사이클 타임을 최대 40%까지 단축시켜 생산성을 높이는 노력도 최근 일본 제조업용 로봇기술 동향 중 하나라고 볼 수 있다.

Section 9

제어계에서 단위계단함수의 Laplace변환

1. 개요

라플라스(laplace)변환의 특징은 선형성으로 1 : 1대응이라고도 말할 수 있다. 라플라스변환한 것을 다시 역변환을 하면 원래의 상태를 유지하며 연산자에서도 선형성을 가지는 특징이 있다.

2. 단위계단함수의 라플라스변환

단위계단함수(unit step)는 [그림 7-20]처럼 계단 같은 모양으로 나오는 함수로, 이때 높이가 1인 크기로 올라간 것을 의미한다.

$$u(t) = \begin{cases} 0, & t < 0 \\ 1, & t \geq 0 \end{cases} \quad F(s) = \frac{1}{s}$$

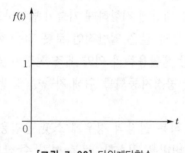

[그림 7-20] 단위계단함수

Section 10

초음파 유량측정기의 측정원리 4가지

1. 개요

관로의 밖에서 유체의 흐름에 초음파를 방사하여 유속에 의하여 변화를 받은 투과파나 반사파를 관 밖에서 포착하여 유량을 구하는 형태를 초음파 유량계라 한다. 초음파 유량계는 측정방법에 따라 전파속도차법과 도플러법으로 나누며, 또한 센서를 배관 내에 직접 설치하느냐, 혹은 배관 외부에 클램프를 이용하여 설치하는가에 따라 건식과 습식으로도 나눈다.

2. 초음파 유량측정기의 측정원리 4가지

전파속도차법은 [그림 7-21]에서 배관의 외벽에 접하여 관축에 대해 경사로 대향이 되도록 한 쌍의 검출기 P_1, P_2를 설치한다. 초음파 검출기 P_1, P_2는 초음파 펄스의 송수신을 위한 도구이고, 두 개의 검출기는 역할을 바꾸면서 두 번의 송신과 수신을 하게 된다. 각 검출기에서 송신한 초음파 펄스신호를 수신받은 검출기의 시간을 체크하여 유량을 산정하는 방식으로 유체 중에 초음파를 산란케 하는 입자나 기포가 많으면 측정값의 오차가 커질 수도 있다.

도플러방식은 측정관로 중 미립자가 유체와 함께 속도 V로 흐르고 있다고 가정하면 송파기 P_1에서 흐름과 θ의 각도를 이르는 방향으로 초음파 펄스를 방사하면 [그림 7-22]와 같은 형태의 송파기에서 수파기로 전달되는데, 이 전달속도를 측정하여 유량 산출을 하게 된다. 도플러방식에서는 유체 속에 부유하는 입자가 포함되어야 하며 전파 시간차방식과 같이 유체가 청정상태이면 측정이 불가능하다.

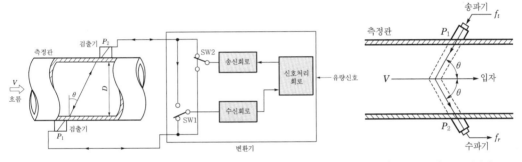

[그림 7-21] 전파시간차방식   [그림 7-22] 도플러방식

또한 센서의 설치에 따라 건식과 습식으로 나누며 습식의 경우 배관 내에 직접 설치하는 방식을 말한다. 습식은 유량계측, 제어 등 공정프로세스의 라인에 직접 설치되어 연속적으로 가동하는 목적으로 설계가 되었지만, 건식의 경우 짧은 기간의 간이측정이 목적으로 기존에 설치된 관로의 유량측정이나 휴대용 측정이 가능한 것이 특징이다.

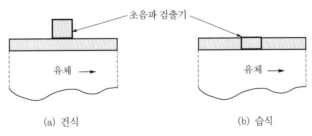

[그림 7-23] 건식과 습식

건식이 습식에 비해 설치가 간편하고 이동설치가 가능하다는 장점을 제외하면 측정상의 정확도와 정밀도면에서는 습식에 비해 떨어지므로 측정목적을 명확히 하는 것이 좋다.

MEMO

CHAPTER 08

유압공학

유압시스템 작동 시에 발생하는 채터링(chattering) 및 고착현상(hydraulic locking)

1. 채터링(chattering)

채터링현상은 밸브시트를 두드리는 소리를 내는 진동현상을 의미하며, 다음과 같은 경우 발생한다.

① 상부조정링이 너무 낮게 설치되어 반동력이 미약한 경우

② 배압이 크게 작용하는 경우

③ 배압조정칼라가 너무 낮게 설치된 경우

④ 시트의 누설이 많아 조속한 개방원인이 발생하는 경우

⑤ 입구측 배관의 압력손실이 과다한 경우

⑥ 안전밸브용량이 계통보다 클 경우

⑦ 과도한 교란이나 압력맥동이 있는 설비가 인접해 있을 경우

2. 고착현상(Hydraulic Lock)

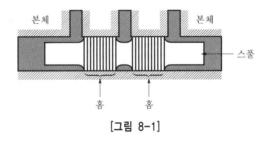

[그림 8-1]

스풀밸브 등을 가압한 상태로 두면 나중에 움직이려 해도 움직이지 않는 경우가 있다. 이것은 내부유체흐름의 불균등으로 압력분포가 불평형하여 스풀이 밸브 본체에 강하게 압착되어 붙어있기 때문에 작동이 불가능한 현상이다. 이 고착현상의 발생을 완전히 방지하는 수단으로서 스풀이 원주상에 많은 홈을 뚫어 스풀의 압력평형을 유지하고 유막의 깨짐을 방지하는 것도 유효한 대책의 하나이다([그림 8-1] 참조).

위 대책을 강구하더라도 가압상태가 장기간 계속될 때 고착현상을 일으킬 수 있다. 이것은 기름 중에 혼입되어 있는 먼지에 기인할 수도 있고 먼지가 밸브의 틈을 불균등하게 하기 때문에 한결같지 않는 흐름의 불평형력에 의해 고착현상이 생기기 때문이다.

Section 2 유량제어밸브에 의해 액추에이터를 제어하는 3가지 유압회로(미터 인, 미터 아웃, 블리드 오프 회로)

1. 개요

유압회로는 공작기계에 있어서 주축회전보다는 이송, 공작물의 고정, 램이나 테이블 등 직선운동에 많이 이용된다. 회로는 원칙적으로 개방회로, 반폐쇄회로, 폐쇄회로로 분류한다. 개방회로(open circuit)에서는 항상 대기압하에 있는 개방기름탱크로부터 작동유를 흡입하고 회로를 통과한 것은 기름탱크로 되돌아간다. 이 개방회로 속도제어의 3가지 기본회로는 다음과 같다.

2. 유량제어밸브에 의해 액추에이터를 제어하는 유압회로의 3가지 기본회로

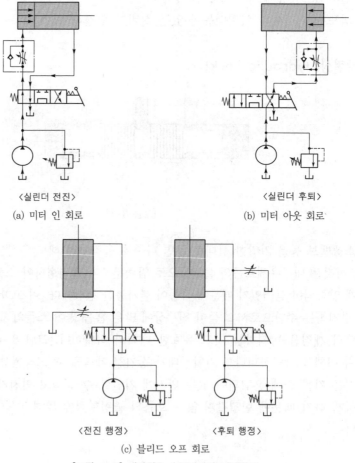

〈실린더 전진〉 　　　　　　〈실린더 후퇴〉
(a) 미터 인 회로 　　　　　　(b) 미터 아웃 회로

〈전진 행정〉 　　　〈후퇴 행정〉
(c) 블리드 오프 회로

[그림 8-2] 개방회로 속도제어의 기본회로

1) 미터 인 회로(meter-in circuit)

실린더 입구측에 압력보상 유량조절밸브를 직렬로 배치하여 유량을 제어함으로써 피스톤의 속도를 제어하는 회로이다. 이 회로에서는 실린더가 필요로 하는 유량 이상의 유량을 펌프가 배출해야 한다. 여분의 압력유는 릴리프밸브를 통하여 기름탱크로 돌아간다. 이때 기름이 가지는 에너지는 열로 변하여 기름의 온도가 상승한다. 배출유압을 유지하고 펌프의 동력손실을 될수록 적게 하기 위하여 릴리프밸브의 설정압력은 부하압력보다 다소 높게 설정한다([그림 8-2] (a) 참조).

이 회로의 효율 η_i는 다음 식과 같다.

$$\eta_i = \frac{Q_c p_2}{(Q_R + Q_c)p_1} \times 100 \, [\%] \tag{8.1}$$

여기서, Q_c : 유량조절밸브를 통과하고 실린더에 유입하는 작동유량

Q_R : 릴리프유량, $Q_c + Q_R$: 펌프의 배출량

p_1 : 릴리프밸브의 설정압력, p_2 : 실린더에 유입하는 유량

2) 미터 아웃 회로(meter-out circuit)

실린더에서 배출되는 유량은 배유관에 직렬로 설치한 유량조절밸브로 조절되며, 실린더에 배압이 작용하므로 피스톤의 급격한 속도변화를 방지하고, 급격한 부하변동이 있어도 피스톤이 일정한 속도로 움직이게 할 필요가 있을 때 쓰인다([그림 8-2] (b) 참조).

이 회로의 효율 η_o는 다음 식과 같다.

$$\eta_o = \frac{Q_c(p_1 - p_2)}{(Q_R + Q_c)p_1} \times 100 \, [\%] \tag{8.2}$$

여기서, p_1 : 릴리프밸브의 설정압력, p_2 : 실린더의 배압

Q_c : 실린더에 유입하는 유량, Q_R : 릴리프유량

3) 블리드 오프 회로(bleed off circuit)

실린더와 병렬로 유량조절밸브를 설치하고 실린더로 유입하는 유량을 제어하는 회로이다([그림 8-2] (c) 참조). 이 회로에서 잉여유는 릴리프밸브에 의하지 않고 유량조절밸브를 통하여 탱크로 배출되므로 동력손실이나 열 발생이 적다. 다만, 펌프의 배출량이 부하압력에 의하여 영향을 받으므로 부하변동이 심할 때에는 정확한 유량조절이 어렵다. 따라서 비교적 부하변동이 적은 회로에 이용된다. 회로의 효율은 좋으나 펌프 배출량이 대부분 실린더로 송유될 때 유효하다.

이 회로의 효율 η_b는 다음 식과 같다.

$$\eta_b = \frac{Q - Q_F}{Q} \times 100\,[\%] \tag{8.3}$$

여기서, Q : 펌프의 배출량, Q_F : 유량조절밸브의 통과유량

(1) 폐쇄회로(closed circuit)

폐쇄회로의 배출측으로 유출하는 작동유는 직접 펌프로 들어가고 기름탱크로 되돌아가지 않는다. 즉 배출측의 배출작용이 작동유를 공급한다. 누설되는 작동유를 보충하기 위하여 항상 밸브를 가진 기름탱크를 준비한다. 개방회로에 비하여 작은 기름탱크를 사용할 수 있다.

(2) 반폐쇄회로(semi-closed circuit)

한쪽 로드형 실린더에서 작동유 흡입공간이 좌우측에서 다르므로 개방기름탱크로부터 흡입되는 작동유의 일부를 회로에 흡입한다. 이 회로는 개방회로와 폐쇄회로의 장점을 다 지닌다.

Section 3 유압장치의 장단점

1. 개요

유체에 흐름과 압력을 발생시키기 위하여는 펌프가 사용되며, 기계적 운동을 시키기 위하여는 전동기가 쓰인다. 직선운동에는 유압실린더(hydraulic cylinder), 회전운동에는 유압모터(hydraulic motor)가 쓰인다. 방향조절, 압력조절, 유체조절 등 힘과 유동속도, 방향 등의 조정은 밸브(valve)가 사용된다. 유압구동장치의 장단점은 다음과 같다.

2. 장점

① 어려운 조작을 간단하고 적은 양의 매개물로 할 수 있다.
② 다른 기구요소의 방해를 받지 않고 넓은 범위에서 용이하게 힘을 전달할 수 있다.
③ 큰 힘을 발생할 수 있다.
④ 과부하에 대하여 비교적 안전하다.
⑤ 운동방향의 전환 시 충격이 적고 조작이 용이하다.
⑥ 부하가 걸렸을 때 속도가 무한으로 민감하게 조절된다.

3. 단점

① 작동유의 압축성과 온도에 대해 민감하고 용적과 점성의 변화로 인한 속도변화는 불가피하다.

② 기밀 안 내부에서의 마찰에 의한 효율손실, 누수에 의한 출력 감소, 과류에 의한 손실(유체와와 압력조절 시)이 나타난다.

③ 운동부의 끼워맞춤 공차와 기밀을 위한 정밀가공에 제작비가 많이 든다. 또한 배관이 복잡하다.

Section 4 유압작동유의 특성과 구비조건

1. 개요

작동유(광유계)는 온도에 따라 점도가 변하며 압축성이 있다. 그러나 일반 사용조건에서는 중요하지 않다. 이 압축성은 일정하지 않으며 압력과 온도에 따라 변한다. 기름의 온도는 수지화되는 까닭에 될수록 60℃를 넘지 않도록 해야 한다. 따라서 낮은 압력(15~60atm)에서 작동하도록 하는 것이 유리하다.

2. 유압작동유의 특성과 구비조건

1) 작동유의 특성

작동유가 너무 가열될 때에는 추가적으로 냉각장치가 필요하게 된다. 이 작동유의 온도 상승을 감소시키기 위하여 유관의 단면적이 너무 작아서는 안 된다. 가능하면 지름이 5m 이하가 되지 않도록 한다. 또한 유속이 너무 빠르지 않도록 한다. 작동유의 열팽창계수는 매우 높은 편이며, 팽창계수 $\alpha_t = 7 \times 10^{-4}/℃$이다.

최근에는 합성 실리콘유를 사용하기에 이르렀으며, 이것은 온도에 따른 점도의 변화가 매우 적고 빙점도 낮으며(-100℃), 작동유의 최대 허용흐름점도는

- 일반관로 : 3m/s
- 압력관로(60atm까지) : 4m/s
- 배출관로 : 2m/s
- 흡입관로 : 1.5m/s

정도로 한다.

길이가 짧은 유관 및 카날(길이=0.5~2×지름)에 대하여는 위의 최대값의 약 2~5배의 속도로 해도 좋다. 작동유 중의 공기는 높은 압축성을 나타내므로 매우 해롭다. 유중의 공기는 예기치 않은 위험을 구동 부분에 가져오며, 유산이 나타나고 함유된 공기의

단열 압축으로 인하여 국부적인 온도 상승(500℃)이 나타난다. 이 현상은 작동유의 산화를 촉진시킨다. 작동유는 약 1,500시간 사용한 후에는 교환해야 한다. 작동유 중의 공기는 다음 방법으로 침입을 방지하며, 또 분리할 수 있다.

① 배기밸브의 설치 및 공기와 기름의 분리장치를 설치한다.
② 펌프에 의한 공기흡입의 저지를 위하여 펌프는 가능하면 유조의 유면 아래에 설치한다.
③ 충분히 큰 단면의 짧은 흡입관이 되도록 한다.
④ 안전밸브를 설치한다.
⑤ 실린더보다 높은 위치에 흡입 및 배출관로를 설치한다.

한편 작동유는 깨끗하고 이물질이 섞이지 않아야 한다. 따라서 작동유를 깨끗하게 유지하기 위하여 여과를 해야 한다. 일반적으로 유조 내 흡입관에 여과기를 장착하며, 여과장치로는 망 또는 가제필터, 마그넷필터 등이 쓰인다.

2) 작동유(유압유)의 구비조건

작동유(유압유)의 구비조건은 다음과 같다.
① 넓은 온도범위에서 점도의 변화가 적을 것
② 점도지수가 높을 것
③ 산화에 대한 안정성이 있을 것
④ 윤활성과 방청성이 있을 것
⑤ 착화점이 높을 것
⑥ 적당한 점도를 가질 것
⑦ 점성과 유동성이 있을 것
⑧ 물리적, 화학적인 변화가 없고 비압축성일 것
⑨ 유압장치에 사용하는 재료에 대하여 불활성일 것

Section 5 | 유압장치에서 압력, 베르누이 방정식, 연속의 법칙, 동력

1. 압력

단위면적에 작용하는 힘

$$p = \frac{F}{A} [\text{kgf/cm}^2, \text{ atm(기압)}]$$

2. Bernoulli의 정리

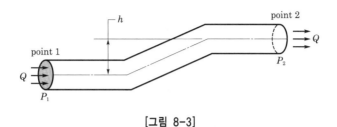

[그림 8-3]

유로의 임의 단면에 있어서 총수두 p는 일정하다. 총수두는 정수두 p_s, 위치수두 및 속도수두로 구성된다. 즉

$$p = p_s + \frac{\gamma h}{10} + \frac{\gamma v^2}{20g}$$ (8.4)

이 되며, 일반적으로 위치수두는 무시한다.

여기서 단위는 p, p_s : kgf/cm^2 h : m, v : m/s

            g : 9.81m/s^2 γ : 작동유의 비중(kgf/cm^3)

으로 하고 1kgf/cm^2 = 10mAq로 하였다.

3. 연속의 법칙

관로를 흐르는 유량은 모든 단면에서 동일하다.

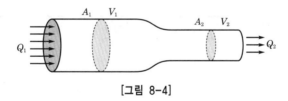

[그림 8-4]

            $Q = vA = $ 일정 (8.5)

여기서 아주 가는 관로에는 적용되지 않는다. 또한 흐름과 관벽과의 마찰은 무시할 수 없다. 단위를 Q : L/m, A : cm^{2}로 하면

① 작은 단면적에서 v[m/s]로 하면

$$Q = 6vA \left(= \frac{60 \times 100}{1,000} vA \right)$$ (8.6)

② 큰 단면적에서 $v[\text{m/min}]$으로 하면

$$Q = \frac{vA}{10}\left(= \frac{100}{1,000}vA\right) \tag{8.7}$$

4. 출력

$$P = \frac{Qp}{450}\,[\text{PS}] = \frac{Qp}{612}\,[\text{kW}] \tag{8.8}$$

여기서, Q : L/min, p : kgf/cm^2

펌프의 구동마력 P_d는

$$P_d = \frac{P}{\eta} \tag{8.9}$$

$$\eta = \eta_{\text{vol}}\eta_{\text{mech}}(\text{총효율}) \tag{8.10}$$

Section 6 **유압구동장치의 기호**

여기에 표기하는 유압구동장치의 기호는 국제규격을 국가의 표준규격으로 정한 것이다. 기호에는 장치와 기능을 도시하며 구조를 나타내는 것은 아니다.

1) 접속형태

명칭	기호	비고
공기배기	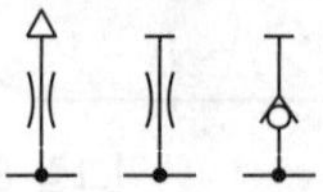	연속적인 공기배기
		특정 시간 공기배기
		체크기구 이용 공기배기
배기구	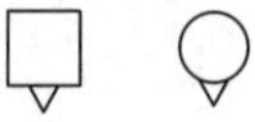	접속구 없음
	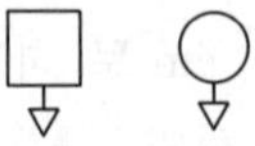	접속구 있음
급속연결구	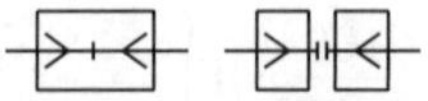	체크밸브 없음
	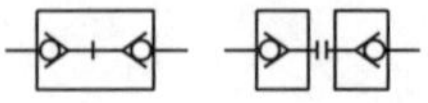	체크밸브 부착

명칭	기호	비고
회전연결구		1관로 1방향 회전
		3관로 2방향 회전

2) 조작방식

명칭	기호	비고
입력조작		특정하지 않는 경우의 일반 기호
푸시버튼		1방향 조작
풀버튼		1방향 조작
풀/푸시버튼		2방향 조작
레버		2방향 조작
페달		1방향 조작
양기능 페달		2방향 조작
플랜저기계조작		1방향 조작
리밋기계조작		2방향 조작 (가변스트로크)
스프링조작		1방향 조작
롤러조작		2방향 조작
		한쪽 방향 조작

명칭	기호	비고
단동 솔레노이드		1방향 조작
복동 솔레노이드		2방향 조작
액추에이터		단동 가변식
		복동 가변식
		회전형
파일럿조작		직접 파일럿 조작 (필요시 면적비 기입)
		내부 파일럿 조작
		외부 파일럿 조작

3) 에너지

① 변환기기

명칭	기호	비고
공유변환기		단동형
		연속형
증압기		단동형
		연속형 (압력비 표기)

② 에너지용기

명칭	기호	비고
어큐뮬레이터		일반 기호 (부하의 종류 무시)
	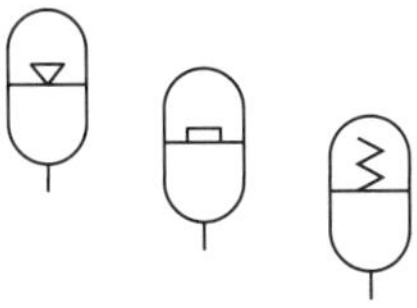	기체식 부하 추식 부하 스프링식 부하
보조가스용기		어큐뮬레이터와 조합 사용
공기탱크	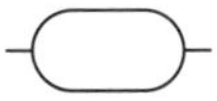	일반형

③ 에너지원

명칭	기호	비고
유압원		
공기압원		
전동기	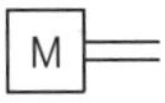 M	
원동기		전동기 제외

4) 보조기기

명칭	기호	비고
압력계		계측이 불필요한 경우
차압계		
유면계		
온도계	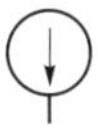	

명칭	기호	비고
검류기		
유량계		
		적산계
회전속도계		
토크계		
압력스위치		
리밋스위치		
아날로그변환기		공압
소음기		공압
경음기		공압
마그넷분리기		

5) 펌프 및 모터

명칭	기호	비고
유압펌프		1방향 흐름 회전/정용량형
유압모터		1방향 흐름 회전/가변용량형
공기압모터		2방향 흐름 회전/정용량형

명칭	기호	비고
펌프모터		1방향 흐름 회전/정용량형
		2방향 흐름 회전/가변용량형
액추에이터		2방향 요동형

6) 실린더

명칭	기호	비고
단동 실린더		밀어내는 형
		스프링으로 밀어내는 형
		스프링으로 당기는 형
복동 실린더		편로드형
		양로드형
		양쿠션/편로드형

7) 체크밸브, 셔틀밸브, 배기밸브

명칭	기호	비고
체크밸브		스프링 없음
		스프링 있음
		파일럿 작동/스프링 없음
		파일럿 작동/스프링 있음
셔틀밸브		고압 우선형
		저압 우선형
급속배기밸브		

8) 유량제어밸브

명칭	기호	비고
교축밸브		가변교축
스톱밸브		NC형
감속밸브		기계조작 가변교축
유량조절밸브		일련형

명칭	기호	비고
분류밸브		
집류밸브		

9) 압력제어밸브

명칭	기호	비고
릴리프밸브		일반 기호
		파일럿 작동형
		전자밸브 부착
		비례전자식(예)
감압밸브		일반 기호
감압밸브		파일럿 작동형
		릴리프 부착
		비례전자식(예)
		정비례식

명칭	기호	비고
시퀀스밸브		일반 기호
		보조 조작 부착 (면적비 표기)
		파일럿작동형
언로드밸브		일반 기호
카운터밸런스밸브		
언로드릴리프밸브		
양방향 릴리프밸브		직동형
브레이크밸브		

10) 유체조정기구

명칭	기호	비고
필터		일반 기호
		드레인 부착
드레인배출기		
기름분리기		

명칭	기호	비고
공기드라이어		
루브리케이터		
공기압조정유닛		
냉각기		관로 생략
		관로 표기
가열기		
온도조절기		가열 또는 냉각

Section 7 유압펌프(pump)의 종류와 특징

1. 정량펌프

배유압을 일정하게 유지하는 펌프로서 기어펌프(gear pump)와 스크루펌프(screw pump)가 이에 속한다.

기어펌프는 2개 또는 3개의 서로 물고 도는 기어로 구성되며, 이 기어들은 한 개의 하우징(housing) 안에 들어 있고 고속으로 회전한다. 일반적으로는 20~60atm까지의 압력에 쓰이며, 때로는 높은 압력 150atm에서도 사용된다. 펌프의 회전수는 1,400~2,800rpm이며, 배출량은 회전속도, 기어의 잇수 및 피치에 따라 변한다. 이 기어의 각 이는 상대편 기어의 두 이 사이의 홈에 들어 있는 기름을 밀어내며, 그 양은 그 기어의 바깥지름과 상대기어의 바깥지름 사이에 끼어 있는 이의 용적과 같다.

즉 배출량 $Q[l/\min]$은 다음 식과 같다.

$$Q = \frac{2\pi d_n mbn}{10^6} \, [l/\min] \tag{8.11}$$

여기서, m : 치형의 모듈(mm), d_n : 기어의 피치원 지름(mm)

b : 치폭(mm)(=6~12m), n : 기어의 회전수(rpm)

소요구동동력 p_{an}는 다음 식과 같다.

$$p_{an} = \frac{10Qp}{102 \times 60\eta} \, [\text{kW}] \tag{8.12}$$

여기서, p : 유압(kgf/cm^2), η : 효율

(a) 내접기어펌프   (b) 외접기어펌프

[그림 8-5] 기어펌프

2. 변량펌프

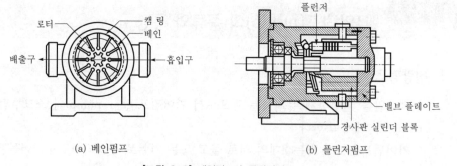

(a) 베인펌프   (b) 플런저펌프

[그림 8-6] 베인펌프와 플런저펌프

펌프 편심으로 설치한 회전차의 반지름방향의 홈 안에서 베인(vane)의 왕복운동으로 펌프작용을 한다. 베인의 행정은 케이싱에 대한 회전차의 편심에 비례하여 변한다.

[그림 8-6]과 같이 회전차의 편심을 바꾸면 일정한 속도 및 일정한 방향으로 회전차를 회전시키면서 배출량과 배출방향을 바꿀 수 있다. 편심량을 바꾸기 위해서는 회전차의 중심을 일정한 위치에 두고 펌프케이싱의 중심을 편심시키는 것이 일반적인 방법이다.

[그림 8-6]은 회전차와 케이싱 중심이 일치된 상태이며 회전차, 펌프케이싱 및 베인에 의하여 둘러싸인 공간은 항상 같으므로 펌프는 회전차가 회전해도 배출작용을 하지 못한다.

① 최소 편심량, $-e$는 하반부에서 상반부로 기름을 배출한다.
② 중앙위치는 흡입, 배출을 하지 않는다.
③ 최대 편심량, $+e$는 상반부에서 하반부로 기름을 배출한다.

하우징의 일정한 위치에서 회전하는 구동축의 축심에 대하여 좌측 또는 우측으로 케이싱을 이동시켜 편심량을 변경시킨다. 베인의 하반부 공간에서는 1회전마다 최대에서 최소로 변화하며, 이 공간은 측방향으로 구멍을 뚫어 베인이 움직이기 쉽게 한다. 이 구멍은 공간을 흡입측과 배출측을 교대로 연결하고 있다.

여기서 배출량 등 크기는 다음과 같다.

① 작동압력 : $p = 15 \sim 25$atm
② 배출량 : $Q = 0 \sim 1,500 l / \text{min}$
③ 회전수 : $n = 710 \sim 1,400$rpm

베인펌프의 배출량은 다음 식으로 계산된다.

$$Q = \frac{2 D_m \pi n e B}{10^6} [l/\text{min}] \tag{8.13}$$

여기서, $D_m = d + e$

따라서

$$Q = \frac{2(d+e)\pi n 2 e B}{10^6} [l/\text{min}] \tag{8.14}$$

여기서, D_m : 회전륜상 공간의 평균지름(mm), B : 하우징의 폭(mm)
d : 회전차의 바깥지름(mm), e : 편심거리(mm)

3. 피스톤펌프(piston pump)

펌프축과 피스톤의 상호위치에 따라 레이디얼펌프(radial pump), 액시얼펌프(axial pump) 등이 있다. 이 펌프는 높은 제작기술이 요구된다. 발생하는 압력은 베인펌프나 기어펌프보다 높다. 작업압력은 일반형은 $p = 150$atm, 고압은 $p = 400$atm까지 있다.

피스톤 내부배출식 레이디얼펌프의 원리를 설명하면 중공축은 고정되어 있으며, 그 위에서 회전트로멜이 회전한다. 사판을 사이에 두고 흡입측과 압력측으로 분할된다. 하우징의 편심으로 피스톤은 반지름방향으로 펌핑작용을 한다.

트로멜이 회전할 때 중공축의 좌측 S를 통하여 작동유를 실린더 안으로 흡입하고, 우측 D를 통하여 압력유를 배출한다. 하우징인 실린더를 회전트로멜과 같은 방향으로 회전시키면 피스톤의 마멸이 감소된다. 액시얼피스톤펌프의 작동원리는 실린더하우징의 축방향에 원형으로 배치한 피스톤의 행정은 구동원판을 각 실린더하우징에 대하여 경사시켜 얻을 수 있다. 구동원판과 실린더하우징은 자유이음으로 연결되어 있다.

배출량은 구동원판의 경사각 α에 의하여 변한다. 배출량 Q는 다음 식과 같다.

$$Q = \frac{Ahzn}{1,000} \ [l/\text{min}] \tag{8.15}$$

여기서, A : 피스톤 단면적(cm^2), h : 피스톤의 행정

$h = 2e$: 레디얼피스톤펌프에서

$h = d\sin\alpha$: 액시얼피스톤펌프에서(d : 피스톤의 배치원 회전지름)

[표 8-1] 유압펌프의 비교

종목	기어펌프	베인펌프	플런저펌프
구조	간단하다.	간단하다.	가변용량이 가능하다.
최고압력(kgf/cm^2)	170~210	140~170	250~350
최고회전수(rpm)	2,000~3,000	2,000~3,000	2,000~2,500
펌프의 효율(%)	80~85	80~85	80~95
소음	중간 정도	적다.	크다.
자체 흡입성능	우수	보통	약간 나쁘다.
수명	중간 정도	중간 정도	길다.

Section 8 유압모터(hydraulic motor)와 유압펌프(hydraulic pump)의 관계

1. 개요

유압모터는 압력에너지를 받아서 기계적 에너지인 토크를 발생시키며 유압펌프는 전기 모터가 회전하여 펌프를 작동시키고 압력에너지를 생성시키며 최종적으로 에너지원이 어떻게 적용하는 것에 따라서 모터와 펌프로 역할을 하게 된다. 유량 변화에 따라 정용량형 유압모터와 펌프, 가변 용량형 유압모터와 펌프가 있으며 구조에 따라 기어모터와 펌프, 베인모터와 펌프, 피스톤 모터와 펌프로 분류할 수가 있다.

[표 8-2] 유압펌프와 유압모터의 비교

구분	펌프	모터
기능	기계적인 회전운동을 유압동력으로 변환 부하압력에 대항하여 기름을 토출해야 하 므로 용적효율이 중시됨	유압동력을 기계적인 회전운동으로 변환 부하토크에 대항하여 회전해야 하기 때문 에 토크 효율이 중시됨
회전방향	가동 중에 회전방향이 변하는 일이 없음.	특수한 경우를 제외하고 양방향 회전이 요구
회전속도	일정 속도로 운전시키는 것이 보통	광범위한 회전속도로 운전

2. 유압모터(hydraulic motor)와 유압펌프(hydraulic pump)의 관계

앞에서 언급을 하였듯이 유압모터(hydraulic motor)와 유압펌프(hydraulic pump)는 기계적 에너지인지 압력에너지인지에 따라 분류하며 여기서는 유압모터를 중심으로 특징을 살펴보면 다음과 같다.

1) 기어모터

고압의 유압유가 공급되면 두 기어의 맞물림점을 경계로 하여 입구측 압력이 출구측 압력보다 높고, 압력은 잇면에 수직방향으로 작용하여 두 기어를 회전시키면서 토크가 발생한다. 기어모터의 특징은 다음과 같다.
① 소형 경량에 비해 큰 토크가 발생한다.
② 관성력이 작아 응답성이 좋다.
③ 구조가 간단하다.
④ 가격이 저렴하다.

2) 베인모터

입구로 유입된 고압의 유압유가 베인면에 작용하여 출구와의 전압력차에 비례한 토크가 발생한다. 베인모터의 특징은 다음과 같다.
① 구조가 비교적 간단하다.
② 토크의 변동이 적다.
③ 누설이 적다.
④ 기동 시나 저속 시에 토크효율이 낮다.

3) 피스톤형 모터

중·대용량으로 주로 사용되며 저속회전을 필요로 하는 용도에 사용되고 있다. 기동특성, 효율이 양호하지만 출력에 비해 대형이어서 가격이 높다.

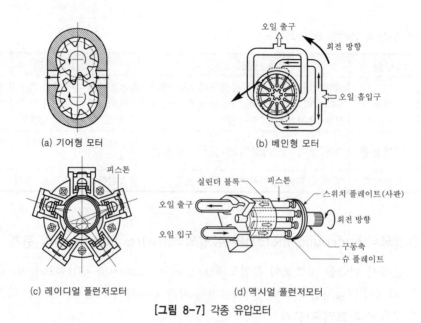

(a) 기어형 모터

(b) 베인형 모터

(c) 레이디얼 플런저모터

(d) 액시얼 플런저모터

[그림 8-7] 각종 유압모터

Section 9 | 유압 액추에이터의 분류

1. 개요

유압 액추에이터의 분류는 직선운동, 회전운동, 요동운동에 따라 분류하며 [그림 8-8]과 같다.

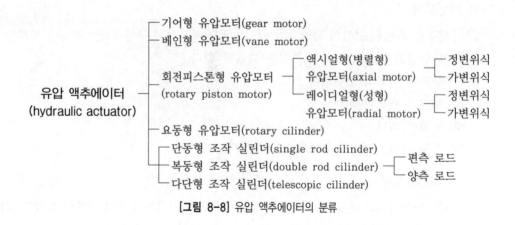

[그림 8-8] 유압 액추에이터의 분류

2. 유압 액추에이터의 분류

유압 액추에이터란 압력과 유속을 가진 작동유를 주입하여 피스톤에 작용시켜 피스톤을 추력과 속도로 바꾸어 직선운동을 시키는 기기이다. 유압 액추에이터의 분류는 다음과 같다.

1) 단동형 실린더(single acting cylinder)

피스톤 한쪽에만 유압이 작용하고 유압에 의하여 제어되는 힘의 방향은 한 방향뿐이다. 피스톤의 귀환은 중력 또는 스프링의 힘에 의한다.

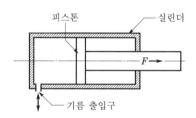

[그림 8-9] 단동형 실린더

2) 복동형 실린더(double acting cylinder)

피스톤 양측에 유압이 작용하며 유압으로 제어되는 힘의 방향이 왕복 두 방향인 실린더이다. 이 형식에는 단측 로드형과 양측 로드형이 있다.

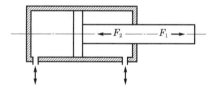

[그림 8-10] 복동형 실린더

3) 차동실린더(differential cylinder)

피스톤 양쪽의 유효면적의 차를 이용하며 양쪽에서 같은 크기의 유압을 주어 피스톤을 로드측으로 움직이게 하는 실린더이다.

4) 압력변환기(booster)

같은 종류 또는 다른 종류의 유체를 사용하며 유압을 공압으로 또는 그 반대로 압력을 변환하여 전달하기 위하여 피스톤의 면적을 달리한 복동식 실린더이다.

5) 텔레스코프형 실린더(telescopic cylinder)

단동형과 복동형이 있으며, 단동형은 자중 또는 부하로 복귀한다. 수압면적의 차로 피스톤을 움직이게 한다.

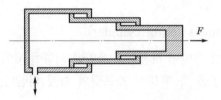

[그림 8-11] 텔레스코프형 단동 실린더

6) 유압모터

압력에너지를 받아 기계적 에너지를 생성시키고, 종류는 기어형, 베인형, 피스톤형이 있으며 기계장치 용도에 맞게 적용한다.

Section 10

유압실린더의 구조

1. 개요

실린더는 튜브, 커버, 피스톤 및 피스톤로드로 구성된다.

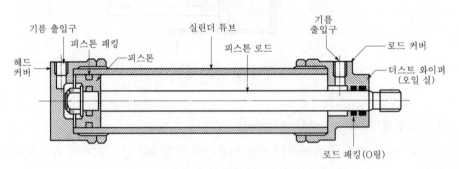

[그림 8-12] 유압실린더의 구조

2. 유압실린더의 구조

1) 실린더튜브

실린더의 본체가 되는 것으로 내압, 점성이 높고 강도가 커야 한다. 재료는 튜브용 인발관이 사용되며 그 밖에 고급 주철, 스테인리스강 등이 쓰인다. 내면은 호닝가공을 하며 필요하면 마찰을 적게 하고 내마멸성을 높이기 위하여 경질크롬 도금을 할 때가 있다.

2) 피스톤(piston)

피스톤은 피스톤패킹의 종류, 고정방법, 압력, 속도 등에 따라 여러 가지가 있다. 패킹의 종류는 O링, 컵모양, 홈붙이 링, 2중 컵모양이 있으며, 재료는 합성고무, 경화고무, Teflon 등이 쓰인다. 사용되는 실린더는 많은 비대칭형인 Rod, Piston 전용 패킹이 가장 많이 사용되고 있다.

[표 8-3] 유압용 패킹의 종류

용도	명칭	단면 형상	특징	재질
피스톤용	U 패킹		• 범용 타입의 U패킹이다. • 일체 홈으로 사용할 수 있다. • 고압용의 U패킹이다. • JOHS-110 '제철기계(중기계)용 유압실린더'에 기초한 사양이다.	
	슬립파실		• 저압용의 ONG 링타입 양압실이다. • 고압용의 ONG 링타입 양압실이다.	
			• 고압용의 ONG 링타입 양압실이다. • 백링을 끼워 신뢰성을 보다 높인 빠짐 방지 대체품이다.	백업링 폴리아미드
로드용	U 패킹		• 범용 타입의 U패킹이다. • 일체 홈으로 사용할 수 있다. • 고압용의 U패킹이다. • JOHS-110 '제철기계(중기계)용 유압실린더'에 기초한 사양이다.	타우레탄, 니트릴고무, 슈퍼라바
피스톤 ┃ 로드 양용	U 패킹		• 대칭형 립형상의 U패킹으로 일체 홈으로 사용할 수 있다. • 고압용 대칭형 립형상의 U패킹이다.	
	V 패킹		• 포입고무 V패킹이다. • 여러 개를 합쳐서 사용할 수 있다.	
			• 포입고무 V패킹이다. • 여러 개를 합쳐서 사용할 수 있다.	니트릴 고무
	MV 패킹		• 특수 고성능조합의 실이다. • 포입고무 V패킹 2장의 조합이 표준이다. • V패킹의 틈을 그대로 이용 가능하다.	니트릴 고무, 슈퍼라바, 불소 고무

용도	명칭	단면 형상	특징	재질
로드용	더스트실		• 더스트립과 오일립의 양립타입으로 내더스트성이 우수하며 기름번짐이 적은 구조로 되어 있다.	타우레탄, 니트릴고무, 보통 고무
			• 더스트립 싱글타입이다.	타우레탄
			• 더스트립 싱글타입으로 금속의 가이드를 붙인 압입타입이다.	

3) 유압쿠션기구(hydraulic cushion)

운동하고 있는 피스톤이 실린더커버에 닿으면 충격이 일어난다. 이 충격을 완화시키기 위하여 쿠션기구가 커버에 설치된다. 피스톤이 커버에 충돌하기 전에 피스톤 끝에 붙은 쿠션링 E가 기름구멍 B에 들어간다. A의 기름은 폐쇄되고 초크 C를 통하여 쿠션밸브에 의하여 유량이 조절되면서 B에 유입한다.

따라서 피스톤의 운동속도는 감소하며, 드디어는 정지하게 된다. 전진할 때는 기름은 체크밸브를 통하여 유로 D를 거쳐서 유압이 피스톤의 면적에 작용하므로 급속히 움직이게 된다.

Section 11 유압밸브(valve)의 분류

1. 개요

밸브는 회로의 압력, 작동유의 흐름방향 및 유량을 조절하여 실린더 및 원동기에 필요한 운동을 시키는 것으로 조절내용에 따라 구조가 다르다. 다음에 대표적인 것을 예시한다.

2. 유압밸브의 분류

1) 압력제어밸브(pressure control valve)

유입구로 들어오는 유압유는 조절이 가능한 스프링의 힘을 이겨 밸브를 열고 유출구로 흘러나가게 하는 직동식 릴리프밸브(direct acting type relief valve), 유압회로 내의 잉여압력유를 기름탱크로 되돌려 보내는 밸런스피스톤형 릴리프밸브(balance pistion type relief valve)가 있다. 이 밖에 릴리프밸브로 설정한 압력보다 낮은 압력이 필요할 때 쓰인다.

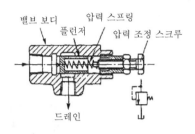

[그림 8-13] 릴리프밸브

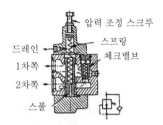

[그림 8-14] 리듀싱밸브

펌프에서 설정된 압력을 감소시켜 출력으로 보내는 감압밸브(reducing valve), 회로 안의 압력이 설정된 값에 달하면 펌프의 온 유량을 직접 기름탱크로 보내어 펌프를 무부하로 하는 언로드밸브(unload valve), 2개 이상의 분기회로가 있을 경우 회로의 압력에 의하여 각각 실린더나 모터에 작동순서를 주는 시퀀스밸브(sequence valve), 카운터밸런스밸브(counter balance valve) 등이 있다.

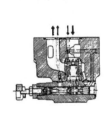

[그림 8-15] 시퀀스밸브

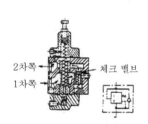

[그림 8-16] 언로더밸브

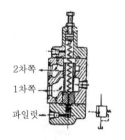

[그림 8-17] 카운터밸런스밸브

2) 유량제어밸브(flow control valve)

회로에서 원동기로 유입하는 유량을 조절하는 밸브로서 니들밸브(needle valve), 압력보상 유량제어밸브(pressure control flow control valve), 압력온도보상 유량제어밸브(pressure temperature compensate flow control valve), 디바이더밸브(Divider Valve) 등이 있다.

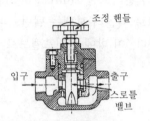

[그림 8-18] 스로틀밸브

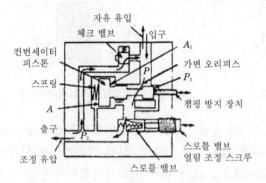

[그림 8-19] 압력보상 유량제어밸브

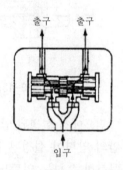

[그림 8-20] 디바이더밸브

(1) 니들밸브(needle valve)

조절손잡이를 돌려 니들이 유로를 막는 정도에 따라 유량이 조절되는 가장 간단한 밸브이다.

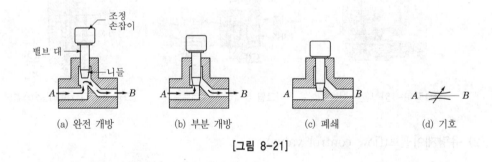

[그림 8-21]

(2) 체크밸브부 니들밸브

방향의 흐름에 대해서는 유량이 제어되며 반대방향으로는 자유흐름이 되는 밸브이다.

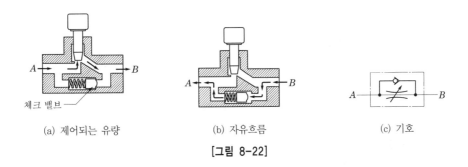

(a) 제어되는 유량　　　(b) 자유흐름　　　(c) 기호

[그림 8-22]

(3) 압력보상부 유량제어밸브

유량은 오리피스의 개구면적과 오리피스 전후의 압력차에 의해 변화된다. 유량제어밸브는 오리피스 개구면적만으로 유량을 제어하는 것을 목적으로 하므로 압력차에 의한 유량변화가 없어야 한다. 이를 목적으로 고안된 밸브이다.

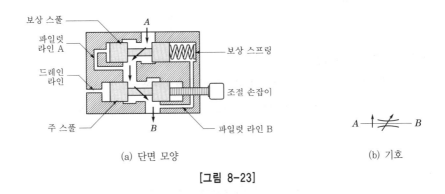

(a) 단면 모양　　　　　　　　　(b) 기호

[그림 8-23]

3) 방향제어밸브(direction control valve)

방향제어밸브는 압력유의 흐름방향을 제어하는 밸브로서 흐름의 방향변환기이며 흐름의 정지, 역류를 방지하는 밸브도 이에 속한다. 종류로는 역류를 방지하는 밸브로는 체크밸브(check valve), 방향제어밸브에는 2방향 2위치, 3방향 2위치, 4방향 2위치, 4방향 3위치 밸브 등이 있다.

(1) 체크밸브(check valve)

스프링으로 눌려 있는 볼로 인해 왼쪽에서 오른쪽 방향의 흐름만 가능하게 한다. 오른쪽에서 왼쪽의 흐름은 차단된다.

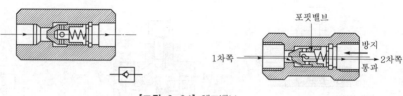

[그림 8-24] 체크밸브

(2) 셔틀밸브(shuttle valve)

2개의 입구 중에서 상대적으로 압력이 높은 입구의 유체가 출구를 향해 흐르게 한다.

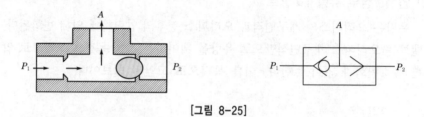

[그림 8-25]

(3) 2방향 방향 제어밸브(2-way DCVs)

포트가 2개이므로 2방향 DCV이다. 밸브를 눌러주면 포트 A로 통하고 손을 떼면 스프링의 힘으로 포트가 막히게 된다. 따라서 평시에는 닫혀 있는 2방향 DCV이다(상시 열림 DCV도 있다.).

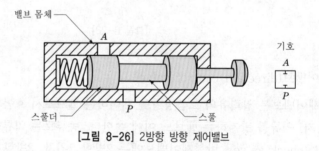

[그림 8-26] 2방향 방향 제어밸브

(4) 3방향 방향 제어밸브

손을 평시에는 AT로 흐르다가 푸시버튼을 누르면 PA로 흐르게 된다.

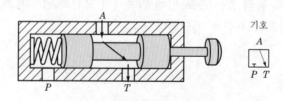

[그림 8-27] 3방향 방향 제어밸브

(5) 4방향 방향 제어밸브

평시에는 AT, PB로 흐르고 푸시버튼을 누르면 PA, BT로 흐른다.

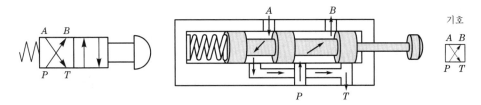

[그림 8-28] 완전한 기호와 정상위치의 밸브

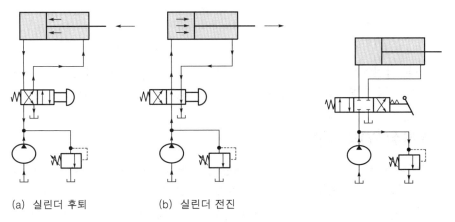

(a) 실린더 후퇴   (b) 실린더 전진

[그림 8-29] 4방향 방향 제어밸브 사용 예   [그림 8-30] 중립위치형태 사용 예

(6) 방향 제어 관련 회로

카운터밸런스회로는 하중이 자중에 의해 폭주하는 것을 방지하는 회로이다.

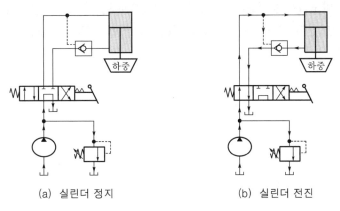

(a) 실린더 정지   (b) 실린더 전진

[그림 8-31] 실린더 정지와 실린더 전진

Section 12 | 유압의 점도지수

1. 정의

유압유는 온도가 변하면 점도도 변화하므로 온도변화에 대한 점도변화의 비율을 나타내기 위하여 점도지수(Visity Index : VI)가 사용된다. 점도지수란 $VI=100$인 나프텐계 걸프코우스트 원유를 기준으로 해서 다음 공식에 의해 구할 수 있다.

$$VI = \frac{L-U}{L \times H} \times 100 [\%]$$

여기서, L : $VI=0$인 기준유의 100°F에서의 점도(SUS)
H : $VI=100$인 기준유의 100°F에서의 점도(SUS)
U : 구하고자 하는 기름의 100°F에서의 점도(SUS)

위의 사실에서 점도지수란 미지의 기름의 온도-점도특성곡선이 $VI=100$인 기준유의 온도-점도 특성곡선에 접근하는 비율을 백분율로 표시한 것이라고 말할 수 있다.

2. 점도지수(VI)의 영향

VI의 값이 큰 것일수록 온도에 대한 점도변화가 적은 기름이다. 유압유의 선정에 있어서 VI는 중요하며, VI가 낮은 기름은 저온에서 그 점도가 증가하므로 펌프의 시동이 곤란해지기도 하고 마찰손실이 커서 흡입측에 캐비테이션이 생기기도 하며 압력손실에 따른 동력손실이 크다. 또한 유압작동도 활발치 못하여 정상운전에 들어가는데 시간이 걸리고, 설사 정상운전에 들어갔다고 해도 온도변화로 작동이 불안정하게 되기 쉽다.

또한 유온이 상승하면 점도가 저하하므로 기기나 배관부에서 기름이 누출하고 운동부분이 마모하는 등 효율이 낮아지며, 고온으로 될수록 혹은 압력이 높아질수록 효율에 영향을 미친다. 보통 유압유의 VI값은 90~120 정도가 좋다.

유압기기의 구성

1. 개요

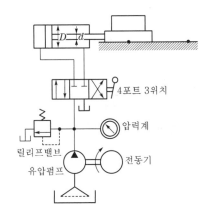

[그림 8-32] 유압회로의 기본구성

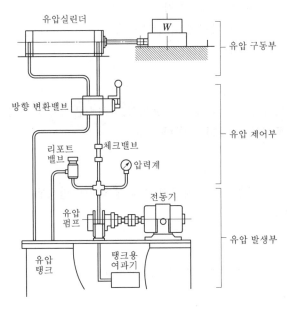

[그림 8-33] 유압장치의 구성도

유압기기는 유압유를 공급 및 저장하는 유압탱크, 압력유를 보내는 유압펌프, 압력과 유량 및 방향을 제어하는 제어밸브, 유압에너지를 기계적 에너지로 변환시키는 액추에 이터 등으로 구성되어 있다.

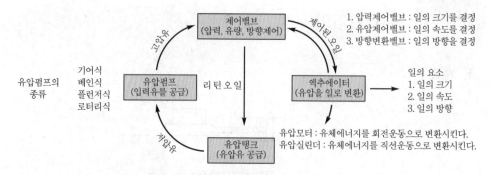

[그림 8-34] 유압기기의 관계운동

정해진 유압기호를 사용하며 목적에 따라 압력제어, 속도제어, 방향제어 등을 조합하여 구성한다.

2. 유압의 기본구성

1) 유압탱크

유압은 공압과 다르게 에너지가 소멸된 오일은 다시 탱크로 들어와 필터를 거쳐 에너지를 재생하는 과정을 거치며, 유압탱크에는 오일스트레이너, 유압레벨장치, 청정흐름을 유지하도록 구성되어 있다.

2) 유압펌프

유압펌프는 유압탱크의 오일을 흡입하여 시스템에서 요구하는 압력을 생성하는 역할을 하며 전동기와 연결되어 있다.

3) 릴리프밸브

릴리프밸브는 유압시스템에서 압력을 생성하여 설정된 압력으로 액추에이터로 보내어 작동시킨다.

4) 압력계

압력계는 릴리프밸브에서 설정되는 압력으로 유지되는가를 확인할 수 있는 압력지시계이다.

5) 밸브

밸브는 유압의 작동시스템 조건에 따라 선택하며 솔레노이드의 신호에 따라 포트를 열고 닫음으로 액추에이터를 제어한다.

6) 유량제어밸브

유량제어밸브는 각 액추에이터로 보내지는 유압을 운동조건에 따라 조절하도록 부착을 한다.

7) 실린더와 유압모터

실린더와 유압모터는 실제 유압으로 설계자가 원하는 일을 하는 장치이다.

Section 14 유압회로 부속기기

1. 축압기(accumulator)

유체에너지를 축적시키기 위한 용기로서 내부에 질소가스가 봉입되어 있으며 다음의 역할을 한다.
① 유체에너지를 축적시켜 충격압력을 흡수한다.
② 온도변화에 따르는 오일의 체적변화를 보상한다.
③ 펌프의 맥동적인 압력을 보상한다.
④ 유체의 맥동을 감쇄시킨다.

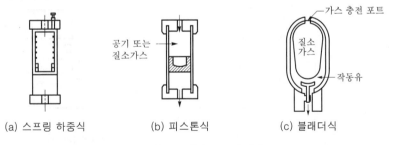

[그림 8-35] 축압기(어큐뮬레이터)의 종류

1) 축압기의 종류

① 비분리형 축압기 : 기체가 작동유와 직접 접함
② 분리형 축압기 : 고무봉지나 다이어프램으로 기체를 분리시킨 축압기, 피스톤식, 블래더식, 다이어프램식, 스프링식, 중량식
　㉠ 피스톤식 축압기 : 기체실과 작동유가 피스톤으로 분리되어 있는 형식(가격이 고가)

ⓛ 블래더식 축압기 : 기체실과 작동유가 고무풍선(bladder)으로 분리되어 있는 형식

ⓒ 다이어프램식 축압기(diaphragm accumulator) : 기체실과 작동유가 다이어프램(일종의 탄성막)으로 분리되어 있는 형식

ⓔ 스프링식 축압기(spring-loaded accumulator)

ⓜ 중량식 축압기(weight-loaded accumulator)

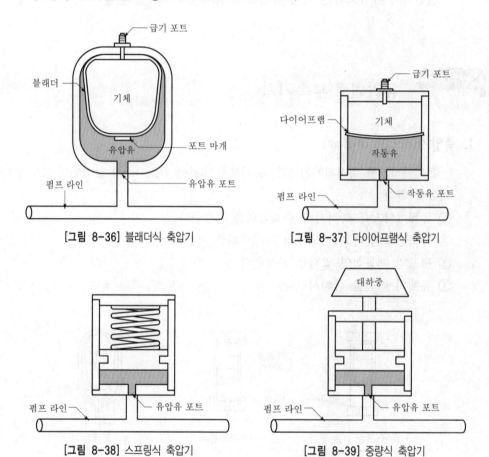

[그림 8-36] 블래더식 축압기   [그림 8-37] 다이어프램식 축압기

[그림 8-38] 스프링식 축압기   [그림 8-39] 중량식 축압기

2. 증압기(Pressure transmitter, booster)

증압기는 입구에서 출구로 나갈 때 압력을 증압시키는 공압기기이다.

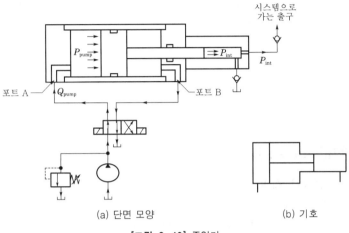

(a) 단면 모양   (b) 기호

[그림 8-40] 증압기

3. 유압탱크(reservoir)

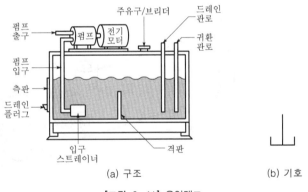

(a) 구조   (b) 기호

[그림 8-41] 유압탱크

유압탱크의 역할은 다음과 같다.

① 유압회로 내의 필요한 유량을 확보

② 오일의 기포 발생 방지와 기포의 소멸

③ 작동유의 온도를 적정하게 유지

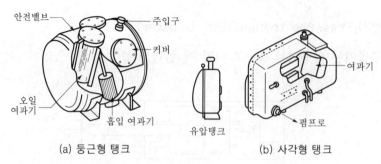

(a) 둥근형 탱크   (b) 사각형 탱크

[그림 8-42] 유압탱크의 구조

4. 열교환기(heat exchanger)

유압유는 온도에 따라 점도가 민감하게 변하므로 열교환기를 이용하여 온도를 일정하게 유지시켜 주어야 한다.

① 작동유의 온도를 40~60℃ 정도로 유지시킨다.
② 작동유의 온도 상승에 의한 슬러지 형성을 방지한다.
③ 작동유의 온도 상승에 의한 열화를 방지한다.
④ 작동유의 온도 상승에 의한 유막의 파괴를 방지한다.

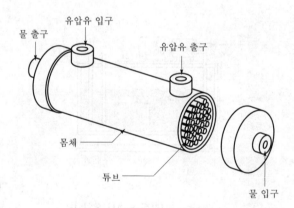

[그림 8-43] 수냉식 열교환기

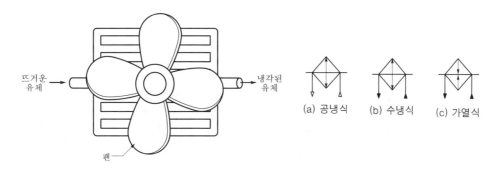

뜨거운
유체 →

냉각된
유체

팬

(a) 공냉식   (b) 수냉식   (c) 가열식

[그림 8-44] 열교환기

5. 필터(filter)

유압유는 회로의 많은 불순물을 운반하는 반면, 유압부품은 정밀기기이므로 여과기가 필요하다.

(a) 저압용 필터

(b) 고압용 필터

(c) 이동용 필터

(d) 필터의 내부 모양

[그림 8-45] 필터

6. 배관

1) 엘보

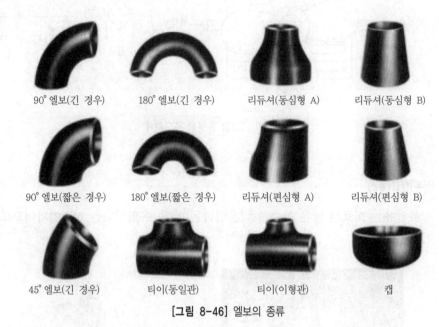

90° 엘보(긴 경우)　　180° 엘보(긴 경우)　　리듀셔(동심형 A)　　리듀셔(동심형 B)

90° 엘보(짧은 경우)　180° 엘보(짧은 경우)　리듀셔(편심형 A)　리듀셔(편심형 B)

45° 엘보(긴 경우)　　티이(동일관)　　티이(이형관)　　캡

[그림 8-46] 엘보의 종류

2) 퀵커플링(quick disconnect coupling)

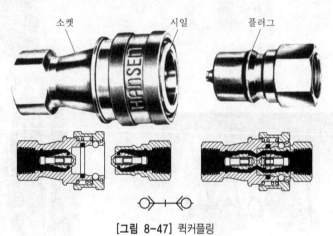

소켓　시일　플러그

[그림 8-47] 퀵커플링

3) 유압호스 연결 및 설치방법

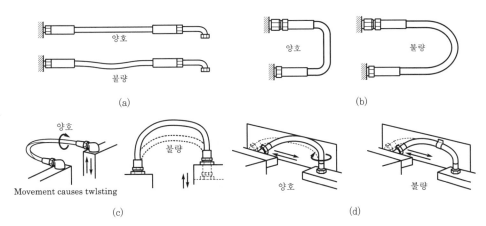

(a)

(b)

Movement causes twlsting

(c)

(d)

[그림 8-48] 유압호스 연결 및 설치방법

7. 유압실(seal)

1) 기능

유압은 고압으로 작동하므로 섭동부 틈새의 유압유 누설을 방지한다.

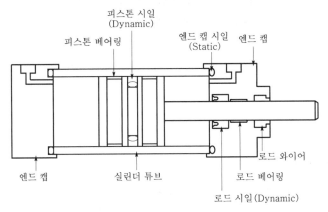

[그림 8-49] 유압실의 구조

2) 종류

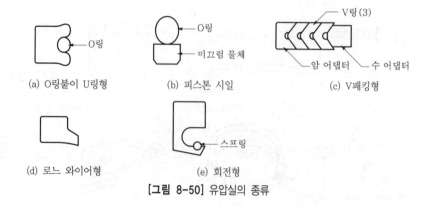

(a) O링붙이 U링형   (b) 피스톤 시일   (c) V패킹형

(d) 로느 와이어형   (e) 회전형

[그림 8-50] 유압실의 종류

Section 15 배관(pipe)의 신축조인트의 종류

1. 개요

온수, 냉수, 증기가 관 내를 통과할 때 고온 또는 저온에 의한 관의 팽창, 수축을 가져와 온도차가 크게 됨에 비례하여 배관의 팽창, 수축도 크게 되어 판, 기구의 파손이나 굽힘을 일으킨다. 이것을 방지하기 위하여 배관 도중에 신축이음을 사용한다. 신축이음에는 슬리브형, 벨로즈형(pack less), 루프형(신축곡관) 볼조인트, 스위블조인트의 5종류가 있다.

2. 신축이음의 종류

1) 슬리브형 신축이음

슬리브형 신축이음은 이음 본체와 슬리브파이프로 되어 있으며, 관의 팽창과 수축은 본체 속을 슬라이드하는 슬리브파이프에 의해 흡수된다. 이 조인트에는 단식과 복식의 두 가지 형이 있다. 보통 호칭지름 50A 이하는 청동제 조인트이고, 호칭지름 65A 이상은 슬리브파이프가 청동제이고, 본체는 일부가 주철제이거나 전부가 주철제로 되어 있다.

관과의 접합은 작은 지름의 관은 주로 나사이음을 하고, 큰 지름의 관에는 플랜지접합을 한다. 구조는 슬리브파이프의 신축을 흡수하는 부분과 패킹실로 나누어져 있다.

이 조인트는 어느 것이나 슬리브와 본체의 사이에 패킹을 넣어 온수 또는 증기가 새는 것을 막도록 되어 있으며, 패킹에는 보통 석면을 흑연 또는 기름으로 처리한 것이 쓰인다.

[표 8-4] 단식 신축이음관의 신축량

호칭지름	공정 최대 슬라이드 길이(L)	실용 슬라이드 길이(l)	호칭지름	공정 최대 슬라이드 길이(L)	실용 슬라이드 길이(l)
15~50	50	38	125~200	100	76
65~100	75	57	250~300	125	95

또한 신축이음이 수축하여 슬리브와 본체가 완전히 열렸을 때 슬리브파이프가 빠지지 않도록 볼트로 고정한다.

슬리브형 신축조인트는 보통 최고압력 $10kgf/cm^2$ 정도의 포화증기의 배관 또는 온도 변화가 심한 물, 기름, 증기 등의 배관에 사용되며, 구조상 과열증기배관에는 적합하지 않다. 루프형에 비하여 설치장소를 많이 차지하지 않고 신축의 흡수에 대해 이음 자체에 응력이 생기지 않는 장점은 있으나, 배관에 곡선 부분이 있으면 신축이음에 비틀림이 생겨 파손의 원인이 된다. 또한 장시간 사용하면 패킹이 마모되어 유체가 새는 원인이 되므로 슬리브형 이음을 시공할 때에는 유체가 새는 경우에 패킹을 더 압축하여 죄거나 새것으로 교환하여 끼울 수 있도록 시공하는 것이 안전하다.

2) 벨로즈형 신축이음

벨로즈형 신축이음은 팩리스(pack less) 신축이음이라고도 하며, 인청동제 또는 스테인리스제가 있다. 벨로즈는 관의 신축에 따라 슬리브와 함께 신축하며 슬라이드 사이에서 유체가 새는 것을 방지한다. 형식은 단식과 복식이 있고, 본체의 전부가 청동제인 것과 주요부만 청동제인 것이 있다. 접합은 관지름에 따라 나사이음식과 또는 플랜지이음식이 있다.

벨로즈형은 패킹 대신 벨로즈로 관 내 유체의 누설을 방지한다. 신축량은 벨로즈의 피치, 산수 등 구조상으로 슬리브형에 비해 짧으며 보통 6~30mm 정도이다. 이 이음은 슬리브형과 같이 설치장소를 많이 차지하지 않고 응력도 생기지 않는다. 또한 팩리스형이므로 샐 우려가 없다. 그러나 유체의 성질에 따라 벨로즈가 부식할 수도 있으므로 될 수 있는 대로 스테인리스제 벨로즈를 사용하는 것이 바람직하다.

3) 루프형 신축이음

신축곡관이라고도 하며 강관 또는 동관 또는 PVC관 등을 루프모형으로 구부려 그 구부림을 이용해 배관의 신축을 흡수하는 것이다. 구조는 곡관에 플랜지를 단 모양과 같으며, 강관으로 만든 것은 고압에 견디고 고장이 적어 고온·고압용 배관에 사용하고 곡률반경은 관지름의 6배 이상이 좋다. 설치위치는 슬리브형, 벨로즈형과 같으며 신축의 흡수에 응력이 생기는 결점이 있다. 고압증기관 등의 옥외배관에 많이 쓰이고 있다.

4) 스위블 신축이음

스윙조인트, 지웰조인트라고도 하며 주로 증기 및 온수난방용의 지관을 분기할 때 주로 사용된다. 저압증기의 분기점을 2개 이상의 엘보로 연결하여 한쪽이 팽창하면 비틀림이 일어나 팽창을 흡수한다.

스위블이음의 결점은 굴곡 부분에서 압력강하를 가져오는 점과 신축량이 너무 큰 배관에서는 나사이음부가 헐거워져 누설 우려가 있다. 그러나 설치비가 싸고 쉽게 조립해서 만들 수 있는 장점이 있다. 신축의 크기는 회전관의 길이에 따라 정해지며 직관의 길이 30mm에 대하여 회전관 1.5mm 정도로 조립하면 좋다.

볼 이음쇠를 2개소 이상 사용하면 회전과 기울임이 동시에 가능하다. 이 방식은 배관계의 축방향 힘과 굽힘 부분에 작용하는 회전력을 동시에 처리할 수 있으므로 온수배관 등에 많이 사용된다. 볼 조인트는 평면상의 변위뿐만 아니라 입체적인 변위까지도 안전하게 흡수하므로 어떠한 형상에 의한 신축에도 배관이 안전하며 앵커, 가이드, 스폿에도 기존의 타 신축이음에 비하여 극히 간단히 설치할 수 있으며, 면적도 작게 소요된다. 증기, 물, 기름 등 30kgf/cm^{2}에서 220℃까지 사용되고 있다.

Section 16 파이프의 종류 및 용도

1. 배수용 강관파이프

사용압력이 비교적 낮은 증기, 물, 기름, 가스 및 공기 등의 배관용으로 사용된다.

[표 8-5] 배수용 강관의 기호, 화학성분 및 기계적 성질

기호 KS(JIS)	화학성분 Max(%)		인장강도 kgf/mm^2(N/mm^2)
	P	S	
SPP(SGP)	0.04	0.04	30(290) 이상

2. 구조용 강관

구조용 강관은 건축, 기계 옹벽 기초, 해안매립지 기초, 도크와 수문의 방벽 기초,

크레인 기초, 철도와 도로 및 교량의 교각 기초, 항만, 하천 및 구조물의 기초 등에
사용한다.

3. 보일러용 강관

1) 용도

킬드강을 사용하여 생산한 강관을 Normalizing 열처리한 것으로 관의 내·외에 열의
전달을 목적으로 하는 보일러의 수관이나 연관, 과열기관, 공기예열기관 및 석유화학공
업의 열교환기관과 콘덴서관 등에 사용된다. 가열로용 강관이나 저온열교환기용 강관
은 포함하지 않는다.

[표 8-6] 보일러용 강관의 기호, 화학성분 및 기계적 성질

기호 KS(JIS)	화학성분 Max(%)				인장강도 kgf/mm^2 (N/mm^2)	항복강도 kgf/mm^2 (N/mm^2)
	C	Mn	P	S		
SPPS 340 (STPG 340)	0.18	0.30~ 0.60	0.035	0.035	35(340)	18(175)

2) 특징

① 최신 무산화 소둔로 설비로 완전한 Normalizing 열처리(900℃ 이상)가 가능하여
용접부, 모재부의 금속조직이 동일하다.
② 우수한 가공성으로 확관이나 U-Bending이 쉽다.
③ 온라인생산시스템으로 파이프 외관품질이 우수하며 고객의 요구에 따라 White,
Blue의 제품생산이 가능하다.
④ 비파괴검사장비로 용접부 및 모재부를 전수검사로 품질이 안정적이다.

4. 동관파이프

1) 용도

건축물의 냉·난방, 급수, 급탕, 도시가스, 소방배관 및 열교환기용으로 사용되고
있다.

2) 규격

규격은 KS D 5301에 명시되어 있으며, 제조범위는 외경은 8A~250A, 형태는 K-Type
(배관용), L-Type(배관용), M-Type(배관용), DWV-Type(오배수용) 등이 있다.

5. 스테인리스강관

스테인리스강관의 규격과 용도는 다음과 같다.

[표 8-7] 스테인리스강관의 규격

SPEC		외경(mm)		두께(mm)		길이(mm)
		Min	Max	Min	Max	
보일러		15.9	139.8	0.8	6.5	협의사항
배관용	Mill Type	13.8	406.4	1.2	8.2	
	R/B Type	273.05	1219.0	4.0	20(협의요)	
위생용		25.4	101.6	0.8	3.0	

[표 8-8] 스테인리스강관의 용도

종류	규격명	용도
배관용	배관용 STS강관	석유화학, 섬유공업, 제지 등의 내식, 내열, 저온배관
	대구경 STS강관	
	위생용 STS강관	낙농, 식품공업용 배관
	일반 배관용 강관	급수, 배수, 냉·온수배관
U-TUBE		원자력, 화력 등의 급수과열기관
열교환기용 보일러, 열교환기용 강관		보일러과열기관, 석유공업 열교환기관
생산 가능 강종	304, 304H, 304L, 310S, 316, 316L, 317, 317L, 321, DUPLEX 2205	

6. 주름관, 유공관

석유 및 천연가스산업에서 용수가스 및 석유 수송을 위한 배관용으로 사용된다.

[표 8-9] 주름관과 유공관의 종류 및 기호, 화학성분 및 기계적 성질

기호	화학성분 Max(%)				인장강도		항복강도	
APL 5L	C	Mn	P	S	PSI	kgf/mm^2 (N/mm^2)	PSI	kgf/mm^2 (N/mm^2)
A	0.21	0.90	0.03	0.030	48,000	33.7	30,000	21.1
B	0.26	1.15	0.03	0.030	60,000	42.2	35,000	24.6
X-42	0.28	1.25	0.03	0.030	60,000	42.2	42,000	29.5
X-46	0.30	1.35	0.03	0.030	63,000	44.3	46,000	32.3
X-52			0.03	0.030	66,000	46.4	52,000	35.6
X-56	0.26	1.35	0.03	0.030	71,000	49.9	56,000	39.4
X-60			0.03	0.030	75,000	52.7	60,000	42.2
X-65	0.26	1.40	0.03	0.030	77,000	54.1	65,000	45.7
X-70	0.23	1.60	0.03	0.030	82,000	57.7	70,000	49.2

7. 하수관

1) 특징

뛰어난 화학적 성질로 우·오수, 폐수라인에 적합하다. 높은 강도와 융착접합을 이용한 100% 누수 방지로 하수 및 우·오수, 폐수의 이송관로에 탁월한 성능을 발휘한다.

2) 용도

우수관, 오수관, 폐수관, 하수종말처리장, 슬러리이송관로 등에 사용한다.

8. PHP하수관 P-01 Series

1) 용도

① 하수관 : 도로, 주택, 아파트, 시가지
② 공업용 : 건설, 토목, 선박, 광산
③ 농업용 : 농업용수 송·배수관
④ 축산용 : 양돈, 양계, 양축장 하수관용
⑤ 배수용 : 운동장, 골프장
⑥ 각종 터널공사 및 댐공사 배수관
⑦ 기타 : 아파트공사 쓰레기 슈트용 등

2) 특징

① 특수 공법(BWS공법)에 의해 강도가 우수하다.
② 내구력과 내부식성이 우수하다.
③ 내열성, 내한성이 우수하다.
④ 연약지반에서도 공사가 용이하다.
⑤ 유량의 변동이 없고 통수효율이 매우 좋다.
⑥ 초경량으로 시공 및 관리가 용이하며 경제적이다.
⑦ 관의 연결부가 이탈하지 않고 누수의 염려가 없다.

Section 17 유압 잭(Jack) 및 유압 프레스(Press)의 작동원리

1. 유압 잭(Jack) 및 유압 프레스(Press)의 작동원리

밀폐된 용기 속에 정지 유체의 일부에 가해지는 압력은 유체의 모든 부분에 동일한 힘으로 동시에 전달된다. 이것을 파스칼의 원리라 한다.

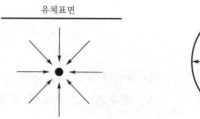
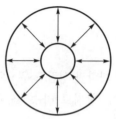

[그림 8-51] 파스칼의 원리

① 경계를 이루는 어떤 표면 위에 정지하고 있는 유체의 압력은 그 표면에 수직으로 작용한다.
② 정지 유체 내의 점에 작용하는 압력의 크기는 모든 방향으로 같게 작용한다.
③ 정지하고 있는 유체의 압력은 그 무게가 무시될 수 있으면, 그 유체 내의 어디에서나 같다.
④ 힘은 피스톤의 단면적에 비례하므로 단면적이 크면 큰 힘을 얻을 수 있다.

Section 18 축압기(Accumulator)의 정의, 용도, 종류 및 특성, 사용 시 주의사항

1. 정의

축압기는 용기 내의 압력이 있는 오일을 압입하고 고압으로 저장함으로써 유용한 작업을 하게끔 하는 압유저장용 용기로서, 유압의 에너지를 저장하는 것이다.

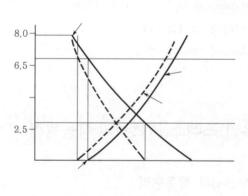

[그림 8-52] 축압기의 특성

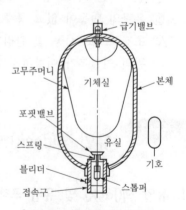

[그림 8-53] 블래더형 축압기

908

2. 어큐뮬레이터의 용도

① 충격 흡수용 : 압력이 최고일 때 여분의 오일을 저장하였다가 서지(surge)가 지난 후에 다시 내보내는 일을 하며, 이때 장치 내의 진동과 소음이 감소된다.

② 압력의 점진적 : 유압 프레스에서와 같이 고정 부하에 대한 피스톤의 동력 행정을 부드럽게 하며, 이때 상승하는 오일 압력의 일부를 흡수하여 행정을 느리게 한다.

③ 일정 압력 : 누출, 팽창, 수축 등으로 오일의 체적이 변해도 장치 내의 압력이 항상 일정한 값을 유지할 수 있게 한다.

④ 유압에너지의 축적 : 유압장치의 기능을 유지시키거나 펌프를 운전하지 않고 장시간 동안 고압으로 유지시켜 서지탱크용으로도 사용한다.

⑤ 2차 회로의 구동 : 기계의 조정, 보수 준비 작업 등으로 인해 주회로가 정지해도 2차 회로를 동작시키고자 할 때 사용한다.

⑥ 압력보상 : 유압회로 중 오일 누설에 의한 압력의 강하나 폐회로에 있어서의 유온 변화에 수반하는 오일의 팽창, 수축에 의하여 생기는 유량의 변화를 보상한다.

⑦ 맥동제거 : 유압펌프에 발생하는 맥동을 흡수하여 첨두압력을 억제하여 진동이나 소음방지에 사용하고, 이 경우 노이즈 댐퍼라고도 한다.

⑧ 충격 완충 : 밸브를 개폐하는 것에 의하여 생기는 유격이나 압력 노이즈를 제거하고, 충격에 의한 압력계, 배관 등의 누설이나 파손을 방지한다.

⑨ 액체의 수송 : 유독, 유해, 부식성의 액체를 누설 없이 수송하는 데 사용. 이 경우 트랜스퍼 바이어라고도 부르고 있다.

3. 사용상 주의점

① 어큐뮬레이터에 산소와 공기를 충전해서는 안 된다.
② 어큐뮬레이터에는 건조한 질소와 같은 가스를 충전한다.
③ 어큐뮬레이터는 작동 압력에 적합하게 충전한다.
④ 어큐뮬레이터를 유압회로에서 분리할 때는 먼저 유압을 제거한다.
⑤ 어큐뮬레이터를 분해할 때에는 먼저 가스와 유압을 제거하고, 구멍에 먼지 등이 들어가지 않도록 한다.

4. 분류

① 피스톤형 어큐뮬레이터 : 피스톤 로드가 없는 유압 실린더와 같은 구조로 피스톤은 매끈한 내면을 따라 운동하게 되어 있고, 오일과 가스를 분리하기 위한 패킹이 삽입되고 이중 패킹인 경우는 오일 압력을 줄이기 위해 브리더(breather)를 두고 있다. 크기에 비해 높은 출력을 내고 작동이 정확하지만, 가스 혼입 및 오일 누출의 문제가 있다.

② 블래더형 어큐뮬레이터 : 플렉시블 백(flexible bag) 또는 블래더(bladder)는 합성 고무로 되어 있고, 그 안에 오일과 가스가 분리되게 되어 있으며, 고무 백은 관성이 작고 응답성도 매우 좋으며, 보수도 간단하다.

③ 다이어프램형 어큐뮬레이터(diaphragm type accumulator) : 가스와 오일을 분리하기 위해 압력 변화에 대응하여 휘는 고무제의 엘리먼트 몰드로 되어 있는 금속 엘리먼트를 사용하고, 경량으로 항공기장치에 사용한다.

Section 19 밸브를 조작하기 위한 구동장치 중 전동식, 공기압식, 유압식에 대해 비교

1. 개요

Control Valve는 Controller로부터의 조작량(MV)을 기계적인 양으로 변환, 제어 대상을 움직이는 부분으로 Control Valve의 주요 기능은 제어계에 있어서 최종 제어구성요소로서 유량, 압력, 속도를 조절하고 유체의 방향 전환, 유체 유송 및 차단 역할을 담당한다.

Control Valve 구성은 본체(Body), 조작부(Actuator), 보조기(Accessary)로 구성되어 있다.

2. 전동식, 공기압식, 유압식에 대해 비교

① 공기식 : 공기압에 비례한 $0.2\sim1.0kg/cm^2$의 공기압 신호로 동작되며 신호를 그대로 밸브 구동부에 사용되고 단점은 응답성을 빠르게 하면서도 히스테리시스를 작게 하기 위해 보조기기인 Positioner를 사용하는 경우가 많으며 신뢰도가 높고 비교적 염가로서 보수가 용이하여 방폭성을 구비한다.

② 전기식 : 4~20mA 전류 신호로서 작동하는 밸브로 전동밸브나 전자밸브의 조작에는 전기 펄스 신호를 사용하여 펄스모터를 구동하여 유압식 조작기구를 조작하거나 On-Off 신호로 솔레노이드 밸브나 펌프를 조작하는 경우로 전류 신호를 사용하는 경우 전기 신호로서 직접 구동부를 조작하는 경우는 거의 없고 보조기기인 Positioner를 통해 구동부를 조작한다.

③ 유압식 : 구동부의 응답이 양호한 것과 큰 조작력이 장점이며 전기/유압 포지셔너를 개입시켜 구동부를 조작한다.

체크밸브의 종류와 특징

1. 개요

유체를 일정한 방향으로만 흐르게 하고 역류하는 것을 방지하는 데 사용하며, 사용구분 및 형식에 따라 여러 종류로 나눌 수 있다.

2. 체크밸브의 종류

① 웨이퍼식(Wafer type) : 플랜지 사이에 간단하게 설치할 수 있는 플랜지 삽입형으로서 내부에 디스크가 설치되어 있으며, 일반적으로 스프링의 복원력에 의해 폐쇄가 가능하다. 경량이며 설치공간이 작고 방향에 관계없이 설치가 간편하다.

② 분할식(Split type) : 플랜지 사이에 설치할 수 있는 웨이퍼 타입의 일종으로서 두 개의 격판이 힌지(hinge)와 멈춤핀에 의해 작동되며, 스프링 및 리테이너가 없는 구조로 되어 있다.

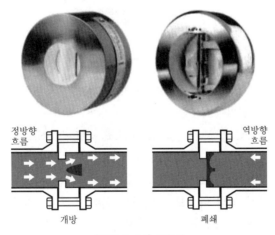

정방향 흐름　　　　　　　　　　역방향 흐름

개방　　　　　　　　　　폐쇄

[그림 8-54] 분할식

③ 스윙식(Swing type) : 한 개의 격판이 힌지에 연결되어 개방되고 폐쇄되는 구조로 되어 있으며, 격판의 자중에 의해 닫히기 때문에 항상 수평배관 및 상향 수직배관에 설치할 수 있다.

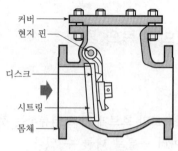

[그림 8-55] 스윙식

④ 리프트식(Lift type) : 한 개의 디스크가 자중에 의해 밸브시트에 얹혀 있는 구조로 되어 있으며, 수평배관에만 설치가 가능하다.

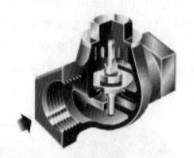

[그림 8-56] 리프트식

⑤ 머시룸식(Mushroom type) : 버섯 모양의 밸브가 시트를 개방하고 폐쇄하는 간단한 구조로 되어 있다.

⑥ 디스크식(Disc check valve) : 몸체, 디스크, 스프링, 스프링 고정장치로 구성되어 있다. 디스크가 유체의 흐름 방향으로 이동하고 이 디스크의 이동은 스프링 고정장치에 의해 고정되어 있는 스프링에 의해 저항을 받는다.

입구측 압력에 의해 디스크에 미치는 힘이 스프링, 디스크의 무게, 출구측 압력에 비해 크게 되면 디스크가 시트에서 떨어져 밸브를 통해 유체가 흐르게 된다. 밸브에서 차압이 감소되면 스프링에 의해 디스크가 시트쪽으로 밀려 역류가 발생하기 전에 밸브를 폐쇄시킨다.

스프링이 있을 경우 디스크 체크밸브는 수직, 수평의 어느 방향으로도 설치가 가능하다.

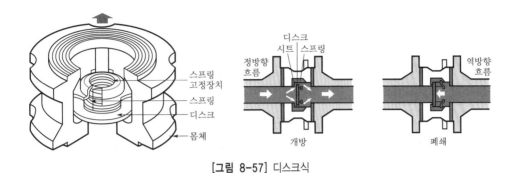

[그림 8-57] 디스크식

공압시스템에서 압축공기를 만드는 데 필요한 건조방식
의 종류와 특징

1. 개요

압축공기 내의 수분은 배관라인 내에는 부식 및 Scale을 발생시키고, 각종 공압기기
에는 오동작을 유발시켜 효율을 저하시킨다. 뿐만 아니라 제품의 질에 있어서도 좋지
않은 영향을 미치고 있다. 이에 압축기 내의 수분을 제거하고자 여러 종류의 제습기가
개발되어 사용되고 있다. 이에 수분 생성의 원리 및 각각의 제습기 종류별 특성을 이해
하여 에너지를 절감하여야 한다.

2. 건조방식의 종류와 특징

공기로부터 수분을 제거하는 데는 비용이 소요되며, 공기를 더 많이 건조시키기 위해
서는 더 많은 비용이 소요된다. 필요한 것보다 너무 큰 용량을 선정하면 비용을 낭비하
게 되므로 에어드라이어의 용량은 공기압시스템의 용도에 맞게 선정하여 실질적으로
운전비용이 절감되도록 하는 것이 필요하다.

[표 8-10] 제습기 타입별 장단점 비교

구분		압력하 노점온도	purge율	원리 및 장단점
냉동식 드라이어		4℃	–	압축공기를 냉동기로 냉각해서 수분을 응축하여 수분을 제거한다. 설치·유지비용이 저렴하나 노점온도가 높아 정밀 또는 도장공정에는 사용하기 어렵다.
흡착식 제습기	purge형 (heaterless)	–40℃	12	압축공기 속의 수분을 알루미나겔과 같은 흡착제의 미세한 구멍에 모세관현상을 통해 수분을 흡착 제거하는 방식이며, 흡착제 재사용을 위한 건조 시 생산한 건조공기를 이용하는 방식이므로 많은 퍼지에어가 소모되어 에너지 낭비가 심하다. 구조가 간단하고 고장이 적으며 수분 제거율이 뛰어나다.
	heater형	–40℃	8	heaterless타입과 제습방식은 동일하나 흡착제 건조방식이 전기 또는 스팀히터를 이용하므로 고장율과 제습제 손상이 많고 전기에너지 소모도 많으며, 또한 쿨링 시에 건조공기를 퍼지에어로 사용하므로 압축공기 소모도 있다.
	non purge, heater형	–10℃	–	heaterless타입과 제습방식은 동일하나 흡착제 건조용 열원을 공기압축과정에서 발생되는 폐열을 이용하므로 전기에너지를 대폭 절약할 수 있다. 그러나 흡착제가 고가이며 노점온도가 높아서 초정밀공정에는 적합하지 않다.
	blower형	–40℃	5	heater형과 같은 제습원리를 가지고 있으나 히팅 시에 건조공기를 퍼지에어로 사용하는 대신 블로어를 사용함으로써 퍼지에어를 줄여 에너지를 절감하는 에너지 절약형 제습기이다.
복합형 제습기		–60℃	3.5	냉동식 제습기와 흡착식 제습기를 조합해서 구성되어 있으며 전단에 냉동식 제습기에서 수분을 90% 이상 제거한 후 후단에서 흡착식 제습기로 완전 건조하는 방식이다. 초기 투자비용이 다소 소요되나 수분 제거율이 뛰어나고 흡착식 제습기를 소형화할 수 있기 때문에 유지비용이 기존의 흡착식보다 적게 든다.

※ 일반적으로 퍼지율은 위와 같지만 설정퍼지압력에 따라 퍼지량이 달라지므로 진단 시에 반드시 설계퍼지율을 확인해야 한다.

체크밸브 슬램(check valve slam) 방지대책

1. 개요

체크밸브(check valve)라 함은 배관상에서 오직 한 방향으로 흐름을 유지해야 할 필요가 있는 경우에 역류를 방지하기 위하여 사용하는 밸브로 역지밸브 또는 논리턴밸브(non-return valve)라고도 한다.

2. 체크밸브 슬램 방지대책

슬램(slam)이라 함은 DISC 자중 및 유체의 역류에 의한 닫힘 시 체크밸브의 디스크가 '쾅'하고 닫히는 현상으로 설치하는 위치와 압력의 고저를 고려하여 방지할 수가 있다.

① 웨이퍼체크밸브 및 스윙체크밸브는 왕복동펌프 및 왕복동압축기의 인입측과 토출측, 또는 이와 유사한 맥동이 발생되는 곳에는 적절하지 않다.

② 수직배관에 설치된 체크밸브는 유체가 위로 흐르도록 설치되어야 하며, 체크밸브 위에는 내부유체를 드레인할 수 있는 드레인밸브 또는 드레인홀(hole)을 설치할 필요가 있다.

③ 저압의 유체가 고압의 시스템으로 흐르도록 의도된 경우 저압측에 체크밸브가 설치되어야 하며, 이 체크밸브의 압력등급(pressure rating)은 고압측의 등급을 따라야 한다.

④ 고압시스템의 갑작스런 압력강하로 인해 저압측의 유체가 의도되지 않게 고압시스템으로 유입될 수 있으면 고압시스템에도 체크밸브가 설치될 수 있다.

⑤ 펌프 등의 토출측에 압력계기, 체크밸브 및 차단밸브가 필요한 경우에는 펌프 등에서 압력계기, 체크밸브 및 차단밸브의 순서로 설치하는 것이 좋다.

⑥ 간헐적인 서비스용 체크밸브 또는 일체형 시스템(skid-mounted system)에 설치된 체크밸브를 제외하고는 호칭경 80A(NPS3) 이상인 모든 체크밸브의 상류측과 하류측에는 난류영향 배제(turbulence free)를 위한 다음과 같은 최소 거리 이내에는 배관피팅류(엘보, 리듀서, 티 등) 또는 유량제한장치(오리피스, 컨트롤밸브 등)를 설치하지 않는 것이 좋다. 이 거리는 체크밸브 종류 및 제작업체에 따라 다를 수 있다.

　㉠ 상류측 : 배관지름의 5배 거리

　㉡ 하류측 : 배관지름의 2배 거리

3. 체크밸브 선정 시 고려사항

체크밸브는 다른 밸브와는 달리 한 번 설치되면 보수 등의 문제를 간과하기 쉬우므로 최초 선정 시 주의가 필요하다. 선정 시 고려할 사항은 다음과 같다.

① 디스크 완전개방 및 정지위치에서 견고한 디스크 지지를 위한 유량
② 최대 유량에서 압력강하 정도
③ 부분개방 시의 디스크의 안정성 및 상류측(upstream) 변동에 대한 디스크의 민감성
④ 시스템의 역류율에 대한 체크밸브의 닫힘속도
⑤ 기밀의 유효성 및 유지보수의 용이성
⑥ 캐비테이션 억제
⑦ 체크밸브의 설치위치 등

Section 23 압력배관 두께 선정에 사용되는 스케줄번호(schedule number)

1. 개요

배관의 두께를 나타내는 스케줄은 숫자를 이용해서 표기하는데 5, 5S, 10, 10S, 20, 20S, 30, 40, 40S, 60, 80, 80S, 100, 120, 140, 160 등이 있다. 배관의 크기마다 각 스케줄이 나타내는 두께는 다르다. 예를 들어, SCH. 40이라고 하면 NPS4에서는 6.02mm를 나타내지만, NPS6에서는 7.11mm를 나타낸다.

2. 스케줄번호

관의 두께를 나타내는 번호로 스케줄번호는 10~160으로 정하고 30, 40, 80이 사용되며, 번호가 클수록 두께는 두꺼워진다. 스케줄번호는 해당 배관의 운전압력(P)을 배관 재질의 최대 허용응력(S)으로 나눈 값에 1,000을 곱한 것으로써 압력과 최대 허용응력의 단위는 kgf/cm² 를 사용한다.

$$\text{SCH.No.} = 1,000 \times \frac{P}{S}$$

공기압축기에서 노점온도 정의, 압축공기에 이물질의 종류와 영향, 배관계통에 설치하는 부속기기와 설치목적

1. 노점온도 정의

어떤 습공기의 수증기분압에 대한 증기의 포화온도를 말한다. 즉 이것과 같은 수증기분압을 가진 포화공기의 온도이다. 어떤 습공기에 그 노점온도 이하의 온도를 갖는 물체가 닿으면 그 물체의 표면에 이슬이 생긴다.

2. 압축공기에 이물질의 종류와 영향

오염물질의 형태는 다음 3가지로 나뉜다.

① 고체 : 대기 중에서 흡입된 고형체, 압축과정에서 발생한 부식물, 배관 내부의 부식물, 미세한 박테리아류

② 액체 : 응축수, 오일방울, 에어로졸

③ 기체 : 오일미스트, 불포화 탄화수소, 부식성 가스

고강도의 금속성 미세입자는 기계장치의 작동 부위(moving part) 사이에 들어가서 마모를 급속히 촉진시킨다. 그리스 또는 오일과 결합되면 원치 않는 연마제로 작용될 수 있다.

3. 배관계통에 설치하는 부속기기와 설치목적

압축기의 구성은 산업체 생산제품에 따라 압축기시스템은 조금씩 차이가 있으나 일반적으로 다음과 같은 구조로 설치되어 있다.

① 후부냉각기(after cooler) : 압축기 후단부(discharge)에서의 공기온도는 최고 250℃ 정도까지 상승하므로 탱크, 배관 등 송출 도중에서의 방열량으로는 충분히 냉각이 될 수 없으므로 송출온도 그대로 사용할 경우 사용기기에서 패킹의 열화를 촉진하거나, 말단에서 냉각된 수분이 배출되어 사용기기에 나쁜 영향을 미친다. 따라서 후부냉각기를 설치하여 공기온도를 낮추고 수분도 어느 정도 분리하여야 효과적이다.

② 공기압탱크(receiver tank) : 공기압탱크는 공기의 압축성을 충분히 갖도록 함으로써 소비량의 변동에 대응하여 압축기의 맥동을 제거하거나 탱크의 표면에서의 방열을 이용하여 냉각작용을 돕는 것도 가능하다. 또 저장된 공기를 정전 시 사용하는 것도 가능하다.

③ 에어필터(air filter) : 압축된 공기에 포함된 먼지 등 이물질은 공압기기 및 생산제품에 불리한 영향을 끼치므로 이를 제거하기 위하여 공기필터를 설치한다.

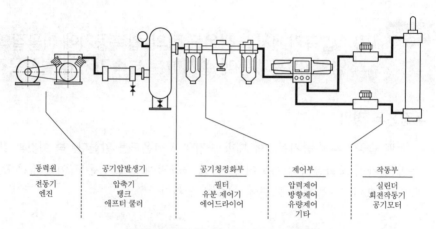

동력원	공기압발생기	공기청정화부	제어부	작동부
전동기 엔진	압축기 탱크 애프터 쿨러	필터 유분 제어기 에어드라이어	압력제어 방향제어 유량제어 기타	실린더 회전작동기 공기모터

[그림 8-58] 일반적인 공기압축기시스템

④ 드레인트랩 : 애프터쿨러 출구 부분, 리시버탱크 하단부, 에어필터 하단부, 배관라인 도중에 부착하여 분리되는 수분이나 오일을 배출시키는 것으로 자동적으로 일정량이 모이면 배출시키는 자동배출기나 타이머로 작동하는 전자식(auto trap)이 있다.

⑤ 공기건조기(air dryer) : 후부냉각기나 탱크에서의 냉각으로는 수분 제거가 불충분하므로 강제적으로 수분을 제거하여 가압하(압축기 내 발생압력) 노점을 하향시키기 위해 에어드라이어를 설치한다.

CHAPTER 09

기계제작법

CHAPTER 69 기계재료법

산업기계설비기술사

프레스에서 작업할 수 있는 작업종류를 분류하고 각 분류별 성형작업 2가지 이상 기술

1. 개요

프레스가공은 각종 기계와 시계, 카메라, 계기, 타자기 등 많은 일용 기기 등의 광범위한 공업제품에 응용되며, 종전에 주물, 다이캐스트, 단조물로 만들어졌던 것이 프레스가공품으로 많이 대체되고 있다.

프레스가공의 특징은 경량이며 강하고 정확한 형상과 치수를 가지는 제품을 얻을 수 있는 것, 가공시간 및 노력의 소비가 다른 가공법에 비하여 훨씬 적으며 제품에 호환성이 있어서 다량생산에 적합한 것이며, 가공은 자동조작의 범위가 넓어 고도의 숙련을 요하지 않는 것 등이다. 가공재료로는 금속 이외에 종이, 합성수지 등도 이용된다.

일반적으로 가장 간단한 경우의 프레스가공은 펀치와 다이로 되는 한 쌍의 형을 사용하여 보통 다이형을 고정하고, 펀치가 수직으로 움직여 다이형 위에 놓은 피가공물에 압력을 가하여 가공하는 것이다.

2. 프레스가공의 분류

프레스가공은 주로 판재의 가공으로 그 작업을 분류하면 다음과 같다.

1) 전단작업(shearing operation)

형으로 판재를 소요의 형상으로 전단하는 것으로 사용하는 형의 종류에 따라 다음과 같이 구분된다.

① 블랭킹(blanking)
② 구멍뚫기(punching)
③ 전단(shearing)
④ 분단(parting)
⑤ 노칭(notching)
⑥ 트리밍(trimming)

2) 성형작업(forming operation)

판재의 두께를 변화시키지 않고 형상을 변경시키는 것을 목적으로 하는 작업은 다음과 같다.

① 굽힘(bending)
② 비틂(twisting)
③ 비딩(beading)
④ 플랜징(flanging)
⑤ 버링(burring)
⑥ 컬링(curling)
⑦ 시밍(seaming)
⑧ 딥드로잉(deep drawing)
⑨ 벌징(bulging)
⑩ 인장(stretching)
⑪ 평판(flattening and straightening)

3) 압축작업(squeezing operation)

판재의 두께를 변화시켜 성형하는 작업으로 압인(coining), 엠보싱(embossing), 스웨이징(swaging), 압출(extrusion, 주로 impact extrusion), 버니싱(burnishing) 등이 있으며 냉간가공으로 한다.

전단·성형작업은 주로 크랭크프레스를 사용하고, 압축작업은 주로 마찰프레스나 토글프레스, 드롭해머, 수압프레스 등을 사용한다.

3. 프레스가공용 기계

프레스가공에 사용되는 기계는 주로 동력프레스, 그중에서도 특히 기계프레스가 많이 사용되고 있다.

1) 인력프레스

① 수동프레스 ┬ 핸드프레스
             ├ 나사프레스
             └ 랙프레스

② foot프레스

2) 동력프레스

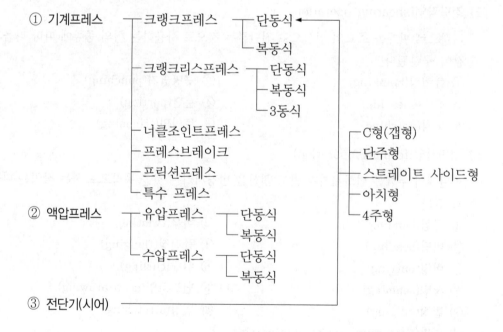

일반적으로 프레스는 동력원으로 대분류를 하고 전도기구로 소분류를 하며, 다시 프레임의 구조형식이나 슬라이드(램이라고도 함)의 작동방식 등에 의한 분류를 조합시킨다. 인력프레스는 강력가공에는 무리이며 얇은 판금, 베이크라이트 및 후지 등 재료에 한정된다.

동력프레스는 가장 용도가 넓고 공장에 설치되는 프레스의 대부분이 이것에 속한다. 작업방식에 따라 단동식과 복동식으로 대별되나 기구상으로는 크랭크프레스, 마찰프레스 및 토글프레스로 분류된다.

3) 크랭크프레스

플라이휠이 저장한 동에너지를 크랭크기구로 직선운동으로 변환하여 압축가공을 하기 위하여 이동형을 고정한 슬라이드에 승강운동을 일으키게 하는 기계이다. 동력프레스 중 사용범위가 가장 넓다.

크랭크의 회전속도, 즉 슬라이드의 매분 행정수는 하중의 크기, 가공조작이 수동인가 자동인가의 구별 등 각종의 요소를 감안하여 적당히 정해지며, 회전수의 변환은 할 수 없는 것이 보통이고 운전방식에 따라 비교적 저속회전을 하는 기어식 프레스와 고속회전을 하는 직동식 프레스가 있다. 또한 크랭크 수에 따라 단식과 복식(double crank type)으로 나누어진다(복식에서는 보통 크랭크는 2개이다). 복식은 가공면적이 큰 작업에 적합하여 자동차의 차체판금의 프레스가공 등에 응용된다. 크랭크축은 가공압력이 작용하는 위치가 슬라이드행정의 최하위 근처에서 행해지도록 형의 설계와 설치에 유의해야 한다.

크랭크축의 직경으로 정하는 방법에서는 상기의 경우 크랭크축의 굽힘강도로부터 계산하여 다음과 같이 표시한다.

$$공칭가압능력 \quad P(t) = Cd^2$$

여기서, d[cm]는 크랭크축의 직경, C는 상수로, 크랭크축의 형식이나 재료에 따라서 다르나 0.4~1.2의 범위로 취한다. 또한 디프드로잉용 프레스와 같이 행정이 길고 상사점에서 하중을 받기 시작하는 크랭크축은 비틀림 모멘트도 받으므로 공칭가압능력은 프레스가 행정의 중앙에서 낼 수 있는 중점가압능력으로 표시하고 $P(t) = Cd^2$에서 상수 C를 크랭크축의 형식, 재료 및 행정의 크기에 따라 0.2~0.7로 취한다.

4) 마찰프레스

플라이휠에 회전에너지를 저장하여 그 전부를 1회의 가공에 소비하는 것으로, 일반적으로 압축행정의 최종 위치에서 큰 압력을 필요로 하는 압축작업에 적합하다.

전동기로 상부의 마찰차를 돌리고 슬라이드의 상부에 있는 수평한 플라이휠에 한쪽의 마찰차를 밀어붙여서 마찰력으로 이 플라이휠을 구동하여 플라이휠의 회전운동을 나사기구로 슬라이드의 직선왕복운동으로 바꾸어 작업을 한다. 플라이에 접하는 마찰차를 좌우 바꿈으로써 슬라이드의 상승과 하강을 가져온다. 작업 정도가 나쁘고 구조상 연속운전을 할 수 없어서 생산성이 낮은 결점이 있으나, 슬라이드의 행정길이를 자유로이 택할 수 있는 장점이 있으므로 크게 정밀성을 요하지 않는 작업에 많이 이용된다.

최대 가압력은 피가공물이 변형에 저항하는 최대 수직력(P)에 같아야 한다. 평균저항력을 $P/2$라고 계산하여 압축을 받은 수직거리를 t라 하면 재료의 가압가공에 필요한 에너지는 $Pt/2$이다. 플라이휠의 회전동에너지를 E라 하면 E는 1회의 가공으로 전부가 소비되는 기구이므로 최대 가압력은 다음 식으로 구해진다.

$$P = \frac{2,000\eta E}{t} \fallingdotseq \frac{10^3 \eta W (\pi DN/60)^2}{gt} \text{ [kgf]}$$

여기서, t : 압축깊이(mm), N : 플라이휠의 회전수(rpm)

η : 기계효율, D : 림의 평균직경(m)

E : 플라이휠이 가지는 에너지(kgf·m), W : 플라이휠의 림(rim)의 중량(kgf)

5) 토글프레스(toggle press 또는 knuckle joint press)

일역비를 증대시키고 가압 때의 충격을 적게 하기 위하여 토글기구를 사용한다. 토글기구의 상측을 기계프레임에 고정하고 그 반대측에 이동형을 연결한 것으로 크랭크기구로 토글을 거의 직선상이 되기까지 뻗게 하여 이동형에 일정한 행정을 주도록 한다.

토글프레스는 크랭크프레스보다 압축시간이 길고 평균압축속도가 작다. 즉 완속의 압축이 가능하므로 압축가공에는 매우 적합한 성능을 가지며, 소재의 두께가 일정하면 토글프레스에 의한 가공은 완성지수가 가장 정확하다.

6) 복동식 프레스

주로 디프드로잉가공에 사용되며, 디프드로잉용 복동형을 붙이고 작업한다. 디프드로잉용 복동형은 이동형, 고정형 및 블랭크홀더(blank holder)의 세 부분으로 되며, 그중 2개가 이동하는 구조이다. 따라서 이 복동형을 조작하는 복동프레스에는 이동공구의 장착부가 2개소 있어서 같은 축으로 운전되나 각각 적당한 순서를 따라 따로 필요한 행정을 행하도록 되어 있다.

표면거칠기

1. 개요

기계가공 표면은 대체로 선삭(turning), 밀링(milling), 연삭(grinding), 래핑(lapping), 호닝(honing) 등 금속가공에 의해 이루어진다. 이때 사용한 공작기계의 종류에 따라 가공품의 표면거칠기 형태가 달라지며, 같은 공작기계를 사용했을 경우에도 기계의 마모, 절삭공구의 조건, 가공 표면의 성분, 절삭방법, 작업자의 습관, 환경조건 등에 따라 그 치수 및 표면거칠기가 달라진다.

표면거칠기는 마치 제품의 지문과 같고 생산과정 중 거의 마지막 단계에서 측정되기 때문에 거칠기 측정은 제품의 규격통제에 있어서 가장 효율적인 방법 중의 하나이다. 제품의 외관을 좋게 하여 소비자의 구매력을 자극하고 기계적 기능과 수명을 연장하기 위해서도 표면거칠기 측정의 중요성을 잊어서는 안 된다.

2. 표면거칠기의 측정대상과 표면구조

1) 표면거칠기의 측정대상

공업분야에서 표면거칠기 측정이 요구되는 주요 대상을 정리하면 대체로 [표 9-1]과 같다.

[표 9-1] 표면거칠기의 주요 측정대상

요구되는 곳	측정 부분	예
기능 향상	① 기계류 운동 부분 ② 측정의 기준면 ③ 유밀, 기밀을 요하는 부분 ④ 절단용 날 부분 ⑤ 전기적 접촉 부분 ⑥ 광학 부분 ⑦ 기타	• 기어, 베드면 피스톤, 축 • 기어블록, 마이크로미터 • 피스톤 링, 밸브, 하이드로릭실린더 • 커터, 레이저 • 스위치, 배전기 • 거울, 렌즈 • 컴퓨터디스크, 반도체, 세라믹 원판
접착력	• 도장 부분, 프린팅서킷	
내식성	• 보호피막, 도금 부분	
외 관	• 시계케이스, 고급제품의 표면	
선명도	• 활자, 인쇄종이	
위 생	• 화장품 용기, 식기, 통조림통, 의치재료, 의료기기	

2) 표면구조

기계적으로 가공된 모든 표면은 고유의 표면구조를 갖는다. 표면구조란 표면의 입체적 구조를 형성하는 실측 표면의 공칭, 표면에 대한 변위를 말하는데 거칠기(roughness), 파상도(waviness), 결(lay), 홈(flaw) 등으로 이루어진다.

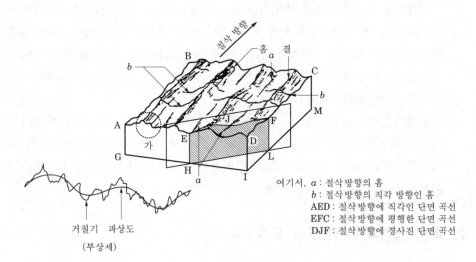

여기서, a : 절삭방향의 홈
b : 절삭방향의 직각 방향인 홈
AED : 절삭방향에 직각인 단면 곡선
EFC : 절삭방향에 평행한 단면 곡선
DJF : 절삭방향에 경사진 단면 곡선

[그림 9-1] 부품의 표면형상

① 표면거칠기(surface roughness) : 표면거칠기는 어떤 가공된 표면에 작은 간격으로 나타나는 미세한 굴곡이며, 주로 공작과정에서 가공방법이나 다듬질방식에 따라 모양과 크기가 다르게 나타난다.

② 파상도(waviness) : 파상도는 거칠기의 간격보다 큰 간격으로 나타나는 표면의 굴곡을 말하는데 공작과정에서 일어나는 여러 변위, 즉 진동 또는 공작기계와 시료(試料) 사이에서 일어나는 자기 이변(chatter)이나 재료의 열처리 불균일 등의 원인으로 나타난다.

③ 결(lay) : 결은 주로 가공방식에 따라 다르게 나타나는 표면의 주된 무늬의 방향을 말한다. 이 무늬의 방향은 촉침식 표면거칠기 측정기로 거칠기를 측정할 때 촉침의 진행방향을 결정하는 중요한 요소가 된다. 일반적으로 설계도면상 특별한 지시가 없는 한 거칠기는 결의 직각방향으로 측정된다.

④ 홈(flaw) : 홈은 비교적 불규칙하게 공작물 표면에 나타나는 여러 가지 결함으로 긁힘(scratch), 갈라진 틈(crack), 불순물에 의한 작은 구멍(blow holes) 등이 이에 속한다. 홈은 특별한 지시가 없는 한 거칠기 측정에 포함되지 않는 것이 통례이다.

3. 표면거칠기 파라미터

표면거칠기 파라미터(parameter)들은 크게 다음과 같은 세 가지로 분류할 수 있다.
① 표면형상의 높이방향과 관계 있는 파라미터
② 표면형상의 길이방향과 관계 있는 파라미터
③ ①과 ②를 포함하는 복합파라미터

여기에서는 단면의 높이방향과 관계 있는 파라미터에 있어서 현재 가장 많이 쓰이고 있는 R_a, R_z, R_{max} 등은 모두 이 범주에 속하며 산과 골에 관련하여 정의되어 있기 때문에 비교적 간단하므로 많이 사용되고 있다. 그 종류는 다음과 같다.

1) 단면산높이(profile peak height : y_p)

거칠기의 중심선 m으로부터 각 단면산까지의 최대 높이를 말한다.

2) 단면골깊이(profile valley depth : y_v)

중심선 m으로부터 각 단면골까지의 최대 깊이를 말한다.

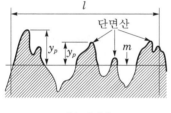 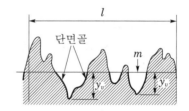

(a) 단면산　　　　　　　　　　　　　　(b) 단면골

[그림 9-2] 단면의 산과 골

3) 단면요철높이(profile irregularity height)

서로 이웃한 단면산과 단면골의 높이와 깊이의 절대값을 합하여 단면요철높이라고 한다.

4) 최대 단면산높이(maximum profile peak height : R_p)

중심선에서부터 가장 높은 단면산의 높이를 말한다.

5) 최대 단면골깊이(maximum profile valley depth : R_v)

중심선에서부터 가장 깊은 단면골의 깊이를 말한다.

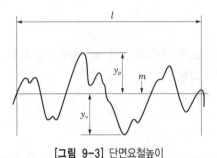

[그림 9-3] 단면요철높이

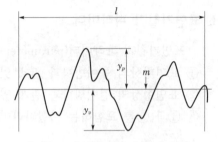

[그림 9-4] 최대 단면산높이와 골깊이

6) 최대 높이(maximum of the profile : $R_{\max}$)

한 기준길이 안에서 단면곡선의 최저점으로부터 최고점까지의 높이를 최대 높이 ($R_{\max}$)라 한다. 즉 $R_{\max} = R_p + R_v$이 성립하며 $R_{\max}$를 구할 때는 중심선(m)을 결정하지 않고서도 얻을 수 있기 때문에 $R_{\max}$는 비교적 많이 쓰이는 파라미터이다.

7) 최대 단면높이(maximum peak to valley height : R_t)

$R_{\max}$와 비슷한 파라미터로서 R_t가 있으며, 이것들은 서로 구별하지 않고 사용되어 왔으나 요즘은 별개의 파라미터로 취급한다. R_t가 $R_{\max}$와 다른 점이라면 $R_{\max}$가 한 기준길이 안에서 측정되는 것인 데 반해, R_t는 몇 개의 기준길이, 즉 평가길이 안에서 측정된다는 점이다.

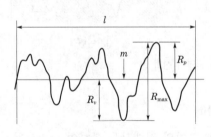

[그림 9-5] 최대 높이

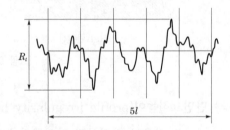

[그림 9-6] 평가길이 내에서의 최대 단면 높이(R_t)

8) 10점 평균거칠기(ten point height of irregularities : R_z)

R_z도 R_t와 마찬가지로 단면곡선의 그림으로부터 손쉽게 구할 수 있다. 즉 측정기로 시편 표면의 거칠기를 측정하여 그 단면곡선이 [그림 9-7]과 같이 나타났을 때 가장 높은 산부터 5번째까지 높은 산높이들의 평균과 가장 깊은 골의 깊이부터 5번째까지 깊은 골의 깊이들의 평균의 합을 10점 평균거칠기라 하며, 이것을 식으로 나타내면 다음과 같다.

$$R_z = \frac{|y_{p1}| + |y_{p2}| + \cdots + |y_{p5}|}{5} + \frac{|y_{v1}| + |y_{v2}| + \cdots + |y_{v5}|}{5}$$

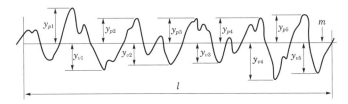

[그림 9-7] 10점 평균거칠기(R_z)

9) 평균 최대 높이(R_{tm})

R_{tm}은 R_t값들의 평균으로 주어지는 값이다. 즉 기준길이마다의 R_{max}를 평균한 것 (보통 5개의 기준길이에 대하여) R_{tm}이 된다. R_{tm}의 의미는 R_t의 평균이라는 뜻이지만 실제로는 R_{max}의 평균값을 나타내므로 혼동하지 않도록 유의하여야 한다([그림 9-8] 참조).

$$R_t = R_{\max3}, \quad R_{tm} = \frac{1}{5}(R_{\max1} + R_{\max2} + R_{\max3} + R_{\max4} + R_{\max5})$$

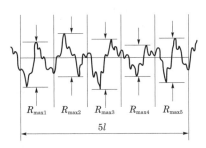

[그림 9-8] R_{tm}, R_t, R_{max}의 비교

10) 평균R_z(R_{zm})

R_{zm}도 R_{tm}과 비슷하게 평가길이 내의 각 기준길이 안에서 측정된 R_z값들을 평균한 값이다.

11) R_{3y}, R_{3z}

[그림 9-9]에서 각각 기준길이마다 3번째 산과 3번째 최대 골 사이의 높이차를 R_{3y}, R_{3y2}, R_{3y5}로 나타내었는데 그중 최대값이 R_{3y}가 되며, 그 평균값들은 R_{3z}가 된다.

$$R_{3y} = R_{3y3}, \ \ R_{3z} = \frac{1}{5}(R_{3y1} + R_{3y2} + R_{3y3} + R_{3y4} + R_{3y5})$$

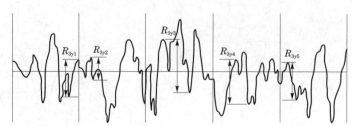

[그림 9-9] R_{3y}와 R_{3z}

12) 중심선 평균거칠기(R_a)

$R_{\max}$, R_z와 함께 KS B 0161에 규정되어 있는 거칠기 파라미터인 R_a는 중심선 평균 거칠기를 나타내며([그림 9-10] 참조) CLA(center line average), AA(arithmetic average)로도 표기된다. R_a는 한 기준길이 내의 산과 골의 높이와 깊이를 기준선을 중심으로 평균하여 얻어지는 값으로 식으로 나타내면 다음과 같다.

$$R_a = \frac{1}{l}\int_0^1 |\,y(x)\,|\,dx$$

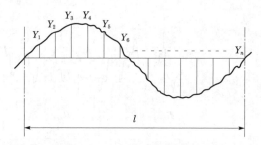

[그림 9-10] 중심선 평균거칠기(R_a)

Section 3 냉간가공과 열간가공의 장단점

1. 개요

철이나 동, 황동 같은 보통의 금속이 상온에서 소성변형을 받으면 가공경화를 일으키며 더욱 큰 소성변형을 일으키려면 보다 큰 힘을 가해야 한다. 그리고 변형이 커져서 경화가 심해짐에 따라 재료의 변형능력은 감소되어 드디어 파괴된다.

따라서 파괴를 일으키기 전에 어닐링을 하여 변형능력의 회복을 이룩한 후 다시 더 큰 변형을 주도록 해야 한다. 같은 재료의 재결정온도 이상의 온도에서 가공하면 가공경화도 일으키나 동시에 어닐링작용으로 연화도 이루어져서 가공이 매우 용이해진다.

이와 같이 재결정온도 이상까지 가열한 채 가공하는 것을 열간가공(hot working)이라 하고, 재결정온도 이하에서의 가공을 냉간가공(cold working)이라 한다. 금속에 따라서는 실온에서의 가공이 반드시 냉간가공이라고 할 수는 없다.

2. 냉간가공과 열간가공의 장단점

1) 냉간가공(cold working)

재료를 가열하지 않고 가공하는 방법으로 그 특징은 다음과 같다.
① 가공면이 아름답고 정밀한 형상의 가공면을 얻는다.
② 가공경화로 강도가 증가되며 연신율은 감소된다.
③ 상온에서 가공하므로 동력손실이 많다.

2) 열간가공(hot working)

재결정온도 이상의 온도에서 가공하는 방법으로 그 특징은 다음과 같다.
① 거친 가공에 적당하다.
② 재결정온도 이상으로 가열하므로 가공이 쉽다.
③ 산화로 인하여 정밀한 가공은 곤란하다.
④ 열간가공을 할 때 전연성이 적고 파괴하기 쉬워지는 적열취성(hot shortness)이 발생할 때가 있다.

Section 4 | **일반 산업기계구조물을 CO_2아크용접 시 용접결함으로 기공, 피트, 웜홀이 발생되는 원인과 대책**

1. 개요

용접은 순간적으로 용접봉과 모재를 용융하여 결합하므로 용접 중 발생하는 수소, 질소, 일산화탄소, 아르곤 등의 가스나 아연, 증기 등의 기체가 용접금속 내부에 발생하여 결함을 발생한다.

결합은 치수결함, 구조의 결함, 성질상의 결함이 있으며 [그림 9-11]은 치수상의 결함, [그림 9-12]는 성질상의 결함을 보여주고 있다. 기공의 결함은 일반적으로 피트와 블로우홀로 나누고 블로우홀은 용착금속 중에 생기는 둥근 모양 또는 거의 둥근형태의 텅 빈 구멍형태의 모습으로 나타나며, 피트는 비드의 표면에 생긴 작은 구멍이다. 또한 블로우홀이 가늘고 길게 변화해서 가스의 압력에 의해서 비트 표면에 옴폭 파인 지렁이 형태로 연속적으로 발생하는 표면 결함을 웜홀이라 한다.

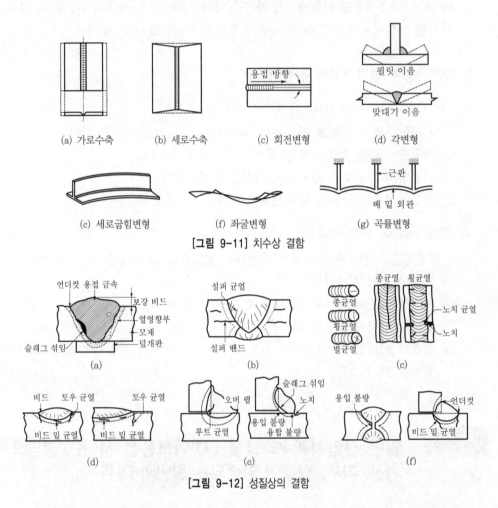

(a) 가로수축　　(b) 세로수축　　(c) 회전변형　　(d) 각변형

(e) 세로굽힘변형　　(f) 좌굴변형　　(g) 곡률변형

[그림 9-11] 치수상 결함

[그림 9-12] 성질상의 결함

2. CO₂ 아크 용접 시 용접결함으로 기공, 피트, 웜홀이 발생하는 원인과 대책

기공(porosity) 결함은 아크 내에 공기가 침투하였을 때, 용접전류가 과다할 때, 아크(arc) 길이가 길 때, 용접봉 또는 이음부에 습기가 많을 때, 이음부에 유지, 페인트, 녹 등을 완전히 제거하지 않았을 때 발생한다. 또한 모재 중의 유황량이 많은 경우도 발생하기 쉬운데 이런 경우 저수소계 용접봉을 사용하므로 예방할 수 있다. 기공의 형태 중 특히 파이프의 경우 용접 이음부의 미 용착을 수반하여 용입 부족이나 융합불량의

존재를 나타내는 증거가 되기도 하며 Back Chip을 밀착시킨 맞대기 용접부나 T형 필렛 용접부와 같은 종류의 용접 이음부 중에 가스의 이탈방향으로 늘어진 형태로 갇히게 됨으로 발생한다. 또한 1 Pass 용접 시 용접아크가 불안정한 경우 루트부에 가늘고 긴 선상의 기공이 발생하기도 하는데 이를 중공비드(Hollow Bead)라고 한다. 용접금속 내부에 존재하는 것을 기공이라 하고 비드 표면에 입을 벌리고 있는 것을 피트(Pit)라고 한다. 기공 결함이 발생하는 위치나 형태는 발생 원인에 따라 분류하며 방지대책은 다음과 같다.

1) 실드가스

실드가스가 아크나 용융지를 충분히 보호하지 못하면 공기 중의 질소가 용융금속 중에 혼입되어 용입 블로우홀의 원인이 된다. 이 질소는 고온에서 용융금속 중에 원자의 형태로 존재하지만, 냉각 중엔 질소분자의 기체가 되어 용융금속 중에 기포로 나타난다. 이 기포가 미처 빠져 나가지 못한 상태에서 용융금속이 응고되면 벌레모양의 블로우홀이 용접부에 남게 된다. 방지대책은 실드가스의 보호 상태를 좋게 하며 보통 마그나 미그용접에서 풍속을 2m/sec 이하로 하면 개선할 수가 있다.

2) 용접재료

프라이머로 도장된 강판의 용접 시에 발생하는 기공결함은 프라이머가 아크열로 분해되어 발생하는 수소, 이산화탄소 가스 등이 원인으로 발생한다. 이 프라이머 막의 두께가 두꺼울수록 기공결함이 발생하므로 두께의 관리는 중요하다. 프라이머 도장강판의 용접 시에 발생하는 기공결함에 대해선 프라이머 종류에 따라 적절한 플럭스 와이어를 선택함에 따라 큰 폭으로 개선할 수가 있다.

아연 도금된 강판의 용접에선 솔리드 와이어에 의한 기공 방지법이 있으며 겹치기 이음용접에서 모재와 모재끼리 닿는 부분에서 발생한 아연증기가 용융지에 침입해서 기포가 되는 것을 억제한다.

또는 기포가 성장하는 것을 억제하는 방법으로 솔리드 와이어의 성분을 조정하는 것에 의해 용융금속의 점도나 표면장력을 높이면 피트 등 결함 발생률을 최소화시킬 수가 있으며 솔리드 와이어에는 아르곤과 CO_2용과, CO_2전용이 있다.

3) 용접전원

펄스 미적용 마그, 미그용접에 있어서 아크전압을 너무 낮추면 단락 해방 시에 아크나 용융지의 불안정현상이 생기며, 이때 실드 가스를 끌어들이기 때문에 블로우홀이 발생하기 쉽게 된다.

그러나 저전압 영역까지 단락이 생기지 않는 펄스 마그, 미그용접에서는 안정된 용적이행이 가능하고 아크도 안정되어 저전압영역에서 블로우홀을 줄일 수가 있다.

4) 모재의 표면상태

용접 열로 가스화되는 물질이 모재 표면에 있으면 기공결함이 생기기 쉽게 된다. 주로 수분, 기름, 강재 표면의 녹 등의 오염물질이나 강재 표면에 부식을 방지하기 위한 페인트나 도금 등이 원인이 된다. 특히 T이음부나 겹치기 이음부의 용접일 경우 접합면에 남아 있는 물질이 가스화하여 루트부에 블로우홀을 발생시킨다. 따라서 상기 원인을 충분히 제거한 다음 용접을 진행한다.

5) 용접조건

용접전류, 아크전압, 용접속도 등의 용접조건이 부적절한 경우도 기공 발생의 원인이 된다. 예를 들어 용접전류를 크게 해서 고속으로 용접을 하면 길게 늘어난 용융지에 충분히 실드기능을 발휘 못하여 블로우홀이 발생하고 또 아크전압이 너무 낮으면 아크가 불안정하게 되어 용융지 안에 실드가스가 혼입하여 결함을 유발한다. 따라서 모재의 특성에 따라 용접조건을 현장에서 적용하는 능력이 중요하다.

Section 5
용접기호

1. 개요

용접기호(Symbolic representation of welds)는 용접구조물의 설계 및 제작도면에 설계자가 생각하고 있는 이음형식과 홈의 형상, 필릿의 다리길이, 용입깊이, 비드표면의 다듬질방법, 용접장소, 용접법 등을 나타내기 위해 우리나라 산업규격에서 제정된 기호이다.

2. 용접기호

1) 용접기호

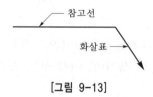

[그림 9-13]

2) 용접부호가 reference line의 위에 표기된 경우와 아래에 표기된 경우가 있다. 이 경우 용접의 방향에 주의해야 한다.

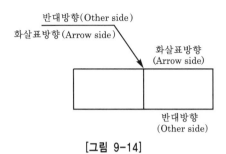

[그림 9-14]

3) [그림 9-15]는 현장에서 GTAW으로 개선각은 45°, root opening은 2mm, bevel깊이는 3mm, 용입깊이는 3.4mm로 둘레를 용접하라는 기호이다.

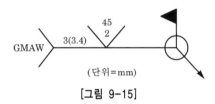

[그림 9-15]

4) 용접기호에 따라 실제 용접된 형상

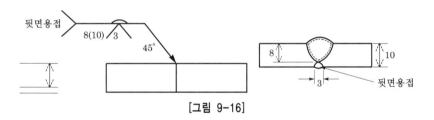

[그림 9-16]

5) Fillet용접부 용접기호와 용접형상

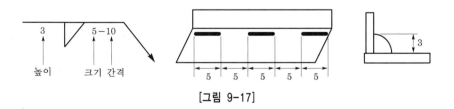

[그림 9-17]

용접부의 비파괴검사법

1. 개요

재료 또는 제품의 재질이나 형상, 치수에 변화를 주지 않고 그 재료의 건전성을 조사하는 방법을 비파괴검사(NDT : Non-Destructive Testing)라 하며 압연제, 주조품, 용접물의 어느 것에도 널리 이용되고 있다. 현재 비파괴검사에는 육안검사, 누설검사, 침투검사, 초음파검사, 자기검사, 와류검사, 방사선투과검사 등이 있다.

2. 용접부의 비파괴검사법

1) 육안검사(visual inspection)

육안검사는 가장 널리 사용되는 비파괴검사방법으로 간단하고 신속하며 가격이 싸다. 가시광선 또는 자외선을 사용하여 검사한다. 렌즈, 반사경, 현미경, 망원경 등을 사용하여 작은 결함을 확대하여 조사한다. 또한 게이지와 비교하여 치수의 적부를 조사한다. 소재검사, 용접 중의 작업검사 및 제품검사를 한 다음 육안검사는 특히 중요하다.

2) 누설검사

누설검사는 탱크, 용기 등의 용접부의 기밀, 수밀을 조사하는 목적으로 한다. 가장 일반적인 것은 정수압 공기압으로 하는 방법이며, 이 외에 화학지시약, 할로겐가스, 헬륨가스 등을 사용하는 방법이 있다. 이 중에서 헬륨 누설시험은 감도가 가장 우수하여 원자로용 연료요소의 피복(canning)의 누설검사에 많이 사용되며 초진공장치나 화학처리용의 복잡한 배관계의 누설시험에 편리하다. 보통의 누설시험 또는 그 외의 비파괴검사에서 알 수 없는 누설도 검지할 수 있는 고감도를 가지고 있다. 또한 재질에 관계없이 적용할 수 있다.

3) 침투검사(penetrant inspection)

침투검사는 표면에 개구한 미소한 균열, 작은 구멍, 누출구 등의 상처를 신속하고 쉽게 고감도로 검출하는 방법으로 널리 철·비철의 각 재료에 적용된다. 특히 자기검사를 할 수 없는 비자성 재료에 좋게 사용된다.

침투검사의 원리는 물품 표면의 불연속부에 침투액을 표면장력의 작용으로 침입시킨 다음에 표면의 침투재를 씻어내고, 현상액을 사용하여 결함 중에 남아 있는 침투액을 흡출하여 표면에 출현시키는 방법이다. 침투액으로서는 염료를 함유하는 것과 형광물질을 함유하는 것의 2가지가 있다.

① 형광침투검사(fluorescent penetrant inspection) : 유기 고분자 용융성 형광물을 저점도의 기름에 녹인 것이 침투액으로서 사용된다. 표면장력이 작으므로 매우 미세한 표면상처나 균열에 침투한다. 또한 현상액은 상처에 침투한 형광물질을 흡출하여 폭을 넓게 하고 자외선 또는 블랙라이트(보통은 초고압수은 등에 적당히 필터를 붙여서 약 3,650A의 자외선을 낸다)로 비쳐서 잘 보이게 한다. 현상액으로는 탄산칼슘, 규사분말, 산화마그네슘, 알루미나, 활석분 등을 건조한 분말상태 또는 물, 메틸알코올 등에 현탁시킨 액체를 사용한다.

② 염료침투검사(dye penetrant inspection) : 형광 침투액 대신 적색의 염료를 주체로 하는 침투액을 사용하는 방법으로, 원리적으로 형광침투법과 동일하지만 보통의 전등 또는 일광하에서도 검사할 수 있는 것이 특징이다. 시판의 침투액은 물로 씻어내지 못하므로 세척에는 침투제를 녹이는 적당한 액체를 사용한다. 현상방법은 스프레이법이 보통이다. 이 방법은 현장검사에 특히 유효하다. 좋은 조건에서는 폭이 0.002mm의 균열을 검출할 수 있지만 형광침투검사의 감도보다 약간 떨어진다.

4) 초음파검사(ultrasonic inspection)

초음파검사법은 가청음을 넘는 음파를 피용접물의 내부에 침입시켜서 내부결함 또는 불균일층의 존재를 검지하는 방법으로, 보통은 0.05~15MHz 주파수의 초음파가 사용된다.

적당한 두께의 수정판 또는 티탄산바륨판의 양 단면에 라디오주파의 전기적 진동을 가하면 판의 기계적 진동이 생겨서, 역으로 초음파의 기계적 진동을 받으면 양 단면에 정·부의 전기를 발생하여 전기적 진동으로 변한다. 초음파는 파장이 짧으므로(강 중 10MHz에서는 약 0.6mm의 파장) 직진하는 성질이 있다. 또한 초음파는 파장보다도 작은 대상물에서는 반사하기 어렵다.

초음파의 속도는 공기 중에서는 330m/s, 수중에서는 약 1,500m/s, 강 중에서는 약 6,000m/s이므로 공기와 강의 경계면에서 초음파는 대부분 반사된다. 또한 강 중에 초음파를 침입시키려면 물, 기름 또는 글리세린 등을 강의 표면에 발라서 초음파 발진용 탐촉자를 접촉해야 한다. 내부결함에서는 초음파가 강하게 반사된다. 초음파탐상법으로서는 투과법, 펄스반사법, 공진법(연속파법)이 있다.

펄스반사법은 초음파의 펄스(단시간 맥류)를 물체의 일면에서 입사(S)시켜 타단면 및 내부결함에서의 반사파를 브라운관상에서 관찰하는 방법으로 널리 실용화되고 있다. 또한 공진법은 판두께의 측정에 이용된다. 이 중에 펄스반사법은 초음파의 입사각도에 따라서 수직탐상법과 사각탐상법으로 나누어진다. 특히 후자는 실제의 용접구조물의 검사에 잘 사용되며 용접비드의 표면파형을 다듬지 않아도 되는 이점이 있다.

수침탐상법은 피검사물을 수중에 넣고 초음파를 통하여 물체에 입사시키는 방법으로 표면 형상이 복잡한 것 또는 거친 면의 것에 적용된다.

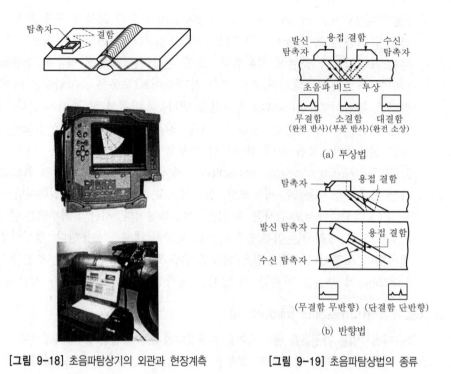

| [그림 9-18] 초음파탐상기의 외관과 현장계측 | [그림 9-19] 초음파탐상법의 종류 |

5) 자기검사(magnetic flux inspection)

자기검사는 피검사물을 자화한 상태에서 표면 또는 표면에 가까운 상처에 의하여 생기는 누출자속을 자분 또는 검사코일을 사용해 검출하여 상처의 존재를 파악하는 비파괴검사방법이다. 육안으로 보이지 않는 희미한 상처를 검지할 수 있으나 알루미나, 동, 오스테나이트계 스테인리스강의 비자성체에는 적용되지 않는다. 누출자속의 검출에는 검사코일을 사용하는 방법과 자성분말을 이용하는 방법이 있지만 후자가 많이 사용되므로 자기검사법을 자분검사법이라 할 정도이다.

피검사물의 자화방법은 물품의 형상 및 상처의 방향에 따라서 여러 가지가 있으며, KS W 4041의 항공엔진의 자기분말검사에서는 5가지 방법, 즉 축관통법(원형자장), 관통법(원형자장), 직각통전법(원형자장), 코일법(직선자장), 극간법(직선자장)을 규정하고 있다.

자화전류에는 500~5,000A 정도의 교류(3~5초간 통전) 또는 직류(0.2~0.5초간)를 짧은 시간이 흐른 후의 잔류가지를 이용하는 것이 보통이다. 결함에 따라 누출자속이 생기고, 있는 곳에 도자성이 높은 미세한 자성체분말을 살포하면 자분이 결함 부분에 응집흡인되어 상처의 위치가 육안으로 검지된다. 표면에 개구한 상처의 경우에는 자분의 가는 선에 따라서 밀집하고, 내부의 상처에 따라서는 자분의 집중이 폭넓게 된다.

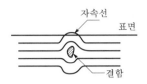

[그림 9-20] 결함 부분의 자속성

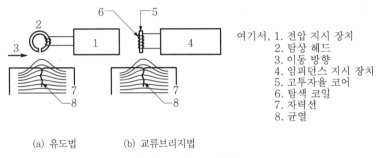

(a) 유도법   (b) 교류브리지법

[그림 9-21] 자기탐상법

여기서, 1. 전압 지시 장치
2. 탐상 헤드
3. 이동 방향
4. 임피던스 지시 장치
5. 고투자율 코어
6. 탐색 코일
7. 자력선
8. 균열

6) 와류검사(eddy current inspection)

와류검사는 금속 내에 유기화되는 와동전류(eddy current)의 작용을 이용하는 비교적 새로운 비파괴검사방법이다. 금속 표면 또는 표면에 가까운 내부의 제결함(균열, 기공, 공공, 줄흠, 개재물, 표면피트, 언더컷, 겹침, 용입 부족, 융합불량, 오목)은 원래부터 금속의 화학성분, 현미경조직 및 기계적, 열적이력도 검사할 수 있는 외에 가는 관의 치수검사, 각종 재료의 선별에도 이용할 수 있는 매우 효과적인 비파괴검사로 최근에 발달한 것이다. 특히 자기검사를 할 수 없는 비자성 금속재료에 편리하다. 최근에는 원자력공업 및 화학공업에 다량으로 사용되는 오스테나이트계 스테인리스강 강관(특히 가는 관)의 결함검사나 부식도의 검사에 위력을 발휘하고 있다.

7) 방사선투과검사(radiographic inspection)

방사선투과검사는 X선 또는 γ선으로 투과하여 결함의 유무를 조사하는 방법으로 현재의 비파괴검사방법 중 가장 신뢰성이 있고 가장 널리 사용되고 있다. 자성의 유무, 두께의 대소, 형상의 모양, 표면상태의 양부에도 불구하고 어느 것에나 이용할 수 있고 투과두께의 1~2%까지 크기의 결함을 확실하게 검출할 수 있다. 검사결과를 사진필름에 보존할 수 있는 것도 큰 이점이다. 그러나 매크로균열이나 판면에 평행한 래미네이션(lamination) 등의 검출은 곤란하다. 또한 금속재료의 방사선투과시험방법에 대해서는 KS B 0845에 규정되어 있다.

오일 휩(oil whip)의 발생원인과 방지법

1. 개요

휩은 휘감기라는 뜻이다. 오일 휩은 미끄럼베어링을 이용한 고속의 회전기계에 많이 발생하는 진동으로 매우 심한 진동을 일으키고 베어링을 소손하는 경우도 있다. 이것은 베어링의 유막작용에 의해 발생되는 회전축의 자려진동이다.

2. 특징

① 발생하기 시작하는 회전수는 로터(rotor) 1차 위험 속의 2배 이상이다.
② 진동수는 로터의 위험속도(회전수에 대한 최저차의 고유진동수)와 동등하다.
③ 축의 흔들리는 방향은 회전방향과 일치한다.
④ 발생회전수와 소멸회전수는 회전수의 상승 시와 하강 시에 따라 달라진다.
⑤ 진동이 한번 발생되면 회전수를 상승시켜도 감소하지 않는다.
⑥ 돌발적으로 발생, 소멸한다.

3. 대책

① 베어링 축을 메운다. 베어링 중앙에 홈을 만든다. 얼라이먼트의 조정 등으로 베어링의 면압을 증가시키는 방법이 있다.
② 기름의 종류를 바꾼다. 유량을 낮추고 온도를 높이는 등 유막의 점성을 낮추는 방법이다.
③ 2원호, 다원호, 틸팅패드베어링 등 오일 휩을 일으키기 어려운 베어링으로 바꾼다.

생산자동화를 하는 이유와 자동화를 구현하기 위한 필수적인 구성요소

1. 개요

자동화란 사람의 개입 없이 기계와 시스템의 작동이 자동으로 이루어지고 수동보다 우수한 성능을 달성하는 기술을 말하며 시스템을 구성하는 장치가 입력된 시퀀스제어에 의해서 제품을 생산하는 과정이다. 시퀀스제어는 여러 가지 입력신호를 바탕으로 기계의 작동파라미터 및 제어를 원하는 패턴으로 달성토록 해주는 것이다. 시스템제어의 주요 기능은 출력이 설정된 지점을 따르도록 하는 데 있으며, 자동화는 컴퓨터를 통한 세팅포인트와 모니터링시스템의 성능을 바탕으로 공장 내의 시작과 종료, 장비스케줄링 등과 같은 다양한 기능들을 연계할 수도 있다.

2. 생산자동화를 하는 이유와 자동화를 구현하기 위한 필수적인 구성요소

1) 생산자동화를 하는 이유

자동화는 운전효율성의 극대화라 할 수 있으며 정확한 납기, 품질의 향상과 균일성을 유지하고 로트관리로 불량에 대한 관리도 정확하게 할 수 있다. 또한 유지보수와 초기 투자비에 대한 부담은 있지만 인원 감소로 인하여 투자비의 회수가 가능하다. 따라서 운영비용을 낮추기 위한 것으로, 이는 영업비용에 영향을 미치게 되며 자동화를 통해 얻을 수 있는 비용절감효과는 에너지 및 자원 사용의 최적화와 시간과 깊은 연관성이 있다.

2) 자동화를 구현하기 위한 필수적인 구성요소

자동화를 구성하는 3대 요소는 다음과 같다. 이 중에 하나라도 없으면 자동화를 달성할 수 없다.
① 기구(기계) : 인간의 손과 발과 같이 물리적 움직임을 가능토록 하는 마찰을 가지고 있는 물체로 핑거와 그리퍼가 역할을 한다.
② 전기장치 : 기구물의 동작(모터, 압축기, 로봇 등)을 위한 전기에너지를 이용하는 장치이다.
③ 제어 : 시퀀스제어에 의해 전기장치를 통하여 기구를 작동하도록 하는 역할을 한다. 자동화에서 제어를 위한 3가지 요소는 신호를 주고받을 수 있도록 센서가 필요하며, 이를 제어할 수 있는 컨트롤시스템, 자동화 전체를 관리감독하는 Alarm & Monitoring system으로 구성된다.

Section 9 기계분야에서 CAE 활용의 발전 전망

1. CAE(Computer Aided Engineering)의 개념

CAE는 '전산응용해석'으로 해석할 수 있지만 흔히 공학시뮬레이션(engineering simulation)이라고 말하고 있다. 제품의 설계, 개발분야에 컴퓨터를 응용하는 새로운

기술로서 컴퓨터를 이용한 모의실험(simulation)을 통해 테스트기간 및 비용을 대폭 감소시킬 수 있는 기술이다.

예를 들어, 의자 하나를 설계한다고 가정하자. 의자의 각 요소를 바탕으로 최대로 주어지는 하중과 그에 따른 변형을 고려해야 한다. 그런 후 각 치수를 결정하여 도면화한다. 여기서 중요한 것은 도면작업이 아니라 의자가 제 기능을 발휘하도록 각 부분에 대한 치수를 결정하는 일이다.

이러한 작업의 수행은 구조물의 하중과 변형을 다루는 재료역학을 이해하고 있어야 한다. 이러한 작업을 담당하는 것이 바로 CAE이다.

2. CAE 활용과 발전 전망

CAE의 구성을 간단히 살펴보자. 최대 하중 90kg의 몸무게를 지탱할 수 있는 의자를 설계한다고 하면 솔리드모델링을 이용하여 의자의 대략적인 치수의 스케치를 3차원으로 모델링한다. 이러한 솔리드모델링작업을 Pre-Processing이라고 한다.

다음 단계는 모델에 재료적 성질을 부여하고 최대 하중으로 표현되는 경계조건을 부여한다. 그리고 알고리즘을 이용하여 응력과 변형에 대한 해를 구하는데, 이를 Solving Solution이라 한다. 에러 없이 과정이 종료된 후 구해진 데이터를 알아보기 쉽게 그래프나 분포도 등으로 시각화시켜주는 작업이 필요하다. 이러한 과정을 Post-Processing이라고 한다. 일종의 프리젠테이션(presentation)이다.

이 부분에 대한 작업이 잘 이루어져야 해석에 대한 타당성을 입증할 수 있다. CAE는 주로 초기의 개념설계단계에서는 잘 도입되지 않는다. 우선 대략적으로 초기 모델을 스케치하고 다음에 CAE에서 모델링을 수행한다. 그리고 해석을 수행하여 초기 설정치 데이터에 대한 수정 여부를 결정한다.

앞의 의자 예에서 처음에 초기 모델로 다리를 4개로 하고 그 직경을 얼마로 정하였다. 그 후 CAE를 수행하여 직경이 얼마일 때 충분히 강도와 경도를 유지하는 결과를 얻었다고 하자. 의자 다리의 직경이 처음 모델치수보다 작으면 늘이고, 그 반대면 줄이는 것이 유리할 것이다.

이렇게 초기 모델에 대한 최적설계(optimum design)를 구해나가는 것이 CAE의 최대 활용방안이다. 만약 이러한 CAE시뮬레이션을 활용하지 않았다면 직경을 조금씩 다르게 여러 개의 의자를 만들어 실험해야 할 것이다.

이처럼 CAE(Computer Aided Engineering)란 컴퓨터를 전 설계과정에 이용하는 기술로서 기존의 설계방법과 비교하여 짧은 시간 내에 적은 비용으로 고품질의 제품을 개발할 수 있는 기능을 제공한다.

Section 10 CAD/CAM에서의 wire frame model, surface model, solid model의 차이점

1. 개요

CAD(Computer Aided Design, 전산원용설계 또는 컴퓨터원용설계, 일반적으로 캐드라고 부름)란 컴퓨터를 이용하여 설계업무를 효율적으로 수행하는 것을 말하며, 구체적으로는 제품에 있어서 요구되는 기능과 성능을 실현하기 위한 구체적인 구조나 형상(형상모델링)을 컴퓨터를 이용하여 설계하는 소프트웨어적인 업무와 이를 위한 하드웨어를 총칭한다. 즉 컴퓨터를 이용하여 공학설계활동에 종사하는 설계자에 대한 전문적인 설계지원기능을 총칭하는 의미로 받아들여지고 있다.

한편 CAD로 설계된 설계도의 내용은 CAM(Computer Aided Manufacturing, 전산원용 생산)을 통해 NC(Numerical Control, 수치제어)공작기계에 정확한 작업동작을 지시하게 된다. 따라서 CAD는 작업관리 · 가공 · 조립 · 검사 등의 전 제조과정을 컴퓨터로 관리하는 시작단계로 간주할 수 있으며, 최근에는 3차원 CAD · CAM 일관시스템이 개발 · 운영되고 있다.

CAD/CAE/CAM에서는 제품의 모든 정보가 디지털화되어 있어서 이를 활용한 제조기술을 디지털엔지니어링(digital engineering)이라고 부르기도 한다.

2. CAD/CAM의 wire frame model, surface model, solid model의 차이점

CAD/CAM을 위한 3차원 모델링표현방법은 와이어모델, 경계면모델, 솔리드모델로 구분할 수 있으며 그 특징은 다음과 같다.

1) 와이어프레임모델(wire frame model)

① 모델링방법 : 물체를 면과 만나서 이루어지는 에지(edge)로 표현하는 것으로 점, 직선, 곡선으로 구성되며 3차원 모델의 기본적인 표현방식이다. 현상을 점과 점을 연결하는 2차 곡선에 의해서만 표현한다.

② 특징
  ⊙ 모델이 간단하고 계산량이 적다.
  ⓒ 조작이 간편하다.
  ⓒ 정밀도가 떨어지고 곡면이나 입체 내부의 식별이 어렵다.

2) 경계면모델(boundary surface model)

① 모델링방법 : 에지(edge) 대신에 면을 사용하므로 은선이 제거되고 면의 구분이 가

능하여 와이어프레임모델에서 나타나는 시각적인 장애가 극복된다. 면도 평면 이외에 회전차에 의한 면이나 필릿에 의한 면, 룰드 서피스(ruled surface)에 의한 면 등을 사용하므로 복잡한 형상을 처리할 수 있다.

② 특징

㉠ 가공면을 자동적으로 처리할 수 있어 NC가공이 수월하다.

㉡ 솔리드모델과 같은 디스플레이를 할 수 있다.

㉢ 공학적 해석이 불가능하다.

3) 솔리드모델(solid model)

① 모델링방법

㉠ CSG(Con Structive Geometry) : 입체요소를 사용하여 모델을 만드는 방법으로 그래픽데이터베이스에 솔리드모델을 저장하는 형태이며 기하학적 형상을 표현하기 위해 불리안(booliean)조작방법을 이용하여 모델링한다.

㉡ B-rep(Boundary representation) : 사용자가 CRT상에 물체를 그려넣고 원하는 형상을 만들기 위해 여러 가지 변환과 기타 편집작업을 수행하게 되는데, 사용자가 작업하는 뷰(view)는 정면, 평면, 측면 등의 여러 뷰 간의 상호 연결선에 의해서 형상을 표현하는 방법으로 와이어프레임과 방법이 비슷하여 데이터의 상호교환이 쉽게 이루어지므로 CAD시스템에 점차 많이 사용되고 있다. B-rep방식은 대칭성이 있는 물체를 표현하는 데 적합하다.

② 특징

㉠ 공학적인 해석이 가능하다(cimulation).

㉡ 컴퓨터의 메모리가 크다.

㉢ 데이터처리가 과다하다.

Section 11 금형개발에 역공학(reverse engineering)의 대표적인 활용 가능성을 세 가지 이상 기술

1. 개요

주어진 실물로부터 공학적 개념이나 형상모델을 추출하는 과정을 역공학(reverse engineering)이라 한다. 전통적인 공학이 개념으로부터 실물을 만드는 과정이라 한다면, 역공학은 실물로부터 개념을 얻는 과정이라 할 수 있다. 특히 실물의 형상을 측정하

고 측정데이터를 기반으로 형상모델링과정을 거쳐 동일 형상의 디지털모델로 만드는 것을 형상역공학(shape reverse engineering)이라 한다. 형상역공학은 자동차, 항공, 의료장비 등의 제조업뿐만 아니라 게임, 애니메이션, 컴퓨터그래픽스분야 등에서 폭넓게 이용되고 있다.

특히 제조분야에서는 실물과 동일한 형상을 NC가공을 통하여 얻고자 하는 경우에는 본래의 형상을 가능한 정확하게 반영하고 사용자의 개입을 최소화하면서 형상디지털모델을 생성하는 것이 필요하다. 이처럼 실물의 3차원 측정데이터를 이용하여 정밀한 형상재현에 적합한 CAD모델을 생성하는 기술을 정밀모델링이라 한다. 따라서 정밀모델링은 형상역공학의 가장 핵심적인 부분이라고 할 수 있다.

2. 정밀모델링의 필요성

정밀모델링은 신제품디자인(자동차, 가전 등), 모델변경생산(자동차, 항공기) 제조(박판성형)기술 축적 및 성형 해석, 정비·보수부품생산, 의료(정형외과, 치아), 스포츠산업(프로선수용 운동구/신발) 등 그 적용 범위가 매우 광범위하다.

① 심미적 형상의 제품을 개발하는 경우 디자이너는 만들고자 하는 제품과 동일한 크기의 모형을 제작해서 외관을 검증하는 과정을 반드시 거친다. 모형평가에서 제품개발이 확정되면 모형으로부터 데이터를 측정하고 숙련된 설계엔지니어가 장시간 작업을 거쳐 CAD모델을 만들게 된다. 소비자의 취향이 다양해지고 제품에 대한 요구가 급격히 변함에 따라 제품의 라이프사이클이 점점 짧아지는 추세여서 "측정과 CAD모델 생성"작업에 대한 시간 단축의 필요성이 절실해졌다. 특히 개발기간 단축을 위해 도입된 동시 공학적 개념은 초기 디자인단계에서 설계, 제조, 품질 전 분야에 대한 검토를 요구하므로 정밀CAD모델을 신속하게 만들어 각 분야에 전달하는 것이 더욱 중요해졌다.

② 실물로부터 정밀한 CAD모델을 생성하는 기술은 신제품디자인분야뿐만 아니라 최근에는 제조(박판성형)분야에서도 크게 대두되고 있다. 예를 들어, 자동차 외판은 프레스(deep drawing)공정에 의해 만들어지는데, 양산 중인 프레스금형의 형상은 최초 금형설계형상과는 크게 달라진 경우가 대부분이다. 왜냐하면 현장작업자는 제조상의 문제로 품질이 안정화될 때까지 금형에 수많은 수정을 가하는 반면, 금형설계모델에 변경 부분을 반영하지 못하기 때문이다. 따라서 여러 벌의 동일 금형을 제조하기 위해서는 달라진 형상을 본래의 CAD모델에 반영해야만 금형수정의 반복작업을 피할 수 있다. 특히 성형 해석(CAE)의 정확도를 위해서는 수정이 완료된 금형형상을 정밀측정하여 이를 CAD모델화하는 작업이 필수적이다.

Section 12 계측계의 응답 정도를 나타내는 시정수(time constant)

1. 전달함수(transfer function)

전달함수는 조작변수(MV)와 제어변수(CV) 사이의 동특성관계를 표현하는 데 사용된다. 연료와 온도의 예를 살펴보자. 주어진 시간에서 연료공급(MV)이 500kg/h, 반응온도(CV)는 180℃이다. 연료의 공급이 500kg/h에서 510kg/h로 계단식 증가를 하였다고 가정하자. 이 변화는 온도에 영향을 줄 것이다. [그림 9-22]에서 시간함수로서의 온도변화를 보여준다.

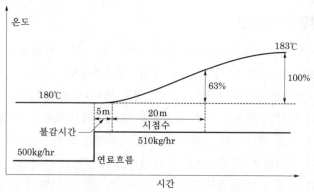

[그림 9-22] 온도와 시간 흐름 간의 전달함수

2. 전달함수 매개변수(transfer function parameters)

[그림 9-22]에서 볼 수 있듯이 연료공급이 변한 후에 약 5분 동안 온도는 변화를 보이지 않는다. 이 시간의 지연을 불감시간(dead time 또는 delay time)이라 부른다. 여기서 지연되는 시간은 반응기의 벽이 달아오르는데 필요한 시간과 히터에서 반응기의 내용물로 열이 전달되는 데 필요하다. MV(연료공급)의 변화에 의한 CV(온도)의 최종적인 변화가 공정이득(process gain)이라 한다. 여기서 공정이득은 $\dfrac{183-180}{510-500}=0.3$℃/(kg/h)이다. 공정이득엔지니어링단위는 CV와 MV 두 가지 엔지니어링단위에 모두에 의존한다.

불감시간이 지난 후 온도가 점차적으로 증가하여 183℃의 새로운 안정값에 도달한다. 전체 변화의 63%에 이르기까지 걸리는 시간을 시정수(time constant)라고 부르며, 자주기호 t로 표시한다. 앞의 예에서 시정수의 20분 후 온도는 약 1.9℃에 도달한다 (3℃의 63%=1.9). 불감시간, 시정수, 공정이득으로 전달함수(transfer function)를 정의하고 전달함수 매개변수(transfer function parameter)라고 부른다. 제어변수(CV)가 시간에 따라 그 수치가 변할 때를 불안정상태 또는 동특성상태에 있다고 하고, CV가 시간에 대해 일정한 경우에는 안정된 상태라 한다. MV의 계단적 변화에 응답하여 CV가 전체 변화의 95%에 이르기까지 걸리는 시간을 안정소요시간(settling time)이라고 한다. 안정소요시간이 흐른 후에는 CV가 새로운 안정상태에 이르렀다고 할 수 있다.

불감시간이 지나면 전달함수는 초기에는 큰 곡선을 그리지만 새로운 안정상태에 이르면 점차 완만한 곡선을 그린다. 이런 모양의 전달함수를 1차 전달함수라 한다([그림 9-23] 참조).

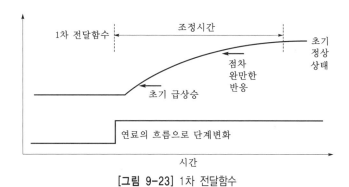

[그림 9-23] 1차 전달함수

Section 13 아베의 원리(Abbe's principle) 기술, 측정에 이를 적용하는 경우 불리한 점과 교정방안

1. 개요

높은 정도의 길이를 측정하기 위해서는 측정물과 측정자의 눈금선은 일직선상에 있어야 한다는 것이 아베의 원리(Abbe's principle)이며, 이 원리를 만족하는 대표적인 측정기에 외경 마이크로미터, 깊이 마이크로미터 등이 있다.

2. 불리한 점과 교정방안

측정기 등과 같이 두 개의 측정면 사이에 공작물을 끼우고 측정하는 경우 베드의 안내면 진직도가 나쁘게 되면 오차가 생긴다. 이 오차를 가능한 한 적게 하기 위해서는 '표준척과 피측정물(공작물)과는 측정방향(측정축)에 있어 동일 직선상에 있어야 한다.'는 원칙이 필요하며, 이를 아베의 원리 또는 콤퍼레이터의 원리라고도 한다.

Section 14 정규분포(normal distribution)

1. 개요

화학천칭(balance)을 써서 동일한 물체를 되풀이 측정하면 그 측정값은 언제나 같은 값이 되지는 않는다. 이것은 측정이 우연적인 여러 가지 원인(실험실의 온·습도, 측정기의 작동, 기타)에 의해 좌우되기 때문이다. 그러나 측정값은 제멋대로 나타나는 것은 아니고 참값에 가까운 측정값이 많이 나오고 참값으로부터 멀리 떨어진 크거나 작은 값은 적을 것이다. 뿐만 아니라 측정오차가 단순한 우연에 지배된다고 하면 참값보다 큰 쪽과 작은 쪽의 빈도는 거의 같으리라고 짐작된다.

위의 조건 아래서 측정값의 분포는 정규분포(normal distribution)에 따른다. 같은 성과 나이에서의 키, 같은 공정에서 생산된 부품의 치수나 전구의 효율, 같은 품종의 농작물의 수확량(이와 같이 측정하는 값들을 계량치라 한다) 등의 히스토그램을 그려보면 정규분포의 형태를 취하고 있음을 알 수 있다.

2. 정규분포

정규분포의 분포곡선은 종 모양의 대칭곡선이며 plus의 방향과 minus의 방향으로 무한히 뻗쳐져 있다.

[그림 9-24]에서 값 x_B가 나타날 확률은 값 x_A의 2배가 됨을 나타낸다.

$$f(x) = \frac{1}{\sqrt{1\pi}\,\sigma} e^{-\frac{1}{2}\left(\frac{x-\mu}{\sigma}\right)^2}$$

여기서, e : 자연대수의 밑(base)으로 약 2.718, σ : 주어진 분포의 표준편차

μ : 주어진 분포의 평균, x : 가로좌표(측정값)

$f(x)$: 세로좌표(x값에 대한 곡선의 높이, 즉 확률밀도)

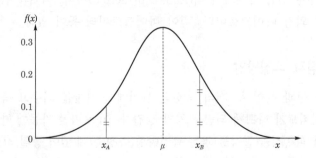

[그림 9-24] 정규분포의 형태(정규분포의 확률밀도(pdf) 그래프)

정규분포의 표기는 N(평균, 분산), 즉 $N(\mu,\ \sigma^2)$으로 한다. 평균과 표준편차를 달리 하는 아래의 정규분포들을 비교해보자.

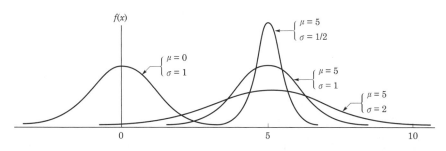

[그림 9-25] μ와 σ에 따른 정규분포의 여러 형태

레이저(laser) 및 플라즈마(plasma) 가공의 종류 및 특성

1. 레이저(laser) 가공의 종류 및 특성

1) 레이저 가공원리

레이저 가공원리는 가공물 표면에 에너지 밀도가 높은 레이저의 초점을 맞추면, 이때 흡수된 열에너지에 의해 재료는 용융·기화 또는 상태 변환 과정을 거치고, 고압 분사 가스로 가공된 재료를 제거하는 공정이다. 대표적인 레이저 절단 가공 시스템의 구성도를 [그림 9-26]에 예시하였다.

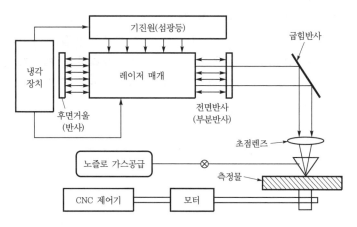

[그림 9-26] Nd : YAG 레이저 절단 가공 시스템 구성도

레이저 가공은 열공정 가공특성 때문에 열확산성과 전도도가 낮은 재료 및 취성과 경도가 높은 재료의 가공에 적합하며, 유연성 공정특성 때문에 절단, 구멍 가공, 홈파기, 용접 및 열처리 등 다양한 형태의 가공이 가능하다.

레이저 가공은 재료의 종류에 관계없이 가공물의 구멍 가공, 절단 가공, 선삭, 용접, 열처리, 홈파기, 밀링 가공 및 미세 가공에 적용이 확대되고 있다. 레이저 절단 및 홈파기 가공분야에서는 금속, 세라믹과 플라스틱 재료의 펀칭이나 절단 공정에서 기존의 가공방법보다 우수한 효과를 나타내며, 레이저 선삭 및 밀링 가공은 2개의 레이저 빔을 동시에 가공물에 작용하여 기존 방식으로 가공이 어려운 3차원 형상 부품 가공에 유용하다.

레이저 구멍 가공은 충격(percussion) 방식과 천공(trepan) 방식의 2종류가 있으며,([그림 9-27] 참조), 레이저 미세 가공은 1mm 두께 이하의 극소 부품에 Nd : YAG 및 Excimer 레이저와 같은 단파동 고주파수 레이저로 다양한 형상의 가공이 가능하다.

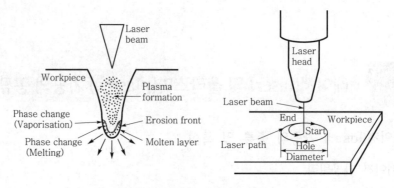

[그림 9-27] 레이저 구멍 가공원리

2) 레이저 용접

레이저 용접은 용가재를 사용하지 않고 모재의 합금화에 의해 이루어지며 변형과 수축이 적고 용접 속도가 빠르며 자동화가 용이하다([그림 9-28] 참조).

레이저 용접은 부도체나 이종 재료 등 특수 재료의 용접도 가능하고, 별도의 진공실 없이 좁고 깊은 접합과 특히 얇은 부품의 용접에 유리하다. 레이저 용접은 용접 부위에 조사되는 집광 면적이 상대적으로 크기 때문에 레이저 에너지 밀도가 낮아져 비교적 고출력 레이저를 필요로 한다.

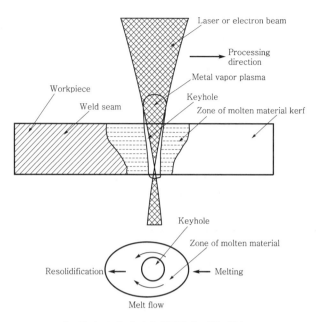

[그림 9-28] 레이저 용접원리 기본 개념도

　최근 일본의 Kawasaki 중공업에서는 두 개의 레이저 빔을 결합하여 두께 20mm인 스테인리스강의 후판 용접을 수행하였다. [그림 9-29]에서 보는 바와 같이 6kW Nd : YAG 펄스 레이저와 10kW급 COIL(Chemical Oxygeniodine Laser)을 동축 빔으로 결합하는 시스템을 개발하고, 두 빔을 각각 0.88mm, 0.48mm의 스폿(spot)에 집속하여 질소 분위기 속에서 용접에 성공하였다.

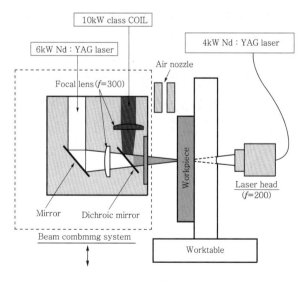

[그림 9-29] 레이저 빔 결합 용접 시스템의 구조도

3) 레이저 하이브리드 가공

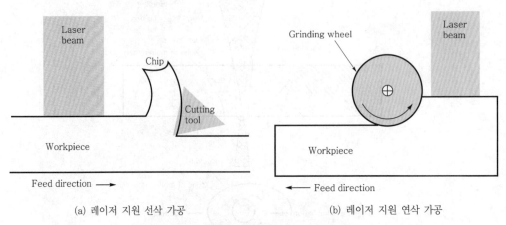

(a) 레이저 지원 선삭 가공　　　　　　　(b) 레이저 지원 연삭 가공

[그림 9-30] 레이저 하이브리드 가공 개념도

　　레이저 하이브리드 가공은 선삭, 연삭 및 EDM 가공과 같은 기존 기계 가공 공정과 레이저 가공 공정을 결합하여 동시에 수행하는 가공 공정으로서, 두 종류가 있다. 하나는 난삭재료의 표면층을 레이저로 연화한 후 전통적 기계 가공하는 방식으로서, LAT(Laser Assisted Turning), LAG(Laser Assisted Grinding), LAS(Laser Assisted Shaping) 등이 있고, [그림 9-30]에 그 원리를 도시하였다.

　　다른 하나는 특수 가공 공정과 레이저 가공을 결합한 레이저 하이브리드 가공 공정으로서, UALBM(Ultrasonic Assisted Laser Beam Machining), LAEDM(Laser Assisted Electro Discharge Machining), LAECM(Laser Assisted Electro Chemical Machining), LAE(Laser Assisted Etching) 등이 있다.

　　레이저 아크 하이브리드 용접(laser arc hybrid welding)은 레이저 용접과 재래식 아크 용접(MIG, TIG)을 결합시킨 복합 용접으로, 고속 용접이 가능하며 용접 비용이 절감되고 용접 공정 제어에 융통성이 있다. 또한 생산성을 향상시킬 수 있고 용접 품질이 우수하며, 가공물의 한쪽 면에서 다른 쪽 면까지 깊은 침투 용접이 가능한 장점이 있다([그림 9-31] 참조).

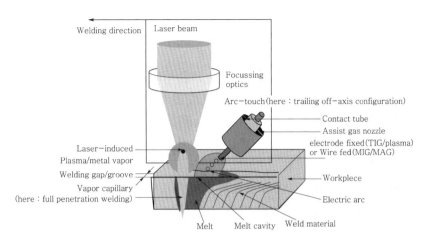

[그림 9-31] 레이저 아크 하이브리드 용접 원리도

2. 플라즈마(plasma) 가공의 종류 및 특성

1) 개요

공업적으로 이용이 활발한 플라스마는 저온 글로우 방전 플라스마로서 반도체 공정에서 플라즈마 식각(plasma etch) 및 증착(PECVD : Plasma Enhanced Chemical Vapor Deposition), 금속이나 고분자의 표면 처리, 신물질의 합성 등에서 이용되고 있고 공정의 미세화, 저온화의 필요성 때문에 플라즈마 공정이 종래의 공정을 대체하고 있으며, 경우에 따라서는 플라즈마만이 제공할 수 있는 물질이나 환경을 이용하기 위한 응용분야가 점점 더 확대되고 있다.

2) 플라즈마 응용분야

① 저온 플라즈마
  ㉠ Dry etching : 플라즈마에 의해 활성화된 라디칼, 전자 등을 이용하여 etching
  ㉡ CVD : 플라즈마를 이용하여 기상 합성으로 기능성 막을 생성시키는 방법(주로 반도체분야의 thin film 형성에 적용함)
  ㉢ 플라즈마 중합 : 플라즈마에 모노머를 주입시켜 Polymerization을 통하여 기판에 고분자막을 생성시킴
  ㉣ 표면 개질 : 플라즈마에 의해 활성화된 이온이나 전자들에 의해 고체 표면을 화학적으로 개질하는 것
  ㉤ Sputtering : ion 등을 전계로 가속시켜 대상 물질에 입사시키면 대상물에서 이온 등의 입자가 방출되고 이것들을 기판에 증착 또는 코팅시킴

② 열 플라즈마
  ㉠ 플라즈마 용접 · 절단 : 플라즈마의 고온을 이용한 재료의 가공

　　ⓒ 플라즈마 용사 : 고융점 분말을 플라즈마로 녹여 고체 표면 위에 coating시켜
　　　　내열·내식·내마모성 등을 높임

　　ⓒ 초미립자 제조 : 열 플라즈마의 고온·고활성을 이용하여 기상 반응 등으로 합
　　　　성된 입자를 급냉시켜 초미립자로 합성

　　ⓔ 플라즈마 화학 또는 물리 증착 : 플라즈마를 이용한 기능성 막을 생성함

　　ⓜ 열 플라즈마 환경기술 : 열 플라즈마의 고온·고활성을 이용하여 폐기물을 분
　　　　해 및 유리화시킴

　　ⓑ 플라즈마 소결 : 난소 결성의 세라믹 등을 단시간에 치밀화시킴

　　ⓢ 플라즈마 야금 : 플라즈마의 고온·활성을 이용하여 금속을 정련·제련함

　전자빔이나 글로우 방전 플라즈마를 이용하여 공장의 배기가스 중 NO_x, SO_x를 제거하
는 건식 처리기술은 환경분야에서도 플라즈마가 중요하게 쓰여짐을 보여 준다. 이밖에
최근에는 차세대 고선명 텔레비전에서 요구되는 대화면(50인치) 평판 표시장치의 하나
인 플라즈마 표시장치(plasma display panel)에 대한 연구가 수행되고 있고, 장기적으
로는 21세기에 들어 요구되는 에너지, 신재료, 반도체 소자 제조, 환경분야 등에서 플라
즈마의 이용이 점점 더 늘어날 전망이며, 이에 따라 다양한 플라즈마의 생성 및 제어,
측정기술, 플라즈마의 물성을 측정하는 플라즈마 진단법의 개발이 이루어질 것으로 전망
된다.

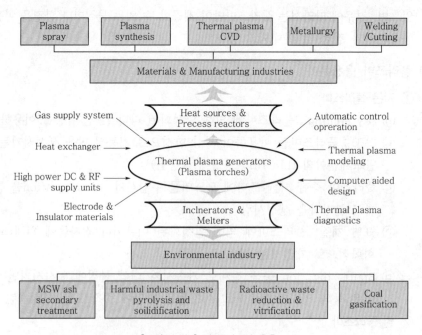

[그림 9-32] 열 플라즈마 응용

Section 16 FMS(Flexible Manufacturing System)

1. FMS의 정의

유연 생산 시스템은 고도로 자동화된 GT 셀이며, 자동 자재 취급 및 보관 시스템과 연결되어 있는 작업장 그룹(일반적으로 CNC 공작기계)으로 구성되어 있고, 분산 컴퓨터 시스템으로 제어된다.

FMS는 그룹 테크놀로지의 원리를 따른다. 어떠한 생산 시스템도 완벽하게 유연할 수는 없고, FMS에서 생산될 수 있는 부품과 제품에는 한계가 있다. 따라서 FMS는 미리 정의된 유형, 크기, 공정 내에서의 부품(또는 제품)을 생산하도록 설계된다. 다른 말로는 FMS는 단일 부품군이나 제한된 범주의 부품군만을 생산할 수 있다.

FMS에 대한 좀 더 적합한 표현은 유연 자동 생산 시스템이다. '자동'이라는 단어는 수동 GT 기계 셀과 같이 유연하지만 자동화되지 않은 다른 생산 시스템과 구분하기 위하여 사용한다. 반면에 '유연'이라는 단어는 재래식 전용 이송 라인과 같이 고도로 자동화되어 있지만 유연하지 않은 다른 생산 시스템과 구분하기 위하여 사용한다.

2. 유연성

유연성은 수동과 자동 시스템 모두에 적용되는 속성이며, 수동 시스템에서는 작업자가 시스템 유연성을 가능하게 하는 인자이다.

자동 제조 시스템에서 유연성의 개념을 이해하기 위해 [그림 9-33]과 같이 산업용 로봇이 부품 캐러셀에서 부품을 장·탈착하는 두 대의 CNC 공작기계로 이루어진 기계

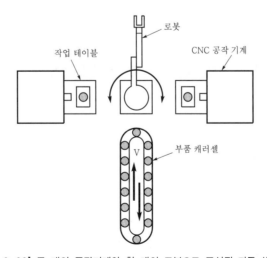

[그림 9-33] 두 대의 공작기계와 한 대의 로봇으로 구성된 자동 생산 셀

셀은 CNC 공작기계로 구성되어 있고, CNC 공작기계는 다른 부품을 가공하기 위하여 프로그램될 수 있으므로 유연하다고 할 수 있기 때문이다. 그러나 셀이 뱃치 모드로 운전되고, 동일한 부품 유형이 수십 개씩(또는 수백 개씩) 두 대의 기계에서 생산된다면, 이는 유연 생산 시스템이라고 할 수 없을 것이다.

다음은 자동 생산 시스템에서 유연성에 대해 점검하는 방법이다.
① 부품 다양성 테스트 : 시스템이 뱃치 모드가 아닌 상태로 여러 다른 부품 유형의 가공 여부를 점검한다.
② 일정 계획 변경 테스트 : 시스템이 생산 일정 계획에서의 변경 사항 및 부품 비율이나 생산량 변화의 유무를 점검한다.
③ 에러 복구 테스트 : 시스템이 장비 오작동과 고장을 잘 복구하여 생산의 연속성 여부를 점검한다.
④ 신부품 테스트 : 새로운 부품 설계를 비교적 쉽게 기존의 부품 혼합에 적용 여부를 점검한다.

위 네 가지의 테스트에 생산 시스템이 모두 만족한다면 시스템은 유연하다고 판단할 수 있다. 가장 중요한 기준은 ①과 ②이며, 기준 ③과 ④는 상대적으로 엄하지 않은 기준이고, 다양한 수준으로 구현될 수 있다.

3. FMS의 종류

유연 생산 시스템은 수행하는 공정의 종류에 따라 가공 공정을 위한 것과 조립 공정을 위한 것으로 구분될 수 있다. 일반적으로 FMS는 두 공정 중 하나를 수행하도록 설계되며, FMS를 분류하는 두 가지 기준은 다음과 같다.
① 기계 수
② 유연성 수준

기계 수 유연 생산 시스템은 시스템 내 기계 수에 따라 구분되며, 다음은 대표적인 범주이다.
① 단일 기계 셀
② 유연 생산 셀
③ 유연 생산 시스템

단일 기계 셀(Single Machine Cell : SMC)은 [그림 9-34]와 같이 부품 저장 시스템과 결합된 CNC 머시닝센터로 구성되어 무인 가공을 수행할 수 있다. 완성품은 주기적으로 부품 저장소에서 빼내고 원소재가 새롭게 공급된다.

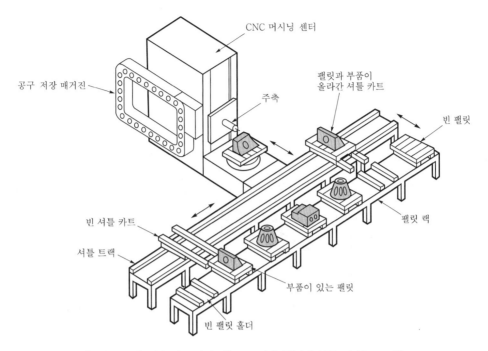

[그림 9-34] 단일 가공 셀의 예(CNC 머시닝센터와 부품 저장소로 구성)

셀은 뱃치 모드, 유연 모드 또는 두 모드의 혼합 형태로 운영될 수 있도록 설계될 수 있다. 뱃치 모드로 운영되면 기계는 지정된 로트 크기로 한 종류의 부품을 가공하며, 다음 부품 종류의 뱃치를 가공하기 위하여 변환된다.

유연 모드로 운영되면 시스템은 네 가지 유연성 테스트 중에 세 가지를 만족한다.
① 여러 부품 종류를 가공할 수 있으며,
② 생산 일정 계획의 변경에 대응할 수 있으며,
③ 새로운 부품 설계를 도입할 수 있다는 세 가지를 만족한다.

하나밖에 없는 기계가 고장나면 생산이 중지되므로 테스트 ③의 에러 복구는 만족할 수 없다.

유연 생산 셀(Flexible Manufacturing Cell : FMC)은 둘 또는 셋의 가공 작업장(대표적으로 CNC 머시닝센터 또는 터닝 센터) 및 자재 취급장치로 구성되어 있다. 자재 취급장치는 장·탈착 시스템에 연결되어 있으며, 부가적으로 제한된 부품 저장 용량을 갖고 있다. FMC 예를 [그림 9-35]에 나타내었으며, 유연 생산 셀은 이전에 논의한 네 가지 유연성 테스트를 만족한다.

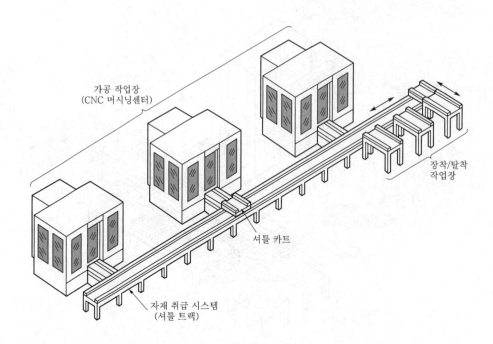

가공 작업장
(CNC 머시닝센터)

장착/탈착
작업장

서틀 카트

자재 취급 시스템
(셔틀 트랙)

[그림 9-35] FMC의 예(세 개의 동일한 가공 작업장(CNC 머시닝센터)
하나의 장·탈착 작업장, 하나의 자재 취급 시스템으로 구성

유연 생산 시스템(FMS)은 공통 자재 취급 시스템과 기계적으로 연결되어 있고, 분산 컴퓨터 시스템과 전기적으로 연결되어 있는 네 개 또는 그 이상의 가공 작업장으로 구성되어 있다. 그러므로 FMS와 FMC의 가장 중요한 차이점은 기계 수이다. FMC는 두 대 혹은 세 대의 기계로 구성되어 있으나, FMS는 네 대 이상의 기계로 구성되어 있다.

두 번째 차이점은 FMS는 일반적으로 생산을 지원하지만 직접적으로 생산에 참여하지 않는 작업장을 포함한다는 점이다. 이러한 작업장으로는 부품·팰릿 세척기, 3차원 측정기(three Coordinate Measuring Machine : CMM) 등을 예로 들 수 있다.

세 번째 차이점은 FMS의 컴퓨터 제어 시스템은 일반적으로 규모가 크고, 진단 및 공구 감시 기능과 같이 셀에서는 없는 기능을 훨씬 많이 갖추고 있다. FMS가 더 복잡하기 때문에 FMC보다는 FMS에서 이러한 부가적인 기능이 더 필요하다.

FMC와 FMS 사이에서 구별되는 특징을 [그림 9-36]에 요약하였다.

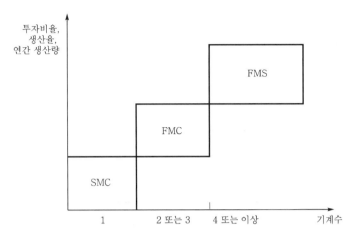

[그림 9-36] 유연 셀과 시스템의 세 가지 유형의 특징

CNC 공작기계의 서보기구(servo mechanism)

1. 개요

CNC공작기계의 특징은 다음과 같다.

① 공작기계가 공작물을 가공 중에도 part program 수정이 가능하다.

② inch단위의 program을 쉽게 meter단위로 자동변환할 수 있다.

③ part program을 macro형태로 저장시켜 필요시 불러 사용할 수 있다.

④ 품질이 균일한 생산품을 얻을 수 있다.

⑤ 고장 발생 시 자기 진단이 가능하다.

⑥ 제조원가 및 인건비를 절감할 수 있다.

NC 및 CNC공작기계의 차이점은 NC공작기계는 각종 논리소자와 기억소자를 조합해 만든 전자회로에 의해 필요한 기능을 발휘하는 제어장치이므로 제한된 기능만 수행하며, 기능변경이 곤란하지만 CNC공작기계는 Programming만으로 쉽게 기능이 변경되므로 유연성이 높고 계산능력이 훨씬 크다.

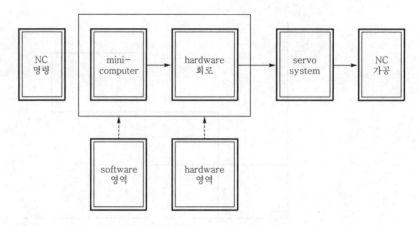

[그림 9-37] CNC 제어장치의 구성

2. CNC 공작기계의 제어방법

1) Servo 기구

Servo 기구는 자동 제어의 일부로서, 선박이나 항공기의 자동 제어, 온도 및 압력 등의 자동평형 계기 등에 널리 쓰이며, 특히 공작기계에서는 기계의 이동 거리, 위치와 속도를 제어하기 위하여 cam, limit switch를 조합하여 sequence 제어나 program 제어로 사용된다.

① 개방 회로 방식(open loop control system) : 구동 전동기로 pulse 전동기를 이용하며 제어장치로 입력된 pulse 수만큼 움직이고 검출기나 feedback 회로가 없으므로 구조가 간단하며 pulse 전동기의 회전 정밀도와 ball screw의 정밀도에 직접적인 영향을 받는다.

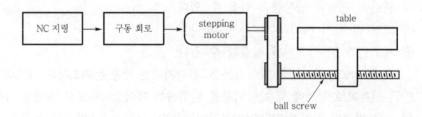

[그림 9-38] 개방 회로 방식

② 반폐쇄 회로 방식(semi-closed loop control system) : 위치와 속도의 검출을 servo motor의 축이나 ball screw의 회전 각도로 검출하는 방식으로, 최근에는 고정밀도의 ball screw 생산과 backlash 보정 및 pitch 오차 보정이 가능하게 되어 대부분의 CNC 공작기계에서 이 방식을 채택하고 있다.

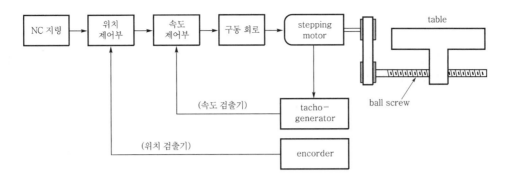

[그림 9-39] 반폐쇄 회로 방식

③ Hybird control system : Semi-closed loop control system과 Closed loop control system을 합하여 사용하는 방식으로, Semi-closed loop control system의 높은 gain으로 제어하고 기계의 오차를 scale에 의한 Closed loop control system으로 보정하여 정밀도를 향상시킬 수 있어 높은 정밀도가 요구되고 공작기계의 중량이 커서 기계의 강성을 높이기 어려운 경우와 안정된 제어가 어려운 경우에 이용된다.

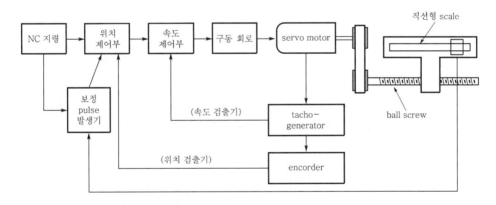

[그림 9-40] Hybird control system

Section 18

머시닝센터

1. 개요

수요가 점차 증가하고 있으며, 직선은 물론 캠(CAM)과 같은 입체 가공 나선, 드릴링, 보링, 탭핑 등 공작기계의 전 부분을 가공한다. ATC, APC(자동 공구 교환장치와 자동

테이블 교환)를 이용해서 가공 능률을 높일 수 있다. 크게 수직형과 수평형으로 나눌 수 있다.

수치 제어에 의하여 절삭에 필요한 여러 종류의 절삭 공구를 자동으로 바꾸어 가면서 공작물을 절삭 가공하는 기계이다. 예를 들어 평면깎기를 끝낸 다음, 크기가 다른 여러 개의 구멍을 뚫을 때에 기계가 드릴을 자동으로 교환하여 구멍을 뚫게 된다. 이와 같이 머시닝센터는 여러 가지 가공 공정을 연속적으로 할 수 있는 수치 제어식 복합 공작기계이다.

2. 머시닝센터의 구성과 기능

1) 주축

머시닝센터는 CNC 밀링이나 CNC 드릴링 머신 등과 같이 주축에 부착한 공구가 주축과 함께 회전하여 공작물을 절삭한다. 주축의 회전은 CNC 장치로부터의 지령에 의해 주축 모니터의 회전을 기어나 벨트 등을 이용하여 지령값의 회전수로 변속시킨다. 또한 주축 끝은 테이퍼 형상과 스트레이트 형상의 것이 있지만 거의 모든 머시닝센터 테이퍼 형상의 주축 끝을 사용하고 있다.

2) 주축 헤드

주축 헤드는 주축을 베어링으로 지지해서 주축 모터의 회전을 주축에 전달한다. 축 헤드는 서보모터에 의해 상하로 이동하고, 수직형 머시닝센터에서는 Z축을 구성하며, 수평형 머시닝센터에서는 Y축을 구성한다.

또한 머시닝센터의 제어축은 주축 헤드의 상하 이동축과 뒤에서 설명할 테이블의 좌우 이동축 새들의 전후 이동축의 3축(X, Y, Z) 제어로 되어 있다.

3) 테이블

테이블은 지그 · 고정구 등을 이용해서 공작물을 부착하는 다이로 테이블면 위에는 T홈이나 탭 구멍이 있고, 그것을 이용해서 공작물을 테이블에 고정한다. 테이블은 좌우 이동하고, 수직형 머시닝센터 및 수평형 머시닝센터 모두 X축을 구성한다. 또한 수평형 머시닝센터에는 테이블의 분할 기능이 갖추어져 있다. 이 경우는 테이블 상의 팔레트라 부르는 다이에 공작물을 고정한다. 그래서 팔레트의 회전에 의해서 공작물의 다면 가공을 할 수가 있다. 팔레트의 회전축은 일반적으로 B축을 구성한다.

4) 새들

새들은 테이블을 지지하는 다이로 베드 위에서 전후 이동을 하고 수직형 머시닝센터에서는 Y축을, 수평형 머시닝센터에서는 Z축을 구성한다.

5) 컬럼

컬럼은 주축 헤드를 지지하는 기둥이며, 컬럼에는 베드에 고정된 고정형 컬럼과 베드 위에서 이동할 수 있는 트라벨링형 컬럼이 있다. 트라벨링형 컬럼의 경우는 컬럼의 이동에 따라 제어축을 구성한다.

6) 베드

베드는 컬럼이나 새들을 지지하는 다이로, 기계 구성의 기초가 되는 부분이다.

7) 자동 공구 교환 장치(ATC : Automatic Tool Changer)

주축에 고정되어 있는 공구와 다음 가공에 사용될 공구를 자동 교환하는 장치이다. ATC는 공구를 교환하는 ATC 암과 많은 공구가 격납되어 있는 ATC 매거진으로 구성되어 있다. ATC에 있는 공구의 호출방법에는 시퀀션 공구 선택방식과 랜덤 선택방식이 있다. 전자는 ATC 매거진에 배열되어 있는 순서대로 공구를 교환하는 방식이고, 후자는 모든 공구에 공구번호를 지정하여 그 번호를 ATC 장치에 기억시킴으로써, ATC 매거진의 공구를 임의로 호출하여 교환하는 방식이다. 거의 모든 머시닝센터가 랜덤 공구 선택 방식으로 되어 있다. 또한 공구 교환에 필요한 정비 시간을 'tool to tool', 공구가 절삭을 종료해서부터 다음 공구가 다시 절삭에 들어갈 때까지의 시간을 'chip to chip'이라 부른다.

8) 이송 기구

이송 기구는 서보모터, 볼 나사, 볼 너트 등으로 구성된다. NC 장치로부터의 지령에 의해 테이블, 새들, 주축 헤드의 위치 결정이나 절삭 이송 등을 동작시키는 기구이다. 서보모터의 회전은 기어, 벨트, 커플링 등에 의해 볼 나사에 전달되고 볼 너트에 직결되는 테이블, 새들, 주축 헤드를 직선운동시킨다. 서보 모터는 유압전기펄스모터로부터 DC 서보모터까지, 최근에는 AC 서보모터가 이용되고 있다.

9) 절삭유제 공급장치

절삭유제 공급장치는 공구 또는 공작물에 절삭유제를 공급하고, 다시 회수하는 장치이다. 절삭유제에는 수용성 절삭유제 또는 불수용성 절삭유제가 사용되며, 공구와 공작물의 절삭면에 윤활 및 냉각 작용을 한다. 절삭유제의 공급방식에는 다음과 같은 것들이 있다.

① 노즐 쿨란트 방식 : 주축 끝 부근에 고정시킨 노즐로, 절삭유제를 공급하는 방법
② 스로우 쿨란트 방식 : 주축의 내부 및 공구의 내부를 통하여 절삭유제를 공급하는 방법
③ 샤워 쿨란트 방식 : 공구나 공작물 전체에 절삭유제를 공급하는 방법

④ 미스트 쿨란트 방식 : 공기와 절삭유제를 혼합해서 분무식으로 공급하는 방법이고, 또 기계나 공작물을 세척하기 위한 방식으로도 이용된다. 공급법의 선택, 쿨란트의 ON/OFF는 보조 기능으로 지령한다.

10) 주축 온도 조정장치

주축 온도 조정장치는 고속으로 회전하는 주축, 베어링, 기어 등의 윤활장치로, 기계의 열 변위에 의한 가공 정밀도 저하를 방지한다.

11) 유압장치

유압장치는 ATC의 공구 교환 동작이나 팔레트의 교환 동작 등의 구동원으로 이용되고 있다.

12) 공압장치

공압장치는 기계 각 부로의 절삭 칩이나 절삭유제의 침입 방지, 공구 교환 시의 주축 구멍이나 툴 생크 등의 세척, 절삭유제와 공기를 혼합해서 미스트 쿨란트 등의 공압원으로서 이용되고 있다.

13) 습동면 윤활장치

습동면 윤활장치는 주축 헤드, 테이블, 새들의 습동면에 윤활유를 공급하는 장치이다.

14) CNC 장치

① 주 조작반 : 최근의 CNC 장치는 CNC 장치의 조작부를 기계 본체와 일체형으로 된 기전 일체형이 많다. 주 조작반은 기계의 수동 조작 등을 하기 위한 기계 조작반 및 프로그램의 MDI 입력 등을 하기 위한 CRT 조작반으로 구성되어 있다. 또한 조작반에는 주 조작반 외에 주축의 공구를 수동으로 탈착하기 위한 주축 헤드 조작반, ATC의 수동 조작을 하기 위한 ATC 조작반 등이 있다.

② 좌표계 : NC 프로그램은 공작기계의 표준 좌표계에 따라 프로그램되어야 하며 프로그램할 때 실상은 테이블과 주축이 움직이지만 공작물은 고정되어 있고, 공구가 공작물의 주위를 이동하며 가공하는 것을 가정한다.

③ 프로그램의 원점과 시작점 : 프로그램을 할 때에는 프로그램의 원점과 좌표계가 결정되어야 하며, 보통 프로그램 원점은 공작물 위의 임의의 한 점을 잡는다. 따라서 공구의 시작점을 G92 코드(좌표계 설정)로 NC에 알려주어야 한다.

④ 절대 좌표 지령과 증분 좌표 지령 : 머시닝센터에서 절대 좌표 지령은 프로그램 원점을 기준으로 현재의 위치에 대한 좌표값을 절대량으로 나타내는 것으로 G90 코드

로 지령하고, 증분 좌표 지령은 바로 전 위치를 기준으로 하여 현재의 위치에 대한 좌표값을 증분량으로 표시하는데 G91 코드를 사용한다.

파인 블랭킹(fine blanking) 기술 및 파인 블랭킹 제품 소재의 특성

1. Fine blanking

Fine blanking 기술은 한번의 블랭킹 공정에서 제품의 전체 두께에 걸쳐 필요로 하는 고운 전단면과 양호한 제품 정밀도를 얻는 프레스가공 공정이다. 여기서 Fine이라는 말은 정밀하고 양호한 표면을 얻는다는 뜻으로 보아야 할 것이며, Blanking 공정은 제품을 얻기 위한 전단 공정이므로 프레스 전단면은 더 이상의 기계 가공이 필요 없는 완성 전단면이 얻어질 수 있다는 것이다. 특성상 Fine blanking 기술이 적용되는 제품은 사용 목적상 정밀도가 일반 프레스 블랭킹에서 가공했을 경우 후속 공정이 많아져 경제성이 없는 후판 제품, 즉 두께 5~15mm 정도의 제품에 많이 적용되고 있다.

따라서 Fine blanking 제품은 주로 자동차의 기능 부품, 냉동기의 컴프레서 부품, 전기 전자 구조 부품, 일반 기계요소 등 제품의 정밀도와 표면의 품질이 동시에 요구되는 부품들이 대상품이 된다. Fine blanking 작업으로 얻을 수 있는 공정에는 평판 제품의 Blanking 뿐만 아니라, 벤딩, Offset banding, 제품 표면에 무늬나 형상을 압인하는 Coining, 재료를 눌러 반대쪽으로 돌출시켜 성형하는 Extrusion 가공 등의 소성 가공도 가능하여 결합할 때 정밀도를 해치지 않고 조립할 수가 있다.

일반적인 블랭킹 또는 Stamping 작업에서는 일부분만(대개 1/3) 깨끗하게 전단되고, 나머지 2/3는 거칠게 파단된 전단면을 갖는 부품이 생산된다. 이들 전단·파단된 표면에 대해 허용 오차나 우수한 표면 처리에 대한 조건이 요구되면 그 부품은 Shaving, 밀링, 리밍, 브로우칭, 또는 연삭 등의 방법으로 재가공되어야 한다.

정밀한 부품을 생산하려면 각 부품당 적어도 두 개 또는 그 이상의 부수적인 작업이 종종 필요하게 되는데, Fine blanking을 사용하면 재료의 전체 두께에 걸쳐 깨끗하게 전단 내외 형상을 갖는 정밀한 부품을 단 한번의 공정으로 생산할 수 있으므로 굉장한 생산비 절감까지 동반하게 되는 장점이 있다.

오늘날 이 새로운 기술 도입에 의한 비용 절감을 통해서 사실상 프레스가공 산업의 모든 분야에서 쓰일 정도로 더 많은 산업에서 Fine blanking의 위치가 중요하게 인식되고 있다. 이러한 우수한 성능을 자랑하는 Fine blanking 가공의 정확도는 금형의 질에 달려 있다고 해도 과언이 아니다.

2. 파인 블랭킹 제품 소재의 특성

파인 블랭킹 제품 소재의 특성은 다음과 같다.

① 제품에 따라 Shaving, Trimming, Broaching, Milling, Drilling, Reaming, Grinding 등의 후공정이 불필요하다.

② 재료 두께 전체에 걸쳐 치수가 정밀하고 균열이나 파열 등이 없는 깨끗한 전단면을 얻을 수 있다.

③ Blanking 시 제품의 상·하 양쪽면에서 일정한 압력을 가함으로써 제품의 정밀한 공차 범위 내의 평면도 유지가 가능하다.

④ 제품 내 Coining, Bending, Off-set bending, Semi-piercing 등의 여러 가지 성형작업이 가능하다.

⑤ 일반 Blanking의 경우 재료 두께와 동일한 직경의 구멍까지만 작업이 가능한 반면 Fine blanking의 경우 재료 두께보다 작은 구멍의 작업이 가능하다.

3. 파인 블랭킹 공정 작동원리

전단이 시작되기 전에 가이드 플레이트에 설치되어 있는 브이링으로 가이드 플레이트와 다이플레이트 사이에 있는 재료에 전단선 바깥쪽 윤곽을 따라 V 홈을 내려찍어 횡방향으로 재료의 이동이 없도록 함과 동시에 펀치 아래 쪽에 있는 이젝터가 전단되는 제품 밑면을 받쳐 종방향의 변형을 차단하면서 전단이 수행된다.

이와 같이 재료를 고정 Clamping한 상태에서 전단작업이 이루어지기 때문에 정밀한 치수와 매끄러운 전단면을 얻을 수가 있다. 또한 일반 블랭킹에서는 펀치가 다이 구멍을 통과하면서 전단이 된 제품을 아래로 떨어뜨리는 것이 일반적이나 파인 블랭킹에서는 펀치가 다이 구멍을 통과하지 않고 재료 두께만큼만 내려가 전단이 되며, 전단된 제품은 이젝터에 의해 다이플레이트 상면으로 복귀시켜 Air blower나 기계적인 장치에 의해 금형 밖으로 제거가 된다.

Section 20 | CAM(Computer Aided Manufacturing) 시스템의 개념과 구비조건

1. 개요

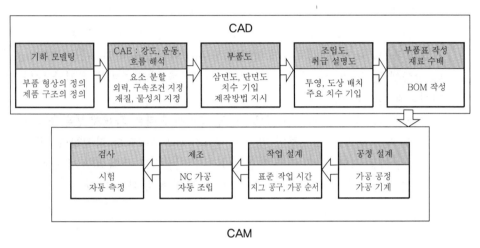

[그림 9-41] CAD/CAM의 작업 내용

CAM은 생산에 관한 공정 설계나 작업 설계라고 하는 넓은 의미로 생산 준비 작업을 컴퓨터 지원으로 해석할 수가 있는데, 좁은 의미로는 제품의 CAD(Computer Aided Design) 데이터에 따라 기계 가공용 NC 프로그램을 작성하는 가공 준비 작업을 컴퓨터 지원으로 해석하는 경우가 거의 대부분이다.

복잡한 형상의 부품을 자동적으로 가공할 목적으로 공작기계의 동작을 수치로 지령하는 NC 공작기계가 고안되고 수치 지령을 위한 NC 프로그램을 자동적으로 작성할 필요성이 지적되어 자동 프로그래밍 툴(APT : Automatically Programmed Tool)이 개발되었다.

2. CAM시스템의 개념과 구비조건

1) 자동 프로그래밍 툴(APT)

APT는 MIT에서 개발된 프로그래밍 언어이다. APT는 공구 경로의 계산을 자동화하는 도구로서, 가공 순서나 사용 공구, 절삭조건과 같은 가공 정보를 자동적으로 결정하는 기능으로 발전되었다.

2) CAM에 의한 NC 프로그램의 작성

NC 프로그램을 작성하는 CAM 소프트웨어는 가공 형상의 선이나 면에 따라 이동하는 공구 위치를 계산하는 메인 프로세서(main processor)와 사용하는 NC 공작기계의 축 구성이나 가동 영역에 따른 좌표계 변환과 절삭 조건 등의 제어 파라미터를 설정하는 포스트 프로세서(post processor)로 구성되어 있다.

메인 프로세서는 가공 형상을 정의한 CAD 데이터로부터 가공에 필요한 공구 위치를 계산하여 공구 경로(CL ; Cutter Location) 데이터를 작성한다. 가공 순서나 사용 도구 결정의 자동화나 공구 경로와 방향 결정도 자동화가 곤란하며, 가공 형상에 따른 경로나 방향에 관한 데이터(공구 경로 생성 데이터)를 미리 준비해 두거나 대화 형식으로 지시하지 않으면 안 된다.

포스트 프로세서는 CL 데이터로부터 공작기계에 따른 좌표계 변환을 하고, 절삭 조건 등의 제어 인자를 설정하여 가공에 필요한 NC 데이터를 작성한다. 공작기계의 축 구성이나 가동 영역, 최대 주축 회전수나 최대 이송속도 등의 좌표계 변환과 제어 인자의 설정에 필요한 공작기계 데이터는 미리 준비해 두어야 한다.

3) CAM 시스템의 구비조건

① 유연성
② 효율성
③ 정확성
④ 복합화
⑤ 다기능화
⑥ 다축화

나노기술(nano technology)의 정의와 적용방안

1. 나노(nano) 및 나노기술의 의미

극미의 세계로 통하는 문, 즉 나노기술은 21세기 과학의 한계를 극복할 새로운 물결로 많은 과학자의 주목을 받고 있다.

10억분의 1, 극미의 세계 나노(nano)는 그리스어의 난쟁이에서 유래된 말로, 물리학적 표현은 10^{-9}을 의미한다. 나노기술은 통신 시스템, 자동차, 가전 제품, 환경, 생명 과학, 재료 공학, 방위 산업, 의학 등 산업 전반에 걸친 파급효과 때문에 미래 기술로그 중요성이 강조된다. 즉 나노기술은 정보를 저장하는 매체의 크기를 나타내는 부피와 정보의 교류를 가능하게 하는 공간적 이동을 나타내는 거리, 그리고 정보 처리에 필요한 시간이라는 제약 조건을 돌파할 수 있는 새로운 물리학적 혁명이다.

나노기술이란 이러한 나노미터 크기의 물질(나노물질)이 갖는 독특한 성질과 현상을 찾아내 나노물질을 정렬시키고 조합하여 매우 유용한 성질의 소재나 시스템을 생산하는 과학과 기술을 통칭한다. 나노 물질은 적어도 한 변의 길이가 nm 크기에 이르는 물질로 한 변이라도 100nm 이하의 크기를 갖는다면 나노물질이 되며, 물리적·화학적으로 독특한 성질과 현상을 나타낸다.

2. 나노 계측기술

1) 나노 계측의 기술 전략 지도

① 길이 계측 : 형상 계측(3차원), 측장 SPM 분해 능력이 0.35nm(2013년경), 박막 계측, 미립자 계측, 공공(空孔) 계측이다.

② 물성 계측 : 용량 계측, 자기 계측, 열계측, 기계적 나노 물성(경도, 탄성률), 공간 분해 능력이 100nm, 역($力$)분해 능력이 $10\mu N$ 등으로 주로 반도체 소자 제작의 응용을 목적으로 한다.

③ 로드맵은 정기적으로 갱신(rolling)하여 새로운 기술동향에 대응해야 한다. 나노 계측기술은 타 분야에도 적용 범위를 넓혀가야 한다.

2) 나노 계측

나노 계측은 위험 평가 측정을 위한 기준 및 측정 기술의 국제 표준화에 대한 움직임이 대두되고 있다.

① 프로브(probe) 현미경에 관하여 ISO의 표면화학분석의 분과위원회에서 2004년부터 SC9를 설립하여 교정법이나 표준 물질 등을 검토한다.

② 나노 입자의 농도에 관하여는 구형에 가까운 미립자만이 아니고, 나노 튜브와 같이 형상 비(aspect ratio)가 큰 형상의 미립자도 대상이 되는데, 그들을 정량적으로 계측하는 신뢰성 있는 기술이 확립되어 있지 않기 때문에 농도의 규제치를 결정하는 것이 어렵다.

3. Nano structure

Nano는 10^{-9}을 의미하며 Nano 구조는 10^{-9}m 크기의 구조이고, 원자 10개 이내로 구성된 조직이다(물체를 구성하는 원자의 크기는 약 10^{-10}m).

나노 구조의 형태는

① 박막(thin film)

② 양자 선(quantum wire)

③ 양자 점(quantum dot)

Nano structure는 덩어리와 다른 표면 구조물이며, 물리·화학적 특성이 3차원 덩어리와 다르게 나타난다. 원자 층 두께의 박막은 2차원, 선은 1차원, 점은 0차원 구조이다.

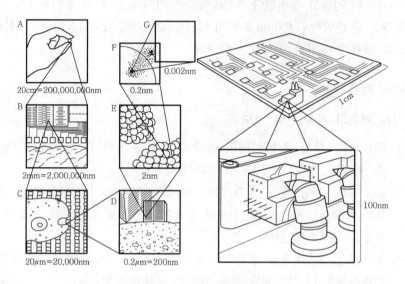

[그림 9-42] 나노기술의 이해도

선의 폭이 나노미터이므로 현재 사용 중인 장치보다 만배 정도 높은 기억 소자 제작이 가능하다.

$$\text{Giga}(10^9) \Rightarrow \text{Tera}(10^{12})$$

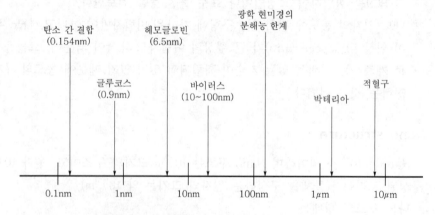

[그림 9-43] 원자, 생체 분자, 박테리아, 세포의 상대적 크기

4. 나노 테크놀로지의 응용

1) 광반도체분야

현재 시장 규모도 비교적 크지만, 차후 광통신 디바이스 및 광반도체 디바이스 시장이 더욱 더 확대될 예정이다.

① 광 기록용 분야에서의 상대적 우월성 유지 : 현재 이 분야 선두 주자로서, 고밀도 기록을 달성하기 위한 저파장 영역 레이저의 개발을 지속하리라 예상되며, 나노 크리스탈 등을 실용화시키기 위하여 나노 레벨에서의 구조 제어와 제조 기술이 요구된다.

② 통신용 분야에서의 경쟁력 강화 : 미국에 비해 다소 뒤지는 입장이나 송·수신 소자의 초고속 광원, 파장 다중 광원, 저비용 링크 부품 등의 성능 향상이 절실히 요구된다.

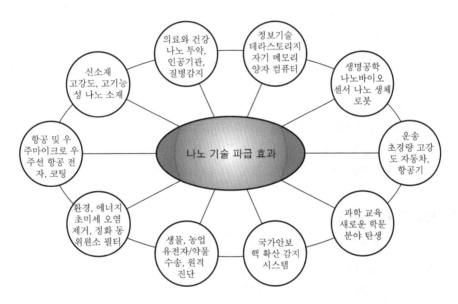

[그림 9-44] 나노기술과 다른 분야의 관계

2) SPM 분야

나노테크놀로지 재료를 관찰할 때 반드시 필요한 기술이고, 나노 사이즈의 미세 가공, Lithography, 더 나아가 기록 기술의 기반 기술로서도 중요하므로 SPM의 장치기술이 더욱 발전할 것이다.

① Probe 기술의 강화 : 일본은 반도체 가공용 미세가공기술이나 정밀제어기술에 있어서 세계에서 선두 그룹에 있으므로 이를 이용하여 SPM의 프로브 개발에 박차를 가하여 국제 경쟁력 있는 새로운 프로브 개발이 요구된다.

② 고밀도 기록에 대한 응용 : SPM의 응용기술로서 일본은 미국, 유럽과 동등한 기술 수준을 가지고 있고, 장차 높은 효율의 원자·분자의 나노 핸들링장치 등이 개발되리라 예상된다.

3) 탄소나노 튜브분야

탄소나노튜브는 나노테크놀로지의 각 기술분야와 나노재료 응용레벨에서 관련이 깊은 신재료이므로, 연구 활동이 더욱 활성화될 것이다.

① 저렴하고 구조 결함이 적은 탄소 나노튜브 제조기술의 확립 : 탄소나노튜브 제조법으로는 아크 방전법과 기상 성장법이 사용되고 있는데, 기상 성장법은 저렴한 탄소나노튜브를 만들 수 있으나 구조 결함이 많은 단점이 있고, 아크 방전법은 구조 결함은 적으나 고가인 단점이 있다. 따라서 적은 구조 결함을 갖고 값이 싼 제조법의 개발이 절실히 요구되고 있다.

② Flat panel display의 응용 : 탄소나노튜브를 Flat panel display에 사용하기 위한 연구가 진행 중인데, 현재 해결해야 할 여러 가지 문제점들이 많아 실용화에 다소 시간에 걸리리라 예상된다. 장차 이 기술이 기존의 CRT, LCD, Plasma display 기술보다 우수하게 되면 상당한 규모의 시장이 될 것이다.

③ 고성능 복합재료에 대한 응용 : 탄소나노튜브는 고분자 복합재료 분야에 대량으로 수요가 형성될 것이다. 높은 강성 및 강도를 가지고 있고, 경량으로서 대전 방지성을 가지므로 항공기용 재료로도 사용이 가능하다.

5. 나노기술의 문제점

나노소재기술 영향평가에서 제시된 이슈들은 아래의 세 가지로 압축할 수 있으며, 분야별로 제시된 이슈는 [표 9-2]와 같다.

① 나노소재의 특성을 정확히 이해하기 위한 노력과 이를 전문가는 물론 일반 대중에게까지 인식시키는 문제(유용성 및 위해성 등 나노소재가 갖고 있는 일반적 특성에 대한 객관적이며 정확한 이해를 위한 기반 구축)

② 나노소재 특성의 규격화 또는 인증의 문제(나노소재 특성의 활용 여부에 대한 평가 기준 및 위해성의 정도를 객관화할 수 있는 기준 마련의 필요성)

③ 나노소재의 우수한 특성이 반사회적인 목적으로 사용될 개연성에 대한 대응방안의 필요성

[표 9-2] 나노기술의 분야별 이슈들

관련 분야	분야별로 제기된 이슈들
산업분야	① 전문 인력 양성의 문제 ② 초기 시장 형성의 문제 ③ 산업화 촉진을 위한 자금원과 투자 방향 ④ 나노 표준 및 인증의 문제
개인생활분야 (개인 삶)	① 나노소재가 인체 및 환경에 미치는 영향(위해 요소의 종류 및 위험도 등) ② 나노소재에의 노출 여부에 대한 정보 획득(직접 노출 혹은 간접 노출)
사회 · 안전분야	① 나노소재 기술의 사회 · 윤리적 영향에 관한 연구의 부재 ② 나노소재 기술에 의해 발생하는 사회적 격차 심화의 문제 ③ 나노소재에 의한 작업장 안전 문제 대책 ④ 공공기술로서의 나노소재기술 활용을 위한 정책적 방안 수립 ⑤ 공공기술분야에 내재되어 있는 잠재적 위험성의 평가와 모니터링 시스템 구축 방안 ⑥ 개인의 사생활 침해에 대비한 제도적 · 법적 지침의 마련 ⑦ 사회 안전에 사용되는 나노소재기술의 위험성 평가와 모니터링 시스템 구축 방안 연구 ⑧ 군사 부문 나노소재 기술의 위험성의 평가 시스템 구축 방안 ⑨ 나노소재의 위험성에 관한 커뮤니케이션의 제도화 ⑩ 나노소재 기술에 관한 대중의 이해를 높이기 위한 방안 모색 ⑪ 나노소재 기술의 영향에 관한 다학제적 연구 강화 방안의 모색 ⑫ 나노소재의 기술 영향 평가방법의 개선
에너지 · 환경분야	① 나노소재기술이 환경에 미치는 영향 및 관련된 위해성을 분석하고 평가하는 연구의 필요 ② 대학, 산업현장 및 공공기관에서 나노소재의 환경 영향에 관한 정보 교환 및 교육 활동의 활성화 ③ 나노소재 사용의 규제 문제나 기술의 표준화 활동 ④ 실제 적용을 위한 나노소재의 경제성 문제 해결 ⑤ 나노소재 제조 시의 에너지 비용절감 방안

Section 22 소성가공법 중 금속재료의 부피성형 가공법

1. 단조가공

1) 개요

금속의 가단성은 성분이 순수한 것일수록 좋고, 예컨대 강에서는 페라이트 이외의 성분은 대체로 가단성을 해치며 그중에서도 탄소가 가장 심하므로 고탄소강일수록 단조가 곤란해진다. 또한 P와 S는 가단성을 해칠 뿐 아니라 재질을 여리게 한다. 단조에서 가압방법으로는 예전에는 오직 인력으로 해머를 사용하여 성형하였으나, 큰 물건을 능률 좋게 가공하기 위해 필연적으로 기계해머, 단조프레스가 사용되게 되었다. 크랭크축과 같이 복잡한 기계부품을 정밀하고 능률 좋게 제작하기 위해, 소위 형(단형)을 사용하여 드롭해머로 신속하고 경제적으로 단조할 수 있게 되었다. 이러한 형단조에서는 밀폐형인 상하 한 짝의 형을 사용하며, 하형은 앤빌 위에 놓고, 이 위에 소재를 얹어놓는다.

상형은 램, 즉 해머에 고정시키고, 램을 앤빌 위에 낙하시키면 소재는 변형하여 금형속을 충만시킨다. 한 짝의 형단조용 형은 일반적으로 그 속에 3개의 홈을 파놓고, 차츰 소재로부터 제품의 형상에 가까워지도록 한다.

일반적으로 순간적인 타격을 주는 해머에 의한 단조로는 가공효과가 충분히 재료 내부까지 미치지 못할 때는 정압을 이용하여 천천히 가압하는 프레스를 이용하는 경우가 많다.

특히 굵은 축이라든가 두꺼운 부품의 제작에 매우 유용하다. 일반적으로 프레스를 이용할 때는 대체로 비철금속의 경우는 형단조로 하고, 철강의 경우는 자유단조가 많다.

직경이 25~50mm 이하의 원형 단면봉이 단조에는 회전 스웨이지법(rotary swaging)이 채용된다. 이는 필요한 직경으로 가공하기 위한 한 쌍의 다이가 고속회전하며 급속히 열렸다 닫혔다 하여, 봉을 그 단면의 직경방향으로 가압하여 축방향으로 늘려가며 소요의 형상과 치수로 가공한다. 다른 가공법으로 균열이 생기는 재료도 이 방법에 의하면 잘 가공될 적이 많다.

또한 봉의 머리를 변형시켜 볼트의 머리를 만든다든가 봉 끝에 구멍을 내는데 업셋단조기(upsetter)가 사용된다. 이것은 작업이 거의 자동적으로 행해지며, 양산에 적합한 가공기계이다.

2) 압연단조

봉재로부터 세장부재(細長部材)를 형성하는 경우에 이용되며, 한 쌍의 반원주형 롤의 표면에 형을 파놓고, 롤의 회전압축으로 성형한다. 냉간의 헤딩(heading)은 볼트의 머리를 만들 때 등에 이용하며 코이닝(coining)은 프레스로 매끄러운 표면과 정도가 높은 치수를 얻고자 할 때 이용된다.

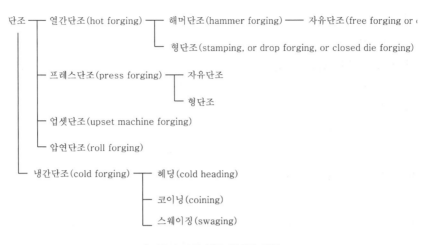

단조 ─┬─ 열간단조(hot forging) ─┬─ 해머단조(hammer forging) ── 자유단조(free forging or
      │   └─ 형단조(stamping, or drop forging, or closed die forging)
      │
      ├─ 프레스단조(press forging) ─┬─ 자유단조
      │   └─ 형단조
      │
      ├─ 업셋단조(upset machine forging)
      │
      ├─ 압연단조(roll forging)
      │
      └─ 냉간단조(cold forging) ─┬─ 헤딩(cold heading)
                              ├─ 코이닝(coining)
                              └─ 스웨이징(swaging)

[그림 9-45] 단조 방식의 분류

3) 단조의 목적

기술한 바와 같이 ① 외력을 가하여 재료를 압축하여 소요의 형상으로 성형함과 아울러 ② 조대한 결정입을 파괴하여 이를 미세화하고 ③ 재료 내의 기포를 없애고 ④ 균질화하여 재질을 개선 강화하는 데 있다. 금속재료를 단조하면 그 결정 조직은 재료의 유동방향을 따라 섬유상 조직이 되어 소위 단류선(flow line)이 생긴다. [그림 9-46]은 그 일례이다.

이 단류선의 방향으로는 인장강도, 연신율, 충격치 등의 기계적 성질이 크게 향상되므로 매우 튼튼한 기계부품을 만들 수 있다. [그림 9-47]은 크랭크축을 절삭으로 제작한 경우와 단조로 만든 경우의 섬유 조직을 비교한 것이다. 전자에서는 단류선이 중단되어 있음에 반하여, 후자는 외형윤곽을 따라 단류선이 이어져 있어서 기계적 강도가 전자에 비하여 훨씬 크다. 단조는 이 밖에도 다른 가공법에 비하여 소재의 낭비가 매우 적으며, 재료 속에 내부응력이 남지 않는 장점이 있다.

[그림 9-46] 재료의 조직의 흐름(단류선)

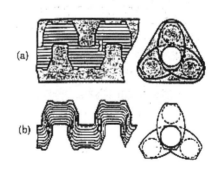

[그림 9-47] 크랭크축의 섬유상 조직의 비교

4) 단조온도(재료의 가열온도)

단조작업에서 재료의 가열온도는 중요한 의의를 가지고 있다. 재료의 가열온도가 너무 높으면 재료 중의 성분의 일부(탄소강의 경우는 탄소)가 소실하여 재질이 변화하여 매우 여린 재료가 된다. 반대로 가열온도가 낮은 상태에서 단조하면 재료의 균열이 생기거나 제품에 잔류스트레인이나 내부응력을 남기게 된다.

또한 재료를 단조할 때의 연신율은 가열온도에 따라 달라지므로([그림 9-48] 참조) 그 재질에 적합한 재료의 가열온도의 범위 내에서 가공해야 한다. 단조를 개시하는 데 적당한 온도를 최고 단조온도(최고 가열온도)라 하고, 단조를 완료하는 온도를 단조완료온도(최저 온도)라고 한다. 최고 단조온도가 너무 높으면 최저 온도도 자연 높아져서 가공이 끝나도 재결정 온도 이상에 머물고 있으며, 일단 단조로 미세화되었던 결정입은 다시 재결정의 진행으로 성장하여 조대화되어 좋지 못한 결과를 가져온다.

따라서 최저 온도는 재결정온도보다 약간 높은 온도로 유지하고, 실제의 단조작업이 끝날 때 이 단조완료온도(최저 온도)가 되도록 하는 것이 필요하다.

[그림 9-49]는 단련의 영향과 단조중지온도에 따라 결정입의 크기가 달라지는 것을 보인 것이다. 한편 단조완료온도가 너무 저하되면 단조품에는 상당한 내부응력이 발생하여 균열이 생기거나 파괴되는 수가 있다.

따라서 강재의 단조 중 온도가 800℃ 이하가 되면 재가열하여 단조를 계속한다. 또 강재는 300℃ 부근에서 청열취성(blue shortness) 온도가 있어서, 이 온도에서는 상온 때보다 오히려 가소성이 저하되므로 이 근처에서 단조하는 것을 피한다. [표 9-3]은 각종 재료의 최고 단조온도와 단조완료온도를 표시한다.

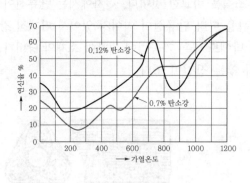

[그림 9-48] 탄소강의 가열온도와 연신율

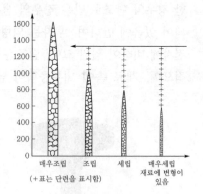

[그림 9-49]
0.3% 탄소강의 단련 및 단조완료온도와 결정입

[표 9-3] 단조온도

재료	최고 단조온도 (℃)	단조 완료온도 (℃)	재료	최고 단조온도 (℃)	단조 완료온도 (℃)
탄소강(0.1% C)	1,352	750	크롬강(13% Cr)	1,280	850
탄소강(0.3% C)	1,290	790	스테인리스강(18^{-8})	1,300	850
탄소강(0.5% C)	1,250	820	고속도강	1,200	1,000
탄소강(0.7% C)	1,170	850	전기동	870	760
탄소강(0.9% C)	1,120	900	6-4황동	790	620
니켈강(3% Ni)	1,250	850	알루미늄청동	870	690
니켈 · 크롬강(3%)	1,250	800	인청동	800	650
크롬 · 바나듐강	1,250	850	단조용 알루미늄합금	450	360

2. 압연가공

압연가공(rolling)은 상온 또는 고온에서, 회전하는 롤 사이에 재료를 연속적으로 통과시켜 그 소성을 이용하여 판재, 대판, 형재 등으로 성형하는 가공법이다. 특히 금속재료에서는 동시에 주조 조직을 파괴하고 재료 내부의 기포를 압착하여 균등하고 우량한 성질을 줄 수 있다. 이 가공법은 주조나 단조에 비하면 작업이 신속하고 생산비가 저렴한 특징이 있으므로 금속가공 중 매우 중요한 위치를 차지한다. 이 방법은 균일한 단면 형상을 가진 긴 강재를 만드는 데 가장 경제적일 뿐더러 광범위한 다양한 제품을 얻을 수 있다.

또한 재료도 연합금과 같은 연한 것에서부터 스테인리스강과 같은 경한 것까지도 있다. 압연은 소재의 재결정온도 이상에서 행하는 열간압연(hot rolling)과 그 이하에서 행하는 냉간압연(cold rolling)으로 대별된다. 열간압연에서는 재료의 소성이 크고 변형저항이 작으므로, 압연가공에 요하는 동력이 적어도 되고 큰 변형을 용이하게 이룰 수 있어 단련 단조품과 같은 양호한 성질을 제품에 줄 수가 있다.

압연작업의 다듬질에 냉간압연을 하며, 필요에 따라 어닐링을 하여 제품에 치수의 정확성과 우수한 성질을 준다. 열간압연에서는 거의 이방성을 나타내지 않으나, 냉간압연판이나 이를 어닐링한 판은 대개의 경우 이방성을 나타낸다. 즉 판의 세로방향과 가로방향에서 기계적 및 물리적 성질이 다르며, 그 결과 이러한 판을 가공목적에 사용하면 실용상 여러 가지 지장을 초래하는 일이 많다.

3. 인발가공

인발가공(drawing)이란 [그림 9-50]과 같이 테이퍼구멍을 가진 다이를 통과시켜

재료를 잡아당겨서, 재료에 다이구멍 최소 단면의 형상치수를 주는 가공법이며, 치수의 정도와 경도 및 강도를 증대시키는 특징이 있다. 외력으로서는 인장력을 작용시키나, 다이 벽면과 재료 간에는 압축력이 작용한다. 인발가공법은 단면의 형상, 치수나 인발기계의 구조, 다이의 종류 등 여러 가지로 분류되지만 대체로 다음과 같이 된다.

① 봉재인발 : 원형 단면봉이나 형재 등의 인발이며 인발기(draw bench)를 사용한다.

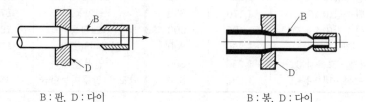

B : 판, D : 다이	B : 봉, D : 다이
[그림 9-50] 봉 또는 선의 인발	[그림 9-51] 관의 인발(만드렐이 없는 경우)

② 관재인발 : 관재의 인발이며 외경만의 다듬질을 행할 때는 만드렐 없이 행하고([그림 9-51] 참조), 내경이 다듬질을 행할 경우는 만드렐이나 플러그를 사용한다. [그림 9-52]이나 [그림 9-53] 어느 것이나 인발기를 이용한다.

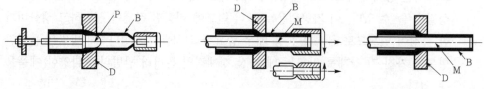

B : 판, D : 다이, P : 플라그	B : 판, D : 다이, M : 만드렐
[그림 9-52] 관의 인발(플러그를 사용하는 경우)	[그림 9-53] 관의 인발(만드렐을 사용하는 경우)

③ 선재인발(wire drawing) : 직경 약 5mm 이하의 가는 봉재의 인발을 특히 선재인발 또는 신선이라 한다. 열간압연으로 실제로 가공되는 최소 봉경은 대략 5mm이다. 이 이하의 선은 감을 수 있으므로 기계로서는 권동(wire drawing block)을 이용한다. 선의 굵기로서는 최소 0.001in까지 신선이 된다. 이상 어느 것에서나 가공력이 인장력인 관계로 단면감소율에 한도가 있다. 또한 재료를 직접 잡아당기는 곳은 결국 손실이 되므로 재료이용률이 나빠진다. 인발은 열간, 냉간 어느 것으로서도 행해질 수 있으나 주로 냉간가공이다.

4. 압출가공

[그림 9-54]와 같이 비교적 긴 가열소재 B(빌레트라 함)를 강도가 충분히 큰 용기(컨테이너 container) 속에 넣고, 플런저 P로 누르면 소재는 다이(die) D의 구멍으로부터

압출되어 제품의 봉재 R이 나오게 된다. 소재와 플런저 사이에는 가압판(pressure pad) A를 두어 플런저의 손상을 막는다. R의 단면은 다이구멍 형상과 거의 동일하므로 다이 구멍이 원공이면 제품은 원형 단면봉이 되고, 그 밖의 경우는 여러 가지 단면체가 된다. 또 다이구멍은 2개 이상일 수도 있고 [그림 9-55]와 같은 브리지다이를 사용하면 관재 도 압출된다. [그림 9-56]은 각종 압출제품의 단면형을 표시한 것이며, [그림 9-57]은 압출제품의 이용법을 나타낸다.

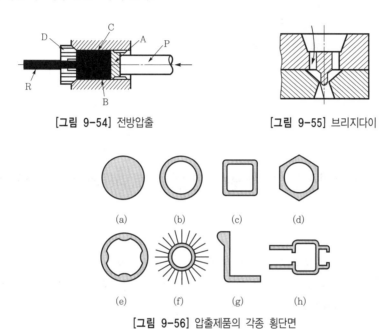

[그림 9-54] 전방압출　　　　　　[그림 9-55] 브리지다이

[그림 9-56] 압출제품의 각종 횡단면

[그림 9-57] 압출제품의 이용　　　　　　[그림 9-58] 후방압출

　　[그림 9-54]와 같이 컨테이너 내측에 면한 다이면이 컨테이너 중심측선에 수직한 평면일 때 이를 직각다이라고 하며, 컨테이너 내측을 향한 다이면이 원추면이면 원추형 다이라고 한다. 윤활을 하여 압출할 때는 직각다이 대신 정각 90~150°의 원추형다이가 많이 사용된다.

　　[그림 9-54]와 같이 플런저의 전진방향으로 제품봉이 나오는 방법은 전방압출(forward extrusion) 또는 직접압출(direct extrusion)이라 부르며, 빌레트 외벽이 컨테이너 내벽

과 마찰을 일으키며 이동한다. 이에 대하여 [그림 9-58]과 같이 속이 빈 플런저 P의 선단에 다이 D를 붙여 플런저를 눌러 그 속에 제품을 압출하는 방법을 후방압출(backward extrusion) 또는 간접압출(indirect extrusion)이라 한다. 이 방법은 빌레트와 컨테이너 내벽과의 마찰이 압출력에 추가되지 않고 동력소비는 전방압출보다 적다. 그러나 긴 제품에 대한 압출장치의 기구가 어려워지고, 빌레트 외벽의 산화피막이 제품 표면에 붙는 결점이 있다.

이들 가공법으로 Pb, Sn, Zn, Al, Mg, Cu 등의 봉, 관, 형재는 인고트로부터 때로는 냉간압출로 바로 성형된다. 변형저항이 큰 철강재는 열간압출을 한다. 또한 고온으로 하면 실온에서는 취성이 커서 가공할 수 없는 인고트를 압출하여 단조 조직으로 할 수도 있고 성형되기도 한다.

Section 23 소성가공법의 한 방식인 딥 드로잉(Deep Drawing)

1. 개요

외주부를 고정하고 판의 중앙부를 늘이면서 압축하여 비교적 얕은 용기 모양의 가공을 하는 것으로 금속항아리, 자동차 패널, 포탄케이스, 팬, 탄피 등을 생산하며 유압프레스를 많이 사용한다(상대적으로 저속, 정밀한 속도조절, 균일한 압력).

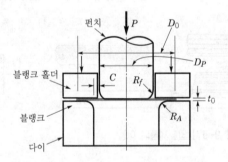

[그림 9-59] 원형 컵 딥 드로잉에서의 공정변수

2. 딥 드로잉의 한계

한계드로잉비(LDR : Limiting Drawing Ratio)는 파단을 일으키지 않고 소재를 가공할 수 있는 펀치지름에 대한 블랭크의 최대 지름의 비로 정의되며, 딥 드로잉성(deep drawability)의 척도가 된다.

Section 24

압출가공의 개념 정의와 3가지 결함(표면균열, 파이프 결함, 내부 균열)

1. 개요

재료를 금형 속에서 압축하여 금형의 구멍을 통하여 재료가 빠져나오게 하여 원래보다 단면적을 작게 하고 원하는 형태를 만드는 가공법으로 재료가 큰 압축응력을 받으므로 재료가 파괴될 가능성은 현저히 줄어든다.

① 직접압출 : 금속빌렛을 컨테이너 속에 넣고 램으로 밀어 다이를 빠져나오게 한다.

② 간접압출 : 중공램으로 다이를 밀고 컨테이너의 반대쪽은 막혀있다. 컨테이너와 빌렛 사이의 마찰운동이 없으므로 직접압출보다 동력이 작게 소요된다.

③ 관의 압출 : 램의 끝에 맨드릴(心棒)을 부착하여 압출 전기케이블에 납을 피복하는 압출한다.

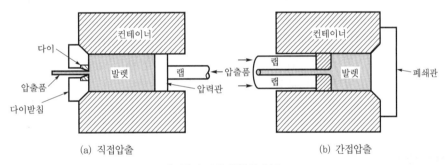

[그림 9-60] 압출의 형태

2. 압출에 영향을 미치는 인자

압출방법은 직접압출법(마찰력의 효과)과 간접압출법을 하였을 때 다음과 같다.

① 마찰(윤활 정도)

② 압출비 : 압출 형상이 달라져도 압출비가 같으면 비슷한 압출압력을 나타내며 압출비가 큰 제품의 경우 출구를 여러 개로 만드는 것이 유리하다.

$$\text{단면감소율} = \frac{A_o - A_f}{A_o}, \quad \text{압출비} \ R = \frac{A_o}{A_f}$$

③ 가공온도 및 변형속도 : $\dfrac{P}{\sigma_o} = a + b \ln R$

a, b는 압출속도, 온도, 다이모양 등에 관련된 상수이며, 속도와 온도는 재료의

항복응력에 영향을 준다. 속도 증가, 온도 감소는 압출압력을 증가시킨다.

④ 다이의 모양 : 다이각의 감소는 균질변형에 접근, 재료-다이 접촉 면적 증가로 마찰력이 증가하고, 다이 출구의 다이 반지름, 금형 출구의 랜드 길이에 관계있다.

3. 압출제품의 결함

① 결정립의 조대화 : 압출제품의 일부영역에서 결정립의 과대 성장이 발생한다.

② 산화물의 침입 : 단조품의 랩과 유사한 결함으로 잔류 산화물이 압출재의 내부로 침투한다.

③ 압출결함(파이핑) : 재료의 유동에 따라 표면의 산화막이 램의 앞부분으로 이동하여 압출되어 생기는 봉재의 중심부 결함이다. 봉재가 중심봉과 관의 형태로 분리되기도 한다.

④ 가로균열 : 다이 영역에서 생긴 2차 인장응력이 있을 때 열간 또는 냉간취성에 의한 균열이 발생하며 압출속도가 너무 크면 그 변형열로 인하여 열간취성이 발생하여 가로균열이 생기므로 압력을 줄여서 압출속도를 줄이면 억제할 수 있고 소성유동이 쉬운 금속으로 싸서 압출하면 표면에 인장응력 발생을 줄이므로 결함을 억제할 수 있다. 냉간취성에 의한 가로균열은 마찰이 심하면 쉽게 발생한다.

⑤ 중심균열(V자 균열) : 압출비가 작고 마찰이 작을 때 중심부 소성역에서 등방향 인장응력이 발생하여 중심 균열이 발생한다.

Section 25

금속의 재결정(recrystallization)현상의 개념과 온도, 시간 및 냉간가공에 의한 두께 감소율이 재결정에 미치는 영향

1. 개요

재결정(recrystallization)은 금속재료를 가열하면 내부응력이 이완되고 가공경화현상이 제거되어 연화되는 등의 성질 변화가 있게 된다. 어느 온도에서부터 [그림 9-61]과 같이 새로운 결정핵이 생겨 이것이 점점 성장되면서 구결정은 없어져 가는데, 이 현상을 재결정이라 하며 이때의 온도를 재결정온도라 한다. 이러한 변화는 재료, 가열온도, 가열속도, 가공도 등에 따라 다르다. 결정에는 변화가 없으면서 내부응력만 이완되는 현상을 회복(recovery)이라 하고, 금속이 연화되는 온도 이하에서 행해진다.

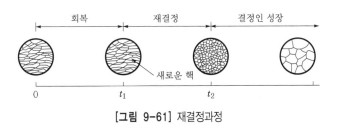

[그림 9-61] 재결정과정

2. 재결정과정

① 회복 : 광학현미경 관찰에서 새로운 결정립이 생기기 전에 물리적 성질이 변화하며 전기저항 감소 등(시간 $0 \sim t_1$)이 나타난다.

② 재결정 : 변형이 없는 새로운 결정립을 생성해서 변형을 받아 결함이 많은 주위영역을 잠식하면서 성장하는 것으로(변형에너지 감소, 시간 $t_1 \sim t_2$) 강도와 경도는 내려가고 연신율은 증가한다.

③ 결정립 성장 : 더 이상 가열하거나 온도를 높이면 결정립 성장이 일어난다.

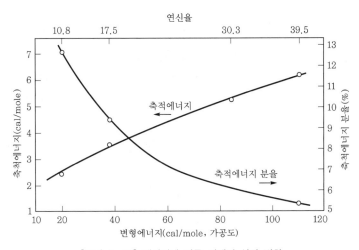

[그림 9-62] 재결정에 따른 기계적 성질 변화

3. 축적에너지의 양에 영향을 미치는 변수

① 순도 : 불순물원자는 전위이동을 방해하여 전위증식을 촉진하고 축적에너지의 양으로 된다.

② 변형 : slip system의 활성화와 관련되고 slip system이 활성화될수록 전위의 cross slip이 빈번하여 밀도가 커지고 축적에너지가 많아진다.

예 FCC인장(초기) → 2개의 slip system $\sigma 11$ uniaxial tension

　　FCC압축 → multiple glide → triaxial stress

③ 온도 : 저온변형으로 축적에너지 양이 크고 원자의 운동이 활발하지 못해서 에너지 방출이 작고, 결함 사이의 상호작용이 감소한다.

예 열간가공된 시료의 전위밀도 : $10^8/mm^2$

　　냉간가공된 시료의 전위밀도 : $10^{12}/mm^2$

④ 결정입도 : 가공도가 커지면 결정입도가 미세화되고 축적에너지양이 증가하며, 동일 체적의 시료의 경우 결정립이 적은 것이 변형 증가에 따라 전위와 입계의 반응이 잘 일어난다.

Section 26 초음파가공

1. 개요

초음파진동으로 상하방향으로 진동하는 공구를 공작물에 누르고, 공작물과의 사이에 알런덤 등의 지립을 물에 섞은 공작액을 펌프로 순환시키면 지립은 매우 큰 가속도로 공작물에 충돌하여 그 충돌의 에너지로 공작물을 깎아내는 방법을 초음파가공(ultra-sonic machining)이라 한다. [그림 9-63]은 초음파가공기의 원리를 나타낸다.

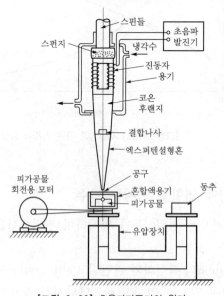

[그림 9-63] 초음파가공기의 원리

2. 원리

초음파 발생장치로부터의 고주파전류는 자왜진동자에 의하여 기계적인 상하방향의 진동으로 변환되면 이것과 일체로 결합된 혼(horn)으로 진폭이 확대되어 공구로 전달되는 구조로 되어 있다.

이때 사용되는 지립을 알런덤, 카보런덤, 다이아몬드 등의 입도 No.200~600 정도의 것을 사용하면 복잡한 형상의 정도가 좋은 가공면의 구멍으로 가공할 수 있다. 공작물 재료로는 초경합금과 같은 경한 재료로부터 유리, 보석, 도기 등의 비금속재료나 게르마늄 같은 반도체까지도 포함된다.

Section 27 | 공구수명의 판정기준과 수명방정식

1. 개요

공구수명은 절삭을 개시하여 절삭작업을 속행하는 것이 부적당한 상태에 따라 공구를 교환하기까지의 총절삭시간을 말한다. 구멍 등의 경우에는 공구수명까지 가공한 구멍의 총개수 또는 총깊이로 판단하는 것도 있다.

2. 판정기준

공구수명의 판정기준에는 다음의 경우도 있다.

① 사상면상에 광택이 발생할 때 : 강계의 공구에서는 인선의 마모 또는 손상에 따라서 인선부의 발생열이 높게 되고 인선의 연화 때문에 공구여유면이 공작물 표면을 마찰하는 경우이다. 이때 사상면에는 광택이 발생하고, 인선은 완전하게 손상에 이르기 때문에 수명의 판정은 사상면의 상태를 살펴보고 행한다.

② 인선의 마모가 일정치에 달할 때 : 가공물의 정도 사상면, 공구의 재연마의 경제성, 인선의 파괴에 대한 안전도 등을 고려하여 공구의 크레이터마모의 깊이나 여유면마모폭으로 하고 일정치에 달할 때를 수명으로 한다. 공구수명으로 보면 여유면마모폭은 가공물의 재질 및 가공의 정밀조도에 따라서 다르다. [표 9-4]에 JIS의 초경 바이트 시험방법에서 공구수명의 판정에 사용되는 여유면마모폭의 일례를 표시한다. 또한 공구수명과 크레이터마모의 최대 깊이는 통상 0.05~0.1mm으로 한다.

[표 9-4] JIS 수명판정기준

일반적으로 사용되는 마모대폭(mm)	적요
0.2	정밀경절삭, 비철합금 등의 사상절삭
0.4	특수강 등의 절삭
0.7	주철, 강 등의 일반절삭
1~1.25	보통 주철 등의 황삭절삭

③ 사상치수의 변화가 일정치에 달할 때 : 공구가 마모할 때 소정의 절입에 의한 절삭으로 가공 정도가 저하한다. 그러므로 공작물의 사상치수오차가 발생하며 일정치에 달할 때를 공구수명으로 한다.

④ 절삭저항이 급증할 때 : 탄소공구강이나 고속도공구강의 공구의 경우에는 주분력이 크게 변화하고 인선마모에 따라서 배분력이나 이송분력이 급증하는 것이므로, 이것을 공구수명의 판정기준이라 하여 사용하는 것이 좋다. JIS의 바이트절삭시험방법에서의 공구수명의 판정기준은 탄소공구강, 합금공구강 및 고속도공구강의 바이트(JIS B4012)에는 식 (8.16)의 광택대의 발생을 사용하고, 초경합금바이트(JIS B4011)에는 식 (8.17)의 공구마모량의 크기를 사용한다. 일반적으로 공구의 수명은 절삭속도가 증가에 따라서 급격하기 짧기 때문에 F. W. Taylor의 공구수명과 절삭속도와 관계는 다음의 관계로 되는 것을 알 수 있다.

$$VT^n = C \tag{8.16}$$

여기서 V는 절삭속도(m/min), T는 공구의 수명(min), C 및 n은 정수이다. 또한 위 식을 일반적으로 수명방정식이라 말한다.

이 방정식을 JIS에서는 다음의 경우로 구하는 것을 규정하고 있다. 장수절삭에 있어서 절삭속도와 공구수명과의 관계를 구하기 위해서 [그림 9-64]에 표시한 것처럼 절삭속도를 V_1, V_2, V_3, …로 변화하여 절삭시간과 공구마모량과의 관계를 그래프상에 그리고, 다음에 각 곡선을 수명판정 마모량을 횡선으로 긋고 각 교점에서 횡축에 수선을 그려서 절삭속도 V_1, V_2, V_3, …에 대하여 수명 T_1, T_2, T_3, …[min]을 구한다. 절삭속도와 수명의 관계를 양대수 그래프상에 기입하면 [그림 9-65]에 표시처럼 직선이 얻어지고, 이것에 따라 n은

$$n = \frac{y}{x} = \frac{\log V_1 - \log V_2}{\log T_2 - \log T_1} \tag{8.17}$$

로 구해진다. 또한 C는 정수로 공구수명 1min의 경우의 절삭속도에 상당하는 값이고, n은 양대수 그래프상에서의 $V - T$직선의 경사값을 알게 된다.

이 수명방정식에서 공작물재료의 피삭성이나 공구재료의 절삭성능 등을 판정하는

것이 가능하다. 즉 n이 일정하고 C가 크면, 또는 C가 일정하고 n이 작으면 좋은 것이다.

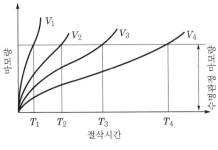

[그림 9-64] 마모경과곡선

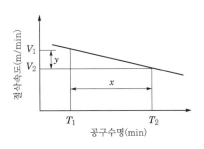

[그림 9-65] 수명곡선

Section 28 구멍가공작업에서 카운터싱킹과 카운터보링

1. 개요

구멍가공 작업은 체결하는 볼트와 나사의 형상에 따라 다양하게 가공하여 사용한다. 또한 자리파기는 어떤 환경에서 사용하는 것에 따라서 최적의 형상을 가공하므로 표면의 형상과 강도, 주변환경에 대한 내구성을 증가시키며 체결력을 유지할 수가 있다.

2. 카운터싱킹과 카운터보링, 스폿 페이싱

① 카운터보링(counter boring) : 볼트 머리 또는 너트가 구멍 축에 수직인 매끄러운 베어링면을 지니도록 평면 바닥과 함께 확장된 원통형 구멍을 말한다.
② 카운터싱킹(counter sinking) : 드릴 구멍 끝에 납작머리카운터싱킹은 드릴 구멍 끝에 납작머리나사 또는 리벳을 위한 적당한 자리를 제공하는 경사단면을 말한다.
③ 스폿 페이싱(spot facing) : 축에 수직인 구멍 입구 표면이 거친 것을 매끄럽게 한 베어링면을 말한다.

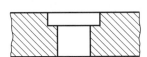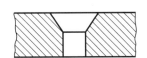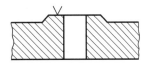

[그림 9-66] 카운터보링, 카운터싱킹, 스폿 페이싱(좌로부터)

Section 29

크리프피드연삭

1. 정의

크리프피드연삭(creep feed grinding)은 연삭 휠축의 높이는 고정시키고, 피연삭물을 옆으로 이동시키면서 연삭하는 가공을 말한다. 연삭 깊이를 최대 6mm까지 깊게 하고, 공작물의 이송속도는 작게 한다. 숫돌은 주로 연한 결합도의 수지 결합제로 성긴 조직을 사용하여 온도를 낮추고 표면 정도를 높인다.

2. 조건

크리프피드연삭에 사용되는 연삭기는 최대 225kW의 고출력, 고강성, 높은 감쇠능, 주축속도 및 테이블속도의 가변 정밀 제어, 그리고 대용량의 연삭액이 필요하다.

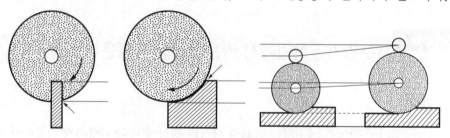

[그림 9-67] 크리프피드연삭(creep feed grinding)

Section 30

플랜트 기자재 및 각종 기계부품을 제작하기 위한 기계 가공법

1. 개요

공작기계에서 절삭 또는 연삭가공을 하기 위해서는 바이트와 공작물이 서로 접촉하는 상태에서 얼마간의 상대적인 운동을 시키지 않으면 안 된다. 그 운동 중 기본적인 것에는 ① 주(主)운동(절삭, 연삭), ② 이송운동, ③ 위치결정운동의 세 가지가 있다. 여기서는 기본적인 가공방법에 대하여 개략적으로 설명하겠지만, 최근에는 자동화와 생산효율을 추구하는 과정에서 머시닝센터와 터닝센터 등의 복합가공기가 발전하고 있는 추세이다. 이로 인해 실제의 가공현장에서는 개개의 전용가공기와 복합가공기를 병용하거나, 복합가공기가 대부분의 가공을 수행하는 경우가 많아지고 있다.

2. 플랜트 기자재 및 각종 기계부품을 제작하기 위한 기계가공법

플랜트 기자재 및 각종 기계부품을 제작하기 위한 기계가공법을 설명하면 다음과 같다.

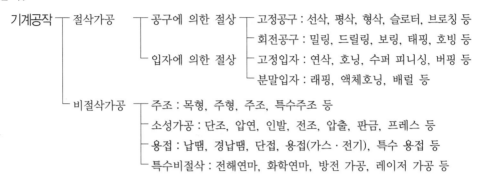

[그림 9-68] 기계가공법의 분류

1) 주조(casting)

액체상태의 재료를 형틀에 부어 굳혀 모양을 만드는 방법으로, 각종의 노(furnace) 안에서 고철, 선철, 합금철 또는 비철금속 원료를 가열해서 용해하고 적정 성분으로 조정된 쇳물을 모래 또는 금속재의 거푸집(mold) 속에 부은 후 냉각, 응고시켜 만드는 것이다. 원하는 모형으로 만들어진 거푸집의 공동에 용융금속을 주입하여 성형시킨 뒤 용융금속이 굳으면 모형과 동일한 금속물체가 된다. 가장 일반적인 거푸집은 모래와 진흙으로 만들며, 세라믹스, 시멘트가 섞인 모래, 기타 다른 물질들도 거푸집 제작에 사용된다. 이러한 물질은 용융금속이 주입될 공동을 형성하는 모형(보통 나무, 금속, 수지 등으로 만들어짐)의 외부를 둘러싼다.

거푸집을 형성하는 재료가 모형의 모양으로 만들어지면 거푸집에서 모형을 빼낸다. 거푸집은 보통 상형과 하형으로 나눌 수 있는데, 이 두 부분은 모형이 제거된 뒤에 형틀에 넣어져서 핀과 부시(얇은 원통)에 의해 정확히 연결된다. 그 다음에 용융금속은 탕구를 통해 거푸집 안으로 주입되면서 러너(runner)를 통해 공동의 각 부분에 보내진다. 플랜트설비에는 펌프케이싱, 임펠러, 엔진부품, 블레이드, 밸브, 플랜지 등이 있다.

2) 단조(forging)

금속재료를 일정한 온도로 가열한 다음 압력을 가하여 어떤 형체를 만드는 작업을 말하며, 자유단조와 형단조, 업셋단조가 많이 사용되고 있다. 플랜트설비에는 밸브, 플랜지, 엔진부품, 배관 피팅 등이 있다.

3) 압연(rolling)

금속의 소성을 이용해서 고온 또는 상온의 금속재료를 회전하는 2개의 롤 사이로 통과시켜서 여러 가지 형태의 재료, 즉 판(板), 봉(棒), 관(管), 형재(形材) 등으로 가공하는 방법이다. 압연에는 고온으로 하는 열간압연과 저온에서 실시하는 냉간압연이 있다. 플랜트설비에는 강판, 평강, 형강, 봉강 등이 있다.

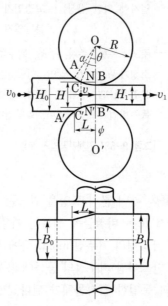

[그림 9-69] 압연과정도

4) 압출(extruding)

단면이 균일한 긴 봉이나 관 등을 제조하는 금속가공법으로, 영국의 J. 브라마가 1797년에 납을 녹여 펌프로 밀어내어 연관을 만든 것이 그 시초이다. 크게 정압출법과 역압출법으로 분류되는데, 전자는 압출되는 금속의 방향이 외부로부터 압력을 가하는 방향과 같은 경우이고, 후자는 이 방향이 반대가 되는 것이다. 플랜트설비에는 알루미늄서포트, 플라스틱관재, 플라스틱봉재 등이 있다.

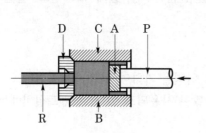

[그림 9-70] 전방압출

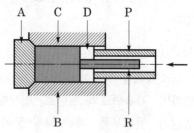

[그림 9-71] 후방압출

5) 인발(drawing)

선재나 가는 관을 만들기 위한 금속의 변형가공법으로 인발이라고 하는데, 정해진 굵기의 소선재를 다이(die)라는 틀을 통해서 다른 쪽으로 끌어내어 다이에 뚫려 있는 구멍의 모양에 따른 단면 형상의 선재로 뽑는 작업이다. 드로잉재료로서 가장 일반적인 것은 강선과 구리선이며, 이 밖에도 각종 재료가 사용된다. 플랜트설비에는 파이프, 샤프트봉재, 볼트봉재, 철사 등이 있다.

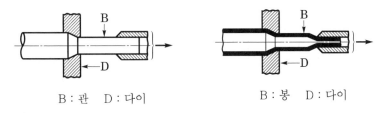

B : 관 D : 다이

B : 봉 D : 다이

[그림 9-72] 봉 또는 선의 인발   [그림 9-73] 관의 인발(맨드럴이 없는 경우)

6) 전조(form rolling)

전조다이스 사이에 소재를 끼워 소성변형시켜 원하는 모양으로 만드는 가공법으로, 상온에서 하며 나사나 기어를 만드는 데 이용되고 있다. 전조다이스는 금형강, 베어링강, 합금공구강 등으로 만들어지며, 나사 또는 기어의 모양으로 되어 있다. 플랜트설비에는 볼트, 나사, 기어 등이 있다.

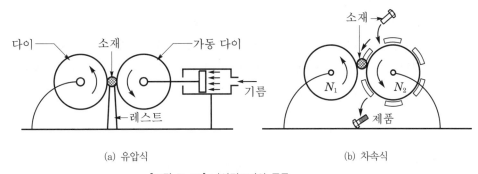

(a) 유압식   (b) 차속식

[그림 9-74] 나사전조기의 종류

7) 프레스(press or stamping)

금속판을 소정의 곡면으로 성형하는 작업으로, 암·수의 양 금형 사이에 판을 삽입하여 가압하고, 판에 소성변형을 부여하여 목적하는 구조 형상을 만드는 가공방법이다. 여기에 포함되는 것으로서는 판을 구부리는 굽힘가공, 지름에 비해 높이가 큰 용기를 만드는 디프 드로잉가공, 얕은 곡면을 만드는 stretcher forming, 판에 주걱을 이용하여 가압하면서 회전성형하는 spinning, 일단 성형된 것의 두께를 바꾸기 위해 당겨 뽑는 ironing, 가공된 판의 일부를 부풀리는 bulging, 판에 구멍을 뚫고 bulging을 가

해 구멍 부분에 꺾인 부분을 만드는 burring 등이 있다. 판금가공으로서는 판에 외형을
부여하거나 구멍을 뚫거나 하는 가공도 포함되어 있는 것이 보통이다.

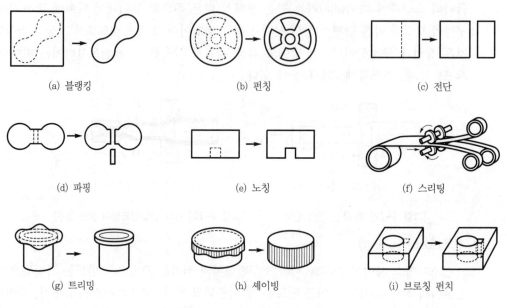

(a) 블랭킹   (b) 펀칭   (c) 전단

(d) 파핑   (e) 노칭   (f) 스리팅

(g) 트리밍   (h) 셰이빙   (i) 브로칭 펀치

[그림 9-75] 각종의 전단 가공

8) 절삭(cutting)

각종 재료를 바이트 등의 절삭공구를 사용해서 가공하여 소정의 치수로 깎는 일로
기계가공법의 하나이다. 절삭의 특징은 재료를 깎을 때 필요 없는 부분을 칩(chip)으로
서 잘라내는 것인데 가공할 때 칩, 즉 파쇄(破碎)조각이 생긴다. 절삭가공에 이용되는
공작기계는 선반, 드릴링머신, 밀링머신, 셰이빙머신 등이 있다.

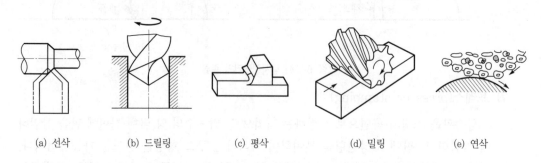

(a) 선삭   (b) 드릴링   (c) 평삭   (d) 밀링   (e) 연삭

[그림 9-76] 절삭가공의 종류

TIG용접과 MIG용접

1. 개요

특수 용접부를 공기와 차단한 상태에서 용접하기 위하여 특수 토치에서 불활성 가스가 전극봉 지지기를 통하여 용접부에 공급하면서 용접하는 방법으로, 불활성 가스에는 아르곤(Ar)이나 헬륨(He)이 사용되며, 전극으로는 텅스텐봉 또는 금속봉이 사용된다.

2. TIG용접과 MIG용접

TIG용접과 MIG용접에 대하여 설명하면 다음과 같다.

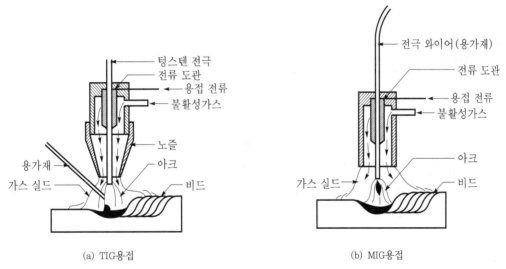

(a) TIG용접   (b) MIG용접

[그림 9-77] 불활성 가스 아크용접법의 형식

1) 불활성 가스텅스텐 아크용접(TIG용접)

원리는 텅스텐봉을 전극으로 사용하며, 가스용접과 비슷한 조작방법으로 용가제(filler metal)를 아크로 융해하면서 용접한다. 이 방법은 텅스텐을 거의 소모하지 않는다. TIG용접에서는 교류(AC)나 직류(DC)가 사용되며, 그 극성은 용접결과에 큰 영향을 끼친다. 정극성은 전극이 (−), 모재는 (+)이며, 역극성은 전극은 (+), 모재는 (−)이다. 직류 정극성(正極性)에서는 음전기를 가진 전자가 모재를 세게 충격시킴으로써 깊은 용입을 일으키며, 전극은 그렇게 가열되지 않는다. 그러나 역극성(逆極性)에서는 전극을 적열하게 가열되고, 모재의 용입은 넓고 얕아진다. 특성은 아르곤을 사용한 역극성에서는 아르곤(Ar)이온이 모재표면(음극)을 충격하여 산화막을 제거하는 청정작용이 있어 알루미늄이나 마그네슘용접에 적합하다.

2) 불활성 가스 금속 아크용접법(MIG용접)

원리는 용접봉인 전극 와이어를 연속적으로 보내어 아크를 발생시키는 방법으로 소모식 불활성 가스 아크용접법이라고도 한다. MIG용접용 전원은 직류식으로 와이어를 정극(+)로 하는 역극성이 채용된다. MIG용접법은 전원이 정전압특성의 직류아크용접기로서 가는 와이어를 써서 전류밀도를 높이고(TIG의 약 2배), 와이어의 송급은 일정 속도방식으로 하는 특징이 있다. 금속용접봉 아크를 사용할 때는 3mm 이상의 두께를 갖는 판재용접에 적합하고 자동적으로 용접봉을 피드하는 것이 필요하다. 특징은 보통 아크용접보다 고가이나 용재를 사용할 필요가 없으며, 용접부의 부식 및 열집 중에 의한 균열과 잔류응력이 적고 기계적 성질이 변하지 않는 장점이 있다. Al, Mg, Cu합금 및 스테인리스강, 용접에 많이 사용된다.

Section 32 | 연속주조법(continuous casting)의 특징

1. 개요

연속주조(continuous casting)법은 노에서 생산된 용강을 일정한 형태의 주형에 부어서 강괴를 만든 후 분괴압연을 거쳐 슬래브를 제조하던 종래의 조괴법을 발전시킨 기술이다. 즉, 노에서 생산된 용강을 직접 슬래브, 블룸, 빌릿으로 주조하는 방법으로서 조괴법보다 에너지가 대폭 절감되고 실수율과 생산성을 향상시킬 수 있는 주조법이다.

2. 연속주조법의 특징

연속주조법의 장점은 종래의 잉곳을 슬래브, 블룸, 빌릿에 열간압연하는 분괴공정이 생략됨으로써 에너지가 절약되는 점, 조괴법에서 필요한 압탕이 없어도 되거나 수율이 향상되는 점, 냉각속도가 빠르고 주물의 편석이 적게 되거나, 지향성 응고 때문에 기포, 수축공, 비금속 개재물 등의 결함이 감소되어 주물의 품질이 향상되는 점 등이다.

단점은 조괴법에 비해 설비비가 높은 점, 극히 조금이지만 품질적으로 연속주조할 수 없는 합금이 있는 점, 강은 열전도율이 낮기 때문에 생산성이 떨어지는 점 등이다. 단면치수에 한계가 있어 강의 상한(上限)은 슬래브에서 264cm×32cm, 블룸에서 40cm×56cm, 하한은 10cm×10cm이다.

연속주조설비를 통해 만들어지는 중간재는 다음과 같다.

[표 9-5] 중간재의 분류

구분	설명
슬래브	• 단면이 장방형이고, 두께는 보통 50~300mm, 폭은 350~2,000mm, 길이 1~12m • 열연강판이나 후판 등 판재류 소재로 사용
블룸	• 슬래브와 빌릿의 중간쯤으로, 한 변이 16~480mm이고, 길이는 최대 6m 정도 • 중대형 H형강을 만드는 데 사용되며, 일부는 다시 분괴하여 빌릿, 시트바 등의 소형 반제품으로 만들어지기도 함
빌릿	• 단면이 정방형이고, 한 변이 160mm 이하 • 철근이나 선재, 앵글, 채널 등 소형 형강류를 만드는 데 사용

Section 33 압연공정의 압하율

1. 개요

압연가공(rolling)은 상온 또는 고온에서 회전하는 롤 사이에 재료를 연속적으로 통과시켜 그 소성을 이용하여 판재, 대판, 형재 등으로 성형하는 가공법이다. 특히 금속재료에서는 동시에 주조조직을 파괴하고 재료 내부의 기포를 압착하여 균등하고 우량한 성질을 줄 수 있다. 이 가공법은 주조나 단조에 비하면 작업이 신속하고 생산비가 저렴한 특징이 있으므로 금속가공 중 매우 중요한 위치를 차지한다.

2. 압연가공의 특징과 압하율

1) 특징

압연가공은 균일한 단면 형상을 가진 긴 강재를 만드는 데 가장 경제적일 뿐더러 광범위한 다양한 제품을 얻을 수 있다. 또 재료도 연합금과 같은 연한 것에서부터 스테인리스강과 같은 경한 것까지도 있다. 압연은 소재의 재결정온도 이상에서 행하는 열간압연(hot rolling)과 그 이하에서 행하는 냉간압연(cold rolling)으로 대별된다.

열간압연에서는 재료의 소성이 크고 변형저항이 작으므로, 압연가공에 요하는 동력이 적어도 되고 큰 변형을 용이하게 이룰 수 있어 단련 단조품과 같은 양호한 성질을 제품에 줄 수가 있다. 압연작업의 다듬질에 냉간압연을 하며, 필요에 따라 어닐링을 하여 제품에 치수의 정확성과 우수한 성질을 준다. 열간압연에서는 거의 이방성을 나타내지 않으나, 냉간압연판이나 이를 어닐링한 판은 대개의 경우 이방성을 나타낸다. 즉, 판의 세로방향과 가로방향에서 기계적 및 물리적 성질이 다르며, 그 결과 이러한 판을 가공목적에 사용하면 실용상 여러 가지 지장을 초래하는 일이 많다.

2) 압하량과 압하율

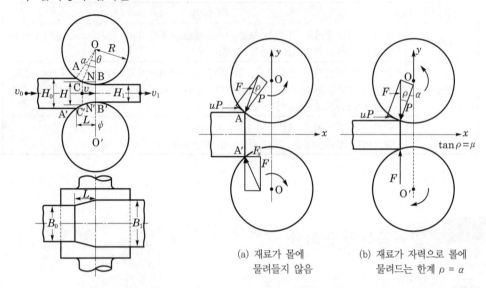

[그림 9-78] 간단한 압연과정도

(a) 재료가 롤에
　　물려들지 않음

(b) 재료가 자력으로 롤에
　　물려드는 한계 $\rho = \alpha$

[그림 9-79] 마찰각과 접촉각과의 관계

[그림 9-78]은 직사각형 단면의 재료를 동일 직경의 한 쌍의 원주형 롤로 압연하여 그 두께를 감소케 하는 가장 기본적인 압연과정의 설명도이다. 압연 전후의 소재의 두께를 각각 H_0, H_1 이라 하면 $(H_0 - H_1)$을 압하량, $\dfrac{H_0 - H_1}{H_0} \times 100\%$ 를 압하율(또는 압연율)이라 한다. 또 압연 전에 B_0의 나비를 가진 재료를 압연하면 그 너비는 커져서 B_1이 된다. $(B_1 - B_0)$를 폭 증가(width spread)라 한다. 이 폭 증가는 롤의 직경 $2R$, 압하율, 압연속도, 재료의 단면 형상과 대소, 온도, 재질, 롤면과 재료의 표면상태 등에 따라 다르나, E. Siebel은 다음과 같은 비교적 잘 맞는 실험식을 주고 있다.

$$B_1 - B_0 = C\left(\frac{H_0 - H_1}{H_0}\right)\sqrt{R(H_0 - H_1)} \cdots\cdots\cdots ①$$

여기서 C는 정수이며, 연강의 열간압연의 경우 $C = 0.31 \sim 0.35$ 정도, 강이면 $C = 0.36$, 알루미늄에서 $C = 0.45$, 납에서 $C = 0.33$ 정도이다.

[그림 9-79]에서 각 $\alpha(\angle AOB)$를 접촉각(contact angle)이라 하며, 이 각이 크면 압연을 개시할 때 [그림 9-79]의 (a)에서와 같이 물리기 시작하는 위치 A, A'에서 롤부터 압력 P와 P로 인하여 생기는 마찰력 μP와의 합력 F의 압연방향 x로의 분력 F_x의 지향이 재료의 진행방향과 반대가 된다. 단, μ는 롤표면과 재료와의 사이의 마찰계수이다. 이 때문에 재료는 스스로 롤에 물려 들어갈 수가 없고 압연의 개시가 불가능해진다. 즉, $\mu P \cos\alpha < P \sin\alpha$ 일 때

$$\mu < \tan\alpha \quad \cdots\cdots\cdots \text{②}$$

반면 접촉각 α가 작든가, 또는 마찰계수 μ가 커서

$$\mu P \cos\alpha \geq P \sin\alpha, \quad \text{즉} \quad \mu \geq \tan\alpha \quad \cdots\cdots\cdots \text{③}$$

의 관계가 성립하는 경우는 자력으로 재료가 롤로 몰려 들어가서 압연이 가능해진다. 그러나 $\mu < \tan\alpha$인 경우라도 재료를 후방으로부터 롤 사이에 밀어 넣어주면 그 이후는 롤부터의 압연압력 P의 작용점이 A점부터 B점측([그림 9-79])으로 이동하므로 α가 과히 크지 않은 한 후방으로부터 힘을 가하지 않아도 자력으로 계속 압연이 가능해진다. 지금 소재가 두께 H_0부터 H_1으로 압연되는 경 롤직경 D와 압하량 $(H_0 - H_1)$과의 사이에 다음의 관계가 성립된다.

$$\frac{H_0 - H_1}{2} = R - R\cos\alpha = \frac{D}{2}(1 - \cos\alpha)$$

$$\therefore \ H_0 - H_1 = D\left(1 - \frac{1}{\sqrt{1 + \tan^2\alpha}}\right) \quad \cdots\cdots\cdots \text{④}$$

이 식에 자력으로 압연이 개시되는 조건 $\mu \geq \tan\alpha$를 대입하면

$$H_0 - H_1 \leq D\left(1 - \frac{1}{\sqrt{1 + \mu^2}}\right) \quad \cdots\cdots\cdots \text{⑤}$$

지금 예컨대 $\mu = 0.3$이라 하면 $H_0 - H_1 \leq \dfrac{D}{23.7}$ 이 된다. 즉, 1회의 최대 압하량은 롤직경의 약 1/23에 상당한다. 따라서 압하량 또는 압하율을 크게 하려면 롤직경은 압하량에 비례하여 커져야 한다. 또 μ가 클수록 압하율을 증대시킬 수 있으므로 μ를 크게 하기 위하여 롤표면에 강상의 홈을 붙이거나, 모래를 뿌리거나, 가성소다액을 부어 롤표면을 탈지하기도 한다.

한편 동일 압하율의 경우 μ가 클수록 소재의 폭 증가는 커지고 소요압연동력은 커진다. 그밖에 응력집중으로 냉각압연의 경우 μ가 크면 균열이 생기거나 가장 자리가 갈라지기 쉽고, 열간압연 때도 가는 균열이 표면에 생기기 쉽다. 마찰계수 μ의 값은 롤과 재료의 표면상태, 압연용의 윤활유의 종류와 양 등에 관계되나 평활한 롤을 사용할 때의 μ의 값은 보통 0.1~0.3 정도이다.

열간압연의 경우의 μ값은 냉간압연의 경우에 비하여 커진다. 700℃ 이상에서 강의 열간압연에서의 μ값과 압연온도 $T[℃]$ 사이에는 다음과 같은 실험식이 S. Ekelund에 의하여 주어졌다.

$$\mu = A - 0.0005\,T \quad \cdots\cdots\cdots \text{⑥}$$

단, A는 롤의 재질이나 다듬질에 따라 정해지며, 강롤에서는 $A = 1.05$, 주강롤에서 $A = 0.94$, 연마한 강 또는 주강롤에서 $A = 0.82$이다.

압연 시의 폭 증가는 압하량에 비하여 소재폭이 상당히 클 때는 이를 무시할 수 있다. 또한 압연 시에 재료의 밀도에는 거의 변화가 없으므로 [그림 9-79]에서 압연 도중의 단면 CC′에서의 재료의 통과속도 v를 계산할 수 있다. 즉

$$v_0 H_0 = v H = v_1 H_1 \cdots\cdots\cdots ⑦$$

또

$$H = H_1 + 2R(1 - \cos\theta) \cdots\cdots\cdots ⑧$$

따라서

$$v = \frac{v_0 H_0}{H_1 + 2R(1 - \cos\theta)} \cdots\cdots\cdots ⑨$$

이다. $H_0 > H > H_1$이므로 $v_0 < v < v_1$이 되어 롤 입구로부터 출구를 향하여 재료의 통과속도가 차례로 커진다. 한편 롤의 주속은 일정하므로 롤과의 접촉면 ACB, A′C′B′ 상의 모든 위치에서 재료의 속도가 롤의 주속과 같을 수는 없고, 입구 AA′에서는 재료의 속도보다 롤의 주속이 빠르고, 따라서 재료는 롤표면에서 뒤로 미끄러지는 셈이 된다. 또 출구 BB′에서는 역으로 재료가 롤보다 빨라지고 롤에 대하여 앞으로 미끄러진다. 따라서 A와 B의 중간의 어딘가에 재료가 롤표면과 등속으로 움직이는 점이 있다. 이 점 N, N′를 중립점(neutral point, no slip point)이라 하여, 이 점을 지나는 롤 반경과 롤 중심선 OO′가 이루는 각 $\angle NOB = \angle N'O'B' = \phi$를 노슬립각(no-slip angle)이라 한다. 이 중립점 N-N′를 경계로 하여 재료와 롤표면 사이에 작용하는 마찰력의 지향이 바뀐다. 또한 롤의 주속을 V_R라 하면 $\dfrac{v_1 - V_R}{V_R} \times 100\%$를 선진율(forward slip)이라 한다. Ekelund에 의하면 선진율 f는

$$f = \frac{\phi^2}{2}\left(\frac{D}{H_1} - 1\right) \times 100\% \cdots\cdots\cdots ⑩$$

또 노슬립각 ϕ는 α가 매우 작을 때

$$\phi \fallingdotseq \frac{\alpha}{2} - \frac{1}{\mu}\left(\frac{\alpha}{2}\right)^2 \cdots\cdots\cdots ⑪$$

로 주어진다.

용접작업 종료 후 실시하는 응력 제거 열처리

1. 개요

용접 후 열처리(PWHT)는 용접부의 성능을 개선하고 잔류응력의 유해한 영향을 제거하기 위하여 금속의 변태점 이하 온도에서 용접부 및 열영향부를 규정된 속도로 균일하게 가열하여 일정 시간을 유지한 후, 규정된 속도로 균일하게 냉각하는 것을 말한다.

2. 용접작업 종료 후 실시하는 응력 제거 열처리

용접 후 열처리의 효과는 다음과 같다.
① 용접 잔류응력의 완화
② 형상, 치수의 안정(기계가공 등을 위한 것)
③ 열영향부의 연화
④ 용접금속의 연성 증대
⑤ 파괴인성의 향상
⑥ 함유가스의 제거
⑦ 크리프특성의 개선
⑧ 부식에 대한 성능의 향상
⑨ 피로강도의 개선

인발가공다이의 형상 4구간을 쓰고 인발작업 시 역장력을 부가하는 이유

1. 개요

일반적으로 길이가 긴 봉재나 선재를 인발 다이 사이로 잡아 당겨서 소재의 단면적을 감소시키는 공정으로 압출 공정에 비하여 단면적이 작다. 압출은 소재에 압축력이 작용하는데 반해 인발은 소재에 인장력이 작용한다.

소재의 형태에 따라 중실 인발과 중공 인발로 분류된다. 중실인발은 가장 일반적인 인발로 선재 혹은 봉재가 사용되며, 중공인발은 속이 빈 관재를 적용한 인발이다. 중공인발은 적용 툴의 형태에 따라 관재의 외경만 축소시키는 공인발, 맨드렐을 이용하여 관재의 내·외경을 동시에 감소시키는 플러그 인발로 구분된다.

2. 인발가공다이의 형상 4구간을 쓰고 인발작업 시 역장력을 부가하는 이유

1) 인발가공다이(drawing work die)의 형상 4구간

벨부는 윤활제의 도입부 역할을 하고 어프로치부에서 단면 감소가 이루어지고, 정형부는 극히 근소한 테이퍼를 두며, 길이는 제품지름의 1/4~3/4으로 하여 재료와 다듬는 정도에 따라 길이가 달라진다. 다이재질은 충분한 강도와 내마멸성이 큰 것이 필요하고, 평활한 표면다듬질이 중요한 요소가 된다.

[그림 9-80]은 각종의 다이 형상이다. 다이수명은 그 재질, 공경, 인발속도 및 선의 재질에 따라 다르므로 일률적으로 말할 수 없으나, 강 다이의 직경 1.63mm의 강선을 인발할 때 약 1.6km에서 수정이 필요하다고 한다.

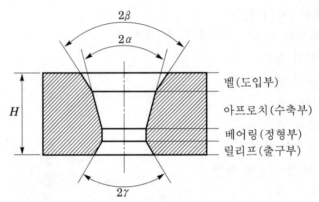

2α : 다이각(교각, 아프로치 앵글)
2β : 도입각(벨 앵글)
2γ : 출구각(릴리프 앵글) (60° 정도)
 (α, β, γ를 각각 다이각, 도입각, 출구각이라 할 때도 있다.)

[그림 9-80] 인발다이의 형상

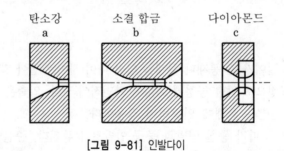

[그림 9-81] 인발다이

2) 인발작업 시 역장력(back tension)

인발력과 반대방향으로 가하는 힘을 역장력(back tension)이라 하며, 이를 가하면 다이의 마찰력이 적어 다이의 수명이 커지고 정확한 치수의 제품을 얻을 수 있다. 또한 역장력을 가하면 소재의 중심부와 외측부의 소성변형이 균등하게 되고, 열 발생이 적어지며 제품에 잔류응력이 적다. [그림 9-82]는 C가 0.44%인 강을 $D_o = 2.49$mm, $D_f = 2.03$mm의 조건에서 인발할 때의 역장력과 인발력의 관계이다. 그림에서 역장력이 커질 때 인발력도 증가하나 다이의 추력(thrust, 추력=인발력-역장력)은 감소함을 알 수 있다. 이는 다이의 백압력이 감소하는 것을 의미한다.

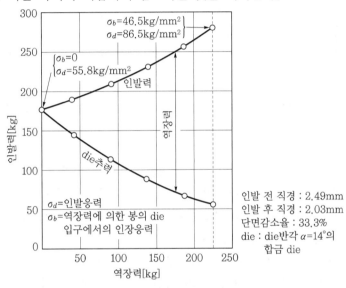

[그림 9-82] 역장력과 인발력의 관계

Section 36

주물의 결함의 발생원인과 방지대책

1. 개요

적절한 주물 설계, 적절히 마련된 주형, 그리고 올바른 용해주입작업으로부터 결함 없는 주물을 기대할 수 있다. 예컨대 주입 시 용탕의 압력으로 주형이 붕괴하지 않도록 상, 하 주형을 볼트 등으로 잘 고정시키든가 적당한 중추를 사용하여 주형이 움직이는 것을 방지하는 따위와 같은 사소한 주의도 빠뜨릴 수 없는 것이다. 그러나 이에 반하여 주조공장에서 주조과정에 대한 적절한 조절능력이 부족하면 각종의 주물결함이 나타나게 된다. 이러한 결함들은 모형 설계의 부적절, 주형구조의 불량, 용해작업의 결함 및 주입작업의 결함 등에 기인되는 수가 많다.

2. 주물의 결함의 발생원인과 방지대책

주입작업 때의 주탕온도는 응고 후의 조직의 양부에 영향이 크므로 [표 9-6]과 같이 이를 엄수할 필요가 있다. 일반적으로 주물결함으로는 기포계 결함, 수축공동, 변형, 균열, 치수불량, 주물표면불량, 유동불량, 협잡물 혼입, 편석 등이 있다.

[표 9-6] 주탕온도의 일례

종별	주탕온도(℃)	종별	주탕온도(℃)
주철	1,300~1,500	No.12합금	670
주강	1,500	실민	720
황동	1,000~1,100	Y합금	670~700
실진청동	1,000~1,100	일렉트론	620~680
포금	1,050~1,150	배빗메탈	450
알루미늄청동	1,150~1,200		

1) 기포계 결함

용탕 중에 흡수된 가스는 응고 진행과 더불어 방출되나, 외부로 배출되지 못한 것은 주물 내부에 남아서 그 내부가 원활한 중공 부분의 구를 만들 때 이를 기공이라 한다. 이의 방지를 위해서는 용탕의 가스흡수량을 적게 하고, 주형으로부터의 가스 발생을 적게 하며, 주탕 시에 공기를 빨아들이지 않게 하는 등의 주의가 필요하다. 주탕온도를 필요 이상 고온으로 하지 않도록 하고 정련을 충분히 하며, 또 탕구를 크게 하고 라이저를 두어 용탕에 충분히 가압하여 가스의 배출이 빨리 진행되게 할 필요가 있다. 또 통기성을 높일 수 있도록 주형 제작에 유의하여 가스의 배출한다. 크거나 두꺼운 주물에 대하여는 건조형을 사용한다. 끝으로 주형 내의 수분을 되도록 감소시켜 수소의 발생을 적게 하기 위하여 큐폴라에 습한 공기를 되도록 공급하지 않도록 한다. 기공은 다시 세분하면 blow, gas hole, pin hole 등으로 분류된다([그림 9-83] 참고).

2) 수축공동(수축공, shrinkage cavity)

주물 내에서 용탕이 응고할 때 냉각은 주형에 접하는 주변부부터 시작되고, 차차 내부로 응고되어간다. 그런데 금속은 일반적으로 응고 시 수축하므로, 최후에 굳는 부분은 용탕이 부족하여 속이 빈 공동부가 된다. 이를 수축공이라고도 한다. 따라서 탕구를 크게 한다든가, 라이저를 두어 용탕의 부족을 보충하고 균일하게 응고시키기 위하여 주물의 두꺼운 부분에 냉각쇠 등을 사용할 필요가 있다([그림 9-83]의 (t) 참고).

3) 변형과 균열

일반적으로 주물의 두께의 차가 크면 균일한 냉각이 이루어지기 어렵고 이로 인하여 변형이 생기며, 변형이 자유롭지 못하면 내부에 응력이 발생하여 그 값이 크면 균열 (crack)이 생긴다. 이와는 달리 주물이 주형 내에서 고온으로 있을 때 결정립 간에 인장력이 작용하여 입계에 균열이 생길 적이 있다. 이를 고온균열(열간균열, hot tear)이라 한다([그림 9-83]의 (s), [그림 9-84] 참고).

4) 치수불량

주물의 치수불량의 원인으로는 주물자의 선정의 잘못, 목형의 변형, 코어의 이동, 주형상자의 맞춤불량, 중추의 부족 등이 있다. 주형상자의 맞춤불량이나 코어 이동에 의한 결함을 shift라 한다([그림 9-83]의 (r) 참고). swell은 주형공동부의 대응하는 면이 용탕압(溶湯壓)으로 밖으로 밀려서 생긴 결함이다.

5) 주물표면불량

주물의 표면거칠기는 도형제, 사립굵기, 용탕의 표면장력, 주형면에 작용하는 용탕의 압력 등의 영향을 받는다. 일반적으로 잔모래를 사용할수록 매끄러운 표면을 얻는다. 한편 주물사의 성질이 부적절하거나 다듬 정도가 적당치 않을 때 drop, dirt, wash, buckle, rat tail, scab, penetration 등 여러 가지의 결함이 나타난다([그림 9-83] 참조).

6) 유동불량

주물의 두께가 너무 얇거나, 용탕의 주탕온도가 너무 낮을 때는 용탕이 주물의 구석 구석까지 흐르지 못하게 된다. 이런 결함을 misrun이라 한다([그림 9-83]의 (p) 참고). 보통 주철에서 3mm, 주강에서 4mm가 최소 두께의 한도이다. 또한 2개의 다른 방향으로부터의 용탕유동이 만났을 때 완전히 융합되지 않은 채 응고되는 결함을 cold shut라 한다([그림 9-83]의 (q) 참고).

7) 내잡물 혼입(inclusion)

주물 속에 용재, 모래, 기타 불순물을 끌어들인 결과로 생긴 것이다.

8) 편석(segregation)

주물의 일부분에 불순물이 몰려 석출하거나, 가벼운 부분이 위로 가고 무거운 부분이 밑으로 처져 고르지 않게 몰려 응고되거나, 또는 결정이 시작되는 부분과 이미 결정이 된 부분에 따라 그 배합이 달라지는 경우가 있다. 이러한 것을 편석이라 한다.

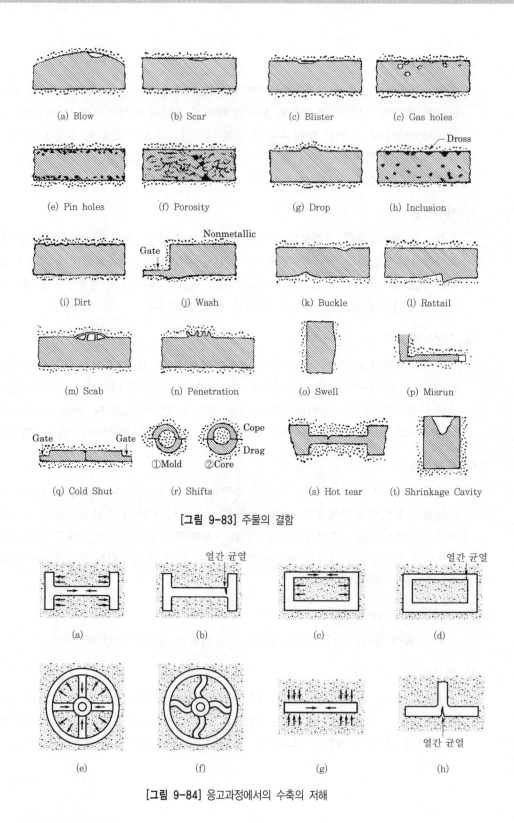

(a) Blow (b) Scar (c) Blister (c) Gas holes

(e) Pin holes (f) Porosity (g) Drop (h) Inclusion

(i) Dirt (j) Wash (k) Buckle (l) Rattail

(m) Scab (n) Penetration (o) Swell (p) Misrun

(q) Cold Shut (r) Shifts (s) Hot tear (t) Shrinkage Cavity

[그림 9-83] 주물의 결함

(a) (b) (c) (d)

(e) (f) (g) (h)

[그림 9-84] 응고과정에서의 수축의 저해

Section 37 기계공작법 중 인발작업 시 사용하는 윤활제의 구비조건

1. 개요

인발은 일정한 모양의 구멍으로 금속을 눌러 짜서 뽑아내어 자른 면이 그 구멍과 같고 길이가 긴 제품을 만들어 내는 방식이다. 경사진 구멍을 가진 다이를 통해 재료를 잡아당겨 단면적을 감소시킴으로써 원하는 단면의 봉재, 선재, 관재를 얻는 가공법으로 주로 정확한 치수를 요구하는 가는 선재나 관재를 만들 때 널리 쓰인다.

인발은 신선(伸線)이라고도 하는데, 신선은 지름이 6mm 이하의 얇은 선재를 소재로 하고, 인발은 6mm 이상의 재료(봉재나 pipe 등)를 주로 활용한다는 것에서 차이가 있다. 주변에서 볼 수 있는 전선, 동관, 철사, 피아노선 등과 같은 제품들은 주로 신선공정으로 제조되며 소형 피스톤, 인장지지용 구조재, 축, 스핀들, 볼트, 너트 등은 인발공정으로 만들어진다.

2. 기계공작법 중 인발작업 시 사용하는 윤활제의 구비조건

소재와 다이 간의 마찰이 크고 단면 감소율이 클 때에는 인발력이 크므로 다이의 재질, 형상 및 치수가 중요하다. 때문에 다이와 인발재 사이의 윤활은 마찰을 줄여 다이의 수명을 크게 하고 제품의 표면상태를 좋게 하며 인발력을 감소시키고 냉각효과도 있다. 윤활제에는 건식과 습식이 있으며, 건식 윤활제에는 석회, 그리스(grease), 비누, 흑연 등이 있고, 습식에는 종유(種油) 등에 비누 1.5~3%를 첨가하고 다량의 물을 혼합한 것 등이 있다.

Section 38 단조가공에 있어서 단조최고온도와 단조종료온도

1. 개요

단조가공은 냉간단조와 열간단조로 구분하지만 주로 열간단조가 행해지며, 주조품 등의 재료에 압력을 가하여 재료를 파괴하지 않고 영구변형을 주어서 목적하는 대로 성형하고 기계적 성질을 개선하는 가공법이다. 단조가공의 특징은 목적한 형상의 가공이 용이하고 재료 결정입자의 미세화와 재질의 균일화이다.

2. 단조가공에 있어서 단조최고온도와 단조종료온도

단조가공에 있어서 단조최고온도와 단조종료온도를 살펴보면 다음과 같다.

1) 최고온도

단조를 개시하는 데 적합한 온도로, 너무 높으면 단조는 쉬우나 소손과 산화가 심하며 연소나 용융 시작온도의 100℃ 이내로 접근하지 않도록 한다.

2) 종료온도(최저온도)

가공이 끝난 후 소재가 재결정온도 이상에서 머물러 있으면 결정입자는 다시 조대화되며, 단조종료온도가 낮을수록 조직은 미세화되나 내부응력의 발생으로 균열이 생길 수 있다.

[표 9-7] 재료별 최고와 최저단조온도

재료	최고단조온도(℃)	최저단조온도(℃)
탄소강	1,200	800
니켈강	1,250	850
고속도강	1,200	1,000
스테인리스강	1,300	850

Section 39 아크용접의 종류와 특성

1. 개요

아크용접은 용접봉과 모재 사이에 전기적 방전에 의하여 발생하는 고온의 아크를 이용하여 모재를 접합하는 방법이며, 그 방법에 따라서 용접봉이나 용가재가 아크에 의하여 용융 및 모재로 이행되기도 한다. 아크의 발생조건으로는 양극과 음극 사이의 전압을 거리로 나눈 전압기울기(voltage gradient)가 중요한 역할을 한다. 전압기울기가 일정한 값 이상으로 증가하면 전극 사이에서 스파크가 발생하며 양극 사이의 기체가 이온화되면서 방전의 전류가 흐르게 된다.

2. 아크용접의 종류와 특성

아크용접의 종류와 특성을 살펴보면 다음과 같다.

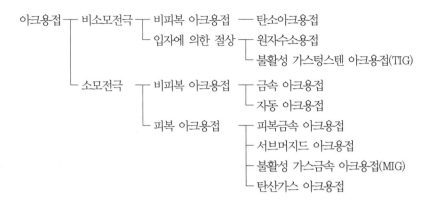

[그림 9-85] 아크용접의 분류

1) 탄소 아크용접

탄소봉 혹은 흑연봉을 하나의 전극으로 하고, 모재를 나머지 전극으로 하여 그 사이에 아크를 발생시켜 아크열을 이용하여 용접한 부분을 용융시키고 여기에 보충금속을 첨가하여 용접하는 방법이다.

2) 원자수소용접법(atomic hydrogen welding)

2개의 텅스텐전극 간에 아크를 발생시키고, 수소가스를 아크에 분출시켜 아크를 덮으며 용접하는 일종의 실드 아크용접이다. 용접부는 환원성의 수소가스에 덮인 채 용접되어 대기의 영향에 의한 산화, 질화 등이 없고 용접부의 기계적 성질이 양호하다.

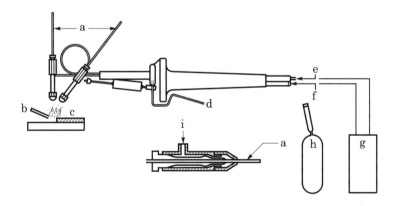

여기서, a : 텅스텐 전극, b : 용접봉, c : 수소분출아크, d : 홀더 전극조정보, e : 전원도선
f : 수소 입구, g : 전원, h : 수소실린더, i : 수소 공급 입구

[그림 9-86] 원자수소용접법

3) 불활성 가스텅스텐 아크용접(TIG)

TIG용접은 비소모성 텅스텐용접봉과 모재 간의 아크열에 의해 모재를 용접하는 방법으로, 용접부 주위에 불활성가스를 공급하면서 텅스텐 전극봉과 모재와의 사이에 아크를 발생시켜 용접하는 원리이다.

4) 불활성 가스금속 아크용접(MIG)

텅스텐봉을 사용하는 TIG용접과는 달리 용가금속 자신이 소모전극이 되어 철사의 선단과 모재의 사이에서 아크를 발생시켜 전극 자신이 용착하여 용접하는 방식을 MIG(Metal Inert Gas)라고 한다. MIG는 Ar과 같은 불활성 가스를 사용하며, CO_2는 순수한 탄산가스만을 사용한다.

5) 금속 아크용접(metal arc welding)

전극으로서 첨가재를 겸한 금속용접봉을 사용하는 아크용접이다.

6) 자동 아크용접

전극봉을 기계장치로 보급하여 아크길이를 일정하게 유지하여 안정된 작업을 이루는 것으로, 장점은 용접속도가 3~6배 향상되고 아크가 안정되어 우수한 용접부를 얻으며 작업자의 기능에 관계없이 능률적 작업이 가능하고 다량 생산 및 생산비 저하가 가능하다.

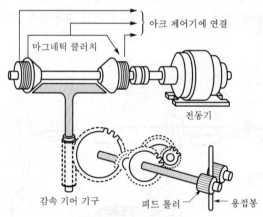

[그림 9-87] 자동용접장치

7) 피복금속 아크용접

피복제가 있는 금속 아크용접으로, 금속은 용융되어 두 물체를 용융 접합되고, 피복제는 슬래그로 남아 용접부를 덮는다.

8) 서브머지드 아크용접

비피복용접봉인 전극와이어가 계속 공급되면서 피복제의 역할을 하는 입상의 용제 (flux)를 용접봉과 모재 사이에 공급하면서 아크를 발생시켜 용접하는 자동금속용접법 이다. 서브머지드용접(Sub-merged arc welding)은 아크가 용제 내에서 발생되어 보 이지 않기 때문에 잠호용접이라고도 하며, 상품명으로 링컨용접(Lincoln, 유니언멜트 용접(Union melt welding)이 있다.

9) 탄산가스 아크용접법(CO_2-gas shield arc welding)

MIG용접에서의 고가의 불활성 가스 대신 실드가스로 비교적 저렴한 탄산가스를 사 용한 용접법으로, MIG용접의 고능률성과 경제적이므로 철강구조물의 고속도용접을 목 적으로 개발된 것이다.

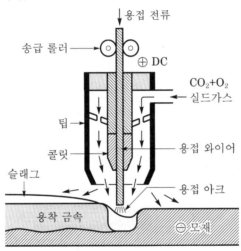

[그림 9-88] 탄산가스 아크용접의 원리

Section 40 | 이음매 없는 관(seamless pipe)의 제조법 중 만네스만 제관법(Mannesmann process)의 제조과정

1. 개요

관은 제조법에 따라 이음매 없는 관(seamless pipe), 단접관 및 용접관으로 나누어진 다. 또 이음매 없는 관은 열간가공관과 냉간가공관으로 분류된다. 이음매 없는 관 중 냉간인발가공으로 정확한 치수와 강도를 준 것을 인발관(solid drawn pipe)이라 하고 정밀다듬질관, 얇은 관, 극소경관 및 고압관 등에 사용된다. 이음매 없는 강관은 경의 대소에 상관없이 사용되나, 용접강관은 300mm 이상의 대경관에, 단접관은 3~50mm의 소경관에 사용된다.

2. 이음매 없는 관(seamless pipe)의 제조법 중 만네스만제관법(Mannesmann process)의 제조과정

제조는 아공, 압연, 마관, 정경 및 교정의 다섯 공정으로 나뉜다. 소재의 천공방법(구멍을 뚫는 방법)에는 만네스만법(Mannesmann process), 스티이펠법(Stiefel process) 및 에어하르트법(Ehrhardt process)이 있다.

만네스만법이 대표적인 방법이며, 경사압연법이라고도 한다. 서로 축을 경사시켜 설치한 2개의 원추형 롤을 동일 방향으로 회전시키고, 그 사이에 들어간 가열된 소재는 회전하면서 전진하며 측면으로부터 압축을 받아 중앙부가 붕괴된다. 여기에 심봉이 전방부터 돌출되어 있어서 심봉과 롤 사이에서 중공체를 만든다([그림 9-89] 참고). 즉, 롤은 중앙에 약 25mm의 폭의 평탄부를 남겨두고, 이곳부터 양단으로 향하여 5~10°의 경사를 가진다. 롤은 상하로 평행한 수평면 내에 놓고 서로 $\alpha = 6 \sim 12°$의 각도를 이루며 중앙에서 교차하도록 설치된다. 이 교차각도에 따라 소재의 진행속도가 조정된다.

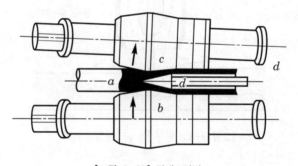

[그림 9-89] 만네스만법

원주형 소재의 단면에 센터공을 내서 압연온도로 가열하고 경사를 사이에 물리면, 소재와 롤 간에는 [그림 9-90]의 마찰력 F와 F'이 작용하여 소재는 $F\cos\alpha$ 및 $F'\cos\alpha$에 의하여 회전운동이 주어지고, $F\sin\alpha$ 및 $F'\sin\alpha$로 전진운동을 받아 나선운동을 하며 전진하게 된다. 그리고 롤지름은 중앙에 가까울수록 굵고 주속이 커지므로 소재강편은 앞쪽일수록 표면속도가 증대되어 심한 비틀림작용을 받아 스스로 중심부에 공동이 생기므로 중심에 심봉을 밀어 넣어 소재강편과 함께 회전하도록 지지하면서 심봉에 유도되어 천공작용이 진행되어 중공재가 만들어진다([그림 9-91] 참고).

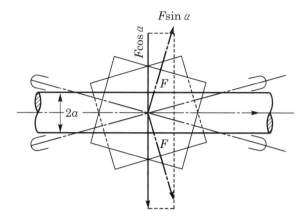

[그림 9-90] 롤로부터 소재에 작용하는 힘

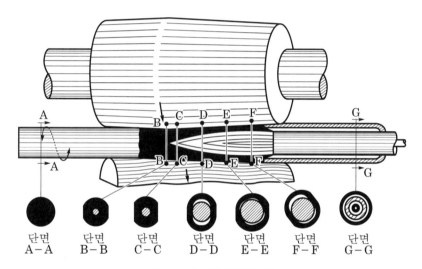

| 단면
A-A | 단면
B-B | 단면
C-C | 단면
D-D | 단면
E-E | 단면
F-F | 단면
G-G |

[그림 9-91] 만네스만법의 원리

스티이펠법도 만네스만법에 비슷하나 비틀림변형이 생기지 않는 것이 특징이다. 에 어하르트법은 각 강편을 원통형 형에 넣고 수압기로 심봉을 압입하여 밑바닥이 붙은 짧은 관으로 천공하여, 이 조작을 되풀이하여 점차 얇고 긴 관으로 완성시켜가는 방법 이다. 천공에 계속되는 압연공정은 플러그밀법(plug mill process)이라 하며 2개의 홈 이 파진 롤과 원추형 첨단을 가진 플러그와의 사이에 가열된 조관을 끼우고 압연한다. 마관공정에서는 마관롤기(smoothing mill)에 걸어서 관벽두께를 줄이고 표면을 평활 하게 한다. 정경공정에서는 정경롤기(sizing roll)에 걸어 외경을 정확한 치수로 완성하 고, 다시 교정공정에서 정직기로 관의 굽은 것을 바로잡는다. 이상의 작업은 모두 열간 에서 행한다. 인발관의 가공에서는 위에서 설명한 공정 후 다시 다음의 냉각인발가공에 의한 다듬질을 한다.

MEMO

CHAPTER **10**

진동학

산업기계설비기술사

진동학의 정의

1. 개요

진동학은 물체에 작용하는 힘과 이로 인하여 발생되는 진동운동에 관하여 연구하는 학문이다. 질량과 탄성을 지니는 모든 물체는 진동할 수 있다. 따라서 대부분의 기계와 구조물은 어느 정도 진동하게 되며, 이에 대한 설계를 할 때에는 진동특성에 관한 연구가 필수적이다.

진동계는 선형(linear) 및 비선형(nonlinear)으로 크게 나눌 수 있다. 선형계에 대해서는 중첩의 원리를 적용할 수 있으며 수학적 해석의 기법도 매우 많다. 반면에 비선형계에 대한 해석의 기법은 많이 알려져 있지 않으며 적용하기에도 어렵다. 또한 모든 계는 진폭이 증가함에 따라 비선형화되는 경향이 있으므로 진동특성을 해석하기 위해서는 비선형계에 대한 다소간의 지식을 갖추고 있는 것이 바람직하다.

2. 진동학의 정의

일반적으로 진동은 자유진동과 강제진동으로 구분한다. 자유진동(free vibration)은 외력이 없는 경우에 계의 자체에 내제하는 힘에 의하여 발생한다. 자유진동인 경우에 계는 하나 또는 그 이상의 고유진동수(natural frequencies)를 가지고 진동하며, 이 고유진동수는 질량과 강성의 분포에 의하여 결정되는 동적계의 고유한 특성이다.

외력의 작용하에 발생하는 진동은 강제진동(forced vibration)이라고 하며, 외력이 주기적인 경우에는 계가 여진과 동일한 주파수를 가지고 진동하게 된다. 외력주파수가 계의 고유진동수 중의 어느 하나와 일치하는 경우에는 공진(resonance)이 발생하며, 이때에는 진폭이 매우 커져서 위험상태에 도달하게 된다. 교량, 빌딩, 비행기의 날개와 같은 구조물의 파괴는 공진에 의한 경우가 상당히 많다. 따라서 고유진동수의 해석은 진동의 연구에서 매우 중요한 분야이다. 대부분의 진동계에서는 마찰과 그 밖의 저항에 의하여 에너지가 손실되므로 다소간의 감쇠(damping)가 존재한다. 감쇠가 적은 경우에는 고유진동수에 대한 영향이 미비하므로 감쇠가 없는 것으로 가정하여 고유진동수를 계산한다. 반면에 공진의 상태에서 진폭을 제한하고자 하는 경우에는 감쇠가 매우 중요하다.

계의 운동을 나타내기 위하여 필요한 독립적인 좌표의 수를 그 계의 자유도(degree of freedom)라고 한다. 따라서 공간에서 운동을 하는 자유로운 질점(particle)은 세 개의 자유도를 가지며, 강체는 여섯 개의 자유도, 즉 세 개의 위치성분과 방향을 정의하는 세 개의 각도성분을 가진다.

Section 2

조화운동

1. 개요

진동은 시계의 추와 같은 규칙적인 운동이나 지진과 같은 불규칙적 운동으로 발생된다. 이 운동이 일정한 시간 τ에 따라 반복되는 경우 이를 주기운동(periodic motion)이라고 한다. 이때에 반복시간 τ를 진동의 주기(period)라고 하며, 그 역수 $f = 1/\tau$을 진동수(frequency)라고 한다. 운동을 시간에 대한 함수 $x(t)$로 나타내면 모든 주기운동은 $x(t) = x(t+\tau)$의 관계를 만족해야 한다.

가장 간단한 주기운동은 조화운동(harmonic motion)이며, 이것은 [그림 10-1]과 같이 가벼운 스프링에 매달린 질량으로 설명할 수 있다.

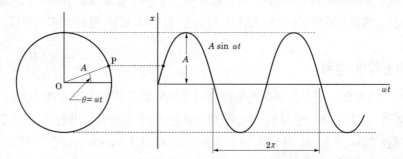

[그림 10-1] 원주를 따라 운동하는 점의 투영으로 표현한 조화운동

2. 조화운동

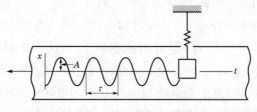

[그림 10-2] 조화운동의 기록

질량을 정지위치로부터 이동시킨 후에 자유로이 놓아두면 이 질량은 위·아래로 진동하게 된다. 이 질량에 광원을 부착하고 감광용지에 기록된 운동은 다음 식으로 나타낼 수 있다.

$$x = A \sin 2\pi \frac{t}{\tau} \tag{10.1}$$

여기서 A와 τ는 각각 진폭과 주기를 나타내며, 이 운동은 시간 τ에 따라 반복된다. 조화운동은 [그림 10-1]과 같이 원주를 따라 등속으로 운동하는 점의 투영으로 표현할 수 있다. 여기에서 선분 OP의 각속도를 ω라고 하면 변위 x는 다음과 같이 된다.

$$x = A \sin \omega t \tag{10.2}$$

ω의 크기는 보통 rad/s의 단위로 나타내며, 이것을 각진동수(circular frequency)라고 한다. 이 운동은 2π[rad]마다 반복되므로 다음과 같은 관계식을 얻을 수 있다.

$$\omega = \frac{2\pi}{\tau} = 2\pi f \tag{10.3}$$

여기서 τ와 f는 조화운동의 주기와 진동수이며 각각 초와 초당 회전수의 단위로 나타낸다. 조화운동의 속도와 가속도는 식 (10.2)를 미분하여 간단히 구할 수 있다. 시간에 대한 미분을 점으로 나타내면 다음과 같은 식을 구할 수 있다.

$$\dot{x} = \omega A \cos \omega t = \omega A \sin\left(\omega t + \frac{\pi}{2}\right) \tag{10.4}$$

$$\ddot{x} = -\omega^2 A \sin \omega t = \omega^2 A \sin(\omega t + \pi) \tag{10.5}$$

이 식으로부터 속도와 가속도는 변위와 동일한 진동수를 가진 조화운동이나 그 위상이 변위에 비하여 각각 $\pi/2$와 π[rad]만큼 앞선다는 것을 알 수 있다. [그림 10-3]은 조화운동에 있어 변위와 속도, 그리고 가속도 사이의 시간에 따른 변화와 벡터위상의 관계를 보여주고 있다. 식 (10.2)와 (10.5)로부터 다음 식이 성립하게 된다.

$$\ddot{x} = -\omega^2 x \tag{10.6}$$

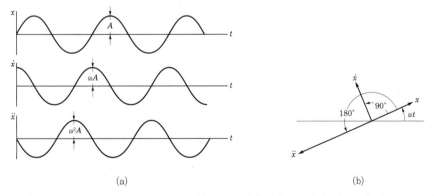

(a) (b)

[그림 10-3] 조화운동에서의 속도와 가속도는 변위에 비하여 위상이 각각 $\pi/2$와 π만큼 앞선다.

따라서 조화운동에서 가속도는 변위에 비례하고 중심을 향한다. Newton의 제2운동법칙에 의하면 가속도는 힘에 비례하므로 조화운동은 kx로 힘이 변하는 선형스프링을 갖는 계에서 가능하다. 지수형태 Euler의 식에 의하여 정현파와 여현파의 삼각 함수와 지수함수 사이에는 다음 식이 성립한다.

$$e^{i\theta} = \cos\theta + i\sin\theta \tag{10.7}$$

일정한 각속도 ω로 회전하는 진폭 A의 벡터는 [그림 10-4]와 같이 Argand선도에서 복소수 z로 표시할 수 있다.

$$z = Ae^{iwt} = A\cos\omega t + iA\sin\omega t = x + iy \tag{10.8}$$

z의 양은 x와 y를 실수와 허수요소로 갖는 복소정현파(complex sinusoid)라고 부른다. 또한 $z = Ae^{iwt}$는 식 (10.6)의 조화운동의 미분방정식을 만족한다.

[그림 10-5]는 ω의 각속도를 가지고 음의 방향으로 회전하는 공액복소수 $z^* = Ae^{iwt}$를 보여준다. 이 그림으로부터 x의 실수 부분을 다음과 같은 식에 의해 z와 z^*이 항으로 나타낼 수 있다.

$$x = \frac{1}{2}(z + z^*) = A\cos\omega t = Re\,Ae^{iwt} \tag{10.9}$$

여기서 Re는 z의 실수 부분을 뜻한다. 조화운동을 수식으로 표현하는 데 있어서 지수함수가 삼각함수보다 수학적으로 편리함을 알 수 있다.

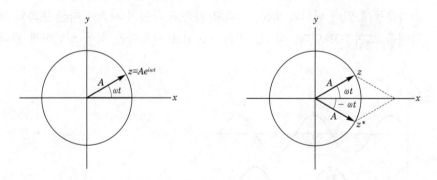

[그림 10-4] 회전하는 벡터로 표현된 조화운동   [그림 10-5] 벡터 z와 그 공액 복소수 z^*의 조화운동

$z_1 = A_1e^{i\theta_1}$와 $z_2 = A_2e^{i\theta_2}$ 사이의 지수함수규칙은 다음과 같다.

① 곱하기 $z_1z_2 = A_1A_2e^{i(\theta_1 + \theta_2)}$

② 나누기 $\dfrac{z_1}{z_2} = \left(\dfrac{A_1}{A_2}\right)e^{i(\theta_1 - \theta_2)}$ \qquad (10.10)

③ 거듭 제곱 $z^n = A^n e^{in\theta}$

$$z^{1/n} = A^{1/n}e^{i\theta/n}$$

Section 3 주기운동

1. 개요

대부분의 진동에서는 몇 개의 서로 다른 진동수가 동시에 존재하게 된다. 예를 들어, 바이올린 현의 진동은 진동수 f 와 $2f$, $3f$ 등의 진동수를 가지는 모든 조화항 (harmonics)으로 구성된다. 또 다른 하나의 예는 다자유도계에 의한 자유진동이며, 이 경우는 각각의 고유진동수가 모드 전체에 영향을 미치는 진동이다. 이러한 진동은 [그림 10-6]과 같이 주기적으로 반복되는 복합파의 형태로 된다.

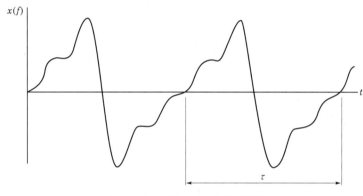

[그림 10-6] 주기가 τ인 주기운동

2. 주기운동

프랑스의 수학자인 J. Fourier(1768~1830)는 모든 주기운동을 정현파 및 여현파함수의 급수로 나타낼 수 있다는 것을 밝혔다. 주기가 τ인 주기함수 $x(t)$는 Fourier급수에 의하여 다음 식으로 전개할 수 있다.

$$x(t) = \frac{a_0}{2} + a_1 \cos \omega_1 t + a_2 \cos \omega_2 t + \cdots\cdots + b_1 \sin \omega_1 t + b_2 \sin \omega_2 t + \cdots\cdots$$

(10.11)

여기서, $\omega_1 = \frac{2\pi}{\tau}$, $\omega_n = n\omega_1$

계수 a_n 과 b_n 을 구하기 의해 식 (10.11)의 양변에 $\cos \omega_n t$ 또는 $\sin \omega_n t$를 곱하고 각 항을 주기 τ에 대하여 적분한다.

$$\int_{-\tau/2}^{\tau/2} \cos \omega_n t \cos \omega_m t\, dt = \begin{cases} 0, & m \neq n \\ \tau/2, & m = n \text{일 때} \end{cases}$$

$$\int_{-\tau/2}^{\tau} /2\sin \omega_n t \sin \omega_m t\, dt = \begin{cases} 0, & m \neq n \\ \tau/2, & m = n \text{일 때} \end{cases}$$

$$\int_{-\tau/2}^{\tau/2} \cos \omega_n t \sin \omega_m t\, dt = \begin{cases} 0, & m \neq n \\ \tau/2, & m = n \text{일 때} \end{cases} \tag{10.12}$$

다음의 관계식에 의하여 식의 우변에서 하나의 항을 제외한 모든 항이 0으로 되며 다음 결과를 얻을 수 있다.

$$a_n = \frac{2}{\tau} \int_{-\tau/2}^{\tau/2} x(t) \cos \omega_n t\, dt \tag{10.13}$$

$$b_n = \frac{2}{\tau} \int_{-\tau/2}^{\tau/2} x(t) \sin \omega_n t\, dt$$

또한 Fourier급수는 지수함수의 항으로 표현할 수 있다. 다음 식을 이용하면 식 (10.11)은 다음 형태로 나타낼 수 있다.

$$\cos \omega_n t = \frac{1}{2}(e^{i\omega_n t} + e^{-i\omega_n t})$$

$$\sin \omega_n t = -\frac{1}{2}(e^{i\omega_n t} - e^{-i\omega_n t})$$

$$x(t) = \frac{a_0}{2} + \sum_{n=1}^{\infty} \left[\frac{1}{2}(a_n - ib_n)e^{i\omega_n t} + \frac{1}{2}(a_n + ib_n)e^{-i\omega_n t} \right]$$

$$= \frac{a_0}{2} + \sum_{n=1}^{\infty} \left[c_n e^{i\omega_n t} + c_n^* e^{-i\omega_n t} \right] = \sum_{n=-\infty}^{\infty} c_n e^{i\omega_n t} \tag{10.14}$$

여기서, $c_0 = \frac{1}{2}a_0$, $c_n = \frac{1}{2}(a_n - ib_n)$ \qquad (10.15)

식 (10.13)의 a_n과 b_n을 대입하면 c_n은 다음 식으로 유도된다.

$$c_n = \frac{1}{\tau} \int_{-\tau/2}^{\tau/2} x(t)(\cos \omega_n t - i \sin \omega_n t)\, dt$$

$$= \frac{1}{\tau} \int_{-\tau/2}^{\tau/2} x(t) e^{-i\omega_n t}\, dt \tag{10.16}$$

$x(t)$를 다음과 같이 우함수와 기함수의 항으로 나누어 표시하면 계산과정을 단순화 시킬 수 있다.

$$x(t) = E(t) + O(t) \tag{10.17}$$

우함수 $E(t)$는 원점에 대해 대칭이며 $E(t) = E(-t)$, 즉 $\cos \omega t = \cos(-\omega t)$가 성립한다. 기함수는 $O(t) = -O(-t)$의 관계, 즉 $\sin \omega t = -\sin(-\omega t)$를 만족한다. 따라서 다음의 적분식이 성립한다는 것을 알 수 있다.

$$\int_{-r/2}^{r/2} E(t) \sin \omega_n t\, dt = 0 \tag{10.18}$$

$$\int_{-r/2}^{r/2} O(t) \cos \omega_n t\, dt = 0$$

Fourier급수의 계수를 진동수 ω_n에 대하여 도시하면 그 결과는 불연속선의 나열로 되며 이것을 Fourier스펙트럼(Fourier spectrum)이라고 부르는데 일반적으로 절대값 $|2C_n| = \sqrt{a_n{}^2 + b_n{}^2}$ 과 위상 $\phi_n = \tan^{-1} b_n/a_n$을 도시하며 [그림 10-7]은 그 예를 보여주고 있다.

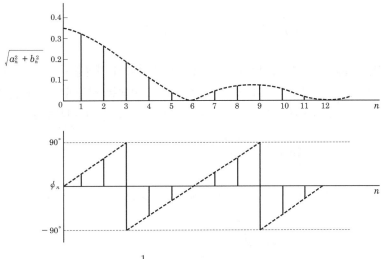

[그림 10-7] $k = \dfrac{1}{3}$인 경우의 펄스에 대한 Fourier 스펙트럼

최근에는 디지털컴퓨터에 의한 조화해석(harmonic analysis)이 널리 이용되고 있다. 신속 Fourier변환(Fast Fourier Transform : FFT)으로 알려져 있는 컴퓨터알고리즘을 이용하면 컴퓨터에 의한 계산시간을 최소화시킬 수 있다.

진동학 용어(피크값과 평균값, 제곱평균평방근(rms), 데시벨, 옥타브)

1. 피크값과 평균값

진동에 사용되는 일반적인 용어는 피크값(peak value)과 평균값(average value)이다. 피크값은 진동부가 받은 최대 응력을 나타내며, 이 값은 '소음공간(rattle space)'조건의 제한값을 나타낸다. 정적 또는 정상값을 나타내는 평균값은 전기에서 전류의 DC 레벨과 다소 비슷하며 다음과 같이 시간에 대한 적분으로 정의된다.

$$\bar{x} = \lim_{T \to \infty} \frac{1}{T} \int_0^T x(t) \, dt \tag{10.19}$$

$A \sin \omega t$ 로 표현되는 정현파를 예로 들면 한 주기에 대한 평균값은 0이며, 반주기에 대한 평균값은

$$\bar{x} = \frac{A}{\pi} \int_0^\pi \sin \omega t \, dt = \frac{2A}{\pi} = 0.637A$$

이다. 이 값은 [그림 10-8]에 보인 정류된 정현파의 평균값과 같다는 것을 알 수 있다. 변위의 제곱은 일반적으로 제곱평균값으로 표시되는 진동에너지와 관련이 있다. 시간함수 $x(t)$의 제곱평균값은 제곱값을 특정 시간 T 동안 적분함으로써 구할 수 있다.

$$\bar{x}^2 = \lim_{T \to \infty} \frac{1}{T} \int_0^T x^2(t) \, dt \tag{10.20}$$

예를 들어, $x(t) = A \sin \omega t$ 의 제곱평균값은

$$\bar{x}^2 = \lim_{T \to \infty} \frac{A^2}{T} \int_0^T \frac{1}{2}(1 - \cos 2\omega t) \, dt = \frac{1}{2}A^2$$

이다.

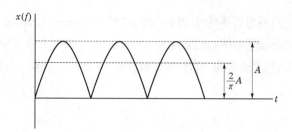

[그림 10-8] 정류된 정현파의 평균값

2. 제곱평균평방근(rms)

제곱평균값의 제곱근으로 정의된다. 위의 예로부터 진폭이 A인 정현파의 제곱평균 평방근은 $A/\sqrt{2} = 0.707A$가 됨을 알 수 있다. 진동의 크기는 보통 제곱평균평방근계 (rms meter)로 측정한다.

3. 데시벨

데시벨(decibel)은 진동측정에서 빈번히 사용되는 측정단위로서 다음과 같이 일률의 자연대수로 정의한다.

$$dB = 10 \log_{10}\left(\frac{p_1}{p_2}\right) = 10 \log_{10}\left(\frac{x_1}{x_2}\right)^2 \tag{10.21}$$

두 번째 식은 일률이 진폭이나 전압의 제곱에 비례한다는 사실에 의한 결과이다. 데시벨은 다음과 같이 진폭이나 전압의 1차승으로 나타내는 경우도 있다.

$$dB = 20 \log_{10}\left(\frac{x_1}{x_2}\right) \tag{10.22}$$

따라서 전압의 상승치(gain)가 5인 앰프의 상승치를 데시벨의 단위로 나타내면 다음과 같다.

$$20 \log_{10} 5 = +14$$

데시벨은 대수단위이므로 광범위한 수치를 나타내는 데 매우 유용하다.

4. 옥타브

주파수범위의 상한값이 하한값의 두 배가 되는 경우에는 이 주파수범위를 옥타브 (octave)라고 부른다. 예를 들어, [표 10-1]은 각 주파수범위와 옥타브 폭을 나타낸다.

[표 10-1] 각 주파수범위와 옥타브 폭

폭	주파수범위(Hz)	옥타브 폭
1	10~20	10
2	20~40	20
3	40~80	40
4	200~400	200

Section 5 **자유진동**

1. 개요

질량과 탄성을 가지는 계는 자유진동(즉 외부의 가진력이 없어도 발생하는 진동)을 할 수 있다. 이러한 계에서 기본적인 사항은 고유진동수를 파악하는 것이다. 여기에서는 운동방정식을 세우고 고유진동수를 해석하는 과정에 대하여 설명하기로 한다. 적당한 크기의 감쇠는 고유진동수에 거의 영향을 미치지 않으므로 고유진동수를 계산하는 과정에서 무시한다.

이와 같이 가정한 진동계는 보존계로 취급할 수 있으며, 이때 에너지보존법칙을 이용하여 고유진동수를 계산할 수 있다. 감쇠의 영향은 시간에 따른 진폭의 감소로 현저하게 나타난다. 감쇠에 대한 모델은 많이 알려져 있지만 여기에서는 해석과정이 비교적 간단한 모델에 대하여 설명하기로 한다.

2. 자유진동

1) 진동모델

진동계는 기본적으로 질량, 질량이 없는 스프링, 감쇠기(damper)로 구성된다. 여기서 질량은 집중된 것으로 가정하며, SI단위계에서 기본단위는 kg, 영국의 고유단위계는 $m = w/g\,[\mathrm{lb} \cdot \mathrm{s}^2/\mathrm{in}]$를 사용한다.

질량을 지지하고 있는 스프링의 질량은 무시한다고 가정한다. 스프링에서 힘과 변위와의 관계는 선형이며 Hooke의 법칙(Hooke's law) $f = kx$를 만족한다고 가정한다. 여기에서 k는 SI단위계에서 N/m, 영국의 고유단위계에서는 lb/in를 단위로 사용한다.

일반적으로 대시포트(dashpot)로 나타내는 점성감쇠는 속도에 비례하는 힘, 즉 $F = c\dot{x}$로 표현한다. 여기에서 c는 감쇠계수로서 그 기본단위는 n/m/s 또는 lb/in/s이다.

2) 운동방정식-고유진동수

[그림 10-9]는 단순한 비감쇠스프링-질량계를 나타내고 있으며, 여기에서 질량은 수직방향으로 움직인다고 가정한다. 이 계의 운동은 하나의 좌표 x로 표현할 수 있으므로 자유도는 1이다. 질량의 위치를 변화시킨 후에 자유로이 놓아두면 고유진동수가 f_n인 진동이 발생하며, 이 진동수는 계의 고유한 특성이다.

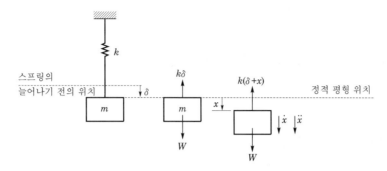

[그림 10-9] 스프링-질량계와 자유물체도

지금부터는 자유도가 1인 자유진동에 대하여 기본적인 개념을 설명하기로 한다. 계의 운동을 검토하는 가장 기본적인 법칙은 Newton의 제2법칙이다.

[그림 10-9]에 보인 바와 같이 정적평형위치에서 스프링이 변형된 크기를 δ라고 하면 스프링에 작용하는 힘 $k\delta$는 질량 m에 작용하는 중력 w와 같게 된다.

$$k\delta = w = mg \tag{10.23}$$

변위 x를 정적평형위치로부터 측정하면 질량 m에 작용하는 힘은 $k(\delta + x)$와 w이다. 아래방향으로 움직인 경우에 변위 x가 양(+)의 값을 가진다고 가정하면 모든 양(힘, 속도, 가속도)은 마찬가지로 아래방향에 대하여 양의 값을 가지게 된다.

이제 질량 m에 대하여 Newton의 제2법칙을 적용하면

$$m\ddot{x} = \Sigma F = w - k(\delta + x)$$

이며 이것이 성립하면 $k\delta = w$이므로 다음 식이 성립함을 알 수 있다.

$$m\ddot{x} = -kx \tag{10.24}$$

정적평형위치를 x의 기준점으로 선택하면 운동방정식에서 중력 w와 정적인 스프링 힘 $k\delta$가 소거되며, 결과적으로 m에 작용하는 순수한 힘은 변위 x에 의한 스프링힘이라는 것을 알 수 있다. 각진동수 ω_n을 다음과 같이 정의하면

$$\omega_n^2 = \frac{k}{m} \tag{10.25}$$

식 (10.24)를 다음 식으로 표현할 수 있다.

$$\ddot{x} + \omega_n^2 x = 0 \tag{10.26}$$

그리고 식 (10.25)와 비교하면 이 운동은 조화운동임을 알 수 있다. 식 (10.26)은 2차 선형미분방정식이며, 일반 해는 다음과 같다.

$$x = A\sin\omega_n t + B\cos\omega_n t \tag{10.27}$$

여기서 A와 B는 상수이다. 초기 조건 $\dot{x}(0)$와 $x(0)$로부터 이 상수를 구하여 식 (10.27)에 대입하면 다음 식을 유도할 수 있다.

$$x = \frac{\dot{x}(0)}{\omega_n}\sin\omega_n t + x(0)\cos\omega_n t \tag{10.28}$$

진동의 고유주기는 $\omega_n \tau = 2\pi$ 로부터

$$\tau = 2\pi\sqrt{\frac{m}{k}} \tag{10.29}$$

으로 되며, 고유진동수는 다음과 같다.

$$f_n = \frac{1}{\tau} = \frac{1}{2\pi}\sqrt{\frac{k}{m}} \tag{10.30}$$

이 식은 식 (10.23)의 $k\delta = mg$ 인 관계를 이용하여 정적변형량 δ의 함수로 다음과 같이 표현할 수 있다.

$$f_n = \frac{1}{2\pi}\sqrt{\frac{g}{\delta}} \tag{10.31}$$

지금까지의 식으로부터 τ, f_n, ω_n은 계의 특성인 질량과 강성에 의해서만 결정된다는 것을 알 수 있다.

스프링–질량계는 회전운동을 포함하는 모든 1자유도계에 적용할 수 있다. 스프링은 막대 또는 비틀림요소로 구성될 수 있으며, 질량은 관성모멘트로 대치할 수 있다.

예제

$\frac{1}{4}$ kg의 질량이 0.1533N/mm의 강성을 갖는 스프링에 매달려 있다. 이 계의 고유진동수를 cycle/s의 단위로 구하고 정적처짐량을 구하여라.

풀이 강성 k=153.33N/m를 식 (10.30)에 대입하면 고유진동수를 구할 수 있다.

$$f = \frac{1}{2\pi}\sqrt{\frac{k}{m}} = \frac{1}{2\pi}\sqrt{\frac{153.33}{0.25}} = 3.941\text{Hz}$$

스프링의 정적처짐량은 $mg = k\delta$의 관계식으로부터

$$\delta = \frac{mg}{k} = \frac{0.25 \times 9.81}{0.1533} = 16.0\text{mm}$$

예제

다음 그림과 같이 질량을 무시할 수 있는 외팔보의 자유단에 놓여있는 질량 M의 고유진동수를 구하여라.

풀이 집중하중 P가 외팔보의 자유단에 작용하는 경우에 자유단의 처짐량은

$$\delta = \frac{Pl^3}{3EI} = \frac{P}{k}$$

로 되며, 여기에서 EI는 외팔보의 굽힘강성을 나타낸다. 따라서 외팔보의 강성은 $k = \frac{3EI}{l^3}$로 구해지며, 고유진동수는 다음과 같이 된다.

$$f_n = \frac{1}{2\pi} \sqrt{\frac{3EI}{Ml^3}}$$

예제

다음 그림과 같이 지름 0.5cm, 길이 2m인 강철 막대에 자동차의 바퀴가 매달려 있다. 이 바퀴가 각 변위 θ만큼 변형된 후 자유로이 놓아졌을 때 30.2초 동안 10번 진동하였다. 이 바퀴의 관성모멘트를 구하여라.

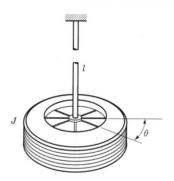

풀이 Newton의 식에 해당되는 회전운동의 식은 다음과 같다.

$$J\ddot{\theta} = -K\theta$$

여기서 J는 회전질량관성모멘트, K는 비틀림강성, θ는 라디안회전각을 나타낸다. 따라서 고유진동수는 다음과 같이 구해진다.

$$\omega_n = 2\pi \times \frac{10}{30.2} = 2.081 \text{rad/s}$$

막대의 비틀림강성은 $K = GI_P/l$로 되며, 여기에서 $I_P = \pi d^4/32$은 단면이 원인 막대의 극관성모멘트를, l은 막대의 길이를, $G = 80 \times 10^9 \text{N/m}^2$는 강철의 가로탄성계수를 나타낸다.

$$I_P = \frac{\pi}{32} \times 0.5 \times 10^{-2} = 0.006136 \times 10^{-8} \text{m}^4$$

$$K = \frac{80 \times 10^9 \times 0.006136 \times 10^{-8}}{2} = 2.455 \text{N} \cdot \text{m/rad}$$

이것을 고유진동수의 식에 대입하면 바퀴의 극관성모멘트를 다음과 같이 구할 수 있다.

$$J = \frac{K}{\omega_n^2} = \frac{2.455}{2.081^2} = 0.567 \text{kg} \cdot \text{m}$$

Section 6 에너지방법

1. 개요

보존계인 경우에는 모든 에너지의 합이 일정하므로 에너지보존법칙을 이용하여 운동의 미분방정식을 유도할 수 있다. 비감쇠계의 자유진동에서는 에너지가 운동에너지와 위치에너지로 나누어진다. 운동에너지 T는 속도에 의하여 질량에 저장되며, 위치에너지 U는 탄성변형에 의한 탄성에너지의 형태로 저장되거나 중력장 등에서 행해진 일의 형태로 저장된다.

2. 에너지방법

보존계에서는 모든 에너지의 합이 일정하므로 그 변화율은 다음과 같이 0으로 된다.

$$T + U = \text{일정} \tag{10.32}$$

$$\frac{d}{dt}(T + U) = 0 \tag{10.33}$$

계의 고유진동수만을 고려하는 경우에는 다음과 같이 구할 수 있다. 서로 다른 두 시각을 첨자 1, 2로 나타내면 에너지보존법칙을 다음 식으로 나타낼 수 있다.

$$T_1 + U_1 = T_2 + U_2 \tag{10.34}$$

질량이 정적평형위치를 통과하는 시각을 2로 하고 $U_1 = 0$을 위치에너지의 기준으로 정하자. 질량이 최대 변위의 위치에 오는 시각을 2라고 하면, 이때 질량의 속도는 0이 되므로 $T_2 = 0$으로 된다. 따라서 에너지보존법칙의 식은

$$T_1 + 0 = 0 + U_2 \tag{10.35}$$

로 되며, 계가 조화운동을 하는 경우에는 T_1과 U_2가 최대값을 가지므로

$$T_{\max} = U_{\max} \tag{10.36}$$

가 성립한다. 이 식으로부터 고유진동수를 간단히 구할 수 있다.

예제

다음 그림에 보인 계의 고유진동수를 구하여라.

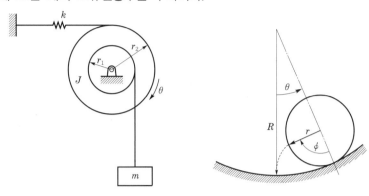

풀이 이 계가 정적평형위치로부터 진폭이 θ인 조화진동을 한다고 가정하자.

최대 운동에너지는 $T_{\max} = \dfrac{1}{2} J\theta^2 + \dfrac{1}{2} m(r_1\theta)^2$으로 되며, 스프링에 저장되는 최대 위치에

너지는 $U_{\max} = \dfrac{1}{2} k(r_2\theta)^2$으로 구해진다.

이 두 에너지의 크기가 동일하다고 놓으면 다음과 같이 고유진동수를 구할 수 있다.

$$\omega_n = \sqrt{\dfrac{kr_2{}^2}{J + mr_1{}^2}}$$

Section 7 Rayleigh방법(질량효과)

1. 개요

에너지방법은 계의 모든 점의 운동이 알려진 경우에 한하여 다중질량계 또는 분산질량계에 적용될 수 있다. 질량들이 견고한(rigid) 링크, 레버 또는 기어 등으로 연결되어 있는 계에서 여러 질량들의 운동이 어떤 특정한 점의 운동($\dot{x}$)으로 표현되며, 하나의 좌표(x)로 운동을 나타낼 수 있으므로 이 계의 자유도는 1이 된다.

2. Rayleigh방법(질량효과)

운동에너지는 다음과 같이 나타낼 수 있다.

$$T = \dfrac{1}{2} m_{eff}\, x^2 \tag{10.37}$$

여기서 m_{eff}는 효과질량(effective mass) 또는 특정한 점에서의 등가집중질량이다. 그 점에서의 강성을 알고 있는 경우에는 다음과 같이 단순한 식으로 고유진동수를 계산할 수 있다.

$$\omega_n = \sqrt{\frac{k}{m_{eff}}} \tag{10.38}$$

스프링 또는 보와 같은 분산질량계에서 운동에너지를 계산하려면 진동진폭의 분포를 알아야 한다. Rayleigh는 진폭분포의 형상을 합리적으로 가정하여 이전까지 무시되었던 질량들까지 포함해서 고려함으로써 고유진동수에 대한 보다 훌륭한 예측이 가능하다.

예제

다음 그림의 계에서 스프링의 질량이 계의 고유진동수에 미치는 영향을 구하여라.

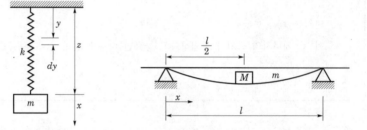

풀이 집중질량 m의 속도를 $\dot{x}$라 하고, 스프링의 고정단으로부터 y만큼 떨어진 곳의 스프링 요소의 속도가 다음 식과 같이 선형적으로 변한다고 가정한다.

$$x = \dot{x}\frac{y}{l}$$

스프링의 운동에너지는 다음의 적분식으로 구할 수 있으며

$$T_{add} = \frac{1}{2}\int_0^l \left(\dot{x}\frac{y}{l}\right)^2 \frac{m_s}{l}dy = \frac{1}{2}\frac{m_s}{3}\dot{x}^2$$

이 결과로부터 효과질량은 스프링질량의 $\frac{1}{3}$이 됨을 알 수 있다. 이 값을 집중질량에 더하면 고유진동수는 다음과 같이 교정된다.

$$\omega_n = \sqrt{\frac{k}{m + \frac{1}{3}m_s}}$$

Section 8　가상일의 원리

1. 개요

가상일의 원리는 Johann J. Bernoulli에 의하여 처음으로 공식화되었다. 이 방법은 특히 서로 연결된 여러 개의 물체들로 이루어진 다자유도계를 다루는 데 중요한 역할을 한다.

2. 가상일의 원리

가상일의 원리는 물체들의 평형에 관계되어 있으며 일련의 힘들이 작용하는 가운데 평형을 이루고 있는 계에 가상변위가 가해진다면 그 힘들에 의해 행해진 가상일은 0이다.

① 가상변위 δr은 일정한 시각에 시간의 변화 없이 가상적으로 주어진 미소한 좌표변화이며 계의 제한조건을 만족해야 한다.

② 가상일 δW는 가상변위에 따라 모든 능동적인 힘들이 행한 일이다. 가상변위에 의해 기하학적으로 큰 변화는 일어나지 않으므로 가상일을 계산하는 과정에서 계에 작용하는 힘들은 일정하게 유지된다고 가정할 수 있다.

Bernoulli에 의해 공식화된 가상일의 원리는 정역학적인 영역에 국한되었으나 D'Alembert(1718~1783)가 관성력의 개념을 제안함으로써 동역학의 영역으로 확장되었다. 따라서 동역학문제를 다룰 때 관성력들은 작용력에 포함된다.

> **예제**
>
> 가상일의 원리를 이용하여 다음 그림에 보인 질량 m의 강제막대에 대한 운동방정식을 유도하여라.
>
>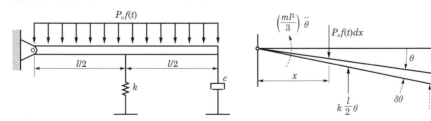
>
> **풀이**　변위가 θ인 위치에 막대를 표시하고 관성력과 감쇠력을 포함하여 막대에 가해지는 힘들을 표시한다. 막대를 가상변위 $\delta\theta$만큼 이동시키고 각각의 힘에 의하여 행해진 일을 구한다.
>
> 관성력 $\delta W = -\left(\dfrac{ml^2}{3}\ddot{\theta}\right)\delta\theta$

스프링력 $\delta W = -\left(k\dfrac{l}{2}\theta\right)\dfrac{l}{2}\delta\theta$

감쇠력 $\delta W = -(cl\theta)\,l\delta\theta$

균일하중 $\delta W = \displaystyle\int_0^l (p_0 f(t)\,dx)\,x\,\delta\theta = p_0 f(t)\dfrac{l^2}{2}\delta\theta$

가상일들의 합을 0이라고 놓으면 다음과 같이 운동방정식을 구할 수 있다.

$\left(\dfrac{ml^2}{3}\right)\ddot{\theta} + (cl^2)\dot{\theta} + k\dfrac{l^2}{4}\theta = p_0\dfrac{l^2}{2}f(t)$

Section 9 점성감쇠 자유진동

1. 개요

점성감쇠력은 다음 식으로 표현된다.

$$F_d = c\dot{x} \tag{10.39}$$

여기서 c는 비례상수이며 [그림 10-10]에 보인 대시포트로 기호화되었다. 자유물체도로부터 운동방정식이 다음과 같음을 보일 수 있다.

$$m\ddot{x} + c\dot{x} + kx = F(t) \tag{10.40}$$

위 식의 해는 두 부분으로 구성된다.

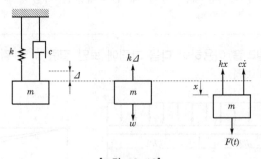

[그림 10-10]

만약 $F(t) = 0$이면 물리적으로 감쇠 자유진동(free-damped equation)의 해를 갖는 동차(homogeneous)미분방정식을 얻게 된다. $F(t) \neq 0$라면 동차해와 무관한 가진에 의한 특수해를 얻게 된다.

2. 점성감쇠 자유진동

우선 감쇠의 역할을 이해할 수 있도록 동차방정식을 살펴보도록 하자.

$$\text{동차방정식 } m\ddot{x} + c\dot{x} + kx = 0 \tag{10.41}$$

에서 해를 다음과 같이 가정하자.

$$x = e^{st} \tag{10.42}$$

이때 s는 상수이다. 이것을 미분방정식에 대입하면 다음 식을 만족해야 한다.

$$(ms^2 + cs + k)e^{st} = 0$$

이 식이 모든 시간 t에 대해 성립하려면 다음 식을 만족해야 한다.

$$s^2 + \frac{c}{m}s + \frac{k}{m} = 0 \tag{10.43}$$

식 (10.43)은 특성방정식(charateristic equation)이라고 불리며 두 개의 해를 갖는다.

$$s_{1,2} = -\frac{c}{2m} \pm \sqrt{\left(\frac{c}{2m}\right)^2 - \frac{k}{m}} \tag{10.44}$$

그러므로 다음과 같은 일반해를 얻는다.

$$x = Ae^{s_1 t} + Be^{s_2 t} \tag{10.45}$$

여기서 A, B는 초기 조건 $x(0)$, $\dot{x}(0)$에 의해 결정되는 상수이다. 식 (10.44)를 식 (10.45)에 대입하면 점성감쇠 자유진동의 해를 구할 수 있다.

$$x = e^{-(c/2m)t}\left(Ae^{\sqrt{(c/2m)^2 - k/m}\,t} + Be^{-\sqrt{(c/2m)^2 - k/m}\,t}\right) \tag{10.46}$$

위의 식의 첫째 항 $e^{-(c/2m)t}$는 단순히 시간에 따라 지수적으로 감소하는 함수이다. 그러나 괄호 안의 항들의 거동은 근호 안의 값이 양수, 0, 음수 중 어느 값을 가지게 되는가에 따라 달라진다. 감쇠항 $(c/2m)^2$이 k/m보다 클 때 위 식의 괄호 안의 항들이 지수는 실수가 되며, 진동은 일어나지 않는다. 이 경우를 우리는 과도감쇠(over damped)라고 한다.

감쇠항 $(c/2m)^2$이 k/m보다 작을 때 괄호 안의 항들의 지수는 허수로 된다.

$$\pm i\sqrt{k/m - (c/2m)^2}\,t$$

이때

$$e^{\pm i\sqrt{k/m - (c/2m)^2}\,t} = \cos\sqrt{\frac{k}{m} - \left(\frac{c}{2m}\right)^2}\,t \pm i\sin\sqrt{\frac{k}{m} - \left(\frac{c}{2m}\right)^2}\,t$$

이므로 식 (10.46)의 괄호 항들은 진동하는 경우가 되는데, 이러한 경우의 감쇠를 부족감쇠(under damped)라고 한다.

$(c/2m)^2 = k/m$일 때, 즉 근호 안의 값이 0일 때에는 진동하는 경우와 진동하지 않는 경우 사이에 놓이는 임계의 경우가 되며, 이 경우에 해당하는 감쇠계수를 임계감쇠계수(critical damping) c_c라 한다.

$$c_c = 2m \sqrt{\frac{k}{m}} = 2m \omega_n = 2\sqrt{km} \tag{10.47}$$

모든 감쇠는 임계감쇠의 비인 감쇠비(damping ratio)라고 하는 무차원 ζ로 표현할 수 있다.

$$\zeta = \frac{c}{c_c} \tag{10.48}$$

또한 $s_{1,2}$를 다음과 같이 ζ항으로 나타낼 수도 있다.

$$\frac{c}{2m} = \zeta \left(\frac{c_c}{2m} \right) = \zeta \omega_n$$

ζ를 이용하면 식 (10.44)는 다음과 같이 된다.

$$s_{1,2} = \left(-\zeta \pm \sqrt{\zeta^2 - 1} \right) \omega_n \tag{10.49}$$

여기서 논의된 세 가지의 감쇠는 ζ값이 1보다 큰가 작은가, 또는 1과 같은가에 따라 결정된다. 더 나아가 ζ와 ω_n을 이용하여 다음과 같이 운동방정식을 표현할 수도 있다.

$$\ddot{x} + 2\zeta \omega_n \dot{x} + \omega_n^2 x = \frac{1}{m} F(t) \tag{10.50}$$

자유도계에 대한 이러한 형태의 운동방정식은 계의 고유진동수와 감쇠를 찾아내는데 매우 유용할 것이다. 앞으로 설명할 다자유도계에서 모드 합성 시에는 이러한 형태의 방정식을 자주 접하게 될 것이다.

[그림 10-11]은 ζ를 가로축으로 하여 식 (10.49)를 도시한 것이다. 만일 $\zeta = 0$이라면 식 (10.49)는 $s_{1,2}/\omega_n \pm i$로 되며, 비감쇠 경우에 해당하는 이 해들은 허수축에 놓인다. $0 \ll \zeta \ll 1$인 경우 식 (10.49)는 다음과 같이 된다.

$$\frac{s_{1,2}}{\omega_n} = -\zeta \pm i \sqrt{1 - \zeta^2}$$

근 s_1과 s_2는 공액복소수이며 원호 위에 놓이는 점들이다. 또한 이 점들은 $s_{1,2}/\omega_n = -1.0$으로 수렴해간다. ζ가 1을 넘어 계속 커지면 이 근들은 수평축을 따라 서로 멀어져가며 실수값을 유지한다.

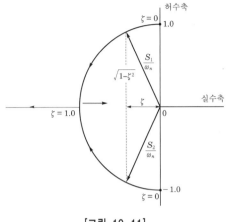

[그림 10-11]

Section 10

Coulomb감쇠

1. 개요

Coulomb감쇠는 건조한 두 표면의 미끄럼으로부터 발생한다. 일단 운동이 시작되면 감쇠력은 수직반력과 마찰계수 μ의 곱과 같으며, 속도와는 무관하다고 가정한다. 감쇠력의 방향은 속도의 방향과 항상 반대이므로 각 방향에 대한 운동방정식은 반사이클 동안만 유효하다.

2. Coulomb감쇠

진폭의 감소를 결정하기 위해서는 행해진 일-운동에너지의 변화량이 같다는 일-에너지의 원리(work-energy principle)를 이용한다. 속도가 0이고 진폭이 X_1인 정점에서 시작하는 반사이클을 선택하면 운동에너지의 변화량은 0이고, m에 행해진 일도 0이다.

$$\frac{1}{2}k(X_1{}^2 - X_{-1}{}^2) - F_d(X_1 + X_{-1}) = 0$$

또는

$$\frac{1}{2}k(X_1 - X_{-1}) = F_d$$

여기서 X_{-1}은 [그림 10-12]에서 볼 수 있듯이 반사이클 후의 진폭이다. 이 과정을 다음의 반사이클에 대해서 반복하면 진폭이 $2F_d/k$만큼 더 감소하게 된다. 따라서 한 사이클당 진폭의 감소는 일정하고 다음과 같이 된다.

$$X_1 - X_2 = \frac{4F_d}{k} \tag{10.51}$$

그러나 이 운동은 스프링힘이 정적 마찰력(보통 동적 마찰력보다 크다)을 능가할 수 없게 되는 진폭 Δ에서 멈추게 된다.

이때 진동주파수는 $\omega_\mu \sqrt{k/m}$ 이며, 비감쇠계의 고유진동수는 같다. [그림 10-12]는 Coulomb감쇠 자유진동을 보여주고 있다. 여기서 보면 진폭은 시간에 따라 선형적으로 감소한다.

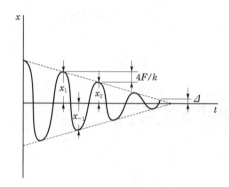

[그림 10-12] Coulomb감쇠자유진동

[표 10-2] 스프링 강성표

그림	공식	그림	공식
k_1 ~ k_2	$k = \dfrac{1}{1/k_1 + 1/k_2}$	(외팔보 l)	$k = \dfrac{3EI}{l^3}$
k_1 / k_2 (병렬)	$k = k_1 + k_2$	(단순보 $l/2$)	$k = \dfrac{48EI}{l^3}$
(나선 스프링)	$k = \dfrac{EI}{l}$	(양단고정보 $l/2$)	$k = \dfrac{192EI}{l^3}$
(봉 l)	$k = \dfrac{EA}{l}$	(고정-지지보 $l/2$)	
(비틀림 l)	$k = \dfrac{GJ}{l}$		
(코일 스프링 $2R$, d)	$k = \dfrac{Gd^4}{64nR^3}$		

여기서, I : 단면의 관성모멘트, l : 전체의 길이, A : 단면적, J : 단면의 비틀림상수(극관성모멘트)
　　　n : 권선수, k : 하중위치에서의 강성계수

조화가진운동과 강제조화운동

1. 조화가진운동

조화적인 외력이 가해지면 계는 외력과 동일한 진동수를 가지고 진동하게 된다. 조화적인 가진력의 일반적인 원인은 회전기계의 불균형, 왕복동기구에 의하여 발생하는 힘, 기계 자체의 운동 등이다.

진폭이 큰 진동이 발생하는 경우에는 장비가 제 기능을 발휘할 수 없으므로, 또는 구조물의 안정성을 해치므로 이러한 가진이 바람직하지 못하다. 거의 모든 경우에 있어서 공진은 피해야 하며, 큰 진폭이 발생하는 것을 방지하기 위하여 감쇠기와 흡진기를 흔히 사용하고 있다. 따라서 이러한 진동제어요소의 거동에 관하여 살펴볼 필요가 있다.

2. 강제조화운동

조화력에 의한 가진은 공학문제에서 흔히 나타나며 보통 회전기계의 불균형에 의하여 발생한다. 주기적인 가진 또는 다른 종류의 가진에 비하여 순수한 조화가진이 발생하는 빈도가 적다고 하더라도 더욱 복잡한 형태의 가진력에 대한 계의 응답을 이해하기 위해서는 조화가진력에 대한 계의 거동을 이해하지 않으면 안 된다. 조화가진은 힘의 형태로, 또는 계의 어떤 점에 가하여지는 변위의 형태로 주어진다.

우선 [그림 10-13]과 같이 $F_0 \sin \omega t$의 조화력에 의하여 가진되는 점성감쇠의 1자유도계를 생각해보자. 자유물체도로부터 다음의 운동방정식을 구할 수 있다.

$$m\ddot{x} + c\dot{x} + kx = F_0 \sin \omega t \qquad (10.52)$$

이 방정식의 해는 두 부분으로 이루어진다. 하나는 동차방정식의 보조해(complementary function)이고, 또 하나는 특수해(particular intergral)이다. 이 경우에 있어서 보조해는 감쇠가 있는 자유진동의 해에 해당된다. 특수해는 가진과 같은 주파수 ω로 진동하는 평형상태의 진동이며, 다음의 형태로 가정할 수 있다.

$$x = X \sin(\omega t - \phi) \qquad (10.53)$$

여기서 X는 진동의 진폭이며, ϕ는 가진력에 대한 변위의 위상이다.

위 식의 위상과 진폭은 식 (10.52)에 식 (10.53)을 대입하여 구할 수 있다. 조화운동에 있어서 속도와 가속도의 위상이 변위에 비해 90°, 180° 선행함을 기억하면 미분방정식의 각 항은 [그림 10-14]와 같이 도식적으로 나타낼 수 있다. 이 그림으로부터 다음 식이 성립함을 간단히 알 수 있다.

$$x = \frac{F_0}{\sqrt{(k - m\omega^2)^2 + (c\omega)^2}}$$

(10.54)

그리고

$$\phi = \tan^{-1} \frac{c\omega}{k - m\omega^2}$$

(10.55)

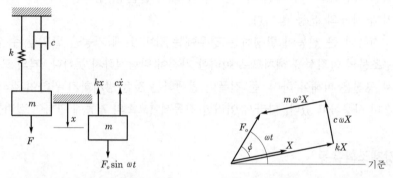

[그림 10-13] 조화적인 외력이 작용하는 점성감쇠계 [그림 10-14] 감쇠가 있는 강제진동의 벡터 관계도

이제 이 결과의 도식적인 표현을 위해 식 (10.54)와 식 (10.55)를 무차원화하여 표현하자. 식 (10.54)와 (10.55)의 분자와 분모를 k로 나누면 다음과 같이 된다.

$$X = \frac{\dfrac{F_0}{k}}{\sqrt{\left(1 - \dfrac{m\omega^2}{k}\right)^2 + \left(\dfrac{c\omega}{k}\right)^2}}$$

(10.56)

그리고

$$\tan\phi = \frac{\dfrac{c\omega}{k}}{1 - \dfrac{m\omega^2}{k}}$$

(10.57)

이 식은 다시 다음의 항으로 표현할 수 있다.

$$\omega_n = \sqrt{\frac{k}{m}} = \text{비감쇠진동의 고유진동수}$$

$$c_c = 2m\omega_n = \text{임계감쇠계수}$$

$$\zeta = \frac{c}{c_c} = \text{감쇠비}$$

$$\frac{c\omega}{k} = \frac{c}{c_c}\frac{c_c\omega}{k} = 2\zeta\frac{\omega}{\omega_n}$$

진폭과 위상을 무차원화한 식은 다음과 같다.

$$\frac{Xk}{F_0} = \frac{1}{\sqrt{\left[1 - \left(\frac{\omega}{\omega_n}\right)^2\right]^2 + \left[2\zeta\left(\frac{\omega}{\omega_n}\right)\right]^2}} \tag{10.58}$$

그리고

$$\tan\phi = \frac{2\zeta\left(\frac{\omega}{\omega_n}\right)}{1 - \left(\frac{\omega}{\omega_n}\right)^2} \tag{10.59}$$

이 식에서 무차원화된 진폭 Xk/F_0와 위상 ϕ는 단지 진동수비 ω/ω_n와 감쇠비 ζ의 함수이며, 그래프로 나타내면 [그림 10-15]와 같다. 이 곡선들은 공진영역 근처의 진동수에 있어서 위상과 진폭에 감쇠비가 큰 영향을 미치는 것을 보여준다.

ω/ω_n의 크기가 작은 경우, 1인 경우, 그리고 큰 경우에 대하여 [그림 10-15]에 보인 힘의 선도를 다시 고찰하여 이 진동계의 특성을 더욱 상세히 파악할 수 있다.

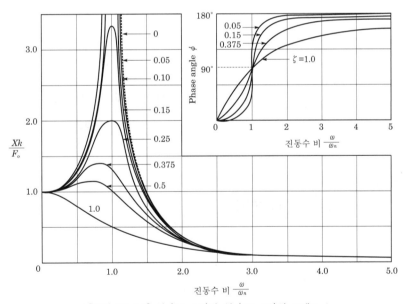

[그림 10-15] 식 (10. 58)과 식 (10. 59)의 그래프

$\omega/\omega_n \ll 1$일 때 관성력과 감쇠력은 작으며, 그 결과로 위상각 ϕ도 작게 된다. 또한 가해진 힘의 크기는 [그림 10-16] (a)에서 볼 수 있는 것처럼 스프링힘과 거의 같다. $\omega/\omega_n = 1.0$일 때 위상각은 90°이고, 힘의 선도는 [그림 10-16] (b)와 같다. 관성력은 이제 보다 크게 되고 스프링힘과 균형을 이루며 가해진 힘은 감쇠력을 능가하게 된다.

공진일 때의 진폭은 식 (10.56), (10.57) 또는 [그림 10-16] (b)에서 구할 수 있다.

$$X = \frac{F_0}{c\omega_n} = \frac{F_0}{2\zeta k} \tag{10.60}$$

$\omega/\omega_n \gg 1$일 때는 [그림 10-16] (c)와 같이 ϕ는 180°에 접근하고, 가해진 힘은 대부분 관성력을 극복하는 데 소요된다. 미분방정식과 과도적인(transient) 항을 포함한 일반 해를 요약해 나타내면 다음과 같다.

$$x + 2\zeta\,\omega_n\,x + \omega_n{}^2 x = \frac{F_0}{m}\sin\omega t \tag{10.61}$$

$$x(t) = \frac{F_0}{k} \frac{\sin(\omega t - \phi)}{\sqrt{\left[1 - \left(\dfrac{\omega}{\omega_n}\right)^2\right]^2 + \left[2\zeta\,\dfrac{\omega}{\omega_n}\right]^2}}$$

$$+ X_1 e^{-\zeta\omega_n t} \sin\left(\sqrt{1 - \zeta^2}\,\omega_n\,t + \phi_1\right) \tag{10.62}$$

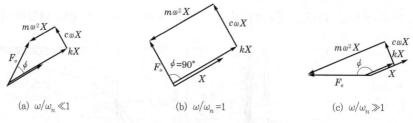

(a) $\omega/\omega_n \ll 1$ (b) $\omega/\omega_n = 1$ (c) $\omega/\omega_n \gg 1$

[그림 10-16] 강제진동에서의 벡터 관계도

Section 12

회전자의 불균형

1. 정적 불균형

얇은 회전판의 경우와 같이 불균형질량이 모두 하나의 면에 놓여있을때 총합불균형은 단일 반지름방향의 힘이다. [그림 10-17]과 같이 이러한 불균형은 바퀴를 회전시키지 않고 감지할 수 있으므로 이를 정적 불균형(static unbalance)이라 한다.

2. 동적 불균형

불균형이 하나 이상의 평면에 분포되어 있는 경우에는 그 합력이 힘과 요동모멘트로 되며, 이것을 동적 불균형(dynamic unbalance)이라 한다. 앞에서 서술했듯이 정적시험으로 합력의 힘은 감지할 수 있지만, 요동모멘트는 회전자의 회전 없이 감지할 수 없다.

예를 들어, [그림 10-18]과 같은 두 개의 판을 가진 회전축을 생각하자. 만일 두 개의 불균형질량이 크기가 같고 180°로 떨어져 있다면 회전자는 회전축에 대하여 정적으로 균형을 이룬다. 그러나 회전자가 회전할 때 각각의 불균형판으로 인하여 베어링이 있는 회전축을 흔드는 원심력이 발생한다. 일반적으로 모터의 전기자나 자동차엔진의 크랭크축과 같이 긴 회전자는 약간의 불균형을 가진 얇은 판의 연속으로 생각할 수 있다. 이와 같은 회전자는 불균형을 조사하기 위해서는 회전시켜야 한다.

불균형회전을 감지하고 교정시키기 위한 기계를 밸런싱머신(balancing machine)이라고 한다. 밸런싱머신은 기본적으로 [그림 10-19]처럼 회전에 의한 불균형력을 감지할 수 있도록 하기 위해 스프링으로 지지된 베어링으로 이루어져 있다.

각 베어링의 진폭과 그들의 상대적 위상을 안다면 회전자의 불균형을 결정하고 그들을 교정할 수 있다. 그러나 2자유도계는 축의 병진운동과 회전운동이 동시에 발생하므로 지금까지의 설명과 같이 간단하지는 않다.

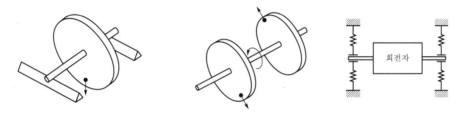

[그림 10-17] 정적 불균형이 있는 계 [그림 10-18] 동적 불균형이 있는 계 [그림 10-19] 밸런싱머신

Section 13 진동절연

1. 개요

기계나 다른 원인들에 의해 발생되는 진동력은 종종 피할 수 없는 경우가 있다. 그러나 동적시스템에 미치는 그들의 영향은 적절한 진동절연기 설계에 의해 최소화될 수 있다. 이 절연시스템은 기계를 지지하는 구조물로부터 오는 지나친 진동을 방지해주기도 하고 기계가 그 주위에 미치는 진동을 방지해주기도 한다. 기본적 문제는 이 두 경우에 있어서 같다. 그것은 결국 전달력을 감소시키는 것이다.

2. 진동절연

$|X/Y|$에 대한 지지구조물로부터 질량 m에 전달되는 운동은 비 ω/ω_n가 $\sqrt{2}$ 보다 클 때 1보다 작게 된다는 것을 보이고 있다. 이것은 지지계의 고유진동수 ω_n이 외란의 진동수 ω보다 반드시 작아야 함을 나타내고 있으며 부드러운 스프링을 사용하면 된다.

기계에 의해 지지구조물에 전달되는 힘을 감소시키는 문제도 같은 요구조건을 만족시켜야 한다. [그림 10-20]에 보인 것처럼 절연되어야 할 힘은 스프링과 감쇠기를 통해 전달되어진다. 그 식은 다음과 같다.

$$F_T = \sqrt{(kX)^2 + (c\omega X)^2} = kX\sqrt{1 + \left(\frac{2\zeta\omega}{\omega_n}\right)^2} \qquad (10.63-a)$$

외란의 힘을 $F_0 \sin\omega t$ 라고 두면 위 식에서 X의 값은 다음과 같이 된다.

$$X = \frac{F_0/k}{\sqrt{\left[1-(\omega/\omega_n)^2\right]^2 + \left[2\zeta\omega/\omega_n\right]^2}} \qquad (10.63-b)$$

[그림 10-20] 스프링과 감쇠기를 통해 전달되는 외란력

전달계수 TR은 외란력에 대한 전달력의 비율로 정의되며, 그 식은

$$TR = \left|\frac{F_T}{F_0}\right| = \sqrt{\frac{1+(2\zeta\omega/\omega_n)^2}{\left[1-(\omega/\omega_n)^2\right]^2 + \left[2\zeta\omega/\omega_n\right]^2}} \qquad (10.64)$$

이고, 또한

$$TR = \left|\frac{F_T}{F_0}\right| = \left|\frac{X}{Y}\right|$$

임을 알 수 있다. 그리고 감쇠를 무시할 때 전달계수는 다음과 같이 줄어든다.

$$TR = \frac{1}{(\omega/\omega_n)^2 - 1} \qquad (10.65)$$

여기서 ω/ω_n는 항상 $\sqrt{2}$ 보다 커야 한다는 것을 알 수 있다. 계속해서 ω_n을 δ/g로 대치하면 여기서 g는 중력가속도이고, δ는 정적처짐이다. 식 (10.65)는 다음과 같이 표현될 수 있다.

$$TR = \frac{1}{(2\pi f)^2 \delta/g - 1}$$

TR을 변경하지 않고 절연된 질량 m의 진폭 x를 감소시키기 위해 [그림 10-21]과 같이 m이 큰 질량 M 위에 올려지는 경우가 있다. 강성계수 k는 $k(M+m)$이 같은 값이 되게 하기 위해서는 강성계수 k가 증가되어야 한다. 그러나 식 (10.63-b)의 분자에 k가 있으므로 진폭 X는 줄어든다.

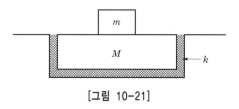

[그림 10-21]

보통 문제에 있어서 절연되어야 할 질량은 6자유도를 가지고 있으므로(세 개의 병진운동과 세 개의 회전운동) 절연계의 설계자는 반드시 그의 영감과 재능을 사용해야 한다. 이때 1자유도계의 해석결과는 매우 좋은 길잡이 역할을 할 것이다.

Section 14 작업환경소음관리에서 효과적인 소음관리단계를 설명하고 측정방법, 측정횟수, 측정지점, 소음수준의 평가

1. 측정대상

예비조사를 통해서 측정대상 장소를 선정한다. 예비조사항목은 사업장에서 제조하는 생산품, 주원료, 부원료, 기타 공정에서 사용되는 물질의 조사 및 발생될 수 있는 유해물질의 조사이다. 이러한 유해인자들이 인체에 미치는 영향과 허용농도를 조사하고, 이 자료를 기초로 측정장소, 위치, 시간, 측정기기 등을 선정해야 한다. 또한 고용노동부 고시 제94-46호 작업환경측정방법으로 고시하고 있으며, 시행령 제93조에서는 측정대상 작업장(시행규칙 제93조)을 다음과 같이 규정하고 있다.

① 분진이 현저하게 발산되는 옥내 작업장(갱내를 포함한다)
② 납 업무를 행하는 옥내 작업장

③ 4알킬납 업무를 행하는 옥내 작업장

④ 유기용제 업무를 행하는 옥내 작업장

⑤ 특정 화학물질 등을 취급하는 옥내 작업장

⑥ 산소결핍위험이 있는 작업장

⑦ 강렬한 소음이 발생되는 옥내 작업장

⑧ 고열, 한냉 또는 다습한 옥내 작업장

⑨ 코크스를 제조 또는 사용하는 작업장

⑩ 기타 고용노동부장관이 정하는 유해화학물질을 취급 또는 제조하는 옥내 작업장

2. 측정시기

작업환경측정은 작업과 설비가 정상적으로 가동되어 작업시간과 근로자의 노출을 정확히 평가할 수 있을 때 실시해야 한다. 시행규칙 제93조 제1항의 대상 작업장 중 6개월에 1회 이상 측정을 실시해야 하는 작업장의 측정실시시기는 전회 측정을 완료한 날로부터 3개월 이상 간격을 두어야 한다.

[표 10-3] 시행규칙(산업보건기준)에 의한 작업환경측정

관계조항	측정항목	측정시기
제31조	소음	6개월에 1회
제32조	고열	6개월에 1회
제50조	분진	6개월에 1회
제95조	납	6개월에 1회
제116조	4알킬납	6개월에 1회
제147조	유기용제	6개월에 1회
제186조	특정 화학물질	6개월에 1회
제212조	산소농도	6개월에 1회

3. 측정방법

단위작업장소에서 작업자 개인에게 노출되는 소음수준을 측정하는 것을 원칙으로 하며, 지역소음측정은 측정을 하고자 하는 근로자의 귀의 높이에서 측정한다(규칙 제93조 제1항 제7호 및 보건규칙 제31조 제1항 제1호).

측정에 사용되는 기기(소음계)는 보통 소음계, 누적소음노출량측정기, 적분형 소음계 또는 이와 동등 이상의 성능이 있는 것으로, 발생시간을 고려한 등가소음레벨방법으로 측정한다(다만, 소음 발생간격이 1초 미만을 유지하면서 계속적으로 발생되는 소음(연속음)을 보통 소음계 또는 이와 동등 이상의 성능이 있는 기기로 측정할 경우에는 예외).

청감보정회로는 A특성(weighting)으로 하고, 소음계 지시침의 동작은 느린(slow) 상태로 한다. 소음계의 지시치가 변동하지 않는 경우에는 당해 지시치를 그 측정점에서의 소음수준으로 한다. 작업자의 이동반경이 넓고 소음의 강도가 불규칙적으로 변동하는 소음(불규칙 소음)의 측정은 누적소음폭로량 측정기(noise dose meter)로 측정한다. 소음이 1초 이상의 간격을 유지하면서 최대 음압수준이 120dB(A) 이상의 소음(충격소음)인 경우에는 소음수준에 따른 1분 동안의 발생횟수를 측정한다.

단위작업장소에서의 소음수준은 규정된 측정위치 및 지점에서 1일 작업시간 동안 6시간 이상 연속측정하거나 작업시간을 1시간 간격으로 나누어 6회 이상 측정한다(단, 소음의 발생특성이 연속음으로서 측정치가 변동이 없다고 측정자가 판단한 경우에는 1시간 동안을 등간격으로 나누어 3회 이상 측정할 수 있다. 단위작업장소에서의 소음 발생시간이 6시간 이내인 경우나 소음 발생원에서의 발생시간이 간헐적인 경우에는 발생시간 동안 연속측정하거나 등간격으로 나누어 4회 이상 측정해야 한다).

4. 소음수준의 평가

1일 작업시간 동안 6시간 이상 연속측정하거나 작업시간을 1시간 간격으로 나누어 6회 이상 연속측정하거나 작업시간을 1시간 간격으로 나누어 6회 이상 소음수준을 측정한 경우에는 이를 평균하여 8시간 작업 시의 평균소음수준으로 한다. 보통 소음계로 측정하여 등가소음레벨방법으로 적용할 경우는 다음 식에 따라 산출한 값을 기준으로 평가해야 한다.

$$\leq dB(A) = 10\log \frac{n_1 \times 10^{(LA1/10)} + n_2 \times 10^{(LA2/10)} + \cdots + n_N \times 10^{(LAN/10)}}{480분}$$

여기서, LAN : 각 소음레벨의 측정치

$dB(A)n_N$: 각 소음레벨측정치의 발생시간(분)

단위작업장소에서 소음의 수준이 불규칙하게 변동하는 소음은 누적소음노출량측정기로 측정한 후 노출량을 산출하여 8시간 시간 가중평균소음으로 환산하는데, 대부분의 누적소음노출량측정기는 자동으로 8시간 시간 가중평균치를 산출해준다.

[표 10-4] 소음의 허용기준(충격소음 제외)

1일 노출시간(hr)	소음강도(dB(A))	1일 노출시간(hr)	소음강도(dB(A))
8	90	1	105
4	95	1/2	110
2	100	1/4	115

[주] 115dB(A)를 초과하는 소음수준에 노출되어서는 안 된다.

[표 10-5] 충격소음의 허용기준

1일 노출횟수	충격소음의 강도(dB(A))
100	140
1,000	130
10,000	120

[주] 1. 최대 음압수준이 140dB(A)를 초과하는 충격소음에 노출되어서는 안 된다.
　　2. 충격소음이라 함은 최대 음압수준에 120dB(A) 이상인 소음이 1초 이상의 간격으로 발생하는 것을 말한다.

　1일 8시간 초과작업 시 노출기준의 보정(미국산업안전보건청, OSHA)은 1일 8시간을 초과하는 작업(흔히 우리는 잔업 또는 OT라고 말한다)에 대해서는 평가하는 방법을 작업자 노출형태가 급성독성(acutely toxic) 또는 만성독성(chronically toxic)인지를 파악해야 한다. 즉 부틸알코올, 일산화탄소, 황화수소 등은 급성독성이고, 납, 이황화탄소, 규소, 실리카 등의 경우는 만성독성으로 간주한다.

　또한 천정치(ceiling)가 있는 물질과 감각자극, 과도한 냄새를 방지하기 위한 노출기준은 보정될 수 없고 암 또는 물리적 자극을 주는 물질(nuisance particulate)의 경우도 마찬가지로 보정할 수 없다.

CHAPTER 11

국제규격

산업기계설비기술사

ISO 9000 시리즈의 인증 획득 및 사후관리상에서 가장 어려웠던 사례와 개선 대책

1. 개요

GATT에서 국가 간의 기술장벽 해소를 위해 마련한 ISO 9000 시리즈는 공급자의 품질시스템을 제3자(인증기관)가 평가하여 품질보증능력을 인증해주는 제도이다. ISO 9000은 품질보증을 위한 20가지 필수요건을 제시하고 있으며, 그 요건을 만족하는 전제하에 각 기업에 유효한 품질시스템의 구축과 실천 여부를 심사한다. ISO 9000은 기업의 품질시스템 구축을 위한 가장 효과적인 방법으로서, 각 기업은 이를 실질적으로 활용해야 할 것이다.

2. 인증 획득 및 사후관리상 문제점

1) 경영자의 열의와 추진력

일반적으로 경영자들은 어떠한 규격이든지 기업이익에의 향상이나 기업이미지에 보탬이 된다고 하면 그것에 많은 관심을 가지고 그 열의가 대단하다. ISO 9000 시리즈에 대하여도 그 예외는 아니다. 왜냐하면 국제적으로 공인된 것이고 이 규격이 기업을 광고하는데 참으로 좋은 역할을 담당하기 때문이다. 그리고 상대적으로 불량률이 높은 기업들이 품질System을 도입함으로써 이러한 불량률의 감소를 실현하면서 각 부문의 전문화와 통일화를 꾀하고 기업의 산만해 있는 문서류의 규격들을 체계화하여 운영해 나아갈 수 있다. 또한 고객으로부터의 불만의 소리를 줄일 수 있고 신뢰를 높임으로써 고객에 대한 만족도를 향상시킬 수 있는 것이다.

그리고 문서에 대한 표준이 확립되면서 기업의 관리기술과 제조기술 등의 발전을 꾀하며 기업의 보이지 않는 자산으로서의 역할을 담당하는 것이기 때문에 도입하게 되는 것이다. ISO 9000 시리즈 규격을 도입하고 인증 취득의 노력을 게을리하지 않는 자세의 경영자들의 수가 증가되고 있는 상황이므로 점진적으로 기업의 품질수준이 향상되리라고 믿어진다.

ISO 9000 시리즈나 품질문제와 관련된 규격의 운영에는 많은 경제력 투입이 발생하게 된다. 하지만 많은 투자에도 불구하고 만족스럽지 못한 결과를 초래하고 중도에 중단되는 일도 발생한다. 즉 기업의 품질System 도입의 성공 유무는 곧바로 경영자의 몫이 되는 것이다. 아직도 문자적인 표현의 수준에 머물러 있는 것은 안타까운 일이라 할 것이다.

2) 계층구조에서의 문서화

기업의 구조에서 어느 부문의 부서장이 교체되면 그 부서장은 초기 업무 파악이 완료되면 그것을 중심으로 해서 업무를 수행하는 것이 아니라, 자신의 스타일로 체제를 바꾸고 기존의 문서들을 새롭게 꾸미고 만드는 작업을 실시한다.

어떻게 보면 많은 낭비를 초래한다고 할 수 있다. 기업의 작은 조직 내에서도 관료적인 사고방식이 뿌리깊게 내려져 있다고 할 것이다. 그러나 다행히도 ISO 9000 시리즈 문서체계화를 강조함으로써 문서의 체계화가 이루어지고, 그것에 대한 전면적인 교체나 수정이 어렵게 되어 있기에 부분적인 개선이 허용되어 있는 것이며 점진적 발전이 될 수 있는 계기로의 전환이 현실화되어 문서관리에 의한 비효율적인 낭비요소가 제거되는 것이다.

3) 실적을 만들고 그것들에 대한 감사가 필요

일정한 시간을 하나의 블록으로 설정하고 그 기간 동안 계속해서 data를 수집한다. 현장에서 수집되는 check sheet에 의한 현장 작업자들에 의한 수집이다. 이러한 data 수집방법에는 그 정확도가 떨어질 수 있다. 작업자의 성실도 여하에 따라서 data의 내용이 달라질 수 있다. 따라서 data의 수집 시 관리감독자로 하여금 data의 정확성을 check하도록 한다.

또한 하나는 ISO 9000 시리즈 인증업체와 연계하여 제품을 생산(product)하여 납품하는 업체에 대하여 모기업이 정기적으로 품질 감사를 실시하는 과정에서 data를 수집하는 것이다. 이렇게 하여 각 부문에서 수집된 data를 분석하여 시정 조치한다.

개선을 명령하여 부문의 장들은 서로와 유사한 부문들에 대하여 관련된 사항들을 보완하고 수정하여 조정의 단계로 접어든다. 서로 유사한 부문 간의 조정이라 하더라도 조정의 진행상황에서 서로 간의 고쳐야 할 내용들이 도출된다.

예를 들어, 설계와 생산부문 간의 관계에서, 설계 어느 한 부분의 조립부품을 변경했을 때 생산부문에서 바꾸어야 할 세부적인 내용이 많기 때문이다. 그러므로 실적을 만드는 것은 부문에 각각 실행을 하지만, 그것들을 규합하고 정리하는 하나의 팀을 만든 것이 바로 감사팀이라고 할 수 있다. 감사팀은 본감사, 즉 본심사(인증심사)에 앞서 미비점을 찾고 보완을 하기 위한 예비단계이다. 미비점이 발견되면 미비된 부문의 서류에 대한 재검토와 실적data에 대한 분석이 실시되고 본심사를 연기하여 개선을 하기 위한 절차를 밟게 되며 구체적인 개선과정을 서류로 남기게 된다.

4) 관 주도형

KS제도도 정착시키지 못한 상태에서 ISO 9000 시리즈의 도입은 어려운 상황이었던 것이 사실이다. 그러나 국제적인 환경에 적응을 해야 하는 부담이 있었기에 도입이 되었지만 ISO 9000 시리즈 역시 관 주도형에서 벗어나지 못하고 있는 것이 현실이다.

민간이 주도하는 것이라면 사후관리체계가 확실하게 이룩되고 원활한 운영이 되어야 하는데 사후관리System이 너무나 허술하다.

인증 초기에는 해당 부문에 인력이 충원되어 각자의 역할분담이 분명하게 이루어지는 듯 하지만, 인증 취득 후에는 인력의 감소는 필연적인 것이 되고 특정 부문의 역할자가 타 부문의 역할까지 담당하게 됨으로써 운영에 있어서 정상적이지 못한 형태로 바뀌게 되고 마는 것이다.

국제적으로 자율적인 상황에서 민간 주도로 ISO 9000 시리즈 규격 추진이 처음 인증 취득과정과 동일하게 유지되도록 힘써야만 우리 기업의 대외신인도가 향상될 수 있다고 본다. 사후관리체제의 유지를 위한 비용이 크다고 하더라도 인증취득 시의 정신이 퇴색되는 일은 바람직한 것은 아니다. 비용에 관한 분석과 지출을 줄이는 것도 중요하지만 눈앞의 이득에서 벗어나 장기적인 안목으로 멀리 보았으면 하는 것이다.

Section 2 PL법(Product Liability, 제조물책임)이 제정됨에 따라서 산업기계를 설계하는 경우에 주의해야 할 필요가 있는 항목과 기술적 대응방안에 대한 구체적인 예

1. 추진목표

① 제조물책임시대에 있어 기업이 인식해야 할 가장 중요한 변화는 소비자의 안전에 대한 욕구와 피해자의 클레임 제기가 증가할 것이라는 점이다. 이와 더불어 공업 발전의 혜택으로 그간 도외시되었던 환경오염의 문제와 그에 따른 집단의 피해보상욕구가 대량으로 표출될 가능성도 배제할 수 없는 실정이다.

② 소비자의 안전에 대한 욕구는 기업의 규모나 자금, 인력, 시간 등의 제약에도 불구하고 업계 최고의 안전수준을 요구하므로 중소기업으로서는 한정된 자원을 유효적절하게 사용하여 사회적으로 용인되는 제품의 안전성수준을 달성하여 제품 사용자 보호 중심의 시장변화에 부응하고 제품의 경쟁력을 확보하는 것을 목표로 제조물책임(PL)에 대응해야할 것이다.

③ 특히 화학제품은 다른 산업의 기초원료, 부자재로 광범위하게 사용되면서 적은 양으로도 인체나 환경에 커다란 독성·위해성을 가지므로 항상 제조물책임소송에 휘말릴 수 있고 기업 도산의 원인이 될 수 있다.

④ 따라서 제품안전을 중시하는 제품안전경영시스템을 구축하고 사회가 요구하는 수준의 안전성을 확보한다면 화학제품에 대한 소비자의 불안감을 불식시키고 화학산업과 관련 중소기업이 재도약할 수 있는 기회가 될 것이다.

2. 추진방법

PL대책을 위해서는 먼저 제품의 안전성 확보를 추진할 수 있는 체계를 구축하고(제품안전경영시스템 구축) 그 체계를 바탕으로 제품의 안전설계 실시ㆍ개발, 생산, 유통, 폐기에 이르는 모든 과정에서의 안전성을 확보하며(제품의 안전성 확보) 제품안전성 유지를 위한 활동(PL 감사 실시)의 방법으로 추진하는 것이 바람직하다.

1) PL경영시스템 구축

(1) PL경영방침 정립

① PL대책을 효과적으로 추진하기 위해서는 '제품의 안전성 확보'와 '사용자 보호'를 기업의 이념 및 경영방침으로 명확히 하고 구체적인 대책을 추진하는 것이 중요하다.

② 기업이념 및 경영방침은 최고경영자에 의해 공식적으로 표명되어야 하며 전 사원이 이를 이해하고 실행하는 것이 보장되어야 한다.

③ 이 제품안전을 중시하는 경영시스템은 무엇보다도 최고경영자가 중심이 되어 전사적이고 종합적인 대책에 의해 추진하는 것이 바람직하다.

④ PL경영시스템을 추진하는 과정에서 제품원가의 상승이나 제품개발일정의 지연 등으로 인해 많은 장해가 발생할 가능성이 있다. 따라서 제품안전경영의 필요성을 사내 전 부문이 인식하고 이해를 얻을 수 있도록 기업의 마인드를 고취할 필요가 있다.

(2) 전 사원의 PL의식 고취 및 교육

① PL대책을 전사적으로 추진하고 전개하기 위해서는 그 내용과 제품안전의 중요성에 대한 사원 전체의 충분한 이해가 필요하다.

② CEO의 의식 : PL대책의 효과적인 추진과 목표달성을 위해서는 경영의 정점에 위치하고 있는 CEO(전문경영인)의 제품안전에 대한 확고한 의지가 필요하다. 대부분의 CEO는 기업의 경영실적에 따라 평가를 받기 때문에 목전의 목표만을 추구하는 경향이 있으므로 전사적인 PL대책 추진을 위해서는 CEO의 의식전환을 위한 교육이 무엇보다도 중요하다.

③ 관리자교육 : 장기적이고 거시적인 관점에서 제품안전대책이 필요하다는 것을 관리자들이 충분히 인식하고 전 사원의 선두에 서서 PL대책을 추진하도록 교육할 필요가 있다.

④ 사원 교육 : 사원에 대한 PL교육은 설계·제조·품질관리·영업·판매·관리부문
등을 구분하여 실시한다.
  ㉠ 제품의 설계·제조단계에서 안전성의 향상대책
  ㉡ 표시·취급설명서 작성대책
  ㉢ 판매관리 및 애프터서비스의 충실화대책
  ㉣ 제품의 검사 및 기록관리방법
  ㉤ 관계기업과의 책임한계 및 계약관리방법
  ㉥ PL위험분산을 위한 손해배상금충당대책
  ㉦ 원인규명기관 및 분쟁처리기관 활용방안

(3) PL대응조직의 구성과 운영

① PL제도에 적절히 대응하기 위해서는 전사적인 대응체제의 구축이 필요하다.

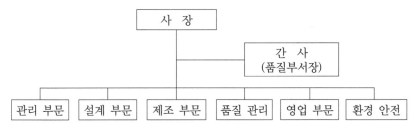

[주] 관리부문에는 법무·계약부문, 서무, 구매, 인사 등이 포함된다.

[그림 11-1] PL대응 조직도(예시)

② 최종적으로는 별도의 전담조직을 사내에 설치하는 것이 효율적이지만 처음부터
전담조직을 설치하는 것보다는 먼저 사내 각 부문이 참여하는 PL위원회를 구성하
여 효율성을 검토한 후 조정한다.

③ PL위원회 : 위원장은 사장이 되고, 위원에는 각 부문의 책임자를 임명한다.

④ 분야별 소위원회 구성 : 기업의 규모에 따라 전문적이고 효율적인 PL대응을 위하여
PL위원회 산하에 각 부문이 참여하는 분야별 소위원회를 설치·운영하는 방안도
검토할 필요가 있다.
  ㉠ 제품안전대책위원회 : 사내의 각 부문에서 참가하고 위원장은 관리자층에서 선
    임한다.
  ㉡ 피해구제대책위원회 : 사내의 각 부문에서 참가하고 관리 부분의 책임자가 위
    원장이 된다.

⑤ 제품안전경영의 효과적인 실시와 목적달성을 위해서는 각 부문 간 책임과 권한이
명확하게 업무분담이 이루어져야 한다.

[표 11-1] 부문별 PL대응 주요 업무

부문	PL대응 주요 업무
경영자	• 제품안전에 관한 기업이념과 방침 결정 • Top-down방식의 제조물책임예방활동의 추진 및 지원 • 제품안전목표의 검토 및 결정 • 제품안전에 대한 각 조직의 책임과 권한 설정(업무분담) • PL대응분야별(PS, PLP, PLD 등) 책임자 및 실무자 임명 • 전사적인 제품안전시스템의 구축 및 실행에 대한 검토와 지원
PL 주관 부서	• 제품안전방침 및 목표를 전 사원에 전파 및 주지 • 제품안전에 관한 교육, 훈련, 계몽활동의 입안과 실시 • 관련 법규, 규격, 기준, 사내규정 등의 정비와 준수 • 제품안전 관련 정보의 수집 및 각 부문에 제공 • PL보험관리 • 내부PL감사결과 지적사항의 보완 및 개선 • PL소송에 대한 대응시스템 구축(모의소송제도 도입) • 외부전문가(변호사, 안전전문가)와 자문체계 등 네트워크 구축 • 제품안전 관련 문서규정의 작성 및 유지
기획 · 개발	• 최신 기술정보와 종합적인 제품안전대책의 조사, 검토 및 안전대책 적용 기준 검토 • 신기술, 신재료 등의 기술 혁신에 대한 대응과 적용 검토 • 국내외 관련 법령, 안전규격 및 기준의 조사, 검토 및 적용 • 인간공학 및 신뢰성기법의 활용 • 경고 표시의 실용성 비교 검토
설계 · 기술	• 클레임, 품질상황 등에서 안전 관련 정보입수와 설계에 적용 • 제품안전을 고려한 원재료 등의 선택 • 초기 단계에서의 안전성 평가와 그 기록의 보존 • 적용할 안전장치의 신뢰성 확인 • 신기술, 신재료 등의 안전기술에 적용 • 중요안전부품(재료)의 결정(중요관리포인트 설정) • 위험성 예측과 안전대책 수립
환경 · 안전	• 환경 · 안전 · 보건대책의 수립 및 실시 • 환경유해성 검토 및 안전대책 수립 • 유해 · 위험물질의 관리기준 작성 및 실행 • 화재 · 폭발 등 비상상황 발생 시 대응체계 구축 및 교육
관리 부서	• 원재료업체, 외주업체 등 협력업체 선정기준 수립 및 선정 • 협력업체 품질관리 • 협력업체의 제품안전경영시스템 구축 교육 • 계약서 관리 · 계약서상의 PL대응방안 강구 • 인력(PL, PS전문가) 양성

부문	PL대응 주요 업무
제조 · 검사	• 작업표준서 작성과 교육 · 훈련 • 중요안전부품(원료)의 확인 및 작업표준 준수 • 결함제품(설계 부적합품)생산의 배제 • 생산설비, 계기, 치공구 등의 유지 관리 • 협력업체의 정기적인 지도 · 점검 • 적절한 검사방법과 시험검사장비의 도입 및 관리 • 관리표준에 의한 관리 및 부적합품 유출 방지 • 불량률 감소프로그램의 도입 · 운영(100PPM, FMEA 등) • 제품안전성 확보를 위한 작업환경 조성 및 관리 • 불량품, 폐기품의 관리 • 제조기록, 품질관리기록의 보존
품질보증	• 제품안전에 관한 업무의 총괄 • 제품안전기준의 설정과 관리 • 안전성, 신뢰성의 평가 및 심사 • 시장의 품질정보 수집 · 분석과 설계 · 제조부문에 Feed back • 고장 해석과 그 개선결과의 확인 • 안전 관련 문서 · 기록의 보존과 관리(Filing system 운영) • 경고 표시의 안전성표시사항 심사와 확인 • 내부PL감사 체크리스트 작성, 감사 실행 및 결과에 따른 개선 • 제품안전시스템의 전반적인 관리 및 보고
포장 · 운송 · 보관	• 제품의 오염, 변질 등 결함 방지대책 수립 • 보관, 운송 시 위험 발생요인 제거 • 물류정보의 관련 부문에 Feed back
판매영업	• 소비자에 대한 정확한 상품정보 제공과 오사용 방지의 설명 • 시장의 품질정보 및 판매 · 영업정보의 관련 부문에 Feed back • 제품의 취급과 폐기 시의 안전성 확보 · 지도 • 영업사원과 판매점에 대한 제품안전교육
A/S	• 매뉴얼에 따른 A/S의 실시 • A/S정보의 관련 부문에 Feed back • 사고 발생 시 피해자 구제를 최우선으로 하는 고객서비스 확립 • 서비스인력의 제품안전교육
소비자 · 고객 상담	• 소비자에 대한 정확한 상품정보 제공과 오사용 방지의 설명 • 시장의 품질정보 수집 · 분석과 관련 부문에 Feed back • 사고 발생 시 피해자 구제를 최우선으로 하는 고객서비스 확립 • 클레임(리콜 포함)처리시스템 구축 · 운영 • 클레임 및 소송담당팀의 구성 · 운영 • 클레임분석결과 관련 부문에 Feed back

2) 제품의 안전성 확보

(1) 제품안전설계 및 개발 실시

① 제품의 안전수준 설정

ㄱ 안전성에 관한 법령 기준

ㄴ 업계의 기준 및 관행

ㄷ 타사 제품의 안전수준

ㄹ 제품의 안전성에 관한 과학·기술정보

ㅁ 동종 또는 유사제품 클레임, 사고사례 및 관련된 소송사례

② 제품의 사용환경 등 예측

③ 위험성의 예측

④ 위험성의 배제

⑤ 안전성의 확인

(2) 제조·가공·검사단계의 안전 실시

① 원재료 입고관리   ② 제조공정관리

③ 품질검사관리

3) 제품안전보완 및 사후관리

(1) 주의·경고표시 안전 실시

① 경고대상 및 수단 결정   ② 경고표시문구 및 기재사항 결정

(2) PL방어대책 수립

① PL면책사항의 입증 및 자료관리

② 원자재 구입, 제품판매 등의 계약에 의한 관련 기업과의 책임관계 명확화

③ 각종 증거자료의 기록·관리

④ PL위험분산(PL단체보험 등 가입)

(3) PL사고의 처리대책 수립

① 사고 발생 초기의 대응   ② 소송에의 대응

③ 원인 규명 및 사고요인 개선

4) PL경영시스템의 구축 완성

PL경영시스템의 구축과 제품안전성 확보, 사후관리체계가 수립되면 일련의 과정을 기존의 ISO시스템과 통합 또는 연계하거나 PL대응시스템을 정립하여 내부규정 또는 매뉴얼로 작성하여 관리할 필요가 있다.

5) PL감사 실시

　　PL경영시스템이 구축되고 제품안전성 확보를 위한 활동이 실행되면 그 실행결과가 계획과 일치되고 있는지, 또는 효과적으로 실시되어 의도한 목적을 달성하고 있는지의 여부를 평가하고 제품의 안전성을 지속적으로 유지하기 위하여 체계적이고 독립적인 감사를 실시할 필요가 있다.

(1) 추진절차

[그림 11-2] PL감사추진절차도

(2) 감사 시 고려사항

① 감사요원 선정 및 양성 : PL감사는 제조물책임에 대한 기업의 최종적인 사전예방 활동으로서 중요한 기능을 수행하는 것이므로 실질적이고 효과적인 감사가 되도록 해야 하며, 감사요원의 선정은 PL감사의 효과를 좌우하게 되는 핵심사항이라 할 수 있다. 내부인력에 의한 감사와 외부전문가에 의한 감사를 실시하는 방안이 있지만 내부인력에 의한 감사의 경우 그 효과를 기대하기는 쉽지가 않다. 특히 중소기업의 경우 전문지식을 갖춘 내부인력이 부족한 경우 PL감사는 유명무실해 질 수가 있다. 따라서 감사의 목적 달성과 객관성 및 공정성을 확보하기 위하여 정기적(연 1회 등)으로 외부전문가나 전문감사기관에 의한 PL감사를 실시하는 것이 필요하다. 아울러 기업의 규모에 따라 내부감사요원을 적극적으로 양성하는 것도 바람직하다.

② PL감사 시 주요 고려사항

　㉠ 제품안전과 관련 모든 활동을 체크하고, 그 활동이 경영방침에 반영되어 있는지를 확인한다.

　㉡ 제품안전시스템의 구축 및 실행이 효과적이고 효율적인지 여부를 평가한다.

　㉢ 평가결과를 사내 전 부문에 피드백(feed back)하여 제품안전의 지속적인 개선을 위한 기회로 활용한다.

　㉣ 제품안전과 관련된 비용을 분석하고 자원(인력, 예산)의 효율적인 활용방안을 강구한다.

Section 3 **제조물책임(PL)대책 추진체계 및 적용 분야**

1. 개요

제조물책임(PL)대책은 PL사고 발생을 사전에 예방하기 위한 제품판매 전 대책과 제품판매 후 대책, PL사고를 방어하기 위한 사고 발생 전 대책과 사고 발생 후 대책 등 그 단계별 추진체계를 설명하고, 본 매뉴얼의 활용이 가능한 화학제품분야를 한국표준산업 분류표를 참고하여 그 적용 범위를 제시한다.

2. 제조물책임(PL)대책 추진체계 및 적용 분야

1) 추진체계

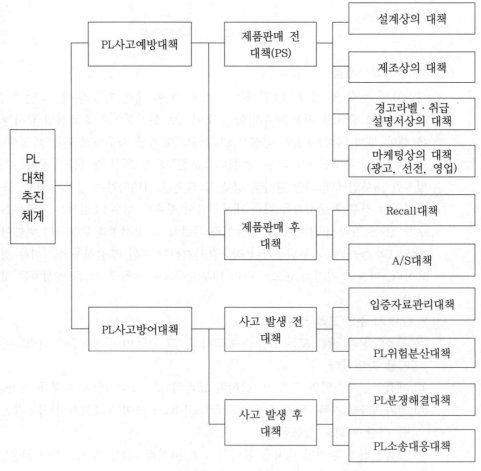

[그림 11-3] PL대응추진체계도

2) 적용 분야

① 최종 제품상태에서 화학물질 본래의 성상을 유지하고 있는 화학물질을 적용 대상으로 하며 의약품(완제 의약품, 원료 의약품, 의약외품)·화장품·농약 등 별도의 법률로 관리되는 분야는 제외한다.

② 각 적용 분야의 제조·가공업자뿐만 아니라 수입자, 도·소매업자, 운반업자, 보관·저장업자도 본 매뉴얼의 적용 대상으로 한다.

[표 11-2] 매뉴얼 적용 분야별 품목(예시)

적용분야	품목	품목 예시
기초유기화합물	석유화학계 기초화합물	탄화수소 할로겐화 유도체 등
	석탄화합물	벤젠, 톨루엔, 크실렌 등
	천연수지 및 나무화합물	레진, 수지산 등
	기타 기초유기화합물	알코올, 페놀 등
기초무기화합물	산업용 가스	질소, 아르곤, 아세틸렌가스 등
	기타 기초무기화합물	과산화수소, 수산화나트륨 등
안료, 염료	무기안료 및 금속산화물	산화아연, 망간, 티타늄 등
	합성염료, 유연제, 착색제	합성유기염료, 조제무기안료 등
합성수지류	합성고무	부타디엔고무, 아크릴로니트릴
	합성수지 및 플라스틱물질	에틸렌중합체, 폴리아미드 등
	가공 및 재생플라스틱원료	플라스틱배합원료, 재생플라스틱물질
도료, 인쇄잉크	일반 도료 및 관련 제품	페인트 및 바니시, 에나멜 및 래커 등
	요업용 유약 및 관련 제품	요업용 물감, 액상 러스트 등
	인쇄잉크	인쇄용 잉크
	회화용 물감	유성·수성회구류, 회화용 물감 등
계면활성제	유기 및 조제 계면활성제	섬유, 펄프 등 제조가공용 계면활성제
사진재료 등	사진용 화학제품, 감광재료	감광성 사진인화지 및 판지 등
기타 화학제품	가공 및 정제염	가공염 및 정제염(식탁용 제외)
	접착제 및 젤라틴	아교, 접착제, 젤라틴, 펩톤 등
	그 외 미분류 화학제품	조제윤활제, 표면처리제 등

Section 4

Section 4 — ISO 14000

1. 개요

ISO 14000규격은 기업활동의 전 과정에 걸쳐 지속적 환경성과를 개선하는 일련의 경영활동을 위해 국제표준화기구(ISO)에서 제정한 환경경영체제에 관한 규격이며, 환경경영체제인증제도는 조직이 구축한 환경경영시스템이 이 규격에 적합한지를 제3자 인증기관에서 객관적으로 평가하여 인증해주는 제도이다.

2. ISO 14000

[표 11-3] ISO 14000 규격체계

구분	내용	규격번호
환경경영시스템 (EMS)	환경경영시스템 요구사항 규정	ISO 14001/4
환경심사 (EA)	환경경영시스템 심사원칙, 심사절차와 방법, 심사원 자격 규정	ISO 14010/11/12
환경성과평가 (EPE)	조직활동의 환경성과에 대한 평가기준 설정	ISO 14031, ISO/TR 14032
전과정평가 (LCA)	어떤 제품, 공정, 활동의 전 과정의 환경영향을 평가하고 개선하는 방안을 모색하는 영향평가방법	ISO 14040/41/42/43, ISO/TR 14049
환경라벨링 (EL)	제3자 인증을 위한 환경마크부착지침 및 절차, 자사제품의 환경성 자기 주장의 일반 지침 및 원칙 등 규정	ISO 14020/21/24, ISO/TR 14025
용어정의	환경용어정의	ISO 14050

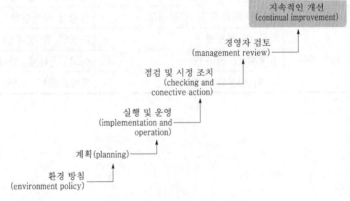

[그림 11-4] 경영 체제(EMS)모델

1) ISO 14000 추진배경

유럽을 중심으로 환경보호의 공평성, 투명성에 대한 관심도가 높아져가고 있을 즈음 1991년 국제상업회의소(ICC)가 '지속가능한 개발을 위한 산업계 헌장'을 제정하였다. 기업의 지속적 발전을 위해 중요한 환경경영원칙 16가지를 제시하고 산업계 스스로가 환경경영을 실시한다는 것이 주요 내용이다.

① 1992년에 영국규격협회(BSI)가 EU이사회 규칙, EMAS 및 ICC헌장을 보완하기 위해 BS 7750을 제정하였다.

② 1992년 리우데자네이루에서 개최된 '지구 서미트'에서 채택된 '리우선언', '아젠다 21'을 받아들여 '지속가능한 개발을 위한 경제인회의(BCSD)가 환경경영에 관한 ISO 규격 만들기를 제안하여 자문위원회를 거쳐 ISO의 기술위원회로서 TC 207 (환경경영)이 설치되었다.

2) ISO 14000 특징

① 환경 및 안전사고예방을 위한 비상사태대응방안 강화
② 환경관리시스템의 추진현황 분석을 통한 환경관리시스템의 방향 정립
③ WTO/GREEN ROUND에 대비한 환경경영시스템 구축
④ 환경기술의 패권시대에 맞춰 경쟁력 제고 및 수출 확대 촉진

[표 11-4] ISO 9000(QMS)/14000(EMS)의 차이점

	ISO 9000(QMS)	ISO 14000(EMS)
목적	부적합사항 예방, 고객 만족	사회, 경제적 필요에 따른 환경보전
시스템요구 주체	고객요구	환경보전에 대한 사회 및 국제적 요구
시스템의 대상	고객	고객을 포함한 이해집단 등 지구 전체
시스템의 구성	프로세스별 20개 항목	관리사이클별 5개 대항목 및 18개 소항목
시스템 실행상의 특징	유지 관리를 위한 시스템의 구출 및 이행	개선목표 설정, 달성계획의 수립, 시행, 일상 관리시스템의 구축, 이행
동기	이윤	사업 영위
감시인	고객 및 최종 소비자	최종 소비자, 지역사회, 정부, 국내 및 국제적 환경단체(green peace) 등
규칙	경제성 원칙	적합성 원칙
목표	불량률 제로	법적규제 만족, 무방출, 무오염
표준	제품/서비스의 생산 중심	제품/서비스의 생산 및 활동 포함
이윤추구	단기 이윤	장기 이윤
관련 설비	생산설비	생산설비 및 부산물처리설비 포함

	ISO 9000(QMS)	ISO 14000(EMS)
대상범위	설계, 생산, A/S까지	설계, 생산, A/S 및 회수, 폐수까지
공통점	제3자 인증제도, 시스템감사, 샘플링에 의한 심사	
EMS에서 강조되는 점	지속적 개선, 법규 준수, 환경영향평가, 비상사태 대비, 커뮤니케이션	

3) ISO 14000 도입 필요성

① 환경오염문제 대두와 시장의 요구
② 환경보호의무의 강화
③ 국제환경규제의 강화
④ 협력업체, 모기업의 요구
⑤ 기업의 대외경쟁력 강화

4) ISO 14000 인증 획득 시 기대효과

① ISO 14000 인증 획득 시 기업이미지 및 신뢰도 향상
② 마케팅능력 강화(무역장벽 제거 및 공공공사 수주 시 혜택)
③ 환경 친화적 경영으로 기업이미지 강화 및 환경안전성 개선으로 종업원의 근무의욕과 생산성 향상에 기여
④ 비상사태 시 조직의 대처능력 향상(재산과 인명보호)
⑤ 법규 및 규정의 준수에 따른 기업 및 경영자 책임 면책
⑥ 환경영향(오염) 최소화 추진으로 지역 및 전 지구적 환경문제에 동참
⑦ 국제화, 세계화 추진을 위한 기틀 형성

5) ISO 14000(EMS) 인증효과

① 환경영향을 체계적으로 감시
② 환경 관련 법규 준수
③ 환경이미지 제고로 시장점유율 확대
④ 잠재된 환경사고 예방
⑤ 원·부자재 절감으로 경영상태 개선
⑥ 폐기물 발생량 최소화로 처리비용 감소
⑦ 노사 간 신뢰성 향상
⑧ 국제협약 준수 및 국제경쟁력 강화

Six sigma(6σ)

1. 개요

품질설계, 공정설계, 부품구매관리, 공정관리 등에서 품질의 안정화를 우선으로 하는 품질경영전략을 수립, 실천하여 제품의 품질산포를 최소화하고 error나 miss의 발생확률이 1백만 개 중에서 3, 4개밖에 발생시키지 않도록 하는 활동이다. 이것을 달성하기 위하여 전 조직차원에서 해야만 성과가 있으며, 총체적 process의 개선은 물론 종업원의 가치관도 바뀌어야 한다는 철학에서 시작한다.

2. 6sigma 성공요소

① 최고경영자의 강력한 leadership : 6sigma에 대한 신념, 강력한 통솔력이 필요하다.
② 정확한 data에 의한 관리 : 투명하고 정확한 data를 수집할 수 있는 환경이 조성되어야 하고 효과적으로 적용하여야 하며, 직원들에 대한 지속적이고 체계적인 교육과 훈련이 필요하다.
③ 전 직원 대상의 교육, 전문가 활용 : 6sigma운동을 주도할 black belt를 양성해야 한다.
④ System 구축과 참여 : 일상생활 중 하나라는 인식을 가져야 정착될 수 있다. 특별한 일을 수행 중이라는 느낌을 갖게 한다면 오히려 거리감을 가져다준다. 또한 부품을 조달하는 협력업체들도 이 운동에 참여시켜야 한다. 준비 없이 당장 실시하면 성공 가능성은 그만큼 작아지므로 정확한 현황 파악과 충분한 사전 준비가 필요하다.
⑤ 6sigma 도입 전 충분한 연구 및 현황 파악

3. 목적과 필요성

① 목적 : 과학적인 분석기법을 사용하여 제품과 서비스 및 전 관리프로세스를 분석·개선하여 무결점에 가까운 품질수준으로 향상시킴으로써 조직의 손실을 극소화시키고 이윤을 극대화시켜 총체적으로 경쟁력을 강화해야 한다.
② 필요성 : 6 sigma를 도입함으로써 실패비용(검사, 폐기, 재작업, 불합격, 판매손실, 납기지연, 물류cost, 고객 신용도 실추, 원재료 발주/계획의 증가, 운전자금 배분, 과다재고, 사무비용, long cycle time, setup cost, 설계변경)을 감소시킬 수 있다.

클린룸(clean room)의 등급(class)

1. 개요

먼지(particle, dust)란 공기 혹은 가스나 액체에 존재하는 고체형 물질을 말하며, 크기에 따른 분류하면 1μm보다 큰 것은 미립자(dust), 1μm보다 작은 것은 미세먼지(particle)라고 한다. 먼지크기의 단위는 μm이며, 1μm는 1/1,000,000m이다.

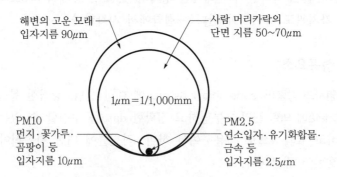

[그림 11-5] 미세먼지의 크기 비교

2. 클린룸(clean room)의 등급(class)

클린룸의 청정도는 클래스(class)라는 등급으로 나타내며 미연방규격기준으로 가장 널리 사용되는 규격이다. 가로, 세로, 높이가 30cm인 1입방피트(1cubic feet, 1ft^3, CFT)의 공기 중에 포함된 0.5μm 이상의 크기의 최대 허용입자수에 따라 결정되는 청정도 level이라고 한다(입자수 : 개/ft^3).

[표 11-5] 미연방의 청정도규격기준

Class	측정입경(μm)				
	0.1	0.2	0.3	0.5	5
1	35	7.5	3	1	NA
10	350	75	30	10	NA
100	NA	750	300	100	NA
1,000	NA	NA	NA	1,000	7
10,000	NA	NA	NA	10,000	70
100,000	NA	NA	NA	100,000	700

  예를 들어 1cubic feet 공기 중에 0.5μm 이상의 입자가 1개 이하인 청정공간은 클래스(class) 1, 100개 이하인 청정공간은 클래스(class) 100, 1,000개 이하인 청정공간은 클래스(class) 1,000이라고 한다. 대부분의 반도체 클린룸은 클래스 10 또는 클래스 1 수준을 유지하며, 이를 슈퍼클린룸 또는 초청정 클린룸이라고 부르며, 클래스 100~클래스 1,000 사이는 고청정 클린룸이라고 구분한다.

MEMO

CHAPTER 12

기타 분야

CHAPTER

2

산업기계설비기술사

모터(motor) 제어방식에 많이 사용되는 VVVF

1. 인버터의 기본원리

1) 인버터의 개념

Solid state devices를 이용한 유도전동기의 속도제어방식에는 여러 가지가 있으나 대표적인 방법은 1차 전압제어방식과 주파수변환방식이다. 따라서 유도전동기의 속도를 정밀하게 제어하려면 전압과 주파수변환이 필요하다. 인버터는 직류전력을 교류전력으로 변환하는 장치로, 직류로부터 원하는 크기의 전압 및 주파수를 갖은 교류를 얻을 수 있으므로 유도전동기의 속도제어는 물론이고 효율제어, 역률제어 등이 가능하며 예비전원, computer용의 무정전전원, 직류송전 등에 응용되고 있다.

인버터는 엄밀하게 말하면 직류전력을 교류전력으로 변환하는 장치이지만 우리가 쉽게 얻을 수 있는 전원이 교류이므로 교류전원으로부터 직류를 얻는 장치까지를 인버터계통에 포함시키고 있다.

2) 인버터의 사용목적

공정제어(process control), 공장자동화 및 에너지 절약에 사용하고 있다. 예를 들어, 가열로 송풍기(blower)의 경우 제품의 종류나 생산량에 따라 인버터로 blower의 속도를 조정함으로써 풍량 조절이 가능하여 가열로 내의 온도를 최적의 온도로 조절함으로써 제품의 질적 향상을 꾀할 수 있을 뿐 아니라, 이때 소요동력은 풍량 감소의 3승에 비례하여 감소함으로써 커다란 에너지절감효과도 기대할 수 있다.

3) 인버터의 원리

모터속도제어방식에는 다음 식과 같이 주파수 f를 변화시키던가 모터의 극수 P나 슬립 S를 변화시키면 임의의 회전속도 N을 얻을 수 있다.

$$N = \frac{120f}{P}(1-S)$$

① 극수(P)제어 : [그림 12-1]과 같이 연속제어가 불가능하며 극수의 값에 따라 한 점에서 모터속도가 제어된다.

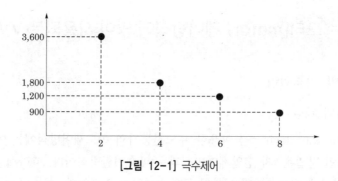

[그림 12-1] 극수제어

② 슬립(S)제어 : [그림 12-2]와 같이 슬립을 제어할 경우 저속운전 시 손실이 커지게
된다.

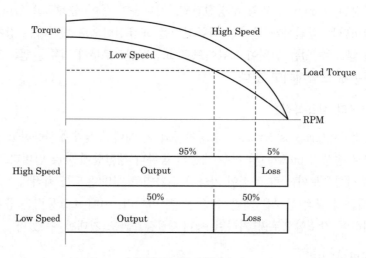

[그림 12-2] 슬립제어

③ 주파수(f)제어 : 모터에 가해지는 주파수를 변화시키면 극수(P)제어와는 달리 rpm
에서 연속적인 속도제어가 가능하고 [그림 12-3]과 같이 슬립(S)제어보다 고효율
운전이 가능하게 된다.

따라서 이 원리를 이용하여 모터의 가변속을 실행하는 것이 인버터이다. 인버터는
교류를 일단 직류로 변환시켜 이 직류를 트랜지스터 등의 반도체소자의 스위칭에 의하
여 교류로 역변환을 한다. 이때 스위칭에 의하여 교류로 역변환을 하며 스위칭간격을
가변시킴으로써 주파수를 임의로 변화시키는 것이다.

실제로는 모터운전 시 충분한 토크를 확보하기 위해 주파수뿐만 아니라 전압도 주파수
에 따라 가변시킨다. 따라서 인버터는 VVVF(Variable Voltage Variable Frequency)라
고 한다.

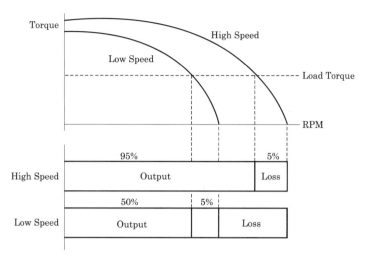

[그림 12-3] 주파수제어

2. 인버터의 종류

1) 전류형 인버터

전류형 인버터는 DC-link 양단에 평활용 콘덴서 대신에 리액터 L을 사용하는데, 인버터측에서 보면 고임피던스 직류전류원으로 볼 수 있으므로 전류 일정제어인 전류형 인버터라 한다.

전류형 인버터의 장단점은 다음과 같다.

① 장점
　　㉠ 4상한 운전이 가능하다.
　　㉡ 전류회로가 간단하며 고속thyristor가 필요 없다.
　　㉢ 전류가 제한되므로 pull-out되지 않는다.
　　㉣ 과부하 시에도 속도만 낮아지고 운전이 가능하다.
　　㉤ 넓은 범위에서 효과적인 토크제어를 할 수 있다.
　　㉥ 유도성 부하 외에 용량성 부하에도 사용할 수 있다.
　　㉦ 스위칭소자 및 출력변압기의 이용률이 높다.
　　㉧ 일정 전류특성으로 강력한 전압원을 가한 것처럼 기동토크가 크다.

② 단점
　　㉠ feedback(closed제어방식)이 필수적이므로 제어회로가 복잡하다.
　　㉡ 구형파 전류로 인해 저주파수에서 토크맥동이 발생한다.
　　㉢ 부하전류인버터(load commutated inverter)이므로 전압spike가 크며, 따라서 전동기 동작에 영향을 미칠 수 있다.

　　② 부하전동기 설계 시 누설인덕턴스문제와 회전자에서의 skin effect를 고려해야
　　　한다.

2) 전압형 인버터

　　전압형 인버터는 현재 널리 사용되고 있는 인버터로 전력형태는 [그림 12-4]와 같다.
교류전원을 사용할 경우에는 교류측 변환기 출력의 맥동을 줄이기 위하여 LC필터를
사용하는데, 이를 인버터측에서 보면 저임피던스 직류전압원으로 볼 수 있으므로 전압
형 인버터라 한다.

　　제어방식이 PAM제어인 경우 컨버터부에서 전압이 제어되고, 인버터부에서 주파수
가 제어되며, PWM제어인 경우 컨버터부에서 정류된 DC전압을 인버터부에서 전압과
주파수를 동시에 제어한다.

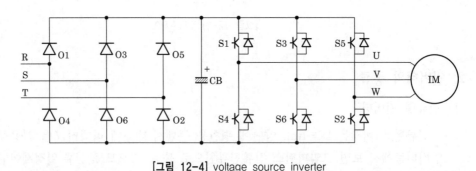

[그림 12-4] voltage source inverter

　　전압형 인버터의 장단점은 다음과 같다.
① 장점
　　㉠ 모든 부하에서 정류(commutation)가 확실하다.
　　㉡ 속도제어범위가 1 : 10까지 확실하다.
　　㉢ 인버터계통의 효율이 매우 높다.
　　㉣ 제어회로 및 이론이 비교적 간단하다.
　　㉤ 주로 소ㆍ중용량에 사용한다.
② 단점
　　㉠ 유도성 부하만을 사용할 수 있다.
　　㉡ regeneration을 하려면 dual converter가 필요하다.
　　㉢ 스위칭소자 및 출력변압기의 이용률이 낮다.
　　㉣ 전동기가 과열되는 등 전동기의 수명이 짧아진다.
　　㉤ dv/dt protection이 필요하다.

3. 인버터제어방식

1) PAM(Pulse Amplitude Modulation)제어방식

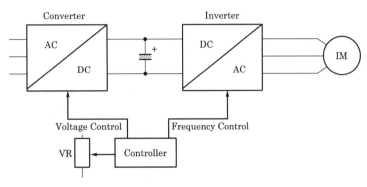

[그림 12-5] PAM제어방식

PAM제어는 컨버터부에서 AC전압을 DC전압으로 변환 시 diode module 대신 SCR module을 사용하여 위상제어기법으로 직류전압을 제어하고, 동시에 인버터부에서 주파수를 제어하는 방식이다. 즉 다음 그림과 같이 전압의 진폭 및 주파수를 제어하는 방식이다.

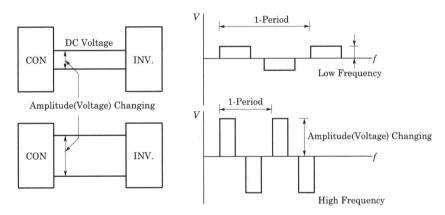

[그림 12-6] PAM제어 시 인버터 출력전압파형

PWM제어는 컨버터부에서 diode module을 이용하여 AC전압을 DC전압으로 정류시켜 콘덴서로 평활시킨 다음, 인버터부에서 직류전압을 chopping하여 펄스폭을 변화시켜서 인버터 출력전압을 변화시키며, 동시에 주파수를 제어하는 방식이다.

즉 다음 그림과 같이 제어하는 방식으로 펄스폭이 1/2주기에 있어서 같은 간격인 등펄스폭제어와 중앙부에서 양단으로 좁아지는 부등펄스폭제어가 있다.

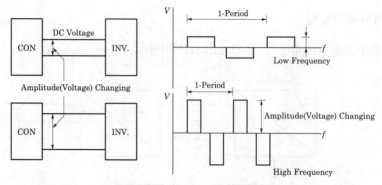

[그림 12-7] 부등펄스폭제어방식

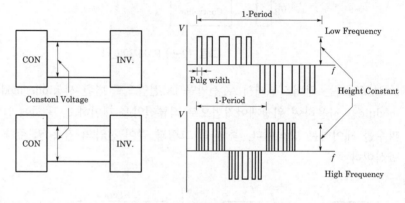

[그림 12-8] 등펄스폭제어방식

2) PWM(Pulse Width Modulation)제어방식

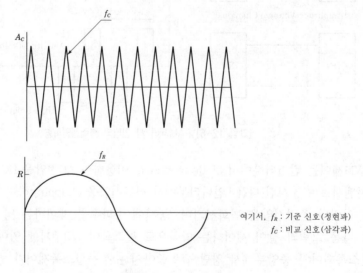

여기서, f_R : 기준 신호(정현파)
f_C : 비교 신호(삼각파)

[그림 12-9] PWM제어방식

f_C는 일정한 주파수로 유지한 상태에서 f_R의 신호의 진폭 및 주기를 가변시켜 펄스의 폭을 가변함으로 인버터의 출력전압과 주파수를 동시에 제어하는 방식이다.

[표 12-1] PWM제어특성

제어방식 항목	PWM제어		PAM제어
	부등간격제어(PM)	등간격제어(DM)	
출력전압파형	PWM 구형파	PWM 구형파	정현파
출력전류파형	정현파	정현파	구형파
적용 인버터	전압형 인버터		전류형 인버터
제어회로	복잡	간단	간단
모터효율	○	△	×
인버터효율	95% 정도		90% 정도
전원역률	80~94%		90% 정도
진동	○		△
전원 고조파	○		×
장점	• 응답성이 좋다. • 전원역률이 높다. • 주회로가 간단하다. • 모터효율이 높다. • 저속진동영향이 적다. • 고속운전이 가능하다.	• 응답성이 좋다. • 전원역률이 높다. • 인버터효율이 높다. • 회로가 간단하다.	• 고차Noise가 적다. • 내구성이 강하다.
단점	• 고차Noise가 크다. • 과부하 내량이 적다.	• 전원이용률이 낮다. • 저속에서 진동이 크다. • 고차Noise가 크다.	• 전원역률이 낮다. • 응답성이 나쁘다. • 주회로가 복잡하다. • 저속에서 진동이 크다.

Section 2 최근 기계산업분야에서 레이저(laser)를 본인이 이용한 사례를 서술하고 laser기술을 이용 가능한 분야 설명

1. 개요

현재 레이저는 전 세계적으로 광범위하게 사용되고 있다. 일반 공업분야뿐만이 아니라 심지어 의학에까지 걸쳐 정밀함이 요구되는 많은 분야에서 각광을 받고 있다. 레이저는 정밀가공에 용이하다는 장점을 가지고 있기 때문에 사용이 편리하고 제어가 용이하다.

가공을 할 수 있는 물질도 레이저의 로드와 보조가스를 이용하여 여러 가지를 가공할 수 있다. 일반 금속, 반사율이 높은 실리콘, 투과율이 높은 유리, 심지어 인간의 눈의 각막까지도 가공을 할 수 있다. 레이저광의 종류도 활성매체의 종류에 따라서 여러 가지로 분류된다. 크게 구별하면 기체, 액체, 고체 레이저로 구분된다.

우리는 이러한 많은 레이저장비 중에서 금속가공을 할 수 있는 출력을 지닌 Quantronix사에서 제작된 YAG 2000 레이저장비를 설치하고 직접 가공을 해보려 한다.

우리가 연구하고자 하는 YAG레이저는 활성매질로 고체인 YAG 결정을 사용하는 레이저이다. 이 장비는 우선 bar code marking을 주로 하기 위하여 제작된 장비로 대우자동차에서 기증받아 다시 직접 학교 실험실에 설치하고 가공을 실현하는 데 목적을 두고 나아가서는 MEMS에 이용할 수 있게 실리콘, 유리가공을 할 수 있게 하고자 한다.

2. 레이저의 원리

양자이론에 의하면 분자는 일정한 에너지를 갖는 준위를 가지고 있으며, 빛을 흡수하면 기저상태에서 높은 에너지상태로의 전이를 유발한다. 여기상태에 있는 분자는 일반적으로 수명이 매우 짧으며 이완과정에 의해 에너지를 방출하면서 기저상태로 떨어진다.

에너지를 방출하는 데에는 빛을 방출하는 것과 방출하지 않는 두 가지 과정이 있다. 기저상태에서 빛을 흡수하여 전이에 관계된 여기상태의 에너지차이와 정확히 같은 광자가 방출될 때 이를 자연방출이라 하며 방출스펙트럼 주에서 형광과 인광스펙트럼이 나타난다. 그러나 여기상태에 있는 분자가 공급된 빛과 같은 파장의 또 다른 광자를 방출하는데, 이때 방출되는 광자의 방향은 공급된 빛과 같은 방향이어서 세기가 증폭되는 것을 유도방출이라고 한다.

유도방출은 방향성이 있다. 레이저는 유도방출을 일으키는 매질이 필요한데, 이를 활성매질이라고 부른다. 또한 활성매질을 여기시키기 위해서는 외부에서 공급되는 광원이나 전원이 필요하다. 아울러 활성매질의 양 끝에 전반사경과 부분반사경을 설치하여 공진기를 구성하게 된다. 이와 같이 레이저의 공진기 내에서 유도방출에 의해 빛의 세기가 증폭되어 높은 출력의 빛을 만들게 된다.

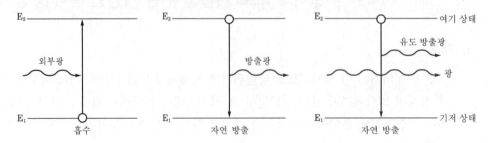

[그림 12-10] 레이저의 발생원리(유도방출)

3. Laser광의 집광광학계

laser가공광학계로서는 laser beam을 소정의 spot size에 집광하고, 특히 조사위치를 관찰광학계를 통해서 고정도 위치 결정을 하기 위한 조준기능을 구비해두고 있으며, [그림 12-11]과 같은 type이 일반적이다.

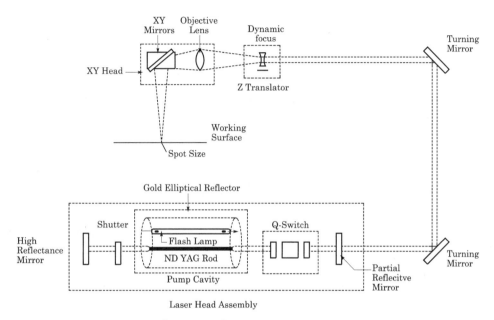

[그림 12-11] 레이저의 가공기 구성도

4. YAG레이저가공

1) Marking조건

가공효율을 좋게 하기 위해서는 재료의 종류나 성질에 따라 Laser광의 조사조건을 변하게 해야 하는데, 가공조건을 좌우하는 재료요인으로서는 다음 사항이 있다.

① 표면(표면상태, 반사율, 흡수율) : 반사율은 표면이 연마된 것이 당연히 크고, 그렇지 않은 것은 작다. 금속은 일반적으로 반사율이 크지만 표면온도가 상승하면 반사율이 감소하게 된다. 표면이 거칠면 반사율이 작고 표면상태는 가공 초기에 영향을 미친다. 가공이 진행되어 cavity가 형성되면 그 내벽으로 반사되어 흡수율이 크게 된다.

② 열적 성질(열전도율, 열확산율) : 이 값이 큰 정도에 따라 열이 내부에 유입해서 표면온도 상승을 방해하고 가공효율이 감소한다.

③ 밀도, 비열, 열용량, 융해열, 증발열 : 가공을 지배하는 용해, 증발을 생기게 하는 것으로 필요한 energy 양을 결정한다.

2) Laser광의 성질에 따른 marking조건

① Laser광 power밀도, spot size

② 조사시간 : 실제로 marking할 때에는 laser의 Q-switch 주파수, power, 조사시간을 조절해서 피가공재료에 최적한 가공조건을 구할 필요가 있다.

가공효율은 광의 power밀도를 나타내는 peak 출력과 열량을 나타내는 평균출력으로 결정된다. Q-switch 주파수를 낮게 하여 peak 출력을 크게 하면 power밀도가 높아 1pulse당 가공량은 많지만 평균 출력이 작게 되어 단위시간당의 가공량은 작게 된다.

반대로 주파수를 높게 하면 peak 출력이 작게 되지만 평균 출력이 크게 되어 단위 energy당 가공량이 같다면 단위 시간당 가공량은 증가한다. 따라서 세라믹 같은 power 밀도를 높게 하지 않으면 가공할 수 없는 것은 주파수를 낮추고, 조사 시간을 길게 둔다.

IC의 plastic package나 도장된 부품 등은 주파수를 높임으로써 평균출력을 크게 하고 조사시간을 짧게 해서 marking한다. 금속marking은 일반적으로 peak 출력과 평균출력이 거의 같을 때의 주파수로 marking을 하면 좋다.

Section 3 | MEMS(Micro Electro Mechanical Systems)

1. 개요

MEMS(Micro Electro Mechanical Systems)는 입체적인 미세구조와 회로, 센서와 액추에이터를 실리콘 기판 위에 집적화시킨 것으로 소형이면서도 복잡하여 고도의 동작을 하는 시스템으로 마이크로시스템이나 마이크로머신 등으로 불리기도 한다.

MEMS는 반도체 집적회로의 구조기술을 기본으로 하고 전자, 기계, 광, 재료 등 다양한 기술을 융합한 미세가공기술로 제작되어, 소형화는 물론 집적화, 저전력 및 저가격 등 대부분의 전자, 기계 및 부품들이 궁극적으로 추구하는 목표를 모두 만족시킬 수 있다는 장점을 가지고 있다.

2. MEMS

1) 개요

일반적으로 MEMS는 마이크로($1\mu m=10^{-6}$m)단위의 작은 부품과 시스템으로 설계, 제작 및 응용되는데, 최소 수 mm($1mm=10^{-3}$m) 이상의 기존 기계부품이나 시스템보다는 작고, 나노($1nm=10^{-9}$m)영역의 분자소자나 탄소나노튜브보다는 큰 영역에 속하고 있으며, 이보다 더 작은 영역은 NEMS(Nano Electro Mechanical Systems)로 분류하고 있다. 사진석판술(photolithography), CMOS, 기타 가공기술로 저렴하게 대량생산할 수 있는 단일 칩형태의 MEMS는 애플리케이션에 따라 액추에이터/센서 및 스마트구조의 노드, IC와 안테나, 프로세서와 메모리, 상호접속망(통신버스), IO(Input-Output)시스템 등을 통합할 수 있다.

MEMS기술은 반도체소자 제작기술에서 파급된 기술로 막대한 초기 투자비, 제작공정, 장시간의 공정개발, 양산체제로 양질의 제품대량생산, 저비용으로 고성능 제품개발, 뛰어난 신뢰성 및 재현성, 저전력으로 고속동작, 폭넓은 응용분야 등의 측면에서 상당한 유사성을 가지고 있으나, 반도체소자와는 차별화되는 특수한 첨단제작공정이 필요하다.

2) MEMS 가공기술과 재료

(1) MEMS 가공기술

MEMS기술을 구체화하는 주요 가공기술에는 표면미세가공(surface micromachining), 몸체미세가공(bulk micro machining), 나노머시닝(nanomachining) 등이 있으며, 이 외에 레이저미세가공(laser micromachining), LIGA(Lithographie, Galvanoformung, Abformung) 및 방전미세가공(electro discharge micromachining) 등이 있다.

① 표면미세가공은 희생층(sacrificial layer)을 식각(etching)으로 제거함으로써 기판 위에 기계적으로 움직이는 구조, 또는 경첩으로 서 있는 구조를 만드는 기술로 이전의 LSI처리에 적용하기 쉬운 특징이 있다.

② 몸체미세가공은 반응성 이온식각법(RIE : Reactive Ion Etching) 등으로 깊게 식각하거나 양극접합이라고 부르는 방법으로 유리와 경합시킴으로써 입체적인 구조체를 제작하는데 구조의 자유도가 크다는 특징이 있다.

③ 나노머시닝은 원자수준의 나노구조체를 제작한다. 식각법 등으로 나노영역에 이르는 미세구조를 실현할 수 있지만, 주사형 터널현미경(STM : Scanning Tunneling Microscop)의 프로브 등으로 가공하는 것도 가능하다. 극단적으로 미세한 구조를 제작함으로써 높은 공간분해성능과 고감도, 고속응답 등의 특징을 가진 시스템을 실현할 수 있다.

(2) MEMS 재료

MEMS용 재료는 크게 구조체용 재료와 기능재료로 구분할 수 있다. 구조체용 재료는 고강도/고인성 등 양호한 기계적 성질, 저비중, 내부식성/내환경성 등의 안정성, 미세가공에 의한 마이크로구조의 용이한 제작, 마이크로프로세서나 센서와의 집적화 가능, 대량생산 및 원활한 재료공급 등과 같은 조건을 만족시켜야 하는데, 현재 이러한 구조적 특성을 가장 잘 만족하는 재료로는 실리콘을 꼽을 수 있다.

그러나 실리콘은 내마모성이 좋지 않아 반복적인 마찰이 있는 기계부품에는 적당하지 않으며, 이런 경우에는 W, Mo, Ni 및 Cu 등과 같은 금속계 재료들이 사용된다. 특히 상당한 내마모성이 요구되는 경우에는 Si3N4(질화실리콘)이나 DLC(Diamond-Like Carbon)와 같은 박막을 피복하기도 하고, 연성이 요구되는 경우 폴리아미드(Polyamide)와 같은 고분자재료도 사용한다.

Section 4 　산업용 로봇에 대하여 기술

1. 개요

산업용 로봇(industrial robot)이 최초로 이용된 것은 1961년 Ford자동차회사에서 금형주조기계의 탈착용으로 설치한 Unimate로봇이다. 그로부터 수천의 로봇이 미국, 일본 및 유럽에서 각종 산업분야의 작업용으로 설치, 사용되었다. 또한 그 후 많은 로봇 기술의 발달이 급속하게 진행되었는바 역시 컴퓨터의 발달 덕분이라고 할 수 있다. 마이크로프로세서가 보편화되기 시작하는 1980년 전후에 현대적인 산업용 로봇의 등장이 많이 이루어졌다. 특히 유니메이션사의 계속적인 연구는 1978년에 수직다관절로봇의 대표적인 PUMA Manipulator를 등장시켜 산업용 로봇의 발전을 한층 더 가속화시켰다.

이어 1979년 일본의 야마니시대학에서 조립작업에 가장 보편적으로 많이 사용되고 있는 수평다관절형의 SCARA로봇을 개발하였고, 1981년에 앞으로 더욱 중요성이 커지리라고 보이는 다이렉트드라이브로봇(direct-drive robot)이 미국의 카네기멜론대학에서 개발되었다.

현재 산업용 로봇은 전 세계에서 약 백만 대 정도 사용되고 있는데 수직다관절, 수평다관절, 다이렉트-드라이브로봇으로부터 이어 나온 다양한 형태의 로봇들과 가장 간단한 형태의 로봇인 직교좌표형 로봇 등이 산업현장에서 주로 사용되어지고 있다.

또한 최근에는 주로 반도체산업에 필요한 클린로봇(clean robot)이 개발되어 사용되고 있으며, 이 로봇은 수평다관절 및 수직다관절로봇을 클린룸(clean room)에서 사용 가능하도록 변화시킨 것이다.

2. 산업용 로봇의 종류

산업용 로봇은 여러 가지 방법으로 분류할 수 있는데 로봇의 동작형태, 용도 등에 의하여 다음과 같이 분류할 수 있다.

1) 동작형태에 의한 분류

산업용 로봇은 몇 개의 단위동작의 조합에 의해 구동이 되며, 이러한 동작형태에 의해 분류할 수 있다. 여기서 단위동작이란 '신축(직동)', '회전', '선회'의 세 가지가 주류를 이루고 있다. 인간의 손의 경우 손목을 비트는 것이 회전이고, 손목을 굽히는 것이 선회가 된다.

2) 용도별 분류

산업용 로봇을 생산현장에서 사용되는 주요 용도별로 분류하면 수직다관절로봇은 주로 용접, 도장, 가공 등의 기계산업을 중심으로 발달하고 있는 반면, 수평다관절과 직교좌표로봇은 부품조립과 검사공정 위주의 전자산업을 중심으로 발달되어 왔다. 이외에도 다양한 산업분야에서 활용되고 있다.

3. 산업용 로봇의 구성

산업용 로봇의 주요 구성요소는 로봇 본체이며 기계적 동작구조인 매니퓰레이터(manipulator), 매니퓰레이터의 각 관절을 구동하는 구동장치 및 로봇의 각종 작업을 지령하고 동작을 제어하는 제어장치(controller) 등이 있다.

1) 로봇 본체(robot body)

산업용 로봇의 본체는 회전관절이나 직선관절로 연결된 여러 개의 링크들로 구성된 범용의 매니퓰레이터이다. 매니퓰레이터는 사람의 한쪽 팔기능을 수행할 수 있는 기계적 조작장치로서 어깨(shoulder), 엘보(elbow) 및 손목(wrist) 등으로 표시되는 관절이 있고, 손목부는 피치(pitch), 요(yaw) 및 롤(roll) 방위를 포함한다. 각각의 관절-링크쌍이 1개의 자유도를 구성하기 때문에 n자유도 매니퓰레이터의 경우 n개의 관절-링크쌍이 존재하게 된다.

2) 로봇의 구동시스템

로봇의 구동시스템은 매니퓰레이터의 각 관절을 동작시키는 동력원으로서 공압, 유압, 전기식 등의 세 가지 시스템으로 대별할 수 있다.

공압구동방식에 의한 경우 가격이 저렴하며 구조가 간단하고 무게도 가벼우나 정확한 위치제어가 실제적으로 어렵다. 이에 따라 응용분야는 'Pick and place'와 같은 단순작업환경에 많이 사용된다.

유압구동시스템에 의한 경우 부피나 무게에 비하여 power가 좋으며, 이에 따라 특히 손목부의 구동장치로 유리하다. 또한 힘의 전달이 간단하며 큰 가속도를 얻을 수 있으나, 문제점으로는 기름의 누설에 따른 유지, 보수와 유압펌프의 가격 및 마찰, 온도에 따른 변화 등이 있다.

전기식 시스템에 의한 경우 위치제어, 속도제어 등이 용이하고 신뢰도가 높아 다른 구동방식에 비하여 가장 유리하며 현재 가장 많이 사용되고 있다. 전기모터의 경우 스테핑모터, DC서보모터, AC서보모터 등이 있다.

3) 로봇컨트롤러(robot controller)

로봇제어시스템에서 위치루프는 로봇의 최종 제어목적이 되는 위치를 제어하고, 속도루프는 위치를 안정화시키는 내부루프로서 속도를 제어하며, 전류루프는 속도, 위치를 안정화시키는 내부루프로서 전류를 제어하게 된다. 또한 전력증폭기는 각 서보모터의 종류에 맞도록 전력을 변환시켜 모터에 알맞는 전력을 공급한다.

이러한 로봇제어시스템의 전체 기능을 수행하기 위하여 로봇컨트롤러에는 메인CPU를 비롯하여 각 관절모터의 위치, 속도를 제어하기 위한 서보제어장치, 외부기기와의 인터페이스를 위한 I/O보드, 로봇에게 각종 작업의 교시 및 작업프로그램 작성을 위한 교시장치(teach pendant) 등의 각종 하드웨어가 구성되어 있다.

최근의 로봇컨트롤러는 대부분 디지털화되어 전체 컨트롤러의 크기가 많이 축소된 반면, 동시제어축수는 오히려 증가하고 더욱 고속동작 및 정밀한 제어가 가능하도록 변하고 있다.

항공기 추진용 가스터빈시스템 구성품과 작동유체관점에서 각각의 역할 설명

1. 정의

가스터빈이란 보일러에서 공급받은 고온의 증기를 작동유체로 사용하는 증기터빈과 달리 연소기에서 가열된 고온고압의 가스를 팽창시켜서 회전기계에너지를 축출하여 그 힘으로 압축기와 발전기 축을 돌리게 하거나 가용동력을 사용하도록 하는 기구이다. 즉 터빈을 아주 쉽게 표현하면 작동원리나 형태에 있어서 압축기의 역이라 할 수 있다.

2. 항공기 추진용 가스터빈시스템 구성품과 작동유체관점에서 각각의 역할 설명

1) 터빈과 압축기의 비교

터빈 내부에서 가스의 흐름과정은 압력이 감소하는($dP/dx < 0$) 순압력구배하에서 이루어지므로 경계층의 성장이 느리고 흐름의 박리가능성도 적다. 따라서 터빈은 압축기에 비해서 성능 해석과 예측을 상당히 정확하게 할 수 있으며 설계에 있어서도 의도한 결과를 대부분 기대할 수 있다. 유동의 박리현상이 일어나지 않는다는 것은 축류터빈의 경우 축류압축기보다 유동방향을 블레이드로 더 많이 전향시킬 수가 있다는 것을 의미한다.

2) 가스터빈시스템 구성품과 작동유체

가스터빈엔진은 열역학적 사이클에 의해서 작동하는 기계장치로서 가스상태의 작동유체를 압축 및 팽창하는 과정에서 동력을 연속적으로 얻어내는 엔진이다. 연속적인 작동조건은 가스터빈엔진이 왕복기계나 등용적 연소사이클을 사용하지 않는다는 것을 자동적으로 의미하며 회전식 부품이 주요 구성요소가 된다는 것을 내포한다. 주요 구성부품에 왕복운동이 없기 때문에 피스톤-실린더와 같은 상호 마찰 부분이 없어서 윤활유의 소비가 극히 적으며 왕복운동기계의 특징인 진동이 대폭 감소되고 고속운동이 가능하다.

가스터빈엔진은 회전운동과 압축성 가스에 의해서 움직이기 때문에 형태가 원주형으로 제작이 가능하고 원주운동에 필요한 거리가 필요 없기 때문에 크기가 줄어든다. 또한 터빈은 압축된 가스의 팽창에 의해서 작동하기 때문에 부하의 변화에 대한 반응이 빠르다. 이러한 장점 때문에 가스터빈엔진은 항공기의 동력기관으로 아주 적합하며 선박용 엔진과 산업용에도 그 응용이 증가하고 있다.

[그림 12-12]에서 가스터빈엔진과 왕복엔진의 작동사이클을 비교하고 있다.

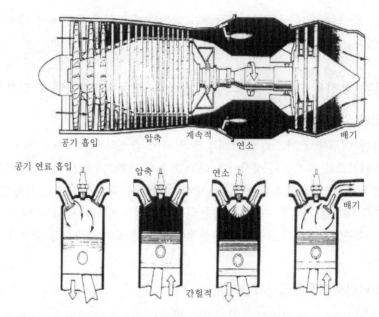

공기 흡입　　압축　계속적　　연소　　　　배기

공기 연료 흡입　　　　압축　　　　연소　　　　　배기

간헐적

[그림 12-12] 가스터빈엔진과 왕복엔진의 작동사이클 비교

Section 6

가스터빈에 있어서 반동도의 정의

1. 반동도

반동도는 단당 압력 상승 중 로터깃이 담당하는 압력 상승의 백분율(%)로 나타내며 다음과 같다.

$$\text{반동도} = \frac{\text{로터깃에 의한 압력 상승}}{\text{단당 압력 상승}} \times 100$$

2. 반동형 압축기와 충동형 압축기

1) 반동형 압축기

반동도가 100%로서 압력 상승이 전부 동익이 담당하는 형식의 압축기이다.

2) 충동형 압축기

반동도가 0%로서 동익에서는 가속 및 방향만 정해주고, 압력 상승은 모두 정익이 담당하는 압축기이다.

일반적으로 반동도는 50%이며 인렛가이드베인은 엔진압축기 제일 앞부분에 위치하며 정익으로 공기의 흐름방향을 압축하기 좋은 방향으로 안내하여 효율을 높일 뿐 아니라 압축기 실속을 방지할 수 있다.

<table>
<tr><td>Section 7</td></tr>
</table>

Section 7 마그누스(Magnus)효과를 정의하고, 유동현상을 그림으로 설명

1. 정의

[그림 12-13] (a)와 같이 회전이 없는 공에서는 공기가 양쪽으로 대칭적으로 흐른다. 따라서 공이 진행하는 반대방향으로 공기에 의한 항력만 받을 뿐이다. 그러나 [그림 12-13] (b)와 같이 공이 회전하면 회전하는 공의 위쪽 면은 공의 회전방향과 공기의 흐름이 같아 공기를 끌고 가기 때문에 공기의 속도가 증가한다. 반면 아래쪽은 공의 회전방향과 공기의 흐름이 반대방향이므로 공기의 속도가 감소한다.

베르누이의 원리에 의해 위쪽은 압력이 작고, 아래쪽은 압력이 크다. 따라서 공은 위쪽 방향으로 알짜 힘을 받는다. 이것을 마그누스(Magnus)효과라고 한다.

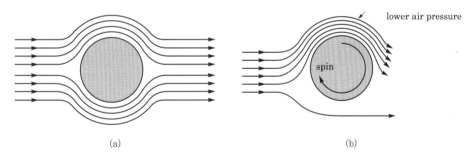

(a)   (b)

[그림 12-13] 회전하는 공(a)과 회전이 없는 공(백스핀)(b)

2. 유동현상

[그림 12-14]와 [그림 12-15]는 회전하는 공이 휘어져 나가는 모습이다. 항상 마그너스힘의 방향은 공 앞부분의 회전방향과 같으며, 따라서 공이 휘어지는 방향은 공의 앞부분의 회전방향과 같다. 그러므로 백스핀(backspin)공은 비행 중에 올라가며, 탑스핀(topspin)공은 가라앉는다.

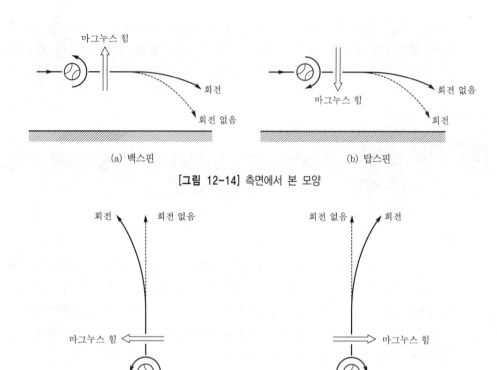

[그림 12-14] 측면에서 본 모양

[그림 12-15] 위에서 본 모양

항공기와 선박에 사용되고 있는 프로펠러의 특성 비교

1. 개요

선박을 물 위로 뜨게 하는 힘으로는 크게 부력과 양력, 압력을 들 수 있다. 일반적으로 선박은 선박의 중량과 같은 크기의 부력에 의해 균형을 이루어 물 위에 뜨게 된다. 고속선의 선체를 잠수시키는 경우는 부력에 의해 균형을 이루어 물 위에 뜨게 된다. 고속선의 선체를 잠수시키는 경우는 부력에 의해 균형을 이루지만, 선체를 수면 위로 부양시키는 경우에는 양력이나 압력을 이용해야 한다. 양력을 이용해 선체를 부양시키는 선박으로는 수중익선이 있는데, 선체 밑에 비행기의 날개와 유사한 날개를 부착해 여기에서 발생하는 양력으로 선체를 부양시킨다. 압력을 이용해 선체를 부양시키는 선박인 공기부양선은 송풍기로 선체 밑과 수면 사이의 공간에 불어넣는 공기압력으로 선체를 부양한다.

2. 해면효과익선(WIG : Wing-In-Ground effect ship)

해면 부근에서는 날개 하면과 해면 사이의 기류가 감속되어 날개를 밀어올리는 압력이 크게 되므로 압력이 증가함과 동시에 경상효과에 의해 유도저항이 감소한다. 이것이 해면효과현상의 원리이다. 즉 해면(지면) 가까이 비행하는 날개에는 공기 중에서 비행하는 것보다 큰 양력이 발생하는데, 이 효과를 해면효과익선(Wing-In-Ground effect)라 한다. WIG선은 공기 중의 날개에 작용하는 양력에 의해 선체중량을 지지하는 새로운 형식의 복합선형이고 차세대 초고속선으로 기대되고 있다. 선박과 항공기의 두 특성을 가지고 있으며 날개의 해면효과를 이용하여 효율적으로 운항한다.

[그림 12-16] 해면효과익선

Section 9 **유비쿼터스(Ubiquitous)**

1. 정의

유비쿼터스란 언제 어디서나 컴퓨터가 존재하고, 이들이 네트워크로 연결되어 있는 상태 혹은 그러한 환경을 이용하여 의미 있는 일을 할 수 있는 상태를 말한다. 즉 유비쿼터스(Ubiquitous)는 사용자가 네트워크나 컴퓨터를 의식하지 않고 장소에 상관없이 자유롭게 네트워크에 접속할 수 있는 정보통신환경으로 유비쿼터스통신, 유비쿼터스네트워크 등과 같은 형태로 쓰인다.

컴퓨터에 어떠한 기능을 추가하는 것이 아니라 자동차 · 냉장고 · 안경 · 시계 · 스테레오장비 등과 같이 어떤 기기나 사물에 작은 컴퓨터를 집어넣어 커뮤니케이션이 가능하도록 해 주는 정보기술(IT)환경 또는 정보기술패러다임을 뜻한다.

유비쿼터스화가 이루어지면 가정·자동차는 물론, 심지어 산꼭대기에서도 정보기술을 활용할 수 있어 네트워크에 연결되는 컴퓨터 사용자의 수도 늘어나 정보기술산업의 규모와 범위도 그만큼 커지게 된다.

그러나 유비쿼터스네트워크가 이루어지기 위해서는 광대역통신과 컨버전스기술의 일반화, 정보기술기기의 저가격화 등 정보기술의 고도화가 전제되어야 한다. 이러한 제약들로 인해 2003년 현재 일반화되어 있지는 않지만 휴대성과 편의성뿐 아니라 시간과 장소에 구애받지 않고도 네트워크에 접속할 수 있는 장점들 때문에 세계적인 개발경쟁이 일고 있다.

제3의 공간이란 완전한 유비쿼터스환경이 구현되어 모든 사물에 칩(chip)이 있고, 그것이 네트워크를 통해서 서로 교신하게 될 때 이루어지는 공간을 말한다.

2. 적용 분야

① 태그기술 : RFID와 같은 태그 기술을 사용하여 대표적으로 물류 관리에 큰 효과를 줄 수 있다.

② 센서기술 : 센서를 사용하여 사물 또는 인간의 위치를 파악할 수 있고 사물이 움직임에 즉각적으로 반응을 할 수 있다.

③ 네트워크기술 : 네트워크망이 구축되어야 다양한 기기들을 연결할 수 있으며 제어할 수 있게 된다. 이것은 통신을 위한 네트워크기반이다.

④ 미들웨어기술 : 다양한 기기들을 제어하는 데 있어서 필요한 프로그램컴포넌트이다. 사용자가 여러 기기들을 제어하기 위해서는 이들에 맞는 프로그램이 필요한데, 이를 미들웨어기술이라 말한다.

⑤ 인터페이스기술 : 사용자가 시스템과 대화하기 위해서 필수 불가결한 부분이다. 운영체제라고도 말할 수 있으며 사용자가 가장 접하기 쉬운 형태의 인터페이스가 개발되어야 한다. 이와 관련하여 HCI(Human Computer Interface)연구가 현재 진행되고 있다.

⑥ 텔레메틱스 : 텔레메틱스는 자동차 내의 안전에서 엔터테인먼트에 이르기까지 폭넓은 정보를 통합관리하는 최신의 무선음성데이터통신기술이다.

⑦ 지능형 홈 : 지능형 홈(스마트 홈 또는 디지털 홈이라고도 함)이란 미래 신개념의 주택(집)으로 비바람을 피하기 위한 물리적인 의미의 "집"뿐만이 아니라 인간의 욕구를 충족시키기 위해 안전성, 쾌적성, 편리성 및 표현성을 제공한다. 그리고 인간이 필요로 하는 각종 서비스를 네트워크화된 여러 생활가전을 통해 질 높은 서비스를 제공한다.

Section 10 해수온도차를 이용한 발전설비의 원리

1. 개요

수심에 따른 바닷물의 온도차를 이용한 발전방식이다. 열대 해역에서 해면의 해수 온도는 25~30℃ 정도이며, 해면으로부터 500~1,000m 정도 깊이의 심해에서는 5~7℃로 유지한다. 이런 표층수와 심층수의 온도차로부터 프레온과 같은 저온 비등 매체(냉매)를 이용하여 발전하는 기술을 해양온도차 발전, 줄여서 보통 OTEC이라 부른다.

2. 장단점

1) 장점

① 에너지 공급원이 무한하다.
② 이산화탄소(CO_2)와 같은 유해물질을 발생시키지 않는 청정자연에너지이다.
③ 주야구별 없이 전력생산이 가능한 안정적 에너지원으로, 특별한 저장시설이 필요 없으며 계절적인 변동을 사전에 감안해 계획적인 발전이 가능한 우수한 자원이다.

2) 단점

① 발전설비를 바닷물의 부식성에 영향을 받지 않는 재료로 만들어야 한다.
② 생물 때문에 생기는 오염을 막기 위한 대책을 필요로 한다.
③ 실제 OTEC발전을 통한 전력생산 시 열역학시스템의 총효율은 2.5~3.0% 정도이다. OTEC발전시스템에서는 그 무엇보다도 적당한 작동유체를 개발하고, 이를 향상된 열역학사이클에 적용하여 그 성능을 측정하고 특성을 연구하는 일이 절대적으로 필요하다.
④ 기존 화석연료를 전혀 소비하지 않는다.

3. 원리

열대 부근의 바다는 태양열로 데워진 해수면과 수심 600~700m의 바닷물 사이에 20℃ 이상 온도차가 있다. 가열된 바닷물을 파이프라인으로 끌어 증기를 만드는 장치에 보내면 뜨거운 바닷물이 끓는점이 낮은 암모니아나 프레온을 증기로 만들고, 이 증기의 힘으로 터빈을 돌려 발전한다. 터빈을 돌리고 난 증기는 심해의 찬 바닷물로 냉각해서 다시 유체로 만들어 계속 사용한다.

OTEC발전시스템의 원리는 일반 발전소의 가동원리와 동일하며 바다 표면층의 더운 물과 심층 냉수 간 온도차를 이용해 비등액이 낮은 액체를 증발냉각시킨 뒤 그 압력차를 이용해 발전하는 것으로, 즉 고온의 열원에서 저온의 열원으로 열이 흘러 들어가 터빈을 구동시켜 전력을 생산하는 방법이다.

cycle system은 표면온수를 사용하여 오존층을 파괴하지 않는 암모니아나 프로필렌 같은 작동유체를 증발시켜 turbine generator를 구동시키는 방법이다. 바다 표면의 온수는 작동유체시스템에 유입되어 열교환기를 통하여 열전달이 일어나며, 이때 비등을 통해 작동증기가 생성된다. 이 생성된 증기가 터빈을 회전시켜 전력을 생산하는 시스템이다.

그 다음 turbine을 나온 증기는 해저로부터 끌어올린 심층 냉수에 의하여 응축기에서 응축액으로 바뀌며 다시 재순환된다.

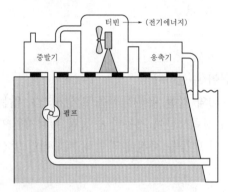

[그림 12-17] 해양온도차 발전의 원리

Section 11 | Pipe와 Tube의 차이점을 설명하고 관경 표시(호칭)방법

1. Pipe와 Tube의 차이점

배관 이음의 종류에 관(pipe)과 튜브(tube)가 있다. 같은 배관재이긴 하나 Pipe와 Tube는 소재의 표기법이 각각 다르다.

① Pipe : ANSI, ASME, API, KS/JIS 등에서 그 외경과 두께를 일정한 기준으로 나누어 놓았으며, 그 표기방식이 65A, 150A, 250B 등과 같이 정해진 약어를 쓰며 같은 외경이라도 그 두께에 따라 ANSI에서는 Sch. 표시(Sch.5~160까지)가 뒤에 붙기도 한다. ASME/ASTM에서는 STD(Standard), XS(Extra-strong), XXS(Double strong)로 나누고, API에서는 5L과 5LX로 나눈다.

② Tube : 같은 Pipe이긴 하나 그 규격이 다르게 정해져 있고, 표기 시에는 BWG(Birmingham Wire Gauge)에서 정해놓은 분류나 inch단위로 분류된 기준을 쓰며, 표기방법은 실제의 외경치수×두께로 표기한다(mm단위도 함께 씀). 주로 비철관에서 그리고 압력관이 아닌 스틸 소형관이며 통상 5inch 이하에서 많이 사용된다. Tube는 주로 열교환기, 계장라인을 비롯한 압축기, 보일러, 냉공기 등 소형 내부연결 시에 쓴다.

2. 관경 표시(호칭)방법

Sch.의 기준은 과거에 파이프를 제작하던 업체에서 임의로 정한 제작중량(manufactor's weight)에서 비롯되었으며, 단위길이당 중량(lb/ft)을 기준으로 업체마다 다르게 나름대로 생산해오다가 1935년경에 미국표준학회(ASA)에서 Sch.이란 기준으로 통일하였다.

Section 12 | **지하에 매설된 강관을 갱생하여 사용하는 방법**

1. 관 갱생(피복)

부식성 있는 물로부터 관벽을 보호하는 방법으로는 관벽에 전체적으로 일정한 보호피막을 형성하는 방법이 있다. 이 방법을 라이닝이라 하는데, 라이닝은 관을 제조하거나 설치하기 전에 현장에서 사용할 수 있고 이미 설치된 관에도 사용할 수 있다. 가장 일반적인 라이닝재료로는 콜타르-에나멜, 액상에폭시도료, 시멘트-모르타르, 폴리에틸렌 등이 있다.

과거에는 수도용으로 콜타르계열의 제품이 가장 많이 사용되어 왔으나, 최근에는 콜타르에서 다핵방향족 탄화수소나 기타 유독성화합물이 존재하여 먹는 물로 유입될 가능성이 있기 때문에 수도용으로 내면에 사용이 금지되어 있다.

한편 라이닝이 잘못 시공되면 미생물의 증식을 유발하고 맛과 냄새, 용매의 용출과 같은 수질문제의 원인이 될 수 있으므로 시공 시 주의해야 한다.

[표 12-2], [표 12-3]은 관벽라이닝재료의 사용용도와 장단점, 라이닝재료의 특성을 비교한 것이며, [표 12-4]는 관 재질에 따른 부식제어방법을 나타낸 것이다.

[표 12-2] 관벽라이닝재료의 특성

재료	사용 용도	장점	단점
콜타르-에나멜	강관 라이닝	• 수명이 김(50년 이상) • 모래 등에 의한 마식에 견딤 • 생물학적 부착물에 견딤	• 용접 부분에 계속 도료를 도장해야 함 • 심한 열은 균열을 일으킴 • 심한 추위는 틈부식 야기 • 물속에 미량유기물질의 증가
에폭시 도료	강관과 덕타일 주철관의 라이닝(현장이나 주물공장에서 라이닝작업됨)	• 매끄러운 표면이 펌핑비용을 감소시킴 • KS로 규격화되어 있어 안전함 • 비교적 저렴함	• 콜타르-에나멜보다 마식에 약함 • 수명이 15년 이하
시멘트-모르타르	덕타일 주철관에 대한 라이닝(때로 강관이나 주철관에도 사용됨)	• 비교적 저렴함 • 도장작업이 쉬움 • 수산화칼슘이 용출되어 관 접합 부분에서 코팅 안 된 금속 보호	• 라이닝의 단단함이 균열이나 허물을 일으킴 • 코팅의 두께가 관의 단면적과 수용능력을 감소시킴
폴리에틸렌	덕타일 주철관과 강관에 사용(주물공장에서 라이닝작업됨)	• 긴 수명 • 마식에 잘 견딤 • 박테리아 부식에 잘 견딤 • 매끄러운 표면으로가압 비용 감소	비교적 고가임

[표 12-3] 코팅재료의 특성 비교

구분	갈색 아스팔트	콜타르-에나멜	폴리에틸렌	에폭시도료
내산성	○	○	◎	◎
내알칼리성	○	△	◎	◎
내유성	×	×	◎	–
내용제성	×	×	○	–
내수성	◎	◎	◎	◎
내취성	◎	–	–	◎
부착성	◎	◎	◎	◎

※ ◎ : 매우 우수, ○ : 우수, △ : 보통, × : 나쁨

[표 12-4] 부식제어방법의 적용

표면 재질	라이닝					방식제			
	시멘트-모르타르	모르타르	에폭시	비닐	기타 비콜타르 도료	음극 보호	탄산 칼슘	규산염	인산염
탱크									
콘크리트									
강철	*	*	*	*	*	*			
관									
철		*					*	*	*
강철	*	*	*				*	*	*
석면시멘트				*			*		
강화콘크리트							*		
납							*	*	*
구리							*	*	*
플라스틱									
아연도금							*	*	*
알루미늄									*

2. 관로갱신공법의 분류

관로갱신은 관의 부식으로 새로운 관을 매설하거나 새로운 관과 동일한 효과를 낼 수 있도록 관 내면을 피복하는 방법을 말한다. 관로를 갱신하기 위한 방법은 [표 12-5]와 같이 여러 가지 방법이 있으며, 관의 부식상태에 따라 적절한 방법을 선택하여 사용해야 한다.

[표 12-5] 관로갱신공법의 종류

구분	공법 종류
갱신공법	• 매설 교체공법 • 기설관 내 포설공법(덕타일 주철관, 강관)
갱생공법	• 합성수지관 삽입공법　　　• 피복재 관 내 장착공법 • 모르타르라이닝공법　　　• 수지도료라이닝공법

1) 갱신공법

이 공법은 관의 부식이 심하게 진행되어 관체가 파손되었거나 방식방법으로 방식 효과를 얻을 수 없을 경우에 사용되며, 새로 관을 교체하여 관로의 모든 기능을 갱신 하기 위한 공법으로 관로의 기능, 내구성, 장래 계획에의 적응성 등에서 관로갱신에 있어서도 가장 확실한 공법이다.

갱신공법에는 각종 시공법이 있지만 내구성을 갖춘 새로운 관로로 교체한다는 점에 서 공통점을 갖는다. 최근에 이 시공법에도 많은 공법이 개발되었으며, 특히 실용성이 높은 공법은 매설관 교체, 기설관 내 포설공법이다.

① 매설관 교체 : 이 공법은 개삭으로 구관을 철거하여 새로운 관으로 교체하는 공법 이며 장래 급배수시스템의 효율화와 유지관리의 고도화, 내진성의 강화 등의 기 능 향상을 위한 대책을 실현하기 위해 가장 적합한 갱신공법이다.

② 기설관 내 포설공법 : 이 공법은 기설관 내의 공간을 이용하여 입항부 중간을 개삭 하여 내구성이 있는 새로운 관(덕타일 주철관, 강관)을 포설하는 것으로 개삭이 곤란한 노선을 갱신하는 경우에 유리하다. 그러나 부속설비의 설치장소 등은 별도 개삭이 필요하다. 또한 이 공법은 구경에 따라 적용조건이 다른 경우가 있기 때문 에 채용할 때에는 충분한 검토가 필요하다.

2) 갱생공법

관로가 본래의 기능을 갖고 장래 급배수시스템 등을 고려한 시책을 실현시키기 위해 서는 갱신공법이 필요하다. 그러나 긴급적 · 잠정적으로 기설관의 기능을 회복시키기 위해 사용할 수 있는 경우와 개삭이 곤란한 노선 등 갱신공법의 보조적 공법으로써 기타 방법을 선택할 수 있다.

이 공법은 기설관의 기능이 저하된 부분을 각종의 재료를 사용하여 그 일부 기능을 회복시키는 공법으로 기설관의 기능 중 일부를 계속 이용하기 위해 기설관의 열화 정도 에 따라 공법의 사용 여부가 좌우된다. 이러한 공법은 종류도 많고 장래 개발과 기술의 개량이 기대된다.

현재 실용화된 주요 공법은 관 내면을 청소한 후에 합성수지관을 삽입하는 공법과 피복재를 장착하여 모르타르와 수지도료를 라이닝하는 공법이 있다. 따라서 다음의 특 징과 과제를 신중히 검토하여 가장 적합한 공법을 채용할 필요가 있다.

① 합성수지관 삽입공법 : 기설관을 청소한 후에 관 내에 합성수지관(폴리에틸렌관 등) 을 삽입하여 빈 공간에 모르타르 등을 충진하는 공법이다.

　　㉠ 주요 특징
　　　• 전면적인 개삭을 필요로 하지 않는다.
　　　• 관체의 내면이 보강된다.

- 적수방지와 누수방지에 효과가 있다.
  - ⓛ 주요 과제
    - 제수변, 분수전, 분지부(곡관부) 등은 기술상의 개량과 별도의 대응이 필요하다.
    - 구경 감소에 따른 급수능력에 대한 검토가 필요하다.
    - 장시간의 단수가 불가능한 장소에 있어서는 가설급수가 필요하다.
    - 연결부 누수가 있는 경우에는 그 위치를 특정하는 것이 곤란하다.
- ② 피복재 관 내 장착공법 : 기설관을 청소한 후에 관 내에 피복재(합성수지)를 장착하는 공법이다.
  - ㉠ 주요 특징
    - 전면적인 개삭을 필요로 하지 않는다.
    - 피복재의 종류에 따라서는 누수방지에 효과가 있다.
    - 적수방지, 통수능력 회복에 효과가 있다.
  - ⓛ 주요 과제
    - 제수변, 분지부 등에 있어서는 별도의 대응이 필요하다.
    - 피복재의 종류에 따라서는 분지전, 곡관부의 시공에 기술상의 개량이 필요하다.
    - 장시간의 단수가 불가능한 장소는 가설급수가 필요하다.
- ③ 모르타르라이닝공법 : 기설관을 청소한 후에 관 내에 시멘트 모르타르를 원심력으로 불어넣는 공법이다.
  - ㉠ 주요 특징
    - 전면적인 개삭을 필요로 하지 않는다.
    - 재료의 사용실적이 많고 방식성이 뛰어나다.
    - 적수방지, 통수능력 회복에 효과가 있다.
  - ⓛ 주요 과제
    - 제수변, 분지부 등에 있어서 기술상의 개량과 별도의 대응이 필요하다.
    - 모르타르의 중성화 방지를 위한 기술적 검토가 필요하다.
    - 양상을 위한 장시간의 단수와 가설급수가 필요하다.
- ④ 수지도료라이닝공법 : 기설관을 청소한 후에 관 내에 수지도료(이액성에폭시수지도료 등)를 원심력으로 도포하는 방법이다.
  - ㉠ 주요 특징
    - 전면적인 개삭이 필요 없다.
    - 제수변 등의 부속설비와 분수전 등이 있는 노선에 있어서도 시공이 가능하며 양생시간이 비교적 짧아 단수시간이 단축된다.
    - 적수방지, 통수능력 회복에 효과가 있다.

ⓛ 주요 과제

- 완전한 도막을 형성시키기 위해서 도장 전 표면세척, 도료의 혼합, 도료의 부착, 도막의 양생온도와 경화시간 등에 대하여 신중한 시공관리가 필요하다.
- 도막의 장기적인 내구성이 기대되지 않는다.

Section 13 SPPS관 Sch. No.40의 관 재질 인장강도 1,600kgf/cm²일 경우 관 내의 유체 사용압력은 몇 kgf/cm²인가?

1. 개요

강관, 주철관, 납관, 스테인리스강관, 알루미늄관, 합성수지관, 라이닝관 등이 있다. 강관은 일반 건축물, 공장, 선박, 차량 등의 급수, 급탕, 증기, 배수, 가스에 쓰이며, 동이나 강관은 6M를 기준으로 하고, PVC관은 4M를 기준으로 한다. 배관은 설계하는 것이 아니고 선택하는 것이고 같거나 커야 하며, 관의 기준은 외경이다.

2. 강관의 종류와 용도

1) 배관용

① 배관용 탄소강관(SPP/D 3507) : 사용압력이 비교적 낮은 증기, 물, 기름, 가스, 공기에 적용하고, 호칭지름은 6~600A이며, 흑관과 백관이 있다.

② 압력배관용 탄소강관(SPPS/D 3562) : 350℃ 이하에서 사용하며, 압력은 $9.8N/mm^2$ 이다.

③ 고압배관용 탄소강관(SPPH/D 3564) : 350℃ 이하에서 사용되며, 호칭은 SPPS관과 동일하다.

④ 고온배관용 탄소강관(SPHT/D 3570) : 350℃를 초과하는 온도에 사용한다.

⑤ 배관용 아크용접 탄소강관(SPW/D 3583) : 사용압력이 낮은 배관에 사용한다.

⑥ 배관용 합금강강관(SPA/D 3573) : 주로 고온배관에 사용하며, 규격은 6~650A이다.

⑦ 저온배관용 탄소강관(SPLT/D 3569) : 빙점 이하의, 특히 낮은 온도에 사용한다.

⑧ 수도용 아연도금강관(SPPW/D 3537) : SPP관에 아연도금한 배관, 정수두 100m 이하 급수배관에 쓰인다.

⑨ 상수도용 도복장강관(STWW/D 3565) : SPP, SPW 등 강관에 피복한 관이다.

2) 열전달용

① 보일러 및 열교환기용 탄소강관(STH/D 3563) : 관의 내외에서 열의 교환용으로 사용하고 보일러 수관, 연관, 화학 및 석유공업 열교환기관에 사용한다.

② 보일러, 열교환기용 합금강관(STHA/D 3572) : 관의 내외에서 열의 교환용으로 사용한다.

③ 저온열교환기용 강관(STLT/D 3571) : 빙점 이하의 낮은 온도에서 쓰이는 강관이다.

3) 구조용

① 일반 구조용 탄소강관(SPS/D 3566) : 토목, 건축, 철탑, 발판, 지주, 지면 미끄럼 방지 말뚝에 사용한다.

② 기계구조용 탄소강관(SM/D 3517) : 기계, 자동차, 자전거, 가구, 기구(기계부품에 사용)에 사용한다.

③ 기계구조용 합금강관(STA/D 3574) : 기계, 자동차, 기타 구조물에 사용한다.

4) 강관의 중량계산법

$$W = 0.02466 \times t \times (D - t)$$

여기서, W : 강관의 무게(kgf/m)
t : 강관의 두께(mm)
D : 강관의 외경(mm)

예를 들어 압력배관용 탄소강관(SPPS)의 규격이 "A20"이다. 호칭경 A20의 차수는 외경 27.2mm, 두께 2.65mm이다.

계산하면

$$W = 0.02466 \times 2.65(27.2 - 2.65) = 0.065349 \times 24.55 ≒ 1.6$$

위의 조건에서 관중량은 1.6kgf/m이다.

[표 12-6] 관의 재질별 용도와 화학성분

표준규격		용도	화학성분(%)					
			C	Si	Mn	P 최대	S 최대	기 타
KS D 3507	SPP	배관용 탄소강관	–	–	–	0.040	0.040	–
KS D 3537	SPPW	수도용 아연도금강관	–	–	–	0.040	0.040	–
KS D 3631	SPPG	연료가스 배관용 탄소강관	0.30 이하	0.035 이하	0.95 이하	0.040	0.035	–
KS D 3562 (JIS G 3454)	SPPS 38	압력배관용 탄소강관	0.25 이하	0.35 이하	0.30~0.90	0.040	0.040	–
	SPPS 42		0.30 이하	0.35 이하	0.30~1.00	0.040	0.040	–
KS D 3563 (JIS G 3461)	STBH 340	보일러 및 열교환기용 탄소강관	0.18 이하	0.35 이하	0.30~0.60	0.035	0.035	–
	STBH 410		0.32 이하	0.35 이하	0.30~0.80	0.035	0.035	–
	STBH 510		0.25 이하	0.35 이하	100~1.50	0.035	0.035	–
KS D 3569	SPLT 39	저온배관용 탄소강관	0.25 이하	0.35 이하	1.35 이하	0.035	0.035	–
	SPLT 46		0.18 이하	0.10~0.35	0.30~0.60	0.030	0.030	–
KS D 3570	SPHT 38	고온배관용 탄소강관	0.25 이하	0.10~0.35	0.30~0.90	0.035	0.035	Ni 3.20~3.80
	SPHT 42		0.30 이하	0.10~0.35	0.30~1.00	0.035	0.035	–
	SPHT 49		0.33 이하	0.10~0.35	0.30~1.00	0.035	0.035	–
KS D 3566 (JIS G 3444)	SPS 290	일반 구조용 탄소강관	–	–	–	0.050	0.050	–
	SPS 400		0.25 이하	–	–	0.040	0.040	–
	SPS 500		0.24 이하	0.35 이하	0.30~1.00	0.040	0.040	–
	SPS 490		0.18 이하	0.55 이하	1.50 이하	0.040	0.040	–
	SPS 540		0.23 이하	0.55 이하	1.50 이하	0.040	0.040	–
KS D 3568 (JIS G 3466)	SPSR 400	일반 구조용 각형 강관	0.25 이하	–	–	0.040	0.040	–
	SPSR 490		0.18 이하	0.55 이하	1.50 이하	0.040	0.040	–

[표 12-7] 관의 재질별 물리적 성질과 기계적 시험조건

표준 규격	물리적 성질		연신율 최소(%) Elongation (min %) 시험편 Specimen		편평시험 H : 평판 사이의 거리 D : 관의 바깥지름 T : 관의 두께		굽힘시험 굽힘각도 × 내면반경	수압시험 P : 시험압력 (kgf/cm²) S : 허용응력 (kgf/cm²)	기 타
	최소 인장 강도 (kgf/mm²)	최소 항복 강도 (kgf/mm²)	11, 12호	5호					
SPP	30	–	30	25	$H=2/3D$		호칭 50A 이하 90°×6D	$P=25\text{kgf/cm}^2$	균일설 시험 5회 이상
SPPW	30	–	30	25	$H=2/3D$		호칭 50A 이하 90°×8D	$P=25\text{kgf/cm}^2$	아연부착량 5회 이상
SPPG	34	21	30	25	$H=2/3D$		호칭 40A 이하	$P=25\text{kgf/cm}^2$	열처리 수압시험 후 초음파 탐상검사
SPPS 38	38	22	30	25	• 용접부 : $H=2/3D$ • 비용접부 : $H=2/3D$		호칭 50A 이하 90°×6D	단위 : kgf/cm² SCH. NO. 10 20 30 40 60 80 시험압력 20 35 50 60 90 120	–
SPPS 42	42	25	25	20					
STBH 340	35	18	35	–	$H=(1+e)$ $t/e+t/D$	$e=0.09$	–	$P=200st/DS$ $S=60\%\times Y_p$ Y_p : yield point (항복점)	압확시험 전개시험 열처리 (normalizing)
STBH 410	42	26	25	–		$e=0.08$			
STBH 510	52	30	25	–		$e=0.07$			
SPLT 39	39	21	35	25	$H=(1+e)$ $t/e+t/D$	$e=0.08$	50mm 이하 : 90×6D	$P=200st/DS$ $S=60\%\times Y_p$	–
SPLT 46	46	25	30	20					
SPHT 38	38	22	30	25	$H=(1+e)$ $t/e+t/D$	$e=0.08$	50mm 이하 : 90×6D	SCH. NO.에 따라 규정 $P=200st/DS$ $S=60\%\times Y_p$	–
SPHT 42	42	25	25	20		$e=0.07$			
SPHT 49	49	28	25	20		$e=0.07$			
SPS 290	30	–	30	25	$H=2/3D$		50mm 이하 : 90×6D		–
SPS 400	41	34	23	18	$H=2/3D$		90×6D		
SPS 500	51	36	15	10	$H=7/8D$		90×8D		
SPS 490	50	32	23	18	$H=7/8D$		90×6D		
SPS 540	55	40	20	16	$H=7/8D$		90×6D		
SPSR 400	41	25	–	23	–		–	–	–
SPSR 490	34	33	–	23					

[표 12-8] 관의 재질별 기계적 성질

| 규격 | 강종 | 인장강도 (T.S) [N/mm²] | 항복점 (Y.P) [N/mm²] | 연신율(%) EL | | 굽힘성 | | 편평성 |
				11호 12호 폭방향	5호 길이방향	각도	내측 반지름	H : 외부표면 사이거리 D : 외경 L : 길이
KS D 3566	STK 290	290 이상		30 이상	25 이상	90°	6D	2/3D
	STK 400	400 이상	235 이상	23 이상	18 이상	90°	6D	2/3D
	STK 490	490 이상	315 이상	23 이상	18 이상	90°	6D	7/8D
	STK 500	500 이상	355 이상	15 이상	10 이상	90°	8D	7/8D
	STK 540	540 이상	390 이상	20 이상	16 이상	90°	6D	7/8D
KS D 3568	SPSR 290	290 이상			30 이상			2/3L
	SPSR 400	400 이상	245 이상		23 이상			2/3L
	SPSR 490	490 이상	325 이상		23 이상			2/3L
KS D 3760	SPVH					90°	6D	–
KS D 3507	SPP	294 이상		30 이상	25 이상	90°	6D	2/3D
KS D 3562	SPPS 38	373 이상	216 이상	30 이상	25 이상	90°	6D	–
	SPPS 42	412 이상	245 이상	25 이상	20 이상	90°	6D	–
KS D 3517	STKM 11A	290 이상		35 이상	30 이상	180°	4D	1/2D
	STKM 12A	340 이상	175 이상	35 이상	30 이상	90°	6D	2/3D
	STKM 12B	390 이상	275 이상	25 이상	20 이상	90°	6D	2/3D
	STKM 12C	470 이상	355 이상	20 이상	15 이상			–
	STKM 13A	370 이상	21.5 이상	30 이상	25 이상	90°	6D	–
	STKM 13B	440 이상	305 이상	20 이상	15 이상	90°	6D	2/3D
	STKM 13C	510 이상	380 이상	15 이상	10 이상			3/4D
	STKM 14A	410 이상	245 이상	25 이상	20 이상	90°	6D	–
	STKM 14B	500 이상	355 이상	15 이상	10 이상	90°	8D	3/4D
	STKM 14C	550 이상	410 이상	15 이상	10 이상			7/8D
	STKM 15A	470 이상	275 이상	22 이상	17 이상	90°	6D	–
	STKM 15C	580 이상	430 이상	12 이상	7 이상			3/4D
	STKM 16A	510 이상	325 이상	20 이상	15 이상	90°	8D	–
	STKM 16C	620 이상	460 이상	12 이상	7 이상			7/8D
	STKM 17A	550 이상	345 이상	20 이상	15 이상	90°	8D	–
	STKM 17C	650 이상	480 이상	10 이상	5 이상			2/3D
	STKM 18A	440 이상	275 이상	25 이상	20 이상	90°	6D	–
	STKM 18B	490 이상	315 이상	23 이상	18 이상	90°	8D	7/8D
	STKM 18C	510 이상	380 이상	15 이상	10 이상			–
	STKM 19A	490 이상	315 이상	23 이상	18 이상	90°	6D	7/8D
	STKM 19C	550 이상	410 이상	15 이상	10 이상			–
	STKM 20A	540 이상	390 이상	23 이상	18 이상	90°	6D	7/8D

Section 14　신뢰성과 내구성

1. 신뢰성(reliability)

신뢰성은 제품의 시간적 안정성으로 규정된 조건하에서 의도하는 기간 동안 규정한 기능을 성공적으로 수행할 확률로서 처음 고장 시까지의 평균시간(MTTF : Mean Time To Failure)과 평균고장간격(MTBF : Mean Time Between Failure)을 의미한다. MTTF는 전구와 같이 수명이 길면 신뢰성이 높으며, MTBF는 수명이 되어 수리를 하는 자동차 배터리가 좋은 예이다.

2. 내구성(durability)

내구성은 유효수명의 척도로서 None repairable item의 경우 MTTF이며, 기술적 내구성은 제품을 수리하여 계속적으로 사용 가능한 기간이다. 경제적 내구성은 수리비용을 고려한 경우 제품 사용이 가능한 기간이다.

Section 15　열역학 제1법칙과 제2법칙

1. 열역학 제1법칙

열과 일은 본질상 에너지의 일종이며 에너지 불변의 법칙으로부터 일을 열로 전환할 수 있고, 또 그 역도 가능하다. 즉 밀폐계가 임의의 사이클(cycle)을 이룰 때 열전달의 총합은 이루어진 일의 총합과 같다(에너지 보존의 법칙).

$$dQ = dU + APdV = dU_s + dU_l + AdW = dU + AdW[\text{kcal}]$$

여기서, Q : 열량(kcal), U : 내부에너지(kcal), U_s : 현열(kcal), U_l : 잠열(kcal)
P : 압력(kg/m²), V : 물체의 체적(m³), W : 일량(kg·m)

2. 열역학 제2법칙

일을 열로 전부 바꿀 수 있으나, 반대로 열을 일로 바꾸는 경우에는 어떠한 제한이 있어 무제한으로 변환을 계속할 수 없다. 이러한 비가역적인 현상, 즉 항상 엔트로피가 증가하는 방향으로만 일어나며 엔트로피 증가의 법칙이라고도 한다.

비가역의 주요 원인은 다음과 같다.

① 마찰   ② 유한한 온도차로 인한 열전달

③ 자유팽창   ④ 혼합

⑤ 비탄성변형

Section 16 **원자력발전과 화력발전의 비교**

1. 개요

원자력이란 핵분열이 연쇄적으로 일어나면서 생기는 막대한 에너지를 말한다. 원자력발전은 우라늄이 핵분열할 때 나오는 열로 증기를 만들어 그 힘으로 터빈을 돌려 전기를 생산한다.

댐에서 떨어지는 물의 힘으로 터빈을 돌려 전기를 만드는 것이 수력발전이다. 화력발전은 석유나 석탄을 때서 물을 끓이고, 여기에서 나오는 증기의 힘으로 터빈을 돌려서 전기를 만든다.

원자력발전도 화력발전과 마찬가지로 증기의 힘으로 터빈을 돌려서 전기를 만든다. 다만 원자력발전은 우라늄을 연료로 하여 핵분열할 때 나오는 열로 증기를 만든다는 점에 차이가 있을 뿐이다.

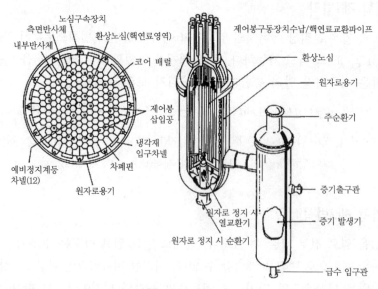

[그림 12-18] 원자로 단면도

2. 원자력발전과 화력발전의 비교

원자력발전과 화력발전의 비교는 다음과 같다.

① 에너지양 : 우라늄 1kg에 내재된 에너지의 양이 석탄 300만kg과 동일하며, 트럭 2대 분량의 우라늄광석에는 200만톤의 석탄이 전기를 만들 수 있는 에너지가 들어있다.

② CO_2방출량 : 원자력발전으로 1kW의 전기를 만들 때 발생하는 CO_2는 석탄화력발전소에 비해 훨씬 적다(화력발전의 1/4). 그러나 풍력, 태양광, 수력발전에 비해 훨씬 많은 CO_2를 배출한다. 매년 500MW 석탄발전소 하나가 자동차 75만대가 방출하는 이산화탄소를 대기로 내보낸다.

③ 폐기물 : 1,000MW 용량의 경수로원자로에서 연간 27톤의 고준위폐기물을 배출한다. 같은 양의 전기를 생산하는 석탄발전소에서는 40만톤의 독성 폐기물(석탄재)을 배출한다. 미국의 석탄화력발전소 전체가 해마다 배출하는 재와 폐슬러지는 1억 3,000만톤 규모로 부피면에서 가장 큰 미국 산업폐기물 중 하나이다.

④ 물 사용량 : 원자력발전소는 많은 양의 물을 필요로 하는데 주로 냉각에 사용된다. 1MW의 전력을 생산할 때 9만 5,000~23만리터의 물이 필요하다. 대체적으로 냉각 과정에서 1,700~3,300리터의 물이 증발되어 날아가고, 나머지 물은 다시 배출된다. 냉각에 사용되는 물은 방사능오염에서는 자유로우나 들어갈 때보다 훨씬 더 뜨거워진 상태로 배출되어 해당 지역의 물고기를 몰살시키는 등 다른 환경문제를 야기한다. 석탄발전소는 1,249~2,082리터의 물이 필요하다.

⑤ 필요한 토지 : 나무형태로 바이오매스를 사용하면 1만 2,000평방마일의 땅이 필요하지만, 원자력을 이용하면 1/3평방마일만 있으면 된다.

⑥ 석탄연소의 부산물들(황, 질소, 수은, 방사능) : 석탄연소로 황과 질소의 산화물이 발생한다. 이것이 대기로 방출되고 물과 결합하면 우리의 폐 속에 잔류하는 작은 입자가 되고 스모그와 산성비를 만들기도 한다. 산성은 숲을 파괴하고 물고기를 죽이며 해양의 화학적 성질을 변화시켜 생명체에 영향을 미친다.

⑦ 석탄 채굴 : 석탄 채굴은 환경을 심각하게 파괴한다. 예를 들어, 산 정상을 깎아내리는 채굴방식은 산 정상을 파고 들어가 석탄을 채굴하고 독성 폐기물을 산 아래 계곡에 버리는 흉악한 방식이지만 널리 사용되고 있다. 이런 채굴과정을 거치면 산 정상이 매우 보기 흉한 벌판으로 변하는 것은 물론이거니와 비소, 납, 카드뮴과 또 다른 여러 유해중금속들이 식수원으로 스며든다.

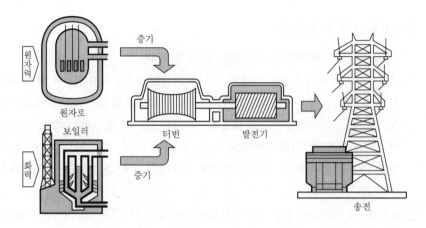

[그림 12-19] 원자력발전과 화력발전의 비교

복사 열전달에 사용되는 형상계수(configuration factor)

1. 복사형태계수

[그림 12-20]과 같은 2개의 흑체 표면 A_1과 A_2를 생각하자. 이들 두 표면이 각각 다른 온도일 때 이들 두 표면 사이에 일어나는 열교환을 나타내는 일반적인 방정식을 유도하기로 한다. 두 표면 사이의 열교환은 한 표면에서 출발하여 다른 표면에 도달하는 에너지의 양을 결정하면 해결된다. 이 문제를 풀기 위하여 다음과 같은 복사형태계수(radiation shape factor)를 정의해야 한다.

- F_{1-2} : 표면 1의 단위표면적을 떠나서 표면 2에 도달하는 에너지의 부분율
- F_{2-1} : 표면 2의 단위표면적을 떠나서 표면 1에 도달하는 에너지의 부분율
- F_{m-n} : 표면 m의 단위표면적을 떠나서 표면 n에 도달하는 에너지의 부분율

복사형태계수를 때로는 투영계수(view factor), 각도계수(angle factor) 또는 형상계수(configuration factor)라고도 한다.

표면 1을 떠나서 표면 2에 도달하는 에너지는 $E_{b1}A_1F_{12}$이고, 표면 2를 떠나서 표면 1에 도달하는 에너지는 $E_{b2}A_2F_{21}$이다. 이때 표면들은 흑체이기 때문에 입사되는 모든 에너지를 흡수할 것이고, 정미에너지 교환(net energy exchange)은 $E_{b1}A_1F_{12} - E_{b2}A_2F_{21} = Q_{1-2}$이다. 만약 두 표면의 온도가 같다면 이 두 표면 사이에 열교환이 있을 수 없다.

즉 $Q_{1-2} = 0$이다. 또한 $E_{b1} = E_{b2}$이기 때문에

$$A_1 F_{12} = A_2 F_{21} \tag{13.1}$$

그러므로 정미열교환은

$$Q_{1-2} = A_1 F_{12}(E_{b1} - E_{b2}) = A_2 F_{21}(E_{b1} - E_{b2})$$

식 (1)을 상호성 원리(reciprocity theorem)라 하며, 임의의 두 표면 m과 n에 대하여 다음과 같이 일반식으로 나타낼 수 있다.

$$A_m F_{mn} = A_n F_{nm}$$

이 식은 비록 흑체 표면에 대하여 유도되었지만 산란복사이기만 하면 어떤 표면에 대해서도 적용할 수 있다.

이제 F_{12}(또는 F_{21})의 값을 정해야 하는데, 이들 값을 구하기 위해서는 [그림 12-20]에서와 같이 미소요소 dA_1과 dA_2 간의 정미에너지교환을 구해야 한다. 자세한 유도과정은 생략하고 두 면적 간의 에너지교환량과 형태계수를 구하면 다음 식과 같다.

$$q_{1-2} = (E_{b_1} - E_{b_2}) \int_{A_2} \int_{A_1} \cos\phi_1 \cos\phi_2 \left(\frac{dA_1\, dA_2}{m^2} \right)$$

$$A_1 F_{12} = \int_{A_2} \int_{A_1} \cos\phi_1 \cos\phi_2 \left(\frac{dA_1\, dA_2}{m^2} \right)$$

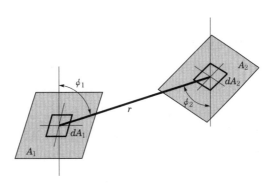

[그림 12-20] 복사형태계수의 유도에 사용되는 면적요소

Section 18 복수기의 효율에 영향을 주는 성능변수

1. 개요

수증기(증기)를 냉각시켜 다시 물이 되게 하는 장치이다. 특히 증기기관에서는 두 가지 이유에서, 즉 기관에서 배출된 증기를 물로 되돌림으로써 압력이 대기압 이하로 낮아져 기관 출력이 뚜렷하게 증대하기 때문에 다시 냉각되어 물이 된 증기, 곧 복수(復水)는 증류수와 같이 매우 질이 좋은 물이 되므로 이를 회수해서 다시 이용하기 위해 복수기를 사용한다.

복수기는 본체, 공기추출기, 복수펌프, 냉각펌프로 되어 있다. 본체에는 증기와 냉각수가 직접 접촉하지 않는 표면복수기와 직접 접촉하는 혼합복수기가 있는데, 증기기관에서는 거의 표면복수기가 사용된다. 표면복수기는 증기가 들어가는 몸통과 그 속에 냉각수가 지나가는 관을 설치한 것인데, 증기는 냉각관의 표면에서 다시 물이 되어 복수류(復水溜)로 모이게 된다. 복수기 내부가 증기로만 이루어지면 냉각수의 온도는 30℃ 정도이며, 몸통 속의 압력은 거의 진공(0.04atm 정도)이 된다. 그러나 공기가 있으면 압력이 낮아지지 않으므로 증기기관의 출력이 커지지 않는다.

따라서 복수기 안의 불순가스를 공기추출기로 계속 빼내야 한다. 복수류에 모인 복수는 복수펌프로 보일러에 되돌려 보낸다.

2. 복수기의 성능

① 냉각수 입구온도가 상승한 경우 : 계 내에서의 응축열량은 거의 변화지 않으므로 대수평균온도차는 일정해야 한다. 따라서 냉각수 입구온도가 상승하면 냉각수 출구온도 및 증기응축온도도 비례적으로 상승하게 된다. 즉 증기응축온도가 상승하는 것은 진공도가 저하하게 되고, 이로 인해 터빈의 증기량도 증가하게 된다.

② 냉각수량이 감소한 경우 : ①과 같이 응축전열량이 일정한 경우에는 냉각수량의 감소량에 따라 냉각수 출구온도가 상승된다. 따라서 대수평균온도차가 변화하게 된다. 즉 냉각면적이 부족현상을 일으켜 복수능력이 저하되므로 복수 출구온도는 상승하고 계 내 진공도가 저하된다.

③ 증기량이 증가한 경우 : 전열량(=증기량×(배기 엔탈피−복수 출구온도))이 증가하여 냉각수 출구온도가 상승함과 동시에 대수평균온도차도 상승하게 된다. 따라서 ①과 같이 증기응축온도가 커지지 않을 수가 없어서 진공도가 저하된다.

배관 관로망에서 부차적 손실

1. 개요

배관의 직경(d)과 압력(P)만으로는 정확한 유량(Q)을 구할 수 없다. 일반적으로 유량(Q)은 배관 단면적(A)과 유속(V)의 곱으로 $A = \dfrac{\pi d^2}{4}$, $V = \sqrt{2gh} = \sqrt{2g\dfrac{P}{\gamma}}$ 를 대입하면 쉽게 유량을 구할 수 있다. 하지만 이와 같이 구하는 속도값은 제반 손실이 전혀 없을 때의 이론상의 속도값이고, 실제로는 여러 가지 손실로 인하여 속도가 줄어들게 되어 유량이 감소된다.

2. 배관 관로망에서 부차적 손실

배관 관로망에서 부차적 손실을 베르누이 정리를 들어 설명하면

$$\frac{P_1}{\gamma_1} + \frac{V_1^2}{2g} + Z_1 = \frac{P_2}{\gamma_2} + \frac{V_2^2}{2g} + Z_2 + h_l$$

여기서, P : 압력(kgf/m^2 또는 N/m^2)

V : 유속(m/s)

g : 중력가속도(보통 9.8m/s^2)

Z : 고도(기준면으로부터의 높이)(m)

γ : 유체의 비중량(kgf/m^3 또는 N/m^3, 물에서는 보통 $\gamma_1 = \gamma_2$)

첨자 1, 2 : 상류 및 하류의 측정위치(배관 입·출구 또는 임의의 2지점)

h_l : 손실수두(배관의 직경, 내부표면상태(조도), 배관의 계통(System) 및 연결상태 등 여러 가지 요인에 의하여 결정되는 손실값)(m)

위 식에서 상류 (1)지점이 압력 P_1인 어느 지점이고, 하류 (2)지점이 대기로 방출되는 끝 부위이고 상하류가 수평이며 배관직경이 같다면

$$P_2 = 0, \ Z_1 = Z_2, \ V_1 = V_2$$

$$\therefore \ \frac{P_1}{\gamma} = h_l$$

손실수두(h_l)은 마찰손실수두(h_f)와 부차적 손실수두(h_b)를 합한 종합손실수두이다.

$$h_l = h_f + h_b$$

마찰손실수두(h_f)는 관 내부에서 유동마찰에 의한 손실수두를 말하며 다음 식으로 산출할 수 있다.

$$h_f = \Sigma \left(f \frac{L}{d} \frac{V^2}{2g} \right)$$

여기서, f : 관마찰손실계수(도표 또는 경험식으로 구함)

　　　 L : 관 길이(m)

　　　 g : 중력가속도(9.8m/s^2)

　　　 V : 해당 관 내의 평균유속(m/s)

　　　 d : 관 내경(m)

부차적 손실수두(h_b)는 관 입구의 형상, 배관부품의 종류와 이음매 등 관의 연결상태에 의하여 부차적으로 발생하는 저항손실수두이다.

$$h_b = \Sigma \left(k \frac{V^2}{2g} \right)$$

여기서, k : 부차적인 저항손실계수

위에서 관마찰손실계수(f)는 경험식에 의해 산출하기도 하고 도표(Moody선도)에서 구할 수도 있으나 어떤 경우에도 레이놀즈수$\left(N_{re} = \dfrac{V_d}{\nu} \right)$와 배관 내면의 상대조도$\left(\dfrac{e}{d} = \right.$ 표면거칠기/관 내경이 필요하다. 즉 배관 내의 압력에 따라 유속이 변하는데, 그 유속에 의하여 발생하는 배관 내의 마찰손실수두와 부차적 손실수두의 합이 배관압력과 일치하도록 유속이 정해진다.

이는 예를 들자면 같은 압력하에서 배관길이가 같은 한쪽(우측) 배관은 내면이 매끈하고 직선인 반면, 다른 쪽(좌측)은 거칠고 관 이음매가 많으며 굽은 곳이 많다면 당연히 좌측 관의 손실계수가 우측 관의 것보다 더 큰 값이 된다. 손실계수가 큰 값의 배관에서는 유속이 작더라도 손실수두가 크게 발생하고, 손실계수가 작으면 유속이 크더라도 손실수두는 상대적으로 작게 된다. 따라서 이 두 경우에서 같은 압력에 같은 손실수두 하에 우측 배관은 좌측보다 유속이 크게 되고 결과적으로 유량이 더 많게 된다.

참고로 관마찰손실계수(f)의 산출식을 예로 들면 레이놀즈수(N_{re})에 따라서 다음과 같은 경험식이 있다.

① 층류유동($N_{re} < 2{,}100$)에서 $f = \dfrac{64}{N_{re}}$

② 천이역과 전 난류역($N_{re} > 4 \times 10^3$)에서 $\dfrac{1}{\sqrt{f}} - 0.86\ln\left(\dfrac{\left(\dfrac{e}{d} \right)}{3.7} + \dfrac{2.51}{N_{re}} \sqrt{f} \right)$

(Colebrook공식)

부차적 손실계수 k는 밸브, 엘보 등 배관접속부품의 종류와 관 입구의 형상 등에 의한 것으로서 각 경우마다 경험값이 주어지기 때문에 일률적으로 적용할 수 있는 값이 없고, 각 경우마다 관련 도표에서 해당 값을 찾아 적용한다.

결국 유속(유량) 산출은 각 경우에 따라서 위에서 예시한 여러 가지 공식과 계수들, Moody선도 등을 연합해서 축차계산방식(逐次計算方式)으로 구할 수 있으나 다음과 같은 정확한 자료가 필요하다.

① 배관 내면의 거칠기(조도)

② 이음매의 연결상태 : 엘보, 밴드, 밸브 등 부수품의 종류 및 관 이음매의 연결상태 (용접 또는 플랜지 이음 등)

③ 배관 입·출구형상, 압력, 기준면부터의 높이 등

Section 20 신재생에너지(new and renewable energy)의 정의, 특성, 중요성에 대해 각각 설명

1. 개요

신에너지 및 재생가능에너지 개발·이용·보급 촉진법에 정의된 신재생에너지는 총 11가지로 태양광, 풍력, 수소, 연료전지, 바이오, 태양열, 폐기물, 지열, 수력, 석탄액화 및 가스화, 해양에너지이다.

2. 종류

① 태양광발전기술 : 태양에너지를 전기에너지로 변화시키는 시스템기술이다. 시스템 구조가 단순하여 수명이 20~30년 정도로 길며 안전하다. 발전규모를 주택용에서부터 대규모 발전용까지 다양하게 할 수 있는 장점이 있다.

② 풍력발전 : 바람의 운동에너지를 전기에너지로 변환하는 에너지변환기술이다. 공기가 익형 위를 지날 때 양력과 항력이 발생되는 공기역학적(aerodynamic) 특성을 통해 회전자(rotor)가 회전하게 되는데, 이때 발생되는 기계적 회전에너지가 발전기를 통해 전기에너지로 변환되게 된다. 또한 풍력발전기는 크게 지면에 대한 회전축의 방향에 따라 수평형 및 수직형으로 분류된다.

③ 수소 : 미래의 에너지시스템에 적합한 여러 가지 장점을 지니고 있다. 수소는 공기 중에서 연소 시 극소량의 질소산화물(NO_x)의 발생을 제외하고는 공해물질이 생성되지 않으며, 직접 연소용 연료로서 또는 연료전지 등의 연료로서 사용이 간편하다. 또한 수소는 가스나 액체로서 수송할 수 있으며 고압가스, 액체수소, 수소저장합금 등 다양한 형태로 저장이 가능하다.

④ 연료전지기술 : 물의 전기분해와는 반대로 수소와 산소로부터 전기와 열을 생산하는 기술이다. 연료전지의 기본구성은 연료극, 전해질층, 공기극으로 접합되어 있는 셀(Cell)이며, 다수의 셀을 적층하여 스택을 구성함으로써 원하는 전압 및 전류를 얻을 수 있다.

⑤ 바이오에너지 : 식물로 대표되는 바이오매스로부터 생산 가능한 바이오에너지는 열, 전기뿐만 아니라 수송용 연료도 생산할 수 있다는 장점이 있어 고유가에 대한 대체 효과가 높다고 할 수 있다. 바이오매스(식물)는 계속 자라거나 생성되므로 석유나 석탄과 같이 한 번 사용하면 없어지는 화석에너지와는 달리 재생성을 가져 자원의 고갈문제가 없다.

⑥ 태양열에너지 : 태양으로부터 오는 복사에너지를 흡수하여 열에너지로 변환해서 직접 이용하거나 저장했다가 필요시 이용하는 방법과, 복사광선을 고밀도로 집광해서 열발전장치를 통해 전기를 발생하는 방법으로 사용하고 있다.

⑦ 폐기물에너지 : 일상생활이나 산업활동으로 인해 필연적으로 발생하는 폐기물을 단순 소각이나 매립처리를 하지 않고 적정한 기술로 폐기물을 가공하여 연료로 만들어서 석탄이나 석유 또는 가스연료의 대용으로 활용하는 것을 말하며 소각 시 발생하는 폐열을 이용하는 것도 포함한다.

⑧ 가스화 : 탄화수소로 구성된 폐기물을 산소 및 수증기를 첨가하거나 무산소상태에서 탄화수소, CO, H_2 등으로 구성되는 합성가스를 제조하여 메탄올을 합성하거나 복합발전에 이용하여 전력을 생산, 회수 이용하거나 증기생산에 이용하는 기술이다.

⑨ 지열 : 지구 중심인 맨틀 부위에서 핵분열로 발생하는 열과 태양의 복사열이 지구에 축적된 에너지로서 보유개체를 기준으로 분류하면 토양열, 수열(지하수, 하천, 강, 해수, 하수 등)로 구분할 수 있으며, 에너지가 저장된 깊이를 기준으로 분류하면 보통 지표면으로부터 150~200m에 저장된 천부지열, 200m 이하에 존재하는 심부지열로 구분하고 있다.

⑩ 석탄가스화 · 액화기술(gasification and liquefaction) : 저급연료(석탄 및 중질잔사유)를 산소 및 스팀에 의해 가스화시켜 얻은 합성가스(일산화탄소와 수소가 주성분)를 정제하여 전기, 화학물질, 액체연료 및 수소 등의 고급에너지로 전환시키는 종합기술로 가스화기술, 합성가스정제기술, 합성가스전환기술로 구분된다.

⑪ 해양에너지 : 크게 태양, 달, 지구 등 천체의 상호운동에 의한 에너지와 태양에서 방사되는 태양에너지로 나눌 수 있다.

Section 21 발전설비인 복수기에는 복수기의 진공도를 유지하기 위한 공기추출기 3가지와 최근 가장 많이 사용되는 공기추출기의 특징

1. 개요

공기추출기는 복수기의 압력을 낮게 유지하기 위해서 증기에 혼입되어 있는 불응축 기체를 배출하는 설비이다.

2. 종류

① Ejector식 공기추출기
② 진공펌프 공기추출기 : 복수기 중의 불응축가스를 배출하기 위해 증기분사식 공기추출기 또는 진공펌프가 사용된다.
③ 증기분사식 추출기 : 드럼보일러와 같이 기동 전에 증기원이 있는 경우에 사용되는 경우가 많으며 기동에는 별치 기동용 공기추출기가 필요하다. 진공펌프는 관류보일러와 같이 기동 전에 복수기 진공을 확보할 필요가 있는 경우에 사용되는 경우가 많다. 통상 2대를 설치하여 기동 시 2대, 통상 1대를 운전한다.

Section 22 무디선도(Moody diagram)

1. 정의

현재 시판되고 있는 신품의 매끈한 관에 대하여 무디(Moody)는 관의 종류와 직경으로부터 상대조도 K_s/d를 구하고, 이것과 레이놀즈수의 관계로부터 관마찰계수를 구한 선도를 작성하는 것을 무디선도(Moody diagram)라 한다.

2. 무디선도(Moody diagram)

[그림 12-21]에는 실용관의 상대조도를 구한 선도를, 또한 [그림 12-22]에 나타내고 있다.

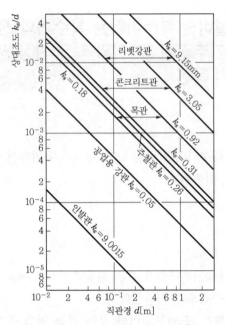

[그림 12-21] 실용관의 상대조도

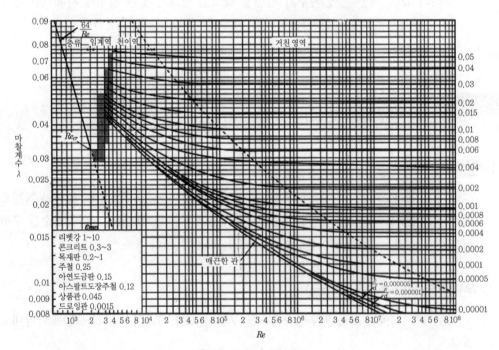

[그림 12-22] 무디선도

석탄화력발전소의 전기집진기의 대표적인 특징을 기술하고, 각 방식(고온, 저온)의 장단점 설명

1. 전기집진기의 원리

전기집진기는 가스유속이 1m/s 정도로 유속분포가 균일한 집진기 내에 10인치 정도의 방전극과 집진극을 수직배열시켜 이 전극에 직류 30~90kV 정도의 고전압을 가하여 코로나방전을 형성시킨다. 이 전장에 분진이 함유된 배기가스를 통과시켜 주면 방전극 부근에서의 전계에서 코로나방전에 의한 가스분자의 충돌로 분진은 이온화되고 마이너스전하를 띠게 되어 집진극에 유인되어 포집이 이루어지며 추타장치(Rapper) 등에 의하여 호퍼로 쌓이게 된다.

2. 전기집진기의 특징

① 집진기의 집진성능이 우수하다. 통상 95% 이상이며, 2단 배열을 할 경우 99% 이상의 효율을 나타낸다.
② 다량의 배기가스를 처리할 수 있다.
③ 배기가스의 압력손실이 적다(10~20mmH₂O).
④ 미세한 입자포집이 가능하다.
⑤ 운전 및 보수비용이 저감되나 설치비용이 비싸다.

3. 고온방식 및 저온방식의 장단점

1) 고온방식

운전온도가 320~420℃ 범위이며 공기예열기 입구에 설치된다.
① 장점
  ㉠ 광범위한 탄종에 대응 가능하다.
  ㉡ 전기저항에 대한 영향이 적고 집진성능이 양호하다.
  ㉢ 공기예열기 입구에 분진량이 적다.
② 단점
  ㉠ 실제 처리가스량이 많다.
  ㉡ 설치규모가 커진다.
  ㉢ 운전온도가 고온하에서 처리되므로 기기구조물 설치 시 주의가 필요하다.

2) 저온방식

운전온도가 140℃ 정도이며 공기예열기 후단에 설치된다.

① 장점
　　㉠ 실제 처리가스량이 적다.
　　㉡ 설치 및 운전경험이 많아 설비 신뢰성이 높다.
　　㉢ 설치비가 적다.

② 단점
　　㉠ 탄종 및 성상에 따라 집진률의 변화가 크다.
　　㉡ 저유황탄의 사용은 집진률의 성능이 저하한다.

Section 24　발전소 복수기 진공도가 이론진공보다 현저히 저하되는 경우가 있는데, 그 저하원인과 각각의 대책 설명

1. 개요

복수기는 터빈에서 배출되는 증기를 냉각, 응축시켜 물로 회수하는 장치를 말한다. 복수기 종류에는 증기와 냉각수가 직접 접촉하는 혼합복수기와 전열면을 통해 열교환을 행하는 표면복수기가 있다. 발전소는 튜브전열면을 통해 열교환이 이루어지는 표면복수기를 사용하며 터빈의 배기증기를 응축시켜 대기압 이하로 낮춤으로써 다음과 같은 역할을 한다.

① 터빈에서 증기가 보유한 열낙차를 크게 하여 터빈효율을 향상시킨다.
② 응축된 복수를 재사용함으로써 물처리비용을 절감시킨다.
③ 급수를 보충하거나 각종 드레인회수를 위한 장소로 사용된다.

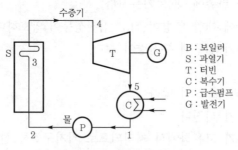

[그림 12-23] 랭킨사이클의 구성

2. 발전소 복수기 진공도

열낙차를 증가하기 위해 진공도를 높임으로써 설비비용과 보조기 동력이 증가하고 터빈 최종단의 습분 증가로 인한 침식이 발생하며 냉각수에서 버리는 열손실량이 증가한다. 최적의 진공도는 냉각수 온도 20℃와 정격출력기준 복수기 진공도 720mmHg로 냉각수량을 결정하며 발전소 설비 중 출력 및 효율에 가장 큰 영향은 복수기이다.

1) 복수기 성능곡선

① 동일 출력 : 냉각수 온도가 저하되면 진공도가 상승한다.
② 해수온도 일정 시 : 부하가 감소하고 진공도는 상승한다.

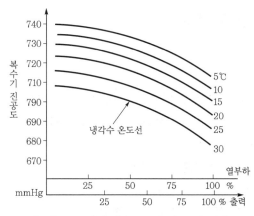

[그림 12-24] 출력과 복수기 진공도의 관계

2) 진공도에 따른 터빈효율

진공도 저하 시 터빈 출력이 저하하고 배기실 온도는 상승하여 터빈효율이 저하한다.

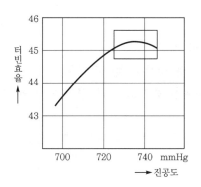

[그림 12-25] 진공도와 터빈효율의 관계

3) 진공도 관리방법

① 진공도 기준 : 연간 진공도 기준치를 작성하여 기준치와의 편차를 보고 튜브 청소를 하며 계절별 냉각수 온도가 다르므로 계절별 진공도 기준치를 설정한다.

② 관 청결도 기준 : 전산기로 운전자료와 설계자료를 비교하여 관 청결도에 따라 튜브 청소를 하며 CTCS 혹은 Debris Filter를 사용한다.

$$관\ 청결도 = \frac{사용관\ 열관류율}{신관\ 열관류율}$$

관 청결도 관리기준치는 0.85~0.9이다.

3. 진공도 저하원인 및 대책

1) 외부에서 공기유입

① 현상
  ㉠ 공기유입량이 소량일 경우 진공도 서서히 저하
  ㉡ 복수온도와 복수기 내 진공 상당포화온도와의 차가 커짐

② 점검 및 대책
  ㉠ TBN 및 BFP-T 그랜드스팀계통 점검
  ㉡ 복수기 연결 각종 배관 누설 점검
  ㉢ 각종 밸브의 밀봉수 주입상태 점검
  ㉣ 누입공기량 측정
  ㉤ 누설 부위 조임, 패킹교체 등 실시
  ㉥ 공기누입부 찾는 방법 : 물 채우기, 헬륨가스

2) 튜브 내면오염

① 현상
  ㉠ 진공도 완만히 저하
  ㉡ 핫웰 복수온도와 냉각수 출구온도차 커짐
  ㉢ 튜브 내 수두손실 증가로 CWP 출구측 압력 증가

② 점검 및 대책
  ㉠ 주기적으로 CTCS(스폰지볼 세정장치) 운전
  ㉡ 오염된 튜브측의 순환수 펌프를 정지하여 튜브를 에어블로잉(Air Blowing)

3) 냉각수량 부족

① 현상 : 복수기 출구 냉각수 온도 상승

② 점검 및 대책

㉠ Traveling Screen 고장, 오물이 누적되어 즉시 스크린 정비 및 오물 제거

㉡ D/F 전후 차압 증가, CWP의 전동기 전류량 및 출구압력 증가, 복수기 입·출구 간의 냉각수 온도차가 커지므로 D/F를 즉시 청소한다.

㉢ 순환수 펌프결함은 펌프를 분해하여 점검한다.

4) 공기추출기 성능 저하

① 현상 : 진공도 낮은 상태에서 운전

② 점검 및 대책 : 진공도가 낮으면 상승시키고, 배관의 이물질로 공기추출기의 막힘 상태를 확인한다.

5) 공기추출기 성능 저하

① 현상 : 진공도 낮은 상태에서 운전

② 점검 및 대책

㉠ 증기분사식 공기추출기의 경우 : 증기압력, 복수량, 온도, 압력을 점검하고 예비기 기동, 노즐 및 스트레이너를 점검한다. 중간냉각기, 2차 냉각기 드레인계통을 점검한다.

㉡ 진공펌프식 공기추출기의 경우 : 기수분리기 밀봉수 수위를 점검하고 펌프 내부결함 시 예비기로 교체, 정비한다.

6) 수실 상부에 공기 누적

① 현상

㉠ 냉각수 출구온도 상승

㉡ 순환수 계통의 사이펀이 원활치 않아 CWP 전류 증가

② 점검 및 대책

㉠ Water Box Priming Pump 기동

㉡ 수실 공기유입개소 정비

[표 12-9] 복수기 진공저하에 따른 변화

운전조건변화		냉각수량 감소	복수기관 오염	냉각수 입구온도 상승	공기주입	복수기 수위 과다 상승	부하 감소
냉각수	입구온도	동일	동일	증가	동일	동일	동일
	출구온도	증가	저하	증가	동일	증가	감소
복수기 진공도		저하	저하	저하	저하	저하	증가
복수온도		증가	증가	증가	증가	증가	저하
과냉각온도 (포화복수의 ΔT)		동일	동일	동일	증가	증가	변화 없음

플랜트배관시공작업공정을 순서대로 열거하고 설명

1. 파이프의 배열

① 파이프는 반드시 지표면에서 20cm 높이 이상의 목재받침대 위에 놓아야 한다.

② 파이프를 땅 위에 굴리거나 끌어서는 안 된다.

③ 파이프의 취급절차, 장비사양 및 작업요령은 발주자의 승인을 받아야 한다.

2. 파이프의 가공 및 절단

① 기계가공 및 정밀가공을 요하는 작업은 특별히 우수한 기능공으로 하여금 도면상의 작업지시나 시방에 따라 시공하도록 해야 한다.

② 절삭, 연삭, 절단, 천공 등의 가공이나 이에 필요한 공구의 종류와 재질, 절삭도 등의 선택은 반드시 책임기술자가 시행하고 Centering, Marking, Punching 등은 정확, 정밀하게 시공하도록 해야 한다.

③ 가공부재는 가공면조도, 가공 중 변질, 잔류응력, 표면성질 등에 대한 조립책임자의 검사를 받고 그의 책임하에 최종 연삭(Grinding)되어야 한다.

④ Rivetting, Bolting, Force fitting, Shrink fitting 등의 부분조립이 요청되는 경우 차기공정을 충분히 고려하여 시공해야 한다.

⑤ 각 Fitting tolerance는 사전에 충분히 검토해야 하고 발주자가 요청할 때는 감독자의 입회하에 최종 점검을 받아야 한다.

⑥ 파이프의 절단은 도면에 나타난 치수에 맞추어 현장 사정을 고려하여 적합하도록 기계절단기, 자동가스절단기 혹은 그라인더 등으로 절단해야 한다.

⑦ 가스절단, 아크절단 등은 Rough 절단 시 사용하고, 이때 그라인더로 슬래그나 변질부를 말끔히 제거한다.

3. 배관 조립

① 배관 조립 시에는 조립에 필요한 자재가 도면 및 사양서에 적합한 것인가를 확인한 후 시공해야 한다.

② 배관 부분은 조립 전에 공기 혹은 물에 의한 세척 등으로 파이프 내의 Scale, 모래, 기름 등을 충분히 제거하고 파이프 양단은 이물질이 들어가지 못하도록 Cap 등을 씌운다.

③ 밸브를 설치할 때는 내부를 청소한 후 반드시 닫은 상태에서 설치를 해야 한다. 단, 용접 연결형 밸브의 용접 설치 시는 그렇지 않다. 배관 조립 중에는 밸브의 개폐를 해서는 안 된다.

④ Flange의 연결 시에는 중심 또는 Flange면의 평행상태를 확인하고 Bolt가 일치하도록 접속해야 한다.

⑤ 나사부의 Seal용접은 나사부를 휘발유 등으로 잘 씻어 충분히 건조시킨 후 페이스트, 기름 등을 일체 도포하지 않고 충분히 나사를 끼운 다음에 해야 한다.

⑥ 배관의 수평, 수직 및 관 상호 간의 평행간격은 Level Transit 등을 사용, 정확히 맞추어야 한다.

⑦ Gasket의 삽입, Bolt/Nut의 체결 시에는 고착 누수방지를 위해 페이스트를 도포해야 하며, Gasket은 1회 이상 사용할 수 없다. 특히 Asbestos Sheet Gasket의 내경측 절단면에는 충분히 도포해야 한다.

⑧ 배관 최종 취부까지 접속 Flange의 가공부에는 함석판 등으로 내부에 이물질이 들어가지 않도록 보호해야 한다.

⑨ 계장 Duct, 케이블 Duct 부근에서의 화기 사용작업은 케이블을 손상하지 않도록 보호한 뒤에 시행해야 하며, 특수 배관(수지계 고무, 유리 등의 배관 및 라이닝관) 주위에서 작업을 할 때에는 화기, 충격 등에 의해 손상이 가지 않도록 주의해야 한다.

⑩ Flange 조립작업 전 Flange면은 고운 Sand Paper를 사용하여 청소하고 신나 및 페인트로 잘 처리해야 하며 Flange의 높이와 평활도를 점검한 후 Flange Bolt를 일정한 장력으로 조인다.

4. Support 및 Hanger

① Support 및 Hanger는 발주자가 지급하는 상세도면에 따라 제작, 설치해야 한다.

② Support의 Type 및 설치장소는 배관도면에 명기되어 있으며 감독자의 지시에 의하여 추가 및 변경할 수 있다.

③ 도면에 명기되지 않은 건물의 지주, 기기 등에 취부작업 시에는 착공 전에 감독자의 승인을 득해야 한다.

④ 기초도면 및 배관도면에 있는 Local Support의 설치는 기초공사를 포함하여 Anchor의 고정까지 모두 시공해야 한다.

5. 각종 계기부품 제작 및 기기 등에 부착

① 발주자로부터 지급된 부품상세도에 따라 제작·부착해야 한다.

② 부착 시의 방향, 치수 또는 흐름방향에 대해서는 도면에 명기된 대로 정확히 시공해야 하며, 도면에 부적합한 것이 있을 경우에는 감독자의 지시에 의한다.

Section 26 | 후쿠시마 원전사고와 유사한 재해의 예방을 위한 원전설비의 설계관점에서 추가적인 안전설계대책 5가지를 설명

1. 개요

원전을 운영하고 있는 세계 각국은 2011년 3월에 발생된 일본 후쿠시마 원전사고 직후 원전의 안전성 강화를 위한 특단의 대책을 마련하는 등 개선책 마련에 나섰다. 그리고 대책수립 후 1년이 지나면서 서서히 이행실적도 나타나기 시작하고 있다.

먼저 국제원자력기구(IAEA)가 2011년 9월에 원전의 안전성 강화를 위한 실행계획(Action Plan)을 처음으로 마련하였다. 이 실행계획은 후쿠시마 원전사고 이후 세계 각국의 협의를 거쳐 작성된 원자력 안전강화를 위한 최초의 국제적 합의문서라는 점에서 의의가 크다.

이어서 유럽에서는 '국가보고서'의 공식적인 발행을 통해 스트레스테스트결과에 대한 국가 간 교차평가(peer review) 수행을 통해 원전의 안전성을 점검하는 절차를 거쳤다. 또한 세계 각국은 2012년 8월 IAEA 주관으로 개최된 원자력안전협약 특별회의에 참석하여 원전의 안전성 강화를 위한 개선대책 및 이행실적이 포함된 국가보고서를 제출하였다.

한편 일본은 후쿠시마 원전의 운영자인 동경전력(TEPCO)을 국영화하는 한편, 원자력 규제기관을 새로 설립하는 등 체제를 정비하였다. 그리고 중국은 후쿠시마 원전사고 이후 신규 원전건설 승인보류정책을 결정했다가 2012년 10월에 원점으로 되돌려 놓았다.

2. 안전설계대책

원자력발전은 화력발전과는 달리 연료를 태우는 것이 아니기 때문에 이산화탄소와 같은 공해물질을 배출하지 않는 깨끗한 에너지이다. 또한 양질의 전기를 대량으로 생산할 수 있을 뿐만 아니라 재생 가능한 에너지이기도 하다. 그러나 오직 하나 사고가 있을 경우에는 방사성 물질이 외부로 흘러나가 인체에 해를 미칠 수 있다는 단점을 지니고 있다. 이것이 바로 원자력이 해결해야 할 최대의 숙제이며, 이를 위해 원자력발전은 3중으로 보장되는 안전대책이 마련되어 있다.

① 엄격한 품질관리와 여유 있는 안전설계를 택하고 있다는 것이다. 운전 중 각 기기에 가해지는 힘이나 온도 등에 대해 이들 기기가 충분히 견딜 수 있도록 설계를 여유 있게 함과 동시에 재료도 고성능 고품질의 것을 선택하고 품질관리를 철저히 하고 있다. 또 지진이나 태풍 등 자연현상에도 견딜 수 있도록 견고하게 건설한다.

② 인터록(Interlock)시스템의 도입이다. 원자력발전은 만약에 인위적인 과실이 있을 경우에도 그 과실이나 오동작이 더 이상 진행되지 못하도록 방어하는 기능을 갖고 있다. 이것은 마치 첫 번째 문이 완전히 닫히지 않으면 다음 문이 열리지 않도록 되어 있는 것과 같은 이치이다.

③ 페일세이프(Fail Safe)라는 안전기능이다. 이것은 기계가 고장이 나면 자동적으로 안전이 확보되도록 하는 장치이며, 예를 들어 고장이 발생하였을 때 기계가 정지되는 것이 안전에 유리하면 스스로 정지가 되도록 하는 것이다. 이것은 마치 파이프가 파손돼서 밸브를 잠그는 것이 안전하면 밸브가 스스로 잠기도록 되어 있는 것과 같다.

원자로는 그 자체의 압력, 온도, 출력 등의 상태를 항상 감시하면서 그것이 조금이라도 정상상태에서 벗어나면 스스로 찾아내어 자동적으로 원상복구시킨다. 원상복구가 되지 않으면 정지한다. 또한 만일의 경우를 대비하여 많은 냉각시스템이 준비되어 있으며, 원자로에는 안전보호상 중요한 기기는 같은 기능을 갖는 설비를 두 개 이상 독립적으로 설치하고 있다. 이것이 다중안전방호의 개념이다. 각종 과실을 상정하여 여러 각도에서 안전의 뒷받침을 도모하고 있는 것이 원자력발전의 시스템이다.

3. 결론

예방을 위한 단기대책에는 설계기준을 초과하는 강진이 발생할 경우 원전이 자동 정지될 수 있도록 하는 지진자동정지시스템(ASTS)을 설치하는 것을 포함하여 화재방호계획의 개선, 안전성 검사의 강화, 그리고 원전 주변 지역주민을 위한 방사선 방호장비의 확보 등의 개선대책이 포함되어 있다.

장기대책에는 비상경보장치의 개선, 안전주입루프(loops)의 추가설치, 격납건물 내 공기정화시스템의 설치, 냉각수 취수시스템의 강화, 그리고 원전 주변 지역에서 해수면과 설계평가기준과의 관계연구 등과 같은 개선대책이 포함되어 있다.

Section 27
태양광발전시스템의 구성, 종류 및 특징

1. 기본원리

태양광발전의 원리는 반도체의 일종인 태양전지(Solar Cell)의 광전효과를 이용하여 태양광을 직접 전기에너지로 변환시키는 발전방식이다. 이 효과는 빛에너지를 흡수하여 기전력을 발생시키는 효과를 말하는데, 일반적으로 고체 반도체를 이용한 기술이 널리 알려지고 있다. 광전변환효과의 과정을 살펴보면 다음과 같다.

① 반도체가 입사되는 광에너지를 흡수하고 반도체 중에 과잉전하대가 발생한다(정공-전자대).

② 발생한 정공-전자대가 전위장벽에 의해 정부(正負)로 분리된다.

③ 외부회로를 연결하면 입사광에 비례하여 광전류가 외부회로로 흐른다.

2. 태양광발전시스템의 종류

① 독립형 발전시스템(Stand-Alone PV System) : 주로 계통과 연계할 수 없는 지역에 설치하는 소규모 발전시스템으로 등대, 통신, 의약품 저장, 도서 및 벽지 등에 이용하고 있는 가장 소규모 시스템이다.

② 태양광-디젤 복합발전시스템(PV-DG HYBRID System) : 우리나라 도서지역의 발전시스템으로서 도입이 추진되고 있는 방식으로 태양광발전출력의 부족분을 디젤발전으로 보충하는 방법이다. 이는 초기 투자비가 큰 태양광발전시스템의 비용절감에 효과적으로 알려지고 있다.

③ 계통연계형 발전시스템(Grid-Connected PV System) : 본 방식은 주택용 자가발전시스템과 대규모 발전시스템으로 구분할 수 있다. 이 시스템에서는 축전장치가 필요 없으며 인버터를 통하여 곧바로 계통선에 연결된다. 대규모 태양광발전소의 경우 단순하게 계통으로 전력을 송전하는 단방향성이나, 주택용 발전시스템에서는 낮 동안의 잉여전력은 계통선으로 보내고 밤에는 계통선의 심야전력을 이용하는 양방향으로 구성된다. 주택용 시스템에 축전지를 설치한 경우 낮에는 충전을 실시하고 밤에는 축전지를 통하여 공급하는 독립시스템으로 구성할 수도 있다(본 방식은 축전기의 설치비 부담으로 경제성에 의문이 제기되고 있다).

3. 특징

1) 효율

태양전지의 효율은 태양전지 표면에 입사하는 에너지양과 출력전력의 비(比)로 표시할 수 있다. 실리콘 태양전지의 경우 변환효율의 한계는 이론적으로 20~22%에 이르나, 실질적으로는 10~16% 정도이다.

2) 장점

① 발전원리가 매우 간단하다.

② 재생이 가능하며, 고갈될 우려가 없고 연료를 사용하지 않으며 이용에 따른 배출물이 거의 없어 환경에 미치는 영향이 적다.

③ 기계적 동작부가 전혀 없으므로 장치로서의 신뢰성과 안정성이 매우 높고 수명기간이 길다. 따라서 유지관리 및 보수가 용이하다.

3) 결점

① 자연조건에 따라 제약을 받기 때문에 에너지로서 불안정하다. 즉 주야 및 일기의 변화에 따라 출력이 변화한다.

② 태양복사에너지의 밀도가 낮기 때문에 대규모 플랜트에는 방대한 면적이 필요하게 된다. 따라서 사막 등의 특수한 지형적 여건을 갖추지 않으면 입지적으로 매우 불리하고 심대한 환경장애요인이 될 수 있다.

③ 에너지원 자체의 이송이 곤란하고 동시에 cost가 높다. 소규모 분산형 전원으로 배전계통에 병입될 경우 전기사업자의 전기품질에 악영향을 주지 않는 기술적 배려가 필요하다(고조파, 작업안전 등).

Section 28 공정배관에 사용되는 스트레이너의 주요 기능, 종류 및 특성

1. 스트레이너(Strainer)의 주요 기능

스트레이너는 배관이 설치되는 밸브, 기기 등의 앞에 설치하며 관 속의 유체에 흡입된 불순물을 제거하여 기계의 성능을 보호하는 여과기이다. 용도에 따라서 물, 증기, 기름, 공기용 등으로 나눈다.

2. 종류 및 특성

① Y형 스트레이너 : 45°경 사진 Y형의 본체에 원통형 금속망을 넣은 것이다. 유체에 대한 저항을 될 수 있는 대로 적게 하기 위해 유체는 방의 안쪽에서 바깥쪽으로 흐르게 되어 있으며 밑부분에 플러그를 달아 불순물을 제거하게 되어 있다. 본체에는 흐름의 방향을 표시하는 화살표가 새겨져 있다.

② U형 스트레이너 : 주철제의 본체 안에 여과망이 달린 둥근 통을 수직으로 넣은 것으로 유체는 방의 안쪽에서 바깥쪽으로 흐른다. 구조상 유체는 직각으로 흐름의 방향이 바뀌므로 Y형 스트레이너에 비해 유체에 대한 저항은 크나 보수, 점검이 편리하다.

Section 29 발전전력 에너지저장시스템의 종류

1. 에너지저장시스템의 필요성

1) 에너지저장시스템(Energy Storage System : ESS) 개요

에너지저장시스템(Energy Storage System : ESS)은 생산된 전력을 저장했다가 전력이 가장 필요한 시기에 공급하여 에너지효율을 높이는 시스템으로 전기를 모아두는 배터리와 배터리를 효율적으로 관리해주는 관련 장치로 구성되어 있다([그림 12-26] 참조).

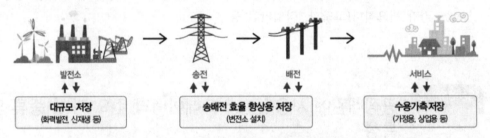

발전소　　　　송전　　　　배전　　　　　　서비스

| 대규모 저장 | 송배전 효율 향상용 저장 | 수용가측저장 |
| (화력발전, 신재생 등) | (변전소 설치) | (가정용, 상업용 등) |

[그림 12-26] 에너지저장 시스템의 개요

2) 필요성

① 효율적인 전력활용, 고품질의 전력확보, 안정적인 전력공급측면에서 에너지저장시스템의 필요성이 증대되고 있다. 현재 전력시스템은 피크타임 전력수요에 맞춰 전력용량을 증설해야 하는 구조로, 전력수요와 공급 간 불일치가 발생하여 발전소 건설에 비용이 많이 소모되며 심야에 잉여전력이 과다되는 등 비효율적인 반면, 에너지저장시스템을 활용하여 수요와 공급의 불일치를 해소하여 전력활용의 효율성을 증대할 수 있다.

② 신재생에너지 발전에서 생산되는 전기의 경우 전압 및 주파수가 일정치 않아 전력품질도 문제가 되고 있는 상황이다.

③ 정전 피해의 최소화를 위해 단기 정전방지를 위한 비상전원으로의 중요성이 확대되고 있다. 일본의 경우 후쿠시마 원전사고로 인한 정전사태로 위기상황대처를 위한 비상전원의 필요성이 증대되었다.

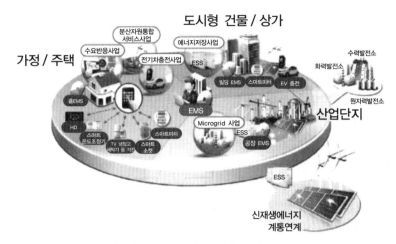

[그림 12-27] 에너지저장시스템의 필요성

2. 에너지저장시스템의 종류

1) 에너지저장기술의 구분

에너지저장기술은 배터리방식과 비배터리방식으로 구분한다.

배터리방식은 화학적 에너지형태로 저장했다가 사용하는 방식을 말하며 대표적으로 리튬이온, 니켈, 납축전지 등 2차 배터리가 대표적이다. 배터리방식으로는 고용량, 고효율을 강점으로 리튬 2차 전지가 가장 주목받고 있다.

비배터리방식은 물리적 에너지형태로 저장했다가 사용하는 방식으로 양수발전, 압축공기저장이 대표적이며, 대규모 저장에 적합하나 자연적 제약조건이 많은 게 단점이다. 따라서 기술적 구현은 가능하나 적합한 장소 및 지리적 제약이 크게 수반되기 때문에 향후 주도적인 에너지저장기술로 자리 잡기는 어려울 전망이다.

2) 에너지저장방식 및 기술은 전력 사용목적 및 수요의 결정

에너지저장유형은 잉여의 전기에너지를 저장해두었다가 필요한 경우 실시간으로 제어, 공급할 수 있는데 그 특성이나 효율, 경제성 등에 따라 적용영역이 매우 다양하다. 에너지저장기술의 미래는 대용량의 전기를 얼마나 싸게 저장할 수 있느냐가 에너지저장기술 개발의 주요 과제이다. 최근 들어 대규모 전력저장을 위해 나스(NaS)나 Flow배터리에 대한 연구가 진행되고 있으나 가시적인 성과는 미흡한 편이다. NaS전지는 300도 이상의 고온의 황과 용융된 나트륨을 이용한 전지로서 일본의 NGK사가 실제 ESS를 설치한 사례가 있으나, 설비를 고온에서 운용해야 한다는 부담감이 크며 유해물질인 황을 사용한다는 점이 단점이다. Flow Battery는 양·음극전해액을 강제순환시켜 충·방전을 하는 배터리로서 투자비가 낮다는 점은 장점이지만 변환효율이 낮아 운용비용이 높다는 점이 단점이다. 플라이휠은 전기에너지를 회전운동에너지로 변환하여 로터를 회전시키는 전력저장장치로서 방전 시에는 로터를 감속시키면서 운동에너지를 전기에너지로 전환한다. 수명이 15년 이상으로 길고 출력이 높다는 점은 장점이지만, 초기 투자비가 높고 폭발 위험성이 크다는 점이 단점이다. 중대형 리튬 2차 전지를 활용한 에너지저장기술이 주목을 받고 있으나 아직까지 상용화한 사례가 없는 것이 단점이다. 수백MW급의 발전용량을 가지는 Pumped Hydro 및 압축공기저장 등도 초대용량 ESS로서 연구되고 있다.

Pumped Hydro는 지형의 고도차를 이용한 양수발전으로서 지형적인 설치조건과 낮은 변환효율, 환경파괴 등의 문제점이 지적되고 있으며, CAES는 압축공기형태로 에너지를 저장하는 ESS로서 폭발의 위험을 가지고 있다.

[표 12-10] 에너지저장시스템의 종류

구분		유형	개요
물리적 에너지로 전환	전자기	Ultra-capacitors	정전기현상 이용, 이중층에 전기저장, 고출력, 빠른 충·방전 특징 보유
	운동	Rywheels	운동에너지로 전환, 저장, 고출력, 빠른 충·방전 특징 보유
	열역학	Compressed Air	열역학적으로 공기를 압축, 에너지저장
	위치	Pumped Hydro	물의 위치에너지로 전환, 저장
화학적 에너지로 전환	전기화학	Rechargeable Battery	화학에너지로 전환, 저장, Lead acid, N-Cd/NMH, Li-ion, NaS 등 다양
		Row Battery	전해액을 펌프로 흘려주어서 이온교환막을 통해 전기저장, V-redox, Zn-Br 등
	Materials	Hydrogen	물의 전기분해로 수소 생산, 활용, 궁극적 에너지저장형태로 평가
		기타	기타 R&D 중인 다양한 혁신 Solutions

Section 30

발전용량에 따른 수력발전소의 분류와 수력발전의 장단점

1. 개요

소수력발전은 하천수의 낙차를 이용하여 전기를 발생시키는 일로 정의되나 일반적으로는 설비용량에 근거하여 구분하고 있다. 즉 통상적인 수력(Conventional hydropower)에 비해 설비용량이 10,000kW(국내) 이하의 경우를 말한다. 신에너지 및 재생에너지

개발·이용·보급 촉진법에서는 신재생에너지의 유형으로서 수력에 소수력을 포함하고 있다.

2. 분류

기술적 측면에서는 설비용량, 낙차 및 발전방식에 따라서 소수력발전을 분류하고 그중 발전설비용량의 규모에 의한 분류는 [표 12-11]과 같다.

[표 12-11] 수력발전소의 구분

규모	설비용량기준	규모	설비용량기준
대수력	100,000kW 이상	미니수력	100~1,000kW
중수력	10,000~100,000kW	마이크로수력	5~100kW
소수력	1,000~10,000kW	피코수력	5kW 이하

수력발전이라고 하면 보통 대수력과 대댐에서 채택될 수 있는 설비용량을 의미하며, 소수력은 설비용량 1,000kW 이하의 경우를 대상으로 하고, 보다 작은 설비용량인 100 ~1,000kW 용량의 미니수력(mini-hydropower), 5~100kW 용량의 마이크로수력(micro hy- dropower), 5kW 용량 이하의 피코수력(pico-hydropower)을 포함하는 것으로 한다. 또한 낙차에 의해서는 35m 이하의 저낙차, 25~250m의 중낙차, 250m 이상의 고낙차 소수력발전으로 구분된다([표 12-12] 참조).

소수력발전의 핵심설비는 터빈(turbine)과 발전기(generator)이다. 어느 후보지로부터 최고의 경제성을 얻기 위해서는 적합한 터빈 결정이 중요하다. 일반적으로 터빈의 형식은 충동형(Impulse turbine)과 반동형(Reaction turbine)으로 구분된다.

충동형은 터빈을 통과한 수류가 대기압을 받게 되는 고낙차에 효율적이며, 펠턴터빈(Pelton turbine)과 횡류터빈(Crossflow turbine)방식이 이에 해당된다. 수류의 속도보다는 압력에 의해 작용되는 반동형은 일반적으로 저낙차에 이용되며 상대적으로 많은 유량을 요구한다. 프란시스(Francis) 및 프로펠러(Propeller)터빈이 이에 해당되며, 프로펠러타입으로는 Bulb, Tubular, Straflow터빈 등을 들 수 있다.

[표 12-12] 수차의 종류

구분	종류
충동형	펠턴수차(Pelton), 횡류수차(Cross flow), 터고수차(Turgo)
반동형	• 프란시스수차(Francis) • 프로펠러수차(Propeller) : 고정날개형, 가동날개형(Kaplan), 벌브형, 튜브형, 림형 • 사류수차(Diagonal) • 펌프수차 : 프란시스형, 사류형, 프로펠러형

3. 소수력발전의 장단점

1) 환경측면의 장단점

① 장점

㉠ 소규모, 지형순응형 발전방식이므로 소요수량이 작고 하천수질 및 수서생태계에 미치는 영향의 최소화가 가능하다.

㉡ 이산화탄소를 발생시키지 않는 신재생에너지로서 기후변화시대의 녹색성장수단으로 활용될 수 있다.

㉢ 잠재적인 소수력발전 적지는 산간지대에 위치하기 때문에 전력 계통 운용상에서 외진 곳의 에너지수요 대응수단일 뿐만 아니라 자연재해 발생 시 필요 최소전원으로 활용될 수 있다.

㉣ 소수력발전을 위한 저수댐은 치수, 관개, 상수도 및 공업용수 등으로 사용이 가능한 지역사회의 기반시설일 뿐만 아니라 지역주민에게 문화교류, 교육 및 학습장소를 제공할 수 있어 지역사회의 활력소가 될 수 있다.

② 단점 : 소수력은 상대적으로 작은 환경영향이 강조되고 있으나 기존 소수력의 85%가 상업적인 측면에 중점을 두어 운영됨으로써 어도시설 미비로 인한 어족통로 차단과 터널식 발전소의 경우 하천유지용수 최소량 방류에 따른 생태계 파괴문제가 우려되고 있는 실정이다.

2) B/C측면의 장점

① 소수력발전은 설치 및 전력생산비용측면에서는 발전설비가 상대적으로 간단하여 건설기간이 짧다.

② 유지관리가 용이할 뿐만 아니라 발전된 전기에너지를 이용하면 지역발전과 자연에너지활용의 상호작용에 의해 경제적, 사회적 및 심리적인 효과 등 지역경제활동에 기여한다.

③ 연간 사용가능한 수량자료를 바탕으로 계획하면, 태양광발전이나 풍력발전 등의 기후와 관련된 자연에너지에 비하여 공급 안전성이 우수하다.

④ 경제적 이점 중의 하나는 초기의 막대한 투자에 반하여 OM & R cost가 아주 낮은 특징이 있다.

Section 31 열의 3가지 이동현상

1. 개요

화재가 발생하면 외부공기로부터 산소를 공급받아 불꽃으로부터 되돌아온 열에 의해 연속적으로 재점화, 확산하여 다른 가연물질을 태우면서 확대해나간다. 이러한 확대현 상은 직접 물질이 화염에 접촉하면서 진행하는 것이 대부분이나 일부 열의 이동이나 불꽃(불티)이 비산된다. 열의 이동에 의해서 확대되는 경우에는 전도, 대류, 복사의 세 가지 작용에 의하여 진행되며, 이들 중 하나만 의하지 않고 세 가지가 동시에 작용한다.

2. 열의 3가지 이동현상

① 전도 : 열이 물질 속으로 전해져가는 현상으로 온도가 높은 부분에서 낮은 부분으로 이동하는 성질을 말한다.
② 대류 : 액체나 기체와 같이 유체의 일부가 가열되면 그 부분이 팽창되어 밀도가 적어져 위로 올라가고, 그곳에 온도가 낮은 부분의 유체가 흘러 들어간다. 이것은 가열된 공기의 움직임에 의한 열의 이동이라 할 수 있으며, 방 안에 난로를 피웠을 때 따뜻한 공기는 가벼워져 위로 올라가고, 찬 공기는 아래로 내려오는 현상이 반복되어 실내가 따뜻하게 되는 현상이 그 예라 할 수 있다.
③ 복사 : 고열체로부터 저열체로의 열의 이동이 전도나 대류와는 달리 중간의 매개물 없이 직접 열이 이동하는 현상으로, 이러한 현상은 열이 파도처럼 공간을 날아서 물체에 그 열이 전달되는 성질로서 태양열이 지상의 물체를 따뜻하게 해주는 현상 이 대표적인 예이다.

Section 32 기계환기의 3가지 방식

1. 개요

원칙적으로 자연환기의 단점은 기계환기에 의해 보완될 수 있다. 기계환기는 요구되는 환기량을 적절히 제공할 수 있고 거주자와 오염물 부하요구에 다양하게 응답할 수 있으며 기후의 변화에 대응하기가 상대적으로 쉽다. 특히 최근 에너지절약 등을 위해 고기밀화된 건축물에서 매우 효과적으로 적용할 수 있다는 장점이 있다.

2. 기계환기의 3가지 방식

기계환기방식은 그 방법에 의해 다음과 같다.

① 제1종 환기 : 외부공기를 공급하는 송풍기와 실내공기를 배출하는 송풍기가 결합된 환기체계이다.

② 제2종 환기 : 외부공기를 공급하는 송풍기와 실내공기가 배출되는 배기구가 결합된 환기체계이다.

③ 제3종 환기 : 외부공기가 도입되는 공기흡입구와 실내공기를 배출하는 송풍기가 결합된 환기체계이다.

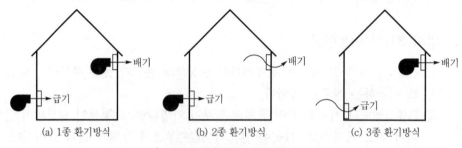

[그림 12-28] 기계환기방식의 종류

3. 적용

일반 공동주택의 경우 제3종 환기방식이 대다수였으나, 최근 동시 급배기형 레인지후드팬, 전열교환형 환기팬 등의 채용에 의해 제1종 환기도 증가하고 있는 추세에 있다. 또한 각 세대마다 환기를 하는 세대별 환기방식과 주동을 단위로 하는 공용 급배기경로를 확보해 환기를 하는 집합환기방식으로 구분할 수 있다. 집합환기방식은 기존에 많이 채용되었으나, 최근에는 입주자의 요구에 따라 세대별 환기방식의 채택이 점차 증가하고 있다.

Section 33

풍차(wind mill)의 최대 동력(P_{max})이 $P_{max} = \dfrac{8}{27}\rho A v_1^3$ 임을 설명(단, ρ : 밀도, A : 풍차의 면적, v_1 : 풍차의 입구 속도)

1. 수평축 터빈의 원리

Betz한계는 바람으로부터 동력을 추출하는데 이론적 최고효율은 59%이다.

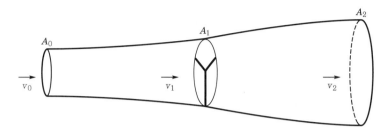

여기서, v_o : 상류에서 바람의 속도, A_o : 단면적

[그림 12-29] 터빈을 통과하는 바람의 흐름

바람이 터빈을 도달할 때 속도는 v_1으로 감소하며, 유관의 면적은 터빈 날개가 쓸고 지나가는 면적 A_1으로 증가하며 터빈 후류에서 바람이 통과하는 단면적이 A_2가 되고, 그 속도는 v_2가 된다. 터빈 전후에서 바람속도의 감소는 Bernoulli이론에 따라 터빈 전후단에 걸쳐 압력 상승을 초래하고, 따라서 이것이 터빈날개에 추력을 발생시킨다.

2. 동력(P)

$$P = \frac{1}{2}\rho A_1 \left(\frac{16}{27}\right)v_o^3 \tag{13.2}$$

※ 최대 동력은 터빈 후류에서 바람의 속도가 상류속도 v_o의 $\frac{1}{3}$

터빈에서 바람의 속도가 v_o의 $\frac{2}{3}$일 때 발생, 즉 $v_2 = \frac{1}{3}v_o$이고 $v_1 = \frac{2}{3}v_o$

① 속도 v_o를 가지고 면적 A_1을 통과하는 바람의 에너지 $P_w = \frac{1}{2}\rho A_1 v_o^3$

② 동력계수(C_p) : 터빈에 의해 추출된 동력의 분율

$$C_p = \frac{P}{\frac{1}{2}\rho v_o^3 A_1} \quad \text{또는} \quad P = \frac{1}{2}C_p\rho v_o^3 A_1 \tag{13.3}$$

이 값은 터빈면적 A_1과 동일한 면적을 자유롭게 통과하는 바람동력의 $\frac{16}{27} \cong 59\%$로, 이런 유입바람의 동력계수 C_p의 상한값 $\frac{16}{27}$을 Betz 또는 Lanchester-Betz한계 라 한다.

Section 34   원자력발전소의 원자로 종류와 특징

1. 개요

원자로는 핵분열반응을 원하는 속도로 안전하게 제어 및 조절을 하고, 발생한 에너지를 유효하게 이용할 수 있도록 여러 구성물질로 이루어진다. [그림 12-30]은 원자로를 구성하는 주요 부분을 도식적으로 보여준다.

중앙에 연료가 배치되어 있고 주위에 감속재가 있는 노심(core)부가 있다. 이곳이 연쇄반응이 일어나는 부분이다. 그 바깥으로 중성자 누설방지를 위한 반사체가 있으며 가장 바깥측은 방사선 차폐를 위한 차폐체가 있다. 원자로에서 발생한 열을 밖으로 빼내기 위한 냉각계통이 이들을 관통하여 설치되어 있고, 중성자 흡수체로 만든 제어봉이 노의 위쪽 또는 아래쪽에 설치된다.

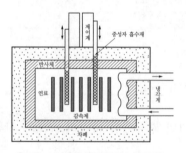

[그림 12-30] 원자로의 기본모형

2. 원자로의 종류

원자로(reactor)는 사용목적, 이용하는 중성자의 속도, 냉각재, 핵연료, 감속재 등 사용소재의 종류 등에 따라 다양하게 분류할 수 있다.

1) 사용목적에 따른 분류

사용목적에 따라 크게는 전기생산을 위한 발전용 원자로 또는 발전로(Power reactor)와 연구, 재료시험, 동위원소 생산, 교육훈련 등을 위한 연구용 원자로 또는 연구로(research reactor) 등 두 가지로 분류할 수 있다. 기타, 지역난방 등을 위한 열공급용 원자로(heating reactor), 선박, 잠수함 및 우주선의 추진 등을 위한 추진 동력로, 그리고 새로운 원자력시스템의 개발단계에서의 시험용 원자로로서 실험로(experimental reactor), 원형로(Proto-type reactor), 실증로(demonstration reactor) 등이 있다.

2) 이용하는 중성자 속도에 따른 분류

이용하는 중성자에너지영역에 따라 약 100keV 이상의 고속중성자를 이용하는 고속로(fast reactor)와 약 1eV 이하의 열중성자를 주로 이용하는 열중성자로(thermal reactor)로 대별된다. 현재 운전 중인 대부분의 원자로는 열중성자로이고, 원자로형에 중성자에너지를 지칭하는 특별한 용어가 들어있지 않은 것들은 모두 열중성자로 간주해도 무방하다.

고속로는 핵분열 시 방출되는 중성자를 감속시키지 않고 그대로 이용하므로 감속재가 필요치 않다. 한편 중성자에너지가 약 1~10keV인 열외중성자(epi-thermal neutron)를 핵반응에 주로 이용하는 열외중성자로(epi-thermal reactor)도 있다. 이것은 열중성자로와 고속로의 중간적인 특성을 갖는다.

3) 사용소재(냉각재, 핵연료, 감속재 등)에 따른 분류

발전로에서의 원자로형 명칭은 주로 냉각재, 핵연료 및 감속재의 종류에 따라 결정한다. 그중에서도 냉각재가 가장 중요한 요소인데, 이는 냉각재의 종류 및 조건이 주어지면 그에 적합한 감속재나 핵연료 특성 등은 대체로 결정되기 때문이다. 냉각재의 종류별로 노형을 구분하면 다음과 같다.

① 경수로(LWR : Light Water Reactor)
② 중수로(HWR : Heavy Water Reactor)
③ 가스U각로(GCR : Gas Cooled Reactor)
④ 액체금속로(LMR : Liquid Metal Reactor)
⑤ 경수냉각흑연감속로(LWGR : Light-Water-Cooled Graphite-Moderated Reactor)
⑥ 기타 : 증기발생중수감속로(SGHWR : Steam Generating HWR), 경수증식로(LWBR : Light Water Breeder Reactor), 가스냉각고속증식로(GCFBR : Gas Cooled Fast Breeder Reactor), 유기액냉각로(OCR : Organic Cooled Reactor), 용융염증식로(MSBR : Molten Salt Breeder Reactor) 등도 연구되고 있다.

여기서 경수를 냉각재로 사용하는 경수로(LWR)의 경우 냉각재의 비등(boiling) 여부에 따라 압력을 주어(가압) 비등을 억제하는 가압경수로(PWR : Pressurized Water Reactor)와 비등을 허용하는 비등경수로(BWR : Boiling Water Reactor)로 구분된다. 또한 사용하는 핵연료의 종류에 따라서 천연우라늄원자로, 저농축우라늄원자로, 고농축우라늄원자로, 플루토늄원자로, 혼합산화물핵연료원자로(MOX : Mixed Oxide) 등으로 분류할 수 있다. 핵분열성 물질인 U-235가 0.72% 밖에 들어있지 않은 천연우라늄을 농축과정을 거치지 않고 그대로 사용하는 천연우라늄원자로로는 캐나다가 개발하고 우리나라 월성에도 4기가 운전 중인 가압중수로(Pressurized Heavy Water Reactor :

PHWR, 일명 CANDU)가 대표적이다. 저농축우라늄원자로에서는 핵연료 내의 U-235를 5% 이하로 농축하여 사용하는 원자로이며 현재 가동 중인 대부분의 발전용 원자로는 이에 해당한다.

핵연료의 증식 또는 전환율에 의한 분류로는 증식로(breeder reactor), 전환로(converter), 연소로(burner) 등이 있다. 1개의 핵연료물질이 핵반응으로 소멸되는 동안 새로운 핵연료물질이 1개 이상 생기는 경우가 증식로, 1개 이하이면 소멸로라고 칭한다. 전환로는 핵연료의 소모율을 낮추려고 얼마간의 증식을 허용하는 연소로를 지칭한다. 연소로 중에서 핵무기 해체 등에서 나온 플루토늄을 연소하기 위해 특별히 고안된 원자로 등 전환율이 일반 원자로보다 특별히 낮은 소멸로를 별도로 구분하기도 한다. 감속재 종류에 따른 분류는 대부분이 냉각재와 감속재가 동일하므로 냉각재에 따른 분류와 유사하다. 예로 경수로, 중수로. 흑연감속로 등을 들 수 있다.

노심구성 또는 연료형태에 따라서는 연료와 감속재를 분리하지 않고 균질하게 혼합시킨 연료의 노심을 구성하는 균질로(homogeneous reactor)와 따로 분리하여 노심을 구성하는 비균질로(heterogeneous reactor)로 구분할 수 있다. 균질로는 1960년대 이전 액체연료 등으로 연구되었으나, 현재 가동되는 모든 원자로는 비균질로에 해당한다. 또한 노심 전체를 압력용기(Pressure vessel) 안에 배치하는 압력용기형 원자로, 핵연료다발 등만을 압력관(Pressure tube)으로 감싸는 압력관형 원자로가 있으며, 냉각재가 가득 찬 수조 안에 노심을 넣는 수조형 원자로(Pool-type reactor)가 있다. 수조타입은 연구용 원자로에서 자주 볼 수 있다.

또한 원자로의 용량 및 모듈화 여부에 따라서도 구분 가능하여 경수로의 소형화 또는 대형화뿐만 아니라 소형 모듈형 원자로(SMR : Small Modular Reactor), 중소형 원자로(SMR : Small and Medium size Reactor), 시스템모듈형 원자로(SMR : System Modular Reactor)를 들 수 있다. 우리나라에서 개발 중이고 2012년 표준설계 인허가를 획득한 스마트원자로(SMART : System Integrated Modular Advanced Reactor)도 여기에 속한다.

따라서 여러 형태의 원자로 중에서 현재 전기 등을 생산하며 상업운전 중이거나 상업화 가능성이 큰 발전용 원자로에는 가압경수로(PWR), 비등경수로(BWR), 가압중수로(PHWR), 경수냉각흑연감속로(LWGR), 마그녹스(Magnox), 개량가스로(AGR), 고온가스로(HTGR), 액체금속고속증식로(LMFBR) 등 8가지가 있다. [표 12-13]은 이들 8개 원자로형에 대한 냉각재, 핵연료, 중성자에너지 등 핵심적인 특징을 요약하여 보여준다.

[표 12-13] 발전용 원자로의 종류 및 주요 특성

원자로형	수냉각형(water-cooled)				기체냉각형(gas-cooled)			액체금속 냉각형
	가압경수로 (PWR)	비등경수로 (BWR)	가압중수로 (PHWR, CANDU)	흑연감속로 (LWGR, RBMK)	Magnox	AGR	HTGR	고속증식로 (LMFBR)
중성자에너지	열(저속)	열(저속)	열(저속)	열(저속)	열(저속)	열(저속)	열(저속)	고속
냉각재 / 냉각재	H_2O (과냉각)	H_2O (포화비등)	D_2O (과냉각)	H_2O (포화비등)	CO_2 (기체)	CO_2 (기체)	He (기체)	Na (액체)
냉각재 / 온도(℃)	330	285	310	285	400	650	800	600
압력(kgf/cm^2)	155	70	80	70	15	40	45	1
감속재	H_2O (냉각재와 동일)	H_2O (냉각재와 동일)	D_2O (냉각재와 분리, 저온저압)	흑연 (고체)	흑연 (고체)	흑연 (고체)	흑연 (고체)	없음
발전사이클	간접 (2차-H_2O)	직접 사이클	간접 (2차-H_2O)	직접 사이클	간접 (2차-H_2O)	간접 (2차-H_2O)	간접 (2차-H_2O)	간접 (2차-Na, 3차-H_2O)
연료증식특성	전환로	전환로	전환로	전환로	전환로	전환로	전환로	증식로
핵연료 / 화학조성	UO_2	UO_2	UO_2	UO_2	U금속	UO_2	UC, UO_2, ThO_2	UO_2/PuO_2
핵연료 / 농축도	~3% ^{235}U in ^{238}U	2~3% ^{235}U in ^{238}U	천연 우라늄	~3% ^{235}U in ^{238}U	천연 우라늄	2~3% ^{235}U in ^{238}U	20~93% ^{235}U	15~20% ^{239}Pu in ^{238}U
연료봉피복재	Zircaloy-4	Zircaloy-4	Zircaloy-4	Zr/1% Nb	Magnox	스테인리스강	C, SiC	스테인리스강
연료균연소도 (MWD/MTU)	30,000~40,000	25,000~40,000	6,500~8,500	-22,000	5,000~5,500	20,000~25,000	~100,000	~100,000
열효율(%)	31~36	30~35	29~32	~32	18~28	38~43	~40	40~45

에너지 하베스팅(Energy Harvesting)관점에서 열전발전, 스털링엔진(Stirling Engine)발전, ORC(Organic Rankine Cycle)발전의 특징

1. 개요

인구 증가와 문명 발전에 따른 에너지 고소비형 사회로 진행됨에 따라 기존에 사용하던 에너지원인 석유, 석탄과 같은 화석연료가 점점 고갈되고 있다. 이에 따라 화석연료를 대체 또는 보완하기 위한 방안이 강구되고 있으며, 제시되고 있는 방안은 새로운 에너지원의 개발과 기존 에너지원에 대한 효율적인 사용이다.

새로운 에너지원으로는 태양에너지, 풍력, 바이오매스, 지열, 조력, 파도에너지 등과 같은 신재생에너지가 개발되고 있다. 신재생에너지는 공해물질을 배출하지 않는 청정에너지일 뿐만 아니라 안전하다는 점 때문에 관심을 받고 있으며 수요가 빠르게 증가할 것으로 예측되고 있다. 그러나 아직까지 화석연료를 대체하기에는 기술적 한계가 존재하기 때문에 제한적으로 사용되고 있다.

2. 에너지 하베스팅(Energy Harvesting)관점에서 열전발전, 스털링엔진발전, ORC발전의 특징

1) 열전발전(Thermoelectric Generation)

열전발전은 고온과 저온 사이의 온도차 때문에 생기는 열에너지의 이동현상을 전기에너지로 변환하는 기술로써, 열전소재의 양단에 온도차가 존재하면 소재 내부의 전자(electron) 또는 정공(hole)이 평균적인 페르미(Fermi)에너지준위보다 높은 상태로 존재하게 됨에 따라 저온부로 확산하면서 발생한다. 이에 따라 저온부는 −로 하전되고, 고온부는 +로 하전되어 재료의 양단 사이에 전위차(V_s)가 발생하며, 폐회로 내에 발생하는 열기전력에 의해 전류가 흐르는 현상이 일어난다. 이를 Seebeck 효과(Seebeck effect)라고 한다.

이러한 열전원리는 1821년 독일의 물리학자 Thomas Johann Seebeck이 이종금속을 접합시킨 폐회로접합부에 온도차를 주면 자침의 회전현상이 발생하는 것을 확인하였고, 각종 금속의 접합에 대해 그 효과를 정리하여 발표하면서 알려졌다. 1909년부터 1911년 사이에 독일 물리학자이자 수학자인 Edmund Altenkirch는 열전현상의 변환효율과 냉각효과에 대한 이론을 도출하였고, 1929년 러시아의 물리학자 Abram F. Ioffe는 주기율표의 II-IV족, IV-VI족 및 V-VI족 원소를 화합물반도체 형태로 사용한다면 열전의 변환효율을 비약적으로 향상시킬 수 있다는 이론을 발표하였다. 이후 1950년대

에 반도체 소재인 Bi_2Te_3가 발견되면서 열전연구가 활발히 진행되다가 1960년대부터 2000년까지 무차원 성능지수(dimensionless figure of merit)가 1 이하인 암흑기에 접어들었다. 이후 2000년대부터 나노기술이 발전함에 따라 새로운 열전구조 등이 개발되면서 현재에 이르고 있다.

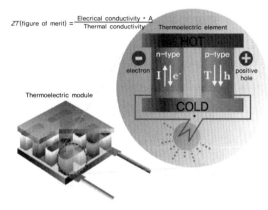

[그림 12-31] 열전발전의 원리

2) 스털링엔진(Stirling Engine)발전

스털링엔진이란 실린더와 피스톤으로 이루어진 공간 내에 수소나 헬륨 등 작동가스를 밀봉하고, 이를 외부에서 가열냉각시킴으로써 피스톤을 상하로 움직여 기계적 에너지를 얻게 되는 외연기관(External Combustion Engine)이다.

실제로는 실린더 내의 작동가스를 가열기, 재생기, 냉각기로 구성된 열교환기를 통해 가열 또는 냉각시킴으로써 그 팽창과 수축에 따라 피스톤이 상하운동을 하게 하여 동력을 얻게 된다. 이것은 가솔린엔진 등 내연기관에 비하여 열효율이 더 높고 소음과 진동이 적다. 연료로는 석유류 외에 천연가스와 석탄, 신탄 등의 고체연료, 공장폐열과 태양열 등도 다양하게 이용될 수 있을 것으로 기대되고 있다.

이것은 엔진으로서 열역학적 이론상 가장 높은 효율을 가지며, 연소할 때 폭발행정이 없기 때문에 엔진의 진동, 소음이 낮고 폐가스의 정화도 유용하며, 뿐만 아니라 외연기관이기 때문에 석유, 천연가스를 비롯하여 목질계 연료, 공장폐열, 태양열 등 여러 가지 열원을 이용할 수 있는 특징이 있는데, 이 엔진은 공조(Air Conditioning)시설의 동력원과 산업분야의 여러 용도에 쓰일 이동식 동력원 등으로 응용될 것으로 기대되고, 미국과 일본에서 연구개발이 진행되고 있어 머지않아 열효율 35% 및 엔진수명 10년까지 달성될 것으로 보인다. 이 밖에도 주택밀집지역의 열병합발전시스템으로도 유망해 보이고 태양열발전용 및 인공심장의 동력원 등 특수 용도까지 매우 광범위하게 이용될 전망이다.

3) ORC(Organic Rankine Cycle)발전

100~400℃의 열원을 가지는 폐열에너지는 금속가공공정, 시멘트 유리공정 등 여러 산업분야에서 열이 사용되지 않고 버려진다. 이러한 폐열에너지는 터보팽창기술을 응용하여 사이클을 구성하여 1~12MW의 청정전기에너지를 생산할 수 있다.

Rankin Power Cycle의 원리는 열원(해수 등)과 LNG 간 온도차에 의해 작동하여 전기를 생산하고 사이클 내 작동유체로서 프로판이 주로 채택되며, 액상프로판이 펌프에 의해 기화기로 보내져 열원(해수)과 열교환에 의해 고온고압으로 기화된다. 고압의 기화된 프로판이 터빈 내에서 팽창하여 전기를 생산하고 터빈을 통과한 프로판은 LNG 기화기로 들어가서 LNG를 기화시키는 동시에 그 자체는 액체가 된다.

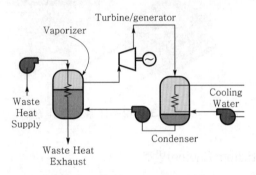

[그림 12-32] Rankin Power Cycle

Section 36

강화유리의 기계적 성질과 열처리방법

1. 강화유리의 기계적 성질과 열처리방법

강화유리란 float glass(성형된 판유리)를 연화온도에 가까운 500~700℃로 가열하고 압축한 냉각공기에 의해 급냉시켜 유리 표면부를 압축변형시키며 내부를 인장변형시켜 강화한 유리를 말한다. 강화유리는 보통 일반유리에 비하여 굽힘강도는 3~5배, 내충격성도 3~8배가 강하며 내열성이 우수한 성질을 가지나 유리 자체의 내부에서 힘의 균형을 유지하고 있기 때문에 한쪽이 조금만 절단되어도 전체가 팥알크기의 파편으로 파괴되므로 강화처리하기 전에 용도에 맞는 모양으로 제작한다. 표면에 열처리 후 급냉되는 공정이 추가되므로 투시성은 일반유리와 동일하며 한계 이상의 충격으로 깨어져도 작고 모서리가 날카롭지 않은 파편으로 부서져 위험이 적은 특징이 있다.

2. 강화유리의 장점

① 강도 : 강화유리는 일반유리와 달리 유리 표면에 압축응력이 형성되어 있기 때문에 강도가 높으며 원판유리를 약 700℃로 가열하였다가 급속히 냉각시키는 열처리공정에 의해 만들어진다.

② 표면압축응력 : 강화유리의 제조공정에서 일반 float유리를 연화점(softening point : 유리가 유동성을 가질 수 있는 온도를 의미하며 일반 소다석회유리의 경우 약 650~700℃)까지 가열하였다가 유리 표면에 균일하게 찬 공기를 불어주면 유리는 급격하게 줄어드는 힘이 발생한다.

③ 안전성 : 도자기에 바른 유약과 점토를 동일하게 온도를 올렸다가 식히면 서로 줄어드는 속도차가 발생하고, 이러한 차이로 결국 유약층의 변형을 일으켜 가는 잔금을 만들게 된다. 강화유리도 우리 눈에는 볼 수 없으나 열팽창계수가 다른 2개의 유리층이 공존하고 있다고 할 수 있다.

Section 37 수소를 이용한 1차 연료전지(fuel cell)의 한 종류를 선택하여 구조도를 그리고 산화–환원반응식으로 작동원리 설명

1. 개요

연료전지는 연료(LNG, LPG, methanol, gasoline 등) 및 공기(O_2)의 화학에너지를 전기화학적 반응에 의해 전기에너지(직류전류) 및 열을 생산하는 능력을 갖는 전지(Cell)로 정의된다. 소용량에서는 종래의 전지와는 다르게 외부에서 연료와 공기를 공급하여 연속적으로 전기를 생산하며, 대용량에서는 기존의 발전기술(연료의 연소, 증기 발생, 터빈구동, 발전기구동)과는 달리 연소과정이나 구동장치가 없으므로 효율이 높을 뿐만 아니라 환경문제(대기오염, 진동, 소음 등)를 유발하지 않는 새로운 개념의 발전기술이다.

2. 수소를 이용한 1차 연료전지의 한 종류를 선택하여 구조도를 그리고 산화– 환원반응식으로 작동원리 설명

연료전지의 기본개념은 다음과 같다.

① anode : $H_2 \rightarrow 2H^+ + 2e^-$

② cathode : $\frac{1}{2}O_2 + 2H^+ + 2e^- \rightarrow H_2O$

③ overall : $H_2 + \frac{1}{2}O_2 \rightarrow H_2O + 전류 + 열$

[그림 12-33]과 같이 수소는 anode를 통과하고, 산소는 cathode를 통과한다. 수소는 전기화학적으로 산소와 반응하여 물을 생성하면서 전극에 전류를 발생시킨다. 전자가 전해질을 통과하면서 직류전력이 발생하며 열도 부수적으로 생산된다. 직류전류는 직류전동기의 동력으로 사용되거나 인버터에 의해 교류전류로 바꾸어 사용된다. 연료전지에서 발생된 열은 개질을 위한 증기를 발생시키거나 냉난방열로 사용될 수 있으며, 사용되지 않을 경우에는 배기열로 배출된다.

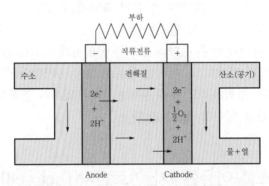

[그림 12-33] 수소를 이용한 1차 연료전지의 원리

Section 38 디젤기관과 가솔린기관의 비교

1. 디젤기관과 가솔린기관의 비교

[표 12-14] 디젤기관과 가솔린기관 비교(거시적 비교)

구분	디젤기관	가솔린기관
연료	연료비가 싸며 인화점, 착화점이 낮다. 또한 안전성이 높고 가격이 염가이다.	인화점이 매우 낮아서 위험하고, 가격이 고가이다.
연료소비율	160~220g/PS·h	190~250g/PS·h
압축비	15~23	6~10
정미열효율	30~34%(높다)	25~28%(낮다)
기본행정	사바테사이클	오토사이클
점화방법	자연착화점화방식이며 예열장치만 있으므로 점화장치에 고장이 적다.	전기점화장치를 사용하므로 비교적 고장(약 30%의 고장에 해당)이 많다.
연료공급	분사펌프형	기화기 또는 연료분사장치
진동	크다.	적다.

구분	디젤기관	가솔린기관
저속 시의 토크	토크가 크며 회전속도의 높고 낮음을 통하여 평균유효압력의 변화가 적으며 토크변동이 적다.	적다.
무선방해	적다.	많다.
가속성	나쁘다.	좋다.
마력당 중량	크다(3~4kg/PS).	작다(1~2kg/PS).
열량	139,500kcal/kg	124,500kcal/kg
공해	적음	많음
가격	고가	저렴

[표 12-15] 디젤기관과 가솔린기관 비교(미시적 비교)

구분	디젤기관	가솔린기관
사용연료	경유(light oil)	가솔린(gasoline)
착화방법	자연착화	전기점화
압축비	15~20 : 1	7~10 : 1
연료공급	분사	기화기에서 혼합
속도조절	분사되는 연료의 양	흡입되는 혼합가스의 양
폭발 최대 압력	$45~70kg/cm^2$	$30~35kg/cm^2$
배기가스온도	$900°F$	$1,300°F$
출력당 중량	5~8kg/PS	3.5~4kg/PS
시동마력	5PS	1PS
실린더 최대 직경	220~230mm	160mm

2. 기타 비교적 특성

① 가솔린기관의 인화점은 −15~−40℃, 디젤기관의 인화점은 60~70℃로 디젤기관은 가솔린기관보다 연료의 인화점이 높아서 화재의 위험이 적다.

② 디젤기관은 2사이클이 비교적 유리하고, 가솔린은 4사이클이 유리하다.

③ 디젤기관은 가솔린기관보다 공해는 적으나 흑연(스모크)을 내는 단점이 있다.

④ 가솔린기관은 압축압력이 낮으므로 시동전동기의 회전력이 낮아도 된다. 약 1PS 정도이며, 축전지 전압은 6~12V, 디젤기관은 5PS 정도이므로 축전지의 전압도 24V를 주로 이용한다.

Section 39 원동기의 종류와 특성

1. 개요

대부분 건설기계는 열에너지를 기계적 에너지로 변환시켜 동력을 얻을 수 있게 한 기관으로 열기관(heat engin)이라 하며 다시 내연기관과 외연기관으로 분류한다. 오늘날 대부분의 건설기계는 내연기관이다.

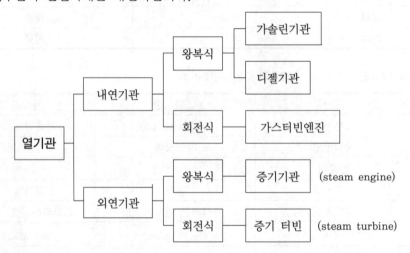

2. 원동기의 종류와 특성

1) 내연기관(외연기관과 비교)

(1) 장점
① 구조가 간단하다.
② 열손실 에너지가 적다.
③ 원동기의 무게가 적다.
④ 원동기의 크기와 출력의 비가 적다.
⑤ 역전 성능이 좋다.
⑥ 매연이 비교적 적다.
⑦ 마력당의 중량이 적고 운반성이 좋다.

(2) 단점
① 진동이 크다.
② 저속에서 회전력이 적다.
③ 자력으로 기동할 수 없다.
④ 고급연료를 사용해야 한다.
⑤ 윤활과 냉각에 주의를 요한다.
⑥ flywheel을 요한다.

3) 분류

① 가솔린기관 : 전기의 스파크에 의하여 점화하는 전기식 점화기관으로 가솔린, 벤젠, 알코올과 같은 기화성 연료를 사용하며, 단위시간당 마력이 커서 항공기, 자동차, 오토바이 등 고속용 기관에 사용한다.

② 디젤기관(대부분의 건설기계) : 외부로부터 점화되지 아니하고 압축열에 의하여 스스로 점화, 연소하는 압축착화기관이다.

2) 외연기관

기관 외부에 따로 설치된 연소장치에 연료가 공급되어 작동유체를 가열시키고, 여기서 발생한 증기를 실린더로 유입시켜 기관을 작동하는 기관이다.

Section 40 열역학적 유효에너지 및 무효에너지

1. 개요

작업물질이 고온 열원으로부터 열량 Q를 받아 사이클을 지속하기 위해서는 저온 열원에 열량의 일부를 버리지 않으면 안 된다. 이때 에너지를 무효 에너지(E_u, unavailable energy)라고 하며 유효한 일로 변환할 수 있는 에너지를 유효에너지라 한다.

2. 열역학적 유효에너지 및 무효에너지

일을 하기 위한 기계에서 에너지 개념이 사용되는데, 이때 사용되는 에너지는 유효에너지이고, 사용되지 않고 버려지는 에너지가 무효에너지이다.

$$\eta = \frac{W}{Q} = 1 - \frac{Q_2}{Q_1}\left(= 1 - \frac{T_2}{T_1}\right)$$

이때 $Q_2 = E_u =$ 무효에너지, $E_u = (1 - \eta)Q_1$, 즉 카르노 사이클 효율에서 Q_2가 무효에너지가 된다. 또한 $(1 - \eta)$의 의미가 전체에서 기계효율을 제외한 나머지라는 공학적 의미이기 때문에 주어진 열량(Q_1)에 곱하면 무효한 에너지의 의미를 가진다.

참고자료

① 열역학 제0법칙(the zeroth law of thermodynamic) : 만약 A와 B가 열적으로 동등한 상태(열적평
형)를 이루고, B와 C 또한 열적평형을 이루고 있다면 A와 C도 열적평형을 이룬다.
② 열역학 제1법칙(the first law of thermodynamic) : 에너지보존법칙으로 열을 일로 변환시켰을 때
에너지총량은 변화 없이 일정하다고 보며, 한 계(system)가 갖는 에너지총량은 외부와 에너지의 교
환이 없는 한 일정(불변)하다.
③ 열역학 제2법칙(the second law of thermodynamic) : 제1법칙과는 달리 변환시켰을 때 손실이 발생
한다는 법칙이다.

Section 41 베어링(bearing)의 윤활목적 및 윤활제의 종류

1. 윤활의 목적

윤활의 목적은 베어링 내부의 마찰, 마모를 줄이고 용착(seizure)을 방지하기 위한
것으로, 그 효용은 다음과 같다.

① 베어링의 부품인 레이스, 전동체, 리테이너가 접촉하는 부분에서 금속끼리 직접 닿
지 않도록 하여 마찰, 마모를 감소시킨다.
② 접촉면이 충분히 윤활되어 있으면 베어링의 수명이 길어지지만, 점도가 낮거나 유막
의 두께가 얇으면 수명이 짧아진다.
③ 순환급유 등에 의하여 내부에서 발생한 열을 방출시켜 베어링의 과열을 방지하고
윤활유 자신의 성능저하도 방지한다.
④ 이물질의 침입을 막고 녹이나 부식을 방지한다.

2. 베어링의 윤활

가장 간단한 형태의 베어링은 plain 혹은 journal베어링이다. 일반적으로 plain베어
링에 있어서 하중은 언제나 축의 센터라인에 수직한 한 방향으로 작용하고 있으며, 이
러한 하중을 radial하중이라 한다.

수직하중을 받고 있는 plain베어링에 있어서의 유체유막형성 과정을 보면 [그림
12-34]와 같다. 종종 plain베어링은 추력이나 축방향의 하중을 전달하게끔 요구되어지
는데, 이것은 축의 센터라인과 평행한 방향으로 움직이는 하중을 의미한다.

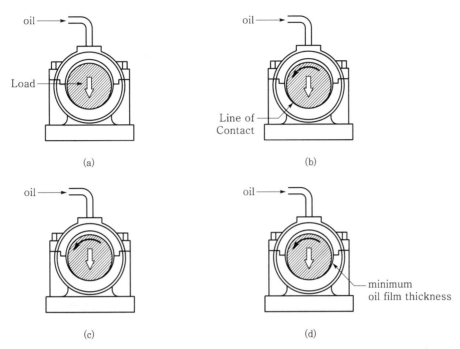

(a)

(b)

(c)

(d)

[그림 12-34] 수직하중을 받고 있는 journal베어링에서의 유체 유막형성과정

① 기계가 정지되어 있는 상태에 있어서 베어링과 축의 바탕 부분 사이의 유막은 금속 표면들 사이에서 어떤 부위는 실제로 접촉하고 있을 정도로 극단적으로 얇은 유막을 형성하고 있다([그림 12-34]의 (a) 참조).

② 기계가 구동하기 시작할 때 축이 회전을 시작하므로 공극봉에 오일이 채워지기 시작한다. 첫 마찰력이 높기 때문에 축은 베어링의 왼편으로 올라가기 시작하고 구름동작이 오일 유막 위에서 이루어질 때 마찰이 감소하게 되므로 축은 다시 아래쪽으로 미끄러져 내려온다([그림 12-34]의 (b) 참조).

③ 축의 속도가 점점 증가하게 되면 쐐기 부위로 오일이 들어가게 되고 축을 들어 올릴 만큼 충분한 압력이 발생되어 오른쪽으로 축이 밀려서 올라가게 된다([그림 12-34]의 (c) 참조).

④ 축이 최대 속도가 될 때 축은 오일 유막 위에서 회전하게 된다([그림 12-34]의 (d) 참조).

가벼운 추력은 plain 베어링의 끝 면에서 움직이고 있는 축의 collar나 shoulder에 의해 지탱될 수 있다.

3. 윤활제의 선택

Plain베어링을 위한 윤활제의 선정에는 많은 주의를 기울여야 한다.

1) 오일의 선택

유체 유막베어링을 위한 모든 윤활장치는 순환장치 system이 필수적이다. 이렇게 함으로써 오일을 장시간에 걸쳐 여러 번 사용할 수 있다. 수분이나 다른 오염물질이 들어갈 위험이 있는 장치에서의 오일이 가져야 하는 필수적인 조건은 다음과 같다.

① 장시간 사용 중에 잔류물 형성이나 산화에 저항할 수 있는 양호한 화학 안정성이 있어야 하며

② 산화와 부식에 대한 보호성능이 있어야 하며

③ 유화되는 것을 방지하기 위해서 쉽게 수분과 분리되어야 하며

④ 기포형성이 되면 안 된다.

이러한 성능이 기본적으로 충족되기 위해서는 고품위의 순환오일이 필수적이며 오일의 점도를 선택하기 위해서 속도, 하중, 작동온도 등이 사전에 충분히 검토, 결정되어야 한다. 속도(rpm)는 일반적으로 쉽게 구해질 수 있으며, 베어링하중은 베어링에 부과된 총무게(weight)를 베어링 총투영면적으로 나누어서 산출하면 된다.

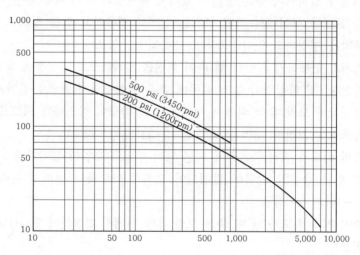

[그림 12-35] Oil Viscosity Chart for Fluid Film Bearing (journal speed[rpm] vs. Oil viscosity)

2) 그리스의 선택

plain베어링을 윤활하기 위해 사용되는 system은 loss system이기 때문에 사용된 그리스는 장시간 재사용을 할 수가 없으며 그리스의 빈약한 냉각특성으로 인해 오일로

윤활되는 베어링보다 작동온도가 높아지게 된다. 따라서 그리스가 베어링에 남아 있는 동안에 높은 온도에 노출되고 부분적으로 하중전달영역으로 들어가서 전단 안정성이 저하되기 때문에 그리스가 연화되고 끝단에서의 leakage 발생원인이 된다.

적용방법은 그리스의 타입이나 주도에 의해 큰 영향을 받게 되는데 중앙 집중식일 경우 필요한 곳까지 쉽게 유동될 수 있고 저온에서도 펌핑성이 뛰어난 연질 그리스의 선택이 필수적이다.

Section 42 윤활유의 기능과 구비조건, 윤활유 열화방지법과 윤활 상태의 분류

1. 윤활유의 기능

윤활유의 기능은 다음과 같다.
① 감마작용 : 금속과 금속 사이에 유막을 형성하며 직접 금속이 서로 접촉하지 못하게 하는 동시에 운동 부분을 원활하게 하여 마찰을 최소한 억제하여 마모를 감소시킨다.
② 밀봉작용 : 피스톤과 피스톤링 사이에 유막을 형성하여 가스의 누설을 방지하는 동시에 압축압력을 유지한다.
③ 냉각작용 : 각 마찰을 습동 부분의 발생열을 오일이 흡수하고, 이 열을 오일이 오일팬으로 이송하여 냉각하기 때문에 기계 각 부분의 마찰열을 냉각하는 일을 한다.
④ 소음완화작용 : 두 금속이 충돌 혹은 습동하여 회전, 습동 시에 소음이 발생하며 마모가 촉진되는 일이 생기게 되는 것을 습동 부분을 유연하게 하여 마찰이 감소하는 일을 윤활유가 하게 된다.
⑤ 청정작용 : 금속과 금속이 마찰하는 부분에 금속이 마모하여 금속가루가 생기는 것을 오일이 냉각하는 동시에 이것을 오일팬으로 이송하여 청소하는 작용을 하게 되어 마찰 부분의 습동을 유연하게 한다.
⑥ 부식방지작용 : 유막으로 외부의 공기나 수분을 차단함으로써 부식을 방지한다.

2. 윤활유의 구비조건

윤활유의 구비조건은 다음과 같다.
① 적당한 점도가 있고 유막이 강한 것
② 온도에 따르는 점도변화가 적고 유성이 클 것

③ 인화점이 높고 발열이나 화염에 인화되지 않을 것

④ 중성이며 베어링이나 메탈을 부식시키지 않을 것

⑤ 사용 중에 변질이 되지 않으며 불순물이 잘 혼합되지 않을 것

⑥ 발생열을 흡수하여 열전도율이 좋을 것

⑦ 내열·내압성이면서 가격이 저렴할 것

3. 윤활유 열화의 방지법

윤활유 열화의 방지법은 다음과 같다.

① 안정도가 좋은 오일을 사용할 것

② 수분 혹은 불순불이 혼합되어 있지 않을 것

③ 일반적으로 사용온도는 60℃를 초과하지 않을 것

④ 냉각기의 용량을 크게 하고 오일 입구온도를 35℃ 정도로 유지할 것

⑤ 오일여과기와 오일냉각기의 청소를 충분히 할 것

4. 윤활상태의 분류

일반적으로 윤활상태는 윤활제 유막의 두께에 의해 다음 3가지로 나눈다.

① 유체윤활(Full-film Lubrication) : 후막(厚膜)윤활 또는 완전(完全)윤활이라고도 하며 가장 이상적인 윤활상태이다.

② 경계윤활(Boundary Lubrication) : 박막(薄膜)윤활 또는 불완전윤활이라고도 하며 기름의 점도가 떨어져서 움직이는 속도가 느려지거나 또는 기름의 양이 충분치 못할 때는 유막의 두께가 얇아지는 박막상태가 된다. 마찰 표면에 흡착된 얇은 분자막에 의해 윤활이 이루어진다.

③ 극압윤활(Extreme Pressure Lubrication) : 하중(荷重)이 많이 걸리거나 마찰면의 온도가 높게 되면 마찰면이 접촉하여 파괴되기 쉽다. 이러한 극압마찰을 적게 하기 위해 통상 유활유에는 극압첨가제를 넣어 금속 표면과 화학적으로 반응하여 극압막을 만든다.

디지털 트윈(digital twin)

1. 개요

디지털 트윈(digital twin)은 물리적 객체의 가상모델이다. 객체의 수명주기에 걸쳐 지속되며 객체의 센서에서 전송된 실시간 데이터를 사용하여 동작을 시뮬레이션하고 작업을 모니터링한다. 디지털 트윈은 공장장비의 단일 부품부터 풍력터빈 및 전체 도시와 같은 전체 설비에 이르기까지 실제 환경의 많은 항목을 복제할 수 있다. 디지털 트윈 기술을 사용하면 자산의 성능을 감독하고 잠재적 결함을 식별하며, 정보를 바탕으로 유지관리 및 수명주기에 대한 결정을 내릴 수 있다.

2. 디지털 트윈(digital twin)

1) 디지털 트윈의 이점

디지털 트윈은 사용자에게 제공하는 이점은 다음과 같다.

(1) 성능 개선

디지털 트윈이 제공하는 실시간 정보와 인사이트를 활용하여 장비, 플랜트 또는 시설의 성능을 최적화할 수 있다. 발생하는 문제를 처리해주므로 시스템이 최대 성능으로 작동하도록 보장하고 가동중지시간을 줄일 수 있다.

(2) 예측기능

디지털 트윈은 수천개의 장비로 구성되어 있는 경우에도 제조플랜트, 상업용 건물 또는 시설에 대한 완벽한 시각적 및 디지털 보기를 제공할 수 있다. 스마트센서는 모든 구성요소의 출력을 모니터링하여 문제 또는 결함이 발생할 경우 플래그를 표시한다. 장비가 완전히 고장 날 때까지 기다리는 것이 아니라 초기 문제징후가 나타날 때 미리 조치를 취할 수 있다.

(3) 원격 모니터링

가상화되어 있는 디지털 트윈의 특성상 시설을 원격으로 모니터링하고 제어할 수 있다. 또한 원격 모니터링이 가능하므로 잠재적으로 위험한 산업장비를 검사하는 데 필요한 인원을 줄일 수 있다.

(4) 프로덕션시간 단축

실제 제품 및 시설이 만들어지기 전에 디지털복제본을 만들어 프로덕션시간을 단축할 수 있다. 시나리오를 실행함으로써 고장이 발생할 경우 제품 또는 시설이 어떻게 반응하는지 확인하고 실제 프로덕션 전에 필요한 부분을 변경할 수 있다.

2) 적용 분야

실제 시스템의 가상버전을 구축하는 데 디지털 트윈을 활용하는 산업분야가 점점 더 많아지고 있으며 다음과 같다.

(1) 건설

건설팀은 디지털 트윈을 만들어 주택, 상용 건물 및 인프라 프로젝트를 보다 효과적으로 계획하는 한편, 기존 프로젝트가 어떻게 진행되고 있는지 실시간으로 파악할 수 있다.

(2) 제조

디지털 트윈은 설계 및 계획부터 기존 시설의 유지관리에 이르기까지 전체 제조수명주기에 사용된다.

(3) 에너지

디지털 트윈은 에너지분야에서 전략적 프로젝트계획을 지원하고 해양 플랜트, 정제 시설, 풍력발전단지 및 태양열 프로젝트와 같은 기존 자산의 성능과 수명주기를 최적화하는 데 널리 사용된다.

(4) 자동차

자동차산업에서는 디지털 트윈을 사용하여 차량의 디지털모델을 만든다. 디지털 트윈은 소프트웨어, 기계 및 전기모델뿐만 아니라 차량의 물리적 동작에 대한 인사이트도 제공한다.

(5) 의료서비스

디지털 트윈은 의료산업분야에서 여러 사례에 사용된다. 여기에는 전체 병원, 기타의 시설, 실험실 및 인체의 가상 트윈을 구축하여 신체장기를 모델링하고 시뮬레이션을 실행함으로써 환자가 특정 치료법에 어떻게 반응하는지 보여주는 것이 포함된다.

Section 44 위험도기반검사기법(RBI)의 손상인자(DF), 검사인자(IF), 운전인자(OF)

1. 개요

위험도기반검사기법(RBI, Risk Based Inspection)는 검사 및 유지·보수계획의 수립, 관리, 그리고 시행에 위험성 평가를 이용하는 것이다. RBI는 각 설비별로 위험도에 입각한 검사계획을 수립하는 것이다. 설비별 검사계획은 안전·보건·환경과 경제성 관점에서의 위험도를 나타낸다. RBI는 또한 설비의 검사 및 유지·보수기술의 향상과 기계 고장으로 인한 위험도를 체계적으로 줄일 수 있도록 해준다. RBI에서는 정량화된 위험도를 제공함으로써 위험도등급이 높은 경우 검사의 주기를 짧게 하며, 반대로 위험도등급이 낮은 경우 검사의 주기를 연장함으로써 검사와 관련된 검사비용을 절감할 수 있도록 해주고 있다.

2. 위험도기반검사기법(RBI)의 손상인자(Damage Factor), 검사인자(Inspection Factor), 운전인자(Operating Factor)

준정량적 RBI절차에서는 문진에 의해 설비의 상태를 파악하는 정성적 기법과 수치적 데이터를 이용해 설비의 상태를 진단하는 정량적 기법을 모두 사용하여 제안하는 RBI 절차는 [표 12-16]과 같이 4개의 평가인자와 9개의 평가항목으로 구성하고, 평가항목은 에너지 플랜트의 운전환경, 기술적 수준 및 규제 등을 고려한다.

[표 12-16] Assessment factor for PoF(Probability of Failure)

평가인자(4개)	평가항목(9개)
손상인자(Damage Factor)	손상기구평가(DM) 손상기구 신뢰도평가(DR)
검사인자(Inspection Factor)	검사유효성평가(IE) 검사데이터평가(ID) 최근 검사일평가(LI) 검사활동성평가(IA)
운전인자(Operating Factor)	운전정지평가(SD) 비정상상태평가(AS)
설계인자(Design Factor)	설계 적절성 평가

MEMO

부록 과년도 출제문제

최근 18개년 출제문제

━━━ 산업기계설비기술사 ━━━

2006년 산업기계설비기술사 제78회

✎ **제1교시** 시험시간: 100분

※ 다음 13문제 중 10문제를 선택하여 설명하십시오. (각 10점)

1. 편의오차(bias error), 즉 계통오차(systematic error)에 대해 설명하시오.

2. 끼워맞춤의 종류를 기술하고, 설명하시오.

3. 유압펌프의 종류를 기술하시오.

4. 치수기입법에서 '$\phi 30F7$'의 의미를 설명하시오.

5. 압전센서(piezoelectric sensor)에 대해 설명하시오.

6. 유효낙차 100m, 유량 250m^3/s인 수력발전소의 수차의 효율이 90%라 할 때 수차의 출력은 몇 kW인가?

7. 유체유동에서 경계층(boundary layer)에 대하여 설명하시오.

8. 유체역학에서 항력계수(drag coefficient)와 양력계수(lift coefficient)에 대하여 설명하시오.

9. 전원주파수 50Hz인 지역에서 펌프의 회전수가 1,475rpm인 경우 양정 30m, 유량 72m^3/h, 축동력 75kW인 펌프가 전원주파수 60Hz인 지역에서 펌프의 회전수가 1,770rpm으로 된다면 축동력(L) 및 수력토크(T)는 각각 얼마나 되는가?

10. 스프링상수가 k_1, k_2인 두 가지 스프링이 다음 그림에 나타낸 바와 같이 배치되어 질량 m인 물체를 지지하고 있다. 이 경우 자유진동계의 진동수 f는 얼마인가?

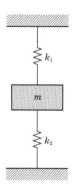

11. 다음 측정값을 사용하여 표준편차(standard deviation) S를 구하시오.

$$x_1 = 50.1, \quad x_2 = 49.7, \quad x_3 = 49.6, \quad x_4 = 50.2$$

12. 절대단위계에서 점성계수(μ)의 차원을 구하시오.

13. 핀 구멍(pin hole)을 갖는 평판에 인장력이 작용할 때 응력분포의 상태를 그림으로 나타내고, 응력집중계수(혹은 형상계수) a_k를 정의하시오(단, 평판의 폭은 b, 인장력은 p, 평판의 두께는 t, 핀홀의 직경은 d이다.).

제2교시 시험시간: 100분

※ 다음 6문제 중 4문제를 선택하여 설명하십시오. (각 25점)

1. 연강(mild steel)과 주철(cast iron)의 응력-변형률선도를 정성적으로 비교하여 나타내고, 탄성변형과 소성변형을 설명하시오.

2. 일반 산업기계에 사용되는 윤활법의 종류를 들고, 각각을 설명하시오.

3. 귀하가 경험한 자동제어(automatic control, 즉 closed-loop control)시스템의 예를 한 가지 선정하여, 자동제어의 사용목적과 결과 등을 설명하시오.

4. 양정 90m, 유량 180m³/h, 회전수 2,920rpm을 설계조건으로 하는 양흡입펌프가 있다. 취급하는 액체가 80℃의 맑은 물일 때 캐비테이션을 일으키기 시작하는 한계의 흡입높이를 구하시오(단, 흡입관 내에서의 유동에 의한 손실수두는 1.2m이다. 80℃ 물의 비중량은 971.8kgf/m³이고, 포화증기압은 0.484kgf/cm²이며, 대기압은 1.0332kgf/cm³이다. 미국의 Hydraulic Institute는 펌프가 단흡입인 경우와 양흡입인 경우의 Thoma의 캐비테이션계수(σ)의 값을 아래와 같이 추천하고 있다.).
   ① 단흡입인 경우 : $\sigma = 78.8 \times 10^{-6} \, N_s^{4/3}$
   ② 양흡입인 경우 : $\sigma = 50 \times 10^{-6} \, N_s^{4/3}$

5. 펌프회전차의 입구와 출구에서 발생하는 재순환의 현상과 종류, 재순환에 의한 영향을 설명하시오.

6. 유압계통에서 사용되는 압력제어밸브의 종류를 들고, 설명하시오.

✎ **제3교시** 시험시간: 100분

※ **다음 6문제 중 4문제를 선택하여 설명하십시오. (각 25점)**

1. 기계설계에서 응력기준설계와 변위기준설계와의 차이점을 설명하시오.

2. 다음 그림과 같은 대기압탱크에 물이 채워져 있다. 탱크의 내경은 9,000mm이고, 탱크의 출구관에 1개의 게이트밸브와 1개의 90° 곡관이 설치되어 있다. 파이프는 매끈하고 내경이 150mm이다. 탱크 출구에 있는 게이트밸브를 열었을 때 배출구 말단에서의 분출속도(V_2) 산출식을 구하시오(단, 파이프 입구손실계수는 0.56, 게이트밸브와 90° 곡관의 무차원상당길이(L_e/D)는 각각 8 및 30이며, 관마찰손실계수는 0.25이다.).

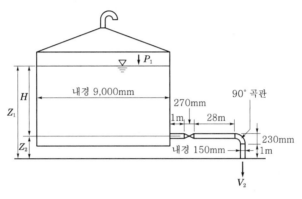

3. 원뿔형의 부품을 가공하는 자동선삭공정에서 시스템은 자동화되어 있고 공작물의 장탈착을 위해 로봇이 사용된다고 가정할 때 작업사이클의 각 단계마다 필요한 작업과 공정파라미터를 기술하고 설명하시오.

4. 기어감속기에서 진동과 소음이 과대하게 발생하고 베어링에서 열이 발생한다. 진동과 소음이 과대하게 발생하는 원인과 대책 및 베어링에서 열이 발생하는 원인과 대책에 대하여 설명하시오.

5. 산업용 로봇으로 사용되고 있는 매니퓰레이터(manipulator)를 기하학적 형태에 따라 분류하고, 간단한 스케치와 함께 특징에 대하여 설명하시오.

6. 유압실린더를 사용하여 차체를 10초만에 압착하고 있다. 이 작업은 4m의 행정과 100ton의 힘을 필요로 한다. 210kgf/cm²의 펌프(펌프 전효율 85%)를 사용한다고 할 때 실린더의 효율이 100%라고 가정하고 다음을 구하시오.

   ① 요구되는 piston의 지름

   ② 필요한 pump유량

   ③ 실린더에 전달되는 유압동력(마력)(1HP=745.7W)

   ④ 펌프가 필요로 하는 입력동력(마력)

제4교시 시험시간: 100분

※ **다음 6문제 중 4문제를 선택하여 설명하십시오. (각 25점)**

1. CNC공작기계의 장점과 단점에 대하여 설명하시오.

2. 펌프가 신규로 설치되었거나 보수 후 혹은 장기간 정지 후 재기동 시의 준비 및 점검 사항에 대하여 설명하시오.

3. 나사펌프의 성능에 관하여 총압력에 대한 송출량, 축동력, 펌프효율 및 용적효율의 관계를 설명하고, 나사펌프의 용도에 대하여 설명하시오.

4. 축설계에 있어서 고려되는 사항을 논하시오.

5. 환경을 고려한 제품설계를 위한 지침을 나열하고, 설명하시오.

6. 적응제어시스템(adaptive control system)의 구성도를 그리고, 그 주요 기능과 왜 산업에 많이 적용되고 있는가를 기술하시오.

2006년 산업기계설비기술사 제80회

✏️ **제1교시** 시험시간: 100분

※ **다음 13문제 중 10문제를 선택하여 설명하십시오. (각 10점)**

1. 릴리프밸브와 안전밸브(safety valve)의 차이점을 기술하시오.

2. 배관의 스케줄번호(schedule No.)를 설명하시오.

3. 정압의 성질과 정수역학적 특성에 대하여 기술하시오.

4. 송풍기의 종류를 분류하여 설명하시오.

5. 기계의 설계에 있어서 안전계수(safety factor)에 대해서 설명하시오.

6. 피로(fatigue)현상 및 피로한도(fatigue limit)에 대해서 설명하시오.

7. 베어링(bearing)의 수명에 대해서 설명하시오.

8. 피드백제어(feedback control)와 시퀀스제어(sequence control)를 비교 설명하시오.

9. 마그누스(Magnus)효과를 정의하고, 유동현상을 그림으로 설명하시오.

10. 펌프의 A효율과 B효율에 대해 성능곡선을 이용하여 설명하시오.

11. 펌프의 가용유효흡입수두(net positive suction head available)를 요구유효흡입수두(net positive suction head required)보다 최대 몇 배까지 크게 해야 하나? 또한 그렇게 하는 이유는 무엇인가?

12. 배관장치가 노후화될 때 펌프의 운전점변화를 성능곡선으로 설명하시오(단, 이 경우 펌프의 성능특성은 바뀌지 않는다고 가정한다.).

13. 소수력발전소에 사용되는 펠턴(pelton)수차의 유량조절장치에 대해 설명하시오.

✏️ **제2교시** 시험시간: 100분

※ **다음 6문제 중 4문제를 선택하여 설명하십시오. (각 25점)**

1. 배관손실 중 부차적 손실이란 무엇이며, 실제 예를 들어 설명하시오.

2. 화력발전소의 응축수펌프(condensate pump)에서 발생될 수 있는 문제점과 대책을 기술하시오.

3. 60kgf·m의 비틀림모멘트와 300kgf·m의 굽힘모멘트를 동시에 받는 중실원형의 전동축을 설계하고자 한다. 이 축에 대한 재료의 인장허용응력은 $\sigma_a = 800$kgf/cm^2, 전단허용응력은 $\tau_a = 400$kgf/cm^{2}일 때 축의 지름을 구하시오.

4. 보(beam)의 단면형상 중에서 I형(또는 H형) 단면보가 여러 가지 단면의 보 중에서 가장 강한(경제적인) 이유를 설명하시오.

5. ① 터보기계의 출구속도선도를 나타내고, ② 속도선도에 미끄럼(slip)을 표시하고, ③ 미끄럼이 생기는 이유를 설명하시오.

6. 다음의 팬(fan)장치에서 전압(total pressure)과 정압(static pressure)에 대한 압력구배선도를 나타내시오.

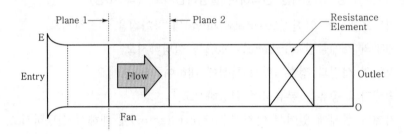

제3교시 시험시간: 100분

※ 다음 6문제 중 4문제를 선택하여 설명하십시오. (각 25점)

1. 공압 및 유압시스템에서 사용되는 솔레노이드(solenoid)밸브의 작동원리에 대하여 설명하시오.

2. 오버헤드크레인(overhead crane)의 전동기용량(kW)을 결정하는 요소와 계산하는 수식을 쓰시오.

3. 딥드로잉(deep drawing)의 성형공정에서 공정설계인자를 나열하고, 그 특성에 대해서 설명하시오.

4. 다음 그림과 같은 내다지를 가진 단순지지보에 균일분포하중 w가 작용하고 있을 때 이 보의 전단력선도(SFD)와 굽힘모멘트선도(BMD)를 그리시오.

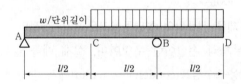

5. ① 무차원 비속도(specific speed)를 식으로 나타내고, 이 식에서 각각의 물리량에 대한 단위 또는 차원을 나타내고, ② 실제 공학단위계를 사용할 때 차원을 고려한 비속도를 나타내고, ③ 비속도에 따라 유체기계의 형상이 달라지게 되는데 그 이유를 식으로 설명하시오.

6. 유체기계에서 효율을 높이기 위한 방안을 손실과 연계하여 설명하시오.

제4교시 시험시간: 100분

※ **다음 6문제 중 4문제를 선택하여 설명하십시오. (각 25점)**

1. 펌프에서 발생하는 이상현상 중 서징현상(surging)과 수격작용에 대하여 발생원인과 방지대책을 설명하시오.

2. 산업기계설계에서 재료의 선정 시 고려하여야 할 사항을 기술하시오.

3. 최근 산업계에서는 제품의 생산가공에 있어서 CAM(전산응용가공)시스템의 활용이 보편화되어 가고 있는 추세에 있다. 이러한 CAM시스템을 설명하고, 필요한 기능적 구비 조건에 대해서 설명하시오.

4. 유비쿼터스(ubiquitous)의 개념을 설명하고, 적용 가능분야 또는 산업기계분야에 적용된 사례를 제시하시오.

5. 뒷굽음(backward-curved), 반경방향(radial-tipped), 앞보기(forward-curved) 깃(blade)을 갖는 원심팬(fan)에 대한 성능곡선의 일반적인 특성을 설명하시오.

6. 압축기 회전실속(rotating stall)의 발생메커니즘(mechanism)에 대해 설명하고, 실속이 되면 나타나는 현상과 실속을 방지할 수 있는 방안에 대해 설명하시오.

2007년 산업기계설비기술사 제81회

✎ **제1교시** 시험시간: 100분

※ **다음 13문제 중 10문제를 선택하여 설명하십시오. (각 10점)**

1. Bernoulli방정식을 제시하고, 각 항에 대하여 설명하시오.

2. 유압실린더의 쿠션장치에 대하여 설명하시오.

3. 항공기와 선박에 사용되고 있는 프로펠러의 특성을 비교 설명하시오.

4. 무차원수인 Reynolds수와 Euler수에 대하여 설명하시오.

5. 마찰계수(μ)와 마찰각(ρ)의 관계에서 $\tan\rho = \mu$ 임을 보이시오.

6. 기계재료의 응력-변형률(stress-strain)선도를 그리고, 간략히 설명하시오.

7. 재료의 탄성한도가 8MPa이고, 종탄성계수가 0.1MPa일 때 단위체적당 저장할 수 있는 탄성에너지는 얼마인가?

8. 10kN인 물체가 10m 높이에서 자유낙하하여 스프링 위에 떨어질 때 스프링의 수축량은 얼마인가? (단, 스프링상수 $K = 1,000$kN/m이며, 스프링의 질량은 무시한다.)

9. 다음 그림과 같은 외팔보의 전단력선도와 굽힘모멘트선도를 그리고, 설명하시오.

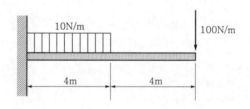

10. 푸아송의 비(Poisson's ratio)가 0.5에 근접한 재료를 예로 들고, 물리적인 의미(길이 및 체적변화)를 설명하시오.

11. 산업현장에서 많이 사용되고 있는 비파괴검사법 3종류 이상을 다음 표와 같이 작성하시오.

검사의 종류	결함검출 여부(O, ×)			장 점	단 점
	표면결함	내부결함	재질변화		
1.				① ②	① ②
2.				① ②	① ②

12. 사각나사 최대 효율값(η)과 나사산의 각도가 60°인 삼각나사의 최대 효율값(η')을 구하고, 체결관점에서 비교하여 설명하시오(단, 마찰계수(μ)는 0.15로 한다).

13. 다음 표준귀환제어계(canonical feedback control system)의 전달함수를 구하시오.

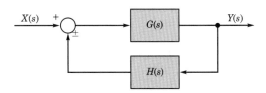

✎ **제2교시** 시험시간: 100분

※ **다음 6문제 중 4문제를 선택하여 설명하십시오. (각 25점)**

1. 유압기기에 사용하는 유압유를 선정할 때 고려하여야 할 사항에 대하여 설명하시오.

2. 관로유동에서 관마찰손실식을 유도하고 Moody선도에 대하여 설명하시오.

3. 회전속도가 52.33rad/s이고, 전달동력이 35kW인 축의 직경을 강도와 강성도측면에서 각각 구하시오(단, 축의 허용응력은 30MPa, 축의 비틀림각은 1m당 0.25° 이내, 횡탄성계수는 81GPa이다).

4. 전동기의 종류를 회전력(torque)과 회전속도(rpm)의 특성면에서 분류하고, 각각의 특징을 설명하시오.

5. 순수 전단조건(pure shear condition)에서 재료의 종탄성계수(E), 횡탄성계수(G), 푸아송수(m)의 상관관계식을 유도하시오.

6. 다음 3종류(정사각형, 마름모형, 원형)의 단면적이 동일할 경우에 X축에 대한 단면계수(modulus of section)를 구하고, 정사각형에 대한 비율을 구하시오.

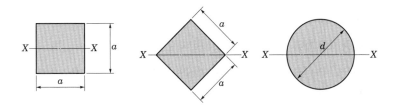

제3교시 시험시간: 100분

※ **다음 6문제 중 4문제를 선택하여 설명하십시오. (각 25점)**

1. 펌프운전 중에 발생하는 진동, 소음에 대한 원인과 방지대책에 대하여 설명하시오.

2. 유압기기에 사용되는 축압기(accumulator)의 필요성을 기술하고, 종류에 따른 특징을 설명하시오.

3. 롤러(roller)나 풀리(pulley)에서 크라운(crown)의 필요성과 그 크기에 대하여 설명하시오.

4. 역설계(reverse design or engineering) 시 유의할 사항에 대하여 설명하시오.

5. 다음 그림과 같이 3개의 봉으로 구성된 부정정구조물(statically indeterminate structure)에서 하중(P)이 작용하는 D점의 수직변형량(δ)를 구하시오(단, 봉의 단면적을 A, 탄성계수를 E로 한다).

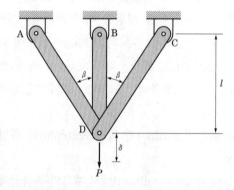

6. 피로강도의 안전성평가에 사용되는 솔드버그선도(Soderberg diagram)와 스미스선도(Smith diagram)를 작성하고 설명하시오.

제4교시 시험시간: 100분

※ **다음 6문제 중 4문제를 선택하여 설명하십시오. (각 25점)**

1. 분입체를 기류 중에 부유시켜 수송하는 공기수송기의 주요 구성부품에 대한 특성 및 배열방식에 대하여 설명하시오.

2. 유량제어밸브를 사용하여 실린더속도를 제어하는 방법에는 밸브의 사용위치에 따라 세 가지 방법이 있다. 각각의 회로를 도시하고, 특징을 설명하시오.

3. 산업기계분야에서 기술분쟁의 발생원인과 방지대책을 설명하시오.

4. 자동화장치에 이용되는 캠(cam), 실린더(cylinder), 서보모터(servo motor)의 특징 및 장단점을 비교하여 설명하시오.

5. 산업기계설비에 대한 진단의 목적과 절차를 설명하시오.

6. 최근 MEMS(Micro Electro Mechanical Systems)제품에 관심이 고조되고 있다.
   ① MEMS제품을 일반 전자제품(IC)과 비교하여 특성을 설명하시오.
   ② MEMS제품의 신뢰성평가기술의 필요성을 설명하시오.
   ③ MEMS에 대한 국내외 기술현황을 구분하여 설명하시오.

✎ **제1교시** 시험시간: 100분

※ **다음 13문제 중 10문제를 선택하여 설명하십시오. (각 10점)**

1. 수차(hydraulic turbine)의 캐비테이션(cavitation)에 대해서 설명하시오.

2. 펌프의 자동제어방법에 대해서 설명하시오.

3. 해수 온도차를 이용한 발전설비의 원리에 대해서 설명하시오.

4. 송풍기와 압축기에서 일어나는 제 현상인 서징(surging)에 대해서 설명하고, 서징을 피하는 방법을 나열하시오.

5. 직경이 3cm, 길이가 3m인 환봉이 축방향으로 인장을 받아 길이가 0.21cm 늘어났고, 또한 직경은 0.0009cm 감소하였다. 이때의 종변형률과 횡변형률 및 푸아송의 비 (Poisson's ratio)를 각각 구하시오.

6. 축의 위험속도(critical speed)에 대해서 설명하시오.

7. 응력집중(stress concentration)현상에 대해서 설명하시오.

8. 베어링(bearing)의 윤활목적 및 윤활제의 종류에 대해서 설명하시오.

9. 균질 단면을 가진 보가 순수 굽힘(pure bending)상태에 있다. 이때 작용하는 굽힘모멘트를 M, 보의 탄성계수를 E, 단면 2차 모멘트를 I라고 할 때 보의 중립축에 대한 곡률반지름 $\rho = \dfrac{EI}{M}$ 임을 증명하시오.

10. 프레팅(fretting)마모의 발생원인과 입자들이 손실되는 특성을 각각 3가지를 들어 설명하시오.

11. 질화처리(nitriding)방법에 대해 간단히 설명하고, 사용목적과 장점을 설명하시오.

12. 구조물의 내진설계 시 등가 정적해석방법을 허용하는 기준과 그 적용사유에 대해 설명하시오.

13. 고온기기에서 발생되는 thermal ratchetting에 대해 설명하고, 이에 따른 파손방지대책을 간단히 설명하시오.

✎ **제2교시** 시험시간: 100분

※ 다음 6문제 중 4문제를 선택하여 설명하십시오. (각 25점)

1. 다음과 같은 사양을 이용하여 팬을 설계하시오.

⟨팬 사양⟩	• 회전수 : 1,600rpm	• 전압 : 140mmAq
	• 풍량 : $60m^3/min$	• 공기비중량 : $1.2kg/m^3$
	• 효율 : 70%	• 전단응력 : $190kg/cm^2$
	• 안전율 : 1.5	• 회전차 지름비(D_1/D_2) : 0.67
	• 깃 출구각 : $35{\sim}45°$	• 유속계수 : 0.86

2. 단면이 급확대 유동되는 경우 충돌과 마찰에 의한 손실계수를 유도하여 설명하시오.

3. 외경 $d=20mm$, 피치 $p=6mm$, 마찰계수 $\mu=0.1$인 사각나사의 자립조건에 대해서 설명하고, 이 경우의 사각나사의 효율을 구하시오.

4. 보가 외력을 받을 때 보 속에 생기는 응력 및 보의 설계방법에 대해서 설명하시오.

5. 해석에 의한 설계를 할 때 고온고압압력용기에서 발생되는 1차, 2차 및 피크응력에 대해 설명하고, 각각 응력의 특징과 설계 시 특별히 고려해야 할 사항에 대해 설명하시오.

6. 막대의 무게는 10kg이고, 구의 무게는 5kg이다. 지지스프링의 초기 변형은 자중에 의해 10cm가 발생되었다면 계의 고유진동수는 얼마인가?

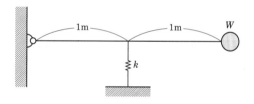

✎ **제3교시** 시험시간: 100분

※ 다음 6문제 중 4문제를 선택하여 설명하십시오. (각 25점)

1. VVVF(Variable Voltage Variable Frequency)를 blower에 적용시킬 때 풍량제어방식과 적용효과를 설명하고, 공조설비에서의 적용사례를 제시하시오.

2. 유체역학에서 많이 사용되는 원형과 모델 사이의 역학적인 상사법칙에 의한 무차원함수 5개를 들고, 이들의 물리적 의미와 그 응용에 대하여 설명하시오.

3. 장주(column)의 좌굴응력(buckling stress)을 구하는 방법을 설명하시오.

4. 바깥지름이 20cm, 안지름이 16cm인 중공원형축(hollow circular shaft)이 170rpm으로 회전할 때 전달시킬 수 있는 동력은 몇 kW인지 구하시오(단, 허용전단응력 $\tau_a =$ 30MPa이다).

5. 귀하가 수행한 고온압력용기 또는 구조물의 피로해석사례를 들고, 해석절차에 대해 설명하시오.

6. 직경 3cm인 원형 직각봉의 최대 허용굽힘응력이 1,800kg/cm^2, 최대 허용전단응력이 980kg/cm^{2}이면 변형에너지이론(distortion energy theory)을 이용하여 적용 가능한 최대 하중 P를 구하시오(단, 단면계수는 소수점 이하 4자리까지로 반올림하지 않는다).

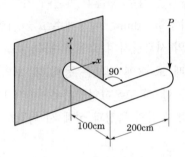

제4교시 시험시간: 100분

※ 다음 6문제 중 4문제를 선택하여 설명하십시오. (각 25점)

1. 유동하는 제어체적에 대한 음속(speed of sound)에 대하여 설명하시오.

2. 왕복펌프의 시험방법에 대하여 설명하시오.

3. 최근 마지막 공간혁명의 단계로도 불리는 유비쿼터스(ubiquitous)의 개념을 설명하고, 산업기계분야를 포함한 적용사례를 제시하시오.

4. 산업기계의 정비내용과 방법 및 그 운영요령에 대하여 설명하시오.

5. 재료의 주된 파손이론 3가지에 대해 각각 설명하고, 3가지 이론 중 가장 보수적인 이론에 대한 근거를 수식과 선도를 작성하여 설명, 제시하시오.

6. 송풍기와 압축기에서의 풍량제어방식에 대하여 설명하시오.

2008년 산업기계설비기술사 제84회

✎ **제1교시** 시험시간: 100분

※ **다음 13문제 중 10문제를 선택하여 설명하십시오. (각 10점)**

1. 복사 열전달에 사용되는 Configuration factor에 대하여 간단히 설명하시오.

2. Pipe와 Tube의 차이점을 설명하고, 관경 표시(호칭)방법을 간단히 설명하시오.

3. 유공압회로에서 속도제어회로 3가지 방법과 특성을 간단히 설명하시오.

4. 건설현장 등 관공사에서 사용되는 설계도서의 종류에 대하여 설명하시오.

5. 설계도면 작성 시 사용되는 기하공차의 종류에 대하여 설명하시오.

6. 금속재료의 변형현상에서 공칭변형률(nominal strain, ε_n)과 진변형률(true strain, ε_t)을 간략히 설명하고, 상관관계식을 구하시오.

7. 다음 빗금 친 단면의 중심 O에 대한 극관성모멘트(polar inertia moment)를 구하시오 (단, 단면에서 치수 $f \ll b,\ h$이고, f_2 이상은 무시한다).

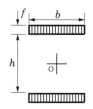

8. 다음 그림과 같은 단순보에 등분포하중(W)이 작용할 때 굽힘모멘트선도(Bending Moment Diagram : BMD)를 작성하시오.

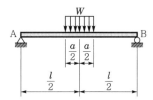

9. 새들키(saddle key)를 축과 풀리 사이에 체결할 때 필요한 타입력(Q)을 구하시오(단, 키의 상면(上面)경사각(α)=0.6°, 마찰계수(μ)=0.1, 키 하면(下面)과 축 사이의 수직 압축력(P)=1kN이다).

10. 용적형 펌프(positive displacement pump)의 종류와 각각의 특징을 설명하시오.

11. 비속도(specific speed : N_s)에 따른 펌프의 종류를 나열하고, 그 펌프의 용도에 대하여 설명하시오.

12. 정수장이나 하수처리장에 사용되는 급속교반기의 종류를 나타내고, 그 특징을 설명하시오.

13. 풍량 $Q_1[\text{m}^3/\text{min}]$, 전압(total pressure) $P_{t1}[\text{Pa}]$이고, 회전수가 $N_1[\text{rpm}]$으로 운전하여 비중량이 $\gamma_1[\text{N/m}^3]$인 기체를 이송하는 송풍기가 비중량이 $\gamma_2[\text{N/m}^3]$인 기체를 이송할 때의 풍량 $Q_2[\text{m}^3/\text{min}]$, 전압 $P_{t2}[\text{Pa}]$를 나타내시오.

✏️ **제2교시** 시험시간: 100분

※ 다음 6문제 중 4문제를 선택하여 설명하십시오. (각 25점)

1. 재료파손(material failure)의 5가지 학설에 대하여 설명하시오.

2. 산업용 기계설비를 발주할 때 기계설비의 성능과 품질을 관리하는 방법을 실제 경험에 근거하여 설명하시오.

3. 다음 그림과 같이 한 변의 길이가 b인 마름모꼴 단면의 경우에 단면의 상하 끝을 nb만큼 잘라버림으로써 단면계수(modulus of section)를 최대로 할 수 있는데, 이때의 n값을 구하고, 그 이유를 설명하시오.

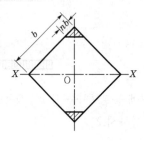

4. 산업기계설비에 사용되고 있는 나사는 체결용 나사(fastening screw)와 운동용 나사(power screw)로 분류된다. 다음에 대하여 답하시오.
   ① 2분류 나사의 차이점을 마찰계수의 관점에서 비교하여 설명하시오.
   ② 2분류 나사를 각각 5가지 이상 나열하고, 특성을 설명하시오.

5. 하수처리장 생물반응조에 공기를 공급하기 위한 송풍기를 운전하던 중 소음이 심하여 정밀진단을 시행하고자 한다. 이때 소음의 원인을 분류하고, 조사ㆍ분석항목 및 방법과 적절한 처리방안에 대하여 설명하시오.

6. 양쪽 흡입 벌류트(volute)펌프 2대가 동시에 운전되고 있다. 펌프가 직렬운전일 때와 병렬운전일 때의 합성성능곡선을 그리고, 최대 실양정일 때와 최소 실양정일 때의 관로저항곡선을 나타내어 펌프의 운전범위를 설명하시오.

✎ **제3교시** 시험시간: 100분

※ **다음 6문제 중 4문제를 선택하여 설명하십시오. (각 25점)**

1. 산업기계설계의 안전율(safety factor)을 결정할 때 고려해야 할 사항들을 중요한 순서대로 제시하고, 그 이유를 간단히 설명하시오.

2. 산업기계의 유량, 생산량, 소요동력 등을 설계할 경우에 사례를 들어 정격용량과 최대용량을 결정하는 방법을 설명하시오.

3. 산업기계설비분야에서 적용되고 있는 레이저(laser) 및 플라즈마(plasma)가공의 종류 및 특성에 대하여 기술하시오.

4. 고온용 산업기계에서 사용되는 금속재료의 크리프변형률곡선(creep strain curve)의 3단계에 대하여 온도 및 응력의 영향을 설명하고, Newell에 의한 장시간 크리프한도(creep limit)의 결정법을 기술하시오.

5. 변속펌프 3대가 병렬운전하고 있는 펌프시스템에서 시스템의 안정적 운전을 위한 변속펌프의 제어방식에 대하여 설명하시오.

6. 수충격(water hammer)현상을 예방하기 위하여 $30m^3$ 용량의 공기실(air chamber)을 설치하였다. 공기실과 부속설비의 구성을 표시하고, 작동원리를 설명하시오.

✎ **제4교시** 시험시간: 100분

※ **다음 6문제 중 4문제를 선택하여 설명하십시오. (각 25점)**

1. 최근 산업용 공기이송시스템(pneumatic conveying system)방식과 그와 관련된 요소기계들을 이용한 최적의 작동원리system에 대하여 설명하시오.

2. 산업현장에서 많이 사용되는 스테인리스강(stainless steel)의 주요 3가지 종류에 대하여 성분 및 조직, KS기호, 열처리성질, 내식성, 가공성, 용접성 등의 특성에 대하여 설명하시오.

3. 산업용 로봇(industrial robots)의 종류, 제어방식, 프로그래밍, 응용분야에 대하여 설명하시오.

4. 산업기계설비에 적용되고 있는 CAE(Computer Aided Engineering)소프트웨어에 대한 귀하의 해석사례를 들고, 이를 경험으로 다음을 설명하시오.
   ① 국산 소프트웨어가 해결해야 할 문제점(3가지 이상)
   ② 국산 소프트웨어의 발전을 위한 추진방향(5가지 이상)

5. 지하에 매설된 직경 2,000mm의 수도용 도복장강관으로 댐의 물을 이송하고 있다. 이 강관 내벽 일부에는 어패류가 붙어 있고 도복이 벗겨져 있으며 녹이 발생되어 수질

에 악영향을 미치고 손실수두가 커져 에너지소비도 증가하게 되었다. 이런 상태의 강관을 갱생하여 사용하는 방법에 대하여 설명하시오.

6. 펌프장 흡수정에서 발생되는 보텍스(vortex)에 대하여 설명하시오.

2009년 산업기계설비기술사 제86회

제1교시 시험시간: 100분

※ 다음 13문제 중 10문제를 선택하여 설명하십시오. (각 10점)

1. 펌프의 상사법칙에 대하여 설명하시오.

2. 솔레노이드밸브의 구동원리를 설명하시오.

3. 뉴튼의 점성법칙을 설명하시오.

4. 오리피스에 의한 유량측정 시 베나축소부(vena contracta)를 설명하시오.

5. 윤활의 역할에 대하여 설명하시오.

6. 벤투리관(venturi tube)의 원리에 대해 설명하시오.

7. RFID(radio frequency identification)의 개념과 산업분야에 적용사례를 설명하시오.

8. 시효경화(age hardening)에 대해 설명하시오.

9. 극한설계법(limit design)에 대하여 설명하시오.

10. 측정과 검사를 구별하여 설명하시오.

11. 취성재료의 기계적 성질을 알기 위하여 인장시험 대신에 굽힘시험을 하는 이유를 설명하시오.

12. 재료의 인성(toughness)에 대하여 설명하시오.

13. 응력집중계수를 설명하시오.

제2교시 시험시간: 100분

※ 다음 6문제 중 4문제를 선택하여 설명하십시오. (각 25점)

1. 수력발전소의 흡출관(draft tube)의 설치목적과 원리에 대하여 설명하시오.

2. 배관공사설계에서 파이프재료 선정 시 고려할 사항을 설명하시오.

3. 산업용 로봇의 구성 및 응용사례를 설명하시오.

4. 다음 그림과 같이 양단이 고정된 축의 중간위치에서 토크 T를 받는 경우 양단에서의 토크 T_a 및 T_b를 구하시오.

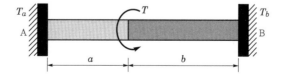

5. 표면거칠기를 나타내는 산출평균거칠기(R_a)와 최대 높이(R_y)를 산출하는 방법을 설명하시오.

6. 연성파괴면과 취성파괴면을 비교 설명하시오.

제3교시 시험시간: 100분

※ **다음 6문제 중 4문제를 선택하여 설명하십시오. (각 25점)**

1. 송풍기의 종류와 팬, 블로어, 압축기를 구분하여 설명하시오.

2. 소화전 방수량 계산식($Q = 0.653d^2\sqrt{p}$)을 토리첼리의 정리와 연속방정식을 이용하여 유도하시오(단위는 방수량 : Q[lpm], 압력 : p[kgf/cm^2], 노즐직경 : d[mm], 유량계수 0.99이다).

3. 양력(揚力, lift force)의 현상에 대해 설명하시오.

4. 귀하가 경험한 산업기계설비 또는 시스템 중 하나를 선정하고, 구성(주요 기기 및 제어장치), 공정, 생산능력 및 운영방식에 대해 설명하시오.

5. 회주철과 연주철(구상주철)의 기계적 성질과 이와 관련된 미세구조에 대하여 설명하시오.

6. 동시공학에 대하여 설명하시오.

제4교시 시험시간: 100분

※ **다음 6문제 중 4문제를 선택하여 설명하십시오. (각 25점)**

1. 토크 컨버터의 구조와 기능을 설명하시오.

2. 펌프의 종류별 양정, 유량특성곡선에 대하여 개략적인 그림을 그리고, 설명하시오.

3. 엔진식 산업차량개발과정에서 운전자 진동을 감소하기 위한 방법들을 설명하시오.

4. 가스터빈의 용도를 설명하고, 장점과 단점을 설명하시오.

5. 생산되는 제품에 대한 제품다양성을 정의하고, 생산수량과의 관계를 설명하시오.

6. 그룹테크놀로지(group technology)에 대하여 설명하시오.

2009년 산업기계설비기술사 제87회

✎ **제1교시** 시험시간: 100분

※ **다음 13문제 중 10문제를 선택하여 설명하십시오. (각 10점)**

1. 유체역학의 상사(similitude)에 대한 용어를 설명하시오.

2. 수력학적 매끄러움(hydrostatically smooth)에 대하여 설명하시오.

3. 펌프의 캐비테이션계수(cavitation factor)에 대하여 용어를 설명하시오.

4. 공기수송기(pneumatic conveyor)에 대하여 개략적으로 설명하시오.

5. SPPS관 Sch. No.40의 관 재질 인장강도가 $1,600 \text{kgf/cm}^2$일 경우 관 내의 유체사용압력은 몇 kgf/cm^2인가?

6. $N = 1,770 \text{rpm}$, $Q = 1.47 \text{m}^3/\text{min}$인 편흡입 벌류트펌프가 펌프기준면보다 3m 높이 아래에 있는 물을 흡상하고 있다. 흡입부 직경 100mm, 직관길이 7m, 90° 엘보 3개가 설치되어 있을 때 필요흡입수두($NPSH_{re}$), 유효흡입수두($NPSH_{av}$)를 각각 구하라 (단, 흡입비속도 $S = 1,200$, 흡수면 절대압력 $= 1 \text{kgf/cm}^2$, 포화증기압수두 $= 0.174 \text{m}$, 직관손실계수 $f_p = 0.035$, 곡관손실계수 $f_e = 0.17$).

7. 도장 표면 전처리규격 SSPC(The Society for Protective Coatings : 미철강구조물도장협회)규격 중 SP10 및 SP5에 대해 설명하라.

8. TIG용접과 MIG용접 차이점을 설명하고 알루미늄(Al)박판용접 시 TIG 직류역극성으로 용접하는 것이 좋은 이유에 대해 설명하시오.

9. ISO기준에 따라 볼트머리 위에 표시된 A2-70 및 A4-80이 각각 의미하는 바를 설명하고(반드시 해당 재질 명기), 사흡식 펌프의 레이디얼 볼베어링 No.6311의 베어링내경은 몇 mm인가?

10. 원심펌프에 있어서 인듀서(inducer)에 대하여 설명하시오.

11. 다음 그림의 마이크로 마노미터의 감도(S)는 다음과 같이 정의된다.

$$S = \frac{H}{P_L - P_R}$$

밀도 ρ_A와 ρ_B를 이용하여 마이크로 마노미터의 감도를 나타내고, 어떻게 하면 감도를 증가시킬 수 있는지 설명하시오.

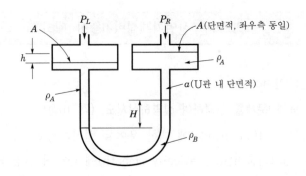

12. 다음의 상수도배관그림에서 밸브의 조작에 의해 송수량(Q)을 제어하고자 한다. 목 (neck)부에서 캐비테이션이 일어나는 임계유량을 Q_{cr}이라고 할 때 $Q = 0$, $Q < Q_{cr}$, $Q = Q_{cr}$, $Q > Q_{cr}$일 경우로 구분하여 점 1에서 점 3구간 내에서의 압력(전압 P_t, 동압 P_d, 정압 P_s)의 변화를 그림으로 나타내고, 캐비테이션이 일어나기 위한 조건을 관계식으로 나타내시오(단, y축에 압력, x축에 흐름방향, 비등압력은 P_v로 표시).

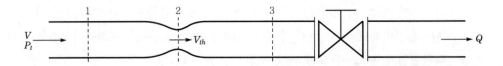

13. 비압축성 터보유체기계가 운전 중에 있다. 다음에 답하시오.
    ① 회전수제어에 의해 유량을 조절할 때 상사법칙이 적용되는 회전수제어범위는 정격 회전수(N)의 몇 % 이내이며, 그 이유는 무엇인지 설명하시오.
    ② 효율(η)을 나타내는 무차원 함수관계식은 $\eta = f(\phi, R, \varepsilon/d)$로 나타낼 수 있는데 실제로는 효율($\eta$)은 유량계수($\phi$)만의 함수가 되는 이유를 설명하시오(단, ϕ : 유량 계수, R : 레이놀즈수, ε/d : 상대조도).

✎ **제2교시** 시험시간: 100분

※ 다음 6문제 중 4문제를 선택하여 설명하십시오. (각 25점)

1. 피에조미터(piezometer)는 유체관로의 정압(static pressure)을 측정한다. 그런데 이 압력측정 입구관의 가공잔유물(bur)이 입구관 중심보다 앞쪽에 있는 경우와 뒤쪽에 있는 경우 각각의 지시압력이 다르다. 그 원인을 베르누이방정식을 이용하여 설명하시오.

2. 사이클론분리기는 유체이송장치에 사용된다. 이 장치에 대하여 개략도를 도시하고, 작동방법과 장단점에 대하여 설명하시오.

3. 원형관 내 유체유동 시 발생하는 손실의 발생원인을 설명하고, 원형관을 직관부, 곡관부, 확대관, 축소관으로 분류하여 각 부위별로 관계식을 이용하여 설명하시오.

4. 플랜트(plant)시설부지 내에서 송풍기동을 신축하고자 한다. 건축설계자에게 현장 기계기술자로서 요청해야 할 사항에 대하여 설명하시오.

5. 나사의 자립상태와 자립상태효율에 대하여 설명하시오.

6. 산업현장에서 형상정도(形狀精度)의 측정(測定)항목을 열거하고 각각에 대하여 도해하여 설명하시오.

제3교시 시험시간: 100분

※ 다음 6문제 중 4문제를 선택하여 설명하십시오. (각 25점)

1. 위험속도(critical speed)는 회전축에 힘이 가해져 휨량이 무한대일 때의 속도이다. 다음의 상태량을 이용하여 이 현상을 설명하시오.
   - F : 원심력
   - f : 축의 편심량
   - g : 중력가속도
   - δ : 휨
   - P : 축이 휠 때 단위길이당 힘
   - E : 탄성계수
   - I : 축의 관성모멘트
   - W : 회전차와 축의 중량
   - ω : 각속도

2. 왕복식 압축기의 공진현상에 대해 다음의 요령으로 설명하시오.
   ① 정의
   ② 제 현상
   ③ 방지대책

3. 배수펌프장을 설계하려고 한다. 다음 사항에 대해 설명하시오.
   ① 배수펌프용으로 적합한 펌프의 형식과 그 이유
   ② 선정된 형식의 배수펌프의 기동과 정지 시에 있어 펌프와 토출측에 설치되는 전동변(MOV)의 작동조건

4. 원심펌프에서 발생하는 반경방향 추력(radial thrust)에 대해 다음 사항을 설명하시오.
   ① Radial thrust가 발생하는 원인을 Radial thrust 관계식과 더불어 설명하시오.
   ② 정격유량 미달 시, 정격유량 시, 정격유량 초과 시로 구분하여 벌류트(volute) 내에서의 유속분포와 각각에 있어 Radial thrust의 방향을 그림으로 나타내시오.
   ③ 벌류트(volute) 내에서의 압력분포를 체절운전부터 정격유량 초과 시까지 구분하여 도식적으로 나타내시오.
   ④ Radial thrust 발생 방지대책에 대하여 설명하시오.

5. 용접작업 시 발생하는 용접결함의 종류, 발생원인 및 제거방법에 대하여 설명하고, 내부결함검사 중 비파괴검사(NDT) 주요 3가지에 대하여 설명하시오.

6. 크리프(creep)현상 및 크리프한도(creep limit)에 대하여 설명하시오.

제4교시 시험시간: 100분

※ 다음 6문제 중 4문제를 선택하여 설명하십시오. (각 25점)

1. 축류팬은 많은 풍량이 이송할 때 사용된다. 이 팬의 서징(surging)이 발생하는 원인과 방지대책에 대하여 설명하시오.

2. 비교회전도는 유체기계의 형식을 결정한다. 수차의 비교회전도관계식을 유도하고 비교회전도에 따른 수차의 형식에 대한 특성을 설명하시오.

3. 다음의 그림에서 다음에 답하시오.
   ① 비점성유동으로 가정하고 출구 2에서의 유출속도(V_2X)를 구하는 관계식을 유도하시오.
   ② L이 최대가 되는 h를 결정하시오.

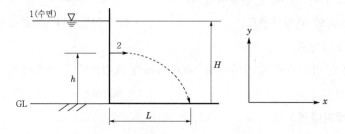

4. 자연의 에너지(energy)를 이용하는 동력원 중에서 바람의 에너지를 이용하기 위한 시설로써 풍차를 적극 검토하고자 한다. 풍차에 관하여 다음에 답하시오.
   ① 풍차의 종류를 구분하여 구조와 특징에 대하여 설명하시오.
   ② 풍차시설 계획 시 고려해야 할 사항에 대하여 서술하시오.

5. 유압모터의 종류를 열거하고, 원리에 대하여 도해하여 설명하시오.

6. 수조에 $\phi500$mm, $L=8,000$m 수평강관이 연결되어 있고, 관 말단에 gate밸브가 연결되어 있으며 관 유속은 $V=2$m/s이다(관손실 무시). 파이프 끝에 설치된 밸브를 5초 이내 닫았을 때
   ① 특성곡선법에 의한 수충격해석 기본방정식에 의해 압력파 전파속도 a[m/s]를 구하시오(단, k(체적탄성계수)$=2.1\times10^9$Pa, E(강관영률계수)$=2.1\times10^{11}$Pa, t(관두께)$=6.4$mm, γ(비중량)$=1,000$kgf/m^3).

② Joukowsky방정식이 적용될 때 상승압력수두 Δh는 몇 m인가?

③ 게이트에 작용하는 힘 F는 몇 kgf인가?

2010년 산업기계설비기술사 제90회

✎ **제1교시** 시험시간: 100분

※ **다음 13문제 중 10문제를 선택하여 설명하십시오. (각 10점)**

1. 펌프에서의 축추력(axial thrust force)의 발생원인과 평형방법을 그림과 함께 설명하시오.

2. 송풍기와 압축기에서 일어나는 서징(surging)현상과 그 해결책에 대해 설명하시오.

3. 하수도용 공기밸브에 대하여 설명하시오.

4. 윤활유의 기능 및 구비조건을 설명하시오.

5. 신뢰성(reliability)과 내구성(durability)을 비교 설명하시오.

6. 열역학 제1법칙에 대하여 설명하시오.

7. 유효낙차 80m, 유량 240m³/s인 수력발전소의 수차효율이 85%일 때 수차의 출력은 몇 kW인가?

8. 한 변의 길이가 10cm, 높이가 80cm인 정사각형 단면의 기둥이 있다. 10톤(ton)의 압축력이 작용하여 높이가 0.5cm 줄었다면 이 기둥의 탄성계수(E)는 얼마인가?

9. 감속기의 정밀도를 나타내는 Arcmin의 의미를 설명하시오.

10. 기둥(column)의 좌굴(buckling)현상을 설명하고, 설계 시 임계응력(critical stress)을 구하는 방법을 설명하시오.

11. 기계구조물에 사용되는 베어링(bearing)의 수명에 대해서 설명하시오.

12. FMS(Flexible Manufacturing System)에 대해서 설명하시오.

13. 구조물의 피로한도(fatigue limit) 및 피로한도에 영향을 미치는 요인에 대해서 설명하시오.

✎ **제2교시** 시험시간: 100분

※ **다음 6문제 중 4문제를 선택하여 설명하십시오. (각 25점)**

1. 펌프의 회전수가 5,500rpm으로 회전할 때 전양정(totol head)이 13m, 유량이 165m³/min로 방출되는 펌프를 제작하기 위해 모형펌프를 제작하려고 한다. 모형펌프의 유량은 8.5m³/min, 축동력은 30마력(HP), 펌프효율이 70%일 때 모형펌프의 회전수를 구하시오.

2. 최근 산업계에서 각광을 받고 있는 에너지절약을 위한 ESCO(Energy Service Company) 사업에 대해서 설명하시오.

3. 피드백제어(feedback control)와 시퀀스제어(sequence control)를 비교 설명하시오.

4. 정밀 블랭킹(fine blanking)을 설명하고, 정밀 블랭킹재료가 갖추어야 할 특성에 대해서 설명하시오.

5. 다음 그림과 같이 양단 지지보가 길이의 절반 부분에 균일하중을 받고 있다. $w = 20\text{kgf/cm}$, $L = 2\text{m}$일 때 전단력선도(shear force diagram)와 굽힘모멘트선도(bending moment diagram)를 작도하시오.

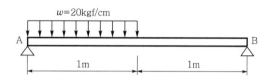

6. 원자력발전의 원리를 화력발전과 비교하여 설명하시오.

🖊 제3교시 시험시간: 100분

※ **다음 6문제 중 4문제를 선택하여 설명하십시오. (각 25점)**

1. 송풍기의 장시간 사용으로 풍량이 부족하거나 설계 시 과다한 압력여유로 풍량이 과다할 때 어떤 조치방법이 있는지 설명하시오.

2. 유효흡입수두($NPSH_{av}$)를 필요흡입수두($NPSH_{re}$)보다 30% 여유를 주는 이유와 영향을 주는 인자를 설명하고, 흡입양정이 $H_s = 4.2\text{m}$, 흡입관로의 손실수두 $h_1 = 1.9\text{m}$ 표준상태의 물을 양수하는 펌프의 $NPSH_{re} = 2.5\text{m}$일 때 캐비테이션의 발생 여부를 검토하시오.

3. 최근 신재생에너지 기술개발에 대한 관심이 크게 증대되고 있다. 그중에서 풍력발전기술은 신재생에너지기술개발의 핵심과제 중 하나가 되고 있다. 풍력발전의 개념을 설명하고, 풍력발전기의 구성요소에 대해서 설명하시오.

4. CAM(Computer Aided Manufacturing)시스템의 개념을 설명하고, CAM시스템이 갖추어야 할 구비조건을 설명하시오.

5. 나노기술(nano technology)에 대해서 다음과 같은 관점으로 설명하시오.
   ① 나노(nano) 및 나노기술의 의미
   ② 나노기술의 종류 중 나노계측기술과 나노조작기술의 개요
   ③ 나노기술의 특징(광학적 · 화학적 · 기계적 · 전자적 특징 중 2개 기술)
   ④ 나노기술의 응용분야
   ⑤ 나노기술의 문제점

6. 연성(ductile)재료인 구조용 강(steel)과 알루미늄(aluminium)에 대해 각각 응력-변형도선도(stress-strain diagram)를 그리고 설명하시오.

✎ 제4교시 시험시간: 100분

※ 다음 6문제 중 4문제를 선택하여 설명하십시오. (각 25점)

1. 유압펌프의 종류 및 특징을 설명하고 고장원인과 고장 시 해결책을 제시하시오.

2. 수차의 출구에 흡출관(draft tube)을 설치하는 목적을 설명하고, 캐비테이션이 발생하지 않기 위한 흡출관의 높이를 유도하시오.

3. CNC공작기계의 서보기구(servo mechanism)에 대해서 설명하시오.

4. 유비쿼터스(ubiquitous)의 개념을 설명하고, 산업기계를 포함한 적용 가능분야에 대해서 설명하시오.

5. 귀하가 개발에 참여하여 실제 경험한 산업기계시스템(제지기계, 로봇, 가공기계, 물류기계, 유체기계, 작업기계 등) 중 하나를 선정하고, 다음 내용을 포함하여 기계시스템 개발자관점에서 설명하시오.

   ① 기계시스템 구성 : 하드웨어(주요 기기, 구성품) 및 소프트웨어(운영체계, 제어방식 등)

   ② 기계시스템 개발단계별로 수행한 주요 업무 : 개발프로세스, 각 개발과정에서 실제 추진한 업무내용

   ③ 기계시스템의 성능과 이에 영향을 주는 인자(factor)들과의 상관관계로서 개발자가 중점적으로 고려하여야 할 내용

   ④ 기계시스템 개발과정에서 경험한 애로사항 및 해결대책으로 수행한 사례

6. 자동차 동력전달계통을 구성하고 있는 주요 부품들을 열거하고, 각각에 대해 설명하시오.

2011년 산업기계설비기술사 제93회

✏️ **제1교시** 시험시간: 100분

※ **다음 13문제 중 10문제를 선택하여 설명하십시오. (각 10점)**

1. 엔진 피스톤에 사용되는 Y합금에 대하여 설명하시오.

2. 진공펌프에서 압력단위로 사용되는 토르(torr)에 대하여 설명하시오.

3. 산업기계에서 사용되는 윤활유의 역할을 설명하시오.

4. 서브머지드 아크용접(submerged arc welding)에 대하여 설명하시오.

5. 워터 해머(water hammer)의 발생원리를 설명하시오.

6. 이상유체에 대하여 오리피스를 통과하는 유량(Q)을 액체의 밀도(ρ)와 오리피스의 직경(D), 그리고 압력차(P)의 항으로써 차원해석을 이용하여 표시하시오.

7. 강판의 폭 20cm, 두께 2cm인 경우 판의 중앙에 지름 4cm의 구멍이 뚫려져 있다. 축방향에 20kN의 인장하중이 작용할 때 응력집중계수(α_k)를 구하시오(단, 강판의 최대응력($\sigma_{\max}$)은 25MPa이다).

8. 유압잭(jack) 및 유압프레스(press)의 작동원리를 설명하시오.

9. 파손된 평기어의 일부가 있다. 이를 복제하기 위하여 다음의 2개의 측정값을 얻었다. 즉 기어의 외경이 약 133mm, 기어외경의 원주에서의 피치가 약 10mm이다. 이로부터 기어의 모듈(M)과 잇수(Z)를 각각 구하라.

10. 복수기의 효율에 영향을 주는 성능변수 중 3가지를 설명하시오.

11. 재료에 반복하중이 작용할 때 발생하는 shakedown현상에 대하여 설명하시오.

12. 가스터빈의 성능에 영향을 미치는 주요 인자 중 4가지를 설명하시오.

13. 밸브설계 시 압력에 견딜 수 있는 최소 두께에 대하여 부가적인 두께를 추가하는데, 이때 고려해야 하는 설계인자 중 3가지를 설명하시오.

✏️ **제2교시** 시험시간: 100분

※ **다음 6문제 중 4문제를 선택하여 설명하십시오. (각 25점)**

1. 엘리베이터의 권상기에 사용되는 무단감속기의 원리에 대하여 설명하시오.

2. 베어링(bearing)의 종류를 분류하고 설명하시오.

3. ISO 9000시리즈에 대하여 설명하시오.

4. 고속회전기계에서 많이 발생하는 오일휩(oil whip)의 발생원인과 방지법에 대하여 설명하시오.

5. 고온고압압력용기를 해석에 의한 설계 시 부재 내부에서 발생하는 1차 응력에 대하여 설명하고, 설계에서 적용하기 위하여 고려해야 할 점을 설명하시오.

6. 증기터빈을 구성하는 주요부를 4가지만 기술하고, 각각의 기능을 설명하시오.

✏️ 제3교시 시험시간: 100분

※ 다음 6문제 중 4문제를 선택하여 설명하십시오. (각 25점)

1. 소성가공법 중 금속재료의 부피성형가공법에 대하여 설명하시오.

2. 배관관로망에서 부차적 손실에 대하여 설명하시오.

3. 산업기계의 한 요소로서 사용되는 펌프계(Pumping System)에서 발생하는 진동 및 소음의 원인과 대책을 사례를 들어 설명하시오.

4. 생산자동화를 달성하기 위한 접근법 중 "USA"원칙에 대하여 설명하시오.

5. 기기 및 구조물의 내진설계에 ZPA(zero period acceleration)에 대하여 의미를 설명하고, 그 활용방안에 대하여 설명하시오.

6. 복합화력발전소에 사용되는 배열회수보일러(heat recovery steam generator)는 보일러 수 순환방식에 따라 자연순환식, 강제순환식, 관류식으로 구분된다. 각 방식에 대한 주요 특징을 3가지만 설명하시오.

✏️ 제4교시 시험시간: 100분

※ 다음 6문제 중 4문제를 선택하여 설명하십시오. (각 25점)

1. 권양기(hoist)의 전동기용량 산출에 필요한 요소들을 설명하시오.

2. 송풍기의 종류를 압력기분으로 분류하여 설명하시오.

3. 21세기 산업기계설비에서는 재생처리 및 폐기성(廢棄性)설계가 중요시되고 있다. 이때 고려해야 할 기술적인 사항들을 설명하시오.

4. 기계설계 시 응력기준설계와 변위기준설계의 차이점을 설명하시오.

5. 판형 열교환기의 특징을 4가지만 쓰고, 각각에 대하여 설명하시오.

6. 플랜트배관계에 적용하는 신축이음(expansion joint)의 특징과 적용법에 대하여 설명하시오.

2012년 산업기계설비기술사 제96회

✏️ **제1교시** 시험시간: 100분

※ **다음 13문제 중 10문제를 선택하여 설명하십시오. (각 10점)**

1. 펌프의 유효흡입수두(net positive suction head)에 대하여 설명하고, 유효흡입수두의 시험절차를 설명하시오.

2. 펌프의 흡입관 설계 시 주의할 점을 5가지 설명하시오.

3. 수차(hydraulic turbine)에서 조속기(governor)의 역할과 적용 및 기능에 대해 설명하시오.

4. 유체기계에 사용되는 윤활유의 목적 및 구비조건을 4가지 설명하시오.

5. 수력반경(hydraulic radius)에 대하여 설명하고, 한 변의 길이가 a인 정사각형관의 수력반경을 나타내시오.

6. 원관의 레이놀즈수(Re)에 대하여 설명하고, 한 변의 길이가 a인 정사각형관의 수력반경을 나타내시오.

7. 다음 그림과 같은 사이펀(siphon)에 물이 흐르고 있다. 1, 3점 사이에서의 손실수두 h_L[m]을 구하시오(단, 이 사이펀에서의 유량은 $0.05\text{m}^3/\text{s}$이고 $h_1 = 4\text{m}$, $h_2 = 2\text{m}$, 관의 직경 $d = 200\text{mm}$이다).

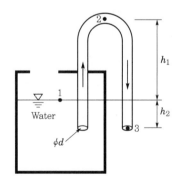

8. 액체의 비중량측정방법 4가지를 설명하시오.

9. 펌프보다 낮은 곳에 있는 흡수정의 물을 펌프로 고가수조에 송수하려고 한다. 펌프기준면이 E_L 10.0m이고, 대기압수두를 $H_o(\text{m})$, 포화증기압수두를 $H_v(\text{m})$, 펌프흡수정 최저수위(LWL)에서 펌프기준면까지의 흡입실양정이 $H_{as}(\text{m})$이며 흡입관의 손실수두는 $H_{ls}(\text{m})$이다. 이때 펌프를 공동현상(cavitation)으로부터 보호하기 위한 흡수정의 최저수위(LWL)를 결정하시오(단, 가용유효흡입수두($NPSH_{av}$) - 필요유효흡입수두($NPSH_{re}$)) > 1m로 한다).

10. 서로 외접하는 한 쌍의 표준평기어(spur gear)의 피니언(pinion)잇수가 28개, 큰 기어의 잇수가 118개이고, 기어의 중심거리가 73cm일 때 모듈(module)을 구하시오.

11. 판재의 전단가공에서 블랭킹(blanking)가공과 피어싱(piercing)가공의 개념을 각각 정의하고, 두 가공의 차이점에 대해 설명하시오.

12. 소성가공법의 한 방식인 딥드로잉(deep drawing)에 대해 설명하시오.

13. CAM(computer aided manufacturing)시스템이 갖추어야 할 구비조건을 5가지 설명하시오.

✎ **제2교시** 시험시간: 100분

※ **다음 6문제 중 4문제를 선택하여 설명하십시오. (각 25점)**

1. 양수발전소의 개념을 정의하고, 운영방식에 따른 분류와 펌프수차의 종류 및 특성을 설명하시오.

2. 송풍기(blower)의 장시간 사용으로 풍량이 부족할 경우와 송풍기 설계 시 덕트나 설비의 과다한 압력여유로 풍량이 과다할 경우 원인과 대책을 설명하시오.

3. 터보기계에서 발생하는 수력손실, 누설손실, 원판마찰손실, 기계손실을 설명하고, 효율을 높이기 위한 대책을 설명하시오.

4. 빗물펌프장에 수직형 사류펌프 4대가 설치되어 정상가동 중에 있다. 펌프흡수정수위가 낮아지면서 일정한 수위 이하에서 펌프에 소음과 진동이 발생하고 성능저하가 일어났다. 이에 대한 원인분석과 대책을 설명하시오.

5. 내압을 받는 원통의 원주응력(circumferential stress)을 구하는 식을 유도하시오.

6. 금속의 압출(extrusion)가공 시 발생하는 결함의 종류로는 표면균열(surface cracking), 파이프결함 및 내부균열(internal cracking)이 있다. 압출가공의 개념을 정의하고, 3가지 결함에 대하여 설명하시오.

✎ **제3교시** 시험시간: 100분

※ **다음 6문제 중 4문제를 선택하여 설명하십시오. (각 25점)**

1. 신재생에너지(new and renewable energy)의 정의, 특성, 중요성에 대해 각각 설명하시오.

2. 축압기(accumulator)의 정의, 용도, 종류 및 특성, 사용 시 주의사항을 설명하시오.

3. 밸브를 조작하기 위한 구동장치 중 전동식, 공기압식, 유압식에 대해 비교 설명하시오.

4. 펌프시스템에서 "펌프토출압력 일정제어방식"과 "관로 말단압력 일정제어방식"을 비교하여 설명하시오.

5. 제어시스템은 프로세스를 제어하는 방법에 따라 피드백제어(feedback control)와 시퀀스제어(sequence control)로 나눌 수 있다. 각각의 특징에 대해 설명하시오.

6. 보(beam)의 단면형상 중에서 I형(또는 H형) 단면보가 여러 가지 단면의 보 중에서 가장 강한 보(beam)인 이유를 설명하시오.

제4교시 시험시간: 100분

※ 다음 6문제 중 4문제를 선택하여 설명하십시오. (각 25점)

1. 송풍기(blower)의 풍량제어방식을 설명하고, VVVF(Variable Voltage Variable Frequency)를 적용시켰을 때의 효과를 설명하시오.

2. 수차(hydraulic turbine)설비에 있어 흡출관(draft tube)을 설치하는 이유와 수차의 공동현상(cavitation)에 대해 설명하시오.

3. 소수력발전소에 설치되어 있는 카프란수차의 성능을 측정하기 위한 유량측정법 중 ASFM(Acoustic Scintillation Flow Meter)법과 지수법(index test)의 원리와 특징에 대해 설명하시오.

4. 3대가 병렬로 설치된 수평 양쪽흡입 벌류트펌프(KS B 6318)에 대하여 현장에서 성능시험을 하려고 한다. 각 펌프의 효율을 측정하기 위하여 최근에 많이 사용하는 열역학적 효율측정방법에 대해 설명하시오.

5. 금속의 재결정(recrystallization)현상의 개념을 설명하고, 온도, 시간 및 냉간가공에 의한 두께 감소율이 재결정에 미치는 영향에 대해 설명하시오.

6. 기계와 구조물의 피로(fatigue)현상 및 피로한도(fatigue limit)에 대해 설명하시오.

2013년 산업기계설비기술사 제99회

제1교시 시험시간: 100분

※ 다음 13문제 중 10문제를 선택하여 설명하십시오. (각 10점)

1. 유한요소해석코드를 사용하여 기기의 내진해석을 수행할 때 최종 해석보고서 작성단계까지 스펙트럼해석을 수행하는 주요 작업순서를 설명하시오.

2. 기계구조물에 발생하는 피크응력(peak stress)에 대하여 설명하시오.

3. 밸브 개폐가 지연되거나 불능에 이르는 밸브의 압력잠김과 열적 고착현상이 발생하는 각각의 주요 원인을 설명하시오.

4. 발전설비인 복수기에는 복수기의 진공도를 유지하기 위해 공기추출기가 설치되어 있다. 이때 사용되는 공기추출기 3가지를 쓰고, 최근 가장 많이 사용되는 공기추출기의 특징을 설명하시오.

5. 실양정 93m인 펌프관로계에서 유량 65m³/min, 운전양정 113m로 운전하고 있다. 이 관로계에 73m³/min 유량을 공급 시 관로손실양정을 구하고, 무디선도(Moody diagram)에 대해 설명하시오.

6. 지름 70mm, 60rpm으로 회전하는 전도축이 축의 중심으로부터 50mm 떨어진 피치원 (pitch circle)상에서 6개의 볼트로 고정된 플랜지커플링(flange coupling)과 연결되어 있을 때 볼트의 지름을 구하시오(단, 축과 볼트는 동일한 재료이며, 허용전단응력은 2kgf/mm²이다).

7. 재질 AISI 4130, 17-PH와 전동체인 No.50에서 알파벳문자와 숫자의 의미에 대하여 설명하시오.

8. 히트펌프(heat pump)의 난방시스템에서 작동순서에 따른 주요 구성품을 나열하고, 각 구성품들의 기능에 대하여 설명하시오.

9. 극압윤활(extreme-pressure lubrication)에 대하여 설명하고, 유압펌프의 적정 점도 및 점도의 대소에 따른 현상을 설명하시오.

10. 기계재료의 전단탄성변형에너지(u_s)와 비틀림탄성변형에너지(u_t)의 상관관계식을 설명하시오.

11. 산업기계설비의 체결용으로는 삼각나사(triangular thread), 운동용으로는 사각나사 (square thread)를 사용하는 이유를 설명하시오.

12. 재료 내부에 순수전단(pure shear)을 유발하기 위한 2축응력(biaxial stress)의 조건에 대하여 설명하시오.

13. PID동작(Proportional Integral and Differential action)제어계의 전달함수에 대하여 설명하시오(단, 동작신호 : $e(t)$, 출력 : $y(t)$, K_p : 비례감도, T_I : 적분시간, T_D : 미분시간이다).

제2교시 시험시간: 100분

※ 다음 6문제 중 4문제를 선택하여 설명하십시오. (각 25점)

1. 재료의 피로현상에서 LCF(Lower Cycle Fatigue), HCF(High Cycle Fatigue), SF(Sub-Fatigue)에 대하여 설명하시오.

2. 제어계(control system)에서 계단입력신호에 대한 과도응답(transient response)을 도시하고, 이때 발생할 수 있는 제반특성치를 설명하시오.

3. 사이클로이드 감속기(cycloid reducer) 및 V.S모터의 특징을 쓰고, 작동원리에 대하여 그림을 그려 설명하시오.

4. 플런저펌프(plunger pump)의 특징을 쓰고, 형식에 따른 구조 및 작동원리에 대하여 도해로 설명하시오.

5. 석탄화력발전소의 전기집진기는 고온방식과 저온방식이 있다. 전기집진기의 대표적인 특징을 기술하고, 각 방식(고온, 저온)의 장단점을 설명하시오.

6. 발전소 복수기 진공도가 이론진공보다 현저히 저하되는 경우가 있는데 그 저하원인을 쓰고, 각각의 대책에 대하여 설명하시오.

제3교시 시험시간: 100분

※ 다음 6문제 중 4문제를 선택하여 설명하십시오. (각 25점)

1. 프로펠러축은 토크(T), 추력(P), 굽힘모멘트(M)를 동시에 받는 경우가 많다. 즉 비틀림, 인장, 굽힘응력을 동시에 받는 원형축의 최대 인장응력(σ_{max})을 구하는 식을 유도하시오(단, 축의 직경은 d로 하고, 좌굴(buckling)은 무시한다).

2. 산업기계설비에 사용되고 있는 복합재료(composite materials)의 정의, 조건, 구분, 종류, 적용분야에 대하여 설명하시오.

3. 배관계에 대한 다음 사항을 설명하시오.
   ① 배관지지장치를 분류하여 각각의 기능과 용도
   ② 배관계 사고원인인 응력부식균열, 부식피로균열 및 수소취화

4. 플랜트 배관시공작업공정을 순서대로 열거하고 설명하시오.

5. 후쿠시마 원전사고와 유사한 재해에 대해 원전기기설비의 중대사고를 방지하거나, 이에 대응하기 위한 원전설비의 설계관점에서 추가적인 안전설계 대책 5가지를 설명하시오.

6. 폐기물을 소각하기 위한 소각로 중 스토커(stoker)방식과 유동상(fluidized bed)방식을 각각 장단점을 비교하여 설명하시오.

✎ 제4교시 시험시간: 100분

※ **다음 6문제 중 4문제를 선택하여 설명하십시오. (각 25점)**

1. 산업기계설비에 사용되는 CAE(Computer Aided Engineering)시스템 중 귀하가 경험한 구조해석용 소프트웨어(structural analysis s/w)의 해석절차를 기술하고, 그 특성을 다른 소프트웨어와 비교하여 설명하시오.

2. 산업기계설비에서 6T 융·복합기술(fusion technology)의 적용사례를 쓰고, 향후 발전방향에 대하여 설명하시오.

3. 축류 송풍기(압축기)에 관한 다음 사항을 설명하시오.
   ① 선회실속(rotating stall)의 현상 및 대책
   ② 효율이 최대가 되는 반동도 R(degree of reaction)을 유도하시오.

4. 원심펌프의 토출량 과대에 따른 과부하대책에 대하여 펌프성능특성곡선을 그려 설명하시오.

5. 고온고압압력용기를 해석에 의한 설계를 할 때 부재 내부에서 발생하는 2차 응력에 대한 다음 사항을 설명하시오.
   ① 재료 내부에서 발생하는 2차 응력의 종류
   ② 발생응력의 형태와 특징
   ③ 귀하가 적용한 안전설계기준에 2차 응력을 적용할 때 고려해야 할 사항을 설명하시오.

6. 플랜트에 많이 사용되는 유인송풍기(induced fan)의 풍량을 제어하는 방법으로 가변제어방식과 댐퍼개도방식, 그리고 이들 두 방식을 혼합한 혼합방식이 있다. 이들 3가지 방식의 작동원리와 각각의 특징을 비교 설명하시오.

2014년 산업기계설비기술사 제102회

✎ **제1교시** 시험시간: 100분

※ **다음 13문제 중 10문제를 선택하여 설명하십시오. (각 10점)**

1. 펌프설비를 자동화하고자 할 때 사전에 검토하여야 할 사항을 설명하시오.
2. 유압제어밸브(hydraulic power control valve)에 대하여 설명하시오.
3. 펠톤수차(pelton turbine)의 유량조절장치에 대하여 설명하시오.
4. 베어링(bearing)의 윤활목적 및 윤활제의 종류에 대하여 설명하시오.
5. CO_2용접에서 CO_2의 역할과 원리를 설명하시오.
6. 유압프레스(hydraulic power press)의 작동원리에 대하여 설명하시오.
7. 기어(gear)의 모듈(module)에 대하여 설명하시오.
8. 솔레노이드밸브(solenoid valve)의 구동원리를 설명하시오.
9. 기계장치를 설계하는 경우에 강도(strength)설계와 강성(rigidity)설계의 특성을 비교하여 설명하시오.
10. 나사의 종류를 사용하는 용도별로 예를 들어 설명하시오.
11. IT(ISO Tolerance) 기본공차의 정밀도등급에 대하여 설명하시오.
12. 페트로프(Petroff)의 윤활이론에 관하여 회전속도를 중심으로 설명하시오.
13. V-벨트와 사일런트체인의 사용상의 장단점을 설명하시오.

✎ **제2교시** 시험시간: 100분

※ **다음 6문제 중 4문제를 선택하여 설명하십시오. (각 25점)**

1. 송풍기(blower)와 압축기(compressor)에서 각각의 풍량제어방식을 성능설명도와 함께 설명하시오.
2. 펌프(pump)와 수차(hydraulic turbine)에서 발생하는 캐비테이션(cavitation)에 대하여 비교하여 설명하시오.
3. 베어링(bearing)의 종류는 미끄럼베어링과 구름베어링으로 대별하는데, 미끄럼베어링에 사용하는 화이트메탈에 대하여 설명하시오.
4. 용접 후 열처리(PWHT)의 필요성에 대하여 설명하시오.
5. 나사의 풀림현상을 원인별로 설명하시오.
6. 일반 기계설비에서 신뢰성을 저하시키는 고장 발생 시 확률, 통계적인 측면에서 주요 원인을 설명하시오.

✎ **제3교시** 시험시간: 100분

※ 다음 6문제 중 4문제를 선택하여 설명하십시오. (각 25점)

1. 흡입양정이 $H_s = 3.9\text{m}$, 흡입관로의 손실수두 $h_l = 1.5\text{m}$의 표준상태의 물을 양수하는 펌프의 필요흡입수두($NPSH_{re}$)=2.4m일 때, 유효흡입수두($NPSH_{av}$)를 필요흡입수두보다 30% 여유 있게 하는 이유와 캐비테이션의 발생 여부를 검토하여 설명하시오.

2. 유압펌프(hydraulic power pump)의 종류 및 특징으로 설명하고, 대표적인 고장의 해결책을 제시하시오.

3. 부피성형가공법의 대표적인 4가지만 종류를 설명하시오.

4. 내연기관의 피스톤에 사용되는 Y합금과 Low-Ex금속에 대하여 설명하시오.

5. 제품이나 프로젝트를 기획에서부터 폐기 및 재활용에 이르기까지 전제품수명주기에 모두 존재하는 엔지니어링의 활동을 단계별로 설명하시오.

6. 모터의 기동가속토크와 시간과의 관계에 대하여 설명하시오.

✎ **제4교시** 시험시간: 100분

※ 다음 6문제 중 4문제를 선택하여 설명하십시오. (각 25점)

1. 단면이 급격히 확대되는 관 내의 유동에서는 단면적이 급확대되는 곳에서 와류가 형성되어 에너지의 손실이 발생한다. 이때의 부차적 손실수두를 유도하시오.

2. 유체전동장치(hydraulic transmission)인 유체커플링(hydraulic coupling)과 토크컨버터(torque converter)에 대하여 설명하시오.

3. 펌프의 상사법칙에 대하여 응용하는 사례를 들어 설명하시오.

4. 배관재질 선정 시 고려해야 하는 요소를 4가지만 설명하시오.

5. 엘리베이터의 구동장치 중에 무단변속으로 속도조절을 하는 VVVF방식에 대하여 원리를 설명하시오.

6. 천정크레인에서 권양기의 모터용량을 선정하기 위한 요소에 대하여 설명하시오.

2015년 산업기계설비기술사 제105회

제1교시 시험시간: 100분

※ 다음 13문제 중 10문제를 선택하여 설명하십시오. (각 10점)

1. 직각삼각위어(weir)에서 수위가 H일 때 유량 Q의 공식을 유도하시오.

2. 용접 후 용접부검사과정에서 고려해야 할 항목(check point) 5가지를 쓰시오.

3. 푸아송비(Poisson's Ratio)의 정의에 대해 설명하시오.

4. 인버터(inverter)의 정의 원리 및 종류에 대해 설명하시오.

5. 기계가공에 사용되는 공작기계의 지능화기술에 대해 설명하시오.

6. 원심펌프에서 회전차 무게가 60N, 고정축의 직경이 3cm, 베어링의 축간거리가 75cm이고 회전차가 중앙에 위치하고 있을 때 이 진동계의 위험속도(rpm)를 구하시오(단, 탄성계수 $E = 20.6 \times 10^6 \text{N/cm}^2$이다).

7. 송풍기 시험방법(KS규격 KS-B-6311)에서 회전체 균형도(balance) 표시방법, 균형도 등급, 적용등급에 대해 각각 설명하시오.

8. 플랜트압력기기의 해석에 사용되는 극한해석(limit analysis)방법에 대해 설명하시오.

9. 도장 전 금속표면처리규격 SIS(Swedish Standards Institution)와 SSPC(Steel Structure Painting Council)에서 서로 동일등급을 쓰고 설명하시오.

10. 증기보일러의 운전 중 열손실 저감대책 4가지를 쓰시오.

11. 전동기 직결 횡형펌프를 템플릿(template)방식으로 펌프기초공사를 할 때 기초(foundation)중량은 얼마로 하며, 기초패드(pad)를 무수축 그라우트(grout)재료로 시공해야 하는 이유에 대해 설명하시오

12. 산업용 디젤엔진의 구조, 작동원리, 특징 및 용도에 대해 설명하시오.

13. 배관계통에 사용되는 스너버(snubber)를 설명하고, 대표적인 종류 2개를 선택하여 각각의 작동 시 대표적인 특정을 간략히 설명하고, 현장 적용 시 유의점을 설명하시오.

제2교시 시험시간: 100분

※ 다음 6문제 중 4문제를 선택하여 설명하십시오. (각 25점)

1. 펌프의 수충격방지책을 부압(수주분리)방지 및 상승압방지로 구분하여 각각의 방법에 대해 설명하시오.

2. 다음 사항에 대해 펌프의 합성성능곡선을 각각 그려 설명하시오.

① 동일용량의 펌프 2대를 연결하여 운전할 때 직렬 또는 병렬운전의 선정조건

② 크고 작은 2대의 펌프를 병렬운전 및 직렬운전 시 주의해야 할 사항

3. 태양광발전시스템의 구성, 종류 및 특성에 대해 설명하시오.

4. 산업용 로봇에 필요한 센서기술 및 응용분야를 3가지 쓰시오.

5. 공정배관에 사용되는 스트레이너(strainer)의 주요 기능, 종류와 특성을 쓰고, 스트레이너를 선정하는 방법에 대하여 설명하시오.

6. 대표적인 스팀트랩(steam trap)의 3가지 종류를 들고, 각각에 대한 작동원리, 형식(type), 종류별 특성을 비교 설명하시오.

제3교시 시험시간: 100분

※ 다음 6문제 중 4문제를 선택하여 설명하십시오. (각 25점)

1. 원심형 송풍기의 성능에 영향을 미치는 요소들에 대해 설명하시오.

2. 압축기에서 다단압축의 목적 및 중간냉각의 목적에 대해 설명하시오.

3. 밸브의 압력잠김과 열적 고착현상의 원인을 들고 각각의 문제점과 조치방법을 설명하시오.

4. 체크밸브의 종류 4가지를 쓰고, 각각의 특징을 3가지 쓰시오.

5. 산업기계설비의 설계 및 운영 시 고려하여야 할 안전조건 4가지를 설명하시오.

6. 다음 그림과 같이 양단 지지 사각형 단면보가 길이의 일부분에 균일하중을 받고 있다. $w = 10\,\text{kgf/cm}$, $L = 200\,\text{cm}$ 일 때 전단력선도(shear force diagram)와 굽힘모멘트선도(bending moment diagram)를 작도하시오.

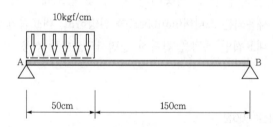

✎ **제4교시** 시험시간: 100분

※ **다음 6문제 중 4문제를 선택하여 설명하십시오. (각 25점)**

1. 소닉노즐(sonic nozzle)에서 작동원리, 특징, 사용범위를 설명하고, 입구압력 P_o, 입구온도 T_o, 노즐 단면적 A일 때 유량을 구하시오.

2. 유압장치의 기본구성부를 설명하고 유압기기의 장단점을 설명하시오.

3. 발전전력에너지저장시스템(ESS : Energy Storage System)의 종류 중 4개를 선택하여 설명하시오.

4. Fe-C(철과 탄소강)상태도를 그림으로 설명하고, 탄소강의 열처리방법에 대해 설명하시오.

5. 플랜트계통 실내기기에서 고려하여야 할 운전조건 4가지를 설명하고 각각의 운전조건에서 고려해야 할 대표적인 하중조합을 설명하시오.

6. 플랜트의 고온고압압력기기의 법정검사(ASME code, 전력기술기준, PED code 등)에 적용하는 공인검사원의 의무에 대하여 10가지를 설명하시오.

2016년 산업기계설비기술사 제108회

✏️ **제1교시** 시험시간: 100분

※ 다음 13문제 중 10문제를 선택하여 설명하십시오. (각 10점)

1. 수도용 밸브의 개도에 따른 유량특성에 대하여 설명하시오.

2. 기계회전부의 축봉(shaft seal)장치 4가지를 들고, 각각에 대한 특징을 설명하시오.

3. 고가수조급수방식을 대신하여 위생적이고 편리한 부스터시스템(booster system)에 대하여 구성부품을 나타내고, 특징 10가지를 설명하시오.

4. 기술자로서 산업현장 공정에 따른 최적의 밸브를 선정하고자 할 때 고려해야 할 사항을 10가지 나열하고, 각각에 대해 설명하시오.

5. 발전용량에 따른 수력발전소를 분류하고, 수력발전의 장점과 단점을 각각 5가지씩 설명하시오.

6. 점성계수와 동점성계수의 차이점에 대하여 설명하시오.

7. 열의 이동에는 3가지 이동현상이 있다. 이에 대하여 설명하시오.

8. 베르누이방정식(Bernoulli's equation)에 대하여 설명하시오.

9. 기계환기의 3가지 방식이 있다. 이에 대하여 설명하시오.

10. 볼트체결에서 와셔를 쓰는 이유를 3가지 설명하시오.

11. 가공경화(변형경화)에 의하여 재료가 강해지는 이유를 설명하시오.

12. 구멍가공작업에서 카운터싱킹(countersinking)과 카운터보링(counterboring)을 설명하시오.

13. 크리프피드연삭(creep feed grinding)에 대하여 설명하시오.

✏️ **제2교시** 시험시간: 100분

※ 다음 6문제 중 4문제를 선택하여 설명하십시오. (각 25점)

1. 펌프장을 계획할 때에는 관련 토목, 건축, 기계 부속설비와 전기 및 제어계측설비 등을 검토하여야 한다. 계획급수량이 주어졌을 때 펌프운전대수와 펌프형식 및 규격을 결정하기 위한 펌프시스템 최적설계절차를 흐름도형식으로 설명하시오.

2. 최근 조류와 유기화합물과 같은 저농도 부유고형물을 제거하기 위한 공정으로 전처리에서 형성된 플록(floc)에 미세기포를 부착시켜 수면 위에서 떠오른 슬러지를 제거하고 깨끗한 물을 이용하는 용존공기부상법(DAF : Dissolved Air Flotation)에 대하여 설명하시오.

3. 풍차(wind mill)의 최대 동력($P_{\max}$)이 $P_{\max} = \dfrac{8}{27}\rho A v_1^3$임을 설명하시오(단, ρ : 밀도, A : 풍차의 면적, v_1 : 풍차의 입구속도이다).

4. 산업용으로 사용하고 있는 집진장치(dust collector)에 대하여 설명하시오.

5. 중합체(polymer)의 점탄성(viscoelasticity)거동에 대하여 설명하시오.

6. 공구마모에 대하여 다음을 설명하시오.
   ① 절삭시간에 따른 공구마모특성
   ② Taylor 공구수명식을 구하는 방법

✎ 제3교시 시험시간: 100분

※ 다음 6문제 중 4문제를 선택하여 설명하십시오. (각 25점)

1. 하수처리장이나 폐수처리장에서 발생되는 농축슬러지를 감량하기 위한 탈수기를 선정하기 위하여 검토하여야 할 사항과 각 형식을 비교 설명하시오.

2. 수처리에 사용되는 약품주입설비의 선정요건과 고체약품투입기와 액체약품투입기의 종류를 설명하시오.

3. 현재 전 세계에서 상업적으로 가동되고 있는 원자력발전소의 원자로는 가압경수로 (PWR : Pressurized Water Reactor), 비등경수로(BWR : Boiling Water Reactor), 가압중수로(PHWR : Pressurized Heavy Water Reactor), 가스냉각로(GCR : Gas Cooled Reactor)가 있다. 이에 대하여 설명하시오.

4. 해양온도차발전(OTEC : Ocean Thermal Energy Conversion)에 대하여 설명하시오.

5. 압력용기의 볼트체결과 구조물의 볼트체결을 비교 설명하시오.

6. 소성가공에서 열간가공과 냉간가공의 장점을 각각 4가지 설명하시오.

✎ 제4교시 시험시간: 100분

※ 다음 6문제 중 4문제를 선택하여 설명하십시오. (각 25점)

1. 펌프장 현장에서 펌프효율을 측정하고자 한다. 수력학적 방법과 열역학적 방법을 비교하여 설명하시오.

2. 응집제를 급속혼화하기 위한 교반기를 선정하고자 한다. 급속교반기의 설계방향과 종류를 설명하시오.

3. 유압실린더의 속도제어회로로써 미터 인(meter-in), 미터 아웃(meter-out) 및 블리드 오프(bleed-off)의 3가지가 사용된다. 각 회로를 그리고, 특징을 설명하시오.

4. 산업기계설비분야에서 구조해석과 유동해석에 대하여 각각의 실제 예를 들어 해석절차에 대하여 설명하시오.

5. 재료의 피로강도에 대하여 다음을 설명하시오.
   ① 피로강도시험방법
   ② 피로강도에 영향을 미치는 인자 4가지

6. 초음파가공의 원리와 특성에 대하여 설명하시오.

2017년 산업기계설비기술사 제111회

제1교시 시험시간: 100분

※ 다음 문제 중 10문제를 선택하여 설명하십시오. (각 10점)

1. 원형관의 곡관부(90° 엘보)에서 발생하는 손실을 3가지로 구분하여 설명하시오.

2. 펌프의 고속화에 관하여 주의해야 할 사항과 장점에 대하여 설명하시오.

3. 기포펌프(Air Lift Pump)를 개략도로 나타내고 작동원리, 장단점, 제작 및 설치 관련 유의사항에 대하여 설명하시오.

4. 펌프장에서 발생하는 소음을 전파경로별로 분류하고, 각각의 전파음을 감쇠하는 방안을 설명하시오.

5. 화력발전소 증기터빈운전에서 변압운전을 하는 이유를 설명하시오.

6. 산업용 가스터빈에 적용되는 초내열합금(Superalloy)이란 무엇인지 설명하시오.

7. 석탄가스화복합발전(Integrated Gasification Combined Cycle)에 대하여 설명하시오.

8. 수차에서 흡출관(Draft tube)에 대하여 설명하시오.

9. NC(수치제어)공작기계의 서보기구(Servo Mechanism)에 대하여 설명하시오.

10. 롤러베어링(roller bearing)과 볼베어링(ball bearing)의 수명에 대해서 설명하시오.

11. 3D 프린팅(3D printing)기술의 개념 및 제조방법의 종류 3가지를 나열하여 설명하시오.

12. 코일스프링의 소선의 지름 d, 코일의 평균반지름 R, 스프링하중을 P라 할 때 스프링 내에 발생하는 최대 전단응력을 구하시오.

13. 서로 외접하는 한 쌍의 표준평기어(spur gear)의 큰 기어의 잇수가 120개, 작은 기어의 잇수가 26개이고 기어의 중심거리가 73cm일 때 큰 기어의 피치원지름 및 이끝원(addendum circle)지름을 구하시오.

제2교시 시험시간: 100분

※ 다음 문제 중 4문제를 선택하여 설명하십시오. (각 25점)

1. 다음 그림에서 탱크 측면에 구멍을 내어 액체가 수평방향으로 뻗는 거리 L을 가장 크게 하는 h의 값을 결정하시오(단, 비점성유동으로 가정한다).

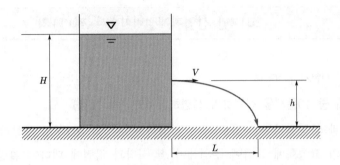

2. 플랜트시설에 급기를 위해 송풍기실을 설치하려고 한다. 송풍기실의 설계에 반영되어야 할 사항과 송풍기의 배치 및 설치 시 고려해야 할 사항에 대하여 설명하시오.

3. 축추력(shaft thrust)평형장치에 대하여 설명하시오.

4. 유체가 관 속을 흐를 때 손실수두와 관마찰계수에 대하여 설명하시오.

5. 반복하중을 받는 기계구조물의 $S-N$곡선 및 피로한도(fatigue limit)에 대하여 설명하시오.

6. 보(beam)의 여러 가지 단면형상 중에서 가장 강하고 경제적인 형상은 어떤 형상이며, 그 이유를 설명하시오.

✎ 제3교시 시험시간: 100분

※ 다음 문제 중 4문제를 선택하여 설명하십시오. (각 25점)

1. 원심펌프를 연합운전하고자 한다. 병렬운전과 직렬운전의 선택기준에 대하여 설명하고, 다음 사항의 각각에 대하여 펌프의 성능곡선도로 나타내고 설명하시오.
   ① 성능이 서로 같은 펌프의 병렬운전
   ② 용량이 서로 다른 펌프의 병렬운전
   ③ 용량이 서로 다른 펌프의 직렬운전

2. 펌프수차의 용도, 종류별 유효낙차범위 및 설계 시 고려해야 할 사항에 대하여 설명하시오.

3. 에너지 하베스팅(Energy Harvesting)관점에서 다음의 발전에 대하여 설명하시오.
   ① 열전발전(Thermoelectric Generation)
   ② 스털링엔진(Stirling Engine)발전
   ③ ORC(Organic Rankine Cycle)발전

4. 펌프의 비교회전도에 대하여 설명하시오.

5. 축(shaft)의 직경은 강도(rigidity) 및 강성도(stiffness)를 기준으로 하여 결정할 수 있다. 축의 직경 결정을 위한 강도설계와 강성도설계의 차이를 비교 설명하시오.

6. 보(beam)가 굽힘을 받을 때 굽힘응력과 단면계수(modulus of section)와의 관계에 대하여 설명하시오.

✎ **제4교시** 시험시간: 100분

※ **다음 문제 중 4문제를 선택하여 설명하십시오. (각 25점)**

1. 재난방지시설인 배수펌프장을 설계함에 있어 배수펌프용으로 적합한 펌프의 형식과 그 이유에 대하여 설명하시오.

2. 원심펌프를 운전함에 있어 다음 사항에 대하여 설명하시오.

   ① 과열현상 발생원인

   ② 온도 상승량(Δt)을 나타내는 관계식과 유량(Q), 양정(H) 및 온도 상승량(Δt)과의 상호관계를 도식적으로 설명

   ③ 과열로 인한 문제점 및 방지대책

3. 축봉장치(shaft seal) 중 메커니컬 실(mechanical seal)과 그랜드패킹(gland packing)을 비교하여 설명하시오.

4. 가솔린기관과 디젤기관을 비교하여 설명하시오.

5. 신재생에너지(New and Renewable Energy)의 중요성에 대하여 설명하고, 종류를 6가지 나열하고 각각의 특성에 대하여 설명하시오.

6. 풍력발전기(wind mill)의 주요 요소부품을 6가지 나열하고 그 기능을 설명하시오.

2018년 산업기계설비기술사 제114회

✎ **제1교시** 시험시간: 100분

※ **다음 문제 중 10문제를 선택하여 설명하시오. (각 10점)**

1. 파스칼의 원리를 설명하시오.
2. 항력과 양력을 비교 설명하시오.
3. 릴리프밸브에서 발생하는 채터링현상에 대하여 설명하시오.
4. 무디선도(Moody diagram)를 설명하시오.
5. 응력－변형률선도에 대하여 설명하시오.
6. 배관재질 선정 시 고려하여야 할 4가지를 설명하시오.
7. 수도용 밸브 선정 시 4가지 중요한 요구사항을 설명하시오.
8. 나사의 이완방지법에 대하여 설명하시오.
9. 머시닝센터가 전통적인 공작기계와 차별이 되고 생산성이 좋은 점을 4가지 설명하시오.
10. 공구재료에 요구되는 3가지 중요한 성질을 설명하시오.
11. 펀칭(punching)과 블랭킹(blanking)을 비교 설명하시오.
12. 굽힘에서 스프링백을 보정하는 방법을 2가지 설명하시오.
13. 취성재료의 강도시험방법에 대하여 설명하시오.

✎ **제2교시** 시험시간: 100분

※ **다음 문제 중 4문제를 선택하여 설명하시오. (각 25점)**

1. 관이음에 사용하는 플랜지를 면의 형상에 따라 분류하고 설명하시오.
2. 나사전조를 간단히 설명하고 나사절삭가공보다 우수한 점을 설명하시오.
3. 하수처리장 종합시운전에서 기계분야의 사전점검, 무부하시운전, 부하시운전, 성능시험에 대하여 설명하시오.
4. 산업기계의 진동 발생원인과 해결방안에 대하여 설명하시오.
5. 풍력발전의 특성, 시스템구성, 분류에 대하여 설명하시오.
6. 펌프의 토출량이 설계유량보다 많을 때 동력절감방법에 대하여 설명하시오.

✎ **제3교시** 시험시간: 100분

※ **다음 문제 중 4문제를 선택하여 설명하시오. (각 25점)**

1. 공압시스템에서 압축공기를 만드는데 필요한 긴조방식의 종류와 특징에 대하여 실명하시오.

2. 일반적으로 사용되고 있는 원심펌프는 임펠러 베인의 출구각도가 90° 보다 작은 형상이다. 그 이유에 대하여 설명하시오.

3. 볼트텐셔닝(bolt tensioning)에 대하여 설명하시오.

4. 강화유리의 기계적 성질과 열처리방법에 대하여 설명하시오.

5. 스테인리스강의 환경부식에 대하여 설명하시오.

6. 슬러지함수율이 약 80%인 탈수케이크(dewatered cake or sewage sludge cake)를 배관압송으로 이송하는 방법에 대하여 설명하시오.

✎ **제4교시** 시험시간: 100분

※ **다음 문제 중 4문제를 선택하여 설명하시오. (각 25점)**

1. 하수처리장에 적용할 수 있는 에너지절감대책을 설명하시오.

2. 체크밸브 슬램(check valve slam)방지대책에 대하여 설명하시오.

3. 산업기계설비에 사용되는 개스킷(gasket)을 선택하기 위하여 고려해야 할 사항을 설명하시오.

4. 제품의 대량생산에 적합한 생산설비배치에 대하여 설명하시오.

5. 해양에너지의 4가지 종류와 특성에 대하여 설명하시오.

6. 펌프는 비속도크기에 따라 반경류형에서 축류형으로 변한다. 그 이유를 설명하시오.

2019년 산업기계설비기술사 제117회

✏️ **제1교시** 시험시간: 100분

※ 다음 문제 중 10문제를 선택하여 설명하시오. (각 10점)

1. 터빈단락군(Stage Group)에서 내부효율(Internal Efficiency)에 대하여 설명하시오.

2. 열전기발전(Thermoelectric Generation)의 원리에 대하여 설명하시오.

3. 석탄가스화복합발전(IGCC : Integrated Gasification Combined Cycle)방식에 대하여 설명하시오.

4. 해양온도차발전(Power Generation by Ocean Temperature Difference)에 대하여 설명하시오.

5. 화석연료를 이용한 수소제조방법을 4가지 쓰시오.

6. 고온고압플랜트계통의 과압을 보호하기 위한 과압보호보고서(Over Pressure Protection Report)에 수록할 항목을 5개 쓰시오.

7. 용접봉구매시방서 작성 시 고려해야 할 항목을 4가지 설명하시오.

8. 재료시험성적서(CMTR : Certificate of Material Test Report)에 포함되어야 할 사항을 4가지 설명하시오.

9. 내진등급 고온고압배관의 배치설계에서 안전을 위한 설계 시 고려해야 할 사항을 4가지 설명하시오.

10. 산업용 기계설비 또는 배관용접부의 품질관리를 위한 체적비파괴검사(Volumetric Examination)기법을 4가지 쓰시오.

11. 압력배관두께 선정에 사용되는 스케줄번호(Schedule Number)를 수식으로 설명하시오.

12. 신에너지 및 재생에너지 개발·이용·보급 촉진법(법률 제14670호) 제2조의 규정에서 구분하고 있는 신에너지와 재생에너지를 설명하시오.

13. 플랜트압력용기설계 시 고려해야 하는 1차 응력과 2차 응력의 종류를 설명하시오.

✏️ **제2교시** 시험시간: 100분

※ 다음 문제 중 4문제를 선택하여 설명하시오. (각 25점)

1. 복합화력발전소에서 가스터빈성능영향인자에 대하여 설명하시오.

2. 축추력(Shaft Thrust)평형장치에 대하여 설명하시오.

3. 플랜트기계설비 시공공정관리를 위한 횡선식(Gantt Chart), 사선식(S-Curve), 네트워크(PERT/CPM)공정표의 작업표기방법과 특징을 설명하시오.

4. 밸브의 압력잠김과 열적 고착현상의 원인을 설명하고, 발생에 따른 문제점과 각각의 조치방법을 설명하시오.

5. 히트펌프(Heat Pump)의 공정을 구성하는 기기와 히트펌프의 장점을 설명하시오.

6. 철강생산공정 중 순산소기술을 전기아크로(Electrical Arc Furnace)공정에 적용할 때 생산성 및 에너지효율을 높이는 방법에 대하여 설명하시오.

✎ 제3교시 시험시간: 100분

※ 다음 문제 중 4문제를 선택하여 설명하시오. (각 25점)

1. 에너지 하베스팅(Energy Harvesting)에 대하여 설명하고, 다음의 발전방법에 대하여 설명하시오.
   ① 스털링엔진(Stirling Engine)발전
   ② ORC(Organic Rankine Cycle)발전

2. 대용량 에너지저장장치(Energy Storage System)관점에서 다음 기술들을 비교하여 장단점을 설명하시오.
   ① LAES(Liquid Air Energy Storage)
   ② 양수발전(Pumping-up Power Generation)
   ③ VRFB-ESS(Vanadium Redox Flow Battery-Energy Storage System)

3. 수소를 이용한 1차 연료전지(Fuel Cell)의 한 종류를 선택하여 구조도를 그리고, 산화-환원반응식으로 작동원리를 설명하시오.

4. 수평축풍력발전기의 구성요소, 풍력에너지 발생원리(에너지 산출식), 출력제어방식에 대하여 설명하시오.

5. 기기, 배관, 지지대의 용접검사 시 확인해야 할 항목 4가지를 설명하시오.

6. 소각로 중 전기용융방식의 특징과 장단점을 설명하고, 아크용융로와 플라즈마용융소 각로 두 가지 방식에 대한 소각방법을 설명하시오.

✎ 제4교시 시험시간: 100분

※ 다음 문제 중 4문제를 선택하여 설명하시오. (각 25점)

1. P2G(Power to Gas) 에너지저장기술을 설명하시오.

2. 수소저장방법과 특징을 설명하시오.

3. 기기의 내진해석절차와 해석방법(등가정적해석법, 동적해석법)에 대하여 설명하시오.

4. 산업기계부품제작을 위한 금속적층제조(Additive Manufacturing)기술 중 PBF(Powder Bed Fusion)와 DED(Direct Energy Deposition)에 대하여 설명하고, 적층제조기술의 활성화방안에 대하여 설명하시오.

5. 화력발전소의 대기환경오염원이 될 수 있는 NOx 저감대책이 필요하다. ① NOx의 유해성을 설명하고, ② 연료와 공기 중의 질소가 산화물이 되는 과정, ③ NOx 저감방법 3가지를 설명하시오.

6. 스테인리스강용접작업 시 용접품질에 영향을 줄 수 있는 준수사항을 4가지 설명하시오.

2020년 산업기계설비기술사 제120회

✏️ **제1교시** 시험시간: 100분

※ **다음 문제 중 10문제를 선택하여 설명하시오. (각 10점)**

1. 압연공장의 작업롤(work roll)이 스스로 소재를 끌어당기기 위한 조건이 $\mu \geq \tan\theta$ 임을 설명하시오(단, μ : 롤과 소재 사이의 마찰계수, θ : 롤과 소재의 접촉각이다).

2. 비철금속 중 Ti의 특성을 3가지만 설명하시오.

3. 산업기계부품설계 시 표준수를 적용하는 이유와 관련 수열에 대하여 설명하시오.

4. 산업기계설비의 제어계에서 다음 그림과 같은 단위계단함수를 Laplace변환하시오.

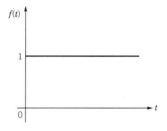

5. 축류송풍기의 반동도를 설명하고, 산출식을 구하시오.

6. 가변용량형 베인펌프의 원리를 설명하고, 정용량형 베인펌프와 비교 시 장단점을 각 2개씩 설명하시오.

7. 하수종말처리장에서 발생하는 슬러지부상(sludge rising)의 원인과 해결방법을 설명하시오.

8. 다음 그림과 같이 균일하중(w)이 작용하는 외팔보의 자유단에 스프링(스프링계수 k)이 지지되어 있는 1차 부정정구조물일 때 B점에서의 반력을 카스틸리아노(Castigliano)정리를 이용하여 구하시오(단, 보의 휨강성은 EI이다).

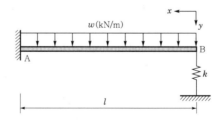

9. 부식의 종류 중 국부부식에 대하여 설명하시오.

10. 구멍기준식 끼워맞춤과 축기준식 끼워맞춤을 비교하여 설명하시오.

11. 관내 유체의 층류(laminar flow)에서 발생하는 압력손실수두(h_f) 및 난류(turbulent flow)에서 발생하는 압력손실수두(h_f)를 구하는 수식에 대해 각각 설명하고, 이 수식을 이용해서 층류흐름관에서의 관마찰계수(f)를 구하시오.

12. 펌프를 전동기(주파수 : 60Hz, 극수 : 2Pole, 전동기 미끄럼손실 7%)에 연결하고, 축을 6204베어링에 조립가동 시 축동력이 30kW일 때 축직경이 안전한지 검토하여 설명하시오(단, 펌프 축자재 허용전단응력은 150MPa이다).

13. 응력집중계수(형상계수)에 대하여 설명하시오.

✎ **제2교시** 시험시간: 100분

※ **다음 문제 중 4문제를 선택하여 설명하시오. (각 25점)**

1. 방전가공기(electric discharge machine)의 원리, 종류, 특징을 설명하시오.

2. 항온담금질처리(isothermal quenching treatment)의 종류를 3가지만 그림을 그려서 설명하시오.

3. 초음파 유량측정기의 측정원리 4가지를 설명하시오.

4. 금속배관이음 중 그루브조인트(홈조인트)와 용접을 비교하여 설명하시오.

5. 열병합발전용(건물, 지역냉난방용)의 용도로 사용되고 있는 가스터빈의 원리, 증기터빈과 비교한 장단점을 설명하고, 사이클의 종류를 설명하시오.

6. 유압장치에서 유량제어밸브가 사용되는 회로의 종류 3가지를 들고, 각각에 대해 회로도를 그리고, 각각에 대하여 설명하시오.

✎ **제3교시** 시험시간: 100분

※ **다음 문제 중 4문제를 선택하여 설명하시오. (각 25점)**

1. 인발가공 다이(drawing work die)의 구성요소 4가지를 쓰고, 인발작업 시 역장력(back tension)을 부가하는 이유를 설명하시오.

2. 폭이 b인 수평 직사각형 수로에서 수력도약이 발생할 때 도약이 들어가는 시점 1의 깊이가 y_1, 유속이 v_1이고 도약이 끝나는 종점 2의 깊이가 y_2, 유속이 v_2일 때 y_2와 y_1의 관계식을 유도하시오(단, 마찰은 무시하며, 지점 1과 지점 2에서의 유동은 균일등속이다).

3. 펌프소음의 원인을 수력적 원인과 기계적 원인으로 구분하여 설명하고, 각각의 원인에 대한 대책을 설명하시오.

4. 산업플랜트에서 많이 사용되고 있는 공기압축기에 대하여 다음 사항을 설명하시오.
   ① 노점온도 정의
   ② 압축공기에 포함되어 있는 각종 이물질의 종류와 이들이 시스템에 미치는 영향
   ③ 배관계통에 설치하는 부속기기와 설치목적

5. 펌프운전 중 펌프성능에 영향을 미치는 인자 5가지를 쓰고 설명하시오.

6. MEMS(Micro Electro Mechanical System)와 NEMS(Nano Electro Mechanical System)에 대한 적용사례를 쓰고 설명하시오.

✏️ 제4교시 시험시간: 100분

※ 다음 문제 중 4문제를 선택하여 설명하시오. (각 25점)

1. 산업기계설비의 이음매 없는 관(seamless pipe) 제작공정 3종류를 설명하시오.

2. 비파괴검사(NDT)기술 중 AET(Acoustic Emission Test)에 대하여 설명하시오.

3. 축류송풍기의 날개각도산출식을 설명하고, 선회실속(rotating stall) 및 초킹(choking) 현상에 대하여 설명하시오.

4. 하수종말처리장의 하수열원을 이용한 에너지절감의 기술적 방법에 대하여 설명하시오.

5. 유압장치에 사용되고 있는 릴리프밸브에 대하여 다음 사항을 설명하시오.
   ① 기능
   ② 직동형과 파일럿작동형의 비교
   ③ 감압밸브 및 안전밸브와의 차이점

6. 산업플랜트에 사용되고 있는 밀봉용 실(seal)에 대하여 다음 사항을 설명하시오.
   ① 선정 시 고려사항
   ② 실의 종류별 용도

2021년 산업기계설비기술사 제123회

제1교시 시험시간: 100분

※ 다음 문제 중 10문제를 선택하여 설명하시오. (각 10점)

1. 뉴턴(Newton)의 제1운동법칙, 제2운동법칙, 제3운동법칙을 설명하시오.

2. 휠의 평면에서 동일한 우력(偶力, couple)이 다음 그림과 같이 작용하고 있다. 휠을 회전하기 위한 목적이라면 두 방법이 동일하다는 것을 설명하고, 휠의 변형관점에서 볼 때 이 값이 동일한지 설명하시오.

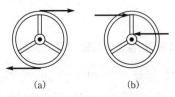
(a)   (b)

3. 원심펌프를 다음 조건에 따라 분류하시오.
   ① 안내깃의 유무   ② 흡입구
   ③ 단(stage)수   ④ 임펠러의 형상
   ⑤ 설치위치

4. 철재구조물인 링(ring)이 다음 그림과 같이 매끄러운 표면에 놓여있다. 링의 평균반지름은 2m이고, 질량은 30kg이다. 400N의 힘이 B에서 링에 가해진다고 할 때 점 A에서의 가속도를 구하시오.

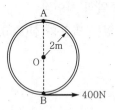

5. 압연공장의 롤러에서 나오는 뜨거운 강판은 진입 전보다 10% 더 밀도가 높다. 강판을 0.2m/s의 속도로 공급하는 경우 압연된 강판의 속도를 구하시오(단, 강판너비가 9% 증가하는 것으로 가정한다).

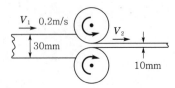

6. 수도용 밸브의 수압시험압력에 대한 압력검사항목 3가지를 설명하시오.

7. 변속펌프운전의 장점과 단점을 각각 2가지씩 설명하시오.

8. 하수찌꺼기(슬러지) 소화조에서 발생하는 소화가스를 전력과 열을 얻기 위한 에너지원으로 이용할 경우 부산물 제거에 필요한 시설 3가지를 설명하시오.

9. 펌프, 전동기, 비상발전기 및 송풍기 등이 설치된 펌프장의 소음에 의하여 주위의 주민에게 악영향을 미칠 우려가 있는 곳에서 필요한 방음 및 방진조치 3가지를 설명하시오.

10. 레이놀즈수(Reynolds number)와 프루드수(Froude number)의 식을 쓰고 설명하시오.

11. 신재생에너지의 정의를 설명하고 관련된 에너지원 8가지를 설명하시오.

12. 양극산화법(anodizing)에 대하여 설명하시오.

13. 클린룸(clean room)의 등급(class)에 대하여 설명하시오.

✏️ **제2교시** 시험시간: 100분

※ **다음 문제 중 4문제를 선택하여 설명하시오. (각 25점)**

1. 자갈(gravel)이 5m/s 속도로 움직이는 컨베이어벨트에 분당 2m^3/min의 양으로 떨어진다. 자갈의 비중량은 20kN/m^{3}이다. 자갈은 호퍼로부터 1m/s의 속도로 떨어지게 되는데, 이때 평균자유낙하높이(h)는 2m이다. 컨베이어가 작업을 수행하기 위해 필요한 토크 T와 자갈이 컨베이어에 미치는 총수직력을 구하시오(단, 롤러의 마찰은 무시하고, 초기속도가 V_o일 때 자유낙하하는 물체의 속도는 $V = \sqrt{V_o^2 + 2gh}$ 이다.)

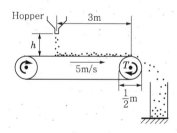

2. 수력발전소는 10m 양정(head)에서 체적유량이 100mT/s에 도달할 때 최대 전력을 생산한다고 가정한다.

① 터보전기기계가 85%의 효율로 작동할 경우 발전소로부터의 최대 출력을 구하시오.

② 발전소의 연간 평균용량계수가 65%, 판매가격이 33원/kWh일 경우 전력판매로 인한 연간 소득을 구하시오.

③ 발전소의 자본비용(capital cost)이 1,100,000원/kW인 경우 연소득 대 자본비용비율을 %/yr단위로 구하시오.

3. 표준화에 대하여 설명하고 산업표준화의 3S를 설명하시오.

4. 주조 시 용융금속 속의 가스(gas)에 대하여 설명하고, 가스기공의 생성 방지법에 대하여 설명하시오.

5. 형상이 상사(similitude)한 2개의 임펠러인 경우 임펠러 외경이 D_A인 펌프가 N_A 회전 시 유량을 Q_A, 양정을 H_A, 축동력을 P_A라 할 때, 임펠러 내의 유동상태가 상사일 때 임펠러 외경이 D_B인 펌프가 N_B 회전 시 유량 Q_B, 양정 H_B, 그리고 축동력 P_B를 식으로 나타내고, 회전수 변경에 대한 특성곡선을 그려 설명하시오(단, $\dfrac{N_B}{N_A} = 0.8 \sim$ 1.2 범위에서 적용한다).

6. 수처리에서 원수에 약품을 주입하여 물속의 이물질을 응집침전시켜 걸러내려고 한다. 이때 약품을 단시간에 골고루 확산시키기 위한 최적의 교반방법을 설명하시오.

제3교시 시험시간: 100분

※ 다음 문제 중 4문제를 선택하여 설명하시오. (각 25점)

1. 플랜트설비진단에서 표면결함 및 내부결함을 확인하는 방법에 대하여 설명하시오.

2. 복합사이클발전소에서 가스터빈사이클이 갖는 열역학적 효율은 30%이고, 증기터빈사이클의 효율이 30%일 때 다음을 구하시오.
   ① 복합사이클의 열역학적 효율
   ② 가스터빈출력 대 증기터빈출력의 비율
   ③ 증기플랜트응축기에서 제거되는 연료열(fuel heat)의 비율

3. 생활폐기물을 인력과 차량을 이용하지 않고 매설관로를 통하여 이송시키는 폐기물관로이송시스템(쓰레기자동집하시설)의 작동원리와 구성에 대하여 설명하시오.

4. 다음과 같은 경우에서 직관의 관로손실수두(H_L)를 계산하기 위한 식을 설명하시오.
   ① 관 직경 75mm 이상의 긴 관로인 경우
   ② 펌프장 구내배관의 짧은 관로인 경우

   > Q : 유량(m^3/s), v : 관내 유속(m/s), C : 유속계수, λ : 마찰손실계수, D : 관의 내경(m),
   > L : 관의 길이(m), g : 중력가속도(m/s^2)

5. 수직축펌프 흡입측에서 와류(vortex)가 생성되어 펌프의 유량과 효율이 떨어지고 캐비테이션으로 인하여 진동이 발생하게 되는데 문제해결방안을 설명하시오.

6. 파텐팅(patenting)에 대하여 설명하시오.

✎ **제4교시** 시험시간: 100분

※ **다음 문제 중 4문제를 선택하여 설명하시오. (각 25점)**

1. 스마트플랜트를 구축하기 위한 기술에 대하여 설명하시오.

2. 플랜트 기자재 및 각종 기계부품을 제작하기 위한 기계가공법을 설명하시오.

3. 단순 관로계 펌프장에서의 수격현상에 대하여 다음을 설명하시오.

   ① 주요 발생원인

   ② 수격현상 과정

   ③ 수격현상 방지대책

4. 수처리 살균소독공법 중 염소소독, 자외선소독 및 오존처리설비의 소독원리와 장단점을 설명하시오.

5. 가치공학(value engineering)에 대하여 설명하시오.

6. TIG용접과 MIG용접에 대하여 설명하시오.

2022년 산업기계설비기술사 제126회

제1교시 시험시간: 100분

※ 다음 문제 중 10문제를 선택하여 설명하시오. (각 10점)

1. 연속주조법(Continuous Casting)의 특징을 설명하시오.
2. 압연공정의 압하율에 대하여 설명하시오.
3. 끼워맞춤방법 중 억지끼워맞춤방법 2가지를 설명하시오.
4. 벨트컨베이어 선정 시 고려사항 5가지를 설명하시오.
5. 응축수펌프(Condensate Pump)에서 발생되는 공동현상(Cavitation)에 대하여 설명하시오.
6. 배관의 규격과 호칭체계에 대하여 설명하시오.
7. 상수도시설에서 오존(O_3)을 주입하는 목적과 주입방식에 대하여 설명하시오.
8. 급수펌프에서 인버터제어시스템을 적용할 때 펌프의 유량과 압력, 그리고 동력의 변화 관계를 설명하시오.
9. 대기오염방지설비 중 전기집진기의 작동원리를 설명하시오.
10. 유압장치(Hydraulic System)에서 동력의 전달원리를 설명하시오.
11. 유압장치 작동유의 구비조건을 설명하시오.
12. 축(Shaft) 설계 시 고려사항 5가지를 설명하시오.
13. 용접작업 종료 후 실시하는 응력제거 열처리에 대하여 설명하시오.

제2교시 시험시간: 100분

※ 다음 문제 중 4문제를 선택하여 설명하시오. (각 25점)

1. 대형 보일러 설치방법 중 Hanging Type과 Bottom Support Type을 비교하여 설명하시오.
2. 장방형 원통압력용기에 발생될 수 있는 후프응력(Hoop Stress)을 축방향 응력과 비교하여 설명하시오.
3. 액화천연가스(LNG)를 연료로 사용하는 열병합발전소의 특징과 열·전기생산공정을 설명하시오.
4. 인발가공다이(Drawing Work Die)의 형상 4구간을 쓰고 인발작업 시 역장력(Back Tension)을 부가하는 이유를 설명하시오.
5. 축봉(Shaft Sealing)방법 중 메커니컬실(Mechanical seal)방식과 글랜드패킹(Gland Packing)방식에 대하여 설명하시오.

6. 기계제조업체에서 제품생산을 위해 수행하는 공정관리와 관련하여 공정관리의 목적, 공정관리의 기능, 생산형태에 대하여 설명하시오.

제3교시 시험시간: 100분

※ 다음 문제 중 4문제를 선택하여 설명하시오. (각 25점)

1. 보일러의 통풍계통에 사용되는 FDF(Forced Draft Fan)와 IDF(Induced Draft Fan)의 제어방식을 설명하시오.
2. Plant Project를 EPC로 발주할 때 기본설계와 상세설계의 업무내용을 설명하시오.
3. 금속의 압출가공 시 발생하는 결함의 종류 중 표면균열, 파이프결함, 내부결함에 대하여 발생원인과 해결방안을 설명하시오.
4. 주물의 결함원인과 방지대책에 대하여 설명하시오.
5. 양수장에 사용하는 펌프를 설계 시 펌프 설치높이를 정하고자 한다. 다음 사항에 대해 설명하시오.
   ① 공동현상(Cavitation)의 발생과 문제점
   ② 유효흡입수두와 필요흡입수두
   ③ 공동현상(Cavitation)이 발생하지 않는 펌프 설치높이 결정
6. 반복하중을 받는 탄소강 재질구조물의 $S-N$ 선도 및 피로한도(Fatigue limit)에 대하여 설명하고 피로강도(Fatigue strength)에 미치는 요인 4가지를 설명하시오.

제4교시 시험시간: 100분

※ 다음 문제 중 4문제를 선택하여 설명하시오. (각 25점)

1. 악취저감시설 설계 시 고려사항 5가지를 설명하시오.
2. 보일러 급수펌프에 사용되는 터빈펌프(Turbine Pump)의 특징에 대하여 설명하시오.
3. 플렉시블 커플링(Flexible Coupling)이 장착된 펌프 설치 시 준비단계부터 완료단계까지의 과정을 상세하게 설명하시오.
4. 풍력발전기 출력제어방식의 종류 및 장단점을 설명하시오.
5. 회전축 설계 시 발생되는 공진에 대하여 다음 사항을 설명하시오.
   ① 공진의 정의
   ② 공진현상의 원인 및 대책
6. 작업장 내에서 작업 중 발생하는 유해물질을 외부로 배출하기 위하여 설치하는 국소배기 장치의 기본적인 구성요소와 역할을 설명하시오.

제1교시 시험시간: 100분

※ 다음 문제 중 10문제를 선택하여 설명하시오. (각 10점)

1. 유체커플링의 구조·원리 및 특징에 대하여 설명하시오.

2. 배(폐)열회수보일러(HRSG)에서 핀치포인트온도(Pinch Point Temperature), 접근온도 (Approach Temperature) 및 가스접근온도(Gas Approach Temperature)에 대하여 설명하시오.

3. 다음 수차의 특징에 대하여 설명하시오.
   ① 펠톤(Pelton)수차
   ② 프란시스(Francis)수차
   ③ 카플란(Kaplan)수차

4. 산업기계설비 설계 시 응력집중계수(Stress Concentration Factor), 노치계수(Notch Factor), 노치감도계수(Notch Sensitivity Factor)의 차이점을 설명하시오.

5. 산업기계, 발전설비 및 해양플랜트에 사용되는 듀플렉스 스테인리스강(Duplex Stainless Steel)의 특징 및 적용분야와 사용 시 문제점을 간략하게 설명하시오.

6. 발전설비 터빈 로터축에서 토크(T), 추력(P)을 동시에 받는 원형축의 경우에 최대 인장(또는 압축)응력을 구하는 식을 유도하시오(단, 축의 직경은 d로 하고, 좌굴 (Buckling)은 무시한다).

7. 벨트컨베이어 설계 시 필요한 기초항목을 기술하고 요구사항을 설명하시오.

8. 플랜트배관 응력해석 시 고려되어야 할 하중의 종류에 대하여 설명하시오.

9. 금속의 경화현상 중 시효경화와 가공경화의 발생원리를 비교하여 설명하시오.

10. 기계공작법 중 인발작업 시 사용하는 윤활제의 구비조건 3가지를 설명하시오.

11. 디지털 트윈(Digital Twin)에 대하여 설명하시오.

12. 단조가공에 있어서 단조 최고온도와 단조 종료온도에 대하여 설명하시오.

13. 집진장치의 작동방법에 따른 5가지 종류를 제시하고, 이에 대한 원리와 장점 및 단점을 설명하시오.

✎ **제2교시** 시험시간: 100분

※ **다음 문제 중 4문제를 선택하여 설명하시오. (각 25점)**

1. 폐기물소각설비를 운전하여 증기생산 후 열병합발전을 하고자 한다. 소각설비의 주요 구성기기와 원리 및 특징에 대하여 설명하시오.

2. 펌프 설계 시 공동현상(Cavitation) 방지를 위해서는 펌프 설치높이를 고려해야 한다. 다음 질문에 대하여 설명하시오.
   ① 공동현상의 발생원인과 발생 시 문제점
   ② 필요흡입수두($NPSH_R$)와 유효흡입수두($NPSH_A$)를 이용한 공동현상 방지방법

3. 송풍기 토출풍량제어방법에 대하여 설명하시오.

4. 화학 및 제철산업과 같은 대규모 플랜트에서 사용되는 압력용기의 특징 및 압력용기재료 선정 시 고려사항과 제작된 압력용기를 플랜트 내에 지지하는 방식에 대하여 설명하시오.

5. 금속의 소성가공 중 열간가공과 냉간가공의 장점 및 단점, 산업계 적용사례를 설명하시오.

6. 산업설비관리방법론 중 위험도기반 검사기법(RBI : Risk Based Inspection)의 손상인자(Damage Factor), 검사인자(Inspection Factor), 운전인자(Operating Factor)에 대하여 설명하시오.

✎ **제3교시** 시험시간: 100분

※ **다음 문제 중 4문제를 선택하여 설명하시오. (각 25점)**

1. 미끄럼베어링의 윤활종류, 스트리벡곡선(Stribeck Curve), 정압윤활, 유체윤활의 개념, 페트로프의 베어링식, 레이몬디와 보이드(Raimondi & Boyd)차트의 종류 및 베어링특성수에 대하여 설명하시오.

2. 수소혼소가스터빈에 사용하는 수소연료의 특성 및 연소기술에 대하여 설명하시오.

3. 발전설비에 사용되는 내열금속재료의 크리프변형률곡선(Creep Strain Curve) 3단계에 대하여 응력, 온도영향 및 크리프속도(Creep Rate) 결정법을 설명하시오.

4. 유압장치의 장점과 단점에 대하여 설명하시오.

5. 아크(Arc)용접의 원리를 설명하고, 대표적인 아크용접법인 SAW(Submerged Arc Welding), SMAW(Shield Metal Arc Welding), GTAW(Gas Tungsten Arc Welding), GMAW(Gas Metal Arc Welding)의 특징을 설명하시오.

6. 가스터빈 열병합발전시스템의 특징 및 이용형식에 따른 4가지 방식에 대하여 설명하시오.

✎ **제4교시** 시험시간: 100분

※ **다음 문제 중 4문제를 선택하여 설명하시오. (각 25점)**

1. 홍수예방을 위한 빗물 배수펌프장을 설계할 때 주요 검토사항 7가지와 펌프장 설계절차를 설명하시오.

2. 회전기계의 회전체 불평형(Unbalance)이 발생하는 주요 원인을 설계, 재질, 제조측면에서 기술하고 귀하가 경험한 현장 사례를 설명하시오.

3. 신재생에너지의 등장배경 및 특징을 설명하고, 자연의 힘을 이용한 발전플랜트의 작동원리를 4가지 설명하시오.

4. 증기터빈에서 발생하는 손실의 종류와 성능 저감원인에 대하여 설명하시오.

5. 산업기계 설계 시 안전계수, 허용응력, 기준강도에 대하여 기술하고 안전계수를 결정할 때 고려사항을 설명하시오.

6. 이음매 없는 관(Seamless Pipe)의 제조법 중에서 만네스만제관법(Mannesmann Process)의 제조과정을 4개 공정으로 구분하여 설명하시오.

[저자 약력]

김순채(공학박사 · 기술사)

- 2002년 공학박사
- 47회, 48회 기술사 합격
- 현) 엔지니어데이터넷(www.engineerdata.net) 대표
  엔지니어데이터넷기술사연구소 교수

- 전) 명지전문대학 기계공학과 및 교양과 겸임교수
  서울과학기술대학교 기계시스템디자인공학과 겸임교수
  한국공학교육인증원 4년제 대학 평가위원
  한국생산성본부(KPC) 전문위원(대기업 강의)

〈저서〉

- 《공조냉동기계기능사 [필기]》
- 《공조냉동기계기능사 기출문제집》
- 《공유압기능사 [필기]》
- 《공유압기능사 기출문제집》
- 《현장 실무자를 위한 유공압공학 기초》
- 《현장 실무자를 위한 공조냉동공학 기초》
- 《기계안전기술사》

- 《건설기계기술사》
- 《기계제작기술사》
- 《용접기술사》
- 《화공안전기술사》
- 《완전정복 금형기술사 기출문제풀이》
- 《KS 규격에 따른 기계제도 및 설계》

〈동영상 강의〉

기계기술사, 금속가공기술사 기출문제풀이/특론, 완전정복 금형기술사 기출문제풀이, 스마트 금속재료기술사, 건설기계기술사, 산업기계설비기술사, 기계안전기술사, 용접기술사, 공조냉동기계기사, 공조냉동기계산업기사, 공조냉동기계기능사, 공조냉동기계기능사 기출문제집, 공유압기능사, 공유압기능사 기출문제집, KS 규격에 따른 기계제도 및 설계, 알기 쉽게 풀이한 도면 그리는 법 · 보는 법, 현장실무자를 위한 유공압공학 기초, 현장실무자를 위한 공조냉동공학 기초

Hi-Pass
산업기계설비기술사

2008. 5. 7. 초 판 1쇄 발행
2024. 1. 17. 개정증보 4판 1쇄 발행

지은이 | 김순채
펴낸이 | 이종춘
펴낸곳 | **BM** (주)도서출판 **성안당**

주소 | 04032 서울시 마포구 양화로 127 첨단빌딩 3층(출판기획 R&D 센터)
10881 경기도 파주시 문발로 112 파주 출판 문화도시(제작 및 물류)

전화 | 02) 3142-0036
031) 950-6300

팩스 | 031) 955-0510
등록 | 1973. 2. 1. 제406-2005-000046호
출판사 홈페이지 | www.cyber.co.kr
ISBN | 978-89-315-1135-2 (13550)
정가 | 95,000원

이 책을 만든 사람들
기획 | 최옥현
진행 | 이희영
교정 · 교열 | 류지은
전산편집 | 이지연
표지 디자인 | 박원석
홍보 | 김계향, 유미나, 정단비, 김주승
국제부 | 이선민, 조혜란
마케팅 | 구본철, 차정욱, 오영일, 나진호, 강호묵
마케팅 지원 | 장상범
제작 | 김유석

www.cyber.co.kr
성안당 Web 사이트